社会学译丛

[美] 康拉德·菲利普·科塔克 著
Conrad Phillip Kottak

黄剑波 方静文 等 译

人类学
人类多样性的探索

第12版

Anthropology
The Exploration of Human Diversity
Twelfth Edition

中国人民大学出版社
·北京·

简要目录

目 录

第三部分　文化多样性　233

第 12 章　文化人类学方法　233

第 13 章　文化　251

前　言

自 1968 年起，我定期为一个 375 至 550 名学生的班级讲授人类学导论这门课程。来自学生、助教和其他老师的反馈使我能够把握读者最新的兴趣、需要和观点，而这本书也正是为他们而写。我一直相信有效的教科书植根于热情和自己执教经历中的乐趣。

我为人类学的包罗万象所吸引，它可以向我展现当下和过去的人类状况。从那时起，我有幸在重视和整合人类学四个分支学科的大学（密歇根大学）从事教学工作。我与各分支领域的成员保持日常的接触，作为介绍人类学四个分支领域课程的普通教师，我乐于及时了解这些分支领域的发展情况。我喜欢人类学的广度，我相信它是一个汇集了时空中人类多样性的令人印象深刻的知识体系，并渴望在随后的章节中介绍这些知识。我坚信人类学在启蒙和知会方面的能力。人类学的论题有其内在的迷人之处，它对多样性的关注有助于学生们在面对相互联系日益加强的世界和越来越多样化的北美时与其他人类同伴之间的理解和互动。

我是在 1972 年决定写作此书的，当时概论性的人类学教科书远少于今天。那时的教科书常过于百科全书化。我发现它们太长太发散，不适合我的教学，也不符合我对时下人类学的印象。当时，人类学的研究领域日新月异。人类学家正写作"新考古学"和"新民族志"。新发现的化石和生物化学研究正挑战我们关于人类的灵长类进化的既有了解。在自然环境下研究猴类和猿类得出的结论推翻了原来基于动物园的观察。将社会中使用的语言作为文化的研究正使原来形式的和静态的语言研究模式经历彻底的变革。在文化人类学中，象征和阐释方法加入了生态学方法和唯物主义方法之中。

今天，又出现了新的议题和方法，如分子人类学和新型的空间分析方法。化石和考古记录每天都在增加。民族志者曾研究过的人群和社会都已经发生了深刻的变化。在文化人类学中，何时用现在时、何时用过去时使写作变得更难确定。人类学从来就没有失去其令人兴奋之处。然而有些教科书忽视了变迁——除了结尾有一章可能稍微涉及——似乎人类学和研究过的人群与上一代是一样的。好的人类学教科书必须呈现人类学的核心内容，同时也应该说明人类学与当今世界之间的关联。《人类学：人类多样性的探索》第 12 版有一系列独特的目标与论题。

目标

本书有三个主要的目标。第一个目标是提供一个详尽的、时新的和整体的人类学介绍，从四分支角度系统地了解人类学。人类学是一门科学——一个"系统的研究领域或主体，旨在通过经验、观察和演绎得出关于物质世界各种现象的可信的解释"（*Webster New Wrold Encyclopedia*，1993，p.937）。人类学是一门致力于发现、描述和解释时空异同的人文科学。在我最早接触到的人类学书籍之一《人类之镜》中，我对克莱德·克拉克洪（Clyde Kluckhohn, 1944）将人类学作为"人类相似和差异的科学"的说法印象深刻（Kluckhohn, p.9）。克拉克洪关于这个研究领域的需要的论述今天依然成立："人类学为处理当今世界的决定性的困境提供了科学基础，那就是：外表相异、语言不通、生活方式不同的民族如何和平共处？"（Kluckhohn, p.9）

人类学作为科学与人文学科有着清晰的联结，这为创造性的表达引入了比较和跨文化观点。鉴于其对人类多样性的基本尊重，人们或许可以说，人类学是最人文主义的学术领域。人类学家一般倾听、记录并尝试表达时间、空间、民族和文化的多重声音和观点。通过它的四个分支学科，人类学将生物、社会、文化、语言和历史方法结合起来。相较于缺少人类学广泛视野的其他学术领域，多样的角度使人们对于作为人类意味着什么这一命题有了更充分的理解。

我的第二个目标是写一本对学生有益的书。本书在方法和教学方面都非常易于使用。它将向学生强调为什么人类学对于他们而言是重要的，以及它如何被用于理解他们自身。而把时事与人类学的核心内容关联起来的讨论将说明人类学是如何影响他们的生活的。通过独特的"课堂之外"部分（见下文），本书将向他们呈现与他们一样的学生们正在展开的人类学研究。

纵贯整个第 12 版，我的目的在于写一本时下的、即时的和时新的教科书。在涉及各种各样有时甚至是歧异的方法时，我尽力做到客观公正，但是在适当的时候我会用第一人称表达自己的观点。我听到过同事们抱怨有些教科书的作者一心想要罗列出关于某个问题的所有能想到的理论——比如农业的起源——这种可能性的陈列使学生感到眼花缭乱。人类学不应如此复杂以至于初入门的学生无法理解和体会。因此，教科书作者，就如指导教师一样，应该能够引导学生。

我的第三个目标是写一本教授和学生都赏识的书。本书的组织和安排旨在既涵盖人类学的核心观念和基础，同时也讨论时下重要的和有趣的问题。我寻求制作这样一本教科书：简单易读、有吸引力、阐释详尽、紧跟形势并附有特别的配套辅助资源，其中包含了对师生都有益的补充材料。

主题

第 12 版有两个主题，与上文中提到的三个目标相对应。这两个主题是"主题阅读"（直译为"融会贯通"）与"理解我们自己"。

"主题阅读" 在谈到人类学是认识人类相似性和差异性的综合的、比较的和四分支的进路这一事实的时候，多数教科书只是说说而已。而本书第 6、9、11、15、20 和 25 章后的"主题阅读"系列文章，真正采用了整体论的方法。这些文章说明了人类学各分支是如何结合起来以阐释和说明一个共同的论题的。"融贯"的论题有：（1）被视为对生物和文化多样性的威胁的森林退化，一些应用人类学家已经尝试着去缓解这一问题；（2）关于智人何时在生物性和行为方面成为真正意义上的人类的问题，以及我们所掌握的关于这一现象出现的文化（考古）证据；（3）波利尼西亚地区人类出现和繁衍的生物和文化维度，这里是人类定居最晚的地区之一；（4）一体化与多样性的问题，这是就加拿大的族性、"种族"、文化和语言而言的；（5）巴斯克人的考古、体质、语言和文化特征，包括他们在欧洲的分布和迁移到美国；（6）快餐扩散过程中文化与语言象征的运用，以及这种快餐传播的生物影响，即日益增多的肥胖现象。各章页边的图标为读者标示"主题阅读"系列文章，作为对前文讨论的论题的补充。

在第 12 版中，在"主题阅读"系列文章和各章中，我特别注意突出人类学的生物文化性。人类学在评价和解决众多议题和问题时结合了生物和文化方法。人类学的比较和生物文化观点也认识到文化力量正不断地形塑人类生物性。

"理解我们自己" 教科书罗列研究领域中常见和重要的事实和理论的做法常见而且恰当，但这类材料常常显得与学生无关。特别是在人类学中，事实与理论的呈现不只是为了阅读和被记住，也是因为它们帮助我们理解我们自身。在每一章均可见到的"理解我们自己"段落，回答了"那又怎样？"这一问题。比如，我们会发现人类双足直立行走和脑容量变大的结合影响到孩子的分娩、养育和社会化。很多此类的讨论也汇集了人类学的生物和文化维度，所以本书总的论题应表述为"通过融贯人类学独特的四分支方法来理解我们自己"。

结构

在思维缜密的审读者们的帮助下，《人类学：人类多样性的探索》第 12 版的内容既包括了人类学四个分支领域的核心与基础，也涵盖了重要的前沿问题和方法。

第一部分（"人类学的多重维度"）介绍了人类学作为一个四分支的综合学科，从学理和应用维度考察时空背景下人类生物和文化的多样性。人类学被作为一门比较的、整体观的和生物文化的科学，以生物、社会、文化、语言和历史的方法为特征。第一部分还考察了人类学与其他学科的联系，包括其他自然科学、社会科学以及人文学科，并提供了各分支领域的应用人类学的案例。这一部分是按照我设想中的教科书的其中一个目标（如前所述）来设计的，即介绍一个整体的、生物文化的，包含四个分支和两个维度的研究领域。

第二部分（"体质人类学和考古学"）以关于这两个分支领域的伦理与方法的一章（第 3 章）开篇（关于伦理的进一步讨论参见附录 2）。第二部分提出并解答了几个关键问题。我们起源于何时，是怎样成为现在这样的？在人类的变迁和多样性中，基因、环境、社会和文化扮演的是怎样的角色？如何解释现代人种内部的生物差异？这种差异又是如何与种族观念联系起来的？从对我们最近的亲属——灵长类的研究中，我们能得到关于人类起源和天性的什么结论呢？灵长类起源于何时？是怎样起源的？它们早期适应中的哪些关键特征对于我们的能力、行为和认知仍然是基本的？人科是如何从灵长类祖先演变而来的？最早的人科是何时、何地、如何出现并繁衍的？最早的真正意义上的人类是怎样的？从现代人出现以来已经发生了哪些主要的转折？食物生产

（动植物的驯养与栽培）是人类适应中的重要变化，对社会和文化有着深远的影响。食物生产的集约化和传播与早期的城镇、城市和国家的产生以及社会分层和不平等的出现是联系在一起的。

第三部分（"文化多样性"）开篇讨论文化的概念及与此相关的族群性的话题，以及种族及其社会建构。文化和语言是通过学习、分享及对象征思想的仰仗而相互联结的。贯穿整个第三部分，相关的概念、理论与解释均配以丰富的民族志例子和个案研究。第三部分考察社会文化的多样性是如何在语言、经济、政治制度、家庭和亲属关系、婚姻、社会性别、宗教及艺术领域呈现和表达的。

在第三部分对文化生活主要领域的多样性进行探索的基础上，第四部分（"变迁中的世界"）我们考察它们在现代世界中的变迁与表达。第四部分是本书与其他人类学教科书的主要差别所在。这一部分提出了几个很重要的问题：现代世界体系是如何出现的，为什么会出现？世界资本主义是如何影响到国家内部和各国之间的社会分层形式和不平等的？殖民主义、帝国主义以及它们留给我们的遗产是什么？共产主义是什么，它衰落之后发生了什么？经济发展和全球化是如何影响到传统意义上人类学家曾在其中从事研究的民族、社会和社区的呢？人们是如何积极阐释和面对世界体系以及全球化的产物的呢？什么因素威胁到了人类多样性的持续？人类学家如何能够通过研究确保这种多样性的保持呢？

特点

作者、编辑、设计者和图片研究者亲密合作，共同打造了一版以可读性强、实用、与时俱进为目标且具吸引力的书。我自始至终努力坚持本书的以学生为本的目标。本书附赠的学生用视频和网上的在线学习中心共同构成了一个综合的学习系统，这个系统将人类学的理论、研究成果和基本概念融入学生的生活中。文本、多媒体、网络资源结合形成一个全面的体系，可以满足师生们各种教学和学习方式的需要。以下的段落描绘了本书文本、在线学习中心以及支持这些资源

的补充材料的诸多特点。

开篇与概览

每一章的开头都力求将读者尽快导入章节内容。它以章节大纲开头，之后的一个方框圈出的部分为概览。这些要素都用于帮助学生组织他们的阅读和专注于该章的关键概念及要点。

新闻简讯

每一章会有一则新闻故事。这些故事是我们生活的世界和章节内容之间的桥梁。它们传达了人类学研究的兴奋点和关联，也说明每一章所提出的论题可以在新闻标题中发现，是当前被讨论的论题。

活学活用人类学视频

这一特征表现在各章的页面边缘，引导学生观看本书所附学习资料中的视频片段。这些视频片段将人类学实践还原于生活，展现在研究工作中的人类学家并提供一个对他们的研究和论题的近观。学习资料共包含 25 个视频片段，对应于书中的各章。这些片段长度从 1 分半钟到 5 分钟不等，可用于作业、小组讨论或者课堂活动。选择这些片段是因为它们信息量大并包含了通过演讲的方式难以呈现的视觉内容。视频内容非常广泛，包含了从不同文化生活的掠影到描绘原始人类生活的动画。还有一些片段的选择是因为它们提供了关于某个论题的启发性的视角，这对于激发学生的兴趣和引出一次演讲或者讨论都是有益的。

这些视频片段选自"人文与科学电影"发行的录像资料。学习资料还为那些想获得录像资料的完整版的同学提供了关于该录像资料的详情。

人类学地图集

与本书相关的人类学地图集被设计为 PDF 文件放到了网上，请浏览以下网址获取相关内容：http://www.mcgraw-hill.com.cn/resource/map_Kottak12e.jpg。地图集包括涵盖人类学四分支领域的重要论题的 17 张地图。这一特征使学生可以通过一系列相互关联的有评注的地图和练习探索人类学的地理和视觉维度。这些地图还包含阐释性的问题以检验学生运用地图的技能。

主题阅读索引

文中出现的插图编号指引学生阅读六篇文章之一，作为该章讨论的主题的补充（参见上文的"主题"）。这就为章节内相关论点的"主题阅读"部分的文章铺平了道路。

课堂之外

在多数章节中可见的方框内的"课堂之外"部分是关于学生调查的报告。这使得学生能够阅读到其他学生的作品，进一步突出人类学与现实世界的相关性，也启发了可能的研究及学术取向。

章节小结

每一章都包含有写作清晰、准确编号的总结以帮助学生复习关键的论题和概念。

关键术语

各章中的关键术语都给出了易理解和准确的定义。当它们被引出的时候，用黑体字标出。关键术语及定义的列表可见于各章后。此外，书后的词汇表则包含了一份关于全书的、完整的关键术语及定义的列表。

思考题

在本章小结和关键术语之后，各章还包含了批判性思考的提问以启发学生运用他们阅读各章获悉的东西。

补充阅读

为了帮助引导学生研究，各章后还有一份时新的补充阅读材料的列表，辅以简洁的评注。

链接

各章后是一些评论和问题，将该章链接至麦格劳—希尔出版公司出版的其他三本书上的信息，这三本书是：康拉德·菲利普·科塔克（Conrad Phillip Kottak）的《对天堂的侵犯》（第4版），（*Assault on Paradise*, 4th ed.），霍莉·彼得斯－戈登（Holly Peters-Golden）的《文化论纲》（第4版）（*Culture Sketches*, 4th ed.）以及布鲁斯·克劳福特（Bruce Knauft）近期的个案研究《格布斯人》（*The Gebusi*）。教师可选择其一或更多以作为本书的补充。

在线练习

本书还包含网上练习，引领学生在线分析与章节论题相关的人类学问题。

附录

附录1：人类学理论史　本文对人类学理论、发展及其与当下思想的关联进行了综述。

附录2：伦理与人类学　本文对人类学实践者所遇到的伦理问题进行了综述。

附录3：美国流行文化　本文从人类学角度探讨了流行文化的性质。

第12版的重要特征

设计

大版面和时新的设计增加了文本的可读性和教学特征的清晰度。

内容

- 除了我在其他版本中所做的一样彻底的更新之外，我在大部分章节中都增加了新的内容，而为了避免增加书的篇幅，我也做了删改。
- 我认为对种族、族性和社会性别的系统考虑在一本概论性的人类学教科书中是至关重要的。本书呈现的两章——"民族与种族"（第14章）和"社会性别"（第20章）——

在其他人类学教科书中没有像这样连续出现的。种族，作为生物学上一个不光彩的术语，在第5章（"人类的变异与适应"）中也有详尽的讨论。人类学独特的四分支和生物文化方法可以阐明这些论题。种族和社会性别研究是人类学一直占主导地位的领域。我坚信人类学对于从生物、社会、文化和语言维度理解种族、民族和社会性别的特殊贡献在任何一本概论性的教科书中都应该得到强调。本书当然也是如此——不只是专门的章节，而且从第1章开始贯穿始终。这些论题如此重要以至于在全书末尾术语表之后有种族、民族、社会性别和社会阶级/分层的导引。那张表格按照章节对于包含上述论题的讨论进行了顺序排列。

- 人类学理论史是我定期教授也喜欢阅读和撰写的一个领域，但是审读者们关于是否需要在书中单辟一章来讨论这个问题意见不一。有人说他们没有时间分配给这个论题；其他人认为在概论性的教科书中这样做是必要的。我相信附录1"人类学理论史"对那些需要阅读关于理论的一个章节的人来说就足够了；对于那些认为没有必要的人来说，把它设置在附录中不影响整本书的主线。而且书末第一个导读的理论导引按照章节顺序突出了书中讨论的主要理论方法。

- 彩色人类学地图集包含了涉及人类学四分支中的重要主题的17幅地图，这部分内容详见以下网址：http://www.mcgraw-hill.com.cn/resource/map_Kottak12e.jpg。

- 每章后的链接单元通过评论和问题将本书与也是由麦格劳—希尔出版公司出版的三本民族志著作联系起来，它们是：康拉德·菲利普·科塔克（Conrad Phillip Kottak）的《对天堂的侵犯》（第4版），霍莉·彼得斯-戈登（Holly Peters-Golden）的《文化论纲》（第4版）以及布鲁斯·克劳福特（Bruce Knauft）近期的个案研究《格布斯人》。

- 新闻简讯选取了2005—2006年间的几则新

闻，引出各章并显示人类学如何吸引公众注意以及如何与当下的事件、议题和世界事务相关联。

- 趣味阅读一栏被更新和修订了，增补了一篇"智能设计论与进化论"。这些文章覆盖了人类学的当今议题，它们提升了学生对于当今人类学的更富启发意义的方面的意识。
- 各章后的思考题和补充阅读也已经更新了。每章的思考题使学生得以将章节中的信息扩展并应用到它所在的情境之外。阅读引导学生进行章节主题相关的补充练习。这对于学生就某个专题撰写论文而言非常有用。

教学法

- 章节概览安排在各章开头简洁的方框内。
- 活学活用人类学条目（living anthropology entries）是正文的标注，将学生导向新的学生用视频上的相关视频内容和练习。
- 网络链接图标贯穿全文，指示学生可以在网上发现更多关于某个特定议题的信息。我选择这些链接的依据是其质量及与章节主题的相关性。
- 理解我们自己部分为人类学概念（见前文的"主题"）提供了有价值的背景，它被设计为书中的标注以使阅读更容易。
- 教师可以引导学生查看网站上本书地图集中的相关地图（http://www.mcgraw-hill.com.cn/resource/map_Kottak12e.jpg）。阐释世界问题是关于地图和地理的思考题，出现在人类学地图集中的地图页。
- 亲属关系图是为了增加清晰度。

对学生和教师的辅助

对学生

学生用学习视频 人类学视频片段与强化本书各章中的概念的教学法相辅相成，是该补充材料的特征。共包含25个视频片段，对应于书中的各章。这些视频片段节选自"人文与科学电影"发行的与人类学相关的完整版的电影，可用于作业、小组讨论或者课堂活动。各视频片段均附带有概览文本以及训练学生批判性思维技巧的探索性问题。

学生的在线学习中心 （www.mhhe.com/kottak 由Chris Glew和Patrick Livingood创建，Jennifer Winslow修订）这一免费的以互联网为基础的学生补充材料提供了大量有用的工具、互动练习以及作业、链接和有用的信息。在线学习中心特为补充各章而设，使学生能够获得如下材料：

- 在线练习：提供与章节相关的互联网链接和学生需要以网络为基础完成的作业。
- 学生自测题：为学生提供巩固所学的选择题、判断题和阅读题。
- 网络探索：这些活动以与人类学相关的电影片段、动画和模拟为基础。它们是提升对于人类学相关的复杂过程和现象的理解的绝佳工具。
- 互动练习：在本书的多个章节可见，使学生能够在视觉资料、地图和素描中互动式地复习章节内容。
- 章节目标、大纲和概览：为理解重要的章节内容提供指导。
- 幻灯片授课说明：为每章的批判性观点提供逐点式梗概。
- 关键术语词表：包含指导选择术语的可听到的发音。
- 动画卡片：使学生得以测验对关键术语的掌握情况。
- 常见问题及答案：为学生提供章节相关问题的答案。
- 工作机遇：为学生提供人类学职业相关信息的链接。
- 为以下方面提供的有用的网络链接：本书各章的普通人类学网站链接。

主题阅读链接为学生提供进一步探索与书中主题阅读部分相关的背景的机会。

PowerWeb PowerWeb是与在线学习中心完全一体的基础课程的资源。PowerWeb的内容受密码保护并包含引用的与人类学相关的网站链接、文章和新闻简讯。它也为学生提供学习工具和其他资源。

链接的个案研究 在适当的地方，章节以链接部分结束，将该章的内容链接至其由麦格劳—希尔出版公司出版的其他三个作品，它们是：《对天堂的侵犯》（第4版），康拉德·菲利普·科塔克著；《文化论纲》（第4版），霍莉·彼得斯-戈登著；《格布斯人》，布鲁斯·克劳福特著。教师可能愿意选择这些小册子中的一本作为教材的补充。《对天堂的侵犯》以40多年的纵向田野工作为基础，讲述了全球化如何影响巴西东北部一个很小但是发展迅速的社区。《文化论纲》提供了时新的13个不同社会的个案研究，其中不乏民族志经典案例。《格布斯人》是一本新且极具可读性的书，作者是杰出的人类学家布鲁斯·克劳福特，书的内容以他在巴布亚新几内亚格布斯人中的田野工作为基础。

各章有何新看点？

第1章：人类学是什么？

第1章介绍了作为四分支领域、综合的、生物文化的学科，关注时空中的人类生物和文化多样性。人类学被作为一门比较和整体性科学来讨论，与自然科学、社会科学以及人文科学有关联。第1章以题为"科学、解释和假设检验"的小节结束。以一则新的在肯尼亚北部进行人类学田野工作的"新闻简讯"开篇。"文化力量形塑人类生物性"一节进行了修订。冗余的关于应用人类学的小节被并入了第2章。包含了关于早期美国人类学、垃圾学以及特洛布里恩德群岛的新信息。

第2章：应用人类学

在第2章中，应用人类学被作为人类学的第二维度而非第五个分支领域呈现。本章提供了应用人类学在各个分支领域的实例。开篇是一则新的关于卡特里娜飓风过后人类学家的角色的"新闻简讯"。章节介绍完全重写了。有一个关于应用人类学中的民族困境的延伸讨论。

第3章：体质人类学和考古学中的伦理与方法

第3章关注伦理问题、研究方法和测年技术。人类学家越来越多地遭遇到的伦理问题被加以突出。学生们了解人类学家是如何工作以及其工作与理解他们自身之间的相关性。曾经安排在第2章的关于法医人类学的"新闻简讯"被彻底更新后，成为本章的开篇。

第4章：进化论与遗传学

第4章探讨自然选择和其他进化法则，以及遗传学。我试图就这些难懂的主题提供一个简单但是完整的简介。本章被大幅修订了，包含了一个新的关于进化论之于智慧设计论的"趣味阅读"框。关于自然选择的讨论也进行了改动并增加了新的关于白桦尺蛾的小节。本章包含了进化论作为理论和事实的新的讨论和一则新的关于染色体和疾病的"新闻简讯"。包含了关于孟德尔实验时期盛行的遗传理论的延伸讨论。关于变异的讨论被修订了，更为简明，还包含了经染色体重组的变异的新材料。关于基因流、微观进化以及宏观进化的讨论也有所更新。

第5章：人类的变异与适应

第5章考察了理解人类生物适应和多样性的方式，包括关于种族作为不足信的生物概念的探讨。突出了近来关于高海拔适应的研究。新的概览讨论了生物多样性和种族分类中的问题。关于基本和进化的讨论进行了更新。

第6章：灵长类

第6章描述了灵长类在进化中的特征和趋向，以及主要的灵长类群体。还包含了濒危灵长类以及黑猩猩狩猎的相关信息。再一次，我试着涵盖基础——有趣的和与灵长类相关的——同时避免其他教科书给出的更令人困惑的分类术语。开篇是一则新的"新闻简讯"，讨论了猿（猩猩）以学习为基础的工具使用以及其与人类文化起源的相关性。在本章及贯穿整个第12版，人族

（人类支系及其与非洲猿分离后的祖先）与人科区别开了，后者包括人类、黑猩猩和大猩猩。关于大猩猩的研究被扩展了，收录了新近关于西部低地大猩猩的研究。增加的照片展现了灵长类的多样性。

第7章：灵长类的进化

第 7 章探索了灵长类的进化，包括灵长类是如何以及何时出现的近期模式。其中的照片对比了灵长类化石及其最相似的现存近亲。增加了关于被子植物（显花植物）在灵长类进化中的角色的新讨论。扩展了中新世猿的讨论，包括新的关于欧亚猿的小节；考察了人与猿的几种可能的共同祖先，包括西班牙的皮尔劳尔猿（Pierolapithecus）。还讨论了乍得的图迈人以及肯尼亚图根原人的发现，后者可能是早期人族。

第8章：早期人族

第 8 章基本上重写了，它考察了早期人族——他们的化石和工具制造——从地猿（Ardipithecus）和南非古猿到人属（Homo）的出现。涵盖了最新的发现与阐释。一个题为"什么使我们成为人类？"的小节是本章的开篇，考察了作为人类特征的双足行走、大脑、幼儿依赖、工具和牙齿及其在人类进化各阶段的重要性。所有的图表和表格都更新了。关于地猿和肯尼亚人属（Kenyanthropus）的讨论被分开了。加入了新的内容以展示早期人族的多样性。

第9章：人属

第 9 章也基本重写了。之前被置于第 8 章的关于能人（H. Habilis）、卢多尔夫人（H. Rudolfensis）和早期直立人（H. Erectus）的讨论，现在被更恰当地作为第 9 章的开头。根据确认了早期直立人［有时称匠人（H. ergaster）］在非洲之外的扩张的发现，第 9 章描述了近期在欧洲的化石发现以及有关于古代智人（H. sapiens）的新材料，包括 70 万年前英格兰出现人类的考古证据。一则新的"新闻简讯"论证说解剖学意义上的现代人到达欧洲的时间比之前认为的

更早，但是与尼安德特人的交迭则更少。加入了新的例证。总结全章的是关于弗洛里斯人（H. floresiensis）的讨论。

第10章：最早的农民

更新过的第 10 章考察了食物生产（动植物的驯化和种植）的起源和影响，以及代价与收益。确认并讨论了世界上驯养的七大中心，特别关注中东地区最早的农民和牧民以及墨西哥及其邻近地带最早的农民。题为"解释新石器时代"的小节聚焦影响新石器经济在世界各地起源和传播的因素。

第11章：最早的城市和国家

第 11 章考察了城镇、城市、酋邦和国家的出现。例子包括中东、印度／巴基斯坦、中国、中美洲、秘鲁和非洲。学生们了解考古学家是如何从当今的民族志研究中推断古代社会的。这说明本书自始至终关注人类学作为一个四分支领域的学科，其中任一个分支领域的发现对其他分支来说都是不可或缺的。第 11 章的结构和第 10 章类似，都是始于理论和解释而后讨论个案。

第12章：文化人类学方法

第 12 章关注文化人类学中的方法，以一个新的小节开始，标题为"伦理考量：人际关系与互惠"，民族志和调查研究属于被考虑的方法之列。开启本章的是一则新的"新闻简讯"，关于恢复已丢失的语言，美洲印第安人的语言是关注的焦点。

第13章：文化

第 13 章考察了人类学的文化概念，包括其象征和适应性特征。本章根据近期的著作和数据进行了更新。一则新的"新闻简讯"提供了马卡印第安人（Makah Indians）努力恢复以前的捕鲸的最新信息。一个新的讨论区分了文化相对主义的道德意义和方法论意义。

第14章：民族与种族

第 14 章讨论种族和民族的社会建构，提供了种族分类和民族关系变化的跨文化实例。本章经过了彻底的更新，在几张关键的表格中可以看到关于美国和加拿大最新的资源和统计数据。一则新的"新闻简讯"描述了非裔美国人拜访加纳时面临的种族分类困境。

第15章：语言与交流

第 15 章介绍了语言人类学的方法和主题，包括描述语言学和历史语言学、社会语言学、语言和文化。本章开头是一则新的"新闻简讯"，简讯讨论了美国中西部的社会语言歧视。

第16章：生计

第 16 章考察了经济人类学，包括适应性策略（食物生产体系）和交换体系。此前置于第 23 章的关于工业异化的观点在本章通过 Ong 对马来西亚工厂女工的研究加以说明。关于夸富宴的论述有所修订。"趣味阅读"框中关于稀缺的论述根据对马达加斯加的再访进行了更新。

第17章：政治制度

第 17 章运用了来自各种社会的材料，探讨了政治体系在冲突解决方面的规模和类型。关于"觅食队群"的小节经过了修订。先前安排在第 25 章的"霸权"和"弱者的武器"被移至此处，作为社会控制的形式，与"政治、羞辱和巫术"一起讨论。

第18章：家庭、亲属关系与继嗣

第 18 章跨文化地讨论了家庭、家户和继嗣群，并更新了美国和加拿大的统计数据。关于美国离婚率的变化有新的材料，包括一张新的表格。

第19章：婚姻

第 19 章跨文化地考察了外婚制、内婚制、乱伦禁忌、种姓制度、婚后居住规则、婚姻偿付（marital prestations）、转房婚（replacement marriage）以及一夫多妻或一妻多夫婚姻。本章还涉及了离婚和同性婚姻，进行了更新以反映近期美国和加拿大的事件和法律决议。增添了一个新的部分，标题为"虽然是禁忌，但乱伦的确会发生"。关于皇族内婚的部分进行了修订。

第20章：社会性别

第 20 章经过了彻底的更新，考察了男性和女性在角色、权利和责任方面的跨文化相似和差异。还考察了社会性别分层体系和多重社会性别。本章有关于当今社会性别角色和性别问题的信息，包括贫困的女性化。运用了最新的相关统计数据。

第21章：宗教

第 21 章回顾了由来已久的人类学宗教研究进路，同时也讨论了当今世界宗教和宗教运动。本章有一则新的关于伊斯兰教扩张的"新闻简讯"，相伴随的还有"反现代主义与宗教激进主义"以及"新纪元"两个部分的修订。关于当今世界宗教的部分已经进行了修订和更新，用新的表格和图表展示信徒的人数。

第22章：艺术

第 22 章探索了跨越各种艺术和文化的主要议题，从艺术的定义和性质到艺术和宗教之间的关联、艺术作为作品以及社会情境和代际传递中的艺术。新的小节包括"民族音乐学"、"艺术与文化的表现"以及"艺术与政治"。本章开始，是一则新的"新闻简讯"，题为"社会阶级与社会差距的叙述"，关注影像和书籍著作中的叙述。关于音乐的讨论有所扩展。

第23章：现代世界体系

第 23 章考察了现代世界体系的出现和性质，包括社会经济分层的工业和后工业体系及其对非工业社会的影响。本章经过了修订和更新，特别是关于业务外包和全球能耗的讨论部分。

第24章：殖民主义与发展

第24章讨论了对人类学传统上研究过的人们和社会形成冲击的殖民体系和发展政策。主体部分考察了新自由主义、共产主义及其衰落以及后社会主义过渡。

第25章：文化交流与文化生存

第25章继续考察发展和全球化如何影响人类学家传统上工作于其中的民族、社会和社区。运用近期的例子，说明当地人是如何积极面对世界体系及全球化的产物的。最主要的新的部分题为"土著民族"，包括一个新的"课堂之外"。本章以对人类学在保证文化多样性的持续和保存中的角色的终极思考作为结尾。

附录1：人类学理论史

附录1回顾了人类学的理论，自19世纪进化论，经博厄斯人类学、功能主义、结构功能主义、新进化论、文化唯物主义、结构主义、象征人类学和阐释人类学、实践理论、世界体系理论和政治经济学，直至今天的人类学。

附录2：伦理与人类学

附录2是关于人类学中的伦理的总体论述，包括AAA（美国人类学协会）的伦理法典。

附录3：美国流行文化

附录3通过对当今美国流行文化的个案研究，展现了文化是如何在当今社会中被共享的。

致谢

一如既往地，我对麦格劳—希尔出版公司的诸多同仁心存感激。Thom Holmes 再一次出色地完成了开发编辑的工作。他的设计理念付诸实施使本书拥有了一个明晰、现代的外形。我还要感谢他在内容修订方面的建议以及在制作本版时提供的指导和实质性的帮助。我也要感谢有见识、创意和热情的市场营销经理 Dan Loch。我也非常高兴能继续与我的朋友 Phil Butcher 共事，

他是麦格劳—希尔出版公司社会科学和人文版块的编辑部主任。在十余年间，Phil 都给予我支持和鼓励。

我要再一次感谢 Jean Starr 作为项目经理的工作，她指导书稿的制作并使一切事物按照日程推进。制作监制 Jason Huls，与印刷公司一起确保出版无误。我与自由职业的搜图者 Barbara Salz 合作已近20年，和她一起安排和选择照片总是令人愉快的。也感谢 Barbara 的助手 Susan Mansfield，她也为第12版的照片部分出了力。我感谢 Britt Halvorson 和 Maria Perez 为本书教师手册和测验题库部分所做的工作。Jennifer Winslow 出色地为本书更新了教师和学生网页。Gerry Williams 更新了教师幻灯文件，Mark Stephens 则为本书的所有网络链接和参考书目提供了帮助。真诚地感谢 Sharon O'Donnell 在文字编辑、David Shapiro 在校对方面的优异表现。Preston Thomas 和 Thom Holmes 一道构思并将设计付诸实践。

感谢设计经理 Robin Mouat，搜图协调员 Alex Ambrose，美术总监 Jeanne Schreiber 以及美术编辑 Katherine McNab。麦格劳—希尔出版公司的人类学编辑助理 Teresa Treacy 在审阅和书稿准备的各环节给予了巨大帮助。Tara Maldonado，Thom 以及 Teresa 一道对视觉艺术手稿进行了汇编，使我免于这项耗时的任务。我要感谢地图专家们的工作，感谢他们制作出了如此具有吸引力的地图。

还要感谢媒体制作人 Michele Borrelli 制作在线学习中心、带视频片段的学生用资料和其他补充资料。我要再一次感谢 Wesley Hall，他负责文字许可。

特别感谢评阅了本书第11版和拙作《文化人类学》的教授们。他们提出了许多整改建议，我在本书中已付诸实际。他们的姓名与所在学校如下：

第11版的评阅人

E.F.Aranyosi
华盛顿大学

Lisa Kaye Brandt
北达科他州立大学

Margaret S. Bruchez
布林学院

Andrew Buckser
普渡大学

Darrylde Ruiter
得克萨斯农工大学

William W. Donner
库兹敦大学

Todd Jeffrey French
新罕布什尔大学（德尔罕）

Vance Geiger
中佛罗里达大学

Dr. Stevan R. Jackson
瑞德福大学

Brian Malley
密歇根大学

De Ann Pendry
田纳西大学诺克斯维尔分校

Mary S. Willis
内布拉斯加大学林肯分校

我也感激本书第 7、8、9、10 版和拙作《文化人类学》的评阅者。他们的评论也对我策划本书颇有助益。他们的姓名如下：

其他评阅人

Julianna Acheson
绿山学院

Mohamad Al-Madani
西雅图中央社区学院

Robert Bee
康涅狄格大学

Kathleen T. Blue
明尼苏达州立大学

Daniel Boxberger
西华盛顿大学

Vicki Bradley
休斯敦大学

Ethan M. Braunstein
北亚利桑那大学

Ned Breschel
摩海德州立大学

Peter J. Brown
埃默里大学

Andrew Buckser
普渡大学

Karen Burns
佐治亚大学

Richard Burns
阿肯色州立大学

Mary Cameron
奥本大学

Joseph L. Chartkoff
密歇根州立大学

Dianne Chidester
南达科他大学

Inne Choi
加州州立理工大学（圣路易斯奥比斯珀）

Jeffrey Cohen
宾州州立大学

Fred Conquest
南内华达社区学院

Barbara Cook
加州州立理工大学（圣路易斯奥比斯珀）

Norbert Dannhaeuser
得克萨斯农工大学

Michael Davis
杜鲁门州立大学

Robert Dirks
伊利诺伊州立大学

Bill Donner
宾州库兹敦大学

Paul Durrenberger
宾夕法尼亚州立大学

George Esber
俄亥俄州迈阿密大学

Grace Fraser
普利茅斯州立大学

Laurie Godfrey
马萨诸塞大学—安默斯特校区

Bob Goodby
富兰克林皮尔斯学院

Tom Greaves
巴克内尔大学

Mark Grey
北艾奥瓦大学

Homes Hogue
密西西比州立大学

Kara C. Hoover
佐治亚州立大学

Alice James
宾州西盆斯贝格大学

Richard King
德雷克大学

Eric Lassiter
波尔州立大学

Jill Leonard
伊利诺伊大学厄本那—香槟分校

Kenneth Lewis
密歇根州立大学

David Lipset
明尼苏达大学

Jonathan Marks
北卡罗来纳大学—夏洛特校区

H. Lyn Miles
田纳西大学查塔努加分校

Barbara Miller
乔治华盛顿大学

Richard G. Milo
芝加哥州立大学

John Nass, Jr.
宾州加利福尼亚大学

Frank Ng
加州州立大学弗雷斯诺分校

Martin Ottenheimer
堪萨斯州立大学

Leonard Plotnicv
匹兹堡大学

Jenet Pollak
威廉帕特森学院

Howard Prince
纽约市立大学—曼哈顿区社区学院

Frances E. Purifoy
路易斯维尔大学

Steven Rubenstein
俄亥俄大学

Mary Scott
旧金山州立大学

Brian Siegel
弗尔曼大学

Megan Sinnott
科罗拉多大学波尔得分校

Esther Skirboll
宾夕法尼亚滑石大学

Gregory Starrett
北卡罗来纳大学—夏洛特校区

Karl Steinen
州立西佐治亚大学

Noelle Stout

Susan Trencher
乔治梅森大学

Mark Tromans
布劳华社区学院

Christina Turner
弗吉尼亚联邦大学

Donald Tyler
爱达荷大学

Daniel Varisco
霍夫斯特拉大学

Albert Wahrhaftig
索诺马州立大学

David Webb
宾州库兹敦大学

George Westermark
圣塔克拉拉大学

Donald A. Whatley
宾氏学院

Nancy White
南佛罗里达大学

我为他们的点评中洋溢的热情而感到欣喜。

学生们也通过电子邮件定期分享他们关于本书及我的其他作品的洞见，因而也为本书做出了贡献。任何人——学生或老师——都可以通过以下网址用电子邮件联系我：ckottak@bellsouth.net。

同往常一样，我的家人在本书筹备期间给予了理解、知识和灵感。于 2002 年获得人类学博士学位的 Nicholas Kottak 博士定期与我分享他的洞见。这么做的还有 Isabel（Betty）Wagley Kottak，她是我 40 年来田野中也是生活中的伴侣。我要继续将本书献给我的母亲，是她激发了我对人类状况的兴趣，她阅读和评论我的手稿，并且给出了关于人和社会的洞见。令人悲伤的是，这一版是为了纪念她，因为她已经于 2005 年秋辞世。

在将近 40 年的教学生涯中，我获益于诸多友人、同事、助教和学生的知识、帮助以及建议，但是限于篇幅，在此致谢中无法一一提及。我希望他们了然于心并接受我的感谢。

我特别要感谢密歇根大学的同事们，他们定期与我分享他们的洞见并指出使书更完善的方法。尤其要感谢以下诸位：Kelly Askew、Tom Fricke、Stuart Kirsch、Holly Peters-Golden、Elisha Renne 及 Andrew Shryock。他们的质疑和建议使本书与时俱进。特别感谢 Joyce 在之前版本中对第 11 章的指点。在密歇根大学的整个职业生涯中，我有幸与 Kent、Joyce、Jeff Parsons 及 Henry Wright 等学者共事，在国家形成问题上，我们的兴趣是一致的。我还要感谢 Roberto Frisancho、John Mitani 和 Milford Wolpoff，他们总是乐于解答我关于生物人类学的疑问。

自 1968 年以来，我一直讲授"人类学概论"课程，每次都有数位助教（研究生辅导员）的帮助。来自学生和研究生辅导员的反馈使我得以跟上本书读者群的节拍。我始终坚信好的教科书是在享受教学中基于热情和实践而写出的。我希望我经历的产物将于其他人有益。

康拉德·菲利普·科塔克
ckottak@bellsouth.net

人类学

第**1**章
人类学是什么？

章节大纲：

人类的适应性

适应、变异与变迁

普通人类学
　文化力量形塑人类生物性

人类学分支学科
　文化人类学
　考古人类学
　生物或体质人类学
　语言人类学

人类学与其他学科
　文化人类学与社会学
　人类学与心理学

科学、解释和假设检验

人类的适应性

人类学家随时随地可以展开研究——在肯尼亚北部（见"新闻简讯"）、一家土耳其咖啡厅、一座美索不达米亚陵墓或者一家北美的购物中心。人类学是对时空中人类多样性的探索。它研究整个人类状况：过去、现在和将来；生物性、社会、语言和文化。特别关注通过人类适应性表现出来的多样性。

人类是世界上适应性最强的动物。在南美洲的安第斯山脉，人们在海拔 1.6 万英尺的村庄中醒来，然后再往上徒步登上 1 500 英尺的锡矿山工作。澳大利亚沙漠中的部落民崇拜动物并探讨哲学。热带的人们则在疟疾中存活下来。人类已经实现在月球上行走。华盛顿史密森学会（Smithsonian Institution）的进取号星舰（Starship Enterprise）模型象征着"寻找新生命和新文明，勇敢地航向前人所未至的领域"的欲望。希望知道未知的、掌控不可控的和在混乱中创造秩序，这在所有民族中都有所表现。创造性、适应性和灵活性是人类的基本属性，而人类多样性则是人类学的主题。

学生们常惊叹于**人类学**（anthropology）的广博，因为它研究人种及其直接祖先。人类学是一门比较的和**整体论**（holistic）的独特科学。整体论指的是对人类整体状况的研究：过去、现在和将来；生物性、社会、语言和文化。[见"新闻简讯"中关于人类学家从20世纪70年代开始就用各种各样的技术研究北部的阿里尔人（Ariaal）的描述。]很多人认为人类学家研究化石、非工业社会和非西方文化，如阿里尔人，的确有很多人在做这些研究。但人类学远非只是对非工业民族的研究，它是一种比较研究，探索所有的社会：古代的和现代的，简单的和复杂的。其他社会科学倾向于关注一种单一的社会，通常是如美国或加拿大那样的工业国家。然而人类学却提供了一个独一无二的跨文化比较视角，经常将一社会中的风俗与其他社会中的进行比较。

人们与其他动物，包括狒狒、狼甚至蚂蚁都有社会——有组织的群体生活，但文化却是人类所独有的。通过学习传递的文化是形成和指导接触它

的人们的信仰与行为的传统与风俗。孩子们通过在某个特定的社会中成长来习得这种传统，这一过程被称为濡化。文化传统包括适当与不当行为的风俗和观念，经过数代发展起来。这些传统回答此类问题：我们该如何行事？我们如何理解这个世界？我们如何辨别正误？文化为生活在特定社会人们的思想和行为方面创造了某种程度上的延续性。

文化传统的关键在于它的传承是通过后天学习而不是生物遗传。文化本身不是生物性的，但是它依托于某些人类的生物性特征。在一百多万年的时间里，人类已经至少拥有了一些文化可以依赖的生物能力。这些能力包括学习、象征性地思考、运用语言、使用工具和适应所在的环境。

人类学面对和思考人类存在的主要问题，在时空中探索人类的生物和文化多样性。通过考察古代的遗骨和工具，我们揭开人类起源之谜。我们的祖先是从何时起与那些后代是猿类的远祖们分离开来的？智人是在何时何地起源的？我们的物种是如何变迁的？我们现在是什么？我们又将走向何方？我们的属及人属已经变化了100多万年，人类还要在生物和文化上继续适应和变迁。

适应、变异与变迁

适应指的是有机体应对环境的力量和压力的过程，例如那些由气候和地形地貌等施加的力量。有机体如何改变以适应它们的环境如干旱气候或者高海拔呢？和其他动物一样，人类也用生物适应方式。表1.1概括了人类适应高海拔的生物和文化方式。山地地形伴随着高海拔和缺氧形成了巨大挑战。设想有四种（一种文化的和三种生物的）人类可以在高海拔应对低压氧的方法。例如文化（技术）适应是一个配备有氧气面罩的增压飞机座舱。而适应高海拔的生物方式有三种：基因适应、长期的生理适应和短期的生理适应。首先，高海拔地区的本土居民如秘鲁的安第斯人、西藏地区和尼泊尔的喜马拉雅人，似乎获得了一些在高海拔生活的基因优势。形成容量

概览

在时空中探索人类的生物和文化多样性时，人类学家面对的是人类存在和生存的基本问题：我们是如何组织的，我们是如何已经和正在变化的。人类学是整体论的，它研究人类的整个状况：过去、现在和将来；生物、社会、语言和文化。人类学四分支是文化人类学、考古人类学、生物人类学和语言人类学。

文化是人类适应和延续的关键方面，文化是传统与风俗，它形塑和指导接触它的人们的信仰与行为，并通过学习来传播。文化力量持续形塑人类的生物性和行为。文化人类学考察现在和新近过去的文化多样性。考古学通过对物质遗存的研究来重构人类行为。生物人类学家研究人类化石、基因和身体成长。他们也研究非人灵长类（猴类和猿类）。语言人类学思考语言如何随着社会因素的变化和时间的推移而改变。人类学与很多其他学科相关：既与自然科学（如生物学）也与社会科学（如社会学）相关。

偏远的和被打扰的，人类学的梦想部落

《纽约时报》新闻简讯
作者：马克·莱西（Marc Lacey）
2005 年 12 月 18 日

"最近在挖掘什么吗？"人类学家已经习惯在说出自己的专业之后被问到这个问题。人们经常混淆人类学与考古学，考古学是但只是人类学的四分支之一。很多人类学家的确在地面挖掘，但是其他人则深入发掘人类生物性和现存文化表达的错综复杂。人类学家以对自然场景下人类行为的近距离观察以及对多样性的关注而著称。人类学研究的经典路径是直接进驻地方并与当地人一起生活，无论是此处要讨论的肯尼亚北部还是中产阶级的美国。

人类学家在一个急速变迁的世界中、在变换的时空中研究人类生物性和文化。这则新闻故事主要关注一个遥远的人群——肯尼亚北部的阿里尔人（the Ariaal），人类学家早在 20 世纪 70 年代就已经开始研究他们了。这篇报道涵盖了人类学家多面向的研究兴趣。在阿里尔人中，人类学家已经进行了很多主题的研究，包括：亲属制度和婚姻习俗、冲突，甚至还有生物医学问题如疾病与体型及其功能。当你阅读这篇报道的时候，既要思考人类学家从被研究者身上所得到的，也要思考相反的即被研究者从人类学家那里所得到的。

人类学家和其他研究者对隔绝于当代世界地区的研究已经持续很久了。阿里尔人，肯尼亚北部一个 10 000 人左右的游牧社区，早在 20 世纪 70 年代就引起了研究者的注意。这是在人类学家弗拉金（Elliot Fratkin）偶然发现了他们并开始发表关于他们生活的报道之后。

其他研究者已经对他们的所有事情——从文化实践到睾丸激素水平——进行了研究。1999 年，《国家地理》杂志在一篇关于逐渐消失的文化的文章里面给予了阿里尔人以关注。但是这些年来，与肯尼亚的梅赛人（Masai）和图尔卡纳人（Turkana），非洲其他地方的柏柏尔人和贝都因人（Bedouins）一样，越来越多的阿里尔人定居下来。其中很多人向最近的城镇马萨比特（Marsabit）靠近，那里有手机接收信号，间或还能上网。

科学家继续来到阿里尔乡间，带着他们的笔记本、帐篷和稀奇古怪的问题。但是现在他们记录下的是一个半隔绝的社会，处于现代生活和更传统的生活方式之间。

"我们发现与世隔绝部落的时代终结了。"史密斯学院（Smith College）教授弗拉金博士如是说。他曾经与阿里尔人一起生活了很久，并被有些人视为自己部落的成员。

波士顿大学生物人类学家坎贝尔（Benjamin C. Campbell）经弗拉金博士介绍接触阿里尔人，他认为阿里尔人的生活方式、饮食和文化事件都值得研究。

其他学者也同意这一点。当地居民说在过去的这些年他们一直被问到他们有多少牲畜（很多），上个月他们得了几次痢疾（经常），以及他们前一天吃了什么（通常是肉、奶或者血）。

阿里尔妇女一直被问到关于她们看起来超过男性的工作，关于当地的婚姻习俗，这些习俗迫使她们未来的丈夫向她们的父母交付牲畜，因为只有这样做之后才有可能举行婚礼……

研究者可能不知道，但阿里尔人这些年来也一直在研究他们。

阿里尔人注意到，外来者在他们很白的皮肤上厚厚地涂抹白色液体以保护他们的皮肤不被晒伤，他们中的很多人喜欢穿短裤以炫耀他们的大腿和脚上笨重的靴子。阿里尔人还观察到外来者经常共享当地的食物但是从自己的瓶子里喝水，而且在正餐间隔大声咀嚼有包装的奇怪的食物。

科学家留下了痕迹和记忆。举例来说，看到穿着带有大学标志的 T 恤的牧民并不稀奇，那些都是离开这里的学者们的礼物。

在恩都图山（Ndoto）附近一圈临时棚屋路库嵋（Lewogoso Lukumai）的牧民们冲向一个游客兴奋地问道："艾略特在哪？"

他们指的是弗拉金博士，他在《肯尼亚的阿里尔牧民》一书中描绘了 1974 年自己如何偶然发现了当时仍几乎不为人所知的阿里尔人。在伦敦大学和史密森学会的资助下，他当时正从肯尼亚首都内罗毕向北到埃塞俄比亚寻找与世隔绝的游牧人群。但是一场政变推翻了时任国王海尔·塞拉西（Haile Selassie），两国间的边境关闭了。当弗拉金坐在马萨比特的一家酒吧里的时候，一个男孩走近他，误以为他是游客，问他是否想看附近森林里的大象。当满腔抱负的人类学家拒绝他之后，男孩又问他是否愿意去看当地村庄的一个传统仪式。那是弗拉金博士与阿里尔人的初识，他们与肯尼亚的萨布鲁（Samburu）和朗迪耶（Rendille）部落共享一些文化特征。

不久以后，他就与阿里尔人生活在一起了，一边学习他们的语言和风俗，一边在他的草房内与蚊子和跳蚤搏斗。

阿里尔人穿着用旧轮胎制作的凉鞋，很多人仍依赖奶牛、骆驼和山羊为生。干旱是当地的特色，定期降临，考验着他们的生存耐力。

"艾略特第一次来的时候我还年轻，"一位叫做勒那阿皮埃尔（Lena-mpere）的阿里尔老人回忆说，他住在路库嵋，一个时不时迁移到新的沙地的定居点。"他来到这里并和我们一起生活。和我们一起喝牛奶和血。在他之后，很多其他人也来了……"

并不是所有的非洲部落都这样欢迎研究者，即使他们持有必要的政府许可。但是阿里尔人以合作著称——以此事交换零花钱。"他们认为我问的问题很傻，"丹尼尔·莱莫伊尔说，他是松加（Songa，一个马萨比特外供阿里尔牧民定居的村庄）学校的校长，也经常作为到访的教授们的研究助手，"你必须试着跟他们解释全世界的人们都被问及这些相同的问题，而他们的回答将有助于科学的进步……"

阿里尔人对研究没有什么大的不满，虽然松加的地方首领斯蒂芬·莱瑟恩（Stephen Lesseren），就是前几天穿着波士顿大学的T恤的那位，说他希望他们的工作能够为他的人民带来更切实的好处。

"我们不介意帮助人们获得他们的博士学位，"他说，"但是一旦获得学位，很多人就离开了。他们没有把报告寄给我们……我们想要反馈，我们想要发展。"

即使今年区域内爆发了冲突，敌对部落的人相互残杀，危及阿里尔人，研究也未停止。在局势依然高度紧张的时候，来自加拿大蒙特利尔麦吉尔大学、研究民族矛盾的人类学家加拉蒂（John G. Galaty）来到了这里考察他们。在《国际重大研究期刊》（The International Jounal of Impotence Research）的一项研究中，坎贝尔博士发现多妻的阿里尔男性比同龄但是配偶少的男性表现出更少的勃起功能障碍。

坎贝尔博士发表在今年的《跨文化心理学刊》（Journal of Cross-Cultural Psychology）上关于身体形象的研究也发现，阿里尔男性与世界其他地区的男性相比，在普通男性身体形象（像他们自己那样）和女性想要的男性身体形象（像他们自己那样的）的观点上更一致。

坎贝尔博士在阿里尔乡间未发现广告牌或者国际性杂志，只在当地一家餐馆中有一台电视，转播美国有线电视新闻网（CNN）的节目，因此他认为，阿里尔男性关于他们身体的观点更少地受到传媒中那些拥有六块腹肌和宽大胸膛的健壮男模形象的影响。

为了检验他的观点，一位没有博士学位的非专业研究人员将一本《时尚健康》杂志给阿里尔男性看，上面满是身材好得异乎寻常的男人和女人。他们全神贯注地看着，并对轮廓分明的体型赞叹有加。

"我喜欢这个。"一位牧民指着照片中一个曲线很好的女人说，这个女人明显是健身房的常客。一位守旧者盯着杂志上一个健身男人突出的胸肌，提出了一个引发所有人讨论的问题。他问道，他是男人吗，或者是一个非常非常健壮的女人？

———
来源：Marc Lacey, "Romote and Poked, Anthropology's Dream Tribe," New York Times, December 18, 2005, Late Edition—Final, Section 1, p.1.

很大的胸腔和肺的安第斯倾向可能是有基因基础的。第二，抛开其基因不说，在高海拔长大的人与那些基因相似但在低海拔长大的人们相比生理上更能适应。这说明了在身体生长和发育过程中长期的生理适应。第三，人类还有短期或者暂时性生理适应的能力。那就是，当低地人到了高地，他们的呼吸和心跳会立即加快。过速呼吸增加了他们肺和动脉中的氧。因为脉搏也随之加速了，血液得以更快地到达各组织。所有这些不同的适应性反应——文化的和生物的——实现了同一个目标：维持身体充足的氧供应。

伴随人类历史的展开，社会和文化适应日益重要。在此过程中，人类发明出多种应对他们在时空中已经占据的环境变化的方式。在过去的10 000年中，文化适应和变迁的速率加快了。狩猎和采集自然的恩赐——觅食（foraging）——在好几百万年中曾是人类生计的唯一基础。但源于距今12 000~10 000年的**食物生产**（food production，种植作物和驯养家畜）只用了几千年便取代了大多数地区的采集生活。距今6 000至5 000年，文明出现了，产生了大型的、强势的和复杂的社会，如征服和统治广大地理区域的古埃及。

更晚近些，工业产品的传播已经深刻地影响了人们的生活。纵观整个人类历史，主要革新的传播都是以取代早先的革新为代价的。每一次经济革命都会造成社会和文化反响。当今全球化的

表1.1		文化和生物适应形式（对高海拔）
适应形式	适应类型	实例
技术	文化的	配备有氧气面罩的增压飞机座舱
基因适应 （经过数代发生）	生物的	高海拔本土居民的更大的"桶状胸腔"
长期的生理适应	生物的	更有效的呼吸系统，以从"稀薄的空气"中获得更多氧
短期的生理适应 （当个体机体进入新环境时自发发生）	生物的	心跳加速，过速呼吸

经济与交流将所有人在世界体系中直接或间接地联系起来。人们必须应对渐次扩大的体系——宗教、国家和世界——所催生的力量。对于当代适应性的研究为人类学带来了新的挑战："世界各民族的文化需要被重新发现，因为人们在变迁的历史情境中重新发明了文化。"（Marcus and Fischer，1986，p.24）

普通人类学

人类学学科，也称**普通人类学**（general anthropology）或者"四分支"人类学，包括四个主要的分支学科或者分支领域。它们是社会文化人类学、考古人类学、生物人类学和语言人类学（后文中，更简短的文化人类学将作为"社会文化人类学"的同义词使用），在分支领域中，文化人类学的成员队伍最大。大多数人类学系开设所有四分支的课程。

一个学科包含四个分支领域是有历史原因的。人类学作为科学领域，特别是美国人类学的源头可以追溯至19世纪（见附录1）。早期美国人类学家特别关注北美土著民族的历史与文化。对美洲土著起源、多样性的兴趣将对风俗、社会生活、语言和体质特征的研究汇集到一起。现在人类学家依然在思考这样的问题：美洲土著是从何而来的？是几次移民浪潮将他们带到新大陆的吗？美洲土著人之间以及他们与亚洲之间的语言、文化和生物联结是什么？人类学包含四个分支领域的

另一个原因是对于生物和文化关系的兴趣（如"种族"）。60多年前，人类学家鲁思·本尼迪克特（Ruth Benedict）意识到，"在世界历史上，共同创建同一种文化的不一定属于同一种族，而同一种族的人可能不共享同一种文化"（Benedict，1940，chapter 2）。（注意：欧洲没有发展出一个统一的四分支人类学，而是各分支学科倾向于独立存在。）

美国人类学的统一还有逻辑原因。每一个分支领域都考虑时空变迁（也就是在不同的地理区域）。文化人类学家与考古人类学家研究（在很多其他主题中）社会生活和风俗的变迁。考古学家过去常常研究现存的社会和行为模式来设想过去的生活可能是什么样的。生物人类学家考察生物形式的进化性变化，如解剖学变化可能与使用工具或语言的起源有联系。语言人类学家通过研究现代语言来重构古代语言的基础。

因为人类学家相互交谈、阅读专著与期刊并通过各种专业机构联系起来，所以四个分支学科是相互影响的。普通人类学探索人类生物、社会和文化的基础并思考它们之间的相互关系。人类学家共享某些关键预设。可能最根本的原因在于，关于"人性"的合宜的结论性观点不可能只通过研究一个国家、社会或者文化传统得出。跨文化的比较研究进路是关键。

文化力量形塑人类生物性

举例来说，人类学比较的、生物文化的视角认为文化力量持续模塑人类生物性["**生物文化的**"（biocultural）意为包含和结合生物及文化的

关于人类学的现时新闻，见在线学习中心的在线练习。
mhhe.com/kottak

关于人类学分支学科的测验，见互动练习。
mhhe.com/kottak

视角与方法来讨论或解决某个特定的问题或事件]。文化是决定人类身体成长和发展的关键环境力量。文化传统促进某些文化和能力却阻碍另外一些，并为身体健康和吸引力制定标准。身体活动，包括受文化影响的运动，帮助塑造体格。例如，北美的女孩被鼓励在花样滑冰、体操、田径、游泳、跳水和其他运动竞赛中发展，所以她们在这些领域表现很好。巴西女孩虽然在篮球和排球等团队项目中表现优异，但是在个人项目上的表现不如她们的美国或加拿大同伴。为什么有些国家鼓励人们成为运动员而有些国家不是这样呢？为什么有些国家的人们在那些显著改变他们身体的竞技体育中投入那么多时间和努力呢？魅力与得体的文化标准影响体育的参与和成就。美国人跑步或者游泳不是为了比赛而是为了健美。巴西的审美标准强调要更丰满，尤其是女人的臀部。巴西男子选手在跑步和游泳项目上获得了世界性的成功，但巴西很少输送女子游泳运动员或女子跑步运动员参加奥林匹克运动会。巴西女子避免参加竞技游泳的特殊原因可能是因为该运动对于身体的影响。经年游泳会塑造出与众不同的体格：宽大的上身、结实的颈项，还有强有力的肩膀和背。成功的女子游泳运动员倾向于高大和强壮。一贯出产此类女性的是美国、加拿大、澳大利亚、德国、斯堪的纳维亚国家、荷兰以及苏联，这些国家对这类体型的污名要弱于拉丁国家。游泳会塑造出强壮的身体，而巴西文化认为女性应该是柔软的，有硕大的臀部而不是宽大的肩膀。许多年轻的巴西女性游泳运动员宁愿选择理想的"女性"身体而放弃这项运动。

人类学分支学科

文化人类学

文化人类学研究人类社会与文化，是描述、分析、阐释和说明社会和文化异同的分支学科。为了研究和阐释文化多样性，文化人类学家从事两类活动：**民族志**（ethnography）（基于田野工作）和民族学（基于跨文化比较）。民族志提供对特定社区、社会或者文化的描述。在民族志田野工作中，民族志者收集他或她组织、描述、分析和阐释的数据，并以专著、文章或者电影的形式来建立和展示描述。传统上，民族志者曾居住在小型社区 [如巴西的阿伦贝培（Arembepe）——见 10 ～ 11 页的"趣味阅读"] 中，并研究当地的行为、信仰、风俗、社会生活、经济活动、政治和宗教。什么样的经历对于民族志者来说是民族志呢？"趣味阅读"提供了一些线索。

从民族志田野工作中得出的人类学视角往往与从经济或政治科学中得出的大相径庭。经济和政治领域关注国家的和官方的组织、政策，而且通常是关于精英的。而人类学家传统上研究的群体与当今世界上大多数人一样是相对贫困和无权的。民族志者经常观察到针对这部分人的歧视性举措，他们经受粮食短缺、食物匮乏以及其他方面的贫困。政治科学家倾向于研究国家计划制定

理解我们自己

我们的父母可能告诉我们喝牛奶和吃蔬菜有助于健康成长，但是他们并没有同样清晰地认识到文化在形塑我们身体中所扮演的角色。我们的遗传属性提供了我们成长和发育的基础，人类的生物性是非常具有可塑性的。就是说，它是可锻造的；环境影响我们如何成长。同卵双胞胎若在明显不同的环境（例如一个在高海拔的安第斯山，一个在接近海平面的地方）中长大，当他们成年的时候，体质上不会完全一样。营养在成长中很重要；同样，关于男孩和女孩适合做什么的文化准则也很重要。文化作为一种环境力量，和营养、热、冷以及海拔对我们发育的影响一样大。文化的一个方面是它如何为各种各样的活动提供机会。通过练习我们擅长某种运动。当你长大后，你觉得最容易的运动是棒球、高尔夫、登山、击剑还是其他运动呢？想一想这是为什么。

者拟定的项目，而人类学家则探讨这些项目是如何在地方层面上展开的。

文化不是孤立的。正如弗朗兹·博厄斯（Franz Boas, 1940/1966）在很多年前注意到的那样，相邻部落间的联系一直延伸至很大区域。"人类在与他人的互动中而不是孤立中建构他们的文化。"（Wolf, 1982, p.ix）村民们日益参与到区域、国家和世界事务中。他们暴露于通过大众传媒、移民和现代交通表现出来的外力中。随着游客、发展机构、政府官员和宗教人士以及政治候选人的到来，城市和国家日益侵入地方社区。这些联系是区域、国家和国际政治、经济和信息体系的重要组成部分。这些更大的体系对人类学传统上研究的人们和地区的影响日益增强。

民族学（ethnology）考察、阐释、分析和比较民族志结果——从不同社会中搜集到的资料。它运用这些材料对社会和文化进行比较、对比和归纳。发现特殊之后更普遍的东西，民族学家试图辨认和解释文化异同，检验假设并建立理论以提升我们对于社会和文化体系是如何运作这一问题的理解（见本章末尾"科学、解释和假设检验"部分）。民族学不仅从民族志也从其他分支领域，特别是从重构了过去社会体系的考古人类学中获得比较的材料。

考古人类学

考古人类学（archaeological anthropology）（更简单地说，是"考古学"）通过物质遗存重构、描述和阐释人类行为与文化模式。在人类生活或曾经生活过的遗址，考古学家发现人类制作的、用过或者修饰过的人工制品和物质产品，如工具、武器、营地、建筑和垃圾。植物和动物遗存以及古代垃圾可以讲述消费和活动的故事。野生的和家种的谷物有不同的特征，这使得考古学家得以区分出采集和栽培。对动物骨骼的考察揭示出宰杀动物的年代，并为判断物种是野生的还是驯养的提供其他有用的信息。

通过分析这些资料，考古学家可以回答关于古代经济的几个问题。这个群体是通过狩猎得到肉类，还是驯养动物，并且只宰杀特定年龄和性别的动物呢？植物性食物是来源于野生植物还是播种、照料和收割庄稼呢？人们交换或者购买特殊的物品吗？本地有可用的原料吗？若没有，原料从何而来？根据这些信息，考古学家重构生产、交换和消费模式。

考古学家花费大量时间研究陶器碎片。陶器碎片比其物品如纺织物和木头更持久。其数量可以帮助研究者估计人口规模与密度。发现制陶所用原料不是本地所有，则暗示了交换体系（的存在）。不同遗址在制造和装饰方面的相似可能就

🔘 随书学习视频*

巴塔克人（Batak）的"新"知识

第1段

这个片段展现了工作中的巴塔克男人、女人和孩子如何谋生。描绘了他们是如何以一种环保的方式种植稻谷，而不同于已经侵入他们家园的低地农民那种破坏式的农耕技术。巴塔克人是如何与保护机构一起致力于减少滥砍滥伐的？在这个片段的基础上，说出几种巴塔克人受到外部力量影响的方式。

*本书所附学习视频，可在中国人民大学出版社官网（http://www.crup.com.cn）下载，在搜索栏中输入书名即可查询。

表1.2	民族志与民族学——文化人类学的两个维度
民族志	**民族学**
要求田野工作以收集材料	运用一系列研究者收集到的材料
通常是描述性的	通常是综合性的
具体的群体/社区	比较/跨文化

即使是人类学家也会遭遇文化休克

我第一次住在阿伦贝培是1962年（北美）暑假。当时，我在纽约哥伦比亚大学读完大三，下一年就要大四了，我的专业是人类学。我去阿伦贝培是参加一个现在已经不存在的旨在为本科生提供民族志研究经验的项目——完成对一个陌生社会的文化和社会生活的研究。

在一种文化中长大，对他者有强烈的好奇心，人类学家也会经历文化休克，尤其是在他们的第一次田野之行中。文化休克是指置身于一个陌生场景中产生的一系列情感以及随之出现的行动。那是一种冷淡的、恐怖的疏离感，对自己的文化来源没有哪怕是最普通、最细微的（也因而是最基本的）线索。

当我1962年计划离开美国去巴西的时候，我不知道没有了我的语言和文化的外衣，我会感觉到怎样的一无所有。在阿伦贝培的逗留将是我第一次去美国以外的地方。我是一个城市男孩，在佐治亚州亚特兰大和纽约市长大。在本国几乎没有乡村生活的经历，更不用说拉丁美洲了，而且我只接受了一点点葡萄牙语的训练就从纽约直接到巴西巴伊亚州萨尔瓦多。在里约热内卢稍作停留；在田野工作的末尾，一段更长的旅途将是回报。当我们的飞机接近萨尔瓦多的时候，我无法相信沙子可以那样白。"那不是雪，对吧？"我跟我的同伴说。我对巴伊亚州的第一印象是气味——陌生的芒果、香蕉和西番莲果成熟和腐烂的味道——和拍打着翅膀无处不在的果蝇，那

是我从未见过的，虽然我在基因课上曾仔细地读过关于它们的繁殖行为的书。这里有很奇怪的大米、豆豉、无法辨认的胶状肉块和漂浮的皮的混合物。咖啡很浓糖很粗糙，每一张桌子上都放有牙签盒和木薯粉的容器，木薯粉就像巴尔马干酪一样洒在任何要吃的东西上。我记得燕麦片粥和黏滑的牛舌炖番茄。有一次吃饭有一个破碎的鱼头，鱼眼睛还在，直瞪着我，而它的其他部分却浮在碗里鲜橙色的棕榈油上……

我只依稀记得我在阿伦贝培的第一天。不像研究南美腹地热带雨林中的偏远部落或者巴布亚新几内亚高地的民族志者，我不必徒步或者乘坐独木舟花费很多天才到达田野点。阿伦贝培相对

是文化联系的证据。有相似容器的群体可能在历史上是相关的。也许他们共享文化祖先、相互交易或隶属于同一政治体系。

很多考古学家考察古生态学。生态学是研究一环境中各种生物之间的相互关系。有机体与环境共同构成一个生态系统，规范地安排能量流动和交换。人类生态学研究包含人的生态系统，集中关注人类所用的"有自然影响又被社会组织和文化价值观影响"（Bennett,1969,pp.10-11）的方法。古生态学考察过去的生态系统。

除了重构生态模式，考古学家可能推断文化变迁，比如通过观察遗址的大小、类型及相互间的距离。一个城市由几世纪前只有城镇、村

落、小村庄存在的区域发展而来。一社会中居住层（城市、城镇、村落、小村庄）的数量是该社会复杂程度的衡量标准。建筑则能提供政治和宗教特征的线索。寺庙和金字塔说明一个古代社会存在可以集结建造这些建筑所需劳动力的权力结构。某些结构如古埃及和墨西哥的金字塔的存在与缺失，揭示出居住点之间功能的差异。举例来说，有些城镇是人们参加典礼的场所，有些是墓地，还有一些则是农业社区。

考古学家也通过发掘来重构过去的行为模式和生活方式。这包括在特定遗址连续层（succession level）的挖掘。在一个既定区域，经过一段时间，发掘能记录经济、社会和政治活动的变迁。

◆ 科塔克和他的巴西侄子吉列尔梅•罗克素（Guilherme Roxo）于 2004 年再次访问阿伦贝培。

巴西东北部和阿伦贝培生活的声音、感受、景象、气味和味道，慢慢变得熟悉起来……我开始习惯这个没有纸巾的世界，当有感冒在阿伦贝培发生的时候，村里的孩子都惯常地流鼻涕。在这里，妇女将盛满水的 18 升油桶顶在头上，看起来毫不费力，男孩们放风筝、以徒手抓住家蝇作为消遣，老年妇女用烟管吸烟，店主早上 9 点就供应巴西朗姆酒（普通的朗姆酒），男人们在不用捕鱼的慵懒的下午玩多米诺骨牌。我所拜访的是一个水的世界——男人们捕鱼的海和女人们公用的洗衣服、洗碗、洗澡的潟湖。

于这种地方来说并不隔绝，只是相对于我所到过的地方而言……

我确实记得我们到达那天发生的事。没有正规的通向村庄的路。进入阿伦贝培南部的时候，车子按照之前的机动车留下的痕迹挤过椰子树。一群小孩听说我们要来，就沿村里的路追着我们的车子直到我们在中心广场附近的房子前面停下来。在阿伦贝培的开头几天，我们到哪儿孩子们都会跟着。在几周内，我们几乎没有独处的时间。孩子们从我们起居室的窗户中注视我们的每一个动作。间或会有人做出无法理解的评论。通常他们只是站在那儿……

本段描述引自我的民族志《对天堂的侵犯：巴西一个小社区的全球化》[①]，第 4 版（纽约：麦格劳—希尔出版公司，2006）。

[①] 本书其他地方对该书的引用省略了副标题。——译者注

虽然考古学家以研究史前时代即文字发明之前的时期闻名，但是他们也研究历史甚至现存民族的文化。研究佛罗里达海岸的沉船，水下考古学家能够证实非裔美国人的祖先被当做奴隶带到新大陆时在船上的生活状况。在亚利桑那州图森的一项始于 1973 年的研究项目中，考古学家威廉•拉什杰（William Rathje）已经通过对现代垃圾的研究获悉了现代生活的情况。拉什杰所称"垃圾学"的价值，在于它提供了"人们所做的，而不是他们认为做过的，他们认为他们应该已经做过的，或者采访者认为他们应该已经做过的事情的证据"（Harrison, Rathje and Hughes, 1994, p.108）。人们所说的与垃圾学所揭示的他们的行为可能完全不同。例如，学者发现，在图森三个据报道啤酒消费最少的街坊实际上每户平均起来拥有最多的废弃啤酒罐（Podolefsky and Brown, 1992, p.100）！拉什杰的垃圾学还揭示了关于垃圾中各种垃圾所占比例的认识误区：大多数人原以为快餐盒与尿布是主要的污染问题，事实上与纸相比，包括环保的、可回收的纸，它们并不显著（Rathje and Murphy, 2001）。

生物或体质人类学

生物或体质人类学（biological or physical anthropology）的主题是时空中人类的生物多样性。对生物变异的关注整合了生物人类学内部的

课堂之外

生物人类学中手骨和足骨的运用

背景信息

学生：
Alicia Wilbur[1]

指导教授：
Della Collins Cook

学校：
印第安纳大学

年级/专业：
大三和大四/人类学

计划：
攻读生物人类学博士

项目名称：
生物人类学中手骨和足骨的使用

这篇报道对不止一个人类学分支学科感兴趣的常见问题有什么意义？在生物和考古人类学之外，这项研究与文化人类学有关吗？

收藏于印第安纳大学人类学系，出土自伊利诺伊州中西部的大量保存完好的骨骼系列藏品一直是许多考古学和生物人类学研究项目关注的焦点。

我对运用这一堆骨骼中的手骨和足骨来判定个体的身高和年龄感兴趣。这一信息不仅对过去的民族及其文化的考古学和生物学研究很重要，而且也与现代法医学和大规模灾难状况相关。在考古学和现代场景中，所发现的人类遗骨可能都是极其支离破碎的。一块手骨或足骨可以帮助识别犯罪或者大规模灾难的现代受害者。

大部分用于从骨骼推算成年人身高和判定性别的方程式都是基于现代欧洲人或者现代欧洲裔和非洲裔美国人的数据建立起来的。因为身体比例在各人群中是不同的，将这些方程式用于其他人群骨骼遗存可能得出不准确的结果。我的研究的优势在于它是建立在美洲土著遗骸基础上的，因而可以用于法医案例和大规模灾难中的现代美洲土著遗骸研究。

我测量了 410 位成年人的股骨、手骨和足骨并运用统计方法预测个体性别，准确率超过 87%。用手骨和足骨估算身高也是可能的，虽然给出的范围太大不足以用作呈堂证供。但是，这些计算结果对于初步鉴定时限定身高范围可能还是有用的。

这项研究发表在 1998 年的《国际骨质考古学杂志》(International Journal of Osteoarchaeology)上。在对手骨和足骨数据进行统计分析的时候，我注意到一位女性身体比例的不协调。经过对遗骸其余部分的仔细检查，我发现了一组骨骼异常，表明存在一种被称为阔拇指巨趾综合征（Rubinstein-Taybi syndrome）的罕见基因综合征，它会影响到很多器官。这种综合征包括生长迟缓、智力低下以及头部和脸部的畸形，这又包括眼间距过大和异常大的鼻子。受此影响的个体可能还会有畸形的阔拇指和阔拇趾，还有可能出现呼吸和吞咽困难。

分析该样本的 DNA 以确定我的判断正确与否的可能性还有待证明。如果可以的话，这将是已知的关于这种综合征的首个案例。得知这个人活到成年中期至晚期，并带有几种身心障碍能够告诉我们一些关于她的文化的信息。

这些类型的骨骼物质的研究提供了关于过去的信息，也与现代的问题相关，因而是很重要的。未来的研究将集中于困扰古人类的遗传性和传染性疾病，并将研究成果应用于现代问题。

---

①本书个别学生、教授等非重要人物或较生僻的人名未做翻译，下不一一注明。——译者注

5 个特殊的兴趣点：

1.化石记录所揭示的人类进化（古人类学）。

2.人类遗传学。

3.人类的生长与发育。

4．人类的生物可塑性（身体应对压力如热、冷和海拔时改变的能力）。

5．猴、猿及其他非人灵长类的生物性、进化、行为和社会生活。

这些兴趣点将体质人类学与其他学科联系起来：生物学、动物学、地质学、解剖学、生理学、医学和公共卫生。骨骼学——对骨骼的研究——能帮助古人类学家，他们考察头骨、牙齿和骨骼，以识别人类的祖先并标示出随着时间推移出现的解剖学变化。古生物学家就是研究化石的科学家。古人类学家是古生物学家的一种，他研究人类进化的化石记录。古人类学家在重构人

类进化的生物和文化方面经常与研究人工制品的考古学家合作。化石和工具经常是一起被发现的。不同类型的工具提供关于曾经使用这些工具的人类祖先们的习惯、风俗和生活方式的信息。

一个多世纪之前，查尔斯·达尔文（Charles Darwin）注意到存在于各人群内部的差异使某些个体（那些有有利特征的）有可能比另一些个体在存活与繁殖方面做得更好。后来发展的遗传学，启发了我们关于这种变异的原因和传播。但是，不只是基因造成了变异。在任何个体的一生中，环境与遗传一起决定生物特征。例如，基因倾向于高的人若在童年时营养缺乏可能就不会那么高。因此，生物人类学也探查环境在身体成长和成熟中的影响。在环境因素中，影响发育的是营养、纬度、温度和疾病，还有文化因素，像我们之前提到过的吸引力标准。

生物人类学（与动物学一起）也包括灵长类学。灵长类包括我们最近的亲属——猿和猴。灵长类学家通常在它们的自然环境中研究它们的生物性、进化、行为和社会生活。灵长类学家之于古人类学家是有助益的，因为灵长类的行为或许能解释早期人类的行为和人性。

语言人类学

虽然生物人类学家指望从对脸和颅骨的解剖来推断语言的起源，灵长类学家也已经描绘了猴和猿的交流体系，但是我们不知道（可能永远也不会知道）我们的祖先是何时获得说话的能力的。我们所知道的是，发达的、语法复杂的语言已经存在了上千年。语言人类学家进一步阐明了人类学对于比较、变异和变迁的兴趣。**语言人类学**（illustration anthropology）在社会和文化情境中跨时空地研究语言。有些语言人类学家推断语言的普遍特征或许和人脑的一致性有关。其他人则通过比较当代的后裔重构古代语言，如此一来就可以发现历史。还有一些人研究语言差异以发现不同文化中的不同观念和思维模式。

历史语言学关注历史的变化，如中古英语（大约在1050—1550年间使用）和现代英语相比，语音、语法和词汇的变化。**社会语言学**（sociolinguistics）考察社会和语言变化之间的关系。没有哪一种语言是所有人说话都一模一样的同质的系统。不同的说话人如何使用一种既定的语言？语言特征如何与社会因素包括阶级和社会性别差异（Tannen, 1990）相关联？变异的原因之一是地理，如方言和口音。语言变化也通过族群的双语现象得到表达。语言人类学家和文化人类学家在研究语言和文化的其他方面（如人们如何看待亲属关系以及他们如何感知颜色并对颜色进行分类）的联系时相互合作。

人类学与其他学科

如前文提到的，人类学和其他研究人的学科的主要区别在于整体论，独一无二地融生物、社会、文化、语言、历史和当代视角于一体。悖论的是，这种包容和广博在使人类学显得独特的同时也使之与很多其他学科联系起来。用于化石和人工制品年代鉴别的技术从物理、化学和地质学中进入人类学。因为植物和动物遗存经常与人骨和人工制品一起被发现，人类学家常与植物学家、动物学家和古生物学家合作。

作为一门既科学又人文的学科，人类学与很多其他学科有关联。人类学是一门科学——一个"系统的研究领域或者知识共同体，旨在通过实验、观察和演绎得出关于物质世界和物理世界各种现象的可靠解释"（*Webster New World Encyclopedia*, 1993，p.937）。接下来的章节将展现作为人文科学的人类学，致力于发现、描述、理解和解释人类和祖先之间在时空中的异同。克莱德·克拉克洪（Clyde Kluckhohn, 1944）将人类学表述为"关于人类异同的科学"（Kluckhohn,1994,p.9）。他关于需要这样一个学科的命题依然成立："人类学为处理当今世界最严酷的困境提供了科学基础：外表迥异、语言不通、生活方式不同的人们如何和平共处？"（Kluckhohn,p.9）人类学已经形成了本书试着囊括的一整套知识。

除了与自然科学（如地质学、动物学）和社会科学（如社会学、心理学）的联系之外，人类学与人文学科也有很强的联系。人文学科包括语言、比较文学、古典文学、民族学、哲学和艺术。这些学科研究语言、文本、哲学、艺术、音乐、表演和其他形式的创造性表现。民族音乐学尤其与人类学关系密切，它研究世界范围内的音乐表现形式。同样有联系的还有民俗学，它对各种文化中的故事、神话和传奇进行系统研究。考虑到它对人类多样性的最根本的尊重，可能有人会争辩说人类学是所有学科中最人文的学科。人类学家倾听、记录和呈现来自大量民族和文化的声音。人类学珍视地方性知识、多样的世界观和不同的哲学。特别是文化人类学和语言人类学将比较和非精英的视角引入了创造性表现，包括语言、艺术、音乐和舞蹈，并在其社会和文化场景中加以审视。

文化人类学与社会学

文化人类学与社会学在社会关系、组织和行为方面的兴趣是共通的。两个学科之间的重大差别源于二者传统上研究的社会的类型不同。最初社会学家关注西方工业社会，人类学家关注非工业社会。处理这两类不同社会的资料收集和分析方法随之出现。为了研究大规模复杂社会，社会学家依靠问卷等形式搜集大量的定量数据。多年以来，抽样和统计技术成为社会学的基础，但是在人类学中越来越少见统计训练（虽然随着人类学家越来越多地在现代社会中做研究，这种情况正在改变）。

传统的民族志者研究小规模无文字（没有书写文字）的民族，并依靠适合那种场景的方法。"民族志是人类学家近距离观察、记录和参与另一文化中的日常生活的研究过程——一种被称为田野工作方法的经历——然后写下关于此文化的表述，强调细节的描绘。"（Marcus and Fischer, 1986, p.18）在这段引文中提到的一种重要方法就是参与观察——参与到所观察的事件中，并描述和分析。

人类学和社会学现在在很多领域和论题上交叉。随着世界体系的形成，社会学家现在也在发展中国家和之前主要属于人类学范围的其他地方做研究。而随着工业化的扩展，很多人类学家现在也研究工业社会，他们的研究主题很多样，包括乡村的衰落、城市贫民区以及大众传媒在塑造民族文化模式中的角色。

人类学与心理学

和社会学家一样，很多心理学家在自己所在的社会中做研究。但是关于"人类"心理的命题不能仅基于在一个社会或一类社会中的观察。文化人类学中被称为心理人类学的领域研究心理特征的跨文化差异。社会通过不同的教育孩子的方式灌输不同的价值观。成人的人格折射出一种文化中养育孩子的实践。

马林诺夫斯基（Bronislaw Malinowski）是人类心理跨文化研究的先驱，他以在南太平洋特洛布里恩德岛民（Trobriand Islanders）中的田野工作著名。特洛布里恩德人按照母系计算世系。他们认为自己与母亲及其亲属相关，而不是父亲。规训孩子的不是父亲而是母亲的兄弟，即母舅。特洛布里恩德人对舅舅表现出特殊的尊重，一个男孩与他舅舅的关系通常是冷淡和疏远的。相反，特洛布里恩德人的父子关系则是友好和亲密的。

马林诺夫斯基在特洛布里恩德岛民中的研究修正了弗洛伊德（Sigmund Freud）著名的俄狄浦斯情结具有普遍性的理论（Malinowski, 1927）。按照弗洛伊德的说法（Freud, 1918/1950），男孩在大约 5 岁的时候开始受到母亲的性吸引。在弗洛伊德看来，这种俄狄浦斯情结在男孩克服他对父亲的性嫉妒并认同父亲之后才能解决。弗洛伊德生活在 19 世纪末 20 世纪初的奥地利父系社会中——父亲在该社会环境中是一个强势的权威人物。奥地利父亲是孩子主要的权威人物和母亲的性伙伴。在特洛布里恩德，父亲只拥有性的角色。

如果按照弗洛伊德所声称的，由于对母亲性伙伴的嫉妒，俄狄浦斯情结总是制造社会距离，那么这种情况也会在特洛布里恩德显现出来，但是它没有。马林诺夫斯基总结说权威结构比性嫉妒对父子关系的影响更大。虽然斯皮罗（Melford Spiro, 1993）已经批评过马林诺夫斯基的结论（又见 Weiner, 1988），但是没有哪位当代的人类学家会质疑他关于个体心理受文化情境模塑的主张。人类学一如既往地为心理学命题（Paul, 1989）、发展问题和认知人类学（Shore, 1996）提供跨文化视角。

科学、解释和假设检验

人类学的重要特征是其比较和跨文化维度。如前文所说，民族学吸收民族志也吸收考古的数据来比较和对比，以及做出对社会和文化的概括。作为一种科学诉求，民族学试图识别和解释文化异同、检验假设和建立理论以提升我们对于社会和文化体系如何运作这一问题的理解。

在 1997 年的《人类学中的科学》一文中，恩伯夫妇（Melvin Ember and Carol R. Ember）强调科学的重要特征是看待世界的一种方式：科学认识到我们的知识与理解的暂时性和不确定性。科学家努力通过检验假设——对事物和事件建议的解释——来增进理解。在科学中，理解意味着解释——显示待理解的事物（待解释的术语或陈述）是如何以及为何以已知的方式与其他事物联系起来的。解释依赖于关联和理论。关联是两个或以上变量之间可观察到的联系。理论更概括，显示或暗示关联并试着解释它们（Ember and Ember, 1997）。

一个事物或者一个事件，比如水结冰，如果说明一个一般的原则或者关联，它就是被解释了。"水在华氏 32 度时固化"说明了两个变量之间的关联：水的状态和温度。这个命题的真实性通过反复的观察得到确认。在自然科学中，这种"关系"被称为"规律"。基于规律的解释使我们得以理解过去、预测未来。

在社会科学中，关联经常被或然性地表述：两个或更多变量可预测地倾向于相关，但是有

例外（Ember and Ember, 1997）。例如，在世界范围的不同社会抽样中，人类学家约翰·怀廷（John Whiting, 1964）发现低蛋白饮食和产后性禁忌——在生产后一年或更长时间内禁止夫妻间的性关系——之间强烈的（但不是百分之百）关联或相关。

规律和统计学关联通过将待解释的（例如产后性禁忌）与一个或多个其他变量（如低蛋白饮食）相联系来解释。我们还想知道这种关联为什么会存在。为什么低蛋白饮食的社会有长期的产后性禁忌？科学家构建出理论来解释他们所观察到的相关。

理论（theory）是构建（通过对已知事实的推理）的一套用于解释事情的观点。一个理论为帮助我们理解为什么（有些东西存在）提供了一个框架。回到产后性禁忌这个例子，为什么低蛋白饮食的社会会发展出这种禁忌呢？怀廷的理论是，禁忌是适应性的；这可以帮助人们在特定环

理解我们自己

如果我们只研究自己，我们对人类的行为、思想和感情将能够了解多少呢？如果我们所有的理解都是基于俄勒冈州大学生们所填问卷的问卷分析，情形又会怎样呢？这是一个极端的问题，但是应该能促使你思考关于人类是怎样的一些论述的基础。人类学之所以能帮助我们理解自己，首要原因是其跨文化视角。一种文化无法告诉我们作为人类意味着什么这一问题的一切答案。之前我们看到文化力量影响我们的体质生长，文化也引导我们的情感和认知发展并帮助决定我们成年后具有哪种人格。在所有学科中，人类学作为提供跨文化验证的领域而凸显。电视是如何影响我们的？要回答这个问题，不仅要研究 2006 年的美国，还要研究其他地区——或许还要研究其他时间段（如 20 世纪 80 年代的巴西，见 Kottak, 1990b）。人类学专门研究时空中的人类多样性。

境中存活和繁殖。饮食中的低蛋白可能会使婴儿患上一种被称为夸休可尔症（kwashiorkor）的蛋白质缺乏疾病。但如果婴儿的母亲推迟下一次怀孕的时间，那么这个婴儿就可以获得更长的母乳喂养的时间，存活的概率也就增加了。怀廷认为父母无意或有意地认识到马上生育下一个孩子可能危及第一个孩子的生命。因此，他们在第一个孩子出生后的一年多内避免性交。当这种禁忌被制度化之后，每一个人都被期望去遵守。

理论是包含了一系列命题的解释框架。关联只是说明两个或以上已知变量之间可观察到的关系。相反，理论片段可能很难甚至不可能被观察或被直接感知。以怀廷的理论为例，很难判断人们发展出性禁忌是因为他们认识到了这将可以增加婴儿存活的机会。

通常，理论的某些部分是无法观察到的（至少在目前）。相反，数据关联整个是基于观察得出的（Ember and Ember, 1997）。

如果一个关联被检验后被发现反复出现，我们或许就可以认为它被证明了。与此相反，理论是无法证明的。虽然可能有很多的证据支持它，但其真实性仍然不是建立在必然性上的。理论中的很多观念和观点不是直接可观察或可验证的。因此，科学家试着通过假设光是由"光子"组成的来解释光是如何运动的，这种运动即使使用最好的显微镜也无法观察到。光子是一种"理论建构"，某种看不到也无法直接验证的东西（Ember and Ember, 1997）。

如果我们无法证明理论的话为什么还要为之费心呢？按照恩伯夫妇的说法，理论的主要价值在于促进新的理解。理论可以指示模式、联系或者关联，而这些可能在新的研究中被确认。以怀廷的理论为例，它提出了一个假说以待后人验证。因为该理论主张产后性禁忌在特定情况下是有适应性的，其他人可能会假设特定的变化会导致这种禁忌的消亡。比如通过采取节育措施，人们不必避免性交就可以间隔生育。同样，若婴儿们能够得到蛋白质补充而减少患夸休可尔症的威胁，也可能会导致这种禁忌的消亡。

虽然理论不能被证明，但却可以被推翻。证伪（表明一种理论是错误的）方法是我们评估一个理论的主要方法。若一个理论是正确的，特定的预测应该经得起旨在反证它们的检验。未能被证明是错误的理论可以被接受（至少在当下），因为所能获得的证据支持它们。

支持一个解释可能是成立的可接受的证据是什么呢？研究者个人选择的个案不能提供一个假说或者理论的可接受的检验（试想若怀廷精心梳理了民族志文献并只引用能支持他理论的社会个案）。理想地，假设检验应该用从普通数据中随机选取的样本来进行（怀廷在选择跨文化样本时就是这样做的）。相关变量应该被可靠地测量，结果的说服力和意义应该运用合理的统计方法加以评估（Bernard, 1994）。

理解我们自己

科学是理解自身的有力工具。然而，科学不是死板的或者教条的；科学家深知他们努力去提升的知识和理解的暂时性和不确定性。科学家力图客观，致力于证实规律、提升理论并提供精确的解释。科学依赖于无偏见的方法，如随机抽样、不偏不倚的分析技术和标准的统计检验。但是完全的客观是不可能的。总是存在观察者偏差——那就是，科学家及其工具、方法的运用总是会影响到实验、观察或者分析的结果。正是因为人类学家的在场，他会影响所研究的人们和社会状况，当调查者以特定方式提问的时候也是这样。统计学设计出了测量和控制观察者偏差的技术，但是观察者偏差不能被完全消除。作为科学家，我们只能力求客观和公正。科学自身有很多局限，而且当然不是我们理解自身的唯一方式。但是，追求客观和公正的科学还是远远优于那些偏见更大、更死板和更教条的认知方式。

1. 人类学是关于人性的整体论的、比较的研究。它是对人类生物和文化多样性的系统探索。通过考察人类生物性和文化的起源与变迁，人类学家试图解释异同。一般人类学的四分支是（社会）文化人类学、考古人类学、生物人类学和语言人类学。它们都探索时空中的变化，也都考察适应的过程——有机体应对环境压力的过程。

2. 文化力量模塑人类生物性。包括我们的体型和体像。不同社会对于生理吸引力有其独特的标准。对于什么活动——比如各种运动——适合男性和女性也都有特殊的看法。

3. 文化人类学探索现在和新近过去的文化多样性。考古学通常重构史前人类的文化模式。生物人类学记录涉及化石、遗传学、生长和发育、身体反应和非人灵长类的多样性。语言人类学考察语言范围内的多样性。它也研究语言如何随着社会因素的变化和时间的推移而改变。

4. 对于生物、社会、文化和语言的关注将人类学与许多其他学科联系起来——自然科学与人文学科。人类学家研究跨文化的艺术、音乐和文学。但是他们关注更多的是普通大众创造性的表达而非只为精英设计的艺术。人类学家在社会背景中考察创造者和作品。传统上，社会学家研究城市和工业人群，而人类学家聚焦乡村和非工业民族。心理人类学将人类心理置于社会和文化变化的背景中来考察。

5. 作为科学家，人类学家尝试鉴别和解释文化异同并建构关于社会和文化体系是如何运作的理论。科学家力求通过假设检验来提升理解。解释依赖于关联和理论。关联是观察到的变量之间的关系。理论则更概括，它显示或暗示关联并试着去解释它们。

人类学 anthropology 关于人种及其直系祖先的研究。

考古人类学 archaeological anthropology 通过文化的物质遗存研究人类行为、文化模式和过程。

生物文化的 biocultural 指包含和整合（为解决一个共同问题）生物的和文化的两种方法，这是人类学的标志之一。

生物人类学 biological anthropology 研究人类学时空中的生物变化，包括进化、遗传学、生长发育和灵长类学。

文化人类学 cultural anthropology 研究人类社会和文化；描述、分析、阐释和解释社会和文化异同。

文化 culture 人类独有；通过学习传播；支配行为和信仰的传统和风俗。

民族志 ethnography 在特定文化中的田野工作。

民族学 ethnology 跨文化比较；对民族志资料、社会和文化的比较研究。

食物生产 food production 耕种植物和驯养（圈养）动物；最早出现于距今12 000~10 000年。

普通人类学 general anthropology 作为整体的人类学领域，包括文化人类学、考古人类学、生物人类学和语言人类学。

整体论 holistic 对整个人类状况感兴趣；过去、现在和将来；生物、社会、语言和文化。

语言人类学 linguistic anthropology 对时间、空间和社会中的语言和语言异同的描述、比较和历史研究。

体质人类学 physical anthropology 见生物人类学。

科学 science 系统的研究领域或者知识共同体，旨在通过实验、观察和演绎得出关于物质世界和物理世界各种现象的可靠解释。

社会语言学 sociolinguistics 探索社会和语言变化之间的联系。

理论 theory （通过从已知事实的推理）得出的用于解释某事的一整套观点。理论的主要价值在于促进新的理解。理论体现的模式、联系和关系可能为新的研究所证实。

1. 你认为人类学的哪一点是独特的：整体论还是比较视角？你能想到其他整体论或比较的领域吗？

2. 人类学的生物文化和四分支学科的取向在哪些领域能阐明现时的事件和论争？性学会成为这样的领域吗？

3. 许多其他学科由于对有影响力的人物和精英的关注而受到限制。你其他课程的老师是如何尝试合理化或补偿这种限制的？

4. 按照此处的定义，你惯常用于理解世界的理论有哪些？

补充阅读

Clifford, J.

1988 *The Predicament of Culture: Twentieth-Century Ethnography, Literature, and Art.* Cambridge, MA: Harvard University Press.精妙地评价了古典的和现代的人类学家，并讨论了民族志的权威性。

DeVita, P. R.

1992 *The Naked Anthropologist: Tales from Around the World.* Belmont, CA: Wadsworth.民族志田野工作的视角。

Endicott, K. M., and R. Welsch

2003 *Taking Sides: Clashing Views on Controversial Issues in Anthropology.* Guilford, CT: McGraw-Hill/Dushkin.38位人类学家对包括"伦理困境"在内的19个前沿问题提出不同的观点。

Fagan, B. M.

2006 *Archeology: A Brief Introduction,* 9th ed.Upper Saddle River, NJ: Prentice Hall.介绍了考古学的理论，技术和手段，包括实地调查、发掘和对材料的分析。

2007 *People of the Earth: An Introduction to World Prehistory,* 12th ed. Upper Saddle River, NJ: Prentice Hall.介绍了对史前社会的考古学研究，使用了来自世界各地的材料。

Geertz, C.

1995 *After the Fact: Two Countries, Four Decades, One Anthropologist.* Cambridge, MA: Harvard University Press.一位杰出的文化人类学家反思他在摩洛哥和印度尼西亚的工作。

Harris, M.

1989 *Our Kind: Who We Are, Where We Came From, Where We Are Going.* New York: HarperCollins.对有关人类的起源、文化和主要的社会政治机制的研究进行了清晰的梳理。

Marcus, G. E., and M. M. J. Fischer

1999 *Anthropology as Cultural Critique: An Experimental Moment in the Human Sciences,* 2nd ed.Chicago: University of Chicago Press.民族志作为书写的不同类型，对现代人类学的观察，并考察了人类学家的公共和专业角色。

Nash, D.

1999 *A Little Anthropology,* 3rd ed. Upper Saddle River, NJ: Prentice Hall.对不同社会和文化的简短介绍，并对发展中国家和当代美国作出了评论。

Podolefsky, A., and P. J. Brown, eds.

2007 *Applying Anthropology: An Introductory Reader,* 8th ed. Boston: McGraw-Hill.关注人类学与当代生活的关联的论文集，描绘了当下应用人类学的活跃范围。

Wolf, E. R.

1982 *Europe and the People without History.* Berkeley: University of California Press.关于欧洲和不同的非工业社会关系研究的一部有影响力的获奖作品。

1.人类学新闻：查阅得克萨斯A＆M大学的"新闻中的人类学"（**http://www.tamu.edu/anthropology/news.htm**），其中包含了人类学相关文章的链接。

a.在阅读了本章和其他近期的新闻之后，你是否认为人类学或多或少地与你的生活相关呢？

b.看一看讨论的话题的多样性。文章与人类学之间的联系在你看来是否清晰？在你阅读之前这种联系在你看来是否清晰呢？

c.考察前10篇文章。各篇文章分别与人类学的哪一个分支领域联系最紧密？

d.浏览文章标题列表。新闻中有哪些关于人类学的热门话题？

2.人类学职业：登录美国人类学会的工作网页（**http://aaanet.jobcontrolcenter.com/search/results/**）和北肯塔基大学的雇用人类学家的组织列表（**http://www.nku.edu/~anthro/careers.html**），并回答下列问题：

a.什么样的组织在雇用人类学家？

b.雇主们需要什么样的资质？他们需要硕士学位，抑或正在寻找有学士学位的人类学学生？

c.雇主们在寻找哪些分支学科的人？

3.要注意这只是关于职位的两份网上列表，还有许多其他的。如果你感兴趣的人类学领域不在这些列表上，那么使用搜索引擎寻找可获得的工作。一个很好的起点是**http://www.aaanet.org/careers.htm**，点击以获得人类学职位的更多信息。

请登录McGraw-Hill在线学习中心查看有关第1章更多的评论及互动练习。

科塔克，《对天堂的侵犯》，第4版

阅读康拉德·菲利普·科塔克《对天堂的侵犯》（第4版）的第1章。本章中描述的人类学研究经历与社会学研究有什么差异？基于此，民族志吸引你吗？你知道或曾经到过相当于20世纪60年代的阿伦贝培的地方吗？

彼得斯–戈登，《文化论纲》，第4版

阅读霍莉·彼得斯–戈登《文化论纲》（第4版）的第12章，"萨摩亚人：族长与迁移"。根据你所了解的人类学四分支、整体论和比较视角，你如何看待米德—弗里曼之争？这种论争的后果对于人类学的后果可能是什么，是积极的还是消极的？这种争议对未来的田野工作可能有什么样的潜在影响？

第**2**章
应用人类学

章节大纲：

应用人类学是什么？

应用人类学家的角色

学术人类学与应用人类学
　理论与实践

人类学与教育

都市人类学
　都市与乡村

医学人类学

人类学与商业

职业生涯与人类学

应用人类学是什么?

人类学不是一门由古怪的人类学家在象牙塔中从事的关于异国情调的科学。相反，它是一个整体论的、比较的、生物文化的领域，有很多东西可以告诉大众。人类学最主要的专业组织，美国人类学协会（AAA）通过确认人类学的两个维度正式确认其公共服务的角色：（1）学术人类学和（2）实践或**应用人类学**（applied anthropology）。后者指的是将人类学的资料、视角、理论和方法用于识别、评估和解决当代的社会问题。正如钱伯斯所说，应用人类学是"关注人类学知识及其在人类学之外的世界中的运用之间关系的研究领域"（Chambers, 1987, p.309）。越来越多的来自四个分支的人类学家现在在这种"应用的"领域工作，如公共卫生、计划生育、商业、经济发展以及文化资源管理（见本章"新闻简讯"）。

应用人类学包括任何对四分支学科的知识和／或技术的应用以识别、评估和解决实际问题。因为兼容并蓄，人类学有很多应用。例如，应用医学人类学家会考虑**疾病**（disease）和**病痛**（illness）的社会文化和生物背景以及影响。对于健康状况好坏的认知，实际的健康威胁及问题，在各文化中是不同的。不同的社会和族群认知到不同的病痛、

见在线学习中心的在线练习。
mhhe.com/kottak

症状和病因，并发展出不同的保健体系和治疗策略。医学人类学既是生物的也是文化的，既是学术的也是应用的。例如，应用医学人类学家在那些必须与当地文化契合而且被当地人接受的公共卫生项目中充当文化传译者。

其他应用人类学家为国际发展机构如世界银行和美国国际开发署（USAID）工作。这些发展人类学家的工作是评估经济发展的社会和文化维度。人类学家是地方文化的专家。通过与当地人一起工作并依靠地方性知识，人类学家能够识别具体的社会状况和需求，这些必须被强调，因为它会影响到发展计划的成败。华盛顿或巴黎的计划制定者通常对比如非洲乡村耕种庄稼必需的劳力知之甚少。若人类学家未被邀请与当地人一起明确地方需求、轻重缓急和限制，则发展资金经常被浪费。

当规划者忽略发展的文化维度的时候，项目常归于失败。问题在于对既存的社会文化状况缺乏关注和随之而来的不契合。东非的一个计划就属于此类在文化上不能协调的天真案例。其主要的谬误是试图将游牧民转化为农民。规划者们绝对没有任何证据表明牧民们想要改变他们的生计方式和经济，

随书学习视频

出土邪恶：正义事业中的考古学

第2段

本段视频特写了1998年考古学家理查德·莱特（Richard Wright）带领的由法医考古学家和人类学家组成的15人的团队在波斯尼亚和黑塞哥维那（Bosnia Herzegovina）进行的"正义的事业"。视频的焦点在于对一处集体埋葬或重新埋葬了约660个平民遗体的墓葬遗址的发掘，这些平民在南斯拉夫（Yugoslavia）解体之后的冲突中被杀害。莱特及其同事与国际社会合作提供证据以指证战犯。为什么莱特会对此工作感到紧张呢？将此处展示的法医工作与本章关于法医人类学的探讨加以比较。

但是这一项目却要在他们的土地上实施。牧民们的领地将被转变为商品农场，牧民则将被转化为农场主和佃农。规划者中缺乏人类学家，这个项目完全忽视了社会问题。而这些问题在任何人类学家看来都是显而易见的。牧民们被指望为了增加三倍的劳动量以种植稻谷和采摘棉花而放弃世世代代的生活方式。什么可能刺激他们放弃自由和机动性而从事商品农场佃农的工作呢？当然不是项目规划者为牧民们估计的微薄的经济回报——年均300美元，与之相对的是，他们的新老板即商品农场主的收入超过1万美元。

为了避免此类不切实际的项目，并使发展规划更具社会敏感性和文化适宜性，现在发展组织习惯性地将人类学家纳入其规划团队。他们的组员中可能包括农学家、经济学家、兽医、地质学家、工程师和健康专家。应用人类学家也将他们的技能用于研究人文维度中的环境退化（例如滥砍滥伐和污染）。人类学家考察环境如何影响人类，以及人类活动如何影响生物圈和地球本身。

应用人类学家也在北美工作。垃圾学家帮助环保机构、造纸业、包装和贸易协会。应用考古学，常被称为公共考古学，包含了文化资源管理、契约考古、公共教育计划、历史保存等活动。（本章的"新闻简讯"描述了公共考古学的

概览

人类学有两个维度：学术的和应用的。在各种场景中，人类学经常被"应用"——被用于鉴别和解决涉及人类行为、社会状况和公共卫生的问题。应用人类学家，亦称"实践"人类学家为各种团体和组织工作，包括政府、机构和企业。很多应用人类学家与当地人共事以识别和了解他们感知的需求并策划和实施文化适宜的改变，同时竭力保护这部分人免受有害政策的影响。

人类学被应用于教育、都市、乡村、医疗和商业场景。这些领域可能既有理论的也有应用的、既有生物的也有社会文化的维度。教育人类学家在教室、家庭、社区和其他与教育相关的场景中工作。都市人类学家研究包含移民、城市生活和都市化的问题与政策。医学人类学家跨文化考察疾病和医疗保健体系。对商业而言，人类学的重要方面包括作为收集数据的民族志和观察、跨文化专家以及对多样性的关注。人类学的比较视角为海外发展提供了有价值的背景。对文化和多样性的关注与当今北美的工作也高度相关。人类学随着社会因素的变化和时间的推移而改变。人类学与很多其他学科相关：既与自然科学（如生物学）也与社会科学（如社会学）相关。

考古学家在新奥尔良发现了帮助生者的方法

《纽约时报》新闻简讯
作 者：约翰·施瓦茨（John Schwartz）
2006 年 1 月 3 日

人类学被应用于识别和解决各种各样涉及社会状况和人类行为的问题，如帮助社区在面临威胁或灾难的时候保存其文化。人类学家的客户包括政府、机构、地方社区和企业。这则新闻描述了一位考古学家在新奥尔良卡特里娜飓风之后进行的公共考古。正如此处讨论的，文化资源管理是应用人类学的一种方式：运用人类学视角、理论、方法和数据，识别、评估和解决社会问题。

"那是指骨。"

夏侬·李·道迪（Shannon Lee Dawdy）跪在弃置的霍尔特（Holt）墓地触摸一根从裂开的土地中伸出来的顶针大小的骨头。她查看那根骨头，没有厌恶，有的只是科学的执着和一个热爱新奥尔良的人的悲伤。

道迪博士，38 岁，芝加哥大学人类学助理教授，是在卡特里娜飓风和丽塔飓风（Hurricanes Katrina and Rita）肆虐之后来到路易斯安那、密西西比和得克萨斯广大区域的成千上万救援工作者中比较不寻常的一位。她受联邦应急管理局（FEMA）的委托，作为与州历史保护办公室的联络人。

她的任务是避免新奥尔良的重建对仅存的遗产和当下文化的破坏。

虽然对墨西哥湾岸区的大部分修复是工程师和机械师的工作，但是作为考古学家、人类学家和历史学家的道迪博士的工作表明了社会科学也在其中扮演角色。"这是考古学家回馈生者的方式，"她说，"而这不是它经常做的。"

霍尔特墓地是城中穷人的安息地，这只是她想要保存和保护的地点之一。

新奥尔良的其他墓地有闪亮的陵墓，将棺材置于沼泽状的泥土之上。但是霍尔特墓地的棺材是葬于地下的，其上的地面由木栅栏圈起来。

吊唁者用祭品装饰陵墓：给孩子的泰迪熊，以及成年人墓前的包括冰柜、塑料的南瓜灯和椅子等一系列物品。间或还有酒瓮……

很多墓前的祭品被暴雨冲走或者被从墓地的这一边移到了那一边。道迪博士建议像考古学家对待因为侵蚀而暴露在表层的古遗址一样对待此处。

在飓风之前，墓地经常很热闹，是追思节活动的中心，届时人们来这里更新墓地的装饰。

"对我而言最痛心的是现在我们看到的人如此之少，"她说，看着空荡荡的墓地和遍体鳞伤的榭树，"我意识到我们照顾生者已经是困难重重。"她又补充说，但是在一个正常情况下与逝去的灵魂如此亲近的城市中缺乏此类活动，"将家园从受重创的东西中推到如此遥远。"……

她说，将霍尔特视为一处考古遗址意味着政府不能将祭品视作碎片，而是作为宗教物品，通过恢复受损遗址的努力可以找到物品或至少知道它们是从哪里来的。

联邦应急管理局只想尽快清理被破坏的区域，其罹难者鉴定团队（被称作 Dmort）也主要是处理遗体，以及解决坟墓可能导致的疾病问题。

如果像这样的地方被毁坏了，道迪博士说，"人们就不会觉得与这里有什么关联了"。她还说，如果人们觉得这里还是自己的家园，那么他们会更愿意回到一个被破坏的城市。

道迪博士本人生于加利福尼亚北部，但是她对新奥尔良有很深的感情。她当时就读于威廉玛丽学院，1994 年，她来到这里做硕士论文。"我整天写作，"她说，"我至少要完成 5 页，晚上才可以出去玩。"在完成这个项目所花费的 8 周时间里，她说："我爱上了新奥尔良。我真的视它为我的心灵家园。"

她在新奥尔良大学启动了一项试验计划，与城市规划者和基金会共同参与关于城市的发掘、口述史和实际操作的研究计划，以保护被掩埋的物品。

随后她放下这个工作，去密歇根大学攻读人类学和历史学博士学位，主要研究法国殖民时代的新奥尔良，并在芝加哥大学获得了教席……

就在卡特里娜飓风之前，道迪博士还想办法回过新奥尔良。2004 年，她在研究老城法国区（French Quarter）一个规划拆迁的停车场地下可能存在的考古遗址时有了很有趣的发现。19 世纪 20 年代的财产记录和广告显示该遗址曾是一座宾馆，并且有一个迷人的名字：旭日宾馆（Rising Sun Hotel）。

道迪博士找到一份 1821 年 1 月的报纸，上有宾馆的广告，在广告中宾馆所有者承诺，"继续提供最好的娱乐，一如过去的二十年"。

一种方式，参与卡特里娜飓风之后的文化保存。）一项立法确立了公共考古学的重要角色，该法规要求对受到堤坝、公路和其他建设活动威胁的场址进行评估。决定哪些需要保留并在场址不能保留的时候保护关于过去的有意义的信息，这就是**文化资源管理**（CRM）工作。CRM不只是参与保护场址，当场址没有重大意义时也允许摧毁它们。该术语中的"管理"指的是评估和决策过程。如果需要进一步的信息来做决定，那么可能会进行调查和发掘。CRM基金来自联邦、州和地方政府，以及必须遵守保护章程的开发者。文化资源保护人为联邦、州、县和其他委托人工作。应用文化人类学家有时和公共考古学家合作，对提议的变迁所滋生的人类问题进行评估，并决定如何减少这类问题。

记住，应用人类学家来自于所有四个分支领域。生物人类学家在公共卫生、营养学、遗传咨询、药物滥用、流行病学、老龄化和精神病领域工作。他们将他们的人体解剖学和生理学知识应用于提高机动车安全水平以及飞机和宇宙飞船的设计。法医（生物）人类学家与警察、法医、审判人员以及国际组织合作，鉴定犯罪、事故、战争和恐怖主义的受害者。他们可以通过遗骸判断年龄、性别、身材大小、族源和受害者人数。体质人类学家能够根据损伤的样式判定飞机和交通工具的设计是否有缺陷。

文化人类学家通过展现城市邻里间强烈的亲属联结的存在而影响了社会政策，在此之前城市的社会组织被认为是"支离破碎的"或"病态的"。改善教育的建议源于对教室和周边社区的民族志研究。语言人类学家展现了方言差异在课堂学习中的影响。总的来说，应用人类学旨在找出人性化和有效的方式以帮助人类学家传统上研究过的那些人们。表2.1显示了人类学的四个分支和两个维度。

有两支重要的专业应用人类学家队伍 [也称**实践人类学家**（practicing anthropologists）]。较早的是独立的应用人类学会（SfAA），成立于1941年。第二个是国家人类学实践促进会（NAPA），成立于1983年，作为美国人类学协会（AAA）的一个组成部分（很多人都同时隶属于这两个协会）。实践人类学家（定期或不定期，全职或兼职）为非学术性的客户工作。这些客户包括政府、发展机构、非政府组织、部落和民族联盟、利益团体、商业机构，以及社会服务和教育机构。应用人类学家为发起、管理和评估那些旨在影响人类行为和社会状况的规划和政策的团体提供服务。应用人类学的范围既包括北美以外也包括北美内部的变迁和发展（见 Ervin, 2005）。

应用人类学家的角色

通过逐步灌输对于人类多样性的赏识，人类学与民族中心主义——一种认为自己的文化更为优越并用自己的文化价值观评判在其文化中成长的人们的行为和信仰的倾向——作斗争。这种拓宽和教育角色影响到接触人类学的人们的知识、价值观和态度。现在我们着眼于这个问题：人类学在辨识和解决由现代经济、社会和文化变迁潮流引起的问题中能做出什么具体的贡献呢？

因为人类学家是人类问题和社会变迁的专家，因为他们研究、理解和尊重文化价值，他们非常胜任建议、规划和执行那些会对人产生影响的政策。适合人类学家的角色包括：（1）识别当地人理解的对于变迁的需要；（2）与当地人一起规划变迁，既是文化适宜的，也是社会敏感的；（3）保护当地人免受有害政策和项目的威胁。

曾经有这样一个时期——尤其是20世纪40年代——大部分人类学家都致力于知识的应用。在第二次世界大战期间，美国人类学家研究日本和德国的"遥远文化"，试图预测敌国人们的行为。战后，美国人在太平洋地区应用人类学，用于获取各种各样托管地人们对美国政策的合作。

现代人类学不同于早期主要服务于殖民统治的形式。应用是早期人类学在英国（殖民主义背景下）和美国（在对美国印第安人的政策背景下）的核心关注点。在转向新形式之前，我们应该思考旧形式的危险。

在大英帝国特别是非洲殖民的背景下，马林诺夫斯基（Malinowski, 1929a）提议"实践人类学"（他关于殖民地应用人类学的术语）应该致力于西化，将欧洲文化散布至部落社会。马林诺夫斯基既不质疑殖民主义和合法性，也不质疑人类学家在使殖民主义得以实现中的角色。他不认为通过研究土地所有制和土地使用并决定当地人应该保留多少土地以及欧洲人应该得到多少来帮助殖民政权有什么不对的地方。马林诺夫斯基的观点例证了人类学（特别是在欧洲）与殖民主义的历史相关联（Maquet, 1964）。

今天，很多人类学视自己的工作为助人行业，致力于帮助当地人，因为人类学家在国际政治领域为被剥夺者辩护。但是应用人类学家也为那些既不贫困也非无权的客户解决问题。应用人类学家为其商业雇主或客户工作，试图解决提高利润的问题。在市场调查中，当人类学家力图帮助公司更有效、更有利润地运转的时候，可能出现伦理问题。伦理的模糊性也表现在文化资源管理领域。一个CRM公司通常受雇于那些试图建造一条路或者一个工厂的人。在这种情况中，客户会非常乐于看到这样一种结果，即没有任何需要保护的场址。研究者应该对谁忠诚，坚持真理又会带来怎样的问题？

像殖民地人类学家一样，应用人类学家依然面临伦理困境，因为他们不制定他们必须要执行的政策，而且要批评自己参与的项目也很困难（参见 Escobar, 1991/1994）。人类学专业组织通过建立伦理法则和伦理委员会来处理这些问题。关于美国人类学协会的伦理规则，见附录2和**http://www.aaanet.org**。正如泰斯（Tice, 1997）所说，对于伦理问题的关注在当今应用人类学教学中是首要的。

学术人类学与应用人类学

应用人类学在20世纪50年代和60年代期间没有消失，但是学术人类学在第二次世界大战后得到了长足发展。始于1946年并在1957年达到顶峰的婴儿潮，推动了美国教育系统的扩张，

表2.1	人类学的四个领域和两个维度
人类学的分支领域（一般人类学）	应用实例（应用人类学）
文化人类学	发展人类学
考古人类学	文化资源管理（CRM）
生物或体质人类学	法医人类学
语言人类学	课堂中的语言多样性研究

学术性的工作职位因而增多。新的大专、社区大学和四年制的大学得以设立，人类学成为大学课程的标准部分。在 20 世纪 50 年代和 60 年代，虽然有一些人仍在机构和博物馆工作，但多数人类学家是大学教授。

这一学术人类学的时代持续至 20 世纪 70 年代。特别是在越南战争期间，本科生们蜂拥至人类学课堂去学习异文化。学生们尤其对被战争扰乱的东南亚社会感兴趣。很多人类学家抗议超级大国对非西方的生活、价值观、风俗和社会体系表现出的明显的漠视。

在 20 世纪 70 年代（此后更甚），虽然很多人类学家依然在学术机构工作，但其他人在国际组织、政府、商业领域、医院和学校找到了工作。现在，大约一半的人类学专业博士毕业后会从事学术以外的职业。这种向应用的转向，使专业本身得以受益。它迫使人类学家思考他们研究的更广泛的社会价值和影响。

理论与实践

应用人类学中最有价值的工具之一是民族志方法。民族志者直接研究社会，与普通人同住并向他们学习。民族志者是参与观察者，参与到所研究的事件中以理解当地人的思想和行为。应用人类学家在国外和国内场景下均应用民族志技术。其他参与社会变革项目的"专家"可能满足于官员谈话、阅读报告和抄写统计数据。但是，应用人类学家的最初要求却是"带我见当地人"之类。我们知道当地人必须在影响他们的变革中起到积极的作用，"当地人"拥有"专家"缺乏的信息。

人类学理论——四分支的发现和概括的集合体——也指导着应用人类学家（见附录 1）。人类学的整体论和生物文化视角——其对于生物、社会、文化和语言的兴趣——使其能够评估那些会影响当地人的问题。理论辅助实践，实践推动理论。当我们比较社会—变革政策和项目的时候，我们对于因果的理解就提升了。在已知的传统和古代文化之外，我们增添了关于文化变迁的新的认识和概括。

人类学的系统视角认识到变迁不是发生在真空中的。一个项目或者规划总是有多种影响，而有些是不能预见的。举例来说，很多意图通过灌溉提高产量的经济发展规划，却因为建造了疾病频发的水路而造成了公共卫生的恶化。一个发生在美国的关于非预期后果的例子是，一个原本旨在提高教师对文化差异的尊重的项目却导致了民族刻板形象的形成（Kleinfeld, 1975）。特别是印第安人学生不喜欢老师经常评论他们的印第安文化遗产。这些学生觉得自己被与其他同学隔离开了，而且将这种对他们民族的关注视为怜悯和贬低。

人类学与教育

人类学与教育（anthropology and education）指的是在教室、家庭和街坊邻里间展开的人类学研究（见 Spindler 2000/2005）。有些很有趣的研究是在教室里做的，人类学家在那里观察教师、学生、父母和拜访者之间的互动。于勒·亨利（Jules Henry）对美国小学教室的经典论述（Henry, 1955）展现了学生是如何学会与他们的同伴保持一致和相互竞争的。人类学家还跟随学生从教室进入他们的家庭和社区，将学生视为全然的文化创造物，他们的文化濡化和对教育的态度属于一个更大的包括家庭和同伴的场景（Zou and Trueba, 2002）。

社会语言学家和文化人类学家在教育研究中相互合作，例如在一项关于中西部城区七年级波多黎各学生的研究中（Hill-Burnett, 1978）。在教室、社区和家庭中，人类学家发现了教师的一些错误观念。例如，教师错误地假设波多黎各父母与非西班牙裔父母相比更看轻教育的价值，但是，深入访谈却显示波多黎各父母更重视教育。

研究者还发现某些事实阻碍了西班牙裔获得充分的教育。比如，教师联盟和教育委员会同意将"英语作为一门外语"来教授。但是，他们没有为讲西班牙语的学生配备双语教师。学校开始将所有阅读分数低和有行为问题的学生（包括非西班牙裔）分派进英语作为外语的班级。

这一教育灾难将不讲西班牙语的老师、几乎不讲英语的学生和讲英语但是有阅读和行为问题的学生汇聚到一起。讲西班牙语的学生不只是在阅读上而是在所有科目上落后。如果先有讲西班牙语的老师来教他们科学、社会研究和数学，直到他们准备好用英语来学习这些学科，那么至少他们在这些科目上能够赶上其他人。

应用社会语言学与教育之间关系的绝好例证来自密歇根州的安阿伯（Ann Arbor）。1979 年，白人占多数的小马丁·路德·金小学几位黑人学生的家长起诉了教育委员会。他们声称他们的孩子在教室里遭遇了语言歧视。

这些孩子住在保障性住宅计划建造的一个居民区中，在家中讲通俗黑人英语（BEV）。在学校，他们中的大多数都遇到了功课上的问题。有些被贴上了"阅读障碍"标签，并被安排上阅读补习课程（试想在这种标签下孩子们的尴尬以及对自我形象的影响）。

非裔美国人父母和他们的律师们认为，孩子们没有本质上的学习障碍而仅仅是不能理解老师所讲的全部内容。他们的老师也不是一直都能理解他们。律师们辩称因为通俗黑人英语和标准英语（SE）如此相似，以至于老师经常将孩子对一个标准英语单词的正确发音（用通俗黑人英语）误解为是阅读错误。

律师请了几名社会语言学家作证。学校委员会则相反，找不到一个能够胜任的语言学家支持其不存在语言歧视的论点。

法官作出了有利于孩子的判决，并指定下列解决办法：该校教师须参加一个全年的课程以增加关于非标准语言，特别是通俗黑人英语的知识。法官不主张老师学习讲通俗黑人英语，或者孩子们用通俗黑人英语写作业。学校的目标仍旧是教孩子们正确使用标准英语。但是，在实现这一目标之前，老师和学生一样须学会辨认这些方言的异同。在这一年结束的时候，多数老师在接受当地报纸采访时说这一课程对他们有帮助。

面对形形色色的、多重文化的人群，教师应该对语言和文化差异保持敏感和了解。孩子们需

要被保护以确保他们的族群和语言背景不会使他们处于不利的地位。而这正是在当一种社会差异被视为学习障碍的时候所出现的状况。

都市人类学

与 1992 年的 77% 相比（Stevens, 1992），至 2025 年，发展中国家人口将占到世界人口的 85%。未来问题的解决日益有赖于对非西方文化背景的了解。最高的人口增长率是在不太发达的

国家，特别是在城区。1900 年，全世界只有 16 个城市人口超过 100 万，但是现在有 300 多个这样的城市。至 2025 年，与 1900 年的 37% 相比（Stevens，1992），世界人口的 65% 将是城市人口。乡村移民经常搬入贫民窟，住在没有公共事业设备和公共卫生设施的陋室中。2003 年，联合国预计有 9 400 万人，约世界人口的六分之一，住在城市的贫民窟中，多数没有水、卫生、公共服务和法律上的安全保障（Vidal，2003）。联合国预计 30 年后发展中国家的城市人口将翻一番——达到 4 亿人。农村人口几乎不会增长并将在 2020 年后开始下降（Vidal，2003）。随贫民窟人口的集中和增加而来的是犯罪率上升，以及水、空气和噪声污染。这些问题在不发达国家将更加严重。几乎所有预计要增加的世界人口（97%）将出现在发展中国家，仅非洲就占 34%（Lewis，1992）。虽然北方国家如美国、加拿大和大多数欧洲国家的人口增长率很低，但全球人口的增长将继续影响到北半球，特别是经过国际移民途径，近期有大量且仍在大幅增加的移民从发展中国家如印度和墨西哥进入美国和加拿大。

随着工业化和城市化在全球扩散，人类学家越来越多地研究这些进程及其所造成的社会和卫生问题。具有理论（基础研究）和应用双重维度的都市人类学是关于全球城市化和都市生活的跨文化的、民族志的和生物文化的研究（参见 Aoyagi, Nas and Traphagan, 1998；Gmelch and Zenner, 2002；Stevenson, 2003）。美国和加拿大也已成为都市人类学研究诸如族性、贫困、阶级和亚文化变异等主题的热门地区（Mullings, 1987）。

都市与乡村

作为一位较早关注第三世界城市化专业的学者，人类学家罗伯特·雷德菲尔德（Robert Redfield）长期致力于城市和乡村生活的对比，他指出城市是一个和乡村社区非常不同的社会情境。雷德菲尔德（Redfield, 1941）提出城市化应该置于城乡连续体中来研究。他描述了处于这个连续体中的四个不同的地点，以及它们在价值观和社会关系方面的差别。在墨西哥尤卡坦半岛，雷德

见在线学习中心的在线练习。
mhhe.com/kottak

菲尔德对比了一个隔绝的讲玛雅语的印第安社区、一个村庄、一个小城镇和一个庞大的都市。受雷德菲尔德的影响，一些在非洲（Little，1997）和亚洲的研究也继续探讨了这个话题，即城市作为中心，文化创新从城市传播至乡村和部落地区。

无论在哪个国家，城市和乡村都代表着不同的社会体系。但是，移民将乡村的社会形态、实践和信仰带入了城市。当他们回访或永久返回迁出地的时候，也将城市或国家形态带回去了。不可避免地，乡村地区的经历和社会单位影响到对城市生活的适应。城市也发展出新的机构以满足特殊的城市需求（Mitchell，1966）。

将人类学应用于城市规划始于识别城市场景中的关键社会群体。在辨识出这些群体后，人类学家帮助他们表述出对于变革的希望，并帮助将这些需求传达给基金资助机构。下一步是和这些机构和人合作以确保变革正确执行并与人们最初所说的保持一致。对于非洲城市群体，一个应用人类学家要考虑的包括族群组织、职业团体、社会团体、宗教团体和丧葬会（burial society）。通过在这些团体中的成员资格，城市非洲人有广泛的人际关系和支持网络。族群或者"部落"联盟在东非和西非都很普遍（Banton，1957；Little，1965）。这些团体与其乡村亲属保持联系并为他们提供现金支持以及在城市里的住处。

这种群体的意识形态是庞大的亲属群体。成员之间相互称"兄弟"和"姐妹"。就像在一个扩大家庭中，富裕的成员帮助贫困的亲戚。当出现内讧时，团体成为仲裁者。成员的不当行为可能导致被驱逐——这在一个多民族的大城市中是很悲惨的命运。

现代北美城市也有基于亲属的族群组织。例子之一来自洛杉矶，那里有美国最大的萨摩亚移民社区（超过 1.2 万人）。洛杉矶的萨摩亚人依赖于他们传统的 matai 制度（matai 意为氏族族长；现在 matai 指的是对于长者的尊敬）来处理现代都市问题。举个例子，1992 年，一个白人警察开枪打死了两个未带武器的萨摩亚兄弟。当法院撤销了对警察的指控时，地方领导人运用matai 制度来安抚愤怒的青年（他们像洛杉矶的

其他族群一样形成了自己的社团）。氏族首领和长老组织了一个有众多人参加的社区集会，敦请青年成员耐心。

洛杉矶萨摩亚人也运用美国的司法体制。他们对那位警察提出诉讼，迫使司法部门开始在此事中将其定义为民权案件（Mydans, 1992b）。都市应用人类学家的角色之一是帮助相关的社会团体应对更大的城市机构，如那些特别是新来的移民可能不熟悉的法律和社会服务机构（参见Holtzman, 2000）。

医学人类学

医学人类学（medical anthropology）既是学术/理论的，也是应用/实践的。它是一个囊括了生物和社会文化人类学家的领域（见Anderson, 1996; Brown, 1998; Joralemon, 1999）。在这一章讨论医学人类学是因为它有很多应用。医学人类学家考察这样一些问题，如：什么疾病影响不同的人群？病痛是如何被社会建构的？人们如何用有效的和文化适宜的方式治疗病痛？

这一正在发展的领域思考疾病和病痛的生物文化背景和影响（Helman, 2001; Strathern and Stewart, 1999）。**疾病**指科学认定的由细菌、病毒、真菌、寄生虫或者其他病原体引起的健康威胁。**病痛**是个体觉察或感觉到的身体不适的状况（Inhorn and Brown, 1990）。跨文化的研究表明，对于健康状况好还是不好以及相伴随的健康威胁和健康问题，是文化建构的。不同的族群和文化识别不同的病痛、症状和病因，并发展出不同的医疗体系和治疗策略。

疾病在不同的文化中也是不同的（Baer, Singer and Susser, 2003）。传统和古代的狩猎—采集者，由于人数少、流动少，以及与其他群体的相对隔绝，不会遭受那些影响农业和城市社会的大多数时疫（Cohen and Armelagos, 1984; Inhorn and Brown, 1990）。流行病如霍乱、伤寒和淋巴腺鼠疫盛行在人口密集处，因而对农民和城市居民影响更大。疟疾的传播则与人口增长和与食物生产相连的森林砍伐相关。

某些疾病随着经济发展扩散。血吸虫病或裂体血吸虫（肝吸虫）病可能是迄今所知传播最快且最危险的寄生虫感染（Heyneman, 1984）。它由生活在池塘、湖泊和水渠，通常是由灌溉工程建造的水渠中的钉螺繁殖。一项在埃及尼罗河三角洲的一个村庄中完成的调查（Farooq, 1966）说明了文化（宗教）在血吸虫病传播中的角色。这种疾病在穆斯林中比在基督徒中更普遍，因为有一种伊斯兰教信仰实践叫做渥都小净（wudu），即祈祷前的仪式性净身（沐浴）。应用人类学减少这种疾病的方法是看当地人是否察觉到传播媒介（如水中的钉螺）和疾病之间的联系，这种联系可能花费数年才能发现。如果他们不知道，这些信息可以通过活跃的当地团体和学校来传播。随着电子大众媒体在世界范围内的传播，文化适宜的公众信息推广已经提高了对于公共卫生的意识，也调整了相关行为以改善公共卫生状况。

在东非，艾滋病和其他性传播疾病（STDs）通过男性卡车司机和女性性工作者之间的接触已经沿着交通要道传播开来。随着年轻男性从乡村地区到城市、工厂和矿山找工作，性传播疾病也通过卖淫传播。当这些男人回到他们自己的村庄，他们会感染自己的妻子（Larson, 1989; Miller and Rockwell, 1988）。城市也是性传播疾病在欧洲、亚洲、北美洲和南美洲首要的传播场所（Baer, Singer and Susser, 2003; French, 2002）。疾病的种类和范围在各社会是不同的，各文化解释和治疗病痛的方法是有差异的。生病和健康的身体的标准是文化建构的，且随着时空改变（Martin, 1992）。然而，所有社会还是都有福斯特和安德森（George Foster and Barbara Anderson, 1978）所称的"疾病理论体系"来识别、划分和解释病痛。他们认为（Foster and Anderson, 1978），存在三种关于病因的基本理论：拟人论（personalistic）、自然论（naturalistic）和情绪论（emotionalistic）。拟人论疾病理论将病痛归咎于媒介（通常是恶意的），如巫师、巫术、鬼魂或者祖灵。自然论疾病理论用非人格性的术语（impersonal terms）解释病痛。其中一个例子就是西医或称生物医学，它用科学术语来解释病痛，认为

见网络探索。
mhhe.com/kottak

患者是受害于一些没有个人恶意的媒介。因此，西医将病痛归因于有机体（如细菌、病毒、真菌或寄生物）、事故或者有毒物质。其他自然论的民族医学体系将健康状况差归咎于体液不平衡。很多拉丁文化将食物、饮料和环境状况分类为"热"和"冷"。人们相信当他们同时或者在不适当的状况下吃或喝冷的和热的东西时，健康会受损。例如，不应该在热水浴后喝冷的东西或者在经期（一种"热的"状况）吃菠萝（一种"冷的"水果）。

情绪论的疾病理论假设情绪经历会引起病痛。比如，拉丁美洲人可能会出现"惊恐"（susto），或者"丢魂"——一种由焦虑或受惊引起的病痛（Bolton, 1981; Finkler, 1985）。其症状包括无精打采、呆滞和心烦意乱。当然，现代精神分析学也关注情感在生理和心理健康中的角色。

所有社会都有**医疗保健体系**（health-care systems）。这包括信仰、习俗、专家和旨在保障健康和预防、诊断、治疗病痛的技术。一个社会的病因理论对于治疗是很重要的。当病痛具有人格化的病因时，萨满和其他巫术—宗教专家可能是很好的治疗者。他们依靠构成他们专业知识的各种技术（超自然的和实际的）。萨满（其他巫术—宗教专家）可能通过将灵魂引回身体而治愈丢魂。萨满可能通过促使灵魂沿产道游动引导婴儿出生以缓解难产（Lévi-Strauss, 1967）。萨满还可能通过抵抗诅咒治愈咳嗽，或去除巫师引入的某种物质。

所有文化都有保健专家。如果存在一个"世界上最古老的职业"，除了猎人和采集者，就是**治疗者**了，通常是萨满。治疗者的角色有一些普同性特征（Foster and Anderson, 1978）。因此，治疗者通过一个文化界定的选择（家长激励、继承、幻象和梦的指引）和培训（萨满学徒、医学院）的过程而产生。最终，该治疗者为前辈所认可并获得了职业资格。病人相信这些治疗者的技能，接受他们的诊治并付给报酬。

我们不应该民族中心主义地忽略科学医学与西方医学的区别（Lieban, 1977）。除了病理学、微生物学、生物化学、外科学、诊断技术和应用的进步，很多西方医学程序在逻辑或事实上很难说有什么合理性。过量镇静剂、麻醉药品、不必要的手术以及非人性化和不平等的医患关系是西

方医学体系值得怀疑的特征。不仅对人，也在动物喂养和抗菌皂中过量使用抗生素，似乎正在引发有抗体的微生物的爆发，这可能造成长期的全球公共卫生危害。

但是，西方医学依然在很多方面超越了部落治疗。虽然药物如奎宁、古柯、鸦片、麻黄碱和萝芙木碱是在非工业社会被发现的，但是现在已有上千种有效的药物可以被用于治疗无数病痛。预防医疗保健在20世纪得到改善。今天的手术操作与传统社会的相比更为安全和有效。

但是工业化也产生了其自己的健康问题。现代应激源包括噪声，空气和水污染，营养不良，危险的器械，机械的工作，疏离，贫困，无家可归和药物滥用。工业化国家中的健康问题既归因于病原体，也同样归因于经济、社会、政治和文化因素。比如在当今的北美，贫困导致了很多病痛，包括关节炎、心脏病、背疼和听力、视力损伤（参见 Bailey, 2000）。贫困也是传染病差异性传播的因素之一。

人类学家在公共卫生项目中扮演了文化传译者的角色，这些项目必须注意到本地人关于病痛性质、病因和治疗的理论。成功的健康干预不能简单地强加给社区。它们必须与当地文化相契合并能为当地人所接受。当西方医学被引入时，人们往往既保留很多老办法也接受新方法（参见 Green, 1987/1992）。本地的治疗者可能继续治疗某些病症（神灵附身），而医生则处理其他病症。当现代的和传统的专家都参加治疗过程且病人被治愈时，本地治疗者应当得到和医生一样甚至更多的认可。

效仿非西方医学的治疗者—患者—社区关系的更人性化的病痛治疗可能对西方医学体系有益。西方医学倾向于在生物原因和心理原因之间划出一条严格的界线。非西方理论通常没有如此清晰的区分，而认识到健康状况差是生理、情感和社会原因相互交织的结果。身心对立并非科学的一部分，而是一种西方通俗分类学。

人类学与商业

卡罗尔·泰勒（Carol Taylor, 1987）研究"驻扎人类学家"在大型、复杂的组织如医院或企业中的价值。当信息与决策沿森严的等级流动时，一个在这些限制之外的民族志研究者可能是一个有洞察力的怪胎。若被允许观察各类型、各层次的人员并与他们自由交谈，人类学家可以获得关于组织状况和问题的独特认知。多年以来，人类学家用民族志方法研究企业场景（Arensberg, 1987; Jordan, 2003）。举例来说，对汽车厂的民族志研究可以观察工人、管理者和执行官作为不同的社会类型参与到一个共同的社会体系中。每一个群体有独特的态度、价值观和行为模式。这通过微观濡化——人们在有限制的社会体系中学习特殊的角色的过程——传播。民族志研究不受限制的性质使人类学家得以全面考察从工人到执行官的所有人群。这些人既是有个人观点的个体也是文化创造物，在某种程度上与群体内的其他成员共享认知。应用人类学家已经扮演了"文化掮客"的角色，将管理者的目标或工人的关切点转译给对方。

通过密切观察人们是如何使用产品的，人类学家与工程师合作设计出用户友好型产品。人类学家越来越多地与高科技公司合作，运用自己的观察技能研究那里的人们如何工作、生活和使用技术。这种研究可追溯至1979年，其时，施乐公司帕洛阿尔托（加利福尼亚）研究中心（PARC）雇用了人类学家萨琪曼（Lucy Suchman）。她在一个实验室工作，那里的研究者正尝试用人工智能帮助人们使用复杂的复印机。萨琪曼观察并拍摄了在复印过程中遇到麻烦的人们。从她的研究可以看到，简单实用比花哨的功能更为重要。这就是为什么现在施乐公司的复印机不管多么复杂，都有一个绿色的复印按钮，供人们在不需要复杂的功能时使用。

"（我们的）研究生一直受到一些公司的争抢。"密歇根州立大学社会科学院院长芭巴（Marietta Baba）说，她曾担任底特律韦恩州立大学（WSU）人类学系主任。韦恩州立大学训练人类学专业的学生观察社会互动以理解一文化中的深层社会结构，并将这些方法应用于产业界。芭巴估算有约9 000位美国人类学家在学术机构工作，有2 200人则在产业界供职。"但是这个比例一直在变化，可能有越来越多的应用人类学家。"她说（转引自Weise, 1999）。商业公司雇用人类学家获取对顾客更好的理解，并发现那些工程师和营销商可能从未想到过的新产品和新市场（见本章"趣味阅读"）。加利福尼亚州门洛帕克（Menlo Park）未来研究所所长安德里亚·萨弗利（Andrea Saveri）认为，传统的市场调查严重受制于其问答形式。"在调查中，你告诉报道人如何回答，并且没有给他们留出任何其他答案的余地"（转引自Weise, 1999）。她认为民族志比调查更准确和有效，因此她雇用人类学家来考察技术所产生的后果（引自Weise, 1999）。

在商界，人类学的关键特征包括（1）民族志和观察作为收集数据的方式，（2）跨文化的专家，以及（3）对文化多样性的关注。当企业想知道为什么有些国家的生产力比我们的更高（或更低）的时候，就会引入跨文化视角（Ferraro, 2006）。生产力不同的原因是文化的、社会的和

理解我们自己

如果我们感觉生病了，一旦在病痛被贴上标签（诊断）之后通常会感觉好些。在当代社会，经常是医生提供给我们这样一个标签——并且还有能治愈或者缓解病痛的药物。在其他情境中，一个萨满或者巫术—宗教专家会提供诊断和治疗计划。我们生活在一个多种可供选择的医疗保健体系共存的世界中，它们彼此之间有时候相互冲突，有时候又相互补充。以前没有人能够在保健体系上有这么宽泛的选择。在寻求健康和存活的时候，人们可能很自然地依赖替代体系——为一个问题选择针灸，为另一个问题选择脊柱按摩疗法，为第三种问题选择药物，为第四种选择心理疗法，为第五种选择精神治疗。回想一下你在上一年选用过的替代治疗体系。

课堂之外

新生活，好身体

背景信息

学生：
Ann L. Bretnall

指导教授：
David Himmelgreen

学校：
南佛罗里达大学

年级/专业：
大四/人类学

计划：
获得应用人类学的硕士学位之后，与地方社会服务机构共同在社区发展项目中效力

项目名称：
为地方西班牙裔社区建立一个农贸市场

注意本文是如何将商贸、营养、健康和社会互动联系起来的。当地农贸市场舒适和随和的气氛是应用人类学的适宜场景——旨在推动文化适宜的教育和创新。随着移民的增加，工作需求和既有的获得快餐的途径已经改变了坦帕地区拉丁裔的食物性质和饮食。Ann Bretnall 探讨了她组织教育事件和当地社区成员在农贸市场的参与情况。

坦帕南佛罗里达大学的应用人类学项目为学生们提供了社区规划的实践经验。"新生活，好身体"（Nueva Vida-Buena Salud，西班牙语）课题是人类学系近期在做的众多课题之一。这一课题是为发展和实施社区参与的营养和健康教育项目而设计的，这个项目面向的是新近到达的拉丁移民家庭。我的规划是为当地的西班牙社区建立一个以教堂为基础的农贸市场。近年来，希尔斯伯勒县（Hillsborough County）包括坦帕在内的西班牙裔人口显著增加。移民从中美洲、南美洲和加勒比海地区来到这里。据美国统计局数据，1990 年希尔斯伯勒县的西班牙裔人口是 106 908 人，2000 年已上升至 179 692 人。

"新生活，好身体"课题建立在之前关于西班牙裔社区的两个课题基础之上，包括"坦帕的文化涵化和营养需求评估"（ANNA-T）和"促进充足的营养"（PAN）。ANNA-T 课题考察了新近拉丁移民的食物消费和身体活动形式。ANNA-T 的研究推动了 PAN 课题的展开。PAN 课题是在一系列文化基础上量身定做的营养—教育和疾病—预防研讨会，以低收入的拉丁裔家庭为目标。ANNA-T 和 PAN 课题发现其饮食结构出现了显著变化，表现为对快餐和碳酸饮料的偏重和新鲜果蔬消费的减少。ANNA-T 还发现缺少时间和社会支持是传统家庭膳食的障碍。

"新生活，好身体"课题的目标是：（1）开设文化适宜的营养—教育和疾病—预防课程，（2）举办一系列健康—饮食和疾病—预防研讨会，以及（3）为更大的社区建立一个以基于教堂的包含营养—教育和健康—提升活动的农贸市场。当地的农贸市场是开放的和非正式的，这为购物活动提供了独特的氛围。这种社会情景使顾客与摊贩更容易交流，不像在杂货店中有时与营业员有不愉快的互动。我在"新生活，好身体"农贸市场课题中的工作包括组织必要的资源来实施农贸市场活动。在访谈和观察中，我发现了社区成员和摊贩真正的兴趣。我所查阅的文献也证实融入地方农贸市场对个体的好处。社区成员组织和建立他们自己的农贸市场的努力对于农贸市场作为一个永久机构在他们的社区中取得成功是很关键的。

综上所述，农贸市场的目标在于提供一个场所，以了解当地西班牙裔社区的社区需求、教育并改善营养和健康。这可以通过保障某些文化特殊的食物的可获得性以及在西班牙裔饮食中引进其他有益的食物来实现。我们仍在进行的研究将为当地社区提供资源，帮助他们继续经营农贸市场，并使其成为当地经济中积极的和可持续的选择。

经济的。要找出这些原因，人类学家必须将注意力集中于生产的组织的关键特征上。工作场所的民族志研究可以发现微妙但重要的差异，这种研究是对在自然（工作场所）场景中的工人和管理者的近距离观察。

职业生涯与人类学

很多大学生发现人类学很有趣并考虑将之作为专业。但是他们的父母或朋友可能会问如下问题使他们觉得沮丧："以人类学为专业你能找到什么样的工作？"要回答这个问题的第一步是考虑一个更大的问题："大学的任何专业能帮你找到什么工作？"答案是，"如果没有足够的努力、思考和计划，都没有什么用"。对密歇根大学文学院研究生的一项调查显示，很少人的工作与他们的专业直接相关。医学、法学和很多其他专业需要高级学位。虽然很多大学提供工程学、商学、会计和社会工作专业的学士学位，但是要获得这些领域的工作通常需要硕士学位。人类学者也一样，需要高级职位，一般是博士学位，才能在学术机构、博物馆或者应用人类学领域找到有效益的工作。

宽泛的大学教育，包括人类学专业，可以成为在很多领域取得成功的极好基础。密歇根大学很多计划从事医学、公共卫生或者牙医的本科生选择以人类学和动物学为共同专业。近期一项关于女性高级管理人的调查表明，她们中的大多数人不是商学专业，而是社会科学或人文学科专业。只是在毕业后才学习商学，获得商业管理的硕士学位。这些高级管理人觉得大学广博的教育对她们的商界职业大有助益。人类学专业的学生继续到医学院、法学院和商学院学习，并在很多职业中获得成功，而这些职业往往与人类学几乎没有明显的关系。

人类学提供了广博的知识和对世界的概观，这对于很多工作都是有用的。比如，如果一个人类学专业的学生兼有商学硕士学位，那将是对从事国际商务工作的极好准备。但是，找工作的人总是必须让雇主相信自己有特殊和有价值的"一套技能"。

广博是人类学的标志。人类学家从生物、文化、社会和语言角度，在时间和空间、发达国家和发展中国家、简单场景和复杂场景中研究人。体质人类学家教导关于时空中的人类生物性的知识，包括我们的起源和进化。大多数大学开设文化人类学课程，包括文化比较，以及集中讨论世界上某个特殊地区，如拉丁美洲、亚洲和美洲印第安地区。在这类课程中获得的地理区域知识在很多工作中是有用的。人类学的比较观，对第三世界的长期关注和对多样生活方式的推崇结合起来为跨国工作提供了极好的基础（参见Omohundro, 2001）。

即使在北美工作，对文化的关注也是有价值的。我们每天都得面对文化差异和社会问题，其解决有赖于多元文化观点——一种识别和协调族际差异的能力。政府、学校和私人公司总会遇到来自不同的社会阶级、族群和部落背景的人们。若对这个有史以来族群最丰富的世界一部分中的社会差异有更好的了解，那么医生、律师、社会工作者、警察、法官、教师和学生将都能更好地做好自己的工作。

对于现代国家中很多社会群体的传统和信仰的了解在规划和实施影响这些群体的项目时是很重要的。对社会背景和文化类别的关注有助于确保目标族群、社区和街坊的福利。有计划的社会变迁的经验——无论是北美的社区组织还是海外的经济发展——表明在一项工程或政策实施之前应该进行适当的社会研究。当本地人想要变迁，而且变迁与他们的生活方式和传统契合时，变迁将更成功、更有益，而且更物有所值。这将是对真正的社会问题的不仅更人性化而且更经济的解决方式。

有人类学背景的人在很多领域表现出色。而且，即使所做的工作与人类学只有一点点或没有形式和明显意义上的关系，人类学在我们与人共事时总是有用的。对我们大多数人来说，这意味着我们每天的生活。

公司的热门资产：人类学学位

越来越多的企业雇用人类学家，因为他们喜欢人类学对自然情境中行为的独特观察以及对文化多样性的强调。贺曼贺卡公司（Hallmark）雇用人类学家观察族群聚会、节日和庆祝活动以提高为目标人群设计贺卡的能力。人类学家到人们家中去看他们实际上是如何使用产品的。这有助于更好的产品设计和更有效的广告。

先别把 MBA 学位置之一旁。但是随着公司走向全球化和领导者对多样化的职工群体的渴求，对于有抱负的高级管理人员来说，一种新的热门学位出现了：人类学。

对人的研究不再只是博物馆馆长的学位。花旗集团（Citicorp）的一位副总裁史蒂夫·巴内特（Steve Barnett）就是人类学家，他发现了鉴定人们停止偿付信用卡的早期预警信号。

虽然已经有客户调查，贺曼贺卡公司还另外派人类学家进入移民家庭，参加节日和生日聚会以设计出他们想要的贺卡。

没有哪个调查可以告诉工程师们女人到底想要什么样的剃刀，所以销售顾问公司 Hauser Design 派人类学家到浴室去观察女人如何去除腿毛。

和 MBA 不同，人类学学位十分稀少：每一个人类学本科学位对应 26 个商学学位，而一个人类学博士学位则对应 235 个 MBA。

现在的人类学教科书有商业应用的章节。南佛罗里达大学已经为要进入商贸领域的人类学家设置了课程。

摩托罗拉公司律师罗伯特·福克纳（Robert Faulkner）在进法学院之前获得了人类学学位。他说这日益变得有价值。

"当你进入商业领域，你碰到的唯一问题就是人的问题。"这是 20 世纪 70 年代早期父亲给少年迈克尔·高斯（Michael Koss）的建议。

现年 44 岁的高斯听从这个建议，于 1976 年从伯洛伊特学院（Beloit College）获得了人类学学位，现任高斯耳机制造厂的 CEO。

凯瑟琳·伯尔（Katherine Burr），汉萨集团（Hanseatic Group）的 CEO，在新墨西哥大学获得了人类学和商学两个学位。汉萨是最早预测到亚洲金融危机的理财公司之一，2007 年投资回报率高达 315%。

"我的竞争优势完全出自人类学，"她说，"世界是如此未知，变化如此之快。先入之见可能置你于死地。"

"公司迫切需要了解人们如何使用互联网或其他网络，为什么有些其实更强大的网络却不被消费者认可"，民族志研究中心的肯·埃里克森（Ken Erickson）说。

"这需要专业训练的观察"，埃里克森说。而观察正是人类学家的专长。

来源：Del Jones, "Hot Asset in Corporate: Anthropology Degrees," *USA Today*, February 18, 1999, p. B1.

1. 人类学有两个维度：学术的和应用的。应用人类学运用人类学的视角、理论、方法和资料来鉴定、评估和解决问题。人类学家为不同的机构工作，例如政府机关，发展组织，非政府组织（NGOs），部落、族群和利益集团，企业，社会服务和教育机构。应用人类学家来自所有四个分支领域。民族志是应用人类学中最有价值的研究工具之一。此外还有比较、跨文化和生物文化视角。系统性视角认识到变化有多种后果，有些是预料之外的。

2. 人类学和教育研究者在教室、家庭和其他与教育相关的场景中工作。此类研究可能形成政策建议。学术和应用人类学家都研究从乡村到城市和跨国界的移民。北美成为都市人类学研究移民、民族、贫困和相关话题的热土。虽然城乡是不同的社会体系，但从一方到另一方的文化传播依然存在。乡村和部落社会形式影响到对城市的适应。

3. 医学人类学是对健康问题和状况、疾病、病痛、疾病理论和保健体系的跨文化和生物文化研究。医学人类学囊括了生物人类学家和文化人类学家，并有理论（学术）和应用两个维度。在既定的背景中，特征性的疾病反映饮食、人口密度、经济和社会复杂程度。本土的病痛理论可能是拟人论的、自然论的或者情感论的。在商业领域应用人类学时，关键特征是：（1）民族志和观察作为收集资料的方法，（2）跨文化专家，以及（3）对文化多样性的强调。

4. 广泛的大学教育，包括人类学和国外区域研究课程，为很多领域提供了很好的背景。人类学的比较视野和文化相对论为在海外服务提供了良好的基础。即使对于北美的工作来说，对文化和文化多样性的关注也是有价值的。人类学专业的学生在医学、法学和商学院进修并在诸多领域取得了成功，这些领域有些与人类学几乎没有明显的关联。

人类学与教育 anthropology and education　在教室、家庭和邻里展开的人类学研究，将学生视为全然的文化创造物，他们的文化濡化和对教育的态度属于一个包括家庭、同伴和社会的更大的背景。

应用人类学 applied anthropology　运用人类学资料、视角、理论和方法来识别、评估和解决当代的社会问题。

文化资源管理 cultural resource management（CRM）考古人类学的分支，旨在保护遗址免受大坝、高速路和其他工程的威胁。

治疗师 curer　通过遴选、训练、认证和获得专业资格这样一个文化适宜的过程而获得的专业角色；信任他或她的专业能力的病人向治疗师咨询并接受一些形式的特殊照顾；一种普遍的文化现象。

疾病 disease　一种科学鉴定的健康威胁，由细菌、病毒、真菌、寄生虫或者其他病原体引起。

医疗保健体系 health-care systems　与保证健康和预防、治疗疾病相关的信仰、习俗和专家；一种普遍的文化现象。

病痛 illness　病痛是个体觉察或感觉到的身体不适的状况。

医学人类学 medical anthropology　结合生物和文化人类学家研究不同文化和族群背景下的疾病、健康问题、保健体系和病痛理论。

实践人类学家 practicing anthropologists　作为应用人类学的同义词；在学术圈外实践专业知识的人类学家。

科学医学 scientific medicine　与西方医学相区别，是一个基于科学知识和进程的保健体系，包含诸如病理学、微生物学、生物化学、外科、诊断科技和应用。

思考题

更多的自我检测，参见自测题。

mhhe.com/kottak

1.本学期你还学了什么课程？这些领域也有应用维度吗？它们与人类学相比有用性是更大还是更小呢？

2.描述一个你可能会运用民族志和观察以进行应用人类学研究的情境。在该情境中你还可能用到哪些其他研究方法？

3.回想一下你的小学或中学的教室。那里有人类学家可能感兴趣的社会问题吗？那里有应用人类学家可能能够解决的问题吗？为什么会这样？

4.你如何看待西方医学与部落医学相比而言的代价和收益？在什么样的状况下你会宁愿选择部落治疗师而非西医治疗师？

5.思考一个你熟悉的商业场景。应用人类学家如何能够帮助该企业更好地运作呢？应用人类学家将如何搜集信息以提出改进建议呢？

6.除了本章给出的例子之外，想一些现代世界中应用人类学家可能有所贡献的其他问题。

补充阅读

Anderson, R.

1996 *Magic, Science, and Health: The Aims and Achievements of Medical Anthropology*. Fort Worth: Harcourt Brace.一份不断更新的文本，关注人种、性别、族群、年龄和能力的多样性问题。

Bailey, E. J.

2000 *Medical Anthropology and African American Health*. Westport, CT: Bergin and Garvey.医学问题相关，人类学研究相关，非裔美国人。

Brown, P. J.

1998 *Understanding and Applying Medical Anthropology*. Boston: McGraw-Hill.医学人类学，基础与应用。

Chambers, E.

1985 *Applied Anthropology: A Practical Guide*. Upper Saddle River, NJ: Prentice Hall.如何做应用人类学，来自这一领域的领军人物。

2000 *Native Tours: The Anthropology of Travel and Tourism*. Prospect Heights, IL: Waveland.人类学家怎么研究世界上最大的一门生意：旅行与旅游。

Eddy, E. M., and W. L. Partridge, eds.

1987 *Applied Anthropology in America,* 2nd ed. New York: Columbia University Press.有关人类学知识在美国的应用的历史回顾。

Ervin, A. M.

2005 *Applied Anthropology: Tools and Perspectives for Contemporary Practice,* 2nd ed. Boston: Pearson/Allyn & Bacon.应用人类学的实时讨论。

Ferraro, G. P.

2006 *The Cultural Dimension of International Business,* 5th ed. Upper Saddle River, NJ: Prentice Hall.文化人类学的理论和视角如何影响国际商业贸易的运作。

Gmelch, G., and W. Zenner

2002 *Urban Life: Readings in the Anthropology of the City*.最新的人类学。

Gwynne, M. A.

2003 *Applied Anthropology: A Career-Oriented Approach*. Boston: Allyn & Bacon.人类学式职业生涯的多种应用机会。

Holtzman, J.

2000 *Nuer Journeys, Nuer Lives*. Boston: Allyn & Bacon.来自苏丹的移民如何适应明尼苏达州双子城和美国的社会服务系统。

Human Organization

应用人类学学会的一份季刊，关于人类学应用和发展的文章的优质资源。

Joralemon, D.

1999 *Exploring Medical Anthropology*. Boston: Allyn & Bacon.关于一个正在发展的领域的最近的介绍。

McDonald, J. H., ed.

2002 *The Applied Anthropology Reader*. Boston: Allyn & Bacon.关于最近的案例经验和途径的介绍。

Omohundro, J. T.

2001 *Careers in Anthropology,* 2nd ed. Boston: McGraw-Hill.提供了一些（人类学）职业方面的指导。

Sargent, C. F., and C. B. Brettell

1996 *Gender and Health: An International Perspective.* Upper Saddle River, NJ: Prentice Hall.文化如何影响社会性别、医疗机构和健康政策的之间关系。

Spindler, G. D., ed.

2000 *Fifty Years of Anthropology and Education, 1950-2000: A Spindler Anthology.* Mahwah, NJ: Erlbaum.对教育人类学领域的研究，来自这一领域的两个主要贡献者，乔治（George）和路易斯·斯宾德勒（Louise Spindler）。

Stephens, W. R.

2002 *Careers in Anthropology: What an Anthropology Degree Can Do for You.* Boston: Allyn & Bacon.发挥人类学学位的最大作用。

Stevenson, D.

2003 *Cities and Urban Cultures.* Philadelphia: Open University Press.跨文化的讨论。

Strathern, A., and P. J. Stewart

1999 *Curing and Healing: Medical Anthropology in Global Perspective.* Durham, NC: Carolina Academic Press.医学人类学的跨文化案例。

Van Willigen, J.

2002 *Applied Anthropology: An Introduction,* 3rd ed. Westport, CT: Bergin and Garvey.对应用人类学的发展及其与普通人类学的联系的很棒的评论。

在线练习

1.登录夏威夷中央鉴别实验室网站（CILHI）（**http://www.qmmuseum.lee.army.mil/ mortuary/worldwide_cilhi_mission.htm**），阅读并了解这个组织是做什么的。

　a.CILHI是做什么的？

　b.CILHI是世界上最大的法医人类学家的雇主之一。法医人类学家对这项任务何以如此重要？

　c.其成员多有怎样的教育背景？他们参与过的机构有哪些？

2.阅读美国国际开发署（USAID）的出版物《人口与环境：微妙的平衡》（"Population and the Environment: A Delicate Balance"）（**http://pdf.dec.org/pdf_docs/ PNACP195.pdf**）。

　a.世界面临的由于人口增长引发的主要环境威胁有哪些？

　b.在面临这些威胁时，USAID之类的组织能够做什么呢？

　c.人类学家能做什么贡献呢？像USAID这样的组织应该雇用人类学家吗？

　d.应用人类学家在环境问题中的角色是什么？

请登录McGraw-Hill在线学习中心查看有关第2章更多的评论及互动练习。

链接

科塔克，《对天堂的侵犯》，第4版

　阅读康拉德·菲利普·科塔克《对天堂的侵犯》（第4版）第9章的"福利与教育"和"公共卫生"小节，这部分描述了20世纪60年代至20世纪80年代之间公共卫生、教育和福利的进步。20世纪60年代的健康和教育的背景信息，参见第2章。20世纪60年代，应用人类学家可能会将什么问题鉴别为是阿伦贝培人最需要帮助的？这些问题至20世纪80年代被解决或至少被提出了吗？特别关注一下健康和教育。

彼得斯-戈登，《文化论纲》，第4版

　阅读霍莉·彼得斯-戈登《文化论纲》（第4版）的第11章"奥吉布瓦人：忍耐的民族"。都市人类学是本章呈现的应用人类学领域之一，它探讨乡村生活与都市生活的差异以及城市化过程中的变迁。经过城市化，奥吉布瓦人的生活出现了怎样的变化？对美洲印第安人而言，从保留地到城市的变动可能与其他社会群体经历的城市化不同吗？为什么是或为什么不是？

第**3**章
体质人类学和考古学中的伦理与方法

章节大纲：

伦理

方法
多学科的进路
灵长类学
人体测量学
骨生物学
分子人类学
古人类学

调查与发掘
系统调查
发掘

考古学分支
历史年代测定
相对年代测定
绝对年代测定：放射性测定技术
绝对年代测定：树轮年代学
分子年代测定

伦理

科学处于社会之中，同时还处于法律、价值观念和伦理的范畴中。人类学家不会仅仅因为某些事物恰巧对科学有益或是有价值才去研究它们。人类学家越来越意识到他们的研究工作必须在伦理和法律的范畴内才能开展。人类学家尤其是不在本国或是在非本土文化的环境中工作时都会遇到一些与自己的伦理或价值观念明显不同的问题。

人类学家经常在自己的国家之外做研究。体质人类学家和考古学家时常会与国际性的研究小组一起合作。这些小组有着来自不同国家的研究人员，包括东道国——进行研究的所在地（比如危地马拉——请参见本章"新闻简讯"）。在**古人类学**（paleoanthropology）的研究中（也被称作人类古生物学）——即通过化石证据来研究人类进化的学科——和他们在法医人类学研究中一样（本章"新闻简讯"中所提到的），体质人类学家和考古学家也常常在一起工作。尽管体质人类学家对人类骨骼比较感兴趣而考古学家的注意力在古器物上，但是这并不影响他们在一起进行合作，因为他们都试图在他们所考察的遗迹中推断出物质和文化特性间的关系。我们很多有关早期人类演化的知识都来源于在非洲的考察。在非洲，国际性的合作也是非常普遍的（参见 Dalton，2006）。

国际间的合作使体质人类学家和考古学家面临着不同的民族和文化方式，不同的价值体系和不同的伦理规范及法律准则。在这种情景下，美国人类学协会建议人类学家遵循其《伦理守则》（参见附录2）。人类学家需要向东道国的官员和同事告知其研究的目的、基金来源，以及有可能

得出的研究结果，这样才能获得东道国的研究许可和帮助。他们还需就研究所产生的资料的分析地点和储存地点进行协商——在东道国还是在人类学家的所在国——以及就研究时间的长短进行协商。诸如：人类骨骼、古器物和血样标本之类的研究资料到底应归属于谁？对于这些资料的使用应制定哪些限制标准？

对于人类学家来说，作为访客，与他们进行研究的东道国及地区建立和维持适当的关系是至关重要的。人类学家的首要伦理要求体现在他们所研究的人、物种和研究资料上。尽管对于非人类的灵长类动物来说，它们无法通过了解情况来表达是否赞成的意见，灵长类学家仍然要设法保证他们的研究不会对这些动物造成任何危害。政府机构或是非政府组织（NGOs）有责任为这些灵长类动物提供保护。如果是这样的情况的话，人类学家就应取得他们的许可和知情同意（informed consent）才能进行研究（知情同意是指人们在详细地被告知了此项研究的目的、性质、程序和对自身所造成的潜在影响之后同意参与此项研究）。

对于活着的人来说，知情同意是必需的——例如，要取得血液或尿液之类的生物样本。研究主体必须被告知样本将如何收集、使用和鉴别，以及对他们潜在的代价和好处都是什么。只要是提供了数据或信息，拥有被研究的材料，或者其利益有可能被研究影响到的人都必须征得他们的知情同意。

美国人类学协会的《伦理守则》中规定人类学家不允许非道德地利用个人、团体、动物的或文化的、生物的资料。他们应当对与他们一起工作的人们心存感激，还应以适当的方式来回报这些人们。例如，对于在其他国家工作的北美人类学家们来说，以下几种方式都是值得提倡的：（1）制定研究计划和申请研究基金时应将东道国的同事考虑进去；（2）无论是在田野工作之前、之中还是之后都应与东道国的同事和他们的工作机构建立真诚的合作关系；（3）在发表的著作和论文研究成果中应提及东道国的同事；（4）应确保对东道国的同事有所"回报"。比如，允许留在东道国的研究器材和研究技术，或是为东道国的同事提供资金援助以便他们进行研究，参加国际会议或访问国外机构，特别是访问

概览

由于科学不只是存在于社会中，同时还存在于法律和道德规范的范畴中，人类学家不会仅仅因为某些事物具备潜在的科学价值才去研究它们。人类学家最主要的道德要求体现在他们所研究的人、物种和研究资料上。

体质人类学家和考古学家偏重不同的研究课题，运用不同的研究方法，但仍经常在一起工作。在考古现场，体质人类学家通过考察人类骨骼来补充完善古代的生活情景，以此重新构建古人的饮食习惯和健康状况。关于灵长目的研究表明了基于行为的假定，这种行为是我们人类与我们的近亲所共同具备或非共同具备的。体质人类学中的另外一个课题是骨生物学，涵盖了遗传学、细胞结构、生长和衰退，以及运动模式。古病理学家研究人类骨架中的疾病与外伤痕迹。分子人类学家引入遗传分析（DNA 排列顺序）来揭示进化关系。

正如古人类学家和古生物学家一样，考古学家将地方（发掘）与区域（系统调查）的观点结合起来。挖掘考古现场是因为这些遗址有被破坏的危险或是因为在这些遗址中可以找到特定的研究问题的答案。人类学家和古生物学家对于怎样测定化石的年代有着不同的方法，包括地层学和辐射线测定。

听骨头讲故事

《纽约时报》新闻简讯
作者：约翰·施瓦茨（John Schwartz）
2004年3月30日

人类学的一些应用尽管是有用的，但也可能是严酷的。弗莱迪·A·普塞瑞利作为一名法医人类学家，其工作是通过综合运用病理学、考古学和人类学的方法来破案。法医人类学家不仅包括像弗莱迪·A·普塞瑞利这样的考古学家，还包括像凯茜·赖克斯之类的体质人类学家。凯茜·赖克斯所从事的工作促成了电视连续剧《识骨寻踪》和一些风靡大众的神秘小说面世。法医人类学展现了人类学的整体论的分析进路，因为拥有不同背景的人类学家与社区居民通力合作查找犯罪地点和重新构建犯罪行为，以及提供给那些亲人失踪或亲人被推测为死亡的人们最终的结论。法医人类学家运用体质人类学、考古学和骨骼学（即研究骨骼的解剖学的分支）的一些技术，来识别失踪者和推断他们是怎样死亡的。可以从检测骨架上推断出死者的年龄、血统、性别、身高以及其他一些有关死者生前情况的详细信息。如想更多了解（波斯尼亚的）法医人类学，请参见《活着的人类学》CD中的第二部分。

弗莱迪·A·普塞瑞利花费了大量时间来发掘墓穴和查验被害人的骨骼，希望能从中得到一些线索。作为一名法医人类学家，33岁的普塞瑞利先生通过运用病理学、考古学和人类学的元素来进行破案。人权组织会雇用法医人类学家来取得战争罪行和人权侵害的证明。普塞瑞利先生为危地马拉法医人类学基金会的负责人，自1960年到1996年，他调查了上千个在危地马拉内战中遇难的平民百姓的死亡原因。他出席了由美国科学发展协会举办的年会，休息期间，他说："我们所做的一切都是有关生命，有关人类的。就是要将科学知识运用到平常的人类议题上。"普塞瑞利先生和其基金会的同事获得了由协会颁发的"2004科学与人权奖"，表彰他们"不顾个人生命安危促进人权事业"。

问：怎么从工作层面上定义法医人类学家呢？

答：我们运用科学的工具来回答重要的历史问题。例如，20世纪70年代在阿根廷爆发的"肮脏战争"造成数千人失踪，他们的命运又是如何呢？或者是1995年在斯雷布雷尼察，在联合国部队撤出波斯尼亚村庄之后，近7 000名或8 000名穆斯林人又遭遇到了什么？或者是在持续了36年的危地马拉国内武装冲突中，大约有200 000名危地马拉人遇难，那他们又都是谁呢？回答这些问题就需要法医人类学家寻找墓地和挖掘遗迹。接下来，我们就运用体质人类学、考古学和骨骼学（即研究骨骼的解剖学的分支）的一些技术，来识别失踪者和推断出他们是怎样死亡的。法医人类学家通过检测骨架来识别单个受害者。从检测骨架上可以推断出受害者的年龄、血统、性别、身高以及所反映出的生活方式。我们通常会说："听骨头讲故事。"

问：那你们是怎样听骨头讲遇难者的故事呢？

答：我们尽我们所能去了解遇难者的情况以及他们遇难事故的状况。从目击者和遇难者家属提供的报告中我们可以得到一些信息，帮助我们查找墓地的所在位置。然后我们就会从那个地点把我们发现的一切都带走并记录下来我们所找到的东西。下一步我们会将这些骨头送到一位住在危地马拉市的人类学家那儿分析这些遗留物。要从这些骨头、枪眼、压碎的头骨，骨头断裂处和伤口中寻找明显的线索。我们从外部伤口寻找证据来断定遇难者是否为受虐而亡。在我们识别出遇难者的身份和判断出死亡原因之后，就会将我们发现的结果提交给权威部门，因为我们要尽可能创造正义。对于发生在危地马拉的事件，我说"尽可能"是因为这个组织已经做了400多次调查，找到了大概3 000人的遗骸。已经对3起案件进行了审判。

问：虽然您是危地马拉人，但您是在布鲁克林长大的。为什么您的家庭要移民呢？

答：我们是在1980年移民的，那一年是危地马拉内战最残酷的年份之一，也是杀人小队最活跃的时候。我父亲是一名律师，曾带领危地马拉举重运动员参加了莫斯科的奥运会。比赛结束后我父亲回来，就有人公然指责说："他是共产主义者！"其实他们是想剥夺我父亲的工作。在那个年代，被人指指点点足以要了一个人的性命。从那以后，我父亲就开始收到杀人小队的死亡函。他先是躲在危地马拉市，之后又逃到了纽约市。那不久，我母亲就收到了杀人小队的一封信说他们知道我父亲已经逃走了，但是如果他之后胆敢再次踏入危地马拉就会性命难保。正是由于这样我祖父母才带着我们全家去了纽约。那年我9岁。

问：布鲁克林对您来说是不是一个完全不同的世界呢？

答：噢，当然。我小时候关心的是美国佬是不是要打最后的决赛，而不是有多少人在危地马拉遇难。我少年时代主要就是学会融入这个社会，过正常人的生活。但是1991年我考入布鲁克林学院之后就改变了一些想法，开始感觉需要重新找回自己的传统。我选修了人类学和考古学，因为我认为这些学科也许可以让我重回危地马拉。1994年，我代表布鲁克林学院参加了美国人类学协会举办的年会。会上，作为这门新兴学科——法医人类学的两位领军人物，克莱德·斯诺博士和凯伦·彭斯博士就他们的工作做了发言。他们谈到了在危地马拉发掘的墓地，以及法医人类学家在为那些遇难者赢得正义的过程中所起到的重要作用。听完他们的演讲后，我就找到了凯伦·彭斯博士并表示自己愿意提供帮助。

问：在您的工作中，您是否会用到新的DNA技术来做身份识别呢？

答：不经常用到。DNA检测确实很有帮助，但是成本太高，而且目前在危地马拉还没有任何一家实验室可以做DNA检测。

问：您觉得经常与死尸打交道是不是很困难呢？

答：在危地马拉，大部分的大屠杀都是发生在20世纪80年代，而且已经过去了很长时间。所以我们经常和那些人骨——已经干掉的人骨——打交道。这和我们在波斯尼亚或斯雷布雷尼察工作大有不同。我们受国际战争罪行法庭之托在那儿对大屠杀中遇难者的残骸进行识别。天寒地冻，我们打开坟墓时发现那些尸体仍旧完好无缺，但是气味实在是太难闻了。有那么一刻我都在想我是不是坚持不下去了。

问：考虑到您的家庭经历，您会不会在挖掘墓地的时候想到我父亲是否也埋葬在下面呢？

答：当然会了。这也是我的一个动力。另一份动力来自你对他人的帮助。当你听到一个亲人谈到他们寻找失踪的爱人的经历时，你会竭尽所能地去帮助他们。通过识别那些残骸可以有助于满足家庭得到亲

人最终消息的需要。我们完成调查之后就会将这些残骸送还给各个家庭以便他们为死者举行葬礼。

问：您所从事的工作是否给您带来了威胁呢？

答：两年前，一名在危地马拉工作的法医人类学家收到了一封信，信上附带了11个人的姓名，也就是他们准备要杀害的人。我的名字排在第二位。接着我们开始在办公室接到电话，"告诉弗莱迪，我们将要杀了他。"美国使馆和联合国都通告了当地政府我们有他们的支持。当然了，工作也没有被迫终止。目前我在休假，在英国进行我自己的研究，但是我的同事们仍在继续他们的工作。

来源：Claudia Dreifus,"A Conversation With: Fredy Peccerelli;'The Bones Tell the Story': Revealing History's Darker Days," *New York Times,* March 30, 2004. http://query.nytimes.com/search/restricted/article?res=F00A12FC34540C738FDDAA0894DC404482.

他们那些国际合作者工作的地方。

相对于文化人类学家来说，体质人类学家更经常与考古学家在同一研究小组共同工作。这些小组有东道国的合作伙伴；更典型的是，还包括学生——研究生与本科生。在长期合作的领域内训练学生是使未来的田野工作者能够继续有机会跟随当前研究者进行田野工作的一种方法。

方法

在体质人类学和考古学中都有各种本学科专门的研究兴趣、课题和研究方法（由于篇幅有限，本文只是涵盖了其中一部分）。不要忘记体质人类学家和考古学家经常在一起合作。在人类演化的研究中，体质人类学家偏重于化石遗迹——以及从化石中得到的有关古人类生物学的信息。考古学家则偏重于古器物——以及从古器

物中得到的有关过去文化的信息。但是这并不影响他们在一起进行合作，因为他们都试图在他们所考察的遗迹中推断出物质和文化特性间的关系。那么，体质人类学家们和考古学家们又都是采用哪些研究方法和技术呢？

多学科的进路

研究不同领域的科学家们，比方说研究土壤科学和**古生物学**（paleontology，即通过化石证据来研究古生命的学科）的科学家，会使用不同的技术与体质人类学家和考古学家在发现了化石和／或古器物的遗址一起进行研究。**孢粉学**（palynology），即通过对这些现场花粉的采样来研究古代植物的学科，可以用来推断这个遗址在当时所处的环境。体质人类学家和考古学家也会寻求物理学家和化学家有关年代测定技术的帮助。体质人类学家还创造了一个被称为生物考古学的分支专业，通过在特定的考古现场考察人类骨架来补充完善古代的生活情

景，以此重构古人的身体特征、健康状况和饮食习惯（参见 Larsen，2000）。有关古人社会地位的证据可以在一些遗留下来的实物资料内找到——像骨头、宝石和房屋。人在生命期间，其骨骼生长和身高都会受到饮食习惯的影响。除了遗传因素外，长得高的人通常都会比长得矮的人要吃得好。考古现场上骨头化学成分的差异也能帮助区分哪些是有特权的贵族，而哪些又是平民百姓。体质人类学家、考古学家和他们的工作伙伴通过分析人类、植物和动物的残骸以及像陶器、瓦片、模具和金属这些古器物（即制造品）来重新构建古生物学和古人的生活方式。

体质人类学家和考古学家既运用低科技也运用高科技的工具和方法。在发掘现场会使用一些小型的手持工具。在现场的照片、地图、绘图和测量记录以及所有的发现都是和现场结合成一体的。这些数据都被记录在笔记本和电脑中。对于更复杂的技术的运用，像古代运河体系的考古现场就需要从空中定位和绘出轮廓了。航空照片（在飞机中拍摄的）和卫星映像就属于被用于定位现场的遥感形式。例如，由科罗拉多大学和美国国家航空和宇宙航行局（NASA）考古学家们在哥斯达黎加研究的被埋藏的古代阡陌小径就只能在卫星映像中看到，而人的肉眼是无法观测到的。这些小径被厚达六英尺的火山灰、沉积物和植被所覆盖埋藏。阡陌小径的首次映像是在 1984 年由 NASA 的航行器使用人类看不见的电磁波频率工具拍摄下来的，有些小径距今已有 2 500 年的历史。2001 年，一颗商业卫星又拍摄了这些被掩埋的小径的映像，这些小径在映像中呈现为窄窄的红色线条，由此可以看出覆盖在小径上的浓密的植被。根据阿雷纳火山地层学（地质沉积物的层数）可以测定出这些小径距今的时间。阿雷纳火山在过去的 4 000 年里爆发次数已达 10 次。

大约 4 000 年前，在阿雷纳周边，人们建立了小村庄繁衍生息，大约在 500 年前他们经历了西班牙的统治。村民们在火山爆发时逃离村庄，等到火山平息下来再返回村庄继续在肥沃的火山土壤上耕种玉米和大豆。据研究小组负责人、科罗拉多大学的佩森·塞茨（Payson Sheets）所说，"他们居住在一片广袤的地区，没有冲突、掠夺和严重的疾病……依靠着丰富的自然资源和稳固的文化传统，他们过着舒适的生活"（转引自 Scott，2002）。

在阡陌小径的发掘现场还出土了石器工具、陶器和古代房屋的地板。这些小径曾经从墓地通向一处泉水和采石场，那些建房所用的石头就是在这里开采的。2002 年，由塞茨带领的田野工作小组的一个首要的工作目标就是搞清楚古人在这个墓地所进行的活动。尸体被埋放在墓地的石头棺材里。埋葬的陶器、餐具还有烹饪用的石头都表明了古人曾有很长一段时间在这里驻扎、烹饪、举办盛宴（Scott，2002）。

人类学家同地质学家、地理学家和其他的科学家们一起工作，通过卫星映像来发现古代的阡陌小径、道路、运河和灌溉体系，而且还有，比方说，洪水暴发或是森林采伐的方式和地点。之后这些发现结果又都可以在地面上继续进行考查。人类学家利用卫星映像首先进行识别，然后再回到地面上对那些森林砍伐特别严重的地区和那些人类与生物多样性，包括非人类的灵长类动物，遭到威胁的地区进行调查（Green and Sussman 1990；Kottak，1999b；Kottak，Gezon and Green，1994）。

灵长类学

与民族志研究者类似，灵长类学家密切观察灵长类动物的群体，也就是非人类的动物。一些对灵长类动物的行为的研究是在动物园（比如，de Waal，2000）和通过实验（比如，Harlow，1966）进行观察的，但是意义最重大的研究，即对野生猿类、猴子和狐猴的研究，却是在自然环境中完成的。作为人类学专业的学生，你也许会被布置一份去动物园观察灵长类动物的作业。尽量不要去观察夜行性灵长类动物，它们很有可能在你去动物园的时候还在呼呼大睡。当然如果你去纽约布鲁克斯动物园的夜行性动物馆就不会遇到这种情况了，那里的动物都被照明设备搞得把白天和黑夜颠倒过来了。一些灵长类学家研究了野生状态下的夜行性灵长类动物，比如眼镜猴、枭猴和马达加斯加的指狐猴。但是大部分的灵长类动物，像我们人类一样，都是在白天比较活跃（昼出动物），所以也就比较容易对它们进行研究。对人类来说，研究栖于陆地上的物种比研究栖于树林中的物种要容易得多。在马达加斯加，我曾跟在迅速穿梭在树林中的狐猴后面，从山上一路狂奔下来。在大学期间，我犯了个错误，不该在纽约中

生物文化案例研究

如想更多了解森林砍伐和人类学的分析及范围是如何围绕一个特定的问题结合起来的，请参见本书第 6 章的"趣味阅读"。

央公园的动物园里研究行动迟缓的懒猴。这种懒猴属于原猴亚目或是类似于狐猴的动物。它们捕捉昆虫时一动不动,接着就是突然将落在附近的臭虫诱捕到手。除非在笼子里有虫子,否则观察这个行动迟缓的懒猴(就像观察南美洲的树懒一样,但树懒不是灵长类动物)就和观察一个鸡蛋没有太大的区别。

自20世纪50年代,灵长类学家开始把他们的观察地点从动物园移到了自然环境中,对猿类(黑猩猩、大猩猩、猩猩和长臂猿)和狐猴(比如马达加斯加大狐猴、马达加斯加狐猴和尾部有环纹的狐猴)进行了无数次的研究。栖于树林中的灵长类动物(即大部分时间都是在树上度过的动物——比如,吼猴和长臂猿)比较难以被看到和跟踪,但是它们的明显特征就是总是发出很吵闹的声音。它们的交流体系,包括吼叫和叫喊,都可以用来做研究,从中发现它们是怎样进行交流的。研究灵长类动物的群居体系和行为,包括它们的交配方式、喂养幼崽以及联络和分散居住的方式,都能帮助我们提出有关行为的假定,即这些行为是否由我们人类与我们的近亲——乃至我们的原始祖先所共同具备。

与民族志研究者一样,灵长类学家也必须与他们所研究的个体建立良好的关系("友好"的工作关系)。由于非人类灵长类动物无法使用语言交流,因此建立良好的关系需要去慢慢地适应,也就是动物得去适应研究者。随着时间的推移去识别和观察动物。通常情况下,初出茅庐的研究者会加入一个跟踪研究的小组,这个小组已经花费了几年甚至几十年在跟踪观察一组猴子或是猿猴。识别动物,密切关注它们的行为以及与它们之间的交往对于了解灵长类动物的行为和群体组织都是非常必要的。在固定的一段时间里跟踪某类动物,并将它们每段时期的行为和交往系统地拍摄或是记录下来。研究者也可重点观察固定的场景,例如,一棵树或是一处水源,灵长类动物在特定的时期会在那里聚集。研究者也可在特定的时期任意地选择个体和/或地点进行研究。

尽管智人不像其他大多数灵长类动物,既不是"受到威胁"也不是"濒于灭绝"的物种,但是仍有很多人生活在贫困和人口过剩的地区。人类活动对稀缺资源(如森林)的压力也对栖息在

一起的灵长类动物和其他动物构成了威胁。人类捕猎或购买灵长类动物作为食物和他们所认为的药物。人类还在灵长类动物曾经繁衍不息的森林栖息地上开垦土地和修筑公路。森林砍伐成了灵长类动物所面临的主要威胁。许多文化人类学家研究的是那些对灵长类动物造成威胁的人群。灵长类学家和他们在同一地区展开研究,但主要关注的是非人类的灵长类动物的精确的栖息地、生活需求和行为模式。文化人类学家和体质人类学家与环保组织和政府机构一起工作,为保护森林和保护在森林里栖息的动物们出谋献策,但在同时也照顾到了人类的基本需求。

人体测量学

体质人类学家运用各种技术来研究人类的营养、成长和发展。**人体测量学**(anthropometry)是测量人类的身体部位和体形,包括测量骨骼部分[即骨测量法]。人体测量学既可以进行活体测量,也可以测量考古现场发现的骨骼遗骸。身体的质量和成分可以用来检测出活着的人体内的营养状况。身体质量是通过身高和体重计算出来的。身体质量指数是用体重公斤数除以身高米数平方(kg/m²)得出的数字。如果一个成年人的身体质量指数高于30,则被认为是体重超标,但如果是低于18,则是体重不达标或是营养不良。测定身体成分时,皮下(置于皮下的)脂肪是通过皮肤褶皱厚度(需用弯脚规测量)和身体围度估算出的。再拿这些数值和人体测量学标准(Frisancho,1990)进行比较。对于具有特定性别和年龄的小组,数值在第85个百分点之上被认为是过度肥胖;数值在第15个百分点以下则被认为是过度消瘦。

被称为热量计的仪器是用来测量静息代谢率的,它是根据个体处于静止状态30分钟时所消耗的氧气量以及制造出二氧化碳的量得出的数据。这个仪器能计算出静止状态时身体最少的能量需求(卡路里)。根据人日常静止和活动时所消耗的卡路里,科学家们可以断定这些条件是否有利于增加或减少体重。静息代谢率的测量也揭示了在多大范围内,体重的增减可以反映出新陈代谢与饮食模式的相对关系。

了解现代人类如何适应环境(例如,对冷暖

的适应）和如何消耗能量（例如，新陈代谢所消耗的能量），对于理解人类的进化是很有帮助的。例如，在原始人类的进化过程中大脑变得越来越大。现代人类的大脑仅占人体体重的 5%，但是大脑活动却消耗了静息代谢率所耗能量的 20%。在人类进化过程中，拥有大尺寸头脑的适应性优点应该要比能量的高消耗更重要。然而，活动的增加也对供应人体及人脑生长变得十分必要。

骨生物学

体质人类学的核心领域是骨生物学（或称为骨骼生物学）——即将骨骼作为生物组织进行研究，包括研究骨骼的遗传因子，细胞结构，生长、发育和衰退，以及运动模式（生物力学）（Katzenberg and Saunders, 2000）。在骨生物学中，骨学研究骨骼变异及引起其变异的生物和社会原因。骨学家研究像现代和古代人口的身高这些变异因数（White and Folkens, 2000）。了解了骨架的结构和功能才能对化石残骸做出阐明。古病理学是研究考古现场出土的人类骨架中的疾病与外伤痕迹的学科。在骨头中也能发现患癌的证据。比如，乳腺癌就在骨头内扩散（转移），造成骨头和头颅穿孔或病理转变。一些传染疾病（如梅毒、肺结核），还有外伤和营养不良（如佝偻病、维生素 D 缺乏可导致骨头变形），也都能在骨头中留下痕迹。

在第 2 章和本章"新闻简讯"所探讨的法医人类学中，体质人类学家和考古学家在法律范围内通力合作，协助验尸官、验尸员和法律执行部门还原、分析识别人类的遗骸，并判断死亡原因（Nafte, 2000；Prag and Neave, 1997）。例如，当发现一具不知名骨骸时，警察和特拉华州验尸官办公室就会给特拉华大学的体质人类学家凯伦·罗森伯格打电话，请她来帮忙识别尸体。通过检测骨骸，罗森伯格就能判断出这个人的一些特征，比如身高、年龄和性别。凯伦谈道，"警察总是希望得知一个不明身份的人的种族。但是种族的范畴有些是属于文化范围内的，而且任何时候都不属于生物'种类'。最近，我对一具骨骸做识别时，开始觉得他是高加索人，但在后来的检测中又认为他可能是非洲裔美国人。事实上，确定他身份之后才发现他其实是西班牙人"。（Rosenberg, 转引自 Moncure, 1998）

分子人类学

分子人类学引入遗传分析（DNA 排列顺序）来揭示进化关系。通过分子的对比就可以推断出现物种间的进化距离以及最近共同祖先的生存时期。分子研究还被用来推算和测定现代人类的起源时间以及分析现代人类与已灭亡人类群体间的关系，如距今 28 万~13 万年间繁衍生息在欧洲的尼安德特人。

1997 年，从尼安德特人的骨骸中提取了 DNA。这具骨骸是于 1856 年首次在德国的尼安德河谷被发现的。这是首次获取现代前人类的 DNA。DNA 提取自上臂骨头（肱骨），与现代人类的 DNA 进行了比较，发现有 27 处不同的地方；相比来说，现代人类的 DNA 之间只有 5 到 8 处不同的地方。

分子人类学家分析了古人类与现代人类以及物种间的关系。众所周知，例如，人类与黑猩猩的 DNA 超过 98% 都有共通性。分子人类学家还重现了人类迁移和定居的波动和模式。单倍群是属于同一生物血统（即有血缘关系的大家族），拥有一组特定的遗传特性。北美土著人主要有四组单倍群，这些单倍群与东亚地区也有关联。分子人类学家能够给出答案的众多问题就包括：在北美或太平洋人口定居时期 DNA 排列顺序是怎样用于发现迁移轨迹的？

对于非人类灵长类动物来说，分子人类学家将 DNA 排列顺序用于识别其起源，和推算在灵长类动物聚居地内它们的血族关系和近交程度。之后文中还会提到分子人类学家还将"遗传时钟"用于估算物种（如人类、黑猩猩和大猩猩——生活在距今 800 万~500 万年前）的和不同人类群体（如尼安德特人和现代人类）的分化年代（最近共同祖先的生存时期）。

古人类学

古人类学（paleoanthropology）通过化石证据来研究早期的原始人类。化石是古动物或植物的遗体（如骨骸）、遗迹或印痕（如脚印）。通常，由来自不同背景和学术领域的科学家、学生和当地工作者共同参与古人类学的研究。这些小组成员包括体质人类学家、考古学家、孢粉学家、地质学家、古生态学家、物理学家和化学

生物文化案例研究

了解更多太平洋人口定居情况和人类学的分科是如何合为一体解决特定问题的，请参见本书第 11 章的"主题阅读"。

评估人们合作原因的新方法

当人们在做游戏时，科学家们通过使用一种检测神经系统活动的新方法，发现合作可以在人脑里引发愉悦感。人类学家詹姆斯·芮苓和其他5位科学家对一组年轻女性在做一个试验游戏"囚犯的困境"时的大脑活动做了监视。她们在追逐金钱利益时也在选择不同的战略，自我贪婪还是与他人合作。研究人员发现选择与他人合作会刺激到大脑的某些区域，这些区域与愉悦感和追求奖励的行为相联系——也是对甜点、靓照、金钱和可卡因有反应的相同区域（Angier, 2002; Rilling et al., 2002）。书的另一位著者格雷戈里·S·伯恩斯说："在某种程度上，这说明了我们都期望与他人合作。"（转引自 Angier, 2002）

研究人员分析了36位20岁至60岁的女性。为什么选择女性呢？先前的一些研究发现男人之间比女人之间更乐于合作，而另外一些研究所得出的结果却正好相反。芮苓和他的同事们不愿意将这些更乐于合作和更不愿意合作的组合掺合在一起，所以他们就将他们的试验限定在同一性别里，以便对于可能出现的合作倾向上的差异进行控制。选择女性而不是男性也是随意而为。

在试验中，两名女性将提前互相见个面。然后一名女性就被放进扫描仪内，而另外一名女性仍留在扫描仪房间外。两人通过电脑交流，大概玩20轮游戏。在每轮游戏中，她们都会按下一个按钮，来表明她会"合作"还是"背叛"。她的选择会出现在对方的屏幕上。每轮游戏之后都会有现金奖励。如果一方选择背叛而另一方选择的是合作，那么背叛方就会赢得3美元，合作方则什么都没有。如果双方都是选择的合作，那么每人赢得2美元。如果双方选的都是背叛，那么每人赢得1美元。如果双方从开始到最后都是选择合作，每人可以拿到40美元，比起双方都选背叛拿到20美元，会是比较有利的策略。

如果其中一方心存贪婪之念，那她的风险就是合作战略瓦解，双方最后都赢不到钱。大部分的时候，女性都会合作的。甚至偶尔选择背叛也不会击破双方的联盟，尽管之后曾经"被出卖过"的对方会有些怀疑。由于仍有人选择背叛，每次试验参与者平均拿到的奖金为30美元。

扫描结果显示人脑有两大区域对合作产生了积极的反应。两处区域都是神经细胞的密集区，这些神经细胞对多巴胺有强烈反应。多巴胺是人脑中的化学物质，与人的上瘾行为有关。一个区域是位于中脑的前腹纹状体，就在脊髓正上方。实验证明当电极通过此区域时，老鼠会反复地按压笼杆以激发这些电极。很显然，老鼠很喜欢得到这样的快感，以至于它们宁愿饿死也不愿停止按压笼杆（参见 Angier, 2002）。

另外一处受到合作激活的大脑区域是前额脑区底部，就在双目上方。除了是奖励处理系统的一部分，这个区域还控制着神经脉冲。据芮苓所说，"每轮游戏时，都会面临着选择背叛而获得更多奖励的诱惑。选择合作就需要控制冲动"（转引自 Angier, 2002）。

在一些情况下，扫描仪内的女性使用电脑并且知道这只是一台机器。但在其他的一些测试中，她们使用电脑时却认为这是一个人。当女性知道她们是在和电脑打交道时，她们的奖励环路就大大减少了敏感度。如果认为是与人在打交道，不仅仅能赢取现金，也会使她们得到满足。另外，当女性之后被要求总结自己在游戏时的感受时，她们经常会表示与他人合作时感觉很好，也会对她们的游戏伙伴有种同志情谊。

假设，在某种程度上，与他人合作的欲望是人类天生具有的，并被我们的神经环路不断强化，那它的起因又是什么呢？人类学家通常会推断，我们的祖先在捕获大型猎物，分享食物和进行其他社会活动时，包括抚养孩子，都会协力合作，无私地帮助他人。也就是这种有帮助他人和与他人共同分享的精神倾向给了我们祖先生存下来的优势。研究人员也无须研究"为什么我们不能好好地相处"了，反之，是要研究我们为什么能相处得如此之好。

来源：Information from N. Angier, "Why We're So Nice: We're Wired to Cooperate," *New York Times*, July 23, 2002. http://www.nytimes.com/2002/07/23/health/psychology/23COOP.html.; J.K.Rilling et al., "A Neural Basis for Social Cooperation," *Neuron* 35:395-405; J.K.Rilling, personal communication.

家。他们的共同目标就是测定和重现早期原始人类的结构、行为和所处的生态环境。地质学家和孢粉学家会介入早期调查——也许要用到遥感技术——来寻找早期原始人类有可能居住的地址。孢粉学家帮助寻找含有动物遗骸的化石层，这些动物能被测定出其生存年代，而且还在不同时期

相对于我们的灵长类亲缘动物来说，人类确实具有社会性。即使是和我们最相近的黑猩猩也不会像我们那样去合作。显然，猿类也不会同我们一样期望合作和帮助他人（见本章"趣味阅读"）。我们从来不会知道引起人类社会性的所有原因，但是其中有些原因基于人类的解剖结构——从大脑到骨盆。比如女性骨盆的演化就基于以下这些事实：（1）人类是直立行走的；（2）婴儿出生时大脑尺寸大；（3）婴儿都是通过很复杂的产道才生出来的。

这些就是灵长类动物和人类在解剖结构和分娩过程中存在的极其明显的差异。非人类灵长类动物并不像人一样是两足动物，它们的大脑都很小，产道也没有那么复杂，而且刚出生的幼崽也比较独立。由于在出生时，婴儿在母亲的产道内必须拐上几个弯，导致他们的脑袋和肩膀这两处身体的最大部位，始终是要与产道最宽的部分相符合。猴子和猿类就不存在这样的问题。不像我们人类，灵长类动物的产道形状是保持不变的。

此外，灵长类动物是面向前生出来的，这样母崽就能抓住幼崽，甚至能直接拽过来喂奶了。而人类是面向后出生的，远离母体，所以母亲就无法在生产时进行自我帮助。有他人（比如接生婆）帮助生产可以降低婴儿和产妇的死亡风险。

助产在人类社会几乎是普遍存在的现象。凯伦·罗森伯格和温达·特沃森（Rosenberg and Wenda Trevathan, 2001）在书中写到，很久以前，人类生产时就希望能让给予帮助的亲人在自己身边。根据对原始人类骨盆开放大小和婴儿头颅尺寸的研究，罗森伯格和特沃森（Rosenberg and Wenda Trevathan, 2001）在书中总结道，这种助产现象可以追溯到几百万年前。非人类灵长类动物的母崽在生产时都会与外界隔离，生产过程中自己给自己接生。人类并非如此——还是具备社会性。接生婆、产科医师、新生儿派对——所有这些都是人类有着社会性的表现。而这种社会性有着其极深的进化根源。

与原始人类共同存在。保存好的动物遗骸意味着有可能还会有同样被保存下来的人类化石。有时候用最精确和直接的（放射性的）方法也无法测定出在某个遗址发现的人类化石和器物的年代。在这种情况下，将在这个遗址发现的动物遗骸同在其他遗址发现的相似但年代又比较确定的动物遗骸进行对比，就有可能推断出那些与其相关的动物化石、原始人类化石和器物的年代了（Gugliotta，2005）。

一旦确定了考古现场，大量的调查工作就开始了。考古学家负责搜寻原始人类的遗迹——骨骸或使用工具。只有原始人类会将岩石做成工具和从很远的地方搬运岩石残块（Watzman，2006）。一些早期原始人类遗址上布满了上千件工具。如果一个地点为原始人类遗址，那么更多的工作就要在这里集中进行。经费由私人捐助和政府资助。研究工程通常由一名考古学家或是体质人类学家牵头负责。田野工作人员将继续进行考察，绘制现场地图并开始在土壤里仔细查找被腐蚀的骨骸和器物。另外，工作人员还会对花粉和土壤进行采样以备生态分析之用，及对岩石进行采样以备各种年代测定技术之用。分析工作在实验室中进行，标本将在实验室里进行清洁、分类、标注以及识别。

对动物栖息地（如森林，林地，或是开阔的田野）的描述有助于重现早期原始人类居住地的生态环境。花粉标本有助于发现原始人类的饮食习惯。岩石沉积物或是其他的地质标本体现了岩石沉积时期的气候状况。有时候化石嵌在岩石内，因此拔取时要特别小心。化石一旦被取出和清洁后，就要被保存在模具里进行更广泛的研究。

调查与发掘

考古学家和古人类学家总是跨时空地进行研究并通力合作。很明显，考古学家、古人类学家和古生物学家将地方和区域观点结合起来。最普遍的地方方法就是发掘，或是在考古现场进行层层挖掘。区域方法包括遥感，例如，之前所讲的从太空中发现哥斯达黎加古阡陌小径以及之后在地面上进行的系统调查。考古学家认为每个考古现场并非都是孤立和互不相干的，而是属于更大的（区域）社会系统中的一部分，比如向同一首领进贡的那些村落，或者是为每年的仪式而聚集在某个特定地点的采集者们。

我们先来分析一下考古学家根据古代社会的遗存物研究古代人类行为模式时所采用的一些主要技术。考古学家从挖掘的坑中、考古现场和区域里发掘这些遗存物，并将过去不同社会单位的数据信息整合在一起，包括家庭、小部落、村落和区域体制。

系统调查

考古学家和古人类学家有两个基本的田野工作策略：**系统调查**（systematic survey）和发掘。系统调查通过在一个大区域内收集有关定居模式的信息提供区域观点。定居模式是指在一个特定的区域内遗址的分布情况。区域调查通过以下几个问题重新构建了定居模式：遗址是在哪儿发现的？遗址有多大？遗址上有什么样的房屋？这些遗址距今已有多少年？理论上，系统调查包括走遍整个调查地区并记录下所有遗址的位置和大小。调查人员从遗址地表上发现的古器物可以推断出每个遗址的年代。但是并非每次调查都能涵盖整个地区。地面表层也许无法穿透（比如有浓密的丛林），或是调查地区的某些部分难以接近。土地所有者也许不允许在此进行调查。调查人员这时就不得不依赖遥感技术来测定遗址的位置和绘制地图了。

根据区域数据信息，科学家就可以回答出有关生活在一个特定地区的史前社会的很多问题了。考古学家根据定居模式来推断当时的人口数量和社会复杂程度。对于采集者和耕种者来说，他们大都居住在小的营地里或是部落里，他们的房屋也几乎是没有区别的。这些遗址相当均匀地分布在区域内。随着社会复杂性的增加，定居模式也变得越来越复杂。人口数量也在增加。诸如贸易和战争这些社会因素在居住地点（在山顶、水路和贸易路线上）的选择中起着越来越重要的作用。在复杂社会中，居住等级现象出现了。某些遗址会比其他的要大，而且房屋建筑也有很大的不同。有着专门建筑（上层人士的居住地、寺庙、行政办公楼、会议地点）的大的遗址通常都

被认为是这个地区的中心，并控制着那些房屋没有太多区别的较小遗址。

发掘

考古学家还通过发掘遗址来搜集有关历史的信息。在**发掘**（excavation）过程中，科学家们通过挖掘地层——由沉积岩石的分层形成的遗址来发现遗迹。这些岩石的分层被用来确定挖掘中出土物的相对时间顺序。这个相对年代表是建立在重叠原理的基础上的：在一组沉积岩中，最底下的岩石是最早沉积下来的。之上的每层岩石都比它下面的岩石时间要晚。因此，在同一组沉积岩中从较下岩石层中出土的古器物和化石要比上面出土的年代更久远。这种出土物的相对时间顺序排列是考古学、古人类学和古生物学研究的核心领域。

由于考古学记录和化石资料十分丰富，而且发掘工作需要耗费大量的劳动力和金钱，因此如果没有合理的原因是不会对遗址进行挖掘的。挖掘考古现场是因为这些遗址有被破坏的危险或是因为在这些遗址中可以找到特定的研究问题的答案。在本书第 2 章中谈到的文化资源管理（CRM）主要是对遭到现代发展威胁的考古现场进行保护。很多国家都要求在施工之前进行考古影响研究。如果一个遗址遭到破坏而开发工程又无法停止，文化资源管理考古学家们就被召来进行抢救性发掘。发掘遗址的另外一个原因是在这些遗址中可以找到特定的研究问题的答案。例如，一位研究农业起源的考古学家不会去挖掘一个很大、戒备森严而又有着很多房屋，但是历史年代却在首个农业社会之后的山顶城市。相反，他宁愿去找一个在农田上，或是靠近农田和水源的小型部落遗址。这样的遗址可能是农业社会在那个地区第一次出现的早期居住地点。

在发掘遗址之前需要绘制地图和搜集地表物品，这样研究人员才能判断出挖掘的确切地点。在特定遗址上搜集地面物品类似于在一个更大的区域内进行区域调查。先用方格网来代表和细分这个遗址。接下来，在实际的遗址上划分出同方格网一样大小的物品搜集单位。这个方格网可以让研究人员记录下在遗址里发现的每个古器物、化石和遗迹的准确位置。通过对遗址地表物的研

究，考古学家可以直接对那些最能给他们的研究提供信息的遗址区域进行发掘。一旦区域选定，挖掘工作就开始了，每个器物或遗迹的位置要从三个方面做好记录。

挖掘也可能是随意进行的。这种情况下，从地表开始，每次从发掘单位挖出相同量的土 [通常是 4 英尺到 8 英尺（1.2 米到 2.4 米）深]。这种挖掘是快捷的挖土方法，因为在同一深度的所有东西一次就被挖了出来。这种发掘方式通常被用于探坑挖掘。探坑是用来探查遗址沉积物的深度和初步测定遗址年代的坑位。

需要耗费更多劳动和更精确的发掘方法是按照地层学一次只挖掘一层。对每个堆积层分别进行研究，这些堆积层在颜色和结构上都有所不同。这种技术提供了更多有关古器物、化石或遗迹的背景信息，因为科学家们工作步伐减缓了，而且研究到了有用的堆积层。特定的 4 英尺（即 1.2 米）标准层里可能包含了一组房屋地板，而且每块地板都带有古器物。如果这些沉积物是按随意标准挖掘上来的，那么出土的器物就都混合在一起了。但是如果是根据自然地层学挖掘的，每个房屋地板是分别挖出来的，那么得出的结果就会更加详细。考古学家的工作程序就是在对下一个地层进行挖掘之前，将所有的器物从每个房屋地板上取走装袋。

任何发掘都能获得各式各样的遗存物，像陶器、石头器物（石头的）、人或动物的骨头和植物遗存。这类遗存物可能尺寸小，而且残缺不全。为了增加发现小的遗存物的可能性，土壤要用筛子过滤。为了能发现很小的遗存物，比如鱼骨头和碳化的植物遗存，考古学家会使用漂浮法这种技术。用水和非常细密的网线对土壤采样进行分类，当土壤被水溶解后，碳化的植物遗存就漂浮在水面上了。鱼骨头和其他更重的一些遗存物就沉到了水底。漂浮法需要大量的时间和劳动。这就使得这种方法不能适合用于所有从遗址中挖掘出的土壤。漂浮的采样是从有限数量的沉积物中取得的，比如从房屋地板、垃圾坑和炉膛里。

🔘 随书学习视频

揭示不为人知的世界：罗马人统治非洲时期向亡者学习

第3段

当一个豪华的酒店要在突尼斯哈玛麦德动土开工时，没有人料想到地底下的遗迹会是北非最大的罗马古冢（墓地）。这个片段展现了人类学家通过挖掘木头和骨头来重现古城帕普特（Pupput）的土葬仪式。大约 2 000 年前，罗马人曾在此居住了 3 个世纪。帕普特城的罗马人有不同的葬礼仪式，包括土葬和火葬。骨头在高温中会怎样呢？通过研究现场保存下来的木头，考古学家们又能得出什么信息呢？每天挖掘结束时，考古学家们又会去做什么工作呢？

考古学分支

考古学家们采用各种方法来研究不同的课题。实验考古学家在可控的条件下努力复原古代技术和生产过程（比如，工具的制造）。历史考古学家则将文字记载作为考古研究的指南和补充。他们的研究对象都是比文字记载的时期更靠后的遗存——经常是靠后很多。比如，殖民地考古学家将历史文献作为指南，测定和挖掘南美和北美的后契约时代遗址，并验证或质疑文字的记载内容。古典考古学家则通常隶属于大学的古典学系或是艺术史系，而非人类学系。这些古典学者们注重研究旧世界像古希腊、古罗马和古埃及的文化文明。就像那些吸引人类学家的社会、政治和经济因素一样，古典考古学家还常对艺术——即建筑和雕塑的风格——比较或是更加感兴趣。水下考古学是一门正在发展壮大的学科，调查淹没于水中的遗址，大多为船只残骸。水下考古学会用到一些特殊的技术，包括像在电影《泰坦尼克号》中所演的远程操控器，但是潜水员也会在水下进行调查和挖掘工作。

在本书第 2 章中谈到的文化资源管理是应用（或公共）考古学的一种形式，正如考古学家运用他们对数据的搜集和分析来管理即将遭到开发活动、公共工程和道路修建破坏的遗址。有些文化资源管理考古学家还是签约考古学家，他们为他们的研究协商特定的合同（而不是去申请研究经费）。这些研究通常必须要很快完成，比如说，考古资料面临即将遭到破坏的威胁。在为美国考古学协会所做的成员调查中，梅林达·泽德尔（Zeder, 1997）发现 40% 的答复者都是签约考古学家——他们同私有企业、国家和联邦部门以及教育机构签订合同。同样也有 40% 的答复者在学院工作。

历史年代测定

考古记录不能揭示所有在地球上存在过的古代社会；化石记录也不代表所有生存过的植物和动物。由于很多原因，有些物种和身体部位要比其他的物种和部位能更好地表现出来。像骨头和牙齿这些硬的部位就比像肉和皮肤这些软的部位更容易保存下来。残骸要是埋在刚形成的沉积物中，比如淤泥、砾石或是沙砾中，其成为化石的概率就会增加。骨头埋在如沼泽、漫滩、三角洲、湖泊和洞穴这些沉积物中会比较好。栖居在这些地区的物种比在其他地方栖居的动物也会更好地被保存下来。在火山灰地区或是在山谷或湖水盆地，和在堆积着丘陵上被侵蚀的岩石碎片的地区，也都有利于化石的形成。一旦遗骸埋到地底下，在适当的化学条件下才会发生化石作用。如果沉积物酸性太大的话，甚至是骨头和牙齿也会被溶解掉。对影响动物死尸遗骸的过程的研究被称为**埋葬学**（taphonomy）。这个单词源自希腊语 taphos，意思为"坟墓"。这种过程包括被食肉动物和食腐动物的四处散布、不同外力造成的畸变以及遗骸可能发生的化石作用。

在什么样的条件下发现化石也会影响到化石记录。比如，透过侵蚀，在干旱的地区就比在湿润的地区更有可能发现化石。在稀疏的植被地区，风扫地面，就会显露出化石。由于欧洲的土木工程和搜寻化石工作比非洲进行的时间更长，因此欧洲的化石记录比非洲的数量更多一些，范围也更广一些。

一张标注了发现化石位置的世界地图并未表明古代动物的真实分布范围。这样一张地图更多地告诉了我们有关地质活动、现代侵蚀或是最近的人类活动（如古生物学研究或道路修建）的信息。在之后讨论灵长类动物或原始人类化石记录的章节中，我们将看到不同的地区能为某些特定时期提供更充足的化石证据。这并不一定就意味着灵长类动物或是原始人类在同一时期没有居住在其他地方。在某个地区没有找到化石也不总是代表着物种未在那里生活过。用克里斯托弗·斯特林格的话来说就是"没有找到证据并不一定证明就没有证据"（转引自 Gugliotta, 2005）。那么什么样的年代测定技术会被用来推断已变成化石的动物的生存年代呢？

我们已经知道古生物学是通过化石记录来研究古代生命的，而古人类学是研究古代人类和其直系祖先的。这些领域已为生命的演化构建了一个年代框架，或说是年代表。科学家们运用几种技术来测定化石的年代。这些方法有着不同的精确度，适用于历史的不同时期。

相对年代测定

年代表是通过对地质层和地质层中的实物遗存（比如化石和器物）的断代而建立的。年代测定既有可能是相对的也可能是绝对的。相对年代测定是根据其他相关的地层或物质确定下来的年代框架，而非绝对的年代数。许多年代测定方法都是基于地层学的地质研究。地层学是研究地表沉积物在地层（复数形式 strata，单数形式 stratum）中怎样沉积的学科。就像先前所提到的那样，在排列顺序未分的地层中，越位于下方的地层时间越久远。从山坡滑入山谷的土壤覆盖了之前沉积在此的土壤，也就没有之前这些土壤时间久远。相对年代测定可以用到地层学。也就是说，一个特定地层中的化石比位于其上方地层中的化石时间要久远，比位于其下方地层中的化石年代要早。我们可能不知道这些化石确切或绝对的年代，但是我们可以将这些化石同其他地层中的遗存物进行年代对比。不断变化的环境因素，比方火山岩流，陆地和海洋变化，都会使不同的物质沉积在有着特定顺序的地层中；这就有助于科学家们区分出不同的地质层。

在同一地层会发现生活在同一时期的动植物遗骸。在有着特定顺序的地层中发现的化石，科学家们可以通过与其他地层中的化石进行比较，确定它们的时间，这就是相对年代测定。在特定地层中发现了化石，就能从与之相关的地质特征（比如霜花图案结构）和特定动植物的遗骸中找到有关沉积时期气候的线索。

除了运用地层学进行年代测定，另一种年代测定的方法是氟吸附分析法。在同一个时间段里，位于同一土地中的骨头，在转为化石的过程中，会从地下水中吸附相同量的氟。对氟的分析揭露了牵扯到所谓的皮尔当人这一著名造假案。皮尔当人曾被认为是前所未见而又令人费解的人类祖先（Winslow and Meyer, 1983）。在英国"发现"的皮尔当人其实是由一只猩猩的下颚骨与一块智人（现代人）的颅骨拼凑而成的。对氟的分析揭露了这是一个拼凑起来的赝品。颅骨比下颚骨含有较多的氟——如果这两部分骨头属于同一个体，而且是在相同时期相同地点沉积遗存下的，这种氟含量的差异情况是不可能存在的。有人伪造了皮尔当人，试图在化石记录的解释上蒙混过关（这种尝试在某种程度上成功了——一些科学家确实对此信以为真）。

绝对年代测定：放射性测定技术

上一单元讲到了运用地层学和氟吸附分析法的相对年代测定。还可以用其他的一些方法更加精确地测定出化石的年代，用数字表示年代 [绝对年代测定（absolute dating）]。比如，放射性碳素测定法或是碳—14 测定法（^{14}C 或 carbon-14）就被用来测定有机物的遗存。这属于放射测定技术（之所以称之为放射是因为它测量的是有放射性的遗存物）。碳—14（^{14}C）是正常碳元素碳—12（^{12}C）一种不稳定的、具有放射性的同位素。宇宙射线进入地球大气层中产生了碳—14，植物在吸收二氧化碳的同时也吸进了碳—14。动物吃植物，食肉动物吃其他动物，碳—14 也就在这种食物链中继续延存下去。

随着动植物的死亡，对碳—14 的吸取也就停止了。这种不稳定的同位素开始衰变为氮—14 原子（^{14}N）。一半的碳—14 变为氮原子需要花费 5 730 年；这就为碳—14 的半衰期。再经过 5 730 年仅会剩下占当初四分之一的碳—14。再经过 5 730 年就只剩下八分之一的碳—14。通过测量有机物质中的碳—14 的含量，科学家可以推断出化石的年龄或是一处古代营火的年代。然而，由于碳—14 的半衰期十分短暂，这种年代测定技术对于测定距今 40 000 年标本的准确度

比测定距今较近的遗存物要低。

值得庆幸的是，对于更早年代的测定，还有其他一些放射测定技术。其中最常用的一种技术是钾—氩（K/A）测定法。^{40}K 是钾的放射性同位素，衰变为氩—40 气体。^{40}K 的半衰期要比 ^{14}C 的半衰期长很多——长达 13 亿年。用这种方法，样品年代越久远，年代测定就越准确。此外，碳—14 测定法只能用于测定有机物的年代，而钾—氩（K/A）测定法则相反，只能用于测定无机物的年代，像岩石和矿物。

岩石中的 ^{40}K 慢慢衰变成氩—40。这种气体在岩石处于高温状态下（如火山运动）时被释放出来。当岩石冷却后，钾就又开始衰变成氩。这种方法可通过重新加热岩石，测量释放出的气体，从而进行年代测定。

纵贯东部非洲的东非大裂谷，蕴藏着大批的早期原始人类化石。过去在此爆发的火山运动为钾—氩（K/A）测定提供了条件。在对藏有化石地层的研究中，科学家们计算出了上次受热之后岩石内所聚集的氩的含量。接着他们就运用 ^{40}K 半衰期的标准推断出岩石上次受热的时间。考虑到在藏有化石地层顶部还有火山岩，科学家们断定这些化石的年代大概要多于 180 万年。通过对化石遗存下方火山岩进行年代测定，科学家们判断出这些化石的年代大概要少于 200 万年。因此，这些化石和与之相关的物质的年代应该在 200 万年至 180 万年之间。请注意，绝对年代测定只是这样命名的；测定结果可能是年代的范围而不是确切的日期。

在现代地质学建立之前就出土了很多化石。通常我们就无法再断定这些化石最初的地层位置了。而且，化石不总是在火山层中发现。同碳—14 测定法一样，钾—氩（K/A）测定法也可用于测定化石记录的某一段时期。由于 ^{40}K 的半衰期很长，所以这种方法并不适用于小于 50 万年的遗存物质。

其他的一些放射性测定技术可以通过使用化石周围的物质，用来核实用钾—氩（K/A）测定法得出的年代。其中的一种方法就是铀系测年法，即测量在放射性铀（^{238}U）转化为铅的过程中所产生的裂变径迹。其他两种放射性测定技术都是特别用于碳—14 测定法（距今 4 万年以下）

更多有关放射性测定法，见网络探索。
mhhe.com/kottak

和钾—氩（K/A）测定法（距今 50 万年以上）未能测出年代的化石。这些方法分别是热释光测定法（TL）和电子自旋共振测定法（ESR）。这两种方法都是测量岩石和矿物中长久存在的电子（Shreeve, 1992）。一旦测定出一块藏有化石的岩石年代，那么所测出的年代也就是这个化石的年代。表 3.1 总结了根据不同绝对年代测定技术所得出的时间范围。

绝对年代测定：树轮年代学

树轮年代学，也叫树轮定年，是绝对年代测定的一种方法，对树轮的生长形式进行研究和比较。这种年代测定是基于树每长一年就多一圈年轮的事实上的。树木的年龄也就体现在年轮的多少上。1920 年左右，亚利桑那大学的 A.E. 道格拉斯发现湿润年份生长的年轮宽，而干燥年份生长的年轮窄。气候的变化，比如，潮湿、寒冷或是干燥，都会对每年的年轮图案产生影响——生长在同一个时期和同一个地区的树木都存在这种现象。树的年轮图案每条都可以进行比较和匹配。通过绘制不同时期的这些图案，科学家可以通过比较古建筑所用的木材得出树轮的年表，匹配年轮图案，最终确切地推断出——推至年份——古时或是史前的盖房者所用树木的年龄（参见 Kuniholm, 1995; Miller, 2004; Schweingruber, 1988）。

交叉定年是通过树与树之间匹配年轮图案从而测定出年轮的具体年份。做匹配时不仅要用视觉技术还要用统计技术。从考古现场和古建筑上取来的木头或是木炭样本互相进行交叉定年，而且还要同活着的树木的木材进行交叉定年，以便能将树轮年表延伸至这个地区里最大年龄树木中最老年轮的年代之外。

年轮定年最先用于位于美国西南部的原著美国部落历史遗址。美国西南部的狐尾松的年轮年表目前已超过了 8 500 年（参见 Miller, 2004）。欧洲南部的橡树和松树的年轮年表也已超过 1 100 年。康奈尔大学的彼得·库尼洪主持的爱琴海树轮年代学项目（http://www.arts.cornell.edu/dendro/）的目标就是为爱琴海地区和中东地区建立一个主要的年代表。到目前为止，这个项目已建立了一个长达 6 000 年的树轮年表，涵盖了爱琴海、巴尔干半岛、中东的土耳其、塞浦路斯、希腊、保加利亚、南斯拉夫和意大利的部分地区的 9 500 年的历史（距今约 2 500~1 500 年的历史还未做出匹配，因此还有一个大的时间中断）。项目的目标是将年代表延续至史前人们第一次建房时使用大量木材的时期（参见 Kuniholm, 1995，2004）。

树轮年代学仅限于特定的树种——生长在有明显季节划分的气候中。对橡树、松树、刺柏、冷杉、黄杨木、紫杉、云杉，有时候还对栗树进行年轮定年。不适用于年轮定年的树木有橄榄树、柳树、白杨、果树和柏树。所测定的树都必须是来自同一个地区——这样才具备共同的生长环境——还要有长序列的年轮。有些刺柏的年轮多达 918 条。在土耳其加泰土丘（请参见第 10 章）的新石器时代的遗址上发现的木炭碎片保留了多达 250 条年轮（参见 Kuniholm, 1995）。这个遗址上的树轮年代学已建立了 700 年的树木年表。树轮不仅仅可以进行绝对年代测定，还可以提供特定地区的有关气候模式的信息。

表3.1		绝对年代测定技术	
年代测定技术	缩写	测定物质	有效时间范围
放射性碳素测定法	^{14}C	有机物质	距今4万年以下
钾—氩（K/A）测定法	K/A和^{40}K	火山岩	距今50万年以上
铀系测年法	^{238}U	矿物	距今1 000年到100万年间
热释光测定法	TL	岩石和矿物	距今5 000年到100万年间
电子自旋共振测定法	ESR	岩石和矿物	距今1 000年到100万年间
树轮年代学	Dendro	树木和木炭	距今1.1万年以下

分子年代测定

1987年，在一个极具影响力的研究中，加州大学伯克利分校的研究人员通过DNA分析提出了现代人（AMHs）是近年（大概13万年前）源自非洲的观点。丽贝卡·卡恩、马克·斯托金和艾伦·C·威尔逊（Cann, Stoneking, Wilson, 1987）分析研究了147名女性的胎盘的基因特性。这些女性的祖先来自世界各个不同的地区。研究人员将重点放在了细胞线粒体DNA（mtDNA）上，这种DNA只能是母亲通过受精卵遗传给孩子。为了建立"遗传时钟"，研究人员测算了147份组织采样中细胞线粒体DNA的变化。他们将每份采样切割成几部分进行比较。通过对每个采样与其他146份采样对比后找出共同的起源，并推测之后每个采样发生突变（DNA的自然变化）的数量。研究人员据此在计算机上画出了演化树。这棵演化树起源于非洲，然后分成了两条支脉。一条支脉继续留在非洲。另一条支脉离开非洲，带着细胞线粒体DNA分散到了世界各地。假设有一个持续的突变率（比如，每2 500年发生一次突变），通过计算每个采样中发生突变的数量，分子人类学家可以推算出人类最近的共同祖先的年代。请注意，这种建立在一个持续突变率基础上的分支年代测定法并不像放射性测定法和树轮年代学那样被广泛接受。

本章小结

1. 由于科学不只是存在于社会中，同时还存在于法律和道德规范学的范畴中，人类学家不会仅仅因为某些事物具备潜在的科学价值才去研究它们。人类学家对于他们所从事的研究领域、社会以及文化（包括东道国的文化）都承担着责任。人类学家最主要的道德要求体现在他们所研究的人、物种和研究资料上。

2. 体质人类学家和考古学家偏重不同的研究课题，运用不同的研究方法，但仍经常在一起工作。在考古现场，体质人类学家通过考察人类骨骼来补充完善古代的生活情景，以此重新构建古人的体态特征、健康状况和饮食习惯。遥感技术可被用来查找古代的阡陌小径、道路、运河和灌溉体系。之后这些发现结果又都可以在地面上继续进行考察。

3. 关于灵长目的研究表明了基于行为的假定，这种行为是我们人类与我们的近亲——以及我们的原始人类祖先——所共同具备或非共同具备的。人体测量学是测量人类的身体部位和体形，既可以进行活体测量，也可以测量考古现场发现的骨骼遗骸。骨生物学是体质人类学的核心领域——即研究骨骼的遗传因子，细胞结构，生长、发育和衰退，以及运动模式。骨学家研究骨骼变异及引起其变异的生物和社会原因。古病理学是研究考古现场出土的人类骨架中的疾病与外伤痕迹的学科。分子人类学引入遗传分析（DNA排列顺序）来揭示古代人和现代人以及物种间的进化关系。

4. 考古学家们通常无论何时何地都通力合作，将地方（发掘）和区域（系统调查）观点结合起来。考古学家根据定居模式来推断当时的人口数量和社会复杂程度。挖掘考古现场是因为这些遗址有被破坏的危险或是因为在这些遗址中可以找到特定的研究问题的答案。考古学有很多分支，包括历史考古学、古典考古学和水下考古学。

5. 化石记录并不代表所有生存过的植物和动物。像骨头和牙齿这些硬的部位就比像肉和皮肤这些软的部位更容易保存下来。考古学家和古生物学家通过地层学和放射性测定技术来测定化石的年代。碳—14测定法（^{14}C）对于测定距今40 000年以下的化石比较有效。钾—氩（K/A）测定法适用于距今50万年以上的化石。碳—14测定法（^{14}C）是对有机物进行测定，而钾—氩（K/A）测定法、铀系测年法（^{238}U）、热释光测定法（TL）和电子自旋共振测定法（ESR）则被用来测定位于化石之上和之下的矿物质。树轮年代学，也叫树轮定年，是绝对年代测定的一种方法，对树轮的生长形式进行研究和比较。分子人类学也被用作年代测定技术，它是基于对一个持续突变率的假设。

绝对年代测定 absolute dating 即用数字或是数字范围表示年代的年代测定技术；比如放射性测定法，像碳—14测定法（^{14}C）、钾—氩（K/A）测定法、铀系测年法（^{238}U）、热释光测定法（TL）和电子自旋共振测定法（ESR）。

人体测量学 anthropometry 人体测量学测量人类的身体部位和体形，包括测量骨骼部分（即骨测量法）。

骨生物学 bone biology 即将骨骼作为生物组织进行研究，包括研究骨骼的遗传因子，细胞结构，生长、发育和衰退，以及运动模式（生物力学）。

树轮年代学 dendrochronology 也叫树轮定年，是绝对年代测定的一种方法，对树轮的生长形式进行研究和比较。

发掘 excavation 即挖掘地层——由沉积岩石的分层形成的考古或化石遗址。

化石 fossils 即古动物或植物的遗骸（如骨骸）、遗迹或印痕（如脚印）。

分子人类学 molecular anthropology 即遗传分析，通过DNA排列顺序的对比推断出物种间和古代人与现代人之间的进化关系和距离。

古人类学 paleoanthropology 即通过化石证据来研究原始人类和人类生活。

古生物学 paleontology 即通过化石证据来研究古生命。

古病理学 paleopathology 研究考古现场出土的人类骨架中的疾病与外伤痕迹。

孢粉学 palynology 通过对考古或化石遗址上花粉的采样来推断此遗址在当时所处的环境。

相对年代测定 relative dating 年代测定技术，比如地层学，可根据其他相关的地层或物质确定年代的框架，而非绝对的年代数。

遥感 remote sensing 通过运用航空图片和卫星映像确定地面上遗址的位置。

地层学 stratigraphy 一门研究地表沉积物在地层（复数形式strata，单数形式stratum）中怎样沉积的科学。

系统调查 systematic survey 通过在一个大区域内收集有关定居模式的信息，并提供有关考古记录的区域观点。

埋葬学 taphonomy 对影响动物死尸遗骸的过程的研究，包括被食肉动物和食腐动物的四处散布，不同外力造成的畸变以及遗骸可能发生的化石作用。

思考题

1. 假设自己是一名国际小组的成员，在一处发现了早期人类化石的非洲遗址上工作。在你的小组里，还应有其他哪些学术纪律？小组成员都要做什么工作？成员要在哪里招募？发现的化石和其他东西应怎样处理？有关小组考古发现的科学论文的作者都应写上谁？

2. 人类比其他灵长目类动物更具有社会性吗？在本章中都讨论了哪些有关人类社会性的证据？

3. 人种学和对灵长类动物行为的研究两者有什么相似处和不同处？

4. 请举例说明遥感在哪些方面对人类学家有帮助。

5. 如果无法使用放射性测定技术，应怎样测定化石的年代？

补充阅读

Boaz, N.T., and A. J. Almquist

2002 *Biological Anthropology: A Synthetic Approach to Human Evolution,* 2nd ed. Upper Saddle River, NJ: Prentice Hall. 体质人类学的课文，包括对研究方法的讨论。

Feder, K. L.

2004 *Linking to the Past: A Brief Introduction to Archaeology.* New York: Oxford University Press. 包括对考古学中田野方法的讨论。

Goldberg, P., V. T. Holliday, and C. R. Ferring

2000 *Earth Sciences and Archaeology.* New York: Kluwer Academic/Plenum Press. 考古学与地质学之间的联系。

Katzenberg, M. A., and S. R. Saunders, eds.

2000 *Biological Anthropology of the Human Skeleton.* New York: Wiley. 对骨骼和牙齿残骸的分析，包括运用新技术。

Larsen, C. S.

2000 *Skeletons in Our Closet: Revealing Our Past through Bioarchaeology.* Princeton, NJ: Princeton University Press. 考古现场出土的人类遗骸是怎样帮助我们了解他们生前情况的，比如所患的疾病、受伤状况、工具的使用和饮食习惯。

Naften, M.

2000 *Flesh and Bone: An Introduction to Forensic Anthropology.* Durham, NC: Carolina Academic Press. 研究方法和程序，避免使用技术术语。

Park, M. A.

2005 *Biological Anthropology,* 4th ed. Boston: McGraw-Hill. 简要介绍，重点在科学调查上。

Prag, J., and R. Neave

1997 *Making Faces: Using Forensic and Archaeological Evidence.* College Station: Texas A & M University Press. 如何重现古时人类的相貌。

Renfrew, C., and P. Bahn

2004 *Archaeology: Theories, Methods, and Practice,* 4th ed. London: Thames and Hudson. 考古人类学中最有用的研究方法。

Turnbaugh, W. A., R. Jurmain, L. Kilgore, and H. Nelson

2002 *Understanding Physical Anthropology and Archaeology,* 8th ed. Belmont, CA: Wadsworth. 关于分支学科的介绍，以及对每个分支学科中研究方法的讨论。

White, T. D., and P. A. Folkens

2000 *Human Osteology,* 2nd ed. San Diego: Academic Press. 包括案例分析和对分子骨学的讨论，以及同实物大小相同的骨骼照片。

1.年代测定技术：请登录美国地质调查网站——有关化石、岩石和年代（**http://pubs.usgs.gov/gip/fossils/contents.html**），并阅读所有篇章。

a.研究人员是怎样运用重叠原理给化石进行年代测定的？

b.什么是同位素？研究人员是怎样运用同位素计算出化石的数字年代的？

c.相对年代测定技术和绝对（数字）年代测定技术二者是如何互补的？

2.请登录2002沃伦威尔逊学院田野系的网络刊物（**http://www.warren-wilson.edu/~arch/fs2002/main.html**）。请查看介绍部分，点击第一日浏览，通过田野系的每日工作可以了解到考古研究是怎样进行的。

a.考古学家们都用哪些调查方法？

b.有哪些重大发现？这些发现为什么那么重要？

请登录McGraw-Hill在线学习中心查看有关第3章更多的评论及互动练习。

在线练习

科塔克，《对天堂的侵犯》，第4版

本章指出了体质人类学家和考古学家经常都是通力合作，包括在国际研究小组中的合作。科塔克在其著作《对天堂的侵犯》（第4版）中描写道，阿伦贝培是一个"田野工作小组的村庄"。

请参看第1章、第12章至第14章，阅读有关早期和之后田野工作小组在阿伦贝培进行研究的信息。阿伦贝培的村民是用什么样的模式解释并与外界参观者打交道的呢？

链接

第**4**章
进化论与遗传学

章节大纲：

进化论
　　理论与事实

遗传学
　　孟德尔实验
　　自由组合与重组

生化或分子，遗传学
　　细胞分裂
　　交换
　　突变

遗传进化中的种群遗传与机制
　　自然选择
　　随机遗传漂变
　　基因流

现代综合进化论
　　间断平衡论

进化论

与其他动物相比，人类有独特多变的方式——文化的和生物的——来适应环境压力。举例说明人类的文化适应：我们操控自己的人工制品和行为作为对环境条件的回应。现代的北美人在冬季打开温控器或者搬到佛罗里达。我们打开消防栓、游泳或者驾驶空调车从纽约到缅因州去躲避夏季的酷热。虽然这种对于文化的依赖在人类进化的过程中增加了，但是人也没有停止生物上的适应。与其他物种一样，人类以遗传方面的适应回应环境力量，个体面对压力则报以体质上的回应。因此，当我们在正午的烈日之下，会自发地出汗，冷却皮肤并降低皮下血管的温度。

现在我们可以开始更细致地探查决定人类生物适应、变异和变化的原理。

18 世纪，很多学者对生物多样性、人类起源以及我们在动植物分类中的位置产生兴趣。其实，普遍被接受的物种起源的解释来自《创世记》——《圣经》开篇：上帝在 6 天的造物中创造了所有生命。根据**神创论**，生物的异同源于创世之时。生命形式的特征被视为不可改变的；它们不可能变化。通过基于《圣经》系谱的计算，《圣经》学者詹姆斯·乌什尔（James Ussher）和约翰·莱特福德（John Lightfood）甚至将创世追溯到一个具体的时间：公元前 4004 年，10 月 23 日，上午 9 点。

卡尔·林奈（Carolus Linnaeus, 1707—1778）创制了动植物的首个综合且依然具有影响力的分类法或分类学。他根据生命形式在生理特征上的异同将之归类。他用一些性状诸如脊柱的存在来区分脊椎动物和无脊椎动物，用乳腺的存在来区分哺乳动物和鸟类。林奈将生命形式之间的差异视为造物主有序规划的一部分。他认为，生物异同在创世之时就已确定而且未变过。

18 世纪和 19 世纪化石的发现对神创论提出了质疑。化石表明曾经存在过不同的生命。如果所有的生命起源于同一时间，为什么有些古代物种不见了呢？为什么现在的动植物没有在化石中发现呢？一种集合了神创论和灾变论的改良解释取代了原先

的学说。据此观点，火、洪水等灾难，包括涉及诺亚方舟的《圣经》中的大洪水（biblical flood），摧毁了古代物种。在每次毁灭性的事件之后，上帝重新创造，就形成了现今的物种。持灾变论的人如何解释化石和现代动物之间某些明显的相似呢？他们论证说有些古代物种得以在一些孤立的区域存活下来了。例如，在大洪水之后，被救到诺亚方舟上的动物的后裔向全世界扩散。

理论与事实

神创论和灾变论的替代是变种说（transformism），也称进化论。进化论者相信物种由其他物种经过漫长和渐进的变种过程而来，或者是其改进的后代。查尔斯·达尔文是最有名的进化论者。但是，他受到包括其祖父在内的早期学者的影响。在 1794 年出版的《动物生物学》（*Zoonomia*）一书中，伊拉斯谟·达尔文（Erasmus Darwin）已经提出所有动物物种有共同祖先。

查尔斯·达尔文也受到地质学之父查尔斯·莱尔爵士（Sir Charles Lyell）的影响。在达尔文乘"贝格尔"号舰到南美洲旅行期间，他研读了莱尔的力作《地质学原理》（*Principles of Geology*）（Lyell, 1837/1969），由此接触到了莱尔的**均变论**（uniformitarianism）。均变论声称现在是过去的钥匙。对过去事件的解释应该在今天仍在起作用的一般力量的长期运作中寻找。所以，自然力量（降雨、土壤沉积、地震和火山活动）逐渐建构和修饰了山脉之类的地理特征。地球结构经自然力量持续数百万年的作用而逐渐变化（参见 Weiner, 1994）。

均变论是进化理论的必要元件。它使人对地球只有 6 000 年历史产生强烈怀疑。诸如雨和风之类的一般力量要制造重大的地理变化将会需要花费长得多的时间。这个更长的时间跨度对于化石发现所揭示的生物变化也是足够的。达尔文将均变论和长期变化的观点应用于生物。他主张所有的生命形式在根本上是相关的（ultimately related），而且物种的数量随时间而增加（更多关于科学、进化和神创论，参见 Futuyma, 1995; Gould, 1999; Wilson, 2002）。

查尔斯·达尔文为理解进化论提供了一个理论

概览

查尔斯·达尔文（Charles Darwin）和阿尔弗莱德·拉塞尔·华莱士（Alfred Russel Wallace）提出自然选择可以解释物种的起源和进化，以及生命形态的生物多样性。进化的事实在达尔文之前就已为人所知。经自然选择（进化如何出现）的进化理论（theory）是达尔文的主要贡献。达尔文不知道自然选择得以发挥作用的遗传机制。他的同代人格雷戈尔·孟德尔（Gregor Mendel）有开创性的发现，即遗传性状是作为离散单元（现在称为染色体和基因）继承的。孟德尔还发现遗传单元可能是相互独立的传递，然后在新的结合中再次联合，提供自然选择赖以运行的部分变异。

特定性状的适应价值取决于环境。当环境变化的时候，选择对已经出现在种群中的性状起作用。若变异的数量不足以适应环境变化，则可能出现灭绝。其他进化机制与自然选择一起发挥作用。遗传漂变在小型种群中的操作更明显，在那里单纯的偶然就能轻易改变基因频率。基因流和交配使同一物种的子群在遗传上相互关联，因而阻碍了物种形成——新物种的形成。

染色体的历史可能形塑疾病的未来

《纽约时报》新闻简讯
作者：卡尔·齐默（Carl Zimmer）
2005 年 8 月 30 日

人类拥有 23 对染色体，对染色体的研究提供了关于进化历史和疾病起源的线索——有可能催生更有效的治疗策略。此处描述的是突变的一种类型——染色体重排——可能造成物种形成即新物种的形成。这则"新闻简讯"提到了染色体重排的两种方式。一种是倒位：一段染色体断裂成两段（a piece of chromosome hives off），颠倒，然后重新连接。另一种发生在断裂之后，染色体移动到不同部分，在那里重新连接，这则染色体重排不同于在本章也有讨论的单一的基因突变。正如在这则新闻故事中描述的一样，染色体有某些最可能出现断裂的"热点"，导致了有时影响物种形成，有时则引起如癌症之类疾病的重排。

人类和恒河猴的共同祖先生活在约 2 500 万年前。抛开那巨大的时间鸿沟，我们的染色体依然保留着大量共享遗传的证据。

美国国家癌症研究所（National Cancer Institute）的一队科学家最近证明了这一迹象，他们绘制了恒河猴的 DNA 图谱，在基因图谱上标注了 802 处遗传标记。然后他们将恒河猴的基因图谱与人类的相比较。数以千计的基因顺序是一致的。

"大约一半的染色体是原封不动。"该组的成员之一，现就职于得克萨斯农工大学（Texas A & M University）的威廉·墨菲（William Murphy）说。

其他的染色体在过去的 2 500 万年间重排了，但是墨菲博士和他的同事们能够重构它们的进化。周期性地，大块的染色体意外地被切割出基因组，掉头并向后嵌入。

在其他情况中，这个染色体片段被运送到该染色体的其他部分。目前统计了 23 次转移的发生，而且在 DNA 区块内部，基因的顺序原封未动。

很容易理解染色体是如何从恒河猴转化到人类的，墨菲博士说。

这个关于恒河猴的新研究，将出现在未来一期的《基因组学》（Genomics）杂志上，是描画染色体——人类和其他物种的——历史的众多新论文之一。虽然科学家研究染色体已近一个世纪，但是直到近几年才有大型的基因组数据库，强大的计算机和新的数学方法使科学家得以追溯这些进化的步骤。

科学家希望揭开染色体的历史令其能够实际运用于疾病如癌症，染色体重排在这类疾病中扮演了主要角色。

科学家知道染色体可以被重排已经超过 70 年了。借助显微镜，可以辨认出染色体的带型并比较不同物种的带型。

科学家发现果蝇的不同种群可以通过它们染色体上的反向片段来区分。

后来，分子生物学家发现细胞在复制自身的染色体时是如何偶然重排大块的遗传物质的。至 20 世纪 80 年代，科学家得以认识染色体进化中的一些主要问题。比如，人体有 23 对染色体，而黑猩猩和其他猿类有 24 对。科学家断定自大约 600 万年前人类祖先同其他猿类分离开来之后，两个祖代染色体融合在了一起。

但是关于染色体是如何变化的更详细的理解还有待科学家积累更多的信息。在 20 世纪 90 年代中期，宾夕法尼亚大学的佩夫兹那（Pevzner）博士和斯里德哈尔·哈尼哈里（Sridhar Hannenhalli）博士发明了一种快速的方法用以比较来自不同物种的染色体并确定将它们分离开的重排的最小数目。

他们用一系列讲演来介绍这种方法，讲演的题目如"将卷心菜变成郁金香"和"将老鼠变成人"……

佩夫兹那博士加入了墨菲博士及其他 23 位科学家的行列，一同分析过去 1 亿年间哺乳动物的进化。他们借助哈里斯·A·卢因（Harris A. Lewin）和他伊利诺伊大学的同事编制的名为进化高速路的程序，将人类的基因组与猫、狗、老鼠、大鼠、猪、奶牛和马的相比较。

这个程序使他们得以追溯每个支系的染色体是如何在一段时间后重排的。他们将成果发表在《科学》杂志 2005 年 7 月 22 日那期上。

科学家们发现有些染色体几乎不会变化而有些则重排的幅度很大。他们还发现重排的比率远不是稳定的。在白垩纪之后，大型恐龙灭绝了，哺乳动物的染色体重排的速度是原来的 2~5 倍。这或许反映了继恐龙灭绝之后哺乳动物进化的激增，哺乳动物作为食肉动物和食草动物，作为飞行者和游泳健将……迅速进驻新的生境。

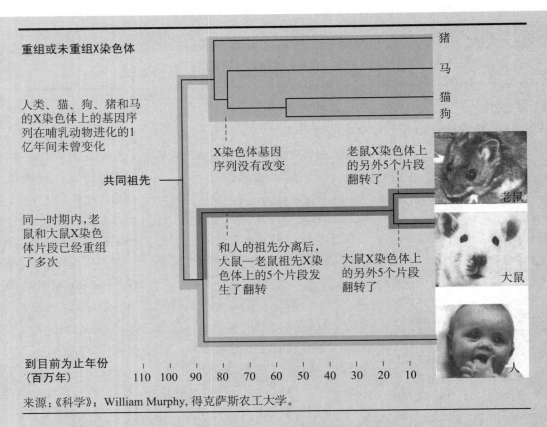

重组或未重组X染色体

人类、猫、狗、猪和马的X染色体上的基因序列在哺乳动物进化的1亿年间未曾变化

X染色体基因序列没有改变

老鼠X染色体上的另外5个片段翻转了

共同祖先

同一时期内，老鼠和大鼠X染色体片段已经重组了多次

和人的祖先分离后，大鼠—老鼠祖先X染色体上的5个片段发生了翻转

大鼠X染色体上的另外5个片段翻转了

猪
马
猫
狗

老鼠

大鼠

人

到目前为止年份（百万年）

110 100 90 80 70 60 50 40 30 20 10

来源：《科学》；William Murphy, 得克萨斯农工大学。

◆ 正如"新闻故事"中所说，染色体重组是突变的一种重要形式。突变的比率在各物种间是不同的。从图解中的重构可知，人类、猫、狗、猪和马的X染色体上的基因序列在哺乳动物进化的1亿年间未曾变化。相反，老鼠和大鼠X染色体上的片段已经重组了多次。

新的结果提出了一个问题：进化是如何使染色体重排成为一个物种基因组的一部分的。在很多案例中，这种突变引发了疾病，所以自然选择应该使它们迅速从一个种群中消失。

但是科学家们也证实有些重排非但没有危险，反而有益。例如，今年，科学家发现北欧人在他们的其中一条染色体上携带着一个大的反向片段。这种倒位提高了携带此片段妇女的生育能力。染色体重排在新物种的起源中也扮演了角色。科学家经常发现居住区域交叠的近亲物种的染色体重排过了。染色体的不匹配使两个物种的杂交变得不可能……

《科学》杂志上的研究和更新的关于恒河猴的研究显示染色体在某些部位易断裂，这个假说是2003年由佩弗兹尼尔博士最先提出的，"基因组的某些区域反复断裂"。

要说这些区域已经成为断裂点还为时尚早，华盛顿大学的伊万·艾克勒（Evan Eichler）说，他没有涉及哺乳动物研究。"这些区域的某些东西使它们成为热点，而我们需要找出那个热点的因素是什么。"他说。

艾克勒博士强调找出它是什么很重要，这是因为人类很多先天性疾病都与同样的断裂点的染色体重排相关。

"此中有美妙的联系，"他说，"同样的东西引起了人类、黑猩猩和大猩猩之间的染色体重排，这些同样的位置又经常是与疾病相关的缺失位置。"

一些疾病包括受精卵中的染色体重排，导致先天失常。癌细胞也经历了大规模的染色体重排，通常是在近期进化研究认定的同样的断裂点。

"我们的基因组可能继承了一些弱点，需要去了解并从医学上加以应对。"加州大学圣克鲁兹分校（University of California, Santa Cruz）的戴维·豪斯勒（David Haussler）说，"而这与我们的基因组是如何建立的历史相关。"

来源：Carl Zimmer, "The History of Chromosomes May Shape the Future of Diseases," *New York Times,* August 30, 2005. http://www.nytimes.com/2005/08/30/science/30gene.html?ei=5070&en=672b16463342c995&ex=1138165200&pagewanted=print.

框架。他将自然选择作为一种可以解释物种起源、生物多样性和相关生命形式之间的相似的强大进化机制。达尔文提出了严格意义上的进化理论（the theory of evolution）。理论是系统表达（通过从已知事实的推理）的用于解释某事的一整套观点。理论的主要价值在于促进新的理解。理论指示可能为新的研究所证实的样式、关联和关系。进化的事实（fact）（已经出现的进化）更早为人所知，比如伊拉斯谟·达尔文。经自然选择（进化如何出现）的进化理论是其主要贡献。实际上，自然选择不是达尔文独一无二的发现。博物学家阿尔弗莱德·拉塞尔·华莱士经过独立研究也得出了一个类似的结论（Shermer, 2002）。1858 年，在伦敦林奈学会（Linnaean Society）联名发表的文章中，达尔文和华莱士将他们的发现公之于众。达尔文的专著《物种起源》（On the Origin of Species）（Darwin, 1859/1958）提供了更为详尽的记录。

自然选择（natural selection）指的是最适于在既定环境中生存和繁殖的形式比同一种群中的其他形式更大量存活和繁殖的过程。自然选择不仅仅是适者生存，也是分化的繁殖成活（differential reproductive success）。自然选择是导致结果的自然过程。自然选择在种群成员之间为战略性资源（那些生活所必需的）如食物和空间而竞争的时候运作。还有寻找配偶的问题。你可以赢得食物和空间的竞争，但是没有配偶使得你将来在该物种中没有影响力。自然选择要在一个特定的种群中起作用，这个种群内部必须有变异

🔘 随书学习视频

自然选择

第4段

　　该片段表现英格兰鸽子繁殖的结果，指出已知的鸽子品种超过 200 个。家禽（英格兰的鸽子）和野生鸟类（加拉帕戈斯群岛的雀类）之间的变异使达尔文坚信类似的选择过程在起作用。在第一个例子中，选择是人为的，是动物驯养和繁殖试验的结果。第二个个案中，选择是自然的，与非人的环境力量有关。繁殖试验对动物总是有用吗？哪一个花费的时间更长——人工选择还是自然选择？

（variety），而这的确一直存在。

　　长颈鹿的脖子可以说明自然选择是如何对一个种群内部的变异起作用的。在任何长颈鹿群中，在脖子的长度上总是存在变异。当食物充足的时候，这些动物为自己觅食不成问题。但是当战略性资源有压力的时候，可食用的树叶不如平常充足，脖子更长的长颈鹿就有优势。它们可以从更高的树枝上采食。如果这种觅食优势使长脖子的长颈鹿比短脖子的长颈鹿在存活和繁殖中哪怕更有效一点，长脖子的长颈鹿也会比短脖子的长颈鹿向未来的世代传递更多自己的遗传物质。

　　对此（达尔文主义）另一种不正确的解释是获得性状（acquired characteristics）的遗传。那种观点认为在每一代，个体的长颈鹿都将脖子伸长一点以便触及更高。这种拉伸不知怎么地就改善了遗传物质。经过数代的拉伸，每一代长颈鹿毕生获得的脖子长度的增幅积累起来，平均的脖子长度就增加了。这不是进化论起作用的方式。若果真如此，举重运动员将会生出肌肉特别发达的孩子。承诺一分耕耘一分收获的训练适用于个体的体质发展，而不适用于种群。相反，进化论是作为自然选择利用已经出现在群体中的变异的过程发挥作用的。这才是长颈鹿获得它们脖子长度的方式。

　　经自然选择的进化持续至今。例如，人类群体对于疾病有不同的抵抗力，就像我们在下文中将看到的关于镰状细胞性贫血（sickle-cell anemia）的讨论。近来自然选择的一个经典例子是白桦尺蛾（peppered moth），白桦尺蛾既可能是浅色也可能是深色（但是不管在何种情况下都有黑色的斑点，这也是"peppered"，即胡椒，名字的由来）。这个物种的改变说明了经过被称为工业黑化（industrial melanism）发生的近期的自然选择（在我们的工业时代）。英国的工业革命使环境变得有利于深色白桦尺蛾（有更多黑色素的）而不是从前有优势的浅色白桦尺蛾。19世纪，工业污染加重；煤烟覆盖了建筑和树木，将之变成更深的颜色。早先有代表性的浅色白桦尺蛾，在乌黑的建筑和树木的背景中特别显眼。这种浅色白桦尺蛾很容易被它们的捕食者发现。经过突变（见下文），有着颜色更深的表现型的新的白桦尺蛾变异受到偏爱。因为这种深色的白

关于进化论的常见误解，参见在线学习中心的在线练习。

mhhe.com/kottak

智慧设计论与进化论

"智慧设计论"（intelligent design, ID）以后将禁止在宾夕法尼亚州的一所公立学区的生物课上被提及，一位联邦区法官于 2005 年 12 月 20 日规定。多佛学区委员会（Dover Area School Board）成员在要求生物课程中提及地球上的生命是由不明智慧设计者创造这一理念的时候已经违反了宪法。当事人被要求在生物课上阅读一份声明，宣称进化是一种理论，而非事实；进化的证据不足；学校图书馆中一本书（用教堂基金购买）里面写的智慧设计论提供了一个可供选择的解释。根据法官（一位由乔治·W·布什任命的共和党人）的看法，那份声明意味着对宗教的认可。它也许会通过提供一种宗教的替代性伪科学理论而引起学生对一个被普遍接受的科学理论的质疑（参见《纽约时报》，2005，A 版第 32 页）。

多佛学区委员会 2004 年 10 月采用的这一政策，被认为是全美国同类政策的首创。他们的律师辩称，学区委员会成员是在寻求通过让学生接触进化经自然选择而发生的达尔文理论之外的其他可能来促进科学教育。智慧设计论的支持者认为进化论不能充分解释复杂的生命形态。反对者则声称智慧设计论是世俗的神创论再包装，法庭已经宣判不能再在公立学校教授这一理念了。宾夕法尼亚法官们达成一致：委员会宣称的世俗目标是其真实意图——在公共学校推动宗教——的托辞。

智慧设计论的拥护者自此被多佛学区委员会罢免了。新委员会计划将智慧设计论从自然课中撤销，但是有兴趣的同学可以在选修的比较宗教学课程上学习这一理论。法官裁定，智慧设计论不属于科学课程，因为它是"一种宗教观点，仅仅是一种重新标注的神创论而不是一种科学的理论"（《纽约时报》，2005，A 版第 32 页）。

智慧设计论坚持生命形态太复杂而不可能是经自然过程形成的，必定是由更高级的智慧所创造。智慧设计论的支持者如德布斯基（William A. Dembski）最基本的主张是"存在不能用无方向性的自然力量充分解释的自然系统，而且显现特征的发现主要归因于智慧"（Demski, 2004）。智慧的来源从未被正式认定。但是鉴于设计的自然性被否定了，其超自然性似乎将成为猜想。法官宣判，因为将智慧设计论添加进科学课程，多佛学区委员会违背宪法，支持提出了"一种特殊的基督教说法"的宗教观点（《纽约时报》，2005，A 版第 32 页）。其他几个州也做了在生物课上教授智慧设计论的尝试，结果不一且激发了持续的法律挑战。智慧设计论在堪萨斯州获得了最大成功，那里的州教育委员会已经修改了科学的定义使之不再仅限于自然解释。这为智慧设计论和其他神创论形式开辟了道路。

宾夕法尼亚诉讼案彻底考察了智慧设计论是科学的主张。经过 6 周以数小时的专家作证为特征的审讯，这个主张被拒斥了。法官发现智慧设计论作出了无法验证或证伪的断言，违反了科学的基本原则。智慧设计论在科学界也未被接受。它缺少研究和验证程序且不为同行评议的研究所支持（《纽约时报》，2005）。

进化论作为一种科学理论（文中已界定）是现代生物学和人类学的核心组织原则。进化也是一个事实。毫无疑问生物进化已经出现且仍在出现。生物学中存在争议的是关于这个过程的细节的问题以及不同进化机制的相对重要性问题。"有液态水的地球已经有 36 亿年历史是一个事实。细胞生物约从这整个历史的一半的时间已经存在，以及有组织的多细胞生物的出现至少已有 8 亿年之久，这是一个事实。现在地球上主要的生命形态完全不是以前所呈现的，这是另一个事实。2.5 亿年前没有鸟类和哺乳动物。过去的主要生命形态已经不存在了，也是一个事实。以前有恐龙……现在没有了。所有的生命形态源于以前的生命形态是一个事实。因此，所有现在的生命形态是从不同的祖代的生命形态之上出现的。鸟类源于非鸟类，人类源于非人类。没有人可以自以为对自然世界有任何理解却否认这些事实，就如同她或他不能否认地球是圆的，且绕轴自转，绕太阳公转一样"（Lewontin, 1981，转引自 Moran, 1993）。

就像我们在第 1 章中看到的那样，科学的一个重要特征是知识的暂时性与不确定性，这也是科学家试图改进的。在致力于完善理论和提高准备解释的时候，科学家力争客观公正（努力减少科学家自身包括其个人信仰和行为的影响）。科学有很多局限而且不是我们拥有的理解的唯一方式。当然，宗教研究是通向理解的另一途径。但是客观与公正的目标的确有助于将科学与那些更有偏向性的、更死板的和更教条的方法区分开来。

桦尺蛾更适合——更难被发觉——污染的环境，它们比其他浅色白桦尺蛾更大量地存活和繁殖。我们看到由于它们融入环境的颜色中以躲避捕食者的能力，自然选择也许在污染的环境中偏爱深色白桦尺蛾而在无污染或轻污染的环境中偏爱浅色白桦尺蛾。

进化理论是用于解释的。回忆第1章中说的科学的目标是通过解释增进理解：说明事物（或事物的类）如何以及为什么被了解（例如：物种内部的变异、物种的地理分布、化石记录）取决于其他事物。解释有赖于关联（associations）和理论。关联是两个变量之间可观察到的关系，如长颈鹿脖子的长度与其后代的数量之间，或者随着工业污染的扩散深色白桦尺蛾出现的频率增加之间。理论更一般化，显示或暗示关联并尝试解释关联。事物或事件（如长颈鹿的长脖子）若说明一个一般性的准则或关联，比如适应优势的概念，它就被解释了。一个科学命题（例如：进化出现是因为种群内变异而产生的分化的繁殖成活）的真实性经反复观察得到证实（见本章"趣味阅读"关于智慧设计论与进化论之间区别的讨论）。

遗传学

查尔斯·达尔文认识到自然选择要起作用，种群内必须有变异经受选择。记录和解释人类的变异——人类的生物多样性——是人类学的关注点之一。达尔文之后出现的遗传学，帮助我们理解生物变异的原因。现在我们知道 DNA（deoxyribonucleic acid, 脱氧核糖核酸）分子构成基因和染色体，是最基本的遗传单位。DNA 中的生化变异（突变）提供了自然选择可以操作的大部分变异。通过有性生殖，每一代父方和母方的遗传性状的重组导致了从父母双方得到的遗传单位的新排列。这种遗传再结合也增加了自然选择可以运行的变异。

孟德尔遗传学（Mendelian genetics）研究了染色体在不同世代间传递基因的方式。**生化遗传学**（biochemical genetics）考察 DNA 中的结构、功能和变化。**种群遗传学**（population genetics）探索繁殖种群中的自然选择和其他遗传变异、稳定性和变化的原因。

孟德尔实验

1856 年，在一个修道院的花园中，奥地利的天主教神甫格雷戈尔·孟德尔开始了一系列揭示遗传学基本原理的实验。孟德尔研究了豌豆的 7 对相对性状的遗传。对每一个性状而言，只有两种形态。例如，植物或者是高的 [6~7 英尺（1.8~2.1 米）]，或者是矮的 [9~18 英寸（23~46 厘米）]，没有中间形态。成熟的种子可能是圆滑的，或者是皱缩的。豌豆可能是黄的或者绿的，也没有中间状态。

孟德尔开始实验的时候，关于遗传最流行的信念之一是被称为"染缸"的理论（paint-pot theory）。根据此理论，父母的性状在孩子身上的混合就如两种颜料在颜料桶中混合一样。这些孩子因此是他们父母独一无二的混合，当他们结婚生育的时候，他们的性状将会不可避免地与其配偶的性状相混合。但是，遗传的主流理念也认识到父母一方的性状间或淹没另一方的性状。当与父亲相比孩子们看起来更像母亲的时候，人们可能会说她的"血"比他的强。间或也有"返祖"（throwback），一个孩子是他或她祖父母之一的翻版或者拥有作为整个系谱特征的特别的下巴或鼻子。

通过豌豆实验，孟德尔发现遗传是通过离散微粒或单位（discrete particles or units）实现的。虽然性状可能在一代消失，但是其原初形态会在下一代重新出现。例如，孟德尔将纯的高植株和矮植株进行杂交。它们的后代都是高的。这是第一个子代（filial），标示为 F1。然后，孟德尔在第一个子代进行杂交，得到第二个子代 F2（图 4.1）①。在这一代中，矮植株又出现了。在 F2 代中成千上万的植株中，大约每有三株高的植株，就有一株矮的植株。

从其他 6 对性状的相似结果，孟德尔总结说，虽然在杂种（hybird）或者混合的个体中，一种显性形态可以掩盖另一种形态，而受抑制的性状 [隐性的（recessive）] 并没有被摧毁；它甚

---

① 由于英文原版书为彩色印刷，中译本单色印刷，一些图片中的颜色区分在本书图中不能充分体现，但为便于理解及呈现原书风貌未做删除，请结合正文阅读。——译者注

F1代杂交体特征	F2代（由F1代杂交得到）杂交体特征	
	显性特征	隐性特征
光滑的种子形状	圆滑 + 3	皱缩 1
黄色种子	黄 + 3	绿 1
灰色种衣	灰 + 3	白 1
饱满的豆荚	饱满 + 3	皱缩 1
绿豆荚	绿 + 3	黄 1
沿枝干分布	沿枝干分布 + 3	长在顶端 1
高植株	高 + 3	矮 3

后代显性特征与隐性特征比率为3:1。

图 4.1　孟德尔的第二组豌豆实验
主导色被显现，除非相反的状况发生。

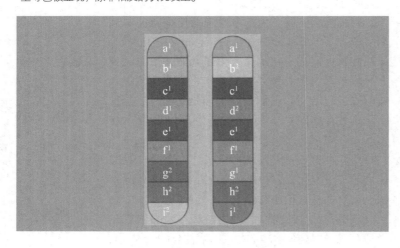

图 4.2　正常染色体对的简化呈现
字母代表基因；上标代表等位基因。

至没有改变。因为遗传性状是作为离散单位继承的，所以隐性性状会在后代中以未改变的形态再次出现。

孟德尔描述的这些基本的遗传单位是位于**染色体**（chromosomes）上的因子（现在称为基因或者等位基因）。染色体是成对（对应）排列的。人有 46 个染色体，排列为 23 对，每对中的一个来自父方，一个来自母方。

简单起见，一个染色体可以描画成一个有多个位点的表面（见图 4.2），每一个位点用一个小写字母标示。每一个位点是一个基因。每一个基因全部或部分地决定一种特定的生物性状，如某人的血型是 A、B 还是 O。等位基因（例如图 4.2 中的 b^1 和 b^2）是一个既定基因生化上的不同形态。在人类中，A 型、B 型、AB 型和 O 型血体现了特定基因等位的不同组合。

在孟德尔实验中，7 对相对性状由 7 对不同染色体上的基因决定（原文的确如此，不过这是错误的）。决定高度的基因出现在 7 对中的一对里。当孟德尔将纯的高植株和矮植株进行杂交以制造 F1 代的时候，每一个后代都从父母一方得到了高的等位基因（T）而从另外一方得到了矮的等位基因（t）。这些后代在高度方面是混合的或者是**杂合的**（heterozygous）；每一个都含有那个基因的不同的等位基因。相反，它们的亲代是**纯合的**（homozygous），含有那个基因的相同的等位基因（见 Hartl and Jones, 2002）。

在接下来的一代（F2），混合植株相互杂交之后，矮植株以与高植株相比一比三的比率再现。明白矮的总是长出矮的，孟德尔可以预测它们在基因上是纯的。F2 代的另四分之一植株只产出高的。剩下的二分之一像 F1 代一样，是杂合的；当杂交之后，每三株高的对应一株矮的（见图 4.3）。

显性性状制造了**基因型**（genotype）或者遗传构成与**表现型**（phenotype）或者表现出来的体质特征之间的区别。基因型是你在基因上到底是什么；表现型是你外在显现得像什么。孟德尔的豌豆有 3 种基因型——TT、Tt 和 tt——但是只有两种表现型——高和矮。由于显性性状，杂合的植株与基因纯的高植株一样是高的。孟德尔的发现如何应用于人类呢？虽然我们的某些遗传性状遵循孟德尔法则，只有两种形态——显性和隐性——其他性状的决定则不同。比如，3 个等位基因决定我们的血型是 A、B 或者 O。有两个 O 型等位基因的人是 O 型血。但是，如果他们从父母一方得到一个 A 型或 B 型基因，从另一方得到一个 O 型基因，他们的血型将是 A 型或 B 型。换句话说，A 和 B 相对于 O 都是显性的。A 和 B 被称为共显性。如果人们从父母一方继承了 A 型基因而从另一方继承了 B 型基因，则他们的血型将会是 AB 型，这与 A 型、B 型和 O 型在化学上是不同的。

这 3 个等位基因产生了 4 种表现型——A、B、AB 和 O——和 6 个基因型——OO、AO、BO、AA、BB 和 AB（图 4.4）。因为 O 相对于 A 和 B 都是隐性的，所以表现型比基因型少。

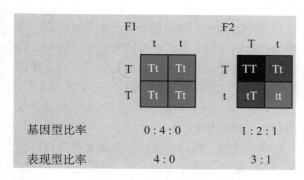

图 4.3　纯合杂交和杂合杂交的庞纳特方格（Punnett Square）

这些方格体现了 F1 代和 F2 代表现型比率是如何形成的。颜色表示基因型。

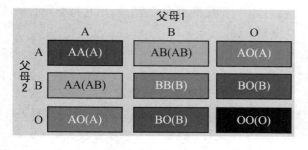

图 4.4　A、B、O 血型系统中表现型（血型）的决定因素

四种表现型——A、B、AB 和 O——由括号和颜色表示。

自由组合与重组

经过更多的实验，孟德尔还得出了**自由组合**（independent assortment）定律。他发现性状是相互独立地继承的。例如，他将纯的黄色圆形豌豆与纯的绿色皱缩豌豆进行杂交。所有的 F1 代豌豆都是黄色圆形的显性形态。但是当孟德尔在 F1 代

之间进行自交以获得 F2 代的时候，4 种表现型都出现了。在原有的黄色圆形和绿色皱缩的基础上又增加了圆形绿色和黄色皱缩。

遗传性状的自由组合与重组提供了任何种群中变异的产生的主要途径之一。**重组**（recombination）在生物进化中很重要，因为它创造了自然选择得以进行的新的类型。

生化或分子，遗传学

如果像在孟德尔的实验中那样，同样的遗传性状总是以可预测的比率在代际间出现，那么将会延续而不是变化，将不会有进化。各种各样的突变产生了自然选择依赖的变异。自孟德尔时代起，科学家已经了解到突变——构成基因和染色体的 DNA 分子的变化。孟德尔论证变异是经遗传重组产生的。然而，突变作为对于自然选择得以运行的新的生化形态的来源更为重要。

DNA 承担了几件对于生命最基本的事项。DNA 可以自我复制，形成新细胞，代替旧的，并制造生殖细胞或者配子（gamete），以产生新的一代。DNA 的化学结构还指导身体生产蛋白质——酶、抗原、抗体、荷尔蒙等等。

DNA 分子是双螺旋结构的（Crick, 1962/1968; Watson, 1970）。想象它是一个小的橡皮梯子，你可以将它扭成螺旋形。它的边缘由 4 个碱基之间的化学键连在一起，4 个碱基是：胸腺嘧啶（T）（thymine）、腺嘌呤（A）（adenine）、胞嘧啶（C）（cytosine）和鸟嘌呤（G）（guanine）。DNA 复制引起了普通的细胞分裂，如图 4.5 所示。

在蛋白质生产中，另一种分子 RNA 将 DNA 的信息从细胞核输送至细胞质（cytoplasm）（外部区域）。RNA 有成对的碱基，其结构与 DNA 相匹配。这使得 RNA 可以携带来自细胞核中的 DNA 的信息以指导细胞质中蛋白质的生产。蛋白质作为氨基酸链，是通过"阅读"一段 RNA 而被建造的。RNA 的碱基用 3 个字母的"词"来称呼，所谓三字码（triplets）——比如，AAG（由于 DNA 和 RNA 有 4 个碱基，可以出现在"词"中的任何位置，所以有 4×4×4=64 种可能的三字码）。虽然有一些冗余，但是每一个三字

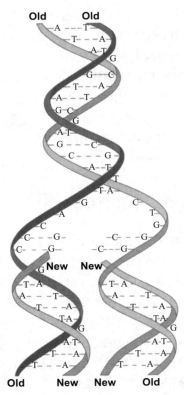

图 4.5 双链 DNA 分子 "解开"，旧链上各自形成新的一股，产生两个分子，并最终成为两个细胞，分别与先前的一样

码 "需要" 一种特定的氨基酸；例如，AAA 和 AAG 都需要氨基酸中的赖氨酸。蛋白质是氨基酸以正确序列排列而成的。

因此，蛋白质依照 DNA 发出的指示并在 RNA 的协助下生成。通过这种途径，最基本的遗传物质 DNA，发动和指导制造躯体生长、维护和修复所必需的成百上千的蛋白质。

细胞分裂

有机体由受精卵（zygote）发育而来，受精卵则由来自父方的精子和来自母方的卵子两个生殖细胞的结合生成。受精卵经**有丝分裂**（mitosis）或者普通的细胞分裂生长很快，这种分裂随有机体生长而持续。细胞分裂过程中的错误，比如本章 "新闻故事" 中描述的染色体断裂和重新排列，可以引起如癌症之类的疾病。

产生生殖细胞的特殊过程称为**减数分裂**（meiosis）。不同于普通的细胞分裂中 1 个细胞分裂为两个，在减数分裂中，1 个细胞分裂为 4 个。

每一个持有原细胞遗传物质的一半。在人类减数分裂中，各自带有 23 条染色体的 4 个细胞，是从原先带有 23 对染色体的一个细胞分裂而来。

通过卵子受精，父方的 23 条染色体与母方的 23 条相结合，并在每一代重造了这些染色体。但是，染色体分离是独立的，所以一个孩子的基因型是 4 位祖父母 DNA 的随机组合。可以想象，祖父母之一对孩子的遗传贡献甚小。染色体的自由组合是变异的主要来源，因为父母的基因型可以有 2^{23} 或者 800 多万种不同的组合方式。

交换

变异的另一个来源是交换。在受精之前，减数分裂早期，精子或卵子形成的时候，成对的染色体在自我复制的时候暂时相互交缠。当这样做的时候，它们相互交换 DNA 片段（见图 4.6）。交换（crossovers）是同源染色体通过断裂和重组交换片段的场所。

由于交换，每一个新的染色体都部分地与原来的那一对中的两个不同。当一个人产生生殖细胞的时候，假设用从父方得到的同源染色体的相应部分代替从母方得到的染色体的一部分，交换部分地与孟德尔的自由组合定律相悖，并且生成了后代可以获得的新的遗传物质的结合。因为任何染色体对都可能出现交换，所以它是变异的一个重要来源。

突变

突变是自然选择依赖和起作用的变异的最重要来源。最简单的突变是三字码中的一个碱基被另一个所代替。这被称为碱基置换突变（base substitution mutation）。如果这种突变出现在一个生殖细胞中并与另一个生殖细胞在一个受精卵中结合，那么新的有机体的每一个细胞中都将携带这种突变。因为 DNA 引导蛋白质生成，一种不同于非突变亲代生产的蛋白质可能出现在子代。只要新的碱基编码成不同的氨基酸，子代的蛋白质生成就会与亲代的不同。因为同样的氨基酸可以由一个以上的三字码编码，所以一个碱基置换突变不总是产生新的蛋白质。但是，与下文描述的遗传性疾病镰状细胞性贫血相关的异常蛋白质正是由这种正常人和该病患者之间的一个单一碱基之

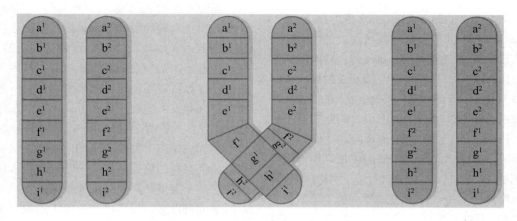

图 4.6 交换

在减数分裂的第一个阶段，同源染色体在自我复制的时候相互交缠。此时，它们往往像图表所示的那样交换 DNA 长度。这被称为交换。注意原来染色体对的较低的部分现在不同了。每一个染色体因而在化学性上已经不同于原来染色体对中的任何一个了。

间的差异引起的。

另一种形式的突变——染色体重排（chromosomal rearrangement）在本章开头的"新闻简讯"中有描述。染色体片段可能分离、转向然后重新连接，或者移动到该染色体的其他位置。这可能在有丝分裂期间出现在生殖细胞或者受精卵或生长的有机体中。重排中的染色体不匹配可能导致物种形成（新物种的形成）。科学家经常发现生活在重叠区域的独立但是近亲的物种由于染色体重排后不再相匹配而彼此间不能交配。受精卵中的染色体重排可能导致先天异常。癌细胞经历了大规模的染色体重排。染色体也可能合并。约 600 万年前，当人类祖先与黑猩猩的祖先分离的时候，人类两个祖先的染色体在人类支系中合并到一起。人类有 23 对染色体，而黑猩猩有 24 对。

突变的比率是变化的，但是就碱基置换突变而言，可能的平均突变概率是每一代每个 DNA 碱基有 10^{-9} 次突变。这意味着每个生殖细胞大约会出现 3 个突变（Strachan and Read, 2004）。很多遗传学家相信多数突变是中性的，既不赋予优势，也没有坏处。其他人主张多数突变是有害的而且会被清除，因为它们背离了经过数代选择的类型。但是，若选择力量影响到了一个种群的变迁，基因库中的突变可能获得一种他们在旧的环境中缺乏的适应性优势。

进化有赖于突变作为遗传变异的主要来源，而遗传变异是自然选择可以发挥作用的原材料（交换、自由组合以及染色体重排是其他来源）。基因和染色体的变更可能导致全新类型的、能显示新的选择优势的有机体。如果有环境变化，那么突变产生的变体尤为有意义。它们可能被证明拥有在旧环境中缺乏的优势。以下要考察的决定镰状细胞性贫血的等位基因的传播，提供了一个例子。

遗传进化中的种群遗传与机制

种群遗传学研究多数繁殖正常发生的稳定而变化着的种群（参见 Gillespie, 2004; Hartl, 2000）。**基因库**（gene pool）一词代表一个繁殖种群中的所有等位基因、基因、染色体和基因型——可以获得遗传物质的"池子"。当种群遗传学家使用进化这个术语时，他们脑海中有比先前给的定义 ["经过数代改良的世系"（descent with modification over the generations）] 更具体的定义。

在遗传学中，**遗传进化**（genetic evolution）被定义为基因频率的变化，也就是一个繁殖种群世世代代的等位基因的频率。任何有助于此变化的因素都可以被视为遗传进化的机制。这些机制包括自然选择、突变（已经考察过了）、随机遗传漂变以及基因流（参见 Mayr, 2001）。

有关自然选择的例子，参见在线学习中心的在线练习。
mhhe.com/kottak

自然选择

自然选择（natural selection）依然是（遗传）进化的最好解释。通过自然选择理解进化有必要区分基因型和**表现型**（phenotype）。基因型指的就是遗传因素——基因和染色体。表现型——有机体显而易见的生物特征——有机体在特定的环境力量的影响下经过数年而形成（同卵双胞胎有完全一样的基因型，但是他们实际的生物性，即他们的表现型或许会因为不同的成长环境造成变异而不同）。而且，因为显性性状，基因型不同的个体可能有完全一样的表现型（如孟德尔的高豌豆植株）。自然选择只对表现型起作用——对外显的而不是隐藏的。例如，一个有害的基因如果有有利的显性性状掩盖的话就不能被从基因库中清除出去。

表现型不仅包括外在的体态，还包括内部器官、组织、细胞、生理过程和系统。很多对事物、疾病、热、冷、阳光和其他环境因素的生物反应不是自动的、遗传程式化的回应，而是多年暴露于特定环境压力的结果。人类生物性不是从出生就定型的，而是相当具有可塑性（plasticity）。也就是说，由于受到我们成长过程中体验到的环境力量如饮食和海拔的影响，它是可变的（参见 Bogin, 2001）。

环境作用于基因型以构建表现型，而某些表现型在一些环境中比另一些表现型表现更好。但是，要记住有利的表现型可以由不同的基因型产生。因为自然选择只对外显的基因起作用，适应不良的隐性性状只有以纯合形态出现的时候才能被清除。当杂合形态带有适应不良的隐性性状时，它被有利的显性性状所掩盖。在有机体及其环境之间完善最适者的过程是渐进的。

定向选择

经过几代的选择，基因频率将会变化。经自然选择的适应已经出现。一旦这种情况发生，那些被证明是那个环境中最**适应的**（adaptive，自然选择所偏爱的）性状将世世代代一次又一次地被选择。有了这种**定向选择**（directional selection），或者长期选择同样的性状，适应不良的隐性等位基因将被从基因库中清除出去。只要环境力量保持原样，定向选择就会持续下去。但是，当环境变化了，新的选择力量就会开始起作用，偏爱不同的表现型。这种情况在一个种群的一部分拓殖新的环境的时候也会发生。选择在变化了的或者新的环境中继续直到达到新的平衡。然后会有定向选择直到环境变化或者移民再次发生。经过数百万年，这样一个成功适应一系列环境的过程导致了生物改良和分化。自然选择的过程带来了今天世界上可见的一系列动植物形态。

选择只作用于种群中呈现出来的性状。可能出现一个有利的突变，但是一个种群通常并不会因为这一个突变是需要的或想要的而发展出新的基因型或表现型。很多物种灭绝了是因为它们没有变化得足以适应环境的变化。

使有机体能够承受环境压力的遗传潜力的程度也是有差异的。有些物种适应小范围的环境。它们在环境波动的影响下尤为危险。其他生物[其中包括人类（homo sapiens）]能够承受更多的环境变化，因为他们的遗传潜力允许更多的适应可能。人类通过改善生物反应和习得行为迅速适应变迁的状况。我们无须推迟适应，直到一种有利的突变出现。

性选择

在一个繁殖种群中，选择也通过竞争配偶起作用。雄性可能公开为雌性而竞争，雌性也可能因为更理想的性状而选择特定的雄性作为伴侣。显然，这种性状随物种不同而不同。熟悉的例子包括鸟类的颜色，雄鸟，如红雀，倾向于比雌鸟的颜色更鲜艳。多彩的雄鸟因为更受雌鸟青睐而具有选择优势。由于雌鸟选择颜色艳丽的雄性为伴，经过数代，负责颜色的等位基因就在物种中建立起来了。基于求偶的不同成果，**性选择**（sexual selection）这个术语指代一个性别的某些性状因为在赢得配偶中表现出优势而被选择的一个过程。

稳定化选择

我们已经看到自然选择通过定向选择——偏爱一种性状或等位基因超过另一种——减少了种群内的变异。选择力量也能通过稳定化选择（stabilizing selection）来保持变异，它支持一种**平衡多态性**（balanced polymorphism），其中的一个基因的两个或以上等位基因的频率世世代代保持恒定不变。这或许是因为它们产生的表现型是中性的或者同样被选择力量所支持或者同样被反对。有时一种特定力量支持（或反对）一个等位基因而另一个不同的但同样有效的力量支持（或反对）另一个等位基因。

一个经过充分研究关于平衡多态性的例子包括两个等位基因 Hb^A 和 Hb^S，它们影响人类血红蛋白（Hb）中 β 品系的产生。血红蛋白位于我们的血红细胞上，借助循环系统从肺部输送氧气到身体的其他部位。制造正常的血红蛋白的等位基因是 Hb^A，另一个等位基因 Hb^S 制造不同的血红蛋白。Hb^S 纯合的会患镰状细胞性贫血。这种贫血，血红细胞形如月牙或镰刀，且经常与致命的疾病相关。这种情况阻碍了血液储存氧的能力。它通过阻塞小的血管而增加了心脏负担。

知道了这种致命疾病与 Hb^S 相关之后，遗传学家发现非洲、印度和地中海的某些人群有非常高的 Hb^S 频率。在一些西非人群中，频率大约为 20%。研究者最终发现由于选择力量在一定的环境中支持杂合子超过纯合子，所以 Hb^A 和 Hb^S 都被保留下来。

最初，科学家们讶异于若多数 Hb^S 纯合子在达到繁殖年龄之前已经死去，为什么有害的等位基因没有被清除？为什么其频率如此之高？答案在于杂合子的适应性更强。只有 Hb^S 纯合的人才会死于镰状细胞性贫血。杂合者，若有的话，也只会有轻微的贫血。但是另一方面，虽然 Hb^A 纯合者不会患贫血，但是他们更易患疟疾，这是一种在热带地区至今仍在现代人（homo sapiens）中肆虐的致命疾病。

含有一个镰状细胞等位基因和一个正常的等位基因的杂合子，在疟疾环境中是最适应的表现型。杂合子有疟原虫不能在其中生长的足够的异常血红蛋白，因而能免患疟疾。他们也有足够的正常血红蛋白来抵御镰状细胞性贫血。Hb^S 在这些人群中保留下来是因为杂合子与其他表现型的人相比存活和繁殖的数量更大。

镰状细胞等位基因的例子证明了通过自然选择的进化的相对性：适应与适应度与特定的环境有关。性状不是对所有的时间和空间都适应或者适应不良。即使是有害的等位基因，如果杂合子

理解我们自己

"**嘿**，都是因为基因。"你上一次听到类似论调是在什么时候？我们惯常使用关于遗传决定的预设来解释，如为什么高的父母生高的孩子或者为什么肥胖在家族中流行。但是，这个命题到底有多正确呢？我们的基因在多大程度上影响我们的身体？我们躯体性状的一些遗传原因是明了的。这适用于 ABO 血型系统，也适用于其他血液因素，如我们是 Rh 阳性还是阴性抑或我们是不是链状细胞携带者。但是其他躯体性状的遗传根源却不是那么清晰。比如，你能从两边将舌头卷起来吗？有人能，有人永远不能，有人实践之前从不认为他们可以。一个明显的遗传限制被证明是可塑的。

人类生物性是可塑的，但只是在某种程度上。如果你生而为 O 型血，则你将带着它度完余生。这同样适用于有害基因引起的失常，如引起血友病（通过 X 染色体传递）和镰状细胞性贫血的有害基因。但是，若没有遗传的解决方式，仍然有可能有文化的解决方式。现在现代医学能够有效治疗多种本来更具生命威胁的遗传失常。我们很幸运，经文化的可塑性介入补充了人类生物的可塑性。

有优势的话也会被选择。而且，随着环境的变化，支持的表现型和基因频率也可能发生变化。在没有疟疾的环境中，正常血红蛋白的纯合子比杂合子的繁殖更为有效。没有疟疾，Hb^S 的频率就会下降，因为 Hb^S 纯合子无法与其他类型在存活和繁衍方面抗衡。这在西非地区已经发生，那里的疟疾因为排水工程和杀虫剂而减少。不利于 Hb^S 的选择也在美国的西非后裔中出现了。

随机遗传漂变

遗传进化的第二个机制是**随机遗传漂变**（random genetis drift）。这是等位基因频率的变化，是偶然性而非自然选择的结果。要理解其中

生物文化案例研究

更多关于太平洋人类定居及人类学各分支领域如何联合起来解决特定问题的信息，见第 11 章的"主题阅读"。

原因，可以将等位基因的分选比作一个游戏，有一个袋子，内装12颗弹球，6颗红色，6颗蓝色。按照统计学，你抽到3颗红色和3颗蓝色的概率比抽到4颗同一颜色、2颗另一颜色的概率低。第二步是你以第一步抽到弹球的比率为基础在一个新袋子中装入12颗弹球。假设你抽到4颗红色和2颗蓝色：新的袋子里将有8颗红色的和4颗蓝色的。第三步是从新袋子中抽取6颗弹球。你在第三步抽到蓝色的概率比在第一步时低，而全部抽到红色的可能性增加了。如果你真的全部抽了红色，那么下一个袋子（第四步）中将只有红色弹球了。

这个游戏与经过数代起作用的随机遗传漂变类似。蓝色弹球完全是因为偶然而不见了。等位基因也一样，它们可能因为偶然而不是劣势而消失。丢失的等位基因只有通过突变才能在基因库中重现。

虽然遗传漂变可以在任何种群中起作用，无论是大的还是小的，但是由于漂变产生的固定（fixation）在小的种群中更迅速。固定指的是蓝色弹球整体被红色弹球取代——或者，以人类为例，蓝色眼睛被棕色眼睛取代。人系的历史以一系列由于遗传漂变引起的小的种群、迁徙和固定为特征。不认识到遗传漂变的重要性，我们就无法理解人类起源、人类遗传变异以及其他大量人类学议题。

基因流

遗传进化的第三种机制是基因流（gene flow），即同一物种内部不同种群间遗传物质的交换（图4.7）。基因流动和突变一样，通过为自然选择提供其赖以运行的变异而与其协力发挥作用。基因流（gene flow）可能包含同一物种原先分离的种群之间的直接自交（例如：美国的欧洲人、非洲人和美洲土著），或者也可能是间接的。

思考一下假设，在世界的某个地方生活着某个物种的6个本土种群。P_1是最西边的种群。与P_1交配的P_2位于东部50英里处。P_2也与位于P_2以东50英里的P_3交配。假设各种群和且只和邻近种群相交配。距离$P_1$250英里的P_6与P_1之间

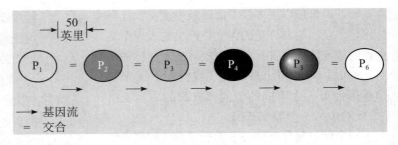

图4.7 地方种群之间的基因流

P_1~P_6是同一物种的6个当地种群。每一个种群只与相邻种群交合（＝）。虽然P_6从未与P_1相交，它们却通过基因流而关联。随着从一个相邻种群到下一个种群的传递，原来存在于P_1中的遗传物质会最终到达P_6，反之亦然。在许多物种中，地方种群的分布比此处描述的通过基因流关联的250英里的范围更大。

不直接交配，但是它通过最终将所有6个种群联系起来的交配链条而与P_1相关。

进一步假设P_1中存在一些在所在环境下不具备特殊优势的等位基因。由于基因流动，这个等位基因可能传给P_2，再经P_2传给P_3，依此类推，直至最终传到P_6。在P_6中或者在途中，这个等位基因可能会遇到一个它确实具有选择优势的环境。若这种情况出现，则它可以像新的突变一样，作为原材料服务于自然选择的操作。

即使选择在等位基因上没有起作用，它仍可以通过基因流传播。从长远看，自然选择对种群中的变异起作用，无论其来源是什么。选择和Hb^S等位基因协力使Hb^S在中非传播。Hb^S在非洲的频率反映出的不仅是疟疾的强度，也反映出基因流的持续时间长度（Livingstone, 1969）。

基因流在物种起源的研究中很重要。一个**物种**（species）是相互有关系的有机体群体，其成员间可以交配生育出能够存活和继续生育的后代。一个物种经过一段时间要能够自我繁殖。我们知道马和驴属于不同的物种，因为它们的后代无法经受长期繁衍的考验。一匹马和一头驴或许可以生育一头骡子，但是骡子是没有生育能力的。狮与虎的后代也是如此。基因流倾向于阻碍物种形成（新的物种的形成），除非同物种的子群体脱离出去足够长的时间。

当基因流受阻且孤立的子群存留下来时，新的物种就有可能出现。设想P_3和P_4之间出现了环境障碍，所以相互之间不能再交配了。假以时日，由于隔离的结果，P_1、P_2和P_3成为了与其隔离的那些种群无法交配的种群，物种形成就会出现。

现代综合进化论

时下被接受的关于进化的观点是"现代综合进化论"（modern synthesis）。指的是通过自然选择的达尔文进化理论和孟德尔遗传发现的综合或结合。现代综合进化论也解释了孟德尔不能解释的——多因子性状或者复杂性状遗传（例如：高度；见下章）。根据现代综合进化论，物种形成（新的物种的形成）出现在生殖上相互隔离的时候。遗传进化如何导致或不导致新物种呢？

微观进化（microevolution）指的是一个种群或物种经过一两代、两三代或很多代之后出现的遗传改变，但是没有物种形成。**宏观进化**（macroevolution）指的是一个种群或物种大规模的、更具影响的改变，通常经过一段更长的时间，并引起物种形成。事实上，宏观进化被定义为物种形成，一个祖先物种分化为两个（或更多）后裔物种。多数生物学家预设物种是随着孤立的种群内连续相继的突变积累而逐渐形成的，所以最终种群间由于差异太大而不能交配。但是微观进化转变成宏观进化所需要的时间和代数的浮动范围很大。

现在神创论者有时会用对微观进化和宏观进化之间差异的误解来评论进化。他们可能会说他们接受微观进化，如物种大小和颜色的改变或者经实验或研究证明的诸如镰状细胞等位基因的性状。他们声称，恰恰相反，宏观进化，不能被证明，而只是从化石记录来推测。但是要注意，宏观进化这个术语并没有隐含任何程度的表现型差异。在本章开头的"新闻简讯"中，我们看到简单的染色体重排就足够将区域上交叉且是近亲的两个物种分离开来。它们属于不同的物种并不是因为空间上的隔离，而是因为不能杂交。虽然这些生殖上隔离的物种之间的表现型差异是不可见的，但是这是一个宏观进化而非微观进化的例子。

夸大微观进化和宏观进化之间的差异是不正确地暗示存在两种根本不同的进化过程。科学家不认为存在这种差异：微观进化和宏观进化以同样的方式发生、为的是同样的理由，反映的是本章讨论的遗传进化的机制。现代综合进化论认识到微观进化过程足以用来解释宏观进化。

间断平衡论

查尔斯·达尔文将物种视为是以一种渐进和有序的方式，经过一段时间，从其他物种中产生的。微观进化的改变经过数代的积累会最终产生宏观进化。换句话说，基因库中的细微变化，经过一代又一代的积累，在数万年之后，将实现重大的改变，包括物种形成。

间断平衡论（punctuated equilibrium）的进化模式（参见 Eldredge, 1985; Gould, 2002）指出了一个事实，即长时间的物种改变停滞期（稳定）可能被进化跳跃打断（中断）。这种明显跳跃的原因之一（化石记录所揭示的）可能是一种关系很近的物种侵入到一个近亲物种的灭绝后的空间。例如，一个海洋物种当浅水域干涸之后可能灭绝，而关系很近的物种则在更深的水域存活下来。随后，当海水重新进入干涸的浅水域，存活下来的物种会将其领域延伸至该区域。障碍解除之后的另一个可能是，一个群体或许取代而不是继承相关的群体，因为它有一种使其更适宜他们现在共享的环境。

当出现突然的环境变化时，除了这种灭绝和替代，另一种可能是进化的步伐加快了。一些非常显著的突变或遗传改变的结合或许会使一个迅速变化的物种在新的和非常不同的小环境中的生存成为可能。很多科学家相信我们人科祖先的进化有超过一次类似进化跳跃的印记。

虽然物种可能从急剧的环境变化中幸存，但是更常见的命运还是灭绝。地球已经见证了几次大灭绝——世界范围的灾难影响多个物种。最大的一次是划分了"古生代生物"（古生代）和"中生代生物"（中生代）。这次大灭绝出现在 2.45 亿年之前，其时，整个地球估计 500 万个物种（多数是无脊椎动物）之中的 450 万个都灭绝了。第二次大的灭绝出现在约 6 500 万年前，摧毁了恐龙。恐龙灭绝的解释之一是由于中生代末期巨大的陨石引起的大量且长期持续的气体云和灰尘云。云层阻挡了太阳辐射并由此阻碍了光合作用，最终摧毁了多数植物以及赖以这些植物为生的一系列动物。

从化石记录，包括第 8 章和第 9 章将要讨论的人科化石记录中，我们得知存在进化改变更剧烈的时期。本章开头的"新闻故事"描述了物种之间不同的突变率。在中生代末期，与恐龙灭绝相伴随的是哺乳动物和鸟类的物种形成和迅速扩散。物种形成是对多种因素的回应，包括环境改变的比率、地理障碍出现和消失的速度、与其他物种竞争的程度以及群体适应反应的有效性（见附录 1，应用于文化变迁中的进化理论）。

本章小结

1. 在 18 世纪，卡尔·林奈创立了生物分类系统。他将有机体之间的差异和相似视为神创秩序的一部分而非进化的证据。查尔斯·达尔文和阿尔弗莱德·拉塞尔·华莱士提出自然选择可以解释物种起源、生物多样性和相关生命形式的相似性。自然选择需要种群中有变异接受选择。

2. 1856 年，格雷戈尔·孟德尔通过豌豆杂交试验发现了遗传性状是以单位传递的。这些单位现在被称为染色体，是成对出现的。等位基因有些是显性的，有些是隐性的，是出现在既有基因位点上的化学上不同的形式。孟德尔还创制了自由组合定律。他研究的豌豆中的 7 对性状都是独立于其他遗传的。染色体的自由组合与重组提供了自然选择需要的部分变异。但是变异的主要来源还是突变，产生基因的 DNA 分子的改变。

3. 生化或分子遗传学研究遗传物质——DNA 的结构、功能和改变。种群中提供变异的遗传改变包括碱基替换型突变、染色体重排和遗传重组。种群遗传学研究稳定和变化种群中的基因频率。自然选择是进化改变的最重要机制。其他的包括随机遗传漂变和基因流。自然选择与已经呈现在种群中的性状一起发挥作用。若变异不足以适应环境变迁，就可能出现灭绝。新的类型不会仅因为被需要就出现。

4. 现今人类种群中一个被充分证实的关于自然选择的案例是镰状细胞等位基因。纯合子形式的镰状细胞等位基因 Hb^S 制造了异常血红蛋白。这堵塞了小的血管，削弱了血液存储氧的功能。结果是导致镰状细胞性贫血，而这常常是致命的。Hb^S 的分布与疟疾相关。正常血红蛋白的纯合子易感染疟疾而大量死亡。镰状细胞等位基因的纯合子死于疟疾。杂合子只会轻微贫血并且对疟疾有抵抗力。在疟疾环境下，杂合子具有优势。这解释了为什么明显适应不良的等位基因会被保存下来。繁殖种群中等位基因 Hb^A 和 Hb^S 的保留是平衡多态性的例子，其中杂合子比任一种纯合子都具有更大的适应性。

5. 遗传进化的其他机制是自然选择的补充。随机遗传漂变在小种群中作用最明显，因为在小种群中纯粹的偶然就能轻易改变等位基因的频率。基因流和杂交繁殖使同一物种的子群体在遗传上相互关联并因而阻碍了物种形成。

6. 现代综合进化论（现代综合论）混合了达尔文和华莱士自然选择的进化理论和孟德尔关于基因的发现。微观进化和宏观进化是持续的进化改变的两端（短期和长期），在此过程中，种群等位基因频率的渐变最终导致新物种的形成。间断平衡论主张即长时间的物种改变停滞期（稳定）可能被进化跳跃打断（中断）。

适应的 adaptive 在特定环境中为自然选择所偏爱。

等位基因 allele 特定基因的生化变种。

平衡多态论 balanced polymorphism 两种或两种以上的形式如同一基因的等位基因，在一个种群中历经数代而保持始终如一的频率。

生化遗传学 biochemical genetics 研究遗传物质的结构、功能和改变的领域——亦称分子遗传学。

灾变论 catastrophism 认为灭绝的物种是被火、洪水和其他灾难摧毁的。在每次毁灭性事件之后，上帝重新创造，这才有了现今的物种。

染色体 chromosomes 基本的遗传单位，成对（对应的）出现；由多种基因组成的DNA节。

神创论 creationism 《创世记》中物种起源的解释：上帝在造物的最初六天创造了物种。

交换 crossing over 减数分裂过程中同源染色体相互缠绕和交换各自的染色体片段。

显性的 dominant 在杂合子中掩盖另一个等位基因的等位基因。

进化 evolution 相信物种经过长期渐进的转变或者改良的后裔而出现。

基因 gene 染色体对上的区域，整个或部分决定特定性状，如一个人的血型是A型、B型还是O型。

基因流 gene flow 同一物种的不同种群通过直接或间接的杂种繁殖交换遗传物质。

基因库 gene pool 一个繁殖种群中的所有等位基因、基因、染色体和基因型——可获得遗传物质的"池"。

遗传进化 genetic evolution 在一个繁育群体中的基因频率变化。

基因型 genotype 有机体的遗传组成。

杂合子 heterozygous 特定基因有不同的等位基因。

纯合子 homozygous 特定基因拥有相同的等位基因。

独立组合 independent assortment 孟德尔定律之染色体是各自独立继承的。

宏观进化 macroevolution 一个种群等位基因频率的大规模改变，通常经过一段更长的时间（与微观进化相比）——在新物种形成时达到顶峰的改变。

减数分裂 meiosis 产生生殖细胞的特殊过程；一个细胞分裂为四个，每一个拥有原细胞一半的遗传物质。

孟德尔遗传学 Mendelian genetics 对染色体在代际间传播基因的方式的研究。

微观进化 microevolution 等位基因频率经过数代的小规模改变且没有物种形成。

有丝分裂 mitosis 普通的细胞分裂；DNA分子自我复制，从一个细胞分裂为两个相同的细胞。

突变 mutation 基因和染色体所在的DNA分子的改变。

自然选择 natural selection 既定环境中最适于生存和繁殖的形式比同一种群中的其他成员更多地实现了生存和繁殖的过程；不只是适者生存，自然选择还是分化的生殖成功。

表现型 phenotype 有机体的明显特征，即其"外在生物特征"，解剖学和生理学特征。

种群遗传学 population genetics 研究遗传变异、保持和改变的原因的领域。

间断平衡论 punctuated equilibrium 长时间的物种改变停滞期（稳定）可能被进化跳跃打断（中断）的进化理论。

随机遗传漂变 random genetic drift 基因频率的变化，是偶然性而非自然选择的结果；在小型种群中最明显。

隐性的 recessive 被显性性状掩盖的遗传性状。

性别选择 sexual selection 以不同的交配成功率为基础，一个性别的某些性状（如雄鸟的颜色）因为在赢得配偶中表现出优势而被选择的一个过程。

物种形成 speciation 新物种的形成；同物种的子群体脱离出去足够长的时间时出现。

物种 species 成员间能够杂交产生有存活和生殖能力的后代的群落。

均变论 uniformitarianism 相信对过去事件的解释应该在今天仍在起作用的一般力量中寻找。

思考题

1. 如果你是（或假设你是）一位神创论者，你认为进化论最令人信服的证据是什么？
2. 如果你是（或假设你是）一位进化论者，你认为进化论最不能令人信服的证据是什么？
3. 设想孟德尔豌豆实验中的7种性状均由同一染色体上的基因决定。他的结果将会有什么不同？
4. 智人或多或少地比其他物种更适应吗？什么使我们如此适应？你能想出一些比我们更适应的物种吗？
5. 遗传进化防止单一化的机制是什么？

补充阅读

Cavalli-Sforza, L. L., R. Menozzi, and A. Piazza

1994 *The History and Geography of Human Genes*. Princeton, NJ: Princeton University Press.人类基因的地域散布的综合性观察。

Cavalli-Sforza, L. L., and W. F. Bodmer

1999 *The Genetics of Human Populations*. Mineola, NY: Dover.种群遗传学的原理和案例，及对人类的应用。

Conner, J. K., and D. L. Hartl

2004 *A Primer of Population Genetics*. Sunderland, MA: Sinauer Associates.对这一领域的一个简要介绍。

Eiseley, L.

1961 *Darwin's Century*. Garden City, NY: Doubledy, Anchor Books.讨论了莱尔（Lyell）、达尔文（Darwin）、华莱士（Wallace）和其他奠基者对自然选择和变异理论的贡献。

Futuyma, D. J.

1995 *Science on Trial, updated ed*. Sunderland, MA: Sinauer Associates.进化论对神创论的案例——更倾向于前者。

1998 *Evolutionary Biology*. Sunderland, MA: Sinauer Associates.基础文本。

Gillespie, J. H.

2004 *Population Genetics: A Concise Guide, 2nd ed*. Baltimore:Johns Hopkins University Press.对种群遗传学的很好的介绍。

Gould, S. J.

1999 *Rock of Ages: Science and Religion in the Fullness of Life*. New York: Ballantine Books.进化、科学和宗教，来自那些广为人知的自然学家和科学作者。

2002 *The Structure of Evolutionary Theory*. Cambridge, MA: Belknap Press of Harvard University Press.探讨了间断平衡模型等进化理论的视角。

Hartl, D. L., and E. W. Jones

2006 *Essential Genetics*, 4th ed. Boston: Jones and Bartlett.遗传学基础知识的介绍。

Lewontin, R.

2000 *It Ain't Necessarily So: The Dream of the Human Genome and Other Illusions*. New York: New York Review of Books.关于自然、养育和当代遗传学研究的问题。

Mayr, E.

2001 *What Evolution Is*. New York: Basic Books.一位硕士研究者总结了这一问题。

O'Rourke, D. H.

2003 "Anthropological Genetics in the Genomic Era: A Look Back and Ahead." *American Anthropologist* 105（1）:101-109.人类基因组计划如何与人类学相关。

Shermer, M.

2002 *In Darwin's Shadow: The Life and Science of Alfred Russel Wallace*. New York: Oxford University Press.自然选择学说的其他探索者。

Weiner, J.

1994 *The Beak of the Finch: A Story of Evolution in Our Time*. New York: Alfred A. Knopf.对达尔文和进化理论的很棒的介绍。

Wilson, D. S.

2002 *Darwin's Cathedral: Evolution, Religion and the Nature of Society*.宗教学、社会学和进化论。

1.神创论：浏览神创智慧卡通网站（**http://members.aol.com/dwr51055/humor.htm**），该网站用卡通表达神创论者对进化论的担忧。

   a.神创论关于生命起源的版本是怎样的？神创论者用什么证据支持其主张？根据这些动画，神创论者关于进化论的疑问在哪里？

   b.研究进化论的科学家将会如何回应这些疑问呢？

2.人类血型：访问以下SCARF（血清、细胞与罕见流动交换）网站（**http://jove.prohosting.com/~scarfex/blood/groups.html**）。SCARF交换组织是一个国际组织，由科学家、医生和其他对人类血型与输血医学感兴趣的个体组成。

   a.列出了几种人类血型？点击ISBT上的004-RH。RH这个名字是源自哪种动物？人们与该种动物共享RH因子吗？RH因子的发生学是怎样的？RH因子如何能影响某些关键的成长呢？RH因子在哪里，是仅在血液中还是也存在于人的其他体液中？

   b.点击ISBT上的001-ABO。在献血和输血中血型检测为什么重要？ABO血型系统的发生学是怎样的？ABO血型系统位于哪个染色体上？ABO抗原在哪里?是仅在血液中还是也存在于人的其他体液中？

请登录McGraw-Hill在线学习中心查看有关第4章更多的评论及互动练习。

第**5**章
人类的变异与适应

章节大纲：

种族：生物学一个不光彩的概念

当今北美的人类生物多样性之丰富引人注目。这里（本章和本书中）的介绍展现的只是世界生物变异的一小部分。更多的例证来自你自己的经历。环顾教室、商场或者电影院，你必然会看到祖先曾生活在各大陆的人们。第一批（土著）美洲人穿过了曾连接西伯利亚和北美洲的陆桥。随后的移民，也许包括你的父母或祖父母，他们的旅途可能漂洋过海，或者越过南部国家的国土。他们的到来有很多理由：有些是自愿的，而有些则是戴着镣铐到达的。当今世界的移民规模如此之大以至于成百上千的人们已经习惯于跨越国境或者在远离他们祖父母的家乡的地方生活。人们现在每天遇到的是多样的人，他们的生物特征反映的是对更大范围环境的适应而不限于他们现在居住的环境。体质差异如"新闻简讯"中描述的对高纬度的不同适应方式，对于任何人来说都是显然的。人类学的任务在于解释它们。

    历史上，科学家研究人类生物多样性的进路有两条：（1）种族分类（现在很大程度上已经弃之不用）；（2）现今的解释方法，聚焦于理解具体的差异。首先我们将思考**种族分类**（racial classification）的问题 [（据称）是在共同祖先的基础上将人类划归分立的类别的尝试]，然后我们将提供一些对人类生物多样性具体方面的解释。生物差异对我们所有人而言是真实的、重要的和显而易见的。很多现代科学家发现为这种多样性寻求解释是最富成效的，而不是试图将人们归入不同的称为种族的类别中。当然，人类群体的确在生物上不同——例如，在遗传属性上。但是通常我们观察到的是渐进的而不是突兀的相邻群体间基因频率的改变。这种渐进的遗传漂移被称为**渐变群**（clines），这与分立种族或隔离种族不相容。

到底什么是种族呢？理论上，一个生物种族是地理上相互隔绝的同一物种的分支。同一物种的这种亚种之间可以杂交，但是由于地理上的隔绝它们实际上不这样做。有些生物学家也用"种族"指代"品种"（breeds），就像狗或者玫瑰的品种一样。如此，牛头犬和吉娃娃就是狗的不同种族。这种家养的"种族"已经由人类培养了很多代。人类（智人）缺少这种种族，因为人类群

概览

科学家从两条主要的研究进路研究人类生物多样性：已被舍弃的种族分类和现行的解释方法。要从生物上定义人类种族是不可能的。由于在将人类归于分立的种族类别上包含了许多问题，生物学家现在聚焦于具体的生物性状和条件，并尝试解释它们。群体之间的生物差异可能反映——并非共同祖先——对相似自然选择力量的相似但独立的适应。

遗传决定的性状，如血液中的血红蛋白，和选择力量，如疟疾，它们之间的联系已经建立起来。选择通过对疾病的不同抵抗力已经影响到了人类血型的分布。自然选择力量也影响着人类肤色、面部特征、身体大小、身形和身材。

表现型适应指的是在个体一生中出现的适应性改变，反映了有机物成长中遇到的环境。地理上相距遥远的种群之间的生物相似性或许归因于相似但是独立的遗传改变，而非共同祖先，或者它们可能体现在成长中对共同压力的相似的生物回应。

随书学习视频
现代种族观念的起源
第5段

该片段刻画了杰出的生物人类学家乔纳森·马克斯（Jonathan Marks）博士对有争议的种族概念的源起和发展的讨论。正如马克斯所指出的，种族分类根源于人类普遍的分类倾向。根据该视频，哪些历史政治发展也对种族概念有影响？除了随意的体质特征，还有哪些其他将人类分类的方式？林奈区分了几个人类种族？根据本视频，人类应该被归为几个种族？

体间的隔绝程度不足以发展成这种离散群体。人类也没有经历过被控制的繁殖，而各种各样的狗和玫瑰就是这样被创造的。

种族原本被期望反映共享的遗传物质（从共同的祖先处继承得到），但是早期的学者却用表现型性状（通常是肤色）指代种族分类。表现型指的是有机体的明显性状，解剖学和生理学将其称为"**表征生物性**"（manifest biology）。人类展现出了数百种明显的（可发觉的）躯体性状，从肤色、发型（hair form）、眼睛颜色和面部特征（可见的）到血型、色盲和酶的生产（通过检测变得明显）。

基于表现型的种族分类提出了一个问题，即决定哪些性状是主要的。种族应该由身高、体重、体型、面部特征、牙齿、颅型还是肤色界定？和他们的同胞们一样，早期的欧洲和美国科学家都将肤色放在首位。很多学校和百科全书仍在宣称存在三大种族：白色人种、黑色人种和黄种人。这种过于简单的分类与 19 世纪末 20 世纪初殖民时期的对种族的政治利用相一致。这种三分法将欧洲白人与非洲、亚洲和美洲土著等主体清晰地分隔开来（见本章"趣味阅读"中美国人类学协会关于"种族"的声明）。第二次世界大战之后，殖民帝国开始瓦解，科学家开始质疑已经建立起来的种族类别。

三种对稀薄空气的适应方式

《国家地理》新闻简讯
作者：希拉里·梅耶尔（Hillary Mayell）
2004 年 2 月 25 日

我们已经看到，尤其是在第 1 章，人类可获得多种途径——生物的和文化的——来适应环境压力，如疾病、热、冷、湿度、太阳光以及本则新闻故事中描述的高海拔。在本章和上一章，我们看到人类是如何在短期内适应和进化的。在涉及灵长类和人类进化的第 7 至第 9 章，我们将看到人类如何经过更长的时间周期而适应，使得物种形成出现。短期和长期适应进化的对比例证了上一章末微观进化和宏观进化的讨论。

人类不仅经过数代在遗传上进化和适应，他们也有能力运用文化（如工具）适应。再回忆上一章讨论的人类生物可塑性，即随着我们在生物上从儿童成长发育为成年人的适应性回应能力。本则新闻故事中注意三个人群适应高海拔的显著不同的方式。我们观察到的现代和史前人类的生物多样性有诸多原因。本章考察了这些原因，同时批驳将人类归于称作种族的分立的生物类别的尝试。

据一个跨学科的科学家小组报道，生活在海平面以上至少 8 000 英尺（2 500 米）的史前和现代人类群体也许提供了对人类进化的独一无二的洞察。

生活在南美洲安第斯高原、亚洲青藏高原和东非埃塞俄比亚高地最高海拔的高地居民，发展了三种显著不同的生物适应以在氧气稀薄的高海拔生存。

"拥有三个地理上分散的人群运用不同的方式适应同样的压力的例子是非常罕见的，"俄亥俄州克利夫兰凯斯西储大学（Case Western Reserve University）的体质人类学家辛西亚·比尔（Cynthia Beall）说，"从进化观点看，问题变成这些差异为什么存在？……"

"高海拔人群提供了一个独一无二的天然实验室，使我们得以追随（许多）证据——考古的、生物的、气候的——来回答关于社会、文化和生物适应的迷人问题。"加州大学圣巴巴拉分校的考古学家马克·阿尔登德弗尔（Mark Aldenderfer）说……

安第斯高原和青藏高原在海平面以上约 1.3 万英尺（4 000 米）。随着史前的狩猎—采集者迁入这些环境中，他们……有可能患急性缺氧症，即一种由身体组织供氧量减少引起的状况。高海拔的空气比在低海拔稀薄得多。因此，人每次呼吸吸入的氧分子更少。缺氧症，有时也被称为高山病，症状包括头晕、呕吐、失眠、思考受阻以及不能保持长时间的体力活动。当海拔超过 2.5 万英尺（7 600 米），缺氧症可能致命。

安第斯人通过发展出一种使每个血红细胞携带更多氧的能力来适应稀薄的空气。也就是：他们与生活在海平面的人呼吸频率一样，但是安第斯人有能力比在海平面的人更有效地将氧输送到全身。

"安第斯人通过血液中更高的血红蛋白浓度来抗衡每次呼吸中缺少的氧。"比尔说。血红蛋白是血红细胞中通过血液系统运送氧的蛋白质。比海平面的人们有更多的血红蛋白通过血液系统输送氧抵消了缺氧的影响。

西藏人补偿低氧容量的方式非常不同。他们通过比住在海平面的人每分钟呼吸更多次来增加氧的吸入。

"安第斯人走的是血液路线，西藏人则是呼吸路线。"比尔说。

另外，西藏人可能还有第二种生物适应，扩大了血管，使他们得以比海平面的人更有效地将氧输送到全身。

西藏人的肺从吸入的空气中合成了大量的称为一氧化氮的气体。"一氧化氮的作用之一是增加血管内径，这说明西藏人用增加血液流动弥补了血液中的低氧容量。"比尔说。

比尔对生活在 11 580 英尺（3 530 米）的埃塞俄比亚高地人进行的初步研究表明——与西藏人不同——他们没有比低海拔的人呼吸更迅速，也不能更有效地合成一氧化氮。埃塞俄比亚人也不像安第斯人那样有比低海拔的人更多的血红蛋白数。

但是尽管生活在低氧容量的高海拔，"埃塞俄比亚高地人几乎完全不会得缺氧症，"比尔说，"我真的很吃惊。"

所以，埃塞俄比亚进化出了什么样的适应得以在高海拔存活呢？"目前我们还没有线索表明他们是如何做到的。"比尔说……

对于回答这些适应是奠基群体差异、随机遗传突变还是时间流逝的结果，知道人群在世界之巅已经生活了多久是回答这一进化问题的关键。

考古学家、古生物学家和气候学家将他们的知识汇聚到一起以准确描述这些向高原的迁移是什么时候出现的。

阿尔登德弗尔……说，文化适应该出现在前。

"在这种严酷环境中生存的能力要求控制火，一个包含骨针的扩大的工具箱，可以缝制有效保护身体的复杂衣物，以及改变生计实践的文化灵活性。"他说。

气候学家对最后一个冰川时代的转变的理解有助于考古学家的工作。

冰核和其他证据显示，冰川时代并非是一个整块的持续了 10 万年的时期，伴随着极低的温度和冰川景观，它还包括长期相对温暖的气候。

"贯穿整个 20 世纪，人们都认为青藏高原在 2.1 万年前最后一个冰川作用极盛期被巨大的冰原覆盖，"阿尔登德弗尔说，"人们不能住在冰原上，所以考古学家根本就不会从那个时期寻找遗址。"

（现在）了解到青藏高原更接近于北极冻原导致了新遗址的发现。考古证据显示距今约 2.5 万~2 万年前，狩猎—采集者占据了青藏高原。1.15 万~1.1 万年前人们开始迁移至安第斯高原。

是什么促成了史前人们迁入高海拔所呈现的严酷和富有挑战性的环境呢？

"高地提供了一个诱人的选择，有着开放和未开发的景观，"阿尔登德弗尔说，"人们在短期内可能上下搬迁过，然后才逐渐在高海拔定居。"

变化的环境条件也创造了"新机遇和新限制"，他说。

以南美为例，海洋性环境随着气候变暖、冰川撤退和海平面上升而开始变化。大型哺乳动物如猛犸和乳齿象和其他食草动物一样逐渐灭绝了。温暖的气候使动植物得以移至更高海拔的地区，在高地开发出资源丰富的居住地……

阿尔登德弗尔说，类似的过程可能也在西藏出现。史前人们在间冰期进驻该地，那时的条件相对良好、狩猎资源丰富。

"突然（此后）它变得很冷，生物量陡然减少。由于气流的影响而非常贫瘠。地表变得植被稀疏而多岩石。成群结队的瞪羚、羚羊和绵羊时多时少，"阿尔登德弗尔说，"发生什么了？……发现的生物差异表明它们挺过了难关并且适应了。"

来源: Hillary mayell, "Three High-Altitude Peoples, Three Adaptations to Thin Air," *National Geographic News,* February 25, 2004.http://news.nationalgeographic.com/news/2004/02/0224_040225_evolution.html.

种族不是生物区别

抛开历史和政治，"基于颜色"的种族标签有一个明显的问题就是这些术语没有准确地描述肤色。"白色人种"与其说是白色的，不如说是粉色的、米色的或者棕黄色的。"黑色人种"是各种渐变的棕色，而"黄色人种"则是棕黄色或者米色。这些术语也被用一些听起来更科学的近义词所美化：高加索人种、尼格罗人种和蒙古人种。

三分法的另一个问题是很多人群不合乎三个"大种族"的任何一种。例如，波利尼西亚人应该被置于何处？波利尼西亚是南太平洋上一个由岛屿组成的三角地带，北边是夏威夷，东边是复活节岛，西南是新西兰。波利尼西亚人的"古铜色"肤色是与高加索人种还是与蒙古人种相关呢？有些科学家认识到了这个问题，将原有的三分法加以扩展，将波利尼西亚"种族"纳入其中。美洲印第安人也提出了相似的问题，他们是红色的还是黄色的？有些科学家在大的种族群体中增加了第五个"种族"——"红色人种"，或者说美洲印第安人。

南部印度的很多人有着深色皮肤，但是由于他们的高加索人种的面部特征和发型，科学家不愿将他们与"黑色"的非洲人归为一类。有人因此为这部分人创立了一个独立的种族。澳大利亚土著是人类历史上最隔绝的大陆上的狩猎采集居民，他们怎样呢？按照肤色，人们可能将澳洲土著与热带非洲人归于一个种族。但是发色（浅色或淡红色）及面部特征上与欧洲人的相似又使某

生物文化案例研究

关于太平洋岛民体质多样性的信息，参见第 11 章的"主题阅读"。

些科学家将他们归于高加索人种。但是没有证据证明与亚洲人相比，澳洲人在遗传学或者历史上与这些人群更接近。认识到这个问题，科学家经常将澳洲土著作为一个独立的种族。

最后，想一想非洲南部喀拉哈里沙漠（Kalahari Desert）的桑人（"布须曼人"）。科学家已经知道他们的肤色在棕色与黄色之间变化。有些认为桑人的皮肤是"黄色"的，将他们与亚洲人归为一类。理论上，同一种族的人之间拥有更近的共同祖先，但是没有证据表明桑人和亚洲人之间有共同的近祖。更合理一点的是有些学者将桑人归入开普人（来自好望角），开普人被视为有别于居住在热带非洲的其他人群。

当单一性状被作为种族分类的基础的时候，类似的问题就会出现。利用面部特征、身高、体重或者其他任何表现型性状的尝试都充斥着困难。以上尼罗河区乌干达和苏丹的土著河畔尼洛特人（Nilotes）为例：尼洛特人一般很高而且有狭长的鼻子，有些斯堪的纳维亚人也很高且拥有相似的鼻子，考虑到他们祖居地的距离，将他们归为同一种族的成员没有意义。没有理由假设尼洛特人和斯堪的纳维亚人之间的关系比他们各自与更矮的、鼻子不同的但是更近的人群关系更近。

若将躯体性状的结合作为种族分类的基础是否会更好？这将能避免上文中提及的一些问题，但是其他问题又会随之出现。首先，肤色、身材、颅型和面部特征（鼻型、眼睛的形状、嘴唇厚度）不能协调统一。比如，有深色皮肤的人可能高或矮并有从直到非常卷曲不等的头发。深色头发的人可能有浅色或深色的皮肤，还有各种各样的颅型、面部特征、身体尺寸和身体形状。综合起来的数量是巨大的，而遗传（相对于环境）对这种在表现型性状上的影响程度经常是不清楚的。

以下是对以表现型作为种族分类基础的最终异议。作为种族基础的表现型特征被期望体现共享且经过很长时间保持不变的遗传物质。但是表现型异同不必然拥有遗传基础。由于影响个体成长发育的环境的变化，人群的表现型特征可能改

变，却不伴有任何遗传改变。有几个例子。在20世纪早期，人类学家弗朗兹·博厄斯（Franz Boas，1940/1966）描述了移民到北美的欧洲人孩子的颅型变化（例如：偏向更圆的头）。其理由不在于基因的改变，因为欧洲移民倾向于内部通婚。而且，他们的孩子有些是在欧洲出生的，只是在美国长大。环境中或饮食中的某些东西造成了这种改变。现在我们知道因为饮食差异经过几代产生的平均身高、体重的变化很常见，而且可能与种族或遗传无关（更多关于弗朗兹·博厄斯的观点见附录1）。

解释肤色

传统的种族分类假设生物特征由遗传决定而且是长期稳定的（不可变的）。我们现在知道生物相似不必然表明有共同的近祖。例如，深的肤色可以因为某些共同祖先之外的原因而为热带非洲人和澳洲土著所共有。从生物学上界定种族是不可能的。但是，科学家仍然在解释人类肤色变异及其他很多人类生物多样性的表现方面取得了很多进步。我们现在从分类转到解释（explaintion），自然选择在其中扮演了重要角色。

正如查尔斯·达尔文和弗莱德·拉塞尔·华莱士所认识的那样，自然选择是一个过程，就是既定环境下，最适于生存和繁殖的生命形态能够存活并繁育后代。经过很多年，不太适应的有机体灭绝了，有利的类型通过繁衍更多的后代存活下来。自然选择在制造肤色变异中的角色将说明关于人类生物多样性的解释方法。正如，我们将要在本章稍后所看到的，人类生物变异的很多其他方面都已经被赋予了比较性的解释。

肤色是一种复杂的生物性状，那意味着它受数个基因影响，只是到底有多少还不知道。**黑色素**（melanin），人类肤色的首要决定因素，是表皮或者外部皮肤层的特殊细胞产生的一种化学物质。深色皮肤的人的黑色素细胞比浅色皮肤的人产生更多的黑色素颗粒。通过过滤来自太阳的紫外线，黑色素提供了保护以抵御包括晒伤和皮肤

美国人类学协会（AAA）关于"种族"的声明

由于公众对"种族"意义的疑惑，关于"种族"间主要生物差异的论调继续被提出。源于以前AAA旨在告知（address）公众关于种族和智慧的误解的行动，一份明确的关于生物和种族政治的AAA声明的必要性是显然的，那将能提供信息并具有教育意义。

1998年5月，以下这份声明被执行委员会采纳，它是以人类学家协会组委会的代表们起草的草案为基础的。协会相信这份声明代表了多数人类学家的思考和学术立场。

在美国，学者和普通公众都已经习惯了将种族视为人类物种基于可见的体质差异的自然和隔离的划分。随着本世纪科学知识的大扩张，我们已经明白人类并不是明确、清晰地划分的、生物上不同的群体。

来自遗传分析的证据显示多数体质变异，大约94%，存在于所谓的种族内部。惯常的地理"种族"组群之间基因的差异只有约6%。这意味着"种族"内部的差异大于"种族"之间的差异。相邻的种群之间有很多基因和表型（体质的）表现是重叠的。纵观历史，每当不同的群体发生接触的时候，都会交配繁殖。持续地共享遗传物质保持了所有人类作为单一物种。

任何既定性状的跨地理区域的体质变异倾向于逐渐而不是突然出现。因为体质性状是相互独立地遗传的，所以知道一个性状的范围不能预测其他性状的存在。例如，肤色从北方温和地区的浅色到南方热带地区的深色，呈现很大的不同；其程度与鼻型、发质无关。深色皮肤可能与小卷发、大卷发、波浪卷（frizzy or kinky hair or curly or wavy）或者直发相关，所有这些在热带地区的不同的土著民族中都能发现。这些事实表明，任何在人类内建立区分生物种群的界限的尝试都是任意和主观的。

历史研究表明，"种族"观点总是带着比单纯的体质差异更多的含义；实际上，人类物种的体质差异没有意义，除非人类将社会意义加诸其上。现在很多领域的学者主张的"种族"，在美国的理解中，是18世纪被发明的，用以指代汇聚在殖民地美国的诸多群体的一种社会机制：英国人和其他欧洲移民、被征服的印第安民族以及被带来提供奴隶劳动的非洲人。

从一开始，"种族"这个现代概念就是在仿照"存在之链"（Great Chain of Being，或众生序列）这个古代定理，该定理将自然类别置于上帝或自然建立的等级秩序之上。因此"种族"是一种分类方式，特定地与殖民情况中的民族相连。它包含一种正在成长的意识形态，设法合理化欧洲人对被征服和受奴役民族的态度和处理。19世纪奴隶制的拥护者用"种族"使奴隶制的保留合理化。这种意识形态放大了欧洲人、

癌在内的多种不适。

在16世纪之前，世界上大多数深色皮肤的人居住在热带，从赤道向南北延伸约23度、北回归线和南回归线之间的区域。深肤色与热带居住之间的关联存在于整个旧大陆，在这里人类和他们的祖先已经生活了数百万年。非洲肤色最深的人群的进化不是在潮湿多雨的赤道雨林，而是在充满阳光的开阔草原，或者稀树大草原。

在热带之外，肤色倾向于浅一些。比如向非洲北部移动，有一个从深棕色到中等棕色的渐变。平均肤色随着向中东、南欧、中欧和北欧推移继续变浅。热带南部的肤色也更浅。在美洲则相反，热带居民没有很深的肤色。情况如此是因为美洲土著的肤色比较浅肤色的亚洲祖先在新大陆定居的时间相对晚近，大约可追溯至不超过2万年。

除了移民，我们还能如何解释肤色的地理分布呢？自然选择提供了一个答案。在热带，太阳紫外线很强烈。那里的无保护的人类面临严重晒伤的威胁，而严重晒伤会增加疾病的易感性。这

非洲人和印第安人之间的区别，建立起了社会性排他类别的严格等级，划分并支持不平等的等级和地位差异，并提供了不平等是自然的或神授的合理化根据。非裔美国人和印第安人体质性状的差异成为了他们地位差异的标记或象征。

因为他们曾经创建了美国社会，欧裔美国人中的领导者编造了与各"种族"相关的文化/行为特征，将优越的性状与欧洲人相连，而将消极的和劣等的性状与黑人及印第安人相连。无数任意和虚构的关于不同民族的信条被制度化并深深地嵌入美国人的思想中……

最终"种族"作为一种关于人类差异的意识形态扩散到世界其他地区。它变成了各地殖民政权划分、排列和控制被殖民民族的策略。但是它不仅限于殖民环境。19世纪后半叶，它被欧洲人用于相互划分等级以及合理化欧洲民族间的社会、经济和政治不平等。在第二次世界大战期间，希特勒（Adolf Hitler）领导下的纳粹加入了关于"种族"和"种族性"差异的扩大的意识形态之中，并将其带出了逻辑结果：消灭了"劣等种族"的1 100万人（如犹太人、吉卜赛人、非洲人、同性恋者等）以及其他无法用言语表达的残忍的大屠杀。

"种族"因此发展成为一个世界性观点，一系列扭曲了我们关于人类差异和群体行为的臆断。种族信条构成了关于人类物种多样性、关于人们的能力和行为同质化为"种族性"类别的迷思（myths）。这种迷思在公众脑海中融合了行为和体质特征，阻碍了我们对生物变异和文化行为的理解，暗示两者都是遗传决定的。种族迷思与人类能力或行为的实际之间没有任何关系……

我们现在知道人类文化行为是习得的，从出生开始就成为婴儿的环境并且总是经历变化，没有人生来就有内置的文化或语言。我们的性情、天性和性格，不考虑遗传习性，是在我们称之为"文化"的一套意义和价值中形成的……

人类学知识的基本信条是所有人都有能力学习任何文化行为。美国的移民经历是这一事实的明证，来自数百种不同语言和文化背景的移民，习得了某种形式的美国文化特征。而且，有各种体质差异的人们学会了文化行为并继续这么做，因为现代交通将数以百万计的移民运往世界各地。

人们在既定的社会或文化情境中如何被接受和对待，对于他们在那个社会中如何表现有直接的影响。"种族性"的世界观被用以赋予一些群体终身低下的地位，而其他人则被允许获得特权、权力和财富。美国的悲剧在于，源于这一世界观的政策和实践在欧洲人、美洲印第安人和非洲人的后裔之间构建不平等太成功了。考虑到我们了解正常人在任何文化中实现和运作的能力，我们总结为现今所谓"种族性"群体之间的不平等不是其生物遗传的结果，而是历史和当今社会、经济、教育以及政治状况的产物。

注：更多关于人类生物差异的信息，见由美国体质人类学家协会编写和发行的声明（*American Journal of Physical Anthropology* 101, pp. 569-570）。

给予了浅色皮肤的热带居民（除非他们待在户内或者使用文化产品如雨伞或防晒霜来遮挡阳光）以选择劣势（例如：生存和繁殖方面更不成功）。晒伤还损害了身体排汗的能力。考虑到热带的炎热，这成为浅肤色会破坏人类在赤道气候下生活和工作的能力的第二个原因。在热带拥有浅肤色的第三个劣势是曝露于紫外线可能引起皮肤癌（Blum, 1961）。

影响肤色的地理分布的第四个因素是身体里产生的维生素D。卢米斯（W. F. Loomis, 1967）关注紫外线在刺激人体维生素D生产中的作用。没有衣物的人体在接触到充足的阳光的时候可以自己产生维生素D。但是在阴冷的环境中，人们在全年的大部分时间需要穿衣服（如北欧，那里进化出来了非常浅的肤色），着装阻碍了身体的维生素D生产。维生素D缺乏减少了肠中钙的吸收，一种被称为**佝偻病**（rickets）的营养性疾病就可能出现，它会使骨骼变软和变形。就女性而言，因为佝偻病引发的盆骨变形会阻碍生育。在北方的冬天，浅肤色通过将几处皮肤直接曝

巴布亚新几内亚的皮肤色素沉着

背景信息

学生:
Heather Norton

指导教授:
Jonathan Friedlaender,
天普大学;Andy
Merriwether,密歇根大
学;Mark Shriver,宾夕
法尼亚州立大学

学校:
宾夕法尼亚州立大学

年级/专业:
2000年春季毕业/人类学

计划:
美拉尼西亚田野调查
(所罗门群岛)

项目名称:
巴布亚新几内亚的皮肤
色素沉着

本研究涉及了人类生物变异的哪些方面?它们是基因型还是表现型?

在宾夕法尼亚州立大学的最后一年,我花了5周时间在巴布亚新几内亚研究皮肤色素沉着的变异。我是由 Jonathan Friedlaender 博士和 Andy Merriwether 博士带领的更大的研究工作组的一员。目标是考察线粒体和Y染色体DNA序列中的变异,尝试鉴别移民到美拉尼西亚群岛的模式。皮肤色素沉着是一种显明世界各地大范围变异的表现型性状图(图5.1)。

肤色主要是由黑色素决定的,虽然其他如血红素可能也有作用。测量皮肤色素沉着的方法之一是反射测量法,即对一物体的控制性照明以及对反射的光的精确测量。我使用窄频分光光度计通过记录反射系数估算血色素和黑色素的密度,得到的测量结果称为黑素指数(M)和红斑指数(E)。个体的色素沉着越深,M指数越高。我采用多种测量,既测量每个主体的内臂,也测量他们的头发颜色。

我选择在美拉尼西亚研究色素沉着是因为其个体差异。在两周时间里,我得以获得皮肤包含大量黑色素的 Bougainvillians 人和来自巴布亚新几内亚塞皮克(Sepik)地区肤色较浅的个体的样本。就头发颜色而言,该地从色素沉着角度来看也是很有趣的。来自巴布亚新几内亚和其他美拉尼西亚群岛以及澳大利亚土著展示了一种被称为白化现象(blondism)的性状,指的是与一些欧洲后裔相似的金黄色头发和深度色素沉着的皮肤。柱状图显示了两个岛上发现的色素沉着的宽度范围。

露于太阳光下来最大化紫外线的吸收和维生素D的制造。北部地区的选择不利于深肤色,因为黑色素筛阻了紫外线。

考虑到维生素D的制造,浅色皮肤在多云的北方是优势,但在阳光充足的热带则是劣势。卢米斯指出,在热带,深色皮肤通过筛阻紫外线来保护身体免于过度产生维生素D。维生素D过多可能导致潜在的致命状况 [**维生素D过多症** (hypervitaminosis D)],钙沉淀会堵塞软组织。肾脏可能会衰竭。胆结石、关节问题和循环问题是维生素D过多症的其他症状。

关于肤色的讨论表明被假定为是种族的基础的共同祖先,不是生物相似性的唯一原因。我们看到自然选择为我们理解肤色变异和其他人类生物异同发挥了重大作用。

人类的生物适应

本节探讨了另外几个类生物多样性,体现出对环境压力如疾病、饮食和气候的适应。人类遗传适应和特定环境中通过选择作用的进化(基因频率的改变)有充足的证据。例子之一是在疟疾环境下的 Hb^s 杂合子及其传播,这在第4章已经讨论过了。在特定环境中,适应和进化在继续。不存在完全或者理想地适应的等位基

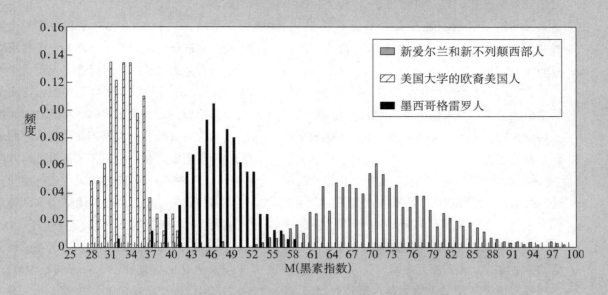

图5.1 各人群中的皮肤色素沉着

M=PNG指数，欧裔美国人和墨西哥人。

上端刻度的个体来自 Bougainvillen，而下端的来自诸如塞皮克之类的地区。

我目前正在做统计分析，看看肤色差异是否以任一种方式与语言相关。虽然将近 1 000 种语言在巴布亚新几内亚被使用，它们属于两个主要的组：南岛语系和非南岛语系。讲非南岛语系语言的人似乎先迁移到新几内亚，之后的第二个迁移浪潮是南岛语系民族。目前的线粒体 DNA 证据支持这一理论。若两个群体间显现出重大的肤色差异，则它可能有助于支持那个论点。我希望回到美拉尼西亚继续我对色素沉着变异的研究，这一次将是在临近的所罗门群岛。

因，也没有完美的表现型。我们看到即使是造成致命贫血的 Hbˢ，其杂合子形态在疟疾环境中也具有选择优势。

而且，曾经适应不良的等位基因在环境转换的时候也可能摆脱其劣势。色盲（对于猎人和森林居民是劣势）和一种形式的遗传决定的糖尿病即是例子。现在的环境，包含医学技术，使有这些状况的人们得以过上非常正常的生活。曾经适应不良的等位基因因此在选择方面变成中性的了。现在已知的人类基因成千上万，几乎每天都能发现新的遗传性状。由于其医学和治疗方面的应用，这些研究倾向于聚焦遗传异常。

基因与疾病

据世界卫生组织（WHO）在瑞士日内瓦发布的《世界健康报告》，热带疾病影响了超过 10% 的世界人口。此类疾病中传播最广的疟疾，每年影响 3.5 亿至 5 亿人（《世界疟疾报》，2005）。血吸虫病，一种水生寄生虫病，影响人数超过两亿。大约 1.2 亿人患有丝虫病，它引起象皮肿——淋巴阻塞导致身体部位肿大，尤其是腿和阴囊（查看世界卫生组织网站：**http://www.who.int/home/**）。

疟疾的威胁已经扩大了。相比于 1977 年的 10 万例，1988 年，巴西有 56 万例。世界范围内，疟疾病例从 1990 年的 2.7 亿例上升到今天的超过 3.5 亿例。造成这种上升的是寄生虫对治疗疟疾药物的抗药性增强了（《世界疟疾报告》，2005）。但是，亿万人具有遗传抵抗力。镰状细胞血红蛋白是最广为人知的遗传抗疟药（Diamond，1997）。

微生物是人类主要的甄别者，特别是在现代医学出现之前。有人在遗传上就比其他人对某些疾病更易感，在自然选择的作用下，人类血型的分布持续变化。

约 1 万年前食物生产发生之后，传染病的威胁持续增加并最终成为人类最主要的死因。因为几个原因，食物生产有利于传染病。耕作维持了更大、更密集的人群以及比狩猎、采集更倾向定居的生活方式。人们相互之间以及人与其废弃物之间住得更近，使微生物更易存活和寻找寄主。驯养的动物也将疾病传播给人。

1977 年，最后一例天花被报告，在此之前，天花一直是人类的主要威胁以及血型出现频率的决定因素（Diamond，1990，1997）。天花病毒是使家养动物如奶牛、绵羊、山羊、马和猪染上瘟疫的痘病毒的一种变体。

在人与动物开始住在一起之后，天花就在人类中出现了。天花流行病在世界历史上扮演了重要角色，经常夺走受影响人群中的四分之一至一半的生命。天花帮助了斯巴达（Sparta）在公元前 430 年击败雅典以及导致了公元 160 年罗马帝国的衰落。

ABO 血型是在人类对天花的抵御中形成的。血型是根据血红细胞表面的蛋白质和糖化合物划分的。不同的物质（化合物）将 A 型血和 B 型血区分开来。A 型血细胞触发了 B 型血中抗体的产生，以至于 A 型血细胞在 B 型血中会凝结。不同的物质起到化学密码的作用，它们帮助我们区分我们自己的细胞和侵入的细胞，包括我们应该摧毁的微生物。有些微生物表面物质与 ABO 血型的物质相似。我们对近似于我们自己血细胞上物质的物质不产生抗体。我们可

以将此视为微生物欺骗寄主的一个聪明的进化把戏，因为我们通常不发展对抗自己的生物化学的抗体。

A 型或 AB 血型的人比 B 型和 O 型的人更易感天花。据推测是因为天花病毒的一种物质酷似 A 型血物质，使病毒得以悄悄通过 A 型血个体的防御。相反，B 型和 O 型个体因为将天花病毒识别为外来物质而对其产生抗体。A 型血和天花易感性之间的关系最早由 A 基因在印度和非洲地区的低频率所启发，在这些地区天花曾是地方性疾病。1965—1966 年一种剧毒的天花流行期间，在印度乡村完成的一项比较研究为证实这种关系做出了很大贡献。沃吉尔和查克拉瓦蒂博士（Drs. F. Vogel and M. R. Chakravartti）分析了天花感染者及其未染上天花的血液样本（Diamond，1990）。研究者发现 415 名受感染的儿童从未接种过天花疫苗。其中只有 8 名受感染的儿童有未受感染（也没有接种疫苗）的兄弟姐妹。

理解我们自己

在"9·11"之后的数周和数月内，许多美国人开始担心炭疽——或者更多关注生物恐怖主义。我们知道炭疽用西普洛和脱氧土霉素之类的抗生素很容易治疗，但是其他疾病呢——那些不能治愈的，如禽流感，或者那些不一定能治愈而且不是完全没有风险的如炭疽的治疗呢？那已经被从自然中根除的致命疾病天花呢？歹徒有没有可能夺取了存放在实验室中的天花样本并将它释放出来形成瘟疫？美国政府开始为可能的天花袭击做准备，计划是增加天花疫苗的供应和可获性。但是谁会接种呢？虽然它是一种非常有效的疫苗，但是已知有天花疫苗接种导致了那些原本也许永远不会接触这种疾病的人死亡。以你现在对血型和天花的了解，你会在接种天花疫苗之前关注个体的 ABO 血型吗？哪些接种者风险最高？

研究结果一目了然：对天花的易感性随血型不同而不同。在415名受感染的儿童中，261名有A等位基因；154名没有。在他们的407名未受感染的兄弟姐妹中，比例相反。只有80名有A等位基因；327名没有。研究者估算A型或AB型的人与O型或B型的人相比，感染天花的几率要高7倍。

在多数人群中，O等位基因比A和B加起来还多。A型在欧洲最常见；B型频率最高的是亚洲。由于天花曾经在旧大陆广泛传播，我们可能会疑惑为什么自然选择没有完全清除A等位基因了。答案是这样的：其他疾病豁免了A型血的人而降罪于其他血型的人。

例如，O型血的人似乎特别易感淋巴腺鼠疫——"黑死病"，它曾夺走了中世纪欧洲三分之一人口的生命。O型血的人似乎也更可能得霍乱，霍乱在印度致死的人数与天花相当。另一方面，O型血可以增强对梅毒的抵抗力。可能源于新大陆的这种性传播疾病的肆虐，这或许可以解释中美洲和南美洲本土人群高频率的O型血。人类血型的分布似乎代表了自然选择效应和许多疾病之间的妥协。

ABO血型和非传染性异常之间的关联也引起了注意。O型血个体最易感十二指肠溃疡和胃溃疡。A型血个体最易患胃癌、宫颈癌和子宫肌瘤。但是，因为这些非传染性疾病倾向于出现在生育结束之后，所以它们与适应和经自然选择的进化之间的相关性值得怀疑（也见Weiss, 1993）。

就无法治愈的疾病而言，遗传抵抗力保持其意义。例如，对HIV病毒的易感性存在遗传变异。我们知道感染HIV的人发展成艾滋病（AIDS）的风险和疾病进展的比率是不同的。艾滋病在很多非洲国家（以及美国、法国和巴西）广泛传播。尤其是在非洲，现在工业化国家采用的治疗策略在这里还不能广泛应用，艾滋病的致死率可能最终（让我们希望这不会发生）与过去的天花流行和瘟疫不相上下。如果是这样，艾滋病可能会引起人类基因频率的大变化，这再次说明自然选择

的持续作用。

面部特征

自然选择也对面部特征起作用。例如，长鼻子在干旱地区似乎比较适应（Brace, 1964; Weiner, 1954），因为鼻子里的黏膜和血管会湿润吸入的空气。长鼻子也适应于冷的环境，因为血管使吸入的空气变暖。这是在中央供暖系统发明之前生活在寒冷气候中人们的适应性生物特征。

鼻型与温度的关联被称为"**汤姆森的鼻子法则**"（Thomson's nose rule）（Thomson and Buxton, 1923），这由统计数据显示。在标注那些已经在现居地居住过多代的人群鼻子长度的地理分布时，在年均气温更低的地方，平均鼻子长度倾向于更长。其他面部特征也说明对选择力量的适应。现今人类中，平均牙齿体积最大的是澳洲土著中的狩猎者和采集者，考虑到有相当多沙子和细石的饮食，大牙齿对于他们来说有选择优势。牙齿小的人——若假牙和没有沙子的食物难以获得——不能像有更多大牙齿的人那样有效地自己觅食（参见Brace, 2000）。

身材与体格

某些体格对于特定的环境有适应优势。1847年，德国生物学家伯格曼（Karl Christian Bergmann）观察到在恒温动物的同一物种中，更小的个体在温暖的气候中更经常见到，而质量更大的动物则在更寒冷的区域被发现。体重和温度的关系归纳为"**伯格曼氏法则**"（Bergmann's rule）：体型相似的两个个体中更小的那个单位体重拥有更多表面积。因此，散热更为有效（热量损失出现在身体表面——皮肤出汗）。平均身体大小趋向于在寒冷地区变大而在炎热地区变小，因为大的身体能比小的身体更好地保持热量。更精确一些，在一个本土居民的大样本中，年均气温每下降1华氏度，平均成年男性的体重就增加0.66磅（0.3千克）（Roberts, 1953; Steegman, 1975）。生活在炎热气候中的"俾格米人"（Pygmies）和桑人，平均体重只

有 90 磅，佐证了这种关系。

体型差异也体现出通过自然选择对温度的适应。兽类和鸟类中温度和体型之间的关系最早是在 1877 年由动物学家 J.A. 阿伦（J. A. Allen）认识到的。阿伦定律（Allen rule）指出，身体突出部位——耳朵、尾巴、喙、手指、脚趾、四肢等等——的相对大小随温度而增加。在人类中，有长的手指和足趾的苗条身体在热带气候中有优势。这类身体增加了相对质量的表面积，使更加高效的散热成为可能。在适应寒冷的爱斯基摩人中，可以发现相反的表现型。短小的四肢和矮壮的身体用来保存热量。与温暖地区的人群相比，寒冷地区的人群倾向于拥有更大的胸腔和更短的手臂（Roberts, 1953）。

关于气候和身体大小、形状之间适应关系的探讨说明自然选择可能用不同的方式达到同样的效果。生活在炎热地区的东非尼洛特人，有着高挑和流线型的身体、很长的手足，增加了相对质量的表面积，因而将散热最大化（说明了阿伦定律）。"俾格米人"身体尺寸的减小也实现了同样的结果（说明了阿伦定律）。类似地，北欧人的高大身材和爱斯基摩人结实矮壮的身材都服务于热量保存。

同样，正如本章开头"新闻简讯"里面讲述的，人类群体运用不同的但同样有效的生物方式适应于高海拔相关的环境压力。与住在平原的人们相比，安第斯人通过发展出一种使每个血红细胞携带更多氧的能力来适应稀薄的空气。有更多血红蛋白运输氧制衡了缺氧的影响。相反，西藏人通过比住在海平面的人每分钟呼吸更多次来增加氧的吸入。而且，他们在肺中从吸入的空气中合成了大量的一氧化氮。一氧化氮起到了增加血管内径的作用，所以西藏人用增加血液流动弥补了血液中的低氧容量。相比之下，埃塞俄比亚高地人不用这些机制。与生活在海平面的民族相比，他们没有呼吸更快、更有效地合成一氧化氮或者更高的血红蛋白数目。使埃塞俄比亚人得以在高海拔地区生存的生物机制还有待探索。

乳糖耐受

许多生物性状说明人类适应性不只是在单一的遗传控制之下。这些性状的遗传决定可能相似，但是未被证实，或者几种基因共同影响所讨论的性状。有时，有遗传成分的作用，但是性状也对成长中遭遇的压力作出反应。当适应改变在个体的一生中出现的时候，我们会谈及**表现型适应**（phenotypical adaptation）。表现型适应成为可能，是由于生物可塑性——改变以回应我们成长中遇到的环境的能力（Bogin, 2001；Frisancho, 1993）。回想第 1 章及本章开头"新闻简讯"中关于对高海拔的生理适应的讨论。

基因和表现型适应合力制造了人类群体消化大量奶的生化差异。当其他物质缺乏，而牛奶可得的情况下，例如当下的奶制品发达社会，可以消化奶就是一种适应优势。所有的奶，无论它有多酸，都含有一种称为乳糖的复糖。奶的消化依靠一种称为乳糖酶的酶，它在小肠中活动。除了人类和他们的一些宠物之外的所有哺乳动物，在断奶之后就停止产生乳糖酶，以至于这些动物不能继续消化奶。

乳糖酶的产生和容忍奶的能力随人群而变化。大约 90% 的北欧人及其后裔是奶糖耐受的；他们可以毫不困难地消化好几杯奶。类似地，两个非洲民族，东非卢旺达和布隆迪的图西人（Tutsi）和西非尼日利亚的富拉尼人（Fulani）中大约 80% 的人能产生乳糖酶并很容易地消化奶。这些族群传统上都是牧民。但是，非牧民，如尼日利亚的约鲁巴人（Yoruba）、乌干达的巴干达人（Baganda）、日本人和其他亚洲人、爱斯基摩人、南美洲印第安人和很多以色列人就不能消化乳糖酶（Kretchmer, 1972/1975）。

但是人类消化奶的能力差异似乎只是程度上的不同，有些人群能耐受一点或者完全不能耐受奶，但是其他人可以代谢更多的量。研究表明那些从无奶或低奶饮食转换为高奶饮食的人，提高了乳糖耐受力。我们可以总结说，单一的遗传性状无法解释消化奶的能力。乳糖耐受力似乎是人类生物性既受基因也受表现型对环境条件适应控制的诸多方面之一。

我们看到人类生物性即使没有遗传变化也在不断变化。本章我们已经思考了人类生物上适应其环境的方式，以及这类适应对人类生物多样性的影响。现代生物人类学寻求解释人类生物变异的具体方面。解释框架包含同样在其他生命形态中控制适应、变异和进化的机制——选择、突变、漂变、基因流和可塑性（Futuyma, 1998; Mayr, 2001）。

1. 人类能够获得多种方式——生物的和文化的——适应环境压力如疾病、炎热、寒冷、湿度、阳光和海拔。现今和史前时期人类的生物多样性有多种原因。本章考察了这些因素，同时反对将人类归入不同的称为种族的类别中的企图。

2. 科学家如何实现人类生物多样性的研究？因为将人类进行种族区分存在着一系列问题，所以现今的生物学家聚焦具体的差异并努力解释之。由于广泛的基因流和杂交繁殖，智人未进化出亚种或者明确的种族。在人类种群中的确存在的遗传中断（genetic breaks）并未导致分立的种族。

3. 群体间的生物相似性可能反映——不是共同祖先——对相似的自然选择力量（如肤色案例中的太阳紫外线辐射）的相似但是独立的适应。

4. 对传染性疾病如天花的不同抵抗力影响了人类血型的分布。存在抗疟疾的遗传，如第4章中讨论的镰状细胞等位基因。自然选择也对面部特征、身材和体型起作用。

5. 表现型适应指的是个体一生中出现的有机体回应其成长中遇到的环境压力的适应性改变。乳糖耐受部分是由于表现型适应。地理上相距遥远的种群间的生物相似性可能是由于相似但独立的遗传改变，而不是共同祖先的缘故。或者它们可能反映了成长过程中对共同压力的表现型回应。而且，人类种群也形成了各异但是同样有效的适应环境状况如炎热、寒冷和高海拔的途径。

阿伦法则 Allen's rule　法则指出身体突出部位——耳朵、尾巴、喙、手指、脚趾、四肢等等——的相对大小随温度而增加。

伯格曼氏法则 Bergmann's rule　法则指出体型相似的两个个体中更小的那个单位体重拥有更多表面积。因此，散热更为有效；大的体型倾向于出现在寒冷地区，而小的体型倾向于出现在温暖地带。

渐变群 cline　相邻种群间基因频率的逐渐改变。

维生素D过多症 hypervitaminosis D　由维生素D过多引起的状况；钙沉淀会堵塞软组织，而肾脏可能会衰竭。症状还包括胆结石、关节问题和循环问题；可能影响热带没有保护措施的肤色浅的个体。

黑色素 melanin　是表皮或者外部皮肤层的特殊细胞产生的一种物质；深色皮肤的人的黑色素细胞比浅色皮肤的人产生更多的黑色素。

表现型适应 phenotypical adaptation　出现于个体一生中的适应性生物改变，生物可塑性使它成为可能。

种族分类 racial classification　在共同祖先的基础上（据称）将人类划归分立的类别的尝试。

佝偻病 rickets　由维生素D缺乏引起的营养性疾病；影响钙的吸收并会使骨骼变软和变形。

汤姆森的鼻子法则 Thomson's nose rule　指出在年均气温更低的地方，平均鼻子长度倾向于更长；以人类种群鼻子长度的地理分布为基础。

热带 tropics　从赤道向南北延伸约23度、北回归线和南回归线之间的地理区域。

1.如果种族是生物学中一个遭贬抑的术语，则取代它的是哪个词呢？

2.以表现型为基础的种族分类的主要问题是什么？

3.在班级中选择5位表现出表现型多样性的同学。谁的特征差异最明显？你如何解释这种差异？这其中有应归因于文化而非生物性的差异吗？

4.本章关于ABO血型的论述中是否有引起你警觉的部分？为什么？

5.你将如何为严寒气候设计一个理想的体型？若是酷热气候呢？

补充阅读

Bogin, B.

2001 *The Growth of Humanity*. New York:Wiley-liss. 人类成长和发展的最新展望。

Diamond, J. M.

1997 *Guns, Germs, and Steel: The Fates of Human Societies*. Now York: W. W. Norton.从生态角度看世界历史上的扩张和征服，由一位非人类学家写成。

Frisancho, A. R.

1993 *Human Adaptation and Accommodation*. Ann Arbor: University of Michigan Press.环境对表型的影响，特别是在成长和发展过程中。一个基础性文本。

Marks, J. M.

1995 *Human Biodiversity: Genes, Race, and History*. New York: Aldine de Gruyter.一本很有见地的书，在本教材后附视频的这一章节中可以找到这本书作者的评论。

Molnar, S.

2005 *Human Variation: Races, Types, and Ethnic Groups*, 6th ed. Upper Saddle River, NJ: Prentice Hall.生物与社会多样性之间的联系。

Montagu, A.

1981 *Statement on Race: An Annotated Elaboration and Exposition of the Four Statements on Race Issued by the United Nations Educational, Scientific, and Cultural Organization*. Westport, CT: Greenwood.人种分析中的美国见地。

Montagu, A., ed.

1997 *Man's Most Dangerous Myth: The Fallacy of Race*, 6th ed. Walnut Creek, CA: AltaMira.对经典书籍的回顾。

Roberts, D. F.

1986 *Genetic Variation and Its Maintenance: With Particular Reference to Tropical Populations*. New York: Cambridge University Press.人类遗传演化的证据，特别关注于热带的族群。

Shanklin, E.

1994 *Anthropology and Race*. Belmont, CA: Wadsworth.从人类学角度对人种概念进行了简明的介绍。

Wade, P.

2002 *Race, Nature, and Culture: An Anthropological Perspective*. Sterling, VA: Pluto Press.从过程主义视角看人类生物学和种族。

Weiss, K. M.

1993 *Genetic Variation and Human Disease: Principles and Evolutionary Approaches*. New York: Cambridge University Press.关于人类疾病的文选。

1.访问**http://anthro.palomar.edu/vary/vary_2. htm**并阅读题为"分类模式"的文章。

　a.以生物差异为基础，人类学家尝试用哪3种方法来对人群进行分类？

　b.种群模式与分类模式如何不同？哪一种模式更可取？种群模式的主要问题是什么？

　c.渐变群模式是否导致了人类种族识别？渐变群模式有什么问题？哪一种模式接近对人类变异真实性质的把握？黑猩猩中的遗传变异是否多于人类？

2.适应环境：阅读Dennis O'Neil "适应极端气候"的论述（**http://anthro.palomar.edu/adapt/ adapt_2.htm**）。

　a.什么是伯格曼法则？什么是阿伦法则？

　b.昆人和澳大利亚土著应对严寒的方式与因纽特人以及来自火地岛的群体有什么不同之处？其中是否有关于适应的理由？

　c.蒸发降温的优势是什么？劣势又是什么？

请登录McGraw-Hill在线学习中心查看有关第5章更多的评论及互动练习。

第**6**章
灵长类

章节大纲：

我们在灵长类中的位置

灵长类学是关于非人灵长类的研究——猿、猴以及原猴的化石和活体——包括其行为和社会生活。灵长类学本身就很迷人，而且它还有助于人类学家推断出人类（hominids，包括人类化石和活体在内的动物科级成员）早期的社会组织，以及弄清人性和文化起源的问题，如早期工具的制造——其性质和价值（本章"新闻简讯"聚焦于猩猩这种大猿，描述了基于学习的工具使用及其与人类文化起源的相关性）。与人类有特殊关系的灵长类有两种：

1. 那些生态适应与我们相似的：**陆生的**（terrestrial）猴和猿，即生活在陆地上而不是树上的灵长类。

2. 那些与我们关系最近的：大猿，尤其是黑猩猩和大猩猩。

人类与猿之间的相似性在解剖学、大脑结构、遗传学和生物化学方面是显而易见的。人与猿的体质相似在动物分类系统——根据有机体之间的关系和相似性将其归入各类别（taxa，分类单数形式是 taxon）——中得到认可。许多有机体相似反映出它们共同的系统发生（phylogeny）——基于共同祖先的遗传关联。换句话说，有机体共享它们从同一祖先处继承的特征。人和猿同属一个分类超科——**人猿超科**（hominoidea）。猴被归为另外两个类别（卷尾猴科和猕猴科）。这就意味着人和猿之间比他们各自与猴之间的关系更近。

我们看到最高的分类等级（范围最广）是界。在这一等级，动物和植物区分开来。最低等级的类别是种和亚种（图6.1）。种是有机体群，内部可以交配并生育能存活的（有存活能力的）和能生育的（有繁殖能力的）后代，而且后代的后代也要能存活和繁殖。物种形成（新的种的形成）出现在当曾经属于同一个种的群体之间不再能杂交繁殖的时候。经过足够长的生殖隔绝之后，两个原本属于同一个属的种将进化为分属两个属。

在生物分类系统的地段，一个种可能有亚种——这是种的或多或少有但尚未完全隔绝的亚群体。亚种在时空中能够共存。例如，兴盛于距今13万~2.8万年的尼安德特人，通常不被归为独立的种，而只是智人种的一个亚种。现在，智人种的亚种只有一个还存在。

用于将有机体划归同一类别的相似性被称为**同源**（homologies），即有机体从同一祖先处一起继承的相似性。表6.1总结了人在动物分类系统中的位置。在表6.1中我们看到人是哺乳动物，是哺乳纲的成员。哺乳纲是动物界一个主要的分支，哺乳纲共享某些性状，包括将之与其他分类如鸟类、爬行动物、两栖动物和昆虫相区别的乳腺。哺乳动物同源说明所有的哺乳动物相互之间比它们与鸟类、爬行动物和昆虫之间共享更近的祖先。在更低的分类等级，人类是属于灵长目的

概览

人、猿、猴和原猴在动物分类学上属于灵长类。猿类是我们最近的亲属。人类与黑猩猩、大猩猩之间相同的 DNA 超过 98%。

和现今的猴子一样，早期灵长类生活在树上。考虑到我们的树栖遗传，灵长类与我们共享某些解剖学特征。这些特征包括对生拇指、可以抓握的手、深度视觉和用指尖作为最主要的触觉器官。人、猿和猴拥有大而复杂的大脑，所以大量依赖学习。灵长类生活在社会群体中，并对其后代和亲属投入可观的时间和精力。

最稀少的树栖猿大猩猩仅分布于赤道非洲，是素食者。黑猩猩生活在热带非洲的树林和林地。所有的猿类和很多其他灵长类物种濒临灭绝，主要是由于滥砍滥伐和人类狩猎。人类进化中的有些重要发展如狩猎和工具制造，在其他灵长类特别是黑猩猩中也有先兆。

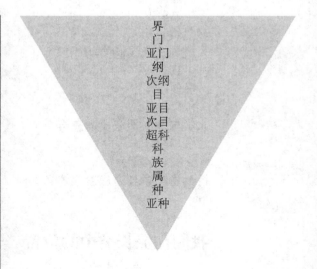

界
门
亚门
纲
次纲
目
亚目
次目
超科
科
族
属
种
亚种

图6.1 动物分类学中主要的分类单位
越往下，分类单位越狭隘，所以最顶端的"界"是最宽泛的单位，而最低端的"亚种"是最狭隘的。

"猩猩的天堂和人类的地狱"中的行为发现

《纽约时报》新闻简讯

作者：康妮·罗杰斯（Connie Rogers）
2005年11月15日

"灵长类学研究非人灵长类，如猿、猴和狐猴。人类学家对猴特别是猿的研究有特殊的兴趣，因为它们的属性和行为能够指示人类的特性和起源。与人类特别相关的是两种灵长类：（1）那些在地上度过大部分时间的，包括狒狒、大猩猩、黑猩猩，在某种程度上，也包括本文中描述的猩猩，以及（2）与我们最近的：大猿，包括猩猩（虽然黑猩猩和大猩猩是更近的亲属）。基于与荷兰灵长类学家Carel van Schaik的对话，本则新闻简讯预告了他的书《在猩猩之间：红猿与人类文化的出现》（Schaik，2004）。

人类与我们的灵长类祖先共有许多解剖学、性情、行为以及本文描述的社会性方面的特征。本则新闻故事报道了大猿与人类共享的一种习得能力——对工具的依赖。黑猩猩使用甚至制造粗糙工具多年前就为人所知了。对大猩猩和猩猩使用工具的观察则更晚。Schaik的书对本文中的研究作了更详尽的描述。现在，知道了所有的大猿都能学习如何使用工具，我们可以推测猿和人的共同祖先至少有初步的文化学习的能力。

人们不停追问Carel van Schaik田野中是否还有任何可以发现的东西。

"我告诉他们，'很多'，"荷兰灵长类学家van Schaik博士说，"看大猩猩。我们研究它们已经数十年了，可是直到现在我们才发现它们使用工具。猩猩同样如此。"

1992年，当van Schaik博士在苏门答腊岛北部Suaq沼泽林开始他的研究的时候，猩猩被认为是很大程度上过着独居生活，寻找在很大区域中分布稀疏的稀少果实。

研究者原以为它们是行动缓慢的生物——有人称它们枯燥乏味——除了吃没有时间做其他的。

但是van Schaik博士在Suaq发现的猩猩推翻了所有这些假说。超过100只猩猩聚在一起做着研究者过去在野生环境下从未见过的事情。

van Schaik博士在那里工作了7年并得出了一个激进的结论：猩猩与黑猩猩"同样善于交际、擅长技术和有文化才能"。

他关于猿——和人——如何变得如此聪明的详情在他的最新作品《在猩猩之间：红猿与人类文化的出现》中做了描述。

van Schaik博士现在是苏黎世大学的人类学教授，也是其所在的人类学研究所和博物馆的负责人。近期，他在那里的办公室接受了电话采访，探讨他的发现。

问：你在Suaq沼泽寻找什么呢？

答：我们一直在苏门答腊岛北部的山区工作，感觉我们似乎未看到猩猩社会组织的全景。所有的高等灵长类——全部——除了猩猩，都生活在明显的社会单位中。这是一种反常，我想解答它。

问：Suaq与其他的猩猩栖息地有什么不同？

答：它是非常肥沃的林地，有迄今为止密度最大的猩猩群——是已有记录的两倍多。这些猩猩是我们见过的最善社交的：它们一起玩耍，彼此友好，甚至分享食物。

问：但是一年之后你几乎想要离开这个猩猩栖息地？

答：我们从未在这样的地方工作过，让人精疲力竭。进入沼泽需要涉水——有时是齐胸深的，每天进入花两个小时，出来花两个小时。蚊子不计其数。

这就是我所谓的猩猩的天堂，人类的地狱。然后有人注意到它们将树枝插入树洞，这听起来像是使用工具，所以我们决定在沼泽中铺设木板路，事情变得容易多了。

问：猩猩是在使用工具吗？

答：结果证明Suaq的猩猩令人惊讶地有全套的工具使用。它们修整树枝去接近蜂蜜和昆虫。然后它们选择另一种树枝设法得到美味饱满的利沙（Neesia）果的种子。它们中的一个明白了可以用树枝把种子弄出来，这是它们饮食上的大进步。

◆ 2004年出版的Carel van Schaik的《在猩猩之间：红猿与人类文化的出现》一书的封面。本书在本文中有论述。

在 Suaq 沼泽，食物贫乏的时期很少，不仅因为森林多产，而且也因为猩猩能够通过使用工具获得更多的食物。所以它们得以更善社交。

问：你是如何发现工具使用是社会传递的？

答：嗯，验证的方式之一是看猩猩是否在所有有利沙树的地方都使用工具。那是在 20 世纪 90 年代末期。沼泽林被砍伐殆尽，到处都枯竭了。亚齐（Arch）的内战正在蔓延。

我觉得自己像一个人类学家，设法记录一个行将消失的部落。结果发现在河一侧的大沼泽的猩猩的确使用工具，但是在河对岸的小沼泽的猩猩则不用。利沙树和猩猩在两处都存在。但是这些动物无法过河，所以知识没有传播。那一刻我茅塞顿开，意识到它们使用工具是文化的。

问：所以你关于猩猩相互学习使用工具的发现解释了你书的副标题一部分"人类文化的出现"？

答：嗯，是。大约 1 400 万年前，猩猩从非洲世系分离出来。如果黑猩猩和猩猩都制造工具，那么我们共同的大猿祖先或许已经有了文化能力。

问：我原本以为我们是从树上下来之后才变得聪明的。

答：事实上猩猩是最大的树栖哺乳动物，在树上没有天敌，所以它们活得很长，多达 60 岁，是在野生环境下，任何非人哺乳动物（包括大象和鲸在内）最漫长的生命史。

缓慢的生命史对于大容量的大脑的发展很关键。智力的另一个关键是社会性。

问：猩猩以前更具社会性吗？

答：我猜想以前使它们得以成群生活的富裕的林区更常见——这种林区最适宜种植水稻和耕作——但是现在没有办法确认了……

问：你以猩猩将来的暗淡图景结束了全书，因为栖息地转换和非法伐木。自那时以来，发生了灾难性的海啸，所以人类需要砍伐更多的树做屋顶。现在这种未来是什么样的？

答：帮助苏门答腊岛人的方法之一是大量捐赠木材。但是婆罗洲的情况或许稍好一些。

印度尼西亚有了新总统，在过去的几个月中，政府看起来真的要严惩非法伐木。这使我有了更多的希望。

来源：Connie Rogers, "Revealing Behavior in 'Orangutan Heaven and Human Hell' :A Conversation with Carel van Schaik," *New York Times*, November 15, 2005, p. F2.

哺乳动物。哺乳纲的还有一个食肉目：肉食动物（狗、猫、狐狸、狼、獾、鼬鼠）。啮齿目（老鼠、小鼠、海狸、松鼠）构成哺乳动物的另一个目。灵长类之间共享着那些将自己与其他哺乳动物相区分的结构和生化同源性。这种相似是从共同的早期灵长类祖先处继承得到的，是在早期灵长类与其他哺乳动物生殖上隔绝之后出现的。

同源与相似

有机体应该根据同源性被归为相同的类群。猿类和人类之间大量的生化同源证实了我们拥有共同的祖先，也支持传统上都归为人科的分类。例如，据推算，黑猩猩和大猩猩超过 98% 的 DNA 是相同的。

但是，共同祖先不是物种之间相似性的唯一原因。如果物种经历了相同的选择力量又用同样的方式适应这种选择力量，那么也会出现相似性状。我们称这种类似为**相似**（analogies）。产生这种进化的过程称为趋同进化。例如，鱼和鼠海豚因为在水中生活的趋同进化而共享许多相似。比如鱼和作为哺乳动物的鼠海豚都有鳍。它们也都无毛和呈流线型以便有效移动。鸟类和蝙蝠之间的相似（翅膀、个体小、骨头轻）说明了向飞翔的趋同进化（参见 Angier，1998）。

理论上，只有同源应该被用于分类系统。就人科而论，毫无疑问，人类、大猩猩和黑猩猩之间的关系比它们与一种亚洲猿——猩猩之间的关系更近（Ciochon，1983）。人科是包含人类——人类化石和现存的人类——的动物科的名称。因为黑猩猩和大猩猩与人类之间比它们与猩猩之间有更近的共同祖先，所以现在很多科学家也将大猩猩和黑猩猩置于人科中。人科因此将指代包含人类化石和现存的人类、黑猩猩、大猩猩及其共同祖先的**动物科**。这使得猩猩（猩猩属）成为猩

表6.1　　　　　　　　　　　　人类（智人）在动物分类学中的位置

智人属动物、脊索动物、脊椎动物、哺乳动物、灵长类、人猿、狭鼻猿、人猿和人（表6.2显示了其他灵长类在分类学中的位置）。

分类	学术上的（拉丁）名	常用（英文）名
界	animalia	animals（动物）
门	chordata	chordates（脊索动物）
亚门	vertebrata	vertebrates（脊椎动物）
纲	mammalia	mammals（哺乳动物）
次纲	eutheria	eutherians（真哺乳亚纲动物）
目	primates	primates（灵长目动物）
亚目	anthropoidea	anthropoids（类人猿）
次目	catarrhini	catarrhines（狭鼻猿）
超科	hominoidea	hominoids（人猿）
科	hominidae	hominids（灵长类）
族	hominini	hominins（古人类）
属	homo	humans（人）
种	homo sapiens	recent humans（智人）
亚种	homo sapiens sapiens	anatomically modern humans（解剖学上的现代人）

猩科仅剩的唯一成员。若黑猩猩和大猩猩被归为人科，我们如何称呼那些发展成人类而不是黑猩猩和大猩猩的群体呢？为此，有些科学家在科与属之间插入了一个称为族（tribe）的分类等级。人族（hominini）指的是所有的存在过的人类物种（包括已经灭绝的），但不包括黑猩猩和大猩猩。今天，当科学家使用人族一词时，他们指代的与20年前使用人科一词指代的意思大致相同（Greiner，2003）。表6.2和图6.2显示了我们与其他灵长类的相关程度。

灵长类的脾性

灵长类是有差异的，因为它们适应了不同的生境。有些灵长类白天很活跃，有些则在晚上活动。有些吃昆虫，有些吃果子，有些吃竹笋、叶子、块状植物，还有些吃种子或根。有些灵长类生活在地上，有些生活在树上，有些适应则介于两者之间。但是，因为最早的灵长类是树栖动物，现代灵长类的同源性反映出它们共同的树栖遗传性。

猿猴——构成**猿猴亚目**（anthropoidea）的猴、猿和人是灵长类进化中的很多趋势的最好例证。灵长类的另一个亚目原猴亚目，包括狐猴、懒猴和眼镜猴。这些原猴类与猴和猿相比是人类更远的亲属。灵长类的脾性——多数是在猿猴中发展的——可以被简要地概括。它们共同构成了人类与猴、猿共享的猿猴遗传性。

1. **抓握**。灵长类有5个手指的手和5个脚趾的脚，适合抓握。原来适应树栖生活的某些手和脚的特征经过代际传递给了现代灵长类。在早期灵长类的树栖生活中，能环握树枝的灵活的手和脚是重要的特性。早期灵长类的饮食中包含昆虫，这使拇指的对握能力受到偏爱。手的灵巧使

见网络探索。
mhhe.com/kottak

表6.2			灵长类分类学	

两个灵长类亚目的分支：原猴亚目和猿猴亚目。人类（也参见表6.1）是人猿，和猿一起属于人猿超科。

亚目	次目	超科	科	亚科
原猴	狐猴	狐猴	指猴 大狐猴 狐猴 懒猴	
	懒猴	瘦猴		丛猴 懒猴
	跗猴	跗猴		
猿猴	阔鼻猴（新大陆猴）	卷尾猴	绒猴 卷尾猴	蛛猴
	狭鼻猴	猕猴（旧大陆猴）	猕猴	猕猴
				疣猴
		人猿	长臂猿（长臂猿与合趾猿）	
			猩猩	
			人（大猩猩、黑猩猩与人类）	

来源: Adapted from R. Martin , "Classification of Primates," in S. Jones, R. Martin, and D. Pilbeam, eds., *The Cambridge Encyclopedia of Human Evolution*（ Cambridge, England: Cambridge University Press, 1992）, pp. 20-21.

抓住那些被大量树上的花和果实吸引的昆虫变得更容易。人类和许多其他灵长类有**可对握的拇指**（opposable thumbs）：拇指能触到其他手指。有些灵长类也有能抓握的脚。但是，为了适应双足（bipedal）移动，人类除去了多数脚的抓握能力。

2. **嗅觉到视觉**。几处解剖学上的变化反映出视觉取代嗅觉成为灵长类最重要的信息获得方式。猴、猿和人有极好的立体视觉（能纵深看）和色觉。大脑负责视觉的部分扩展了，而关于嗅觉的区域则缩小了。

3. **鼻子到手**。由触觉器官传达的触觉也提供信息。狗或者猫鼻子上的触觉皮肤传递信息。猫触觉性的毛或者触须也能起到这种功能。但是在灵长类中，主要的触觉器官是手，尤其是"指纹"区敏感的肉垫。

4. **大脑复杂度**。灵长类脑组织关于记忆、思想和关联的比例增加了。灵长类脑的大小与身体大小的比率超过了多数哺乳动物。

5. **亲本投资**。多数灵长类生育一个而不是一窝后代。鉴于此，灵长类在成长时比其他哺乳动物得到更多的关注，有更多的学习机会。习得行为是灵长类适应的重要部分。

6. **社会性**。灵长类倾向于社会性动物，与它们同种的其他成员生活在一起（见本章"新闻简讯"）。对后代更长时间、更细致的照顾的需要凸显了社会群体支持的选择价值。

原猴亚目

灵长目有两个亚目：**原猴亚目**（prosimians）

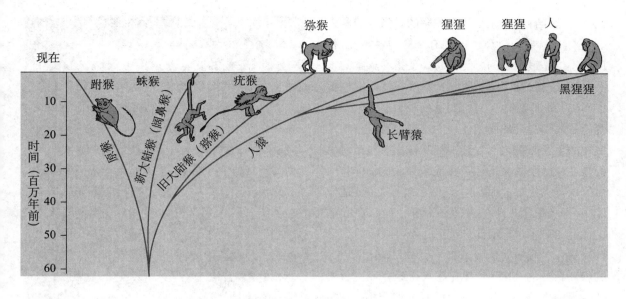

图6.2 灵长类系谱
所有灵长类的共同祖先生活在什么时候？
来源：Roger Lewin, *Human Evolution: An Illustrated Introduction*, 3rd ed.（Boston: Blackwell Scientific Publications, 1993），p.44.

和猿猴亚目。灵长类的早期历史局限于通过化石记录了解的类似原猴类的动物（见第7章）。最早的灵长类，猴、猿和人的祖先出现在4 000万年前。有些原猴得以在非洲和亚洲存活是因为它们适应了夜间生活。这样，它们就不用与在白天活动的猿猴相竞争。马达加斯加的原猴（狐猴）直到大约1 500年前当地被殖民之前，一直没有猿猴与之竞争。

马达加斯加狐猴有33个种，它们的行为和生物性表现出对一系列环境或者生态小生境的适应。它们的饮食和活动时间不同。狐猴吃果实、其他植物类食物、蛋和昆虫。有些是夜间活动的，有些则是白天活跃。有些完全生活在地上，有些在树上和地上都待一段时间。另一种原猴是眼镜猴，现在仅分布在印度尼西亚、马来西亚和菲律宾。从化石记录我们得知，5 000万年前，几个类似原猴的属生活在北美洲和欧洲，那时这些地方比现在温暖得多（Boaz, 1997）。生存下来的一个眼镜猴属是完全夜间活动的。在夜间活动，眼镜猴就不必与白天活动的猿猴直接竞争。懒猴是另一种在非洲和亚洲发现的夜间活动的原猴。

猿猴亚目

猿猴亚目的性状既没有在4 500万年前的灵长类化石中也没有在现今的原猴类中完全发展，从这一意义上说，所有猿猴共享着被视为灵长类进化倾向的那些相似性。

猿猴有交叉视域，使它们得以纵深看事物。随着吻部缩短，猿猴的眼睛被置于脑袋前方，可以直接向前看。我们眼睛的视域是交叉的。深度知觉被证明是对树栖的一种适应，而没有交叉视域，深度知觉是不可能的。由于有深度知觉的树栖者可以更好地判断距离，所以比那些没有这样深度知觉的个体可以存活和繁殖的数量更多。

可以看清颜色和深度的能力可能是协同发展的。二者都有助于早期猿猴理解其树栖世界。优越的视觉使辨别可食用的昆虫、果实、浆果和树叶变得更容易。而且，有颜色和深度的视觉使梳洗——清除别的灵长类的毛发里的毛刺、昆虫和其他小东西——变得更容易。梳洗是形成和维持社会纽带的方式之一。

视觉和触觉变化是相互关联的。猴、猿和人既没有有触觉的口鼻，也没有"猫的触须"。相反，手指是最主要的感觉器官。手指和脚趾的末端是敏感的触觉肉垫。眼睛和深度视觉前置使猿猴得以捡起小物体，将它们拿到眼睛前面，加以鉴定。我们缝针的能力体现的是经过数百万年才实现的手和眼睛之间复杂的相互作用。包括对生拇指在内的手的灵巧性，在检查和操控物体方面赋予了巨大优势，而且对于人类的一项主要适应能力——制造工具——是必不可少的。在猴类中，拇指对生对于喂养和梳洗是不可或缺的。

另一个倾向是颅腔（头颅）增大以适应更大的脑。猿猴的大脑/身体比率大于原猴。更重要的，大脑皮层——与记忆、关联和整合相关——相对更大了。猴、猿和人将一系列视觉形象储存在记忆中，这使它们得以学习更多。从经验和其他群体成员身上学习的能力是猿猴与多数其他哺乳动物相比更成功的主要原因。

猴

猿猴亚目有两个下目（infraorder）：阔鼻猴（platyrrhines，新大陆猴）和狭鼻猴（catarrhines，旧大陆猴、猿和人）。狭鼻猴（窄鼻子的）和阔鼻猴（塌鼻子的）的名称源于拉丁语对鼻孔位置的描述（图6.3）。旧大陆猴、猿和人都是狭鼻猴。被归于同一分类（此处为同一下目）意味着旧大陆猴、猿和人相互之间比它们与新大陆猴之间关系更近。换句话说，一种猴（旧大陆）比另一种猴（新大陆）更像人。新大陆猴在狭鼻猴分叉为旧大陆猴、猿和人之前就与狭鼻猴在生殖上隔离开来，这就是新大陆猴被归入了另一个下目的原因。

所有的新大陆猴和许多旧大陆猴都是树栖的。但是，无论是生活在树上还是地上，猴和猿、人的移动是不同的。猴的手臂和腿是两边平行移动的，就像狗的腿一样。这与直立行走姿势——猿和人直的、站立姿态——的脾性截然相反。不同于手臂比腿长的猿，也不同与腿比手臂长的人，猴的手臂和腿的长度几乎一样。多数猴还有尾巴，帮助它们在树上保持平衡。猿和人没

有尾巴。猿直立行走姿势的倾向在它们坐下的时候最为明显。移动的时候，黑猩猩、大猩猩和猩猩习惯于四肢都使用。

新大陆猴

新大陆猴生活在中非和南非的森林中。新大陆猴和旧大陆一些树栖灵长类之间存在有趣的相

为猿类提供庇护所：对大猿保护区的一项文化研究

背景信息

学生：
Stephen Ham

指导教授：
Dorothy Holland

学校：
北卡罗来纳大学教堂山分校

年级/专业：
2004年毕业/人类学

计划：
去加纳做和平队志愿者；在和平队服务两年后攻读博士学位

项目名称：
提供猿类庇护所：对大猿保护区的一项文化研究

在毕业论文中，Stephen Ham 将注意力投向了猿类保护区以及在其中工作的科学家、兽医和关注的个体组成的人群。研究结合了他对文化人类学和灵长类学的兴趣——特别是他对保护我们濒危灵长类的关注，它们是我们最近的亲属。

融合了我对野生动物保护和文化人类学的兴趣，我作为本科生开始了一项研究计划，聚焦于参与大猿保护区运作的人们。贯穿我的毕业论文的研究，我的希望是抓住由高度投入的个体组成的团体的视角，他们毕生致力于保护现存的人类最近的亲属。

保护区是独特的机构设施，为大猿提供庇护以免于人类的侵扰。从丛林肉贸易、娱乐产业和捕捉器中，猿类被征收回来，保护区是为它们提供慰藉的机构。我的目标探索的不仅是为什么这些个体卷入到通过保护区保护大猿的行列，还包括这些人如何看待自己与这些有知觉的非人生物之间的关系和对它们的责任。然后我考察了这些理解是如何体现在保护区的实际创建和操作中的。

我的工作指引我到乌干达参加泛非保护区联盟（Pan African Sanctuary Alliance）会议，会议是整个大陆大猿保护区管理者的集会，并包含一次对地方保护区的参观。我于是在世界最大的黑猩猩保护区之一的赞比亚北部的 Chimfunshi 野生动物孤儿院（Chimfunshi Wildlife Orphanage）做了几周志愿者。这些研究经历使我得以访谈保护区中形形色色的个人，并体验保护区日常运作的各个方面。在 Chimfunshi 期间，当我从盗猎者手中没收并安置年幼的黑猩猩的时候，在跟随兽医进行常规检查的时候，在推行告知当地人非洲大猿数量的困境的教育课程的时候，我成为了其中的一员。作为参与者，我可以更好地书写由保护区的工作人员创造的文化。

继在非洲的工作之后，我回到了美国，在人类学家珍妮·古道尔博士作关于黑猩猩行为和猿的保护的演讲期间，伴随她一起巡回（这一机会源于我之前与珍妮·古道尔研究所的合作）。我拜访了美国周边的几个大猿保护区，还访谈了几位灵长类保护领域的专家，包括与古道尔博士的广泛讨论。我开始比较和对比美国和非洲的保护区。

为了深化这一线索的调查，我拜访了位于加利福尼亚州的大猩猩基金会，即会手势语的大猩猩科科（Koko）的家。与大猩猩基金会工作人员在一起的时间，使我得以探寻保护区创立的过程，在此期间，科科被重新安置到夏威夷的一个保护区。结果，我的论文采取了保护区成员的视角并成为从学术上考察这部分人群的第一个研究。我考察了一个机构如何能够创造和强化人们的认知。这一研究也使我得以实践从人类学课程中学习到的多种技能。没有哪种教育可以代替田野经历。总的来说，我的论文为我未来的研究计划提供了一个框架。

似。这些类似表现出趋同进化——即它们的形成是适应相似的树栖生境的结果。比如长臂猿，一种小型亚洲猿，有些新大陆猴已经发展出了**臂行法**（brachiation）——在树枝下摆荡。多数猴类从一根树枝跑或跳到另一根树枝，但是长臂猿和一些新大陆猴利用它们像钩子一样的手在树间摆

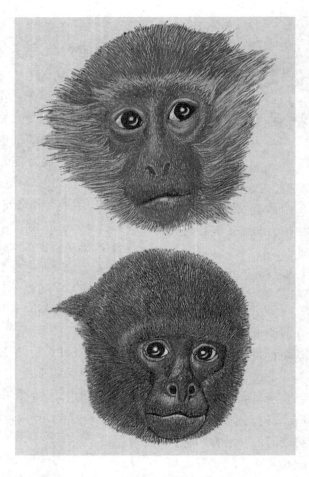

图6.3 狭鼻猴和阔鼻猴的鼻孔结构

上图：长尾猴窄的隔膜和"尖挺的鼻子"，它是一种狭鼻猴（旧大陆猴）。下图：洪保德（Humboldt）绒毛猴的宽的隔膜和"扁平的鼻子"，它是一种阔鼻猴（新大陆猴）。哪一种鼻子与你自己的更像？这种相似说明什么？

荡。它们由身体的推力驱动，左右手交替，从一根树枝移动到另一根树枝。

旧大陆猴的尾巴仅用于平衡。相比之下，许多新大陆猴有能卷缠或抓握的尾巴，不仅用于平衡，也用来悬挂甚至捡拾物体。卷尾的触觉皮肤使其能起到像手一样的作用，比如，将食物送入嘴中。但是，旧大陆猴也发展出了自己的解剖学特性。它们臀部有粗糙的皮肤，以适应坐在坚硬的岩石地面和粗糙的树枝上。若你在动物园看到的灵长类有这样的皮肤，那么它来自旧大陆。若它有卷尾，那么它是新大陆猴。除了一个例外，所有的猴、猿和人都是日间活动的——在白天活动。在猿猴中，只有一种夜间活动的动物，一种被称为夜猴或者猫头鹰猴的新大陆猴。

旧大陆猴

像猿和人科一样，旧大陆猴拥有原猴和多数新大陆猴缺乏的完整的色觉。在我们的三色视觉中，被称为视蛋白的三种视网膜蛋白质色素吸收光的波长，经大脑处理生成全色形象。人、猿和旧大陆猴有三个视蛋白基因，而多数新大陆猴只有两个。吼猴是唯一有三个基因并因而有全色视觉的新大陆猴。全色视觉在灵长类中明显进化了两次——一次是在猿和旧大陆猴的共同祖先之中，一次在吼猴的祖先中（参见 Gilad et al., 2004）。

与视觉差异并列的是齿式差异，旧大陆猴、猿和人的齿式是 2：1：2：3，而新大陆猴和原猴则是 2：1：3：3[齿式描述了嘴的四分之一，可以是上侧、下侧、左侧或者右侧。它指的是切齿（2）、犬齿（1）、前臼齿（2）和臼齿（3）。括号中的是人拥有的数目]。旧大陆猴、猿和人已经没有第三颗前臼齿，而新大陆猴和原猴还保留着。还有一个特征使新大陆猴和原猴与人科、猿和旧大陆猴区别开来。那就是鼻镜，多数哺乳动物如猫、狗、原猴和新大陆猴鼻孔周围湿润、无毛的区域。旧大陆猴、猿和人所有共同拥有的特征证实了它们之间比它们各自与新大陆猴和原猴之间共有更近的祖先。

旧大陆猴既有陆生的种，也有树栖的种。狒狒和许多猕猴是陆生猴。陆生灵长类和树栖灵长类有些性状不同。树栖灵长类倾向于更小。更小的动物可以够到更多树和灌木上的食物，因为食物在树梢处最充足。轻的体重是对枝头觅食的适应。树栖猴一般小且灵巧。它们依靠警觉和速度逃避环境中为数不多的捕食者——蛇和食猴鹰。相反，体型大对于陆生灵长类应对陆上数目更多的捕食者而言是有优势的。

树栖灵长类和陆生灵长类另一个区别在于**两性差别**（sexual dimorphism）——雄性和雌性在解剖学和性情方面的显著差异（参见 Fedigan, 1992）。两性差别在陆生种中比在树栖种中更显著。狒狒和猕猴的雄性比同种的雌性更大且更凶猛。但是，如果不仔细观察，很难区分树栖猴的性别。

在陆生猴中，非洲的狒狒和（主要是亚洲

的）猕猴成为众多研究的主题。陆生猴在解剖学、心理和社会行为上有特殊性，这使它们能够应对陆地生活。例如，成年雄性狒狒面相凶猛，体重可达 100 磅（45 千克）。恐吓捕食者或者遇到其他狒狒时，它们展示其长长的、突出的牙齿。在面对捕食者的时候，雄性狒狒会抖擞肩部大量的鬣毛，使得可能的攻击者觉得狒狒比实际的大。

纵向的田野调查显示，临近青春期，雄性狒狒和猕猴一般会离开自己的群队去往别的群队。因为雄性搬进搬出，所以雌性构成陆生猴群队的稳定的核心（Cheney and Seyfarth, 1990; Hinde, 1983）。相反，黑猩猩和大猩猩中，雌性更可能移居并在它们的母群之外寻找配偶（Bradley et al. 2004; Rodseth et al., 1991; Wilson and Wrangham, 2003）。因此，在陆生猴中，核心群体由雌性组成。在猿类中，则由雄性组成。

猿

旧大陆猴有其独立的超科（猕猴超科），而人和猿共同组成人科（人猿超科）。在人科动物中，所谓的大猿是猩猩、大猩猩和黑猩猩。人类也可以被包括在这里：我们有时被称为"第三种非洲猿"。小一些的猿是东南亚和印度尼西亚的*长臂猿*（gibbons）和*合趾猿*（siamangs）。

猿类生活在树林和草原。轻巧的长臂猿，是熟练的臂行者，完全树栖。重一些的大猩猩、黑猩猩和成年雄性猩猩在陆上度过相当多的时间。尽管如此，猿的行为和解剖显示出对树栖生活的过去和现在的适应。例如，猿依然在树上建巢休憩。猿的手臂比腿长，适于臂行。猿与人肩和锁骨的结构表明我们曾有过臂行的祖先。事实上，幼年的猿依然臂行。成年猿则因为太重而不能安全臂行。它们的体重大于许多树枝的承受能力。大猩猩和黑猩猩现在用从更多树栖的祖先处继承的长手臂在陆地上生活。黑猩猩和大猩猩在陆地上的移动称为指关节拄地行走（knuckle-walking）。走动的时候，长手臂和指关节胼胝支撑躯干，前倾。

长臂猿

长臂猿广泛分布在东南亚尤其是马来西亚的森林中。长臂猿是猿类中最小的，雄性和雌性长臂猿平均身高（3 英尺，或者 1 米）和体重（12 至 25 磅，或者 5 至 10 千克）差不多。长臂猿的大部分时间是在林冠覆盖（树顶）下度过的。就有效的臂行而言，长臂猿有长的手臂和手指以及短的拇指。因为身型瘦小，所以长臂猿是最灵巧的猿类。与四肢行走者不同，它们偶尔在陆地或树枝上直立行走的时候，用长手臂维持平衡。长臂猿是猿类中杰出的臂行专家。它们依靠主要由水果组成的饮食为生，间或也吃昆虫和小动物。

长臂猿与比它们稍大的亲属合趾猿，倾向于生活在初级群体（primary group）中，由永久结合的雄性和雌性及其未成年的后代组成。长臂猿进化的成功为其数量和范围所证实。成千上万的长臂猿分布在东南亚的广大区域内。

猩猩

现存的**猩猩**（orangutan）有两个种，属于猩猩（Pongo）属的亚洲猿。猩猩的分布范围一度延伸至中国，但是现在仅限于两个印度尼西亚岛屿。两性差别很明显，成年雄性的体重是雌性的两倍。雄性猩猩和人一样，体型大小介于黑猩猩和大猩猩之间。有些雄性猩猩体重超过 200 磅（90 千克），因为体积只有大猩猩的一半，所以雄性猩猩可以树栖，但它们一般是在树之间攀爬而不是摆荡。雌性和年幼猩猩更小的体积使它们得以更充分地利用树木。猩猩的饮食多样，有果实、树皮、树叶和昆虫。由于猩猩生活在丛林中并以树为食，所以特别难研究。但是，关于自然场景中的猩猩的田野报告（MacKinnon，1974；Schaik，2004）已经弄清了它们的行为和社会组织。正如本章开头"新闻简讯"所描述的，Carel van Schaik 和他的同事们的研究已经对猩猩本质上是独居动物的观点提出了挑战。之前的研究已经发现了猩猩最紧密的社会单元由雌性和未成年的幼仔组成，雄性则独自觅食。更晚近的研究证明了猩猩的社会性（Schaik，2004）。

大猩猩

大猩猩只有一个种，即西部大猩猩（Gorilla gorilla），但是有三个亚种。我们平常在动物园中看到的是三者中体型最小的西部低地大猩猩。西部低地大猩猩生活在中非共和国、刚果、喀麦隆、加蓬、赤道几内亚和尼日利亚的树林和沼泽中。多达 10 万只大猩猩被认为居住在中非。东部低地大猩猩体型稍大，生活在刚果东部，被圈养的只有 4 只。第三个亚种山地大猩猩没有圈养的。据估计，尚存的野生山地大猩猩仅有 650 只。就体积而言，这种是大猩猩中最大的，体毛也最长（用于在山地居住时保暖）。它们也是最

稀有的大猩猩，迪安·福塞（Dian Fossey），和其他科学家已经在卢旺达、乌干达和刚果东部对它们做过研究。

发育完全的雄性大猩猩体重可达 400 磅（180 千克），有 6 英尺高（1.8 米）。像多数陆生灵长类一样，大猩猩的两性差异明显。成年雌性平均只有雄性的一半重。大猩猩在树上的时间很少。成年雄性在树上移动身躯尤其不便。当大猩猩在树上睡觉的时候，它们搭建巢穴，一般离地面不超过 10 英尺（3 米）。相比之下，黑猩猩和雌猩猩的巢穴可能距地面 100 英尺（30 米）。

大猩猩每天大部分时间都花在进食上。大猩猩在丛林中的灌木丛中穿梭，吃地被植物、树叶、树皮、果实和其他植物。与多数灵长类一样，大猩猩生活在社会群体中。群队（troop）是灵长类社会组织的常见单位，由多对雄性、雌性及其后代组成。虽然曾发现过多达 30 只的大猩猩群队，但是多数大猩猩生活在 10～20 只左右的群队里。大猩猩群队倾向于有相当稳定的成员，群队之间少有变动（Fossey，1983）。每个群队有一只雄性的银背，如此命名是因为其背部的体毛呈白色。这是雄性大猩猩完全成熟的体质标志。银背通常是群队中唯一育种的雄性，这就是大猩猩群队有时被称为"单雄性的群队"的原因。但是，有些年轻的、从属的雄性也可能依附于这种单雄性的群队（Harcourt, Fossey, and Sabater-Pi, 1981; Schaller, 1963）。

我们关于大猩猩行为的多数知识来源于对东部山地大猩猩的研究。山地大猩猩中成长为支配的银背的雄性可能一生都生活在母群中，但是雌性在成熟之后搬出去。雄性的山地大猩猩争夺雌性的激烈竞争很常见。当邻近群队相互接近时，银背经常表现得极富攻击性。引人注目的雄性对雄性的展示以捶胸、猛攻和叫嚣为特征。大约五分之一的展示以身体暴力收场（Pickrell，2004）。

相比之下，对西部低地大猩猩的近期研究表现出非常不同的——非进攻性的——行为和社会组织模式。相邻群队的成员在沼泽和其他栖息地一同进食，相安无事。一个群队的雌性可能坐在另一群队的银背的边上。对西部低地大猩猩的一

项研究结合了行为观察和 DNA 分析，显示出相邻群队之间的亲属关系纽带（Bradley et al., 2004; Pickrell, 2004）。布拉德丽和她的同事们收集了 12 个西部大猩猩群队遗留在夜巢中的毛发和粪便，对银背毛发和粪便样本的 DNA 进行亲子鉴定，结果显示许多西部大猩猩（尤其是直接相邻的群队）之间是兄弟或半兄弟关系或者父子关系。

西部大猩猩的群队小。每个群队由一只生殖活跃的银背带领。其他成熟雄性似乎离开家但停留在附近。相互关联的西部银背大猩猩相互间友好是不无道理的，和平的互动有助于儿子和兄弟建立相邻的领地和吸引雌性，因而将它们的共同基因传给下一代。有些人类学家推测早期人类的亲属关系模式与黑猩猩和大猩猩的相似，都强调经雄性的亲属关系纽带。

黑猩猩

黑猩猩属于黑猩猩属（Pan），有两个种：黑猩猩（普通黑猩猩）和矮小黑猩猩（倭黑猩猩或者"俾格米"黑猩猩）（de Waal, 1997; Susman, 1987）。与人类一样，黑猩猩和大猩猩紧密相关，虽然也有一些明显的差异。黑猩猩和大猩猩一样生活在热带非洲，但是黑猩猩生活的区域更大、环境更多样。普通黑猩猩生活在中非西部（加蓬、刚果、喀麦隆），西非（塞拉利昂、利比里亚、冈比亚），以及东非（刚果、乌干达和坦桑尼亚）。倭黑猩猩只生活在一个国家——刚果民主共和国——的边远和森林密集地区。普通黑猩猩主要生活在热带雨林地区，但也生活在林地和森林—林地—草地混合的区域，如坦桑尼亚冈贝河国家公园，珍妮·古道尔和其他研究者于 1960 年开始在那里研究它们。

黑猩猩和大猩猩之间存在饮食上的差异。大猩猩吃大量绿色植物，而黑猩猩和猩猩、长臂猿一样，喜欢果实。黑猩猩实际上是杂食的，通过捕捉小的哺乳动物、鸟蛋和昆虫来补充饮食中的动物蛋白。

黑猩猩比大猩猩轻且树栖时间更多。成年雄性的体重——在 100 至 200 磅（45 至 90 千克）之间——大约是雄性大猩猩的三分之一。黑猩猩的两

性差异比大猩猩少得多。雌性身高是雄性平均身高的大约 88%。这与智人种两性差别的比率相近。

几位科学家已经研究了野生黑猩猩，我们对它们行为和社会组织的了解超过对其他猿类的了解（参见 Wilson and Wrangham, 2003; Wrangham 等编辑，1994）。珍妮·古道尔和其他研究者在冈贝的长期研究提供了极为有用的信息。大约 150 只黑猩猩分布在冈贝的 30 平方英里（80 平方千米）区域内。古道尔（Goodall, 1986, 1996）描述了大约 50 只黑猩猩组成的社区，所有的黑猩猩都相互认识且不时有互动。社区惯常分裂为更小的群体：一位母亲及其子女；几只雄性；雄性、雌性和幼仔；间或还有独居者。黑猩猩社区是半封闭的。雄性的社会网络比雌性的更紧密，雌性比雄性更可能迁移和在母群之外寻找配偶（Wrangham 编辑，1994）。

当会发声的黑猩猩相遇的时候，它们用手势、面部表情和呼唤问候对方。在日常生活中，它们相互叫喊以保持联系。像长臂猿和猕猴一样，黑猩猩通过攻击和取代显示支配关系。有些雌性地位高于年轻的雄性，虽然雌性不像雄性那样在内部展现强大的支配关系。

倭黑猩猩

古代的黑猩猩，尤其是人类，最终从森林中扩散出来进入林地和更开阔的居住地。属于矮小黑猩猩种的倭黑猩猩，显然从未离开树林的保护。多达 1 万只倭黑猩猩在刚果民主共和国境内刚果河南部的潮湿森林中存活下来。除了共同的名字——俾格米黑猩猩——倭黑猩猩与普通黑猩猩从体型大小上无法区分。黑猩猩最小亚种的成年雄性平均体重 95 磅（43 千克），雌性平均体重 73 磅（33 千克）。这和倭黑猩猩的相关数据是相同的（de Waal, 1995, 1997）。

虽然比雄性小得多，但是雌性倭黑猩猩似乎才是支配者。德瓦尔（De Waal, 1995, 1997）描绘倭黑猩猩社区的特点是雌性中心、和平友爱以及平等主义。最强的社会联结是雌性之间的，虽然雌性也与雄性联结。雄性倭黑猩猩的地位反映的是其母亲的地位，它一生都保持与母亲的密切关联。

◆ 生活在刚果民主共和国的一只雄性倭黑猩猩（俾格米黑猩猩）。倭黑猩猩比黑猩猩小吗？

关于倭黑猩猩更多的信息，见在线学习中心的在线练习。

mhhe.com/kottak

倭黑猩猩发生性行为的频率——并利用其避免矛盾——使它们成为灵长类中的例外。尽管性行为频繁，倭黑猩猩的生育率并未超过普通黑猩猩。雌性倭黑猩猩每 5 至 6 年生育一次。然后，和普通黑猩猩一样，雌性倭黑猩猩会照料幼仔并把它带在身边长达 5 年。倭黑猩猩在 7 岁左右进入青春期。雌性在 13 或者 14 岁时首次生育，但是要到 15 岁才完全成熟。

我们是如何得知倭黑猩猩用性行为避免冲突的呢？据德瓦尔所说：

首先，任何东西，包括食物，同时引起不止一只倭黑猩猩的兴趣则倾向于造成性接触。如果两只倭黑猩猩靠近被投放在它们圈地上的一个硬纸板箱，它们在玩纸箱之前会简单地攻击彼此。这种情况在多数其他物种中会导致争吵。但是倭黑猩猩很宽容，或许是因为它们用性来转移注意力和缓解紧张。第二，倭黑猩猩的性行为经常发生在完全与食物无关的侵犯性场景中。嫉妒的雄性可能把别的雄性从雌性身边赶走，但是随后两只雄性重新联合并相互抚

关于灵长类类型的测验，见在线练习。

mhhe.com/kottak

摸阴囊。或者在一只雌性殴打了一只少年倭黑猩猩后，后者的母亲可能冲击前者，但是这一动作紧跟着就是两只成年倭黑猩猩之间的生殖器抚摸（de Waal, 1995，p.87）。

濒危灵长类

森林退化向灵长类施加了特别的危险，因为现存 190 种灵长类的 90% 生活在热带雨林——在非洲、亚洲、南美洲和中美洲。随着地球上数量的增长，非人灵长类的数量却在减少。根据《濒危物种国际贸易公约》（1973 年签署），所有的灵长类现在已经或者即将濒危。猿类（长臂猿、大猩猩、猩猩和黑猩猩）属于"最濒危"类别。曾经广泛分布于东非山林 Hong 的山地大猩猩，现在仅存于卢旺达、刚果民主共和国和乌干达边境被战火蹂躏区域附近的小片地区。其他严重受威胁的物种包括巴西东南部的金狮狨，哥伦比亚的棉冠狨，南印度的狮尾猕猴，亚马逊的绒毛猴以及东南亚的猩猩（Mayell, 2004a）。

林业和森林火灾相裹挟对于印度尼西亚苏门答腊岛和婆罗洲的猩猩而言是致命的。苏门答腊岛猩猩每年减少 1 000 只，估计现在仅剩 6 000 只。在苏门答腊岛，伐木工和矿工进出的道路渗透进猩猩分布的区域，导致了猩猩与人的接触，而这对当地的数百只猩猩是致命的。1997—1998 年，倭黑猩猩遭遇大火的蹂躏，从 1980 年的 6 万只减少至仅剩下大约 1 万只～ 1.5 万只。栖息地的破坏和分裂使小群队被隔离，由于遗传多样性的丧失而更易灭绝。在这样的威胁下，灵长类的数量恢复非常缓慢。例如，猿类是缓慢的生殖者，终其一生生育超过 3 个或 4 个以上后代的很罕见（Stern, 2000）。

灵长类在北美洲一度繁盛，其时该大洲比现在温暖而且为更多森林覆盖。虽然森林栖息地的破坏是灵长类消失的主要原因，但不是唯一原因。另一个威胁是人类猎杀灵长类以获得丛林肉（Viegas, 2000）。在亚马逊流域、西非和中非，灵长类是人们食物的主要来源。人们每年杀死数千只猴子。在

亚洲，人类捕猎对灵长类的威胁更小。在印度，印度教徒不吃猴子肉，因为猴子是神圣的，而穆斯林不吃则是因为猴子被视为不洁，不适于人类食用。

人们也为了获取毛皮而猎杀灵长类；偷猎者将灵长类的身体器官当做纪念品和装饰品出售。非洲人用黑白疣猴的毛皮作为斗篷和头饰，而美洲和欧洲的游客购买用疣猴的毛皮制成的外套和毯子。在亚马逊，猎人射杀猴子作为捕猎虎猫和美洲虎等猫科动物的诱饵。盗猎者对山地大猩猩的威胁最大，在福塞开始研究的时候，已经只剩下约250只野生山地大猩猩了（Fossey, 1981, 1983）。盗猎者用高性能的来复枪击中猿类，然后砍去它们的头和手。他们将大猩猩的头作为纪念品出售，把它们的手制成奇形怪状的烟灰缸。为羚羊和水牛所设的陷阱也对大猩猩构成威胁，它们有时会被陷阱困住。即使它们能够逃脱，也经常死于伤口感染。福塞最喜爱的大猩猩 Digit 的悲惨命运为那些看过 1988 年的电影《雾锁危情》的观众所熟悉，影片是关于福塞的故事，描写她与山地大猩猩的相处以及挽救它们的努力。福塞自己于 1985 年被杀害于她位于卢旺达田野点的小木屋中（参见 Roberts, 1995）。她的死亡之谜至今仍未解开。她的最后一篇日记写道："当你意识到所有生命的价值的时候，你会更少地思索过去而全神贯注于未来的保护。"经过她创立的基金会的努力，山地大猩猩的数量有所增加。

灵长类在对农业有害的时候也会被猎杀。在非洲和亚洲的一些地区，狒狒和猕猴劫掠人们赖以为生的庄稼。1947—1962 年间，塞拉利昂政府每年发动清除农业区的猴子的行动，每年有 1.5 万～2 万只灵长类消失。

灵长类减少的最后一个原因是被俘获作实验室用或作宠物。虽然这种威胁与森林退化和捕猎灵长类作为食物的威胁相比相对轻微，但是它的确对某些濒危的物种施加了严重的威胁。受这种交易伤害最大的是黑猩猩，它们被广泛用于生物医学研究。俘获幼小黑猩猩的最具破坏性的方式是杀死母亲然后带走它的婴儿。

人类与非人灵长类的相似

灵长类社会和充分发展的人类文化之间存在着一道巨大的鸿沟。但是，对灵长类的研究已经发现了很多相似性。学者曾经主张习得（与本能相对）行为将人类与其他动物区分开来。我们现在知道猴和猿也依赖于学习。人类与其他灵长类之间的许多差异是程度上的差异而非种类的差异。例如，猴从经历中学习，但是人学得更多。另一个例子：猿为特定的任务制造工具（参见 Mayell, 2003），但是人类对工具的依赖更强。猴、猿和人共同的是行为和社会生活不是由基因严格规划好的这一事实。有几个案例中，整个群队从群中的一些成员的经历中学习。在一群日本猕猴中，一只 3 岁的雌性开始在食用甘薯之前先洗净上面的脏物。首先是它的母亲，然后是它同龄的同伴，最后整个群队都开始洗甘薯。另一个猕猴群队的成员学习食用麦子的方向是相反的。在支配的雄性尝试了这种新食物之后，在 4 个小时之内，这种实践已经传播至整个群队。习得行为的改变似乎从上至下比从下至上传播更快。

对猴类而言，就像对人类一样，学习的能力从经历中获益，表达的是一种巨大的适应优势，使它们得以避免致命的错误。在面对环境变化的时候，灵长类不必等待遗传或生理反应。相反，习得行为和社会模式可以改良。

工具

人类学家曾经用工具的使用者区分人类和其他动物，毫无疑问，人属（Homo）的确比其他动物更多地使用工具。但是，工具使用也出现在几个非人灵长类物种之中。例如，在南非西部的加拉帕戈斯群岛，有一种"䴕形树雀"，它们选择树枝挖出树皮中的昆虫和蛴螬。海獭用石头砸开软体动物，那是它们饮食的重要部分。海狸以建坝著称。当人不是唯一的工具使用者变得明显时，人类学家开始主张只有人类是有预见性地制造工具，即头脑中有特定的目的。黑猩猩表明这一点也是有争议的，本章开头"新闻简讯"

中描述的大猩猩也是这样。黑猩猩生活在象牙海岸的 Tie 森林中,制造和使用石头工具砸开坚硬的、高尔夫球大小的坚果(Mercader, Panger and Boesch, 2002)。黑猩猩从特定的地点收集坚果,将它们置于作为砧板的树上,用重的石头敲这些坚果。砸开坚果需要相当的力量,必须小心操作。若用力过猛,坚果会裂成不可食用的碎片。黑猩猩也需要选择适于敲碎坚果的石锤并将其带至生长坚果的树的地方——对动物而言是复杂的行为。砸坚果是一种习得技巧,母亲会向孩子展示如何去做。

1960 年,珍妮·古道尔(Goodall, 1996)开始在东非坦桑尼亚的冈贝河国家公园观察野生的黑猩猩——包括它们的工具使用和捕猎行为。从古道尔及许多其他研究者的研究中,我们得知野生黑猩猩有规律地制造工具。为了从嘴巴所不能及的地方喝水,口渴的黑猩猩捡起树叶,咀嚼并把它们弄皱,然后把它们浸入水中。因此,伴随着头脑中特定的目的,黑猩猩设计出了最初的"海绵"。

研究最多的黑猩猩制造工具的形式包括"捉白蚁"。黑猩猩制造工具以探测白蚁巢。它们选择经改良的树枝,即将树枝摘去树叶、剥掉树皮以露出下面有黏性的表面。它们将树枝带到白蚁巢,用手指挖洞,然后伸入树枝。最后,把树枝拿出来,吃掉被有黏性的表面所吸引的白蚁。

捉白蚁并不像看起来那样简单。学习捉白蚁需要时间,而且许多冈贝黑猩猩从未能掌握。必须选择有特定特征的树枝。而且,一旦树枝进入蚁巢而黑猩猩判断白蚁爬到表面了,黑猩猩必须快速翻转将树枝抽出,这样白蚁就会在上面。否则,白蚁会在树枝从洞中抽出的时候掉落。这是一项精妙的技巧,不是所有的黑猩猩也不是所有的人类观察者能够掌握的。

黑猩猩还有其他对文化而言很重要的能力。当接受人的训练之后,它们的技能变得成熟,就像在电影、马戏团或者动物园中所见的一样。野生猿类瞄准和投掷物体,这是由人类和猿类的共同祖先传递下来的同源性。没有它,我们将永远不能发展出射弹技术和武器——或者棒球。

捕食与狩猎

像工具制造和语言一样,狩猎也被引证为人类特有的活动,不与其他猿类共享。但是,灵长类的研究再一次表明先前被认为是种类的差异其实只是程度的差异。其他陆生猴的饮食并非像原先所认为的那样完全素食。狒狒杀死并食用小羚羊,研究者也反复观察到黑猩猩捕猎。

约翰·麦塔尼(John Mitani)、戴维·瓦茨(David Watts)和其他研究者数年中一直观察乌干达基巴莱国家公园(Kibale National Park)Ngogo 森林中的黑猩猩。这是有记载的最大的野生黑猩猩社区。1998 年,它由 26 只成年雄性,40 只成年雌性以及 30 只婴儿和青少年黑猩猩组成(Mitani and Watts, 1999)。(记得黑猩猩社区的雄性成员比雌性核心成员更稳定——青春期的雄性倾向于留下而青春期的雌性则倾向于离开加入其他群队。)大的社区规模使形成大的狩猎团体成为可能,有助于狩猎的成功。Ngogo 森林中的狩猎团体平均包含 26 个个体(几乎总是成年的和青春期的雄性)。多数狩猎(78%)的结果是至少抓到一个猎物——比狮子的成功率(26%)高得多。在多数狩猎中(81%)Ngogo 森林黑猩猩能捕捉到多个猎物(平均三个)。在 Ngogo 森林和在其他黑猩猩社区一样,红色疣猴是受偏爱的猎物。

正如麦塔尼和瓦茨(Mitani and Watts, 1999)所描述的,黑猩猩捕猎既有机会性的也有计划好的。机会性狩猎发生在白天黑猩猩在活动时遇到潜在的被捕食者的时候。其他狩猎是有组织的巡视,黑猩猩排成一行,静悄悄地移动。它们会停下来仰望树、扫视并多次改变方向。觉察到任何树栖活动,它们就会停下寻找任何它们看到的动静。在发现猴子之后,追捕就开始了。如果没有遇到猎物,黑猩猩将继续巡视,有时持续数个小时。Ngogo 森林的黑猩猩也协作包围红色疣猴群,阻断可能的逃跑线路并将它们赶下山坡或者从高树上驱赶到矮树上。黑猩猩在狩猎开始的时候可能发出一种特殊的呼唤——狩猎呼唤——使狩猎者开始行动。有时,单独的黑猩猩遇到红色疣猴时也会发出这种呼唤，随后其他黑猩猩就会冲到现场开始捕猎。

结果证明黑猩猩食用肉的数量不亚于人类的狩猎—采集者（Kopytoff, 1995; Stanford, 1999; Stanford and Bunn 编，2001）。根据南加州大学的人类学家克莱格·斯坦福（Stanford, 1999）所说，当狩猎达到正常水平的时候，黑猩猩每天消费四分之一磅肉。这样的肉食摄取量与现今某些人类群体中的狩猎—采集者相当。按照斯坦福所说，雄性黑猩猩经常将狩猎作为获取雌性性接受的途径。斯坦福反复观察到，雄性黑猩猩在生殖器肿胀的雌性面前晃动猴肉，并且只在交配之后才与之分享。在**发情期**（estrus，"发情"，或加强的性接受程度），雌性黑猩猩每天与超过一打的雄性交配。雌性黑猩猩饮食中肉的增加可以提高其后代的存活几率（Kopytoff, 1995）。分享肉食也因为使交配变得容易而增加了雄性的生殖成功率。斯坦福发现冈贝河的狩猎是季节性的——出现在干旱的夏季，更准确地说是在雌性倾向于性接受而果实、树叶和坚果稀少的季节。

黑猩猩分享肉食的原因似乎既有性的，也有政治的。1992 年，日本动物学家 Toshisada Nishida 记载了坦桑尼亚马哈尔山（Mahale Mountains）的一只高等级的雄性黑猩猩如何

◎ 随书学习视频
倭黑猩猩和语言
第6段

这该段视频表现了佐治亚州立大学的 Sue Savage-Rumbaugh 博士的研究，她研究倭黑猩猩和黑猩猩已经有 20 余年了。该视频关注她与一只雄性倭黑猩猩 Kanzi 一起工作的场景。Kanzi 学习了如何通过操控字词和符号交流。和人类一样，只是程度上低一些，猿可以从观察、经验和教导中学习。Kanzi 学会了什么他母亲无法学会的？倭黑猩猩为什么不能说话？根据视频，你会说 Kanzi 是对说出的词语抑或只是符号有反应？

向同盟者分发肉而拒绝发给敌人（Kopytoff, 1995）。斯坦福在冈贝观察到类似的利用肉巩固同盟的现象。在坦桑尼亚奥杜威峡谷发现的石头和切肉的工具的基础上，考古学证据表明人类在至少 250 万年前就已经开始狩猎。考虑到我们现在对黑猩猩狩猎和制造工具的了解，我们可以推断人科狩猎远早于考古学证据所证实的时间。由于黑猩猩似乎是吞食杀死的猴子，几乎没有遗留，所以我们也许永远不能发现第一次人科狩猎的证据，尤其是如果它没有使用石制工具的话。

侵犯与资源

掠夺和侵犯在猴和猿中可能是一般化的，但是其表现似乎取决于环境。珍妮·古道尔具体地将黑猩猩的侵犯和掠夺与人类侵占自然居住地相联系。冈贝黑猩猩分为北方群体和一个小一点的南方群体。北方团体已经侵入南方领地并杀害了南方的黑猩猩。部分遇害的幼仔被入侵者吃掉了（Goodall, 1986；Wade, 2003）。

约翰·麦金农（John MacKinnon）对印度尼西亚加里曼丹岛（Kalimantan, 婆罗洲）猩猩的研究（Mackinnon, 1974）表明猩猩也受害于人类的侵占，尤其是农业和伐木。在婆罗洲，为了回应附近的人类活动，猩猩形成了一种极端的性抵抗形式。在麦金农的田野工作中，婆罗洲的猩猩极少发生性行为。它们有限的性接触也总是短暂的被迫交配，整个苦难经历经常伴随着依附于母亲的幼仔的尖叫。

在麦金农进行田野工作的时候，采伐作业迫使领地被破坏的猩猩进入他的研究区域，超过了该区域所能承受的种群规模。对这种突然的种群过量的回应是猩猩生育率的急速下降。灵长类以多种方式回应侵占和人口压力。降低生育率的性关系变化是缓解种群对环境的压力的方法之一。

我们看到灵长类行为不是严格由基因决定的。它是可塑的（灵活的），随着环境压力的改变可以大范围变动。人类也是，当资源受威胁或稀少的时候，侵犯就增加。我们对其他灵长类的了解使我们可以合理地推测早期人科既不是一律具

见在线练习。

有攻击性和掠夺性的也不是一直温顺的。它们的侵犯和掠夺体现了环境的变化（参见 Silverberg and Gary 编，1992；Wrangham and Peterson, 1996）。

人类与非人灵长类的差异

上一部分强调了人类与其他灵长类的相似之处。人属（Homo）在某些与原来共享的脾性方面有了实质上的精妙变化。独一无二的特征的集中和结合使人类截然不同。但是，早期人类进化的热带稀树草原或者空旷的草地生境也选择了猿类的某些不明显的性状。

分享与合作

早期人类生活在被称为群队的小型社会群体中，经济以狩猎和采集（觅食）为基础。直到非常晚近时期（距今 1.2 万~1 万年），所有的人都以狩猎和采集为生计基础。这种社会有些甚至设法在现代世界中存活下来，民族志者已经对它们进行了研究。从这些研究中，我们可以得出结论，在这种社会中，最强壮和最富攻击性的成员不像在陆生猴群队里那样占支配地位。分享和抑制进攻之于技术简单的人类就如支配和威胁之于狒狒一样基础。

我们已经知道狒狒用性来抑制侵犯和减少冲突，而雄性黑猩猩则合作狩猎。但是正如我们从第 3 章对大脑反应研究的记载中看到的那样，人类似乎是最有合作精神的灵长类——在寻找食物和其他社会活动中。除了黑猩猩分享肉食之外，猿类倾向于独自觅食。猴类在获得食物的时候也是自己照料自己。在人类觅食者中，男性一般狩猎而女性一般采集。男性和女性将资源带回营地并分享它们。不参加觅食的老年成员从年轻成员那里获得食物。所有人共享大型动物的肉。幼崽由年轻的群队成员抚养和保护，年长者度过生育年龄，也因为知识和经验受到尊重。一个人类群队储存的信息量远大于任何一个灵长类社会。分享、合作和语言是知识存储的内因。经过数百万年对杂食的适应，人类比任何其他灵长类都更依赖于狩猎、食物分享以及合作行为。这是人类适

应策略的普遍特征。

交配与亲属关系

人类与其他灵长类之间的另一差异与交配有关。在狒狒、黑猩猩和倭黑猩猩中，多数交配发生在雌性进入发情期的时候，那时雌性会排卵。接受的雌性与雄性形成暂时的联合和交配。相比之下，人类女性缺乏明显的发情期，排卵是隐蔽的。无论是女性的性接受还是怀孕准备在体制上都是不明显的，不像黑猩猩和倭黑猩猩。因为人类不知道什么时候排卵，所以人类通过长年交配使生育成功率最大化。人类为交配结合成的性伴侣倾向于比黑猩猩和倭黑猩猩更排外和更持久。联系到持续更久的性关系，所有人类社会都有某种形式的婚姻。婚姻赋予了交配以可靠的基础，同意给予配偶以特殊的虽然不是一直排外的对对方的性权力。

婚姻制造了人类与非人类的另一个主要区别：外婚制和亲属制度。多数文化有外婚规定，要求与亲属群体或地方群体之外的人结婚。与对亲属关系的认知联系在一起，外婚制传达了一种适应优势。它创造了配偶双方原来所在群队之间的纽带。孩子拥有亲属，进而拥有了两个而非一个亲属群体的同盟者。这里的关键点在于不同地方群体间的情感和共同支持的纽带在除人属之外的其他灵长类中都没有。灵长类有在青春期分散的趋势。在黑猩猩和大猩猩中，雌性倾向迁移，到其他群体中寻找配偶。雄性和雌性长臂猿在性成熟之后都离开家。一旦它们找到配偶并建立起自己的领地，与母群的联系就终结了。有一个例外，与母群的联系在分散后依然维持，见"大猩猩"部分。

在陆生猴中，雄性在青春期离开群队，最终在他处找到位置。群队的核心成员是雌性。它们有时形成母系群体，由母亲、姐妹、女儿和未移居的儿子组成。雄性的离开减少了乱伦交配的情况。雌性与出生在其他地方而在青春期加入自己群队的雄性交配。雌性猴类间保持亲属纽带，但雄性之间不保留亲密的、终身的联系。

人类从母群外选择配偶，而且通常至少一个配偶移居。但是，人类与儿子和女儿保持终身的联系。保护这些联系的亲属制度和婚姻体现了人类和其他灵长类之间的主要区别。

行为生态学与适应度

根据进化理论，当环境改变的时候，自然选择就开始修改群（population）的遗传物质库。自然选择还有一个重要特征：群内个体不同的生育成功率。**行为生态学**（behavioral ecology）研究社会行为的进化基础。它假设任何物种的遗传特征都反映了差异生殖成功的漫长历史（那就是，自然选择）。换句话说，现今有机体的生物性状世代传递，因为这些性状使它们的祖先能够比它们的竞争者更有效地生存和繁殖。

自然选择是以差异（differential）生殖为基础的。同一物种的成员可能为生殖适应度（reproductive fitness）——它们对后代的遗传贡献——最大化而竞争。个体适应度（individual fitness）通过个体所有的直系后裔的数目来衡量。雄性猴类在进入新的群队之后杀婴的例子可以说明可能提高个体适应度的一种灵长类策略。通过摧毁其他雄性的后代，它们为自己的子孙腾出位置（Hausfater 和 Hrdy 编，1984）。

除了竞争，一个人对后代的遗传贡献也能通过合作、分享和其他明显无私的行为提高。这是因为整体适应度（inclusive fitness）——由个体与亲属分享的基因衡量的生殖成就。通过为亲属牺牲——即使这意味着限制了自己的直接生殖——个体实际上可能增加了对未来的遗传贡献（它们分享基因）。整体适应度帮助我们理解为什么雌性可能为姐妹的后代投入，或者为什么雄性可能为保护兄弟的生命而拿自己的生命冒险。如果自我牺牲与直接生殖相比能使它们的更多的基因永存，谈论行为生态学就是有意义的。这种观点可以帮助我们理解灵长类的行为和社会组织各方面。

从生殖适应度方面来说，母亲照料总是有道理的，因为雌性知道它们的后代是它们自己的。但是男性要确认父亲身份就更困难。整体适应度理论预测雄性在最能确认后代是自己的之后对它们投入最多。例如，长臂猿有严格的雄性—雌性配偶联结，所以几乎可以肯定后代是生育双方所有的。因此我们期望雄性长臂猿为它们的幼仔提供照料和保护，而它们也的确这样做了。但是，在那些雄性无法确认自己的父亲身份的物种和情况中，为姐妹的后代投入比为配偶的后代投入更合理，因为外甥女或外甥必然分享了雄性的部分基因。

---

1. 人、猿、猴和原猴是灵长类。灵长目被细分为亚目、超科、科、属、种和亚种。在分类系统中属于同一个分支（类别）的有机体比那些不属于同一类别的有机体之间被认为共享更近的祖先。但是有时候很难区分体现共同祖先的同源和相似，即趋同进化中产生的生物相似性。

2. 原猴是两个灵长目亚目中相对古老的。大约4 000万年前，猿猴取代了原猴祖先曾经占据的生境。眼镜猴和懒猴是通过适应夜间生活而存活下来的原猴。狐猴则在孤立的马达加斯加岛

上得以存活。

3. 猿猴包括人、猿和猴。均有充分发展的灵长类脾性，如深度视觉和部分色觉。其他猿猴性状包括触觉区域向指尖转移。新大陆猴既包含陆生种（如狒狒和猕猴）也包含树栖种。大猿指的是猩猩、大猩猩和黑猩猩。小猿是指长臂猿和合趾猿。

4. 长臂猿和合趾猿生活在东南亚的森林中。这些猿是体型微小的树栖动物，其移动方式是臂行。两性差别在长臂猿中很微小，在猩猩中很显著。猩猩仅分布在印度尼西亚的两个岛屿

上。两性差别明显的大猩猩，是最陆生的猿类，它们是素食动物且仅在赤道非洲可见。黑猩猩的两个种生活在热带非洲的森林和林地。黑猩猩的两性差别比较不明显，与大猩猩相比，数量更多，饮食也更杂。陆生猴（狒狒和猕猴）住在群队中。雄性狒狒是群队的主要守护者，在体型上是雌性的两倍。

5. 森林退化对灵长类施加了特殊的危险。现存的190种灵长类中的多数生活在热带森林中——在非洲、亚洲、南美洲和中美洲。灵长类的危险也源自人类将它们作为食物（丛林肉），或用于动物园和实验室。

6. 人类和其他灵长类之间存在显著的差异。但是相似也很多，而且很多差异只是程度上的而非种类上的。各种成分独一无二地集中和结合使人类与众不同。有些我们最重要的适应特征在其他灵长类，特别是非洲猿中也有前兆。灵长类行为和社会组织不是由基因严格设定的。作为文化之基的学习能力，是许多非人灵长类可获得的适应优势。黑猩猩制造工具的目的有多种。它们也狩猎和分享肉食。

7. 人类与其他灵长类之间的重要差异依然存在。侵犯和支配是陆生猴的特征。分享和合作在人类群队中同样明显。只有人类有亲属关系制度和婚姻，这使我们得以与不同地方群体中的亲属保持终生的联系。

8. 从行为生态学的视角，种群中的个体竞争可以增加对后代的遗传贡献。从这一角度而言，母亲照料是不无道理的，因为雌性能够确认它们的后代是它们自己的。因为雄性更难确定其父亲身份，所以进化理论预测当雄性在最能够确认后代是自己的之后对它们投入最多。

关键术语

见动画卡片。
mhhe.com/kottak

同功 analogies 相似的选择力量导致的相似性；趋同进化产生的性状。

猿猴 anthropoids 是灵长类两个亚目之一猿猴亚目的成员；猴、猿和人都是猿猴。

树栖 arboreal 居住在树上；树栖灵长类包括长臂猿、新大陆猴和许多旧大陆猴。

行为生态学 behavioral ecology 关于社会行为的进化基础的研究。

双足的 bipedal 双足直立行走是人类移动方式的特征。

臂行 brachiation 在树枝下摆荡；长臂猿、合趾猿以及一些新大陆猴的特征。

趋同演化 convergent evolution 相似选择压力的独立运作；同功产生的过程。

发情期 estrus 雌性狒狒、黑猩猩和其他灵长类性接受程度最高的时期，以生殖器肿胀、变红为信号。

长臂猿 gibbons 最小的猿，世居亚洲；树栖。

人科 hominids 动物科级成员，包括人、黑猩猩、大猩猩及其共同祖先的化石和活体。

人猿超科 hominoids 包括人和所有猿类的超科的成员。

同源 homologies 有机体从同一祖先处一起继承的相似性。

可对握的拇指 opposable thumb 拇指能触到其他手指。

灵长类学 primatology 对猿、猴以及原猴的化石和活体的研究，包括其行为和社会生活。

原猴亚目 prosimians 包括狐猴、懒猴和眼镜猴的灵长类亚目。

性双型 sexual dimorphism 雄性和雌性在解剖学和性情上的显著差异。

分类系统 taxonomy 分类图式；指定类别。

陆生 terrestrial 居住在陆地上；狒狒、猕猴和人是陆生灵长类；大猩猩的大部分时间也在地面上度过。

1. 在灵长类中找出一个由趋同进化产生的相似的例子。你能想到灵长类之外涉及动物的相似吗？

2. 灵长类进化的主要趋势是什么？将猫或狗与猴、猿或人对比。在感觉器官——与视觉、嗅觉和触觉有关的——上有什么主要差别？

3. 非人灵长类依靠学习适应环境的例子有哪些？

4. 在灵长类中，只有人类在地方群体间保持情感联系和相互支持，为什么这一点意义如此重大？

5. 行为生态学和适应度理论如何帮助我们理解父方和母方投资策略的差异呢？

补充阅读

Burton, F. D., and M. Eaton

1995 *The Multimedia Guide to Non-Human Primates.* Upper Saddle River, NJ: Prentice Hall.一张CD光盘，包括了照片、插图、视频、声音和文本——描绘了超过200种非人灵长类动物。

De Waal, F. B. M.

1997 *Bonobo: The Forgotten Ape.* Berkeley: University of California Press. 对罕见和生僻猿类的实地研究，特别是它们与人类的相似点及它们的性行为。

2000 *Chimpanzee Politics:Power and Sex among Apes,* rev. ed. Baltimore: Johns Hopkins University Press.猿类的等级制度、性与结盟，主要依据在动物园的观察。

2001 *The Ape and the Sushi Master: Cultural Reflections by a Primatologist.* New York: Basic Books.人类和猿类的行为。

Fedigan, L. M.

1992 *Primate Paradigms: Sex Roles and Social Bonds.* Chicago: University of Chicago Press. 关注灵长类动物社会组织中的性别角色。

Fossey, D.

1983 *Gorillas in the Mist.* Boston: Houghton Mifflin. 山地大猩猩的社会组织；流行电影的基础。

Goodall, J.

1996 *My Life with the Chimpanzees.* New York: Pocket Books.通俗读物，记录了作者在黑猩猩当中生活的经历。

Montgomery, S.

1991 *Walking with the Great Apes: Jane Goodall, Dian Fossey, Biruté Galdikas.* Boston: Houghton Mifflin.讲述了三个灵长目动物学家研究和保护黑猩猩、大猩猩和猩猩的故事。

Morbeck, M. E., A. Galloway, and A. L. Zihlman, eds.

1997 *The Evolving Female: A Life-History Perspective.* Princeton, NJ: Princeton University Press. 从女性观点看灵长类和人类的演化。

Russon, A. E., K. A. Bard, and S. Taylor Parker, eds.

1996 *Reaching into Thought: The Minds of the Great Apes.* New York: Cambridge University Press. 文献研究了有关猿类智慧的题目。

Small, M. F.

1993 *Female Choices: Sexual Behavior of Female Primates.* Ithaca, NY: Cornell University Press. 雌性猿类和猴类的性别行为和特征。

Smuts, B. B.

1999 *Sex and Friendship in Baboons.* Cambridge, MA: Harvard University Press. 狒狒社会组织中的结伴、互相支持和亲子投资及其对早期人类演化研究的启示。

Stanford, C. B.

1999 *Hunting Apes: Meat Eating and the Origins of Human Behavior.* Princeton, NJ: Princeton University Press. 肉食和狩猎在野生黑猩猩的

性和结盟中所扮演的角色。

Stanford, C. B., and H. T. Bunn, eds.

　2001　*Meat-Eating and Human Evolution*. New York: Oxford University Press. 最近一些研究的概要。

Strier, K. B.

　2003　"Primate Behavioral Ecology: From Ethnography to Ethology and Back." *American Anthropologist* 105（1）：16-27. 生物文化研究论文。

　2007　*Primate Behavioral Ecology*, 3rd ed. Boston: Allyn & Bacon. 灵长类动物的行为和再生产策略。

Strum, S. C., and L. M. Fedigan, eds.

　2000　*Primate Encounters: Models of Science, Gender, and Society*. Chicago: University of Chicago Press. 灵长类动物社会组织中雄性和雌性的角色。

Swindler, D. R.

　1998　*Introduction to the Primates*. Seattle: University of Washington Press.最近的研究。

Wrangham, R. W., ed.

　1994　*Chimpanzee Cultures*. Cambridge, MA: Harvard University Press.

在线练习

1. 灵长类冲突：登录埃默里大学猿和人类进化高级研究中心的网站，进入其视频集锦的链接（**http://www.emory.edu/LIVING-LINKS/AV/conflict-28k.ram**），观看黑猩猩冲突的电影。

   a.影片呈现了哪几种不同的侵犯？

   b.对侵犯的不同回应是什么？这种回应是加剧还是终结了侵犯行为？

   c.侵犯行为仅限于成年黑猩猩吗？在年幼者之间有不同的形式吗？

   d.这些侵犯行为和回应中，哪些是人类与黑猩猩共有的？例如，人类也会虚张声势吗？

2. 灵长类分类学：登录埃默里大学猿和人类进化高级研究中心的活学活用链接网站：**http://www.emory.edu/LIVING-LINKS/Taxonomy.html**。

   a.我们与黑猩猩、倭黑猩猩共同的DNA的比例是多少？

   b.倭黑猩猩和猕猴之间比人类与猩猩之间关系更近吗？人类和猩猩之间的分界线大约出现在多久之前？人猿是什么时候与其他灵长类相分离的？

   c.最大的和最小的灵长类分别是什么？哪种灵长类有用于贮藏食物的颊囊？哪种灵长类有用于加工树叶的复杂的胃？除人之外，还有哪种灵长类可以说话、会唱歌？

   d.哪种灵长类地理分布最广、脑最大、身上的毛发又最少？

请登录McGraw-Hill在线学习中心查看有关第6章更多的评论及互动练习。

拯救森林

本文和本书中所有"主题阅读"一样，展示了人类学分支领域和维度如何结合起来处理特定的问题。

森林退化是全世界面临的一个问题，也是吸引人类学四个分支领域和两个维度的注意的主题。人类学家一直关注环境压力如何影响人类和灵长类以及人类活动如何影响生物圈和地球本身。正如我们在第4章中看到的，生物人类学家已经考察了农业、森林退化、疟疾传播以及引起镰状细胞性贫血的基因之间的关系。其他体质人类学家——灵长类学家——视森林退化为对他们所研究的动物的主要威胁。古人类学家已经指出气候变迁、森林减少和人类世系的起源之间有关联。考古学家从古代农民和牧民使用的资源的场景中来看待森林退化。语言人类学家研究了人类如何对植物和森林资源进行命名和分类。文化人类学家记录了人类对森林及其产品的各种不同的利用方式。从西欧的童话故事（如《糖果屋历险记》）到现在的好莱坞电影，森林扮演了一个强有力的象征角色，一个充满神秘、危险和魔法的地方。现在，应用人类学家正致力于设计文化适宜和有效的策略控制森林退化和保护生物多样性。

森林退化是一个全球关注的问题。森林缺失助长了温室气体（二氧化碳）的产生，这又牵涉到全球变暖。热带雨林的破坏也是全球生物多样性减少的主要因素。情况如此是因为很多物种的分布经常是仅仅局限于森林，尤其是热带雨林中。热带雨林仅覆盖了全球陆地表面的六分之一，但却可能包含了地球一半以上的物种。但是热带雨林正在以每年1 000万至2 000万公顷（相当于纽约州的面积）的速度消失。

在自然栖息地受威胁的热带动物中，多数居住在森林里的灵长类，尤其处于危险中。想一想刚果民主共和国（DRC），这个国家就生物多样性而言位列世界第四。该国受威胁的物种包括大猩猩和倭黑猩猩。倭黑猩猩是刚果独有的，对倭黑猩猩的主要威胁来自林业和多数倭黑猩猩居住的阔叶林的减少（Sengupta, 2004）。在印度尼西亚，森林退化威胁到了猩猩（Mayell, 2004a）。为伐木工和矿工修筑的道路开通之后，与人的接触对于数百只猩猩而言被证明是致命的。近来的印度尼西亚政策促进了种植业而不是环境保护。政府政策已经从使有些动物得以存活的有选择地伐木转变成了砍伐殆尽，这摧毁了栖息地（Dreifus, 2000）。森林也遭受了古代和现代火灾。

文化因素，包括政治，影响森林的利用及森林对人类的感知价值。有些政府与行政机构比其他政府和行政机构对环境更友好。但是即使一个国家有很严格的环境法，这些法律也还需要执行。想一想巴西亚马逊雨林，很多灵长类生活在那里。巴西森林砍伐的国家政策在地方层面需要贯彻执行，但是很多地方政治体系被破坏环保规定的放牧和采矿利益所控制。

体质人类学家、考古人类学家和文化人类学家都考察了人类包括经济活动在内的适应策略如何影响环境，包括对森林的利用。从觅食（狩猎和采集）到食物生产（农业和牧业）的历史性转变最早于距今1.2万~1万年前出现在中东，在5 000年之后又出现在西半球。有了食物生产，人类破坏环境的速度加快了。人口增加和农业扩张的需要引起了古代中东和中美洲（墨西哥、危地马拉、伯利兹和洪都拉斯）很多地区的森林退化。人们砍倒树木种起庄稼，如中东种小麦，中美洲种玉米。即使是今天，很多农民都认为树是大号杂草，需要被清除并代之以多产的田地。许多农民烧毁草木以清除杂草，然后将灰烬作为肥料。如果太频繁，就像在人口增长的时候可能发生的那样，这些活动就会导致森林退化。早期冶炼使用薪柴也给森林造成了损失。

参见在线学习中心的"主题阅读"。
mhhe.com/kottak

在第 11 章我们将看到，位于现在属于洪都拉斯西部的科潘（Copán），曾是繁华的玛雅皇室中心。它大约 1 400 年前的衰落与人口过剩和过度农耕引起的森林退化、侵蚀以及地力耗竭相关。古人类学家对科潘的研究揭示了食物压力和营养不良。由于缺铁，多数（80%）埋葬在那里的尸体患有贫血。即使是科潘的贵族也营养不良。一个贵族 [从雕刻过的牙齿和化妆性畸形（cosmetic deformation）得知] 有显露贫血的迹象：后背有海绵区。

当今森林的利用、价值和面临的威胁怎样？在世界很多地区，森林提供药用植物，出产食物如蜂蜜、猎物和果实，以及木材——用于修建房屋、篱笆和动物圈栏。森林也是水域的重要组成部分——水系排水区：树木吸收水分并储水。通过保存水分，森林阻止了灌溉渠的侵蚀和淤积（矿物沉积）。

格伦·格林（Glen Green，一位地理学家）和罗波特·苏斯曼（Robert Sussman，一位生物人类学家）（1990）运用遥感技术（在第 3 章中讨论过的）研究马达加斯加东部雨林的退化。该地区发现了数种濒危物种，包括第 7 章"课外阅读"中讨论过的狐猴。格林和苏斯曼发现那里的森林退化既与地势（土地坡度或陡度）有关，也与人类的人口密度相关。人口稀少和多山地区比人口密集且平缓山区的森林损失要小。人口稀少地区超过 50% 的森林覆盖保存下来，而在人口密度高的地区只有 19%。格林和苏斯曼的研究向政策制定者揭示了一个重要事实：虽然低缓区最需要保护，但是马达加斯加的森林保护区几乎全部设立在多山地区。应用人类学家对将来的保护区选址会给出什么样的建议呢？

通常，像在马达加斯加东部、在古代中东和科潘，森林退化是人口驱动的——由人口压力引发。马达加斯加的人口以每年 3% 的速度递增，每一代翻一番。人口压力导致迁移，包括乡村到城市的迁移。1967 年，马达加斯加首都塔那那利佛（Antananarivo）只有 10 万人，至 1990 年，已经超过 100 万人。若城市居民依赖来自乡村的薪柴，那么城市扩大将助长森林退化，而马达加斯加的事实的确如此。

随着森林覆盖区水域的消失，作物减产了。马达加斯加因为其土壤的颜色被称为"最大的红土地"，岛上，侵蚀和流失的影响肉眼可见。看看它的河流，马达加斯加似乎快要流血而死。不再有树的阻滞，水的流失增加，引起了靠近涨水的河流的低洼地的侵蚀，以及灌溉渠的淤积（Kottak et al.，1994）。

除了人口压力，森林退化的另一个重要因素是商业伐木，它从多方面破坏了森林。显然，伐木毁林因为它砍伐了树木。比较不显而易见的是筑路、拖树和商业伐木的其他特征的破坏性影响。一条伐木的路可能就是一道侵蚀的痕。在马达加斯加的一个村子里，近期有外来的伐木者侵入。那里的村民告诉民族志工作者，伐木者每拖拽一段木材就会毁掉十几棵树（Kottak 等，1994）。

全球森林退化的图景包括生计经济面临的人口压力（源自出生或者迁移），商业伐木，筑路，经济作物，与城市扩张相关的薪柴需求以及与牲畜、放牧相关的清理和烧荒。森林损失有多种原因这一事实对政策有启示：不同的森林退化境况需要不同的保护策略。

能做什么呢？应用人类学家参与了这个问题（参见 Kottak and Costa, 1993），促使政策制定者考虑新的保护策略。传统图景是限制进入被划为公园的林区，然后雇用公园保安和惩罚违犯者。现在策略更倾向于考虑生活在森林中或附近的人们（通常是贫困的）的需求、愿望和能力。因为有效的保护取决于当地人的合作，所以在设计策略的时候，他们的关注必须被加以强调。

一般而言，森林为生活于其中和附近的人们提供生计经济和文化效用。森林提供木柴，房屋和粮仓建设、篱笆、技术（如牛车、研钵和研杵——用于碾碎谷物）的木材。有些森林被用于食物生产，包括刀耕火种或者游耕。木本作物如香蕉、果实和咖啡在树林中生长得很好，觅食野生产品也在继续。森林也包含文化产品。例如，在马达加斯加，这些产品（包括药用植物和药膏）被认为对于孩子的良好成长至关重要。在一个族群中，来自林地的稻米是庆祝仪式的一部分，用于保障美满和多子的婚姻。另一个族群最神圣的陵墓是在森林里。传统上，森林中这些文化上重要的区域都被禁止烧荒和伐木。它们是已经制定了数代的地方保护体系的一部分。如果活动不是被传统文化而是被外来机构所禁止会出现什么情况呢？政府强加的保护措施可能要求人们改变世世代代的行事之道以实现外来策划者而非本地人的目标。当社区被要求放弃赖以为生的传统活动时，他们通常会抵制。为了保护进程的成功，必须有当地人参与将影响他们的政策和项目的策划和实施。

有效的环境保护论要求地方、区域、国家和国际层面的政治和经济利益的文化知情协商。以下是人类学应用卓有成效的领域。生态环境保护者必须学会识别多样的环境价值观体系并建立不同的"民族生态学"。（民族生态学是一社会中一整套传统的环境认知以及对自然与人、社会之间关系的观点。）有效的环境保护策略需要广泛和持续地了解受影响区域以及当地人的社会经济和文化实践。

为了控制全球森林退化的威胁，我们需要有效的保护策略。法律的实施可能有助于减少商业驱动的森林退化，它由烧荒和砍伐引起。但是当地人也使用和滥用林地。环境导向的应用人类学面临挑战时寻找一种途径使得环境保护能够吸引当地人并确保他们的合作。成功的保护必须建立在文化适宜的政策基础之上，应用人类学家在其中可以帮助特定地区策略的设计。为了提供地方层面上有意义的动因，我们需要每一个受影响区的良好的人类学知识。政府和国际机构若尝试强加它们的目标而不考虑受影响人们的实践、习俗、规则、法律、信仰和价值观的话，很可能失败。应用人类学家致力于使"有益于全球"变成有益于人民。

第 **7** 章
灵长类的进化

章节大纲：

化石和年表

化石记录，就如同"新闻简讯"报道那样，只为已灭绝灵长类的 5% 提供了存在过的证据。因为数据如此稀少，对于那些曾经存在于地球上的生物，化石记录仅仅给了我们一个有关生物多样性的最有限的一瞥。在第 3 章"历史年代测定"一节里，我们已经知道了为什么在化石记录中，一些地区和阶段会比另一些被更好地呈现出来。有利于化石形成的环境为某些地区和时代开启了特别的"时间之窗"，例如距今 1 800 万～1 400 万年的肯尼亚西部地区。因为那时的西肯尼亚地质活动频繁，所以留下了大量的化石记录。距今 1 200 万～800 万年之间，这一地区地质运动比较平和，化石就少了。又过了 800 万年之后，另一扇时间之窗在东非大裂谷地带开启。那时东非高原开始上升，火山活动剧烈，湖盆地貌开始形成并被沉积物填满。这个时间之窗延至今天，而且包括许多人科（hominid）的化石，其中的许多属于人族。**人族**（hominin）这个术语用于描述所有曾经

参见学习中心的在线练习。
mhhe.com/kottak

存在过的人的种类，即使有些已经灭绝；但它却将黑猩猩和大猩猩排除在外。与东非地区相比，西非地区地质活动相对平稳，所以时间之窗就比较少（Jolly and white, 1995）。

从这些灵长类的化石记录中，我们可以看到，不同的地理区域提供了属于不同年代的大量化石证据。这并不必然意味着在同一时期内一种灵长类只生活在发现化石的这一个地方（不生活在他处）。关于灵长类和人类进化的讨论必须是即时性的，因为化石记录总是有限的和不完整的。就像知识增长一样，它们也需要不断更改。回顾第 1 章里讲到科学的一个关键特征，就是认识到知识的即时性和不确定性。科学家们，包括化石收集者们，无时无刻不在寻找着新的证据和发展着例如基因比较这样的新方法，以求增进在灵长类和人类进化问题方面的理解。

我们在第 3 章知道了生活在同一时期的动植物遗骸会在同一地层被发现。基于被发现的化石的地层顺序，脊椎动物的历史可被划分为三个主要阶段。古生代生活着远古动物——鱼、两栖类和远古爬行类。中生代生活着中古时期的动物——爬行类，包括恐龙。新生代生活着晚近动物——鸟类和哺乳类。每个"代"（era）又被分为"纪"（period），纪又可分为"世"（epoch）（见表 7.1）。

参见网络探索。
mhhe.com/kottak

人类学家的研究和新生代相关，新生代包括

表7.1	地质年代表	
代	纪	
新生代	第四纪	距今180万年
	第三纪*	距今6 500万年
中生代	白垩纪	距今1.46亿年
	侏罗纪	距今2.8亿年
	三叠纪	距今2.45亿年
古生代	二叠纪	距今2.86亿年
	石炭纪	距今3.6亿年
	泥盆纪	距今4.1亿年
	志留纪	距今4.4亿年
	奥陶纪	距今5.05亿年
	寒武纪	距今5.044亿年
元古代	新元古代	距今9亿年
	中元古代	距今16亿年
	古元古代	距今25亿年
太古宙（太古代）		距今38亿年
冥古宙（冥古代）		距今45亿年

* 第三纪是古近纪及新近纪的旧称。国际地层委员会（International Commission on Stratigraphy）已不再承认第三纪是正式的地质年代名称，并将其拆分为古近纪与新近纪两个时期。

地质年代表基于地层学。"代"被分成"纪"，纪又被分成"世"。人类起源于哪个代、纪、世？

两个纪：第三纪和第四纪。这两个纪又分别被分成若干世。第三纪有五个世：古新世、始新世、渐新世、中新世和上新世。第四纪只包括两个世：更新世和全新世，全新世又称新近世。表7.2显示了每个世的大概时期。古新世（距今 6 500 万～5 400 万年）的沉积物中有多种小型哺乳动物的化石遗骸，它们中的一些可能就是灵长类的远祖。类原猴（prosimianlike）化石的大量出现始于始新世（距今 5 400 万～3 800 万年）。最早的类人猿（anthropoid）化石出现在始新世（距今 5 400 万～3 800 万年）和渐新世（距今 3 800 万～2 300 万年）早期。人科（包括人和类人猿）在中新世（距今 2 300 万～500 万年）时期分

概览

灵长目利用距今约 6 500 万年中生代末期出现的机遇实现了进化。被子植物激增，与之相伴随的还有为被子植物所吸引的昆虫及以这些昆虫为食的动物。可抓握的双手和深度视觉有助于捕捉昆虫并适应于树栖环境。

始新世是原猴的时代。至始新世末期，猿猴出现，并最终在许多地方取代了原猴。在接下来的渐新世，新大陆猴与旧大陆猴、猿和人的祖先分离开来。

继之而来的中新世见证了原猿的光芒。在非洲和欧亚大陆的碰撞连接之后，猿扩散进入欧洲和亚洲。这导致了猩猩和非洲猿在中新世中期的分离。人类、黑猩猩和大猩猩的共同祖先——尚未确定——生活在中新世晚期，距今约 800 万～500 万年。

代	纪	世		气候和生命形式
新生代	第四纪	全新世	距今 1.1 万年	向农业过渡；国家出现
		更新世	距今 180 万年	气候变化，冰川期；人，南方古猿鲍氏种
	第三纪	上新世	距今 500 万年	粗壮南猿，非洲南猿，阿法南猿，湖畔南猿；地猿
		中新世	距今 2 300 万年	中纬度分布着干冷草原；非洲大陆与欧亚大陆相撞（1 600 万年）；非洲古猿，西瓦古猿等
		渐新世	距今 3 800 万年	北半球偏干冷；类人猿在非洲（法尤姆），狭鼻猴和阔鼻猴相分离；长臂猿从猩猩科类人猿和人科中分离
		始新世	距今 5 400 万年	暖热带气候广泛分布，类原猴灵长类出现；类人猿在始新世晚期出现
		古新世	距今 6 500 万年	第一次主要哺乳动物开始繁盛

表7.2 地质年代表——最后的一个代

新生代的纪和世。

布已经十分广泛。人族的第一次出现则是在中新世晚期或是上新世早期（距今500万～200万年）。

早期灵长类

大约 6 500 万年前，当中生代结束、新生代开始时，北美洲是和欧亚大陆而非南美洲相连的（美洲大陆大约在 2 000 万年前连在了一起）。又过了几百万年，各个大陆"漂"到了它们现在的位置，也就是被地表移动的板块带到了现在的位置。

新生代时，陆地上大多为热带和亚热带气候。大量动植物，包括恐龙在中生代结束时灭绝，此后，哺乳动物取代了爬行类成为陆地上的主要动物。树和被子植物迅速增殖，为最终进化而占据了新生境的灵长类提供了树上的食物（arboreal foods）。

根据树栖假设，灵长类之所以成为灵长类是因为适应了树栖的生活。灵长类的性状和发展趋势——在第 6 章讨论过——是随着对高处树上的生活的适应而发展变化的。其中一个关键的特征是视觉的重要性超过了嗅觉。变化的视觉器官十分适应树上生活，灵长类敏锐的知觉也利于跳跃。用于抓取的双手和脚被用于在细枝上爬行。当灵长类去枝梢末端获取食物时，能够抓握的双

脚可稳定身体的重心。早期灵长类可能是杂食性的，它们以在树上可获得的东西为食，比如花、水果、浆果、树胶和昆虫等。新生代早期，被子植物——显花植物开始扩散。它们的种子、水果和被这些植物吸引来的昆虫，都在早期灵长类的食物中占有重要地位。

马特·卡米尔（Cartmill, 1974, 1992）观察说，尽管灵长类的性状在树上发挥得很好，然而它们并非树栖生活的唯一可能的适应性表现。例如松鼠，即使没有双目视觉（binocular vision），它们也能使用爪子和吻部很好地生存。在灵长类进化中一定还有其他一些重要的东西，在此卡米尔提出了**可视捕食假设**（visual predation hypothesis）。这个观点认为双目视觉、可抓取的双手和脚，以及退化的爪子会发展是因为这些有助于捕食昆虫，而昆虫在早期灵长类食物中十分重要。卡米尔提出，早期灵长类首先适应了茂密的低树灌木林生活，在那里它们以水果和昆虫为食。特别是在捕食昆虫方面，这些早期的灵长类对视觉十分依赖。瞳距较近的双眼所达到的敏锐知觉使得它们能在不转动头部的情况下确定与猎物的距离。甚至吻部也可以不要，当双眼离得更近的时候，嗅觉就可以不必那么敏锐了。早期灵长类在用手抓取它们的猎物时，能够用脚支撑住身体。一些现存的原猴亚目保持了这样的小体

型和食虫习性，这些特点可能在早期灵长类中就已经形成了。朱尔曼（Jurmain, 1997）认为，尽管关键的灵长类性状可能在它们生活于较低树枝上的时候已经发展了出来，这些性状在它们转向更高地方的生活中变得更具适应性。

然而，解剖学和现存原猴亚目的行为对可视捕食假设的支持十分有限。原猴亚目被认为比类人猿更接近于最早的灵长类。然而随着原猴亚目的迁徙和觅食活动，它们对视觉的依赖开始少于类人猿。原猴亚目在觅食时更依赖嗅觉和听觉。指出了这个事实的动物学家罗伯特·苏斯曼（Sussman, 2004）提出杂食假设。被子植物（显花植物）用途的不断增加促成了现代灵长类特征的形成。早期灵长类依赖视觉寻找水果、种子、花以及昆虫。被子植物（显花植物）在古新世时期的迅速蔓延基本上和最早的灵长类的出现同步。

动物学家和古生物学家们通过发现和分析物质遗骸，比如骨头和牙齿，来了解过去。化石记录经常能够提供有关古生物栖息地的线索。例如，如今通常生活在森林里的动物的化石如果在既定的地层里被发现，科学家就可以推断说这里古代是森林环境。对结构相似的现存动物的解剖学研究也有助于科学家了解过去动物的性状特征。因此，要推测早期灵长类的适应性特征以及行为模式，动物学家可以考虑解剖学结构上与之类似且生活在类似栖息地的现存动物。例如，要模拟解剖学上具有相似结构的某种已成化石的灵长类的行为，树栖的狐猴、懒猴和眼镜猴可能会被用到。多种多样的有关早期灵长类视觉进化的假设说明了解剖学和现代动物行为如何被用于推断古代生物的行为。

新生代早期灵长类

有大量的化石证明在新生代的第二世，即始新世的时候，欧洲和北美曾经生活着多种多样的灵长类生物。据此推断，最早的灵长类可能生活在新生代第一个世，即古新世（距今6 500万～5 400万年）。这些可能是古新世灵长类的化石的地位仍然存在争议。因为在这方面没有达成共识，这样的化石在此不作讨论。

一个最近在中国发现的小的颅骨（摩金；倪喜军等2004年报道）证实了始新世早期灵长类在亚洲的存在。倪喜军带领的一支中国古生物学家考察队在中国的湖南省发现了新的灵长类种：亚洲德氏猴。这个距今5 500万年的头骨牙齿基本完整，是迄今为止发现的现代灵长类化石中最完整的一个（现代灵长类这个术语指的是与当代灵长类一样有向前看的双眼和相对大的脑颅等特征的哺乳动物）。远至5 500万年前的现代灵长类的化石片段在欧洲和北美都有出土。现代灵长类在亚洲的发现意味着灵长类在那个时候就已经广泛分布而且它们共同的祖先在更早的时候已经有所进化。一些科学家将最早的灵长类定位在距今6 500万年前的非洲，即新生代开始的时候。但是如我们在新闻故事里看到的那样，最近的基因研究和系统发育模型提出了一个与正统观点不同的时间，即可以远溯至8 500万年前。倪喜军和同事们（2004）认为大小如老鼠的亚洲德氏猴那相对比较小的眼睛表明它在白天十分活跃。这和另外一个理论相冲突，该理论认为我们最早的祖先们是像跗猴一样夜间活动的，它们长着大而圆的眼睛以便于在黑暗中视物。

被确认为是灵长类的最早化石表明它们生活在始新世时期（距今5 400万～3 800万年）的北美、欧洲、非洲和亚洲。它们在始新世晚期通过非洲到达了马达加斯加岛。狐猴的远祖们一定是使用植被厚垫漂过了比现在要窄的莫桑比克海峡。这种自然形成的"筏子"被发现形成于东非的河流里，然后漂洋出海。

在灵长类进化中，始新世是原猴的时代，至少有60种原猴种类分属于两个主要的科（始镜猴科和兔猴科）。广泛分布的始镜猴科动物居住在北美、欧洲和亚洲。始镜猴科的成员，例如肖肖尼猴，只有松鼠大小。但不同于松鼠的是，它们有着可以用来抓取的手和脚，被用来握持物体和抓住小树枝以利于攀爬。早期的始镜猴科成员可能是所有类人猿的祖先。晚一些的可能是跗猴

突然之间，灵长类先祖生存时间被推前到了恐龙时代

《华盛顿邮报》新闻

作者：盖伊-古格里奥塔（Guy Gugliotta）

2002 年 4 月 18 日

"化石记录证明有多种灵长类在地质时代的始新世（距今 5 400 万～3 800 万年）曾经主要居住在欧洲和北美。根据这些化石，许多古生物学家猜测最早的灵长类应该出现在前一个世，即古新世（距今 6 500 万～5 400 万年）。一些可能是灵长类的古新世化石的地位受到争议，但没有结果。根据一般估计，我们掌握的化石数量只占灭绝的灵长类物种中的不到 5%。因为数量很少，所以化石记录只能提供一个有关已灭绝物种的生物多样性的最有限的一瞥。但是古生物学并非唯一尝试重塑有关祖先和后代传承之间关系的发展史的科学领域。分子人类学中，生物进化树基于基因的相同和不同被描画出来。尽管我们在动画和电影中看到早期人类和恐龙共存，而实情并非如此，但是早期灵长类却是可能的。什么样的分析技术——在这篇新闻里被提到——支持了这样一种非传统观点：灵长类可能在距今 8 500 万年时就已出现？

一项新的分析说，灵长类——人类由这种哺乳类动物进化而来——在地球上出现的时间大约是距今 8 500 万年的恐龙时代，这比我们所想的要早得多。这些发现必然会为古生物学家和分子生物学家之间的争论添油加醋：古生物学家将灵长类起源定义在距今 5 500 万年，而使用 DNA 测序的分子生物学家认为灵长类的出现可以追溯至距今 9 000 万年。

古生物学家罗伯特·D·马丁，芝加哥菲尔德自然博物馆学术事务副主席（vice president of academic affairs at Chicago's Field Museum）承认说，他带领的团队的新研究支持"分子钟"学派（"molecular clock" school）的观点，尽管他们团队使用的方法没有被纳入 DNA 分析中。该团队的研究者们发展了一种统计模型以建起生物进化树，它是基于当今存在的灵长类种类（235 种）和化石记录的灵长类种类（396 种）以及它们所处的时代而生成的。通过假设每个灵长类物种大约存活 250 万年，这个团队就能估计出已知最早的灵长类——大约生活在距今 5 500 万年，和假想中所有灵长类"最终的共同祖先"——生活在距今 8 500 万至 8 000 万年之间。这些发现在今日的《自然》杂志上被报道出来（图 7.1）。

"我已经数年坚持这样的观点：化石记录中存在着许多的间断，灵长类很有可能比我们所想的要古老得多，"马丁说，"你可以看看它们有多少种类，然后估计一下它们起源的时间。"

这些发现的影响，如果被证实是正确的，那么一定意义深刻。距今 8 500 万年的灵长类祖先会和恐龙共存于这个世界，而恐龙在距今 6 500 万年前就在一场可能源于陨星撞击地球导致的生态灾难中灭绝殆尽。马丁说，最早的灵长类可能是像狐猴那样的树栖生物，体重大约两磅，并且以昆虫和水果为食。还有，诞生更早的灵长类也意味着大陆漂移（巨大的古代陆地断裂以形成今日的大陆板块）对形成新的灵长类物种有显著影响。

然而这些新观点也招致不少古生物学家的批判，他们指出很少有恐龙时代的化石是关于灵长类的，或者能够证明当时一般的哺乳类动物的兴盛。

"灵长类是动物中的成功者，"匹兹堡的卡内基自然历史博物馆古脊椎动物馆馆长 K·克里斯托弗·贝尔德说，"如果灵长类在那个时候（恐龙时代）已经广泛存在和生存得很好，我想我们应该找得到它们的化石。"贝尔德继续说道，"我要做的事情就是发出挑战问问他们（提出该观点的学者们）那些动物都藏到了哪里。"

化石记录能够说明的是，在恐龙灭绝之前，哺乳动物既没有极其繁荣多样，也不是很大。它们许多是啮齿类生物，而且"最大的也就像海狸那样"，约翰霍普金斯大学古生物学家凯尼斯·罗斯说，"在恐龙灭绝之后哺乳类动物有了一次爆发式的发展，"罗斯继续说道，"不久动物就长到小牛那么大，很快又有了一些令人印象深刻的生物（truly impressive creatures）出现。没有恐龙的阻碍，它们就有了一个很大的生态空间。"

但是当确定的最早灵长类化石的出现不会早于距今 5 500 万年这个观点得到普遍认同时，马丁争论说化石记录太有限了，所以不能就此得出结论认为灵长类起源就只能依此前推数百万年。

"灵长类古生物学家看化石记录就好像它能告诉我们所有事情，"马丁说，"假如你有一个十分丰富和完整的化石记录，这样是可以的，但是

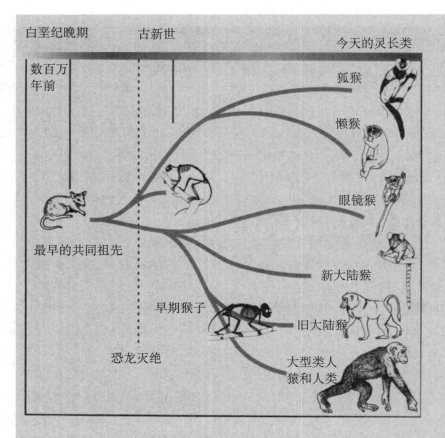

图中标注：

白垩纪晚期　古新世　今天的灵长类

数百万年前

狐猴

懒猴

眼镜猴

最早的共同祖先

新大陆猴

早期猴子

旧大陆猴

大型类人猿和人类

恐龙灭绝

图7.1　根据这个故事中的推算得到的灵长类新进化树
来源：BBC 新闻 SCI/TECH，"灵长类先祖与恐龙同在"，
http://news.bbc.co.uk/hi/english/sci/tech/newsid-1935000/1935558.stm

我们的推算说明我们拥有的化石记录只不过占已经灭绝的灵长类的 5%。"

与之相对地，分子生物学家通过分析 DNA 来计算相关物种之间遗传差异的量，从而建起可以回溯至最早祖先的时代的生物进化树。"我们的结果实际上是符合分子树的，它们总是要早很多"，马丁说。"不少人已经建起了有关哺乳动物的生物进化树"，而且"把时间追溯到大约 9 000 万年前"。但是"没有化石说明这个问题"，纽约的美国自然历史博物馆教务长和馆长马歇尔·诺瓦切克说，尽管"有可能那些记录是完整的"。"真相是怎样的呢？"诺瓦切克问道，"我不知道。"

来源：*Washington Post*（http://www.washingtonpost.com），April 18, 2002, p. A03. http://www.washingtonpost.com/ac2/wp-dyn? pagename=article＆node=＆contentId=A4580-2002Apr17.

属动物的祖先。

兔猴科动物可能是狐猴—懒猴一支的先祖。**始新世兔猴类群**（adapid）动物，如西瓦兔猴（smilodectes）和今日的狐猴与懒猴相比，唯一的主要区别是后者有一个齿梳（dental comb）。这个结构由门齿和下颌犬齿构成。

始新世的一些时期里，远古类人猿从原猴中逐渐分化出来，它们变得更加具有昼行性（在白天更加活跃），而且加强了对视觉而非嗅觉的依赖倾向。一些始新世原猴和其他原猴相比，具有更大的大脑和眼睛，以及更小的吻部。它们即是类人猿的先祖。类人猿的眼睛和狐猴与懒猴的相比更向前看。同时它们也拥有狐猴与懒猴缺少的

完全封闭的骨质眼窝。与狐猴和懒猴不同的是，类人猿没有鼻镜，也没有与上嘴唇相连的湿润的鼻子。类人猿有一个干燥的鼻子，而且与上嘴唇分离。另一个突出的类人猿特征是白齿叶——牙齿突出的部分（molar cusps-bumps on the teeth）。哺乳类下白齿突起的基本数目应为六个。类人猿缺少了一或两个，所以它们的下白齿只有四或五个突起。

迄今为止发现的可能的最早类人猿是始新世时期在中国地区的曙猿。能确定的最早类人猿是晚始新世时期在埃及地区的小猫咪猿。始新世末期，很多原猴种类都灭绝了，这反映了它们与最早的类人猿之间的竞争。

渐新世类人猿

渐新世时期（距今3 800万～2 300万年），类人猿成为数量最多的灵长类。我们关于早期类人猿的大部分知识来自埃及法尤姆地区的化石沉积物。这个地区现在是荒漠，但在距今3 600万～3 100万年前，它是一片热带雨林。

法尤姆地区的类人猿生活在树上，以水果和种子为食。与原猴相比，它们的牙齿更少，吻部更小，脑容量更大，眼睛更往前看。法尤姆地区的类人猿化石中，副猿科动物（parapithecid）更加原始而且可能是新大陆猴的祖先。副猿科动物非常小（2～3磅重），和现存的小型南美猴类——狨猴（marmosets）以及绢毛猴（tamarins）有很多相似之处。

副猿科动物看起来比狭鼻类动物——旧大陆猴、类人猿和人类要古老。这个科包括埃及猿——大约13～18磅重，大小相当于一只大型家猫。副猿科动物和稍晚的狭鼻类动物共有一种独特的齿式：2.1.2.3，即两颗门牙，一颗犬齿，两颗前臼齿和三颗臼齿，更原始的灵长类的齿式则是2.1.3.3。大多数其他灵长类，包括原猴和新大陆猴是第二种齿式，也就是有三颗前臼齿。除了法尤姆地区，渐新世的灵长类骨骼遗存也在北非和西非、阿拉伯南部、中国、东南亚以及南北美洲被发现。

渐新世是一个地质和气候变化的主要时期。北美和欧洲分离成为截然不同的两块大陆。东非大裂谷流域形成。印度板块与亚洲相连。"冰室"气候开始，特别是在北半球，因此那里的灵长类都消失了。

中新世早期的人科

最早的人科化石是中新世时期（距今2 300万～500万年）的，中新世分为三个阶段：早期、中期和晚期。中新世早期（距今2 300万～1 600万年）气候十分温暖湿润，森林覆盖着东非地区。上一章节我们提到人猿总科是一个

包括了化石和现存类人猿以及人类的一个超级大科。简单而言，最早的人科被称为原猿（proto-apes），或者简称猿。尽管它们中有一些可能是现代猿的先祖，但两者并不完全相同，甚至有很多不相似之处。

现代猿在种类和数量上都很有限，但中新世时期却有大约100种之多。它们统治了灵长类世界，遍布于旧世界的广大森林地带，从欧亚大陆的法国到中国，非洲大陆的肯尼亚到南非。中新世类人猿目前已知有40多个属，是今天幸存下来的类人猿属数量的八倍。我们对中新世猿类其中14个属的了解只来自中新世早期的非洲地区，也就是距今2 300万～1 600万年之间的那个时期。这些古代的猿在体格上差异很大。最小的不过略重于一只小的家猫，而最大的几乎接近于一只大猩猩。它们的食物甚至比现代猿还要多种多样。一些偏爱树叶，而另一些更喜欢水果和坚果；但是大部分依赖成熟的水果生存，当今的许多猿仍然如此。早期猿类和幸存下来的猿之间最大的不同在于姿态和行动方式（posture and locomotion）。现代类人猿有多种行动方式，如前臂行（brachiatian）和指背行走（knuckle walking）。早期的猿，比如原康修尔猿，也就是我们接下来要介绍的，它们在行为上有更多的限制且更接近猴子的行动方式（见Begun, 2003）。

原康修尔猿

原康修尔猿（Proconsul）代表了中新世早期最庞大和生存成功的类人猿。它们生活在非洲，包括四个种（species）。这些中新世原猿可能缘自渐新世原上猿，它们的牙齿和现存猿类有相似之处，但是它们颈下的骨骼架构更像猴子。一些种类的原康修尔猿大小如同一只小的猴子；另一些则有黑猩猩大小，它们通常具有明显的性双型特征。它们的牙列说明它们依靠水果和树叶为食。

它们的头骨比现代猿要小巧，腿比胳膊要长——这更像猴子。原康修尔猿在树上活动时可能更像猴子——使用四肢——缺乏现代猿那种悬

两种狐猴的行为生态学研究

背景信息

学生一：
Jennifer Burns

学年/专业：
大学四年级学生/人类学

学生二：
Chris Howard

学年/专业：
大学本科毕业生/人类学

计划：
攻读研究生

指导教授：
Deborah Overdorff Dr. Beth
Erhart

所属科系：
人类学

学校：
得克萨斯大学奥斯汀分校

项目名称：
两种狐猴的行为生态学研究

狐猴是只存在于马达加斯加岛上的濒危原猴物种。看这篇文章，注意灵长类研究中的问题和陷阱。研究一个狒狒或大猩猩团体的逻辑（logistics）和这里描述的田野工作方法有什么不同？

通常"马达加斯加"这个词会让人联想到一幅充满异国情调的海岛的美丽图景。这个岛在大约1.65亿年前与非洲大陆分离，岛上80%到90%的动植物都是只存在于该岛上的，这便是这个神奇的岛屿让科学界迷恋不已的原因。

在马达加斯加岛东南部的中心地带，拉努马法纳国家公园保护着41 600公顷的山地雨林。这个公园建于20世纪80年代末，在当地的马尔加什人的生活需要和保护雨林免遭进一步破坏的需要之间，它发挥了显著的调和作用。一套完善的基础设施使这个公园能够很好地平衡当地人、外国旅客和科学研究者这三者的关系。现在那里有一个主要研究点和两个实地研究点，对当地多种多样的动植物的研究取得了丰硕的成果。

本项目研究目的是更好地了解生活在拉努马法纳国家公园里的12种狐猴中的两种的社会动态关系和食物生态系统（social dynamics and feeding ecology）：红额狐猴，学名eulemur fulvus rufus，和冕狐猴，学名propithecus diadema edwardsi。在六个月的时间里，每周五天，研究者会从它们的一个群体里收集有关这两种狐猴行为和生态的数据。为了便于个体区分和识别，每个群体里的成员都被戴上了可供识别的项链，每个群体里有一个成员的颈间带有无线电发射机。这种无线电跟踪装置为每天早上寻找定位该群体提供了可能。这样经典的技术对研究非常有帮助，但问题也常常发生在无线电装置上。大雨会冲毁齿轮，崎岖的山地地形产生强烈的信号共鸣干扰，使得定位变得困难。如果无线电失败了，寻找这些狐猴群体几乎就是不可能的，因为它们分布在一片十分广大的地域里，如果要全部找到需要耗费许多时间。

这两个种类的狐猴具有特别的研究价值，因为它们在生理形态和社会组织上有许多差异。带着尝试在不同的狐猴种类中更全面地明确和了解诸如"领导"、"竞争"、"生殖压力"、"雄性角色与雌性角色"等术语的含义的目的，这项研究希望不仅能提供新的视角，也能打开通往新的问题的大门。

荡半空和前臂摆荡行进的能力。原康修尔猿种可能是旧大陆猴和猿类的最后的共同祖先之一。在中新世中期（距今1 600万～1 000万年），原康修尔猿被旧大陆猴和猿取代。

中新世猴和原猴的化石非常稀少，猿的化石相比而言更加常见，同许多现存的猿一样，中新世时代的这些猿是树栖者并以果实为生。随着它们生存地森林的减少，猴更多地繁殖起来。中新世晚期，猿的时代结束，猴在旧大陆成为最常见的类人猿。

为什么旧大陆猴繁殖兴旺而中新世猿衰亡了呢？可能的答案是猴子具有更强的吃树叶的能力。树叶比水果更容易获得，而水果是猿的典型食物。中新世末期森林减少时，许多猿被迫退向非洲

（主要是西部）和东南亚余下的热带雨林中。猴子却在更宽广的地域里存活下来，它们能够如此是因为它们可以有效地消化树叶。猴子的臼齿形成了齿嵴（lophs），即在齿峰之间有一个隆起的珐琅层嵴。旧大陆猴有两个这样的齿嵴，所以它们的臼齿被称为双嵴齿型（bilophodont）。这样的齿嵴就像剪刀的刀锋，很适合用来咬碎和咀嚼树叶。

原康修尔猿的一些种类可能是现存的非洲猿的祖先。原康修尔猿也可能是旧大陆猴的祖先。原康修尔猿拥有所有猿和旧大陆猴共有的原初性状，但不具有任何两者各自衍生出来的特征。原初性状就是那些从一个祖先传下来而不曾改变的东西，比如猿有五个尖的臼齿（five-cusped molars），就是从古老的猿类先祖那里遗传下来的。衍生性状则是不同物种从共同的祖先中分离出来之后各自产生的类别特征。如旧大陆猴中的双嵴齿。旧大陆猴有衍生出的双嵴齿和原始的四足躯体（quadrupedal bodies）。猿有原初的臼齿和衍生出的交叉双手摆荡的躯体（brachiating bodies）。原康修尔猿则有着原初的臼齿和原始的四足躯体。

非洲古猿

在中新世早期（距今2 300万～1 600万年），非洲和欧亚大陆被海洋隔开。但到了中新世中期（距今1 600万～1 000万年），地球海平面下降，非洲和阿拉伯相连，非洲、欧洲和亚洲之间就有了陆地连接。许多动物，包括人科动物，在1 650万年之后，进行着两种迁徙——离开非洲和进入非洲。原猿（proto-apes）是中新世最常见的灵长类，已发现的种类超过20种。它们的牙齿保留了原始类人猿（primitive anthropoid）的五尖臼齿形式。

在中新世中期，人科广泛分布于欧洲、亚洲和非洲。非洲猿是在肯尼亚发现的中新世大型人科动物，大约生活在距今1 800万～1 600万年前（Leakey, Leakey and Walker, 1988）。非洲猿留下了头骨、上下颌和颅后骨残片。非洲猿看起来是一种行动缓慢的树栖类人猿，有巨大的前突的门牙（就像现代非洲类人猿一样）。

欧亚大陆古猿

许多中新世早期的类人猿都灭绝了，但它们中的一个种类，可能是非洲猿，是1 600万年前跨越了欧亚大陆的类人猿种类的先祖。从非洲进入欧亚大陆的类人猿穿过沙特阿拉伯，在那里，一种和非洲猿很相似的类人猿——过日猿的遗骸已经被发现（一些科学家认为非洲猿和过日猿是同一类的成员）。这两者的牙齿上都有一层厚厚的珐琅层，这种保护层有助于硬质食物的消化，比如坚果，以及有硬壳的食物。这个牙齿上的进步可能促使它们的后代分布得更加广泛，因为它们能够食用原康修尔猿和许多更早的类人猿不能食用的食物资源（Begun, 2003）。

有证据证明，欧亚大陆的大型类人猿出现于大约1.3亿年前。它们有两个主要群体：欧洲的森林古猿和亚洲的西瓦古猿。和现存的大型类人猿一样，这些动物们有长的、结实的上下颌，大的门齿，刀一样与獠牙相对（tusklike）的犬齿，和长的臼齿以及前臼齿。这种进食器官说明食物只能是软的、成熟的水果。关于森林古猿和西瓦古猿牙齿的研究证明了这些猿类成长相当缓慢，就像现存的大猿一样。它们的生命历史可能也和现代大猿相似：缓慢地成熟，生命很长，每次只生育一个后代。森林古猿的颅骨化石证实其大脑和身体的比率和黑猩猩不相上下（Begun, 2003）。

这两种类人猿的肢体骨骼也和现代大猿相似。森林古猿和西瓦古猿都很习惯于空中悬吊行动。它们的肘关节在整个行动过程中可伸展且十分稳固。灵长类中，这种形态是猿独有的，而且它对于猿悬挂和摆荡于树枝上具有十分显著的作用。森林古猿还体现了许多适应于悬挂的特性，它的四肢骨骼、手和脚都具有十分强有力的抓取能力。这些特征说明了森林古猿和现代猿一样更多在林木之间行动。

生物文化案例
研究

关于当代森林退化
的信息参见第 6 章
之后的"主题阅
读"。

见在线学习中心的
在线练习。

mhhe.com/kottak

森林古猿

有好几种森林古猿生活在中新世中期和晚期的欧洲。森林古猿的第一个化石成员（枫丹森林古猿，又名枫丹林猿）1856 年被发现于法国。它的五尖有裂缝的臼齿形式，被称为 Y-5 排列，是森林古猿在猿类中独有而人科普遍都有的。森林古猿许多种类的分布甚至从西班牙西北部远到格鲁吉亚共和国。森林古猿出现在进化方面的意义目前仍在争论中。一些研究将森林古猿和亚洲类人猿相联系；一些将它看做所有现存类人猿的先祖。贝根（Begun, 2003）认为森林古猿和在希腊发现的奥兰诺古猿最为接近。贝根将森林古猿或奥兰诺古猿视为非洲灵长类和人类最有可能的先祖。

西瓦古猿

中新世中期和晚期猿类的另一个主要群体——西瓦古猿，在欧亚大陆分布十分广泛，包括土耳其、巴基斯坦、印度、尼泊尔、中国和东南亚地区。第一个西瓦古猿的化石发现于巴基斯坦的西瓦立克山区。在巴基斯坦波特瓦高原发现的中新世晚期的一个几乎完整的面骨展现了西瓦古猿和现代猩猩面孔的许多相似之处。因为面孔和牙齿的相似，中新世晚期的西瓦古猿目前被认为是现代猩猩的祖先。猩猩这一分支约在 1 100 万年前同非洲类人猿一起与人类这一支相分离。

大陆漂移使得中新世时期的非洲和欧亚大陆之间有了陆地相连，也同时导致了造山运动和气候变化。在更干更冷的气候条件下，东非和南亚广布的湿热雨林逐渐被森林斑块、干燥林地和草地取代。古代的猩猩深入留下来的雨林中得以幸存。中新世晚期（距今 1 000 万～ 500 万年），寒冷气候一直持续着。随着草地面积的扩大，人类、黑猩猩和大猩猩这三支的分化时期已经到来。

巨猿

关于古代类人猿的任何讨论都不能忽略巨猿，它几乎理所当然是曾经存在过的最大的灵长类。它在亚洲存在了百万年的时间，从中新世晚

🔘 **随书学习视频**

最早的灵长类

第7段

该片段描述了环境的破坏导致恐龙灭绝以及为哺乳类动物的出现开辟了道路，这些哺乳类包括早期灵长类，它们已经适应栖息于热带雨林地区。这个片段展示了两种现存的狐猴，以及猴子。注意它们的尾巴、它们的差异还有它们的食性。这个片段也特别刻画了两种已经只剩下化石的灵长类。是什么毁灭了恐龙？这场毁灭是什么时候发生的？指出一个普罗猿（Purgatorius）和现代灵长类共有的特征。原康修尔猿（Proconsul）生活在什么时候？它们是如何行动的？指出原康修尔猿和黑猩猩相关以及它能够成为人类可能祖先的三项特征。

期直到距今 30 万年，它一直与我们自己种类的成员——直立人共存（Harder, 2005）。一些人认为巨猿并没有灭绝，我们今天知道它是因为雪人和大脚野人（传说中生存于北美洲西北部太平洋沿岸森林中的野人，又称 Sasquatch）。

巨猿的发现是在一个几乎不可能的地方。在中国，药材商人把化石当做"龙"的牙齿和骨骼来出售，是入药用的。1935 年，人类学家 C·H·R·范·柯恩尼格斯渥德发现一个香港药商卖的"龙骨"实际上是一种灭绝的类人猿的化石。从那时起，三片颌骨和超过 100 颗的牙齿化石被收回，一些来自药店，一些在中国和越南的地质遗址（geological sites）被发现（Pettifor, 1995）。一些这样的地层里巨猿遗骸是和直立人（Ciochon, Olsen and James, 1990）在一起的，可能就是因为直立人对巨猿的猎杀才导致了它的灭绝。

因为化石除了颌骨和牙齿再无他物，我们很难确定巨猿到底有多大。基于另一类人猿颌骨和牙齿大小与身体大小的比率，有了许多关于巨猿体态的复原设想。一种观点认为巨猿体重有 1 200 磅（540 公斤），站起来有 10 英尺（3 米）高（Ciochon, Olsen and James, 1990）。另一观点认为它身高 9 英尺（2.7 米），体重也被减少了一半（Simons and

Ettel, 1970）。然而各种观点都同意巨猿是曾经存在过的最大的类人猿。至少有两种巨猿的种类：一种是布氏巨猿（gigantopithecus blacki），即在中国和越南与直立人共存的巨猿；另一种是巨型巨猿（gigantopithecus giganteus），发现于印度北部。

因为体格庞大，巨猿必定是陆栖类人猿而非悬荡在林木之上。根据它的下颌和牙齿形式，可以猜测到它的食物可能是草、水果、种子，特别还包括竹子。非常大的动物，包括中国的大熊猫，需要像竹子那样产量丰富的食物来源。巨猿的臼齿很适合咀嚼需要被切割、粉碎和磨碎的粗硬纤维状食物。它们的臼齿巨大而平整，有矮牙尖和厚厚的珐琅层。它们的前白齿与白齿相似，也是宽广平坦的。

巨猿是否有可能并没有灭绝，而是以"雪人"（喜马拉雅山上可怕的雪人）或野人（曾经在太平洋西北被目击）的方式幸存下来了呢？或许没有。上文提到的生物都是基于传说而非事实。能够幸存下来的物种必然具有相当的数量。按照巨猿的食物需求量，如果它存在，必然会产生显著且可察觉的环境影响。西半球从来没有发现过巨猿的化石或牙齿。雪人和被目击到的野人存在的地域都不适合巨猿生存。

山猿

双足直立行走是人类动物特有的吗？最近的一项关于一个古代意大利类人猿化石的分析提出了否定意见。生活在距今 900 万～700 万年的山猿很显然大部分时间里直立身体并且短距离缓慢移动（shuffling）去收集水果和其他食物。这种行动方式与其他化石和现存的攀爬、摆荡行进和指背行走的类人猿都不相同。第一个山猿化石于 100 多年前被发现于意大利中部。山猿化石对分类学和生物进化的意义已经争论了好几十年。这种意大利类人猿和腊玛古猿以及森林古猿的相似之处已经被注意到。

科勒和摩亚索拉（Meike Kohler and Salvador Moyà-Solà，1997）重新分析了瑞士巴塞尔自然博物馆里的山猿遗骸。这些骨骼残片呈现的是下背部（lower back）、骨盆、腿和脚。科学家发现

这种生物较矮，体型大小居于类人猿和早期人类之间。和早期人类一样，山猿有向前拱出的下背部，垂直对称的膝关节，和一个与人类相似的骨盆，这一切性状对于直立行走意义非凡。然而，山猿有独特的脚。它的大脚趾与其他脚趾之间分开成 90 度，而这些其他的脚趾和现代类人猿的相比要短且直。这种像鸟的、三角架式的脚部结构可能与短的跨步走有联系。考虑到颅后骨（postcranium，骨骼头部后侧或下侧的地方），那么山猿、森林古猿和现存的大型类人猿以及人类之间具有大量的相似之处。

看网络资源中的地图 3，这张地图展示了灵长类进化的世界图示，标明了化石被发现的主要地点以及类别和时间。地图 3 显示了灵长类的地理分布随着时间而改变，始新世时期在北美大陆，始新世和中新世在亚洲地区，非洲的灵长类则从渐新世时期延续至今天。

缺失的一环？

"缺失的一环"这个概念最早来自一个被称为"生命巨链"的旧的观念。这是一种神学观念，它认为各种实体都可被安置在一个渐进的链条里。生命形式中，人类处于巨链顶端。他们之上只有天使和神。他们之下是类人猿，更确切地说是非洲类人猿。但是人实在是太高贵、太不同于这些类人猿了，因此不能直接把他们和类人猿联系起来。在人类和类人猿之间，需要有一些比类人猿更进步的生命形式——这就是生命巨链中缺失的环节。尽管现代科学并不赞同生命巨链的观点，但它确实认识到我们的祖先是一种和现代的大猩猩、黑猩猩不同的生命形式。人类不是从大猩猩或黑猩猩进化而来的。然而，人类和非洲类人猿共有着一个祖先，这个祖先一些地方像黑猩猩和大猩猩，另一些地方像人类。随着时间发展这三支物种进化并分化。有没有理由相信生活在几百万年前的非洲黑猩猩的远祖和现代黑猩猩比起来，可能更像人类？

人类的祖先当然也在中新世晚期，也就是距

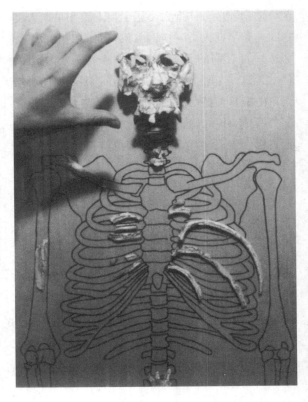

◆ 加泰罗尼亚皮尔劳尔猿。迄今为止发现的皮尔劳尔猿的遗骨包括颅骨的大部分、手骨以及脚骨，其中包含趾骨和指骨碎片，三节椎骨，两条完整的肋骨，以及部分不完整的肋骨。这种生活在中新世的猿，第一次见诸报道是在2004年，它们可能是世界上包括人科在内的所有现存大猿最晚近的共同祖先。

今800万～500万年，和黑猩猩以及大猩猩分道扬镳，猩猩的进化分支和人类、黑猩猩以及大猩猩的进化分支可能在距今1 100万年时就已经截然分开。大约在距今800万年，人类、黑猩猩和大猩猩的共同先祖也开始分化（Fisher, 1988a）。它们通过占据不同的生存环境而分化。由于被空间分隔，它们开始各自独地繁殖——这导致了新物种的形成。大猩猩的先祖第一个分离出去。它们最终占据了山区森林地带和非洲近赤道的低地。它们的食物因此有树叶、嫩枝、大量草木（bulk vegetation），还有水果。与大猩猩相比，人类和黑猩猩共有着一个更晚近的祖先。在非洲的森林和林地中，黑猩猩进化成为食果者。人类的祖先则在非洲开阔的草地，或者说热带稀树草原上度过了更多的时间。黑猩猩和人类的祖先，与它们的现代后裔一样，可能已经通过狩猎在其食物种类里添加了肉类。

我们已经看到，非洲、亚洲和欧洲的中新世沉积地层中有大量人科的化石。它们其中的一些可能已经进化为现代类人猿和人类，但是其他的都灭绝了。我们提到，某些来自非洲的化石，如西瓦古猿和腊玛古猿的化石之前被认为可能是人

理解我们自己

我们和类人猿之间存在着巨大的差异这种观点一直存在着——尽管有证据证明人类和黑猩猩共享着98.7%的相同基因。人类、黑猩猩和大猩猩三者和其他类人猿（例如猩猩和长臂猿）相比，有着一个更近的共同祖先。和猴子相比的话，所有的类人猿之间的关系更加接近——生理上也更加相似。但是为什么人类家长在动物园里看到黑猩猩、大猩猩或猩猩的时候，还是会对他们的孩子说"看猴子"呢？这一定是我们自认身份高贵的旧观点在作怪。我们很容易区分猿中的猴子（the monkey in the ape），而不是我们中的猿（the ape in ourselves）。然而，类人猿吸引着我们，某种程度上是因为它们那些近似人类的特性。从圣迭戈到亚特兰大，动物园里的大猩猩都非常受欢迎，特别是它们以"家庭"群体的方式展示时。猩猩，特别是黑猩猩那些滑稽古怪的动作已经使他们在电影和电视节目里成为被特别刻画的对象（featured）。黑猩猩华秀和大猩猩科洛（Koko）被教授手语的故事也在杂志和电视上被大加渲染。甚至杂货店里摆卖的小报也会经常将猿类放入动物故事中。这些故事仍然持续混淆着猴子和类人猿，故事里一直说着"胡闹"或者"有样学样"。猿类不是猴子。类人猿和人之间的关系比和猴子的关系更加接近。想象一下一个实景电影名叫《猴子星球》。他们到哪里去找能够在整部电影中四脚行走的演员呢？

类和类人猿的共同祖先。许多科学家现在已经将这些中新世人科从人类、黑猩猩和大猩猩的科属系中排除了，而将西瓦古猿看做是猩猩可能的先祖。1989年在希腊发现的中新世中期到晚期的奥兰诺古猿，生活在距今大约1 000万～900万年前的欧洲。这个发现也许能与现存的类人猿甚至原始人类联系起来（Begun，Ward and Rose，1997）。奥兰诺古猿与现代非洲类人猿和人类共有的一个独特性状是额窦（前额上的一个空腔，也是我们会得鼻窦炎和引起头痛的一个地方）。

在过去 10 年对这些中新世的发现进行分析的基础上，一些科学家开始思考有关类人猿和人类进化的新情景（scenario）。我们已经提到，在中新世中期，一座陆地桥连接起了非洲和欧亚大陆。这个连接使得人科从非洲扩展到亚洲和欧洲，在那里它们分化成我们之前提到的那些不同的群体。同时，类人猿在东非的森林栖息地开始萎缩，那里的类人猿数量也开始随之减少。在中新世中期和晚期，欧洲和亚洲猿的种类的多样似乎甚于非洲。在中新世晚期，旧大陆猴从日渐减少的非洲类人猿那里接管了许多它们之前的栖息地。新的人科的进化图景——已经提出但并未建立起来——说的是非洲类人猿和原始人类的进化分支可能产生在欧洲，即随着像奥兰诺古猿这样的人科动物的出现而产生（Begun, 2003）。之后人科动物可能有一个返回非洲的迁徙，在那里，距今约 800 万年，大猩猩、黑猩猩和原始人类的先祖开始了分化过程。化石采集者、分析家和分类学者的持续工作，可能最终能够调和和涉及中新世类人猿和它们的现存后裔之间关系的争论。

加泰罗尼亚皮尔劳尔猿

2004 年 12 月，西班牙人类学家宣布他们发现了可能是世界上所有现存大猿，也包括人科的最后的共同先祖（Moyà-Solà et al, 2004）。这种新的类人猿种类名叫加泰罗尼亚皮尔劳尔猿，生活在距今约 1 300 万年，也就是中新世中期。这种古代的类人猿可能是人类、黑猩猩、大猩猩和猩猩最后的共同祖先。这个发现来自一个新的丰富的化石层，邻近西班牙加泰罗尼亚地区的皮尔劳尔村。皮尔劳尔猿这个名字结合了该村子名字的一部分和希腊语中表示猿类的词汇，加泰罗尼亚猿则是为了纪念加泰罗尼亚地区，这个名叫皮尔劳尔的小村子和巴塞罗那都位于该地区。

目前为止发现的皮尔劳尔猿骨骼包括许多头骨、手骨和脚骨——有脚趾和指骨碎片，三片椎骨，两根完整的肋骨，还有其他骨头的大块残片。这个考察队的带领者是巴塞罗那古生物研究所的萨尔瓦多·摩亚索拉。这个包含了 83 块残片的发现，来自一个体重 75 磅（34 千克）的成

年雄性。像黑猩猩和大猩猩一样，皮尔劳尔猿非常适应攀爬树木和在地上的指背行走，根据唯一的一枚牙齿的形状来判定，它可能是食果者。

一些特征将皮尔劳尔猿和小猿（长臂猿和合趾猿）以及猴子区别开来。皮尔劳尔猿的肋骨篮、下脊椎和腕关节说明了它攀爬的方式和现代大猿是一样的。该类人猿的胸部（chest），或称胸腔（thorax）比猴子的胸部宽而平。根据摩亚索拉的说法，"胸腔是该化石最重要的部分，因为这是首次在化石记录中发现类似于现代类人猿的胸腔"（转引自 Perlman 2004, p.A-4）。

在灵长类进化的时间序列中，猴子支系（lineage）大约在距今 2 500 万年时从人族支系（hominin line）上分化出去，这一人族支系发展为猿和人类。小猿的先祖与大猿的先祖大约在距今 1 600 万～1 400 万年前分离开来。然后，在距今 1 100 万～1 000 万年前左右，猩猩分支与非洲猿和人类分支相分离。之后的一次分化中，大猩猩分支又从人类和黑猩猩分支上剥离出去。距今约 700 万～600 万年前，支系内部再度分化为各种人族，关于这一点我们将在下一章进行讨论。最近研究者又发现了一些属于那个关键时期的引人入胜的化石。

"图迈"

让我们回到非洲去看最近的一项重要发现。2001 年 7 月，在非洲中部——乍得北部的德乍腊沙漠工作的人类学家发掘出了距今 700 万～600 万年的头骨，这可能是我们迄今为止发现的最古老的人类先祖的化石。这个发现包括一个基本完整的头骨、两片下颌骨残片和三颗牙齿。随后另外两片颌骨和一颗牙齿又被发现（Wilford, 2005）。图迈可以上溯至人类和黑猩猩从一个共同祖先开始分化的那个时期。"它把我们带入另一个世界，古代人类和古代黑猩猩拥有共同祖先的那个世界。"乔治·华盛顿大学古生物学家伯纳德·伍德如是说（Gugliotta, 2002）。

这个发现是一个由法国古生物学家米歇尔·布鲁涅特带领、由 40 个成员组成的多国考察队完成的。实际的发现者是大学生 Ahounta

Djimdoumalbaye，是他将埋在沙岩中的头骨找了出来。这个新的化石被命名为萨赫勒人乍得种，指的是发现它的地点乍得的北部萨赫勒地区。该化石也称"图迈"，这是一个当地土语的名字，意为"生命的希望"。

该考察队将这个头骨的拥有者确定为一个成年雄性，它有一个黑猩猩大小的脑容量（320～380毫升），粗大的眉骨和一张扁平的、近似于人的面孔。图迈的栖息地包括无树草原、森林、河流地带和湖畔——那里有很多动物：大象、羚羊、马、长颈鹿、鬣狗、河马、野猪、鳄鱼、鱼类和啮齿类动物。这些物种使考察队能够推定图迈被发现的时间和地点（date the site where Toumai was found）（通过和放射性定年法对相同动物做出的结果相对比）。

图迈是不是"缺失的环节"，是不是人猿共同的祖先，或者大猩猩的祖先（该观点由沃尔泼夫、森努特、皮克福特和霍克斯2002年提出），或者是科学界所知的最早的人类？图迈的发现使科学家向着人类和类人猿从同一祖先开始分化的那个时期又迈进了一步。正如我们所期待的人猿共同祖先的化石那样，图迈身上混合了类人猿和人类的体形特征（Wilford, 2005）。尽管它的脑容量只相当于黑猩猩，但它的牙齿的珐琅层却比黑猩猩的要厚，这说明它的食物里不仅包括水果，还包括只能在草原上找到的某种更粗硬的植物。而且，图迈的吻部不像黑猩猩那样突出——这使它看起来更像人，它的犬齿也比其他类人猿要短。"这个化石显示了朝我们的方向进化的第一缕微光。"加利福尼亚大学伯克利分校人类学

家提姆·怀特如是说（转引自 Gugliotta，2002）。

图根原人

2001年1月，瑞吉特·森努特、马丁·皮克福特还有其他一些人一起报告了一个在邻近肯尼亚巴林戈地区的图根村的发现，它可能是早期的人类化石，他们将其称作图根原人（Aiello and Collard, 2001；Senut et al., 2001）。这次发现包括了至少五个个体的13块化石。有带牙齿的颌骨碎片，单独的上下牙齿，臂骨和指骨。图根原人大概是和黑猩猩大小相似的生物，能很容易地攀爬树木，在陆地上时双足行走。它出现的时间——距今600万年，和人与黑猩猩的共同祖先存在的时间接近。它的左股骨（大腿骨）化石证实了它是双足直立移动的，而它粗壮的右前肢（上肢）又证明了它的爬树本领。在同一岩石层中找到的其他动物化石说明了图根原人生活在林木茂密的环境中。

图根原人的原始（灵长类）特征表现在其上门牙、下犬齿和下前臼齿上，它们看起来更像雌性黑猩猩的牙齿而不是人类的。但它其他的牙齿构造和骨骼结构，特别是直立行走的能力，让发现者们将它归入人类系谱。图根原人生活的时期在图迈之后但又在卡达巴地猿之前，卡达巴地猿也是2001年在埃塞俄比亚发现的，距今580万～550万年。地猿在人族中的地位（the hominin status of Ardipithecus），也就是我们下一章开篇将要讨论的，比图迈或图根原人都更加广泛地被认可和接受。

本章小结

1. 灵长类已经生存了6 500万年，也就是从新生代开始，新生代包括七个世：古新世、始新世、渐新世、中新世、上新世、更新世和全新世。树栖假设认为灵长类通过适应高树上的生活而进化；可视捕食假设的观点中关键的灵长类特征是因为其抓捕昆虫的行为而发展起来的。杂食假设则认为对被子植物（显花植物）利用的增加导致了现代灵长类的各种性征。

2. 第一个被明确认定为灵长类的生物化石生活在始新世时期（距今5 400万～3 800万年），主要分布在北美和欧洲。始镜猴科动物可能是所有类人猿和跗猴属动物的祖先。兔猴科可能是狐猴和懒猴的祖先。

3. 在渐新世时期（距今3 800万～2 300万年），类人猿成为数量最多的灵长类。副猿科动物可能是新大陆猴的祖先。原上猿科动物，包括埃

及猿，可能是狭鼻类动物——旧大陆猴、类人猿和人类的祖先。

4.最早的人科动物（类人猿或原猿）化石来自中新世（距今2 300万～500万年）。非洲的原康修尔猿中包括了旧大陆猴和类人猿最后的共同祖先。中新世中期（距今1 600万～1 000万年）开始时，一座大陆桥连接起了非洲和欧亚大陆。原猿从非洲进入欧亚大陆并且成为中新世中期分布最普遍的类人猿。中新世中期和晚期欧亚大陆上有两个分布最广泛的类人猿群体：森林古猿和西瓦古猿。西瓦古猿是现代猩猩的祖先。巨猿，曾经在亚洲存活了百万年的最大的灵长类动物，最终和直立人共存。

5.曾经在欧洲广泛分布的森林古猿中可能有非洲类人猿和人类的共同祖先。在距今1 000万～900万年前生活在欧洲的奥兰诺古猿，可能是人科动物的另一位先祖，它们在中新世晚期开始时曾经有过一场返回非洲的迁徙。生活在距今900万～700万年的山猿，是一种采集水果和其他食物时能够直立身体的类人猿。山猿、森林古猿、奥兰诺古猿和现存的大型类人猿以及人类的骨骼结构上具有相似性。

6.生活在距今约1 300万年前的加泰罗尼亚皮尔劳尔猿可能是人类、黑猩猩和大猩猩最后的共同祖先。人类学家仍没有确定该化石就是人类黑猩猩和大猩猩的共同祖先。然而，生物化学的证据强有力地证实了大猩猩、黑猩猩和原始人类的祖先在中新世晚期已经互相分化开来。2001年在乍得东部发现的一个头骨化石，距今大约700万～600万年，被官方命名为萨赫勒人乍得种，更通俗的叫法是"图迈"，它是否可能是最早的原始人类犹未可知，同样如此的还有2001年在肯尼亚发现的，和图迈相比并不那么古老的图根原人。

兔猴类群 adapids 早期（始新世）灵长类科属中狐猴和懒猴的祖先。

树栖假设 arboreal hypothesis 该观点认为灵长类通过适应在高树上的生活而进化，在高树上它们的视觉能力能超过嗅觉（have been favored over），可抓取的手和脚可被用于在树枝之间自由行动。

森林古猿 Dryopithecus 生活在中新世中期和晚期的欧洲的类人猿。其中可能包括小猿（长臂猿和合趾猿）和大猿的祖先。

古人类/人族 hominins 这个术语用来描述所有曾经存在过的人类物种，包括已经灭绝的那些，但排除黑猩猩和大猩猩。

杂食假设 mixed diet hypothesis 该观点认为对被子植物（显花植物）利用的增加产生了现代灵长类的典型特征。当早期灵长类搜寻水果、种子、花朵和昆虫时，它们可能已经依赖于视觉。

始镜猴类群 omomyids 在北美、欧洲和亚洲发现的早期（始新世）灵长类；早期的始镜猴类群可能是所有类人猿的祖先；晚一些的可能是跗猴属动物的祖先。

颅后骨 postcranium 骨骼头部后侧或下侧的地方。

原康修尔猿 Proconsul 上猿超科早期中新世属；是中新世早期数量最庞大也最成功的类人猿；旧大陆猴和类人猿的最后的共同先祖。

西瓦古猿 Sivapithecus 首先在巴基斯坦发现的广泛存在的化石猿群体；包括之前称做"腊玛古猿"的标本和来自土耳其、中国和肯尼亚的化石类人猿。早期的西瓦古猿可能包含了猩猩和非洲类人猿的共同祖先；晚期的西瓦古猿现在看来是现代猩猩的祖先。

可视捕食假设 visual predation hypothesis 该观点认为灵长类在较低的树枝和林下植物丛中生活，通过发展视觉和触觉帮助猎取和抓捕昆虫而发展进化。

1.依赖化石记录重建进化过程的优点和缺点各是什么？除了化石以外，还有什么可以作为灵长类和人类进化证据的线索？

2.关于早期灵长类进化的一些尚无答案的问题是什么？什么样的信息能够帮助获得答案？

3.看看一只松鼠的运动，它的运动方式和猴子相比有什么不同？和猫相比呢？和你自己相比呢？这些观察结果在关于动物的远古栖息地的问题上能告诉你什么？

4.有许多关于北美西北太平洋地区"大脚怪"的目击报道和喜马拉雅山区雪人的报道，什么样的有关类人猿的事实导致你去质疑这些报道？

5.2001年在乍得北部发现的距今700万～600万年的头骨"图迈"是原始人类的可能性是什么？除了是原始人类它还可能是什么？你可以上网去看关于"图迈"的最新研究。

补充阅读

Begun, D. R., C. V. Ward, and M. D. Rose
   1997 *Description: Function, Phylogeny, and Fossils: Miocene Hominoid Evolution and Adaptations.* New York: Plenum Press.一本关于中新世类人猿的最新科学研究的文集。

Ciochon, R. L., J. Olsen, and J. James
   1990 *Other Origins: The Search for the Giant Ape in Human Prehistory.* New York: Bantam Books. 对巨猿的研究。

Eldredge, N.
   1997 *Fossils: The Evolution and Extinction of Species.* Princeton, NJ: Princeton University Press.化石告诉我们的物种自然史。

Fleagle, J. G.
   1999 *Primate Adaptation and Evolution,* 2nd ed. San Diego: Academic Press. 有关过去和现存的灵长类动物适应性的出色介绍。

Hrdy, S. B.
   1999 *The Woman That Never Evolved,* rev. ed. Cambridge, MA: Harvard University Press. 对灵长类和人类进化做出了杰出贡献的一本书的修订版。

Kemp, T. S.
   1999 *Fossils and Evolution.* New York: Oxford University Press. 对化石记录的解释。

Kimbel, W. H., and L. B. Martin, eds.
   1993 *Species, Species Concepts, and Primate Evolufion.* New York: Plenum Press.灵长类的进化。

MacPhee, R. D. E., ed.
   1993 *Primates and Their Relatives in Phyloyenetic Perspective.* New York: Plenum Press. 有关灵长类家族树及其进化的讨论。

Moyà-Solà, S., M. Köhler, D. M. Alba, I. Casanovas-Vilar, and J. Galindo
   2004 *Pierolapithecus catalaunicus, a New Middle Miocene Great Ape from Spain. Science* 306 （November 19）: 1339-1344.

Perlman, D.
   2004 Fossil Find May Be the Father of Us A11: It's Hailed as Last Common Kin of the Great Apes and Humans. *San Francisco Chronicle,* November 22, P. A-4. http://www.sfgate. com/cgi-bin/article.cgi?file=/chronicle/archive/2004/11/22/ MNGIV9VF3G1. DTL.

Wade, N., ed.
   2001 *The New York Times Book of Fossils and Evolution,* rev. ed. New York: Lyons Press.《纽约时报》上关于化石和演化论的文章。

1.浏览Christopher R. Scotese的大陆漂移动画（http://www.scotese.com/pangeanim.htm）或者http://www.clearlight.com/~mhieb/WVFossils/continents.html。两个网页都文字和动画兼备，在你阅读本章之后，这些将使你能够回答如下问题：

a.灵长类最早出现在什么时候？

b.彼时，哪些大陆是相连的？哪些是隔绝的？

c.本章开篇说道最早灵长类的多数发现都在北美洲和欧洲。根据地图，相似的标本在两地都被发现能说得通吗？我们还能在哪里发现早期灵长类的化石证据？哪个大陆不太可能有早期灵长类？

2.大脚怪：阅读Lorraine Ahearn的文章《大脚怪理论：现实是你制造的》，这是关于1999年大脚怪会议的一个报告（http://groups.msn.com/NCBigfootInvestigations/inthenews.msnw）。

a.本章论及有些人（但几乎没有科学家）认为大脚怪是步氏巨猿（Gigantopithecus blackei）尚存的后代。支持和反对此论点的论据各是什么？

b.文章中还展现了哪些其他大脚怪理论？你如何着手检验它们呢？

c.你对大脚怪的看法是什么？你将如何着手检验它呢？

请登录McGraw-Hill在线学习中心查看有关第7章更多的评论及互动练习。

第**8**章
早期人族

什么使我们成为人类？

为了判定一个化石是不是人类祖先，我们是否应该弄清使我们成为今天的人类的特征？有时要，有时不用。我们的确在寻找 DNA 中的相似性，包括某些世系共有而其他世系没有的突变。但是对于人类的关键属性如双足移动、长期的幼年依赖、大的脑容量，以及工具和语言的使用又如何呢？这些人类重要属性中的一部分是相当晚近的——或者起源无法追溯。讽刺的是，科学家用以鉴定特定的化石是早期人类而非猿的体质特征正是在随后的人类进化中丢失的那些。

双足行走

正如在本章"新闻简讯"中描述的那样，地猿（Ardipithecus，距今 580 万～ 440 万年）的颅后物质表明了双足直立行走的能力。事实上，正是这种移动方式的转变导致了独特的人类的生活方式。双足直立行走——双足直立移动——是早期人类不同于猿类的关键特征。非洲化石发现显示人类双足直立行走的历史有 500 万年之久。

双足直立行走被认为是对开阔草地热带稀树草原栖息的适应。科学家提出了双足直立行走在这种环境中的几个优势：能够越过长长的草看东西，将东西带回家以及减少身体对太阳光的曝露。化石和考古记录证实双足直立行走先于石制工具制造和人族脑容量的扩大。但是，虽然最早的人族白天在开阔地区双足直立移动，晚上它们也保留了足够的和猿相似的解剖学特征，使它们成为很好的攀缘者。它们可以通过在树上睡觉来躲避陆上的捕食者。

双足直立行走的一种解释强调距今 500 万年横扫非洲的一次气候变迁。在中新世晚期，随着全球气候变得更凉爽和干燥，撒哈拉沙漠以南地区的草原得以扩展。雨林收缩，树栖灵长类的栖息地减少（Wilford, 1995）。差不多在同一时期，地理变迁使纵贯埃塞俄比亚、肯尼亚和坦桑尼亚的东非大裂谷（Rift Valley）变深了。峡谷的下陷抬升了山脉。这使得峡谷西部的地区更潮湿且树木增多，而峡谷东部则变得更干旱且草原广布。人族和黑猩猩的共同祖先由此分化。那些适应了潮湿的西部的成为了黑猩猩科，而东部的那些则不得不在开阔环境中开辟新生活（Coppens，1994）。

东部灵长类——那些成为人族的——中至少有一支越来越多地冒险进入开阔地区寻找食物，但是晚上仍然撤退到树上睡觉和躲避捕食者。为了更有效地移动，或者也为了能越过草发现食物和敌人，这些灵长类开始站立起来并用双足行走。据推测，这种适应提高了它们存活和将有利于这种直立和步态的基因传递的概率，并最终使它们成为了双足直立行走的人族（Wilford, 1995）。

还有一个因素可能有助于双足直立行走。早期人族可能发现热带草原密集的热量非常强烈。多数栖息在草原上的动物生就拥有保护自己的头部免于随着体温升高而过热的方式。但是人类没有，早期的人族也不见得有。我们能保护头部的唯一方法是使身体保持凉爽。早期人族站立起来是否可能是为了凉爽些？对灵长类样本的研究显示：与双足行走相比，四足行走使身体曝露于太阳光的面积多 60%。直立的身体还能呼吸到地面上方更凉爽的空气（Wilford, 1995）。

脑、颅骨和幼年依赖

与现今的人类相比，早期人族的脑很小。**南方古猿阿法种**（Australopithecus afarensis），是一种生活在距今约 300 万年前的双足的人族，其脑容量（430 毫升）只略超过黑猩猩的平均值（390 毫升）。阿法种的颅型也与黑猩猩相似，虽然脑—身体的比率可能大于后者。脑容量在人族的进化中尤其是随着人属（Homo）的出现增加了。但是这种增长需要克服一些障碍。与其

概览

虽然最早的人族出现在中新世晚期，但大多数人族化石却可以被定位在上新世和更新世。早期人族的遗骸主要来自非洲东部和南部。最早的人族发现于埃塞俄比亚，被定名为地猿，可追溯至距今约 600 万年。南方古猿属的南方古猿，进化于 400 万年前。南方古猿和早期的南方古猿属物种和猿类有很多共同特征：较小的类猿头骨，尖锐的前齿，以及明显的两性差异。但它们用两条腿走路。双足直立行走作为基本的人类特征，可以上溯到距今超过 500 万年之久。

南方古猿非洲种和南方古猿粗壮种的遗骸发现于非洲南部。它们都有强有力的咀嚼器官、很大的后齿和粗犷的面部、头骨和肌肉。它们饮食的基础是草原植被。

在 200 万年以前，有两种不同的人族群体：早期人属——我们的祖先——以及南方古猿鲍氏种，即"超粗壮"的南方古猿，灭绝于约 100 万年以前。

科学家报告了另一支早期人类祖先

《纽约时报》新闻简讯

作 者：约翰·诺伯·威尔福德
（John Noble Wilford）

2004年5月5日

基于分子遗传学的计算，科学家数十年来一直推测在距今700万年到距今500万年之间，人科进化过程中发生了很多事。现在化石证据证明了这种推测。最近关于人族可能的祖先的发现有我们在第7章讨论过的图迈（Toumai，即"萨赫勒人乍得种"，Sahelanthropus tchadensis）和图根原人（Orrorin tugenensis）等。这里的新闻报道了关于被称为"地猿"的更广为接受为人族的化石，2001年发现于埃塞俄比亚。这篇写于2004年的新闻描述了地猿化石名称变化的故事。最初它们被认为是一种已知生活于距今约440万年前的地猿种（地猿始祖种）。现在它们有了自己的名称，卡达巴地猿（Ardipithecus kadabba），被认为是地猿的始祖。另外，这篇文章的作者，对这些化石提出了一个有争议的观点，认为卡达巴和图迈、图根原人可能都属于同一个属。最近这些发现把人族的支系往前推到了距今约600万年，基于分子计算，在那之前一点黑猩猩一类的分裂才刚刚发生。注意这个术语"人族"（hominin）被用于指代从始祖猩猩中分裂出来的人类这条线。当对化石的人族地位存在疑问的时候则使用"人科"（hominid），比如说对图迈。

早期人类祖先的家谱之中又有新的物种加入了——而这条树枝与主干之间是直接还是曲折纠缠的关系还存在争论。

距今约580万～550万年，在直立人出现之前很久，在今天的埃塞俄比亚境内，南方古猿阿法种（露西，超过300万年以前）以及科学家今天报告的其他几种远亲作为原始人族生活着。

这就使最近识别出来的新物种成为已知人类祖先之中最早的，可能是约600万年前人类和猩猩从它们共同的祖先那里分裂出来之后出现的第一个物种。

当它的骨头和牙齿化石三年前被首次描述出来时，考古人类学家暂时将其认定为一种更像猿猴的种，称其为"地猿始祖种卡达巴"。最早的始祖种化石是1994年在距今440万年古老的沉积层中发现的，也在埃塞俄比亚。

但随着更多发现和深入研究，特别是从牙齿上，科学家认为从五个卡达巴个体的化石中已经可以找到足够的不同之处，以认定这是一种单独的物种——卡达巴地猿。科学家补充道，在这种情况下，卡达巴不再是一个亚物种，而更像是始祖种的直系祖先。但是，还没有足够的骨架材料来了解有关卡达巴的其他方面。

对这种新的人族物种的描述和阐释今天出现在《科学》杂志上。作者是克利夫兰自然历史博物馆的约翰内斯·海尔-塞拉西（Yohannes Haile-Selassie）博士、东京大学的诹访根（Gen Suwa）博士和加州大学伯克利分校的蒂姆·怀特（Tim D. White）博士。

卡达巴化石发现于埃塞俄比亚首都亚的斯亚贝巴以北180英里的Middle Awash谷。现在这里已经是干旱的荒地了，但是在早期人族生活的时候这里还是树木茂盛且更适宜居住的。

海尔-塞拉西说，特别是六颗牙齿化石的形状和分布模式"对了解牙齿结构如何从类猿的共同祖先进化到早期人族非常重要"。他说，它们对区分地猿属早期和晚期物种也至关重要。

其他对此很熟悉但并没有参与到这个研究中来的科学家们说，他们同意或至少倾向于同意作者把这些化石标记为一个单独的物种。但他们不确定是不是应该像作者提议的那样，把这些化石以及其他两种最近发现的很相似的物种，三个物种同归于与原始人非常接近的一个新的属。

其他两种原始人科物种分别是在乍得（Chad）发现的，被认为距今700万～600万年的萨赫勒人乍得种（Sahelanthropus tchadensis），和在肯尼亚发现的，距今600万年的图根原人。这两个物种是很原始的类猿生物，并不比现代的黑猩猩大。虽然对这些残骸的分析还不完全，且仍存在不少争论，但它们都被确定为单独的物种。海尔-塞拉西博士和他的同事在这篇报道中得出结论："鉴于目前可用数据的不足，有可能所有这些残骸所代表的物种或亚物种都属于同一物种的变种。"

怀特博士，作为最有经验的考古人类学家之一，在一个电话采访里强调了这一观点。"这些最早的原始人都非常非常相似，"他说，"当你看着这些我们有的这三个影像，我们被其巨大的生物相似性所打动了，而非被那些明显的不同之处，或者巨大的血统差异所打动。"

但在同一本杂志的一篇附随评论里，来自多伦多大学的古生物学家贝根博士质疑了这种阐释。他说这三种早期原始人看起来并不像属于同一个物种，还没有什么证据能取代它们显示出来的巨大差异。

贝根博士承认"目前可用的直接证据的巨大的不确定性，不可避免地会出现截然不同的观点"。

宽泛地来讲，这种不同表现为对人族家谱树状图的不同想象——是阶梯状的还是灌木状的。越来越多的科学家发现了多种人族，而它们有时又有重叠。他们主张人族为了适应新的或变化的环境，沿着很多不同的支线进化——好像有很多枝杈的灌木。

贝根博士在一次电话采访中强调他并非不同意新物种的标记，而只是对单一种属的阐释方式"单纯提供另一种可能性"。他说"材料是非常碎片化的，我们不能确实知道。所以我们的分歧往往是我们之间不同哲学和研究经历的反映"……

—————
来源: John Noble Wilford, "Another Branch of Early Human Ancestors Is Reported by Scientists," *New York Times*, March 5, 2004, late edition, final, Section A, p.14, col 1.

他灵长类的幼仔相比，人类的幼儿有更长的幼年依赖期，在此期间，他们的脑和颅骨迅速成长。更大的颅骨需要更大的产道，但是双足直立行走限制了人类骨盆口的扩大。若骨盆口过大，骨盆就不能为躯干提供足够的支持。移动困难，以及姿势问题也会出现。与此形成对比，若产道过窄，母婴（因为没有现代的剖腹产）可能死亡。自然选择影响了直立姿势和增加脑容量的倾向这两个结构性要求之间的平衡——生育未成熟和有依赖性的幼儿，其脑和颅骨在出生后急速生长。

工具

考虑到已知的（见第6章）大猿使用和制造工具，早期人族作为猿的同源很有可能也拥有这种能力。我们随后将会看到人族制造石器的时间最早可追溯到距今250万年前。双足直立行走使得在开阔的草原栖息地使用工具和武器对抗捕食者和竞争者成为可能。双足移动也使早期人族得以搬运东西，或许还包括清除动物杀戮中的残骸。我们知道灵长类已经有了通过学习适应的能力。与猿类相比早期人族和我们近得多，而早期人族具有与现代猿类同样强大的文化能力，这简直是不可思议的。

生物文化案例研究

第9章之后的"主题阅读"讨论了生物现代性和行为现代性——即从何时起形如现代人类的人开始像现代人一样行动——之间的关系。

牙齿

早期人族性状在随后的进化中丢失的例子之一是臼齿。（实际上牙齿整体格局的变化是人类进化的特征。）在早期人族对草原的多沙、坚硬和纤维植物的适应中，拥有更大的臼齿和更厚的牙釉质具有适应上的优势。这使得通过完全咀嚼硬的纤维植物并辅以唾液酶消化食物成为可能，否则这种食物将是无法消化的。与这种咀嚼相关的搅动和转动运动也促成了犬齿和第一小臼齿（双尖齿）的退化。猿的这两颗门齿比早期人族的尖利得多也长得多。猿用它们尖利的牙齿撕开果实。雄性也展示他们的大而尖利的犬齿以吓退和压制其他包括潜在的雄性。双足行走是人类支系自从与发展为非洲猿的支系分化开来便具有的特征，许多其他"人类"特征是在后来出现的。但是其他早期人族的特征如大的臼齿和厚的牙釉质——这些我们现在已经没有了——提供了那时谁是人类祖先的线索。

人族进化年表

回想到人族这一术语被用于指代与黑猩猩祖先分离后的人类支系。人科（Hominid）指的是包含了人类、非洲猿及其近祖的分类学上的科。

本书中，人科被用于人族化石的位置存有疑问的地方（例如，第 7 章中写到的图迈）。

虽然近期的化石发现将人族支系回溯到了几乎 600 万年前（见本章"新闻简讯"），考虑到地球的历史，人类出现的时间实际上并不长。如果我们将地球的历史比作一天的 24 小时（其中一秒约等于 5 万年），

地球源自午夜。

最早的化石在上午 5：45 沉积。

最早的脊椎动物出现于 21：02。

最早的哺乳动物，在 22：45。

最早的灵长类，在 23：43。

最早的人族，在 23：57。

而智人（Homo Sapiens）则在临午夜还有 36

秒时出现。（Wolpoff, 1999, p.10）

虽然最早的人族在中新世晚期才出现，对于人在进化的研究而言，上新世（距今 500 万 ~ 200 万年）、更新世（距今 200 万 ~1 万年）和全新世（距今 1 万年至今）是最重要的。直到上新世末，最主要的人属是生活在撒哈拉以南的南方古猿。在更新世开始的时候，南方古猿进化成了人属（表 8.1）。

最早的人族

近来化石和工具的发现增加了我们关于人科和人族的认识。最突出的发现在非洲——肯尼亚、坦桑尼亚、埃塞俄比亚和乍得。这些发现来

表8.1	主要人猿超科、人科和人族化石群的年代和地理分布	
化石群	年代（距今百万年）	已知的分布
人猿超科		
加泰罗尼亚皮尔劳尔猿	13	西班牙
人科		
人科的共同祖先	8?	东非
"图迈"	7 ～ 6	乍得
图根原人	6	肯尼亚
人族		
卡达巴地猿	5.8 ～ 5.5	埃塞俄比亚
拉密达地猿	4.4	埃塞俄比亚
肯尼亚平脸人	3.5	肯尼亚
南方古猿		
南方古猿湖畔种	4.2	肯尼亚
南方古猿阿法种	3.8 ～ 3.0	东非（莱托里，哈达尔）
南方古猿奇异种	2.5	埃塞俄比亚
粗壮种	2.6 ～ 1.2	东非和南非
南方古猿粗壮种	2.0? ～ 1.0?	南非
南方古猿鲍氏种	2.6? ～ 1.0	东非
纤细种		
南方古猿阿法种	3.0 ～ 2.0?	南非
人属		
能人 / 卢多尔夫人	2.4? ～ 1.7?	东非
匠人 / 直立人	1.7? ～ 0.3?	非洲、亚洲、欧洲
智人	0.3 ～至今	
早期智人	0.3 ～ 0.28（30 万～ 2.8 万年）	非洲、亚洲、欧洲
尼安德特人	0.13 ～ 0.28（13 万～ 2.8 万年）	欧洲、中东、北非
解剖学意义上的现代人（AMHs）	0.15? ～至今（15 万年～至今）	世界各地（距今 2 万年内）

自不同的遗址，这些遗骸的个体生活的年代可能间隔了成百上千年。而且，上万或上百万年的地质运动不可避免地损坏了化石遗存。

地猿

正如我们在"新闻故事"中看到的，早期人族被划归卡达巴地猿（Ardipithecus kadabba），它们生活在距今 580 万～ 550 万年前的中新世晚期。有些中新世人族最终进化为上新世—更新世—组内部有差异的、被称为南方古猿的人族——我们有大量关于南方古猿的化石记录。这个属显示了它们曾经一度被归为独特的"南方古猿亚科"（Australopithecinae）成员。我们现在知道本章中讨论的南方古猿的各个种在灵长目中并不构成独特的亚科，但是"南方古猿亚科"的名称仍被沿用。现在，我们在属的层次上作出了南方古猿亚科与其后人族之间的区分。南方古猿亚科被指定为南方古猿属；其后的人类，被定为人属。

地猿（拉密达地猿，Ardipithecus ramidus）化石最早发现于埃塞俄比亚的阿拉米斯（Aramis），发现者是伯哈•阿斯弗、根•苏瓦和蒂姆•怀特（Berhane Asfaw, Gen Suwa and Tim White）。这些拉密达地猿的化石距今 440 万年，包含了约 17 个个体的遗骸，有头颅、牙齿和上肢骨。"新闻故事"中讨论了更古老的地猿（卡达巴地猿）化石，距今 580 万年，与人类和非洲猿的共同祖先的时间相近。这一发现包含了 11 个标本，包括带牙齿的颌骨，手骨、脚骨、上肢骨的碎片和一块锁骨。至少来自 5 个个体。这些生物在体型大小、解剖学特质和栖息地方面与猿类似。它们生活在灌木丛而非后来的人族扩散的开阔的草地或草原栖息地。至本书写作时为止，由于可能的双足直立行走，卡达巴地猿被认为是已知的最早人族，此外尚有距今 700 万～ 600 万年的乍得图迈人和距今 600 万年的肯尼亚图根原人（Orrorin tugenensis），有可能是更古老的人族。

肯尼亚人

完成这一图画的是另一个发现，被米薇•利基命名为肯尼亚平脸人（Kenyanthropus platyops）或者平脸的肯尼亚"人"（事实上，性别尚不确定）。这些化石（一个近乎完整的颅骨和部分颌骨）是 1999 年由利基带领的研究组在肯尼亚北部图尔卡纳湖（Lake Turkana）西岸发掘时发现的。他们认为这一距今 350 万年的发现代表了一个全新的早期人类谱系。

利基认为肯尼亚人表明了早至距今 350 万年前，就至少有两个人族支系存在。其中之一是久负盛名的南方古猿阿法种化石（见下文），以露西骨架著称。而肯尼亚人的发现似乎可以说明露西及其同类在非洲平原上并非独自存在。在利基看来，露西或许根本就不是人类的直系祖先。人族的家族谱系曾经被画为直的树干，随着各个方向枝杈的出现，开始变得更像灌木（Wilford, 2001a）。

肯尼亚人的脸扁平、臼齿小，这与阿法种（见下文）极其不同。自 1974 年唐纳德•约翰逊（Donald Johanson）在埃塞俄比亚发现阿法种以来，它们一直被认为是所有后来的人族包括人类在内最有可能的共同祖先。在没有距今 380 万～ 300 万年的化石的情况下，这是科学家所能得出的最合理的结论。但是，由于肯尼亚人的发现，阿法种在人类祖先中的位置已经且将被继续争论。分类学上的"主分派"（那些强调多样性和分化的人）将聚焦阿法种和肯尼亚人的差异并将肯尼亚人视为一个新的类别（属和 / 或种），正如利基所做的那样。而"主合派"则将聚焦肯尼亚人和阿法种之间的相似性并且有可能将它们归于同一类别：久负盛名的南方古猿。

多样的南方古猿

在图 8.1 中，南方古猿至少有 6 个种：

1.南方古猿湖畔种（距今 420 万～ 390 万年）

2. 南方古猿阿法种（距今 380 万? ～300 万年）

3. 南方古猿非洲种（距今 300 万? ～200 万? 年）

4. 南方古猿奇异种（距今 250 万年）

5. 南方古猿粗壮种（距今 200 万? ～100 万? 年）

6. 南方古猿鲍氏种（距今 260 万～100 万年）

每一个物种的年代是概数，这是因为有机体不会今天是此物种而明天就成了别的物种，也不是所有的发现都可以运用同样的年代测定技术。例如，南非的南方古猿化石（南方古猿非洲种和南非古猿粗壮种），来自非火山区，无法做放射性测年。这些化石的测年主要基于地层学。东非火山区的人族化石一般运用放射性年代测量法。

南方古猿湖畔种

拉密达地猿可能（或没有）进化成了南方古猿湖畔种，这是肯尼亚北部的一种双足直立行走的人族，其化石最早是由米薇·利基和阿兰·沃克（Alan Walker）于 1995 年发现的（Leakey et al., 1995；Rice, 2002）。南方古猿湖畔种包含了 78 块化石，来自两个遗址：卡纳博（Kanapoi）和阿丽亚湾（Allia Bay）。化石包括上颌骨和下颌骨，颅骨碎片以及腿骨的上部和下部（胫骨）。卡纳博的化石距今 420 万年，阿丽亚湾的化石距今 390 万年。臼齿有很厚的牙釉质，与猿相似的犬齿很大。根据胫骨，湖畔种的体重约 110 磅（50 千克），比更早的地猿以及随后的阿法种都大。其骨骸显示湖畔种是双足行走的。由于其在东非大裂谷地区的年代和活动，南方古猿湖畔种可能是南方古猿阿法种（距今 380 万～300 万年）的祖先，后者一般被认为是所有随后南方古猿（奇异种、非洲种、粗壮种和鲍氏种）及人属的祖先。

南方古猿阿法种

名为南方古猿阿法种的人族物种化石发现于两处遗址：坦桑尼亚北部的莱托里（Laetoli）和埃塞俄比亚阿法地区的哈达尔（Hadar）。莱托里

的年代较早（距今 380 万～360 万年）。哈达尔化石的年代大概在距今 330 万～300 万年。因此，根据现有的证据，南方古猿阿法种约生活在距今 380 万～300 万年之间。由玛丽·利基指导的研究带来了莱托里的发现。哈达尔的发现则归功于有 D.C. 约翰逊和 M. 泰布（D.C. Johanson and M. Taieb）带领的国际考察。这两处遗址收获了可观的早期人族的化石标本。莱托里发现了 24 件标本，哈达尔的发现则囊括了 35 至 65 个个体的遗骸。莱托里的遗骸主要是牙齿和颌骨碎片，还有一些信息含量高的变成化石的脚印。哈达尔样本包括颅骨碎片和颅后物质，最著名的是一个生活在距今约 300 万年前的小的雌性人族骨架，占

见在线学习中心的在线练习。
mhhe.com/kottak

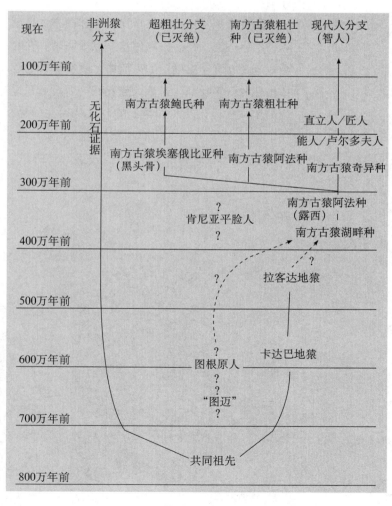

图8.1 非洲猿、人科和人族的系谱演化树
推测的黑猩猩和人族祖先分化的时间是距今 800 万年至 600 万年前。之后的人族进化分支也有体现。欲知更确切的年代，参见文本和表 8.1。

到整副骨架的 40%，是"露西"的两倍。

虽然莱托里和哈达尔的遗骸沉积的年代相差50万年，但是它们之间的许多相似之处解释了它们在同一物种即南方古猿阿法种中的位置。这些化石推动了对早期人族化石记录的重新解释。南方古猿阿法种，虽然明显是人族，但是它们在很多方面与黑猩猩和大猩猩如此相似，所以我们的共同祖先必定是非常晚近出现的，绝对不超过距今 800 万年。地猿和南非古猿湖畔种甚至更像猿类。这些发现表明人族和猿之间比之前已知的化石记录所显示的更近。对黑猩猩和大猩猩学习能力和生物化学性的研究已经给我们上了关于同源性的宝贵的一课，这一点现在为化石记录所证实。

南方古猿阿法种的发现比地猿和南方古猿湖畔种的描述完整得多，它使这一点更明晰。在晚至距今 300 万年的确定的人族中，具有惊人的与猿相似的众多特征。讨论人族化石需要对齿式进行简单回顾。人类（和猿）的齿式从后往前移，在上颌或下颌的任一边有 2 颗门齿、1 颗犬齿、2 颗前白齿和 3 颗白齿。我们的齿式为 2.1.2.3 式，两边、上下各 8 颗——总共 32 颗——若我们有所有的"智齿"（我们的第 3 颗臼齿）。现在回到南方古猿，南方古猿阿法种与猿相似，而不同于现代人，有比其他牙齿突出的尖利的犬齿。而且和猿一样，它们下方的前白齿突出以使得上方的犬齿更尖利。长长的尖端和小的隆起暗示其在人族的进化中最终发展成尖的前白齿。

但是，有证据表明与草原植被相关的有力的咀嚼已经进入了南方古猿阿法种的进食模式。当草原和半沙漠上粗糙、多沙的纤维植物进入食谱，后方的牙齿改变以适应沉重的咀嚼压力。巨大的臼齿、颌以及面部和头颅结构表明其饮食需要强有力的碾压。南方古猿阿法种的臼齿很大（见图 8.2），下颌（下颚）很厚而且由门牙后的骨脊支撑，颧骨很大，向外侧展开以牵引有力的咀嚼肌。

南方古猿阿法种的骨架与后来的人族对比鲜明，其脑容量只有 430 毫升，只略超过黑猩猩的平均值（390 毫升）。但是，在颈部以下，特别是与运动相关的部分，南方古猿阿法种毫无疑问是人类。双足直立行走步态的早期证据来自莱托里，

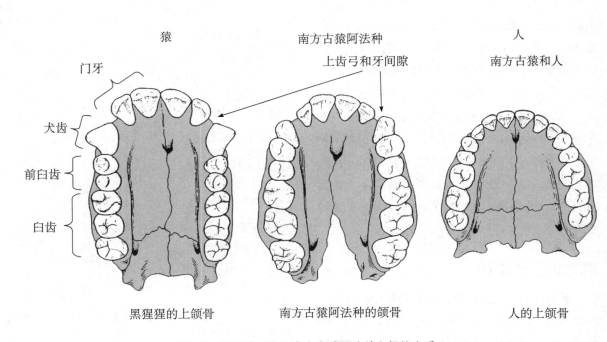

图8.2　比较猿、人和南方古猿阿法种上颌的齿系

那里的火山灰覆盖了一串两三个人族成员行走至水坑的脚印，火山灰可以用 K/A 技术直接测定年代。这些脚印证实了距今 360 万年前，小群双足直立行走的人已生活在坦桑尼亚。骨盆、臀部、腿和脚骨的结构也证实了双足直立行走是南方古猿阿法种的行动模式。

更新的发现表明双足直立行走在南方古猿阿法种之前。南方古猿湖畔种（距今 420 万年）就是双足行走的。来自更古老的地猿的相关颅后物质显示其有双足直立行走的能力。实际上，证实这种移动方式的改变导致了人类独特的生活方式。双足直立行走——直立的双足移动——是早期人族区别于猿的关键特征。

虽然是双足直立行走，南方古猿阿法种与后来的人族相比依然很不相同。两性差别尤其突出。南方古猿阿法种雌雄两性颌骨大小的差异比猩猩两性之间更显著。体型大小的差异亦然。南方古猿阿法种的雌性如露西，身高介于 3~4 英尺（0.9~1.2 米）之间；雄性身高可能达到 5 英尺（1.5 米）。南方古猿阿法种的雄性体重或许是雌性的两倍（Wolpoff, 1999）。表 8.2 总结了各种

🔘 随书学习视频

露西

第8段

该片段描绘了进入化石记录的首个南方古猿阿法种成员露西的发现及其特点。在她被发现的 1974 年，露西成为当时化石记录中最古老的人族和人科。今天，那个记录中已经包含了几个更古老的可能的人族祖先，也是通过双足直立行走鉴定的，就像露西一样。该片段提供了以下问题的答案：露西的哪些解剖学特征与黑猩猩相似？哪些与现代人相似？露西的盆骨和猿的盆骨有何不同？如何解释这种差异？

南方古猿包括体重和脑容量的性别中间值（mid-sex）。性别中间值意味雄性平均值和雌性平均值的中间值。

露西及其同类远不够精致。露西的肌肉包裹的（muscle-engraved）骨骼比我们强壮得多。由于只有初级的工具和武器，早期人族需要有力和坚固的骨骼和肌肉。与其后的人族相比，露西的手臂与腿的相对长度要大。她的比例更像猿而不像

表8.2	关于南方古猿和黑猩猩、人属相比的事实				
种	年代（距今百万年）	已知的分布	重要遗址	体重（性别中间值）	脑容量（性别中间值）（毫升）
解剖学意义上的现代人（AMHs）	15 万年至今			132 磅 /60 千克	1 350
倭黑猩猩（黑猩猩）	现代			93 磅 /42 千克	390
南方古猿鲍氏种	2.6? ～ 1.2	东非	奥杜韦，图尔卡纳东部	86 磅 /39 千克	490
南方古猿粗壮种	2.0? ～ 1.0?	南非	克罗姆德莱，斯瓦特克兰斯	81 磅 /37 千克	540
南方古猿非洲种	3.0 ～ 2.0?	南非	汤恩，史德克方顿，马卡潘斯盖特	79 磅 /36 千克	490
南方古猿阿法种	3.8 ～ 3.0	东非	哈达尔，莱托里	77 磅 /35 千克	430
南方古猿湖畔种	4.2 ～ 3.9	肯尼亚	卡纳博，阿丽亚湾	参数不足	未发现颅骨
地猿	5.8 ～ 4.4	埃塞俄比亚	阿拉米斯	参数不足	未发现颅骨

我们。虽然露西既不是臂行也不用上肢的指关节挂地行走，但是她与现代人相比，或许是更好的攀缘者，并且她会在树上度过一天中的部分时光。

南方古猿阿法种的化石表明，晚至距今300万年前，我们的祖先仍拥有混合了猿和人族的特征。比多数学者设想的更像猿的犬齿、前臼齿和颅骨就存在于这些近祖身上。另一方面，臼齿、咀嚼器官和颧骨有了后来人族特征的迹象，盆骨和肢骨则是人族的无疑（图8.3）。人族的样子从无到有，开始被建立起来。

人族双足步行时，两腿和脚交替摆动和站立。当一条腿由大拇指推动离地进入摆动阶段时，另一条腿的脚后跟着地进入站立姿势。四足移动者如旧大陆猴始终有两肢支撑。双足行走与此不同，一次只有一肢支撑。

骨盆、脊柱下段、髋关节和股骨依据双足行走的压力而相应改变。南方古猿的骨盆更接近（虽然远不一致）人属而不是猿，表现出对双足直立行走的适应（图8.4）。南方古猿的骨盆片（胯骨片）比猿的更短、更宽。连接盆骨两端的骶骨更大，和人属一样。随着足直立行走，骨盆构成了一个类似篮子的东西以平衡躯干的重量并减轻支撑这种重量的压力。脊柱（脊椎）化石显示南方古猿的脊柱下段（腰椎）有和人一样的弯曲特征。这种弯曲有助于将上身的重量转移到骨盆和腿上。南方古猿和人属的枕骨大孔（脊髓与脑相连的"大孔"）的位置比猿靠前也表现了双足直立行走的适应（图8.5）。

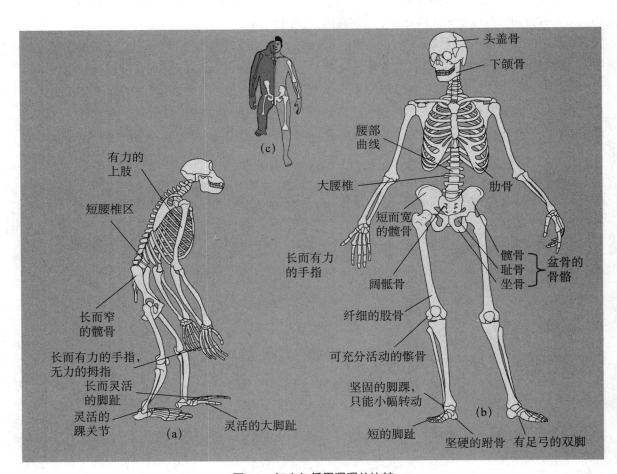

图8.3 智人与倭黑猩猩的比较

（a）双足姿势的黑猩猩骨架；（b）现代人的骨架；（c）黑猩猩和人的各二分之一置于同一长度躯干上以比较四肢比例。腿长的差异很大程度上构成了人类与猿的比例差异。

猿的股骨直直地从臀部延伸至膝盖。但是，南方古猿和人属的股骨弯曲进入臀部，使行进中膝盖之间的空间比骨盆更窄。南方古猿的骨盆与人属相似但是并不完全一样。最显著的差异是南方古猿的产道更窄（Tague and Lovejoy, 1986）。

产道的扩大是人族进化中的一个趋向。产道的宽度与颅骨和脑的大小有关。南方古猿阿法种的脑容量小。即使是更晚的南方古猿，脑容量也未超过 600 毫升。毫无疑问，南方古猿的颅骨在出生后生长以适应脑的发育，就像人属一样（人属更多）。但是，南方古猿脑的扩大比人少得多。南方古猿颅骨骨嵴（颅骨最终连接的线）相对而

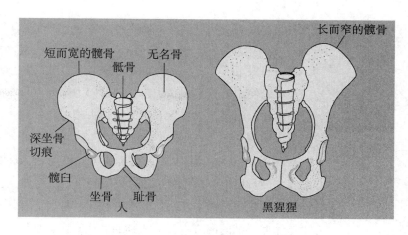

图8.4 人类盆骨与黑猩猩盆骨的比较

人类的盆骨为了适应双足直立行走的要求进行了调整。人类盆骨的髋骨比猿类更短、更宽。连接髋骨的骶骨也更宽。根据双足直立的特点，可以想见南方古猿的盆骨更类似人属而非黑猩猩。

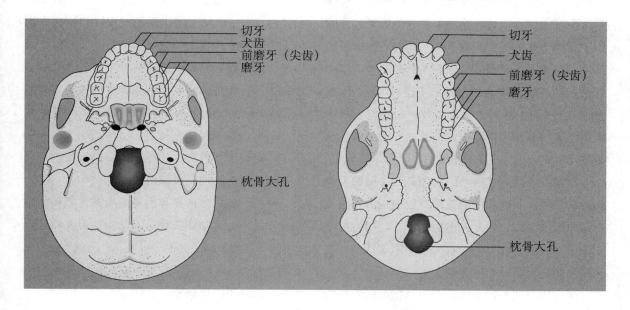

图8.5 人属与黑猩猩颅骨及齿系（上颌）的比较

人属枕骨大孔（脊髓和脑通过此孔连接）的位置比猿靠前许多。这使得在直立行走中头部位于脊柱上方以保持平衡。猿的臼齿和前臼齿形成平行的排。与之形成对比，人的牙齿是圆的、抛物线的形状。你注意到人和猿的犬齿有什么差异了吗？犬齿退化是人族进化中的一个重要趋势。

言闭合得更早。年幼的南方古猿需要依赖父母和亲属的养育和保护。这一幼年依赖的时期为观察、教导和学习提供了时间。这或许为初级文化生活提供了间接证据。

南方古猿纤细种与粗壮种

南方古猿非洲种和南非古猿粗壮种的化石来自南非。1924 年，解剖学家雷蒙德·达特

（Raymond Dart）提出了南方古猿非洲种这一术语，用于描述这一物种的第一件化石，它是一个少年的颅骨，是在南非汤恩（Taung）的采石场偶然发现的。这一非火山区缺少放射测年，但是南非 5 个主要的遗址发现的人族化石大约（依据地层情况）距今 300 万～ 100 万年之间。

有两种南非南方古猿：纤细种（南方古猿非洲种）和粗壮种（南方古猿粗壮种）。"纤细"说

明南方古猿非洲种的成员比南方古猿粗壮种的成员更小、更纤细、更不粗壮。东非还有非常粗壮——超粗壮（hyperrobust）——的南方古猿。在此处使用的分类图式中，它们被归为南方古猿鲍氏种。但是，很多学者认为南方古猿粗壮种和南方古猿鲍氏种只是一个物种的区域变体，通常称为粗壮种（有时考虑到其种属，称为傍人属）。对纤细种和粗壮种之间关系的争议已经持续了数代但是尚未解决。纤细种和粗壮种可能都是体型纤细的南方古猿阿法种的后代，或者是南方古猿阿法种的南非版。有些学者主张纤细种生活在之前（距今 300 万～200 万？年）且是粗壮种（距今 300 万？～200 万？年）的祖先。有些则认为纤细种和粗壮种是两个独立的物种，在时间上有些交叉（将它们分类为不同物种的成员暗示在时空中的生物隔绝）。还有些古人类学家将纤细种和粗壮种视为一个单一多型种（polytypic species）——有多种表现型变异——连续变异的不同结果。东非和南非南方古猿遗址的分布区域可浏览网络地图集的第 4 幅地图。

在南方古猿阿法种之间已经显而易见的大的臼齿、咀嚼的肌肉和面部支撑等趋向在南非南方古猿中得以延续。但是犬齿退化了，前臼齿完全成为了二尖齿。牙齿的性状和功能随着饮食需求从切和撕向咀嚼和磨碎改变。

南方古猿饮食的主体是草原植物，虽然早期人族可能也捕猎小型和行动缓慢的猎物。它们也可能以腐肉为食，将大型猫科动物和其他食肉动物的猎物的残渣带回家。狩猎大型动物的能力可能是人属的成就，将在随后讨论。

南方古猿的颅骨、颌骨和牙齿毫无疑问地说明它们的饮食是以植物为主的。自然选择使牙齿变得符合特定饮食相关的压力。粗壮的臼齿、颌骨和相关的面部和颅骨结构证实了南方古猿的饮食需要大量碾磨和用力压碎。

在南非的南方古猿中，无论是乳齿还是恒齿，其中的臼齿和前臼齿都很粗壮，有多个尖突。晚期的南方古猿与早期的南方古猿相比，拥

有更大的臼齿。但是，这一进化趋势在早期人属中终结了，它们的臼齿更小，反映出随后将会描述的饮食上的改变。

人属门齿的差异没有那么明显，但是它们依然让人感兴趣是因为它们能告诉我们两性差别。与人属相比，南方古猿非洲种的犬齿更突出，牙根更大。但是，南方古猿非洲种的犬齿仍然只有南方古猿阿法种的 75% 大。虽然犬齿退化了，但南方古猿非洲种犬齿的两性差别和南方古猿阿法种的相近（Wolpoff, 1999）。总体上，早期人族的两性差异比智人更显著。南方古猿的雌性身高约 4 英尺（1.2 米），雄性约 5 英尺（1.5 米）。雌性平均体重可能仅是雄性平均体重的 60%（Wolpoff, 1980a）（这一数字不同于现代人雌性和雄性平均体重 88% 的比率）。

牙齿、颌、面部和头颅都发生改变以适应坚硬、多沙、纤维性的草原植物为主的饮食。大的面部遮蔽了大的上牙并为咀嚼肌的附着提供基地。南方古猿的颧骨延长了，整体结构（图 8.6）固定了延伸至下颌的咀嚼肌。另一组粗壮的咀嚼肌从颌的后部延伸至头颅两侧。

更粗壮的南方古猿（南非的南方古猿粗壮种和东非的南方古猿鲍氏种）的结构如此强壮以致形成了矢状嵴（sagittal crest），颅顶的骨脊。这种嵴随着骨头的生长而形成。它由咀嚼肌在颅顶交会时的牵引发展而来。

南方古猿所有的粗壮性，尤其是咀嚼器官的粗壮性随着时间的推移而增加。这一趋势在南方古猿鲍氏种之间最为突出，它们生活在距今 100 万年的东非。与它们的前辈相比，晚期的南方古猿倾向于拥有更大的体型、颅骨和臼齿。它们的骨架显示有更厚的面部、更明显的嵴以及更健壮的肌肉。与此形成对比，门齿大小未变。

脑的大小（以脑容量衡量，以毫升为单位）在南方古猿阿法种（430 毫升）、非洲种（490 毫升）和粗壮种（540 毫升）之间只有微小的增长（Wolpoff, 1999）。这些数字可与智人 1 350 毫升的脑容量相对照。现代正常的成年人的脑容量介

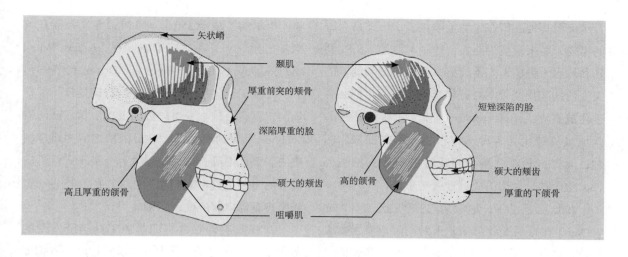

图8.6 南方古猿粗壮种（左）和纤细种（右）的颅骨，展现其咀嚼肌

突出的颊骨，有些粗壮种还有矢状嵴支撑硕大的肌肉组织。早期人族的食谱——稀树草原上粗糙、多沙的植物——需要这种结构。这些特征在南方古猿鲍氏种中得到了最好的说明。

于 1 000 ～2 000 毫升之间。黑猩猩的平均脑容量为 390 毫升（见表 8.2）。大猩猩的平均脑容量约为 500 毫升，这在南方古猿的区间内，但是大猩猩的体重要重得多。

南方古猿与早期人属

在距今 300 万～200 万年，人属的祖先与晚期南方古猿——如直到距今 100 万年前仍与人属共存的南方古猿粗壮种和鲍氏种——分化开来并在生育上相互隔绝了。物种形成的最初证据是牙齿。来自东非的距今 200 万年的人族牙齿化石样本包含两种不同的尺寸。一组很大，是人族进化中最大的臼齿和前臼齿；这组牙齿属于南方古猿鲍氏种。另一组（更小）牙齿属于我们可能的祖先能人（H. habilis），即人属的第一个代表。

至距今 170 万年前，差异越发明显。非洲的两组人族占据了不同的生境，其中之一的人属——那时已是直立人——有更大的脑容量和重新调整比例的颅；脑的区域增加以调控更高级的思维功能。这就是我们的祖先，比南方古猿有更多文化能力的人族。能人狩猎采集，制造复杂的工具，并最终取代了其唯一的同胞物种——南方古猿鲍氏种。

东非的南方古猿鲍氏种、超粗壮的南方古猿有巨大的臼齿。雌性南方古猿鲍氏种的臼齿比早期的雄性南方古猿要大。就南方古猿传统饮食的一部分而言，南方古猿鲍氏种的饮食特别集中于粗糙并含有大量沙砾的植物。

南方古猿鲍氏种和早期人族之间导致物种形成的分化不是一朝一夕就完成的。如果形成了两个新的物种，为什么其中之一被划入新的种属人属呢？这种分类是在事后作出的，因为我们知道一个物种存活下来并进化成为现今的后裔而另一物种灭绝了。后见之明向我们展示了它们截然不同的生活方式，这表明它们在不同类属中的位置。

我们仍然不知道南方古猿和人属之间的分化为什么、如何以及究竟是何时发生的。学者维护多种不同的模式或理论架构，以阐释早期人族的化石记录。因为新的发现如此经常地推动着重新评估，多数科学家在有新证据的时候愿意修正自己的解释。

创制了南方古猿阿法种这一术语的约翰逊和怀特（Johanson and White, 1979）提出：南方古猿阿法种分化为两支。一支在距今 300 万～ 200

更多关于早期石头工具的信息，见在线学习中心的在线练习。
mhhe.com/kottak

万年前与其他人族在生育上隔绝了。该支是人属的祖先，后来演变为能人，这一术语是 L.S.B. 利基和玛丽·利基为人属的第一个成员创制的。能人生活的年代距今 200 万年至约 170 万年，此后进化成直立人（H. erectus）。南方古猿阿法种的其他成员进化为各种南方古猿（南方古猿非洲种，南方古猿粗壮种和超粗壮的南方古猿鲍氏种，鲍氏种是最后的成员且灭绝了）。

1985 年，古人类学家艾伦·沃克（Alan Walker）在肯尼亚北部图尔卡纳湖附近有了重大发现。该化石被称为"黑头骨"，因为其表面呈现出蓝黑的色泽，它展现了"令人困惑的综合特征"（Fisher, 1988a）。其颌骨像猿且脑容量小（就像南方古猿阿法种一样），但是颅顶有粗的骨嵴（和南非古猿鲍氏种一样）。沃克和理查德·利基（Richard Leakey，Walker 1985 年考察的同伴）将黑头骨（距今 260 万年）视为早期超粗壮的南方古猿鲍氏种。其他人（如 Jolly and White, 1995）认为黑头骨自成一个物种，即南方古猿埃塞俄比亚种（A. aethiopicus）。黑头骨表明超粗壮的南方古猿（距今 260 万？～ 100 万年）的某些解剖学特征在超过 100 万年间没有太大变化。

不管人属和南非古猿是何时分化的，有很好的化石证据表明人属和南非古猿鲍氏种曾共存于东非。南方古猿鲍氏种生活在非常干旱贫瘠的地区，以难以咀嚼的植物为食，这一点比任何之前的人族更甚。这种饮食可以解释超粗壮种硕大的臼齿、颌以及面部和颅的相关区域。

奥杜韦工具

或许是人属狩猎技术的进步迫使南方古猿鲍氏种成为了最纯粹的素食者。工具制造可能也与分化有关。明显的最简单的制造工具于 1931 年由 L.S.B. 利基和玛丽·利基在坦桑尼亚的奥杜韦峡谷发现。工具即以此处遗址的名称命名——奥杜韦砾石器。奥杜韦最古老的工具距今约 180 万年。更早的（距今 250 万～ 200 万年）石器在埃塞俄比亚、刚果和马拉维被发现（Asfaw, White and Lovejoy, 1999; Lemonick and Dorfman, 1999）。

石制工具包括石核和石片。石核是打掉了石片的岩石；石核本身可以被加工成工具。砍砸器（chopper）是对石核的一边打削使之成为石片制成的。奥杜韦砾石器代表了世界上被正式认可的最早的石制工具。人们用网球大小的石核将一边或两边剥薄以制成砍或切割的刃。

石核或砍砸器是早期非洲工具遗址发现的最常见的石制工具。其中有些可能被用于食物加工——通过敲、切割或击打。其他"石斧"可能是剥落了石片边缘的石核，石片则被用于切割或被废弃。石片主要用于切割，例如，分割猎物。而且，奥杜韦化石包含有带划痕的骨头或角，说明它们也被用于挖掘块茎或昆虫。

诸如此类的奥杜韦石核和石片工具在距今 200 万 ~150 万年前被广泛使用，而奥杜韦峡谷的多数奥杜韦工具则是用当地更常见且更粗糙的玄武岩制成的。

人类学家已经就最早的石制工具制造者的身份争论了数十年。最早的能人因为被推测有制造工具的能力（且被认为是人族中最早的）而得名（habilis 在拉丁语中是"能"的意思）。近来，随着人们发现一种南方古猿很可能也有制造和惯常使用工具的能力，情况变得更为复杂。

南方古猿奇异种和早期石制工具

1999 年，一个国际团队报告称在埃塞俄比亚发现了一个新的人族物种，并伴有最早的动物屠宰的痕迹（Asfaw, White and Lovejoy, 1999）。这些新的化石距今 250 万年，可能是人类直系祖先的遗骸，也是南方古猿和人属之间的进化链上的一环。在同一遗址，有羚羊和马被用世界上最早的石制工具屠宰的迹象。当科学家们发掘这些人族化石的时候，他们惊讶地发现了意料之外的骨架和齿列特征的结合。

该团队的协同带领者蒂姆·怀特认为这一发现

课堂之外

水力对禽类骨骼的取舍作用

背景信息

学生1：
Josh Trapani

指导教授：
Peter Stahl

学校：
纽约州立大学宾汉姆顿分校

学年/专业：
大学四年级学生/人类学

计划：
攻读研究生

名称：
水力对禽类骨骼的取舍作用

人们对动物身体的特定部分有饮食上的偏好。考古学家们发现过疑似人类猎杀和食用的动物的遗骸。在某个特定地点，动物某些部位的骨头可能会比其他部位的要常见得多。我们如何才能知晓，这究竟是因为人类取走了他们喜欢的部分而把不喜欢的留下了，还是大自然更应该对此负责？这个课题就是要检验水流的力量对鸟类骨头的影响。一些部位（例如头骨）就会比其他部位更容易被水冲走，这个课题也能帮助回答人力在该地动物身体部位选择的过程中是否发挥作用的问题。

化石生成学（taphonomy）是对生物遗体保存的影响作用过程的研究。影响化石生成的特别因素可能会以不同的方式有倾向性地（即改变保存过程、环境和可识别性等）影响到考古学和古生物学要研究的动物遗存。了解一样遗存形成过程中的生成倾向性（taphonomic biases）是十分必要的，因为只有如此我们才能对这个遗存是如何产生的进行准确的说明。

一个重要的化石生成媒介是水流的取舍（sorting by current）。许多考古遗址就在水域旁边，水流作用可能会改变这些动物遗存物。水流对骨头的取舍就像它们冲刷沉积物一样：似乎是有选择性地将一些骨头从原地冲走而留下另一些。考古学家们经常将一个地点不同骨头的出现率不同归因于人力作用（例如对某种动物某个身体部位的饮食偏好）。但是假如说一个遗存的生成是因为水流作用（或者其他化石生成方面的因素），就可能是错误的。

之前的研究检验了水流对哺乳类和海龟骨头的取舍作用。然而，关于鸟类骨头的这方面研究却从没有人做过。鸟类的骨骼结构不同于其他脊椎动物，而且它们还是人类食物的重要组成部分。我做了部分和整个儿的家鸽[从岩鸽（columba livia）]标本，并且研究了水流对它们骨骼的取舍作用。

我在一个引水槽里进行了这个实验，这个引水槽很大，并且被模拟成自然河道的样子，还可以对水流进行流量的调节。槽底铺满沉积物，一股可调节的水流从水槽一端流向另一端。我检验了水流中的骨头移动的顺序、移动的方式以及它们如何被沉积物埋藏起来。我还检验了部分的禽类骨骼的传送，以比较单独的骨头和以关节相连的连接体之间的不同。在不同的水流环境下（例如水流速度、河床类型）的重复观察使我能够确定骨头移动的大致普遍顺序。

这个"取舍序列"作为看待禽类遗存物如何被水流取舍的指南很有用。例如，带有头骨（最可能被冲走）的遗存和肩胛骨（最不容易被冲走）的遗存可能不会经历取舍过程。然而，如果一个遗存包含许多容易被冲走的骨头和少量不容易被冲走的骨头（反之亦然），在将其可观察到的相对发生频数归因于人力或其他原因之前，就有必要排除水流取舍的作用。

我也尝试分别在骨头大小、形状以及密度与水流取舍之间建立相关关系。最后，我注意到鸽子和那些已经被发表的脊椎动物的取舍序列之间的相同与不同之处。

我希望这项研究能够在我们理解水流取舍如何作为一个化石生成的影响因素这方面有一点小小的进展。这项知识可能对我们关于地盘平整/遗址形成（site formation）的解释有所助益，因此也能开拓我们对过去的人类行为和实践的更宽广的视野。

之所以重要有三个原因。首先，为人类谱系增加了一个新的可能的祖先。其次，至250万年前即前臂缩短的前100万年时，股骨增长——开始形成现代人的四肢比例。再次，大型哺乳动物被屠宰说明早期制造石器的技术旨在从大型猎物处获得肉和骨髓。这标志着饮食上的革命并且最终使得侵入新的栖息地和大陆成为可能（Berkleyan, 1999）。

1997年，埃塞俄比亚考古学家斯勒施·瑟矛（Sileshi Semaw）宣布他发现了世界上最早的石制工具，距今250万年，位于附近的埃塞俄比亚贡纳（Gona）遗址。但是他疑惑的是：人类祖先中的谁制造了这些工具，它们的功用又何在呢？阿斯法乌、怀特及其同事1999年的发现给出了答案，他们认定南方古猿奇异种是工具制造者的最佳人选（Berkleyan, 1999）。

在同一时期、同一地点的南方古猿奇异种、动物屠宰以及最早的石制工具的关联表明南方古猿是工具制造者，有一定程度的文化能力。尽管如此，文化能力随着人属的出现和扩张而成倍递增。随着对狩猎、工具制造和其他文化能力的日益依赖，人属最终成为草原生境中最有能力的开发者。南方古猿鲍氏种的最后成员可能被迫进入比以往更边缘的地区。它们最终灭绝了。至距今100万年前，唯一的人族物种——直立人不仅使其他人族灭绝而且将人族的分布范围扩大至亚洲和欧洲。吸收狩猎作为一般的采集经济的基础元素这一根本的人类适应策略已经出现。尽管存在地区差异，这是直至距今1.1万年时人类种属的基本经济形式，我们现在转向各种人属的化石、工具和生活方式的探讨。

本章小结

1. 人族生活在中新世晚期，上新世（距今500万～200万年）和更新世（距今200万～1万年）。南方古猿（更新世灵长类动物）出现在距今420万年前。南方古猿的六个种分别是：南方古猿湖畔种（距今420万～390万年），南方古猿阿法种（距今380万？～300万年），南方古猿非洲种（距今300万？～200万？年），南方古猿奇异种（距今250万年），南方古猿粗壮种（距今200万？～100万？年），南方古猿鲍氏种（距今260万～100万年）。最早的可辨认的人族遗骸距今700万～580万年。在乍得北部发现的"图迈"可能就是一个早期人族生物，在肯尼亚发现的图根原人也是如此。更为广泛接受的人族遗骸来自埃塞俄比亚，被划归为卡达巴地猿（距今580万～550万年）和拉密达地猿（距今440万年）。接下来是南方古猿湖畔种，再然后是一系列来自埃塞俄比亚哈达尔地区和坦桑尼亚莱托里地区的化石，它们被归为南方古猿阿法种。

2. 最早的人族有许多原始特征，包括尖利的犬齿，伸长的前白齿（elongated premolars），小的近似类人猿的头骨，还有显著的两性特征。尽管如此，阿法种和它的最近发现的祖先仍然被定义为人族。确定它们是人族是因为它们大的臼齿，以及更重要的它们的直立两足行走的骨架证据（例如露西）。

3. 有两个稍晚的南方古猿种类——纤细种和粗壮种，都是在南非发现的。这两个种都显示了南方古猿朝着一个强有力的咀嚼器官而发展。它们有巨大的臼齿和前臼齿，以及巨大的面部、头骨和发达的肌肉。这些特征在粗壮种中比在纤细种中更加显著。南方古猿的基本食物是草原植物。这些早期的人族也会猎取小的动物和寻觅食肉动物的猎物。

4. 早期人属，即能人（距今200万？～170万年）进化成为直立人（距今170万～30万年）。有充足的证据说明在距今200万年前有两个独特的人族种类：早期人属和南方古猿鲍氏种，也就是南方古猿超粗壮种。后者最终在距今大约100万年前灭绝。南方古猿鲍氏种逐渐变得高度分化，主要以糙硬的纤维草原植物为食。南方古猿在牙齿、面部和头骨强度方面的发展趋势在南方古猿鲍氏种身上得到延续，但这些特征在人属进化成直立人后又逐渐消失了。

5.可以回溯至距今250万～200万年的砾石器已经在埃塞俄比亚、刚果河马拉维被发现。科学家们对于这些石器的制作者有不同的观点，一些学者认为只有早期人属能制造它们。已经有证据证明南方古猿奇异种在距今约250万年前就能制造砾石器了。随着人属的出现和进化，人类的文化能力也在成倍地增长。

南方古猿阿法种 A.afarensis 南方古猿的早期种类，来自埃塞俄比亚的哈达尔（"露西"）和坦桑尼亚的莱托里；哈达尔的遗骸距今330万～300万年；莱托里的遗骸更古老，距今380万～360万年；尽管有很多类人猿的特征，南方古猿却是双足直立行走的。

南方古猿 australopithecines 上新世和中新世时期具有多种类的人族群体（group）。这个术语来自早期对它们的分类——将它们看做一个已灭绝的超科——南方猿（australopithecinae）的成员；现在它们只在种的层次上和人属相区别。

两足行走 bipedalism 双足直立行走，这是早期人族与类人猿区分开来的核心特征。

南方古猿纤细种 gracile 与粗壮种相反，"纤细种"意味着这种南方古猿非洲种的成员比之粗壮种成员体型更小更轻，也没有那么粗壮。

人科/原始人 hominid 一个分类学上的成员，包括人类和非洲类人猿以及它们的直系祖先。

人族 hominin 人类系谱中与黑猩猩的先祖相分离之后的成员。人族这个术语被用来描述曾经存在过的所有人的物种，包括已经灭绝的那些，以及黑猩猩和大猩猩。

能人 Homo habilis 这一术语是L.S.B.利基和玛丽•利基创制的；它是直立人的直系祖先；生活在距今200万～170万年前。

奥杜韦 Oldowan 最早的（距今250万～200万年）的石制工具；于1931年由L.S.B.利基和玛丽•利基在坦桑尼亚的奥杜韦峡谷第一次发现。

粗壮的 robust 巨大的、强壮的、强健的；用来形容头骨、骨骼、肌肉还有牙齿；与纤细的相反。

关键术语

见动画卡片。

mhhe.com/kottak

1.假如你在东非发现了一个距今约500万年的新的人科动物化石，它最可能是类人猿的祖先还是人类的祖先？你怎么区别它们？

2.南方古猿的第一个种类是什么？它生活在何时何地？在它之前生活着什么样的人科动物和人族？

3.黑头骨的意义是什么？

4.你认为是南方古猿或早期人属制造了第一个工具吗？你的观点基于什么根据？

思考题

更多的自我检测，见自测题。

mhhe.com/kottak

Boaz, N. T.

 1999 *Essentials of Biological Anthropology.* Upper Saddle River, NT: Prentice Hall. 体质人类学的基础读本，包含古人类学的内容。

Bogin, B.

 2001 *The Growth of Humanity.* New York：Wiley.与人类进化有关的人类成长。

Brace, C. L.

 1995 *The Stages of Human Evolution,* 5th ed. Englewood Cliffs, NJ: Prentice Hall. 有关古人类化石记录的简要介绍。

 2000 *Evolution in an Anthropological View.* Wal-nut Creek, CA: AltaMira. 关于人类进化的文章。

Calcagno, J. M., ed.

 2003 *Biological Anthropology: Historical Perspectives on Current Issues, Disciplinany Connections, and Future Directions.* Special issue of the *American Anthropologist* 101（1）.

补充阅读

最近关于人类进化的文章。

Campbell, B. G.

1998 *Human Evolution: An Introduction to Man's Adaptations,* 4th ed. New York: Aldine de Gruyter. 古人类学基础读本。

Campbell, B. G., J. D. Loy, and K. Cruz-Uribe

2006 *Humankind Emerging,* 9th ed. Boston: Pearson Allyn & Bacon. 体质人类学的书，配有精美插图——特别是有关化石记录的。

Cole, S.

1975 *Leakery's Luck: The Life of Louis Bazett Leakey,* 1903-1972. New York: Harcourt Brace Jovanovich. 一位考古学家撰写的人类学最伟大的化石发现者的个人和研究生平。

Johanson, D. C., and B. Edgar

1996 *From Lucy to Language.* New York: Simon & Schuster. 一位杰出的化石研究者撰写的有关人类进化的通俗读物。

Lewin, R.

2005 *Human Evolution: An Illustrated Introduction,* 5th ed. Malden, MA: Blackwell. 配有精美插图、可读性极高的一本入门读物。

McKee, J. K., F. E. Poirier, and W. S. McGraw

2005 *Understanding Human Evolution,* 5th ed. 有关人类进化规律的书。

Park, M. A.

2005 *Biological Anthropology,* 4th ed. Boston: McGraw-Hill. 一个简洁的介绍，注重科学调查。

Relethford, J. H.

2005 *The Human Species: An Introduction to Biological Anthropology,* 6th ed. Boston: McGraw-Hill. 生物人类学的最新读本。

W1olpoff, M. H.

1999 *Paleoanthropology,* 2nd ed. Boston: McGraw-Hill. 古人类和前古人类化石记录的完整介绍。

在线练习

1. 早期人族颅骨：浏览Philip L. Walker和Edward H. Hagen的"人类进化：3D中的化石证据"（**http://www.anth.ucsb.edu/projects/human/#**）。然后点击链接进入图库。

   a. 点击标示为"人类起源"的人类图像，再点击标有"南方古猿辐射"的颅骨，你就能看到一个三维的南方古猿阿法种的颅骨，你还可以用鼠标遥控这个颅骨。将它与现代人的颅骨进行比较。你注意到什么差别了吗？这些差异对于食物构成、环境和脑容量意味着什么？

   b. 返回看鲍氏猿人（在此书中等同于南方古猿鲍氏种）的颅骨。二者之间有什么主要差别？这些差异对于食物构成、环境和脑容量又意味着什么呢？

2. 古人类学家在肯尼亚的田野工作：进入史密森尼博物馆人类起源项目的肯尼亚人类起源田野工作页面（**http://www.mnh.si.edu./anthro/humanorigins/aop/aop-ken.html**），查看描述田野工作和方法的网页。

   a. 该网址展示了肯尼亚现代环境的图片。自早期人族居住以来，肯尼亚的环境经历了怎样的变迁？

   b. 田野工作仅限于发掘化石吗？为了了解早期人族，研究者还要收集哪其他类型的资料？

   c. 点击"1999田野峰会"，阅读在欧罗结撒依立耶（Olorgesailie）进行田野工作的研究者的报道。

   阅读一些日记。古人类学家在田野现场的一天是什么样的？

   请登录McGraw-Hill在线学习中心查看有关第8章更多的评论及互动练习。

第9章
人属

章节大纲：

早期人属

正如我们在第8章里看到的，200万年前东非存有关于两个不同的人族群体的证据：早期人属与南方古猿鲍氏种。南方古猿鲍氏种作为南方古猿的超粗壮种，灭绝于距今约100万年前。南方古猿鲍氏种日益变得完全依赖坚硬、粗糙、多沙和多纤维的草原植物为生。南方古猿族也随着南方古猿鲍氏种而趋向牙齿、面部和颅骨的粗壮化。然而，这些结构在距今180万～170万年前古人类向匠人（或早期直立人）的进化过程中退化了。在那段时间里，古人类把寻求生存的途径泛化到狩猎大型动物上，以补充采集和搜捡食物的不足。

卢多尔夫人与能人

1972 年，在由理查德·利基（Richard Leakey）率领的一个考察队里，伯纳德·尼格尼奥（Bernard Ngeneo）出土了一个被标记为 KNM-ER 1470 号的头骨。这个名字来源于其在肯尼亚国家博物馆（KNM）的目录号及发掘地点（东鲁道夫，East Rudolph-ER）——鲁道夫湖以东地区，一个叫做库比弗拉（Koobi Fora）的地方。1470 号头骨迅速获得关注，因为它不同寻常地结合了巨大的大脑（775 毫升）和很大的臼齿。它的脑尺寸比南方古猿的更接近人类，但它的臼齿又使人回想起南方古猿的超粗壮种。一些古人类学家把巨大的头骨和牙齿归因于有一个非常巨大的身体，假设这是一种"大型人族"（big hominin）。但是颅后的残余在 1470 号上没有找到，在后来发现的类似 1470 号的样本上也没有找到。

怎么解释 KNM-ER 1470 号？从脑的大小来看，它似乎属于古人类。从后臼齿来看，它又更像南方古猿（Australopithecus）。在年代测定上也有问题，最好的时间测定是距今 180 万年，但另一种估计是 1470 号可能生活在距今 240 万年以前。起初，一些古人类学家把 1470 号标记为能

人，而另一些则视之为一种不寻常的南方古猿。1986 年，它获得了自己的种名"卢多尔夫人"，来源于它的发掘地鲁道夫湖畔。这个标签已经被确定下来了——虽然并没有获得所有古生物学家的接受。那些认为卢多尔夫人是一个有效物种的人强调它与能人的差别。古人类的头骨有更明显的眉脊和后面的凹陷，而 1470 号则有不明显的眉脊和更长、更平坦的面部。有人认为卢多尔夫人生活在比古人类更早的时代，并且是古人类的祖先。有人认为卢多尔夫人和古人类不过是属于同一物种——古人类的男性和女性成员。有人认为它们是两个不同的种，但并存于相同的时间和空间中（距今 240 万～170 万年）。有人认为它们之中的一支进化为直立人（在非洲也被称为匠人）。争论仍在继续，唯一能获得的确定结论是在古人类出现之前和之后，有几种不同种类的人族生活在非洲。

能人与匠人/直立人

L.S.B. 利基和玛丽·利基把在坦桑尼亚的奥杜韦峡谷发现的我们人属的最早的成员命名为能人（H. habilis）。奥杜韦最古老的地层，层位 I，距今 180 万年。这个地层中不仅发现了小脑容量（平均容积 490 毫升）的南方古猿鲍氏种化石，也发现了脑容量在 600～700 毫升之间的能人的化石。

另一处重要的能人是加州大学伯克利分校的蒂姆·怀特于 1986 年发现的。OH62（Olduvai Hominid 62）是一个女性能人的部分骨架，发现于奥杜韦层位 I 中。这是首次一个能人的头骨和大量的骨架物质被同时发现。化石 OH62，时间为距今 180 万年，包括头骨的一部分、右臂和双腿。这个化石很令人惊讶，因为它个头很小，且有像猿一样的四肢骨。科学家们曾假设能人应该比露西（南方古猿阿法种）更高一些，逐渐向直立人的方向进化。预期中，即使一个女性能人身高也应该介于露西的 3 英尺（0.9 米）和直立人的 5～6 英尺（1.5～1.8 米）之间。然而，OH62 不仅只有露西那么小，而且它的手臂也比预期的更长，更像猿类。四肢的比例暗示了它们有比后来的人族更好的爬树技巧。能人很可能仍

概览

本章聚焦由化石证明已经有 200 万年历史的人属，讨论至更晚近的时期，即法国和西班牙的洞穴壁上发现解剖学意义上的现代人所绘作品所属的时期。我们关注的是导致解剖学意义上的现代人最终形成的生物和文化变化。

大约 180 万年前，能人——人属的最早成员进化成了直立人。直立人使得人类走出非洲：掌握火的人类可以在较寒冷的地方生存，开始穴居生活，并且能够进行烹饪。大约 30 万年前，直立人进化为古智人。

尼安德特人是最后一个冰川时期生活在西欧和其他地方的一种古智人。科学家倾向于将它从现代人的祖先中排除出去，而认为现代人的祖先来自另一支智人，这支智人极为可能是源于非洲的，大约 5 万年前到达了欧洲大陆。

进步的科学使得欧洲现代人的出现时间提前

《纽约时报》新闻简讯

作者：约翰·诺贝尔·威尔福德
（John Noble Wilford）

2006 年 2 月 23 日

一个多世纪前人类学家就已经知道尼安德特人和解剖学意义上的现代人之间有重叠的部分。该文报道了近期对放射性物质测龄技术的修订和再校准，这种技术被应用于尼安德特人和解剖学意义上的现代人。碳 14 测龄是对有 5 万年上下历史的遗存最有效的测龄技术。本文介绍的这种改进的测龄技术表明现代人在欧洲的历史比我们之前知道的更长，之前人们认为现代人在欧洲的历史大约有 5 万年。此外，现代人和尼安德特人共存的时间比之前认为的要短，在西欧大约不超过 2 000 年。

放射性碳年代测定技术的新进展目前使得旧的理论有被颠覆的危险。该理论是关于现代人类何时从非洲迁徙到欧洲以及他们是如何飞速进步的。科学家说，这个研究为人类在 5 万至 3.5 万年之间这段关键时期迁徙到欧洲中部和西部的主要形式（significant patterns）提出了新的观点（cast new light）。它认为解剖学意义上的现代人类在欧洲的散布过程比之前所想的要快得多。

这反过来也意味着现代人类和尼安德特人共存的时间要更加短，他们的洞穴艺术、象征工艺品和个人装饰品的出现时间则更早。

"很明显，欧洲本地的尼安德特人在不断增加的现代人强有力的竞争面前迅速屈服败退，这比我们之前的估计和假定要快得多。"英国剑桥大学考古学家鲍尔·梅拉尔斯发表在今天的《自然》杂志上的一篇文章里如是写道。

尽管有科学家花了很多年思考改良后的放射性年代测定法对世界范围内的考古学产生的意义，但梅拉尔斯博士对这些新技术和它们意义的说明是在主流杂志上的第一个综合性评论。

梅拉尔斯博士根据修改后的年代学作出结论说，尼安德特人和新到来者之间的共存在欧洲中部和北部应该被缩短到大约 6 000 年，而在像法国西部那样的地区可能就只有 1 000 年到 2 000 年。

德国莱比锡研究进化人类学的马克斯·普朗克研究所的古生物学家卡特琳娜·哈瓦蒂认为，这些（技术上的）进步"有可能导致我们对欧洲史前史这个关键时期的突破性理解"。

哈瓦蒂博士同意新年代学提出的"早期现代人类复杂行为的更早出现和尼安德特人的更早灭绝，以及这两个物种更短的共存时间"。

放射性碳年代测定法在第二次世界大战之后被迅速推广，目前被广泛应用于史前时代的年代测定，该方法的有效测定极限是距今 5 万年。它的假设是地球大气层中不稳定的放射性碳 14 和稳定的碳 12 的比例在这个时期内的衰变速度是有规律的。它主要通过测定曾经存在过的生物体、如植物和动物遗骸中碳 14 衰变的程度获得结果。

尽管科学家们一度估计这种年代测定的结果误差也就在几百年左右，但他们已经开始质疑可能导致更大错误的两个源头。一个是检测样本有可能沾染上更近时代的碳因此被干扰。另一个是碳 14 与碳 12 的比例数据也会波动，科学家们认识到这是到达高层大气的宇宙辐射的变化产生的后果。

梅拉尔斯博士说，牛津大学最近的研究指出了一项更有效的减少检测样本所受干扰的筛选方法。委内瑞拉的深海沉积物和格陵兰岛的冰芯记录研究也反映了碳变化（carbon variation）的问题，特别是在距今 4 万～3 万年尤为显著。因此，放射性碳年代（碳 14 年代）被重新修正。

举例说明，修改后的年代数据显示，一项 4 万年的标准放射性碳测定被转变为 4.3 万年。还有更重要的，一个 3.5 万年的年代数据被修改成 40 500 年。梅拉尔斯博士如是说。

假如修改后的数据是正确的，这个新的年代学结论就意味着化石和考古证据，特别是在关键的距今 4 万~3 万年这段时间里的，比我们之前估测的要早得多。现代人到达欧洲的时间可能更早一些；而尼安德特人灭亡的时间，之前估计应该在距今 3 万年，现在看来需要做很大的更改，因为标准的年代测定方法严重低估了世纪的年代。

年代误差的程度也被对法国南部肖韦洞穴的美丽岩画艺术时代的修改所说明。绘制肖韦洞穴岩画使用的碳原料起初被定位在距今约 3.2 万~3.1 万年之间。一个科学家团队 2004 年在《科学》杂志上报告说时间应被修改为接近距今 3.6 万年。

依据之前的估测，现代人类散布到欧洲各地的时间应在距今 4.3 万~3.6 万年前。这其中 7 000 年的时间意味着散布率为每年 0.3 公里，还不到一英里的十分之二。若把时间缩短为 5 000 年，就能得到一个更快的散布速度，为 0.4 公里每年。

梅拉尔斯博士提出警告说，根据新的研究得出的修改后的年代只能被看做暂时的，结论就是这项新研究的意义"需要保持活力和谨慎复核"。

———
来源：John Noble Wilford, "Improved Science Puts modern Humans in Europe Earlier," *New York Times, February* 23, 2006, p. A10.

然需要偶尔到树上去避难。

鉴于已知的东非早期直立人（有些古生物学家用"匠人"来称呼在非洲发现的最早的直立人化石，在这里我依照较传统的方法称它们为直立人），能人矮小的身材和原始的比例完全不符合预期。在肯尼亚的图尔卡纳湖畔的沉积层中，理查德·利基发现了两个直立人头骨，可追溯到距今 160 万年以前。在那时候，直立人已经达到 900 毫升的脑容量，且有与现代人类相似的身形和体重了。利基的一个合作者基莫亚·基梅乌（Kimoya Kimeu）1984 年在西图尔卡纳发现的一个很棒的完整年轻男性直立人化石（WT15000）也证明了这一点。WT15000，也被称为纳尼奥科托姆男孩（Nariokotome boy），是一位 12 岁的男性，但已经达到 5 英尺 5 英寸（1.67 米）的身高。如果他活下去的话成年后很可能长到 6 英尺。

OH62 的能人（距今 180 万年）和早期直立人（距今 170 万～160 万年）形成的强烈对比暗示着在那 10 万～20 万年时间里人类进化有一个加速的过程。这些化石证据可能支持了早期人族化石记录的间断平衡模型。正如我们在第 4 章看到的，在这种观点下，一个很长的、物种变化较小的平衡期被突发的变化—进化跳跃所打断。很显然，人族颈部以下的部分在露西（南方古猿阿法种）到能人之间只有很小的变化。因此，在距今 180 万年到 160 万年之间，有某种深刻的变化，或者说进化的跳跃发生了。直立人比能人看上去更像人类了。

人族的化石为渐变和突变都提供了例证。进化的速度可以很慢或很快，取决于环境变化的速度，以及地理障碍的上升和下降、族群的适应性反应的有效程度。毫无疑问的是在距今约 180 万年左右，人类进化的步伐加快了。这次冲刺的结果就导致了（在不到 20 万年的时间里）直立人的出现。紧接其后的又是一个很长的相对稳定时期。关于直立人的突然出现有一个可能的关键点是适应策略的戏剧性转变：更多地依赖狩猎来生存，以更大的体型及改进的工具和其他文化手段来适应。

技术方面的显著变化发生在一个 20 万年的进化冲刺期中，反映在奥杜韦层位 I（距今 180 万年）和层位 II（距今 160 万年）之间。直立人在非洲出现后不久，工具制作变得更加精细起来。层位 I 中的原始工具进化成了制作得更好的、更多样的工具。比如说，边缘变得更平直了，且有了不同的形状，这意味着功能也分化了——就是说，工具被制作和用于不同的目的，如砸碎骨头或挖掘块茎。

这些更加精细的工具被用于狩猎和采集。使用这些新工具，人类可以更经常地获得肉，且更有效地挖掘和收集块茎、根、果实和种子。新工具也可以更好地压碎和磨细粗糙的植物，降低了对咀嚼的要求。随着食物种类的改变，咀嚼器官的负担被缓解了。咀嚼肌肉较少发展，其他如下颌和颅顶等支持结构也退化了。随着咀嚼减少，下颌发育减少，巨大的牙齿也没有了空间。牙齿的尺寸成型于它们长出来之前，比起下颌和骨头的尺寸会受到更严格的基因控制。自然选择机制开始对抗导致巨大牙齿的基因。在更小的下颌里，巨大的牙齿会导致牙齿拥挤、嵌塞、疼痛、生病、发热，有时甚至造成死亡（那儿还没有牙医）。

南方古猿和古人类的一个主要不同就存在于牙齿上。直立人的后面的牙齿更小；而前面的牙齿与南方古猿的牙齿结构相比就相对较大。直立人用前面的牙齿来拉扯、扭断和咬住物体。眉毛之上巨大的眉脊（眶上环）为这些活动中产生的力量提供支撑。这也提供了某种保护，正如我们在"趣味阅读"中看到的。

走出非洲：直立人

生物学和文化上的变化使得直立人可以去探索一种新的适应策略——采集和狩猎。直立人把人族的范围从非洲扩展开——到了亚洲和欧洲。小群体从大群体中分裂出来并搬迁到几公里外的地方。它们寻找新的可食用的植被并开拓新的狩猎领地。通过人口的增长和散播，直立人逐渐扩展和变化。人族遵循一种基于狩猎和采集的基本人类生活方式。这种基本模式直到最近还生存于世界的一些边缘地区，虽然现在正在迅速消失。

这一章始于发生在约 200 万年以前的向智人的过渡，结束于更晚近一点的过去，也就是解剖学意义上的现代人类在法国和西班牙的岩洞墙壁上绘画它们的杰作时。在这一章里，我们聚焦于生物和文化上的变化，这些变化导致古人类通过一个中间状态，变成了解剖学意义上的现代人类（AMHs）。

旧石器时代的工具

从奥杜韦，或砾石工具传统进化而来的石器工具的制作技术，持续到距今约 1.5 万年这一段时期被描述为"旧石器时代"（Paleolithic 或 Old Stone Age）（这个词来源于希腊词根中"旧的"和"石头"）。旧石器时代分为三个时期：早期（较下层）、中期和晚期（较上层）。每一个部分大约对应于人类进化的一个特定阶段：旧石器时代早期大约与直立人相关；中期大约与包括西欧和中东的尼安德特人在内的古智人相关；晚期与解剖学意义上的现代人相关。

最好的石制工具是用岩石制造的，比如把火石折断出尖锐的锐角或按预想的样子捶打成特定形状。石英、石英岩、燧石、黑曜石也同样适用。旧石器时代的这三个时期都有其典型的"工具制作传统"——与工具制造模式相关。直立人使用的早期旧石器时代的工具制作传统是**阿舍利文化**（Acheulian），因最早发现于法国的一个小村庄圣阿舍尔而得名。

典型的阿舍利工具，手斧，正如奥杜韦工具一样包括一个加工过的石核。从石核上敲落下来的石片也被当成工具使用，作为石锤的补充。石片更小且有更适于切割的锋利边缘，在人类进化过程中逐渐变得更为重要，特别是在旧石器时代中期和晚期的工具制作中。

阿舍利工具从几个方面都比砾石工具更有优势。早期人族制作工具通过捡拾网球大小的砾石，并从一头敲掉一些碎片，以形成一个粗糙和不规则的边缘。他们使用这些砾石工具（及一些石片）做很多事情，比如说砸碎动物骨头以吸食骨髓。而阿舍利技术则包括沿着整个砾石的边缘敲掉碎片，而非只从一边。石核从一块圆形的石头变成了大约 6 英尺（15 厘米）长的扁平的椭圆形手斧。其切割用的边缘比起砾石工具的优越得多（图 9.1）。

手斧，同用动物骨头、角和木头做的挖掘用的棍子一起被用于从地里挖掘可食用的根茎和其他食物。猎人制作拥有更锋利边沿的工具来给猎物剥皮和切割猎物。切肉刀——石核工具，其中一边有一个平直的边沿——被用于斩和劈开大型动物的肌腱。石片被用于切割和更精细的工作。阿舍利传统描绘了一个技术进化的趋向：更有效率，为不同任务制作特殊工具和越来越复杂的技术。这些趋向在智人出现后变得更明显了。

直立人的适应策略

生物和文化上相互关联的变化增强了人类的适应力——有能力居住和改造更大范围的环境。改进的工具帮助直立人扩展了其生存范围。生物学上的变化也帮助提高了狩猎效率。直立人拥有粗糙的，但基本上已经类似于现代人类的骨架，允许它们对猎物进行长距离的跟踪和在狩猎期间

更多的旧石器时代工具，见网络探索。
mhhe.com/kottak

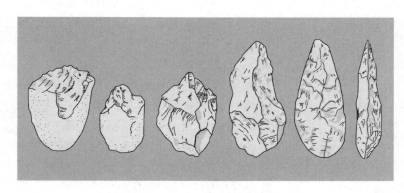

图9.1　工具制造的发展（进步）
在奥杜韦遗址和其他地方的发现展示了卵石工具（左边第一个）是如何发展成为直立人的阿舍利手斧的。这幅画开始于奥杜韦卵石工具，经过粗糙的手斧阶段，最终发展成熟为直立人使用的阿舍利手斧。

头部强壮的原始人类

2004年的《自然历史》杂志的一篇文章中，诺尔·博厄斯和拉塞尔·齐奥冲提出一个观点，说直立人头骨的进化是为了应对人与人之间的暴力——这些厚脑壳的原始人类之间的打斗行为。从第一个直立人头骨被发现开始，学者们就对它那不寻常的头骨结构感到十分惊讶。头骨的顶上和侧面有着厚厚的骨壁。直立人的头盖骨很像一个骑车者的头部保护罩——它呈现出低矮和流线型特点，这样就可以保护大脑、耳朵和眼睛免受冲撞。"相反，现代人类却顶着庞大的、容易受伤的和半流体的大脑和与之相连的薄骨壁的球状脑壳。因此我们需要买骑车头罩"（Boaz and Ciochon, 2004, p. 29）。换句话说，一种文化的适应（塑料制品）代替了生物适应（骨头）。

基于以上还有其他的一些头骨特征，博厄斯和齐奥冲推测说直立人需要结实的头部保护结构使他们免遭可能威胁生命的头部破损。其至在今天，头骨破裂也可能是致命的。一个看起来很微小的裂口也可能撕裂头骨中的血管。血液会在头骨下聚积。这样的血肿压迫脑部可能导致昏迷甚至最终死亡。

和能够使用现代医药的人们相比，这样的流血对直立人来说更成问题。这样的血肿导致的神经性损伤会引起局部瘫痪、运动不便、眼手协调失常、话语障碍以及认知混乱等，博厄斯和齐奥冲注意到，"能够减少头部损伤机会的任何特征对拥有它们的个体来说都是进化上的巨大进步"（Boaz and Ciochon, 2004, p.30）。

文章作者指出，在打斗中被击中的更多是眼睛高度的部位而非头顶。尽管现代人类头骨上有一定程度的视平线高度的骨质防护，但直立人头骨上更厚的骨质能够提供更多保护。粗大的眉峰保护着眼窝，头骨两侧的骨质突起遮蔽了静脉窦，也就是血液流入颈静脉血管的地方。这个护壁也保护着耳朵部位。最后，脑后的骨脊保护着几处以尾端脑叶传输血液的窦道。

直立人厚实的下颌也是适应产生的结果。今天，受伤的下颌会带来疼痛、一些困难和咀嚼不便。对该受伤部位的外科治疗（surgical wiring）是必要的。对直立人而言，这样一处损伤可能会威胁到生命。颌内部变厚，即下巴的后面更厚，有利于保护下颌免受伤害。

人类学家/解剖学家魏敦瑞在中国北京地区附近发现的直立人化石中发现了一些后来痊愈的骨折迹象。受伤者幸存下来的事实确认了头骨的保护价值。博厄斯和齐奥冲相信直立人厚厚的头骨和骨折愈合的事实提供了物种之间存在暴力冲突的记录。

这种防御方式——解剖学意义上的头盔——随着直立人进化出更大更圆的薄骨壁头骨而逐渐消失。尽管人类暴力从未结束，其他防御方法、对冲突的避免，或者这两者同时，在直立人的后代中不断发展着。博厄斯和齐奥冲认为那些新的适应手段更可能是文化上的而非生物上的。

更有耐力。直立人的身体比起早期人族更高大，腿也更长，使得它们可以对大型猎物进行长距离的狩猎。已经有考古学证据证明直立人能成功狩猎大象、马、犀牛和巨型狒狒。

脑容量的增大开始成为人类演化的一个趋势。直立人的平均脑容量（约 1 000 毫升）是南方古猿的两倍。直立人脑容量范围介于800~1 250 毫升之间，远高于现代人最低水平。

直立人拥有基本上接近现代人（虽然非常粗壮）的骨架，大脑及身体的尺寸比起与南方古猿的差异来说也更接近智人。但仍然有一些解剖学上的不同，特别是颅骨上的，把直立人与现代人类区分开来。比起现代人，直立人的前额更低、更倾斜，它们眼睛上方巨大的眉脊也让这一差异更明显（见"趣味阅读"）。直立人的头骨更厚，且正如上面提到的，平均脑容量也小一些。它们的头盖骨比起智人的更低、更平坦，后者在头骨后部下方发展出了松质骨。从后面看，直立人的头骨是一个宽阔的三角形，像一个放了一半气的足球或一个汉堡包。直立人的面部、牙齿和下巴比同时代的人族大，但比南方古猿的小。前面的牙齿尤其巨大，但臼齿比南方古猿小很多。大概这种退化反映了饮食的变化过程。

总体来说，直立人的骨架和咀嚼器官为它们以狩猎和采集为生提供了生物学上的证据，这是它们唯一的适应策略，直到距今 1.2 万 ~1 万年出现植物种植和动物驯养。考古学家已经找到并研究了直立人活动的几个遗址，包括合作狩猎。

不同遗址中发现的炉膛已经确认了火成为这一时期人类的适应工具之一。甚至更早的关于人类控制火的证据也在以色列找到了，可以上溯到接近距今80万年以前（Gugliotta, 2004），或可能在斯瓦特克朗（Swartkrans），距今160万～100万年，被用于保护人类免受穴居的熊和剑齿虎的袭击。这就允许直立人居住在洞穴里，比如北京附近的周口店遗址，挖掘出超过40个直立人标本。火拓宽了可供人类定居的区域，这可能在人类从非洲向外扩散的过程中起到了一定的作用。火的温暖可以帮助人们在温带地区寒冷的冬天存活下来。人类控制火还带来其他好处，比如说烹饪，能弄断植物的粗纤维，让肉变得松软。烹饪可以杀死肉里的寄生虫，且让肉变得更容易消化，因此减少了对咀嚼器官的压力。

语言（朋友式的闲聊，或许）有可能是直立人拥有的另一项优势吗？考古证据证实了它们可以合作狩猎巨型动物或制造复杂工具。这些活动如果没有某种语言的协调可能会显得太过复杂。话语可以协助协调、合作及学习传统，包括工具制作的方法。当然了，直到产生文字之前，语言都没能保存下来。然而，鉴于直立人有基于语言的交流的可能性——这甚至在黑猩猩和大猩猩那里也有——及古智人范围内的脑容量，似乎可以假定直立人已经有了基本的口语。至于相反的意见，请参阅其他人的观点（Binford, 1981; Fisher, 1988b; Wade, 2002）。

直立人的进化与扩张

关于直立人的活动的考古记录可以与化石证据相连，为我们提供一幅关于旧石器时代早期的祖先的更完整的图景。我们现在将研究一些化石数据。保留下来的早期直立人，上面已经讨论过了理查德·利基和他的团队在东部和西部图尔卡纳、肯尼亚发现的，包括纳尼奥科托姆男孩在内的距今约160万年的化石。

一个基本完整的头骨，一个很大的下颌骨和两个残缺的头骨——一个属于成年男性（780毫升）、一个属于青少年女性（650毫升）——最近在格鲁吉亚境内的德马尼西（Dmanisi）地层中

被找到了。它们被鉴定为距今175万～170万年。在这两个残缺头骨和尼奥科托姆男孩的头骨（距今160万年）之间有值得注意的相似之处。与肯尼亚和格鲁吉亚的头骨化石相应时代的砸器也是很相似的。最近（2001）发现的头骨是最原始的，与其他德马尼西化石相比，同能人有更多的相似性。这个头骨的原始性表现在它有很大的犬齿，而脑容量却不大（Vekua, Lordkipanidze and Rightmire, 2002）。这个标本可能属于一个十几岁的女孩儿，她的头骨并没有发育到成人的尺寸，但犬齿却发育到了。关于德马尼西观察到的标本的解剖学多样性最简单的一个解释是直立人是一个至少和智人一样多样化的物种。

很多古人类学家把尼奥科托姆和德马尼西的发现归为一种处于能人和直立人之间的新的种，匠人。其他人则把所有德马尼西化石认定为早期直立人。无论他们如何为他们定名，德马尼西的发现表明在距今170万年以前，古人类有一个从非洲大陆向欧亚大陆迅速散播的过程。

德马尼西化石是非洲以外发现的最古老的没有争议的人类化石。这些人族是靠什么到达格鲁吉亚的？最有可能的答案是肉类。既然人族变得更偏向肉食，它们的扩散范围就会与它们所猎食的动物的分布范围相符。古人类的身体和脑都更大（与南方古猿相比），也就需要更多的能量来维持机体运转。肉类较多的饮食结构提供了更高质量的蛋白质作为燃料。南方古猿身体和脑较小，所以它们可以主要以植物为生。它们可能在森林边缘的小范围内生活，不会太深入森林或探索如何走出丛林到草原上去生活。一旦人族发展出了更强壮的身体和高蛋白质的肉类饮食，它们就可以——实际上是不得不——散播开来。它们探索得更远以寻找肉类，而这种扩展使得它们最终走出了非洲，到达欧亚大陆（格鲁吉亚）并最终到达亚洲（参见 Wilford, 2000）。

1891年，印尼爪哇岛出土了第一个直立人化石，人们通常称之为"爪哇猿人"（Java man）。荷兰军队的一名外科医生尤金·杜布瓦（Eugene Dubois）到爪哇去寻找一种介于猿和人之间的过渡形态。当然了，现在我们已经知道人族的转变早在直立人阶段以前就已经发生了，且发生在非洲。然而杜布瓦的好运让他找到了那时发现的最

古老的人类化石。杜布瓦在特里尼尔村庄附近发掘，发现了一个直立人头骨的一部分以及一截大腿骨。20 世纪三四十年代，在爪哇的挖掘还出土了更多的遗骨。印度尼西亚多种多样的直立人化石至少可以追溯到距今 70 万年，可能还可以追溯到距今 160 万年之久。在中国北部的蓝田发现的一个头骨的碎片和一个下颌可能与印度尼西亚最古老的化石同一时期。其他在北非的阿尔及利亚和摩洛哥找到的直立人遗骨则无法确定年代。

直立人遗骨也在坦桑尼亚奥杜韦的层位 II，即较上面一点的层位中被发现了，与阿舍利文化的工具相联系。直立人的化石也在埃塞俄比亚、厄立特里亚和南非（加上肯尼亚和坦桑尼亚）被找到了。在东非的直立人生活的时间跨度很长，直立人的化石在奥杜韦层位 IV 中也被发现，距今 50 万年，与北京人化石的年代相近，这也在本章的"趣味阅读"中提到了。

最大的直立人化石群是在中国的周口店洞穴里被发现的。周口店（北京人）发掘于 20 世纪 20 年代末到 30 年代，是人类化石的一个主要发现。周口店出土了超过 40 个人族化石，包括 5 个头骨，还有工具、火塘和动物骨头的遗迹。对这些遗迹的分析得出了结论，爪哇和周口店的化石属于人类演化的同一阶段。今天它们一般被统称为直立人。

周口店的北京人生活年代比爪哇猿人更晚近一些，大约在距今 67 万年到距今 41 万年之间，那时中国的气候比现在更冷也更潮湿。关于气候的推论是基于那些和人类化石同时找到的动物遗骨得出的。住在周口店的人们吃鹿肉，而种子和植物的遗迹则暗示它们同时进行采集和狩猎。

欧洲又如何呢？一个颅骨的碎片 1994 年在意大利的切普拉诺被发现，标记为距今 80 万年。其他可能是直立人的遗迹也在欧洲被发现，但无法确定年代。它们全部晚于切普拉诺头骨，且通常被归为晚期直立人，或直立人与古智人之间的过渡类型。

古智人

在人类演化的南方古猿时期，非洲大陆是中心舞台，到了直立人和智人阶段，亚洲和欧洲也加入进来了。来自欧洲的化石和工具遗迹为我们对早期（古）智人的知识和阐释的贡献之大是不可比拟的。这并不意味着智人是在欧洲进化出来的，或大部分古智人居住在欧洲。实际上，化石证据显示智人正如其之前的直立人一样，都是从非洲起源的。智人在距今 5 万年时在欧洲定居，而此前几万年前它们就已经生活在非洲了（见本章开始的"新闻简讯"部分）。在冰河时代，热带很可能比欧洲生活着更多人。我们只是对晚近发生在欧洲的人类演化知道得更多，这是因为考古学和化石挖掘在欧洲的历史比在非洲和亚洲更长一些——而非人类演化本身的历史更长。

最近的一些发现，以及对早先的发现在年代和解剖学相关性上的重新阐释，正逐步填补直立人和古智人之间的空白。古智人种（Archaic H. sapiens）（距今 3 万？～ 2.8 万年）包含了我们物种最早的成员，以及在欧洲和中东发现的尼安德特人（H. sapiens neanderthalensis——距今 13 万年至距今 2.8 万年）和同时代非洲和亚洲的类尼安德特人。古智人种的脑的大小已经在现代人类的范围之内（记住，现代人类脑尺寸平均约为 1 350 毫升，见表 9.1）。更圆的脑颅与增长的脑容量相联系，正如朱利和怀特（Jolly and White, 1995）比喻的，进化就是把更多的脑压入智人的颅内——就像给一个足球打入空气一样。

更新世的冰河时代

传统上正确的说法，地质年代上所称的更新世被认为是有人类生存的时代。细分起来可以分为早期（下层）更新世（距今 200 万～ 100 万年）、中期（中层）更新世（距今 100 万～ 13 万年）和晚期（上层）更新世（距今 13 万～ 1 万年）。这些细分分别指代地质层中含有的较古老的、中间的和较年轻的化石。早期更新世的范围从更新世之初到大约 100 万年以前北半球的冰河时代来临。

更新世的每一个时期都与一种特定的人族种群相连。晚期南方古猿和古人类就居住在早期更新世时期。直立人跨越了中期更新世的大部分时间，智人出现于中期更新世的晚些时候，也是晚期更新世中唯一的人族。在本章和本章后的"主题阅读"中我们将跟随这一思路考察中期和晚期

表9.1		人类化石群资料汇总		
人属的代表化石，与现代人类（智人）和非洲黑猩猩（黑猩猩）相比较				
物种	距今年代	已知的分布	重要遗址	大脑容量（毫升）
解剖学意义上的现代人（AHMs）	13万年至今	世界范围内	北京，纽约，巴黎，内罗毕	1 350
尼安德特人	1.3万至2.8万年	欧洲，亚洲西南	法国圣沙拜尔	1 430
古智人	30万至2.8万年	非洲，欧洲，亚洲	卡布威，阿拉戈，大理，迦密山洞穴	1 135
直立人	170万至30万年	非洲，亚洲，欧洲	图尔卡纳东部和西部，奥杜韦，周口店，爪哇，切普拉诺	900
黑猩猩	现代	中部非洲	贡贝，马哈莱	390

更新世中的人族。

在更新世的第二个100万年里，有几个冰河时代，或者叫**冰期**（glacials），欧洲和北美的大陆冰盖大范围推进。这几个时期又被很长的温暖的**间冰期**（interglacials）隔开来（科学家们曾经认为有4个主要的冰盖推进期，但情况远比此复杂）。在每次推进期，全球气候变冷，大陆冰盖——巨大的冰川——覆盖了欧洲和北美的北部。今天是温带气候的区域在冰期就像北极一样。

在间冰期，气候变得温暖，苔原——那些耐冷的、非树的植物——与冰盖一起向北撤退。森林重新回到像法国西南部这样曾经有苔原植被的地方。在最后一次沃姆（Würm）冰期（距今7.5万～1.2万年）中，冰盖推进和撤退好几次。在沃姆（和其他冰期）中一些相对温暖的短暂的时期被称为**间冰段**（interstadials），与时间较长的间冰期有所区别。知道了与人族的化石相联系的动物化石会出现在寒冷或温暖的气候环境中，相应地就能让我们给这些人族化石测定年代，看它们是生活于冰期还是间冰期（或间冰段）中。

前人与海德堡人

在西班牙北部的阿塔普尔卡山脉（Atapuerca mountains），格兰多利纳（Gran Dolina）遗址出土了距今78万年之久的人族遗迹，西班牙的学者称之为**前人**（H. antecessor），并将其视为可能

是尼安德特人和解剖学意义上的现代人的共同祖先。在那附近的休索斯（Sima dos Huesos）洞穴，一支由胡安·路易斯·阿苏瓦加（Juan Luis Arsuaga）领导的队伍找到了数千块化石，代表了跨越整个冰河时代的至少33种人族。它们可能代表了尼安德特人演化过程的早期，距今近30万年之久。

1907年，大量的人族下颌化石在德国海德堡附近的莫尔（Mauer）的一个砂石厂被发现，原来被称为"海德堡人"（Heidelberg man 或 Homo heidelbergensis），这些下颌骨应该有50万年左右的历史。在同一沉积层中还发现了几种动物的残骸，包括熊、野牛、鹿、大象、马和犀牛。最近，一些考古学家重新修正，将海德堡人这一物种的名字用于指代一个人族化石群，在本教材中它们被描绘为或者是晚期直立人，或者是古智人。这一群体将包含（非常粗略地来说）距今70万～20万年之间的，发现于欧洲、非洲和亚洲等世界不同地方的人族化石。本书中被标记为直立人或古智人的这些化石，也有可能是直立人与更晚近的人族类型如尼安德特人和解剖学意义上的现代人之间的过渡类型。

除了人族化石，也有考古学证据（包括大量的石制工具）证明直立人和古智人在欧洲出现和活动。最近在英国萨福克（Suffolk）海滩的偶然发现显示了人类在70万年以前就到达了欧洲北

部（Gugliotta，2005）。在与北海接壤的海滨沉积物中发现了一些石片。这些古人类在距今 20 万年之前的一个间冰期就跨过了阿尔卑斯山，到达北欧，这比之前想象得要早。在那时，它们所栖息的肥沃低地属于连接今天的英国与欧洲大陆的大陆桥的一部分。它们居住在一个很大的三角洲上，那里有数条河流，还有干燥、温和的地中海气候。很多种动物在这些富饶的资源中生存。现在还不知道这些定居者的后代是否依然生活在英格兰。接下来的冰期对于到那时为止的人类的栖息来说可能太过极端了。挖掘组的成员，包括考古学家克里斯托弗·斯特林格（Christopher Stringer）最终找到了 32 块石片，是由用另一块石头敲打一个火石的石核制成的。一块石片还被修整过以使其边缘更锋利，而另一块则是磨尖的火石石核。这些剃刀般锋利的石片大约有 1~2 英尺长，可能曾被用作刀子或矛尖。

在法国南部阿马塔遗址，考古学家看到了距今 30 万年以前的人类活动痕迹。由 15~25 人组成的猎人和采集者小队在春末和夏初的时候经常去阿马塔，这是地中海沿岸的一个沙石洞穴。考古学家是通过检查石化了的人类粪便来确定这个洞穴被占据的季节的，粪便中含有那些已知只在春末开放的鲜花的花粉。证据显示有 21 位这样的访客。其中 4 个组成一组在沙栏上扎营，6 个在海滩上，还有 11 个在一个沙丘上。考古学家推测沙丘上的 11 个人代表了同一队群每年探访的人数（deLumley，1969/1976）。

从沙丘顶的营地上，这些人可以俯瞰河谷中哪里的动物更多。在阿马塔发现的骨头表明它们的饮食中含有红鹿、幼年大象、野猪、野山羊、野牛和一种现已灭绝了的犀牛。阿马塔人也同时捕食龟和鸟，收集牡蛎和贻贝。遗迹中也发现了鱼骨。后洞的陈列显示了这些人用小树枝来支撑临时的小屋。小屋里有火塘——凹坑和石头垒起来的炉灶。小屋内的石片显示出这里的工具是用当地可得到的岩石和海滩上的砾石制成的。因此在数万年以前的阿马塔，人们已经开始追求一种本质上是人类的生活方式，这种生活方式直到 20 世纪还在某些沿海地区有所留存。

古智人生活在中期更新世的最后一个阶段——民德（Mindel）冰期（第二个冰期），随之而来的间冰期和接下来的利斯（Riss）冰期（第三个冰期）。在欧洲、非洲和亚洲找到的古智人的化石和工具的分布显示智人对环境多样性的容忍度有所上升。比如说，尼安德特人和它们很接近的先祖可以在极端寒冷的欧洲生存下来。当欧洲处于严寒中时，古智人还占据法国东南部的阿拉戈洞穴（Arago cave）。阿拉戈遗址挖掘于 1971 年，是唯一一个出土面部材料的利斯冰期的遗址。该洞穴出土了一个特别完整的头骨、两个下颌骨和很多不同个体的牙齿。阿拉戈化石明显生活于距今 20 万年前，有介于直立人和尼安德特人之间的过渡阶段的一些混合特征。

尼安德特人

尼安德特人（Neandertals）最早在欧洲西部被发现。它们之中的第一个于 1856 年在一个叫做尼安德（Neander）的德国村庄被发现——特（tel）是德语"村庄"的发音。科学家在解释这一发现时遇到了困难。它很明显是人类，且在很多地方与现代欧洲人很相似，但又有足够的不同之处被认为是陌生和反常的。毕竟，这要比杜布瓦在爪哇发现第一个直立人化石早了大约 35 年，比在南非找到第一个南方古猿化石早了约 70 年。达尔文也尚未发表他的《物种起源》（1859 年），提供一个基于自然选择机制的生物进化的理论。关于对人类的演化的认识还缺乏一个框架。随着时间的推移，进化理论有所发展，化石资料也补充进来。在欧洲和中东有大量的尼安德特人被陆续发现，非洲和亚洲也发现了拥有相似特征的古人类化石。尼安德特人和其他相关的晚近人族的相似与不同之处变得清晰起来。

那些不是尼安德特人，但拥有相似特征（如巨大的面部和眉脊）的化石在非洲和亚洲被找到了。在赞比亚找到的卡布韦（Kabwe）头骨（距今 13 万年）是一个古智人，拥有尼安德特式的眉脊。在中国马坝和大理也找到了和尼安德特人拥有相似特征的古人类化石。尼安德特人则在欧洲中部和中东被找到，比如说在伊拉克北部的沙尼达尔洞（Shanidar cave）找到了尼安德特人的化石，距今约 6 万年。同样的尼安德特骨架在以色列的凯巴拉洞（Kebara cave）也被找到了（Shreeve, 1992）。1932 年，在以色列卡梅尔山（Mount Carmel）的塔本洞（Tabun cave）遗址出土了一个尼安德特女性骨架，它与沙尼达尔的尼安德特人生活在同一时代，它的眉脊、面部和牙齿结构显示出典型的尼安德特式的强壮。

适应寒冷的尼安德特人

距今 7.5 万年前，经历过一段间冰期的插曲之后，沃姆冰期开始，生活在西欧的人族（在那时，是尼安德特人）又一次需要面对极度的寒冷。要适应这样的环境，它们穿上了衣服，制作了更多更细致的工具（见下图），并狩猎驯鹿、猛犸象和毛犀牛。

尼安德特人很敦实，与四肢长度相比躯干显得巨大——这种体型可以把表皮面积减到最小以保存热量。尼安德特人对极端寒冷的环境的另一项适应措施是它们的面部，好像直立人的面部被鼻子向前拉高了一样。这说明了汤姆逊法则（见第 5 章），这一延展使得外部空气和把血液输送到大脑的动脉之间的距离被延长了，更适应寒冷的气候。大脑对温度变化非常敏感，且必须保持温暖。尼安德特人化石的大鼻腔暗示了长而宽阔的鼻子，这可以使为外部空气加温和加湿的区域更大。

尼安德特人的特征也包括巨大的门齿、宽阔的面部和巨大的眉脊，以及骨架和肌肉更加坚

◆ 尼安德特人的技术，属旧石器时代中期的文化，称作莫斯特文化，在沃姆冰期大有提高。这个莫斯特文化的石片工具发现于直布罗陀的戈勒姆洞穴。

固。这些解剖学特征可以联系到什么样的活动上呢？尼安德特人的牙齿可能在使用过工具之后还要做很多工作（Brace, 1995; Rak, 1986）。门齿的磨损严重，显示它们被用作不同目的，包括咀嚼动物皮毛以制作冬天穿的柔软的皮衣。尼安德特人巨大的脸庞显示它们不断用牙齿来叼着和拖拉所带来的压力。

对比早期和晚期的尼安德特人，可以看到一个趋势，即它们粗壮的特征的减少。在尼安德特中期有一个叫做莫斯特（Mousterian）的技术传统，被认为发展于沃姆冰川期。工具承担了原来施加于身体结构上的大部分负担。比如说，工具接手了原来要用门齿完成的很多工作。通过某种我们还不完全明白的机制，面部肌肉和支撑结构没有过去那么发达了。更小的门齿更受到偏爱——可能是因为牙齿拥挤的缘故。以前被用于抵消当门齿用于环境操纵时产生的巨大拉力的眉脊，也和面部一样被缩减了。

尼安德特人和现代人

好几代科学家都在争论尼安德特人是不是现代欧洲人的祖先。现行的观点否认了这一观点，认为直立人分裂成了独立的支系。一支是尼安德特人的祖先，另一支是解剖学意义上的现代人（anatomically modern humans, AMHs）的祖先。后者距今约 5 万年时抵达欧洲（西欧早期的解剖学意义上的现代人通常被称为克罗马农人，于 1868年在法国莱塞济地区的多尔多涅河谷发现了第一个解剖学意义上的现代人的化石）。目前的主要观点是现代人在非洲进化出来，并最终拓殖欧洲，取代了生活在那儿的尼安德特人。

考虑一些尼安德特人与解剖学意义上的现代人之间的对比，尼安德特人像它们之前的直立人一样有巨大的眉脊和倾斜的前额。然而，尼安德特人的平均脑容量（超过 1 400 毫升）又超过了现代人的平均水平。尼安德特人的下颌很大，为巨大的门齿提供支撑，它们的面部也很粗大。骨头和头骨通常都更坚固，性别差异比起解剖学意义上的现代人也大得多——特别是在面部和头骨上。从西欧的一些化石中，得出了一个模式化的或经典的尼安德特人的外表，突出了它和解剖学意义上的现代人的差别。对一个化石的阐释特别

有助于为这些佝偻的洞穴居住者建立一个通常的刻板形象。那就是 1908 年在法国西南部圣沙拜尔（La Chapelle-aux-Saints）发现的一个完整的人类骨架，同一岩层里还含有尼安德特人制作的有莫斯特文化特征的工具。这是发现的第一个尼安德特人的完整骨架，包括面部也保存下来了。

圣沙拜尔的骨架被交给法国古生物学家马赛林·布列（Marcellin Boule）进行研究。他对化石的分析帮助建立了一个不准确的模型，尼安德特人不能直起来走路，只能像畜生那样弯着。布列争论说，虽然尼安德特人的脑子比现代平均水平大，但却比现代人的低劣。他更认为尼安德特人的头像猿猴那样吊挂着。为了打破之前的印象，布列宣称尼安德特人根本不能伸直腿，做完全直立的运动。然而，接下来的化石发现显示圣沙拜尔的化石并不是典型的尼安德特人，而是一个极端的个案。这个被过度宣传的"经典"尼安德特人原来是一个饱受骨关节炎折磨的老人。毕竟，人族拥有直立的双足已经有几百万年了。欧洲的尼安德特人是一个多样化的种群。其他的尼安德特人发现不像在圣沙拜尔湖发现的那样极端，更容易被接受为现代人的祖先。

那些依然相信尼安德特人可能是现代欧洲人祖先的科学家举出一些特定的化石例子来支持他们的观点。比如说，在中欧发现的姆拉德克（Mladeč）遗址（距今 3.3 万～3.1 万年）出土了几个人族的残骸，结合了尼安德特人的粗壮和一些现代人的特征。沃尔夫（Wolpoff, 1999）也指出在法国欧莱雅霍图斯（l' Hortus）和克罗地亚 Vindija 洞穴发现的尼安德特人有某些现代特征。1999 年在葡萄牙拉戈旧（Largo Velho）发现的距今 2.4 万年的 4 岁小男孩的遗骸也显示了尼安德特人和现代人的混合特征。

在以色列卡梅尔山的斯虎尔洞（Skhūl）找到的化石也把古代和现代的特征联系起来。但大多数分析都强调这个距今 10 万年的斯虎尔头骨的"现代性"。另一组时间相似（距今 9.2 万年）也有着同样"现代"外表的头骨来自以色列的卡夫泽（Qafzeh）遗址。斯虎尔和卡夫泽化石对尼安德特人是欧洲和中东解剖学意义上的现代人的祖先这一观点投下了巨大的疑点。来自斯虎尔和卡夫泽的头骨比起尼安德特人有更现代的外表且

被定义为解剖学意义上的现代人。它们的脑壳比起尼安德特人的更高、更短也更圆。它们有更饱满的前额，与眉头更垂直。明显的下巴是另一个现代特征。然而，斯虎尔和卡夫泽人虽然是早期解剖学意义上的现代人，却仍然有明显的眉脊，虽然比起它们的智人先祖已经缩减了不少。

有了以色列的这些早期数据，解剖学意义上的现代人可能在尼安德特人之前就居住在中东了。奥佛·巴尔·约瑟夫（Ofer Bar-Yosef, 1987）曾认为在始于距今约 7.5 万年的最后一个冰期（沃姆冰期）中，西欧的尼安德特人和其他逐渐向南扩散，与适应寒冷气候的动物一起向东部和南部散布（并到达中东）。反过来，解剖学意义上的现代人则随着追随温暖气候的动物向南到达了非洲，一旦沃姆冰期过去，又回到中东。

解剖学意义上的现代人

最近对化石证据和年代的阐释大多数倾向于替代的假设，否认尼安德特人是解剖学意义上的现代人（AMHs）的祖先。解剖学意义上的现代人看起来更像是从非洲的古智人祖先那里进化而来的。最终，解剖学意义上的现代人散布到其他地方，包括西欧。它们在那里替代了尼安德特人，或者与它们杂交，尼安德特人的粗壮的特质最终消失掉了。

走出非洲 II

1987 年，加州大学伯克利分校的一群分子遗传学家提供了证据支持这一观点：现代人类起源于相当晚近的非洲，接着散布和拓殖到全世界。瑞贝卡·卡恩（Rebecca Cann）、马克·斯托金（Mark Stoneking）和阿兰·威尔逊（Allan C. Wilson）分析了由 147 个妇女捐献的胎盘上的遗传标记，这些妇女的祖先来自非洲、欧洲、中东、亚洲、新几内亚和澳大利亚。

研究者把注意力放在线粒体 DNA（mitochondrial DNA）上，这种遗传物质存在于细胞的细胞质中（在细胞核之外）。普通 DNA 组成决定了大多数体质特征的基因，在细胞核中，是由父母双方

决定的。但只有母方向受精卵贡献线粒体 DNA，就像只有父方传递决定胎儿性别的 Y 染色体，而母亲与此没有关系一样。

为了建立一个"基因时钟"，伯克利分校的研究者测量了他们得到的 147 个组织样本中线粒体 DNA 的变异。他们把每个样本分解为不同部分与其他样本进行比较。研究者通过估计每个样本相比它们和其他 146 个样本的共同起源发生突变的数字，得以借助计算机的帮助画出了一个进化的树状图。

这棵进化之树始于非洲，接着分成两支。一支留在非洲，而另一支则分散开了，把它的线粒体 DNA 带到世界各地。非洲人的线粒体 DNA 变异最大。这表明它们进化的时间最长。伯克利分校的研究者推测今天生活在这个世界上的每一个人都有遗传自一个妇女（被称为"夏娃"）的线粒体 DNA。夏娃生活在 20 万年以前撒哈拉以南的非洲。夏娃并不是那个时代生活的唯一一个妇女，它只是唯一一个从那时至今，每一代都包含有至少一个女性后代的妇女。因为线粒体 DNA 只能通过女性来传递，一旦一个妇女没有孩子或只有男孩，线粒体 DNA 的线就断了。夏娃理论的细节暗示它的后代在不超过 13.5 万年以前才离开非洲。它们最终在欧洲取代了尼安德特人，并继续向世界其他地方拓殖。

近来的DNA证据

更多的 DNA 比较被用于支持尼安德特人和解剖学意义上的现代人是独立的两个种，而非祖先和后代关系这一观点。1997 年，人们提取了一个尼安德特人的骨化石中的 DNA，该化石发现于 1856 年的德国尼安德河谷。这个取自一截上臂骨（肱骨）的 DNA 被用来与现代人类的 DNA 进行比较。我们所期待的它与人类关系很密切的吻合并没有发生。在尼安德特人的 DNA 和用于参考的现代人的 DNA 之间有 27 处不同。相比之下从当今世界各地的现代人中取得的样本与参考样本之间的差异只有 5 到 8 处。

这是前现代人类的 DNA 首次被发现，最初分析是由慕尼黑大学的斯万特·帕博（Svante Pääbo）完成的。其结果又被宾夕法尼亚州立大学的马克·斯托金（Mark Stoneking）和安妮·斯

随书学习视频

早期葬礼

第9段

这个剪辑中的以色列地区发现了至少两个时期的葬礼遗迹。它们都是什么时期的呢？法国考古学家贝尔纳德·德迈（Vandermeersch）谈到了该地区发现的最早的葬礼的意义。在这里田野工作者发掘出了 25 个个体的遗骸，其中包括一个年轻妇女和一个孩子葬在一起，还有一个青少年男性。和这个男孩一起埋葬的是什么？它的意义又是什么？为什么有意识的埋葬的证据对我们来说很重要？在以色列卡夫扎地区发现的解剖学意义上的现代人类距今大约 9.2 万年。请阅读本章末的"主题阅读"以获得更多关于行为现代性的起源的信息。

通（Anne Stone）二次证实了。研究者再次聚焦线粒体 DNA，使用"基因时钟"，这些科学家把他们的结果阐释为尼安德特人和现代人在距今 55 万年以前就分裂了。

在中东，尼安德特人可能（或可能没有）与现代人类共存数千年。正如在本章的"新闻简讯"中提到的，在欧洲，特别是西欧，这种共存的时间短得多。在以色列中部和非洲的遗址中，现代人类可以追溯到距今 10 万年或更多。中东的尼安德特人可以追溯到距今 6 万～4 万年。在西欧，尼安德特人可能直到 2.8 万年以前还存活着。

尼安德特人和解剖学意义上的现代人在什么程度上有互动？它们会贸易或杂交吗（Wilford, 2005）？尼安德特人是被现代人类竞争出局的，还是被他们杀光的？它们是被吸收进了解剖学意义上的现代人群体，并逐渐被同化了吗（Rose, 1997）？未来的发现会为这些考古人类学家关注了几十年的问题提供更多的答案。

最近的化石和考古证据

除了 DNA 计时，支持非洲起源说的化石和考古学证据也日益增多。解剖学意义上的现代人可能起源于距今 15 万年以前的非洲。主要的一个发现是 2003 年公布的：1997 年在埃塞俄比

亚山谷发现了 3 个解剖学意义上的现代人的头骨——两个成人和一个儿童，这些头骨碎得很厉害，需要几年的工夫才能重构复原。蒂姆·怀特和伯哈·阿斯弗共同领导了一个国际团队，在亚的斯亚贝巴以北 140 英里一个叫赫尔托（Herto）的小村庄附近做出了这一发现。三个头骨都遗失了下巴，头骨显示出被切割和手工加工的痕迹，暗示它们可能是被切割下来，在死后被用作某种可能是宗教的用途。随着这些头骨出土的有几颗牙齿，但没有其他的骨头，这也再次暗示它们是被有意地从身体上移走的。有火山灰的地层让地理学家可以测定其年代是距今 16 万～ 15.4 万年之间。这些头骨所代表的人们曾经生活在一个古代湖泊的湖岸，以狩猎和捕鱼为生。与这些头骨一起出土的还有河马和羚羊的骨头，以及包括刀和手斧在内的约 600 件工具。

除了一些古代特点，赫尔托头骨的解剖结构是现代的——面中部长而宽阔，具有高而狭窄的鼻骨。颅顶很高，在现代尺寸范围之内。这些发现提供了进一步的证据支持了现代人类起源于非洲，接着向欧洲和亚洲散布这一观点（Wilford, 2003）。

在南非发现了更进一步的证据，在一个远古的岩石屋——边界洞（Border cave）中发现的化石可以追溯到距今 15 万年以前，人们相信它们是早期的现代人。至少有 5 个解剖学意义上的现代人的残骸被发现，包括一个几近完整的骨架，属于一个埋在浅墓穴中的约 4 ～ 6 个月大的婴儿。在边界洞的挖掘也找到了约 7 万件石制工具和包括大象在内的几种哺乳动物的残骸，被认为是被居住在这里的古人所猎杀的。

在非洲南部克莱西斯河口（Klasies River Mouth）附近的一系列洞穴被距今约 12 万年的一群狩猎采集者所占据。骨头碎片显示出这些人曾经的样子。一块前额的碎片有一个现代的眉脊。有一片薄的颅骨碎片，和一个像现代人下颌的下颌骨碎片。考古学证据显示这些穴居者沿海收集，并使用旧石器时代中期的石制工具（见 http://www.mc.maricopa.edu/~reffland/anthropology/anthro2003/origins/hominin_journey/modernorigins.html）。

如果那些人在解剖学意义上是现代的，那么它们的行为是否也像现代人？这个问题将在本

生物文化案例研究

第 9 章末的主题阅读讨论了生物现代性和行为现代性之间的关系——也就是，看起来像现代人的人类是何时开始行为举止也像现代人类的。

章结束后的"主题阅读"部分被检验。有一些考古学家相信他们已经找到了证据证明非洲早期存在现代性的活动。比如说，南非的布隆波斯洞穴（Blombos cave）就出土了证据显示解剖学意义上的现代人比 7 万年以前制作更多的骨锥和武器尖头。早些时候在刚果的卡坦达（Katanda）地区发现了带刺的鱼叉尖头，距今约 9 万～ 8 万年（Yellen, Brooks and Cornelissen, 1995）。

多区域进化说

关于解剖学意义上的现代人的起源，科学家们为两种不同的观点辩护。其中之一是"**走出非洲理论**"（基于上一节讨论过的分子生物学、化石和考古学证据）。另一种是"**多区域进化**"（multiregional evolution）理论。根据第一种理论，有一小队现代人在很晚近的时候起源于一个地方（非洲），接着散布开来，并占据了世界的其他地方。这些 AMH 的拓殖最终取代了各地的那些更古老、人数更多的土著。多区域进化模型（Wolpoff, 1999; Wolpoff and Caspari, 1997）提出人类的进化过程更广泛。多区域主义认为自从直立人走出非洲，人类的队群总是与他们的邻居保持联系，包括杂交。通过这种基因流的联系，每个地方的人类都可以和应该分享在世界任何地方发生的有益突变。如果一种基因突变被赋予很大的选择优势，它应该会非常快地从一个群体传播到整个人类范围内的其他群体。通过这种方式，在非洲、亚洲和欧洲的所有人类得以共有现代人类的特征和行为。

多区域进化论的倡导者相信化石证据与非洲夏娃（生活在距今 20 万年）理论有矛盾。化石显示有些体质特征已经持续了数十万年。比如说，在澳大拉西亚（印度尼西亚和澳大利亚）、中国和欧洲发现的，距今 75 万～ 50 万年的化石与今天生活在这些地方的人们之间有很引人注目的相似之处。一个例子是现代中国人与在北京发现的直立人化石拥有相似的"垂直扁平的面部"（Fenlason, 1990）。另一个例子是现代印度尼西亚土著和在印度尼西亚发现的直立人化石都有"突出的面部、巨大的牙齿和沉重的眉脊"。第三个例子是现代欧洲人和古欧洲人都流行的"棱角分

明的面部和高耸的大鼻子"。

这些独特的地域特征（在直立人那里）的出现，远早于夏娃的后代迁移出非洲。这些特质可能始于创始者效应（随机的基因漂移）而在自然选择中保持中立。不同地区的人群的创始者在偶然中拥有了扁平的、突出的或棱角分明的面部。在创始者定居到这些地方之后，它们一些独特的体质特征在它们的后代之中变得普遍起来。

如果夏娃的后代在晚于这些化石生活的年代到达了这些地方，并抹去了原本生活在中国、澳大利亚和欧洲的土著，那这些化石与现代生活在这些地方的人们之间的体质上的那些相似之处就不会存在。为替代现有的夏娃假设，米尔福德•沃尔波夫（Milford Wolpoff）提出了一个长期多区域进化的模型，认为直立人在每个地区（非洲、欧洲、北亚和澳大拉西亚）分别进化成现代智人。在地区人口的进化过程中，基因流总是联系着它们，所以有益的突变可以从一个群体很快地扩散到其他群体——因为它们总是属于相同的种。沃尔波夫同意线粒体意义上的夏娃可能的确存在，但是比伯克利的研究者认为的早得多。

技术的进步

在欧洲，旧石器时代晚期的工具制作技术与解剖学意义上的现代人相联系。在非洲，早期解剖学意义上的现代人制作了很多种类的工具。住在克莱西斯河口洞穴遗址的人们像欧洲和中东的尼安德特人一样制作旧石器时代中期的工具。然而，有一些在布隆波斯洞穴和卡坦达找到的早期非洲人的工具却更让人想起欧洲旧石器时代晚期。欧洲的解剖学意义上的现代人制作工具有不同的传统，统称"旧石器时代晚期"（upper paleolithic）是因为这些工具都位于最上层，或者说最晚近的沉积层之中。有一些洞穴的沉积层下层有旧石器时代中期的莫斯特文化的工具（由尼安德特人制作），上层则有更多数量的旧石器时代晚期的工具。

虽然尼安德特人更多是因为它们的体质特征而非工具制作能力而被人记住的，但它们的工具也十分精细。莫斯特文化技术包括了至少 14 种被设计用于不同工作的工具。尼安德特人发起了一次制作石片工具（勒瓦鲁瓦技术）的技术革

命，20 万年以前在非洲南部被发明，并广泛散布到旧世界的各个地方。式样统一的石片被从特别准备好的岩石核心上敲下来。在这些石片上的加工制成了被用于特殊目的的工具。刮削器被用于把动物皮毛制成衣服。也有被设计用于锯、凿和打孔的特别工具（Binford and Binford，1979）。

旧石器时代晚期的工具制作传统都强调有锋利的刃的工具。就像在莫斯特文化中一样，**刃具**（blade tool）是被从准备好的岩石核心上敲下来的石片，但一个刃具要比石片长——其长度大约是宽度的两倍。利用用骨头或鹿角制成的冲床和石锤，刃具被从岩石核心上 4~6 英寸（10~15 厘米）的高度敲下来。接着它们被修整成形，制成用于不同目的的工具。有一些是把修整过的刃具和其他材料结合在一起的组合工具。

这种刃—核的方法比莫斯特式的更快，比起切掉边缘的方法，从同样多的材料中可以制作出 15 倍多的工具。更有效的工具生产可能特别被那些需要依赖合作狩猎的人们重视，它们狩猎猛犸象、毛犀牛、野牛、野马、熊、野猪以及（主要是）驯鹿。据估计，生活在距今 2.5 万～1.5 万年前的西欧人食用的肉类中约有 90% 来自驯鹿。

据考古记录的整体趋势观察，人们也标记出了从莫斯特文化到旧石器时代晚期的转换。第一，工具的种类数量的增加。这种趋势反映了功能的专化——为特定目的制作不同的工具。第二个趋势是工具制作越来越标准化。工具的形式和库存反映了几个事实：工作工具利用了它们的材料原有的物理特性，并区分不同文化传统制作工具的方式。另外，偶然的或随意的因素也影响着工具的式样和特定工具种类的数量比（Isaac，1972）。然而，莫斯特文化和旧石器时代晚期的工具比起直立人的要更标准化。

另一个趋势包括了智人总人口和地理分布范围的增长，及基于特定经济活动方式而发展出的不同文化的多样性的增长。旧石器时代晚期的人们制作出的不同的有特定用途的工具说明了经济多样化的增长。刮削器被用于挖空木头和骨头，剥下动物的皮毛，及剥下树皮。雕刻器、早期的凿器被用于在骨头和木头上挖槽，或在骨头上雕刻。有锋利的钻头的锥子被用于在木头、骨头、贝壳和皮肤上打洞。

人类颅骨的测验，见在线练习。
mhhe.com/kottak

旧石器时代晚期的骨制工具也保留下来：骨刀、骨针、带有针眼的骨针和鱼钩。带眼的骨针说明它们已经开始穿用线（由动物的腱筋制成）缝起来的衣服了。鱼钩和鱼叉证实了对渔猎的重视。

不同的工具种类可能代表了人群之间文化的区别，由于传统不同，它们制作的工具也不同。考古遗址也可能代表了单个人群在一年不同季节中进行的不同活动。比如说，某些遗址很明显是屠宰的场所，史前人类在那里狩猎、杀掉它们的猎物并肢解它。其他的则是定居的遗址，有更多的活动在那里进行。

随着技术多样化、专化和效率的增长，人类的适应能力越来越强。通过严重依赖文化途径来进行适应，智人变成（在数量和范围上）至今为止最成功的灵长类。人族的范围，随着向北美和南美两个新大陆的拓殖，在旧石器时代晚期有了显著的扩张。在第 10 章我们将讲述这个故事（澳大利亚在距今 6 万年左右被拓殖）。

冰川撤退

现在，就冰川撤退的后果问题考虑一个区域的例子，西欧。在距今 1.7 万～ 1.2 万年之前，随着北欧（苏格兰、斯堪的纳维亚、德国北部和俄国）的冰盖融化，沃姆冰期在欧洲结束。随着冰川回撤，驯鹿和其他大型食草动物可以啃食的苔原和草原植被逐渐北移。有一些人跟随着猎物也向北方迁徙了。

灌木、森林和更多独居的动物出现在欧洲西南部。随着大多数群居的动物离开，西欧人被迫寻找更多样化的食物。为了替代过去对大群狩猎的经济生活方式的特别依赖，在 5 000 年的冰川回撤期中，更为普遍化的适应方式形成了。

随着融化的冰川流淌下的水流，世界各地的海平面普遍上升。今天，在大多数海滩之外，都有一个叫做大陆架的浅水区，在那里海水逐渐变深直到突然落到被称为大陆坡的深水中。在冰川期，有很多水被冻结在冰川中，大陆架的大部分都是露出水面的。干燥的陆地一直延伸到大陆坡的边缘。海岸边的水则很深、寒冷和黑暗，有几种海洋生物在这种环境下繁衍兴盛。

人们如何适应后冰川期的环境？随着海平面上升，环境更适宜那些在岸边温暖的浅水区生活的海洋生物。在大陆架上的水域里，大量及种类繁多的可食用物种有了巨大的增长。另外，由于河流入海比以前更缓和了，像鲑鱼这类的鱼类可以洄游产卵。在海边沼泽里筑巢的成群的鸟类在冬天进行跨越欧洲的迁徙。甚至欧洲内陆也能获得新的资源，比如迁徙的鸟类和春季的鱼群，充满了法国西南部的河流。

虽然狩猎仍然十分重要，但西南部欧洲人族的经济生活已经变得没有那么专化了。更宽泛，或更广阔范围的动物和植物被狩猎、采集、收集、捕捉和渔猎。这是一场被人类学家肯特·弗兰纳里（Kent Flannery）称为"广谱革命"（the Broad-Spectrum Revolution）（Flannery，1969）的变革的开端。说这是一场革命，是因为它在中东导致了食物生产的出现——人类可以控制植物和动物的再生产。数百万年来人们一直依靠觅食自然资源而生存，在那之后的短短 1 万年间，基于种植植物和驯养动物的食物生产方式在大多数地方取代了狩猎和采集。

洞穴艺术

旧石器时代的人们为我们所熟悉的不是他们的工具或骨架，而是他们的艺术。最为非凡的是距今约 3.6 万年的最早的洞穴壁画。已知的洞穴壁画遗址超过 100 个，主要分布在法国西南部和毗邻的西班牙东北部有限的区域。最有名的遗址 1940 年被发现于法国西南部的拉斯科（Lascaux），由一只狗和它的小主人发现。

洞穴壁画装饰在深入地底的一个洞穴的石灰石壁上。随着时间的推移，颜料被石灰石吸收掉，因此得以保存下来。这些史前的群猎者描绘了它们的猎物：毛猛犸、野牛和马、鹿和驯鹿。最大的动物图像有 18 英尺（5.5 米）长。

大多数解释将洞穴壁画与围绕狩猎的魔法和仪式联系在一起。比如说，因为动物们有时被描绘为身上插着长矛，这些画可能是为了确保狩猎的成功。艺术家可能相信通过在图画中捕捉动物的形象并预测杀掉它们的样子，可以影响狩猎的结果。

另一种解释将洞穴壁画视为一个有魔法的人

尝试控制动物的再生产。人们在洞穴壁画与澳大利亚土著狩猎采集者之间做了一个类比，后者每年举行"增长仪式"（ceremonies of increase），用魔法来褒奖和促进与他们分享同一家园的植物和动物们的生育。澳大利亚人相信为了延续这些人类赖以生存的物种，仪式是必需的，洞穴壁画可能也是每年一次的增长仪式的一部分。洞穴中的一些壁画上有些动物怀着孕，有些正在交配。这些旧石器时代晚期的人们相信它们能通过画下它们的猎物来影响这些猎物的性行为和再生产吗？或者人们也许认为这些动物每年会回到这个地方，因为它们的灵魂被绘画捕捉了？

壁画往往成群出现。在有些洞穴，多达三层的壁画被画在最初的壁画上面，而就在这些被反复绘制的壁画旁边就是从来没有被画过的空白墙壁。看来很有理由认为在外面世界发生的某些事情加强了绘画者对特定地点的选择。可能是在绘画之后很快有了一次特别成功的狩猎。可能在旧石器时代晚期来自某一重要社会部门的成员习惯性地选择一个特定区域来绘画。

洞穴绘画可能也成为一种图画的历史。可能旧石器时代晚期的人们透过它们的绘画来重复刚刚发生过的狩猎，正像非洲南部卡拉哈里沙漠（Kalahari Desert）中的猎人至今还在做的那样。刻在动物骨头上的图案和记号可能暗示旧石器时代晚期的人们已经发展出一套基于月相的日历（Marshack, 1972）。如果真是这样，旧石器时代的那些显然和我们现代人一样聪明的猎人的确有可能对记录发生在它们生活中的重要事件感兴趣。

值得注意的是，旧石器时代晚期，也就是大多数壮观多彩的洞穴壁画被画出，工具制造技术完善的时期，与冰川撤退期相吻合。这些集中出现的洞穴壁画无论因为何种原因与狩猎魔法相联系，可能正是由于欧洲西南部的草原被森林取代而导致的羊群减少造成的。

中石器时代

欧洲的广谱革命包括了旧石器时代晚期和紧随其后的中石器时代。由于欧洲考古学历史悠久，我们关于中石器时代（特别是在欧洲西南部和英伦三岛）的知识很广泛。依照传统类型学的方法区分的旧石器时代、中石器时代和新石器时代中，中石器时代有一个有特点的工具类型——细石器（microlith，希腊语"小石头"）。让我们感兴趣的是有如此丰富的小而精致的石头工具可以向我们讲述那些制作它们的人们的整个经济和生活方式。

到了距今 1.2 万年的时候，欧洲西南部已经没有亚北极动物了。到距今 1 万年的时候，冰川更加回撤，欧洲的狩猎采集和渔猎人群可以扩展到之前一直被冰川覆盖的英伦三岛和斯堪的纳维亚半岛。驯鹿群逐渐撤回到更远的北方，有一些人类族群也随之而去（并最终驯养了那些驯鹿）。欧洲到了距今 1 万年的时候，森林已经取代了草原和苔原。欧洲人也探索更广泛的资源，依据按季节出现的特定植物和动物调整他们的生活。

人们仍然狩猎，但他们的猎物从群居（可以被大群狩猎的）物种变成了独居的森林动物，像狍、野牛和野猪。这导致了新的狩猎技术：单独的跟踪和诱捕，类似于更晚近的美洲很多印第安族群的做法。欧洲和中东的海岸和湖泊中渔猎十分集中。有些重要的中石器时代遗迹是斯堪的纳维亚的贝冢——史前的牡蛎收集者们倒掉的垃圾。细石器被用于做鱼钩和鱼叉。独木舟被用于捕鱼和旅行。用烟和盐来保存肉类和鱼类变得越来越重要（肉类保存在亚北极环境下曾经不是问题，因为充满冰雪的冬天占据了一年中的 9 个月，提供了方便的天然冰箱）。弓和箭成了狩猎沼泽中的水鸟的必需品。狗被中石器时代的人们驯养用作猎犬（Champion and Gamble, 1984）。在欧洲北部和西部的森林环境中，木工变得很重要。考古学记录中出现了中石器时代的木匠们使用的工具：新品种的斧子、凿子和锥子。

在欧洲，大规模狩猎以及接下来中石器时代的狩猎和采集非常重要，但在非洲和亚洲，史前人类使用其他的觅食策略。同时期在热带地区，采集是主要的觅食方式（Lee, 1968/1974）。虽然能被大规模狩猎的动物群在史前热带比在今天更丰富，但对热带的觅食者们来说，采集总是至少和狩猎一样重要的（Draper, 1975）。

广义上来说，广谱经济在欧洲比在中东多持续了约 5 000 年。距今约 1 万年，中东的人们开始种植植物、繁殖动物，而食物生产直到距今约

旧石器时代韦尔布里的屠宰业

背景信息

学生1：
Kelsey Foster

指导教授：
James G. Enloe

学校：
洛瓦大学

年级/专业：
大学四年级学生/人类学

计划：
海洋考古学实习/考取研究生

项目名称：
肉和骨：旧石器时代韦尔布里的屠宰业

关于动物骨骼的分析如何能够为人类活动的具体种类提供证据？在这个旧石器时代遗址这里，哪些动物是被作为捕猎对象的？这个遗址中什么样的饮食行为在继续？

韦尔布里旧石器时代遗址位于法国北部瓦兹河畔。一小群旧石器时代的猎人长期在该遗址捕杀驯鹿，驯鹿占它们捕猎动物的98%。对当地动物资料的检验证明驯鹿被捕杀的季节是秋天，这和它们每年迁徙移动的规律相符。通过对牙齿的分析和后颅骨的测量可以确定大部分驯鹿遗骸都来自亚成体雄性。这体现了旧石器时代的狩猎者们对大的、健康的猎物的强烈选择倾向。

我的研究重点在于通过考察韦尔布里遗址旧石器时代狩猎者宰杀猎物的方式，对该地区人们已有的（生活）知识进行深入研究。我考察了来自层 Ⅲ 的动物遗骸，寻找人力可能施加在这些骨头上面的任何迹象，这些迹象显示为石器砍切的痕迹和／或凿击的锥面。石器砍切痕迹产生于将肉从骨头上割下以及切分猎物尸体时。凿击锥面则是敲击骨头以获得骨髓产生的结果。

在我的研究中，我考察了 1 133 个驯鹿骨片样本以探究韦尔布里遗址的宰杀活动。使用路易斯·宾福德的肉类效用指数和骨髓效用指数考量驯鹿腿不同成分的营养价值，我发现高骨髓效用的成分在遗骸中占据更大比例，然而高肉类效用指数的成分则相对较少。

随后我比较了人力的施加作用在这两种成分中体现的数量和程度，发现高骨髓效用成分比较低骨髓效用成分展示了更高程度的骨髓敲取利用活动。这说明了韦尔布里人们对骨髓存在着分类使用。与之相反，遗骸上的石器砍切痕迹主要缘于切分猎物而不是为了割取肉。

最后我把这个百分比和一个相似的文化群落考古学的研究相比较，这个研究是关于一个已知的 Nunamuit（阿拉斯加的爱斯基摩人，或称因纽特人）聚居地已知的骨髓处理后的遗骸的。这两处遗骸之间极端的相似性巩固了对韦尔布里遗址存在对骨髓的大量使用这个观点。

把所有这些信息汇集在一起，韦尔布里遗址宰杀动物的程序一目了然。这种活动包括最初将猎物分成小块和对骨髓效用高的成分的有意识的食用。切割痕迹的缺乏说明了狩猎群中对肉的食用即使有，也很少。因此，如果肉类效用指数高的成分没有在韦尔布里被吃掉，它们一定是被带到了一个更大的群落中以供以后食用。

5 000 年（公元前 3000 年）才到达西欧，那之后又 500 年才到达北欧。在第 10 章，我们将把目光转向食物生产最初起源的地方——中东。

弗洛里斯人

在 2004 年，媒体大肆宣扬发现了一群小矮人的骨头和工具。它们直到相当晚近的时候还一直居住在巴厘岛以东 370 英里，印尼苏门答腊一个叫做弗洛里斯（Flores）的岛上（见 Wade, 2004）。正如我们在上一章看到的，在人类进化的早期，有不同的种甚至是不同属的人族生活在同一时代是很常见的。但直到 2003—2004 年发现弗洛里斯人之前，还很少有科学家能想到有不同种的人直到距今 1.2 万年，甚至更晚近的时候还存活着。这些小矮人在弗洛里斯岛上生活、狩猎和采集，从距今约 9.5 万年直到至少距今 1.3 万年。它们的一个最令人惊讶的特征是特别小的头骨，只有 370 毫升脑容量——比黑猩猩的平均水平还小一点儿。

在弗洛里斯岛上的一个石灰石洞穴里，一队澳大利亚和印度尼西亚考古学家发现了这种微型人类的一个头骨和一些骨架，他们把这标记为一个新的人种——弗洛里斯人（Homo floresiensis）（更多标本的发现在 2005 年被公布，见 Gugliotta，2005）。被描述为缩小版的直立人的弗洛里斯人的发现，显示远古人类比人们想象的存在的时间更晚近。在现代人类到达弗洛里斯岛之前，这是一个与世隔绝的岛屿，只生活着少数几种有能力到达那里的动物。这些动物，包括弗洛里斯人，面对着不寻常的进化压力变得要么趋向巨大，要么趋向侏儒。食肉蜥蜴到达弗洛里斯（可能是搭乘天然的筏子）后变得非常巨大。这些科莫多巨蜥目前只限于栖息在科莫多岛附近。大象，作为杰出的游泳健将到达弗洛里斯，演化成了像牛一样大小的矮子。

弗洛里斯人的发现者之一，迈克尔·莫伍德（Michael Morwood）早先曾在弗洛里斯岛挖掘出粗石工具，并据此估计直立人在距今 84 万年以前到达那里。这些直立人和它们的后代可能受到与使大象变小的同一种进化力量的影响。第一个弗洛里斯人标本是一名成年女性，于 2003 年 9 月在利昂·布阿（Liang Bua）洞穴从覆盖地面的 20 英尺（6.1 米）的淤泥下面被发现。考古人类学家将其鉴定为一个非常小但除此之外一切正常的个体——一个微缩版本的直立人。因为这种尺寸缩小得太极端，它们甚至比现代的俾格米人还小，所以这名女性和它的同伴被标记为一个新的物种。她的骨架被估计为距今 1.8 万年。另外 6 个不同个体的残骸分别被鉴定为生活在距今 9.5 万～1.3 万年前。洞穴里也挖掘出巨蜥、巨鼠、迷你大象、鱼和鸟的骨头。

弗洛里斯人显然可以控制火，而且随着它们一起被发现的石制工具也比任何已知的由直立人制作的工具精细得多。这些工具之中有一种很小的刃，可能曾经被安装在木头的柄上。弗洛里斯人狩猎大象（很可能通过合作）以及制作复杂的工具，可能曾经有过（也可能没有）某种形式的语言。这种文化能力的迹象对于一种只有猩猩般大小的脑子的人族来说是相当令人惊讶的。那么小的脑容量让人们开始怀疑弗洛里斯人是否真的做了这些工具。距今 4 万年前拓殖到澳大利亚的解剖学意义上的现代人的祖先可能曾经经过这一地区，可能是它们制作了那些石头工具。而另一方面，还没有证据显示在距今 1.1 万年以前有现代人类到达过弗洛里斯岛。

利昂·布阿洞穴地区的弗洛里斯人看起来是被距今约 1.2 万年的火山喷发灭绝掉了，但他们也可能在弗洛里斯岛的其他地区存活到更晚近一些的时候。直到荷兰贸易商 16 世纪到达弗洛里斯岛时，弗洛里斯中部的压夏（Ngadha）人和西部的芒加莱（Manggarai）人之中还流传着住在洞穴里的矮人的故事（Wade，2004）。

---

1. 当能人进化到直立人时，牙齿、面部和颅骨的粗壮被缩减掉了，这扩大了人族对狩猎大型动物的食物要求。直立人身体更大一些，后齿更小但前齿很大，且有包括很大的眉脊在内的支撑结构。旧石器时代晚期的阿舍利文化传统为直立人提供了更好的工具。直立人的平均颅容量是南方古猿的两倍。复杂的工具和有合作狩猎的考古学证据暗示了一个很长的教化和学习期。直立人把人族生活的范围从非洲扩展到了亚洲和欧洲。

2. 最古老的直立人头骨来自肯尼亚和格鲁吉亚（在欧亚大陆），回溯到距今 175 万～160 万年前。在坦桑尼亚的奥杜韦峡谷，地层跨度超过 100 万年，展示了直立人从奥杜韦工具到阿舍利工具的转变。直立人存在超过了 100 万年，在距今约 30 万年的旧石器时代中期进化成为古智人。对火的使用使得直立人可以扩散到更寒冷的地区，可以烹饪，还可以住在洞穴中。

3. 经典的尼安德特人是最早被发现的人族化石之一，在沃姆冰期早期居住于欧洲西部。因为那时还没有南方古猿或直立人的样本被发现，它们与现代人不同被特别突出强调。直到今天，人类学家还倾向于将经典尼安德特人从人类先祖中排除出去。解剖学意义上的现代人

（AMHs）的祖先是另一个古智人种群，最有可能是在非洲的那些。像斯虎尔（距今10万年）、卡夫泽（距今9.2万年）和特别是赫尔托（距今16万～15.4万年）这样的解剖学意义上的现代人化石的发现，以及南部非洲的一些遗址被用于支持尼安德特人（距今13万～2.8万年）和解剖学意义上的现代人生活于同一时代，而非祖先与后代的关系的论点。

4.经典的尼安德特人从体质上和文化上适应了极度寒冷的气候。它们的工具比前述任何一种人的都复杂。它们的前齿是人类进化史上最大的。尼安德特人制作莫斯特式的片石工具。解剖学意义上的现代人制作旧石器时代晚期的带刃工具。从尼安德特人到现代人的重大转变看来发生在距今2.8万年的西欧。

5.随着冰川的融化，觅食方式也更多样，在正逐渐缩小的群居动物之外加上了鱼、野禽和植物作为补充。广谱经济开始于欧洲西部，正好与旧石器时代晚期洞穴艺术的强化相吻合。在石灰石洞穴的墙壁上，史前的猎人把那些对它们的生活来说至关重要的动物的形象画下来。对洞穴壁画的解释把它们与狩猎魔法、增长仪式和起始习俗相联系。

6.到距今1万年时，英伦三岛和斯堪的纳维亚半岛上的人们正在追求广谱经济。适应森林环境的成套工具包括很小很精致的石器，被称为细石器。中石器时代开始了。基于更广范围的食物来源的"广谱革命"从中东开始，稍早于欧洲。正如我们将在第10章看到的，它在距今约1万年的时候在中东结束于食物生产经济的出现。

7.在2004年和2005年科学家们报告发现了一种新的人族物种的骨头和工具，它们被称为弗洛里斯人。这些小矮人居住在印度尼西亚弗洛里斯一个与世隔绝的岛上。作为在距今84万年前到岛上定居的直立人可能的后代，弗洛里斯人因为其不同寻常的矮小身材和只有猩猩般尺寸大小的头颅而被关注。关于弗洛里斯人是否足够聪明因此制造出那些与它们的残骸一起被发现的石制工具还存在争议，虽然至今没有证据证明在距今1.1万年以前有现代人到达过弗洛里斯。弗洛里斯人的残骸被标记为生活在距今9.5万～1.3万年之间。

关键术语

见动画卡片。

mhhe.com/kottak

阿舍利文化 Acheulian 来源于法国一个名为圣阿舍尔的村庄，在那里这些工具首次被鉴定。旧石器时代早期的工具制作传统，与直立人相联系。

解剖学意义上的现代人 anatomically modern humans 包括欧洲的克罗马农人（距今3.1万年）以及更早的来自斯虎尔（10万年）、卡夫泽（9.2万年）、赫尔托及其他遗址的化石；延续至今。

古智人 archaic H. sapiens 早期智人，包括欧洲和中东的尼安德特人、非洲和亚洲的类似于尼安德特人的人族，以及所有这些人族的直接祖先，生活于距今30万～28万年前。

刃具 blade tool 旧石器时代晚期基本的工具类型，从一个准备好的岩石核心上被敲下来。

冰期 glacials 北欧和北美大陆冰盖的4～5次大规模推进。

间冰期 interglacials 在主要冰期，如利斯和沃姆之间的较长时间的温暖时期。

中石器时代 Mesolithic 中石器时代，其典型的工具类型是细石器；广谱革命。

莫斯特文化 Mousterian 旧石器时代中期的一种工具制作传统，与尼安德特人相联系。

多区域进化 multiregional evolution 一种理论，认为直立人在有人类居住的所有区域（非洲、欧洲、北亚和澳大利亚）逐渐进化成现代智人。随着地区人口的进化，基因流总是把它们联系在一起，因此它们总是属于同一种族。这种理论反对替代的模型，比如说夏娃理论。

尼安德特人 Neandertals 一种古智人族群，在距今13万～2.8万年之间居住在欧洲和中东。

走出非洲理论 out of Africa theory 一种理论，认为在非常晚近的时候，很可能是在非洲，有一小群解剖学意义上的现代人出现，他们从那里扩散到各地，并取代了其他栖息地上那些土著和更古老的人群。

旧石器时代 Paleolithic 旧石器时代（来自意为"旧的"和"石头"的希腊语词根）；被分为早期（下层）、中期和晚期（上层）。

更新世 Pleistocene 人族出现和进化的纪元，始于180万年以前；分为早期、中期和晚期。

旧石器时代晚期 Upper Paleolithic 刃具制作传统与早期解剖学意义上的现代人相联系；由于它们处于沉积层的上层，或更晚近的时候而又被命名为"上层旧石器时代"。

思考题

更多的自我检测，
见自测题。

mhhe.com/kottak

1. 能人和直立人之间主要的不同是什么？能人更像直立人还是更像南方古猿？
2. 你如何评价关于人类进化间断平衡模型的证据？
3. 旧石器时代技术进化的主要趋势是什么？这些趋势在今天还在继续吗？
4. 直立人的地理分布与南方古猿有什么不同？文化在这种不同中起到了什么作用？
5. 在旧石器时代晚期和中石器时代的欧洲，随着冰川撤退，文化发生了什么变化？今天发生的事情里面有什么能让你想起冰川撤退现象吗？

补充阅读

Boaz, N. T., and R. L. Ciochon
2004 Headstrong Hominids. *Natural History* 113（1）: 28-34.

Calcagno, J. M., ed.
2003 *Biological Anthropology: Historical Perspectives on Current Issues, Disciplinary Connections, and Future Directions*.最近关于人类进化的文章。

Dibble, H. L., S. P. McPherron，and B. I. Roth
2003 *Virtual Dig: A Simulated Archaeological Excavation of a Middle Paleolithic Site in France*, 2nd ed. Boston: McGraw. Hill.对一个旧石器时代中期遗址的电脑互动挖掘。

Fagan, B. M.
2005 *World Prehistory: A Brief Introduction*, 6th ed. New York: Longman.世界范围内从旧石器时代到新石器时代的历史。

2007 *People of the Earth: A Brief Introduction to World Prehistory*, 12th ed. Upper Saddle River, NJ: Prentice Hall.史前人类和文明。

Gamble, C.
1999 *The Palaeolithic Societies of Europe*. New York: Cambridge University Press.主要是对欧洲旧石器时代中晚期的调查。

Klein, R. G.
1999 *The Human Career: Human Biological and Cultural Origins*, 2nd ed. Chicago: University of Chicago Press.人科的化石、起源和进化。

Klein, R. G., with B. Edgar
2002 *The Dawn of Human Culture*. New York: Wiley.体质上和文化上变成现代人的过程。

Knecht, H., A. Pike-Tay, and R. White, eds.
1993 *Before Lascaux: The Complex Record of the Early Upper Paleolithic*. Boca Raton, FL: CRC Press.在洞穴艺术之前。

Lieberman, P.
1998 *Eve Spoke: Human Language and Human Evolution*. New York: W. W. Norton.人类进化过程中的语言和行为。

Oakley, K. P.
1976 *Man the Tool-Maker*, 6th ed. Chicago: University of Chicago Press.对工具制作的经典、简短的介绍。

Rightmire, G. P.
1990 *The Evolution of Homo erectus: Comparative Anatomicat Studies of an Extinct Human Species*. New York: Cambridge University Press.对人类进化过程中直立人阶段化石证据的综合回顾。

Schick, K. D., and N. Toth
1993 *Making Silent Stones Speak: Human Evolution and the Dawn of Technology*. New York: Simon & Schuster.燧石敲打器和史前工具。

Shipman, P.

2001　*The Man Who Found the Missing Link*. New York: Simon&Schuster.尤金杜布瓦（Eugene Dubois）发现"爪哇猿人（Java man）"（直立人）。

Tattersall, Ian

1998　*Becoming Human: Evolution and Human Uniqueness*. New York：Harcourt Brace.人类进化，包括灵长类动物、人科化石和社会进化。

1999　*The Last Neandertal: The Rise, Success, and Mysterious Extinction of Our Closest*

Human Relatives, rev. ed. Boulder, CO: Westview.对尼安德特人的遭遇的一种看法。

Ucko, P., and A. Rosenfeld

1967　*Paleolithic Cave Art.* London: Weidenfeld and Nicolson.一份调查报告，包括了调查的发现和对这些发现的解读。

Wenke, R. J., and D. I. Olszewski

2007　*Patterns in Prehistory: Mankind's First Three Million Years,* 5th ed. New York: Oxford University Press.对人类进化的化石和考古重建的非常彻底的调查。

在线练习

1.访问肖韦—蓬达尔克洞穴（Chauvet-Pont-d'Arc cave）的主页（**http://www.culture.gouv.fr/culture/arcnat/chauvet/en/index.html**）。阅读关于该洞穴（在"今日洞穴"标题下）的发现和验证及其考古背景、测年和意义（在"时间与空间标题下"）。

a.这个洞穴是如何被发现的？他们如何知道它像他们宣称的那么古老呢？

b.洞穴是何时被占据的？哪一种人族在使用这个洞穴呢？

c.什么使得肖韦—蓬达尔克洞穴与同时代被使用的其他洞穴不同呢？关于洞穴的居住者及他们所作的画，考古学家知道什么呢？

2.现代人族的起源：浏览Philip L. Walker和Edward H. Hagen的文章《人类进化：3D中的化石证据》（"Human Evolution: The Fossil Evidence in 3D"）（**http://www.anth.ucsb.edu/projects/human/#**），然后点击链接进入图库。

a.点击标有"人类起源"的图像，再点击标有"直立人"的颅骨。现在你就能得到一个三维的直立人颅骨，你还可以用鼠标遥控它。将之与现代人的颅骨进行比较。区分二者的突出特征有哪些？根据图像，谁拥有更大的脑容量是否一目了然了？

b.返回查看尼安德特人的颅骨。遥控它以查看剖面图。哪一个颅骨有很大的眉脊，低矮的、拉长的颅骨，以及颅骨后部的凸起？从图像中是否清楚谁拥有更大的脑容量？有些人辩称现代欧洲人是尼安德特人的后裔，根据这些颅骨，你认为这可能吗？

3.访问加州大学伯克利分校新闻网（**http://www.berkeley.edu/news/media/hominid/**），会看到一则题为"埃塞俄比亚化石是最古老的现代人"（"Ethiopian Fossil Is Oldest Modern Human"）的新闻。阅读该新闻稿，它描述了在赫尔托（Herto）的发现。选择选项"完整的录像带"，观看短片（10分钟）。

a.描述电影中展示的化石证据。发现了多少人类颅骨化石？在赫尔托还发掘出了哪些动物的化石？

b.根据阿斯弗博士的说法，赫尔托化石为理解尼安德特人和现代人类之间的关系作出了什么贡献？

c.根据Yonas Beyene博士的观点，这些早期人类是如何使用大型切削工具（手斧）的？

d.除了手斧，在赫尔托还发现了哪些其他工具？

请登录McGraw-Hill在线学习中心查看有关第9章更多的评论及互动练习。

人类何时开始像人一样活动？

让我们概括一下我们最近几章都学到了什么，并且把它们总结到一起。当你阅读这篇文章时，请注意人类学家是如何起草假设并且使用手工制品、艺术、语言和其他文化形式，以及遗传学、解剖学和动物遗骸来重建我们的过去的。

科学家认可说：（1）距今 700 万～ 500 万年，我们的人类祖先出现在非洲，是类似类人猿的生物而且习惯于两足行走；（2）距今 250 万年，还是在非洲，人族制造出了简陋的石器；（3）距今 170 万年，人族从非洲扩展到亚洲，随后进入欧洲。

大多数科学家都同意以上三个观点。相对少一些的大部分——但仍然是大部分的科学家认为解剖学意义上的现代人类是在距今 13 万年前出现的，从残骸留在非洲的我们的祖先那里进化而来。像更早些的原始人类（直立人或匠人）一样，他们也从非洲散布出去，最终取代——也可能在某些情况下与非现代人种杂交繁殖，例如欧洲和亚洲部分地区的尼安德特人，以及远东地区直立人的后代。

争议存在于这些早期现代人类何时、何地以及如何达成了现代型行为——依赖象征性思维、阐释文化的创造力，从而成为一个在行为和家谱学意义上都是完全的人类。是距今 9 万年前还是距今 4 万年前？在非洲、中东还是欧洲？是人口增长、与非现代人竞争还是基因变异导致了这种变化？传统的观点认为现代行为出现得相当之晚，大约在 4 万年前，而且只在智人涌入欧洲之后。这种"创造力大爆发"的理论是基于诸如拉斯考克斯和肖韦那壮观的岩画这样的证据的（Wilford, 2002b）。

一些研究者认为这种理论体现了欧洲中心主义，持有这种观点的人类学家更倾向于相信西欧地区关于人类早期创造力的证据。但是当他们在非洲和中东地区发现早期人类复杂行为的迹象时，他们却选择了忽视。事实上，最近非洲之外的许多发现都证实了现代型行为有一个更早的、渐进的发展过程，而不是在欧洲突然出现的。

英国考古学家克里夫·盖博（Clive Gamble）发现，"欧洲是一个突然发现了大量惊人古代文化遗迹的小小半岛（a little peninsula）。但是'欧洲发现的就是全部'这样的观点是错误的。我们在非洲和其他地区发现了很棒的新证据。在过去的两三年里，这些发现已经改变和拓展了有关现代人类行为的争论"（Wilford, 2002b）。

对现代行为起源的不确定反映了人类这个物种看起来已经很现代的时间（距今 15 万～ 10 万年）和开始表现出现代性的时间（距今 9 万～ 4 万年）之间存在着漫长的滞后期（Wilford, 2002b）。早期智人中是否一直隐藏着出现现代行为的潜力直到为了生存它才成为必需？根据康涅狄格大学考古学家萨利·麦克布里雅蒂（Sally McBrearty）的说法，"最早的智人拥有发明史波尼克（苏联人造地球卫星）的认知能力，但他们尚且没有发明的历史或是对这种东西的需要"（Wilford, 2002b）。对现代行为的需要是不是在新的社会条件下、环境改变或是与其他早期人类竞争的过程中逐渐发展起来的？或者现代行为的能力出现很晚，只是反映了一些遗传转化的结果？亚利桑那大学的玛丽·斯廷纳（Mary Stiner）将这些精简为一个关键问题："在现代行为出现的过程中，是不是有大脑结构的根本转变或生活环境改变这样的原因？"（Wilford, 2002b）

根据约翰·诺贝尔·威尔福德的说法（2002b），斯坦福大学的一位考古学家理查德·G·克莱恩（Richard G. Klein）是如下观点的主要支持者：人类创造力在 4 万年前的欧洲突然萌芽并开始发展。在这个"人类文化的黎明"之前（Klein with Edgar, 2002），人的发展变化十分缓慢——形态上和行为上差不多都是如此。"人类文化的黎明"之后，人体结构改变很少，但是行为举止开始有显著的变化。文化的发展就这样从 4 万年前开始加速。

参见在线学习中心"主题阅读"链接。
mhhe.com/kottak

这个传统的观点认为，是欧洲的智人第一次制作出了工具，因此奠定了一种抽象思维和象征性思维（symbolic thought）的形式。在那里，人类在行为和形态上都达到了现代性，这种现代性使他们为死亡举行仪式，用颜色和珠宝装饰身体，还制造多产的女性的塑像。他们的岩画表达了他们头脑中的想象，如同他们记得与之相关的狩猎、经历和象征符号。

为了解释这样一种创造力爆发的现象，克莱恩提出了一个神经学上的假说。他认为大约 5 万年前，一次基因突变改造了人脑，很可能在语言方面前进了一大步。克莱恩的观点是，更加进步的交流方式能够给人们"发明和使用文化的完全现代能力"（Wilford, 2002b）。克莱因认为，这次基因突变可能发生在非洲，随后促使"人类前往新的和更具挑战性的环境中殖民"（Wilford, 2002b）。大脑重整之后的现代人类，即克罗马农人，到达了欧洲之后遭遇并最终取代了原住民尼安德特人。

克莱恩承认他的遗传假设"丧失了一个合格的科学假设必需的重要尺度——它不能被实验或是对相关人类遗骸进行考察来证实或证伪"（Wilford, 2002b）。讨论中的那个时代的现代人类头骨在大脑尺寸和功能方面没有体现出任何改变。根据威尔福德的说法（2002b），对克莱恩的批评都认为他"创造力的黎明"观念和唐突的"人类革命"的说法太过于简单化，同时也是没有说服力的。

另有考古学家认为将人类现代性行为与欧洲发现的遗迹证据紧密相连是不合适和过时的。这样的想法在其他地区的相关遗址很少为人所知的时候很容易理解。但在最近的 30 年里，在非洲和中东进行考察的考古学家已经发现了有关早期现代行为的大量证据，这些证据包括各种形式，有制作得很好的石器和骨器、远途贸易、饮食变化、个人装饰品和抽象的雕刻艺术。

在对距今 30 万～3 万年的非洲考古遗址的调查中，萨利·麦克布里雅蒂和阿里森·布鲁克（Sally McBrearty and Alison Brooks, 2000）得出结论说那些被认为能证明旧石器时代晚期欧洲"人类革命"的手工艺品——它们在 4 万年前突然出现——在非洲也被发现，时间比欧洲早很多，但并非所有的都在同一时期。换句话说，那些在非洲之外可能是很突然发生的事件，在非洲却经历了一个十分缓慢的量变过程。再加上现代人类来自非洲的遗传学证据，这个观点就更具有说服力了。在非洲有一个长达百万年的文化渐进发展的时期，随后才有了有着相当程度的文化的人类群体向外迁徙。这就是说人类在距离旧石器时代晚期很久之前就已经是完全的"人类"了，我们其实并不需要假定 5 万年之前的人类发生过基因改变（例如语言的突变）从而来解释那场"人类革命"。

一个由克里斯托弗·汉斯伍德（Christopher Henshilwood）带领的考古学小队在南美的布隆伯斯洞穴发现了现代人类早在 7 万年前就制作骨锥和石尖的证据。有 3 枚石尖被石刀打磨成形且被很好地磨光。汉斯伍德认为这些手工制品体现了象征行为和艺术创造力——人们努力制作好看的东西。2002 年 1 月，汉斯伍德发表了针对早期象征思维的更多来自布隆伯斯洞穴的证据：两小片刻有三角形和水平线的赭石（一种软的含有氧化铁的红色石头），距今大约 7.7 万年（Wilford, 2002b）。

更早的在刚果卡坦达地区的发掘工作挖掘到了带有倒钩的骨质鱼叉尖，距今大约 9 万～8 万年（Yllen, Brooks, and Cornelissen, 1995）。考古学家阿里森·布鲁克和约翰·耶仑主张说，这些古代的人类"在那个时候不仅拥有可观的技术水平，他们的弹射武器（projectile forms）也包含着象征或形式的内容"（Wilford, 2002b）。

一些科学家仍然对人类更早的现代性行为发源于非洲这一观点提出质疑（Wilford, 2002b）。怀疑者们提问说，假如那些考古发现的手工制品确实十分古老而且代表了人类行为的一个根本改变，为什么它们没有出现更加普遍和更广泛的传播？约翰·耶仑反击说，现代人类在布隆伯斯洞穴和卡坦达这样的地方的人数都十分稀少而且分布分散。低人口密度很可能是群体之间观念和文化实践传播的一个障碍（Wilford, 2002b）。

在土耳其和黎巴嫩，史蒂夫·库恩，玛丽·斯廷纳和大卫·里斯（Steven Kuhn, Mary Stiner, and David Reese, 2001）发现有证据证明在距今4.3万年之前，沿海的人类会制作和佩戴带有重复设计的珠子和贝壳装饰品（也可参看 Mayell, 2004b）。一些贝壳形态各异，色彩纷呈，是白色或被染上了明亮的颜色。一只大鸟的骨骼被雕刻用以作为垂饰。地中海沿海，土耳其的 Ucagizli 山洞和黎巴嫩的 Ksar Akil 地区，都是作为古代从非洲向欧亚迁徙的人们的走廊。在那里考古学家们也发现了可作为饮食改变证据的动物遗骸。随着时间的推移，人们更少吃鹿、野牛以及其他大型动物。他们也更少猎杀繁殖缓慢、容易获取的动物，例如贝类和龟；而是捕捉更多行为敏捷的动物，例如鸟类和野兔（Kuhn, Stiner and Reese, 2001）。

库恩，斯廷纳和里斯（2001）认为人口增加可能会引起现代人类居住环境的改变——对他们的食物和生活来源产生压力，迫使他们尝试新的饮食和生存策略。即使是适度的人口增长率都有可能使现代人类的小群体的人口数量产生两三倍的增长，这会促使人们改变他们的生存方式。人类之间可能会居住得更近，也会有更多的机会相互交流。身体装饰也可能成为交流系统的一部分，标志群体身份和社会地位。考古学家们注意到两个相隔很远的地区竟然同时首次出现标准化的装饰品，这两个地点分别在肯尼亚和保加利亚。通过饰品而产生的交流关联可能说明了"某种认知能力的存在和它在史前史中相对较晚的发展"（Stiner and Kuhn, 引自 Wilford, 2002b; Kuhn, Stiner, and Reese, 2001）。

这样的能力可能并非一次突然的基因突变的结果。"制作饰品的习惯几乎在旧石器时代晚期/石器时代晚期的三块大陆上同时出现，这样一个事实强烈反对将它作为一个单独人群中认知能力进步的特别事件这样一个观点。"斯廷纳和库恩如是说（Wilford, 2002b）。

克里夫·盖博将现代性行为的出现更多归因于社会竞争的增加而非人口增长。与邻近人类群体的竞争，在欧洲即是与穴居人的竞争，可能会产生新的生存策略和组织社会的形式。这些创新使得现代人类群体在占领新土地、面对新环境和与非现代人类接触的过程中都会获得进步。

纽约大学的考古学家兰德尔·怀特，一位研究克罗马农人创造力的专家认为，非洲和中东的早期人类装饰品说明了现代人类的创造力早在他们进入欧洲之前就已经存在（Wilford, 2002b）。面对新的环境和竞争，现代人类磨炼了他们的文化能力，这使得他们能够保持一个共同的身份，能够交流思想，并且将他们的社会组织成"稳固、持久的地域性群体"（Wilford, 2002b）。在手工制品、装饰品和艺术中长久体现的象征思维和文化进步，划定了现代人类和尼安德特人之间的界限，现代人类可能与尼安德特人存在杂交繁殖，但最后在欧洲取代了他们而存在。

现代性行为的起源问题仍然被持续探讨着。然而我们可以看到，考古学家在世界许多地方的发现都有力地证明了，不管是形态上还是行为上的现代性都不是欧洲人的发明，非洲在起源和人类发展问题上的地位仍然是十分突出的。

第**10**章
最早的农民

章节大纲：

新石器时代

在第9章，我们讨论了冰河世纪的结束对于欧洲经济的影响。随着冰川的消融，人类的经济活动更为广泛，开始寻找大型动物之外的食物来源。这标志着弗兰内里（Kent Flannery, 1969）所谓的**广谱革命**（broad-spectrum revolution）的开始。具体时间，中东地区大约开始于距今 1.5 万年前，在欧洲，这个时间大概是距今 1.2 万年，人类开始接触大量（广谱或杂食指的就是种类繁多）生物，采集植物和果实，猎杀动物，捕捞水中的鱼类。说这是一场革命，原因在于，这在中东导致了**食物生产**（food production）的出现——人类开始控制动植物的繁殖。

到了距今 1.5 万年，在有人类居住的地方，随着大型猎物的逐渐消失，人类不得不开始寻找新的食物来源。人类的注意力发生了转移，从体型庞大但繁殖周期较长的动物（比如猛犸象），到一些繁殖速度快、数量多的物种，比如鱼、软体动物和野兔（Hayden, 1981）。

例如，日本东京湾附近新田（Nittano）遗址（Akazawa, 1980）的考古发现，就为我们提供了大量的证据，证明了觅食范围之广。在距今 6 000 年到 5 000 年，新田被绳文文化（Jomon culture）的成员多次占据，绳文文化在日本境内有 3 万处遗址。绳文人猎食的动物种类就很多，有鹿、野猪、熊和羚羊。他们还吃鱼、贝壳类动物和一部分植物。绳文文明的遗址已经出土了大量的动植物化石，其中包括多达 300 种的贝类，180 种可食用的植物，包括各种浆果、坚果和薯类植物（Akazawa and Aikens, 1986）。

在后冰河世纪的世界中，早期的食物生产实验是最重要的广谱资源利用形式。到距今 1 万年前，一场重大的经济转型在中东地区（土耳其、伊拉克、伊朗、叙利亚、约旦和以色列地区）开始。人类开始介入动植物的繁殖过程。结果是，中东人成为了地球上第一批农民和牧民（Moore, 1985）。人类不再只是简单地收获大自然

概览

食物生产包括对动物的驯养和种植植物，以及与此相关的农业和畜牧经济。这种新的经济模式起源于狩猎时期，随着时间的推移，人类的资源系谱逐渐扩大，越来越多的东西被人类采用，以维持生存，其中，驯养的动物和植物就是很重要的一部分。到了距今大约 1 万年，早期的农民就开始在古代的中东地区种植小麦和大麦，并且发明了人工干预山羊和绵羊繁殖过程的办法。

现在看来，在古代，至少有七个地方独立发展出了种植粮食的方法：中东，撒哈拉沙漠以南地区，中国的华北和江南地区，中美洲，南美洲的安第斯山脉以及美国的东部地区。这些地区种植粮食的方法出现时间不同，种植的作物也不一样，在粮食产量和营养价值上，有些地方较高，有些地方则差一些。驯养动物的做法传播得很快，从中东地区同时向西向东，很快覆盖了整个欧亚大陆。在美洲，食物生产的传播相对来说要慢一些，此外，相对于欧洲、亚洲和非洲，驯养动物在美洲也很少见。

食物生产既有利又有弊。好处是，人类发现和发明了很多以前没有的东西。弊端在于，劳动强度增加，健康水平下降，犯罪和战争开始出现，社会不平等慢慢积累，环境不断被破坏。

的慷慨馈赠，而是开始种植自己的食物，并且尝试着根据自己的口味改变食物的生物性质。到距今 1 万年，驯养的动物和自己种植的食物成为中东人食谱的重要组成部分。再到距今 7 500 年，大多数中东人开始放弃狩猎，转向农业，从事种植和饲养经济，食物种类减少了很多，开始集中于少数几个物种。他们逐渐变成农民和牧民。

弗兰内里（Kent Flannery, 1969）指出，中东人从狩猎经济转向农牧业的过程经历了好几个阶段（表 10.1）。距今 1.2 万～1 万年是半游牧半采集时期，这是狩猎和杂食的晚期。在这之后出现了第一批种植作物（小麦和大麦）和驯养动物（山羊和绵羊）。接下来是早期的旱作农业（小麦和大麦）以及羊的驯养（距今 1 万～7 500 年）。旱作农业没有灌溉，作物完全依靠降雨获取水分。此时期驯养的羊（caprine，来自拉丁语 *capra*）包括山羊和绵羊。

在食物生产的专业化时期（距今 7 500～5 500 年），人类的食谱里加进了新的作物，与此同时，小麦和大麦的产量也得到了大幅度的提高。牛和猪也被驯化在家里饲养。到了 5 500 年前，农业扩展到了整个底格里斯河和幼发拉底河流域，在那里，早期的美索不达米亚人已经住进了城墙高耸的城镇，其中一些地方发展成了大都市。冶金技术出现，车轮开始被采用。经过了 200 万年的石器时代，智人进入了铜器时代。

考古学家柴尔德（V. Gordon Childe, 1951）用新石器时代革命来指称食物生产——包括种植作

表10.1	中东地区从狩猎向食物生产过渡的阶段
阶段	时间（距今年代）
国家的产生（苏美尔人）	5 500
食物生产逐渐专业化	7 500～5 500
早期的旱作农业和羊的驯养	1 万～7 500
半游牧半采集（比如纳图夫文化）	1.2 万～1 万

追踪冰尸

ABC 新闻简讯

作者：阿曼达·奥尼恩（Amanda Onion）

2003 年 10 月 31 日

食物生产指的是人类成功驯养一部分动植物之后形成的农业和畜牧经济。驯养动植物最早于距今 1 万年出现在中东地区，那时候，以狩猎和采集果实为生的人类开始在自己的食谱里加入一些驯化的动植物，包括小麦、大麦、绵羊和山羊。虽然驯养动植物最先出现在中东地区，但随后又在世界其他地方陆续出现，我们现在知道的就至少有 7 个地区。食物生产还四处传播，比如从中东地区传到了欧洲。新石器时代指一个地区的第一个文明阶段，标志是驯养动植物开始出现。以食物生产为基础的新石器经济对人类的生活方式产生了重大的影响。

这篇新闻报道描述的是处于新石器时代晚期的欧洲阿尔卑斯山：1991 年，考古学家在意大利的阿尔卑斯山发现了一具保存完好的"冰尸"遗骸。这个发现意义重大，原因除了尸体的保存状况十分完整之外，还在于随同遗骸一起发现的其他一些物品，包括衣服、随葬品，以及石器和金属（铜）制的工具。这个冰人很有可能就来自阿尔卑斯山脚下的一个农庄，也许就是上面提到的考古遗址。他正在进行秋季捕猎，不幸遇难身亡，最后被冻成冰人。科学家对他的胃进行了 DNA 分析，发现在死之前，他吃了（种植的）小麦和（打来的）鹿肉（Fountain, 2002）。距今 1 万年以前发源于中东地区的新石器文明，在距今 6 500 年左右传到了西欧。注意，冰人的死亡时间大约在距今 5 200 年——处于新石器时代的晚期。所以，虽然他是个新石器时代的人，但他生活的时间距离农业起源和我们现在的年代正好是一样的（新石器时代的农业产生于 5 200 年前的中东地区）。

就像剧情永远没有完结的《犯罪现场调查》（CSI）一样，科学家一直在使用所有的司法刑侦科学来分析这具最古老的木乃伊。在过去 12 年多的时间里，他们逐渐弄清楚了这个人吃什么食物，死的时候多大年纪，健康状况如何。此外，对于该男子的死因，也有了更多的推测。现在，他们弄清楚了另一个问题——他生活的地方在哪里。

最新的检测分析表明，这个生活在 5 200 年前的神秘冰人大约 46 岁，死在离自己家不远的地方。

登山爱好者最先于 1991 年在阿尔卑斯山脉位于意大利和奥地利之间区域的冰川里发现了这个冰人。从此，研究者就给这个古代人的标本起了一个昵称，叫做"冰人奥茨"，因为他是在奥茨塔尔山（Ötztal）附近被发现的。

为了弄清楚这个远古人类的居住地，由位于堪培拉澳大利亚国立大学的穆勒（Wolfgang Müller）教授领导的一个研究小组详细分析了冰人的身体构造，提取他的牙齿、骨头和肠胃里的元素，与附近的各种土壤和水进行比较。

结果发现，这个 5 英尺 2 英寸高的古人，可能就在死亡地点南面 37 英里周围的某个地方生活了一辈子。也就是说，冰人一生的大部分时间就生活在今天的意大利境内。他的尸体残骸现在也保存在意大利北部博尔扎诺市（Bolzano）一家博物馆专门为他设计的一个冰柜里……

冰尸对我们了解欧洲新石器时代的青铜时期（Neolithic Copper Age）颇有助益。被发现时，这具冰尸的腿上还套着山羊皮的裹腿，披着一件草制的斗篷，附近还有一把裹着铜皮的斧头和一个装满箭矢的箭囊。研究者认为，现在完全可以确定他就生活在附近的某个古代村落里。

"这个冰人究竟是一个在阿尔卑斯山四处飘荡的流浪者，还是从一个很远的地方搬迁到这里——或者，他就生活在当地的一个村子里，我认为弄清楚这个问题十分关键，"穆勒说，"现在，我们可以确定，他就生活在附近。"

这个答案是通过化学分析的方法得到的。

化学元素，比如锶、氧和氩在不同的条件下会呈现不同的性状，这就是我们通常所说的同位素。一个原子中包含中子的数量不同，元素就会产生不同的性质。把发掘地点附近的水和土壤的同位素与尸体组织里的同位素进行比较，研究者就能分析出冰人体内的食物和水来自哪里，从而确定他的活动范围。

奥茨冰尸牙齿里的同位素能够告诉我们他成年之前是在哪里度过的，因为一旦长成，牙齿的珐琅质就固定下来，不会改变。骨头里的同位素能够告诉我们，他的壮年时期是在哪里生活的，因为通常骨头在 10 ~ 20 年里会重新矿化（remineralized）一次。肠胃里的同位素可以告诉我们，他死前最后的几个小时（进食）是在哪里度过的。

穆勒和他领导的研究小组还分析了奥茨喝过的水，分析水的化学成分，试图从中进一步缩小奥茨的活动范围……

发现冰尸的阿尔卑斯山地区有一些性质极为特殊的矿物质和同位素，这样，研究者就可以把他的活动踪迹锁定在一个很小的范围之内……

牙齿珐琅质里的氧同位素和尸体所在地点南边的山谷完全匹配。事实上，弗里克（Fricke）和穆勒甚至认为，奥茨小时候很可能就生活在附近艾萨克（Eisack）山谷发现的一个新石器时代考古遗址。

尸体股骨里的同位素和矿物质与北部地区环境里的同位素和矿物质相符，因此，与童年时期生活的地方相比，长大后他迁移到了一个海拔更高的地方居住。

为了确定冰人死前一段时间是在哪里度过的，穆勒和他的研究小组分析了奥茨的肠胃，发现里面有一些白色云母，这可能是奥茨用石头碾磨小麦时留下的碎屑，也就是说，在死前，奥茨用石头碾碎小麦，用小麦填饱了肚子，几个小时之后就命丧黄泉了。

尸体里包含的云母和艾萨克山谷石头的成分相符，这个山谷位于奥茨儿时生活过的地方的西边。以上所有地点都在方圆37英里以内。那么，如果奥茨

的一生都是在这个区域度过的，那他在死亡的当天跑到山顶上去干什么？……

自从奥茨被发现以来，关于冰人死亡原因的猜测就从未停止过，各种版本的理论解释层出不穷，彼此差异很大，但是有一部分证据表明，这是一起谋杀事件。

一开始，研究者认为，奥茨的身份可能是一个牧羊人，当时他正赶着自己的羊群回家，途中遇到野兽袭击，于是他就向高处逃命，中间不小心伤到了肋骨。后来，实在是跑不动了，他就把刀刃上镶了铜的斧头架在一块岩石上，躺下来休息，或者体力已经耗尽，就此死去。骨质分析发现，奥茨患有关节炎，所以，在爬了这么高之后，他需要坐下来休息一下。

2001年，科学家用X光对冰尸进行了一次扫描，得出了一个惊人的发现：扫描图像显示，奥茨的肩膀里似乎有一个密度很大的物体。进一步分析发现，这是一支箭镞，深深地嵌在他的肩胛骨里。

最先在阿尔卑斯冰川里发现奥茨

的是一群登山爱好者，其中一个后来想起，当时似乎看到奥茨的右手紧紧握着一把匕首。后来的研究表明，奥茨握刀的手上有一道很深的伤痕，衣服和武器上沾有另外四个人的血迹。

这些发现推翻了之前的所有解释，即奥茨可能因为劳累过度睡着了，最后被冻死了。新的研究结果给我们描绘了一幅全然不同的景象：他遭到袭击，而且用手中的匕首进行了回击。最后，他终于逃离了危险，但是在逃跑时肩膀上中了一箭。他爬到了山顶，但是耗尽体力，加上失血过度，终于撑不住倒在了地上，这一躺，就躺了5 000多年。

不管怎样，这就是故事的最新版本。

科学家的探索还在继续，冰尸似乎包含了数不清的线索和奥秘；随着法医尸检技术的改进，关于奥茨的传奇故事还将继续演绎。

来源：Amanda Onion, "On the Iceman's Trail: Scientists Trace Whereabouts of Man Who Died 5,200 Years Ago," ABC News, October 31, 2003. http://www.abcnews.go.com/sections/SciTech/World/iceman031031.html.

物和饲养动物的产生和影响。新石器（即新石器时代）的意思是打磨的石头工具。然而，新石器时代的主要意义在于一种全新的经济方式的出现，而不仅仅是制造工具的技术。我们现在说新石器，意思是人类历史的第一个文明阶段，在这个阶段，食物耕作和动物饲养开始出现。基于食物生产的新石器经济极大地改变了人类的生活方式。此外，社会和文化变迁的进程也得到了显著的提升。

中东地区最早的农民和牧民

中东地处四种地理环境的交界处，就在这个特殊的地方，人类首先开始了食物生产。根据海拔高低，首先是高原（5 000英尺或1 500米），然后是丘陵，再往下是山麓草原（稀树大草原）以及底格里斯河和幼发拉底河冲积形成的荒漠（海拔100到500英尺，或者是30到50米）。那里的**丘陵地带**（Hilly Flanks）属于亚热带森林区，沿着两条大河向北延伸。

曾经有人认为，食物生产起源于冲积荒漠中的绿洲地区（冲积地形意味着河流和小溪能带来丰富的土壤和肥料）。就在这片贫瘠的土地上，后来发展出了美索不达米亚文明。今天，虽然我们知道地球上的第一个文明起源于这个地区，但是对于这块冲积荒漠来说，（距今7 000年才出现的）灌溉却是一个必需的前提条件。种植食物和饲养动物最

初是在雨量充沛，而不是干旱缺水的地方出现的。

考古学家罗布特·J.布雷德伍德（Robert J. Braidwood, 1975）认为，食物生产最先出现于丘陵或亚热带森林地带，这些区域生长着大量的野生小麦和大麦。1948年，一个由布雷德伍德领导的研究小组来到位于丘陵地带的贾莫（Jarmo）开展考古挖掘工作，距今9 000～8 500年，这里生活着一群以种植食物为生的古人。但是，我们现在知道，在丘陵的附近区域，存在一些比贾莫年代更为久远的村落，也是以种植食物为生，阿里库什（Ali Kosh）即为一例，位于今天伊朗南部扎格罗斯山（Zagros mountains）的山脚。早在9 000年前，阿里库什村的村民就已经开始放牧山羊，种植多种野生植物，到年底或来年开春收割（Hole, Flannery and Neely，1969）。

气候变化对于食物生产的起源也有影响（Smith, 1995）。冰河时期结束后，气候差异显现，地域之间的气候变化加大。路易斯·宾福德（Lewis Binford, 1968）指出，在中东的某些地方（比如丘陵地带），环境类型极其丰富，当地人甚至开始在一个狭小的区域定居。宾福德的主要证据是分布广泛的纳图夫文化（Natufian culture，距今1.25万～1.05万年）。**纳图夫人**（Natufians）的食物种类繁多，他们到野外采集各种谷物，猎杀瞪羚，经常在一个地方一住就是一年。他们之所以能够在一个（早期的）村庄里住这么长时间，原因在于当时的中东地区物产丰富，往往村子附近的食物就够吃6个月之久。

唐纳德·亨利（Donald Henry, 1989，1995）发现，在纳图夫文化之前，地球的气候曾经发生了一次巨大的变化，气候更加暖和，空气的湿度变大。野生大麦和小麦开始向海拔更高的地方蔓延，这样，人类采集食物的范围跟着扩大，采集时间和季节也加长了。春季可以在海拔低的地方收割麦子，夏季就到山腰寻找食物，到了秋季，就爬到更高的地方去寻找吃的东西。纳图夫人在选择定居点的时候，往往选在三个海拔高度的中间地带，这样可以方便到不同的高度去采集食物。

大约在1.1万年前，气候又发生了一次大的变化，变得更加干旱，于是，这种方便的生活方式遭到了破坏。许多野生的谷物大批枯萎，采集食物的区域大幅度缩小。那个时候，纳图夫人居住的村庄就只能选择有稳定水源的地方。随着人口规模的扩大，为了保持和提高现有的生产率，一些纳图夫人开始尝试把野生的谷类植物移植到水源充足的地方种植，就这样，人类开始生产食物。

在许多学者看来，最有可能采用新生产生活方式（比如生产食物）的，是那些难以为继原有生产生活方式的人（Binford, 1968; Flannery, 1973; Wenke, 1996）。因此，在古代中东地区，只有那些住在远离食物充足地区的人，才会迫于生计去尝试采用新的生产生活策略。在气候变干燥之后，情况更是如此。最近一些考古学的发现支持这个假设的解释，即食物生产起源于荒芜的边缘地区，比如位于山脚的干旱草原，而不是气候环境优越、食物充足的地方，比如山腰和丘陵。

即使到了现代社会，中东地区的山腰和丘陵依然物产丰富，一个人用新石器时代的劳动工具，只要一个小时就可以毫不费力地采集一公斤的野生小麦（Harlan and Zohary, 1966）。在野生食物充裕的情况下，人们没有理由去尝试耕种作物。野生小麦生长快，成熟期短，收割季节长达三个星期。根据弗兰内里的说法，在这三个星期里，一个经验丰富的家庭能够采集到1 000公斤谷物，足够吃上一整年，还绰绰有余。但是，采集了这么多食物，得找个地方储存起来，所以他们不能再到处迁徙，过以前那种游牧生活了，因为他们得看着自己的食物，不能跑远了。

所以，在古代中东，定居的村落先于农牧业出现。纳图夫人和其他在丘陵地带生活的部族没有其他选择，只能在野生谷物大量生长的地方附近建造村落。他们需要找一个地方来存储食物。此外，收割之后留下的麦秸还可以用来喂养羊群。在野麦生长的地方，还有其他一些动植物，是人类的主要食物来源，这也是促使人类选择在这种地方建造村庄定居下来的一个原因。于是，这些原本在丘陵地带寻找食物的人就开始造房子、建谷仓，还修了炉灶来加工食物。

纳图夫人居住地的遗址发掘表明，这些村落常年有人居住，其建筑结构牢固，还有一些装置明显是用来加工和存储野麦的。在现在叙利亚境内一个叫做阿布胡利亚（Abu Hureyra）的遗址就是其中之一，这个村落最初是纳图夫人建造的，时间大约是在距今1.1万～1.05万年。之后被遗弃，到了距今9 500～8 000年，又有一群生产食物的农民住进了这个村子。考古学家在阿布胡利亚村发现了许多文物，其中有纳图夫文化遗留下来的磨石、野生谷物和5 000块瞪羚的骨头，这大约占该遗址所有骨骼的80%（Jolly and White, 1995）。

在农牧业出现之前，丘陵地带的人口密度最高。渐渐地，过剩的人口开始向四周扩散。到了新的居住地后，这些移民试图保持原有的采集生活方式。但是，食物变少了，他们不得不开始寻找和尝试新的生存策略。最终，人口压力和资源的减少迫使居住在自然条件较差的边缘地区的人开始生产食物，他们是最早的农牧民（Binford, 1968; Flannery, 1969）。早期的耕作主要是想在自然环境相对较差的地区培育大麦和小麦，使之能和丘陵地带的野生麦子一样高产。

与世界上其他孕育了食物生产的地方一样，千百年来，中东地区一直是一种垂直的经济体系（vertical economy），散布在不同的海拔高度（其他例子还有秘鲁和**美索阿美利加**——即今天的中美洲，包括墨西哥、危地马拉和伯利兹）。垂直经济体系的好处在于，尽管在空间距离上挨得很近，但自然环境相差悬殊，无论是海拔高度、降雨量，还是整体的气候条件和植被种类，差异都很明显。如此多样的自然环境集中出现在相对狭小的地理空间里，为古代人类的生存创造了良好的条件，他们可以在不同的季节采集不同的食物。

在古代中东地区，早期半游牧的部落为了追捕猎物，在不同的地理区域里来回迁徙。冬季，他们在山脚下的草原捕猎，因为那里在冬天只下雨，不下雪，充沛的雨水孕育了肥沃的草料，为许多动物提供了过冬的食物（实际上，直到今天，人们还把羊群赶到很高的山上去放牧）。冬天结束以后，山脚的草枯萎了，随着高处的积雪开始融化，动物逐渐往丘陵和高原迁徙。草料长到了海拔更高的地方，猎人也跟着往高处迁移，一边捕猎，一边收割成熟的谷物。羊群跟在人们的身后，收割留下的麦秸是它们的美食。

中东地区四种不同的自然环境，也是紧紧相邻、靠贸易彼此联系。不同的区域出产不同的物种。用来粘镰刀的沥青是从山脚下的草原取来的。铜和绿松石则出自高原山地。这些环境各异的地区之间的联系主要通过以下两个途径建立起来：人类的季节性迁徙和部落之间的贸易。

人类、动物和各种物品在不同区域之间的流动，加上生产效率提高导致的人口增加，是食物生产的先决条件。沟通和交流有利于物种的传播、扩散，新的种子被带到了新的环境。基因突变、重组，加上人工筛选，新的小麦和大麦品种不断增加。其中一些新品种更加适应草原的环境，最后，适应了冲积平原的土壤和气候，脱离了原先的野生环境。

基因变化与驯养

野生植物和驯养的作物之间最大的区别是什么？区别在于，种植的作物，子粒更加饱满，茎叶更加粗壮。与野生植物相比，种植的作物单位产量更高。此外，种植的作物不再按照原有的方式进行繁殖和传播。比如，人类种植的大豆在成熟时，豆荚是紧闭的，不像野生的大豆，一旦成熟，豆荚就爆裂，把种子弹到周围的土壤里。原因在于，种植的谷物纤维组织更加坚实，能够把种子紧紧地固定在茎秆上。

人类种植的作物，包括大麦、小麦和其他谷类，种子都长在茎叶的顶端（图10.1）。种子密密麻麻地附着在茎秆的四周，沉甸甸的麦穗长满

见网络探索。

mhhe.com/kottak

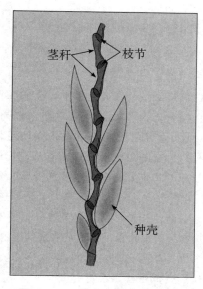

图10.1　一株大麦或小麦的枝叶

在野生环境下，茎秆会随着整个麦穗的脱离而一一解体。而人工种植的麦类作物，茎秆与茎秆之间的接合处（枝节）比较坚实，不会散架。野生的谷物种壳很硬，人工种植的则又脆又软，易于去除。那么，这里出现一个问题：在人工种植之前，人们是怎么去除那些坚硬的壳，获取里面的粮食的呢？

了整棵作物。野生麦子的很脆弱，每个茎秆上又生发出很多更细小的分枝，每个分枝上长一颗谷粒，一到成熟季节，种子就脱落，掉进土壤里。它们就是这样传播、繁衍下一代的。这种脆弱的茎秆结构给人类造成了很多麻烦。试想，当你去收割这些谷物时，却发现种子要么撒落在泥土里，要么被风吹得不见踪影，你会是什么样的心情？

在极度干旱的季节里，野生的大麦和小麦在短短的 3 天时间里就全部成熟，茎秆断裂，种子脱落（Flannery, 1973）。对那些把种子埋在地里，等了大半年，盼望着丰收的人来说，这种脆弱的茎秆更是让人恨得咬牙切齿。但幸运的是，有些品种的茎秆相对来说更加坚韧一些。人们就把这部分品种的种子保留下来，来年开春播到地里去进行人工种植。

野生谷物的另一个问题是，可食用的部分包裹在一层坚硬的谷壳里。用石磨很难碾碎这层外壳。人们必须先把种子放到火上烤一段时间，让谷壳变脆，然后才能把这层外壳剥下来。好在有一些品种的麦类作物种壳很脆。于是，人类就把它们的种子保存起来（在自然条件下，如果不用特殊的方法加以储存，这些种子可能会提前发芽），因为这些品种加工起来更加方便。

人类还对动物的某些特征进行人工筛选（Smith, 1995）。人类把绵羊驯化到家里进行饲养，过了一段时间，一些新的优良品种开始出现。野生绵羊身上没有厚厚的羊毛，人们得以穿上羊绒衣服受益于人工驯养。你们可能想象不到，用羊绒做的衣服可以抵御极端的高温天气。生长在炎热环境里的绵羊，其体表皮肤温度要远远低于羊毛表面的温度。浑身长毛的绵羊可以在炎热、干旱的冲积平原里生存下来，它们的野生祖先却不行。羊毛还有另外一个作用：做衣服。

野生动物和人工饲养的动物有什么区别？植物在经过人工种植之后颗粒变得更大，而动物的体型反而变小了，原因可能是，个头小的动物更容易控制。中东地区的一些考古遗址出土了大量家养山羊的羊角，我们可以看出其大小的变化。由于缺乏骨头化石的证据，其他一些体征的改变没有保留下来，但是，我们可以从羊角形状大小的变化来推测其他体征的变化。

我们已经知道，在中东地区，绵羊和山羊是第一批被驯养的动物，之后，牛、猪等其他动物也陆续被人类驯化。人工驯养是一个不断完善的过程，人类根据自己的喜好和需要来影响、改进动植物的一些特征——今天，人类依然通过生物工程来从事同样的活动。就这样，在不同地区，不同时间，各种动物陆陆续续地被加以驯化和饲养。稍后我们将在"新石器时代的理论解释"部分对影响动物驯化的因素进行探讨。

食物生产与国家

从游牧采集到人工种植食物的过程进展得极为缓慢。如何种植食物和饲养家畜的知识并没有让古代的中东人在很短的时间里转变为全职的农民和牧人。一开始，人工种植和饲养的动植物只占到全部食物的很少一部分。人类依然像往常一样，采集各种果实、谷物，捕捉蜗牛和昆虫来作为食物。

随着时间的流逝，古代中东人的经济结构专业化程度越来越高，人工种植的食物和人工饲养的家畜所占的比重越来越高。原先处于边缘地带的地方成了新的经济中心，在这些地方，人口越来越多。有一部分人回到了丘陵地带，也在那里发展精耕细作的农牧业。人工种植的作物产量开始超过野生的谷物。所以，在丘陵地带，农业也逐渐取代游牧和采集，成为整个经济的支柱。

农业经济不断向更为干旱的地方扩张。到7 000年前，出现了简单的灌溉系统，人们利用一些简单的工具和方法在山脚下发掘泉水。到6 000年前，灌溉技术得到了进一步发展，美索不达米亚平原南部干旱贫瘠的低地也可以用来发展农业。在底格里斯河和幼发拉底河冲积而成的荒漠平原上，一个基于灌溉和贸易的新的经济模式出现了，由此催生了一个全新的社会结构。这就是国家（state），一个由中央集权政府统治的，贫富悬殊和社会阶级分化非常明显的社会和政治体制。我们将在下一章讨论国家的形成过程。

现在，我们已经明白，为什么早期的农民既不生活在（5 500年前左右出现国家的美索不达米亚）冲积平原上，也不生活在（野生动植物丰富的）丘陵地带。食物生产产生于相对贫瘠的边缘地带，比如山脚草原，早期的农民就在这里进行人工实验，试图复制丘陵地带茂密的谷物。野生谷物的种子被带到了新的环境，在自然环境和人工选择的双重干预下，新品种不断涌现。谷类的种子被带到其生长环境之外的地方，是区域之间迁徙和交换体系的一个组成部分，在游牧和采集时期，这种交流体系就已经在中东地区形成了。食物生产的起源还受到人口压力的影响——人口规模的增加是人类几千年来过游牧和采集生活积累的结果。

⊙ **随书学习视频**

杂食：满足人类的饥饿

第10段

这段视频主要介绍的是早期的食物生产及其对人类文明进程的影响。根据视频内容的介绍，人类大约在1.2万年前开始对一部分动植物的繁殖进行人为干预。食物生产帮助游牧部落结束四处流浪、为了寻找食物到处奔波的处境，开始稳定下来，在种植粮食的土地和水源附近建造村庄，过上了定居的生活。最后，食物生产还导致了城镇、大都市和国家的出现。我们在文字里介绍说，古代中东地区开始出现定居的部落，而这段视频说，是食物生产导致了人类转变生活方式，开始定居。比较两者的说法，思考如下问题：在古代中东，食物生产是在定居之前出现的，还是在定居之后？根据视频内容，女性对食物生产的出现有什么影响？

旧大陆其他的食物生产者

地球上至少有7个地方独立地发展出了食物生产的技术和方法。我们将在本章后面的内容中看到，美洲有3处。另外4处位于旧大陆（the Old World），其中就包括古代中东地区的早期农民和牧人。每一处地方都独立地发展出了人工驯化和饲养动植物的方法，尽管驯化和饲养动植物的种类有所差异。

此外，食物生产技术还从中东地区向四周传播，本章稍后将有更详细的介绍。这种扩散是通过贸易、交换、动植物的传播、产品和信息的交流，以及人类的迁徙实现的。从地理方位上看，向西往北非传播，包括埃及的尼罗河谷地，还有欧洲地区（Price, 2000）。此外，还往东向印度和巴基斯坦扩散。在埃及，中东农业技术的传入还孕育了举世闻名的法老文明（pharaonic civilization）。

非洲的新石器文明

埃及南部的考古发掘出土了大量文物，证明

该地区在新石器时代就发展出了相当复杂的经济和社会体制，而且有证据表明，该地区的文明很可能是独立发展出来，而不是从中东地区的新月沃土（the Fertile Crescent）传入的。位于撒哈拉沙漠东部和埃及南部地区的纳塔（Nabta Playa）是一个低洼盆地，在有历史记载以前，每年的夏天都沉浸在汪洋大水之下。在长达几千年的时间里，当地人一直把这个季节性湖泊作为一些集体仪式性活动的场所（Wendorf and Schild, 2000）。早在1.2万前年，纳塔盆地就留下了人类活动的踪迹。那个时候，每年夏天的雨季逐渐北移，给该地带来充沛的降雨，地面野草丛生，森林和灌木遍地，空气里弥漫着厚厚的雾气，瞪羚三三两两散步在灌木丛中，当然，人类也身处其中。纳塔盆地最早（距今11 000～9 300年）的一个人类定居点，是一些牧人临时搭建的营地，他们在牧草肥沃时把饲养的牛赶到这里放牧（注意，这里说的牛可能是当地人自己独立驯化的）。根据温多尔夫和希尔德（Wendorf and Schild, 2000）的研究，纳塔可能是人类学家所说的"非洲早期养牛场"（African cattle complex，在这种牧场里，牛是一种经济工具，养牛是为了挤奶和取血，而不是为了杀了吃肉，当然，祭祀就另当别论了）的最早证据。人类只在某个固定的季节到纳塔盆地活动，他们大部分时间生活在尼罗河沿岸或者南边水源更加充沛的地方。夏季才会到纳塔盆地，秋天又回到原先居住的地方。

到了距今9 000年，人类开始常年在纳塔盆地居住。为了在这个沙漠地区生存下去，他们挖掘了很大、很深的井来取水，居住的村落有严密的组织结构，一座座小草棚排成一条直线。一些植物纤维化石告诉我们，他们采集高粱、黍米、豆类植物（豌豆和大豆）、一些植物的块茎和水果作为食物。这些都是野生的植物，可见这个部落的经济还没有完全进入新石器时代。到了8 800年前左右，这些古人开始制作陶器，这可能是埃及最早的陶器。距今8 100年，驯养后的绵羊和山羊从中东传到了这个地方。

大约距今7 500年，一场大旱迫使另外一群人搬到了纳塔盆地。这些新来的居民带来了更加复杂的社会制度和仪式体系。他们宰杀牛的幼崽，用来祭祀神灵，之后埋葬在一个结构复杂、装饰考究的石屋里，石屋用黏土画上白色的纹路，盖有屋顶，上面再铺上一层粗糙的石片。他们用不规则的石块堆砌了一堵墙。这些人还造出了埃及最早的天文测量装置——一个"日历圈"，用来记载每年夏至的时间。纳塔盆地一度成为该地区的宗教仪式中心：不同部落的人定期或不定期聚集在这里，举行宗教仪式，或者举行聚会。在非洲做过研究的民族志研究者十分熟悉这类集会点及其宗教、政治和社会功能。现在看来，对于史前埃及南部地区的牧民来说，纳塔就是类似的集会中心。它成为这种集会中心的时间大约是在距今8 100～7 600年，其间，每逢夏季天气湿润的时候，不同部落的人就自发聚集到纳塔，举行宗教仪式或者进行其他集体活动。

人们通常在季节（一般是夏季）湖的北岸集会，当人群散去时，地上留下了各种残骸，其中就有数不清的牛骨。在非洲的其他一些新石器遗址（Edwards, 2004）看不到如此多的牛骨，甚至几乎见不到。这说明，在那些地方，牛都是用来挤奶和取血的，人们不会把牛杀掉吃肉。但是，纳塔遗址出土了大量的牛骨，这说明当地人经常在特定的季节大量宰杀牛牲，用于祭祀和宗教仪式。在现代非洲，牛是财富和权力的象征，人们平时一般不会把牛杀掉，除非碰上重大的宗教典礼或集体节日。

还有一些证据可以表明，纳塔曾经是该地区举行宗教典礼的中心场所，比如湖的北岸耸立着9块巨大的石柱。其造型和建筑时间（大约在距今7 500～5 500年）与西欧同时期（新石器时代晚期或者青铜时代早期）建造的巨型石柱类似。

建造如此巨大的石柱，并将其摆放成某个特定的形状，需要各方通力协作，并且要耗费大量的人力和物力。这说明，那个时候已经出现了某

生物文化案例研究

第11章的"主题阅读"介绍了太平洋地区人类活动的人类学证据，在先后顺序上，太平洋人在美洲人之后很长时间才出现。

种形式（宗教或者世俗）的权力机构，来管理、调度人力和各种资源。在纳塔发现的各种遗迹告诉我们，新石器时代的非洲人非常注重宗教仪式，其社会结构也相当复杂。

新石器时代在欧洲和亚洲

大约在 8 000 年前，生活在欧洲地中海沿岸（即希腊、意大利和法国等地）的古代人开始放弃狩猎和采集，转向用农牧业来养活自己，他们种植和饲养的动植物品种，都是从外地传进来的。到了 7 000 年前，希腊和意大利出现了永久性的定居村落。再过 1 000 年，到了距今 6 000 年左右，农民建立的村落扩展到了更大的范围，向东远至今天的俄罗斯，向西到了今天的法国北部（见 Bogaard, 2004）。一个偶然的机会，我们发现了其中一个来自这些新石器村落的人。1991 年，登山者在意大利的阿尔卑斯山上发现了奥茨冰人（参见本章开篇的"新闻简讯"），他就来自一个种植大麦和小麦、饲养绵羊和山羊的新石器农民村落。

以驯化和饲养动植物为主要特征的新石器经济很快就传遍了整个欧亚大陆。考古学研究证实，早在 8 000 年前，巴基斯坦地区就开始饲养山羊、绵羊、牛，并且还种植大麦和小麦（Meadow, 1991）。在该国的印度河河谷，古代城市（Harappa 和 Mohenjo-daro）很早就出现了，在时间上，只比美索不达米亚平原的第一个城邦—国家稍晚一些。印度河河谷的农业和国家的形成，在很大程度上受到中东地区的影响。

中国也是世界上最先发展出农业生产的地区之一，那里主要种植黍米和水稻。黍米是一种高大、果实粗糙的谷类植物，现在中国北方地区还在种植。今天，这种谷物养活了世界三分之一的人口，但在北美，人们只用它来喂鸟。到了距今 7 500 年，中国黄河沿岸的北方地区出现了另外两种黍米。黍米的种植和培育养活了大量的人口，村落如星星般遍布各处，最终孕育出了商朝文明。商朝以灌溉农业为基础，存在于大约

3 600 ～ 3 100 年前（见第 11 章）。早在 7 000 年前，古代中国北方地区已经开始在家里饲养各种动物，其中有狗和猪，还有可能包括牛、山羊和绵羊（Chang, 1977）。

中国考古学家的一些最新发现告诉我们，早在距今约 8 400 年，中国南方的长江流域就已经开始种植水稻（Smith, 1995）。还有其他一些地方也发现了早期种植水稻的证据，比如大约 7 000 年前的河姆渡遗址，以及南方的洞庭湖地区。河姆渡人吃的水稻既有野生的，也有自己种植的，他们还饲养各种动物，包括水牛、狗和猪。此外，他们还外出打猎（Jolly and White, 1995）。

现在看来，中国似乎独立发展出了两种不同的食物生产方式，各自所处的气候环境截然不同，种植的作物种类也不一样。南方地区是稻作农业，需要肥沃的土壤和充沛的水源。南方的冬天相对来说比较温和，温度不至于很低，夏季雨量充沛。相反，北方地区冬天气候严寒，夏季的降雨也没有固定的规律，作物生长得不到可靠的灌溉保障。这是一片一望无际的大草原和温带森林相结合的平原地带。到距今 7 500 年，这两个地区的食物产量已经能够给大量永久性定居的村庄提供食物了。考古发现表明，中国人的祖先已经发展出了高超的建筑技巧。他们住的房子结构复杂，功能齐全，使用的陶器质量上乘，装饰精美，死去的人还有大量的陪葬品。

在泰国中部的农诺塔（Non Nok Tha），5 000 年前烧制的陶器里留有水稻（稻壳和米粒）的痕迹（Solheim, 1972/1976）。出土的动物尸骨残骸告诉我们，农诺塔人还饲养（看上去好像驼背的）瘤牛，与今天印度人饲养的瘤牛十分相像。农诺塔地区种植水稻的时间与巴基斯坦的印度河流域和邻近的印度西部地区十分接近。

我们发现，世界上至少有 7 个不同的地方独立地发展出了食物生产技术。这七个地区的位置分别是：中东、中国的华北和江南地区、撒哈拉以南地区、中美洲、安第斯山的中南部地区，以及美国的东部。这些地区在不同的时期驯化和种

见在线学习中心的在线练习。

植不同的作物（表 10.2）。有些谷类植物，比如黍米和水稻，出现在不止一个地区。中国和非洲都有野生黍米，后来经过人工种植，成为人类的一个主要食物来源，墨西哥也有野生黍米，但当地人没有把它作为主食来加以种植。只生长在西非的非洲水稻和中国的水稻同属一个类属。人工饲养的猪，还可能包括牛，同时在中东、中国和撒哈拉以南地区出现。独立发展出驯化和饲养狗的技术似乎是一个全球性的现象，包括西半球。下面，我们来讨论一下美洲的考古系谱。

最早的美洲农民

当然，人类最早不是起源于西半球。考古研究从未发现有化石证明穴居人或早期的人类产生于北美洲或者南美洲。美洲人的定居点是现代智人的一项重大成就之一。这个地方不断发展，人口规模持续增加，区域范围也不断扩张，这在很大程度上代表了人类进化的总体进程。

美洲最早的移民

最先迁移到美洲定居的是亚洲人。他们是北美印第安人的祖先。他们经过白令海峡的大陆架进入北美洲，在冰河时期，横跨北美洲和西伯利亚之间的白令陆桥几次被冰川覆盖。现在，白令地区被海水淹没，在以前，它是一块绵延数百公里的干旱大陆，当冰川覆盖时，就露出海面。

北美印第安人的祖先生活在几千年前的白令陆桥地区，当时谁也没有意识到，他们在一个新大陆开拓殖民地。他们只是为了追捕大型猎物，年复一年，几代人带着帐篷，随着猎物缓慢地向东迁徙，浑身长满厚毛的猛犸象和其他一些以苔藓为生的动物，都是他们捕杀的目标。其他猎人是从海上进入北美洲的，以捕猎海洋动物为生。

对于这些移民来说，这是一个真正意义上的"新大陆"，如同几千年后欧洲航海者再次发现美洲时的感受一样。北美洲物产丰富，简直就是一个人间天堂，尤其是大型的猎物，到处都是，以前从来没有人类踏足过这片乐土。一开始，人们结队而行，跟着猎物往南走。那个时候，现在的加拿大地区大部分还覆盖在冰川下面，尽管如此，人类还是设法穿越了这片土地，深入到了今天的美国地区。一代又一代，追随着猎物，人类的足迹踏遍了整个大陆未被冰川覆盖的地方。还有一部分人沿着太平洋的海岸线往南迁移。

见互动练习中的测验。

表10.2	独立发明食物生产的七个世界区域	
世界区域	种植和饲养的动植物的主要种类	最早时间［距今（年）］
中东	小麦，大麦，绵羊，山羊，牛，猪	10 000
中国江南地区（长江流域）	水稻，水牛，狗，猪	8 500 ~ 6 500
中国华北地区（黄河流域）	黍米，狗，猪，鸡	7 500
撒哈拉以南地区	高粱，珍珠稷，非洲水稻	4 000
中美洲	玉米，大豆，南瓜，狗，火鸡	4 700
安第斯山中南部	马铃薯，奎奴亚藜，大豆，骆驼科哺乳动物（美洲驼，羊驼），豚鼠	4 500
北美洲东部	藜，三裂叶葵（marsh elder），向日葵，南瓜	4 500

来源：根据 B. D. Smith《农业的出现》（New York: Scientific American Library, W. H. Freeman, 1995）一书中提供的数据整理而成。

在北美绵延起伏的大草原上，早期的美洲印第安人（即古印第安人）捕食各种动物，包括野马、骆驼、野牛、美洲象、猛犸和巨型树懒。距今1.2万～1万年，在美洲中央大草原、西边邻近地区和今天的美国东部地区，古印第安人发展出了著名的**克洛维斯文明**（the Clovis tradition），以一种加工石头的复杂技术为标志，他们把石头打磨成尖锐的形状，绑在长矛的顶端（见图10.2）。考古学家在美国本土的48个州都找到了这种克洛维斯文明遗留下来的石头长矛（Green, 2006）。

克洛维斯人不是最早的美洲居民。智利中南部更古老的考古遗址蒙特维德（Monte Verde），在时间上可以追溯到距今13.5万年（Green, 2006）。这个发现，加上其他一些考古学证据告诉我们，人类最早到达（南）美洲的时间可能是在距今1.8万年。一些人类学家指出，基于DNA分析得出的解剖学证据告诉我们，在古代美洲生活的人类不属于一个单倍群（haplogroup）。所谓单倍群，就是具有相同基因，但性状有所变异的族系部落。来自世界各地的早期拓殖者（colonists，人类学家坚信，至少多达四到五

个不同的部族）在不同的时间，沿着不同的路线进入美洲，他们体态各异，基因成分也不一样，今天，支持这种猜测的考古证据还在不断出土，相关的讨论也在继续（参见 Bonnichsen and Schneider, 2000）。

食物生产的基础

大型猎物种类繁多，数量充裕，猎人每天忙得不亦乐乎，采集者也开始成群结队，向各个角落蔓延。在迁徙的过程中，这些早期的美洲人慢慢学会适应各种不同的气候环境。几千年以后，他们的后代各自独立地发展出了食物生产技术，然后在农业和贸易的基础上，在墨西哥和秘鲁建立了各自的国家。与中东地区相比，新大陆开始生产食物要晚三四千年，国家的出现也差不多晚了同样的时间。

在食物生产方面，新旧大陆一个最大的区别在对动物的驯化和饲养上：对于旧大陆来说，驯养动物的意义要远远大于新大陆。早期美洲人追捕的大型动物，要么由于过度捕杀而灭绝，要么体型过大，性格暴烈，难以驯养。在新大陆，人类驯养的体型最大的动物是骆驼，大约是在距今4 500年的秘鲁。早期的秘鲁人和玻利维亚人吃骆驼肉，把它们用绳索套住，作为载重的运输工具（Flannery, Marcus and Reynolds, 1989）。他们还饲养骆驼的近亲——羊驼，取其身上的毛皮来御寒。秘鲁人的食谱里还包括了一些动物蛋白，比如豚鼠和鸭子。

火鸡是中美洲和美国南部的部落驯养成功的。在美国南部的低洼地带，人类驯养了一种鸭子。狗是唯一一种在整个美洲都被驯养的动物。在孕育出食物生产技术的地方，没有出现牛、绵羊或者山羊的驯养情况。结果是，与中东、欧洲、亚洲和非洲地区不一样，美洲没有出现畜牧业，也没有发展出牧民和农民之间的人际关系。新大陆的作物种类与旧大陆不一样，尽管在营养成分上类似。

今天人类的三种主食（caloric staples, 碳水化合物的主要来源），是由美洲本地的农民培育出

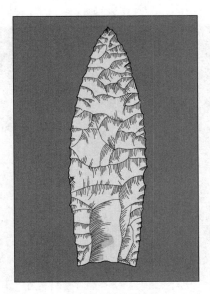

图10.2　克洛维斯人的矛头

大约在距今1.2万～1.1万年，北美洲平原上的古印第安人将这种矛头系于矛上，同时代的南美洲有这种遗址吗？

在早期的食物生产方面，旧大陆和美洲新世界有着明显的差异，这种差异能够帮助我们了解它们后来的历史发展脉络。在中东，驯化和饲养动物是发展食物生产的一个重要组成部分。在旧大陆的大部分地区，包括中东、非洲、欧洲和亚洲，食物生产是动物和植物共同发展、繁荣。美洲的情况则不同，那里虽然也有野生的牛、马、猪和骆驼，但在人类开始自己生产粮食之前很久，这些动物就都灭绝了，其中的原因，既有人类过度捕杀的因素，也有气候变化的影响。在中东地区，农业和畜牧业是相辅相成的。地里的作物收割之后留下的秸秆可以用来喂养牲畜。还可以直接用地里的作物来饲养绵羊、山羊、牛、猪、马和鸭子。牲畜可以直接用来作为载重的运输工具，还可以绑在其他交通工具上，比如用来拉雪橇和带轮子的各种车辆。

旧大陆普遍使用各种带轮子的车辆，比如牛车、战车和马车，这些用牲畜作为动力的工具极大地促进了各个地区内部和彼此之间的贸易交换和沟通。交通工具的发展最终导致了"地理大发现时代"的到来，欧洲人发现美洲在很大程度上得益于此。美洲的早期农民也毫不费力地就发明了车轮，但由于找不到合适的动物来拉，车辆在他们那里只是一种玩具，有时候他们把轮子绑在小动物身上，作为一种消遣和娱乐。在（极少种植粮食的）北极地区，狗确实被当作一种交通工具，用来拉雪橇，但是在载重和力气上，像狗和火鸡这样的小动物怎么能和马、驴和牛之类的大型动物比呢？美洲缺乏牲畜这个情况，绝不是一种为了考试而去死记硬背的死板知识。它是世界历史发展的一个关键因素，可以帮助我们理解，为什么大洋两岸的社会走上了不同的发展道路。

来的。比如，最先在墨西哥高地培育出来的**玉米**（maize），成了中美洲地区的主要食物，后来传到秘鲁的沿海地区。另外两种主食是植物的块茎：

（"爱尔兰"）白薯（由安第斯山脉的人培育）和木薯（最初出现在南美洲的低洼平原）。除了这三种主食，新大陆还出现了其他种类的食物，人类的食谱变得越来越丰富。比如，大豆和南瓜富含人类必需的植物蛋白、维生素和矿物质。那个时候，中美洲地区的主要食物，就是玉米、大豆和南瓜。

美洲有三个地区独立地发展出了食物生产技术：中美洲、美国东部和安第斯山中南部地区。关于中美洲的情况，我们将在下一小节进行讨论。大约在距今4 500年，美国东部地区的土著就开始种植藜（goosefoot）、接骨木、向日葵和一种当地特产的南瓜。打猎和采集是食物的主要来源，除此之外，当地人还把上述作物的果实作为补充。但是，它们在人类食谱上的地位从来没有像玉米、大麦、水稻、黍米、木薯和土豆那样重要。后来，玉米传到了今天的美国境内，东部和东南部地区都有种植。对于北美土著来说，玉米产量稳定，易于种植，是一种主要的食物来源。在今天的秘鲁和玻利维亚地区，人类在距今5 000～4 000年就培育出了多达6种动植物，主要分布在安第斯山脉中南部的高地和盆地里。这6种动植物分别是：土豆、奎奴亚藜（一种谷物）、大豆、骆驼、羊驼和豚鼠（Smith, 1995）。

墨西哥高地的早期农耕

在种植和食用玉米、大豆和南瓜之前，墨西哥高地的古人以打猎和采集野生果实为生。在墨西哥城四周的盆地里，考古学家发现了大量猛犸象骨头残骸，上面布满了尖锐的刺孔，应该是人类捕杀时用长矛戳的，这些遗骸最早可以追溯到1.1万年前。但是，小型动物的重要性远比大型动物要大得多，谷物、豆类作物、水果和野生植物的叶子也比大型动物重要。

在墨西哥南部高原的**瓦哈卡山谷**（Valley of Oaxaca）里，大约在距今1万～4 000年，当地的土著主要以某些特定种类动物（鹿、野兔）和植物（仙人掌的叶子和果实、豆类灌木，尤其是牧豆树）为主食（Flannery, 1986）。秋冬两

看在线学习中心的在线练习以获得巧克力驯养的相关信息。

mhhe.com/kottak

季，这些瓦哈卡山谷的早期居民一般都四处分散，各自打猎和采集野外的果实。到了春天和夏天，他们就聚集起来，一起收割在这两个季节成熟的食物。仙人掌的果实在春天成熟。由于夏季的降雨会让果实烂掉，加上其他动物（鸟、蝙蝠和一些啮齿类动物）的争抢，收获仙人掌是一件很辛苦的工作，劳动强度高，需要的人手多。牧豆树的果实在 6 月成熟，也需要高强度的密集劳动。

生物文化案例研究

第 9 章末的"主题阅读"讨论了生物现代性和行为现代性之间的关系——即形如现代人类的人何时开始像现代人一样行动的。

到了秋天，他们就去采集一种叫作墨西哥蜀黍（teocentli, or teosinte）的野草，这种植物是玉米的祖先。大约在距今 7 000 ～ 4 000 年的某段时间里，墨西哥蜀黍的基因发生了一系列改变，就像更早一些时候中东地区的大麦和小麦一样。经过基因演变之后，墨西哥蜀黍的性征发生了很多变化：穗变大了，每个穗上结的种子更多，每株蜀黍长的穗的数量也增加了（Flannery, 1973）。这种变化的结果是，人类开始更多地采集蜀黍，并尝试着自己种植这种作物。

可以肯定的是，在人类开始种植之前，野生蜀黍的基因就已经开始出现上述变化。但是，由于蜀黍对其生长环境适应得很好，所以，这种变异并没有给它带来很多优势，也没有促使它向四周扩散。等到当地人开始大量采集野生蜀黍之后，人类就成了促成其选择性发展的媒介。当地部落一年四季在各个地区之间不停迁徙，在这个过程中，蜀黍被带到了与其习性并不相符的地方。

此外，在采集过程中，人类会选择那些茎秆比较粗壮，棒子坚实的蜀黍，把它们带回自己的驻地。只有那些较为粗壮坚实的，在采集和运输过程才不会散架。就这样，蜀黍开始依靠人类传宗接代，因为它自己缺乏播撒种子的手段——没有又脆又有弹性的茎秆或者果壳。如果说选择粗壮的茎秆是无心插柳的话，那么对柔软荚壳的选择则是有意栽花。同样，人类还有目的地选择那些穗大、每穗玉米颗粒多、每株穗多的蜀黍。

到最后，人类干脆自己在山谷河床的冲积平原里种植蜀黍。以前人类就在这些地方采集牧豆。

到距今 4 000 年，人类培育出了一种玉米，产量比野生牧豆还要高。从那以后，人们就开始把牧豆树砍掉，把地腾出来，用来种玉米。

农业生产促使人口大量增加，人类的适应性扩张（adaptive radiation）辐射到了整个中美洲。然而，这种扩张的过程相对来说进展得还是很缓慢。在中东地区，从人类开始人工种植和饲养动植物，到国家出现，中间隔了好几千年。中美洲的情况也是这样。

从早期农耕到国家

再往后，食物生产孕育出了早期的农耕村落。一个村落社群会在某个固定的永久性村庄里一住就是一整年。在中美洲，这种村庄最早出现的时间大约是在距今 3 500 年，分别在两个地方。一个是墨西哥湾、墨西哥沿太平洋海岸和危地马拉沿岸的潮湿洼地。在这里，人类既种植玉米，也会到外面去打猎和采集野生的果实。

还有一个地方是墨西哥境内的高原地区。南部的瓦哈卡山谷冬天不会出现霜冻天气，只要借助原始的简单灌溉，人类就可以在这里种植玉米，所以，就出现了永久性的定居村落。这里地下水丰富，而且靠近地表，只要稍加挖掘，就能在玉米地里找到水源。人类用陶罐从凿出来的井里打水浇灌庄稼，这种灌溉技术被称为陶罐灌溉（pot irrigation）。在中美洲，出现了第一个可以常年种植庄稼的耕地，原因主要是当地有稳定的降水，陶罐灌溉便利发达，或者是由于位于河床的低洼地带土壤潮湿。

之后，玉米的种植面积逐渐扩大，导致这种作物的基因进一步发生改变，产量越来越高，可以养活的人口也越来越多，于是，耕作的技术也越来越精细。精耕细作促使人类开始改进灌溉技术。再往后，人类培育出了更加优良的品种，生长周期更短，产量更高，这就扩大了适合玉米生长的范围。人口规模的扩大和灌溉技术的发展反过来又促进了玉米的传播。就这样，中美洲的人类开始放弃狩猎和采集，转向精耕细作的农耕生活，这为国家的出现奠定了基础，尽管在时间上要比中东晚 3 000 年左右。

解释新石器时代

前面我们已经详细地介绍了新石器经济的情况，从独立起源于世界 7 个地区，到逐渐向其他地方扩展，这个过程到底受到哪些因素的影响？我们将在本节讨论这个问题〔此处的讨论主要是基于贾雷德·戴蒙德（Jared Diamond）那本影响广泛的著作《枪炮、细菌和钢铁：人类社会的命运》（*Guns, Germs and Steel: The Fates of Human Societies*）（1997）中的观察，尤其是该书的第 8 章到第 10 章〕。

人类的行为现代性是何时出现的？第 9 章末的"主题阅读"部分介绍了关于这个问题的各种不同观点。10 万年前，还是更久？是在解剖学意义上的现代人类出现之后吗？或者更晚一些，在旧石器时代（Upper Paleolithic）之前或其间？不管是哪种情况，人类改变基本的生计模式，从狩猎和采集到人工生产食物，这个过程都经历了成千上万年。

人工饲养和种植动植物的起源和扩散必须具备几个基本的条件和要素。大多数野生动植物，尤其是动物，都是很难驯化的，特别是那些对人类来说有价值的物种。所以，在可供选择的大约 148 种大型动物里，人类只驯化了 14 种。而在已知的 20 万种植物里，只有 12 种成为人类耕种的主要作物，另外还有 4 种作为辅助食物。这 12 种食物分别是：小麦、玉米、水稻、大麦、高粱、大豆、马铃薯、木薯、红薯、甘蔗、甜菜和香蕉。食物生产首先是在一个特定的时间，出现在一个特定的地点——大约是距今 1 万年，在中东的新月沃土。

饲养和种植食物是在一系列因素和资源都满足的情况下才出现的，以前没有类似的条件。发展成熟的新石器经济要求人类首先要定居下来。

只有那些有着丰富的食物可供捕杀和采集的地方，人类才会对它产生兴趣，从而吸引他们定居下来，就像古代的纳图夫人那样，并且开始尝试着驯化一些动植物。中东的新月沃土地区就具备这样的条件，加上湿润的地中海气候，共同孕育和发展出了新石器经济。当地生长着一些可以自我授粉的植物，比如大麦，这种植物最容易被驯化，因为几乎不需要任何基因上的改变，就可以拿来种植。我们知道，早在开始种植食物之前，纳图夫人就已经开始在新月沃土地区定居了。野外到处都是可以食用的谷类植物，收割之后留下的秸秆又吸引了大量的动物，他们就靠这些谷类和动物生活。后来，随着气候的改变、人口的增加，纳图夫人逐渐向周边地区迁徙，为了生存，他们开始自己种植食物〔在中美洲，野生玉米要经过一系列基因变异才能被人类种植，所以驯化的时间要更长一些。此外，缺乏可以驯养的动物（除了狗和火鸡）也延缓了食物生产出现的时间，定居也受到了一定程度的影响，所以，成熟的新石器经济在中美洲出现的时间要晚很多〕。

与地球上其他地方相比，新月沃土是面积最大的地中海气候地区，物种也最为丰富。正如我们在前文看到的那样，这是一个垂直经济体系，多种微环境（micro environments）集中在一个相对狭小的区域内。复杂的地形，加上丰富的物种，都聚集在一个有限的区域里，带来的一个结果是：植物种类繁多，动物遍地都是，有山羊、绵羊、野猪，还有牛。早期的农民渐渐地驯化了好几种植物：两种小麦、一种大麦、豌豆、大豆、三角豆（chickpeas，或者 garbanzo beans）。在中美洲，人类的主食是玉米（碳水化合物的主要来源），除此之外还吃南瓜和大豆（摄取植物蛋白）；而在中东地区，人类主要靠大麦和小麦摄取热量，另外还吃富含植物蛋白的扁豆、豌豆和三角豆。

人类学家曾经错误地认为，一旦积累了足够的知识，掌握各种动植物的习性和它们的繁殖规律，人类就会很自然地开始驯化和饲养动植

青铜时代早期匈牙利平原的房屋建造及其毁坏

基本信息

学生：
Nisha Kishor Patel

指导教授：
Richard Yerkes

学校：
俄亥俄州立大学

年级/专业：
本科四年级/人类学

计划：
获得人类学博士学位

项目名称：
青铜时代早期匈牙利平原的房屋建造与毁坏

这个作业对匈牙利平原上一处考古遗址发掘出来的古人类建筑遗迹进行了描述和分析，这个遗迹的年代大约处于新石器时代晚期（前面介绍冰尸的新闻报道以及随书光盘里的视频剪辑讲述的都是这个时期的事情）和青铜时代早期之间。注意那些证明这是一个过渡时期的考古学证据。这篇文章介绍的房屋类型造成了什么社会影响和后果呢？

在所有经过系统发掘的考古遗址里，匈牙利平原上的 Vésztö-Bikeri 遗址，是新石器时代晚期和青铜时代早期的过渡时期中唯一一个有人类居住的地方。在国家自然科学基金本科生研究经历培养项目（the National Science Foundation Research Experiences for Undergraduates Program, REU-Sites）的资助下，我参加了 Kõrõs 区域考古项目对这个独特遗址的研究（http://www.anthro.fsu.edu/koros/index.html）。除了学习现场的发掘技术和实验室的后期分析方法之外，在 KAPA 项目期间，我还独立完成了一个研究项目，对该遗址的史前房屋建造技术进行了分析和研究。为了完成俄亥俄州立大学的本科毕业论文，在之后的几年时间里，我多次回到匈牙利，研究该地的建筑遗址。

大约距今 5 500 年之前，匈牙利平原上发生了许多重大的变化，比如人类开始在一个固定的地方定居下来，对居住地进行规划和设计，此外，文化群体也开始逐渐形成。其中一个重要的变化体现在房屋的形式的改变上。在蛮荒年代，欧洲东南部的房屋都由抹灰篱笆墙（wattle-and-daub）构成。首先，人们会用木柱搭起一个框架，再用细小的树枝固定、填充木架，然后往整个木制框架上糊上黏土。等黏土干了之后，一堵堵墙就出来了。新石器晚期的房屋结构复杂，都是很大很深的长屋，大约 6 米 × 14 米大，屋里房间很多，大约有 6 到 8 间，有时候还会出现两层的楼房。考古学家发现了很多类似的房子，也对其进行了大量的研究。考古发掘很少发现青铜时代早期的房子，从仅有的几处遗址来看，这个时期的房子要比新石器时代的房子小很多，大约 6 米 × 8 米大小，一般只有一个房间，内部没有任何区隔。这种变化告诉我们，进入青铜时代以后，人类社会的组织结构发生了根本性的变化，资源的获取方式和家庭的规模大小也发生了极大的改变。但是，与其他同时期的考古遗址不一样的是，在 Vésztö-Bikeri，我们发现了一座长 6 米，宽 14 米的大房子，也只有一个房间。这证明，该遗址确实处在一个过渡时期。有些东西是青铜时代早期所特有的，比如单间；有些则是新石器时代晚期特有的东西，比如房子的大小。

这个位于欧洲东南部的考古遗址还有一个很奇怪的特征，在这里生活的部落会有目地烧掉自己建造的房子。在当地，几乎所有介于新石器时代晚期和青铜时代早期之间的遗址，都发现了数量不等的炭灰。这些线索，加上其他一系列证据，帮助考古学家重新认识当时的房子是怎么造起来的，建筑材料有哪些，这些材料都是从哪儿弄来的，烧毁房子的火有多大，房子被烧成什么样子等等问题。在 Vésztö-Bikeri，我们可以很明显地看出，有些房子烧得比另一些更为彻底和严重，至于为什么会出现这种情况，学界至今还没有找到答案。事实上，对于研究欧洲东南部的考古学家来说，烧房子这种行为长期以来一直是一个解不开的谜。为什么当地人在如此长的一段时间里烧掉了这么多的房子？这些火是有特定作用（比如消灭害虫）的，还是战争和宗教仪式导致的？对于研究史前史的学者来说，这些问题的答案弥足珍贵，可以帮助他们了解很多关于这个时期人类文明的情况。对于史前社会来说，到底是什么原因导致这么多房子被烧掉？战争，还是宗教仪式？不同的回答，失之毫厘，差之千里。考古学家还在继续对 Vésztö-Bikeri 进行发掘和分析，我也将继续研究当地的炭灰残骸，希望将来的这些研究能够帮助我们更多地了解介于新石器时代晚期和青铜时代早期之间的这段时间在匈牙利平原上发生的社会变迁。

物。现在，他们认识到，早期的猎人和采集者拥有丰富的物种知识，对各种动植物的生育习惯也很了解，但是，光有这些还不够，还需要一些其他的诱因。只有可供饲养的动植物达到一个特定的数量，人类才能在此基础上发展出一个成熟的新石器经济体系。世界上其他地方，比如北美地区（在中美洲的北边）独立地发展出了农牧业技术，但可供驯化和饲养的动植物种类太少，不足以支撑一个成熟的新石器经济。除了南瓜、向日葵、菊草（sumpweed）和藜黍这些早期种植的作物之外，美洲的古人还需要用打猎和采集来补充日常所需的食物。在玉米从中美洲传入以前，今天美国的东部、东南部和南部地区都没有发展出成熟的新石器经济体系和定居生活，这在时间上，距离美国东部地区种植第一种作物已经过去3 000多年了。

到这里，我们已经明白，有没有可供驯化的物种在很大程度上决定了东半球和西半球的不同发展轨迹，即中美洲从未出现类似于欧洲和非洲发展出来的混合经济模式。从全世界来看，人类一共成功驯化了14种大型（体重超过100磅）动物，其中13种来自欧亚大陆，只有一种（美洲驼）来自南美洲。古代墨西哥人驯化了狗和火鸡，还发明了玩具车轮，但他们没有绵羊、山羊和猪，也缺乏大型的家畜，比如牛和马来拉有轮子的车辆。现在我们只能猜测，如果中美洲拥有类似于旧大陆那样丰富的物种，可供驯化的动植物种类再多一点，那么常年在一个固定地方定居的生活方式和成熟的新石器经济体系或许会在中美洲出现得更早一些。当然，如果是这样的话，中美洲的古人肯定是非常欢迎的。后来，五大家畜（奶牛、绵羊、山羊、猪和马）被引进到非洲和美洲，并且迅速得到了推广。

我们已经看到，光有关于物种及其生育模式的丰富知识是不足以推动农业的出现和发展的。同样，光知道有些动物可以驯化，当做宠物来饲养，也不足以导致畜牧业的产生。有些植物（比如那些可以自我授粉的一年生植物）的驯化难度

较低，动物也一样，有些比其他物种更容易驯化。牛、狗和猪就非常容易驯化，正是由于这个缘故，世界许多地方都独立地发展出了驯化和饲养这几种动物的技术。

思考一下，为什么绝大多数的大型动物（148种中的134种）没有被人类驯化。有些过于挑食（比如澳洲的考拉熊）。有些则一旦被关在栅栏里就失去繁殖的能力（比如驼马）。有些动物脾气暴躁，难以管教（比如灰熊）；还有一些则很容易受惊（比如鹿和瞪羚）。

也许，影响人类驯化动物的关键因素是动物的社会结构。最容易驯化的动物一般都过群居生活，其社会结构往往等级森严。这些动物习惯于被主宰，性情温和，很容易接受人类的指挥和管理。群居动物比独来独往的动物更容易驯化。后者只有猫和雪貂接受了人类的改造，但是，直到今天，人们还在怀疑这些动物是不是已经被完全驯化（所以才有这样的说法：就像饲养一大群猫一样难管了）。最后一个因素，是这种动物是不是习惯于和其他种类的动物和睦共处。有强烈占有欲和排他性的动物（比如犀牛和非洲羚羊）就很难圈养，而那些与其他物种共享领土的动物则比较容易驯化。

地理与食物生产的传播

戴蒙德（Jared Diamond, 1997，第10章）令人信服地指出，旧大陆的地理环境极大地促进了作物、牲畜、技术（比如车辆）和信息（比如文字）的传播。在欧亚大陆，大多数作物都只需驯化一次，然后向东西两个方向分别扩散。中东地区首先驯化和种植的食物传到了埃及、北非、欧洲、印度，最后到达中国（当然，我们已经知道，中国有自己独特的农作物）。相反，在美洲，农业生产技术的扩散则要少很多。有一些作物，比如大豆和辣椒被驯化了两次，首先是在中美洲，然后是在南美洲。

欧亚大陆在东西走向上有很大延伸空间，非洲和南北美洲在这方面则相对要小很多，后三者

是在南北走向上扩展。这一点很重要，因为东西经度走向上即使绵延数千公里，气候变化幅度也不是很大，南北纬度的改变则会造成巨大的气候差异。在欧亚大陆，由于日照时间长短相同，四季更替也基本类似，所以动植物在东西走向上迁移相对来说要容易一些，南北走向上则要困难一些。巨大的气候差异阻碍了物种的南北传播。例如，在美洲，尽管凉爽的墨西哥高原和南美高原之间的距离只有 1 200 公里，但是，两者之间隔着一个平坦湿热的热带雨林，这里的物种远比高原要丰富得多。这种地理障碍使得（中美洲和南美洲的）新石器社会相互隔绝，各自独立发展，不像欧亚大陆可以相互沟通交流。实际上，在哥伦布发现新大陆之前，只有玉米传播到了整个美洲大陆。而玉米传到今天的美国则整整花了3 000 多年的时间，之后，当地的新石器经济才得以最终建立起来。他们的生活基础在于可以种植一种新型的玉米，这种玉米能够更好地适应当地寒冷的气候，要求的日照时间也较短一些。

在旧大陆，中东的农作物向非洲传播最后也受到气候差异的阻拦。一部分热带作物向非洲的东西方向扩散，但由于气候障碍的存在，没有到达非洲南部。高大的山脉和广阔的沙漠造成的地理和气候障碍一次又一次地降低了农作物扩散的速度。举例来说，在今天的美国地区，东南部的农业耕种技术向西南部传播就遭到了得克萨斯州以及南部平原干燥气候的阻挠。

本节讨论了是什么因素促进或者阻碍新石器经济向世界各地扩散。古代中东地区同时具备了几个条件，从而率先开启了人类从事农牧业生产的新篇章。之后，食物生产迅速向欧亚大陆的其他地方扩散，原因是欧亚大陆虽然幅员辽阔，但是各地的气候条件十分相近。在美洲，食物生产出现得相对较晚，扩散的速度也要慢一些，与欧亚大陆比起来，没有那么成功，原因在于，气候和地理环境的南北差异太大。另外一个阻碍美洲向新石器经济过渡的因素是，那里缺乏可供驯化的大型动物。综上所述，影响食物生产的起源和传播有很多种因素，包括气候条件、经济适应能力、人口规模以及物种的特性。

代价与收益

食物生产给人类带来的，既有好处，也有不利影响。好处在于，大量的新发现和新发明不断涌现。人类学会了纺织、制陶、烧砖，还能制造拱形的石门、把金属熔化铸造成各种形状的器物。陆上和海上的贸易以及商业开始出现。到了距今 5 500 年，中东人就已经发明了城市，街上到处人头攒动，有集市、寺庙、宫殿和大小街道，到处都是生机勃勃的景象。他们还发展出了雕刻、壁画、文字、度量衡、数学以及全新的政治和社会组织结构（Jolly and White, 1995）。

食物生产提高了经济产出，催生了新的社会、科学和技术创新的形式，所以，从进化的角度来看，这是一种发展和进步。然而，这种新的经济形式也带来了一些意想不到的困难和不好的东西。比如，与狩猎和采集相比，农民的劳动强度要大很多——辛辛苦苦早出晚归，可以吃的食物反而比原来更少。猎人和采集者拥有大量的闲暇时间，有学者把那个时候的生活称为“原初丰裕社会”（Sahlins, 1972）。直到现在，非洲的一些原始部落还保留着这种生计模式，人类学家对他们开展过很多研究。在非洲南部的喀拉哈里沙漠生活着一个部落，在这个群体里，只有一部分人外出打猎和采集食物，而且也不是每天都要去，一周大约劳动 20 个小时，得到的食物就够整个部落的人吃了。他们有明确的劳动分工，女人采集果实，成年男性去打猎。孩子和老人不用劳动，靠成年人供养。此外，人们还可以早早退休，不参加劳动，他们也从不强迫孩子参加劳动。

有了农业生产，食物产出更加稳定、可靠，但是人类付出的劳动强度却大了许多。牲畜、地里的庄稼和灌溉系统都需要人去照顾。除草需要长时间的弯腰劳动，经常一干就是连续好几个小时。人类不需要为了找个地方存放长颈鹿和瞪羚而担心，但是牲畜就需要畜栏和猪圈来关养。贸易让男人，有时候甚至包括女人背井离乡，四处奔波，把生活的负担交给了留守的家人。出于多方面的原因，农民的生育率会比猎人或者采集者高许多。孩子越多，抚养的负担也越重，但在另一方面，多一个人就多一双手，孩子也可以参加劳动，相比之下，在猎人和采集者看来，孩子就大可不必太多参与。孩子可以分担很多地里的农活和牲畜的放养。食物生产导致劳动分工变得更加复杂，于是，孩子和老人也必须参加劳动，承担一定的任务。

此外，公共卫生水平不断下降。与狩猎和采集时期的食谱相比，人类农业时代吃的东西品种少，营养价值低，而且更不健康，以前吃的都是高蛋白、低脂肪、低热量的食物。过渡到农业生产之后，整个人口的体质都变弱了，没有以前健康。传染病、蛋白质摄入不足和牙齿疾病不断增加（Cohen and Armelagos, 1984）。而且，食物生产还增加了人类接触各种病菌的可能性。

与过着半游牧生活的猎人和采集者相比，农民一般都长期生活在一个固定的地方。人口密度的增加导致疾病的发生和传播概率也相应提高。我们在第 4 章已经看到，疟疾和镰状细胞性贫血是在食物生产出现之后开始流行起来的。聚居，尤其是人口更加集中的城市生活，是传染病的温床。人们互相为邻，加上动物，每天都会产生大量的垃圾和排泄物，这也是公共卫生水平恶化的一个影响因素（Diamond, 1997）。与农民、牧民和生活在城市里的人相比，猎人和采集者生病的概率更小，承受的压力更少，摄取的营养却更多。

食物生产和国家的出现还带来了其他一些弊端和压力。社会不平等和贫困不断加剧。原先的平均主义最终被精心设计的社会分层结构所取代。各种资源不再是共享的了，在狩猎和采集社会，每个人都有权利享用大自然的恩赐。私有制和产权出现了，并且迅速扩散到各个角落。人类不但发明了奴隶制，还人为地制造出各种形式的压迫。到处都是犯罪和战争，死亡人数不断上升。

随着食物生产的出现和发展，人类破坏环境的速度也在加快。今天，自然环境遭到了大规模的破坏，空气和水都受到了严重的污染，森林面积越来越少，这些问题，早在人类开始从事食物生产的那一刻起就已经注定了。食物生产导致人口规模的扩大，人一多，就需要更多的土地来生产食物，于是，古代中东人就开始砍伐森林，把森林变成耕地。即使在今天，参天大树在农民眼里只不过是一棵巨大的野草，必须砍掉，为种植农作物腾出土地。前面，我们已经看到，为了种植玉米，中美洲瓦哈卡山谷的早期农民就开始砍伐豆科灌木。

很多农民和牧人干脆放火烧掉森林、灌木丛和草原。农民放火是为了去除杂草，剩下的草木灰还可以用来做肥料。牧民烧草原，是为了让草长出更嫩一点的绿芽，好让牲畜长得更快一些。但是，这种做法对环境的破坏很大，还会污染空气。制造金属工具的过程，包括熔化和其他一些化学处理，也会造成环境污染。现代工业会产生大量有害的废料，同样，早期的化学加工也会对环境造成不好的副作用，比如空气、土壤和水都受到了污染。随着灌溉，土壤里逐渐积累了各种污染物：盐碱、化学物质和有害的微生物。在旧石器时代，这些根本就不会成为一个问题，现在却开始危及整个人类的生命。诚然，食物生产的确给人类带来了很多好处，但我们为此付出的代价也是不容忽视的。表 10.3 概括了食物生产的利弊。可以看到，我们不能盲目乐观，认为食物生产、国家和其他一些所谓的发展就是一种进步。

表10.3	食物生产的利与弊（与狩猎和采集时期相比）
利大于弊，还是弊大于利？	

利	弊
新发现和新发明	劳动强度增加
全新的社会、政治、科学和技术创新形式（比如纺织、制陶、烧砖、冶金）	饮食营养下降
	抚养孩子的负担加重
	赋税和兵役
伟大的纪念性建筑、拱形石门、雕塑	公共卫生水平下降（例如接触病菌的可能增加，包括传染病）
文字	蛋白质摄入不足，牙病增加
数学、度量衡	压力加大
贸易和集市	社会不平等和贫困
都市生活	奴隶和其他形式的压迫
经济产出增加	犯罪、战争增加，导致死亡人数上升
食物产量更加稳定	环境日益恶化（比如空气和水污染、破坏森林等）

生物文化案例研究

关于森林退化的更多信息，以及人类学的各个分支学科是如何联合起来研究这个问题的，请参见第 6 章之后的"主题阅读"。

本章小结

1. 从距今1.5万年开始，大型猎物逐渐消失，猎人和采集者开始寻找新的食物。到了距今1万年，古代中东人就已经开始驯化和饲养各种动植物，作为打猎和采集的食物补充。又过了2 500年，在距今大约7 500年，古代中东人大部分放弃了狩猎和采集时期的杂食生活，开始从事更加专业的食物生产活动。新石器时代指的就是农牧业开始出现的那个时期。

2. 布雷伍德认为，食物生产最先出现于丘陵地带，那里生长着大量的野生大麦和小麦。其他学者不赞同这样的说法，认为丘陵地带的野生谷物种类多、产量大，足够纳图夫人和其他部落食用。既然够吃了，人们就没有动力自己动手去发展农牧业，所以，最初的食物生产应该出现在那些粮食相对匮乏的地区。还有一些学者认为，促使人类开始种植粮食的，是人口压力和气候变化的双重推动。

3. 古代中东地区的猎人和采集者一年四季跟着猎物到处迁徙。到了不同的海拔高度，就会有不同的野生谷物成熟，于是他们也会采集这些植物的果实作为粮食。他们在丘陵和周边地带来回迁徙，到了哪儿，吃哪儿的东西。后来，人口慢慢地扩散到周边地区，比如高山草原。在这些边缘地区，人类开始种植粮食，试图复制丘陵地带的野生谷物。

4. 野生谷物收割之后留下来的秸秆可以用来喂养羊群。人类尝试着驯化和饲养动物是从选择动物的某些个特定的性征和行为，干预它们的生育过程开始的，于是，绵羊、山羊、牛和猪都成为人类饲养的家畜。渐渐地，食物生产扩散到了丘陵地带。再往后，随着灌溉技术的出现，农业传播到了美索不达米亚的冲积平原，到了距今5 500年，这里孕育了世界上第一个人类文明，产生了第一个城市和国家。接下来，食物生产技术开始向更远的地方扩散，向西传到了北非和欧洲，向东到了印度和巴基斯坦。

5. 世界上共有7个地区独立发明了食物生产技术：中东、撒哈拉以南地区、中国的华北和江南地区、中美洲、安第斯山中南部和美国东部。早在7 000年，中国的华北地区就开始种植蜀黍；而在距今8 000年的中国江南地区就已出现人工种植的水稻。

6.新世界过渡到农业经济要比旧大陆晚好几千年。人类踏足美洲的历史，最多也就是两万年的时间。为了追逐大型猎物，或者是乘船沿着海岸线北上，人类慢慢地进入北美洲大陆。不同的环境造就了不同的文化。有一些部落保持狩猎生活，以大型动物为生。另一些则靠采集野生的果实为生，什么都吃，食谱种类繁多。

7.在新大陆，人类驯化的最重要的植物有三种：玉米、土豆和木薯。安第斯山脉中部地区的骆驼是新大陆驯化的体型最大的一种动物，但是当地没有发展出类似于旧大陆的畜牧业。无论是狩猎和采集时期，还是进入到农牧业生产时代，东西半球都存在很多相似之处。

8.新大陆最早的农业生产出现于中美洲地区。在墨西哥高原的瓦哈卡山谷，玉米逐渐在人类的食谱中占据了一席之地，这个时间大约是在距今7 000～4 000年。以种植玉米为基础的第一个永久性村落产生于低洼平原以及高原的部分无霜期地区。在墨西哥河谷，生长

迅速的玉米为人类常年在一个村落里定居创造了条件，最终孕育出了文明和城市生活。

9.几个因素（比如丰富的物种、定居生活）加起来，共同催生了古代中东地区农牧业的起源。由于幅员辽阔，但是气候条件差异非常小，粮食种植技术迅速扩散到欧亚大陆的其他地区。美洲的食物生产技术出现时间要晚很多，扩散速度也相对较慢，不如旧大陆来得成功，原因在于，新大陆的南北地区气候差异太大。延缓美洲新石器经济传播速度的另一个因素，是那里缺乏可供驯化的大型动物。影响食物生产技术的产生和扩散有很多因素，包括气候条件、经济调适能力、人口压力以及野生动植物的习性。

10.食物生产以及以此为基础的社会政治体系给人类带来的，既有好处，也有弊端。好处是，大量新的发现和技术创新不断涌现。负面影响包括劳动强度加大、健康水平下降、犯罪和战争更加频繁、社会不平等加剧、环境不断恶化。

广谱革命 broad-spectrum revolution 距今1.5万年（中东地区）到1.2万年（欧洲）之间的时期，在那个时候，人类捕杀和采集的动植物种类越来越多，最终导致食物生产的出现，所以称之为一种革命。

克洛维斯文明 Clovis tradition 指起源于北美洲的一种打磨石头工具（用来绑在长矛上，向远处投射）的技术，大约出现在距今1.2万～1.1万年。

食物生产 food production 人工干预动植物的生育和繁殖过程。

丘陵地带 Hilly Flanks 底格里斯河和幼发拉底河流域两侧向北延伸的山地森林，这里生长着大量野生的大麦和小麦，在人工种植粮食出现之前，人类就已经开始在这个区域里过上定居（而非四处漂泊）的生活。

玉米 maize 一种粮食作物，最早在墨西哥高原

被人类驯化。

木薯 manioc 一种植物的块茎，首先在南美洲的低洼平原被驯化。

中美洲 Mesoamerica 包括今天的墨西哥、危地马拉和伯利兹。

纳图夫人 Natufians 生活在距今1.25万～1.05万年的古代部落，他们的足迹遍布中东地区，以采集野生谷物和捕杀瞪羚为生，通常居住在固定的村庄里。

新石器时代 Neolithic 人类发展的一个文明阶段，以打磨石头工具的技术为标志，晚期还出现了人工生产粮食的迹象。

定居 sedentism 在一个固定的地点长期生活；在旧大陆早于人工生产粮食出现，在新大陆则晚于食物生产。

蜀黍 teocentli 或 teosinte 一种野生的植物，是玉米的祖先。

关键术语

见动画卡片。

mhhe.com/kottak

1.哪些自然条件和人口因素促进了中东地区食物生产的起源？如果具备同样的条件，中美洲也能发展出类似的经济模式吗？

2.与狩猎采集者和早期的农民相比，你的食谱更接近哪一种？为什么会是这样？

3.中东早期食物生产技术和中美洲相比，有何异同？

4.旧大陆有哪些主要的粮食作物？列举4种。新大陆呢？列举3种。它们各自是在哪个地方被驯化的？你平时吃的东西里，主食是什么？

5.对人类来说，食物生产出现之后是好是坏？为什么？

补充阅读

Bellwood, P. S.

2004　*The First Farmers: Origins of Agricultural Societies.* Malden, MA: Blackwell.世界多个地区农业的起源与传播。

Cohen, M. N., and G. J. Armelagos, eds.

1984　*Paleopathology at the Origins of Agriculture.* New York: Academic Press.食物生产对人类健康的一些负面影响。

Diamond, J. M.

1997　*Guns, Germs, and Steel: The Fates of Human Societies.* New York: W. W. Norton.人类历史中疾病、工具和环境的力量和作用。

Fagan, B. M.

2005　*World Prehistory: A Brief Introduction,* 6th ed. Upper Saddle River, NJ: Pearson/Prentice Hall.人类史前史的主要事件，包括食物生产的出现和国家在多个地方的兴起。

2007　*Ancient Lives: An Introduction to Archaeology and Prehistory,* 3rd ed. Upper Saddle River, NJ: Pearson/Prentice Hall.考古学家怎么工作。

Gamble, C.

2004　*Archaeology, the Basics.* New York: Routledge.标题说明了一切。

Price, T. D., ed.

2000　*Europe's First Farmers.* New York: Cambridge University Press.农业如何传到欧洲。

Price, T. D., and A. B. Gebauer, eds.

1995　*Last Hunters, First Farmers: New Perspectives on the Prehistoric Transition to Agriculture.* Santa Fe, NM: School of American Research Press.关于食物生产的起源的最近的观点。

Price, T. D., and G. M. Feinman

2005　*Images of the Past,* 4th ed.Boston: McGraw-Hill.对史前史的介绍，包括食物生产的起源。

Renfrew, C., and P. Bahn

2005　*Archaeology: The Key Concepts.* New York: Routledge.基础读本。

Rindos, D.

1984　*The Origins of Agriculture: An Evolutionary Perspective.* New York: Academic Press.农业在人类社会进化中的影响。

Sharer, R., and W. Ashmore

2006　*Discovering Our Past: The Process of Archaeological Research,* 4th ed. Boston: McGraw-Hill.

Smith, B. D.

1995　*Emergence of Agriculture.* New York: Scientific American Library, W. H. Freeman.世界几个地区最早的农民和最早的牧人。

Wenke, R. J.,and D. I. Olszewski

2007　*Patterns in Prehistory: Humankind's First Three Million Years,* 5th ed. New York: Oxford University Press.全世界食物生产的兴起和国家的出现；完善，有用的文本。

1.阅读Jack Challum在《营养报告》里的一篇文章，题为《旧石器时代的营养结构：食谱决定你的未来》（"Paleolithic Nutrition: Your Future Is in Your Dietary Past"）（http://www.nutritionr-reporter.com/stone-age-diet.html），读完之后思考以下问题：

a.旧石器时代人类食谱的主要特征是什么？今天，美国人吃的东西有哪些特征？

b.人类的食物在数量和种类上发生了哪些变化？为什么我们吃的东西里饱和脂肪含量都这么高？人体摄入维生素的量有哪些变化？

c.人类可能还没有完全适应农业生产提供的粮食，撇开这个事实不管，在物质和文化层面，农业生产给人类带来了哪些好处？

2.阅读一篇关于玉米的历史的文章，作者Ricardo J. Salvador （**http://maize.argon.iastate.edu/maizearticle.html**），并回答下列问题：

a.玉米是何时何地被人类驯化的？

b.作为人类碳水化合物的一个重要来源，玉米是世界三大谷类粮食之一（其他两种分别是水稻和小麦）。但是，玉米的营养缺陷是什么呢？北美印第安人是如何回应这种缺陷的呢？

c.玉米最早传到欧洲是在什么时间？如何传过去的？它还扩散到了哪些地方？

请登录McGraw-Hill在线学习中心查看有关第10章更多的评论及互动练习。

第**11**章
最早的城市和国家

国家的起源

随着食物生产经济的传播以及产量的提高，酋邦以至国家在世界上许多地方出现了。所谓**国家**（state），实际上就是一种社会和政治组织形式，一般会有一个正式的中央政府，社会划分成若干阶级。美索不达米亚平原最早的国家出现在 5 500 年前，而在中美洲，这个时间推迟了 3 000 多年。酋邦是国家的早期形式，酋长拥有很多特权，但是，和国家不一样的是，酋邦没有明显的阶层分化。7 000 年前（中东地区）和 3 200 年前（中美洲），出现了考古学家所谓的精英阶层，这意味着，酋邦或者国家已经形成。

酋邦和国家是怎么产生的？背后的原因又是什么？与狩猎和采集时期相比，农业生产能够养活更多的人，人口密集程度也越来越高。此外，随着粮食生产的不断扩散和发展，社会分工和经济分工变得越来越复杂。人口增加、经济规模的扩大和经济活动类型的多样化，自然要求一个政治权威或者管理系统来承担处理、协调各种问题。人类学家找到了国家产生的原因，并且对几个国家的兴起过程进行了重新解释。系统的视角认识到国家的产生总是多重因素的结果，当然，作用有大有小，通常有一个主因。其中一些因素不断反复出现，但是，没有哪一个因素是一直存在的。换句话说，国家形成具有一般化的而非普遍的原因。

而且，由于国家的产生需要好几个世纪，无时不在经历这种过程的人们很少能够感知到长期的变化。后代们发现他们已经依赖于这种经过数代才形成的政府了。

水利系统

有学者指出，促使国家出现的一个可能的原因，是管理和调控水利灌溉体系，以发展农业的需要（Wittfogel, 1957）。在一些干旱地区，例如古代的埃及和美索不达米亚平原，人类发展出国家这种组织机构，来管理与灌溉、排水和防洪相关的水利事务。然而，灌溉工业既非国家兴起的充分条件也非必要条件。也就是说，许多同样具备水利灌溉系统的地区没有出现国家这种制度形式，也有一些地方虽然没有水利灌溉系统，但却发展出了国家。

但是，以水利灌溉为基础的农业生产对于国家的形成具有非常重要的作用。在干旱地区，水利建设可以增加粮食的产量。兴修水利工程需要大量的劳动力，而有了水源保证的农业又养活了更多的人，所以说，水利工程促进了人口的增长。这就形成了一种循环，水利工程促进人口规模的扩大，人口增加提供了更多的劳动力，从而扩大了兴修水利的规模。水利灌溉系统的不断扩大增加了人口的规模和密度。这造成人与人之间的矛盾增加，争夺水源和浇灌农田引发的冲突也越来越多。政府机构的出现既有可能是为了管理农业生产，也有可能是出于协调上述冲突和矛盾的需要。

大型水利工程的出现为城市提供了基础，并成为其生存不可或缺的必备条件。管理者的职责是动员劳动力去维护和修理水利工程，从而保护整个农业经济体系。这些事关生死存亡的职能提高和巩固了国家机构的权威。所以说，水利工程系统的发展可以（比如美索不达米亚平原、埃及以及墨西哥河谷）激发国家的出现，但这不是一种必然的关系。

长途贸易路线

另一种理论认为，国家源于区域性贸易网络的战略性据点。包括物资供应或者交易的地点，比如长途商队的必经之地；以及威胁或阻碍各个贸易中心进行交换的据点，比如隘口或者河谷峡地。同样，这些因素也只是一个前提基础，并不是充分且必要条件。在一些国家（包括美索不达米亚平原和中美洲地区）的形成过程中，长途贸易的影响和作用是十分关键的。后来，所有国家都发展出了类似的贸易网络，但是，这种贸易网

统治者的特权：法老的陪葬者

《纽约时报》新闻简讯
作者：约翰·诺贝尔·威尔福德（John Noble Wilford）
2004年3月16日

任何国家，不管是古代还是现代，都存在财富、权力、威望和特权的分化。国家的统治者拥有一系列特权，从居住（古代是豪华官殿，到现在则是总统府，比如白宫），到出行（比如空军一号），都是这种特权的表现。古代有些国家的意识形态把统治者的特权演绎到了极致，就像这篇新闻报道将要描述的那样，埃及的第一王朝（First Dynasty Egypt）把统治者看作神灵，连死后都要有人伺候。法老阿哈（Pharaoh Aha）的陪葬者里包括了一些地位显赫的大臣。他在世时的仆人和随从都跟着他去了地下。不管是出于自愿还是被迫，这些陪葬者死的时候都很安静，一般都是服毒自尽，没有发现外力伤害。

古代埃及有一个惯例，即让大量随从为法老陪葬，关于这种做法，历来流传着各种说法，但这里报道的考古发掘，为我们提供了第一个考古证据。这些遗迹最早可以追溯到埃及第一王朝，产生于公元前2950年。另外还出土了一些可以证明早期文字（公元前3200年）的证据，这也间接地证明了早期国家的存在。这种陪葬的做法并没有持续多长时间，对于那些希望服侍未来的法老的奴从来说，这是件十分值得庆幸的事。第一王朝结束之后，这种做法就被停止了。

当古代埃及开始进入鼎盛时期时，也就是5 000年以前，这个国家的统治者就已经掌握了生杀大权，并且开始精心准备自己死后的生活。埃及阿比杜斯（Abydos）古城干燥的沙土下，就埋藏着最早的几个法老及其为自己筹备的死后生活，千百年来，与世隔绝。

在过去两年多的时间里，考古学家终于发现了有关的证据：陪葬者的遗骸。

长期以来，关于埃及让随从为法老殉葬的做法（很可能就在法老的葬礼上），学界一直有诸多猜测，但从没有人给出过令人信服的证据。现在，我们第一次找到了这样的证据。纽约大学艺术研究所（Institute of Fine Arts）的奥康纳（David O'Connor）博士表示，早在公元前2950年，在古代埃及的第一王朝，"国王和精英阶层的威望和权力就得到了很大的提升，这次发现为这个观点提供了有力的证据"。

"第一王朝是一个很关键的转折点，在此之前，埃及的文明规模相对较小，法老阿哈上台以后，埃及出现了一个惊人的飞速发展，"奥康纳博士说，"国王的地位和作用变得极其重要，所以下面的大臣才会安排随从为他殉葬，这说明，皇权、宗教仪式和思维方式都发生了巨大的变化。"

这个由纽约大学、耶鲁大学和宾夕法尼亚大学的学者组成的研究小组在阿比杜斯古城发现了6处随葬者的坟墓，这6处墓地分布在（埃及第一王朝的第一个法老）阿哈陵墓的周围。到现在为止，已经发掘了5个坟墓，出土了大量的骷髅，其中有宫廷官员、仆人以及工匠，这些人很可能就是为了让法老死后有人陪伴而牺牲的陪葬者。

研究人员表示，这些考古发现第一次明确证明，历史上曾经存在用人作为陪葬品的做法。之前在阿哈陵墓附近也发现过类似的坟墓，在阿哈的继任者迪尔（Djer）法老陵墓的周围也发现了200多个这样的坟墓，现在可以确定，这些很可能也都是殉葬者，奥康纳博士如是说……

考古学家在接受采访时表示，他们主要依据坟墓的建筑结构来推断墓中尸体的死亡原因。仔细研究迪尔法老陵墓周围的那些坟墓就会发现，它们都是一个个紧挨在一起，上面都用整块整块的木板覆盖起来。考古学家认为，这说明这些坟墓都是在同一时期统一建造的。

阿哈法老陵墓附近的坟墓则分散在四处，尽管如此，这些坟墓的木制棺盖上都抹着一层厚厚的黏土，与法老陵墓的建造时间是一致的。"这很说明问题，"奥康纳博士表示，"即这些人都是在同一时间死亡，并且被统一埋葬在这些坟墓里的……"

"有些陪葬者不是卑微的仆人，而是非常富有的达官贵人，他们把自己的名字和官衔刻在一些珠宝上面。"

有一个坟墓里发现了驴的骨头。"国王死后也是需要交通工具的。"

埃及学者（Egyptologists）认为，奥康纳博士领导的研究小组所做的工作重新书写了（这个延续了两个多世纪的）第一王朝的历史。这些考古工作进一步提升了阿比杜斯古城在学术界的声誉，这的确是考古学界的一个知识宝库，直到今天，我们才开始对它进行系统的发掘和研究。

1890 年，一个由英国考古学家佩特里（William Flinders Petrie）领导的研究小组是最早对位于开罗南边 300 英里的阿比杜斯古城进行考古研究的学者之一，他们的研究包括了阿哈法老的陵墓。那个时候，佩特里就怀疑，周围的大量墓穴是殉葬者的坟墓，但是当时没有找到令人信服的证据，于是他的注意力就转向了一些更加引人入胜的遗址。与更晚期辉煌雄伟的寺庙和宫殿，以及吉萨（Giza，或者说法老谷）古城巨大的金字塔相比，这里的坟墓和泥砖墙显得毫不起眼。但是，在最近几年的时间里，一些德国的考古学家对阿比杜斯古城的皇家坟墓进行了重新研究，除了其他一些研究结果之外，还发现了公元前 3200 年的象形文字的证据。如果这个时间是正确的话，我们就可以把埃及出现早期文字的时间再往前推，甚至可以提早到美索不达米亚平原发明楔形文字的时间。

4 年前，奥康纳博士领导的研究小组报告说，他们发现了 14 条木船的遗骸，这些运输工具距今已经 5 000 多年，是为法老举行国葬准备的东西的一部分。在附近，考古学家还在一些小寺庙的周围发现了一些四面环墙的圈栏，看上去是在法老在世时造起来的，用于在宗教仪式上敬拜法老……

最近发现的这两个祭祀圈栏，奥康纳博士表示，其中一个已经确认，属于阿哈法老，他是埃及建国前的统治者纳尔迈王（Narmer King）的继任者，很可能就是王子。考古学家还在废墟里发现了一个类似于鹰（象征忠诚）的图像，上面刻着阿哈的封印和名字。6 个陪葬坟墓就在附近。

奥康纳博士认为，迄今为止的研究表明，在古代埃及，这种用活人来殉葬的做法并不多见。没有证据可以证明，在阿哈法老之前就已经存在这种做法，而且很明显，随着第一王朝的灭亡，活人陪葬的做法也消失了，尽管埃及人依旧相信人死后还有来世。至少在那个时候，能进入皇宫，为国王服务，一定是一件十分荣耀的事，此外，在臣民眼里，法老就是神，他的命令就是神的旨意，不能违抗……

随着法老逐渐老去，健康状况不断恶化，身边的侍从也开始不安起来，担心自己的好日子快要过到头了。皇权更替不会给他们带来一个安度晚年的退休生活，唯一的结果，就是驱逐出境，流放天涯。

"我们或许会觉得，为了一个葬礼仪式而杀死这么多随从有点残忍和野蛮。"宾夕法尼亚大学的考古学家亚当斯（Matthew Adams）说，但是，在古代的埃及人看来，这或许是通往永生的道路，跟着自己生前侍奉的国王去死，就能永垂不朽……

亚当斯先生表示，"在所有的骸骨遗骸上"，考古学家没有发现"任何外力伤害的痕迹"。很明显，随葬者死去的时候很安静，很可能是服毒自尽。

来源：John Nobel Wilford, "With Escorts to the Afterlife, Pharaohs Proved Their Power," *New York Times*, March 16, 2004, late edition, final, Section F, p.3.

络很可能是在国家形成之后，而不是之前出现的。此外，其他地区也出现了长途贸易体系，比如巴布亚新几内亚，但却没有发展出国家。

人口、战争和环境边界

卡内罗（Robert Careiro, 1970）提出了一个广受关注的理论，认为没有哪一个因素可以单独起作用，相反，是三个因素加在一起孕育出了国家（我们把包含多个解释因素或变量的理论叫做多变量理论）。卡内罗认为，不管在哪个地区，或者什么时间，只要同时存在环境边界（或者资源集中）、人口增长和战争，国家就会出现。环境边界既可以是看得见摸得着的地理标志，也可以是无形的社会界线。地理边界很好理解，比如一个小岛、干旱的荒漠、河流冲积形成的平原、沙漠中的绿洲，以及遍布溪流的河谷。社会边界指的是周边的部落阻止其他部落向外扩张，禁止人口流动，霸占各种资源的情况。当出现一些战略性的关键资源向一个地方集中的情况，那么即使人口可以自由迁徙，实际效果和设置环境边界没什么区别。

秘鲁沿海是世界上最干旱的地区之一，在那里，环境边界、战争和人口增长这 3 个因素之间的互动和关系表现得极为典型。在该地区，粮食生产最早出现在一些有泉水的山谷地区。这些山谷的东边是安第斯山脉，西邻太平洋，南北都是干旱的沙漠。粮食生产的出现激发了人口迅速增长（见图11.1）。村庄的规模越来越大。于是，人类开始向外迁徙，新的村落不断涌现。人口和村庄的增加造成了土地的紧张。村落之间争斗开始出现并不断升级，人们经常能看到一个村庄被洗劫一空。

随着时间的推移，每个山谷都出现了人口压力和土地紧张的情况。由于每个村庄都划定了自己的边界，所以当一个村落征服另一个村落的时候，输的一方就要屈从于赢的一方——没有其他地方可去。只有在同意每年向新主人进贡的前提下，村民才能保留原本属于自己的土地。除了上交贡品，战败方还要维持自己的生存，为了做到这一点，只有增加劳动时间和强度，采用新的生产技术来提高土地产量。通过这些方法，战败方的村民在保证进贡的前提下，还满足了自己的生存需要。人们还通过灌溉和修筑梯田大量开辟新的耕地。

安第斯山地区的早期居民之所以勤奋劳动，并不是出于自愿选择。他们是情非得已，被迫缴纳地租，接受其他部落的统治，还要更加辛勤地劳作，想方设法提高粮食产量。这种趋势一旦建立，就一发不可收拾，加速发展。人口持续增长，战争越来越频繁，最后，村落与村落之间结成联盟，形成了酋邦。在同一个山谷里，当一个部落征服了另一个部落，第一个国家就出现了（Carneiro，1990）。最后，山谷与山谷之间也开始打仗。战胜者把战败者吞并，纳入自己的国家，随着规模的不断扩大，**帝国**（empires）出现了：制度更加完善，领土面积更大，几乎无所不包。最后，国家从太平洋沿岸扩张到了内陆高原。到了 16 世纪，南美洲人在安第斯高原建立了印加帝国（Inca），以库斯科（Cuzco）为首都，这是南美热带雨林里最强大的帝国之一。

卡内罗的理论非常有用，但是，同样，人口密度与国家组织之间的关联是一般的而非普遍的。国家的确倾向于拥有大的人口规模和高的人口密度（Stevenson，1968）。然而，在巴布亚新几内亚

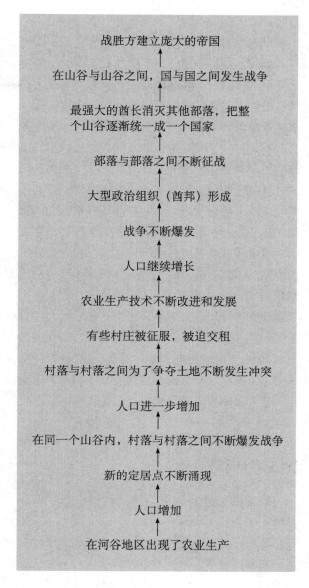

图11.1　卡内罗关于国家产生的多变量理论模型：以秘鲁太平洋沿岸地区为例

在这个异常干旱的地区，只有狭长的河谷地带有水源（资源集中），食物生产就出现在这些地方。农业生产导致人口规模的增加。人口增长的结果是土地压力变大，于是战争就爆发了，一些村落战胜了其他村落。地理环境的边界使得失败者无处可去，只能向新主人进贡，以保留耕种原有土地的权利。随着人口进一步增加，战争频发，这个过程不断加速，农业生产技术得到了发展和进步。最终，酋邦、国家和帝国先后产生。

这个环境相对封闭的地区，人口增长和战争并没有导致国家的出现。在当地的一些山谷，社会和地理边界与许多国家十分相像。战争也时常发生，但是，我们没有看到国家的出现。所以，卡内罗的理论只考虑了其中一个重要因素，不能用来解

释所有国家形成的原因。

早期的国家在不同的地方独立出现，原因也各不相同。在每个地方，不同的前提因素（通常是几个类似的因素共同作用）互相影响，重重叠加，最终形成放大效应。要想解释一个地区为什么会形成国家，我们必须具体分析该地区的资源获取方式发生了哪些细微的改变，此外，他们面临的控制和管理问题又有什么变化，这些都是促成社会分化和国家机器形成的重要因素。我们还必须记住，粮食生产并不一定会导致酋邦和国家的产生。人类学家发现并分析了，为什么很多部落一直沿用新石器时代的经济方式，没有发展出国家或者酋邦。同样，也有一些酋邦维续自己的组织结构，没有发展成国家，就像有些猎人和采集者在知道可以用人工手段来生产粮食后却没有采纳一样。还记得上一章讨论的内容吗？在美国东部地区，因为农业产出的粮食（比如向日葵、蜀黍）不够吃，早期的粮食生产者不得不同时外出捕猎和采集野外的果实。

国家的属性

特定的属性将国家与早期的社会形式区别开来：

1.国家控制着一个有着具体边界的领土，比如尼罗河谷或者墨西哥河谷。这种领土一般较大，家族部落或者村落控制的领土面积一般要小很多。早期的国家通常带有很强的扩张欲望，它们是各个酋邦之间相互竞争的产物，最强大的酋邦征服了其他部落，把自己的规则推广到被征服的部落，并且想方设法维护自己的统治，因此，领土扩张一般是通过武力征服的形式实现的。

2.早期的国家拥有发达的农业经济，人口稠密，一般都生活在城市里。此外，早期的国家通常还会建设一套水利灌溉系统，来支撑农业生产。

3.早期的国家通过收租和税赋来积累资源，以供养成百上千的专家。这些国家有统治者和一支强大的军队，对劳动力实行严格的管制。

4.国家内部存在明显的社会分化。早期的国家已经出现从事非农生产的人口，其中包括为数不

多的贵族精英，此外还有工匠、官员、神职人员和其他有一技之长的专家。大多数人都是平民。奴隶和战俘是社会的最底层。统治者集个人魅力、宗教权威、经济控制力和军事指挥权于一身，以此维持自己的统治。

5.早期的国家会组织人力和物力建造公共设施和一些纪念性的雄伟建筑，包括寺庙、宫殿和仓库。

6.早期的国家发展出了各种记录手段，一般以文字的形式出现（Fagan，1996）。

中东地区国家的形成

在上一章，我们看到，在古代的中东地区，1万多年以前就出现了粮食生产。再往后发展，原本大量出产野生大麦和小麦的丘陵地区慢慢地落在后面，周边一些地区，比如高山草原后来居上，不但最先发展出了人工种植粮食的技术，在人口规模上也超过了丘陵地带。到距今6 000年前，**美索不达米亚平原**（Mesopotamia）南部的冲积平原在人口规模的增长上处在第一位（美索不达米亚平原指的是底格里斯河和幼发拉底河之间的区域，也就是今天伊拉克的南部和伊朗的西南部地区）。这些大量增加的人口靠河谷地区精耕细作的农业和水利灌溉系统来养活自己。到了5 500年前，小城镇发展成了大都市（Gates，2003）。最早的城邦—国家是（位于今天伊拉克南部的）苏美尔（Sumer）和（位于今天伊朗西南部的）伊勒姆（Elam），分别以乌鲁克（Uruk，或Warka）和苏萨（Susa）为首都。

城市生活

世界上第一个市镇（town）出现在中东地区，时间大约是距今1万年前。年复一年，在好几代人的时间里，人类造房子都是用黏土砖，倒了就在原地重盖。日积月累，地上隆起了一个大土墩。这样的大土墩在中东地区和亚洲有成百上千个，现在只发掘了少数一部分。这些已经发掘出来的遗址出土了大量的证据，表明这些地方在古代曾经有人类聚居，街道、各种建筑、阳台、

院落、水井，以及其他人类活动留下的痕迹，到处都是。

迄今为止，我们知道的最早的城镇是耶利哥城（Jericho），位于今天的以色列境内，低于海平面，具体位置在死海西北部几英里开外的一个水源充足的绿洲。对考古发掘最底下（也是最古老）一层的分析发现，在距今 1.1 万年前，纳图夫人就在耶利哥城定居。从那以后，一直到圣经时代（biblical times）"约书亚攻陷耶利哥城，城墙倒塌，不攻自破"，纳图夫人都在这个地方居住（Laughlin，2006）。

在纳图夫人到来之后，迄今为止人类所知的最早的城镇出现了。这是一个没有规划，人口密集的定居点，大约有 2 000 人，都住在圆形的房子里。当时，制陶技术还没有出现，耶利哥城四周矗立着坚固的城墙，中间耸立着一座高大的塔楼。最初建造城墙可能是为了防洪，不是为了防御。大约在距今 9 000 年前，耶利哥城被遗弃，不久之后又得到了重建。新主人住在方形的房子里，地面用泥灰抹得很平整。他们把死去的亲人埋在房子底下，其他考古遗址也发现类似的现象，比如土耳其的卡塔于育克（见下文）。制陶技术在 8 000 年前传到了耶利哥城（Gowlett，1993）。

距今 9 500～7 000 年，中东地区出现了长途贸易，各种商品的交换十分频繁，尤其是一种叫做黑曜石的火山玻璃，受到了各个部落的青睐，这种玻璃石可以用来制作工具和装饰品。得益于这种长途贸易，土耳其安那托利亚（Anatolia）的卡塔于育克（Çatal Hüyük）逐渐兴旺起来，从一个驿站发展成了一个繁荣的城镇。在一个高达 65 英尺的充满草茎的土堆里，考古学家发现了这个距今 9 000 年的古镇的遗迹，这或许是新石器时代最大的人类定居点。卡塔于育克位于一条小河的岸边，河水冲积带来的泥土给庄稼提供了肥沃的土壤，到处都是郁郁葱葱的青草，引得各种动物流连忘返，到了 7 000 年前，人类开始用绳索套住一些温顺的动物，让它们来替人类运水。在这片 32 英亩（12.9 公顷）的土地上，曾经生活着将近 1 万人，用来居住的房子是用黏土砖砌成的，密封性很好，四面没有门窗，人们一

这本书的读者，也就是你们，都生活在一个由国家组织起来的社会里。理解自身的意思是说，我们要意识到，与旧石器时代的祖先以及稍晚一点的猎人和采集者相比，我们现在的生活已经发生了翻天覆地的变化，而这些变化在很大程度上是由国家这个组织制度造成的。在前一章，我们已经看到，与狩猎和采集社会相比，新石器时代的农业生产对人类的劳动强度提出了更高的要求。同样，与国家相伴随而来的社会和政治体系也对普通老百姓提出了很多苛刻的要求。各地的博物馆向人们展示了早期的国家在艺术、建筑、文学和科技等方面取得的伟大成就。和我们现在生活的社会一样，古代的苏美尔（在美索不达米亚平原）、埃及、墨西哥和秘鲁也都发展出了高度发达的社会分工，数学家、艺术家、建筑学家、天文学家、神职人员和统治者，应有尽有，但是，普通老百姓的生活却越来越艰辛，每天早出晚归，辛勤劳作，为地主、各类专家和精英种植粮食。与猎人和采集者不一样的是，生活在国家里的老百姓会碰上专横跋扈的主人和暴君。在古代的一些国家，贵族会强制征用老百姓作为苦力去修建寺庙、金字塔和各种大型的纪念性建筑。在每个国家，老百姓都必须交税；在很多国家，公民还必须履行服兵役和徭役的义务。

我们也生活在一个由国家组织起来的社会里，那么现在和过去相比，有什么差异和相同之处呢？普通老百姓也许不用再受征兵和徭役之苦，但我们每一个人都必须交税，上缴的税款就被用于战争和其他公共设施的建设。我们的社会依然存在明显的社会分化。一旦有了钱，出了名或者掌握了某种权力，人们就开始颐指气使、神情傲慢起来。与猎人和采集者相比，现在的大多数人劳动强度都提高了，并且，工作不是为了自己，大多数情况下是为了老板。奇怪的是，文明程度的提高并没有增加人们的闲暇时间。对小部分人来说，闲暇时间确实是比以前更多了，但对于大多数人而言，增加的只是工作和责任。而造成这一切结果的，不是人类的本性，而是国家。

般都从屋顶进出。

在一堵防御用的高墙的保护下，卡塔于育克逐渐繁荣起来，最繁华的时间是在距今8 000～7 000年前。用黏土砖砌成的房子一般都很小，很少大过美国农村的一间普通卧室，但是功能很齐全，通常宗教仪式和日常生活都在不同的区域进行。房间的墙壁上都画着某个神灵的符号，一般都画在北面、东面和西面的墙上，从未发现南面的墙会画类似的符码。南边一般是用来做饭和从事其他家务劳动的。

用来举行宗教仪式的地方都配有各种装饰：壁画、雕刻过的牛头骨、牛角以及牛和羊的立体模型。壁画上描绘的是各种姿态的人围着牛奔跑、跳舞，有时候还朝着牛扔石块。秃鹫从天而降，来吃无头死尸。有一个门廊的雕塑上刻画着人类的手臂上画满了各种花纹，在手臂的上面是制成标本的牛角。这些图案和搭配让人想起了旧石器时代的洞穴壁画。卡塔于育克城里的房子没有门窗，进出都要经过屋顶，房子里面十分低矮，人在里面无法直立，只能趴在地上爬着移动，这有点像山洞里的生活。越往城镇中心走，各种艺术作品就越丰富。整个城镇的宗教仪式似乎都围绕着下面几个主题进行：动物、危险、死亡，以及该地在狩猎和采集时期遗留下来的一些东西。

每座房子的地下都埋葬着死去的亲人，最多的有三代人，常见的是两代人。在其中一间房子里，考古学家发现了17具尸体的遗骸，大多数都是孩子。在送走两到三代亲人之后，房子就被烧毁了。再往上，就是精美的艺术品，还有一层新的建筑遗留下来的废墟。

虽然都住在同一个城镇里，卡塔于育克城里的居民一般都以家庭为单位，独立生活，没有宗教权威或者政治领袖干预他们的自由。这个城镇没有发展成一个具有中央集权组织的城市。卡塔于育克城没有神职精英，也缺乏政治领袖，贸易和生产都自由发展，不受任何管制（Fagan, 1996）。没有集体层面的粮食储存和加工方式，这些都在小范围内，以家庭为单位进行（DeMarco, 1997）。

精英阶层

人类开始制造第一个陶罐的时间大约是在距今8 000年前，地点是在中东的耶利哥城（Jericho）。在此之前，新石器时代被称作前陶器（prepottery）的新石器时期。到了距今7 000年前，制陶技术已经传遍了整个中东地区。考古学家可以根据陶器的外形、完整程度、花纹的风格和质地（用哪种黏土烧制而成的）来判断其历史年代。如果在不同的地方发现一种风格一致的陶器，那么就说明这些地方曾经有过贸易上的往来，或者在历史上的某个时期，这些地方曾经结成一个联盟。

叙利亚北部山区的哈拉夫（Halafian）文化遗址出土了一种早期的陶器，风格独特，传播范围广泛。哈拉夫文化（距今7 500～6 500年）指一种精美的陶器样式。此外，它也指贵族精英和酋邦起源和萌发的时期。哈拉夫风格的陶器数量很少，意味着这是一种奢侈品，只有拥有特殊社会地位的人才能享用。

到距今7 000年前，酋邦开始在中东地区出现。伊拉克南部重要城市乌尔（Ur）附近发现了一个小型考古遗址，名为乌拜德（el-Ubaid），那里出土了一种风格独特的陶器，后来，考古学家把这个位于美索不达米亚平原南部地区的独特陶器文化称为乌拜德时期（the Ubaid Period, 距今7 000～6 000年）。此外，考古学家还在美索不达米亚平原的其他一些城市，比如乌尔、乌鲁克（Uruk）和埃利都（Eridu），发现了类似的陶器。乌拜德陶器代表酋邦发展到了高级阶段，也许还意味着早期的国家已经出现。这种陶器在很短的时间里就传到了很远的地方，比早期的陶器，如哈拉夫文化，传得还要远。

社会等级和酋邦

对于考古学家来说，确认早期的国家是否存在是一件很容易的事。只要存在国家组织，一般就会有大型的纪念性建筑、中央仓库、水利灌溉系统和文字或者绘画记载。在中美洲，用考古证据来证明酋邦的存在也比较容易。古代墨西哥的酋邦遗留下来很多东西，比如石器、寺庙建筑和巨大的奥尔梅克雕刻头像（Olmec heads）。古代中美洲人还喜欢为贵族打制耐用的装饰品和珍贵的珠宝，有些在酋长及其家人死后作为陪葬品被一起埋在地下。相比之下，中东的早期酋长则对这些表面的装饰物显得不那么在乎，这使得从考古学上证明其存在变得更加困难（Flannery, 1999）。

根据一个社会的地位分化等级，人类学家弗雷德（Morton Fried, 1960）把人类社会分为3种类型：**平均主义**（egalitarian society）、等级制和社会分层制社会（见表11.1）。主张人人平等的社会没有地位分化，除了一些自然的区分变量，比如年龄、性别、个人能力、禀赋和成就，狩猎和采集社会是最典型的例子。成年男性、年长的妇女、天赋异常的音乐家和宗教仪式主持者会受到特别的尊敬，有些是凭取得的成就，有些则根据知识的渊博程度，当然，这也会根据部落的不同而有所差别。在这种平均主义社会里，地位差异不是世袭的。一个人想受到其他人的尊敬，要通过自己的努力，仅仅靠父母是做不到的。

相反，**等级制社会**（ranked society）的地位不平等是靠世袭实现的。但是，它们没有贵族和平民之间的社会分层（基于财富和权力，把整个社会区分出明显的社会层级——即阶层）。在等级制社会，划分身份和地位的依据是与酋长血缘关系的亲疏远近。与酋长的血缘关系越近，社会地位就越高，相反，社会地位则越低。但是，地位等级的划分没有连续性，许多个体和家族往往都处在同一个社会等级上，结果是，为了争夺各种地位和领导权，人与人之间不断地进行明争暗斗。

并不是所有的等级制社会都是酋邦。卡内罗（Robert Carneiro, 1991）把等级制社会分为两种类型，只有第二种才是酋邦。第一种以太平洋西北部地区的北美印第安人为典型，个体之间的地位差异是靠世袭和遗传因素确定的，但是，村民与村民之间是互相独立的，也不存在等级区分。第二种类型的典型例子是哥伦比亚的考卡人（Cauca）和美国东部的纳齐兹人。这些部族最终演变成酋邦，村落与村落之间，同一个村落内部的个体与个体之间地位都是不一样的。大村欺负小村，小村被迫交出自主权，接受大村的统治。根据弗兰内里的说法（Kent Flannery, 1999），只有拥有失去自主权的村落的等级制社会才能被称为酋邦。在酋邦里，不平等无处不在，个体与个体之间，村落与村落之间，都存在地位上的差异。

在美索不达米亚平原、中美洲和秘鲁，酋邦是**原生国家**（primary states，所谓原生国家，指

生物文化案例研究

太平洋地区的许多原始部落都发展出了首邦，更多的相关信息以及人类学的分支学科是如何合作，共同回答一个研究课题的，请参见本章末的"主题阅读"。

表11.1	平均主义社会，等级制社会和分层制社会			
地位分化的类型	地位的特征	典型的生计模式	典型的社会组织类型	例子
平均主义	地位区分不是世袭的。所有的地位获得都是基于年龄、性别、个人能力、禀赋和成就。	狩猎和采集	家族和部族	因纽特人，多布桑人（非洲土著），亚诺玛米人（Yanomami）
等级制	地位是靠世袭获得的，从最高层（酋长）到最底层，依照顺序划分。	小规模的粮食种植、游牧，加上部分狩猎和采集	酋邦和部分部族	太平洋北岸的北美土著人［比如赛利希族（Salish）和夸克特尔人（Kwakiutl）］，纳齐兹人（Natchez），哈拉夫和乌拜德时期的政体，奥尔梅克人
分层制	地位是靠世袭获得的，贵族和平民之间存在严格的阶级界线。	农牧业	国家	特奥蒂瓦坎人（Teotihuacan），乌鲁克时期的国家，印加人，中国的商朝，罗马帝国，美国和英国

的是那些独立发展出国家的社会，在和其他国家相遇之后发展出来的不算——参见 Wright，1994）的前身。原始国家的出现是各个酋邦相互竞争的产物，某个部落征服了其他部落，把战败方纳入自己的政治统治，于是国家就出现了（Flannery，1995）。

考古学证据表明，中美洲的酋邦最早可以追溯到 3 000 年前。中美洲的贵族喜欢炫耀，到处张扬自己的奢华和财富，这给今天的考古学留下了大量的证据，使得证明中美洲存在酋邦变得相对容易得多。贵族家庭会把婴儿的头挤变形，然后再埋在地里，随葬品很多，包括一些带有特殊意义的符号和其他贵重物品，比如翡翠和绿松石。葬礼也严格区分等级，有些坟墓随葬品很多，有些少一些，有的则干脆什么都没有（Flannery，1999）。

在古代的中东地区，早期国家出现的时间大约是在距今 6 000 ～ 5 500 年。早期的等级制社会，包括酋邦，出现时间要更早一些，大概再往前推 1 500 年左右。中东地区的考古学发现表明，7 300 年前，该地区就已经出现了酋邦，贵族用各种带有异域风情的物品来展示自己的地位；此外，部落与部落之间经常爆发战争，突然袭击和强盗式的抢劫时有发生，政治环境极度动荡。这些部落包括伊拉克北部的哈拉夫文化以及南部的乌拜德文化，随着时间的推移，两个部落都向北迁徙。

和中美洲类似，古代中东地区的酋邦也有大型的墓地，酋长家族的主要成员都埋葬在一起，墓地里堆放着大量的随葬品：各种器皿、雕塑品、项链、品质优良的陶器，等等。贵族家庭夭夭的孩子也享受类似的待遇。一个名叫 Tell es-Sawwan 的古代村落遗址出土了大量儿童坟墓，从随葬品（雕塑）可以清楚地看出墓主生前的地位：有六座的，有三座的，有一座的，还有的一座都没有。这种地位身份上的等级次序是等级制社会的典型特征（Flannery，1999）。

这些墓葬让弗兰内里（Flannery，1999）坚信，中东地区早在 7 000 年前就存在社会地位的世袭做法。但是，还有很多疑问没有得到解答：

大村的领袖是否会把自己的权威强加到附近小村的头上？有没有一些村庄被迫放弃自主权，接受大村领袖的统治，从而使得简单的等级制社会转变成酋邦呢？考古学家发现了一个令人激动的线索：当地有一条水渠，同时为好几个村庄提供灌溉水源，这可以证明存在某种政治组织，把周围几个村落都联合起来。这意味着，当因取水发生冲突时，村民可以有办法解决彼此之间存在的矛盾，比如请一个有威望的领袖出面协调。在美索不达米亚平原的北部地区，哈拉夫文化晚期就已经出现了类似的跨村庄联盟（Flannery，1999）。此外，还有一个证据可以证明有些村庄放弃了自主权：有些地方出现了附属的卫星村（two-tier），一个大村庄的周围散落着若干个小村庄，那些拥有公共建筑的大村庄周围小村庄数量更多。在哈拉夫文化时期，美索不达米亚平原的北部地区出现了类似的布局模式（Watson，1983）。

民族志对考古发现的解释和佐证

在发掘遗址的过程中，考古学家是怎么知道自己发现的是一个酋邦，或者形式更为简单的社会呢？坟墓里的随葬品和房屋的结构能够提供部分线索。此外，考古学家还可以借助民族志资料来了解过去的历史。

所以，为了根据考古证据推断古代中东地区是否存在酋邦，弗兰内里（Flannery，1999）把目光转向了更为晚近一些的民族志学者对该地的酋邦所做的研究。其中有一个研究案例，描述的是伊朗境内一个人口约 1.6 万人的游牧部落，名叫巴塞利（Basseri）（Barth，1964）。这个部落拥有一大片肥沃的草原，酋长的一部分家族还拥有几个以农耕为生的村落，甚至还在城市里购置房产。领导巴塞利的是一个酋长，在"混战时期"（periods of confusion），他打败自己的兄弟、堂兄弟、叔伯和侄子，坐上了酋长的宝座（Barth,1964）。全世界的酋邦普遍存在这种近亲之间的政治斗争。

弗兰内里（Flannery，1999）把巴塞利作为一个民族志的参照体系，认为古代中东地区的酋邦也存在类似的特点。这个由几千人组成的古代政治联盟很可能实行世袭制的贵族统治，但没有设立首都。此外，也没有宫殿和寺庙，疆土的边界十分模糊。人们都住在帐篷里，这几乎不可能给考古学家留下任何证据。但是，通过与巴塞利的比较，我们就可以扩大视野，在城市里寻找是否存在一些酋长建造的房产。

根据巴斯（Barth，1964）的研究，巴塞利酋长的房子很大，主要用来招待来访的客人。酋长会给手下的得力干将许多赏赐，当然，这不是白给的，手下必须回报他。酋长家族的男性近亲几乎可以享受与他同等的特权。通过类比，弗兰内里（Flannery，1999）认为，除了寻找某间造型独特的房子，考古学家还应该把注意力放在酋长家族其他成员居住的房子里，这样才能进一步证明古代中东地区存在酋邦的可能性。这些房子应该足够宽敞，可以用来招待许多登门造访的宾客（也许，应该有一个面积很大的客厅）。另外，厨房和仓库也应该很大，招待这么多的客人需要很多食物，酒足饭饱之后，还要给每位客人一些小礼物，这些都必须事先准备好，存放在仓库里备用。事实证明，符合这些条件的史前房屋确实存在，考古学家已经发现了相关的证据（Jasim，1985）。

根据卡内罗的研究（Robert Carneiro，1991），烧杀抢劫是酋邦的一个典型特征。墨西哥和秘鲁的早期酋邦遗留下来大量的艺术作品，其中许多题材表现的就是这种野蛮的杀戮行径：敌人的尸体、被大卸八块的战俘、砍下来作为战利品的头颅（Marcus，1992）。中东地区的酋邦文化没有类似的艺术作品。但是，他们居住的地方确实存在高耸的城墙，墙外是护城河，墙头耸立着更高的瞭望塔，这和中美洲十分相像。抵御外族入侵的一个办法是政治结盟。

即使构筑了大量的防御工事，也通过与其他部落结盟来增强自己的实力，但史前时代的酋邦还是经常遭到突袭，被洗劫一空。有考古学证据表明，在哈拉夫文化和乌拜德时期，一些属于部落领袖的大型房屋曾经遭到抢劫，之后被焚毁。乌拜德时代晚期的高拉丘（Tepe Gawra）就是一个例证（Tobler，1950）。这个防御坚固的城镇坐落在一个高出地面的土冈上，里面耸立着一个很高的瞭望塔。城里最大的一间房子里有一个院子，符合弗兰内里（Flannery，1999）描述的宽敞的客厅的条件，这应该是一个酋长的家，这个客厅就是用来招待手下和远方来客的。此外，房子里还有一间很大的厨房。

在同一条街道上还发现了另外一间规模稍小一点的房子，这符合之前的推断：考古学家应该在酋长住处的附近寻找其他贵族居住的房子。这个小城曾经受到外族入侵，部分建筑被烧毁。在废墟里，考古学家至少发现了四个受害者，一个还是婴儿，其他三个也都是十几岁的小孩。毁坏程度最严重的是那间带有院子的房子，这证实，一般来说，外族入侵的主要抢劫对象是酋长家族。

根据这些线索——同时包括考古学和民族志的证据——我们可以推断，在距今 7 300 ～ 5 800 年前，中东地区存在酋邦，而且部落之间经常爆发战争，用突袭的方式消灭敌人是常用的策略。

高级酋邦

在叙利亚北部靠近伊朗边界的地区，考古学家发现了一个古代定居点，它曾经是一条重要长途贸易路线上的一个驿站。这个名叫特尔·哈姆卡尔（Tell Hamoukar）的大型遗址的历史可以追溯到 5 500 年前（Wilford，2000）。遗址出土的证据表明，除了美索不达米亚南部著名的城邦—国家（伊拉克南部），中东地区的北部也独立地发展出了高级酋邦制度（Wilford，2000）。

在特尔·哈姆卡尔，迄今为止发掘出来的最古老的土层里含有一些人类村落的残迹，最早可以追溯到 6 000 年以前。到了 5 700 年前，这个地方就已经是人头攒动，热闹非凡，面积大约是 32 英亩，四周筑有防御用的城墙，高 10 英尺（3 米），宽 13 英尺（3.9 米）。遗址出土了大量精美的陶器，还有大型的炉灶，这表明，这里曾经进行过大规模的宴请。此外，还出土了大量炊事活动的碎片，有蒸煮罐、动物的骨头、小麦、大麦，以及用来烘烤面食和酿造美酒的燕麦。考古学家吉布森（McGuire Gibson）参与了这个遗址的发掘，他认为，如此大规模的食物准备证明，这是一个等级制社会，贵族精英掌控着人力和各种资源（Wilford，2000）。最有可能的情况是，人们正在酋长的家里招待客人（前文已有相关论述）。

支持该部落存在等级制度的证据还有很多，比如用来装食物的容器和其他物品上盖有各类印章。有些印章很小，图案也很简单，或者仅仅只是两道交叉的划痕。也有一些印记很大，图案很精美，这些珍贵的容器很可能就是给高层领袖用的。吉布森怀疑，刻有隐喻性图案的大一点的印章很可能就代表了那些拥有更高权威地位的贵族。小一点的、图案简单的印记则是地位较低的人用的（Wilford，2000）。

国家的兴起

那个时候（5 700 年前），在美索不达米亚平原的南部地区，人口迅速增加，水利灌溉系统提高了粮食产量，导致社会结构进一步发生了剧烈的变迁，这是北部地区所没有的。有了水利灌溉系统，乌拜德部落开始沿着幼发拉底河逐渐向外扩张。贸易和旅行的范围也在逐渐扩大，在当时，水路运输是最便捷的交通方式。诸如硬木和石头等当地缺乏的原材料通过水路运到了南部低洼平原。新的定居点不断被开辟出来，人口密度持续增加。后来，社会和经济沟通网络把河流上下游（南北部）的各个部落紧密联系在一起。人类继续向北开辟定居点，开始扩展到今天的叙利亚。社会分化也随之加剧。神职人员、政治领袖、制陶工匠和其他专家不断涌现。大量的农民和牧民养活了这些非粮食生产者（Gilmore-Lehne，2000）。

经济开始由中央政府来调控。村庄发展成了城市，其中一些由当地的贵族领导。在欧拜德文明之后是乌鲁克时期（距今 6 000～5 200 年），它的名称就来自位于特尔·哈姆卡尔以南 400 英里的一个著名的城邦—国家（见表 11.2）。乌鲁克时期确立了美索不达米亚平原"文明的摇篮"的地位（参见 Pollock，1999）。

长期以来，乌鲁克文明与特尔·哈姆卡尔几乎毫不相干，直到 5 200 年前，乌鲁克发展

🔘 随书学习视频

早期的国家

第11段

这段视频简单介绍了美索不达米亚和埃及的情况，另外还有一个加拿大教授的评论。这个短片在美索不达米亚平原的"城邦—国家"和埃及的"帝国"之间做了明确的区分，指出两者最大的区别在于政治组织的规模，埃及国王控制的领土面积要远远大于美索不达米亚平原的统治者。影响埃及帝国领土扩张的关键因素是什么？除了法老，古代的埃及还有执政官（vizier），其职责是代表法老管理全国的官员，监督国库的使用。根据短片的介绍和本章的内容，在美索不达米亚平原，城邦—国家的统治者和寺庙祭司扮演着什么样的角色？另外，根据短片、教科书和本章开头的新闻简讯，在这两个地区，宗教体系和政治控制之间的关系各自是什么样子？

出制陶技术。在向北扩张的过程中，美索不达米亚平原南部地区的部落发展出了高级酋邦制度，但这还不是严格意义上的国家。文字起源于美索不达米亚平原南部的苏美尔文明，一个不争的事实说明，当地发展出了一个更加发达、由国家控制的社会组织形式。据一些学者推测，很可能就是管理中央经济的需要促使了文字的产生。

文字最早是用来记录账目的，这反映了贸易昌盛，交易频繁。国家的统治者、贵族、神职人员和商人是文字的最早受益者。本章开头引用的新闻简讯已经指出，文字传到埃及大约是在 5 200 年前，很可能就是从美索不达米亚平原传过去的。早期的文字都是象形文字，比如，画上一匹马就代表实际的马。

早期的书记官用铁棍在砖头上镌刻各种符号。这种方式使得砖面上的文字符号呈现 V 形凹槽（wedge-shaped），所以称之为楔形文字（cuneiform，这个词来自拉丁语，意思是楔形物体）。美索不达米亚平原南部的苏美尔文明和北部的阿卡德文明（Akkadian）使用的都是楔形文

字（Gowlett, 1993）。

文字和寺庙在美索不达米亚平原的经济体系中发挥着非常重要的作用。在文字发明以后，5 600 年前的历史就有关于寺庙从事经济活动的记载。没有文字，国家也能照样发展。但是，文字可以促进信息的储存和传播。现在我们知道，美索不达米亚平原的神职人员也从事各种经济活动，他们饲养牧群、耕种土地、制造各种商品，把劳动产品拿到市场上与他人交换。寺庙的管理者控制着草料和牧场的分配，他们饲养牛和驴，用来耕地和运输货物。随着经济规模的扩大，贸易、手工业制造和谷物的存储都改为统一管理。寺庙还生产各种肉类、奶制品、农作物、鱼类、布匹、工具和其他可以用来买卖的物品。陶匠、打铁匠、纺织工、雕刻家和其他手艺人都喜欢买寺庙生产的东西。

在**冶金术**（metallurgy，指的是对各种金属性质的知识，包括提炼、加工和打造各种金属器具）发明之前，人们用捶打的方法把生铜打造成各种工具。如果捶打的时间过于长久，铜就变得又硬又脆，很容易断裂。但是，如果用火一加热（煅烧），就会立即变得又软又韧。这种锻造铜器的方法就是早期的冶金术。冶金术发展的一个关键阶段是**熔炼**（smelting）的发现。所谓熔炼，就是把矿石用高温加热，从中提炼出所需的金属。与天然铜相比，矿石的分布更为广泛。在早先时

候，由于稀缺和少见，含金属的矿石是一种奢侈的贵重商品，是人们争相购买的对象（Gowlett, 1993）。

熔炼金属矿石的技术是在什么时间被发现的，具体过程怎样，这些我们现在都无从知道。直到距今 5 000 年前，冶金术得到了飞速发展。当人类开始把砷或者锡和纯铜合在一起（两种合金都叫做铜），制成各种工具，铜器时代就到来了。之后，这种合金的加工技术变得越来越普遍，金属的使用方法也得到极广的应用。和纯铜相比，合金铜的熔点更低，因此更易于铸造。早期的磨具都是用石头做成的，石块被镂刻成各种形状，然后把熔化的铜水倒进去，等冷却之后就成了人类想要的样子。考古学家在美索不达米亚平原北部地区发现了一把用这种方法铸造的铜斧，时间可以追溯到 5 000 年前。之后，其他金属也被广泛使用。到了距今 4 500 年前，黄金制品开始出现，考古学家在乌尔的一处皇家陵墓里发现了这类东西。

铁矿石的分布比铜矿要广得多。铁矿石只需简单熔化，就可以直接用于铸造，无须添加其他化合物（比如锡和砷）来制造合金（比如铜）。一旦人类掌握了用高温熔化铁矿的技术，铁器时代就开始了。在旧大陆，3 200 年前以后，铁器的使用迅速扩散开来。一开始，铁和黄金一样珍贵，后来随着产量的提高，价格也跌得很快

浏览网络探索，以获得关于印度河流域早期文字的材料。
mhhe.com/kottak

表11.2	中东地区国家形成的历史阶段	
时间（距今年代）	时期	年代
3 000～2 539 年	新巴比伦王朝	铁器时代
3 600～3 000 年	卡西特王朝	
4 000～3 600 年	旧巴比伦王朝	铜器时代
4 150～4 000 年	乌尔第三王朝	
4 350～4 150 年	阿卡德王朝	
4 600～4 350 年	第三王朝早期	
4 750～4 600 年	第二王朝早期	
5 000～4 750 年	第一王朝早期	
5 200～5 000 年	杰姆代特奈斯尔文明	
6 000～5 200 年	乌鲁克文明	铜石并用时代
7 500～6 000 年	乌拜德文明（美索不达米亚平原南部）哈拉夫文明（美索不达米亚平原北部）	
10 000～7 000 年		新石器时代

（Gowlett, 1993）。

在美索不达米亚平原，基于手工业生产、贸易和密集型农业生产的经济体系刺激了人口增长，也加速城市化的进程。苏美尔文明的城市城墙高耸，以防外敌入侵，四周则是大片的农田。在距今 4 800 年前，乌鲁克是美索不达米亚平原上最大的城市，人口大约有 5 万。人口的持续增长导致水源越来越紧张，于是各个部落和国家之间开始为了争夺水源而不断发生战争。人们纷纷躲进戒备森严的城市寻求保护（Adams, 1981），每当有邻居或者外敌入侵，整个城市就进入紧急状态，奋力抵御外来的威胁。

到了 4 600 年前，世俗的权力机构取代寺庙接手国家的统治。军事指挥处慢慢地变成了君主政体。这种变化体现在建筑上，就是宏伟的宫殿和奢华的皇家陵寝开始出现。皇族开始招募士兵，并提供盔甲、战车和其他金属制造的武器。在乌尔城，考古学家发现了一个距今 4 600 年的皇家陵墓，出土的文物向我们展示了独裁者的奢靡：除了全副武装的士兵，陪葬的还有驾驭战车的武官，以及女侍从。这些随从都是在国葬的时候被杀死，让他们陪伴君王去极乐世界。

农业生产变得越来越精细，各种新式工具的出现提高了劳动生产率，粮食产量得到进一步的提高，这使得固定面积的土地可以养活的人口也得到了提升。人口压力导致社会出现各种形式的分层。土地开始成为一种稀缺的私有财产，买卖土地现象开始出现。一部分人积累起来大量的地产和财富，从而脱离平民，进入更高的社会阶层。他们搬到城里定居，开始成为社会的精英，而小佃农和奴隶则继续留在农村辛苦劳作。到了 4 600 年前，美索不达米亚平原形成了界限分明的社会结构，社会分层十分复杂，分为贵族、平民和奴隶。

其他早期国家

在印度和巴基斯坦的西北部地区，印度河流域孕育出了早期的国家，名叫印度河谷国（又叫哈拉帕国，Harappan），国内有两个主要的大城市，分别是哈拉帕和摩亨约 - 达罗（Mohenjo-daro）。（孕育出早期国家的世界四大流域是：美索不达米亚平原的底格里斯河和幼发拉底河，埃及的尼罗河，印度和巴基斯坦的印度河，以及中国华北地区的黄河。）哈拉帕国大约形成于 4 600 年前，来自美索不达米亚平原的贸易商队和文字到达印度河，或许在某种程度上加速了该地区国家的形成。哈拉帕国的遗址位于今天巴基斯坦的旁遮普省（Punjab Province），它被认为是整个印度河文明的一个组成部分。在鼎盛时期，印度河谷国下辖 1 000 多个城市、城镇和村落，国土绵延 72.5 万平方公里。这个国家的繁荣时期介于距今 4 600 ～ 3 900 年。它具备典型国家的各种特征：完善的城市规划、复杂的社会分层体系，以及简单的文字记载（至今仍未破解）。哈拉帕人有统一的度量衡，每个城市都经过了精心的设计和规划，居民区都配备有污水处理系统。他们还发展出了精致的手工业，其中有一件艺术品，是一辆陶制的小车，体现了相当高的工艺水平（Meadow and Kenoyer, 2000）。

因为战争的原因，印度河谷国大约在 3 900 年前就消失了。原本人口密集的城市渐渐衰落。考古学家在摩亨约 - 达罗城的一些街道下面发现了大规模屠杀留下的遗骸。哈拉帕城没有被遗弃，一小部分人口继续居住在这座曾经红极一时的大都市里（Meadow and Kenoyer, 2000）。（更多关于哈拉帕考古研究项目的信息，请访问 http://www.harappa.com。）

中国最早形成于 3 700 多年前的商朝。它位于中国华北平原的黄河流域，那里的主食是小麦，而不是水稻。这个国家的特征也很典型：繁荣的都市生活、美轮美奂的宫殿建筑（民用房屋也很壮观）、把活人作为随葬品、社会阶层分化十分明显。贵族的墓地都配有大量装饰用的石器，包括翡翠珠宝等贵重物品。商朝人掌握了冶炼铜的技术，并发展出了一套复杂完善的文字。一旦发生战争，他们会使用战车，并把战俘带回驻地作为奴隶（Gowlett, 1993）。

与美索不达米亚平原和中国的黄河流域一样，早期国家中的大多数都对冶金技术产生了严重的依赖。在泰国北部地区的农诺塔，6 000 年前就出现了加工金属的技术。在秘鲁境内的安第斯山地区，锻造金属的技术出现得稍微晚了一些，大约是在距今 4 000 年前。安第斯山的古代居民大都擅长加工铜器和黄金制品。他们的制陶技术也很先进。他们的艺术、手工业和农业生产技术与发展到顶峰时期的美索不达米亚平原不相上下，我们将在介绍完非洲国家的情况之后再来讨论这个问题。注意，中美洲和安第斯山地区的国家发展都被西班牙殖民者的到来所打断。公元1519 年，墨西哥的阿兹特克王朝被消灭，秘鲁的印加王朝则在公元 1532 年灭亡。

非洲国家

作为古代文明的一个主要发祥地，位于非洲北部的埃及是世界上最早发展出国家的地区之一（Morkot, 2005）。埃及文明的影响随着尼罗河向南扩散，波及了今天的苏丹。在非洲，撒哈拉沙漠以南地区也见证了一系列国家的出现（Hooker, 1996），限于篇幅，我们这里只能介绍其中的一小部分。

与上面介绍过的地区一样，在非洲，冶金技术（尤其是铁器和黄金制品）对早期国家的形成具有举足轻重的作用（Connah, 2004）。大约 2 000 年以前，熔化铁矿石的方法迅速传遍了整个非洲大陆。许多讲班图语（Bantu，非洲使用人数最多的一种语言）的部落到处迁徙，在很大程度上对熔铁技术的传播起到了很好的促进作用。班图语部落的迁徙，开始于 2 100 年前，他们从非洲中北部地区出发，足迹遍及整个大陆，一直持续了 1 000 多年。他们向南走到了刚果河流域的热带雨林，向东进入非洲高原。除了传播语言和锻造铁器的技术，他们还给各地带去了农业生产技术，尤其是一些高产作物（比如土豆、香蕉和车前草）的种植技术。

班图语部落大迁徙所取得的最辉煌的成就，就是温能木塔帕（Mwenemutapa）帝国。温能木塔帕帝国的祖先是向东迁徙的一个班图语部落，他们把制铁技术和农业生产方法带到了津巴布韦，这是一个位于赞比西河南部地区的国家，坐落于今天津巴布韦国境内。这个地区盛产黄金，温能木塔帕人大量采挖金矿，把挖出来的金子和从印度洋上岸的 Sofala 人交换自己所需的物品，这样的活动开始于公元 1000 年。在商业和贸易的基础上，温能木塔帕人建立了一个强大的国家。第一个统一的中央政府叫作津巴布韦王（Great Zimbabwe，津巴布韦的意思是"石窟"，因为该国的首都四周都是巨大的石块垒成的城墙），出现时间大约是公元 1300 年。到了公元 1500 年，无论是军事实力还是经济控制力，津巴布韦王都名副其实地统治着整个赞比西河流域，首都也成了整个温能木塔帕帝国的中心。

同样是在贸易的促进和刺激下，非洲的另一个地区，也就是西非的荒漠草原，或者叫撒哈拉沙漠以南地区也发展出了早期的国家。距今2 600 年前，西非的荒漠草原就出现了以农业生产为基础的城镇。其中一个名叫 Kumbi Saleh 城镇后来发展成了古加纳王国的首都。西非地区盛产各种资源，黄金、贵金属、铁矿和其他各种资源储量都很丰富，在公元 750 年以后，当地人带着驼队穿过撒哈拉沙漠，把这些资源运往北非、埃及和中东地区进行交易。西非荒漠草原上的城市是跨撒哈拉沙漠贸易（交易的商品种类繁多，比如用黄金交换盐巴）的起点和终点。这里出现了好几个国家：加纳、马里、桑海（Songhay）、卡内姆－博尔努（Kanem-Bornu），这些国家被统称为萨赫勒王国（Sahelian Kingdoms），其中，加纳的历史最为悠久。到了距今 1 000 年前，加纳的经济异常繁荣，跨撒哈拉沙漠贸易给这个国家带来了巨大的财富，以此为基础，加纳开始不断扩张，征服了当地所有酋邦，逼迫他们进贡，这样，逐渐建立了一个强大的帝国。

在萨赫勒以南，植被茂盛的地区也发展出了国家。公元 1000—1500 年，当地的农业村落开始逐渐联合起来，最终发展成为中央集权的国家。其中领土面积最大、存在时间最长的，是贝宁（Benin）王国，在现在的尼日利亚南部。贝宁王国在 15 世纪发展到鼎盛时期，以艺术创造力闻名于世，表现于各种赤土陶器、铁制品和黄铜雕塑上。贝宁的艺术是非洲艺术传统中影响最为深远的分支之一。

古中美洲国家的形成

在上一章，我们一起探讨了中东地区和中美洲分别独立发展出来的农业生产技术。在国家形成过程这个问题上，这两个地区也具有很多类似之处，都是始于等级制社会和酋邦，最终发展出成熟的国家和帝国。

西半球最早的仪式性建筑（寺庙）的建造者，是中美洲（从墨西哥到危地马拉）的酋邦。这些部落相互之间都有贸易往来，交换的物品种类繁多，有黑曜石、贝壳、玉石以及陶器。

更多关于非洲国家形成的信息，见在线学习中心的在线练习。

mhhe.com/kottak

早期酋邦和精英

距今 3 200 ～ 2 500 年，奥尔梅克人（Olmec）在墨西哥湾南部地区建造了一系列仪式性建筑。我们现在已经确定了其中两个地点（一共三个）的位置，每个祭祀中心都属于不同的时代。在这两个地方，泥石堆成的土墩围成一个大广场，主要用于举行宗教仪式。这种建筑表明，奥尔梅克人的酋长可以指挥大量的劳动力来修建这种大型的土墩。他们还擅长雕刻，给我们留下了大量石像，也许，这些石像的原型，就是他们的酋长或者祖先。

考古研究还发现了其他一些证据，表明奥尔梅克人与中美洲其他地区的部落，比如墨西哥南部高原上的瓦哈卡人，保持着密切的贸易往来。到了距今 3 000 年前，在瓦哈卡部落，一个统治精英阶层出现了。那个时候，瓦哈卡人和奥尔梅克人交换的，都是些供贵族使用的物品。瓦哈卡贵族身上普遍佩戴着海边地区传过来的贝壳类饰物。作为交换，奥尔梅克人得到的是瓦哈卡部落手艺人做的镜子和玉器。自从建立了酋邦之后，瓦哈卡人就大兴水利工程，建造了大量的水渠和水井；其他手工业也得到了极大的发展，磁铁磨成的镜子出口各地，而且他们在很早的时候就会烧制砖头，用石灰粉刷墙壁，泥瓦匠队伍庞大，建筑技术十分发达。在这个地区，奥尔梅克人建立了酋邦，他们在河边筑堤防洪，然后开辟农田，还建造了大量巨型土墩和石像。

奥尔梅克人以善于雕刻巨型石头人像著称，但是，墨西哥境内的其他部落也培育出了大量技艺高超的艺术家和建筑工匠，他们用泥砖和石灰造出了大量石头建筑，都朝向东偏北八度。

在距今 3 200 ～ 3 000 年的这段时间里，墨西哥地区经历了剧烈的社会变迁。几乎所有部落之间都开始进行贸易往来。一些中心大城市相互竞争，聚集了大量人口和劳动力，农业生产越来越精细化，城市与城市之间贸易往来频繁，除了交换商品，还互相借鉴各种思想，包括艺术创作的题材和风格。考古学家现在认为，导致如此剧烈的社会变迁的，是越来越激烈的竞争，而不是一个部落战胜其他部落，掌握了至高无上的权力。在距今 3 000 年前，墨西哥的景象应该是这样的：25 个或更多的部落中心（1）在地理位置上相距很远，彼此独立自治，根据当地的自然环境各自发展生产；（2）互相之间有着频繁而充分的交流，且彼此竞争，一旦有地方出现了新的创意和技术，其他地方就纷纷仿效（Flannery and Marcus, 2000）。

曾经有人认为，单个部落也可以发展成一个国家。现在，考古学家告诉我们，国家是部落相互吞并的产物，一个强大的部落不断征服其他弱小部落，随着领土面积越来越大、臣民和资源越来越多，该部落不断调整自己的组织结构，从而慢慢发展成国家的形态。战争和人口流动（不断有新的臣民归顺）是国家形成的两个关键因素。

许多酋邦都拥有稠密的人口、发达的农业和等级分明的居住结构：小农庄、村落甚至是城镇。这些要素加在一起，为更加复杂的社会组织结构提供了基础。政治领袖开始出现，军事战绩（屠杀、抢劫其他部落）不断巩固他们的地位。这样的人物往往能吸引众多追随者，他们对自己的领袖忠心耿耿、死心塌地。战争给领袖提供了扩大领土、增加臣民的机会。一个接一个的胜仗使得国家的人口更加密集，领土面积越来越大。与酋邦不一样的是，国家可以扩张领土，充实劳动力，并且保护自己的领土和臣民。国家拥有军队，可以发动战争，建立政治机构，颁布法律制度，这些都是一种威慑，必要时还可以随时调用。

从墨西哥河谷到危地马拉，酋邦遍地开花，盛极一时，奥尔梅克人和瓦哈卡人只是其中两个

阿肯那顿神庙（Akhenaten Temple）考古

背景信息：

学生：
Jerusha Achterberg

指导教授：
Donald Redford

学校：
宾夕法尼亚州立大学

年级/专业：
大四/人类学

辅修专业：
数学/教育学/社会政策

计划：
考取研究生

项目名称：
阿肯那顿神庙考古

这份学生作业有什么特点？它是独立完成的吗？

我第一次到现场参与考古研究是在 2000 年，作为负责现场监管的工作人员，我参与了埃及门德斯古城（Mendes, Teler-Rub'a）遗址的第十轮发掘工作，这次发掘的目的是探索中埃及王国（Middle Kingdom）的历史。作为一个新成员，发掘过程中使用的许多技术对我来说都是完全陌生的。但是，这还不是最困难的地方，我最不能适应的是当地的工作条件。7 月的埃及异常炎热，我的身体从没有遇到过这样的气候，在完全没有任何准备的情况下，我必须和一群本地人一起工作，而我跟他们之间根本就无法沟通，因为我不会讲当地

的语言。我被派到一个挖掘现场，和我一起被分到这个地方工作的还有一群埃及工人，其中一个叫作 Kufdi，他是组长，整个小组里有两个男的挖掘工和四个用箩筐搬运泥土的女工。我不用参与挖掘，我的职责是监管整个小组的工作，把发掘过程中出现的所有情况，用文字、测量和绘图等方式记录下来。我的职责还包括根据现场的具体情况做出决策，控制挖掘工作的进度。

在去埃及之前，我没有任何考古研究的经验，但是，我对这次挖掘过程中使用的各种技术学习得非常快，这让我自己也感到很惊讶。我随时记录发掘过程中出现的每一个细节，包括土壤的类型。对于那些没有到过埃及的人来说，很难想象这个地方埋藏着这么多的陶器残片。出土之后，每一块碎片都必须编号，并且分门别类地摆放整齐。我们从早上 6 点钟一直挖到下午 1 点钟，之后就停下来整理挖出来的东西；整个下午，我们都在整理和清洗陶片。有时候，我可以参与到一些更加专业的工作中去，比如根据某个陶器的位置寻找其他碎片，或者把一大堆碎片进行分类整理。

其中有一项难度很大、技术要求很高的工作，就是把挖掘出来的碎片拼接起来，恢复原状。这是一个非常重要的工作，尽管对于大多

数人的耐心是一个极大的考验。虽然都是一些简单的重复劳动，但相比于每天上午的现场挖掘，我倒觉得这是一件让人很放松的工作。此外，由于之前学过数学，所以我很善于记录挖掘现场的岩层结构，还用速写刻画整个建筑以及出土文物的空间形状。通常情况下，我是和另外一个同事一起完成这些记录工作的。我的同事下到挖掘坑的底下，测量各个尺寸，然后向我报告数据，根据他的测量和报告的数据，我就在纸上绘图，有时候我们俩会互换角色，我下到底下，他来作图。随着后期发掘工作的进展，我们收集到的信息越来越多，文物的材质、方位和其他特征等等，都充实到了我们一开始画的草图里。在去埃及之前，我一直在想象自己触摸尸体残骸的情景。在教室里想这些问题一点都不可怕，但我担心到了现场以后情况就会大不一样。在花好几个小时清理一个骷髅之后，我想起自己之前的担心，觉得很好笑。当时，我完全沉浸在工作中，享受慢慢剥离周围的泥土，让整个头盖骨露出来的感觉，以至于根本没有想起这件事。实际上，当时我脑袋里充满着敬意：与其让它埋在泥土中继续腐化，还不如现在把它挖出来，好好加以保存。这种反应，或者说什么感觉都没有，让我自己也觉得很惊讶，但是我觉得这样很好。总体来说，在埃及的工作，以及我对门德斯古城考古项目的贡献，都让我感到非常自豪。

伪考古学（Pseudo-Archaeology）

史前历史的研究激发了大量流行文化的创作活动，电影、电视节目和各种考古题材的书籍到处充斥。在这些虚构的作品里，人类学家（以及当地的土著人）通常都是与自己的同类格格不入的怪人。与琼斯（Indiana Jones）不一样的是，（不管是默默无闻的，还是享誉世界的）考古学家的生活没有那么刺激，他们不用时刻与邪恶势力做斗争，不会面对纳粹的追击，不用挥舞长鞭，或者去抢救文物。他们不用去突袭失落的诺亚方舟，或者为了一个古老的神圣使命而不断冒险，相反，他们的工作有点枯燥，主要是通过分析一些物质遗骸，来重现古人的生活，从而理解人类的文化和行为方式。

流行文化中一些非虚构的作品对史前文明的描述也是不可靠的。通过各种书籍和大众媒体，我们接触到了许多大众作家的思想，比如赫耶达（Thor Heyerdahl）和冯丹尼肯（Erich von Daniken）。赫耶达是一位传播论者，坚信一个地区的进步和发展肯定要建立在借鉴世界上其他地区文明成果的基础之上。冯丹尼肯更是把传播论演绎到了极致，他认为，人类文明所取得的每一个重大成就，都是借鉴外星人文明成果的结果，历史上，这些外星人曾经多次造访地球。在人类文明的创造性这个问题上，赫耶达和冯丹尼肯（以及一些科幻作家）似乎都认同这样一个观点，

即古代人类文明的每一次重大进展，都是外星人入侵或者干预的结果，不是该地区的地球人自己努力取得的成就。

例如，在《拉族人的远征》（*The Ra Expeditions*，Heyerdahl，1971）一书中，赫耶达把自己描绘成一个周游世界的探险者，他乘坐草纸做的航船从地中海出发，穿越大西洋，到达加勒比海，这次旅行让他得出了这样一个结论：古代埃及人很可能已经发现了新大陆（用于航行的船是比照古代埃及人的航船建造的，不同的是，赫耶达和他的船员在船上装备了无线电通信设备和罐头食品）。赫耶达宣称，如果古代人确实跨越大西洋，到达了新大陆，那么美洲的文明就一定受到了旧大陆的影响。

那么，赫耶达的观点是否有科学依据呢？即使古代人确实想办法到达了新大陆，那么他们也无法把美洲的土著组织起来，建立国家，因为当时的新大陆还不具备农业生产和建立国家的条件。5 000年前，当古代埃及人已经建立起强大的国家，派出探险队探索未知世界的时候，墨西哥人还处于原始的狩猎和采集时期。中美洲从狩猎和采集社会过渡到农业生产是一个渐进的过程，大量考古发现证明了这一点，比如瓦哈卡部落和墨西哥河谷遗址。如果外来的因素确实起到了重大的促进作用，那么这些因素就应该会在这些考古遗迹上体现出来。

大约在2 000年前，与美索不达米亚平原和埃及的国家类似的政治组织开始在墨西哥高原出现，随后又衰亡。这个时间距离埃及文明的鼎盛时期已经过去了1 000多年，大约是在距今3 600～3 400年。如果中美洲文明的兴衰受到了埃及或者旧大陆其他国家的影响，那么这种影响就应该出现在埃及帝国的繁荣时代，而不是1 500年之后。

大量的考古学证据表明，中东地区、中美洲和秘鲁都经过漫长的历史过程，逐渐发展出了人工生产粮食的技术，并且孕育出了早期的国家。这些证据有力地反驳了传播论，在人类文明，包括农业和国家是如何产生的这个问题上，给出了一个不同的解释。也就是说，与传播论相反，考古学和人类学的研究认为，古代美洲所经历的社会变迁、技术进步和文明的倒退，都是当地原住民自己的活动和思想带来的结果。

迄今为止，还没有发现可以证明旧大陆在欧洲大探索时代（开始于15世纪晚期）之前就到达新大陆的证据。皮扎罗（Francisco Pizarro）在1532年征服了秘鲁的印加王国，11年之前，也就是1521年，中美洲的另一个国家，阿兹特克国的首都特诺奇蒂特兰（Tenochtitlan）在西班牙人入侵时被攻陷（对于欧洲和美洲原住民的这段接触，我们有大量的考古证据和历史记载）。

冯丹尼肯在其题为《诸神的战车》（*The Chariots of the Gods,* 1971）一书中指出，地球人的文明进步是在外星人的帮助下取得的，探索发

现频道的有些节目也会表达类似的观点，但是，考古学证据又一次对这种论调发出质疑。中东地区、中美洲和秘鲁出土了大量的考古证据，经过学界的认真分析，得出了一系列明确的结论。驯化和饲养动植物、国家以及城市生活都不是什么很了不起的发明，人类根本不需要借助外太空文明的帮助，就可以自己发展出来。这些都是一个漫长、渐进的过程，是很普通的因素一点点积累起来导致的结果。在经历了几千年的有序发展之后，人类文明才演变成今天这个样子，不是像科幻电影里描绘的那样，一个来自金牛座的外星人，慷慨地把文明的密码交给一个印加部落的酋长，于是，人类文明在短时间内得到了飞速发展。

顺便说一下，这并不是要否认如下观点，即除了地球之外，宇宙里还存在其他智慧生命，其文明程度和技术水平或许高于或许低于人类，甚至，一个偶然的机会，外星人发现了地球这个银河系里相对孤立的星球，并且可能真的造访过我们。但是，就算外星人确实来过地球，考古学发掘得到的证据也表示，外星人的指挥官也会发出不要干涉落后文明发展的命令。迄今为止，没有可靠的科学证据可以证明，人类文明曾经经历了一个快速发展的阶段，如果外星人确实干涉过地球的发展，那么，我们应该可以看到这样一个文明爆发时期。但是，很遗憾，我们没有发现相关的证据。如果存在这样的证据，那么这些证据会是什么呢？

较为引人注目的典型部落。瓦哈卡后来发展成了国家，时间上与墨西哥河谷地区的**特奥蒂瓦坎国**（Teotihuacan）并列。随着时间的推移，瓦哈卡国和墨西哥高原上的其他地区开始超过奥尔梅克部落和中美洲的整个低洼平原。到距今 2 500 年前，瓦哈卡地区的萨巴特克国（Zapotec）发展出了一种独特的艺术风格，在其首都蒙特·阿尔班（Monte Alban）得到了最完整的表现。萨巴特克国存在了大约 2 000 年，直到西班牙人入侵，攻陷了整个墨西哥（参见 Blanton, 1999; Marcus and Flannery, 1996）。

在整个部落走向衰落的过程中，奥尔梅克人的贵族阶层四处流散，迁徙到了整个中美洲。到了公元 1 年，墨西哥河谷，也就是今天墨西哥城所在的位置，开始强盛起来，在整个中美洲早期国家的形成过程中鹤立鸡群。在这个疆域辽阔的河谷地区，特奥蒂瓦坎古国建立并逐渐兴旺发达起来，时间大约是在距今 1 900 ～ 1 300 年前。

墨西哥河谷地区的早期国家

墨西哥河谷是一个四周被群山围绕的大盆地。那里到处覆盖着肥沃的火山土，但降水不规律。从气候条件上看，河谷的北部地区，也就是墨西哥城和特奥蒂瓦坎古国出现的地方，比南部地区要更干旱。茂密的森林限制了农业的发展，直到生长期较短的玉米被培育出来之后，农业才得到大规模的发展。到了距今 2 500 年前，绝大部分人口都住在气候更加温暖湿润的南部地区，在这里，充沛的降雨使得农业生产成为可能。在距今 2 500 年前后，新的玉米品种和小规模的灌溉系统开始出现。人口开始增加，并且逐渐向北迁移。

到公元 1 年，特奥蒂瓦坎已经成为一个拥有 1 万人口的城镇。它管辖着大约几千平方公里的土地，总人口超过 5 万人（Parson, 1974）。特奥蒂瓦坎的兴盛离不开农业生产的支持。源源不断的泉水使得当地人可以灌溉大片冲积平原。农业人口为规模日益增大的城市人口提供粮食。

在那个时候，居住结构已经出现了明显的分化。不同的社区都带有不同的等级，不同等级的社区在规模、功能和建筑类型上也都不一样。等级最高的社区是政治和宗教中心。最底层的是农村。这样一个三级居住结构（首都、小型城市和农村）给考古学提供了充分的证据，据此我们就可以推断当地国家的组织结构（Wright and Johnson, 1975）。

伴随着国家组织形成的，还有大规模的灌溉体系、地位分化和复杂的建筑。特奥蒂瓦坎古国的鼎盛时期是在公元 100 年到 700 年。这是一个经过精心设计的城市，整个城区被划分成一

见在线学习中心的在线练习。

mhhe.com/kottak

个个规则的方格，中心是太阳神庙金字塔（the Pyramid of the Sun）。到了公元 500 年，人口规模达到了 13 万人，远远超过了古罗马帝国。劳动分工相当复杂，除了农民，还有手工艺者、商人、政治管理者、宗教神职人员以及军人。

公元 700 年之后，特奥蒂瓦坎古国开始衰落，人口规模和领土面积不断缩小，权力也逐渐丧失。到公元 900 年，人口规模缩减到了 3 万人。公元 900—1200 年期间，也就是托尔特克人（Toltec）时期，特奥蒂瓦坎古国分崩离析，人口也开始往四处迁徙，整个河谷地区出现了许多规模不等的小城市和小镇。人们还纷纷离开墨西哥河谷，搬到其他地区的大城市生活，比如图拉（Tula）——托尔特克的首都，当然，他们只能住在边缘地区。

到 1200—1520 年，人口逐渐回迁到墨西哥河谷，包括新的移民（比如阿兹特克人的祖先），城市也重新发展起来。在阿兹特克人统治时期（1325—1520 年），墨西哥河谷出现了好几个大型城市，其中最大的一个是首都，叫特诺奇提特兰（Tenochtitlan），无论在规模还是发达程度上，都超过了鼎盛时期的特奥蒂瓦坎。人口超过 1 万人的城镇多达十几个。人口规模的增长在很大程度上得益于农业技术的发展和进步，尤其是在河谷的南部地区，人们把沼泽和湖泊的水抽干，开辟成农田（Parsons, 1976）。

促使墨西哥河谷重新繁荣的另一个因素是贸易。当地的手工业生产出了大量的产品，各种交易市场十分兴旺。主要的集市都集中在湖边，因为这里水路运输方便，商人用独木舟载着东西到市场上就可以交换自己所需的东西。阿兹特克的首都特诺奇提特兰坐落在湖中的一个岛上，这里生产的奢侈品无论在价值还是工艺上，都远远超过陶器、用藤条编织的篮子和纺织品。制造奢侈品的手艺人，比如石匠、用羽毛编织东西的手工业者（feather worker）和金银匠，在阿兹特克国里拥有极为特殊的社会地位。对于阿兹特克国首都来说，制造并出口奢侈品，是整个经济体系很重要的一个组成部分（Hassig, 1985; Santley, 1985）。

国家衰亡的原因

作为一种政治组织，国家有时候很脆弱，很容易就会解体，沿着原有的一些边界（比如区域性政治组织）分裂成最初的状态，一开始，国家就是这些独立的实体联合起来发展而成的。很多因素会对国家的经济和政治完整性构成威胁。外敌入侵、大规模的传染病、饥荒或者长时间的干旱，都会破坏原有的平衡，引起剧烈的波动。国家会破坏环境，从而带来沉重的经济代价。例如，农民和熔炼工都会砍伐森林。时间长了，就会造成沙漠化和水土流失。过度开垦也会造成土地肥力下降，无法继续耕种。

如果说国家的兴起是灌溉等因素作用的结果，那么这些因素的破坏和消失是不是也可以解释国家的衰亡呢？的确，水利灌溉是把双刃剑，既能带来好处，也会造成弊端。在古代的美索不达米亚平原，灌溉用的水源来自底格里斯河和幼发拉底河。随着时间的推移，泥沙越积越多，河床开始高出两岸的冲积平原。人们修建了大量的水渠，利用重力把河里的水引到农田灌溉庄稼。随着水分的蒸发，原本溶解在水里的矿物质开始在土壤里慢慢沉淀，最终使农田变成了盐碱地，不再适合庄稼生长。

举个例子，Mashkan-shapir 是一个位于美索不达米亚平原上的古代城市，距底格里斯河 20 英里，当地人修建了一个复杂的水利系统，从底格里斯河取水。仅仅过了 20 年，这个城市就被遗弃了。现在看来，土地的盐碱化似乎是这个城市走向衰亡的一个主要原因（请登录 http://www.learner.org/exhibits/collapse/mesopotamis.html，访问 Annenberg/CPB Exhibits 2000）。

玛雅文明的衰亡

公元 900 年左右，玛雅文明发展到了巅峰，之后，在很短的时间里，突然从地球上消失了，这个问题引起学界的长期争论，几代学者都为之倾注了大量的心血。古代玛雅文明开始于公元 300 年，公元 900 年消亡，其间经历了 600 多年的时间，它包括若干个互相竞争的国家，在地理位置上，涵盖了今天的墨西哥、洪都拉斯、萨尔瓦多、危地马拉和伯利兹的大部分地区。玛雅文明以各种仪式性建筑（神庙和金字塔）、历法、数学和象形文字闻名于世。

考古学家在洪都拉斯西部地区的科潘（Copán）发现了相关的线索。这是皇族所在的地方，是玛雅王国东南部地区最大的城市，面积11.7公顷。整个遗址坐落在一个人工修建的梯形平台上，站在上面可以俯视科潘河。金字塔上留下了大量的镌刻文字，记录了当时统治者的加冕典礼、家族历史以及一些大型战役。玛雅人以国王的名号和他们登基的时间来记录金字塔的年代。其中一个金字塔的建造初衷是用于国王的加冕典礼，但整个工程仅完成了一面。根据一份残缺文本的记载，这个金字塔的建造时间是公元822年。这是科潘时间最晚的一座仪式性建筑。大约在公元830年，整个城市被遗弃。

科潘城的衰落有环境因素的缘故，包括人口压力和过度开垦导致的水土流失和土壤肥力下降。过度开垦的结果是砍伐森林和水土流失。这在位于山坡上的农宅遗址体现得尤为明显——过度开垦导致水土流失。这种情况早在公元750年就已经出现——一直持续到土地无法耕种，最终被遗弃，其中一部分村庄被埋在泥石流下面。桑德斯（William Sanders, 1972, 1973）把整个玛雅文明的衰亡归因于过度垦殖所导致的环境恶化。

粮食供应不足和营养不良在科潘遗址有很明显的表现，80%的出土尸骨患有缺铁性贫血。其中一具尸体的贫血十分严重，足以引发死亡。甚至连贵族都缺乏营养。其中有一个头骨，根据牙齿上的雕刻和装饰性异形（cosmetic deformation），我们判断这是一个贵族，他/她也患有贫血：脑后的海绵体透露出他/她的健康状况（Annenberg/CPB Exhibits, 2000）。

促使国家产生的有很多种因素，同样，国家的衰亡也是多个因素共同作用的结果。玛雅古国并不像我们之前想象的那么强大；其实，它很脆弱，随时可能分崩离析。战争越来越频繁，政治斗争也愈演愈烈，这些都给玛雅古国的历届王朝和政府带来很多不稳定的因素。现在，考古学家主要强调战争因素的作用，认为玛雅古国衰亡主要是战争导致的。象形文字记载了玛雅的许多城市，战争频频爆发，此起彼伏。考古学家发现，就在玛雅王国崩溃之前的一段时间，防御工事（比如护城河、壕沟、城墙以及栅栏）明显加强，人口也大规模地往一些易守难攻的地方迁移。考古学家发现了战争留下的一些证据：烧毁的房屋、长矛投掷形成的小洞穴，还有一些在战争中丧生的尸体。有些城市被遗弃，城里的居民逃进了森林，住在一些简易的茅屋里（例如，科潘就在公元822年被遗弃）。现在，考古学家认为，导致玛雅文明走向衰亡、城市遭到遗弃的，还有社会、政治和军事动乱等方面的原因，与自然环境恶化相比，这些因素同样，甚至更为重要（Marcus，私下交流）。

在此之前，考古学家倾向于从自然环境因素的角度，比如气候变化、植被破坏和人口压力等等，来解释国家的起源和衰亡（参见Weiss, 2005）。现在，考古学家对这个问题有了更加全面的理解，除了自然环境条件，还注意到了社会和政治因素，原因是，我们找到了可供参考的文字材料。玛雅人的文字记录了王朝之间为了地位和权力彼此竞争，乃至发生军事冲突。事实上，对于古代的酋邦和国家来说，成也战争，败也战争。那么，战争在我们现代社会又扮演着一个什么样的角色呢？

1.随着技术进步和社会的发展，人口规模越来越大，经济体系也变得越来越复杂，国家的出现就是为了适应这种管理上的需要。国家的形成是很多个因素共同起作用的结果。其中一些因素不断反复出现，但没有哪一个是始终存在的。最重要的因素包括水利灌溉和长途贸易。

秘鲁沿海的土地非常贫瘠，这里非常好地体现了上述思想，环境边界、人口增长和战争等因素共同作用，推动了国家的形成。

2.所谓国家，就是拥有正式、统一的中央政府，并且成员被划分成很多个阶层的社会。在灌溉农业的支撑下，美索不达米亚平原南部地区发

本章小结

展出了世界上最早的城市和国家。早期国家留下的证据很多，包括仪式性建筑、统一的中央仓库、灌溉系统以及文字记录。

3. 在中东地区，城镇的出现时间早于制陶技术。最早的城镇出现于距今1万～9 000年。而制陶技术的历史最多也就只有8 000年。哈拉夫文化（距今7 500～6 500年）指的就是一种独特的陶器风格，在这个时期，还出现了早期的酋邦。到了欧拜德陶器文化时期（距今7 000～6 000年），酋邦得到了进一步的发展，进入高级阶段，另外，早期国家的雏形可能已经出现。大多数国家是在乌鲁克时期（距今6 100～5 100年）形成的。

4. 根据地位划分的程度，我们可以把各个社会分成平均主义社会、等级制社会和分层制社会。在平均主义社会，一个人的社会地位不是靠世袭得来的。等级制社会的不平等是世袭和遗传的，但还没有分化出明显的社会分层。分层制社会有着严格的社会分工，也就是社会阶级或者阶层，划分的依据主要是财富和权力。如果一个等级制社会里包含着一些失去自主权的村落，那么这个社会就是酋邦。

5. 美索不达米亚平原的经济以手工业、贸易和精耕细作的农业为基础。5 600年前，人类发明了文字，最初，文字被用来记账。随着熔铜技术的发明，人类开始进入铜器时代，时间大约是5 000年前。

6. 在印度西北部和巴基斯坦，印度河古国从4 600年前建国，一直存在到3 900年前。中国的第一个国家是商朝，最早出现于3 700多年前。非洲的撒哈拉以南地区也发展出了一系列国家。在西半球，早期国家主要集中在中美洲和秘鲁。

7. 大约在距今2 500～1 600年，中美洲孕育出来早期的国家。在3 200～3 000年前，各个酋邦之间相互竞争，频频产生冲突，导致整个社会发生了激烈的变迁。其中一部分部落发展成了国家（比如墨西哥河谷的瓦哈卡人）。也有些没有踏上这条道路（比如奥尔梅克人）。到公元1年，墨西哥河谷开始兴盛起来。在这个高原盆地，特奥蒂瓦坎国于公元100年建立，并一直延续到公元700年。阿兹特克国（公元1325—1520年）的首都特诺奇提特兰无论在规模还是实力上，都超过了鼎盛时期的特奥蒂瓦坎国。

8. 早期的国家时刻受到四面八方的各种威胁：外敌入侵、疾病、饥荒、干旱、土壤肥力退化、水土流失以及灌溉导致的土地盐碱化。如果无法维持稳定的社会和经济秩序，内部发生问题，那么一旦有外敌入侵，国家就会在顷刻之间分崩离析。玛雅古国就是一个很好的例子，各个王朝之间不断爆发战争，最终导致整个国家走向衰亡。

关键术语

见动画卡片。

mhhe.com/kottak

阿兹特克 Aztec　墨西哥盆地最后一个独立的国家，首都是特诺奇提特兰。1325年建国，直到1520年被西班牙人攻陷。

青铜 bronze　砷和铜，或者锡和铜的合金。

酋邦 chiefdom　等级制社会的一种，在这种社会里，村落与村落之间，包括人与人之间都是不平等的，小村落必须服从大村落的领袖的统治；呈现出一种两层居住结构。

楔形文字 cuneiform　美索不达米亚平原的早期文字，通常是用铁笔刻在石砖上，因刻痕呈现V字形而得名。

平均主义社会 egalitarian society　除了一些天生的差异，比如年龄、性别和个体禀赋、才能以及成就的区别，人与人之间几乎没有任何差异，典型例子是狩猎和采集社会。

帝国 empire　疆域辽阔、制度完善的国家，一般都由很多个民族组成，各地说的语言也不一样，与早期的国家相比，更加重视军事建设、更富侵略性，科层制结构也更加发达。

哈拉夫文化 Halafian　指一种早期（距今7 500～6 500年）的陶器文化，风格独特，影响范围广泛，最早发现于叙利亚北部地区；这是一种制作精美的陶器风格，在此期间，早期的酋邦开始出现。

美索不达米亚平原 Mesopotamia 底格里斯河和幼发拉底河之间的区域，即现在的伊拉克南部和伊朗的西南部地区；这里发展出了世界上第一个城市和国家。

冶金术 metallurgy 关于各种金属之特性的知识，比如延展性、加工方法，以及如何制作成金属工具。

多变量模型 multivariate 包括多个因素、原因或变量的解释模型。

原生国家 primary states （通过部落与部落之间相互竞争）独立自主，而不是在与其他国家交往过程中发展出来的国家。

等级制社会 ranked society 通过世袭和遗传来制造不平等，但没有严格社会分层的社会；决定一个人社会地位的，是他/她与酋长的血缘关系，此外，地位等级有一个连续的谱系，很多人和家族都处在同等的地位等级上。

分化的居住结构 settlement hierarchy 居民区在规模、功能和建筑类型上都存在等级差异；如果出现三层次的居住分层，那就意味着国家开始出现。

熔炼 smelting 通过高温加热，从矿石中提炼金属。

国家 state 一种社会和政治组织类型，通常由一个正式的中央政府领导，社会分化成不同的阶级。

分层制社会 stratification 根据财富和权力把成员严格分成各个阶层（贵族和平民）的社会。

特奥蒂瓦坎国 Teotihuacan 存在时间在公元100—公元700年，墨西哥盆地第一个国家，同时也是中美洲最早的帝国。

1.国家的出现是好是坏？为什么？

2.在古代的中东地区，当酋长能够享受什么特权？不好的地方在哪里？如果让你选择，你会去做酋长呢，还是酋长的近亲？

3.如果你是一个考古学家，刚刚在中美洲完成了一个部落遗址的挖掘工作，现在又到了中东地区寻找当地的古代酋邦。你觉得，两个地方的考古证据会有哪些类似和差别？

4.与最早的农业生产社会相比，早期国家都有哪些经济角色？

5.与中东地区相比，中美洲发展出早期国家的时间要晚大约3 000年，为什么？如果没有这个时间差异，两个地区同时发展出国家，那么历史会是怎样？

补充阅读

Blanton, R. E.

1999 *Ancient Oaxaca: The Monte Alban State.* NewYork: Cambridge University Press.中美洲国家的形成早期的漫长故事。

Blanton, R. E., S. A. Kowalewski, G. M. Feinman,and L. M. Finsten, eds.

1993 *Ancient Mesoamerica: A Comparison of Change in Three Regions,* 2nd ed. New York: Cambridge University Press.这本书综合了对中美洲三个研究比较充分的地区的调查：瓦哈卡（Oaxaca）河谷，墨西哥河谷和玛雅低地。

Diamond, J. M.

1997 *Guns, Germs, and Steel: The Fates of Human Societies.* New York: W. W. Norton.疾病、工具和环境在整个人类历史中的影响和作用。

Fagan, B. M.

2005 *World Prehistory: A Brief Introduction,* 6th ed. Upper Saddle River, NJ: Pearson/Prentice Hall.人类史前史的主要时间，包括不同地点的国家的形成。

Feinman, G. M., and J. Marcus, eds.

1998   *Archaic States.* Santa Fe'NM: School of American Research Press.早期国家的特点，包括普遍的特点和在世界特定地区的特点。

Joyce, R. A.

2000   *Gender and Power in Prehispanic Mesoamerica.* Austin: University of Texas Press.在西班牙占领之前的中美洲社会性别与权力问题。

Pollock, S.

1999   *Ancient Mesopotamia: The Eden That Never Was.* Cambridge, England: Cambridge University Press. 美索不达米亚地区国家的形成———一个新综合。

Trigger, B. G.

1993   *Early Civilizations: Ancient Egypt in Context.* New York: Columbia University Press.探讨了印加、中国的商和西周、中美洲的阿兹特克和玛雅、西非的约鲁巴和贝宁、美索不达米亚和古埃及的文明。

2003   *Understanding Early Civilizations: A Comparative Study.* Cambridge, England: Cambridge University Press.综合研究了7个古代国家：古埃及和美索不达米亚、中国商代、阿兹特克、玛雅、印加和约鲁巴。

wenke, R., and D. I. Olszewski

2007   *Patterns in Prehistory: Humankind's First Three Million Years,* 5th ed. New York: Oxford University Press.全世界食物生产的出现和国家的形成；完善有用的读本。

在线练习

1.中美洲的早期国家：阅读《考古学》杂志上关于特奥蒂瓦坎古国大坟墓（the New Tomb）的文章（**http://www.archaeology.org/online/features/mexico/index.html.**），并回答下列问题：

a. 这个坟墓是在特奥蒂瓦坎古国的哪个位置被发现的？它的历史有多久？建造时间是在这个城市建立之前还是之后？这个坟墓对于我们了解特奥蒂瓦坎古国的历史有什么作用？

b. 坟墓里面都有什么？它们各自意味着什么？

c. 作为早期国家的一个典型代表，你认为特奥蒂瓦坎古国会有哪些制度和政府机构？比如，你认为他们会有军队和职业的神职人员吗？

2.印度河文明：参见Mark Kenyoyers题为《90张图片游印度》（"Around the Indus in 90 Slides"）的幻灯片（**http://www.harappa.com/indus/indus0.html**），并且阅读他写的一篇关于印度河文明的文章（**http://www.harappa.com/indus/indus1.html**），并回答下列问题：

a. 印度在哪里？当地第一个城市是在什么时候出现的？你能说出其中几个城市的名称吗？

b. 印度的早期城市有哪些特点？这些是国家所特有的吗？

c. 关于印度河文明的起源，一般有哪些误解？

d. 古印度发展出了一种文字，那么他们在什么东西上写字呢？这些文字记载的主题通常都有哪些？

请登录McGraw-Hill在线学习中心查看有关第11章更多的评论及互动练习。

太平洋沿岸人类的繁衍

1947 年 4 月 28 日，探险家赫耶达（Thor Heyerdahl）带领着 5 名队员从秘鲁出发，乘坐一只木筏，开始一场新的探险，他们希望这次能够到达波利尼西亚的复活节岛（后来证实，他们实际上到达的是法属波利尼西亚的 Raroia 岛）。赫耶达试图证明当时以及现在科学研究的结论是错误的，他坚信，南美的原住民曾经乘坐木筏向外探索未知世界，并且占领了波利尼西亚。迄今为止，还没有任何科学证据可以证明这个假设，即波利尼西亚曾经有南美原住民居住过。

那么，究竟是谁在广阔的太平洋上定居生活过呢？为目前为止，考古学家在遍及澳大利亚、巴布亚新几内亚以及西南太平洋的其他邻近岛屿到处挖掘，发现这些地方曾经有人类的足迹，时间最早可以追溯到 3 万年前。人类在距今 6 万～ 5 万年到达澳大利亚北部地区，甚至还到了更北一些的岛屿上，最远到了所罗门群岛，时间是 3 万年前（Terrell, 1998）。

人类到了岛屿之后就留下来定居。根据目前的考古发现，时隔几千年后，人类才开始冒着巨大的风险，继续向东探索，进入广阔的太平洋。直到距今 3 000 年前，人类踏足的地方还很有限，最东到达的地方是所罗门群岛。之后，大规模的远洋航行和殖民开始出现，这个过程与大洋洲早期陶器的迅速传播有很大的关系，这种陶器制作精美，器皿上通常绘有一种叫作拉匹塔（Lapita）的几何图案。

拉匹塔风格的陶器碎片最早是在 1952 年被发现的。这个名字来自美拉尼西亚一个叫做新卡勒多利亚（New Caledonia）岛上的一处考古遗址。[尝试在地图上册找到新卡勒多利亚岛的位置。这个岛屿与所罗门群岛、俾斯麦群岛（Bismarck Archipelago）、汤加岛（Tongo）以及萨摩亚岛（Samoa）之间有什么关系？] 拉匹塔风格最早的人造物，可以追溯到 3 500 年前，出土于新几内亚东北方向的俾斯麦群岛。许多学者把这种装饰精美的器皿看作是当地一个部族特有的一种东西，认为拉匹塔"文化"曾经随着一个来自亚洲的独特部族的迁徙，被带到了太平洋。

没有人知道拉匹塔部落为什么背井离乡，冒着这么大的风险向太平洋深处迁徙。是因为天生爱好探险和旅行？还是因为造船和导航技术的进步？一些专家认为，某些特定种类的动植物（比如狗、猪和鸡等被认为起源于亚洲的家畜）的驯化在某种程度上激发了拉匹塔部落向外扩张的野心（Terrell, 1998）。

考古学家特雷尔（John Terrell, 1998）在巴布亚新几内亚岛北岸中部地区发现了一个叫做 Sepik 的遗址，距今已有 3 000 年历史。发掘出的物品告诉我们，在那个时候，岛屿沿岸长出了新的珊瑚礁，为当地人提供了丰富的（主要是野生的）食物，在这个基础上，人口规模开始迅速扩大。就像第 10 章讨论的狩猎和采集经济一样，拉匹塔陶器部落的食物来源也十分广泛，一部分是野生的，一部分则来自人工种植和饲养（比如土豆、芋头、猪和鸡）。

另一个考古学家博尔利（David Burley）在波利尼西亚汤加王国的汤加塔普（Tongatapu）岛周围的方加乌塔（Fanga'uta）礁上发现了大量的早期拉匹塔陶碎片。这说明，人类在很早以前，就用支桨划着独木舟，向东航行几百甚至上千英里，到达过这里。对碎片里发现的木炭进行放射性元素测试发现，这些航海者到达汤加岛的时间大约在距今 2 950 ～ 2 850 年。这是迄今为止波利尼西亚已知的最早的定居点。博尔利认为，汤加塔普岛"也许是人口扩张的第一个中转站"，通过这个中转站，古人继续向东进发，到达更远的汤加、萨摩亚以及波利尼西亚其他岛屿（转引自 Wilford, 2002a）。

造船技术的进步使得拉匹塔部落的航海家可以向更远的深海进发，从而推动了人类向整个波利尼西亚扩散的进程。较大的木筏可以坐好几十

见在线学习中心主题阅读链接。

mhhe.com/kottak

人，船上还装载着猪和其他物品。波利尼西亚的航海家最终到达了东边的塔希提岛（Tahiti）和夏威夷，这距离汤加和萨摩亚岛已经超过 2 500 英里。再往后，人口继续向四周扩散，往南到了新西兰，再往东到了复活节岛。波利尼西亚群岛面积占到了整个太平洋的四分之一，这是人类居住的最后一个大型区域。

这些航海者是从哪里来的呢？汤加塔普岛发现的拉匹塔陶碎片为我们解答这个问题提供了线索。亚利桑那大学的地质学家迪金森（William Dickinson）对这些陶片进行了仔细分析，发现其中含有一些沙粒大小的矿物质，是汤加岛本地没有的。其中一些瓦罐是从别的地方带到这里的。经过认真研究，结果发现，这些陶器是用美拉尼西亚圣克鲁斯群岛（Santa Cruz Islands）上的矿石烧制的，这距今汤加岛西岸 1 200 英里，就在所罗门群岛的东部（Burley and Dickinson, 2001）。汤加塔普岛发现的陶片为我们提供了最初的实物证据，证明拉匹塔部落曾经往来于太平洋的东西部地区。这意味着，最早在汤加岛定居的人直接来自美拉尼西亚岛的内陆地区（Wilford, 2002a）。

波利尼西亚各个岛上的人从何而来？四个主要分支学科——考古学、体质人类学、文化人类学和语言人类学——都思考过这个问题。那些拉匹塔风格的陶器出自谁人之手？还有那些石制工具、镂空的小珠子、耳环以及用贝壳制作的装饰品呢？他们是一个独特的部落吗？还是由好几个族群组合而成，通过传播和借鉴共享一种相同的艺术风格？这些陶器的制作者和太平洋早期的居民（澳大利亚、新几内亚和邻近岛屿的早期居住者）有什么联系？他们是美拉尼西亚岛上的黑人土著（太平洋早期居民的后代）？还是肤色较淡的东南亚移民？或者，黑人和黄种人通婚产生了一个混血人种？他们制造了这些拉匹塔陶器，并且扩散到整个波利尼西亚群岛？

在 18 世纪，有位探险家詹姆斯·库克船长，他来到波利尼西亚群岛，发现尽管相隔千里，但各个岛屿（比如汤加岛、夏威夷岛、新西兰岛和复活节岛）上的人无论在外表还是生活习俗上，都十分相像，这让他感到十分不解。库克原先以为，波利尼西亚人的祖先来自马来西亚或者密克罗尼西亚群岛（Micronesians）。法国航海者强调的则是，波利尼西亚人、生活在新几内亚的美罗尼西亚黑人和新几内亚巴布亚岛土著在体质、外表和文化习俗上都相去甚远。

19 世纪有一种流行的做法，就是把人类的所有种族分成三大类（见第 5 章），所以，欧洲人把太平洋岛屿上的各个"种族"也分为三种：波利尼西亚人（"大岛"）、美罗尼西亚人（"黑人岛屿"），以及密克罗尼西亚人（"小岛"）。直到最近，人类学家开始猜想，波利尼西亚人的祖先来自中国大陆或者台湾地区，迁移的时间大约在距今 6 000 ～ 3 600 年。这些早期的移民在很短的时间内就绕过美拉尼西亚，扩散到太平洋的大多数岛屿。这就解释了，为什么波利尼西亚人肤色较淡，不是黑人，以及他们为什么讲的是一种源自台湾的独特语言（Austronesian languages），不是（美拉尼西亚部分地区讲的）巴布亚语。但是，这个观点现在似乎已经被推翻了，因为台湾和中国大陆东南部地区没有发现类似于拉匹塔风格的陶器。相反，考古学家在美拉尼西亚的俾斯麦群岛上发现了拉匹陶的残片。此外，最近一些遗传学的研究也表明，波利尼西亚人的祖先曾在美拉尼西亚岛上做过停留。他们与美拉尼西亚人相互通婚，今天的波利尼西亚人身上就体现了这种通婚遗留下来的基因标记。于是，当下的讨论主要集中在这样一些问题上：这种通婚是在哪里发生的？是怎样扩散开的？

DNA 证据让分子人类学家斯通金（Mark Stoneking）相信，波利尼西亚人的祖先确实来自太平洋中南部诸岛。[南岛语系，或马来—波利尼西亚语系，覆盖了世界上一个很大的地理区域。南岛语系是波利尼西亚人（比如夏威夷人）、印度尼西亚人、马来西亚人，甚至马达加斯加人（非洲东部沿岸的一个岛屿）的主要语言。]斯通金认为，波利尼西亚人的祖先最初居住在东南亚（不一定是台湾地区），后来乘船沿着新几内亚岛的海岸线向外扩散。他们与当地的美拉尼西亚人杂居、通婚，然后继续向东航行，进入太平洋各个岛屿。在与各地原住民的不断交融过程中，波利尼西亚人的祖先无论在基因还是文化习俗上，都发生了很大的改变（Gibbsons, 2001; Wilford, 2002a）。

在美拉尼西亚的俾斯麦群岛上进行挖掘时，考古学家科尔奇（Patrick Kirch）发现了一些证据，表明早在3 500年前，来自东南亚诸岛的移民就到达了美拉尼西亚。他们用木柱把房子撑起来，远离地面，这与东南亚的房屋结构类似。他们用支桨木筏作为交通工具，带来了一些农作物。新来的移民和当地的美拉尼西亚人有着密切的交往。在交往过程中，产生了拉匹塔风格的制陶技术。考古学家不确定拉匹塔文化最初是不是在最古老的陶片出土的地方（俾斯麦群岛）发展出来的，还有一种可能是，来自西部岛屿的航海者把这种技术带到了当地（参见 Kirch, 2000）。

那么，波利尼西亚人和美拉尼西亚人应该就是堂表亲，但是为什么他们长得一点都不像呢？而且，波利尼西亚人和亚洲人在长相上也相差很大，这又是什么原因？我们能够为这种体质差异提供一种合理的解释吗？难道波利尼西亚人的历史上就没有发生过遗传学家所说的创始人事件（founder event）？所谓创始人事件，说的是这样一种情况：一小部分人的基因（并不能代表总体的情况）恰恰生育了大量的后代。少数人，比如说乘坐着独木舟出海探险的勇士，到达了汤加的方加乌塔岛，就可能繁育了整个波利尼西亚人，尽管在地理位置上极度分散。这些创始人的体质特征与他们所属的部落可能不完全相同。不管创始人的体质特征怎样，比如肤色较浅，都有可能传给他们的后代。这就可以解释为什么波利尼西亚人和美拉尼西亚人看上去差别这么大，但在DNA上却十分相似。

不管来自哪里，拉匹塔人最终抛弃了这种精美的制陶技术。在汤加和萨摩亚，这种精致的陶器很快消失了，取而代之的，是朴素实用的碗碟、杯子和储存用的陶罐。再后来，探险者也没有把拉匹陶带到波利尼西亚的其他岛屿上去。

根据科尔奇（Kirch, 2000）的说法，到了距今2 000年前，汤加人就发展出了引人瞩目的新技术，也就是双层船壳的帆船。尽管他们还不能向自己的祖先在西南太平洋所做的那样，远航深海，去探索海平面以外的岛屿，但是，人们已经普遍产生这样一个共识：大海上到处都是类似的岛屿。等到可以用新的帆船实现安全的长途旅行，他们就出发了。曾经有人这么认为，所有的航行和发现都是一种偶然事件，但现在人们已经改变了看法。这些古代航海者逆风而行，自西向东，朝前深入大洋，他们心里明白，如果必要，可以立马掉头，顺着风吹的方向，就可以回家。人类学家从口述史中了解到，这些部落具有独特的社会结构，地位等级是根据出生顺序决定的。在波利尼西亚的各个岛屿上，许多群体都发展成了酋邦，就是第11章讨论过的那种社会组织。根据科尔奇的说法，波利尼西亚人"是早期定居者中同胞（siblings）较小的弟妹的后裔，他们自己的探险也是由年纪较轻的弟弟或妹妹去进行……他们有理由去探索新的可能，发现新的土地，然后占为己有"（转引自 Wilford, 2002a）。（英国人殖民北美的时候，也存在类似的模式。）

学界曾经有这么一个观点，认为古代人彼此孤立，老死不相往来，很久以前，人类学家莱塞（Alexander Lesser）就提出异议，认为"原始孤立状态是一个神话"（转引自 Terrell, 1998）。人类是否在一段时间里彼此孤立，各自闭门造车，族群与族群之间也很少往来？这是很值得怀疑的一件事。即使是辽阔太平洋上的小岛或珊瑚礁，岛与岛之间的交流情况也与"原始孤立状态"毫不相符。就太平洋上的众多岛屿而言，各个部落的探险以及相互联系，加上史前的历史都表明，人类文化的多样性既源自彼此之间相对独立，也离不开相互交流和沟通（Terrell, 1998）。

第**12**章
文化人类学方法

章节大纲：

伦理考量：人际关系与互惠

方法——民族志

民族志技巧

　　观察和参与观察

　　谈话、访谈和访谈提纲

　　系谱学方法

　　关键文化顾问

　　生活史

　　当地人和民族志学者的信仰与观念

　　民族志的发展

　　问题导向的民族志

　　纵向研究

　　团队研究

　　文化、空间与范围

问卷调查

伦理考量：人际关系与互惠

这一章主要探讨文化人类学的方法，我们将从人类学家在计划并实施自己的田野调查时所面临的一些伦理考量的简单讨论开始。附录 2 总结了美国人类学协会（AAA）伦理法典，会有进一步对伦理的讨论。这一法典为人类学家在计划和进行研究时以及处理同国内国外同事之间的关系时提供了指导方针。许多伦理问题在文化人类学和语言人类学中是共同存在的，从某种程度来说只要与人有关的工作都存在伦理问题。本章对方法的讨论只是关注文化人类学，尤其是民族志。而语言方法和语言人类学的方法在本章的"新闻简讯"部分中有简单的讨论，但主体内容会放在第 15 章"语言与交流"中探讨。

　　民族志学者（文化人类学的田野工作者）通常是在其他国家进行田野调查。在调查所在国时，民族志学者会寻求当地政府官员、学者和许多其他人的许可、合作和知识，当然最为重要的是被研究的社区居民。当人类学家的研究对象是那些其生活被人类学家闯入的活生生的人时，文化敏感性就更显重要。人类学家需要与当地国家的同事和社区建立并保持适当的、合作性的、非剥削的关系。

在对方国家和社区工作，研究者必须告知官员和同事包括研究目的和资助，以及其结果和影响等内容。研究者必须获得所有受影响的团体的知情同意——从决定研究者进入田野点路径的地方政府，到被研究群体的成员。在研究开始之前，人们应该被告知研究的目的、性质和程序，以及其潜在的代价和收益。应该从提供信息或者可能受研究影响的所有人那里获得他们的知情同意（informed consent，同意参与研究）。

建立适宜当地文化的社会关系网络的过程在不同国家是多种多样的，这种关系建立过程在田野调查开始之前是必需的。举个例子，不妨说一下我如何筹备在马达加斯加进行的第一次田野调查，这次调查开始于 1966 年。在抵达马达加斯加之前，我从法国的马达加斯加大使馆获得了在当地研究的通行证，并花了 6 个月的时间学习语言，因为我需要学习马尔加什语，这是马达加斯加的语言，它以前曾是法国的殖民地。我一抵达马达加斯加的首都安塔那那利佛，便拜访了当地大学的人类学家，利用他们的专业知识就我的计划征求了他们的建议。此后，我到达了计划研究的族群所在的地区，我和当地省长会面。最终，我见到了所有我将来调查地点的基层行政单位的领导。接下来，我在第一次定居的小镇上同当地的知识人群建立了良好的关系。市镇居民的社会网络延伸至乡村地区——在那里我将会进行我大部分的民族志田野调查。通过建立私人关系，我创建了一个社会网络，这一网络最终使我能够在几个乡村中工作，其中一个村子是我最主要的田野点。待在马达加斯加的那段时期，我一直努力与最开始帮助我的那些学者和官员保持联系。在后来带着资助重返马达加斯加时，我邀请了其中两位学者作为被资助的参与者加入到我的研究课题。这种社会网络在文化人类学或语言人类学中是任何田野研究项目的重要部分。

人类学家受益于田野点的人们，因此他们也应该以合宜的方式回馈互惠。例如，在另一国家展开研究工作的北美人类学家就非常适合于（1）把该国的同事包含进他们的研究计划和资助要求中，（2）建立同那些同事和机构的合作关系，并（3）在研究结果的出版物中署上当地国家的同事的名字。

方法——民族志

文化人类学与社会学的分离始于 20 世纪之交。早期学者如法国学者涂尔干是社会学和人类学两个学科的奠基人。他对简单社会和复杂社会的组织都进行了理论考察，既研究土著澳大利亚人的宗教（Durkheim，1912/2001），也思考现代国家出现的许多现象（如自杀率）（Durkheim，1897/1951）。最终，人类学专门进行前者的研究，而社会学专注于后者（见附录 1，可更多了解涂尔干和早期人类学）。

随着早期人类学家，诸如弗朗兹·博厄斯（1940/1966），开展印第安人（土著美国人）保护的研究，并且去往遥远的地方研究放牧和耕作者的小群体，人类学逐渐发展成为独立的领域。这种对地方文化进行的第一手的、亲自进行的研究被称为民族志。从传统上来说，要想成为一个文化人类学家，必须具备另一社会的田野经验。早期的民族志

> **概览**
>
> 人类学家最深切的伦理关注是那些被研究的人们。民族志指的是对地方文化场景——田野点的第一手研究。观察并近距离地与当地人合作，民族志学者得以实现对他们生活细节的了解。生活史揭示了个人的文化体验。系谱学信息对于理解那些社会生活围绕亲属关系、继嗣以及婚姻组织起来的社会至关重要。纵向研究是对一个地区或地点的一段时间的系统研究。包含多个田野点，团队或者个人进行研究的多地点民族志越来越普遍。
>
> 传统上，人类学家在小规模社会中调查；社会学家研究现代国家。在社会学中非常典型的问卷调查研究与民族志有什么不同？由于应答者多具有读写能力，问卷调查研究者可以使用问卷调查，研究对象可以自己填写。社会学家用研究样本来获得关于更大群体的结论。由于现代国家存在多样性，即使是人类学家也会采取一些问卷调查方法。然而，人类学家仍然保持着民族志这种进行第一手资料搜集和调查的特点。

偏远的和被打扰的，人类学的梦想部落

《纽约时报》新闻简讯

作 者 约翰·诺贝尔·威尔福德（John Noble Wilford）

2006 年 4 月 7 日

语言是人之为人的关键要素。语言和文化共生共存。文化变迁依靠语言，语言是文化的重要部分。当代美洲土著人再次表现出对于自己文化遗产的自豪，伴随的是对他们祖先使用的语言发生兴趣。我们在第 15 章中将会看到，任何语言都有助于组织和表达思维模式、意义体系、世界观和文化理解。当语言消亡，意义体系也将不复存在；文化多样性便会降低。这个故事描述了一种文化遗产管理的形式——重建失去的语言的一门科学，也被称为语言的复兴。

在关于詹姆斯顿（Jamestown）这个 1607 年建立的北美首个英国移民永久定居点的新电影中，印第安人最高酋长珀哈坦（Powhatan）问约翰·史密斯船长，他的人从哪里而来？天上吗？

史密斯的回应由一位对英语一知半解的印第安人翻译，这个人的英语可能是间接地从之前在北卡罗来纳州罗阿诺克殖民地学来的。史密斯回答说："天上？不。我们来自英国，大海另一边的一个岛。"

翻译员把史密斯的回答用珀哈坦的语言，弗吉尼亚阿尔贡金语（Virginia Algonquian）告诉了他，这门语言已经有两个多世纪的时间没有使用过了。当欧洲人首次到达这个地方时，美洲还有 800 个或者更多的土著语言，与这些语言的大部分一样，珀哈坦的语言随着印第安人的人口下降、分散和失去文化特点而濒临灭绝。

但是人数不多却在不断增长的语言学家和人类学家近些年正忙于重建这些已经消失或者正在消失的印第安语言。他们的研究领域是语言的复兴，也就是重建失去的语言的一门科学。这一研究的副产品之一就是电影《新大陆》中的一些弗吉尼亚阿尔贡金语言对白。

研究的内容当然比电影中提到的要多得多。对印第安人的民族自豪感和文化研究的复兴激发了印第安人对他们语言的兴趣，这些语言有些已经消失很长时间了。北美东部有 15 种以上的土著阿尔贡金语言，其中仅有两种仍然在使用，分别是在缅因州帕萨马迪科—马莱西特语（Passamaquoddy-Malecite）和新布朗斯维克的米克马赫语（Mikmaq）。

语言的消失减少了文化多样性，人类学家这样说，而重建一门语言的至少某些部分也有助于人们理解自己的文化遗产。

布莱尔·A.鲁迪斯，北卡罗来纳大学的一位语言学家，专门重建印第安人语言，他提到东部的一些阿尔贡金社区正在努力复兴他们失去的语言，并在日常生活中使用……

为了增加影片的真实性，《新大陆》的导演特伦斯·马利克决定让珀哈坦讲他自己的语言，于是他请来鲁迪斯博士帮忙。鲁迪斯博士与戈达德博士一起帮助康涅狄格州皮克特族（Pequot）印第安人恢复了一种已经不再使用的阿尔贡金语言。他还参与了北卡罗来纳州卡托巴族（Catawba）印第安人的语言重建，并与老多米尼大学人类学名誉退休教授海伦·朗特里合作，编写了一本弗吉尼亚阿尔贡金语言词典。

鲁迪斯博士被问到一系列关于这门已经消失的语言的问题，比如珀哈坦和他的女儿宝嘉康蒂（Pocahontas）可能会说什么以及他们如何说。这是一项难以完成的使命。

这门阿尔贡金语言是美国最早消失的语言之一，根据目前所知，自从 1785 年以来就没有人会讲弗吉尼亚阿尔贡术语了……现存的只有两项记载——一个是史密斯船长，另一个是詹姆斯顿殖民地的书记员威廉·斯特雷奇（William Strachey）——还保存了一些弗吉尼亚阿尔贡金的词语，包括一些已经进入现代英语中的词汇，比如 raccoon,terrapin,moccasins,tomahawk……

对于鲁迪斯博士来说，面临的第一个挑战是词汇太少了。史密斯这位殖民地领袖只记录下了仅仅 50 个印第安词汇，而斯特雷奇也不过收集了 600 个。这些词汇是两位语言学的外行用发音方式记录下来的，而且他们的拼写和发音同现代用法存在极大的差异，这为辨别出实际上的印第安语词汇形式造成了极大的困难。

鲁迪斯博士不得不运用历史语言学的技术从这些粗略的、不可靠的词汇表中创建语言。他比较了斯特雷奇记录的词语与其他从北卡罗来纳州到加拿大的阿尔贡金语言的词汇，这些语言保留的时间较长，因此人们对它们了解得更多一些。

这支印第安语系在某个方面，让人想起罗马语系下的不同语言。它们每个都具有独特性，但又密切相关，就像西班牙语与意大利语，或者意大利语与罗马尼亚语。比较相关联的语言，就可以揭示语法和句子结构中的共同元素以及词汇中的许多相似处。《圣经》被翻译成马萨诸塞印第安人曾使用的语言，这个译本为深入考察语法提供了更多参考。从特拉华州到纽约的海岸线一带的印第安人曾使用过的蒙斯—特拉华语（Munsee Delaware）……或许已经消亡，但是它的语法和词汇却为学者们所熟知。

"我们有一本又大又厚的蒙斯—特拉华语词典。"鲁迪斯博士说，在弗吉尼亚阿尔贡金重建过程中，他还采用了其中的一些词语。一个世纪之前留下的最后的蒙斯—特拉华语的一段录音，对发音来说具有价值极高的指导意义……

宝嘉康蒂不会对史密斯说"我爱你"，就算她真的爱他。她更可能会使用表示爱的动词，"你"作为前缀，而"我"作为后缀。"这是少有的更为重视听者而不是说话者的语言之一。"鲁迪斯博士说。

接下来就存在创造反映印第安人在17世纪早期理解的那段对话了。这也需要修改最初的珀哈坦与史密斯的交谈的脚本。

在一篇总结了他的方法的论文中，鲁迪斯博士说最原始的脚本有史密斯说："天上？不。来自英格兰，东边的一个国家。"然而当时东边的国家对印第安人来说更像是神话而非现实，他注意到，但是他们很可能已经听说过"白色皮肤的人们居住在加勒比海的岛屿上"。

所以史密斯的回答便改为"我们来自英格兰，一个大海另外一边的岛屿"。接下来翻译便使用弗吉尼亚阿尔贡金里已有记载的词语来指代天空、岛屿和大海。拼写被轻微地修改过，因为斯特雷奇的拼写错误，并且遵照其他阿尔贡金语言众多类似词语。由于不清楚弗吉尼亚阿尔贡金语种指代问题的词语，鲁迪斯博士借用了来自相关语言中的词语。当然，不能指望珀哈坦的翻译有指代表示英格兰这个词的对应词语。他很可能尽力重新造了一个词，Inkuren，在阿尔贡金语中听起来像英格兰，他还加上了一般表示地方的结尾"-unk"，意为在什么地方或者在哪儿。他也在为地点命名之后加上了"我来自那里"这样的词语……

来源：John Noble Wilford," Linguists Find the Words, and Pocahontas Speaks Again," *New York Times*, March 7,2006. http:// www.nytimes.com/2006/03/07/science/07lang.html.

学者生活在小规模的、相对独立的社会中，该社会只有简单的技术和经济体系。

民族志因此作为一种研究策略，相较于大型的现代工业国家，更多用于文化一致性强和社会差异性弱的社会中进行研究。在这种非工业社会中，民族志学者理解社会生活时，需要考虑较少的涵化方式（人们获得文化知识的过程）。传统上，民族志学者试图理解特定的文化整体（或者，更为现实来说，他们尽可能在有限的时间和认知下去实现对文化整体尽可能多的理解）。为了达到这一目标，民族志学者采取一种不限定范围搜集信息的策略。在特定的社会或群体中，民族志研究者不断转换着场景、地点和主题，以发现社会生活的整体和内在的相互关联。

随着人类多样性范围的相关知识的扩展，民族志为总结人类行为和社会生活提供了依据。第1章曾指出，民族志是在特定社会中开展田野工作，民族学则是文化人类学对不同社会的比较。民族学的目标是区分、比较和解释文化差异和相似性，并且建立有关社会和文化系统如何发挥作用的理论。第1章的"科学、解释和假设检验"这一部分探讨了民族志数据如何通过这里介绍的方法搜集到，并被用于比较和对比，从而对社会和文化进行总结。

这一章中，我们主要集中讨论民族志田野技巧。民族志学者提出了多种技术以拼凑出异域生活方式的图景。人类学家通常使用这里提到的其中几个（很少全部）方法。（参见 Bernard, 2006；O'Reilly, 2004）

民族志技巧

民族志调查者的田野技巧的特点包括如下一些内容：

1. 直接、第一手的日常行为的观察，包括参与观察。

2. 开展多种不同形式的交谈，从日常的闲谈聊天入手，既能够帮助维持良好的关系，又能够提供有关当时状况的知识，并以此延续访谈。访谈可以是非结构式的或者结构式的。正式的、已印好的访谈提纲或者问卷可以用于确保任何对研究有兴趣的人们能够获得完整的、可用于进一步比较的信息。

    3. 系谱学方法。

    4. 向关键报道人了解有关特定地区的群体生活的详细信息。

    5. 深度访谈，常常表现为针对特定人（叙述者）进行生活史资料的收集。

    6. 发现地方信仰和观念，可以同民族志调查者自己的观察和结论相比较。

    7. 开展多种问题导向的研究。

    8. 纵向研究——对一个地区或地点的长期的持续不断的研究。

    9. 团队研究——多个民族志调查者的合作研究。

    10. 采用大规模的方法以认识现代生活的复杂性。

观察和参与观察

    民族志学者结识当地人，通常对他们的全部生活都感兴趣。民族志学者必须注意日常生活的多个细节，季节性事件和不寻常的事件。他们必须观察不同场合下的个体和集体行为，并应该把所见所闻记录下来。没有什么时候比在最初的田野日子更加让人感觉不习惯。但是民族志学者最终会适应，并接受最初感觉陌生的模式，转变为正常的文化模式。民族志学者一般的田野时间为一年，这样可以观察到一个整年周期。如果待上一年多的时间，就能够帮助民族志学者重复经历他/她刚到达田野地点的季节，可以弥补因为最初的不熟悉和文化震惊而被忽略的特定事件和过程。

    许多民族志学者都会在私人日记中记录他们的感受，这不同于较为正式的田野笔记。这一早期的感受将会有助于指出文化多样性的一些最为基础的方面，这些方面包括特定的气味、人们发出的声音、他们在吃饭的时候如何捂着嘴，以及如何凝视其他人。这些模式太基本了，也极为

微小以至于难以发现，这些都是马林诺夫斯基所谓的"日常生活的不可测量性"（Malinowski，1922/1961,p.20）。这些文化特点太基本了，以至于当地人把他们看作是理所当然的，他们甚至都不会谈到，但是对此没有经验的人类学家却恰好因为不熟悉当地情况得以把这些搜集起来。在开始熟悉当地之后，这些感受就会隐退到意识的边缘。最初的感觉是有价值的，并且应该被记录下来。首先，民族志学者应该试图成为他们所观察到的世界的准确的观察者、记录者和报道者。

    民族志学者并非在研究实验室笼子中的动物。心理学家在鸽子、鸡、豚鼠和耗子上做的实验与民族志调查的程序非常不同。人类学家并不系统地控制对象的赏罚或者使他们暴露在特定刺激之下。我们的对象不是无法说话的动物而是人类。民族志研究的过程不是操纵他们、控制他们的环境，或者实验性地引导特定的行为。

    民族志学者同我们在当地的接待者尽力建立和谐的关系，这种关系既可以是良好、友善的工作关系，也可以基于私人接触。民族志最具特色的程序之一是参与观察，意味着我们参与到所研究的社区生活中。作为与他者生活在一起的普通人，我们不可能是完全公正客观的观察者。我们也必须参与到自己所观察和试图理解的事件和过程中去。通过参与，我们可能会习得当地人如何以及为什么发现这种事件是有意义的，以及看到他们是如何组织并行动的。

    举个参与观察的例子，我想讲一下自己的田野调查，调查点是在远离非洲东南海岸的马达加斯加岛，以及巴西。在我 1966—1967 年生活在马达加斯加的 14 个月中，我观察并参与到许多贝齐雷欧人（Betsileo）生活的多个场景中。我在收获时节帮忙，人们把堆积起来的麦秸踩踏紧实，我也加入他们爬到麦秸堆顶上。有一次，在9月，在一个重新埋葬死者的葬礼上，我为一个村里的先人带去一件寿衣。我进入村里的坟墓并看人们重新缠裹尸骨和祖先的腐尸。我同贝齐雷欧的农民一起到市镇和市场上去。我观察他们同外面的人的交易，在出问题的时候给他们提供帮助。

民族志经历，参见在线学习中心的在线练习。
mhhe.com/kottak

在巴西的阿伦贝培（见第1章），我学会了航海捕鱼，同当地的渔民一起坐在简单的渔船上航行在大西洋上。我驾着吉普车搭载人到首都去，比如营养不良的婴儿、怀孕的母亲，还有一次是一个灵魂附体的青年女孩。这些人都需要去找村子以外的医生或专家。我在阿伦贝培的庆祝场合跳舞，喝酒庆祝新生儿的出生，并成为村里一位女孩的教父。研究者与被研究者，民族志学者与研究团体，他们之间的共同人性这个特点，必然要求进行参与观察。

谈话、访谈和访谈提纲

参与到地方生活中意味着民族志学者不断同当地人交谈并提出问题。随着他们对地方语言和文化知识的增多，他们的理解也逐渐加深。学习田野点的语言有这样几个阶段。首先是命名，逐一询问周围事物的名称。此后我们能够提出更为复杂的问题并理解所得到的答复。我们开始理解两个村民间的简单对话。如果我们的语言专家走得够远，我们最终便能够理解快速的公共讨论和群聊。

我在阿伦贝培和马达加斯加都使用的数据搜集技术就是民族志调查，其中包含访谈计划。在1964年，我和一起进行田野调查的同伴试图完成阿伦贝培160个家庭的访谈。我进入到几乎每个家庭（拒绝参与的家庭百分比低于5%）就打印好的表格向他们询问一系列问题。

由此我们得到了一项普查结果和有关村庄的基本信息。我们写下了每个家庭成员的名字、年龄和性别。我们在自己的8页表格中收集了家庭类型、政治团体、宗教、现在和以前的职业、收入、支出、饮食、财产和许多其他事项的数据。

尽管我们在做调查，我们的方法不同于社会学家和其他社会科学家在大型的、工业国家中通常使用的调查方法。后者在下文将会提到，包括抽样（从一个更大的人群中选择较小的可操纵的研究群体）和非个人的数据搜集。我们并不从整体人口中选择部分样本。相反，我们试图访谈研究社区中的所有家户（也就是说，全部样本）。我们使用访谈提纲而不是问卷。有了**访谈提纲**（interview schedule），民族志学者同人们可以进行面对面的交谈，提问并记录下答案。**问卷**（questionnaire）过程更倾向于进行非直接和非个人的调查，对象的回答也常常填在表格中。

我们希望获得全部样本，这让我们能够见到村庄中几乎每个人，而这帮助我们建立和谐的关系。几十年之后，阿伦贝培人还在亲切地谈论我们是如何对他们兴趣满满并拜访他们家和询问问题。我们与村民们过去所了解的外来人站在完全相反的立场，这些人嫌他们太贫穷太落后，根本不把他们当回事。

然而，像其他的调查研究一样，我们的访谈调查也的确搜集了一些可以用于比较的定量信息。这些信息为我们把握村庄生活模式和观念提供了基础。访谈提纲中包含的一系列核心问题针对每位调查对象。然而，在访谈过程中时常会出现一些有趣的边缘议题，对于这些问题我们会接下来或在以后的研究中进行探讨。

我们遵循着这些线索深入到村落生活的许多层面。例如，我们想要获得当地新生儿的详细信息，于是，我们就找到一位做接生婆的妇女作为我们的关键文化报道人。另一名妇女曾在城市中参与过一个非裔巴西人的教派康多姆波教（candomblé）。她也定期去那里学习、跳舞并被附体。她就成为我们研究康多姆波教的专家。

因此，我们的访谈提纲调查为我们提供了一个结构，这引导我们却并不把我们局限在研究者角色中。它使我们的民族志成为定性和定量研究的结合。定量的部分包含了我们收集并统计分析的资料。定性维度来自我们的后续问题、开放式的讨论、留言，以及同关键报道人的合作。

系谱学方法

我们许多人都跟一般人一样追溯家谱，并以此了解我们的祖先和亲属。现在多种计算机软件使我们可以追溯"族谱图"和不同代际的亲属。**系谱学方法**（genealogical method）是一项成熟的民族志技巧。早期民族志学者发明了符号和标注（见第18章"家庭、亲属关系与继嗣"）来指代亲属关系、继嗣和婚姻。系谱学是非工业社会的社会组织中最为突出的部分，在非工业社会中人们同他们的近亲属每日生活和工作在一起。人类学家需要搜集系谱学数据来理解当时的社会关系，并重构历史。在许多非工业社会中，亲属关系是社会生活的基础。人类学家甚至还称这种文化为"亲属基础上的社会"。人们之间是相互关联的，并且大多数时间是同亲属在一起。同特定亲属关系行为关联的规则是日常生活的基础（参见Carsten，2004）。婚姻在组织非工业社会中也是极为关键的，因为村庄、部落和氏族之间的有策略的婚姻有利于缔结政治联盟。

关键文化顾问

每个社区都有因为机遇、经历、天赋或者训练等原因而能够提供有关特定生活层面的几乎完整的或者至少是有用信息的人们。这些人便是**关键文化顾问**（key cultural consultants），或者称为关键报道人。在依瓦托（Ivato），我大部分时间所在的一个贝齐雷欧人村庄，一个名叫 Rakoto 的男人对村庄历史的了解非常深入。当我邀请他同我一起完成村庄坟墓中埋葬的 50 到 60 个人的系谱时，他去叫来了他的堂兄弟 Tuesdaysfather，这个人对这个方面了解比较多。Tuesdaysfather 在那场肆虐马达加斯加的流感中存活下来，时间是 1919 年左右，世界上大多数地区也同样爆发了流感。由于他本身对疾病已经免疫，便承担了埋葬死去的亲属这项严酷工作。他保留了坟墓中每个逝者的标记。他帮助我建立坟墓的系谱学。Rakoto 后来加入进来，告诉我有关死去村民的个人信息。

生活史

非工业社会同我们的社会一样，个人的性格、兴趣和能力都是多样的。一些村民显得更有兴趣参与民族志工作者的调查，这些人也比其他人更有帮助、更有趣、更令人愉快。人类学家也会像我们在家乡所做的一样区分田野点中的好恶。如果我们发现某个人非常有趣，我们就会搜集他／她的**生活史**（life history）。这种一生经验的再次搜集能比其他可能的方法提供更为亲密和私人的文化图像。生活史可能会被记录或者录音，用于后来的回顾和分析，解释特定个人对影响其生活的变迁的感知、回应以及他所认为的原因。这种分析可以阐释多样性，任何群体都具有

多样性，因为关注点是不同的人如何阐释并处理某些同样的问题。许多民族志学者总结道，生活史的搜集是他们的研究方法的重要部分。

当地人和民族志学者的信仰与观念

我们进行民族志调查的目的在于发现当地人的看法、信仰和观念，这或许可以同民族志学者自己的观察和结论相比较。在田野中，民族志学者一般会结合两种研究方法：主位（emic）（以当地人的看法为导向）和客位（etic）（研究者的看法为导向）。这两个词来自语言学，后来一直被许多人类学家用于民族志研究中。马文·哈里斯（Marvin Harris，1968）明确界定了这两个术语，并被广为接受。主位方法是调查当地人如何思考。他们如何感知这个世界并进行分类？他们的行为规范是什么？对他们来说什么是有意义的？他们如何想象并解释事物？民族志学者采用主位方法进行研究时会寻求"当地人的观点"，依靠当地人去解释事物并分辨事情是否重要。**文化报道人**（cultural consultant）或者报道人便是指民族志学者寻求了解这个田野点的人，这些人会告诉研究者他们自己的文化，从而提供主位的视角。

客位（研究者的立场）方法把关注的焦点从当地人的分类、表达、解释和阐释行为转移到人类学家身上。客位方法认为，文化的成员通常太过于卷入他们所做的事情，以至于无法不偏不倚地阐释他们自己的文化。采取客位的方法，民族志学者强调他／她（观察者）注意到的并认为是重要的内容。作为一个训练有素的科学家，民族志学者应该试图带着客观全面的视角开展异文化研究。当然，民族志学者也像其他科学家一样，同样是人，带有文化盲目性，这会妨碍他们客观地观察。如其他科学一样，适当的训练能够减少这种盲目性，却无法完全消除观察者的偏见。但是人类学家的确具有特殊的训练可以比较不同社会中的行为。

民族志学者一般会在其田野过程中把主客位这两种方法结合使用。当地人的观点、感觉、分类和看法能够帮助民族志学者理解文化如何发挥作用。当地人的信仰本身也极为有趣并非常有价值。然而，当地人常常并不承认，甚至没有意识到他们行

为的原因和结果。北美人和其他社会的人在这一点上完全一样。为了描述和解释文化，民族志学者应该认识到来自其自身文化的偏见，也应该认识到那些被研究者的偏见。

民族志的发展

波兰人类学家马林诺夫斯基（1884—1942）的大部分职业生涯是在英国，他被公认为民族志之父。如同当时的大多数人类学家一样，马林诺夫斯基也进行挽救性的民族志研究（salvage ethnography），相信民族志学者的职责在于研究并记录遭受西方化威胁的文化多样性（又见Boas，1940/1966）。早期的民族志成果（民族志作品），诸如马林诺夫斯基的经典著作《西太平洋的航海者》（1922/1961），在描述作者对未知人群和陌生地方的发现上，类似于较早时期的旅游者和探险家的记录。然而，民族志的科学目的将其同探险家和业余人士的作品区分开来。

在相当长时间内，处于主导地位的"经典"民族志类型是现实主义民族志。作者的目的是准确、客观、科学地展示一种不同的生活方式，由切身体验这种生活方式的人书写。这一知识来源于沉浸到一种陌生的语言和文化之中，民族志学者从亲身的研究体验中获得既作为科学家也作为"当地人"或者"他者"的声音的权威性。

马林诺夫斯基的民族志基于一个假设：文化的各个方面是相互联系并相互缠绕在一起的。他首先描绘了特洛布里恩德岛民的航海探险，接下来叙述文化切入点与其他领域之间的联系，诸如巫术、宗教、神话、亲属关系和贸易。较之马林诺夫斯基，今天的民族志学者较少倾向于那种无所不包和整体观，而是关注特定的主题，例如亲属关系或者宗教。

在马林诺夫斯基看来，民族志学者基本任务在于"把握本土人的观点，他与生活的关系，并且感知他对自身世界的想象"（Malinowski，1922/1961，p.25）。这一论断很好地证明了前文提到的主位观点的需求。自从20世纪70年代开始，阐释人类学认为，描述和阐释的对象应该是对当

理解我们自己

主位和客位的区分如何帮助我们理解我们自身？举个例子来表明主位和客位视角的对比，比方说外行（其中包括许多美国人）可能认为寒冷和气流导致了风寒，而科学家认为是病菌引起的。在缺少疾病的细菌解释理论的文化中，疾病从主位角度被解释成多种原因，从灵魂到祖先再到巫术，多种多样。病痛（illness）指的是文化（主位的）对健康状况不佳的感知和解释，然而疾病（disease）指的是科学的——客位的——对于受到已知病原体侵害的身体状况不佳的解释。跟那些在任何文化中长大的人们一样，我们既忍受病痛（我们认为我们患有的疾病），也遭受疾病（我们真正患有的疾病），两者可能答案不一样。所以糟糕的身体状况既有主位，也有客位的根源。

另一个例子是关于颜色的专门术语的主位和客位表现，我们可以返回到语言那一章。在不同文化里，人们界定颜色是不同的。一些文化只有两个表示颜色的基本术语——浅色和深色——然而另外有些文化却有所有11种基本色词汇，加上一系列能够更好地辨别阴影和色调的附加词汇。从客位角度来看，色谱存在于任何地方，但是主位上来讲，不同社会中的人们对于它的阐释和区分却存在差异。

地人来说有意义的事物。阐释人类学家，如克利福德·格尔茨（Geertz，1973）把文化看作有意义的文本，当地人不断地"阅读"，民族志学者则必须加以解释。格尔茨认为，人类学家可以选择某一文化中吸引他们兴趣的任何内容，填充入各种细节，展示出来从而告之读者那一文化的意义所在。意义存在于公共的符号之中，这些符号包括文字、仪式和习俗（详见马林诺夫斯基和格尔茨，见附录1）。

20世纪80年代出现的一种民族志撰写趋势开始质疑传统民族志的目的、方法和方式，包括现实主义民族志和挽救性民族志（Clifford，

1982,1988;Marcus and Cushman，1982）。马尔库斯和费彻尔认为，实验民族志撰写是必需的，因为所有人和文化已经"被发现"，并且现在必须"在变化的历史环境中被重新发现……"（Marcus and Fischer，1986，p.24）。

一般来说，实验民族志认为民族志是艺术作品也是科学作品。民族志文本可以看作是文学创作，其中民族志学者就像中介一样在"当地人"同读者之间进行信息的交流。实验民族志形式之一是"对话体"，把民族志以一种人类学家与一个或者多个当地报道人的对话形式展现出来（例如，Behar，1993；Dwyer，1982）。这些作品把关注点放在民族志学者在读者群延伸的前提下，采取哪些方式同其他文化进行交流。然而，某些这种民族志常被批评花费过多时间谈论人类学家，而很少时间放在描述当地人和他们的文化上。

对话体民族志是在更大的实验民族志分类之下——也就是说，反思性民族志（reflexive ethnography）（Davies，1999）。民族志撰写者把他／她个人对田野情况的感觉和反应写入文本。实验的书写策略在反思性民族志中是最为突出的。民族志学者可能会采取小说的形式，包括第一人称叙事、交谈、对话和幽默。实验民族志使用新方法展现对萨摩亚人或者巴西人来说有意义的东西，可能传达给读者一个更为丰富而复杂的对人类经验的理解。

挽救性民族志设想了"民族志的当下"这个观念，假定在西方化之前存在一个"真正的"本土文化的繁荣时期。这一观念常常会使得经典民族志带有一种非现实、无时间的特点。在理想化图景中，仅有的具有震撼力的观点是作者偶尔提到的对贸易者或者传教士的评论，认为实际上当地人已经成为世界体系的一部分。现在人类学家已经认识到，所谓"民族志的当下"是种更为非现实的构建。文化在历史进程中一直都处于相互接触状态，并且已经发生改变（Boas，1940/1966）。在任何人类学家到来之前，大多数本土文化存在至少一次同外来文化的相遇经历。他们大多数已经被卷入民族国家或者殖民体系的大潮之中。

当代民族志通常认为，文化处于变动不居的状态，民族志资料只应用于特定时刻。当下民族志的趋势是关注文化思想以何种方式为政治和经济利益服务。另一趋势是描述各种各样的特定"当地人"如何参与到更广阔的历史、政治和经济进程中（Shostak，1981）。

问题导向的民族志

我们已经发现，民族志的趋势是由整体性考察向更加问题导向的民族志发展。尽管人类学家对人类行为发生的整体背景感兴趣，但是无法面面俱到，并且田野调查通常强调特定的问题。大多数民族志学者现在都带着特定的问题进入田野，他们收集被认为同该问题相关联的变量信息。而当地人对问题的回答并非仅有的资料来源。人类学家也从诸如人口密度、环境质量、气候、自然地理、饮食和土地利用等方面搜集信息。有时还涉及直接的测量（如降雨量、温度、耕地、饭食质量，或者时间分配）（Bailey，1990；Johnson，1978）。这经常意味着我们会查阅政府记录或文献记载。

民族志调查者感兴趣的信息并不局限在当地人能够告诉我们并且实际告诉我们的内容。在一个事物之间相互联系性和复杂性不断提升的世界，当地人缺乏影响他们生活的许多因素的知识。在受到来自地区、国家以及国际的权力中心的影响之下，我们的当地报道人或许与我们一样弄不清楚。

纵向研究

与过去相比，地理状况越来越无法制约人类学家，过去时常需要花费几个月的时间才能抵达田野点，且回访研究十分少见。新的运输体系使人类学家扩展了他们研究的区域，并可开展多次回访。民族志报告现在通常包含来自两个或者多个田野点的数据。**纵向研究**（longitudinal research）是针对一个社区、地区、社会、文化或其他单位的长期研究，通常建立在多次回访基础上。这种研究的一个例子是对赞比亚的格温贝（Gwembe）地区的纵向研究。1956年，伊丽莎白·科尔森（Elizabeth Colson）和赛耶·斯卡德（Thayer Scudder）设计出纵向研究的计划，由科尔森和斯卡德以及来自多个国家的合作人一起进行。因此，作为通常的纵向研究案例，格温贝地区的这项研究也体现出团队研究——多个民族志学者合作研究的特点。格温贝研究项目既是纵向研究（多时间点），也是多地点研究（设定几个不同的田野点）（Colson and Scudder，1975；Scudder and Colson，1980）。4 个村子位于不同地区，被追踪研究了 50 年。定期对村庄进行人口普查为研究提供了人口、经济、亲属关系和宗教行为方面的基本数据。后来迁移的人们被追踪并进行访谈，以了解他们同那些留在村庄中的人们的生活的对比状况。

在群体与个体的基本信息的不断搜集过程中，一系列不同的研究问题凸显出来。该研究最初的关注点是一座大型水电站造成的影响，使格温贝地区的人们被迫重新定居。大坝也刺激了修路和其他活动，这使得格温贝地区的人们同赞比亚其他地区的联系更为紧密（Colson，1971；Scudder，1982；Scudder and Habarad，1991）。

后来，教育成为研究重点。斯卡德和科尔森（Scudder and Colson，1980）考察了教育如何提供获得机会的可能，又是如何加大了不同教育水

平人们的社会差距。接下来第三个主要研究是关注酿造和饮酒模式的变迁，包括酗酒的增多，这与不断发展的市场、运输以及与城镇价值观的接触有关（Scudder and Colson，1988）。

团队研究

上文曾提到纵向研究常常也是团队研究。例如我自己的田野点，巴西的阿伦贝培，20 世纪 60 年代作为团队研究田野点的村庄首次进入人类学的世界里。它是目前已结束的哥伦比亚—康奈尔—哈佛—伊利诺伊大学夏季田野研究项目的 4 个田野点之一。项目至少持续了 3 年时间，每年派遣大约 20 个大学生，包括作者在内，到国外进行简短的夏季调查。我们驻扎在 4 个国家的乡村社区中：巴西、厄瓜多尔、墨西哥和秘鲁。由于我的妻子伊莎贝尔·科塔克（Isabel Wagley Kottak）和我于 1962 年开始进行研究，阿伦贝培也成为一项纵向研究的田野点。一代代的研究者在那里观察着变迁和发展的多个方面。如社区从村庄发展为小镇，它的经济、宗教和社会生活都已经发生变化。

巴西和美国研究者在 20 世纪八九十年代同我们一起进行团队研究项目，其中 80 年代关注电视的影响，90 年代的研究主题则是生态意识和环境风险感知。来自密歇根大学的毕业生引用了我们从 20 世纪 60 年代搜集的基线调查信息，他们对阿伦贝培进行了多个主题的研究。1990 年，道格·琼斯（Doug Jones），一位来自密歇根大学进行生物文化研究的学生，选择阿伦贝培作为调查体质吸引标准（standards of physical attractiveness）的田野点。1996—1997 年，珍妮特·邓恩（Janet Dunn）研究了计划生育以及女性生育策略的变迁（Dunn，2000）。克里斯·奥利里（Chris O'Leary），在 1997 年夏天第一次到阿伦贝培地区调查当地显著的宗教变迁，即基督新教的到来。后来他又进行了关于食物喜好变化的研究（O'Leary，2002）。

阿伦贝培因此成为多个田野工作者作为纵向研究团队的成员开展调查的地点。更为近些年的研

随书学习视频

融入卡内拉人（Canela）

第12段

视频中的人类学家比尔·克洛克（Bill Crocker）自 1957 年起就一直研究巴西的卡内拉印第安人。该视频是他数次走访田野点的照片和素材的混合。由于交通和交流与之前相比有了很大改善，克洛克的研究得以纵深和持续。视频将 1957 年到达田野点所需的时间与最近的旅程进行了比较。视频中的证据表明卡内拉人生活在一个以亲属关系为基础的社会。克洛克因为获得了一个亲属地位而得以进入卡内拉社会。这个亲属地位是什么？结果证明这种地位是有利的吗？当这种关系首次被提出时，克洛克为什么犹豫了？

究者，为增加有关当地人如何面对和处理新环境的知识建立了早期人际关系和调查结果。我认为学术应该成为一个群体的事业。我们过去搜集的信息应该给那里的新一代研究者使用。为了考察不断变化的态度，理解电视媒体与计划生育的关系，珍妮特·邓恩再次访谈了20世纪80年代我们曾访谈过的许多妇女。相似的是，克里斯·奥利里，比较了阿伦贝培与另一个巴西小镇的饮食习惯和营养状态，查阅了我们1964年访谈的饮食信息。

当代变迁的动力有些过于深入和复杂，以至于无法完全通过"孤单的民族志研究者"实现理解。"孤单的民族志研究者"指的是一个研究者从零开始，独自工作，持续有限的一段时间，把他/她的田野点看作相对不相关联的和孤立的对象。任何民族志研究者都不再把他/她的田野点想象成为展现出多种质朴性或者自主性的实体。民族志学者不应该假设，他/她对该田野点具有独占（所有者的）的权利，或者甚至对于从当地获得的信息。毕竟那些信息都是在同当地人的友情、合作和咨询中生产出来的。越来越多的人类学田野点，包括马林诺夫斯基的特洛布里恩德群岛，都被再次研究过。理想状态中，后来的民族志调查者既同以往研究者合作，又把自身研究建立在他们研究的基础上。同单独进行的民族志调查者的模式比较，团队工作跨越时间（如阿伦贝培）和空间（如多个巴西小镇的比较研究），这能够帮助我们更好地理解文化变迁和社会复杂性。

文化、空间与范围

对纵向和团队研究的介绍表明了文化人类学的重要转向。传统民族志研究关注单个社区或者"文化"，把他们看作几乎在时间和空间上隔绝和独立。人们的关注点发生了转变，开始认识到，人口、技术、图像和信息的流动是不断进行并不可避免的过程。对这种流动和关联的研究已经成为人类学分析对象的一部分。并且，反观今天这个世界——人口、图像和信息从未如此大规模地到处流动——田野工作必须更为灵活，范围更大。民族志调查越来越多地在多个时间和地点上

进行。马林诺夫斯基可以研究特洛布里恩德岛的文化，并把其田野的大部分时间待在某个特定社区之中。现在，我们无法像马林诺夫斯基一样忽视"外来者"，他们越来越与我们研究的地方进行紧密接触（例如移民、避难所、恐怖主义者、士兵、旅游者、开发者）。我们现在已经把如下内容整合到我们的分析之中，即全球范围内，不断有组织和力量（如政府、商业、非政府组织）声称拥有土地、人和资源。此外，重要的一点在于我们逐渐认识到权力分化状况，它们如何影响文化，以及多样性在文化和社会中的重要性。

在古塔和弗格森（Akhil Gupta and James Ferguson）编写的两本论文集中（1997a and 1997b），一些人类学家认为，在有限的空间中定位文化是有问题的。例如，约翰·彼得（John Durham Peters，1997）提到，尤其因为大众媒体的存在，当代人同时经历着地方化和全球化。他认为，那些人在文化上具有"双焦点"，包含"近视"（看到地方事件）和"远视"（看到来自远方的想象）。有了这种"双焦点"，他们对地方性的阐释常受到外来信息的影响。因此，他们对家乡清澈的蓝天的看法可能会受到来自天气预报说台风可能正在到来的影响。国家新闻可能并不完全与地方交谈中提出的观点一致，但是国家观点能够找到进入地方话语的途径。

人类学家越来越关注的大众媒体，在文化和空间上来说相当怪异。这些是谁的图片和观点？它们代表的又是什么文化或群体？它们当然并非地方性的。媒体图像和信息通过电子信号进行传递，电视把它们带到你的面前。互联网帮助你在鼠标的点击中发现新的文化可能性，把我们带入虚拟空间。但是在现实中，电子大众媒体是无场所的现象，跨越国家的范围，在形成和保持文化认同上发挥重要作用。

此外，人类学家对流动中的人群的研究越来越多。例子包括生活在国家边界或边界附近地区的人、游牧民族、季节性迁移者、无家可归不断转换居所的人们、移民和难民。人类学家当今的研究可能让我们随着所研究的人们一起旅行，随着他们从村庄到城市，跨越边界或者进行跨国的

商业旅行。如同我们将在第 25 章中提到的"文化交换和生存"，民族志学者越来越多地追随他们研究的人们和图像。随着田野工作的发展，空间上固定的田野点越来越少，我们可以从传统民族志中获得什么？古塔和弗格森正确地指出，"人类学家的特点在于强调日常模式和生活经验"（Gupta and Ferguson，1997a，p.5）。把社区当作不连续的实体的看法或许已经成为过去。然而，"人类学传统上对特定地点的特定生活的近距离观察的关注"（Gupta and Ferguson，1997b，p.25）仍然很重要。近距离观察的方法使得文化人类学区别于社会学和我们现在要转而探讨的问卷调查。

问卷调查

随着人类学家更多参与到大规模社会的研究中，他们把民族志和问卷调查富有创意地结合起来（Fricke，1994）。在思考这种田野调查的结合之前，我必须介绍问卷调查研究以及民族志作为传统方法的主要区别。由于主要在大型的人口众多的国家进行研究，社会学家、政治科学家以及经济学家提出并精炼了问卷调查研究的设计，包括抽样、非个人数据搜集，以及统计分析。问卷调查研究通常从一个更大的人口总量中抽取一个样本量（一个可操作的研究群体）。通过对采取正确方法选择出来的具有代表性的样本的分析，社会科学家能够做出针对更大人群的准确推演。

生物文化案例研究

了解更多当代民族国家中的文化、族群和语言方面的一致性和多样性，请参见第 15 章之后的"主题阅读"。

在较小规模社会中，民族志学者能够了解大多数人，但在更大规模和更复杂的国家，问卷调查研究便不得不更为非个人化。问卷调查研究者将研究对象称为应答者（respondents）。应答者便是回应调查中所提问题的人们。有时候调查员会对他们进行个人访谈。有时候，在最初的见面之后，他们会要求应答者填写问卷。在其他案例中，研究者把印好的问卷邮寄给随机抽取的样本人员，或者请大学生访谈或者电话访谈这些人。[在**随机抽样**（random sample）中，人群中的所有成员都有同等的统计概率被选择进样本中。随机样本通过随机程序进行选择，例如随机数字表，这在统计学教材中可以找到。] 表 12.1 总结了民族志和问卷调查研究的主要区别。

几乎每个在美国或加拿大长大的人都听说过抽样。可能最为熟悉的例子是用于预测政治竞选的民意测验。媒体雇用中介估计结果，并作民意测验，以发现哪类人会投给哪位候选人。在抽样过程中，研究者搜集年龄、性别、宗教、职业、收入和政党偏好的信息。这些特点[**变量**（variables）——样本或人群的成员之间的不同特征]被公认为会影响政治决定。

影响社会身份和行为的变量的数量随着社会复杂性的增加而增加，并被看成是衡量社会复杂性的手段。与民族志传统研究的小型社区相比，现代国家中存在更多的变量影响社会性质、经验和活动。在当代北美国家，成百上千的因素影响我们的社会行为和态度。这些社会预测指标包括

表12.1	民族志与问卷调查研究的比较
民族志（传统上的）	**调查研究**
研究整体的，功能性社区	研究较大群体的少数样本
通常基于第一手的田野调查，信息的收集是在研究者和主家之间在个人交流的基础上建立起良好的关系之后	通常在研究对象和调查者之间只有很少或者没有个人的交流，访谈经常是有助手通过电话或者打印出来的表格完成
传统上研究兴趣包含地方生活（整体）的所有方面	通常关注少量的变量（例如影响投票的因素）而不是人们生活的整体
传统上在非工业社会、小规模社会中进行，其中人们通常不会读书和写作	通常在现代国家中进行，大多数人是有读写能力的，应答者能够填写自己的问卷
不采用统计分析方法，因为被研究群体倾向于在年龄、性别和个体人格变量上多样性较小	在来自这一群体的小型样本的数据搜集的基础上，极为依靠统计分析获得有关多样性的大型群体的结论

课堂之外

尤卡坦家庭妇女的故事

背景信息

学生：
Angela C. Stuesse

指导教授：
Allan F. Burns

学校：
佛罗里达大学

年级/专业：
高年级/人类学

计划：
获得拉丁美洲研究的硕士学位

项目名称：
女首领与女仆人*的关系：尤卡坦家庭妇女的故事

这位大学生进行的研究体现了何种研究技术？不妨用"民族志的发展"这一部分提到的议题思考这一学生采用的研究方法。

我对人类学的着迷开始于1996年，那个学期我在墨西哥尤卡坦地区交换学习。也是在那里我第一次开始同拉丁美洲的家庭工作者有所接触。我亲眼看到我居住的家庭与家里的仆人的日常互动，也开始对两者关系的复杂特点产生兴趣，并决定在接下来的一年返回那里进行我毕业论文的研究。

家庭工作者的讲述常常是她个人经历和职业生活的双重故事。这是因为她们的工作地点不是在办公室，而是在主人的家里。随着时间的推移，雇工与家庭成员之间的界限开始模糊。这种模糊的关系结果引起许多问题：仆人受到主人的价值观和态度的何种程度的影响？她对自己生活的看法与主人看待她的方式相比较呢？在何种情况下她们的关系演变成为工作关系成分较少，而更像家庭呢？又是什么导致她们的关系具有等级制的特点，这种垂直性的关系通过何种方式进行表达和/或协调呢？这些主题都是我调查的关注点。

通过私人交流，我见到了4位同意参与研究的家庭工作者。她们的年龄从17岁到70岁，有5年至50年的工作经历。研究方法包括自动拍摄、非结构式访谈、半结构式访谈和参与观察。我们的交谈有时轻松，有时会非常严肃，这些交谈对于更加深入地了解个体极为关键。除了聆听和讨论之外，我也通过观察和做事了解这些妇女。我帮助她们晾衣服、收拾桌子、打扫院子，并灌满游泳池。此外，还去她们自己的住房观察，并见到她们

的家庭成员。我们花了几个小时的时间交换想法并探讨生活。我同大家一起欢笑，一起悲伤，在一个妇女哭泣时我紧握着她的手。我正是通过真正参与到这些简单的事情中，才开始理解这些妇女们的深刻和强壮。通过访谈并且了解她们的雇主，我能够对两者关系的特点加以分析，并把她们放在已有的民族志文献和理论背景之中。

因此，我最后的论文中得以生动地呈现这些女人的故事，而在问卷调查研究和人口学研究中人们通常是没有个体性的。在我的写作过程中，我一直试图让这些妇女自己说话，呈现她们的决定、控制和价值观。我也在探索"叙事民族志"的写作手法，包含第一手经验，否定专业可靠的研究必须是"客观的"和"科学的"观点。我的研究是一种叙事民族志的、叙述的和内省的作品，主要讨论尤卡坦和拉丁美洲的家庭妇女和变迁。每个新的研究，我们都在迈向更深入的文化理解。

---

* 女首领，字面上意为女主人或者老板，指的是家庭中监督家中仆人的女领导。女仆人原文为Empleada，字面上意为雇员，这里指的是女性家庭仆人。

我们的宗教；我们成长所处的国家地区；我们来自小镇、郊区还是城市，以及父母的职业、民族来源和收入水平。因为问卷调查研究针对的是大型的多元化群体，以及样本和可能性，其结果必须进行统计分析。

民族志可以用于补充和调整问卷调查研究。

人类学家能够将个人的第一手的民族志技术应用到几乎所有与人类相关的场景。问卷调查研究和民族志的结合能够提供**复杂社会**（complex societies，大型的人口众多的社会，有着社会分层和中央政府）生活的新视角。初步的民族志研究也能够为问卷调查的结论提出相关的和文化上适当的问题。

在我自己在密歇根大学讲授的课程中，学生们曾进行过多种多样的民族志研究，包括姐妹会、兄弟会、运动队、校园组织和当地的无家可归人员。其他学生曾系统观察公共场所的行为，包含壁球场、餐厅、酒吧、足球露天大型运动场、市场、购物商场和教师。其他"现代人类学"研究项目则运用人类学技术来阐释和分析大众媒体。人类学家几十年来一直都在研究他们自己的文化，人类学在美国和加拿大的研究正在快速发展。哪里有人类行为的模式，哪里便有人类学磨坊要加工的谷物原料。

任何复杂社会都存在许多预测变量（社会指标）影响着行为和看法。由于我们必须检测、测量和比较社会指标的影响，许多当代人类学研究建立在统计学数据的基础之上。甚至在乡村田野工作中，更多的人类学家也会抽取样本、搜集定量数据、使用统计分析方法进行解释（参见Bernard，2006）。定量信息有利于更为精确的对群体之间的相似性和差异性的估计。统计分析能够支持且丰富民族志对地方社会生活的叙述。

然而，在一项优秀研究中，民族志研究的标志性特点仍然应该得到保留，亦即人类学家进入群体中认识当地人。他们参与到城市或者乡村中的地方活动、网络和协会中。他们观察并体验社会状态和社会问题。他们关注着国家政策和工程计划的影响。我相信民族志方法和社会研究中对个人关系的强调是文化人类学带给对复杂社会的研究的宝贵礼物。

本章小结

1. 伦理法典指导人类学家的研究和其他的专业活动。人类学家需要与同事和当地群体建立并获得适当的、合作的和非剥削的关系。研究者必须获得所有受影响的群体的知情同意——从掌控进入田野的路径的当地政府到被研究群体的成员。

2. 民族志方法包括观察、建立关系、参与观察、访谈、系谱学方法、与关键报道人合作、生活史和纵向研究。民族志学者并不系统地操控他们的对象或者做实验。相反，他们在实际社区中进行自己的调查并且在研究当地人生活时候同他们建立良好的私人关系。

3. 访谈提纲是民族志调查者在拜访一系列家庭时填写完成的表格。每一次访谈都由访谈提纲组织并引导，确保可以搜集每个人的可资比较的信息。关键文化报道人会帮助我们了解地方文化的特定方面。生活史强调个体是文化的承载者。这种个案研究以文化和文化变迁来记录个体的经验。系谱学信息在那些由亲属关系原则、婚姻关系来组织社会和政治生活的社会中尤其有用。主位方法关注本土人的观念和解释。客位方法优先考虑民族志学者自己的观察和结论。纵向研究是针对一个地区或者地点一段时间的系统研究。变迁的驱动力常常无处不在而且非常复杂，以至于单独的民族志调查者很难理解。人类学研究可以团队的形式再多地点进行。局外人、流动、关联以及流动中的人群都被包含在民族志分析中。

4. 传统上，人类学家在小型的社会中，社会学家在现代国家调查。两种不同学科创造出不同的技术研究这样不同类型的社会。研究复杂社会的社会学家运用调查研究抽样调查各种变量。人类学家在群体中开展田野工作并研究社会生活的总体。社会学家研究样本以考察更大群体的状况。社会学家常常对少数变量的因果关系非常感兴趣。人类学家更为典型的特点是关注社会生活的所有方面的内在关联。

5. 现代国家和城市的社会生活的多样性需要社会问卷调查。然而，人类学家增添了民族志具有的近距离直接调查的特点。人类学家可以使用民族志的调查方法来研究城市生活。但是他们在研究当代国家中也更多使用问卷调查技术和大众媒体的分析。

复杂社会 complex societies 国家；大型，人口众多，具有社会分层和中央政府。

文化报道人 cultural consultants 民族志调查的对象；民族志学者在田野点中结识的，能够告诉他/她有关他们的文化。

主位 emic 关注当地人的解释和意义标准的研究策略。

客位 etic 强调民族志学者而并非本土人的解释、分类和意义标准的研究策略。

系谱学方法 genealogical method 民族志学者借以发现和记录亲属关系、继嗣和婚姻的过程，使用图表和符号。

访谈提纲 interview schedule 民族志用于建立正式访谈的工具。一个事先准备好的表格（通常是打印或者油印本），引导对用于系统比较的家庭或个体的访谈。这与问卷调查形成对比，因为研究者与当地人有私人的接触并记录下他们的回答。

关键文化顾问 key cultural consultant 当地生活的特定方面的专家。

生活史 life history 常是关键报道人或叙述者的生活史：提供个人对文化的存在和变迁的文化叙述。

纵向研究 longitudinal research 对社区、地区、社会、文化或其他单位的长期研究，通常是建立在多次进入田野的基础上。

问卷 questionnaire 社会学家用于获得来自应答者的可以比较的信息的表格（通常是打印版）。常邮寄给研究对象并由他们填写，而不是由研究者填写。

随机抽样 random sample 一种抽样方法，人群中的所有成员有同等的统计学概率被选中。

样本 sample 较小的研究群体，用于代表更大的群体。

问卷调查研究 survey research 社会科学家而非人类学家进行的研究过程。通过抽样、统计分析和非个人的数据收集研究社会。

变量 variables 不同个体和个案具有的不同属性（例如性别、年龄、身高和体重）。

1. 伦理问题和关注如何不同的影响文化、生物和考古人类学？

2. 如果你是一个人类学家，计划开始自己的田野之旅，你必须在计划研究和安排资助之前和之后做何种准备？你的准备情况如何根据你的对象是工业社会或者非工业社会的不同而存在差异？

3. 系谱学方法如何应用在除文化人类学之外的人类学其他分支领域？

4. 你认为人类学的分支领域在田野调查方面有哪些不同？是否一些分支领域更乐于运用团队研究方法？不同分支领域需要的设备呢？

5. 你认为民族志与问卷调查研究相比较，它的优势与劣势是什么？哪种方法可以提供更为精确的数据？或许是某种方法能够更好地发现问题，另外一种可以更好地发现答案？又或者是依照研究背景而异？

补充阅读

Agar, M. H.

1996 *The Professional Stranger: An Informal Introduction to Ethnography,* 2nd ed. San Diego: Academic Press. 民族志的基础，由作者在印度和美国海洛因成瘾者之中的田野经历说明

Angrosino, M. V., ed.

2002 *Doing Cultural Anthropology: Projects for Ethnographic Data Collection.* Prospect Heights, IL: Waveland. 如何获得民族志数据

Berg, B. L.

2004 *Qualitative Research Methods for the Social Sciences*, 5th ed. Boston: Pearson. 民族志和其他定性手段如何在社会科学领域中扩展；非常彻底地研究了定性方法

Bernard, H. R.

2006 *Research Methods in Anthropology: Qualitative and Quantitative Methods*, 4th ed. Walnut Creek, CA: AltaMira. 文化人类学调查方法中经典文本的扩展

Bernard, H. R., ed.

1998 *The Handbook of Methods in Cultural Anthropology*. Walnut Creek, CA: AltaMira. 不同的作者描述了一系列文化人类学的方法

Chiseri-Strater, E., and B. S. Sunstein

2002 *Fieldworking: Reading and Writing Research,* 2nd ed. Upper Saddle River, NJ: Prentice Hall. 评估和表述研究数据的方法

DeVita, P. R., and J. D. Armstrong, eds.

2002 *Distant Mirrors: America as a Foreign Culture,* 3rd ed. Belmont, CA: Wadsworth. 局外人如何看待和描述美国的社会生活、消费和流行文化

Ember, C., and M. Ember

2001 *Cross-Cultural Research Methods*. Walnut Creek, CA: AltaMira. 如何进行系统的跨文化比较

Gupta, A., and J. Ferguson

1997a *Anthropological Locations: Boundaries and Grounds of a Field Science.* Berkeley: University of California Press. 民族志的新方向

Kottak, C. P., ed.

1982 *Researching American Culture: A Guide for Student Anthropologists.* Ann Arbor: University of Michigan Press. 大学生如何在美国做田野工作的建议，包括一些硕士论文和研究当代美国文化的人类学家的论文

Kutsche, P.

1998 *Field Ethnography: A Manual for Doing Cultural Anthropology.* Upper Saddle River, NJ: Prentice Hall. 对民族志写作新手非常有用的指导

Pelto, P. J., and G. H. Pelto

1978 *Anthropological Research: The Structure of Inquiry,* 2nd ed. New York: Cambridge University Press. 讨论了数据收集和分析，包括理论和田野工作之间的关系、假设的建立、例证和统计数据

Spradley, J. P.

1979 *The Ethnographic Interview.* New York: Harcourt Brace Jovanovich. 讨论民族志方法，特别强调发现本土观点

Werner, O., and G. M. Shoepfle

1987 *Systematic Fieldwork.* Newbury Park, CA: Sage. 第一卷关注于访谈和其他实地调查的方法；第二卷则关注数据的管理和分析

在线练习

1. 民族志田野工作：阅读题为《来自阿巴拉契亚南部ASU民族志田野学校的报告》（"Papers From the ASU Ethnographic Field School in Southern Appalachia"）网页上的报告汇编（**http://www.acs.appstate.edu/dept/anthro/ebooks/ethno97/title.html.**）。

a. 阅读前言。在田野中，学生们能形成哪些在课堂讲授中无法学到的技能？

b. 找到报告《北卡罗来纳州阿利根尼县妇女的工作》（"Women's Work in Allegheny County, NC"）（**http://www.acs.appstate.edu/dept/anthro/ebooks/ethno97/efird.html.**），浏览该报告，特别留意引言、结论和附件。学生们学到了什么？本文中描绘的妇女与你所在社区中的妇女有何差异？

c. 仔细看作者的附件。她是如何搜集得出结论所需的信息的？有你认为应该添加的问题吗？为什么？

d. 至少再浏览一个其他章节，关注引言与结论。团队研究有什么优势？如果只有一个人进行这项在阿巴拉契亚的工作，你认为结果将会有什么不同？你认为民族志者独自一人完全理解整个社区可能吗？

2. 阅读芭芭拉·施耐德（Barbara Schneider）的短文《田野笔记在民族志知识构建中的作用》（"The Role of Field Notes in Constructing Ethnographic Knowledge"）（**http://www.stthomasu.ca/inkshed/nlett500/schneidr.htm**）。

a. 作者用了哪种研究方法？

b. 她的研究主题是什么？研究主题是如何随着时间的推移而变化的？

c. 作者关于民族志材料如何被阐释这一问题的担忧是什么？人类学家如何能避免这些问题呢？

请登录McGraw-Hill在线学习中心查看有关第12章更多的评论及互动练习。

链接

科塔克，《对天堂的侵犯》，第4版

阅读第1、2和12~15章。本书中讨论的哪些田野方法在阿伦贝培运用到了？阿伦贝培的研究是如何例证以下问题的：（1）纵向研究，（2）团队研究，以及（3）定量和定性方法？在本书和《对天堂的侵犯》一书中讨论的马林诺夫斯基的民族志是如何影响科塔克在阿伦贝培的田野工作的？

彼得斯－戈登，《文化论纲》，第4版

布劳尼斯娄·马林诺夫斯基的作品在本章关于民族志田野工作的讨论中被加以强调。马林诺夫斯基1914年到新几内亚的第一次造访建立了民族志传统：居于其中并与当地人和睦相处。使用当地人的语言和在某种文化自身场景中的田野工作。大约60年之后，人类学家安妮特·韦娜（Annette Weiner）也在特洛布里恩德群岛进行了自己的田野工作。她的发现既补充了马林诺夫斯基的早期作品也对其中的某些预设提出了质疑。阅读《文化论纲》第14章《特洛布里恩德岛民》。回顾关于田野工作的所学，你认为马林诺夫斯基和韦娜的研究进路有何不同？导致他们不同视角的可能原因有哪些？21世纪，人类学家面临的挑战有哪些？现代技术将如何改变人类学家田野工作的方式？

克劳福特，《格布斯人》

阅读第2章和第3章。根据第2章，在格布斯人中进行田野调查的困难和挑战是什么？在作者笔下，田野工作最大的愉悦和满足是什么？

根据第3章，列举Daguwa的死亡和死后作者在其"参与观察"中所"观察"和"参与"的事件。克劳福特在该章中描述或讨论了哪些他本人没有看到或参与的事件？描绘一下作者将与格布斯人相关的观察和谈话转换为民族志文本的过程。

根据第3章，在Daguwa的死亡和死后，克劳福特夫妇面临的最大的道德和伦理挑战是什么？如果是你，你会有不同的做法吗？

第13章
文化

文化是什么？

文化的概念一直以来都是人类学的基础。一个世纪以前，英国人类学家爱德华·泰勒就在《原始文化》（*Primitive Culture*）一书中提出，文化——人类行为和思想的系统——服从自然法则，并因此可以被科学地研究。泰勒对文化的定义也提供了对人类学主题的概观，并被广泛引用："文化……是一个复杂的整体，包含了知识、信仰、艺术、道德、法律、习俗以及作为社会成员的人习得的任何其他能力和习惯"（Tylor，1871/1958，p.1）。泰勒的文化定义中最为关键的一点是"作为社会成员的人所习得"，所以关注的并非人们通过生物遗传获得的特征，而是在特定的社会成长中获得的各种文化属性，因为人们在社会中处于一个特定的文化传统。**濡化**（enculturation）是孩子学习文化的过程。

文化是习得的

文化价值观是如何习得的例子，参见网络探索。

mhhe.com/kottak

生物文化研究个案

关于现代民族—国家中文化、民族和语言方面的统一性与多样性的细节，见第15章末的"主题阅读"。

见在线学习中心的在线练习。

mhhe.com/kottak

孩子们之所以可以轻松地吸收任何文化传统是依靠人类独一无二的复杂的学习能力。其他动物可能会从经验中学习，比如它们如果发现火会伤害到自己便会躲避。社会性的动物也从其群体成员那里学习。举例来说，狼会从周围的狼群学习狩猎技巧。这种社会性学习在我们最近的动物亲戚猴子和猿类种群里尤其重要。但是我们自己的文化学习却依赖人类独特的使用**象征**（symbols）符号的能力，这些符号与所表示或指代的事物没有必然或天然的联系。

在文化习得的基础上，人们也会创造、记忆，并且处理思想。他们把握并应用特殊的象征意义系统。人类学家克利福德·格尔茨（Clifford Geertz）把文化定义为文化学习和象征基础上的概念的集合。文化的特点表现为一系列"电脑工程师称为程序的对行为的管理控制机制，包括计划、方法、规则、指令"（Geertz，1973，p.44）。人们通过在特定的传统中涵化而吸收这些程序，并且逐渐把之前建立的意义和象征系统内化，用以定义自己的世界、表达感情和做出判断。这一系统有助于指导人们一生的行为和感觉。

每个人都会立即开始通过经历一个有意识和无意识学习以及同他人互动的过程来使其内化，或者通过濡化的过程将其整合到一个文化传统中。有时候，文化被直接传授，父母教育自己的孩子在他人送礼物给他们或者提供帮助的时候要说"谢谢"。

观察也可以传递文化。孩子们常常很关心周围的事物。他们会修正自己的行为并不只是因为其他人告诉他们应该这么做，也因为他们会进行观察，并且对文化中判断好坏的标准有了更多的了解。此外，文化在无意识状态下也会得到吸收。北美人获得的关于谈话双方应保持多远的距离的文化认知（见"趣味阅读"），并不是通过直接告诉对方多远的距离比较合适，而是通过持续不断地观察、体验以及有意识和无意识地改变自身行为的过程实现的。没有人告诉拉丁人要比北美人站得距离更近，这一点是作为文化传统的一部分而被习得的。

人类学家同意这种看法，即文化学习在人类群体里是独一无二的，并且所有人类都具有文化。此外，人类学家也接受19世纪的著名观点，"人类心智上的一致性"。这意味着，尽管个体在情感、智力倾向和能力上千差万别，但所有人类群体都具有同等的文化能力。无论基因或者外貌，人们都可以习得任何文化传统。

为了理解这一观点，不妨想想，当代的美国人和加拿大人都是来自世界各地的移民交叉通婚的后代。我们的祖先在生物性上是多样的，生活在不同的国家和大陆，拥有百千种文化传统。然而，早期殖民者、后期的移民还有他们的后代们都成为美国和加拿大生活方式的积极参与者。所有人现在都分享着同一种民族文化。

文化是共享的

文化并非个体本身的属性，而是个体作为群体成员的属性。文化在社会中才得以传递。难道我们不是从观察、听说以及同周围其他许多人的互动中学习我们的文化吗？分享共同的信仰、价值观、回忆和期望把成长在同一文化中的人们联系起来。通过为我们提供了共同的经验，濡化过程把人们统一起来。

今日的父母都是昨日的儿女。这些人如果是在北美长大，便会从代际中获得某种价值观和信仰。从自己的父母那里接受濡化过程的父母们又

文化冲击：马卡人寻求返回捕鲸的历史

《纽约时报》新闻简讯
作 者：萨拉·科尔沙（Sarah Kershaw）
2005 年 9 月 19 日

人类现在没有，也从未有过与其他人隔绝的生活。诸如婚姻、亲属关系、宗教、贸易、旅行、探险和征服等文化实践为不同的群体创造了联系。几个世纪以来，原住民更是被暴露在世界体系中。当代的力量和发生的事件使得即使是自治的幻想也很难维持。当今时代，如同这篇报道中的故事一样，本土文化和群体的成员必须留意的不仅仅是他们自己的习俗，还有国家和国际上实行的机构、法律和诉讼。在你阅读这篇报道和本章有关文化的内容时，请留意各种各样被声明的权利——动物权利、文化权利、经济权利、法律权利和人权——以及这些权利如何发生冲突。此外，还要思考那些决定当代人如马卡人如何生活和保持自己的传统的文化和政治规范（当地、地区、国家和全球）的层级。最后，思考马卡人捕鲸和商业捕鲸相比对鲸总量的最小影响。

捕鲸船被存放在一座木头做的库房里，已经闲置了 6 年了。它们最后一次派上用场是在马卡印第安人被允许带上他们的鱼叉和 0.50 口径的来复枪，启程奔赴他们自 20 世纪 20 年代后期以来的首次捕鲸。

这艘捕鲸船上有 8 个年轻人，一只红色的蜂鸟作为速度的象征画在船头。同时出海的还有载着其他捕鲸人的摩托艇，新闻直升机，以及动物权利活动家所乘的快艇，甚至还有一艘潜水艇。

1999 年 5 月 17 日，捕鲸旅程开始一周后，马卡人捕获了一只 30 吨重的灰鲸，他们先用鱼叉击中了它，然后用枪射击头部后侧杀死了这头灰鲸。

那个下雨的春日仍然铭刻在许多马卡人的记忆里，作为他们努力寻找自己的文化和历史之根的重要时刻。这是他们 70 年来首次捕鲸，也成为自从他们被法律规范禁止之后的最后一次。他们曾要求联邦政府允许他们重启捕鲸的活动，这项要求的公开讨论被安排在 10 月。

马卡人是一个大约 1 500 人的部落，居住在奥林匹克岛的胡安德夫卡海峡的入海口。他们认为自己是捕鲸者，并一直认为自己与鲸在灵性上相通。

"每个人都感到这是创造历史的一部分，"迈卡·L. 麦卡蒂（Micah L.McCarty），部落委员会成员这样描述 1999 年的捕鲸。"可以说，这次捕鲸激励了一个文化的复兴。激励了大批人在学习建造捕鲸小船的技能上更为积极；而年轻一代的兴趣更多是放在唱歌跳舞上。"

马卡人，这样一个成员大多数为捕鱼人的部落面临严重的贫困和高失业率，他们在 1855 年与美国政府的协议中被授予捕鲸的权利，这是获得这样的协议批准的唯一部落。上千年来，捕鲸一直都是这个部落的主要经济来源。

但是部落在 20 世纪初期决定停止捕鲸，那时商业捕鲸已经使得这些物种几近灭绝。捕鲸后来在美国国内和国际上都受到严格限制，美国把北太平洋灰鲸列为濒危物种，而这曾是马卡人最经常捕杀的鲸鱼。

保护政策帮助鲸鱼种群的繁衍，在 1994 年得以从濒危物种名单中除去。几年之后，马卡人再次获得捕鲸许可，同时还获得 10 万美元的联邦资助用于设立一个鲸鱼委员会。

直到他们做好准备要去捕鲸的时候，已经没有马卡人曾见过捕鲸或者尝过鲸鱼肉，大家只是听到过代代传下来的故事。他们知道鲸鱼是马卡文化最重要的标志。部落今天的标志画的也正好是一只鹰站在一条鲸鱼上。在 18 世纪和 19 世纪早期，部落的经济也建立在与欧洲人交易鲸油获利的基础上，鲸油可以用于取暖和照明。

在 1999 年捕鲸活动之前的一年时间内，马卡人的捕鲸新手们为他们神圣的事业做准备，在太平洋的冰冷而波浪起伏的水中，乘坐着捕鲸小船训练技巧，并且不断祈祷，早晨在海岸上，傍晚时在码头上。

动物权利群体也已经准备好了。当捕鲸开始时，这个小小的印第安人居留地和周边的水面上布满了新闻直升机和抗议群体。在那个 5 月的下午，当抗议者们离开了居留地之后，马卡人杀死了他们捕得的鲸鱼。他们在海滩上举行了盛大的庆典，15 个男人正等着屠宰这庞大的动物，之后鲸肉将会被腌制和炖掉。

但是抗议者和电视摄像机"已经从鲸鱼身上带走了大量的灵性"，戴维·索尼斯（Dave Sones），部落委员会的副主席这样说道。

麦卡蒂先生说："我把这种行为等同于打扰大弥撒仪式的进行。"

马卡人在 2000 年又出海捕鲸，

这次基本没受到关注，他们划着32英寸长雪松制成的捕鲸船，但是这次毫无所获。这之后不久，包括美国人道协会在内的动物权利保护群体，要求禁止捕鲸。在2002年，一项法院禁令宣布捕鲸为非法，认为国家海洋和大气管理局没有充分研究马卡人捕鲸对于鲸鱼种群生存的影响。

尽管捕鲸有着来自国内和国际的严格限制，几个阿拉斯加原住民部落，他们几个世纪以来都是靠捕鲸为生，还获得了1972年的海洋哺乳动物保护法案的豁免，该法案允许他们捕猎北极露脊鲸。这些物种不同于灰鲸，已经被列为濒危物种，海洋局发言人布莱恩·高曼（Brian Gorman）这样说道。

尽管在他们签订的协议中具有捕鲸权利，马卡人在1972年的法案中也没有被赋予豁免权。上周二，部落要求海洋局放弃授权，即允许他们在任何5年期间捕猎20头灰鲸的永久权利，他们坚持在1855年的协议中已经获得了这一权利。

马卡人的要求"开了一项危险的先例"，人道协会的海洋哺乳动物专家奈奥米·罗丝（Naomi Rose）这样说。

罗丝女士说，阿拉斯加的捕猎"是真正的谋生手段"，但是马卡人把捕鲸几乎看做是庆典似的，为了追求"文化上的捕鲸"，这并不是他们食物来源的基本需要。

她说，"还存在太多其他的不良诉求者"也试图申请豁免。马卡人"享有协议中的权利，但是我们要求他们不去实践，"她说。不过，包括绿色和平组织在内的其他环境保护群体，虽然坚决反对商业捕鲸，却在马卡人的诉求上保持中立。

"没有哪个原住民的捕猎曾经破坏鲸群总量，"约翰·霍克瓦尔（John Hocevar），绿色和平组织的海洋专家这样说，"而且看看其他对鲸鱼的巨大威胁，然后把马卡人的捕鲸放到这个背景中考察，就会发现十分不同。"

来自联邦渔业局的高曼先生说："他们的确拥有美国政府签署的协议权利，而这一点并不需要一位国际法律师来判定。"

来源：Sarah Kershaw, "In Petition to Government, Tribe Hopes for Return to Whaling Past," *New York Times*, September 19, 2005, p. A16.

变成了下一代子女濡化的媒介。尽管文化经常变化，这种基本的信仰、价值观、世界观和子女教养实践却是长久不变的。不妨举一个发生在美国的简单例子，解释关于长期共享的濡化过程。小时候，如果我们不好好吃饭，父母就会让我们联想一下国外生活的那些忍饥挨饿的孩子们，就像祖父母们那些早一代的人们做的那样。当然这些原来贫困的国家也会不断发展（中国、印度、孟加拉国、埃塞俄比亚、索马里、卢旺达——你家里用来作对比的是哪个国家？）。尽管如此，美国文化总是不断地传播这样的说法，通过把盘子里甘蓝或花椰菜吃个精光，我们就能表明自己比那些生活在贫穷或饱受战争蹂躏的国家中的饥饿的孩子们运气好很多。

尽管一种美国特色的观点认为，人们应该"自己做决定"以及有"坚持自己观点的权利"，基本上我们所想到的都不是原创或者唯一的。我们与众多人共享观点和信仰。这种共享的文化背景是很有影响力的。举例来说，对于那些在社会、经济和文化上与我们相似的人们，我们很可能同意他们的观点或者与之交往感到更为舒服。这就是为什么美国人到了国外都更愿意与美国人彼此来往，就像法国人和英国殖民者在其海外殖民地的做法一样。长着同样羽毛的鸟儿常常聚集在一起，对于人来说，文化就是人类的羽毛。

文化是象征的

象征思想对人类和文化学习都是独特而重要的。人类学家怀特（Leslie White）把文化定义为：依靠象征符号……文化由工具、器物、器具、衣服、装饰物、风俗习惯、公共机构、信仰、仪式、游戏、艺术作品、语言等组成（White，1959，p.3）。

怀特认为，文化起源于我们祖先获得了使用象征符号的能力，也就是说，发明或者赋予一种物品或事件某种意义，并且相应地掌握和欣赏这种意义的能力（White，1959，p.3）。

象征是某种口头或非口头的事物，在特定语言或文化中，用来表示另外的某个事物。象征及其指代物之间没有明显的、天然的或者必然的联系。对于一只吠叫的动物，把它称之为 dog 还是 chien、hund、mbwa（分别是法语、德语和班图语对"狗"的叫法）一样都不是天然具有什么联系。语言是智人拥有的独特财产。没有其他动物创造了接近语言复杂性的事物。

象征通常是语言的。但是也有非语言形式的象征符号，例如旗帜代表我们的国家，金双拱代表麦当劳汉堡连锁店。圣水是罗马天主教中很有力量的符号。正如对所有符号一样，符号本身（水）与所代表的（神圣）事物之间的联系是武断的并且是传统上设定的。水本身并不比牛奶、血或者其他天然的液体更加神圣。也并非圣水在化学成分上与普通的水有何差异，圣水作为罗马天主教内部的象征，是国际文化系统的一部分。自然的事物被人们强行同天主教中特定的意义联系，在学习基础上分享共同的信仰和经验，并在代与代之间传递。

成百上千年来，人类共享这种文化赖以存在的能力。人们拥有这些能力，是为了能够不断学习，以象征的方式思考、控制语言，并使用工具和其他文化产品，以组织自己的生活并协调周围环境。当代所有人类群体都有能力使用象征符号，并因此创造和维持自己的文化。我们的近亲，如黑猩猩和大猩猩，具有初步的文化能力。然而，没有其他动物建立起与智人程度相当的文化能力，如学习、交流和储存、加工和使用信息。

文化与自然

文化可以处理我们与其他动物都具有的自然生物需求，并教会我们如何以特定的方式表达这些需求。人一定要吃饭，但是文化会告诉我们吃什么、何时吃还有怎么吃。许多文化中人们的主餐是在中午，但是大多数北美人喜欢大型的晚餐。英国人早餐吃鱼，北美人更喜欢吃热蛋糕和冷的谷类食物。巴西人会在浓咖啡中添加热牛奶，北美人则把冷牛奶倒入比较淡的咖啡中。美国中西部人下午 5 点或 6 点吃饭，西班牙人则是在晚上 10 点。

理解我们自己

美国人有时候在理解文化的力量上存在困难，因为美国文化更强调个人观念。美国人喜欢说，每个人在一些方面都是独一无二的、特别的。在美国文化里，个人主义本身就是一个独特的、共享的价值观，是文化的属性之一。个人主义通过我们日常生活中的大量评论和场景而传递。比如，看一小时早间电视节目，如《今日秀》（Today Show）。数一下有多少故事是有关个人的，尤其是个人的成就。与那些主要讲述群体成就的故事数量比较一下。从日间电视节目中最近的罗杰尔先生（儿童电视节目《芝麻街》的主持人）到"现实生活"中的父母、祖父母和老师，我们的濡化媒介们都坚持我们是"特别的人"。也就是说，我们的宗旨是，个人第一，集体第二。这与本章讨论的文化正好相反。毫无疑问，我们都具有自身特点，因为我们都是不同的个体，但是我们也具有其他与此不同的特征，因为我们是群体的成员。

🔘 随书学习视频

在巴西卡内拉长大

第13段

本段的主题是巴西的卡内拉印第安人，在第 12 章中也提到过他们。本段的关键人物之一是男孩 Carampei，1975 年时，他 4 岁。另一人物是小男孩的"正式朋友"，小男孩的手指被烧到，然后受到了妈妈的训斥。这一段讲述的是卡内拉人的濡化过程，也就是孩子们学习自己的文化的各种各样的方式。Carampei 的足迹如何显示出他对于卡内拉生活节奏的学习呢？这一段视频可以展示孩子们在年龄很小的时候开始学习做有用的事，但是孩童时期的活泼快乐和感情延长到了成年时期。正式朋友的行为如何说明这种活泼快乐？请注意卡内拉文化是如何在那些与生存活动相交织的歌曲、舞蹈和故事中整合在一起的。从一个主位的视角来看，猎手的舞蹈的功能是什么？思考这一片段如何显示濡化过程中的正式与非正式，以及有意识和无意识方面。

文化上的习惯、观念和创造对"人类本性"的塑造是多向的。人们必须从身体中清除粪便等废物。但是一些文化教导人们应该蹲下排便，而另外一些则认为应坐下来完成。在上代人及以前的包括巴黎在内的法国城市中，男人在街头小便池中小便是种习俗，这种小便池几乎没有什么遮蔽，可以说是公共场合，但他们似乎没有觉得尴尬和不好意思。我们的"盥洗室"习惯，包括粪便处理、洗浴和刷牙，都是文化传统的一部分，这些把自然的事实转化成了文化的习俗。

主题阅读

关于现代民族—国家中文化、民族和语言方面的统一性与多样性的细节，见第 15 章之后的"主题阅读"。

我们的文化和文化变迁影响着我们感知自然、人类本性以及所谓"天生具有"的方式。通过科学、发明和发现，文化进步已经克服了众多"自然的"限制。我们预防并治疗疾病，例如脑灰质炎和天花，这些疾病曾击垮我们的祖先。我们利用伟哥来重获和提升性能力。通过克隆技术，科学家们改变了我们思考有关人类的生物性身份和生命本身的意义的方式。当然，文化并没有让我们彻底摆脱自然的威胁。飓风、洪水、地震和其他自然力量不断地挑战我们试图通过建筑、发展和扩张而改变环境的渴望。你还能想到自然袭击人类及其创造物的其他方式吗？

文化是涵盖一切的

对于人类学家来说，文化包含比优雅、品位、哲学、教育和对美好艺术的赞赏要多得多的内容。并不是只有大学生，而是所有人都是"文化"人。最有趣也是最重要的文化力量是影响着人们日常生活的，尤其是那些影响孩子的濡化过程的文化。文化，按照人类学的定义，包含着那些有时被严肃的研究认为是微不足道或者没有价值的特征，例如"大众"文化（见附录 3）。想要理解当代的美国文化，必然要思考电视、快餐店、运动和游戏。作为一种文化展演方式，摇滚明星可能同交响乐指挥一样有意思，漫画书可能同图书奖获得者一样意义重大。

文化是整合的

文化并非习俗和信仰的偶然集合。文化是整合在一起的模式化的系统。如果系统的某部分改变（例如经济），其他部分也会相应变化。例如，在 20 世纪 50 年代，大多数美国妇女都会把自己的一生安排成家庭主妇和母亲角色。但是，今天大多数在大学就读的女性都期待毕业后获得一份薪水不错的工作。

经济变迁的社会反映是什么？答案是关于婚姻、家庭和孩子的态度和行为都已经发生了变化。晚婚、"同居"和离婚变得越来越普遍。美国女性的初婚平均年龄从 1955 年的 20 岁提升到了 2003 年的 25 岁。男性则从 23 岁提升到了 27 岁（U.S. Census Bureau，2003）。目前美国人的离婚数量超过 1970 年的 400 万对的 4 倍，达到 2004 年的 2 200 万对（Statistical Abstract of the United States，2006）。工作与婚姻和家庭责任产生竞争，并减少了在养育子女上所花费的时间。

文化的整合并非仅仅通过主要的经济行为和相关的社会模式，还有一系列价值观、思想、象征和判断。文化培养个体成员，使得他们能够共享一些人格特点。一系列中心特点或者核心价值观（core values）（关键的、基础的或者中心的价值观）将每个文化整合在一起，并由此区分出文化的不同。例如，工作伦理和个人主义是几代以来整合美国文化的核心价值观。不同类型的主流价值观影响着其他文化的模式。

文化可以是适应的也可以是适应不良的

如同我们在第 1 章中看到的，人类处理环境压力时有生物和文化两种方式。除了我们生物学意义上的适应，我们也会谈到"文化的适应工具"，包含了习惯的行为和手段。尽管人类从生物性角度也处于不断适应的阶段，依赖社会和文化意义的适应性随着人类进化而不断增强。

在有关人类文化行为的适应性特点的讨论中，我们应认识到，对个体有利不一定对群体有利。有时候，适应性行为提供了对特定个体的短期收益，却可能损害环境并威胁群体的长期生存。经济增长可能使某些人获益，但是也会耗尽整个社会或后代所需的资源（Bennett，1969，p.19）。除了文化在人类进化中的适应性的重要

触摸、情感、爱和性

比较美国和巴西或者事实上任何拉丁国家，我们都能看到惊人的文化差异，一个文化倾向于避免身体接触和情感的表达，而另一个则完全相反。

"别碰我。""把你的手拿开。"这些话在北美一点都不少见，但是他们实际上在巴西这个西半球第二大人口大国基本听不到。巴西人喜欢比北美人更多的身体接触（亲吻）。世界上的文化在有关情感的表达和个人空间问题上有着巨大的观念差异。当北美人谈话、走路和跳舞时，他们与他人保持一定距离，即所谓个人空间。巴西人的身体距离则较少，并且认为距离太远是冷淡的标志。当一个巴西人同一个北美人交谈时，通常会往前走近，同时北美人则"本能地"往后退。在这些身体动作中，无论是巴西人还是北美人，都不是说要特意表示友好或者不友好。双方都仅仅是在实践自己多年生活在特定文化传统中形成的文化习惯。因为关于恰当社会空间的看法不一，国际会议场所如联合国的鸡尾酒会有点像精心准备的昆虫交配仪式，来自不同文化的外交官们时而前进、时而后退、时而避让。

关于巴西和美国的文化差异的一个很明显的例子是关于亲吻、拥抱和触碰。巴西的中产阶级教育他们的孩子——包括男孩和女孩——亲吻（脸颊，二至三次，来来去去）每个见到的成年

亲属。在巴西，人们有很大的扩大家庭，这意味着可能有上百个亲戚。女性在一生中都在不断亲吻他人。她们会亲吻男性和女性亲属、朋友、朋友的亲属、亲属的朋友、朋友的朋友，以及如果看起来比较合适的话，还有更多随机认识的人。男性一直在亲吻女性亲属和朋友。直到他们的青春期，男孩也在亲吻成年的男性亲属。巴西男人欢迎他人的典型方式是热情的握手和传统的男性拥抱（abraço）。关系越亲密，拥抱越紧，拥抱的时间越长。这些做法也可以用于兄弟、表兄弟、叔侄和朋友。许多巴西男人一生都会亲吻他们的父亲和叔叔。会不会是因为对同性恋的恐惧（害怕同性恋）阻止了美国男人对其他男人表达自己的感情？美国女人是否比男人更可能相互表达感情呢？

像其他曾经在拉丁文化中生活过一段时间的北美人一样，当我回到美国之后，我开始怀念那不计其数的亲吻和握手。在巴西生活了几个月后，我发现北美人有点冷淡。许多巴西人也有同感。我曾听到过意大利裔美国人在描述其他背景的美国人时表达过类似的体会。

问题：民族中心主义倾向于把自己的文化看做优等的文化，并且把自己的文化价值观用于评判其他文化的人们的行为和信仰。你是否在表达感情的问题上存在民族中心主义立场呢？

根据临床心理学家克利米克（David E.Klimek）的说法，他曾经写过美国的亲密关系和婚姻的文章，"在美国社会，如果我们超出了简单的触碰，我们的行为就会带上一些性的含义"（引自Slade，1984）。北美人用性来解读男女之间的感情。爱和感情被认为是把婚姻双方结合在一起的基础，两者最终混合成为性。当一位妻子要求丈夫"带点感情"，她或许在表示，或者丈夫会认为她指的是——性。

北美人对爱、感情和性缺乏清晰的界定在情人节这天表现得很明显。情人节过去一直都仅仅是情人的节日。情人节礼物过去只是送给妻子、丈夫、女朋友和男朋友的。现在，经过贺卡制造工业多年的推动之后，人们也送礼物给母亲、父亲、儿子、女儿、叔叔和阿姨。也就是说，性与非性的感情界限变得模糊。在巴西，情人节是非常特殊的，而母亲、父亲和孩子们都分别有自己的节日。

当然，在一段美好的婚姻中，爱与感情是伴随着性存在的。然而，情感并不一定就意味着性。巴西文化表明，在没有性关系（或者对不恰当性关系的恐惧）的情况下也可以有热烈的亲吻、拥抱和接触。在巴西文化里，身体表达能够帮助巩固许多种亲密的个人关系，这些关系一点都不含性的成分。

作用之外，文化特性、模式和发明也可能是适应不良的，威胁群体的持续存在（生存和繁殖）。空调帮助我们对抗炎热，就像火鹤皮毛保护我们抵御寒冷一样。汽车使我们可以轻松过着往返于家里到工作地点的生活。但是这种"有益的"技术所产生的副产品却制造出新的问题。化学物质的排放加重了空气污染、破坏臭氧层，导致全球变暖。许多文化模式，例如过度消费和污染从长远来看都是适应不良的。

文化与个体：能动与实践

几代人类学家都曾讨论过"系统"与"个人"或"个体"两方面的关系。"系统"可以指多种概念，包括文化、社会、社会关系和社会结构。个体的人总是系统的建构者和创造者。但是，生活在系统中的人类也受到系统的规范以及其他个体的行为的约束（至少是在某种程度上）。文化规则为人们提供了做什么和如何做的指导，但是人们并不总是生搬硬套。人们会灵活而有创造性地运用自己的文化，而不是盲目遵从。人类不是被动地注定要像被编好程序的机器人一样遵守文化传统。相反，他们会以不同的方式学习、解释和运用相同的规范，或者会有意强调那些符合自己兴趣的不同规范。文化是竞争性的：社会上不同的群体不断地相互竞争，决定哪一方的思想、价值观、目的和信仰获胜。甚至普通的符号也可能会对同一文化中的不同个体和群体具有完全不同的意义。麦当劳的金色拱门标志可能会让一个人馋得流口水，而另外一些人却会发动素食主义的抗议。挥舞同样的旗帜可能表示支持，也可能是反对某次战争。

即使在该做和不该做之间达成了一致，人们也并不总是像自己的文化指向的或他人所期待的那样做。许多规则都曾被违反，一些则是经常性的（例如汽车限速）。一些人类学家发现，区别理想文化和现实文化是有必要的。理想文化包括人们口中所说的自己应该做的和确实做的事情。现实文化指的是他们实际的行为，如人类学家观察到的。这种对比就像上一章中讨论的主位与客位的区分。

文化既是公共的，又是个体的，既在世界中也在人们的思想中。人类学家不仅对公共的可收集到的行为感兴趣，还包括个体如何思考、感觉和行动。个体与文化的关联是因为，人类的社会生活是个体把公共的（例如文化的）信息的含义加以内化的过程。继而，只有在群体中，人们才可以通过把私人（并且常常是分歧的）理解转化为公共表达而影响文化（D'Andrade，1984）。

在传统意义上，文化一直都被看做是代代相传的社会黏合剂，通过人们的共同历史而把人们凝聚在一起，而不像现在这样，文化被认为是事物不断被创造或者再造的过程。那种把文化看作一个实体而不是一个过程的趋势正在发生改变。当代人类学家强调日常的行为、实践或抵抗如何制造和再造文化（Gupta，Ferguson 主编，1997b）。能动指的是个体在形成和转变文化特性中所采取的行动，包括单独的和群体性的。

文化研究中被称为实践理论（Ortner，1984）的观点认为，社会或文化中的个体有多种动机和目的，以及不同程度的权力和影响（见附录1）。这种对比可能同性别、年龄、民族、阶层和其他社会分类体系相关联。实践理论主要关注，这种多种形式的个体如何——通过他们的正常和超常的行为和实践——成功地影响、创造和转变其所生活的世界。实践理论认为，在文化（系统）和个体之间存在互惠关系。系统塑造了个体体验和回应外部事件的方式，但是个体也在社会功能和变迁中发挥积极的作用。实践理论认为，文化和社会体系既对个体有约束和形塑，也具有一定的灵活性和可变性。

文化的层次

当今世界不同层次的文化之间的差异显得越来越重要，如国家的、国际和亚文化的。**国家文化**（national culture）指的是同一国家内的民众共享的信仰、习得的行为模式、价值观和制度。**国际文化**（international culture）是超越并横跨国家边界的文化传统。因为文化是通过习得而不是遗传获得的，所以文化特征可以通过一个与另一个群体之间的采借或者扩散传播。

由于存在文化的采借、殖民主义、移民和跨国组织，许多文化特点和模式成为世界范围内存在的文化特征。例如，在不同国家，罗马天主教得以透过其教会的传播拥有共同的信仰、象征符号、宗教经验和价值观。当代美国、加拿大、英国和澳大利亚共有的文化特点是他们从其共同的语言和文化上的祖先英国那里传承而来。世界杯业已成为国际性的文化事件，世界上许多国家的人们都了解足球、踢足球并且关注足球。

文化也可以小于国家的范围（参见 Jenks, 2004）。尽管生活在同一国家的人们享有一个国家的文化传统，然而所有文化都具有多样性。文化内部的不同个体、家庭、社区、地区、阶层和其他群体都具有不同的习得文化的经验，以及不同的共享文化。**亚文化**（subcultures）指的是同一个复杂社会中的特定群体相联系的具有不同象征基础的模式和传统。在大型国家如美国或加拿大，亚文化会产生于不同地区、种族、语言、阶层和宗教。犹太人、浸信会基督徒、罗马天主教徒的宗教背景构成了这些人不同的亚文化差异。即使是拥有同一种国家文化，美国北部和南部的居民也在其信仰、价值观和习俗行为等方面存在差异，主要是地区差异的结果。同在加拿大，存在说法语和说英语的不同的加拿大人。意大利裔美国人具有同爱尔兰人、波兰人和非裔美国人不同的道德传统。表 13.1 以体育运动和食物为例，列举国际文化、国家文化和亚文化的差异。足球和篮球是国际性的体育运动。大脚怪卡车挑战赛（Monster-truck rally）是一种源自意大利的类似木球的运动，在意大利裔美国人的居住区附近仍然有人玩。

现在的许多人类学家不愿意用亚文化这一词汇。他们感觉"sub-"的前缀很无礼，因为它似乎隐含有"低级"的意思。"亚文化"可能因此被认为是"少于"或者甚至劣于统治的、精英的或者国家文化。在上文对文化层次的探讨中，我并没有这些隐含意义。我想说的只是国家内部可能包含许多不同文化界定的群体。如之前所说，文化是竞争性的。各种群体都会在同其他群体或者作为整体的国家相比较过程中，努力促进自我实践、价值观和信仰的正确性和价值。

民族中心主义、文化相对论和人权

民族中心主义是把自己的文化看作高级的文化，并倾向于利用自己的文化价值观来评判其他文化中成长的人们的行为和信仰。我们总是无时无刻地听到民族中心主义的言论。它本身具有文化普遍性，而且有助于社会凝聚力，亦即同一个文化传统的人们的价值观和集体感。世界上每个角落的人们都会认为自己所熟悉的解释、观点和习俗是真实的、正确的、恰当的和符合道德的。他们认为与自己不同的行为是怪异的、不道德的或者野蛮的。人类学著作中的部落名称常来自土著如何称呼人类。"你们被称为什么人？"人类学家这样问。"Mugmug。"报道人回答。Mugmug 可能翻译过来与 people 是同义词，但它或许也是本土人称呼自己的仅有词汇。其他的部落被看做是不完全的人。相邻群体的那些不完全意义上的人不属于Mugmug，而是被赋予了不同的名字，象征其劣势的人性。临近的部落或许会由于他们的习俗和偏见而遭到嘲笑和侮辱。他们或许会因为被看成是食人族、小偷或者不掩埋死者的人而遭到严厉的指责。

与民族中心主义相对的是**文化相对论**（cultural relativism），这种观点认为一种文化中的行为不应由另一文化的标准来评判。这种立场也可能造成问题。极端的文化相对论认为世上没有高级的、国际性的或者普遍的道德，所有文化中的道德和伦理规范都应受到同等的尊重。于是，在这种极端相对

主题阅读

关于现代民族－国家中文化、民族和语言方面的统一性与多样性的细节，见第 15 章之后的"主题阅读"。

表13.1	文化的层次，来自体育运动和食物的例子	
文化的层次	体育运动的例子	食物的例子
国际的	足球、篮球	比萨
国家的	大脚怪卡车挑战赛	苹果派
亚文化	地掷球	Big Joe猪肉烧烤（南卡罗来纳）

主义论调里，纳粹德国可能会与雅典希腊一样，被认为不需要接受审判。

当今世界，人权倡导者在挑战文化相对论的许多原则。举例而言，非洲和中东的某些文化有改变女性生殖器官的习俗。阴蒂切除术（clitoridectomy）是切除女孩的阴蒂。阴部扣锁法（infibulation）指的是把阴道外的阴唇缝合以压缩阴道的扩张。所有这些手术都降低了女性的性快感，并且一些文化认为，这么做会减少通奸的可能性。在一些社会中，这两种手术或者其中之一一直都是传统，但是这种行为的主要结果就是女性阴道毁损（FGM），因此遭到了人权倡导者的反对，尤其是妇女权利群体。以上得出的观点是，传统侵害了基本的人权：对人的身体和性征的摆布和侵犯。尽管这些实践在特定的地区还继续存在，但是因为这一问题已经引起了世界范围内的关注，同时性别角色发生了改变，所以已经日渐减少。一些非洲国家已经禁止或者不鼓励这种手术，西方国家接受来自这些文化的移民时也采取同样举措。类似的问题也发生在割包皮手术和其他男性生殖器手术上。像美国进行的此类常规手术一样，在没有获得本人同意的情况下割掉男婴的包皮是否正确？像在非洲和澳大利亚某些地区的传统里存在的情况，要求成年男子实行集体割包皮手术来符合文化传统是不是合适的？

一些人可能会认为相对论的问题可以通过区分方法论上的相对论与道德相对论而得到解决。在人类学中，文化相对论并不是一种道德立场，而是一个方法论观点。它认为：为了完整地理解另一个文化，你必须尝试发现这一文化里的人们如何看待事物。是什么激发他们——他们在想什么——什么时候来做这些事情？这样的观点并不排除做出道德判断或采取行动。当面对纳粹的残暴时，方法论上的相对论必然有着道德的义务去停止进行人类学研究，并采取干预行动。在FGM例子中，只能从参与其中的人们的观点去看问题才能理解实践的动机。理解之后，人们便会接着面对是否干预进行阻止的伦理问题。我们应该也认识到，生活在同一社会中的不同人们和群体——例如，男人和女人、老人和年轻人、权力大的人和权力小的人——他们对于何为正确、必要和道德的看法是非常不同的。

人权（human rights）的观点涉及的是正义和道德的领域，超出并高于特定的国家、文化和宗教。人权通常被看作个体被赋予的权利，其中包括言论自由、信仰宗教而不受迫害，和不被杀害、伤害、奴役或者没有被起诉的情况下监禁的权利。这些权利并非特定政府制定并强制实施的普通法律。人权被看成是不可夺取的（国家不能剥夺或者终止）和国际性的（大于并高于个体性的国家和文化）。有4份联合国文件详述了几乎所有人权，且已经被国际社会所承认，它们分别是《联合国宪章》《世界人权宣言》《经济、社会和文化权利国际公约》《公民和政治权利国际公约》。

伴随着人权运动的进行，一种对保护文化权利的需求逐渐兴起。不同于人权，文化权利并不是指向个人，而是群体，例如宗教、少数民族和原住民。文化权利（cultural rights）包括群体保护自身文化的能力、以其祖先的方式养育孩子的权利、延续其语言的能力，以及不被其所处国家剥夺经济基础的权利（Greaves, 1995）。许多国家都签署了公约，承认国家内的文化弱势群体的相关权利，例如自我决定权、家园规则，以及实践群体的宗教、文化和语言的权利。土著知识产权法（IPR）的概念被提出，试图保护每个社会的文化基础——它的信仰和原则。IPR作为文化权利，允许土著群体控制谁可以知道和使用他们的集体知识和其运用。大量传统文化知识都有商业价值。包括民族医学（传统医学知识和技术）、化妆品、植物培养、食物、民俗、艺术、手工艺、歌曲、舞蹈、服饰和仪式。根据IPR概念，特定群体可以决定本土知识和其产品是否使用和分配，以及获得补偿的程度。

文化权利的观点是同文化相对论相关联的，后者曾在前面探讨过。要是文化权利妨碍了人权该怎么办呢？我认为人类学的主要工作是展现准确的文化现象的理由和解释。人类学家并不是必须赞同如杀婴、食人和折磨人肉体的习俗，才能记录它们的存在和决定它们导致的结果以及隐含其中的动机。但是，每个人类学家都可以选择某个具体的田野调查地点。一些人类学家选择不研究某个特定文化，因为他们提前发现或者在田野调查初期发现了一些他们认为在道德伦理上不可以接受的实践行为。人类学家尊重人类多样性。大多数民族志试图在评价其他文化时客观、准确和敏感。然而，客观性、敏感性和跨文化的视角并不意味着人类学家不得不忽视国际社会对正义和道德的标准。你认为呢？

普遍性、一般性和特殊性

在研究空间和时间上的人类多样性时，人类学家划分出普遍性、一般性和特殊性的区别。某些特定的生物、心理、社会和文化特征是**普遍性的**（universal），在每个文化中都可以找到。其他的则仅仅是**一般性的**（generalities），某些文化中比较普遍，但是并非所有人类群体都具有。还有另外一些特点是**特殊性的**（particularities），只独特地存在于特定文化。

普遍性

普遍性的特征是基本区分智人种和其他物种（参见 Brown，1991）的特征。生物基础上的普遍性包含了长期幼儿依赖、长年的性生活（而不是季节性的），和复杂的大脑，可以使我们有能力使用象征、语言和工具。心理层面的普遍性包括人类思考、感觉和处理信息的一般方式。大多数这种普遍特征可能反映了人类生物上的普遍性，诸如人类大脑的结构或者男人和女人以及儿童和成年人之间的体质差异。

社会意义上的普遍性体现在群体生活和某些家庭生活中。在所有人类社会中，文化将社会生活组织起来，并依赖社会互动来实现其表达和延续。家庭生存和分享食物是普遍特征。最为重要的文化普遍性包含外婚制和乱伦禁忌（禁止与近亲属结婚或成为配偶）。所有文化都认为一些人（不同文化在哪些人上有差异）的血缘太近，以至于两者不能成为配偶或结婚。违反这种禁忌便构成乱伦，不同文化中会以多种方式对其进行阻止和惩罚。如果乱伦是禁止的，外婚制——与自身群体之外的人结婚——便是不可避免的。因为它把人类群体结合为更大的网络，外婚制在人类进化中显得尤为重要。在其他灵长类动物的观察中也发现了外婚制的倾向。近来对猴子和猿类的研究显示，这些动物也避免同近亲交配，并且常常同所属群体外的配偶交配。

一般性

在普遍性和特殊性（见下一节）之间存在一个中间的状态，由一般性文化构成。这些一致性存在于不同的时间和空间，但是并非所有文化中都存在。造成这种一般性的原因之一是文化传播。群体可以通过采借或者从一个共同的文化祖先（文化）继承的方式而共享相同的信仰和习俗。使用英语交流是北美人和澳大利亚人共有的一般性文化特点，因为这两个国家都有英国定居者。另一个原因是统治，如殖民统治，一些习俗和特定程序被另外更为强大的文化强行施加到一个文化中。在许多国家，英语的使用都反映出殖民历史。近来，英语已经传播至许多其他国家，那是因为英语已经成为世界上商业和旅游最重要的语言。

文化一般性也可以通过同一文化特点或者两个或更多不同文化模式的独立发明而实现。例如，农耕产生于东半球（如中东）和西半球（如墨西哥）的独立发明。相似的需求和环境引发不同地域的人们以类似的方式创新。他们相互独立地发明了某个共同问题的相同文化解决办法。

还有一项文化一般性存在于大量文化中，但并非所有社会，那就是核心家庭，一种包括父母和子女的亲属关系群体。尽管所有中产阶级美国人都怀着民族中心主义的观点，认为核心家庭是一种适当的和"天然的"群体，但它其实并不是普遍性的。生活在印度马拉巴尔海岸的纳亚尔

文化侮辱，见在线学习中心的在线练习。

mhhe.com/kottak

（Nayar）人中便没有这种家庭形式。纳亚尔人的家庭类型是女性主导的，丈夫和妻子并不生活在一起。在许多其他社会，核心家庭是隐含在更大的亲属关系群体里的，例如扩大家庭、世系和宗族。然而，核心家庭在许多技术上比较简单的社会中比较显著，这些社会的人们以狩猎和采集为生。这也是当代中产阶级的北美人和西欧人的主要亲属群体。后面我们会给出核心家庭作为一种特定类型社会的基础亲属关系的解释。

特殊性：文化模式

文化特殊性指的是文化的某种特点或特性，并不是一般的或者普遍的特性；它只存在于某个单独的地点、文化或社会。然而，由于文化传播已经因为现代运输和通信系统而加速，曾经被限制在分布地的文化特征变得更为广泛。有用的、能够满足更大的群体能力的，以及与潜在接受者的文化价值观相冲突的文化特点更容易传播。然而，特定文化特殊性仍然存在。一个例子是特殊的食物（例如用芥末做底的酱料烤猪肉餐只在南卡罗来纳才有，或者在派中烤的牛肉馅饼则是密歇根的上部半岛的特色）。麦当劳食品曾经只是限于在加利福尼亚州的圣伯纳迪诺地区，通过传播现在已经传遍全球。除了传播之外还有其他原因解释文化特殊性正在急剧减少。许多文化特征作为文化普遍性，并且作为一种独立发明而共享。面对相似的问题，不同地域的人们得到类似的解决办法。一次又一次，相似的文化原因造成了相似的文化结果。

在单一的文化特征或元素的层面上（例如，弓和箭、热狗、MTV），特殊性或许正变得越来越稀少。但是在更高层面上，特殊性开始越来越明显。不同文化强调不同的事物。文化有不同的整合和模式化方式，展现出巨大的变异性和多样性。当文化特征被采借后，被修正以适用于采借者的文化，并被重新整合，即再次模式化，以适应新环境情况。德国或巴西的MTV和美国的MTV不完全是一回事。正像之前的章节中谈到"文化是整合的"，模式化的信仰、习俗和实践把差异性带

给了特定的文化传统。

不妨思考一下普遍存在的生命周期事件，诸如出生、青春期、结婚、为人父母和死亡，是许多文化均会庆祝或纪念的事件。事件可能是相同和普遍的场合（例如婚姻和死亡），但是纪念方式或许具有戏剧般的差异性。文化恰恰在值得庆祝的事件上存在不同。例如，美国人认为豪华的婚礼比奢侈的葬礼更合适。然而，马达加斯加的贝齐寮人（Betsileo）却持反对看法。婚姻庆典是小型事件，仅仅把夫妻双方和少量的近亲属聚集在一起。然而，葬礼却是死者的社会地位和一生贡献的衡量，可能会吸引上千人参加。贝齐寮人说，人既然可以把钱花在坟墓这个同死去的亲属永远相伴的地方，为何还要把钱花在房子上？这与当代美国人梦想有自己的房子，却希望采用又快又便宜的葬礼的想法可以说天差地别。火葬是美国越来越多人采用的一般选择，而这可能会吓坏贝齐寮人，对他们来说，祖先的骨头和遗物是重要的仪式物品。

文化在信仰、实践、整合和模式上存在巨大的差异。通过关注并试图解释其他习俗，人类学促使我们重新评价我们早已熟悉的思考方式。在充满文化多样性的世界中，当代美国文化仅仅是其中一种文化变量，或许是其中比较强大的，但却绝不比其他的文化更"自然"。

文化变迁的机制

文化为何变迁又如何变迁？文化变迁的一种方式是**传播**（diffusion），或者文化之间采借文化特征。这种信息和产品的交换贯穿着人类的历史，因为文化从未被真正隔离过。相邻群体的接触总是存在并扩展到更广阔的地区（Boas，1940/1966）。在两种文化有贸易往来，通婚或者一方向另一方发动战争的情况下，传播直接发生。在一个文化抑制另一个并把它的习俗强加给被支配的群体时，传播则是强加的。在文化特质从A群体经由B群体到C

群体，在 A 和 C 之间不是第一手的接触的情况下，传播则是间接的。在这种例子里，B 群体可能是生意人或商人，他们把商品从多个地方运送到新的市场。或者 B 群体可能是在地理位置上正好坐落于 A 和 C 之间，这样它从 A 处获得的文化最终都会传到 C，或者反之。在当今的世界，大量跨国传播则主要是由于大众媒体的发展和高级信息技术。

涵化（acculturation），作为第二种文化变迁机制，是文化特征的交换及群体不断直接接触的结果。任何一个或两个群体的文化可能都会因为这种接触而变化（Redfield, Linton and Herskovits, 1936）。发生涵化的情况下，文化的某些部分变化了，但是群体本身仍然保持其独特性。在不断接触的条件下，文化可能相互交换并结合事物、食谱、音乐、舞蹈、服饰、工具、技术和语言。

涵化的一个例子便是混杂语言（pidgin），一种混合的语言，它的出现是为了方便相互联系的不同社会之间的交流。这通常在贸易或殖民的情况下出现。例如，混杂的英语是英语的简化形式。它结合了英语语法和本地语言的语法。混杂英语最早出现于中国港口的通商中。类似的混杂英语在巴布亚新几内亚和西非都有出现。

独立发明（independent invention）——人类创新的过程，有创造力地发现问题的解决办法——是文化变迁的第三种机制。面临可比较的问题和挑战，不同社会的人们却以相似的方式展开创新和变迁，这也是文化一般性存在的原因之一。一个例子是农业在中东和墨西哥的独立创造。人类历史进程中，主要创新已经在更早的那些创新的基础上得以传播。主要的创新如农业，常常引发一系列连续的、相关联的变迁。这些经济变革也会反映在社会和文化领域。因此，在墨西哥和中东，农业导致了许多社会、政治和法律变迁，包括财产观念和财富、阶层和权力的区别（了解更多文化变迁理论，请见附录 1）。

全球化

全球化（globalization）概念涵盖一系列进程，包含传播和涵化、促进世界上的变迁，而在这个世界里的国家和人们越来越相互联系并互相依赖。推动这种联系的是经济和政治力量，相伴随的则是现代运输和通信系统。全球化的力量包含了国际商业、交通和旅行、跨国移民、媒体和多种高科技信息的传播（参见 Appadurai, ed., 2001）。在苏联解体为止的冷战期间，国家之间联合的基础是政治、意识形态和军事。那之后，跨国公约的焦点转移到贸易和经济主题。新经济联合体已经建立，通过 NAFTA（北美自由贸易协定）、GATT（关贸公约）和 EU（欧盟）。

远距离的交流比以往任何时候都简单、快捷和廉价，并已扩展到边缘地区。大众媒体有助于推动消费文化的全球传播，激励其参与到世界货币经济体系中。在国家和跨越边界中，媒体传播关于恐吓、服务、权力、机构和生活方式的大量信息。移民会跨越国家传递信息和资源，因为他们保持着同家乡的联系（通过电话、传真、电子邮件、探访、寄钱）。在某种意义上，这些人过着多地点的生活——同时生活在不同地域和文化中。他们学习扮演多种社会角色并根据情况而改变行为和身份（参见 Cresswell, 2006）。

当地人必须越来越多地面对更为庞大的体系产生的力量，这些体系可以是地区性的、国家的，也可以是世界性的。大量外国媒介和机构现在已经侵入到世界各地人们的生活。恐怖主义成为全球性的威胁。旅游业成为世界排名第一的行业（参见 Holden, 2005）。经济发展机构和媒体推广着这样的观念，即应该为了更多现金而工作，而不是主要为了生存。原住民和传统文化发明出多种策略以应对他们自治权、身份和生计面临的威胁。新形式的政治运动和文化表达从地方、区域、国家和国际文化力量中浮现出来（参见 Ong and Collier, eds., 2005）。

供暖工的民俗及其群体精神

背景信息

学生:
Mark Dennis

指导教授:
Usher Fleising

学校:
卡尔加里大学

年级/专业:
五年级/社会人类学

计划:
考取研究生,旅游

项目名称:
供暖工的民俗及其群体
精神

在这篇文章中描述的工人中民俗发挥什么作用? 共同的故事在确保工人适应他们的工作环境上有哪些功能? 这里展现出文化的哪些属性?

在卡尔加里大学校园的边缘地带有这样一个地方,颇具讽刺意味的是,它被称为中央暖气和冷气工厂(CHCP)。四面墙和三级台阶内的房子是工业机械和乱糟糟的一团管道,在地底深处穿过一条8公里长的地下通道系统,为拥有2.1万人的校园带来暖气和冷气。

民俗是同一文化群体的共享知识的口头形式。我的研究目的是揭示民俗在大学的 CHCP 员工们中的社会和文化表现。在一间与外界隔离的控制室里,田野调查者发现工人们处于一个充满故事和幽默的社会氛围中。CHCP 的人们已经习惯了与大学其他部分之间的精神和物质距离,他们非常开心地与我分享他们的知识和民俗故事。

除了简单的观察和文献分析,我的研究方法还主要包括非结构式访谈。使用这些技巧,我在为报道人(文化顾问、社区成员)提供自由表达的机会的同时能够控制交谈的方向。

CHCP 里流传的故事会随着员工变换工作或者同时在员工之间传递。这些故事大多已为所有员工熟知。主题包括滑稽剧里的幽默段子、灾难故事、古怪性格的故事、现实生活中发生的笑话和有关抱怨的故事。这些故事全部是口头的,没有任何文本记载。

在田野过程中,我发现民俗故事作为有机的方式发挥作用,通过帮助释放压力从而满足了员工的需求。这些故事帮助他们建设性地处理工作中遇到的沮丧,并且建立了员工们的社会凝聚力。

本章小结

1. 文化是人类的特性,指的是通过濡化传递的习惯性的行为和信仰。文化依靠人类学习文化的能力。文化包含人类群体中内在化的规则,引导人类以特定的方式思考和行动。

2. 尽管其他动物也会学习,只有人类具有依靠象征符号的文化学习能力。人类以象征方式思考——武断地赋予事物和事件以含义。通过形成惯例,一个符号指代某种事物,这一事物与其并不必然或天然存在关联。象征符号对共享记忆、价值观和信仰的人们具有特定的含义,因为他们拥有共同的濡化过程。人们会在有意

识和无意识的状态下吸收和学习文化。

3. 文化传统在特定方向上塑造生物基础上的欲望和需求。每个人都是文化人,不只是那些接受过精英教育的人。文化可以通过经济和社会力量、关键象征或核心价值观而整合和模式化。文化规则并非牢牢地支配我们的行为。群体存在创造力、灵活性、多样性和不一致的空间。文化的适应作用对于人类进化而言至关重要。文化的一些方面同样也可以是不适应的。

4. 文化具有不同的层次,可以大于或者小于国家层面。传播、移民和殖民主义把文化特征和

模式带入到不同的地区。这些文化特质跨越国家的边界，实现共享。国家内部也包含着与族群、地域和社会阶层相关联的文化差异。

5. 人类学家在考察生物、心理、社会和文化的普遍性和一般性中运用相对的视角。但是在人类情况中也存在特有的和与众不同的方面。北美文化传统并不比其他文化更为自然。文化变迁机制包含传播、涵化和独立发明。全球化描绘了推动这个国家与人民相互交织和互相依赖的世界的变迁的一系列进程。

涵化 acculturation 文化特征的交换。当群体发生持续不断的直接接触；一方或双方群体的文化模式可能会发生改变，但是群体会保持独特性。

核心价值观 core values 整合一个文化以及帮助区别于其他文化的关键的、基本的或中心的价值观。

文化相对论 cultural relativism 文化的价值和标准存在不同并受到尊重的立场。人类学的特点是更为强调方法论上而并非道德上的相对性：为了全面理解另一种文化，人类学家试图理解其成员的信仰和动机。方法论层面的相对论并不排除做出道德评价或采取行动。

文化权力 cultural rights 认为可以确定的群体如宗教群体、少数民族和原住民具有的特定权利。文化权力包含群体保存自己文化的能力、以其祖先的方式养育孩子的权利、延续其语言的能力，以及不被其所处国家剥夺经济基础的权利。

传播 diffusion 社会群体之间文化特质的借用，可以是直接借用或者通过中间媒介。

濡化 enculturation 文化习得和通过代际传递的社会过程。

民族中心主义 ethnocentrism 把自身文化看做最优秀文化，并以自身文化标准评判与其存在文化差异的群体的行为和信仰的倾向。

一般性 generality 存在于一些但并非全部社会中的文化模式和特质。

全球化 globalization 通过大众媒体和现代运输体系，经济上相互关联的位于世界体系里的国家加剧了相互依赖性。

人权 human rights 超出高于特定国家、文化和宗教的司法和道德领域的原则。人权通常被看做个体被赋予的权利，其中包括言论自由、信仰宗教而不受迫害，不被杀害、伤害、奴役或者没有被起诉的情况下监禁的权利。

独立创制 independent invention 因为存在类似的需求、环境和解决办法而在不同的文化中出现相同的文化特质或文化模式。

国际文化 international culture 超越国家边界的文化传统。

土著知识产权法 IPR 由每个群体的文化基础——核心信仰和原则组成。IPR是一种文化权利，是群体拥有的权利，允许原住群体决定谁可以知道并使用它们的集体知识及应用这些知识。

民族文化 national culture 同族人共享的文化体验、信仰、习得的行为模式和价值观。

特殊性 particularity 特殊的或独特的文化特质、模式和文化整体。

亚文化 subcultures 与同一复杂社会中的亚群体相关联的不同文化传统。

象征 symbol 被武断的和传统上指代另一事物的语言或非语言的事物，象征及其被指代物之间不存在必然或天然的联系。

普遍性 universal 存在于每个文化中的事物。

1. 哪些象征符号对于你来说具有最重要的意义？对你的家庭呢？你的国家呢？

2. 将你的宗教群体或者你所属的其他组织联合在一起的关键象征和价值观是什么？

3. 给出一些短期来看是适应但是长远来看又是不适应的文化实践的例子。

4. 你是否感到自己具有多元文化身份？如果是，你如何对待？

5. 有何问题是你发现很难是文化上相对的？

补充阅读

Appadurai, A., ed.

2001 *Globalization*. Durham, NC: Duke University Press. 人类学路径研究全球化和国际关系问题。

Archer, M. S.

1996 *Culture and Agency: The Place of Culture in Social Theory*, rev. ed. Cambridge, England: Cambridge University Press. 检查了个人行动、社会结构、文化和社会整合之间的内部关系。

Bohannan, P.

1995 *How Culture Works*. New York: Free Press. 考察文化的自然性。

Brown, D.

1991 *Human Universals*. New York: McGrawHill. 寻找"人类自然"的证据并探索文化和生物在人类多样性中扮演的作用。

Geertz, C.

1973 *The Interpretation of Cultures*. New York: Basic Books. 表达文化被作为象征和意义体系的观点的一些文章。

Gupta, A., and J. Ferguson, eds.

1997b *Culture, Power, Place: Explorations in Critical Anthropology*. Durham, NC: Duke University Press. 构思和研究文化的新途径。

Hall, E. T.

1990 *Understanding Cultural Differences*. Yarmouth, ME: Intercultural Press. 关注商业和工业管理，这本书对比了法国、德国和美国的国家文化角色。

Kroeber, A. L., and C. Kluckhohn

1963 *Culture: A Critical Review of Concepts and Definitions*. New York: Vintage. 探讨和分类了超过一百种关于文化的定义。

Lindholm, C.

2001 *Culture and Identity: The History, Theory, and Practice of Psychological Anthropology*. New York: McGraw-Hill. 介绍了心理人类学，特别注意到文化和个体化的作用。

Naylor, L. L.

1996 *Culture and Change: An Introduction*. Westport, CT: Bergin and Garvey. 人类学、文化和变迁。

Ong, A., and S. J. Collier, eds.

2005 *Global Assemblages: Technology, Politics, and Ethics as Anthropological Problems*. Malden, MA: Blackwell. 这本选集讨论了在全球化世界中进行人类学工作的新方法。

Van der Elst, D., and P. Bohannan

2003 *Culture as Given, Culture as Choice*, 2nd ed. 文化和个体选择。

Wagner, R.

1981 *Invention of Culture*, rev. ed. Chicago: University of Chicago Press. 文化、创造性、社会和自我。

Wilson, R., ed.

1996 *Human Rights: Culture and Context: Anthropological Perspectives*. Chicago: Pluto. 文化相对论和人权问题的跨文化研究的文章。

1. 涵化：阅读辛迪·帕媞（Cyndi Patee）的文章《混杂语言和克里奥尔语》（"Pidgins and Creoles"）（http://logos.uoregon.edu/explore/socioling/pidgin.html）。

   a. 什么是混杂语言和克里奥尔语？他们为何成为涵化的例子？

   b. 殖民主义在混杂语言和克里奥尔语的发展中发挥什么作用？

   c. 完成本页末尾的小测验。哪些句子对你来说最容易读？哪些最难？查看答案。

2. 亲吻：阅读华盛顿州立大学的网页上《亲吻》（"The Kiss"）的文章（http://www.wsu.edu:8001/vcwsu/commons/topics/culture/behaviors/kissing/kissing-essay.html）。

   a. 亲吻是人类本能的情感表达吗？还是习得的？

   b. 亲吻的历史是什么？

   c. 是否存在单一的普遍的吻的含义？如何以及为何这种意义会随着文化和状况而发生变化？

请登录McGraw-Hill在线学习中心查看有关第13章更多的评论及互动练习。

科塔克，《对天堂的侵犯》，第4版

文化：这一章里讨论了文化的层次和文化变迁。根据其居民参与地方的、国家的和国际的文化体系的情况，比较20世纪60年代和2004年的阿伦贝培人。在第15章基础上，可否准确地说，阿伦贝培人与生活在马达加斯加的伊瓦图（Ivato）村庄的贝齐雷欧人比起来，更为脱离现代世界体系？伊瓦图人和阿伦贝培人经历的文化变迁过程有哪些不同？

彼得斯－戈登，《文化论纲》，第4版

阿兹特克：大多数人把阿兹特克人看成是逝去已久的文明。然而，在现在的墨西哥，发生了一些原住民的社会运动，寻找现在与阿兹特克历史的直接联系。在"文化概览"一文中，阅读第2章中《阿兹特克：古老的遗产，现代的骄傲》（"The Aztec：Ancient Legacy，Modern Pride"）一文，思考你在这本教科书中阅读到的文化的使用和意义。什么力量可能激发现在生活在墨西哥的纳瓦人（Nahua）和其他族群欣然接受阿兹特克文化？他们选择认可阿兹特克遗产的文化的方式有什么意义？你认为这种现象是否也发生在其他群体或其他国家？

克劳福特，《格布斯人》

阅读来自第1章里的1~7节，描述作者在谈到科塔克对"文化"的讨论时，描述的格布斯人的一个关键概念——"好伙伴"（kogwayay）。尤其是，格布斯人概念中的"good company"是何种方式（a）习得、（b）被分享、（c）象征的并且（d）无所不包和（e）整合、（f）适应或不适应的？

在第7章，作者对文化变迁的表述阐释了"good company"（kogwayay）的重要性以何种方式随着时间流逝而发生了变化。讨论这种改变如何与科塔克《对天堂的侵犯》的第4章结尾处提到的传播、涵化和全球化议题相关联。

第**14**章
民族与种族

章节大纲：

族群与族性

从上一章中我们了解到文化是习得的、共享的、象征的、整合的和无所不包的。现在我们要思考的是文化与民族的关系。民族是社会或国家之中建立在文化相似性和差异性基础上的群体。相似性是针对同一族群成员而言；差异性存在于不同群体之间。族群必然要面对国家或地区的其他族群，因此族群关系在国家或地区研究中极为重要（表 14.1 列出了美国的族群，2004 年数据）。

　　同任何文化一样，同一**族群**（ethnic group）成员共享特定的信仰、价值观、习惯、习

表14.1	美国的种族/民族识别，2004年（如普查所示）	
身份名称	人数（百万）	百分比
西班牙裔	41.3	14.1
亚裔	12.1	4.1
两种及以上种族	3.9	1.3
太平洋岛民	0.4	0.1
美洲印第安人	2.2	0.8
黑人	36.0	12.2
白人	197.8	67.4
总人口	293.7	100.0

来源：2005年美国普查档案。

俗和标准，因为他们背景相同。他们认为自己在文化上是不同的、独特的。这种独特性可能来自语言、宗教、历史经历、地理隔离、亲属关系或者"种族"（参见 Spichard，2004）。族群的标志可以包含名称、相信有同样的继嗣、团结感和特定地域联系，而且这个群体不一定是居住在该地域（Ryan，1990，pp.xiii,xiv）。

根据弗雷德里克·巴斯的观点（Fredrik Barth，1969），只要当人们声称自己具有特定的民族认同，并且被其他人认定时，就可以说该族群是存在的。**族性**（ethnicity）指的是认同某个族群，认为自己是其中一员，并因为这种归属关系而对一些特定的其他群体具有排他性。但是民族问题也可以非常复杂。"新闻简讯"里描述了非裔美国人去加纳强化或者重新表明自己的民族身份，却不为许多加纳人所接受。民族感情和与此有关的行为在不同族群、国家和时期内有不同的强度。民族认同的重要性程度的变化可能反映出政治变迁（苏维埃统治结束，民族感提升）或者个人生活周期变化（年轻人放弃或老年人重申某种民族背景）。

在上一章里，我们提到文化具有不同的层次，文化之下的群体（包括国家中的族群）共享的经验和文化习得的经验也有差异。文化差异同民族、阶层、地区或宗教都有关联。个体常常具有不止一个群体认同。人们可能忠实于（依照环境情况）他们的邻居、学校、城镇、州或省、地区、国家、大陆、宗教、族群或兴趣团体（Ryan，1990，p.xxii）。在美国或加拿大这样的复杂社会，人们不断在协调自己的社会认同。所有人都"戴着不同帽子"，有时扮演的是这个形象，有时又是另外一种。

在日常交谈中，我们听到地位（status）这个词好像被用作威望（prestige）的同义词。"她得到很高的地位"这样的话，意思是她获得很高的声望，人们尊敬她。在社会科学家们眼里，这不是

概览

民族建立在文化相似性（同一族群的成员拥有）和差异性（不同群体之间）的基础上。当人们自称某种特定族群身份，并被其他人界定为具有该身份，这就构成了族群。种族是被认为建立在生物基础上的族群。

"种族"是社会建构的，其界定基础是在特定社会中感知到的对比。在美国异族通婚的儿童，无论你外表如何，种族都会被划分为作为少数群体的父亲/母亲一方。其他文化具有不同的种族分类体系。

对于为不同的种族、阶层和族群进行的智力测验的解释，教育、经济和社会背景等环境变量的解释比那种认为是由于基因决定的学习能力的观点更贴切。

大多数民族国家在民族构成上都不是同质性的。多元文化主义与同化是一组相反的概念，后者指的是少数群体放弃自身的文化传统。民族关系可以表现为和平共存的方式，也可能是歧视或暴力冲突。统治群体或许想要毁灭其他民族（种族灭绝），或者强制少数群体成员采用统治群体的文化（强制同化）。

加纳人不愿接纳散居在外的奴隶后代

《纽约时报》新闻简讯

作者：莉迪娅·波尔格林（Lydia Polgreen）

2005 年 12 月 27 日

本篇简讯是有关种族、民族和国家身份的叙述，主要描绘了目前加纳正努力吸引非裔美国人作为旅游者、退休者和永久定居者到加纳来。数以百万的被奴役的非洲人曾从加纳被带到西半球，在几个世纪之后，非洲人和非裔美国人共同为独立和发展而斗争。本文还讨论了非裔美国人在加纳面临的身份问题，因为他们在那里通常被等同于白人游客。加纳人在界定非裔美国人的类别时，显然更关心国籍和阶级，而不是肤色。

我们常听到民族和种族这两个词，但是美国文化并没有在两者间划定清晰的边界。本章认为，在这种缺乏准确区分的情况下，或许最好用族群代替种族来表示任何此类社会群体，例如非裔美国人、亚裔美国人、爱尔兰裔美国人、英裔美国人或西班牙裔美国人。

海岸角（Cape Coast），加纳的一个城市，几个世纪前，大量非洲人走过臭名昭著的"不归之门"到达海岸角城堡，然后直接登上奴隶船，以后再也没有重新踏上家乡的土地。现在，人类历史上最肮脏的犯罪史上的这个曾经非常重要的要塞有了一个新名字，欢迎那些从大西洋彼岸回来的非裔美国人：归来之门。

加纳把以色列作为自己的榜样，希望劝说当年被奴役的非洲人的后代把非洲看做自己的家乡，常来拜访、投资、让自己的子女在这里接受教育，甚至在这里退休……

在许多方面来看这都是一个堂吉诃德式的目标。按照西非的标准，加纳已经相当不错了，有稳定的经济增长，稳定和民主的政府，以及来自西方的大量资助，这些都使加纳成为对于富有的国家来说非常喜欢给予援助的地方。

但是这个国家仍然非常贫穷，三分之一的人口每天的生活费不足一美元，平均寿命最高是 59 岁，基础服务例如电力和水有时候也很缺乏。但是，成千上万的非裔美国人已经在这里生活了至少几个月，曼恩（Valerie Papaya Mann），加纳非裔美国人协会主席这样说道。

为了鼓励更多人来到加纳，或者至少是拜访，加纳计划为这些同胞提供特殊的终身签证，并且减少公民身份的要求，这样的话，这些奴隶的后代便可以获得加纳护照。政府也开始展开广告攻势，劝说加纳人将非裔美国人视为失散很久的亲属而不是有钱的游客。

说起来容易做起来难。

许多曾到过非洲的非裔美国人感到很不安，因为他们发现非洲人对待他们甚至是提到他们时都像是对待白人游客。人们用"obruni"一词或者"白人外国人"来称呼他们，无论肤色是什么样。

对于那些想要来这里寻根的非裔美国人来说，这个词标志了非洲人和非裔美国人之间的差别。尽管两者有共同的血缘，他们的体验却完全不同。

"我很震惊，当听到一位黑人被称为白人。"曼恩夫人说，她两年前搬到这里居住。"但是当你怀着炽热的心想要在非洲寻根时，听到这种称呼实在是太难过了。"

广告宣传攻势督促加纳人放弃"obruni"的称呼，改为"akwaaba anyemi"，一个有点蹩脚的词，从两个部落语言转换过来，意思是"欢迎你，我的兄弟姐妹"。

政府计划在 2007 年举行一次大型活动，纪念英国跨大西洋奴隶贸易结束 200 周年，以及加纳独立 50 周年。庆典将包括为上百万死于奴隶贸易的先辈举行传统的非洲葬礼仪式。对于奴隶贸易所带来的伤亡有不同的估算……

一些死于从他们被抓到海港的村庄之后的长途跋涉。还有一些死在奴隶城堡和壁垒森严的地牢里，他们在那里有时要被关押几个月，直到人数足够塞满一条船。还有一些死在运送途中，欧洲、非洲和美洲之间三角路线最长的一段行程。在大约 1 100 万跨越海洋的非洲人中，大多数去了南美洲和加勒比海地区。大约 50 万人到了美国。

大量人口被贩卖离乡和分裂，是奴隶贸易带给非洲人的创伤，直到现在他们仍然在努力恢复。

加纳是撒哈拉沙漠以南首个摆脱殖民统治的非洲国家，1957 年从英国政权中获得独立。建国之父恩克鲁玛（Kwame Nkrumah），曾就读于宾夕法尼亚州林肯大学，这所学校在历史上曾是一所黑人大学，他把非裔美国人视为发展新国家的关键。"恩克鲁玛把美国黑人看做非洲人争取独立的先驱，"小盖茨（Henry Louis Gates Jr.），哈佛非洲和非裔美国人研究中心主任这样说。

对于恩克鲁玛来说，散居世界各处的黑人不断地争取市民权利，非洲则从殖民统治中争取独立，两者复杂地交织在一起，都是世界各地的黑人想要重获自由的渴望的外在表现。

但是，恩克鲁玛在1966年的一次政变中被赶下台，而在当时泛非洲主义已经被放弃，代之而起的是民族主义和冷战政治，将非洲的大部分地区落于独裁专制、内战和心碎的道路上。尽管如此，非裔美国人仍然为加纳丰富的文化以及奴隶历史所吸引。

加纳仍然保留有十几个贩奴时期的城堡，每一个都承载着奴隶贸易的恐怖记忆。艾尔米纳城堡最初由葡萄牙人在1482年建成，150年后又被荷兰人占领，紧靠大厅有一座小教堂。在过去，奴隶们就常在这个大厅里被拍卖，而城堡的统治者会在关押妇女的地牢的阳台上挑选侍妾。

整个参观旅程的高潮是奴隶们等待上船之前停留的房间，令人憋气的地牢被从狭窄的出口照射进来的阳光照亮，指向翻滚的大海……

非裔美国人和其他散居在外的非洲人，对于非洲人在奴隶贸易中的角色一直怀着挥之不去的敌意和困惑。

"关于奴隶贸易的神话一直是这么讲的：我们的非洲祖先有一天出去散步，一些邪恶的白人撒网把他们抓走了，"小盖茨先生说，"但是事实并不全是这样。在这过程中不可能没有非洲人的帮忙。"另外，许多非洲人并不觉得自己与非裔美国人之间有什么关系，或者认为非裔美国人正是因为被带到了美国之后状况才变好的。许多非洲人千方百计地想要移民；过去15年内，非洲移居美国的人超过了任何奴隶贸易高峰时期被迫带往美国的非洲人。根据2000年的统计数字，美国来自加纳的移民数量高于除尼日利亚外其他任何非洲国家。

"太多非洲人想要去美国，所以他们无法理解为什么美国人想要来这里。"艾尔米纳城堡的导游阿姆亚-孟沙（Philip Amoa-Mensah）说。

这种关系也在逐渐改善。加纳人仍然在学习他们祖先在奴隶贸易中的关键作用。海岸上的贩奴城堡长期以来主要是供外来游客参观，近来几年也成了学校郊游的地点。

最近，一位非裔美国游客来到海岸角城堡，当他满怀情感穿过不归之门时，迎接他的却是另一边渔船上一对蹒跚学步的小孩，指着他们大喊，"obruni, obruni！"

莫塞斯（William Kwaku Moses），71岁，一名退休的保安，在不归之门的另一侧卖贝壳给游客，冲孩子嘘了一声，让他们安静下来。

"我们正在努力。"他耸耸肩说。

来源：Lydia Polgreen, "Ghana's Uneasy Embrace of Slavery's Diaspora." New York Times, December 27, 2005. Retrieved from http://travel2.nytimes.com/2005/12/27/international/africa/27ghana.html?ex=1142312400&en=9830f16f2ed71593&ei=5070 .

"地位"的最初含义，他们眼里的"地位"一词更为中立——在任何立场上，无论威望如何，均指某人在社会中占据的位置。这样，**地位**（status）包含了人们在社会中占据的多种位置。父母是一种社会地位，教授、学生、工人、民主党人、卖鞋的售货员、无家可归的人、工人领袖、族群成员，以及其他都是一种社会地位。人们总是拥有多个地位（例如，西班牙人、天主教徒、婴儿、兄弟）。我们所占据的地位中，在特定环境下某个特定身份是主要的，例如在家中是儿子或女儿，在教室里则是学生。

一些是**先赋地位**（ascribed status）：人们很少或者无法选择不去拥有。年龄是一种，我们无法选择没有年龄。种族和性别通常也是，人们生来便是特定群体的成员，并终生保持这种身份。相反，我们获得的身份并不是自动的。他们经过机遇、行动、努力、天赋或技艺，或者产生积极作用或者有消极影响（图14.1）。**获致地位**（achieved statuses）的例子包括医师、参议员、被定罪的重犯、售货员、工会成员、父亲和大学生。

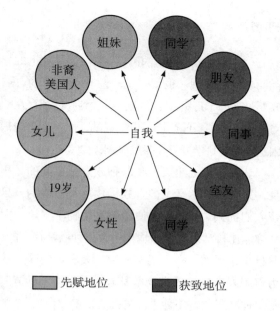

图 14.1　社会地位

◆ 这幅图中的人，即"我"拥有许多社会地位。浅色圆圈指代的是先赋地位；深色圆圈指代的是获致地位。

地位流变

有时候地位尤其是先赋地位是互斥的。比如我们很难弥合黑人和白人、男人和女人之间的距离。有时拥有一个新地位或者加入某个群体需要一个转变过程，也就是获得一个新的压倒性的基本身份，例如成为一个"重生"的基督徒。

虽然有些地位并不相互排斥，但可能具有场景特点。人们可同时是黑人和西班牙人或者既是母亲也是参议员。某些情境下会使用第一个身份，其他环境下使用第二种。我们把这称为社会认同的情境协商（situational negotiation of social identity）。如果族群认同是灵活并且场景化的，那么族群可以是一种获致地位（Leman，2001）。

例如，西班牙裔人可能会随着与自我身份的协调而变换文化层次（转变民族归属）。"西班牙裔人"主要是一种语言基础上的民族分类，可以包括白人、黑人和"种族上"混血的说西班牙语的人和他们认同这一民族的后代。（西班牙裔人也有"美洲原住民"，甚至"亚洲人"。）"西班牙裔人"是美国发展最快的族群，凝聚了来自众多不同地域的人，例如波多黎各、墨西哥、古巴、萨尔瓦

我们如何决定我们是谁（什么样的人），他人是谁？人们用什么样的身份提示和线索来理解他们面对的对象，以及如何在社会情景中应对？人类适应的灵活性部分在于我们具备转变地位、根据场景变化我们自称的身份的能力。我们所占据的许多社会地位，也就是我们头上戴着的"帽子"依赖情境而定。人们可以同时是黑人和西班牙裔，或者既是父亲也是个棒球手。人们在特定场景下会声称并感知某种身份，在另外的场景又会是另一身份。在非裔美国人中，一位"西班牙裔"棒球运动员可能也是黑人；而在西班牙裔中，则当然是西班牙裔。当声称或感觉到的身份依照观众的不同而变化，这被称为社会身份的情境协调。举例来说，同一个人可能会根据情境不同而表明如下身份："我是吉米的父亲。""我是你的老板。""我是非裔美国人。""我是你的教授。"

我们在下一章中将会看到，说话方式的变化，同动作一样，依赖观众的不同而定。在面对面的相遇时，其他人能看到我们是谁。他们可能期待我们以某种方式思考和行动，这是基于他们对我们身份的判断以及他们对这种身份的人该如何行动的刻板印象。尽管我们不知道他们关注哪些身份（例如种族、年龄或性别），在面对面的情境下很难匿名或者成为另一个人。这就是面具和服饰产生的原因。

但是我们并不是只有面对面的互动。我们打电话、写信或者比以往任何时候都更频繁地使用网络。虚拟空间的交流正在改变身份和自我的意识。虚拟世界例如电脑角色扮演游戏，都是把我们扩展成为多种形式的网络社会互动的方式（Escobar，1994）。人们用不同的"把手"（虚拟空间中的众多名字），选择并变换他们的身份。人们可能操控（"作假"）他们的年龄和性别，并创造自己的网络幻想。当然还是有一些微妙的线索可以在其言谈中表露出来。"花花公子"的问候说明这个人是男性。语言（例如外语）背景和阶层（教育）地位可能在网络交谈中表现得比较明显。在心理学中，多重人格被视为异常，但在人类学中，多重身份实在太平常不过了。

多、危地马拉、多米尼加共和国和中美、南美以及加勒比海地区使用西班牙语的国家。"拉美裔"是一个更大的类别，可以包括巴西人（说葡萄牙语）。表 14.2 是 2002 年西班牙裔 / 拉美裔美国人的来源国家。

墨西哥裔美国人、古巴裔美国人和波多黎各人或许会动员起来共同推进普遍意义上的西班牙裔问题（例如，反对"唯独英语"法案），但在其他情况下又表现为三个分离的利益群体。古巴裔美国人人均收入比墨西哥裔美国人和波多黎各人高，他们的阶级利益和选举模式也不同。古巴人常投票给共和党，但是波多黎各和墨西哥裔更倾向于民主党。在美国生活很多代的墨西哥裔完全不同于新来的西班牙裔移民，例如来自中美的移民。许多美国人（尤其是英语流利者）在一些情况下会声称自己是西班牙裔民族，但在另外一些时候又强调自己一般意义上的"美国人"身份。

在许多社会中，先赋地位同社会政治等级地位有关联。这种群体被称为少数群体（minority groups），在社会中处于从属地位。比起多数群体（地位较高、处于支配或控制地位），他们处于弱势并很难获得资源。通常族群都是少数群体。族群如果被认为具有生物性基础（共有"血缘"或基因的独有特征），便被称为**种族**（race）。针对这种群体的歧视被称为**种族主义**（racism）（Cohen，1998；Kuper，2005；Montagu，1997；Scupin，2003；Shanklin，1995）。

表14.2　美国的西班牙裔、拉丁裔，2002年	
族源	**百分比**
西班牙裔美国人	66.9
波多黎各	8.6
古巴	3.7
中美洲和南美洲	14.3
其他西班牙裔/拉丁裔族源	6.5
总数	100.0

来源：R. R. Ramirez and G. P. de la Cruz，"The Hispanic Population in the United States，"Current Population Reports，2003，P20-545.U.S. Census Bureau.

种族

种族像一般意义上的民族一样，是文化上的分类而非生物表现。也就是说，包括"种族"在内，族群是来源于特定社会中人们感觉到并持续存在的对比，诸如"新闻简讯"里的加纳，而不是共同基因基础上的科学分类（参见 Wade，2002）。

从生物学上定义人类的种族是不可能的。相反，只有文化意义上的种族构建才是可能的，尽管人们提到"种族"时使用的是生物学术语。大众群体比科学家更普遍地相信人类种族是存在的，并且是重要的。举个例子来说，大多数美国人认为美国人口包括了生物学基础上的许多"种族"。不同种族还贴着多种不同的标签，如"白人""黑人""黄种人""红种人""高加索人种""尼格罗人种""蒙古人种""美洲印第安人""欧美人""非裔美国人""亚裔美国人"和"本土美国人"。

虽然我们频繁听到**民族**（ethnicity）和**种族**（race）这两个词语，但是美国文化好像并没有在这两者之间划定清晰的界线。举例来说，思考一下 1992 年 5 月 29 日《纽约时报》上刊登的文章内容。这篇文章主要讨论了美国的族群构成，（正确地）评论说，西班牙裔人"可以是任何种族"（Barringer，1992，p.A12）。换言之，"西班牙裔人"是一种民族分类，可以跨越不同"种族"之间的界限，例如"黑人"和"白人"。根据另外一篇报道，在洛杉矶 1992 年暴乱期间，"成百上千的西班牙裔居民仅仅因为他们的种族身份就被审问，被调查他们的移民状态"（Mydans，1992a，p.A8）。"种族"一词用在这儿似乎并不合适，因为"西班牙裔人"通常被认为是在语言学基础上被分类的族群（说西班牙语的人），而不是生物基础上的种族。这些洛杉矶居民因为他们说西班牙语而遭到审问，文章实际上是在报道民族歧视而非种族歧视。然而，在缺乏对种族和民族准确区分的情况下，使用族群一词代替种族来描述任何这种社会群体可能更恰当一些，例如非裔美国人、亚裔美国人、爱尔兰裔美国人、英裔美国人或西班牙裔人。

种族的社会建构

种族是被（某个特定文化的成员）假定具有生物学基础的族群，但实际上，种族是社会的构建。我们平常听到的"种族"是文化或者社会意义上的分类，而不是生物学分类。在查尔斯·瓦格利（Charles Wagley）的概念里（Wagley，1959/1968），它们是**社会种族**（social races）（假定具有生物学基础，但实际上是文化上的强制界定而不是以科学定义的群体）。许多美国人错误地认为"白人"和"黑人"具有生物学差异，而且这两个词代表了两种不同的种族。但是就像其他社会中使用的具有种族含义的词语一样，这些标签标记的是文化上的界定，而不是生物基础上的群体。

降格继嗣：美国的种族

种族如何在美国被文化构建起来的？在美国文化中，人在出生时就获得自己的种族身份，但是种族概念并不是基于生物学基础。举个例子，黑人和白人父母生育的"种族混血"的子女。我们知道子女的基因一半来自父亲一半来自母亲。但是美国文化会忽视这种遗传法则，仍然把这个孩子划定为黑人。这种规则是武断的。从基因类型（基因成分）来看，把这个孩子定位为白人也同样符合逻辑。

美国指定种族状态的规则可以更加武断。在一些州，只要被知道某人的祖先里有黑人，无论关系多远，此人都被划为黑人的一员。这就是**继嗣**（descent）原则（它确定血统基础上的社会身份），在当代美国之外的地区比较少见。这被称为**降格继嗣**（hypodescent）（Harris and Kottak，1963）（降格意味着"较低的"），因为它把具有不同群体身份的男女的婚姻或交配所生的子女自动放在少数群体中。降格继嗣有助于把美国社会划分为在获得财富、权力和声望上不平等的不同群体。

下面这个来自路易斯安那州的例子很好地说明了降格继嗣有多么的武断，也表明政府（联邦或者州政府）在法律认可、发明或消除种族和民族上所发挥的作用（Williams，1989）。苏茜·菲普斯（Susie Guillory Phipps）是一个有着"高加索人种"特征的浅肤色女人，有着直直的黑发，但作为成年人她竟然被划为"黑人"。当菲普斯要求一份出生证明复印件时，她的种族被列为"有色人种"。因为她"由白人养大，并两次同白人结婚"，菲普斯开始挑战1970年的路易斯安那州法律。该法律认为，任何人如果至少有三十二分之一的"黑人血统"，在法律上便被认为是黑人。也就是说，只要有一位"黑人"曾曾曾祖父/母提供了这个三十二分之一的分子，便足以使一个人成为黑人。尽管州律师承认菲普斯"看起来像白人"，路易斯安那州政府仍然坚持她的种族划分是正确的（Yetman，1991，pp.3-4）。

菲普斯之类的例子比较罕见，因为"种族"和民族身份通常在出生时便确定，并一般无法改变。降格继嗣规则对黑人、亚洲人、美国原住民和西班牙裔有不同的影响（参见 Hunter，2005）。协调印第安人或西班牙裔的身份要比黑人身份更容易一些，因为对他们来说，先天归属的身份规则不那么明确，而且其生物上的差异也不那么显著。

一个人的祖先有八分之一（曾祖父母）或者四分之一（祖父母）有"美国原住民"的血统，就满足条件可以被认为是"美国原住民"。究竟是八分之一还是四分之一，得看依照的是联邦法律还是州法律或印第安部落委员会的规定。西班牙裔的孩子可能会（也可能不会，依照情况而定）主张自己的西班牙裔身份。许多具有印第安人或者拉美人祖父母的美国人把自己看作是"白人"，并不认为自己是少数民族群体。

人口普查中的种族

美国统计局自从1790年便开始收集种族数据。最初这么做是因为宪法中规定，奴隶被当作五分之三的白人，而印第安人不用上税。美国人口普查中的种族分类包含白人、黑人或尼格罗人、印第安人（美国原住民）、爱斯基摩人、阿留申人或太平洋岛民和其他。另外有一个单独的问题关于西班牙裔。可查阅图14.2中2000年人口普查的种族分类。

更多关于种族和普查的信息，见网络探索。
mhhe.com/kottak

社会科学家和一些市民尝试加上“多种族”的统计分类，但遭到了美国有色人种发展协会（NAACP）和全国种族协会（一个西班牙裔权利组织）的反对。种族划分是个政治议题，它涉及获得资源的途径，包括了就业、选区和专门针对少数民族的联邦基金等许多问题。降格继嗣的原则导致所有人口增长都被划归入少数民族。少数民族担心如果他们的人口数量下降，他们的政治力量便会降低。

→注：第5、6两题均需作答。

5. 此人是西班牙人/西班牙裔/拉丁美洲人？若不是西班牙人/西班牙裔/拉丁美洲人，请在“不”前面的方框内打“×”。

□ 不，不是西班牙人/西班牙裔/拉丁美洲人　□ 是，波多黎各人
□ 是，墨西哥人，墨西哥裔美国人，奇卡诺人　□ 是，古巴人
□ 是，其他西班牙人/西班牙裔/拉丁美洲人——列出（print）组。

6. 此人是什么种族的？用在方框内打“×”的方式指示他/她自认的种族归属。

□ 白人
□ 黑人，非裔美国人或尼格罗人
□ 美洲印第安人或阿拉斯加土著——列出记下的或主要的部落。

□ 亚洲印第安人　□ 日本人　□ 夏威夷土著
□ 中国人　□ 韩国人　□ 关岛人或查莫罗人
□ 菲律宾人　□ 越南人　□ 萨摩亚人
□ 其他亚洲人——列出种族。　□ 其他太平洋岛民——列出种族。

□ 其他种族——列出种族。

图 14.2　来自 2000 年普查的关于种族和西班牙裔族源的复印件

来源：美国国家统计局，2000年普查问卷。

但是这种状况正在发生改变。美国人口普查中的“其他种族”的选项从 1980 年（680 万）到 2000 年（超过 1 500 万）增加了一倍多，这表明人们认为现存分类体系（1997 年 4 月）不严密，并不令人满意。在 2000 年，2.746 亿美国人（2.814 亿总量）认为自己属于一个单一种族，如表 14.3 所示。

几乎 48% 的西班牙裔被认定为白人，而大约 42% 被划定为“其他种族”。在 2000 年的普查中，2.4% 美国人（约 680 万人），选择了从未有过的选项，认为自己有不止一个种族身份。大约 6% 的西班牙裔认为自己具有两个或者更多种族，高于非西班牙裔的 2%（http://www.census.gov/PressRelease/www/2001/cb01cn61.html）。

表14.3　美国人声称他们属于同一种族

白人	75.1%
黑人或非裔美国人	12.3%
美洲印第安人和阿拉斯加土著	0.9%
亚洲人	3.6%
夏威夷土著和其他太平洋岛民	0.1%
其他种族	5.5%

来源：http://www.census.gov/Press-Release/www/2001/cb01cn61.html.

跨种族婚姻和子女数量正在增加，而这必将影响到美国传统的种族划分体系。在双亲身边长大的“混血”“单种族”或“多种族”的孩子毫无疑问会认同父母任何一方的特定特征。对他们许多人而言，这是一件很麻烦的事情，因为降格继嗣的规则强行指定了他们的种族身份。如果种族身份与性别身份不平行则会尤其显得不和谐，例如一个男孩有个白人父亲和黑人母亲，或者一个女孩有白人母亲和黑人父亲。

加拿大的人口普查同美国的普查比较，在对待种族的问题上有什么不同呢？加拿大在人口普查中并不使用“种族”，而是用“显著少数民族”（visible minorities）。加拿大的就业公平法案明确界定此类群体是“原住民之外的人（亦称第一民族，

见在线学习中心的在线练习。
mhhe.com/kottak

美洲原住民），种族上为非高加索人种或者肤色上非白人"（加拿大统计 2001a）。表 14.4 显示，"中国人"和"南亚人"是加拿大最大的少数民族。加拿大的少数民族人口占总人口的 13.4%（1996 年是 11.2%），这与美国 2000 年普查数据的 25% 形成了明显的对比。尤其是，加拿大的黑人占 2.2%，而美国的非裔美国人为 12.5%，加拿大的亚裔人口的百分比明显高于美国的 3.7%。只有很小部分的加拿大人（0.2%）声称自己具有多重显著少数民族身份，而美国 2000 年的数据中声称"多于一个种族"的人占总人口的 2.4%。

加拿大的显著少数民族人口的增长很稳定。在 1981 年，加拿大有 110 万少数民族，占总人口的 4.7%，现在则占 13.4%。显著少数民族人口增长率比加拿大的总人口增长率要高许多。1996 年至 2001 年，加拿大总人口增加了 4%，其中少数民族人口增加了 25%。如果近来的移民趋势继续下去，到 2016 年，加拿大显著少数民族人口将占加拿大总人口的五分之一。

非我族类：日本的种族

美国文化在内部对种族进行社会建构过程中忽视了大量生物、语言和地理来源上的多样性。北美人也忽视了日本内部的多样性，认为日本是一个具有同样的种族、民族、语言和文化的国家，这也是日本人自己向外传达的印象。1986 年，日本时任首相中曾根康弘提出，日本的同质性很强（他认为这种同质性是日本在国际商业中获得成功的原因），而美国则以民族融合为特点，这引发了一次国际上的轩然大波。在描述日本社会时，中曾根康弘用了 tan' itsuminzoku，这是日语里暗指单一族群的词汇（Robertson，1992）。

日本完全不是中曾根康弘所说的完全一致的国家。日语中的一些方言相互难以听懂。学者估计日本人口的 10% 是多种不同的少数民族，包括了原住民的阿伊努人、附属的冲绳人、被驱逐的部落民、异族通婚的子女，和移民而来的民族尤其是韩国人，这些少数民族人口数量多达 70 万（De Vos, Wetherall and Stearman，1983；Lie，2001）。

珍妮弗·罗伯逊（Jennifer Robertson，1992）

主题阅读

更多关于加拿大族群多样性的信息，见第 15 章末的"主题阅读"。

表14.4	加拿大可见的少数人口，2001年普查	
	数字	百分比
总人口	29 639 030	100.0
可见的少数人口总数	3 983 845	13.4
中国人	1 029 395	3.5
南亚人	917 075	3.1
黑人	662 210	2.2
阿拉伯人/西亚人	303 965	1.0
菲律宾人	308 575	1.0
东亚人	198 880	0.7
拉美人	216 980	0.7
韩国人	100 660	0.3
日本人	73 315	0.2
其他可见的少数人口	98 915	0.3
多重少数人口	73 875	0.2
不可见的少数人口	25 655 185	86.6

来源：From Statistics Canada,2001a,2001 Census,http://www40.statcan.ca/101/cst01/demo50a.htm?Sdi=visible.

课堂之外

对种族与肤色的认知——对美国一所大学的调查

背景信息

学生：
Gretchen M. Haupt

指导教授：
Donna Hart

学校：
密苏里大学圣路易斯分校

年级/专业：
大三/人类学

计划：
完成图书馆科学硕士学位，并在一个学术机构担任图书管理员从事研究

项目名称：
对种族与肤色的认知——对美国一所大学的调查

为了完成大四的荣誉学年论文，哈普特计划开展以下这项研究。为了阐述美国人对与肤色有关的种族感知是武断的，并且是社会构建的结果，哈普特抽取了 30 名学生来完成这样一个任务，其中包括欧裔美国人和非裔美国人。这些人需要对 30 张色卡薄片按照颜色的深浅进行排列。完成之后，他们会被问到区分"白人"和"黑人"的标准。你预期她得到的答案有多大程度的一致性？阅读这篇论文便可知晓。

人类种族的划分事实上没有什么生物学证据。许多以我们种族内部的变异性为主题的大量研究都肯定了这一点，种族的生物界定不适合人类。尽管如此，人们还是把世界人口划分成界限明确的群体（或至少他们试图这么做）。不可避免的是，这种地理的和/或族群之间的界限没有遗传学上的证据支持，

因为没有特定序列的等位基因与白种人、黑种人、红种人、褐色皮肤的人或者任何一个假定的种族类别有关。尽管智人种由于其人口起源的地理环境不同，而表现出不同的体质特征，但在美国，用于分类和种族认定的最为普遍的方法是靠肤色。因此，我决定把研究焦点放在美国人对种族和肤色的想象上。

我想要通过这一研究来检验我的假设，即个体判定肤色的"黑"或"白"的色谱分界是武断而主观的，从而提出如下论点，即肤色并不能简单等同于种族认知。我在密苏里大学圣路易斯分校搜集了来自 30 个人的数据，我让他们把 30 张涂有不同肤色的卡片按照颜色的深浅进行排列。薄片上涂有颜色并贴在白色底的卡片上，随机用字母或者符号标记。

每个参与者都被要求把卡片从最深到最浅进行排列，并被要求指出"黑人"或"白人"从哪个颜色开始。通过要求参加者必须选择一个分界点，我便能够评估他们内在的感知。我还让他们选择出认为最符合自己的肤色的颜色，以及他们认为自己的祖先的肤色应该处于色谱的什么位置，自己的肤色又在什么位置。

即使一个人可能会从知识上接受没有生物学上区分的种族，我认为，他们仍然会评价他们遇到的每个人，并试图把他们划归到最少两个种类中的一个。这用实例表明了种族为何是

一个社会构建的概念，而不是建立在科学事实的基础上。考虑到我的研究目的，我把目标群体限制在非洲人的后代和欧洲人的后代。

我的研究发现在颜色排列（没有人会按同样的顺序排列这些色卡）和分界点上具有相当大的多样性。我的研究对象被要求在他们建构的色彩连续体（他们排列色卡的顺序）中选择一个点，标明"白"肤色到此为止，接下来是"黑"肤色的开端。他们选择最多的一个点是在 19 和 20 之间（数字越小表示肤色越深，数字越大表示肤色越浅）。被调查的 30 人中有 9 人选择了这一点。其他 21 个人的选择范围从 15/16 到 26/27 之间。

为了避免偏见，我通过每张色卡后面的字母和符号掌握色卡的顺序。这些字母和符号都是随机写上去的。通过对 5 个选择出的分界点即 19/20 色卡的仔细检查，我发现他们并没有选择相同的颜色。一个人把"Y"卡片摆放在 19 的位置（表明他/她感觉这是一个深肤色），把"X"摆在 20（表明他/她感觉这是一个浅肤色），下一个人摆在这两个位置上的则是另两张不同的色卡——比如"J"和"R"。甚至还有例子表明人们的选择是完全相反的（一个人选"Y"为白人肤色，另一个人则认为"Y"是黑人肤色）。

我计划继续展开这项研究作为我的毕业论文，并扩大我的数据搜集范围，包含其他族群的人（例如美洲原住民和亚裔），从而更为深入地了解种族的社会构建的程度。

采用了艾皮亚（Kwame Anthony Appiah，1990）的一个概念来说明日本人的种族态度，即内在的种族主义（intrinsic racism）——相信（感觉到的）种族差异就已经构成了足够的理由来判断一个人比另一个人差。在日本，受到尊敬的群体是多数群体（纯血统）的日本人，他们被认为共有"同样的血缘"。因此，日裔美国人的照片的标题这样写道："她出生于日本但在夏威夷长大。她的国籍是美国，但是没有其他外国血统流入她的血液。"（Robertson，1992，p.5）诸如降格继嗣之类的规则也在日本实行，但是比美国实行的混血子女自动成为少数族群的成员精确程度低一些。日本的多数民族成员与其他民族（包括欧美人）成员的异族通婚的子女，可能不会被贴上与少数民族的父/母一样的"种族"标签，但是他们仍然会因为非日本人的血统而遭到歧视（De Vos and Wagatsuma，1966）。

种族在日本又是如何在文化上建构出来的呢？（多数的）日本人在与他人的对比参照中界定自身，无论对象是国内的少数族群还是外国人，只要是任何"非我"（not us）的人。"非我"应该以另一种方式存在，我与"非我"是不能同化的。一些文化机制尤其是居住隔离和异族婚姻的禁忌，都用来让少数民族"待在他们该待的地方"。

日本文化在构建种族过程中认为这是具有生物学根据的，但是没有证据证明的确如此。最好的例子是拥有400万之众的部落民（burakumin），他们是日本被驱逐和歧视的群体。他们有时被用来同印第安的贱民相比较。部落民同其他日本人在体质和基因上都没有差异。他们许多人会逃过检查被认定为日本多数民族，并同他们结婚，但是如果部落民的身份暴露，这种欺骗性的婚姻便会以离婚结束（Aoki and Dardess, eds., 1981）。

部落民被认为与多数日本人相分离。因为血统和继嗣（并因此，被假定"血缘"或基因）的原因，部落民被看做是"非我族类"。日本多数民族会防止混血现象，从而尽力保持血统的纯正。部落民会聚居在一些社区（可以是乡村或城市），被称为 buraku，这也正是其种族标签的来源。和日本多数民族比起来，部落民接受高中和大学教育的可能性较小。当部落民和日本多数民族上同一所学校，他们便面临歧视，多数民族的孩子和老师可能拒绝同他们一起吃饭，因为部落民被看做不洁净的。

在申请到大学读书或工作，以及和政府打交道时，日本人必须列出他们的地址，这是家户或家庭注册的一部分。如果这项填写的是 buraku，人们便可能知道此人的社会地位是部落民，许多学校和公司也会因为这些信息而歧视此人（对这些部落民来说，最好的方式是快速迁移，这样 buraku 的地址便最终从注册记录中消失）。日本多数民族也限制"种族"混血，他们会雇用媒人来检查可能配偶的家庭史，尤其要看对方是否有部落民的祖先（De Vos et al.，1983）。

部落民来源于日本历史上的社会分层体系（自德川幕府时期：1603—1868 年）。最高的四个等级分类是武士—官员（samurai），农民、工匠和商人。部落民的祖先低于这一等级。他们作为被驱逐的群体，从事的工作多是比较脏的，例如宰杀动物的屠夫和处理尸体者。相关的工作还包括，处理动物产品如皮革。比起日本多数民族，部落民更可能从事体力劳动（包括农活），并阶层低下。部落民和其他日本少数群体也更可能从事犯罪、卖淫、娱乐行业和运动的职业（De Vos, et al.，1983）。

同美国的黑人一样，部落民内部也有社会分层。因为国家特定的工作是预留给部落民的，如果经营成功（例如，鞋厂主）便可以发财。部落民也可以找到政府当局职员的工作。经济上成功的部落民可以暂时通过旅游摆脱他们的被歧视地位，包括跨国旅游。

日本部落民与美国黑人面临的歧视有惊人的相似性。部落民常居住在乡村，或者所住的街区房屋破烂，卫生条件恶劣。他们很少有获得教育、工作、健康娱乐等服务设施的机会。作为对部落民的政治运动的回应，日本废止了歧视部落民的法律，并且实施相关措施改善 buraku 的生活条件。然而日本仍然没有像美国那样设定旨在帮助他们公平获得教育和工作机会的平权法案。对非多数日本人的歧视仍然在企业中占据主导地位。一些雇主说，雇用部落民将会给他们的企业带来不洁净的形象，并因此在与其他商业对手竞争中处于不利地位（De Vos, et al., 1983）。

表现型与流动性：巴西的种族

世界上还存在比美国和日本使用的方式更为灵活的、排他性较小的构建社会种族的方式。巴西（连同拉丁美洲的其他地区）的种族划分的排他性较小，它允许个人改变自己的种族类别。巴西与美国一样具有奴隶制历史，但是却没有降格继嗣的规则，也没有日本那样的种族厌恶现象。

巴西人所使用的种族类别比美国或日本要多得多，已经报告的有超过 500 个（Harris, 1970）。在巴西东北部，我在阿伦贝培发现了 40 个不同的种族词汇，而当地只是一个仅有 750 人的小村庄（Kottak, 2006）。透过这些分类体系，巴西人认识并试图用这些分类体系表述人口中的体质变化。美国使用的体系只是识别仅仅三或四个种族，这使美国人无法看到许多明显的体质特征的差异。此外，巴西人用来构建社会种族的体系还有其他特别之处。在美国，一个人的种族是先赋地位；自动被降格继嗣规则所确定，而且通常不会改变。但是在巴西，种族身份更为灵活，更像是一个获致地位。巴西的种族划分更关注表现型，这指的是器官的明显特点，它的"生物学上的表现"——生理学和解剖学特征，包括肤色、头发、面部特征和眼睛颜色。巴西人的外在表现和种族标签可能因为环境因素而改变，例如太阳的辐射或者湿气对头发的影响。

随着体质特征的改变（阳光改变肤色、湿气影响发型），种族的名称也会随之改变。进而，种族差异在构建社区生活上可能没有什么意义，因此人们或许会忘记曾用在别人身上的种族名称，有时甚至连自己的也会忘记。在阿伦贝培，我养成习惯在不同的日期询问同一个人有关村里其他人（包括我自己）的种族。在美国，我一直是"白人"或者"欧裔美国人"，但在阿伦贝培，我得到了 branco（"白人"）以外的很多种族名字。我

可以是 claro（"浅色人种"），louro（"金发人"），sarará（"浅肤色红头发"），mulato claro（"浅黄褐色"），或者 mulato（"黄褐色"）。这些用于描述我或者其他任何人的种族名称因人而异，每星期都不同，甚至每天都不一样。我最好的报道人是一位有着非常深肤色的男人，也总是不断改变表示自己的词语——从 escuro（"深色人种"）到 preto（"黑人"），到 moreno escuro（"浅黑肤色的男人"）。

美国和日本的种族体系是特定文化的创造物，而不是科学或者正确的对人类生物差异的描述。巴西的种族分类也是文化的构建，但是巴西人却发明出描述人类生物多样性的方式，比大多数文化中使用的系统都更详细、更具流动性和灵活性。巴西没有日本的种族厌恶，也没有美国作为先赋地位的继嗣规则（Degler, 1970; Harris, 1964）。

几个世纪以来，美国和巴西都有混血儿，他们的祖先来自美国本土、欧洲、非洲和亚洲。尽管"种族"在两个国家都有混合，巴西和美国文化却有不同的构建结果的方式。出现这种反差的历史原因主要在于两国定居者的不同特点。美国主要的英国早期定居者都是以女人、男人和家庭的形式到达，但是巴西的葡萄牙殖民者主要是男人，包括商人和探险家。许多这些葡萄牙男人同美洲土著妇女结婚，并确定他们"种族混血"的孩子为继承人。与北美的情况类似，巴西的农场主也会与奴隶发生性关系，但巴西的农场主通常会给予因此而生的孩子自由——为了人口和经济原因（有时这些孩子是他们仅有的子女）。主人和奴隶生育的自由的后代成为农场的监工和工头，并逐渐崛起成为巴西经济的中坚力量。他们不被看成奴隶，并被允许加入到一种新型的中间分类。因此，巴西没有出现降格继嗣规则以确保白人和黑人的隔离（参见 Degler, 1970; Harris, 1964）。

分层与"智力"

几个世纪以来，当权者不断地利用种族思想证明、解释并保护自己的优势社会地位。处于统

治地位的群体断定少数群体是天生的即生物上是低等的。种族思想被用来证明这些人具有社会低等地位，并假定他们存在的缺陷（智力、能力、个性或吸引力上）不可改变并会代代遗传。这种意识形态被用来证明社会分层是不可避免的、持久的和"自然的"，而且是生物基础上而非社会基础上的。因此，德国纳粹借以证明"雅利安人"的优越性，而欧洲殖民者则提出"白人的负担"的说法，南非还曾将种族隔离制度化。一次又一次，为证明对少数民族和当地人进行剥削的正当性，当权者宣称被压迫的人天生低等。在美国，白人被假定为高等群体的观念是一种标准的种族隔离主义。这种观念认为美国原住民在生物基础上是低等的，而这成为他们屠杀、关押和忽视这些土著民的理由。

然而，人类学家知道，人类群体中的大多数不同的行为都是由文化产生而非生物决定的。大量民族志研究揭示出的文化相似性表明，文化进化能力在所有人类群体中毫无疑问都是相等的。这也清楚表明任何**分层**（stratified）（阶层基础上的划分）社会中的经济、社会和族群的差异反映的是不同的经验和机会而不是基因构成（分层社会是那些在不同社会阶层财富、声望和权力上存在明显差异的社会）。

分层、政治统治、偏见和无知一直都存在着。它们宣传着错误的观念，即不幸和贫穷是因为缺乏能力。有时候天生优越性的学说甚至是由科学家提出来，但这些人都来自受到优待的社会阶层。一个例子是詹森理论，教育心理学家亚瑟·詹森（Herrnstein，1971；Jensen，1969）提出这一理论，并是其主要倡导者。詹森理论对观察结果的解释是，非裔美国人在智力测验中平均比欧裔美国人表现要差，但是这种论断非常有问题。詹森理论断定黑人从遗传上的表现就是无能的，比不上白人。理查德·赫恩斯坦（Richard Herrnstein）与查尔斯·默里（Charles Murray）在 1994 年出版的《钟曲线》（*The Bell Curve*）一书中也提出了类似观点，下面的批评因此也适用于这本书。

对于上面所说的测验分数的环境角度的解释显然比詹森、赫恩斯坦和默里的基因原则的解释更有说服力（参见 Montagu, ed., 1999）。环境的解释并不否认某些人可能会比其他人聪明。毕竟在任何社会中，因为许多原因，无论基因和环境如何，个体的天赋均有不同。但环境角度的解释明确反对把这些差异推广到所有群体。然而，即便只是谈到个体智力，我们也必须决定哪些能力是智力的正确测量指标。

大多数智力测验题目是接受欧洲和北美教育的人编写的，反映出设计这些测验的人的经验。所以中产和富有阶层孩子的测验成绩更好一点都不奇怪，因为他们更可能与编写测验的人的教育背景和标准相同。大量研究显示，学术能力评估考试（SATs）可以通过训练和复习准备提高成绩。所以，能够负担得起 500 美元或者更多钱在 SAT 考试的复习课程上便能够提高他们子女获得高分的机会。标准大学录取考试类似于传说中测量智能的 IQ 测试。这类考试可能会测量智力，但是也会测量高校教育的类型和质量，以及语言和文化背景，还有考生父母的财富。没有任何测验是不带阶层、民族和文化偏见的。

测验总是在衡量特定学习历史而不是学习的潜力。他们以中产阶层的表现作为标准决定什么年龄下应该了解什么知识。此外，测验通常是由中产阶级的白人操作，他们给出的教育指导采用的方言或语言并不一定是被测验的孩子熟悉的语言。测验结果在测试对象和测验人员的亚文化、社会经济和语言背景相似的情况下会比较高。

社会、经济和教育环境和测验表现的关系可以通过比较美国黑人和白人而得知。在第一次世界大战初期，大约 100 万美国军队新兵进行了智力测验。来自北部州省的黑人比一些来自南部州的白人的平均分高。在当时，北部黑人比许多南部白人接受更好的大众教育。因此，较好的表现便不足为奇了。另一方面，南部白人比南部黑人要好。这也在意料之中，因为南部地区白人和黑人的教育是不平等的。

种族主义者试图忽略北部黑人比南部白人要

表现优秀而得出的环境方面的解释，而提出"有选择的移民"这个说法——更聪明的黑人迁移到了北部。然而，这一假设是可以被检验的，并最终证明是错误的。如果更聪明的黑人迁移到了北部，他们的智力优势应该能在他们仍然住在南部时就读的学校记录中看出来，事实却不是如此。进而，在纽约、华盛顿和费城的研究都显示出，随着居住时间增加，测验分数也提升。

与此类似，双胞胎分开养育的研究也说明了环境对完全相同的基因遗传的影响。在一项针对19对双胞胎的研究中，IQ值随学校就读年数而有直接差异。IQ的平均差异仅仅是1.5，8对双胞胎有同样数量的学校学习时间。平均5年差异，11对双胞胎有10分的差异。在一对实验对象中，一个男孩比他的双胞胎兄弟多接受14年的教育，他的IQ分数比对方高出24点（Bronfenbrenner，1975）。

关于尼日利亚民族的信息，见在线学习中心的在线练习。
mhhe.com/kottak

这些研究和类似的研究以压倒性的证据证明了，测验结果衡量的是教育、社会、经济和文化背景而不是基因决定的智力。在过去500年间，欧洲人和他们的后代把他们的政治经济控制扩展到世界上大多数地区。他们殖民并占据了轮船抵达的地方和用武器攻占的地盘。最强大的现代国家的大多数人——位于北美、欧洲和亚洲——都有浅色皮肤。这些目前强大的国家中的一些人错误地断言并相信，他们现实中的优越地位来自天生的生物优越性。然而，所有现代智人看起来都有着类似的学习能力。

我们是在一个特定历史时刻中生活在这个世界，并阐释这个世界。过去的权力中心和人类体质特征的关系远不同于现在。当欧洲人仍然生活在部落社会时，先进的文明已经在中东迅猛发展。当欧洲还在黑暗年代时，文明已经发源于西非、东非海岸、墨西哥和亚洲。在工业革命之前，许多白种欧洲人和美国人的祖先更像前殖民时期的非洲人，而不是现在美国中产阶级的一员。他们如果接受21世纪的IQ测试，其平均表现将会非常糟糕。

族群、民族与国族

民族（nation）一词曾经是"部落"或"族群"的同义词，今天我们可能会称其为文化共同体。所有这些词汇都被用来指代单独的族群单位，共同生活或处于分离状态，或许共有相同的语言、宗教、历史、领地、祖先或者遗传基因。因此，人们可以交换使用民族、部落或族群来称呼塞内卡人（美洲印第安人）。现在，在我们的日常用语中，nation一词最终表示国家，即一个独立的、中央组织政治单位——一个政府。nation和state是同义词。把民族和国家这两个词连在一起就成为民族国家（nation-state），表示一种自治的政治实体，一个"国家"——如美国独立宣言中的名句，"一个国家，不可分割"。"民族"和"国家"可能成为同义词是因为民族自决思想的流行，这种思想认为每个族群的人们都应该有自己的国家（参见Farnan，2004）。

因为移民、政府、殖民主义等原因，大多数民族国家在民族构成上都具有异质性。在1971年世界上的132个民族国家中，康纳（Connor，1972）发现仅有12（9%）个国家只有一个民族，具有高度同质性。在另外25个国家（19%），单独某个族群占总人口的比例超过90%，40%的国家具有5个以上的主要族群。在后来的研究中，尼尔森（Nielsson，1985）发现，164个国家中仅有45个（占27%）国家的单一族群占总人口的95%以上。

国族与想象的共同体

现在具有、希望拥有或者重新获得自治的政治地位（他们自己的国家）的群体被称为国族（nationalities）。用本尼迪克特·安德森（Benedict Anderson，1991）的话说，国族是"想象的共同体"。他们的成员并不形成实际上的面对面的社区。他们只能想象自己属于并参与到某个共同群体中。甚至当他们成为民族国家的时候，他们仍然会保留想象的群体状态，因为大多数人之间尽管感受到强烈的感情，但却可能永远不见面（Anderson，1991，pp.6-10）。

族群民族主义大行其道

南斯拉夫社会主义联邦共和国是苏联体系外的不结盟国家。在 20 世纪 90 年代早期，南斯拉夫也和苏联一样按照族群和宗教的区分开始瓦解。南斯拉夫的族群包括罗马天主教徒的克罗地亚人、东正教徒的塞尔维亚人、穆斯林的斯拉夫人和少数阿尔巴尼亚人。在 1991—1992 年，由于族群和宗教差异，一些共和国从南斯拉夫分裂出来，包括斯洛文尼亚、克罗地亚和波斯尼亚－黑塞哥维那。塞尔维亚和黑山是南斯拉夫内的两个共和国。科索沃是塞尔维亚的一个省，但是 90% 的人口是阿尔巴尼亚族（阿族），他们在科索沃解放军的领导下发动了一场激烈的独立运动。

南斯拉夫的大多数族群存在宗教、文化、政治和军事历史以及语言方面的差异。塞尔维亚－克罗地亚语是斯拉夫语族的方言变体，塞尔维亚人、克罗地亚人和斯拉夫族穆斯林等都说这种语言（阿尔巴尼亚语是一种独立语言）。克罗地亚人和塞尔维亚人使用不同的字母表，前者采用罗马字母表，后者使用西里尔字母表，同俄国和保加利亚一样。这两种字母表的采用推动形成了族群差异和民族主义。塞尔维亚人和克罗地亚人虽然有共同的语言，但在文字书写，即文学、新闻和政治宣言上是彼此分裂的。

1992 年，穆斯林进行了波斯尼亚－黑塞哥维那争取独立的投票，而该地区三分之一的人口是塞尔维亚人，南斯拉夫的塞尔维亚人（塞族）对此采取了暴力回应，进行军事干预。在波斯尼亚，塞族实行了针对克罗地亚人的武装驱逐政策，即"族群净化"，但是主要针对的还是穆斯林斯拉夫人。南斯拉夫的塞族人控制着国家军队，并帮助波斯尼亚的塞族人实行"种族清洗"运动。

有了南斯拉夫军队的支持，波斯尼亚的塞族民兵围捕波斯尼亚的穆斯林，杀死了大量的穆斯林，并烧毁掠夺他们的家园，导致成千上万的斯拉夫人流亡。而大量穆斯林沦为难民，只能暂时住在帐篷、学校操场和公园。

塞族人没有实行南斯拉夫政府之前提倡的族群共存的政策，他们希望能报复历史上从穆斯林和克罗地亚人那里遭受的侮辱。在 15 世纪，信仰伊斯兰教的土耳其人打败了塞尔维亚统治者，迫害塞族人，并最终在其统治的几个世纪期间使许多当地人转信伊斯兰教。波斯尼亚的塞族人仍然因为当年土耳其政府的迫害而怨恨穆斯林，甚至包括当年转信伊斯兰教的当地人的后代。

波斯尼亚的塞族人声称他们的斗争是为了抵抗穆斯林统治的波斯尼亚－黑塞哥维那政府。他们担心伊斯兰宗教激进主义的政策可能会兴起，并威胁塞尔维亚的东正教信仰以及其他表达塞尔维亚认同的表现。塞族人的目标是按照民族界限划分波斯尼亚，而且他们想要其中的三分之二。波斯尼亚实行族群净化的目的是要保证塞族人不会再次被另一个族群统治（Burns，1992a）。

尽管克罗地亚人和斯拉夫族穆斯林也在前南斯拉夫的其他地区实行强制驱逐政策，塞族人在波斯尼亚实行的范围最广，也最系统化。超过 20 万人在波斯尼亚民族冲突中被杀害（Cohen，1995）。在波斯尼亚首府萨拉热窝（多民族城市）被围困的情况下，冲突终于在 1995 年 12 月在俄亥俄州的代顿市实现和平解决。

在 1999 年春天，北大西洋公约组织（NATO）开始对南斯拉夫进行 78 天的轰炸战争，报复塞族人在独立派省份科索沃对阿族人实施的暴行。在 1999 年 5 月，在位于荷兰海牙的战争犯罪法庭，继任南斯拉夫领导人米洛舍维奇被指控虐待科索沃的阿尔巴尼亚群体。自 1999 年 6 月，协定结束 78 天的轰炸，把科索沃交给国际控制，由北约的维和人员执行，在写这篇文章时他们仍然还在当地。2000 年，南斯拉夫采取了一些迈向民主的措施。2000 年 9 月，米洛舍维奇在选举中被推翻，并由一位新领导人 Vajislav Kostinica 取代。2000 年 12 月的议会选举抹去了米洛舍维奇在过去几十年建立的强权政治的最后痕迹。

更多关于波斯尼亚的信息，见在线学习中心的在线练习。
mhhe.com/kottak

2001 年 6 月 28 日，米洛舍维奇被从贝尔格莱德监狱转移到荷兰海牙，交付联合国前南斯拉夫问题国际刑事法庭接受审判。在审判结束之前，米洛舍维奇在 2006 年 4 月死于监狱中。

我们如何解释南斯拉夫的民族冲突？民族差异表现出人们不同的文化差异，以及人们在环境促使他们的差异性更为突出的时候，或许会忽略甚至是极为庞大的文化相似性。根据弗雷德里克·巴斯（Fredrik Barth）的观点（见下文），在那些群体占据不同生态位（ecological niches）的地方，族群差异是最为牢固和持久的：他们以不同的方式或在不同地点生活，不会发生竞争，相互依靠。在波斯尼亚，塞族人、克罗地亚人、斯拉夫族穆斯林比起以往任何南斯拉夫政权都更为混杂（Burns，1992b）。是否可能是因为这三个群体的边界还不够明显，不足以通过相互分离而保持和睦相处？

安德森将西欧民族主义追溯到 18 世纪，认为它发源于一些帝国体系，如英格兰、法国、西班牙。他着重强调，语言和印刷在欧洲民族意识的增强中发挥了至关重要的作用（见"趣味阅读"）。小说和报纸是对群体进行"想象的两种形式"，在 18 世纪达到繁盛（Anderson，1991，pp.24-25）。这类共同体由阅读同样来源的报纸小说并由此见证同样事件的人们组成。

政治的巨变和战争把许多民族划分开来。德国和朝鲜都是战争结束后被人为地根据社会主义和资本主义的不同意识形态一分为二。第一次世界大战分裂了库尔德人，他们在任何国家都不占大多数，例如在土耳其、伊朗、伊拉克和叙利亚都是少数民族群体。

迁移或移民是人们之所以会同属于民族基础上的族群，现在却又生活在不同民族国家中的另一原因。1900 年前后的几十年间，大量的德国人、波兰人和意大利人迁入巴西、加拿大和美国。中国人、塞内加尔人、黎巴嫩人和犹太人也因为移民而遍布世界各地。他们中的一些（例如巴西和美国的德国人后代）已经同化成为后来居住国的一员，并不再认为是他们最初的想象共同体的一员。这种从一个共同中心或家乡自愿或者非自愿地迁移到各处的分散人口，被称为散居在外的人（diasporas）。例如，非洲散居在外的人，包含世界范围内非洲人的后代，例如生活在美国、加勒比海和巴西的非裔居民。

在创立多民族国家时，前殖民大国如法国和英国所划定的边界与之前已存在的文化边界不一致。但是殖民制度也帮助创造了新的超越民族的"想象的共同体"。例子之一是黑人文化传统（négritude）的概念（"黑人协会和身份"）。这一概念由来自西非和加勒比海地区说法语的殖民地的深肤色知识分子提出（Günther Schlee，ed.，2002）。案例可以说明"想象的差异"在民族冲突中的作用——想象共同体的黑暗面。

和平共存

族群多样性既可能是积极的群体互动和共存，也可能有冲突，下一节会对此进行探讨。在许多国家，多文化群体可以和谐地生活在一起。有三种实现这种和平共存的方式：同化、多元社会和多元文化主义。

同化

同化（assimilation）是指少数民族群体当迁移到另一种文化主导的国家时可能经历的变迁过程。通过同化过程，少数群体会采取后来的文化模式和标准，整合进入主导性文化中，而不再作为分离的文化单位存在。这就是所谓"大熔炉"模式；族群在不断融合进共同的国家这个杂烩的过程中，放弃了自身的文化传统。一些国家如巴西，比其他国家更主张同化。德国人、意大利人、日本人、中东人和东欧人在 19 世纪末期开始移民到巴西。

这些移民都被共同的巴西文化所同化，这种文化最初源自葡萄牙人、非洲人和美洲原住民文化。这些移民的后代说国语（葡萄牙语）并参与到国族文化中（第二次世界大战期间，巴西属于盟军，采取了强制同化措施，禁止用葡萄牙语之外的任何语言下命令，尤其是德语）。

多元社会

同化并不是不可避免的，在没有同化的情况下族群之间也可以和谐共存。即使族群间已经相互接触了几十年甚至几代人，仍然可以保持族群差异，而不是被同化。通过对巴基斯坦斯瓦特区的三个族群的研究，弗雷德里克·巴斯（Barth，1958/1968）挑战了旧观念中族群互动总是导致同化的看法，认为族群可以经历几代的接触而不同化，并且和平共存。

巴斯（Barth，1958/1968，p.324）把**多元社会**（plural society）定义为这样一个社会，结合了族群差异、生态专门化（也就是说，每个族群占用不同的环境资源）和不同群体经济上的彼此依赖。不妨看看他对中东的描述（20世纪50年代）："任何族群的'环境'不仅仅由自然状况决定，也由它所依赖的其他群体的存在和活动决定。每个群体仅仅开发总体环境的一部分，并且留有大部分地区给其他群体开发。"

巴斯认为，当群体占据不同的生态小环境时，族群边界会更加稳定和持久。也就是说，他们采用不同的生活方式，并不互相竞争。在理想状态下，他们应该依赖对方的活动并进行交换。在这种情境下，尽管每个群体的特定文化特点可能改变，但是族群多样性能够得到保持。通过把研究关注从特定文化事件和价值观转移到族群间关系，巴斯（Barth，1958/1968，1969）对族群研究做出了重要贡献。

多元文化主义与族群认同

如果一个国家中，文化多样性被认为是好的和值得选择的看法，这被称为**多元文化主义**（multiculturalism）（参见 Kottak and Kozaities，2003）。

多元文化模型与同化模型正好相反，在同化模型中少数民族被认为应当放弃自己的文化传统和价值观，而代之以多数群体的文化。多元主义的文化观点则鼓励各自的族群文化传统实践。在多元文化社会中，个体的社会化不仅表现为处于支配地位的（国家的）文化，还有族群文化。因此，数百万的美国人会同时使用英语和另外一门语言，吃"美国"菜（苹果派、牛排和汉堡包）和"民族"食品，庆祝国家节日（7月4日，感恩节）和民族宗教节日。

在美国和加拿大，多元文化主义正越来越重要。这反映出族群数量和规模在近些年正在急剧增加。如果这种趋势继续发展下去，美国的族群构成将会发生戏剧性的变化（图14.3）。

由于移民和不均衡的人口增长，在许多城市地区，少数民族人口数量已经超过白人。例如，2000年有8 008 278人生活在纽约市，27%是非裔，27%是西班牙裔，10%是亚裔，36%是其他——包括非西班牙裔的白人。洛杉矶（3 694 820人）总人口的11%是非洲裔，47%是西班牙裔，9%是亚裔，33%是其他——包括非西班牙裔的白人（2000年统计数字，www.census.gov；又见 Laguerre，2001）。

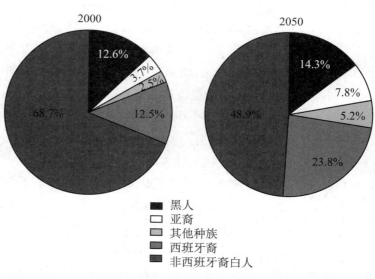

图例：
- ■ 黑人
- □ 亚裔
- ▨ 其他种族
- ▧ 西班牙裔
- ■ 非西班牙裔白人

图 14.3 美国的民族构成
美国人口中非西班牙裔白人正在降低。右图中预测2050年的数据来自美国人口调查局于2004年4月公布的报告。尤其需要留意美国人口从2000年到2050年间西班牙裔比例的巨大增长。
来源：美国人口调查局，国际数据库，表094, http://www.census.gov/ipc/www/idbprint.html.

作为对族群多样化和族群意识的一个回应，许多白人重新表明自己的族群身份（意大利人、阿尔巴尼亚人、塞尔维亚人、立陶宛人等），并加入族群协会（俱乐部、帮会）。这些群体有些是新建立的，有些已经有几十年历史了，尽管他们在20世纪20年代到50年代的同化时期失去了很多成员。

多元文化主义追求的是，人们相互理解和互动，但却不是依靠于同质性，而是在尊重差异的条件下。多元文化主义强调族群互动及对国家的贡献，认定每个群体都会为其他群体提供一些东西并向对方学习。

某些力量已经推动北美人远离同化走向了多元文化主义。首先，多元文化主义反映的是目前大规模移民的现实，尤其是从"欠发达国家"流向北美和西欧的"发达"国家。现代移民的全球规模为接受移民的国家带来了不同程度的族群多样性。多元文化主义也与全球化有关：人们使用现代运输手段移民到新的国家，而且他们曾通过国内越来越多的媒体和旅游者了解到有关这些国家的生活方式的信息。

快速的人口增长以及不发达国家就业机会的不足（受教育和未受教育者）都推动着移民的不断增加。随着传统乡村经济的衰落或机械化，失地或失业的农民在迁往城市之后，他们和子女常常找不到工作。随着不发达国家人民获得更好的教育，他们希望能从事技术化程度更高的职业。他们希望共享一种国际性的消费文化，包括各种现代工具如冰箱、电视和手机。

主题阅读

更多关于加拿大多元文化主义的信息，参加第15章之后的"主题阅读"。

世界上越来越多的人从乡村流向城市，或者进行跨国移民，民族认同正更多地用于构建自助组织，旨在提升群体的经济竞争力（Williams，1989）。人们会因为政治和经济原因而强调族群身份。米歇尔·拉格尔（Michel Laguerre，1984，1998）对美国的海地移民研究显示，他们会不断流动以应对美国社会的歧视结构（这里指的是种族主义，由于海地人多是黑人）。民族性（他们拥有共同的海地克里奥尔语和相同的文化背景）是他们流动

的显著基础。海地人的族群特点有助于把他们同非裔美国人和可能会竞争相同资源和认可的其他族群区分开来。

面对全球化浪潮，世界上大多数地区包括整个"民主的西方"都经历着"民族意识的复兴"。一些已经长期定居的族群重新主张自己的特征和权利，例如西班牙的巴斯克人和加泰罗尼亚人，法国的布里多尼人和科西嘉人，英联邦的威尔士人和苏格兰人。美国和加拿大正越来越多元化，关注内部的多样性（参见 Laguerre，1999）。"大熔炉"已经不存在了，更贴切的说法应该是族群"沙拉"（每个成分都保持不同，尽管还是在同一个盘子中，有同样的沙拉酱）。1992年，纽约市长大卫·丁金斯（David Dinkins）把他的城市比喻为"精美的马赛克"。

族群冲突的根源

一个国家和社会在被认知的文化相似性和差异性的基础上形成的民族性，可以表达为和平的文化多元主义，也可能是歧视甚至暴力的族群冲突。文化既可以是适应的也可能是适应不良的。人们对文化差异的感知有可能会对社会互动造成灾难性的后果。

族群差异性的根源（以及由此潜在的民族冲突）可能来自政治、经济、宗教、语言、文化或"种族"（参见 Kuper，2005）。族群差异为什么常会引发冲突和暴力？其原因包括由资源分配不均、经济和/或政治竞争带来的不公正感，以及对于歧视、偏见、其他威胁或贬低族群价值的表现的回应（Ryan，1990，p.xxvii）。

偏见与歧视

族群冲突常常是因为出现了对某些族群的偏见（态度和评价）或歧视（行为）。**偏见**（prejudice）指的是因为认为某个群体具有某些行为、价值观、能力或者特点，而贬低（看不起）这一群体。如果人们对这个群体怀有某种刻板印

象，并且把这些刻板印象也用于个人身上的时候，人们便是对这一群体产生了偏见（刻板印象是对群体成员的表现持有的某种固执的想法，通常是不好的看法）。怀有偏见的人们认为这些群体中的人会采取他们的刻板印象中的行为，并将大量个体的行为作为这种刻板印象的证据。他们用这些行为来证实对该群体的原来的刻板印象（低评价）是正确的。

歧视（discrimination）指的是伤害到某些群体及其成员的政策和实践。歧视可能是实际上的（实践的，但不是法律许可的），或者权利上的（作为法律的一部分）。实际歧视的例子包括，美国少数族群（比其他美国人）常常在政治和司法体系中遭到更严苛的待遇。这种不平等待遇是不合法的，但却无所不在。美国南部和南非的种族隔离政策则是权利上的歧视，尽管这些政策已经被废止了。在这两种体系里，法律规定，黑人和白人有不同的权利和特权。他们的社会交往（"混合"）是法律禁止的。

马赛克上的碎片

尽管多元文化模式在北美越来越显著，但族群竞争和冲突也仍然很明显。新移民之间会发生冲突，例如中美人、韩国人和历史更长的族群如非裔美国人。在1992年春天的暴动中，洛杉矶南部爆发了族群敌对冲突，其导火索是4个白人警察被拍到殴打黑人罗德尼·金（Rodney King）的照片，而后却被宣判无罪释放（参见 Ablemann and Lie，1995）。

愤怒的黑人因此四处袭击白人、韩国人和拉美裔人。这种暴力行为表达了非裔美国人在越来越多元文化的社会中感到前途渺茫的挫折感。1992年5月8日《纽约时报》/CBS 的民意调查恰好是在洛杉矶暴动之后，该调查发现，关于移民在他们生活中的影响，黑人比白人更有敌意。仅仅23%的黑人认为他们比新来的移民有更多的机会，而白人的比例则是两倍（Toner，1992）。

韩国人商店在1992年的暴动中遭到了猛烈的打击，此外三分之一以上遭破坏的商店属于拉美

⊙ **随书学习视频**

回家

第14段

本段内容主要是波斯尼亚的民族多样性。本章"趣味阅读"中讲到的战争或许早已结束，但是民族之间的敌意仍然存在。在探讨克罗地亚人和穆斯林的生活安排中，本段的叙述者描述了战前存在的"棋盘"定居模式。他提到这一点是想要说明什么问题？本段中提到，克罗地亚人和穆斯林都因战争而背井离乡。本段主要提到的 Bukocica 村最早是穆斯林村庄还是克罗地亚人村庄呢？在日常生活中，也即是在平常的活动比如买东西、讲电话或者开车的活动中，如何体现出民族差异？本段未提到的部分，读者可查阅"趣味阅读"中波斯尼亚的族群多样性的其他介绍。

裔人。暴动中的死者有三分之一是拉美裔。这些死者主要是近些年才移民美国，缺少与邻居间良好关系的基础的人，而且他们由于讲西班牙语还面临语言障碍（Newman，1992）。许多移民美国的韩国人在英语交流上也存在困难。

1992年5月6日，ABC 电视台在晚间节目中采访了一些韩国人，他们认为，黑人憎恨他们，并且认为他们不友好。一个人解释道："微笑不是我们文化的特点。"同一个节目中接受采访的非裔美国人则抱怨韩国人不友好，"他们跑来成了我们的邻居，并且把我们当成脏东西"。这些评论都证明了多元文化视角中的缺点：某个族群（这个例子里是黑人）期待其他族群能在某种程度上同化到他们所处的共同（国家）文化中。非裔美国人的评论提到了美国一般的价值体系，包含了友善、开放、相互尊重、社区参与和"公平竞争"。洛杉矶黑人希望他们的韩国人邻居能成为普通的美国人和好邻居。

压迫的后果

给族群冲突推波助澜的通常是各种歧视表现，如种族灭绝、强制同化、种族文化灭绝和文化殖

民主义。种族灭绝（genocide）指通过大量屠杀对一个族群或宗教团体（如犹太人、穆斯林）进行身体的毁灭。例子包括纳粹德国的大屠杀，和波斯尼亚的"种族清洗"（见"趣味阅读"）。统治者可能试图破坏某些族群的文化（种族文化灭绝）或者强制他们采取强势文化（强制同化）。许多国家处罚或禁止一种族群的语言和习惯（包括它的宗教仪式）。强制同化的例子如独裁者弗朗西斯科·佛朗哥（Francisco Franco，统治时期 1939—1975 年）在西班牙发动的反巴斯克人运动，他禁止有关巴斯克的书、杂志、报纸、标志、说教和墓碑，并对使用巴斯克语言的学校进行惩罚。他的政策导致了巴斯克恐怖主义群体的形成，并激发出巴斯克地区强烈的民族主义情感（Ryan，1990）。

种族驱逐（ethnic expulsion）政策的目的在于赶走那些文化上不同于本国的群体。这在历史中有许多例子，例如波黑在 20 世纪 90 年代（见"趣味阅读"）。1972 年，乌干达驱赶了 7.4 万名亚洲人。当代西欧的新法西斯政党提倡驱逐移民工人（英格兰的西印度人，法国的阿尔及利亚人和德国的土耳其人）（Ryan，1990，p.9）。

驱逐政策可能会引发大量**难民**，他们被迫（不自愿难民）或者选择（自愿避难）流亡到另一个国家，以躲避迫害或战争。

殖民主义（colonialism），是另一种压迫形式，指的是通过长期外国力量，对某一地域及其人民进行政治、社会、经济和文化统治（Bell，1981）。英国和法国殖民帝国都是为人熟知的殖民主义例子，但是我们还可以把这个术语扩展应用于苏联，它在以前被称为"第二世界"。

"第一世界""第二世界"和"第三世界"的标签是划分国家的普遍方式，尽管显然带有种族中心主义的色彩。第一世界指的是"民主的西方"，传统上被认为同采用"共产主义"的"第二世界"国家对立。第一世界包括加拿大、美国、西欧、日本、澳大利亚和新西兰。第二世界指的是华沙公约国家，包括苏联、东欧、亚洲社会主义和曾经的社会主义国家。"不发达国家"或"发展中国家"构成了第三世界。

殖民主义强加的边界并不通常基于或者并不反映先前存在的文化单位。在许多国家中，殖民主义的国家建构在其兴起过程中充满了族群冲突。因此，随着印度半岛被划分为印度和巴基斯坦，超过 100 万的印度教徒和穆斯林在暴力冲突中丧生。阿拉伯人和犹太人在巴勒斯坦的问题也是始于英国统治时期。

多元文化主义或许在美国和加拿大不断增长，但是相反的情况正出现在已经解体的第二世界国家中，在那里族群（国族）想建立自己的民族国家。随着苏联帝国的解体，族群感的兴盛和冲突表明长期的政治压迫和冲突没有为长久的统一提供足够的共同基础。

文化殖民主义指的是内在的统治——由某个群体及其文化/意识形态统治其他群体。这种情况的例子是在苏联，俄国人、语言和文化，以及共产主义意识形态的统治。主导文化将自己建立为官方文化。这反映在学校、媒体和公共交往中。在苏联统治之下，少数族群在莫斯科控制的共和国和地区只有非常有限的自治权利。所有共和国及其人民都一并整合进入"国际共产主义"的统一体中。文化殖民主义的共同伎俩都是将统治地位的族群成员大量移民到民族地区。因此，在苏联，俄罗斯民族的殖民主义者被派往许多地区，以减少当地人的凝聚力和联结。

苏联的遗迹是现在的"独立国家联合体"（参见 Yurchak，2005）。在这个新国家集群中，族群（国族）正在寻求建立在文化边界基础上的独立民族国家。这种民族自治的复兴也是全世界范围内族群文化繁盛的一部分，这与全球化和跨国主义一样是 20 世纪末 21 世纪初的趋势。

1. "族群"指的是一个国家或地区中特定文化的成员，该国家和地区还包括其他族群。民族是建立在实际的、感觉上或者假定的文化相似性（同一族群成员共有）和差异性（不同族群之间）。民族差异可以是语言、宗教、历史、地理、亲属关系或者"种族"基础上的。种族是被认为拥有生物基础的族群。通常种族和民族是先赋地位；人们生来就是某个群体的成员，这种身份一生不会改变。

2. 种族是一种文化的分类，并非生物事实。"种族"来自特定社会中人们感觉到并持续存在的对比，而不是共同基因基础上的科学分类。在美国，"种族化"标签，如"白人"和"黑人"指代社会建构出来的种族，这是美国文化中界定的分类。美国种族划分是依照降格继嗣规则，并非外显型或者基因。异族婚姻所生的子女无论其外表如何，都被划分为作为少数族群的父亲/母亲一方。

3. 日本的种族态度表现出"天生的种族主义"，即相信感觉到的种族差异是足以评价一个人比另一个人低级的理由。做出价值判断的群体是多数（"纯粹"）的日本人，他们被认为拥有"同样的血统"。多数群体的日本人通过与日本其他群体如朝鲜族人和部落民的对比中界定自己。这些人是日本的少数民族群体或任何"非我族类"的外来者。

4. 此类排外性的种族体系并非不可避免。尽管巴西与美国一样具有奴隶历史，它却没有降格继嗣。巴西的种族身份更多用来获致地位。这种身份会随着人的一生，以及外在特征的改变而改变。由于贫穷与深肤色之间存在关联，阶层结构反映巴西的种族分类。浅色皮肤的人如果很穷，将会被划分为比有色但有钱的人肤色更深。

5. 一些人认为不同"种族"、阶层和族群的学习能力是因为基因差异。但是环境变量（尤其是教育、经济和社会背景）为这些群体的智力测验的表现提供更好的解释。智力测验反映的是那些出题者和管理者的生活经验。所有测验某种程度上是被文化所束缚的。环境因素极大地影响了测验分数。

6. 国家（nation）一词曾经与族群（ethnic group）是同义词。现在nation一词指的是国家——一个中央管理的政治单位。由于移民、政府和殖民主义，大多数民族国家（nation-states）都不是单一民族国家。寻找自治的政治地位（想要建立自己的国家）的族群是国族（nationalities）。政治动乱、战争和移民划分出许多想象的民族共同体。

7. 同化指的是族群在迁入另一种文化主导的国家之后可能经历的变迁过程。通过同化作用，少数群体会采借主家文化的模式和标准。同化并不是不可避免的，没有同化过程的族群之间仍然可以和谐相处。多元化社会把族群差异和经济独立与族群结合起来。文化多样性在民族国家中被认为是好的和值得采取的方式，这就是多元文化主义。一个多元文化的社会中的个体社会化过程并不仅是走向主导性（国家）文化，也会通向民族特色文化。

8. 民族可以表现为和平的多元文化主义，也可能会反映在歧视或暴力冲突中。民族冲突常是对偏见（态度和评判）或歧视（行动）的回应。民族歧视的最极端形式是种族灭绝，即通过大规模屠杀，实现清除某个群体的目的。统治群体可能会试图破坏民族特色实践（种族文化灭绝），或者强制族群成员采取主流文化（强制同化）。民族驱逐政策则会导致难民出现。殖民主义指的是通过长期外国力量，对某一地域及其人民进行政治、社会、经济和文化统治。文化殖民主义指的是内在的统治——由某个群体及其文化/意识形态统治其他。

获致地位 achieved status 天赋、机遇、行为或成就带来的、非归属性的社会地位。

先赋地位 ascribed status 人们必然拥有的一些社会地位（例如种族或性别）。

同化 assimilation 描述了少数民族群体当迁移到另一种文化主导的国家可能经历的变迁过程；少数群体文化会整合进入主导性文化中，不再作为分离的文化单位存在。

殖民主义 colonialism 通过长期外国力量，对某一地域及其人民进行政治、社会、经济和文化统治。

继嗣 descent 根据祖先的特定方面判定社会身份的规则。

歧视 discrimination 导致伤害某个群体及其成员的政策和实践行动。

族群 ethnic group 文化相似性（同一族群成员共有）和差异性（不同族群之间）区分的群体；族群成员共享信仰、习俗和准则，并常拥有共同的语言、宗教、历史、地理和亲属关系。

族性 ethnicity 是拥有某种族群的认同并认为是其中一员，并因为这种隶属关系而同特定其他群体具有排他性。

降格继嗣 hypodescent 自动把具有不同群体身份的男女的婚姻或交配所得的子女归于弱势群体中。

多元文化主义 multiculturalism 在国家中，文化多样性被认为是好的和值得采取的方式；多元文化的社会中的个体社会化过程并不仅是走向主导性（国家）文化，也会通向民族特色文化。

民族 nation 曾经与族群是同义词，意指共享信仰、习俗和准则，并常拥有共同的语言、宗教、历史、地理和亲属关系的单一文化；现在通常同义于国家或民族国家。

国族 nationalities 曾经拥有、将要拥有或者重获自治的政治地位（自己的国家）的族群。

民族国家 nation-state 一种自治的政治统一国家，如美国或加拿大。

多元化社会 plural society 融合了不同族群，其不同族群的经济相互依赖的社会。

偏见 prejudice 因为认为某个群体具有某些行为、价值观、能力或者特点，而贬低（看不起）这一群体。

种族 race 被认为以生物基础划分的族群。

种族主义 racism 对被认为在生物基础上的族群的歧视。

难民 refugees 被迫（不自愿难民）或者选择（自愿避难）流亡到另一个国家，以躲避迫害或战争。

社会种族 social race 假定具有生物学基础但是实际上是在社会背景下，被特定文化认识和界定而非科学标准。

国家（民族国家）state（nation-state） 指一种复杂政治体系，管理某个地域和人群，这些人群拥有多种差别巨大的职业、财富、地位和权力。拥有独立的核心的有组织的政治单位；政府。总之，指的是拥有中央政府和多种社会阶层的社会和政治组织形式。

地位 status 判定社会中所处的地位；既可以是先赋的也可以是获致的。

分层 stratified 拥有阶层结构；分层社会中的不同社会阶层拥有在财富、威望和权力上的显著区别。

1. 文化和族群之间有什么区别？你参与的是哪种或者哪些文化？你属于哪种或者哪些族群？你最基本的文化身份的基础是什么？

2. 举出5个你现在拥有的社会身份。其中哪些是归属性的，哪些是获致性的？

3. 你成长和现在居住的社区采用什么样的种族分类体系？是否与本章中描述的美国文化里的种族分类体系有所不同？

4. 如果你不得不发明一种理想的种族类别体系，会更像北美的、日本的还是巴西的呢？为什么？

5. 多元文化主义与同化有什么不同？如果是你的国家，你更喜欢哪个进程？

补充阅读

Abelmann, N., and J. Lie

1995 *Blue Dreams: Korean Americans and the Los Angeles Riots.* Cambridge, MA: Harvard University Press. 今日洛杉矶地区种族冲突的一些根源。

Anderson, B.

1991 *Imagined Communities: Reflections on the Origin and Spread of Nationalism,* rev. ed. London: Verso. 民族主义在欧洲及其殖民地的起源，特别注意到印刷业、语言和学校在其中扮演的角色。

Barth, F

1969 *Ethnic Groups and Boundaries: The Social Organization of Cultural Difference.* London: Allyn and Unwin. 对族际关系中差异性和边界（及文化特征自身）被突出这一问题的经典讨论。

Friedman, J., ed.

2002 *Globalization, the State, and Violence.* Walnut Creek, CA: AltaMira. 杰出的人类学家们关于全球化语境中暴力问题的讨论。

Gellner, E.

1997 *Nationalism.* New York: New York University Press. 时事评论，来自对民族主义问题长期的人类学研究。

Harris, M.

1964 *Patterns of Race in the Americas.* New York: Walker. 北美、南美和加勒比地区不同种族和民族间关系的原因。

Hobsbawm, E. J.

1992 *Nations and Nationalism since 1780: Programme, Myth, Reality,* 2nd ed. New York: Cambridge University Press. 现代民族国家的形成。

Kottak, C. P., and K. A. Kozaitis

2003 *On Being Different: Diversity and Multiculturalism in the North American Mainstream,* 2nd ed. New York: McGraw-Hill. 美国和加拿大多样性的各个方面，加上一个原创的多样文化主义理论。

Laguerre, M. S.

1999 *The Global Ethnopolis: Chinatown, Japantown, and Manilatown in American Society.* New York: St. Martin's Press. 旧金山亚裔美国人的都市飞地。

Maybury-Lewis, D.

2002 *Indigenous Peoples, Ethnic Groups, and the State,* 2nd ed. Boston: Allyn & Bacon. 文化生存、族群和社会变迁的研究。

Molnar, S.

2005 *Human Variation: Races, Types, and Ethnic Groups,* 6th ed. Upper Saddle River, NJ: Prentice Hall. 生物和社会多样性之间的联系。

Montagu, A., ed.

1999 *Race and IQ,* expanded ed. New York: Oxford University Press. 一本经典文集的修订版。

Ryan, S.

1995 *Ethnic Conflict and International Relations,* 2nd ed. Brookfield, MA: Dartmouth. 用跨国家的观点来看种族冲突的根源。

Schlee, G., ed.

2002 *Imagined Differences: Hatred and the Construction of Identity.* New York: Palgrave. 想象的社区的黑暗面。

Scupin, R.

2003 *Race and Ethnicity: An Anthropological Focus on the United States and the World.* Upper Saddle River, NJ: Prentice Hall. 种族和民族关系的广泛调查。

Spickard, P., ed.

2004 *Race and Nation: Ethnic Systems in the Modern World.* New York: Routledge.19位学者对不同国家族群系统的研究文章。

Wade, P.

2002 *Race, Nature, and Culture: An Anthropological Perspective.* Sterling, VA: Pluto Press.对人类生物和种族的过程研究。

Yurchak, A.

2005 *Everything Was Forever Until It Was No More: The Last Soviet Generation.* Princeton, NJ:Princeton University Press. 苏维埃体系陷落中的文化悖论。

在线练习

1. 登录美国国家统计局网页，阅读《2000年人口地图：美国人口多样性的地理分布》（"Mapping Gensus 2000：The Geography of US Diversity"），20~23页（**http://www.census.gov/population/cen2000/atlas/censr01-104.pdf**）。观察体现美国各县的种族和民族多样性各个层面的4张地图。并尝试解释已经创造、正在创造的历史进程，多样性模式和特定群体的人口密度。

a. 第一张地图显示的是所有美国各县中人口占最高比例的族群。具有美国原住民人口比例高的各县中哪个离你距离最近？西班牙人呢？

b. 观察图1和图2中非裔美国人的聚集区域。为何这么多的非裔美国人聚集在美国的东南部？

c. 图2中标示的是西班牙人的聚居地点。你如何解释西班牙人在美国西北太平洋地区、中西部地区和东海岸地区最高的人口比例？

d. 从图1和图2中找出你认为亚裔美国人最集中的地区？为什么亚裔和其他族群的聚居地有这么大的不同？

e. 观察图3，了解2000年人口最为密集的几个州。观察图4中哪些州在1990年至2000年期间人口密度增长最快。为图片计算中使用的密度索引做个简要的定义。

2. 种族和人口调查：阅读Gregory Rodriguez刊登在*Salon*杂志上的文章《多种族算不算？》（"Do the Multiracial Count？"）（**http://www.salon.com/news/feature/2000/02/15/census/index.html**）。

a. 有些人对最早的人口普查有什么问题？这如何反映本章中描述的美国种族意识？

b. 克林顿政府做出了什么妥协？有哪些分歧？

c. 在这个例子中，联邦政府在我们社会里的种族意识中发挥什么作用？联邦政府仅仅是对美国人正在改变的种族概念的回应，还是尝试塑造美国大众对种族的思考方式？

d. 在本章内容基础上，你认为美国人口调查中出现的此类问题如果发生在巴西和日本该如何解决？

3. 边界上的民族：阅读Gregory Rodriguez在*Salon*杂志上发表的文章《我们是爱国的美国人，因为我们是墨西哥人》（"We're Patriotic Americans Because We're Mexicans"）（**http://archive.salon.com/news/feature/2000/02/24/laredo**），并回答下列问题：

a. 都有谁会参加乔治·华盛顿诞辰日的庆典？

b. 这种庆祝如何反映出墨西哥人的影响和美国文化？由于这是一种混合，这种庆典是否不那么"纯粹"了呢？

c. 你认为多民族身份会与单一国家身份相矛盾吗？

d. 什么因素可能导致边界上的民族会投入大量的精力在认识某一天如华盛顿诞辰日，而其他美国人则对此无所谓？你认为，对生活在边界上的群体来说，表明自己的国家身份比那些生活在国家核心地区的群体更重要吗？

请登录McGraw-Hill在线学习中心查看有关第14章更多的评论及互动练习。

科塔克，《对天堂的侵犯》，第4版

第1、2、10章中都有阿伦贝培地区的种族关系的信息。阅读第1、3章，了解科塔克如何在1962年就种族术语开展他的微型调查研究。他采用了什么技术并有何发现？阅读第3、10章，了解种族关系如何在20世纪60年代和80年代之间的改变。民族在60年代的阿伦贝培地区有什么作用，今天呢？

彼得斯-戈登，《文化论纲》，第4版

阅读第5章，《苗族：斗争与不屈不挠》。下一章你只要阅读探讨连同民族歧视和暴力引起民族自豪感的部分。苗族是部落民族，传统生活在中国、老挝、泰国和越南的边远山区。他们的历史是斗争、反叛和不屈不挠的历史。几个世纪以来，苗族人民遭到了来自许多群体的迫害，但是他们极力捍卫自己的民族遗产。尽管发生战争和迁居，他们仍然尽力保持自身的传统。美国的苗族人被批评不愿意被同化。他们为何被人这么看呢？他们种族歧视的长期历史如何影响他们思考自身和文化遗产的方式？你如何解释他们适应美国生活中遭遇的冲突？

克劳福特，《格布斯人》

阅读第11章。不同人群的族群差异在Nomad庆祝美国独立日时有何不同的表现？请描述一个格布斯人和Bedamini人的族群差异会导致对立和竞争的庆祝活动。请再描述族群差异导致群体间互相赞美和愉快的庆祝活动。你认为在1998年的Nomad的族群关系大部分是和谐的还是基于冲突的？论证你的答案。你认为这以什么方式标志了族群的固有关系的改变？例如格布斯人和Bedamini人原本的关系。

第**15**章
语言与交流

什么是语言？

语言（language）是我们既可以说（言谈），又可以写（书写）的最基本的交流工具。书写在人类历史中已存在 6 000 年了。语言则更早，起源于几千年前，但是没有人可以说出确切时间。语言像一般意义上的文化一样，并作为它的一部分，通过作为涵化的一部分的习得的方式进行传递。语言的基础是文字和指代的事物之间习得的和武断的联系。复杂语言在其他动物的交流系统中并不存在，但是却使人类能够在脑海中唤起精致的图像，谈论过去与未来，同他人分享经验，并从他们的经历中获益。

人类学家将语言置于其所处的社会和文化背景中考察。语言人类学体现出人类学对比较、差异和变迁的特殊兴趣。语言的关键属性是它永远处于变动状态。一些语言人类学家通过比较当代存在的古代语言的变体而重建了古代语言，并且在这一过程中发现历史。其他人研究语言差异以发现多类型文化中的多种世界观和思维模式。社会语言学考察语言在民族国家的多样性，其范围从多语言主义（见"新闻简讯"）到单个语言的多种方言和形式，以显示言谈如何反映社会差异（Fasold，1990；Labov，1972a，1972b）。语言人类学家也探索语言在殖民中的角色以及在世界经济扩张中发挥的作用（Geis，1987）。

非人灵长类的交流

呼叫系统

只有人会说话。没有其他动物的任何行为能够接近人类语言的复杂性。其他灵长类（猴子和猿）天生具有的交流系统被称为呼叫系统。这些发声系统由有限数量的声音组成，这些声音也就是呼叫（calls），并且只有在特定环境的激发下

概览

语言人类学与普通人类学一样也非常关注时间和空间上的多样性。语言人类学考察语言结构和使用，语言变迁，和语言、社会及文化之间的关系。

我们的类人祖先的呼叫系统最终发展得非常复杂，以至于无法完全依靠基因遗传。随着类人猿越来越依赖学习，他们的呼叫系统进化为语言。但是，像其他的类人猿一样，人类也不断地使用非语言交流，诸如面部表情和手势。没有任何语言能包含人类能够发出的所有声音。音韵学，即研究说话声音的学问，关注在某种语言中做出区别的声音。

社会语言学考察语言的变体与社会差异的关系。语言多样性反映了地区、性别、社会阶层、职业、族群和其他社会变量的差异。而且，人们在不同场合的言谈方式也不同，会变换风格、方言甚至语言。

历史语言学对于关注历史关系的人类学家来说非常有用。语言线索可以证明文化在历史上的接触。语言之间的关系并不必然意味着使用语言的人之间的生物联系，因为人们也会学习新的语言。

才会出现。这种呼叫在强度和持久性上不同，但是灵活性远远比不上语言，因为呼叫是无意识的并且无法结合起来。当灵长类动物同时发现食物和危险时，他们只能发出一种呼叫。他们无法把发现食物和危险的叫声合为一体，以表明两者都存在。然而，在人类进化的某些节点上，我们的祖先开始把呼叫声混合起来，并去理解这种结合的含义。呼叫的数量也增多，最终多到即使有部分通过基因方式直接遗传给下一代，也无法实现全部呼叫的传递。交流最终只好几乎完全依赖后天的学习。

尽管野生灵长类运用呼叫系统，但是猿的声道并不适合说话。直到20世纪60年代，培养猿类说话能力的尝试证明，他们缺乏语言能力。在20世纪50年代，一对夫妻把一只名为维基（Viki）的黑猩猩当成家庭成员一样抚养，并尝试系统性地教他说话。然而，维基只学会了4个词（"妈妈""爸爸""上"和"杯子"）。

手语

更多最近的实验显示，猿类能够学会使用（但不是言谈）真正的语言（Miles，1983）。一些猿学会了通过工具而非谈话与人进行交谈。这种交流系统之一是美国手语（American Sign Language，ASL），在聋哑人中被广泛使用。ASL利用有限数量的基本手势单位，类似于口语发音。这些单位组合成文字和更大单位的意义体。

第一只学习ASL的黑猩猩名为瓦苏（Washoe），雌性，被捕获于西非。她在1966年一岁时由内华达大学雷诺分校的两位科学家艾伦·加德纳（Allen Gardner）和比阿特丽斯·加德纳（Beatrice Gardner）收养。4年后，她搬到了位于俄克拉何马州诺曼市的一个由农场改建成的灵长类研究中心。瓦苏对猿类语言学习的讨论具有革命性的意义。最初她住在拖车里，听不到语言。研究者们在她在场时一直用ASL相互交流。这只黑猩猩逐渐学会了100多个代表英语单词的手语词汇（Gardner，Gardner and Van Cantfort 主编，1989）。两岁时，瓦苏开始把多至5个符号结合成基本的句子，例如"你、

在学校讲西班牙语而被处罚

《华盛顿邮报》新闻简讯
作 者：T. R. 里德（T.R.Reid）
2005 年 12 月 9 日

语言多样性是一个事实。即使双胞胎也未必就说得一样。但是我们的确同他人拥有共同的言谈模式，如我们的父母、同伴，以及具有相同民族、地域、教育或职业背景的人。美国在对语言多样性或者外语教学的促进上做得不怎么样。比起欧洲人，美国人在外语技能上的发展较差。原因何在？你可以流利地说多少门语言？这篇文章讲述了一个突出的社会语言歧视的个案，一个男孩因为在走廊里说了西班牙语而被学校处罚。思考这篇报道阐释出的美国对语言、民族以及甚至社会阶层的态度。你认为这个男孩会因为对一个法国交换生说法语而被开除吗？但接下来的问题是，他的法语有多大可能足以让他交谈？这一章主要是关注人类学家和语言学家如何研究作为正式体系的语言，而且是放在其社会和文化背景中，包括社会语言多样性。

堪萨斯州堪萨斯市，12 月 8 日——大多数时候，16 岁的扎克·鲁比欧操着一口清晰的不带口音的美国年轻人英语，这种英语形式中三个最常用的词语是"like""whatever"和"totally"。但是扎克对其父亲的母语西班牙语也很熟练，而这正是他被学校处罚的原因。

"这根本就不是在教室里，"扎克（高中二年级）回忆这个事件说，"我们大概是在大厅或者什么地方，在洗手间休息。我知道这个小孩，他问我，'Me prestas un dolar?'（你能借我一美元吗？）好吧，他用西班牙语问我，这么回答似乎很自然。所以我这么说的，'No problema.'"

但是这段对话演变成了对于 Endeavor Alternative School 的工作人员们来说的大问题，这是位于一个种族混合的蓝领社区的公立高中。一个听到这两个男孩对话的老师把扎克送到了办公室，校长珍妮弗·沃茨（Jennifer Watts）命令他打电话给他父亲并离开这所学校。

沃茨被学生们认为是一个严格执行纪律的人，她说这事没得商量。但是在一份书面呈报的惩罚说明中解释道，她决定让扎克离开学校一天半，她写道："这不是第一次我们提醒（要求）扎克和其他学生在学校不要说西班牙语。"

自此之后，关于扎克被处罚的消息成为当地英文和西班牙语报纸以及广播、电视中的热点话题。学区已经正式撤销了对他的处罚，并声明说外语并不是开除的理由。同时，鲁比欧一家聘请了律师，律师说即将就民事权利起诉。

这种紧张气氛在于，发生在高中校园走廊里面的这段简单的交谈反映出一项更大的国际讨论，即在西班牙裔移民的大潮中美国人应该使用哪门语言。

National Council of La Raza 是一个西班牙裔权利群体，他们说，美国学龄人口的 20% 是拉美裔。这些拉美裔学生的一半的母语都是西班牙语。

全国范围内爆发了关于双语教学的冲突、"唯独英语"法规、西班牙语出版社和广告业以及其他语言冲突。对于语言的担心成为越来越高涨的限制移民的政治运动的关键因素。

"对于不断增加的西班牙语人口存在大量强烈抵制的声音，"华盛顿学区董事会成员维克多·A. 瑞诺索这样说道。"我们在华盛顿的学校也看到了一些现象。你在一些城市中都能发现，人们抱怨他们缴的税金不应该用于印刷西班牙语的公告。也有一些案例中学校要求禁止外语。"

美国学校中支持"唯独英语"政策的拥护者们说，来自移民家庭的学生们使用这个国家的主流语言非常重要。

加利福尼亚州州长阿诺德·施瓦辛格这个夏天发表了自己的观点，他否定了授权多种学科在州公立学校中使用西班牙语测试的议案。"作为一个移民，"这位奥地利出生的州长说道，"我明白尽快掌握和领悟英语的重要性。"

西班牙语群体对此表示同意，但是他们强调多语言公民的价值。"一个具有两种语言能力的年轻人，例如扎克，应该被看成是这个群体的财富。"La Raza 的主席珍妮特·梅格雅说。

移民的大量涌入已经到达美国的每个角落——即使是在堪萨斯城，这个美国离边界几乎最远的城镇。沿着西南部的林荫大道，这是一个贯穿几个古老街区的主路，那里街道上的几乎每个商店和餐馆都有西班牙语的标志。

"大多数人，他们不关心你来自哪里。"扎克的父亲洛伦佐·鲁比欧说。他的故乡是墨西哥韦拉克鲁斯，已经在堪萨斯市生活了半个世纪。"但是有时候，当他们听出我的口音，我得到的回应，可以说是，'你为何不回家去？'"

鲁比欧，一位美国公民，信赖美国的移民法律，决定为儿子被处罚的事件而反抗。

"你不可能这么走进来就变成美国公民，"他说道，"他们让你参加政府的测验。我为这个测验专门学习过，而且我也知道，在美国，他们不能随意惩罚你，除非犯了成文的法律。"

鲁比欧说，他记得在11月28日他接到了学校的电话，说他的儿子被处以暂停上学的惩罚。

"所以我去找校长说，'我的儿子，他不是因为打架而开除的对吗？也不是因为不尊重他人。他是因为在走廊里说西班牙语而被开除的？'所以我请她给我出示有关的书面政策。但是他们根本就没有。"

根据当地媒体的报道，鲁比欧接下来打电话给管理这所学校的特纳联合学区的负责人。学区立刻撤销了对扎克的处罚。学区负责人没有对要求针对这篇报道发表评论的要求做出回应。

自此以后，在走廊里说西班牙语的问题再也没有在学校里提起过，扎克说，"我知道如果我在教室里说西班牙语可能会有点扰乱秩序。我完全不会这么做。但是现在除了教室，老师们的态度都好像是，'无所谓'"。

对于扎克的父亲，以及对此事表示过关心的西班牙裔权利组织来说，这个事件还没有结束。"显然，他们触犯了他的民事权利，"扎克一家的代理律师查克·奇努玛说，他来自堪萨斯市，"我们在研究什么形式的法律补偿会符合这种情况。"

鲁比欧说："我这么做主要是为了其他墨西哥裔家庭，合法地位某种程度上被动摇，而他们害怕站出来说话。因为说西班牙语而遭到惩罚？必须有人站出来告诉大家——这是错的。"

来源：T.R.Reid, "Spanish At School Translates to Suspension," *Washington Post* ,December 9,2005,p.A03.

我、出去、赶快"。

第二个学习ASL的黑猩猩是露西，比瓦苏小一岁。1979年，露西被引进到"野生环境"的非洲，于1986年死去或者被偷猎者杀害（Carter，1988）。自从她出生后的第二天直到她被运往非洲，露西同俄克拉何马州诺曼市的一个家庭生活在一起。罗杰·傅茨（Roger Fouts）是一位来自附近灵长类研究机构的研究者，他一周有两天来检测并提高露西对ASL的知识。在最后的一周内，露西用ASL同她的收养父母交谈。在学会了语言之后，瓦苏和露西表现出几项人类具有的特点：发誓、开玩笑、说谎和尝试教会他人语言（Fouts，1997）。

当被激怒时，瓦苏骂她在研究中心的猴子邻居是"脏猴子"。露西侮辱她的"脏猫"。在露西的住所，傅茨有一次发现地板上有一堆大便。当他问猩猩这是什么时，她回答说"脏脏"，这是她表达粪便的方式。当问到这是谁的"脏脏"时，露西说出了傅茨的合作者苏（Sue）的名字。当傅茨拒绝相信时，黑猩猩指责他说大便是傅茨自己的。

交流系统通过学习进行**文化传递**（cultural transmission）是语言的基本属性。瓦苏和露西以及其他黑猩猩都尝试教其他动物学习ASL语言，包括他们自己的子女。瓦苏教给研究中心里其他黑猩猩这些手势，包括她幼年早夭的儿子塞阔亚（Sequoia）（Fouts，Fouts and Van Cantfort，1989）。

因为成年大猩猩的体形硕大强壮，针对大猩猩进行这种实验的可能性要小于黑猩猩。瘦小的野生成年雄性大猩猩重180公斤，完全成年的雌性大猩猩体重可以轻易达到110公斤。正因如此，斯坦福大学心理学家佩妮·帕特森（Penny Patterson）对大猩猩的研究看起来比黑猩猩实验更具有挑战性。帕特森抚养着现在已经长大的雌性大猩猩科科（Koko），生活在邻近斯坦福博物馆的一辆拖车内。科科的词汇超过了任何一只黑猩猩。她能使用400个ASL符号，有一次还达到700个。

科科和黑猩猩也显示出猿类同人类共有另一项语言能力：**创造力**（Productivity）。说话者会

倭黑猩猩和语言

第 6 段

这一片段是美国佐治亚州立大学苏·萨维基－蓝保（Sue Savage-Rumbaugh）博士的作品，她曾经同黑猩猩和倭黑猩猩一起生活20多年。本片段关注她对雄性倭黑猩猩坎奇（Kanzi）的研究，这只倭黑猩猩学会了如何通过词语和手语交流。像人一样，但是程度大大减少，猿类可以从观察、体验和训练中学习。坎奇学到了哪些它母亲不能学到的东西呢？为什么倭黑猩猩不能说话？在你看过这一片段的基础上，你会说坎奇在回应言谈，还是仅仅对手势做出反应呢？

依照惯例使用语言的规则来创造出全新的表达，而且其他当地人能够理解这种新的表达方式。例如，我创造出"baboonlet"一词指代狒狒幼儿。我使用了英文单词中的类推法，用后缀 -let 指代一个种群的婴幼儿时期。任何说英语的人都能立刻理解我这个新词的意思。科科、瓦苏、露西和其他猿类都显示出猿类有能力使用语言的创造力。露西利用她已掌握的手势创造出"喝的水果"这个词来表示西瓜。瓦苏第一次看到天鹅时创造了"水鸟"一词。科科在知道了"手指"和"手镯"的手势之后，送给她一枚戒指，她便组成了"手指镯子"这个词。

黑猩猩和大猩猩都有基本的语言能力。他们或许在野生条件下从未发明有意义的手势表达系统。然而，如果已存在这样一个体系，他们便显示出像人一样的能力，可以学习并使用它。当然，猿类使用语言是人类干预和教育的结果。这里提到的实验并不表明猿类能发明语言（即使人类婴儿也从未面对这样的任务）。然而，年轻的猿类已经掌握了学习手势语言的基础。他们能延伸和创造性地使用，尽管并不像使用 ASL 语言的人类那样带有思辨和分析。

猿类与人类一样，也会尝试把他们的语言教给其他动物。露西没有完全意识到自己类人猿的手同猫科动物的爪子的区别，曾经尝试训练她的宠物猫用爪子来表达 ASL 的符号。科科把手势语言教给迈克尔，一只比她年轻6岁的雄性大猩猩。

猿类也显示出语言**移位**（displacement）的能力。语言中有一项关键元素是呼叫系统没有的。一般来说，每次呼叫都同一个环境刺激关联一起，如食物。只有刺激出现，呼叫才会发出。移位意味着人类能够谈论并不存在的事物。我们并不一定必须见到某个物体才能说出对应的单词。人类交谈并不局限于地点。我们能够谈论过去，畅想未来，同他人分享经验，并从他人的经验中获得帮助。

帕特森曾描写过科科这方面能力的几个例子（Patterson，1978）。大猩猩曾经为三天前咬了佩妮而感到难过。科科用了表示"较晚的"的符号推迟他不想干的事。表 15.1 总结了语言与自然环境下类人猿使用的呼叫系统之间的差异，无论是手语还是口语。

个别学者怀疑黑猩猩和大猩猩的语言能力（Sebeok and UmikerSebeok，eds.，1980; Terrace，

更多关于灵长类语言能力的信息，参见在线学习中心的在线练习。

mhhe.com/kottak

表15.1	语言与呼叫系统的对比
人类的语言	**灵长类的呼叫系统**
有谈论不在场的事物和事件的能力（移位能力）。	是刺激依赖的；食物呼叫只能在食物在场的情况下出现；不能造假。
有通过结合其他表达生成新的表达的能力（创造力）。	包含有限数量的呼叫，且这些呼叫是无法创造新的呼叫的。
该组的特殊性还在于所有的人类都有语言能力，但是各语言社区都有自己的语言，且是通过文化传递的。	倾向于是整个物种独有的，同一物种的各社区之间在呼叫极少有差异。

1979）。这些人认为科科和那些黑猩猩如同马戏团中训练的动物一样，并不真正具有语言能力。然而，这些帕特森和其他研究者（Hill，1978；Van Cantfort and Rimpau，1982）的批评者中只有一位真正研究过猿类。这就是赫伯特·特勒斯（Herbert Terrace），他有给黑猩猩教手语的经验，但是这种经验缺乏连续性和个体的投入，而正是这一点促成了帕特森在科科身上的成功。

没有人否定人类语言同大猩猩的手语之间的巨大差异。撰写著作的能力或做祷告的能力同一只训练有素的黑猩猩学习到的只有几百个手势之间具有巨大的鸿沟。猿不是人类，但是他们也不只是动物。让科科来说明这一点吧，当一个记者问她是一个人还是动物时，科科选择都不是。相反，她做出了"好动物大猩猩"的手势（Patterson，1978）。

语言的起源

记忆不同的语言表达并加以组合的能力似乎难以在猿类中发现（Miles，1983）。在人类进化过程中，这种能力发展成语言。语言并不是在人类历史某一时刻突然奇迹般出现的。它的出现伴随着成百上千年的发展历程，伴随着我们的祖先的呼叫系统的逐步完善。语言为智人（Homo）提供了巨大的适应优势。语言使人类社会的信息存储超过任何非人类群体。语言成为独一无二的有效学习手段。因为有了语言，我们能讲述从未经历过的事物，我们能够预料到遇到刺激之后的反应。智人比其他类人猿更快地适应环境，正是由于我们的适应手段更为灵活多变。

非语言交流

语言是我们交流的首要工具，但是绝非仅有的手段。当我们传递自身信息给他人，并且接受来自他人的信息，我们就在进行交流。面部表情、身体姿态、手势和动作，即使是无意识情况下也在传递着信息，并已经成为我们交流的一部

分。黛柏拉·泰南（Deborah Tannen，1990）研究过美国男性和女性的交流风格的差异，她的讨论已经超出语言的范畴。她注意到，美国女孩和妇女倾向于在交谈时互相直视对方，而美国男孩和男性却并非如此。男性更倾向于直视前方，而不是转向同他人做眼神接触，尤其对方是另一个男人并且就坐在旁边时。同样，如果是在群体中交谈，美国男人倾向于放松和四肢伸展的姿势。美国妇女可能会在所有女性的群体中采取类似的放松姿势，但是当她们同男性在一起时，倾向于紧闭四肢并且采取紧张的姿态。

身体语言学（kinesics）研究通过身体运动、姿态、手势和面部表情而实现交流。与此相关的是文化在私人空间的差异性的考察，以及在"文化"一章中情感的展现。语言学家不仅研究说了什么，更有如何说的问题，以及传递意义的语言自身拥有的特点。讲话者的热情不仅仅通过语言传达给听众，也通过面部表情、手势以及其他生动的符号。我们利用手势如挥手来表示强调。我

们用语言和非语言的方式表达我们的情绪：激动、悲伤、喜悦、悔恨。我们会变换语调或者改变声音的升降或大小。此外，我们还会通过技巧性的停顿甚至沉默来达到交流的目的。一种有效的交流策略是改变音调、音阶和语法形式，例如公布什么（"我是……"），命令性（"向前去……"），和提问（"你是……"）。文化告诉我们，特定态度和风格应该伴随着特定类型的演说方式。如果我们把最喜爱的运动队获胜时的行为、语言和非语言表达放在葬礼上或者谈论某个忧郁话题时，便显得不合时宜了。

文化总是在塑造"天然"上发挥作用。动物通过气味交流，用气味划定边界，这是一种化学的交流形式。现代北美人中，香水、漱口水和除臭剂工业的理念基础在于嗅觉在交流和社会互动中作用重大。但是不同的文化比我们的文化更能够忍受"天然的"气味。从跨文化角度来看，点头并不总是表示同意，头从一边摇至另一边也并不总是代表否定。巴西人用摇动一根手指表示否定。美国人说"啊哈"是赞同，马达加斯加类似的声音却表示否定。美国人用手来指对象；马达加斯加人用嘴唇。"闲逛"模式也多种多样。在外面休息的时候，一些人会坐着或者躺在地上，有人蹲着，还有人会倚靠在树干上。

身体动作也会传达社会差异。低阶层的巴西人，尤其是妇女，同社会地位高的人握手的时候会很无力。在许多文化中，男人比女人的握手更有力。在日本，鞠躬是社会互动中经常出现的动作，但是根据互动对象的社会地位差异，鞠躬也不同。在马达加斯加和波利尼西亚，地位较低的人不能够让自己的头高于地位高的人。一个人靠近年长或者地位高的人时，必须弯曲膝盖并低头表示尊敬。在马达加斯加，当两个人在行走中相遇时，人们总是出于礼貌而这样做。尽管我们的手势、面部表情和身体姿态都来源于灵长类的遗传，并且在猴子和猿类中也能看到类似踪迹，这些表情动作和姿态并没有脱离之前章节中阐述的文化的塑造。语言是高度依赖符号的交流领域，文化在其中发挥最为重要的作用。

语言的结构

对口语的科学研究（描述语言学）包含了几项相互关联的分析领域：音韵学、语态学、词汇和句法。**音韵学**（phonology）研究说话的声音，思考在给定的语言中，什么声音存在并意义重要。**语态学**（morphology）研究声音相互结合形成词素的形式——词汇及其有意义的部分。因此，"cats"这一单词可以被分解为两个词素："cat"，一种动物的名称，后缀 -s，表示复数。语言的**词汇**（lexicon）是包含了所有词素及其含义的词典。**句法**（syntax）指的是单词在词组和句子中的安排和顺序。句法问题包括名词通常在动词之前还是之后，或者形容词一般位于所修饰的名词的之前还是之后的问题。

语音

我们可以从电影和电视里，以及实际生活中见到外国人时了解到外国口音和发音错误。我们知道，带有明显法国口音的人发 r 这个音时与美国人不同。但是至少，来自法国的人能区分"craw"和"claw"，而来自日本的人却可能无法办到这一点。r 和 l 的区别表现在英语和法语上，但日语中却没有。在语言学中，我们把 r 和 l 之间的区别作为英语和法语中音素的差异，这些并不存在于日语中；也就是说，r 和 l 是英语和法语中的音素，而非日语音素。**音素**（phoneme）是种声音对比，依据对比的两个因素的发音的不同区分不同的意义。

我们想要发现某种语言中的音素，可以通过**最小对**（minimal pairs），这一对词语在许多方面都类似，唯有一个细小的发音不同。这对词的意思完全不同，但是它们在发音上只有一个音的差异。相对应的这两个不同的发音便因此成为这种语言的音素。英语中的一个例子是最小对"pit/bit"。这两个词的区别是一个单音对比，即 /p/ 和 /b/。因此 /p/ 和 /b/ 便成为英语中的音素。另一个例子是 bit 和 beat 的元音差异（见图 15.1）。这种对比可以区分这两个单词，并且这两个元音音

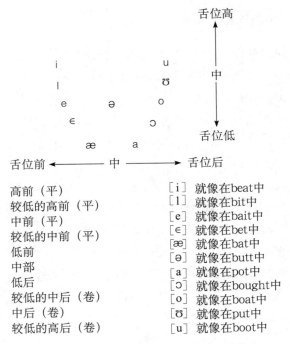

图 15.1　标准美国英语的元音

音素根据舌头的高度和舌头在口中前、中和后部的位置来表示。音素符号由包含这些音素的英语单词表示；请注意这些英语单词大多数都是最小对。

来源：Adaptation of excerpt and figure 2-1 from Dwight L.Bolinger and Donald A.Sears,Aspects of Language,3rd ed.（New York:Harcourt Brace Jovanovich,1981）.

素书写为英语的 /I/ 和 /i/。

标准（美国）英语（SE），即电视播音员的"超地域"方言，有大约 35 个音素：至少 11 个元音和 24 个辅音。不同语言的音素的数量不同——从 15 到 60 不等，平均在 30 到 40 之间。音素数量在同种语言的不同方言中也存在差异。例如美国英语中，元音音素在不同方言中具有显著的不同（参见本章的"趣味阅读"）。读者可以读出图 15.1 中的单词，注意（或者请他人注意）他们是否区分出每个元音来。大多数美国人无法完全发出这些音。

语音学（phonetics）是对一般意义上的谈话声音的研究，包括人们实际在说的多种语言，比如"趣味阅读"中描述的元音发音的差异。语音学只研究某种语言中重要的声音对比（音素）。英语中，如 /r/ 和 /l/（craw 和 claw）,/b/ 和 /v/ 也是音素，例如在最小对 bat 和 vat 中。然而，西班牙语中，[b] 和 [v] 的对比并不能区分含义，因此它们并非音素（我们用中括号表示不是音素的

音）。西班牙语使用者一般均用 [b] 来发出单词中字母 b 或者 v 的音。

在任何语言中，某种音素会延伸到语音范围之外。英语中，音素 /p/ 忽略了 pin 中的 [pʰ] 和 spin 中的 [p] 的对比。大多数英语使用者甚至没有注意到其中有音素上的差异：[pʰ] 是送气音，因此 [p] 之后会有喷出的空气；spin 中的 [p] 并非如此（为了看到区别，你可以划根火柴，放在嘴巴正前方，发这两个音时观察火苗情况）。这种 [pʰ] 和 [p] 的对比在某些语言中是音素的，如印地语（在印度使用）。也就是说，存在这样的单词，他们的含义仅仅依靠送气音和没有送气音 [p] 的差别而得以区分。

当地人在发特定的音素时发音也不同，例如在"趣味阅读"中谈到的音素 /e/。这种变调在语言进化中很重要，如果没有发音上的变化，便不可能有语言的变迁。下面社会语言学的部分将会探讨，音素变调及其与社会分化和语言进化的关系。

语言、思想和文化

著名语言学家乔姆斯基（Noam Chomsky，

🄲 随书学习视频

语言习得

第15段

这一片段主题是婴儿和蹒跚学步的幼儿如何学得语言，显示语言习得是包含与他人的互动和学习的社会和文化过程。这一片段暗示出一些在语言习得中的普遍性，例如都使用双唇音的亲属称谓，比方说 mama 和 papa，指代最初的看护者。托马斯·罗普尔（Thomas Roeper）是一位语言学家，根据他的观点，儿童在两岁的时候习得语言的基本结构。在片段内容的基础上，谁学习大量的单词更快，成年人还是两岁儿童？罗普尔把语言习得比喻成洒上水的种子的生长。这种类比如何回答开头提出的问题：语言是天生的还是习得的？

中西部人有口音吗?

根据居住地点的不同，美国人对其他地区的谈话具有特定的刻板印象。一些刻板印象在大众媒体传播，进而比另外一些更普遍。大多数美国人认为他们能模仿"南部口音"。对纽约人的说话方式（例如 coffee 的发音）和波士顿人（"I pahked the kah in Hahvahd Yahd"）我们也有刻板印象。

但是许多美国人也相信中西部人没有口音。这种观念来自中西部方言不存在许多被歧视的语言变体——这指的是某种说话模式，其他地区的人们会听出来并瞧不起，例如 rlessness 和 dem、dese 和 dere（代替 them、these 和 there）。

实际上，地区模式影响所有美国人说话的方式。中西部人也有可以被听出来的口音。大学里来自其他州的学生很容易听出他们与那些来自本州的同学的说话方式不一样。然而，本州学生很难听得出他们自己的言谈特色，因为他们已经对此习以为常。

中西部人远远不是没有口音，即使是在同一所高中，也体现出语言的变化（参见 Eckert, 1989, 2000）。进一步说，方言的差异对于那些来自其他地区的人来说一听便知，比如我就是。变化的中西部发音的一个最好例子是元音 /e/，这一原因在词语 ten、rent、French、section、lecture、effects、best 和 test 中都有。在位于东南部的密歇根，也就是我生活和教学的地方，那里这个元音有 4 种不同发音。说黑人英语的人和来自阿巴拉契亚地区的移民常把 ten 说成 tin，很像南方人习惯的说法。一些密歇根人的 ten 是标准英语的正确发音。然而，两个其他的发音更为普遍。许多密歇根人会念成 tan 或者 tun（好像他们在用重量单位 ton）。

我的学生们常在发音上让我大吃一惊。有一天，我在走廊里遇到了一位在密歇根长大的助教。她非常开心。当我问到为什么时，她回答说，"我刚刚得到了最好的一吸（suction）"。

"什么?"我问道。

"我刚刚有一个非常棒的 suction。"她重复了一遍。

"什么?"我仍然不理解。

她最终更准确地说了一遍。"我刚刚有了最好的认可（saction）。"她认为这是 section 一词的更清晰的发音。

另一个人在赞美我，"你今天的演讲取得了很好的交果（效果）（effect）"。在一次测验之后，一个学生痛惜自己没有在测验中尽力（best on the test）。有一次，我的讲座是关于快餐连锁的统一性。有一位学生刚刚去夏威夷度假归来，她告诉我说在那里汉堡的价格比他们在大陆的价格要高。她说是因为 runt 的原因。我很疑惑这个 runt 是什么? 那里的麦当劳店的小业主? 或许他在电视上做广告，"快来吃带 runt 的汉堡吧"。最终，我终于明白，她是在说那些挤满了人的岛屿上的高昂租金（rent）。

1955）认为，人类大脑容纳了一套用于组织语言的有限规则，这样所有语言都具有共同的结构基础。乔姆斯基把这套规则称为普遍语法（universal grammar）。人们能够学会外语，并且文字和思想能够从一种语言传递给另一个，这些现象都倾向于支持乔姆斯基的观点，也就是所有人类具有相似的语言能力和思想进程。另一项支持来自克里奥尔语。这种语言由混杂语言发展而来，在涵化过程中形成。不同社会互相接触，因而必须发明出一套交流系统。如"文化"一章中提到，混杂语言是在英语和土著语言基础上，在贸易和殖民主义背景下发展而来，在中国、巴布亚新几内亚和西非都存在这种形式。最终，经过代代人的使用之后，混杂语言发展成为克里奥尔语。这是一些更为成熟的语言，具有高级的语法规则和本土使用者（也就是说，人们在濡化过程中习得这门语言，并把它当作最主要的交流工具）。一些加勒比海地区生活的群体使用克里奥尔语。嘎勒英语（Gullah），生活在南卡罗来纳和佐治亚州的沿海岛屿的非裔美国人说的一种语言，也是克里奥尔语的一种。至于克里奥尔语的构成是基于普遍语法的说法是因为，这类语言都具有某些共同的特征。依照语法，所有利用语气词（例如，will，was）实现将来和过去时态的表达，并利用多重否定来表示否

定或拒绝（例如 he don't got none）。此外，通过变调而不是改变词序的方式来变成问句。例如，"You're going home for the holidays?"（最后有个声调）而不是"Are you going home for the holidays?"

萨丕尔-沃尔夫假说

除以上学者外，还有其他语言学家和人类学家采用不同的研究方法探讨语言和思想之间的关系。这些研究者并不寻求普遍的语法结构和过程，而是相信不同的语言产生不同的思维方式。这种观点因最著名的早期坚持者爱德华·萨丕尔（1931）和他的学生本杰明·李·沃尔夫（1956），而被称为**萨丕尔-沃尔夫假说**（Sapir-whorf hypothesis）。萨丕尔和沃尔夫认为，不同语言的语法分类引导他们的使用者依照特定方式进行思考。举例来说，英语中的第三人称单数代词（he, she; him, her; his, hers）区分性别，然而位于缅甸的小部落布朗族却没有这些区分（Burling，1970）。英语里存在性别上的不同，但却没有法语以及其他罗曼语那样具有完全成熟的名词性别和形容词一致体系。萨丕尔-沃尔夫假说由此认为说英语的人会比布朗族更多地注意到性别差异，而比法国人或西班牙人较少地注意到男女性别差异。

英语把时间划分成过去、现在和将来。北美西南部的普韦布洛地区的一种语言——霍皮语却并非这样。相反，霍皮语把当下存在的或者已经存在的（我们用现在和过去时态表示）和那些并不存在或者还未出现的（我们将来的事件，想象和假设事件）区分开来。沃尔夫认为，这种划分导致说霍皮语的人在时间和现实的思考方式上同说英语的人不同。类似的例子来自葡萄牙语，这门语言形成一种将来虚拟语气的动词形式，把不确定性的程度引入到了对将来的讨论中。英语中，我们经常使用将来时态来谈论我们认为将要发生的事情。我们感觉没必要再对"太阳明天将会升起"进行修饰，加上一句"如果它不成为超新星"，我们会毫不犹豫地说"我将会在明年看到你"，即使我们没法保证真的会这样做。葡萄牙语中的将来虚拟语气为未来事件添加了限定，认为将来不可能是确定的。我们把将来表达为当然肯定的做法太根深蒂固了，以至于我们甚至从未思考过这个问题，将来仍然处于假定状态。就像霍皮人不认为有必要区分现在和过去一样，他们认为这两者都是真实的。然而，语言并不会紧紧地束缚住思想，因为文化变迁能促进思想和语言的改变，我们在下一部分中将会看到。

焦点词汇

字汇（或者词汇）是语言的字典，指的是一系列事物、时间和想法的名字。词汇影响观念。因此，爱斯基摩人用许多不同的单词表示不同类型的雪，英语中都称为 snow。大多数说英语的人从未注意到这些雪的类型差异，或许即使有人指出来了，他们恐怕也看不出有什么不同。爱斯基摩人能够认识并分辨出雪的区别，而说英语的人却不能，这是因为我们的语言只为我们提供了一个单词。

类似的是，苏丹的努尔人对牛的描述词汇非常精细。爱斯基摩人有多个单词表示雪，努尔人有十多个词表示牛，都因为他们有特殊的历史、经济和环境。当出现了某些方面的需求，说英语者同样可以详细阐述他们表示雪和牛的词汇。例如，滑雪者说得出描述各种各样的雪的词语，而佛罗里达退休老人对此并不清楚。类似的是，得克萨斯农场主表示牛的词汇比纽约市区商店中的售货员要多得多。这种专业化术语和不同术语间的区别，对特定群体尤其重要（那些具有特殊经验或者活动的焦点的人），所以被称为**焦点词汇**（focal vocabulary）。

词汇是语言范畴中最容易变化的一项。如果有需要，新词和不同词的差别就会出现并传播开来。比方说，上一代人有谁会传真（faxed）或者发送电子邮件（e-mailed）呢？随着这些事务变得普遍而重要，对其命名就变得容易多了。television变成了 TV，automobile 变成 car, digital Video disc 变成 DVD。

语言、文化和思想是相互联系的。然而，与

萨丕尔-沃尔夫假说相对立的看法是，或许文化变迁造成语言和思想的变迁，比反过来的说法更合理。不妨思考美国女性和男性之间关于颜色语汇使用上的差异（Lakoff，2004）。在大多数美国男人的词汇中，他们并不清楚 salmon, rust, peach, beige, teal, mauve, cranberry 和 dusky orange 等词语的隐含区别。然而，即使是女人，以上提到的许多词汇在 50 年前的美国女人那里也不多见。这些改变都反映出美国经济、社会和文化的变迁。表示颜色的词汇以及颜色之间的差异随着时尚和化妆品工业的发展而逐渐增多。类似的对比（增长）在美国词汇表也体现在足球、篮球和曲棍球运动的词汇中。体育爱好者中男性居多，他们使用并创造了更多表示所观看比赛的区别的词汇，例如曲棍球（表 15.2）。因此，文化对比和变迁影响着词汇差异（例如颜色术语学）。**语义学**（semantics）指的是语言的意义系统。

意义

某种语言的使用者利用一系列术语对他们的经验和感知加以组织或分类。语言术语和对应的含义（具体意义）在人们感知的意义上有不同。**民族语义学**（ethnosemantics）研究多种语言中的这种分类体系。已经仔细研究过的领域（语言中对一系列相互关联的事物、感觉或者概念的系统命名）包括亲属关系术语学和色彩术语学。我们在研究此类领域的同时，也在考察使用这些术语的人如何感觉并且区分亲属关系或颜色。其

表15.2	冰球的焦点词汇
内部人对这个项目的主要元素有特殊的术语	
冰球的元素	**内部人的术语**
冰球	饼干
球门/球网	管道
受罚席（penalty box）	受罚席（Sin bin）
曲棍	树枝
头盔	水桶
守门员两腿间的空间	五孔

他领域还包括民族医药学——一些术语用于表示疾病的原因、症状和治疗（Frake，1961）；民族植物学——植物的本土分类（Berlin，Breedlove and Raven，1974；Carlson and Maffi，2004；Conklin，1954）以及民族天文学（Goodenough，1953）。

人们划分世界的方式，也就是他们感觉到并认为有意义或者重要的差异，反映出他们的经验（参见 Bicker, Sllitoe and Pottier, eds.，2004）。人类学家发现，特定词汇领域和术语按照已经决定的顺序进化。例如，在研究 100 多个语言中表示颜色的词汇之后，柏林和凯（Berlin and Kay，1991,1999）发现了 10 个基本色彩术语：白色、黑色、红色、黄色、蓝色、绿色、棕色、粉红色、橘色和紫色（它们几乎都是按照这样的顺序进化）。术语的数量随着文化复杂性而不同。举个极端的例子，巴布亚新几内亚的养殖者和澳大利亚的狩猎采集者只使用两个基本色彩术语，翻译过来便是黑色和白色或者深色和浅色。而另一端是欧洲和亚洲语言，它们拥有所有这些表示颜色的词汇。色彩语义学在具有色料和人工染色的历史的地区最为发达。

社会语言学

没有任何语言是每个人与其他人说话完全一样的统一的体系。语言的外在表现（人们实际上说什么）是社会语言学关心的话题。**社会语言学**（sociolinguistics）考察社会和语言变化的关系，或者把语言放在它所处的社会背景中考察（Eckert and Rickford，eds.，2001）。不同的说话者为何使用同一种语言？语言特征如何同社会分层相联系，这种分层可以包括不同阶层、种族和性别？（Tannen，1990；Tannen, ed.，1993）语言如何用于表达、加强或者抵制权力？（Geis，1987；Thomas，1999）

使用特定语言的人们分享该语言的基本使用规则，语言学家不否认这一点。这种共同的知识是相互理解交流的基础。然而，社会语言学家关

注语言随着社会地位和状态的变化而发生系统变化的特征。为了研究变动性，社会语言学家必须进行田野调查。他们必须观察、界定并测量语言在真实世界中的变幻莫测的使用状态。为了表明语言中与社会、经济和政治差异有关的特点，说话者的社会特征也必须被测量并同语言相联系（Fasold，1990；Labov，1997a；Trudgill，2000）。

特定时期语言内部的变化是不断进行的历史变迁的结果。在过去的许多世纪中，语言已经出现了大量的变化，如今同样的驱动力还在不断发挥作用。语言变迁并不是发生在真空环境中，而是在社会里。当出现与社会因素相关联的新的言谈方式，它们继而被模仿并传播。语言就是这样发生变化的。

语言多样性

主题阅读

关于在现代国族语言、文化和伦理问题的统一或多样性的具体细节，请看本章后的"主题阅读"。

下面我们把当代美国作为一个例子详细阐述所有国家都遇到的语言变迁问题。数百万美国人学得的第一门语言并非英语，这揭示出美国具有复杂的民族多样性。西班牙语是最为普遍的。这些人大多后来成为双语者，英语成为其第二语言。大量多语言国家（包括殖民地），人们会在不同场合使用两种语言：比方说一门语言在家中使用，另一种用于工作或者公众场合。

无论是不是双语，我们在不同场景下的说话方式都会不同；会进行**风格变换**（style shifts）（参见 Eckert and Rickford, eds., 2001）。在欧洲某些地方，人们经常变换方言。这种现象被称作是**双言**（diglossia），被应用于同种语言的"高等"和"低等"变体，比如在德语和佛兰德语（比利时人所说的语言）中都存在这种现象。人们在大学里以及正式书写、职场和大众媒体中使用"高等"变体，在家庭成员和朋友之间的日常交谈中使用"低等"变体。

与社会状态一样，地理、文化和社会经济的差异也会影响我们的言语。在美国，许多方言与标准（美国）英语（SE）并存。SE 本身也是种方言，例如它同"BBC 英语"就是不同的，后者是大不列颠地区喜好的方言形式。根据语言现实主义的原理，所有方言作为交流体系都是同样有效的，因为交流是语言的主要任务。我们常倾向于把特定方言想象成比其他方言更为拙劣或者更为有哲理，这种想法是一种社会层面而非语言学的评价。我们把特定说话的模式分成好的或者坏的，这是因为我们认识到这些语言的使用者也遭到等级划分。把 these、them 和 there 说成 dese、dem 和 dere 的人与任何用 d 替换 th 的人的交流也非常顺畅。然而，这种形式的交谈成为了社会低等级的标志物。我们把以上的发音，如使用 ain't，称为"未接受过教育的谈吐"。使用 dem、dese 和 dere 而造成的不同是被美国人瞧不起的发音之一。

言谈的性别差异

如果比较男人和女人的言谈，就能够发现他们在音位、语法和词汇上都存在不同，伴随言谈的身体姿态和动作上也存在差异（Baron, 1986；Eckert and MaConnell-Ginet，2003；Lakoff，2004；Tannen，1990）。在音位学中，美国妇女在发元音时趋向于更偏外（"rant"或"rint"），而男人在发这些音时倾向于更为偏中（当说到"rent"时会念成"runt"）。依据日本传统文化，日本妇女在公共场合一般会用假高音以表示礼貌。在北美和大不列颠，妇女的言谈与男性相比与标准的方言更为相似。注意表 15.3 中收集的底特律的数据。所有

表15.3	多重否定（根据性别和阶级）所占的百分比			
	上层中产阶级	下层中产阶级	上层工人阶级	下层工人阶级
女性	6.3	32.4	40.0	90.1
男性	0.0	1.4	35.6	58.9

来源：美国国家统计局，2000年普查问卷。

社会阶层中，尤其是工薪阶层，男性更倾向于使用双重否定（例如"我不会什么都不要"）。女性倾向于在"没有教养的谈吐"上更为小心翼翼。这种趋势在美国和英国都有表现。男性可能采取工作阶层语言，因为他们更具有阳刚之气。或许女性更多注意媒体，其中多使用标准方言。

依据罗宾·拉科夫（Robin Lakoff, 2004）的观点，使用特定词汇和表达方式与传统上女性在美国社会中权力较少存在关联（也见 Coates, 1986; Tannen, 1990）。例如，Oh dear, Oh fudge 和 Goodness! 同 Hell 和 Damn 比起来无力很多。注意电视直播运动竞赛中不高兴的运动员的嘴唇，例如足球赛。他在说"Phooey on you"的可能性是多少？女性比男性更可能使用如下形容词，adorable, charming, sweet, cute, lovely, 和 divine。

我们不妨回到之前讨论过的运动和色彩术语，以此举例说明男性和女性在词汇上的差异。男人一般对运动的词汇有更多的了解，区分也更细（如局和分），并尽力更准确地使用这些词汇。相应的，女性受时尚和化妆品产业影响比男性要深，故而使用更多颜色的词汇，并试图比男性在色彩术语使用上更为专业化。因此，当我介绍社会语言学时，为了说明这一点，我把一个褪色的紫色上衣带到了课堂上，举起来后，我请女生大声说出它的颜色。结果很少回答出统一的声音，因为她们试图辨别实际颜色的深浅（紫红色、丁香紫色、薰衣草紫色、紫藤色或是其他紫色）。我接着问男生，他们一致回答是"紫色"。很少有男生在当时的场景下能够分辨紫红色和洋红色或者葡萄紫色和茄紫色。

语言与地位

敬语（honorifics）是加在人名前使用，以表示"尊敬"他们。这种词汇可能传达或暗含了说话者同被提到的人（"好医生"）或姓名地址（"邓布利多教授"）之间的地位差异。尽管美国人一般没有其他国家那么正式，美国英语仍有它的敬语，包含如下词汇，"Mr.""Mrs.""Ms.""Dr.""Professor""Dean"

"Senator""Reverend""Honorable"和"President"。通常这些敬词都同姓名连在一起，如"威尔逊博士""布什总统"和"克林顿参议员"，但是有些用来称呼的词并不用他/她的名字，例如"博士""总统先生""参议员"和"小姐"。英国人有更为发达的敬语词汇，依据阶层、贵族身份（如 Lord and Lady Trumble），和特定封号 [如，爵士头衔"Sir Elton"（埃尔顿爵士）或"Dame Maggie"（马吉夫人）]。

日语中有些敬语，其中一些传达的尊敬比其他的要强烈。后缀"-sama"（夹在一个名字后），显示极大的尊敬，用于称呼具有更高社会地位的人，例如首长或者尊敬的师长。女性可以用它向丈夫表达爱意和尊敬。最为普遍的日语敬语是"-san"，附在姓后面，也是表示尊敬，但是比美国英语中的"Mr.""Mrs."或"Ms."要非正式一些。附在名字后面，"-san"表示更熟悉。敬语"-dono"表达的尊敬位于"-san"和"-sama"之间。

其他日本敬语不一定是要向称呼的对象表示尊敬。例如"-kun"在称呼中传达熟悉，就像把"-san"用在名字的后面一样。"-kun"后缀也用于年轻或者较低等级的人。老板对职员可能用"-kun"，尤其是女性。这里敬语发挥的作用相反，说话者用该词（就像英语中使用的"boy"或"girl"）用来称呼他/她认为较低地位的人。说日语的人会用非常友好和熟悉的后缀"-chan"同那些同龄人或较年轻的人交谈，包括亲密朋友、兄弟和子女（Free Dictionary，2004；Loveday，1986，2001）。

亲属称谓也同等级和熟悉程度的顺序有关。"爸爸"更亲切，没有"父亲"那么正式，但是也显示比使用父亲的名字要更尊敬。父母比子女的地位高，一般使用孩子的名字、昵称或者乳名，而不是称呼为"儿子"和"女儿"。美国英语如"bro"、"man"、"dude"和"girl"（在一些场合）似乎和日语中非正式/亲切的敬语类似。南方人一直到（有时远超出）特定年龄都会使用"ma'am"和"sir"，称呼年长或更高地位的女人和男人。

分层

我们不是在语言学意义上，而是在社会、政治和经济力量的背景下使用和评价言谈。主流美国人会消极地评价低等级群体的言谈，称其为"未受教育的"。这并非因为这些言谈方式本身不好，而是因为它们最终象征着低级地位。例如r的发音的变化。在美国的部分地区，r通常是发音的，而在有些地区却不发音。从起源上看，美国r不发音的说话模式是模仿英国的时髦说法。由于它被当作声望的标志，r不发音被许多地区采纳并逐渐成为波士顿和南部的标准。

纽约客（New Yorkers）一词在18世纪还发r音，到了在19世纪，人们为了追寻声望而放弃了这一发音。然而，当代纽约客们重新回到了18世纪发r音的模式。影响并支配语言变迁的并不是中西部r的巨大反响，而是社会进化，无论r的出现是"里面"还是在"外面"。

针对纽约市r音的研究表明了某种音位变迁机制。威廉·拉波夫（William Labov，1972b）把关注点放了r是否在元音之后发音，如car、card和fourth。为了收集这种语言变化与社会阶层的关联的资料，他利用纽约三个大型百货商店雇员的一系列快速相遇过程进行研究，这三个商店的价格和地点吸引着不同的社会经济群体。萨克斯第

五大道百货公司（68个相遇者）满足了高等阶层的购物需求。梅西百货（125个）吸引中等层次的消费者，而S. Klein's（71个）则在低层次和工薪阶层的消费者中非常盛行。商店职员的阶层来源也反映了商店顾客的阶层。

已经选定的部门是在大楼第四层，拉波夫走到一层店员那里询问该部门在哪儿。店员回答"四层"之后，拉波夫重复他的问题，用以得到第二次的回应。第二次回答更为正式并且加重了语气，店员大概认为拉波夫没有听清或者没有理解第一次的回答。因此，对每个售货员来说，拉波夫在两个单词中有两个/r/的发音。

拉波夫计算了访谈中至少会发一次/r/音的雇员的百分比。在萨克斯是62%，在梅西百货是51%，但是在S. Klein's只有20%。他也发现，当他向更高楼层的员工（更多昂贵的商品售卖的地方）问"这里是几层？"时，他们的/r/音比一层的售货员要更多。

在拉波夫的研究中（见表15.4），/r/音显然同威望有很大关系。当然雇用这些售货员的面试官从未在聘用他们之前计算过r音的数量。然而，他们的确是用言谈的评价来判断不同的人在售卖特定种类的商品时的效果。换句话说，他们带有社会语言学的歧视，是用语言特点来决定谁能获得工作。

我们的言谈习惯有助于决定我们是否有就业机会，是否能获得其他物质资源。正因如此，"恰当语言"本身成为策略性资源——以及通向财富、声望和权力之路（Gal，1989；Thomas and Wareing, eds.，2004）。为进一步说明，许多民族志学者描述了语言能力和讲演能力在政治中的重要性（Beeman, 1986; Bloch, ed., 1975; Brenneis, 1988;Geis, 1987）。

表15.4	纽约商场中r的发音	
商店	遇见次数	发r音的百分比
萨克斯第五大道精品百货店	68	62
梅西百货	125	51
S. Klein's	71	20

罗纳德·里根是公认的"大交流家",这位 20 世纪 80 年代连任两届美国领导人,主导着当时的美国社会。另一个两次当选的总统是比尔·克林顿,尽管他有南方口音,仍然因其在特定场景下的口才而著名(例如,电视辩论和市政厅会议)。交流缺陷可能导致了福特、卡特和乔治·布什(老布什)"不可能连任",被认为"不够明智"。

法国人类学家皮埃尔·布迪厄认为语言发挥象征资本的作用,经过适当训练的人可以把它转换为经济和社会资本。方言的价值——在"语言市场"中的地位——依靠它能够在多大程度上帮助个人在劳动力市场中获得想要的职位。相应地,这表明了那些正式机构的合法性;教育机构、政府、教会和权威媒体。甚至不使用代表威望的方言的人们也接受它的权威性和正确性,它的"象征性统治"(Bourdieu,1982,1984)。因此,语言形式自身不带有权力,却带有它们所象征的群体的权力。然而,正规教育体系(想要证明自身价值)否定语言相对性,而错误地把权威言谈方式说成是天生更好的。低级阶层和弱势群体常感觉到语言的不安全感,这正是这种象征性统治的后果。

黑人英语方言

当有人把"rent"说成了"runt",没有人会太注意。但是一些不标准的言谈的确会带来歧视。有时候歧视性言语同地区、阶层或教育背景息息相关;有时候,又同民族或者"种族"有关。

社会语言学家威廉·拉波夫和几位同事,包括白人和黑人,对他们称之为**黑人英语方言**(Black English Vernacular,BEV)的语言进行了详细调查(Vernacular 意为随意的日常言谈)。BEV是"今天美国大部分地区的多数黑人青少年说的一种相对统一的方言形式,尤其是在纽约、波士顿、底特律、费城、华盛顿、克利夫兰和其他都市中心。这种语言也在大多数乡村地区使用,并用于许多成年人之间日常亲密的言谈"(Labov,1972a,p.xiii)。这并不是暗示所有或者基本大多数的非裔美国人都说 BEV。

BEV 不是一个没有语法规则的大杂烩。相反,它是具有自身规则的复杂的语言体系,语言学家曾描述过这些规则。BEV 的语音体系和语法类似于南方方言。这反映出南方白人与黑人之间的接触对双方的言谈模式都具有交互影响。许多区分 BEV 和 SE(标准英语)的特征也在南方白人的言谈中有所显示,但是不如 BEV 那么经常。

对于 BEV 的确切起源,语言学家并没有形成一致的看法(Rickford,1997)。史密瑟曼(Smitherman,1986)称之为英语的非洲化形式,反映了非洲传统和奴隶镇压状态以及美国的生活。他提出,西非语言和 BEV 具有某些结构上的相似性。非洲语言背景毫无疑问影响了早期非裔美国人如何学习英语。他们是否为了符合非洲语言模式而对英语加以重组?又或者是他们快速从白人那里学会英语,完全不受非洲语言传统的后续影响?或者可能的是,在学习英语过程中,非洲奴隶融合了英语和非洲语言,造就了混杂语言或克里奥尔语,影响了后来 BEV 的发展?克里奥尔语之所以传入美国殖民地,是通过 17 和 18 世纪许多奴隶从加勒比海地区被运送过来。一些奴隶甚至还在非洲的时候就学过西非贸易站中所说的混合语言或克里奥尔语。

除起源外,BEV 和 SE 之间还存在音位和语法上的差异。音位的一点不同是,讲 BEV 方言的人比 SE 的人发 r 音的可能性小。实际上许多说 SE 的人,当 r 音正好在辅音之前(card)或在单词末尾(car)的时候并不发音。但是说 SE 语的人通常在元音之前发 r 音,也在单词末尾(four o'clock)或者单词中间(Carol)发音。BEV 的人相反更可能忽略这种出现在两个元音之间的 r。结果便是,说这两种方言的人有着不同的同音异义字(单词具有同样的发音,意义却不同)。BEV 并不发两个元音中间的 r,具有如下的同音异义字:Carol/Cal; Paris/pass。

观察不同的音位规则,说 BEV 的人对特定词语的发音不同于 SE。尤其在基础教育场景下,说黑人方言的学生的同音异义字一般不同于那些说 SE 方言的老师。为了正确评价阅读水平,老师应该决定学生是否能够区分这种 BEV 中的同音异义字如 passed,past 和 pass 的不同含义。老师需要保证学生能够理解所阅读的单词，这或许比他们是否按照 SE 标准发音正确更重要。

BEV 和 SE 的音位对比常带来语法的不同。其中之一是系动词缺失，意思是缺少 SE 发音标准中的 copula，也就是动词 to be。例如，SE 和 BEV 可能对比如下：

SE	SE缩写	BEV
you are tired	you're tired	you tired
he is tired	he's tired	he tired
we are tired	we're tired	we tired
they are tired	they're tired	they tired

BEV 中缺失了一般现在时中的动词 to be，这一点同许多语言很类似，包括俄语、匈牙利语和希伯来语。BEV 的系动词缺失完全是其音位规则的语法结果。要注意到，BEV 缺少了系动词，而 SE 采用缩写形式。BEV 的音位规则表明 r's（如同在 you're，we're，they're）和单词末尾的's（如he's）被丢弃。然而，说 BEV 语的人却发 m 音，因此第一人称单数是 "I'm tired"，与 SE 相同。因此，当 BEV 省略系动词，它仅仅多了一步缩写，这是由其音位规则决定的。

此外，音位规则可能引起说 BEV 的人省略作为过去时态的标记 "-ed" 和作为复数标志的 "-s"。然而，其他说话场景表明，说 BEV 的人能够理解过去和现在动词的不同以及单数复数动词的差异。证明这一点的是不规则动词（例如 tell, told）和不规则复数（如 child, children），在这些词语中 BEV 和 SE 的写法一样。

SE 在语言学体系中并不优于 BEV，但它正好成为了权威方言——大众媒体、书写和大多数公共和专业场景下使用的方言。SE 成为最具有"象征资本"的方言。在德语地区，那里也有使用两种语言的人，说低地德语的人（德国北部方言）（低等德语）会学习高等德语方言，以便于在国家场景下更为恰当地交流。类似的是，想要向上层流动的 BEV 语学生会进一步学习 SE 语。

历史语言学

社会语言学家研究言谈的当代变化——变化过程中的语言。**历史语言学**（historical linguistics）则面对的是较长时期的变迁。通过研究当代的**子语言**（daughter language），历史语言学家能够重构历史上的语言的许多特点。这些子语言来自同样的母语，但是已经分离并发展了成百甚至上千年。我们把它们最初分化而来的原始语言称为**原始母语**（protolanguage）。罗曼语族诸如法语和西班牙语，都是拉丁语的子语言，他们共同的原始母语是拉丁语。德语、英语、荷兰语和斯堪的纳维亚语都是日耳曼语的子语言。拉丁语和日耳曼语都属于印欧语系。历史语言学家根据它们的关系程度划分语言的类别（见图 15.2）。

语言会随时间发展而不停变化。它会进化——变异、传播、分化为**子群体**（subgroups）（相近语言组成的分类系统中的关系最为密切的语言）。单一母语的多个方言会演变为截然不同的子语言，尤其是在这些子语言互相隔离的情况下。其中有些子语言还会再次分裂，于是新的"第三代语言"便会出现。如果人们一直都居住在祖先的家乡，他们的言谈模式也会变。在祖先的居住地不断进化中的言语也应该像其他语言一样被看作子语言。

语言之间的密切关系并不必然表示使用者在生物和文化上有密切联系，因为人们能够采用新的语言。在非洲靠近赤道的森林中，"俾格米人"猎手放弃了祖先的语言，现在使用后来移民到该地区的耕种者的语言。移民到美国和加拿大的人抵达的时候会说许多不同的语言，但是他们的后代却是一口流利的英语。

语言关系方面的知识通常对于那些对历史，尤其是过去 5 000 年内的事件感兴趣的人类学家具有重要价值。文化特征可能会（也可能不会）同语言谱系的分布有关联。说相近语言的群体可能（也可能不）在文化上的相似性比那些来自不同语言祖先的群体要突出。当然，文化相似性并不限于相近语言的使用者。即使是说毫无关联的语言的群体也因为贸易、通婚和战争而有所交流，思想和发明进而广泛地在人类群体中传播。当代英语中的大量词汇来自法语。即使没有关于 1066 年诺曼人对英格兰的军事征服之后英语深受法语影响的历史文档，当代英语中的语言学证据也可以解释曾同法语有着长期重要的直接联系。类似的是，语言学证据也可以在缺乏文本历史的条件下，证实文化接触和采借的存在。通过考察何种词语曾被采借，我们便可以推断出文化接触的特点。

图 15.2　原始印欧语谱系图

这是印欧语系的谱系图。所有语言都可以追溯到原始母语，原始印欧语（PIE），这种语言存在于 6 000 年前。PIE 分裂成方言，最终进化成独立的语言，诸如拉丁语和日耳曼语等语言，后者有时候又称为几十种现代子语言的祖先。

更多关于原始印欧语（PIE）的信息，见网络探索。
mhhe.com/kottak

课堂之外

大学空间的网络交流

背景信息

学生：
Jason A.DeCaro

指导教授：
Robert Herbert

学校：
纽约州立大学宾汉姆顿分校

年级/专业：
高年级/人类学与生物化学双学位

计划：
攻读生物人类学博士学位；从事学术研究或公共卫生工作

项目名称：
大学空间的网络交流：网络/个人在校园生活群体中的结合

网络上的交流与面对面交流以及社会互动的关系是什么？根据这一研究，网络交流对于群体形成是好还是坏？

为什么人们明明生活在可以面对面交谈的环境中却使用电脑交流呢？他们的"线上"与"线下"的社会生活的相互作用如何？这如何影响他们对群体的感觉？我进行这项研究是为了通过人类学的个案研究探讨这些问题。

互联网被解读为个人化或非个人化，高度民主或者只不过是混沌一片，为美国"群体"带来生命或者毁灭。一些理论学者认为通过电子方式的交流扩展了个人可以保持联络的对象数量。然而，其他人则认为这仅仅是创造了拥有变动的群体成员和肤浅的社会关联的电子"虚拟社区"。如果这个"虚拟社区"为了成员的时间和精力而竞争，或许会损害他们面对面的交流。除了这些活跃的理论探讨，很少有研究考察网络社区与面对面的社区之间在地理意义上的地方群体中的互动。

我观察了一群生活在同一个校园中相邻住所的男女兼有的学生群体。这些学生根据自己对电脑、机器人技术和机械的共同兴趣而安排自己的生活。并不是所有人都是电脑科学家；一些人的专业是创作和化学。还有十几个男校友，他们中的一些人已经不再生活在当地，但是仍然被包含在这个组织里。

我就是一个男校友；因此，我对这一研究有私人的以及专业上的兴趣。我最具有挑战性的任务是避免无意中的操控——即使是让自己同群体保持距离也会改变真实情况！但是，我保持"局内人"的态度，尽量多地接近他们并且收获了大量的快乐。

这个群体的成员会保持面对面的社会互动以及频繁的电子邮件联系。"真实"与"虚拟"的社区因此创造了重叠但不相同的成员关系。大多数成员只是单独在"虚拟"的网络领域是校友。学生们在自己喜欢的群体形式上有所不同。一些人全然回避电子信息中介，因此并不参与"虚拟"社区。

我分发了问卷，分析一年内的邮件列表流动，并保持参与到面对面的社会生活中去。我发现，交谈有时候会在电子邮件以及之外两者间流动，成员也会在线上组织面对面的社会互动。然而，大多数人会区分电子领域和面对面领域的交流，大多数信息不带有外在的组织的目的。后一类别的信息允许并非当地人之间的接触，或者加强定期见面的人们之间的联系。

那些把大量时间和精力放在虚拟群体的人们把邮件发送清单扩大到最广泛的范围。然而，没有证据表明网络的虚拟群体损害了面对面的交流。那些在线上社会交流频繁的人在线下的社会互动中也很好。我猜测，个体用电子的社区补充而并非替代面对面的社会生活。这对于那些并不生活在当地的，或者对面对面交流感觉不舒服的人们尤其重要。因此，总体而言，成员因邮件列表而更深远地整合在一起，并非因其而疏远。

1. 野生类人猿使用呼叫系统进行交流。环境刺激引发呼叫，这些呼叫无法在多个刺激出现的时候结合在一起。语言和呼叫系统的对比包括不在场、创造性和文化传递。随时间流逝，我们祖先的呼叫系统逐步向复杂化发展并遗传给下一代，并且人类的交流开始依靠学习。人类仍然使用非语言交流，例如面部表情、手势、身体姿态和动作。但是语言是人类用来交流的主要方式。黑猩猩和大猩猩能够理解并使用基于语言的非语言符号。

2. 没有语言使用人类声道所能发出的所有声音。音位学是研究声音的学问，关注区分意义的声音的对比（音素）。特定语言的语法和词汇能够导致他们的使用者以特定方式感觉和思考。诸如亲属关系、色彩术语和代词等领域的研究表明，不同语言的使用者会以不同的分类划分自己的经验。

3. 语言人类学家拥有人类学对时间和空间的多样性的兴趣。社会语言学家考察社会和语言变化之间的关系，通过关注语言的实际使用情况。

只有当说话的特征获得社会意义才会被模仿。如果它们被认识到价值就会被传播开来。人们的言谈各有不同，风格、方言和语言都有变换。作为语言体系，所有语言和方言都具有同等的复杂性、规则性和交流的有效性。然而，言谈被使用，同时也被评价，并且依照政治、经济和社会力量的背景差异而存在不同。常常地位低下的群体的语言特点会获得消极评价。这种贬低并不是因为其本身语言学的特征。相反，这反映了这种特征与低等的社会地位的联系。一种由国家主流机构支持的方言，会表现出超越其他方言的象征性主导地位。

4. 历史语言学对于那些兴趣点在人群的历史联系的人类学家来说极具价值。文化相似性和差异性常常同语言的相似与不同彼此相关。语言线索能够提出文化在过去有所接触的证据。相近的语言——同语言系谱的成员——来自最初的原始母语。语言之间的关系并不一定表示他们的使用者之间存在生物上的关联，因为人们也会学习新的语言。

黑人英语方言 Black English Vernacular（BEV） 一种来源于南方英语的美国英语方言。使用BEV的人多是非裔美国青少年，许多成年人在他们的日常和亲密的交谈中也会使用。

呼叫系统 call systems 非人类的类人猿中的交流系统，由有限数量的声音组成，这些声音在强度和持久性上存在差异，并与环境刺激相联系。

文化传递 cultural transmission 语言的一项基本属性；通过学习进行传递。

子语言 daughter languages 发展自同一种母语言的语言；例如，法语和西班牙语都是拉丁语的子语言。

双言 diglossia 单一语言存在的"高等"（正式）和"低等"（非正式，熟悉的）的两种不同方言，例如德语。

移位 displacement 语言的基本属性；谈论不在现场的事物和事件的能力。

民族语义学 ethnosemantics 针对词典（词汇）在多种语言中的对比和分类的研究。

焦点词汇 focal vocabulary 一系列词语和区别，对特定群体尤其重要（那些对经验或活动具有特殊关注点的群体），例如爱斯基摩人或滑雪者对雪的种类的描述。

历史语言学 historical linguistics 语言学的分支

学科，研究跨越时间范畴的语言。

敬语 honorific 人们使用的一类术语，如"Mr."或者"Lord"，常常添加上名字，以表示"尊敬"他们。

身体语言学 kinesics 研究通过身体动作、姿态、手势和面部表情进行交流的学问。

语言 language 人类最基本的交流手段；具有说与写两种形式；属性具有创造力、不在场和文化传递。

词典 lexicon 词汇；包含一门语言中的所有的词素和意义的词典。

形态学 morphology 对形式的研究；用于语言学（对次素和词语结构的研究）和一般意义上的形态研究——例如，生物形态学指的是体质形态。

音素 phoneme 一门语言中相对比的重要声音，用于区分意义，如最小对。

音位学 phonemics 研究特定语言的声音对比（音素）的学问。

语音学 phonetics 研究一般的谈话声音；人们实际在多种语言中的说法。

音韵学 phonology 研究用于言谈的声音的学问。

创造力 productivity 语言的基本属性；使用某种语言的规则创造新的他人可以理解的表达的能力。

原始母语 protolanguage 一些子语言的语言祖先。

萨丕尔—沃尔夫假说 Sapir-Whorf hypothesis 不同语言创造不同的思维方式的理论。

语义学 semantics 语言的意义系统。

社会语言学 sociolinguistics 社会和语言变化之间关系的研究；语言在其社会背景下的表现的研究。

风格变换 style shifts 言谈在不同情境下的变化。

子群体 subgroups 相近语言组成的分类系统中的关系最为密切的语言。

句法 syntax 短语和句子中单词的安排和顺序。

思考题

更多的自我检测，参见自测题。
mhhe.com/kottak

1. 请给出非语言交流的另外一些例子。在讨论过程中注意你的同学，并观察看发现了什么。

2. 课堂讨论过程中，你注意到了有关社会语言学变化的什么例子？也就是说，男人和女人，教授和学生等等之间的区别。

3. 请列举一些有关人们不同的言谈方式的刻板印象。这些是真的区别吗，还是仅仅刻板印象？这些印象是积极的还是消极的？你觉得这些刻板印象为何会存在？

4. 在你自身经验和观察的基础上，列举男人和女人在使用语言上的五种不同方式。现在把这些区别按照身体语言学、音位学、语法、词汇或者其他方式进行分类。

5. 你同意语言相对论原则吗？如果不是，为什么？你会说什么方言和语言？你是否倾向于在不同情境下使用不同方言、语言或者言谈方式？为什么？

补充阅读 Bonvillain, N.

2003 *Language, Culture, and Communication: The Meaning of Messages*, 4th ed. Upper Saddle River, NJ: Prentice Hall.最新读本，关于文化语境中的语言和交流。

Eckert, P.

2000 *Linguistic Variation as Social Practice: The Linguistic Construction of Identity in Belten High.* Malden, MA: Blackwell.高中社会网络和派系与如何说话有关。

Eckert, P., and S. McConnell-Ginet

2003 *Language and Gender.* New York: Cambridge

University Press.男性和女性说话中的社会语言学。

Eckert P., and J.R. Rickford, eds.

2001 *Style and Sociolinguistic Variation.* New York: Cambridge University Press. 生活方式转变的社会语境。

Foley, W. A.

1997 *Anthroplogical Linguistics: An Introduction.* Cambridge, MA: Blackwell. 语言、社会和文化。

Fouts, R.

1997 *Next of Kin: What Chimpanzees Have Taught Me about Who We Are.* New York, William Morrow. 露西（Lucy）、沃肖（Washoe）和其他签约黑猩猩的教士告诉我们他从它们那里学到了什么。

Geis, M. L.

1987 *The Language of Politics.* New York: Springer-Verlag. 详细考察了讲话和演讲的政治功用以及在权力关系中对语言的操纵。

Lakoff, R. T.

2000 *Language War.* Berkeley: University of California Press. 2000 今日美国的政治和语言。

2004 *Language and Woman's Place*, rev. ed.(M. Bucholtz, ed.). New York: Oxford University Press. 2004 标准美国英语中如何对待妇女及妇女如何使用它，流畅的非技术性的讨论。

Rickford, J. R., and R. J. Rickford

2000 *Spoken Soul: The Story of Black English.*

New York: Wiley. BEV的历史和社会意义的梳理，可读性很高。

Romaine, S.

1999 *Communicating Gender.* Mahwah, NJ: Erlbaum. 1999 社会性别和语言。

2000 *Language in Society: An Introduction to Sociolinguistics,* 2nd ed. New York: Oxford University Press. 2000 社会语言学的介绍。

Salzmann, Z.

2004 *Language, Culture, and Society: An Introduction to Linguistic Anthropology,* 3rd ed. Boulder, CO: Westview. 语言在文化和社会中的功能。

Tannen, D.

1990 *You Just Don't Understand: Women and Men in Conversation.* New York: Ballantine. 不同性别在讲话和交流风格上的差异，通俗读物。

Tannen, D., ed.

1993 *Gender and Conversational Interaction.* New York: Oxford University Press.12篇关于互动交流的论文，展示了社会性别与语言使用之间的复杂关系。

Thomas, L., and S. Wareing, eds.

2004 *Language, Society and Power,* 2nd ed, New York: Routledge. 政治的维度和语言的使用。

Trudgill, P.

2000 *Sociolinguistics: An Introduction to Language and Society,* 4th ed. New York: Penguin. 语言在社会中的使用和扮演的角色，简短好读的介绍。

1. 礼貌的策略：阅读辛迪·帕蒂的文章《礼貌》（"Politeness"）（http://logos.uoregon.edu/explore/socioling/politeness.html），并回答下列问题：

a. 你大多使用什么策略？你的策略会在与不同的人（例如，朋友、父母、教授）交谈的时候变化吗？

b. 你喜欢他人对你使用哪种礼貌策略？你是否喜欢别人为了率直而牺牲礼貌？

c. 注意一下在你周围的课堂、家里和朋友相处的时候使用了什么礼貌策略。你是否能够识别人们选择礼貌策略的方式的任何模式？

2. 都市传说：阅读About.com网站上的都市传说和民俗信息的网页（http://urbanlegends.

在线练习

about.com/science/urbanlegends/library/weekly/aa082497.htm），确保阅读网页上给的有关都市传说的例子。

a. 都市传说由什么组成？

b. 为何都市传说如此流行？它们有许多都不是真的，为何它们还在不断地被分享？

c. 网络在都市传说的宣传上发挥什么样的作用？

d. 在阅读这一网页之后，你是否在下次朋友和你八卦什么故事的时候会或多或少有点怀疑呢？

请登录McGraw-Hill在线学习中心查看有关第15章更多的评论及互动练习。

链接

科塔克，《对天堂的侵犯》，第4版

阅读第7章，尤其是"嬉皮士手册"的部分。阿伦贝培人在描述嬉皮士的时候采用了什么语言？阅读第12章，电视如何影响阿伦贝培人面对外来人？在电视的影响下，你会对娜迪亚（Nadia）和欧嘉（Olga）的故事作何反应？巴西人对阅读和打字的态度让你惊奇吗？为什么？

克劳福特，《格布斯人》

根据克劳福特《格布斯人》的第1章的说法，在田野过程中学习格布斯语言对于作者来说有多重要？对于作者来说，在田野调查中学格布斯语有多简单？作者是如何不断学习格布斯语的——以及他的语言能力随着时间发展如何变好或变差？

加拿大：文化和语言的统一与多样性

文化具有不同的层次，"文化"一章已经指出这一点。民族文化包含了信仰、价值观、行为模式和制度，人们通过成长于特定国家的共同经历而共享这些文化。文化也可以比国家层面更小。这种"亚文化"可能起源于地区、民族、语言、阶层或宗教。因此，美国犹太教徒、佛教徒、天主教徒和穆斯林的宗教背景造成了他们之间的亚文化差异。同为加拿大人，说法语和说英语的人也不一样。

研究一个现代国家，人类学家可能会关注它的统一性和多样性，亦即共同点和区别。如果关注统一性，便会考察超越地区和社会分化之上的主旋律、价值观、行为、制度和经验；如果关注多样性，则会研究国家文化中的不同亚文化。

这两种取向不存在互斥关系。除了多样性，我们仍然考察一系列国家相关的制度、标准和期望。我们在"民族与种族"一章中看到，族群的成员都具有遵守一系列共同价值观的压力，这种压力不仅来自民族文化，也来自其他族群文化。例如，洛杉矶的非裔美国人在1992年的城市暴动之后开始抱怨他们的韩国邻居。同时，他们还谈到美国的普遍价值观如开放、互相尊重、社区参与和"公平比赛"，并且认为他们的韩国邻居缺乏这些素质。韩国人反驳这种看法，强调另一类美国价值观，包括教育、家庭和睦、原则性、努力工作和成就感。

我们现在讨论的焦点是加拿大的统一性和多样性（美国国家文化在附录3中有考察）。加拿大国家意识的关键特点与美国形成对比。加拿大人在出国旅游时常被误认为是美国人，遇到这种情况他们都会强调自己不是。可以肯定的是，加拿大和美国都有着许多共同的文化特点。一些反映在大多数加拿大人和美国人都具有英语语言传统。一些反映出北美殖民地的共同经历。还有其他特点反映出两国对世界体系的参与或者商品和信息跨国的流通。

媒体尤其是电视，促进了民族主义及其象征符号在加拿大的流行，其中包括与美国的文化差异。在2000年的春天，一则在多伦多拍摄的摩森加拿大啤酒的电视广告在全国瞬间取得了成功。这则广告的主角是加拿大人乔（Joe Canadian），这首后来被称为 *The Rant*（《怒吼》）的歌很快成为3 000万加拿大人广为传唱的民族颂歌：

"我不是伐木工人或者贸易商贩；我不住在圆顶建筑中，吃鲸脂也没有狗拉雪橇。"

"我有首相，不是总统。我说英语和法语，不是美国人。"

"我能自豪地把国家旗帜缝在我的后背上。"（这表明加拿大的性别中立的学校课程，缝纫课程不分男女。）

"我相信维持和平，不是维持治安；多样性而不是雷同性。"

伴随着乔达到该片高潮，枫叶和海狸的图片出现在屏幕上：

"加拿大是国土面积第二的大国，冰球的诞生地和北美洲最美丽的部分。我的名字是乔，我是加拿大人。"（引自 Brooke，2000）

《怒吼》激励了加拿大人口最多的省份安大略省政府宣布，从2000年9月开始，每个学生都要歌唱"哦，加拿大"而开始每一天，并且宣誓效忠女王（因为加拿大是英联邦的成员）。尽管《怒吼》被自温哥华到哈利法克斯的普通加拿大人传诵，而哈利法克斯还不是完全肯定这种民族认同的省份。在说法语的魁北克省，独立派魁北克党在1994年至2003年掌权，加拿大的国家符号诸如旗帜和国歌都被官方忽略，而摩森加拿大啤酒甚至都不在市面销售（Brooke，2000）。

魁北克和加拿大其余地区的反差是这个国家最为戏剧性、最不和谐的政治上极其严重的问题，这个国家为自己语言和文化的丰富多样而自豪。没有任何其他国家可以在构建双语多元文化

见在线阅读中心主题阅读链接。

mhhe.com/kottak

国家上同加拿大相媲美：

> 加拿大多元化的经验将其同其他国家区别开来。我们 3 000 万定居者反映了一个文化、民族和语言构成，世界其他地方都找不到……自加拿大建立之始，这便成为它的基本特色（http://www.pch.gc.ca/progs/multi/respect_e.cfm）。

与美国不接受语言差异性不同，双语主义（英语和法语都是官方语言）深深扎根于加拿大联邦。在 1867 年加拿大联邦成立时，英语和法语都取得了正式的宪法地位。加拿大的各个省都被赋予了真实的权力。在其中一个省，魁北克，说法语的加拿大人占群体大多数。他们使用自己的宪法权利保护并发展建立在法语文化以及说法语加拿大人的传统基础上的地域文化。在加拿大的其他地区，法语被来自英语国家的移民淹没或者遭到说英语的人的反对。在 2001 年，86% 的加拿大本地法语者（操法语者）生活在魁北克省，并占该省人口的 82%。

对加拿大平衡统一性和多样性能力的最大考验是来自语言二元性的挑战。英语在国家中的主导地位让说法语的加拿大人感到别扭。语言力量上的不均衡表现为，在说两种语言的人中，母语为法语者是母语为英语者的 5 倍。母语为法语者更需要学习英语，而母语为英语者则不那么需要学习法语。

由于移民原因，加拿大的语言多元化正在加剧。在 2001 年（最近一次的普查年份），3 000 万总人口中有 520 万总人口报告自己母语（儿童时期在家乡习得的语言）非英语或法语。母语是英语的加拿大人占总人口的 59%，说法语者占 23%。18% 的加拿大人习惯说的语言不是英语和法语。汉语是第三大普遍语言，此后依次是意大利语、德语、旁遮普语、西班牙语、葡萄牙语、波兰语、阿拉伯语、塔加路族语（菲律宾）、乌克兰语、荷兰语、越南语、希腊语和土著语言。

英法双语的人增多了。在 2001 年，总人口的 18% 能说这两种官方语言，比起 1971 年的 13% 有所增长。加拿大和加拿大人都说明了不断增长的语言多样性。

1950 年，加拿大人口增长的 92% 来自加拿大本地人的出生。今天，每年有 20 万人移民到加拿大，移民数量占总人口增长人数的比例超过了 55%。2001 年的加拿大人口中，18.4% 是外国出生。因此，加拿大被称为"一国地球村"。加拿大最大省份的最大城市多伦多，成为世界上文化最为多元的城市，超越了纽约和伦敦。

加拿大一直都依赖移民提供定居者和劳动力。在 19 世纪晚期和 20 世纪早期，加拿大移民政策如同其最初的目的一样，提供了劳动力来源，最早是用于定居和农业，后来则是工业化发展。在 1960 年，一项权利法案禁止加拿大联邦机构歧视国家来源、种族、颜色、宗教或者性别。1962 年，修订后的加拿大移民法案声明，来自世界任何角落的任何合格人员都可以移民。多个来源国家的混合体很快从北欧转移到南欧、亚洲、西印度和中东。

尽管加拿大提出了值得称道的提倡尊重的意识形态，但仍然不能完全避免歧视。例如，原住民权利的剥夺可以追溯至加拿大开创时期。土著加拿大人仍然比他们后来的市民更贫穷、健康不佳、高死亡率和自杀率和更高失业率。为了自身声望，加拿大政府采取了许多措施来纠正过去的错误，并满足原住民的需要。例如，1973 年，加拿大最高法庭承认原住民群体对土地的传统使用和占据的土地权。而在 1982 年，政府确定原住民条约以保护他们的文化、习俗、传统和语言。

2001 年，大约 97.5 万加拿大人（总人口的 3.3%）声明自己作为北美印第安人的原住民（第一民族）、混血或者因纽特人的身份。原住人口的五分之一报告自己的母语是原住民语言。欧洲定居者时期，加拿大有超过 56 个原住民族，使用超过 30 种语言。2001 年，作为母语的土著语言中，最大的前三种土著语言是克里语（72 690 人），因纽特语（29 005 人）和欧吉布威语（20 890 人）。

"民族与种族"一章探讨了种族在美国、日本和巴西的社会建构。加拿大的种族和民族的建构不同于以上三个国家，尽管存在相似之处。例如，声称自己是混血的人口被划定为原住民这一点就反映了美国的降格继嗣规则。比种族这种说法更合适的是，加拿大进行人口普查时只会询问"可见少数民族"。加拿大的就业公平法案定义这类群体为"不同于原住民的人，种族上是非高加索人种或肤色上非白色人种"（加拿大统计数据 2001a）。不同于美国，加拿大人口普查认为种族差异表现在旁观者的意见（和眼光），而不是自我认同。

加拿大 1996 年的人口普查是第一次收集可见少数民族的系统数据，目的是为了评价就业公平。与美国的权利平等行动（affirmative action）一样，加拿大的就业公平法案是对歧视现象的回应。

"华人"和"南亚人"是加拿大最大的可见少数民族。不妨把加拿大的少数民族总人口比例 13.4% 对比一下美国 2000 年普查的 25% 的数据。尤其是，加拿大的 2.2% 的黑人对比美国 12.5% 的非裔美国人。加拿大的亚裔人口比美国 3.7% 的数字高出很多。只有一小部分的加拿大人口（0.2%）声称自己具有多个可见少数民族的从属关系，对比一下美国 2000 年有 2.4% 的人声称自己具有"多于一个种族"身份。

读完这篇文章，思考美国和加拿大在种族划分、民族和多元文化主义以及语言多样性上的主要相似与区别。加拿大国家文化最关键的象征是什么，而美国又是什么？

第**16**章
生计

章节大纲：

适应策略

与狩猎和采集社会（觅食）相比较，食物生产的出现（植物的栽培和动物的驯养）推动了人类生活的重大变化，例如更大的社会和政治系统建立起来并最终导致了国家的出现，文化变迁的速度大大加快。本章提供的是一个基本的框架，这个框架有利于我们理解从狩猎和采集到农业和牧业这一范围内的人类各种各样的适应策略和经济体系。

人类学家叶赫迪·科恩（Yehudi Cohen，1974b）用"适应策略"这一术语来描述一个群体的经济生产体系。科恩认为两个（或更多个）无关联社会的相似性在于它们所拥有的相似的适应策略。例如，适应觅食（狩猎和采集）策略的社会就有着显著的相似性。基于经济和社会特征的相互关系，科恩发展了他的社会类型学，其类型学包括下面5种适应策略：觅食、园艺、农业、牧业和工业。工业会在"现代世界体系"这一章节中加以讨论，本章节重点关注的是前面4种适应策略。

觅食

1万年以前，觅食者（也被称为狩猎采集者），存在于世界各地。但是，环境的不同导致了世界上觅食者之间的显著差异。例如，冰河时代生活在欧洲的那些人属于大型动物捕获者。现在生活于北极地区的狩猎者仍然以捕获体型庞大的动物和动物群作为目标。与热带地区的觅食者比起来，他们的饮食中仅有极少量的植物，并且

概览

　　非工业社会的适应策略包括觅食、园艺、农耕和畜牧。婚姻和亲属纽带将觅食群体的成员联系起来，男人们通常负责狩猎和捕鱼，女人们通常负责采集食物。

　　园艺和农耕位于连续体相反的两端，这个连续体是建立在土地强度和劳动力基础上的。园艺者总会让他们的土地有一个休耕期，农业者通过灌溉、梯田和饲养家畜等方式，在一块土地上进行年复一年的劳动，集中利用他们的劳动力。牧民有着混合经济，实行游牧的牧民会同农民进行交换。在实行季节性迁移的牧民那里，一部分人从事农业，一部分人负责放养他们的牧群。

　　西方经济学的假设是：稀缺性和利益动机具有普遍性，但是对生产、分配和消费体系进行跨文化研究的经济人类学家反驳了这一假设。存在三种主要的交换形式。市场交换是建立在买卖基础上的，它受利益的推动。在再分配情况下，物品被收集到一个中心地，其中的一部分最终会返回给人们。互惠支配着社会平等成员之间的交换。能够分配生产资料的那种交换是一个社会中最主要的交换方式。

他们的食物很单调。一般来说，当人们从比较冷的地区迁移到比较温暖的地区时，物种的数量就会增加。热带地区的生物多样性极为丰富，那里有多种动植物而且其中的很多物种一直为人类觅食者所利用。热带地区的觅食者会捕获和采集大量的动植物，这种情况在温带地区也可能存在，例如北太平洋海岸的北美，这里的美洲原住民可以依赖丰富的陆地资源和海洋资源，这些资源包括：鲑鱼及其他鱼类、浆果、野生白山羊、海豹和海洋哺乳类动物。尽管环境的多样性导致了众多差异，但所有的觅食经济还是拥有一个共同的基本特征：人们依赖可能的自然资源而不是通过控制动植物的繁殖来生存。

距今1.2万~1万年，随着中东地区驯养动物（最初是山羊和绵羊）和栽培植物（小麦和大麦）的出现，这种对动植物的控制就出现了。栽培是基于不同的农作物的，例如在随后的3 000~4 000年的时间里，玉米、木薯和马铃薯等作物就在北美陆续出现了。这种新的经济在全球获得极快发展。大多数的觅食者最后逐渐变为食物生产者。今天，几乎所有的觅食者会至少在某种程度上依赖食物生产或者食物生产者（Kent，1992）。

在一些特殊环境里，包括一些岛屿和森林，还有一些荒漠地区和寒冷地区，采用简单的技术是无法从事食物生产的，所以这种觅食的生存方式就一直延续到现代。很多地区的觅食者早已接触到食物生产的"观念"，但是他们却从来不采取食物生产的方式，这是因为只要付出少量的劳动，他们自己的经济体系就会提供给他们充足又有营养的食物。一些地区的人们在尝试进行食物生产后放弃了这种生存方式而又转向觅食。在大多数仍然存在狩猎采集者的地区，觅食应该被描述为"晚近的"而不是"当代的"。所有的现代觅食者都生活在民族国家的范围内，在某种程度上他们会依赖政府的救助，并且他们跟邻近的食物生产者、传教士和其他的外来者都有交往。我们不应该认为当代的觅食者处于一种隔离状态，或者将他们看做石器时代遗存下来的原始人。贸

驯鹿放牧者的寒冬

《纽约时报》新闻简讯

作 者：沃伦·霍格（Warren Hoge）

2001 年 3 月 26 日

本章研究了传统经济（非工业经济）中的生产和交换系统。一些经济角色，如狩猎和放牧等已经存在了上千年。在挪威、瑞典和芬兰，萨阿米人（也被称作拉普人或拉普兰人）在 16 世纪时便已经驯化了曾经作为他们祖先狩猎对象的驯鹿。跟其他放牧者一样，萨阿米人跟随他们的驯鹿在沿海与内陆之间进行年复一年的迁徙。这是一场艰苦的长途跋涉。（与其他游牧民族相比）萨阿米人的生存环境可能更加恶劣，然而，他们同样在民族聚居地共同生活。当他们通过放养驯鹿并通过交换和出售驯鹿以维持自己生活的时候，他们必须同外界的人进行交易。现在，萨阿米人已经利用包括摩托雪橇、四驱车等在内的现代设备驱动驯鹿进行迁徙。当今世界，社区越来越快地被合并成更大的社区集群地（这种趋势伴随种植业的兴起而开始出现）。萨阿米人在驯鹿放牧的经济适应性方面面临来自挪威政府的越来越多限制。此外，驯鹿工业已经陷入管理更先进、规模更庞大的牛肉工业的重重包围之中。

挪威——约翰·马丁·艾拉在北极的曙光中走出房门，仔细观察散布着温馨小屋的大雪谷。

"当烟雾从烟囱上呈直线式向上升起的时候，"他说，"这意味着真正的寒冷。"

在这个 2 月的早晨，真正的寒冷意味着气温最少在零下 40 摄氏度，并且连风都仿佛已经陷入深深的冰冻之中。

艾拉先生今年 31 岁，他在这个北极圈以北 200 英里的小镇上出生并一直生活在这里。他和他的驯鹿游牧族群已经适应了这种极地气候，而他的生命时光则是与那些同样是已经适应极地气候的生物们（驯鹿）一起度过。

对作为土著居民的萨阿米人而言，比如艾拉先生，驯鹿意味着一切。萨阿米人，也被称作拉普人或是拉普兰人，放养驯鹿，出售驯鹿，训练驯鹿，以驯鹿的肉为食，在艺术创作中捕捉驯鹿的影像，用驯鹿的骨头做成珠宝，用驯鹿的皮毛装饰畜棚，用驯鹿的真皮做成皮衣、皮靴、护腿、皮帽以及手套。所有的经济和文化活动都围绕驯鹿展开……

人们对驯鹿资源的利用从冰川世纪末期便开始。在冰川开始消退的时候，驯鹿开始沿着冰川线迁移，而人们也跟随驯鹿进行迁徙。

此刻这些驯鹿构成了一幅如此美妙的风景：上百群的驯鹿静静地站在距离小镇几英里之外的山坡上，像原野上的斑点。在灰白色的天空、白色的桦树以及被雪覆盖的大地的映衬下，它们银白色的皮毛提供了最好的伪装。在这寒冷的环境中，它们像雕塑一样一动不动，借以保持能量。

"我不知道它们在这种气温下是否喜欢待在外面，但是它们能够承受住寒冷。"艾拉说。在它们体内有一个天生的热循环系统，通过提高嘴里和肺里空气的温度，它们将热量带到全身各处。它们中空的皮毛成为它们的身体与外界寒冷的隔离层……

挪威约有 19 万头驯鹿，并且大约 40% 的土地用作放养和繁殖驯鹿。16 世纪出现过从野外狩猎到游牧的缓慢过渡期，萨阿米人也成为当今欧洲大陆上仅存的仍生活在荒野中的游牧民族。在挪威、瑞典和芬兰共有 8 万名萨阿米人。其中大约 10% 仍是驯鹿游牧者。在挪威居住着数量最多的萨阿米人，大约有 5 万人。25 年前，挪威政府通过一项法律，赋予这些萨阿米人进行驯鹿交易的特权。

艾拉先生、他的四个兄弟和他们的父亲总共拥有 3 500 头驯鹿，即使他们的雪橇已经换成了雪地摩托，运货马车也已被四驱车所代替，然而，他们的生活方式仍然遵从古老的传统。

在整个冬天，驯鹿们越过斜坡，穿越山谷，以从雪底下挖掘出来的苔藓和地衣以及露出雪面的灌木的琐碎的树皮为生。在春天，它们到温暖的地方繁殖，然后到海边，在那里大量进食青草、灌木以及蘑菇，为即将到来的冬天囤积脂肪。它们是具有固定习惯的动物。

"驯鹿从远古时代便形成了这一习惯，"艾拉先生说，"当它们决定迁徙的时候，它们便掉转头，开始迁徙……"

每一个锡达（Siida）——萨阿米人的家庭合作社，拥有和管理自己特定的鹿群。他们在每一头刚出生的小鹿耳朵上刻上本锡达特有的标识以示相互区别……

猎食者是萨阿米人目前最担心的：包括熊、狼群、狐狼、山猫、鹰等。一只鹰能够提起 40 磅重的驯鹿并将其带走，然后杀死。由猎食者所带来的损失能够达到整个鹿群的 40%，并且萨阿米人与政府中的环境保护主义分子在（猎食者对鹿群的威胁）这一问题上陷入僵局，因为他们（政府保护主义者）试图保护肉食动物并希望看到狼群数量的增长。当放牧者不在场保护驯鹿群时，训练有素的爱斯基摩长毛狗负责看守鹿群，将鹿群驱赶进围栏，并吓跑那些猎食者。

最近一些年来，政府更加积极地干预驯鹿工业。政府制止在雪地里屠杀驯鹿的传统行为，指引他们到政府的大型屠宰场里进行宰杀，并对以较低价格出售驯鹿的牧民进行补贴。萨阿米人抱怨这种干预妨害了他们的生意。因为驯鹿们必须被长途装运到屠宰场，这导致鹿肉质量下降，而鹿肉的价格也随之下降了50%。而传统鹿肉产业也被管理更好和规模更大的牛肉产业包围。

供应量也下降了。从当地的食品店到奥斯陆的高级餐馆，曾经一度被认为是美味佳肴的鹿肉在各地都变得很罕见。除此之外，牧民们必须将驯鹿的整个骨架留在屠宰场，并且不能够把其他部分用于从煮汤到制作衣物的所有传统功用，

"农业政策已经沉重地打击了驯鹿产业并毁坏了它。"一位来自奥斯陆的经济学和人类学家埃里克·赖纳特说。赖纳特目前正在为萨阿米人的权益而与政府进行协商。"这些（萨阿米人）是欧洲最后的部落民族，并且

他们有一种独特的东西——一种奢侈品。"鹿肉，除了口感好之外，还不含有任何脂肪。

赖纳特强调当欧洲人开始重视食物的质量和安全时，在未被污染的环境中自然喂养的驯鹿的鹿肉会占据越来越大的市场。

来源：Warren Hoge, "Kautokeino Journal; Reindeer Herders, at Home on a (Very Cold) Range," *New York Times*, March 26, 2001, Late Edition, final, section A, p.4, col. 3.

易和战争等地区性力量、国家政策和国际政策、世界体系中的政治事件和经济事件都会影响当代的觅食者。

尽管作为一种生计方式，觅食正在消失，但是在非洲两大区域内还是可以明显地看到其晚近的觅食轮廓。一个区域位于南非的喀拉哈里沙漠，这里是桑人（又称布须曼人）的故乡，其中包括多布桑人（参见 Kent，1996；Lee，2003）。非洲另一个主要的觅食地区位于非洲中部和东部的赤道雨林地区，这里是姆布提人（Mbuti）、埃非人（Efe）和其他"俾格米人"的故乡（Bailey, et al., 1989; Turnbull, 1965）。

在马达加斯加岛、亚洲的东南部包括马来西亚和菲律宾群岛的一些偏僻森林中，还有远离印度海岸的某些岛屿（Lee and Daly，1999）上，人们仍然从事觅食的生计活动。澳大利亚的土著居民属于晚近最著名的觅食者之一。那些土著澳大利亚人在他们的大陆上已经生活了5万多年而没有发展食物生产。

西半球也存在着近代觅食者。阿拉斯加州和加拿大的爱斯基摩人或因纽特人，是很著名的狩猎者。就像在"新闻简讯"中所描述的萨阿米牧民那样，现在这些（和其他的）北部的觅食者在生计活动中使用现代化的技术，这些技术包括步

枪和雪地摩托（Pelto，1973）。加利福尼亚、俄勒冈、华盛顿、不列颠哥伦比亚和阿拉斯加的土著居民都是狩猎者。对于很多的美国土著居民来说，捕鱼、狩猎和采集仍然是维持生计（有时候是商业性的）的重要活动。

南美南部附近的巴塔哥尼亚也居住着海岸觅食者。居住在阿根廷、巴西南部、乌拉圭和巴拉圭的草原上的是其他的狩猎—采集者。在当代巴拉圭的阿奇人（Aché）那里，尽管觅食仅占了他们生计来源的三分之一，但是他们通常被称为狩猎—采集者。阿奇人也种植作物，畜养动物，并且由于他们居住在教区或者临近教区，所以他们可以从传教士那里获得食物（Hawkes, O'Connell and Hill 1982; Hill, et al., 1987）。

在世界范围内，有的环境具有很多不利于食物生产的因素，觅食就主要存在于这样的环境中（在出现了食物生产、国家、殖民主义或者现代世界体系后，很多觅食者在这些地区避难）。很明显，在北极地区进行栽培是困难的。理查德·李（Richard Lee）所研究过的南非的多布桑人生活的地区被一条宽达70千米~200千米的无水带所环绕，甚至在今天，多布地区也是难以到达的，而且考古学上也没有证据证明在20世纪之前，这个地区曾出现过食物生产者（Solway and Lee，1990）。但是，环境对其他适应策略的限制并不是觅食者存在的唯一因素。他们的小生态环境拥有一个共同的特点，即他们的边缘性。他们的环境对于那些拥有其他适应策略的群体来说没有什么吸引力。

即使在接触到栽培者后，一些能够进行栽培的地区仍存留着狩猎者-采集者的生活方式。那些顽强的觅食者，如现今位于加利福尼亚、俄勒冈、华盛顿、不列颠哥伦比亚的土著觅食者，他们并不转变为食物生产者，因为通过狩猎和采集劳动，他们就可以获得充足的食物来维持生活（见本章最后关于夸富宴的部分）。随着现代世界体系的扩散，觅食者的数量在不断下降。

觅食关联

类型学，如科恩的适应策略理论，是非常有用的，因为它们提出了关联性，即在两个或者更多的变量之间存在着联系或者共变（相关变量是指联系和相互关联在一起的因素，例如食物摄取量和体重的关系，当一个因素增加或者减少的时候，另一个因素也会发生变化）。民族志对数百个社会的研究显示：经济和社会生活两个因素之间存在着很多关联。与每种适应策略相联系（相关）的是一系列特殊的文化特征。但是关联性极少是完美的，很多觅食社会通常缺乏跟觅食相关的文化特征，并且有些觅食社会的特征却在拥有其他适应策略的群体中存在。

然而，觅食的关联性是什么呢？依赖狩猎、采集和捕鱼生存的人们通常生活在以队群关系组织起来的社会中。他们的基本社会单位是队群，队群是一个少于100人的、通过亲属或者婚姻关系构成的小群体。队群的大小在不同的文化中有所差异，而且在特定的文化中，它会随着季节变化而不同。在一些觅食社会中，队群的大小在全年几乎都是相同的，而在另外一些觅食社会中，队群在一年中的某些时间会分成若干部分。家庭会分散到那些更适用于少数人开采的不同地方收集资源。一段时间后，他们会重新聚在一起，共同劳作和举行仪式。

民族志和考古学中有一些关于季节性分离和重新聚集的例子。在南非，很多桑人在旱季时会聚集在水坑周围，在雨季他们会分散开，但是其他的队群在旱季时会分散开（Barnard，1979；Kent，1992）。这反映了环境的多样性。由于缺乏永久性水资源，所以桑人必须分散开并且到处寻找富含水分的植物。在古墨西哥瓦哈卡，约在植物栽培出现前4 000年，觅食者会在夏季聚集为大的队群。他们会共同收获成熟的树荚和掉落下来的水果。接着，在秋天到来的时候，他们会分散成很小的家庭单位去猎鹿，并且收集那些小群体很容易寻找到的草和植物。

觅食生活的一个显著特征是它的移动性。在很多的桑人群体中，如刚果的姆布提，人们在一生中会转换好几次队群成员身份。例如，一个人可能出生在一个他母亲亲属所在的群体中。后来，他的家庭可能会迁移到一个他父亲亲属所在的群体中。因为队群属于外婚制（人们跟他们所属队群之外的人结婚），所以一个人的父母来自两个不同的队群，并且一个人的祖父母可能来自四个队群。人们可以加入任何一个他们拥有亲属或者婚姻关系的队群。一对夫妇可以居住在丈夫的队群，也可以居住在妻子的队群，或者在这两个队群之间转换。

一个人也可以通过虚拟亲属关系（拟亲）来依附于一个队群。虚拟亲属关系是对亲属关系的模仿，例如教父和教子之间的关系。例如，在桑人那里，人名数量是很有限的，拥有相同名字的人存在一种特殊的关系，他们会像兄弟姐妹一样相互对待。在那些与他同名的人的队群中，桑人期望他会享受到如同他真正的兄弟姐妹所在的队群一样的款待。同名的人拥有很强的认同感，他们会使用同名人所属队群的亲属称谓来称呼彼此。那些人回复时就好像是在跟一个真正的亲戚交谈。亲属、婚姻和虚拟亲属允许桑人加入好几个队群，而且游动的觅食者（定期移动）确实经常更换队群。因此，队群的成员每年都有很大变动。

所有的人类社会都具有建立在社会性别基础

课堂之外

整合考古学、民族志和生计分析资料
——南美巴塔哥尼亚（Patagonia）的个案研究

背景信息

学生：
Jennifer A. Kelly

指导教授：
Robert Tykot

学校：
南加利福尼亚大学

年级/专业：
毕业班/考古学

计划：
获得考古学系硕士学位

在本文中，詹妮弗·凯莉通过各种途径以重建曾经在南美洲西南边缘生活的巴塔哥尼亚土著居民的生存策略和饮食结构。为了更好地完成毕业论文，凯莉首先阅读了描述该地区的历史学和民族志作品。之后她对发掘自沿海和内陆不同区域的考古数据进行了分析。这些区域曾经被包括奥纳人、亚曼人和特维尔切人在内的不同种族所占据。她对考古发现的人类的骨骼和牙齿标本进行了同位素分析（同位素分析能够证明特定食物来源对于人体骨骼的影响）。通过分析，她认为（这些族群）在生存经济和饮食结构中存在的差别要比民族学家所描述的差别大得多。传统的民族学家倾向于将人类群体对特定食物的追寻和对那些可能成为周围其他人群的食物的忽略看作是文化影响的结果。这种论述认为猎食者（在寻找食物的过程中）更多地是靠机会。尽管对于一些食物以及获取食物的手段表现出一定的文化倾向性，然而，当食物能够被接受并且人类有这种需求时，人类食物来源的范围便会扩展。

民族史学、考古学以及其他科学研究方法在此被综合运用以构建巴塔哥尼亚和火地岛的史前居民生存方式的变化过程。19世纪晚期和20世纪早期的民族学资料显示：沿海、内陆以及巴塔哥尼亚的食物来源结构之间毫无关系。然而最近的考古资料显示，不同地区的生存策略（食物结构）存在着显著的区别，每一种生存策略指向当地的某种特定资源。

在欧洲人达到之前，已经有一些土著居民在巴塔哥尼亚和火地岛生活。奥那人（豪西人和塞克南人，Haush and Sekl'nam）居住在火地岛南部的森林中，考古资料证实奥那人以骆马（一种野生的类似美洲鸵的食草动物）作为主食。其他资料显示，奥那人曾经大量搜集贝类并在落潮后的池塘里捕鱼。亚曼人在南部和西部沿海以及火地岛附近的群岛居住。早期的民族学作品报道说他们以海洋哺乳动物为生，之后又描述为以贝类和海鸟为生。

考古资料表明距今6 000年之前，人类对海洋资源的利用开始增加。并且仅仅是通过简单的渔猎和觅食等非专业化技术等对海洋贝类、鱼类和哺乳动物进行处理。

对人类留存的骨骼进行碳元素和氨元素的同位素分析能够区分人们的饮食是以陆地食物为主还是以海洋食物为主，也可以区分进行不同形式光合作用的陆地植物。骨胶原蛋白（一种营养成分）和骨磷灰岩（骨头中的一种矿物成分）体现一个人在生命中的最后几年的平均饮食状况。牙釉质只是体现牙冠形成期间的饮食状况。对于分析而言，仅仅1克的骨头和几毫

克的牙釉质便已足够。在麦哲伦海峡沿岸以及内陆的一些地区，人们发现了40具人体标本。这些标本从距今7 000年前开始，贯穿了早期的人类历史。

在巴塔哥尼亚的北部地区，分析结果表明，居住在沿海地区的特维尔切人除了骆马之外，还大量进食海产品。该结论完全通过在他们身体内蕴含的骨胶原蛋白和磷灰岩的碳元素和氨元素的同位素比而判断得出。而居住在内陆地区的特维尔人的同位素比则表明他们大量食用一种食草动物——骆马。

麦哲伦海峡沿岸的居民以及南部的特维尔切人的同位素比也表明，尽管与北部相比，海产品显得更为重要，但是他们的食物同样同时依赖于骆马和海洋资源。该地区内陆居民在碳同位素比上的细微增加可能反映了其随季节性变化的海产品进食量。然而，在格兰德海岛的塞克南区域，即使在沿海地区，海产品也不如骆马重要，这证实了民族学家对该区域的描述。

然而，豪西地区的人们的饮食营养结构中，高营养的海产品（例如海狮）占据了绝大部分。这个发现与民族学家的描述相互矛盾，他们认为，在海洋资源的依赖程度上，豪西人位于塞克南人和曼人之间。

总而言之，同位素分析证明了民族学家对于巴塔哥尼亚的生存类型所做的描述只是部分正确，同时提供证据证明了每个文化群体内部之间在生存类型上存在显著差异。来自考古学的具有明确历史时期标识的更多的骨架样本，以及在每个地区的动植物资源的分布状况的进行更好的取样，将有助于我们更全面地了解充满活力的史前巴塔哥尼亚的生存方式的转变。

上的某种劳动分工（更多信息见关于社会性别的章节）。在觅食者那里，男人通常负责狩猎和捕鱼，而女人负责采集和收集，但是不同的文化中，这些工作的特定性质是不同的。有时候女人的劳动对日常饮食作出大部分贡献，有时候男人的狩猎和捕鱼劳动会占支配地位。在热带和亚热带的觅食者那里，尽管采集的劳动成本要比狩猎和捕鱼的劳动成本高很多，但是采集对日常饮食所作的贡献通常要比狩猎和捕鱼多。

所有觅食者的社会差别是建立在年龄的基础上。作为神话、传奇、故事和传统的捍卫者，老人通常会受到很高的尊敬。年轻人会尊重老人那些关于仪式和实际问题的专门知识。大多数的觅食社会是平等主义的，这意味着声望的差异很小，并且这种差异是建立在年龄和社会性别的基础上。

当我们考虑"人性"这个问题的时候，我们应该记住的是：在人类的大部分历史中，实行平等主义的队群是人类社会生活的基本形式。自人类生活在地球上开始，食物生产仅仅存在了不到1%的时间，但是它却导致了社会的巨大变化。现在我们来思考一下食物生产策略的主要经济特征。

栽培

在科恩的类型学里，非工业社会中建立在食物生产基础上的三种适应策略是：园艺、农业和牧业。在非西方文化中，人们进行多种经济活动，在现代国家也是这样。每一种适应策略都对应主要的经济活动。例如牧民会将他们的牲畜的乳、黄油、血液和肉作为主要饮食。但是，通过从事一些栽培活动或者与邻居进行一些交换，牧民会在自己的饮食中增加一些粮食。食物生产者的饮食是建立在驯化物种的基础上，但是他们也会通过狩猎或采集方式来补充饮食。

园艺

园艺与农业是出现在非工业社会的两种栽培类型。这两种类型与工业国家如美国和加拿大的

农业体系不同，因为后两者的农业体系利用的是广阔的土地面积、机器和石化产品。根据科恩的观点，园艺（horticulture）是一种不对下面所列出的任何生产要素进行集中利用的栽培方式，这些生产要素包括：土地、劳动力、资金和机器。园艺者利用简单的工具如锄头、点杆等来种植作物。他们的土地并不是永久耕作的，并且他们的土地会在或长或短的时期内处于休耕状态。

园艺经常涉及刀耕火种技术。这里，园艺者通过砍掉或者烧掉林木或灌丛、或放火烧掉小块土地上的杂草等方式来清理土地。这样植被被破坏，害虫被烧死并且灰烬会为土壤提供肥料，之后作物就被种植、管理和收获。园艺者对一小块土地的使用并不是持续的，他们通常仅耕作一年的时间。但是这也取决于土壤的肥沃度和那些与种植的作物争夺营养的杂草。

当土壤的肥力耗尽或者土地上的杂草太多时，园艺者就会弃置这一小块土地并且选择另外一块土地，这样最初的那一小块土地就又变成了森林。在几年之后（不同的社会中，这段时间间隔不一样），栽培者会再回到原先的土地上。园艺又被称作游耕。从一块土地到另一块土地的这

种转移并不意味着当土地被弃置后，整个村庄都要迁移。园艺可以支撑大的永久性村庄。例如在南美热带雨林中的魁库鲁人（Kuikuru）那里，一个由150人左右组成的村子在同一个地方存在了90年（Garneiro，1956）。魁库鲁人的房子很大而且修建得很好，因为修建房子的劳动很繁重，所以魁库鲁人宁可在去田地时走更多的路而不会修建一个新的村庄。他们变换他们的耕地而不是他们的住所。与之相反的是秘鲁的蒙坦纳地区（安第斯山脚），这里居住着一个由大约30人组成的村庄（Garneiro，1961/1968）。他们的房子很小并且很简单，因为他们的房子太简单了，所以在一个地方居住几年后，这些人会在新开垦的土地附近新建村庄。即使只要步行半英里就会到达田地，他们还是会选择重建村庄。

农业

农业（agriculture）是一种比园艺需要更多劳动力的栽培类型，因为农业需要集中和持续利用土地。与农业相关的这种对劳动力的大量需求体现在家畜、灌溉、梯田的普遍使用。

家畜

很多农业生产者会使用牲畜作为生产资料，使用牲畜来运输、将动物作为耕作机器和粪肥来源。在以水稻生产为基础的农业经济中，亚洲的农民通常会使用牛或者/和水牛。在移植水稻前水稻种植者可能会让牛去践踏那些现成的水淹地，这样可以将水和土壤混在一起。在种植或者移植前，很多农业生产者会在整理土地时使用牲畜来耕地或者犁田。农业生产者通常也收集牲畜的粪便来增加土地的肥力并且提高作物产量。牲畜被套在车上时可以作为运输工具，同时它们也可以作为栽培的工具。

灌溉

园艺者必须等待雨季的到来，但是由于农业生产者可以控制水，所以他们能够提前安排种植。就如菲律宾的那些灌溉专家一样，伊富高人利用从大河、小河、小溪、池塘疏导出来的水来灌溉土地。灌溉使得人们在一块土地上进行年复一年的耕作成为可能。灌溉让土壤变得肥沃，因为被灌溉过的土地是一个由几个物种的动植物、微生物组成的特殊生态系统，它们的废弃物能够使土地变得肥沃。

一块可以灌溉的土地通常是一种能够增值的资本投资。一块土地的收获是需要时间的，只有在经过几年的栽培后，它才会达到高产量。就像其他的灌溉者一样，伊富高人已经在同一块土地上生活了数代。但是包括中东在内的很多农业地区，灌溉水中的盐分会使土地在五六十年后变成不可用的。

梯田

梯田是伊富高人精通的另一项农业技术。他们的家乡有很多被陡坡分割成的小山谷。因为人口密度很大，所以人们需要在山上种植。但是，如果他们仅仅把作物种植在这些陡坡上，在雨季到来时，肥沃的土壤和作物就会被冲刷下来。为了预防这些，伊富高人就自谷底开始切入这些山坡，一层一层地建造了很多梯田。位于梯田上方的小溪可以为梯田提供灌溉水。建造和维护梯田系统所需的劳力非常大。梯田护墙每年都会出现坍塌，所以有些部分需要重建。人们还需要留心那些将水牵引到梯田的渠道。

农业成本和收益

农业需要人力来建设或维护灌溉系统、梯田和其他的作业。人们必须喂养牲畜，给牲畜提供水喝并且照料它们。在投入了充足的劳力和管理的情况下，农业土地每年会有一次或者两次的收获，而且这样的收获会持续数年甚至数代。农业土地的年产量不需要比园艺土地高。在土地面积相同的情况下，园艺者在长期闲置的土地上首次种植作物时，其作物产量可能比农业土地要多。此外，因为农业生产者比园艺者更勤奋，所以相对于劳力投入来说，农业土地的产量也是很低的。农业的主要优势在于每块土地的长期产量是很大的，而且更为稳定。因为单块土地的所有者不会每年都发生变化，所以就没有必要像园艺者那样持有一块未开垦的预留地。这是农业社会的人口密度一般会大于园艺社会的原因。

栽培连续体

因为非工业经济具有园艺和农业的双重特征，所以在谈论栽培者的时候，将它们置于一个**栽培连续体**（cultivation continuum）中是非常有用的。园艺系统位于这个连续体的一端，以粗放劳动、游耕为特征；农业位于连续体的另一端，以集约劳动、永久种植为特征。

我们之所以要提及连续体，是因为现在存在着处于连续体中间的经济体制，这种体制融合了园艺与农业的特征，它比游耕的园艺经济要集约一些却比农业经济要粗放。这包括考古发现的从园艺到农业的中间经济，这种中间经济存在于中东、墨西哥和早期食物生产的其他地区。在将一块土地变为休耕地之前，非集约性的园艺者通常只在这块土地上耕作一次，与之不同的是，在放弃土地前，南美的魁库鲁人会种植两次或三次木薯（一种可食块茎）。在巴布亚新几内亚某些人口比较稠密的地区，栽培会更集约。这里的土地可以被利用两年或者三年的时间，然后有一个三到五年的休耕期，然后再被利用。经过几次循环后，这些土地会获得更长时间的闲置期。这种方式被称为"间歇性休耕"（Wolf, 1966）。除了巴布亚新几内亚，这种体系也存在于西非和墨西哥高原地区。与简单园艺社会的人口相比，"间歇性休耕"人口要更稠密一些。

园艺与农业的关键区别在于园艺总会有一个休耕期而农业却没有。位于中东和墨西哥的最早的栽培者是园艺者，他们依赖降雨而生存。直到最近，园艺仍然是一些地区的主要栽培方式，这些地区包括非洲、东南亚、太平洋岛屿、墨西哥、中美和南美的热带雨林的部分地区。

人与环境关系的激化

随着人类对自然控制能力的提高，那些能够用于食物生产的环境在面积上有所扩展。例如加利福尼亚干旱地区的美洲土著居民以前依靠觅食生存，现代灌溉技术的利用将这里的土地变成了肥沃的农业用地。灌溉和梯田使得农民在很多干旱地区和多山地区定居下来。位于干旱地区的许多古代栽培区也奠定了农业基础。劳动强度的增加和土地的永久使用对人口、社会、政治和环境都产生了重大影响。

其结果就是，由于土地的永久利用，集约的耕作者定居下来。那些居住在较大较固定的团体里的人在其他定居者附近居住下来。人口数量和密度的增长加强了个人和群体之间的联系。人们对包括利益冲突在内的人际关系的调整产生了更多需求。经济要供养的人口越多，土地、劳动力和其他资源的利用，通常就会需要更多的调节。

集约农业产生了深刻的环境后果。灌渠和稻田（种植灌溉水稻的土地）开始成为有机废物、化学物质（如盐）和病害微生物的聚集地。集约农业的增加通常是以树木和森林的减少为代价的，树木和森林被砍伐掉而代之以田地。伴随森林退化现象的是环境多样性的减少（参见Srivastava, Smith and Forno, 1999）。农业经济变得日益专业化，它集中生产一种或者几种热量食物如大米，并集中饲养和照料那些有利于发展农业经济的牲畜。因为热带地区的园艺者通常会同时栽培多种植物类型，所以如同热带雨林地区那样，园艺用地往往镜射出植物的多样性特征。农业用地则与此相反，它通过砍伐树木和集中生产几种固定食物的方式减少了生态的多样性。在热带地区（例如印度尼西亚的稻谷生产者）和热带地区之外（例如中东的灌溉农业生产者）的农民那里，这种作物的专业化生产已经成为事实。

虽然觅食和园艺在人力控制方面较为不可靠，但是至少在热带地区，与农业生产者的日常饮食相比，觅食者和园艺者的日常饮食通常更为丰富。通过采用可靠的年产量和长期生产这种稳定方式，农业生产者试图减少生产中的风险。与此相反，热带地区的觅食者和园艺者在减少风险时却试图依赖物种的多样性和受益于环境的多样性。农业的策略则是孤注一掷，将赌注下在产量大而可靠的东西上面。当然，即使在农业条件下也存在单一作物歉收而导致饥荒的可能性。在大量的孩子和成人需要抚养和喂养的情况下，农业策略与此相适应。同样，觅食和园艺与规模较小、较为分散和移动性较强的人群相适应。

农业经济也产生了一系列需要解决的管理问题，解决这些问题导致了中央政府的出现。伴随着水资源如何管理这一问题而来的是对如何获得水源和如何分配水源的争论。人口数量在不断增长，人们的居住地在不断靠近，土地的价值在不断增加，所以农业生产者比觅食者和园艺者更容易产生冲突。农业为国家的起源开辟了道路，并且大部分的农业生产者居住在国家中。国家的特征是：它是一个复杂的社会政治体系，它管理着一片领土并且管理有着明显的职业、财富、声望和权力分化的人群。在这样的社会中，栽培者所扮演的角色是分化的、职业专门化的并且紧紧成为一个整体的社会政治体系的一部分。关于食物生产和集约化的社会和政治内涵，下一章"政治制度"会进一步探讨这一内容。

更多关于牧业的信息，见在线学习中心的在线练习。

mhhe.com/kottak

牧业

牧民生活在北非、中东、欧洲、亚洲和非洲撒哈拉以南地区，他们的活动主要是驯养牛、绵羊、山羊、骆驼、牦牛之类的家畜。如其他的牧民一样，北非的牧民与他们的畜群构成了一个共生系统（共生是互利群体的必要的相互作用，这里指的是人和动物）。牧民要保护他们的牲畜并且保证牲畜的繁殖，这样他们就可以获得食物和毛皮之类的其他产品。牧群能提供奶制品、肉和血液。一年中频繁的节庆都会杀死一些牲畜，而这使得人们可以经常获得牛肉。

主题阅读

关于欧洲畜牧业以及欧洲畜牧业模式向美国传播的信息，见社会性别章节后关于巴斯克人（the Basques）的"主题阅读"。

人们使用家畜的方式有很多种，例如北美大平原上的土著居民养马仅仅是为了骑而不是吃马肉（欧洲人将马再度带到西半球，而美洲本土的马在数千年前就已经灭绝了）。对于大平原上的印第安人来说，马是一种谋生工具，因为他们经济活动的主要目标是捕获野牛，而马是猎捕野牛的生产资料，所以大平原上的印第安人并不是真正的牧民而是狩猎者，像很多农业生产者使用牲畜那样，他们将马作为生产资料。

牧民，包括在本章开篇"新闻简讯"中所提到的萨阿米人，通常会直接将牧群作为食物而不

仅仅是生产工具。他们食用牲畜的肉、血液和奶，并利用这些东西制成酸奶、黄油和奶酪。尽管一些牧民比其他牧民更依赖于他们的牧群，但是仅将牲畜作为生活食品也是不可能的，因而很多牧民会通过狩猎、采集、捕鱼、栽培或者交换的方式来补充他们的日常饮食。为了得到一些粮食作物，牧民会跟其他的栽培者交换，或者他们自己从事一些栽培或采集工作。

与工业革命之前遍布世界的觅食和栽培不同，牧业几乎完全局限于旧大陆。在欧洲人到来前，美洲唯一的牧民居住在南美的安第斯山地区。他们将美洲驼和羊驼作为食物和毛料，同时也将它们用于农业生产和运输。最近，美国西南部的纳瓦霍人发展了一种基于绵羊的畜牧经济，这种类型的经济是由欧洲人引进北美的。现在西半球主要的畜牧人群是为数众多的纳瓦霍人。

与牧业相伴的两种迁移方式是游牧和季节性的迁移放牧。这两种方式都是基于这样的事实：在不同的季节里牧群必须迁移到那些有可用牧场的地区。在游牧状态下，所有的群体——女人、男人和孩子——全年会随着牲畜迁移。中东和北非地区可以提供很多有关游牧的例子。例如，在伊朗，巴涉利（Basseri）和卡什加（Qashqai）两个族群的游牧路线一般会长达 480 千米。他们每年从海岸出发，然后赶着牲畜到高于海平面 5 400 米的牧地。

在季节性的迁移情况下，群体中的部分成员会随着牧群迁移，但是大部分的人会留在家乡。欧洲和非洲就有这样的例子。在欧洲的阿尔卑斯山地区，夏季时只有牧羊人而不是全村人会随着畜群到高原牧场。在乌干达的图阿卡那人那里，男人和孩子会随着牧群到遥远的牧场放牧，村子中的大部分人会留在原地并从事一些园艺农业。为保证较长的放牧期，村子通常会位于水源最佳的地方，这也使得村里的人在一年中的大块时间里可以居住在一起。

在每年的迁移过程中，为了获得粮食和其他物品，游牧者需要跟大量的定居人口进行交换。季节性的迁移放牧者不需要通过交换来获得粮食作物。因为仅有部分成员会随着牧群迁移，所以季节性的迁移放牧者可以使村庄连续不变并且种

植粮食。表16.1概括了科恩的适应策略的主要特征。

生产方式

经济（economy）是集生产、分配和消费资源为一体的系统，经济学则是对这个系统的研究。经济学家将目光集中于现代国家和资本主义体系，而人类学家通过资料收集工作，将经济的潜在规则扩展到了非工业经济中。经济人类学是通过比较的角度来研究经济（参见 Gudeman, ed., 1989;Sahlins, 2004;Wilk, 1996）。

生产方式（mode of production）就是生产的组织方式，即通过开发人力资源，利用工具、技术、组织和知识这些手段，从自然中获取能源，这个过程中会形成一系列的社会关系（Wolf, 1982, p.75）。在资本主义生产方式下，货币用来购买劳动力，处于生产过程中的人与人（老板和工人）之间存在着社会差距。与此相反，在非工业社会里，劳动力通常是不需要购买的，劳动是一个人的社会义务。在以亲属为基础的生产方式下，社会关系网是很宽泛的，生产中的相互帮助是其中的一个体现。

我们刚才所讨论的那些每一种适应策略的代表社会（例如觅食社会）常常拥有相似的生产方式。在一定的适应策略下，生产方式的不同可能会反映出不同社会在环境、目标资源或者文化传统方面的不同（Kelly, 1995）。因而，觅食的生产方式是建立在个体基础上还是群体基础上，可能取决于猎物是独居性的还是群居性的。在大量资源成熟并且需要及时收获的情况下，采集群体会聚在一起，尽管这样，与狩猎相比，采集通常还是更具个体性的。捕鱼可以单独进行（冰下捕鱼或者刺鱼），也可以结队进行（就像远洋捕鲸）。

非工业社会的生产

劳动分工与年龄和社会性别存在某种相关，这一经济现象具有文化普遍性，但是在不同的社会中，不同性别和不同年龄段的人所分配到的特定工作是不同的。很多园艺社会将女性作为最主要的生产角色，但是也有很多社会将男性的劳动看做是主要的（要获取更多信息，见"社会性别"章节）。相似地，在牧业者中，男人一般会照料体型大的牲畜，但是在有的文化中，女人从事挤奶工作。在一些栽培社会中需要由群体成员共同完成的工作，在其他的社会中就由小群体完成，或者由个体在较长的时间内完成。

在进行水稻栽培时，马达加斯加岛的贝齐雷欧人有两个团体合作期：水稻移植时期和收获时期。团体的规模随土地的面积而变化。水稻的移植和收获都体现了贝齐雷欧人传统的劳动分工，这种建立在年龄和社会性别基础上的劳动分工为贝齐雷欧人所熟知，并且已传承数代。水稻移植的第一项劳动就是在水稻移植前，年轻的男人赶着牛去踩踏那些现成的水淹地以便将水和土壤混在一起。为了让牛变得疯狂一些以更好地踩踏田地，他们会吆喝、抽打牛。牛会踩碎那些土块，并且它们的践踏会将灌溉水与泥土混在一起，这样可以为女人移植稻秧

关于经济的测验，见互动练习。
mhhe.com/kottak

表16.1	叶赫迪·科恩的适应策略（经济类型）总结	
适应策略	**也称为**	**关键特征**
觅食	狩猎-采集	流动，利用自然资源
园艺	刀耕火种，游耕，火耕，旱地耕作	休耕期
农业	集约工业	持续用地，密集使用劳动力
牧业	畜牧业	游牧和季节性迁移
工业	工业生产	工厂生产，资本主义，社会主义生产

提供平整的田地。在牛离开田地后，老人们就接着来。他们用铁锹拍碎那些牛遗漏的土块，与此同时，土地所有者和其他的成年人会拔出水稻秧苗并把这些秧苗带到田地里。

水稻的收获是在四五个月之后，年轻的男人负责割稻子，年轻的女人负责把割下来的水稻运到田地上面的小块空地上。年龄大一些的女人负责整理和堆积工作。年龄最大的男人和女人站在稻堆上负责踩压工作。三天后，年轻男人会进行稻谷脱粒工作，他们在一块石头上不断地拍打稻梗，接着年老一点的男人用木棍敲打这些稻梗以保证所有的米粒都脱落下来。

稻米栽培中的其他工作大部分由个体所有者和他们的直系亲属来完成。所有的家庭成员都会去地里除草。用铁锹或者犁耕地是男人的工作。单个男子负责修理灌溉和排水系统，还负责修理那些用来分割不同地块的土墙。但是，在其他的农业生产者那里，修理灌溉系统是一项包含团体合作和共同劳动的活动。

生产资料

比起工业国家来说，非工业社会的劳动者和生产资料之间有着更为密切的关系。**生产资料**或者说是**生产要素**（means or factors of production），包括土地、劳动者和技术。

土地

对于觅食者来说，人与土地之间的联系没有食物生产者那么持久。尽管很多队群有他们的领地，但是领地的边界通常是没有标记的，而且也没法标记。被跟踪的动物或者被毒箭射中的动物身上所带的猎人的标记，比这只动物最终死在哪里更重要。当一个人出生在队群中或者通过亲戚、婚姻、虚拟亲属这些关系纽带加入队群后，他才获得使用队群领地的权利。位于南非博茨瓦纳地区的多布桑人妇女，她们的劳动会提供一半以上的食物，她们通常会在特定地区的浆果树采集。但是，当一个妇女更换她的队群时，她就会立即获得一块新的采集区域。

食物生产者在生产资料方面所享有的权利也来自亲属或者婚姻关系，在非工业的食物生产者中、在共享领地和资源的群体中，继嗣群（群体成员认为他们拥有共同的祖先）是很普遍的。如果在园艺这种适应策略下，地产就包括园子和游耕所需的未开垦土地。作为继嗣群的成员，牧民有权使用继嗣群的牲畜来开始他们自己的牧群，他们可以使用牧场、园地和其他的生产资料。

劳动力，工具和专业化

就像土地一样，劳动力也是一种生产资料。在非工业国家，使用土地和劳动力的权利都来自亲属、婚姻和继嗣之类的社会关系。社会关系是持续的、存在于多种场合的，生产中的共同劳动仅仅是它的一个方面。

在提到另一种生产资料——技术时，非工业社会与工业社会也存在对比。在队群和部落里，生产与年龄和社会性别是存在联系的。女人负责编织，男人负责制陶器，或者是两者反过来。技术知识与年龄和性别相关，所以处于一定年龄阶段的性别相同的人会共享技术知识。如果在习俗上已婚妇女要负责制造篮子，那么所有或者大部分的已婚妇女都会知道如何制造篮子。无论是技术还是技术知识，它都不像在国家中那么具有专业性。

但是，很多的部落社会在专业化方面有了进一步的发展。例如委内瑞拉和巴西的亚诺马米人，某些村庄制作陶器，其他一些村庄制作吊床。有人可能会认为，他们并不是专业化生产，因为正好在村庄周围就有某些原材料可以使用。用于制作陶器的黏土也是很容易就能取得的。每个人都知道怎么制陶，但并不是每一个人都会去制陶。手工业的专业化反映的是社会和政治环境而不是自然环境。这种专业化促进了贸易的发展，贸易的发展是能与敌对村庄结成联盟的第一步（Chagnon，1997）。尽管专业化不能制止村与村之间的战争，但是它却有利于维持和平。

工业经济的异化

工业经济与非工业经济之间存在很多鲜明的对比。当工厂的劳动者是为了销售产品和雇主的利益来进行生产而不是他们自己使用的时候，他们与他们的劳动产品就是一种异化关系。这种异化指的是他们对他们的劳动产品不会产生强烈的自豪感和个体认同感。他们将物品看做是属于其他人的东西，而不属于实际上生产这个物品的人。相比之下，在非工业社会中，人们通常自始至终地经历产品的生产过程并且对自己的产品拥有一种成就感。他们的劳动成果是他们自己的而不是属于其他人的。

在非工业社会中，合作者之间的经济关系仅仅是他们更普遍的社会关系的一个方面。他们不仅仅是合作者，也是亲戚、姻亲或者参加同一个仪式典礼的人。在工业国家里，人们通常不会跟亲戚或者朋友在一起工作。如果合作者是朋友，他们的个人关系也通常被排除在他们的共同工作之外，而不是建立在先前联系的基础上。

因而，工业劳动者与他们的产品、合作者和雇主之间是一种非个人的关系。人们为了赚钱而出售自己的劳动力，并且他们的经济活动领域与他们的日常社会生活是分开的。但是在非工业社会中，生产、分配和消费之间的关系是一种带有经济性质的社会关系。经济不是一个独立的整体，而是被嵌合在社会中。

一个工业经济异化的例子

几十年来，马来西亚政府开展了出口工业，允许跨国公司在马来西亚乡村地区设立劳动密集型制造企业。马来西亚的工业化是全球化的一个组成部分。为了寻找更廉价劳动力，总部位于日本、西欧和美国的公司已经把劳动密集型工厂迁到了发展中国家。马来西亚有日本和美国的数百家子公司，这些公司主要生产衣服、食品和电子组件。现在在马来西亚乡村地区的电子工厂里，有数千名来自农民家庭的妇女从事为晶体管和电容器装配微晶片和微型元件的工作。翁爱华（Aihwa Ong，1987）对一个地区的电子装配工人进行了研究，这些人中有85%是年轻的未婚女性，她们来自附近的村庄。

翁爱华发现，与乡村地区的妇女不同，女性工人需要应对那种严格的工作日程和男性的不断监督。在当地学校中女孩被灌输了工厂所提倡的规定。在学校里，统一的制服也为女孩适应工厂的着装要求做了准备。农村妇女穿宽松下垂的束腰外衣、布裙和凉鞋，但是在工厂里她们需要穿特别束缚的紧身工作服，戴厚重的橡皮手套。装配电子部件需要精细、集中的劳动力，这种工作是繁重的，也是累人的。工厂里的这种劳动体现了脑力劳动与体力劳动的分离，这种异化是马克思所认为的工业劳动的特征。一个妇女这样评价她的老板：他们让我们变得非常疲倦，好像他们并不认为我们也是人（Ong，1987，p.202）。工厂的劳动并没有给妇女带来可观的资金回报，低工资、工作的不确定性和家庭成员对工资的索取，年轻的妇女通常仅工作几年的时间。生产定额产品、三班轮流、加班和监管使得她们在体力上和脑力上都处于透支状态。

对这种工厂生产关系的一种回应就是神灵附体（工厂里的女性被神灵附体）。翁爱华将这种现象看做是女性对劳动规定和男性控制工业设施的无意识反抗。有时候这种附体以集体歇斯底里的形式发泄出来。神灵会在同一时间内进入120个工人身体。工厂建造在原先属于坟地的地方，虎人（Weretigers，相当于马来人版本的狼人）会来报复这些工厂。被打扰的土地和坟墓里的神灵会挤满车间。刚开始这些妇女看见了这些神灵，接着她们就被侵入了。这些妇女开始变得暴力和极度尖叫。虎人让这些女性哭泣、大笑和突然尖叫。为了对付这种附体情况，工厂雇用了当地的男医生，这个男医生用小鸡和山羊作为祭物来抵挡神灵。这种解决方式的作用时间并不会太长，附体现象还是会发生。工厂女工会继续成为那些来报复的鬼怪的工具，表达它们的失望和愤怒。

翁爱华认为神灵附体展现了资本主义生产关系所带来的痛苦和人们对它的抵制。但是，通过神灵附体这一形式，工厂女工避免直接面对她们痛苦的根源。翁爱华推断神灵附体虽然表达出了被压抑的不满，但是对于工厂条件的改善，它并不能起很大的作用（其他的策略，如联合起来，将会更有帮助）。神灵附体通过发泄累积的紧张，充当了安全阀的作用，这甚至有助于维持体制。

稀缺性与贝齐雷欧人

在20世纪60年代后期，我和妻子与马达加斯加岛的贝齐雷欧人居住在一起，研究他们的经济和社会生活（Kottak，1980）。在我们达到后不久，我们遇到了两位受过良好教育的学校教师（他们是表兄妹），那位女士的父亲曾经是国会议员，在我们调查期间，他当选为内政部部长。而他们的家庭位于一个在历史上占有重要地位的村落勒瓦塔，一个典型的贝齐雷欧乡村。他们对我们的调查很感兴趣，并邀请我们前往勒瓦塔进行访问。

我们曾经到过很多其他的贝齐雷欧村落，在那里，我们经常因为所受的招待而感到不快。当我们驱车到达的时候，孩子们会尖叫着跑开，妇女们则赶紧躲到家中，男人们退到门口，略显胆怯地依靠在门框上。这些行为体现了贝齐雷欧人对于帕法弗（Mpakafo）的恐惧。被认为能够切下并且吞噬人们的心脏和肝脏的帕法弗是马达加斯加的吸血鬼。这种食人者据说有着白皙的皮肤，个头很高。因为我有着浅色的皮肤并且身高在6英尺以上，自然成为被怀疑的对象。（幸好）食人者通常不会与妻子一起旅行的事实使得那些贝齐雷欧人确信我不是一个真正的帕法弗。

当我们访问勒瓦塔的时候，那里的人很不一样——友好并且热情。到达那里的第一天我们作了一个简要的人口调查，找出每个人所从属的家庭。记住他们的名字和他们与我们的朋友的关系以及相互之间的关系。我们无意间遇到了一个出色的向导，他知道当地的所有历史。在短短几个下午的时间里我获得了比我在其他村落的一些会议中多得多的东西。

勒瓦塔人之所以愿意谈论（他们的事情）是因为我们有实力雄厚的赞助商，两位当地居民（两位老师）已经在村落之外接受过我们的调查，并且勒瓦塔人知道有人能够保护他们。那两位学校老师为我们做担保，然而那位内政部部长发挥了更为显著的作用，这位部长就像祖父一样并且使镇上的每一个人受益。勒瓦塔人没有必要害怕，因为当地更有影响的公仆（部长）请他们回答我们的问题。

每次去勒瓦塔，那些年长者都会在晚上举办一个欢迎我们的仪式。他们前来接受调查，一方面被我们这充满疑问的外国人吸引，另一方面也为我们提供的酒、烟草和食物所吸引。我对他们的习俗和信仰方面进行询问，最终设计出了一张包括稻米生产在内的各种主题的访谈提纲。与我正在做调查的其他两个村子相比较而言，我在勒瓦塔所采用的形式在强度上要弱一些，然而，我从来没有做过比在勒瓦塔更容易的访谈。

当调查快要结束的时候，我们勒瓦塔的朋友们有些忧伤，他们说："我们会想念你们的，在你们离开以后，再也不会有任何的香烟、任何的酒水以及任何的提

经济化与最大化

经济人类学家一直在关注两个主要问题：

1. 生产、分配和消费在不同的社会中是如何被组织起来的？这个问题的焦点在于人类的行为体系和他们的组织。

2. 在不同的文化中，是什么促使人们去生产、分配或者交换、消费？这里的焦点并不是人们的行为体系，而是参与那些体系的个体的动机。

人类学家从跨文化的角度来看待经济体系和经济动机。虽然动机是心理学家关注的一个问题，但它或隐或现也已经成为经济学家和人类学家所关注的问题。经济学家通常假设在利益动机的支配下，生产者和分配者都会做出理性的决定，正如消费者为了最佳价值会货比三家。尽管人类学家明白利益动机并不是普遍的，但是个体追求收益最大化这个假设却是资本主义世界经济和大多数西方经济理论的基础。实际上，经济学的主题经常被定义为**经济化**（economizing），或者说是稀缺手段（或者资源）的合理的最优配置。

这是什么意思呢？经典的经济学理论假设：我们的欲求是永无止境的，但是满足人们欲求

问了。"他们想知道我们回到美国的情形是什么样子的。他们知道我们拥有一辆小轿车，并且定期购物，包括我们曾一起分享过的酒水、香烟以及食物。我们能够负担得起他们将来绝不会拥有的东西。他们对此感慨道："你们回到自己的国家后，需要很多钱购买汽车、衣服、食物等，我们不必买那些东西，我们自己制作几乎所有需要的东西，我们没有必要像你们那样有钱，因为我们自给自足。"

对处于非工业社会的人们而言，贝齐雷欧人并不罕见。尽管对一个美国消费者而言这有些奇怪，然而，那些种植稻米的农民们实际上相信他们拥有了自己需要的一切东西。通过20世纪60年代的贝齐雷欧人，我意识到经济学家所认为是普遍性的"稀缺性"其实并非如此。尽管短缺在非工业化社会中确实存在，在以安定生存为中心的社会中，稀缺性（不足）这一概念（在人们意识中）的发展程度要比在对消费品的依赖日益增加的工业社会中弱很多。

然而，过去的几十年中，显著的改变已经影响到了贝齐雷欧人以及大多数的非工业化的民族。我对勒瓦塔的上一次访问是在1990年，当时迅猛增加的人口数量以及金钱产生的影响已经非常明显。在整个马达加斯加岛都是如此。马达加斯加的人口以每年3%的速率增长，从1966年的600万增加至1991年的1 200万，人口增加了两倍（Kottak，2004）。人口压力所带来的一个结果便是农业的集约化经营。在勒瓦塔，从前只在稻田里种植稻米的农民现在在一年一度的稻米收获之后开始种植诸如胡萝卜之类的经济作物。20世纪90年代影响勒瓦塔的另外的变化即是由对金钱的不断追求而激发的社会和政治秩序的混乱。

牲口失窃是另一个不断增长的威胁。盗贼们（有时候来自周围村庄）使得那些原本感到安全的村民感到恐慌。被盗窃的牲口被运到沿海出口到周围岛屿。在盗贼中最为突出的是那些相对而言受过良好教育的年轻人。他们有足够长的时间来学会与外界人进行良好的协商，然而他们却找不到正式的工作，并且不愿意像他们的农民父辈们那样到地里干活。正规的教育体制已经使得他们熟悉了外界的社会惯例和准则，包括对货币的需求。稀缺性、商业以及消极的互惠概念正在贝齐雷欧人中蔓延。

我在1990年对贝齐雷欧人进行调查的时候目睹了他们对金钱迷恋的其他显著证据。在靠近勒瓦塔的县城中心，我们遇到了一些人正在出售珍贵的石头——碧玺，这些碧玺是在当地的一块稻田里被偶然发现的。在街角的拐角处，我们发现了令人吃惊的一幕——许多农民正在一块大面积的稻田中挖掘泥土以寻找碧玺，祖先遗留的资源（土地）被破坏——这是金钱对于当地生存型经济进行侵蚀的典型证据。

在贝齐雷欧人的整个地区，人口数量和密度的增加加快了移民的步伐。当地的土地、工作以及金钱都很稀缺。一位祖先来自勒瓦塔的妇女，现在已经是国家首都（安塔那利佛）的一位市民，她说，现在勒瓦塔一半的儿童居住在首都。虽然她有一些夸张，然而如果对勒瓦塔的所有后裔们做一项调查，毫无疑问我们将会发现大量的移民和城市人口。

勒瓦塔的近代历史是不断参与货币经济的历史。这段历史与不断增长的人口对当地资源造成的压力相联系，它使稀缺性已经不仅仅是一个概念，对于勒瓦塔以及周围地区的人们而言，稀缺已经变成事实。

的手段是有限的。因为手段是有限的，所以人们必须对如何利用他们的稀缺资源如时间、劳动力、金钱和资本做出选择（"趣味阅读"《稀缺性与贝齐雷欧人》对人们的经济决策总是基于稀缺性这个问题提出了反驳）。经济学家假设：当面对选择需要做出决定的时候，人们通常做出能使收益最大化的决定。这被假设为最理性（合理的）的选择。

个人选择会倾向于收益最大化这个观点是19世纪经典经济学家的基本假设，也是很多当代经济学家所持的观点。但是，某些经济学家现在意识到：就像在其他文化中一样，西方文化中的个体也可能会受到许多其他目标的驱使。人们可能会追求利益、财富、声望、快乐、舒适和社会和谐的最大化，这取决于社会和环境。个体可能会努力实现他自己的或者家庭的目标，也可能会努力实现他所属的另一群体的目标（参见Sahlins，2004）。

不同的目的

在不同社会中，人们会如何利用他们的稀缺资源？在全世界范围内，人们将自己的一些时间和精力用于积累生计基金（subsistence fund）

主题阅读

关于美国消费模式方面的市场营销和生产操纵的影响，见本书最后一章末的"主题阅读"。

（Wolf，1966）。换句话说，他们必须为了吃饭、为了能够补充他们在日常活动中所消耗的热量而劳动。人们也必须投资于重置基金（replacement fund），他们必须维持那些在生产过程中必不可少的技术和其他物品。当锄头或者犁损坏后，他们必须修理或者重新置办。衣服和住所之类的日常必需品虽然不是生产所必需的，他们也需要获取和重置。

人们也需要投资于一项社会基金（social fund）。他们需要帮助他们的朋友、亲戚、姻亲和邻居。将社会基金与仪式基金（ceremonial fund）区别开来是很有用的。后者指的是庆典或者仪式上的花费。例如举行一个纪念祖先的节日需要花费时间和财富。

非工业国家的居民还必须将稀缺资源用于租赁基金（rent fund）上面。我们将租金看做是使用资产而支付的费用。但是，租赁基金还有更广泛的用途，它指的是人们必须付给个体或者代理机构的资源，这些个体或者代理机构在政治或者经济方面比他们更强势。例如，在封建主义制度下，承租土地的农民和佃户要向土地主交付租金或者他们的部分产品。

农民（peasants）是在非工业国家中的小规模生产者，他们有交付租金的义务（参见Kearney，1996）。他们为了养活自己、销售产品和交租而进行生产。非工业国家的所有农民具有两个共同之处：

1. 他们居住在具有国家组织的社会中。

2. 现代农业或者现代公司化农业中会使用化肥、拖拉机、撒种用的飞机等精密技术，但是这在他们的生产过程中是没有的。

除了要向土地主支付租金外，农民必须履行其对国家的义务，以货币、产品或者劳动力的方式来向国家交税。对于农民来说，租赁性基金不仅仅是附加义务，通常这会成为他们最主要的、最不可避免的责任。有时候，为了满足支付租金的义务，他们要节省在饮食方面的花费。有时候他们会从生存性基金、替换性基金、社会性资金和仪式性资金中转移一部分资源来支付租金。

动机随社会而异，并且在配置资源的过程

再分配和互惠随着时间推移而变化的方式，见网络探索。
mhhe.com/kottak

中，人们经常不能自由选择。因为需要支付租金，所以稀缺资源不属于农民自己而是属于政府官员，这样农民可以配置他们的稀缺资源的机会就没有了。因而，即使社会中存在利益动机，由于各种不可控制因素的影响，人们经常不能实现理性的收益最大化。

分配与交换

有关交换的比较研究是由经济学家卡尔·波拉尼（Karl Polanyi）带动起来的，并且好几位人类学家也加入了这项研究。为了能够对交换进行跨文化研究，波拉尼定义了适用于交换的三项原则：市场原则、再分配原则和互惠原则。这些原则在一个社会中是并存的，但是它们会支配不同类型的交易。在所有社会中占主导地位的通常会是其中一个交换原则。特定社会中由占主导地位的交换原则配置生产资料。

市场原则

市场原则（market principle）在当今的世界资本主义经济中起主导作用。它控制土地、劳动力、自然资源、技术和资本这些生产资料的分配。市场交换是指以货币为媒介的购买和销售的组织过程（Dalton, ed., 1967; Madra, 2004）。在市场交换中，人们会考虑到收益最大化原则，物品通过货币来买卖，并且价值由供需来决定（物品越稀缺，人们的需求越大，物品的价格就越高）。

讨价还价是市场交换原则的特征，买者和卖者会力争以实现货币价值的最大化。在讨价还价中，买者和卖者并不需要亲自见面，但是为了能够进行谈判，无论是出价还是还价都需要在这段相当短的谈判过程中妥协和让步。

再分配

当商品、服务或者它们的等价物从地方转移到中央后就出现了**再分配**（redistribution）。这个中央可以是首府，也可以是一个地区收集点或者酋长住所附近的仓库。物品经常按照行政官员的等级这种形式转移，最后存储到中央。在这种方式下，行政官员和他们的随从会消费掉一部分，但是这里的交换原则是再分配原则，所以物品的流转最终会改变方向——从中央流出、经过整个等级体系，最后回到了大众那里。

关于再分配体系的一个例子来自切罗基人，他们是田纳西河谷的最初居民。那里的农民靠玉米、大豆、南瓜生存，并通过狩猎和捕鱼作为补充。切罗基人有酋长。他们的每一个主要村子都有一个中心广场用于举行酋长委员会议和再分配庆典。根据切罗基人的传统，每一个家庭的农田都有这样的一块区域，即这块区域中每年的收成要留出一部分给酋长。酋长将族人所提供的谷物用于那些需要的人，还有就是旅行者和友善地经过他们领地的勇士。任何有需要的人都可以获得所储存的食物，他们认为这些食物是属于酋长的，由于酋长的慷慨这些食物才被分配。在主要聚居地举行再分配庆典时，酋长也会负责主持。

互惠

互惠（reciprocity）是发生在社会平等成员之间的交换，这些成员通常通过亲属、婚姻或者其他密切的人际纽带联系起来。因为它发生在社会平等成员之间，所以在那些较为平等的社会，它占主导地位，如在觅食者、栽培者和牧民中。互惠有三种程度：一般互惠、平衡互惠、负向互惠（Sahlins, 1968, 2004; Service, 1966）。它可以被视为一个由以下问题界定的连续统一体：

1. 交换对象之间关系亲疏程度如何？
2. 礼物回赠的时间和慷慨度如何？

一般互惠（generalized reciprocity）是最纯粹的互惠形式，它的特征是交换者之间有极为密切的关系。在平衡互惠中，社会距离增加了，回赠的要求也增加了。在负向互惠里，社会距离是最大的，回赠也是最需要计算的。

在一般互惠下，一个人给予另一个人，并且不期望得到具体的或者即刻的回报。这种交换（包括当今北美父母给予子女的抚养）主要不是一种经济交易，而是一种人际关系的表达。大多数父母并不会对他们花费在子女身上的每一笔钱记账。他们仅仅希望孩子们会尊重他们的文化传统，这其中包括了他们对父母的爱、尊敬、忠诚和其他对父母应尽的义务。

一般互惠通常在觅食人群中占主导地位。传统上，觅食者会跟队群中的其他成员分享食物（Bird-David, 1992; Kent, 1992）。一项对多布人的研究发现，40%的人对食物供应的贡献是很少的（Lee, 1968/1974）。孩子、青少年和超过60岁的人依靠其他人供应的食物来生存。尽管存在着很大比例的依靠他人生活的人，但是从事狩猎和采集的那些劳动者的平均工作时间（每周12～19小时）还不到美国人平均工作时间的一半。即使这样，食物总是有的，因为不同的人会在不同的时间里劳动。

觅食者之间的互惠存在如此强烈的共享规范以至于大多数觅食者缺乏"谢谢"这一表达。表示谢谢会是一种不礼貌行为，因为共享是平等社会的关键，谢谢暗示共享只是一种特定行为，不具有普遍性。马来西亚中部的瑟麦人（Semai）如果说谢谢的话，就表示他们对猎人的慷慨和成功感到惊讶（Harris，1974）。

平衡互惠（balanced reciprocity）适用于那些不属于同一队群或者家庭的、关系较远的人之间的交换。例如在园艺社会中，一个人将礼物赠给了另一个村子里的人，接受者可能是他的远亲、一个交易伙伴或者一个兄弟的虚拟亲属。赠予者期望得到某种回报。这种回报可能不是即刻的，但是如果没有回赠，社会关系就会变得紧张。

非工业社会的交换也可能会出现负向互惠的例子，这主要发生在人们与处于他们社会体系之外的人进行交易时，或人们与处于边缘的人进行交易时。对于生活在一个关系很密切的世界中的人来说，与外人做交易是含糊的并且不可信赖的。交换是一种与外来人建立友好关系的方式，但是这种关系仍旧是不明确的，尤其是在交易开始的时候。通常情况下，最初交易几乎具有纯粹的经济性质，人们期望得到即刻的回报。虽然用不到货币，但是就像在市场经济中一样，他们试图让他们的投资得到尽可能最佳的、及时的回报。

一般互惠和平衡互惠是建立在信任和社会纽带的基础上，但是**负向互惠**（negative reciprocity）则是用尽量少的付出来获得回报，即使这意味着变得狡猾、不诚实或者欺骗。负向互惠中最极端和"消极"的例子发生在19世纪北美大平原地区，那里的印第安人有盗马行为。男人们会潜入邻近部落的帐篷或者村子中偷马。相似的例子就是现在东非地区的一些部落仍然存在着掠夺牛的现象，如库里亚人（Fleisher，2000）。在这些例子里，发起掠夺的一方期待得到回赠，预期另一方来掠夺他们的牛或者做出一些更甚的行为。库里亚人会捕捉盗牛者并将他们杀死。这也是一种回赠，这种回赠的主导思想是"以其人之道还治其人之身"。

在存在潜在负向互惠的情况下，一个用来减少这种紧张的方式就是沉默交易。位于非洲赤道附近雨林地区的姆布蒂人是觅食者，他们与邻庄的园艺者进行交换时就采取沉默交易的方式。他们在交易过程中没有人际接触。一个姆布提猎人

⊙ **随书学习视频**

狩猎—采集者的保险单？

第16段

该段视频记录了一位民族学家（文化人类学家）Polly Wiesnner，他在桑人（布须曼人）中进行研究已经有25年了。视频就贮存、风险和应对拮据时期的保障方面对比了觅食生活方式与其他经济。工业社会有银行、冰箱和保险单。牧民有畜群，肉食和财富都贮存在活体上。农民们有食物贮藏室和粮仓。桑人是如何预测和应对困难时期的？他们有什么形式的保障？按照Wiesnner的说法，是什么使得智人能够"拓殖这个世界上如此多的生境"？

将猎物、蜂蜜或者其他的雨林产品放在习惯的交易地点。邻庄的人就会把这些东西取走并且留下作为交换物的粮食。通常情况下双方的讨价还价也是无声的。如果其中一方认为回报物不足时，他仅仅把回报物留在交易地点，如果另一方还想继续交易的话，就要增加回报物。

交换原则的共存

在今天的北美，市场原则主导着大部分交换，交换范围从生产资料的销售到消费物品的销售。我们也存在再分配。我们税金的一部分用于供养政府，但是还有一部分会以社会服务、教育、卫生保健和道路建设的方式返回到我们自身。我们也存在互惠交换。一般互惠是父母和子女的相互关系所具有的特征，但是，即使在父母子女关系中，占主导地位的市场思想也有浮现，从对抚养子女的高成本的谈论和那些失望的父母的老套说词"我们给了你金钱所能购买到的一切"中，我们就可以认识到。

交换礼物、卡片和互相邀请通常可以作为平衡互惠的例子。每一个人都曾听过这样的话："他们邀请我们去他们女儿的婚礼，所以当我们的女儿结婚时，我们也要请他们。""他们已经在我们这里吃过三次饭了，但是他们从来没有邀请过我们，在他们邀请我们之前，我认为我们不应

该再邀请他们了。"在觅食者的队群中，如此精确的互惠均衡是不适合的，因为资源是公共的（全体共同享有），而且基于一般互惠原则的日常共享是他们社会生活和生存的必要组成部分。

夸富宴

夸富宴（potlatch）大概是在民族志中得到最为全面研究的一种文化行为。夸富宴是一些部落的地区性交换体系中的一个节日，这些部落位于北美北太平洋海岸地区，包括华盛顿和英属哥伦比亚地区的撒利希部落和夸克特部落，以及阿拉斯加的蒂姆西亚部落。有时候，为了纪念死者，有些部落仍会举行夸富宴（Kan，1986，1989）。在每一次这样的事件中，夸富宴的发起者通常会在其团体成员的帮助下来分发食物、毯子、铜币或者其他物品。作为回报，这些举办者会获得声望。举办夸富宴提高了一个人的名誉。夸富宴举办得越浪费，所分发的物品的价值越大，一个人的声望就越高。

举办夸富宴的部落属于觅食者，但并不是典型的觅食者。他们是定居的并且他们有酋长，而且与大多数其他晚近觅食者所处的环境不同，他们所处的环境并不是边缘性的。他们拥有丰富的土地和海洋资源。他们最重要的食品是鲑鱼、鲱鱼、蜡烛鱼、浆果、山羊、海豹和海豚。

根据古典经济学理论，人们的获利动机是普遍的，其目标是实现物质利益的最大化。那么如何来解释夸富宴呢，在夸富宴上物质财富都被分发出去（并且甚至被毁坏掉，见下面）。基督教传教士认为夸富宴是一种浪费行为，并且它与新教徒的工作伦理相违背。到1885年，在印第安人机构、传教士、印第安人转变为清教徒这些因素的压力下，美国和加拿大都宣布夸富宴是不合法的，所以在1885年至1951年，这个传统是由人们秘密进行的。直到1951年，美国和加拿大才撤销了反夸富宴的法律。

很多学者坚持认为夸富宴属于典型的经济浪费行为。经济学家和社会评论家多恩斯坦·维布伦（Thorstein Veblen）的《有闲阶级理论》（*The Theory of the Leisure Class*，1934）一书非常具有影响力，在书中，他将夸富宴作为挥霍性消费的例子加以引用，声称夸富宴是不具经济理性的追求声望的行为。这种解释强调了夸富宴尤其是夸克特人在夸富宴上所展示出来的过度慷慨和浪费性，而这又推导出一个结论：在有些社会里，人们以他们的物质福利为代价来追求声望的最大化。现在这种解释已经受到挑战。

生态人类学，也被称作文化生态学，是人类学中的一门理论学科，它试着从文化行为在人类适应环境的过程中所扮演的长期角色这一角度来解释夸富宴之类的文化行为。对于夸富宴这一现象，经济人类学家萨特斯（Wayne Suttles，1960）和维达（Andrew Vayda，1961/1968）提出了另一种解释。他们不是依据夸富宴表面的浪费性来分析，而是将它作为长期文化适应机制中的一个角色来分析。这种观点不仅有利于我们理解夸富宴，而且它还具有比较价值，因为它能帮助我们理解世界上很多其他地区的与之类似的炫耀性庆典形式。生态学的解释是这样：对于那些交替出现过剩和短缺的地区来说，夸富宴之类的传统具有文化适应性。

它是如何运行的呢？北太平洋海岸地区的整个自然环境是很适宜的，但是资源随时随地会发生变化。在一定的区域中，鲑鱼和鲱鱼并不是年年都很充足的。一个村子有好收成的时候，另一个村子可能正经历着坏收成。之后他们的运气逆转过来。在这种情况下，夸克特人和撒利希人轮流举办夸富宴就具有了适应性价值，而并不是一种不能带来物质利益的竞相展示而已。

收成特别好的村子，生存物品会有大量剩余。这些剩余可以用来交易更为耐用的毯子、小船和铜币之类的物品，这些财富被分发掉后，进而转变为声望。几个村子的成员被邀请参加夸富宴并将分发到的资源带回家。在这种方式下，夸富宴将村与村组合在地区经济中，食物和财富通过这一交换体系从富人手中转移到需要的成员那里。作为回报，夸富宴的举办者和他们的村子获得声望。夸富宴是否举行要视当地经济的健康状

关于巴布亚新几内亚 Hoploi 宴请的信息，见在线学习中心的在线练习。

mhhe.com/kottak

况而定。只有生存物品存在剩余，然后经历几年的好收成，财富得以积累，一个村子才可以举办夸富宴，将他们的食物和财富转化为声望。

当先前很繁荣的村子遭遇一连串的坏运气时将会发生什么，在我们考虑到这个问题时，就可以清晰地看到共同举办庆典的长期适应价值。这个村子的成员开始接受邀请去参加那些举办得更好的夸富宴。当那些暂时性的富人变得暂时贫穷时，反过来也是一样，餐桌换了。新的需求者会接受食物和有价值的物品。他们乐意接受礼物而不回赠礼物，就会放弃他们先前积累的一部分声望。他们希望运气会最终转好，这样他们的资源会得到补偿，他们也会重新获得声望。

夸富宴使得北太平洋沿岸地区的群体结成一个地区性联盟和交换网络。无论个体参与夸富宴的动机是什么，夸富宴和村际间的交换具有适应性的功能。人类学家所强调的人们对声望的竞争并没有错，但是他们仅强调动机而没有分析经济和生态体系。

这种通过节日来提高个体或者团体的声誉并重新分配财富的方式并不仅仅存在于北美太平洋海岸的人群中。举行竞争性节日是非工业食物生产者的显著特征。但是要记住的是，大多数觅食者生存在边缘地区，他们的资源很缺乏，所以他们无力承担这种水平的节日。在这样的社会里，占优势的是分享而不是竞争。

就像其他很多已经引起人类学密切关注的文化行为一样，夸富宴的存在也与更大的世界性事件有着紧密的关系。例如，随着19世纪世界资本主义经济的扩散，举行夸富宴的部落特别是夸克特部落开始与欧洲人做交易（例如制作毯子用的毛皮），因而他们的财富也增长了。与此同时，极大比例的夸克特人死于先前欧洲人所带来的未知疾病。因此，由于贸易而增长的财富就流入那些急剧减少的人口中。随着很多传统举办者（例如酋长和他们的家庭成员）的死去，夸克特人将举办夸富宴的权利扩展到整个人群，这就导致了人们对声望的激烈竞争。追求贸易、财富增加和人口减少，夸克特人也开始通过这样的方式来将财富转换为声望，即把毯子、铜币和房子之类的财富毁坏掉（Vayda，1961/1968）。毯子和房子可以烧掉，铜币可以埋到海里。这里，随着财富的急剧增加和人口的急剧减少，夸克特人夸富宴的性质改变了。与以前举办的夸富宴相比，与那些受贸易和疾病影响较小的部落举行的夸富宴相比，它开始变得更具有破坏性。

我们应注意到，在任何情况下，夸富宴都阻碍了社会经济分层。社会经济分层是社会阶级体系。被让出或毁坏的财富转变为非物质性的产品——声望。在资本主义制度下，为了获得额外的利益，我们会将自己的收益进行再投资（而不是烧掉我们的金钱）。但是，举办夸富宴的部落满足于放弃他们的剩余物而不是将这些剩余物用于扩大他们与自己的部落同胞间的社会距离。

本章小结

1. 科恩的适应策略包括觅食（狩猎和采集）、园艺、农耕、畜牧和工业化。在1万年前食物生产（农耕和放牧）还没有出现的时候，觅食是人类唯一的适应策略。食物生产最终代替了大部分地区的觅食经济。几乎所有的现代觅食者对食物生产和食物生产者都存有某种程度的依赖性。

2. 园艺和农业分别位于连续体的相反的两端，这个连续体是建立在劳动力的集约、持续和土地的利用基础上。园艺并不会集约利用土地和劳动力。园艺者会在一小块土地上栽培一年或者两年，接着他们就会放弃这块土地。沿着连续

体发展，园艺开始变得更加集约，但是总是有一个休耕期。农业生产者会在同一块土地上持续耕种并且集约使用劳动力。他们会使用下面一种或者更多种生产资料：灌溉、梯田、将家畜作为生产资料和肥料来源。

3. 放牧策略是混合型的。从事游牧的牧民会跟栽培者交换。从事季节性迁移的牧民会有一部分人负责放牧，另一部分人负责栽培。除了秘鲁人和纳瓦霍人是最近的牧民外，新大陆已经没有土著牧民。

4. 经济人类学对生产、分配和消费这个体系进行跨文化研究。在非工业国家里，一种建立在

亲属基础上的生产方式流行起来。在社会群体中，一个人获得使用资源和劳动力的权利是通过他的成员身份，而不是通过不带个人色彩的购买和销售。社会关系可以在各种场景下表现出来，劳动仅是社会关系的一个方面。

5. 经济学被定义为这样的科学，即可以达到稀缺手段的最优配置。西方的经济学家假设稀缺性的概念是普遍的，并且人们在做出决策的时候，总是力图达到个人利益的最大化，其实不是这样的。在非工业社会，人们经常考虑的不是个人利益的最大化，而是价值的最大化，其实在我们的社会中也是这样。

6. 在非工业社会，人们投资于生存、重置、社会和仪式基金。国家增加了一项租赁基金：人们必须与社会监督者分享他们的收成。在国家中，交租的义务经常成为最主要的。

7. 除了生产，经济人类学家还研究和比较了交换体系。交换的三个原则是：市场原则、再分配原则和互惠原则。市场原则是建立在供需和利益动机上的，在国家中占支配地位。在再分配原则下，物品被集中到中央区域，但是其中的一部分最终会返回去或者再分配。互惠原则在社会平等成员之间的交换中占主导地位。它是觅食者和园艺者交换方式的特征。互惠、再分配和市场原则可能会在一个社会中共存，但是主要的交换方式是分配生产资料的交换方式。

8. 在非工业食物生产者那里，村庄里的庆典形式和财富交换是很经常的，例如北美北太平洋海岸的夸富宴文化，这样的体系甚至有助于资源在一个时期内的可获得性。

关键术语

见动画卡片。
mhhe.com/kottak

农业 agriculture　植物栽培的非工业体系，其特征是持续、密集地利用土地和劳动力。

平衡互惠 balanced reciprocity　见一般互惠。

队群 band　觅食者社会组织的基本单位。一个队群所包含的人数少于100人，经常季节性地分成若干部分。

相关 correlation　两个或者更多个变量之间的联系，当一个变量变化的时候，另一个因素也会发生变化，例如温度和流汗。

栽培连续体 cultivation continuum　这个连续体是建立在对非工业栽培社会进行比较研究的基础上，在这个连续体里面，劳动集约性增加了并且休耕地减少了。

经济化 economizing　对稀缺手段（或资源）进行合理的最优配置，它经常被作为经济的主题。

经济 economy　集资源的生产、分配和消费为一体的体系。

一般互惠 generalized reciprocity　这一原则以关系亲密的个体之间的交换为特征，随着社会距离的增加，一般互惠变为平衡互惠，最后变为负向互惠。

园艺 horticulture　作物栽培的非工业体系，在这种体系中土地会有时间长短不一的休耕期。

市场原则 market principle　国家中特别是工业社会中占支配地位的以利益为目标的交换原则。物品和服务被买卖，价值是由供需来决定的。

生产资料 means（or factors）of production　土地、劳动力、技术和资本这些主要的生产资源。

生产方式 mode of production　生产的组织方式，即通过开发人力资源，利用工具、技术、组织和知识这些手段，从自然中获取能源，这个过程中形成一系列的社会关系。

负向互惠 negative reciprocity　见一般互惠。

思考题

更多的自我检测，
参见自测题。
mhhe.com/kottak

1. 生活在觅食社会中主要的利与弊是什么？园艺、农业和牧业呢？你想生活在哪种社会中，为什么？

2. 你认为古代和现代的狩猎—采集者之间有哪些主要的相似和相异？

3. 你如何理解稀缺？你是如何决定怎样分配它们的？

4. 你试图最大化的是什么？它是否随情境而改变？

5. 给出你自己的不同程度的互惠交换。

补充阅读

Bates, D. G.

2005 *Human Adaptive Strategies: Ecology, Culture, and Politics*, 3rd ed. Boston: Pearson/ Allyn & Bacon. 最近关于不同的适应策略及其政治关联的讨论。

Cohen, Y.

1974 Man in Adaptation: The Cultural Present, 2nd ed. Chicago: Aldine. 表述了柯恩的"适应策略的经济类型学"及其在一系列文化与适应主题的论文中的应用。

Gudeman, S.

2001 *The Anthropology of Economy: Community, Market, and Culture*. Malden, MA: Blackwell. 全球化的经济层面及其与经济人类学的关系。

Gudeman, S., ed.

1998 *Economic Anthropology*. Northhampton, MA: E. Elgar. 经济人类学的参考文章。

Ingold, T., D. Riches, and J. Woodburn

1991 *Hunters and Gatherers*. New York: Berg（St. Martin's）. 卷一考察了觅食者的历史和社会变迁，卷二关注他们的财产、意识形态和政治关系。这些对广大地区的调查启发了当前的话题和争论。

Kearney, M.

1996 *Reconceptualizing the Peasantry: Anthropology in Global Perspective*. Boulder, CO: Westview. 在后冷战国家中，今日的农民是如何生活的。

Kelly, R. L.

1995 *The Foraging Spectrum: Diversity in HunterGatherer Lifeways*. Washington, DC: Smithsonian Institution Press. 考察了不同环境中的觅食者。

Kent, S.

1996 *Cultural Diversity among Twentieth-Century Foragers: An African Perspective*. New York: Cambridge University Press. 非洲的狩猎采集者，他们的适应、社会生活和多样性。

Lee, R. B.

2003 *The Dobe Ju/'hoansi*, 3rd ed. Belmont, CA: Wadsworth. 对广为人知的桑人（San）的觅食者的描述，来自他们的一位主要的民族志作者。

Lee, R. B., and R. H. Daly

1999 *The Cambridge Encyclopedia of Hunters and Gatherers*. New York: Cambridge University Press. 关于觅食者的不可或缺的参考文献。

Plattner, S., ed.

1989 *Economic Anthropology*. Stanford, CA: Stanford University Press. 关于觅食、部落、农业、国家和工业社会的经济特征的文章。

Sahlins, M. D.

2004 *Stone Age Economics*. New York: Routledge. 一本经典的重印版，包括一篇新序言。

Salzman, P. C.

2004 *Pastoralists: Equality, Hierarchy, and the State*. Boulder, CO: Westview. 关于平等、自由和民主，我们能从牧民那里学到什么。

Salzman, P C., and J. G. Galaty, eds.

1990 *Nomads in a Changing World*. Naples: Istituto Universitario Orientale. Pastoral nomads in varied contemporary settings. 当代不同背景中的游牧。

Srivastava, J., N. J. H. Smith, and D. A. Forno

1999 *Integrating Biodiversity in Agricultural Intensification: Toward Sound Practices*. Washington, DC: World Bank. Environmentally and socially sustainable agriculture in today's world. 今日世界中经济和社会可持续的农业。

Wilk, R. R.

1996 *Economies and Cultures: An Introduction to Economic Anthropology*. Boulder, CO: Westview. A thorough introduction to economic anthropology. 对经济人类学的详尽介绍。

1. 互惠：点击视频链接，找到埃默里大学猿和人类进化高级研究中心的网页（http://www.emory.edu/LIVING_LINKS/AV_Library.html），观看黑猩猩分享食物的影片。

   a. 影片中一般互惠的例子是哪个？

   b. 平衡互惠的例子是哪个？

   c. 负向互惠的例子是哪个？

   d. 从人类与黑猩猩表现出相似的互惠能力这一现象可以得出什么样的推论？

2. 生计与居处：打开民族志的阿特拉斯（Atlas）交叉列表网页（http://lucy.ukc.ac.uk/cgi-bin/uncgi/Ethnoatlas/atlas.vopts），这一网站对众多群体的民族志信息进行了汇编，你可以用所提供的工具交叉分析某些特征的流行状况。在"选择排类别"下选择"生计经济"在"选择专项类别"下选择"聚落类型"。点击提交查询按钮。会出现一个表格，显示的是不同生计体系的群体采用特定流动策略的频度。

   a. 注意农业群体中的很大一部分采用"集中的

相对永久定居"。这与你的期待相符吗？

   b. 流动性最强的群体（有"迁徙或游动""半游动"或者"半定居"的聚落类型）是哪种？

   c. 现在让我们关注一些例外的不以最常见的方式组合生计与居处策略的群体。有一个采用密集农业的群体是半游动的。点击那个位置的序号。该群体的名称是什么？是在哪里被发现的？

   d. 有少数几个永久定居但采用狩猎、采集或渔猎的群体。这些群体大多来自世界上的哪些区域？

   e. 随意探究表中的其他变量。我们建议你查看"地方社区的平均直径""聚落类型"以及"生计经济"的交叉。你看到哪些类型？

请登录McGraw-Hill在线学习中心查看有关第16章更多的评论及互动练习。

科塔克，《对天堂的侵犯》，第4版

在第4章《渔民的精神》中，阿伦贝培价值体系特征的勾画与两个社会科学的经典之作：马克斯·韦伯的《新教伦理与资本主义精神》（*The Protestant Ethic and the Spirit of Capitalism*，1904/1958）和乔治·福斯特的"有限货物的形象"（"image of limited good"）相关。阿伦贝培的渔民与韦伯笔下的新教企业主有哪些相似之处？福斯特视为农民社会特征的有限货物的形象又是如何在阿伦贝培显现的？"现货之谜"是什么，它是如何嵌入阿伦贝培以法制为基础的社会结构中的？

彼得斯-戈登，《文化论纲》，第4版

教科书的章节考察了有多种适应策略的社会中的生产、分配和消费体系。阅读《文化论纲》

的"巴瑟里人（Basseri）：il-Rah上的游牧民"。巴瑟里人的适应策略——游牧——影响其社会组织和社会关系的方式有哪些？随着定居的增多，巴瑟里人的生活会有什么变化？

克劳福特，《格布斯人》

根据《格布斯人》第2章所述，格布斯人的哪些与食物相关的活动类似于觅食者或狩猎—采集者？格布斯人的哪些与食物相关的活动类似于园艺者？列举格布斯人驯化猪的方式和依旧野生放养的方式。关于以下生计类型，作者提供了哪些例子：（a）使较大的村落的发展成为可能的集约型觅食；（b）集约农业与集约畜牧业的配套？生计导向的差异应如何解释？描述格布斯人"定居"居处的特征和其他"半游动"居处的特征。

第 **17** 章
政治制度

什么是"政治"？

人类学家和政治学家都对政治制度和组织很感兴趣，但是人类学方法具有整体性和比较性的特点，它在研究政治学家经常研究的国家和民族国家之外，还研究非国家社会。人类学的研究发现，权力（正式的和非正式的）、权威以及法律制度在不同的社会和社区有着很大的差异（权力是把自己的意志强加于他人的能力；权威是得到社会公认的权力）（参见 Cheater,ed.,1999;Gledhill,2000;Kurtz,2001;Wolf with Silverman,2001）。

考虑到政治组织有时只是社会组织的一个方面，莫顿·弗里德（Morton Fried）提出了这样一个定义：政治组织包括那些与专门管理公共政策事务的个人或群体相关的社会组织，它还包括那些试图控制那些个人或群体的任命或者活动的社会组织（Fried，1967，pp.20-21）。

这个定义无疑适用于当代北美地区。管理公共政策事务的个人或团体是联邦、州（省）以及地方（市）政府。那些试图控制公共政策管理群体活动的利益群体包括诸如政党、工会、公司、消费者、活动家、行动委员会、宗教团体以及非政府组织。

但弗里德的定义不太适用于那些非国家社会，因为在非国家社会那里往往很难发现公共政策。所以，在涉及团体之间及它们代理人之间相互关系的规章或管理时，我更倾向于说社会政治组织。一般意义上，规则是一套确保变动维持在正常范围内、纠正违规行为以及维持系统整体性的程序。政治规则中包括决策制定、社会控制和冲突调节等事项。对政治规则的研究引起了我们对那些做出决定和解决冲突的人（他们是正式领导者吗？）的兴趣。

民族志和考古学对数百个地区的研究表明经济、社会和政治组织之间存在着密切联系。

类型与趋势

几十年前，人类学家塞维斯（Elman Service，1962）列举了政治组织的四种类型：队群、部落、酋邦、国家。由于它们都存在于民族国家中并服从国家的控制，因此现在已经不能把它们各自看作一个独立的政治实体（政体）来研究。考古学的证据显示在国家形成之前，队群、部落和酋邦就已经存在了。然而，人类学这一学科在国家出现了很长一段时间后才产生，因此人类学家不可能观察到完全不受国家影响的原初队群、部落或酋邦。民族志所记载的所有队群、部落和酋邦都处于国家之中。虽然本章仍有可能会谈论到当地政治领袖（例如村庄头人）和地区领袖（例如酋长），但是他们的存在和发生作用都是以国家组织为背景的。

队群（band）是指人们在觅食过程中建立起来的以血缘为基础的小群体（kin-based）（所有的成员通过血缘或婚姻纽带联系起来）。**部落**（tribes）的经济建立在非集约的食物生产（园艺和畜牧业）基础上。它以同一继嗣群的方式（氏族和世系）组织成血缘群体并生活在村庄中，它没有正式的政府以及可靠的手段来执行政治决策。**酋邦**（chiefdom）是介于部落和国家间的一种社会政治组织。如同队群和部落一样，酋邦中的社会关系主要是建立在血缘、婚姻、继嗣、年龄、世代和性别基础上的。虽然酋邦是建立在血缘基础上，但酋邦中存在着明显的资源分化体系（一些人比另一些人拥有更多的财富、声望和权力）以及持久的政治结构。国家是建立在正式的政府结构和社会经济分层基础上的社会政治组织。

塞维斯关于这四种类型的划分过于简单，以至于它不能充分解释考古学和民族志所熟知的政治多样性和复杂性。例如，我们都知道部落在政治制度和机构方面已经发生了很大变化。然而，

概览

政治领袖控制着公共政策，他们做出决定并努力使之得以贯彻。政治人类学是对政治体系和政治制度的跨文化研究。并不是所有的社会都有法律——一套正式的法典、司法和强制力——但是所有的社会都有社会控制手段。有的政治体系具有非正式的或临时的领导者，他们拥有有限的地方权威。有的政治体系则由强大而长久的政治制度来统治整个国家。

队群、部落、酋邦和国家这些术语描述了社会和政治组织的多种类型。队群是小型的、流动的、以血缘为基础的、人人平等的群体。部落中存在村庄以及/或继嗣群，但是它不存在一个正式的政府。酋邦虽然以血缘为基础，但是在酋邦中出现了人们对资源占有的分化，并且酋邦有一套持久的政治结构。国家是一个包含很多社区的自治性政治实体。政府的功能是征收财税、征召人民工作或参军、颁布以及执行法律。所有的国家都有一个中央政府并存在社会经济的阶层分化。社会控制的概念比政治控制更为广泛，它包括与维持规范、确保遵从、调节冲突有关的一切信仰和行为。

聊天室：贝都因模式

《基督教科学箴言报》新闻简讯

作 者：伊利恩·R. 普鲁什尔（Ilene R. Prusher）

2000 年 4 月 26 日

当我们想到政治的时候，我们会想到政府、联邦和国家机构，会想到华盛顿、渥太华，或者我们也可能想到我们的议会、城市办公大楼或法院大楼。我们会听到关于公共服务、政治机构和选举、伴随着政府或有影响力的执政者而来的经济和政治权力之类的讨论。政府高层负责制定具有约束力的决定。非正式的政治机构虽然不是政府机构的一部分，但是它们同样可能对政府机构产生重大的影响。在这里所描述的是科威特的迪瓦尼亚（Diwaniyas），它是一种非正式的、地方性的会议地点，但是在这种非正式的会议上可能会产生正式的结果。科威特大部分的决策制定、网络建构和具有影响的商业交易发生在迪瓦尼亚。你怎样看待迪瓦尼亚体系的优劣？在我们的社会中存在类似的情形吗？

首先在科威特的迪瓦尼亚体系之内进行商议并制定决策，然后再超出这个体系，这揭示了一个政治过程。人类学家和政治学家对政治过程、政治体系和组织很感兴趣，但是人类学方法具有整体性和比较性，它的范围包括非国家社会以及国家。人类学的研究发现，世界上的不同文化在权力、权威以及法律制度方面表现出很大的差异。

一直以来，科威特的这种迪瓦尼亚政治会议是属于男性的政治沙龙——它相当于社区酒吧和市政府会议的结合。这种接待室不仅可以用来聊天，还可以用于政府管理。迪瓦尼亚在科威特文化中是如此的不可或缺，以至于在选举期间候选人不用挨家挨户去见选民，他只要去迪瓦尼亚即可。商业交易和婚礼安排都是在那里进行的。

传统上，大部分的男性会收到在任何一晚去参加迪瓦尼亚的公开邀请，而且富裕的家庭会有一个与他们的房子相连的、又大又长的房间用于专门举行迪瓦尼亚。一些邻居拥有一个类似于社区中心的共享的迪瓦尼亚。

在典型的只有男性参加的迪瓦尼亚上，与会者会斜倚在那些依据房间轮廓而设的呈现出 U 形的长沙发隔断上面。他们通常一周聚一次，会议于晚上 8 点开始，有时会持续到午夜后。

当他们讨论的时候……他们平静地转动着环绕在手指上的光亮的珠子，担忧科威特的变化是不是来得太快了。他们担心购物中心和电影的出现正在摧毁婚前约会禁忌之类的社会规范。

在阿尔法纳尔购物中心有女性用品店和时装店，一些青少年说更愿意花时间去调情，而对晚上聊天并不感兴趣。一个名叫 Abdul Rahman Al-Tarket 的少年和他的两个朋友正在商场周围闲逛，他说："我们喜欢没有戴围巾的女孩。"

男女混合的迪瓦尼亚仍然比较罕见。艺术家 Thoraya Al-Baqsami 说："对我来说，迪瓦尼亚是一个非常舒适的地方，很多人会来看我。"她跟别人合办了一次男女混合会议。当她去附近的一个画廊观赏的时候，她说道："我知道许多人并不喜欢它，但是现在已经是 21 世纪了。"

许多女性说她们很乐意由男性来支配迪瓦尼亚。但是问题在于大部分国家政策的制定和网络建构是在迪瓦尼亚进行的。它也是选民和他们的议会代表会面并向他们咨询大小问题的公共场合。

迪瓦尼亚对科威特社会的重要性是不能被低估的。科威特议会就是由 1921 年迪瓦尼亚的一个提议而产生的。贾贝尔·阿尔斯巴尔酋长在 1986 年解散了议会，但是迫于迪瓦尼亚的压力，他在 1992 年又恢复了它。

一些人说他们不介意看到迪瓦尼亚的衰落。科威特大学政治学家 Shamlan El-Issa 说："迪瓦尼亚的积极方面在于它有助于民主——男人每天见面讨论和抱怨两三个小时。消极的一面是它取代了家庭——男人去工作和去迪瓦尼亚，而从不顾他们的妻子。"

来源：Excerpted from Ilene R.Prusher, "Chat Rooms,Bedouin Style," *Christian Science Monitor*,April26,2000.

塞维斯的分类学突出了政治组织尤其是国家和非国家之间存在一些显著对比。例如，与国家中存在着显而易见的政府不同，在队群和部落中，政治组织并不是独立于整个社会秩序，它与整个社会秩序的划分并不清晰，在这里很难把一种行为或一个事件描述为政治的而不是社会的。

塞维斯提出的队群、部落、酋邦、国家属于社会政治的分类体系中的四个类型。这些类型与第16章"生计"中讨论的适应策略（经济类型学）相关联。因此，觅食者（一种经济类型）通常会组成队群组织（一种社会政治类型）。同样，许多园艺者和畜牧者会居住在部落社会中。虽然大部分的酋邦从事农业经济，但是在中东的一些酋邦中，畜牧业是非常重要的。非工业化国家通常建立在农业基础上。

随着食物生产规模的增加，人口更加密集和经济复杂性的增长成为觅食者面临的问题。这些特征导致了新的管理问题和更为复杂的关系。许多社会的政治趋势反映出了与食物生产相关的不断增长的管理需求。考古学家的研究表明这些趋势是一直存在的，而且文化人类学家在当代群体中也观察到了这种现象。

队群与部落

本章考察一系列具有不同政治体系的社会，而且针对每一种社会都提出了下面一系列问题。一个社会具有何种类型的社会组织？人们怎样参与这些组织？这些组织怎样与更大的组织联系？组织间怎样彼此区别？组织内部和外部的关系怎样管理？为了回答这些问题，我们先从队群和部落开始，然后研究酋邦和国家。

觅食队群

虽然现代的狩猎采集者也是觅食者，但是他们不应被视为石器时代的代表。人类学家想要知道当代的觅食者能告诉我们多少有关食物生产出现以前的经济和社会联系。毕竟现代的觅食者

生活在民族国家以及一个相互关联的世界中。几个世代以来，刚果的俾格米人一直和他们从事栽培的邻居生活在一个社会世界里。他们用林产品（例如蜂蜜和肉）来交换农作物（例如香蕉和树薯）。现在所有的觅食者都和食物生产者进行交换。当代的大部分狩猎采集者至少会依赖政府和传教士来满足他们的部分消费。

桑人

南非的桑人（布须曼人）受班图人（农民和牧民）的影响将近2 000年了，他们受欧洲人的影响也有几个世纪。威尔姆森（Edwin Wilmsen，1989）把桑人看做由欧洲人和班图食物生产者统治的较大政治和经济体系中的农村下层阶级。现在许多桑人为那些很富有的班图人放牛而不是单独觅食。威尔姆森还指出，许多桑人来自由于贫穷或欺压而被迫进入沙漠的牧民。

肯特（Susan Kent，1992，1996）注意到人们对于觅食者存在刻板印象，即将全部觅食者看做是相似的。他们过去常常被描述为与世隔绝的、原始的石器时代生存者。新的刻板印象则把他们看做文化上被剥夺的人，他们由于国家、殖民主义或世界重大事件而被迫进入边缘环境。虽然这种观点经常被夸大，但是它可能比先前的观点更为准确。现代的觅食者与石器时代的狩猎采集者存在着很大的差异。

肯特（Kent，1996）强调觅食者间的差异，关注桑人在时间和空间上的多样性。桑人的生

🔘 随书学习视频

第16段

该段视频记录了一位民族学家（文化人类学家）Polly Wiessner，他对桑人（"布须曼人"）进行的研究已经有25年了。正如视频表明的那样，Wiessner清楚地意识到桑人不是隔绝的民族，也不是石器时代遗留下来的人群。如果桑人能告诉我们关于我们过去的信息是有限的，那么，按照Wiessner的说法，研究他们的价值何在呢？

活自 19 世纪五六十年代起已经发生了很大变化，包括李（Richard Lee）在内的一批哈佛大学人类学家对卡拉哈里的当地生活进行了系统性研究。李和其他人也在许多出版物上发表了有关桑人生活变化的文章（Lee，1979,1984,2003;Silberbauer，1981;Tanaka，1980）。这样的纵向研究揭示的是时间维度上的变化，而在许多桑人地区进行的田野调查则揭示了空间维度上的变化。一项最重要的对比是关于定居群体和游牧群体（Kent and Vierich，1989）的比较研究。定居观念在逐渐增长，一些桑人群体（沿河而居）已经定居好几代了。其他群体包括李研究的多布桑人和肯特研究的库特赛桑人（Kutse San），都还保持着很多狩猎采集者的生活方式。

现代的觅食者不是石器时代的文物，不是活化石，不是消失的部落，也不是进化的野人。在一定程度上，觅食是他们生活的基础。现代的狩猎采集者能揭示出觅食经济与社会和文化其他方面的联系。例如，那些现在仍然流动的桑人群体或者最近才停止流动的桑人群体强调他们在社会、政治和性别上的平等。建立在血缘、互惠和均分基础上的社会制度对于人口较少、资源有限的经济来说是合适的。追求野生动植物的游牧生活不利于长久定居、财富积累和地位分化。在这种背景下，家庭和队群这样的社会群体就具有较强的适应性。人们在获得肉的时候不得不与其他人分享，否则肉就会腐烂。

当核心家庭季节性地聚集时，游牧或半游牧的觅食队群就形成了。一个队群中的特定家庭每年都会发生变化。不同队群的成员可以通过婚姻和亲属建立纽带。一个人的父母和祖父母来自不同的队群，那么这个人就与这些群体都具有亲属关系。与虚构的亲属关系一样，贸易和互访也能使当地群体联系起来，例如上一章所描述的桑人同名体系。

虽然觅食队群在权力和权威上通常是平等的，但是有特殊才能的人会享受到特别的尊敬，例如那些很擅长讲故事的人，或者可能很会唱歌跳舞的人，或者能进入出神状态跟神灵交流的人。

队群的领导者只是名义上的领导者。他们是众多平等成员中的一人。有时他们会给出建议或做出决定，但是他们无法强制成员执行他们的决定。

因纽特人

从带有审判和执行性质的法律条款意义上来说，觅食者缺少正式的**法律**（law），但是他们的社会确实存在进行社会控制和解决争端的办法。法律的缺失并不会导致完全无政府状态。土著因纽特人（Hoebel，1954,1954/1968）就为我们提供了无政府的社会如何解决争端的好范例。霍贝尔（E.A. Hoebel）研究了因纽特人如何解决冲突，正如他所描述的那样，大约 2 万的因纽特人分布在北极地区约 6 000 英里（9 600 千米）的区域。因纽特人最重要的社会组织是核心家庭和队群。个人关系将家庭和队群联系起来。一些队群有头领。这里也有萨满（兼职的宗教家）。然而，这些社会地位并没有赋予占有它的人多大的权利。

由男人负责的狩猎和捕鱼是因纽特人主要的生存活动。在那些可用的植物性食物丰富多样的温暖地区，女性的采集工作是很重要的，但北极地区却没有这些植物。因纽特人的男性在如此艰苦的环境下来往于陆地和海洋上，所以他们比女性面临更多的危险。传统的男性角色会带来伤亡。因纽特文化允许偶尔出现杀害女婴的现象，实际上，如果不是这样的话，那么成年女性的数量将大大超过男性。

尽管这种人口控制方法显得太过野蛮（在我们看来是不可想象的），但是成年女性的数量仍然多于男性。这就允许有的男性可以娶两三个妻子。如果一个男性具有供养多个妻子的能力，那么他就被赋予一种声望（声望是指好评、尊敬以及对行为或品质的赞同），但是这也会导致嫉妒。如果一个男性通过娶多个妻子的方式来增加他的声望，那么他的对手很可能就会抢走他的某一个妻子。大部分争斗是由窃妻或者通奸引发的，所以它们多发生在男性之间，或者由女性所导致。如果一个男人发现妻子在没经过自己允许的情

关于觅食者相对富足的讨论，见在线学习中心的在线练习。
mhhe.com/kottak

况下与别人发生了性关系，他会认为自己被冒犯了。

虽然公共舆论不会让丈夫忽视这件事情，但是他有几个选择。他可以杀死窃妻的那个人。但是如果他成功了，那么被杀的那个人的男性亲属肯定会加以报复来杀死他。由于这会导致双方亲属进行一连串的谋杀，所以一场争斗可能导致好几个人的死亡。这里没有政府去干预和阻止这样的家族仇恨。然而，他还可以与对手进行歌唱决斗。他们会在一个公共场所编造侮辱对方的歌曲。在比赛结束时，由观众评判其中谁是赢者。然而，即使妻子被偷的那个男人赢了，他的妻子也不一定会回到他身边。通常她会选择与那个诱拐者一起生活。

在像我们这样有着明显财富分化的社会中，偷盗现象是十分普遍的。但是偷盗在觅食者那里却是不常见的。每一个因纽特人都可以使用那些用于维系生活的资源。每一个男人都可以打猎、捕鱼、制造用于生存的工具。每一个女人都可以获得用于制作衣服的材料、准备食物以及做家务活。因纽特人甚至可以在当地其他群体的领土范围内狩猎或捕鱼。他们没有关于领土或动物属于私人财产的概念。然而某种较小的个人物品却和这个人联系在一起。在许多社会中这包括弓箭、烟袋、衣服、个人装饰品之类的物品。因纽特人最基本的一条信仰是"所有的自然资源都是免费、公有的财富"（Hoebel，1954/1968）。在队群组成的社会中，成员之间在战略资源的使用方面存在的差异很小。如果一个人想要从他人那里得到某物，他会向那个人索取，而且通常他都会得到。

部落栽培者

和觅食队群一样，如今世界上不存在完全自治的部落。例如，在巴布亚新几内亚以及南美的热带雨林地区仍然存在着按照部落原则运行的社会。部落通常从事园艺或畜牧业经济，它通过村庄生活或/和继嗣群（来自共同祖先的亲属群体）的成员关系组织起来。部落缺少社会经济分化（例如阶级结构），部落中也不存在一个属于成员自己的正式的政府。一些部落仍会以村庄间互相攻击的方式进行小规模的战争。比起觅食者来说，部落具有更为有效的规范机制，但是部落社会没有有效的措施来执行政治决策。部落中的主要管理人员是村庄头人、"大人物"、继嗣群的领导者、村庄委员会，以及泛部落联盟的领袖。上述所有人和群体的权威都是有限的。

尽管在园艺社会中，男性和女性之间存在明显的性别分化，这表现在他们在资源、权力、声望和个人自由方面存在不平等的分配，但是像觅食者一样，园艺社会的人倾向于平等主义。园艺村庄的特点是：它的规模通常很小，人口密度很低并且成员共享战略资源。年龄、性别和个人特征决定了一个人可以得到多少荣誉以及他人的支持。然而随着村庄规模和人口密度的增加，园艺社会的平等主义呈现减弱的趋势。园艺村庄通常都是男首领，即使有女首领，也是非常少的。

村庄头人

亚诺马米人（Chagnon，1997）是美洲土著居民，他们居住在委内瑞拉南部以及毗邻巴西的地方。他们的部落社会约有2万人，居住在较分散的200至250个村庄中，每一个村庄的人口大约在40至250人。亚诺马米人是园艺者，但是他们也从事捕猎和采集。他们的主要作物是香蕉和芭蕉（一种类似香蕉的作物）。与觅食社会相比，亚诺马米人有更显著的社会组织。亚诺马米社会存在家庭、村庄和继嗣群。他们的继嗣群跨越多个村庄，实行父系制（仅通过男性追溯祖先）和外婚制（人们必须和他们继嗣群之外的人结婚）。然而，两个不同继嗣群的当地分支可能居住在同一个村庄中并且相互通婚。

与许多以村庄为基础的部落社会一样，亚诺马米唯一的领袖就是**村落头人**（village head，通常是男人）。跟觅食队群的领导者一样，他的权威也是极其有限的。如果头人想要完成某件事情，他必须通过示范和劝说的方式来领导成员。头人没有发布命令的权力。他只能用劝说、演讲等方式试图影响公众观点。例如，如果他想要人们打扫中央露天广场来为盛会做准备，那么他必须亲自开始打扫，希望他的村民明白他的意图并帮助他。

当村庄间发生冲突时，头人会作为调停者来听取双方的说法。他会给出观点和意见。如果冲突的一方不满意，那么头人也无能为力。他没有权力来支持他的决定，也没有施加惩罚的途径。和队群领导者一样，他只是众多平等者中的头一人。

在亚诺马米人的村里，头人必须是最慷慨的。因为他必须比其他的村民更慷慨，所以他耕种了更多的土地。当一个村庄宴请另一个村庄的时候，他的庄园会提供所消费的大部分食品。在与外人打交道的时候，头人代表的是整个村庄。有时他会去拜访其他的村庄并邀请那里的村民参加节日。一个人成为头人的途径取决于他的个人特质和他能召集起来的支持者的数量。一个叫考巴瓦（Kaobawa）的村庄头人干预了一场丈夫和妻子间的纠纷并阻止了丈夫杀死其妻子（Chagnon，1968）。他也能保证村庄战争时一方的谈判代表的安全。考巴瓦是一个很有绩效的头人。他在战争中显示了他的凶猛，但是他同样知道怎样利用外交手段来避免冒犯其他的村民。村

随书学习视频
卡尼拉人（Canela）中的首领
第17段

该段视频记录了在卡尼拉人中从事研究已逾40年的民族志者 Bill Crocker 和受尊敬的礼仪首长 Raimundo Roberto，一直以来，他都是 Crocker 的重要文化顾问。Raimundo 探讨了自己在卡尼拉社会中的角色，提到了慷慨、分享以及安慰话语的价值。该视频如何说明部落社会的首领和我们自己社会中首领之间的差异？Raimundo 有正式的权威吗？将他与本章论及的亚诺马米村庄头人以及队群首领相比较。视频还展现了一个修复仪式，庆祝曾威胁到卡尼拉社会的裂口的弥合。

庄中任何人都比不上他的头人气质，也没有人比他拥有更多的支持者（因为考巴瓦有很多兄弟）。在亚诺马米，当一个群体对他的村庄头人不满意时，这个群体的成员就可以离去并建立一个新的村庄，而这样的事情时有发生。

亚诺马米社会有许多村庄和继嗣群，这样的社会比队群社会更复杂。亚诺马米同样面临更多的管理问题。虽然头领有时能避免一起暴力行为，但是这里没有政府来维持秩序。事实上，村庄间的掠夺造成男人被杀死，女人被俘虏，这已成为亚诺马米一些地区的特征，尤其是那些被查格农研究的地区。

我们必须强调亚诺马米人并不是与外界隔绝的，这包括他们与传教活动有接触（尽管仍有不接触外界的村民）。亚诺马米人生活在委内瑞拉和巴西这两个民族国家，巴西的大农场主和采矿者发动的外部入侵已经对他们造成越来越大的威胁（Chagnon，1997；*Cultural Survival Quarterly*，1989；Ferguson，1995）。在 1987—1991 年的巴西淘金热时期，平均每天有一个亚诺马米人会死于外部袭击（包括细菌入侵——印第安人缺乏对外来病毒的免疫力）。到 1991 年，亚诺马米人的土地上大约有 4 万名巴西矿工。有的印第安人还被残忍地杀死了。采矿者带来了新的疾病，膨胀的人口使得旧的疾病变成了流行病。1991 年美国人类学会报道了亚诺马米人的困境。巴西的亚诺马米人正在以每年 10% 的速度消亡，他们的生育率已经降为零。从那以后，巴西和委内瑞拉政府开始实施干预政策来保护亚诺马米人。巴西总统为亚诺马米人划定了一大片领土，禁止外人进入。不幸的是直到 1992 年年中，当地的政治家、矿主以及大农场主一直无视这条禁令。亚诺马米人的未来仍无法确定。

"大人物"

在南太平洋的许多地区尤其是美拉尼西亚和巴布亚新几内亚地区，当地文化中的政治领袖被称为大人物。大人物（通常是男性）也可以说是一种村庄头人，但它与村庄头人有一个显著的差

别。村庄头人的领导范围仅限于一个村庄，大人物则是在好几个村庄中都有支持者。因此大人物是地区政治组织的管理者。在这里我们看到了社会政治规范在规模上由村庄扩大到地区的趋势。

卡保库（Kapauku）巴布亚人居住在印度尼西亚的伊里安查亚地区（新几内亚的一个岛屿）。人类学家帕斯比西尔（Leopold Pospisil）研究了卡保库人（4.5 万人），他们种植农作物（甜土豆是他们的主要食物）以及养猪。这里的经济很复杂，所以不能将之描述为单纯的园艺业。卡保库人唯一的政治人物就是大人物，也被称为 tonowi。通过辛勤地养猪以及从事当地其他活动，大人物积累了财富并获得他的地位。大人物与其他成员在财富、慷慨度、口才、身体素质、勇敢以及超自然力量方面存在差异。男人要成为大人物必须具备某种特性。因为他们不能继承财富和地位，所以他们一生都在积累资源。

一个意志坚强的男人可能会成为大人物，他通过努力工作和正确的判断创造财富。猪的成功繁殖和交易能够带给他财富。随着一个人的猪群和声望的增长，他就吸引了更多的支持者。他会举办庆祝性的吃猪肉盛宴，屠宰一些猪并且分给客人。

与亚诺马米的村庄头人不同，大人物的财富要超过他的同伴。考虑到大人物过去对自己的帮助并期待在将来也能得到回报，大人物的支持者会把他当做领导者并坚决支持他的决定。在卡保库人的生活中，大人物是地区性事务的重要管理者。他帮忙确定盛宴和市场交换的日期。他劝导人们举办盛宴，在盛宴上会分发猪肉和财富。他发起需要地区性社会相互合作的经济项目。

卡保库的大人物再一次表明了部落社会中对于领导者品质的概括：如果一个人获得了财富以及广泛的尊敬和支持，那么他或她一定是慷慨的。大人物努力工作不是为了积累财富而是为了能分发他的劳动果实，从而把财富转化成声望和感激。吝啬的大人物会失去他人的支持，他的声誉也会迅速下降。卡保库人甚至可能会采取很极端的方式来反抗积累财富的大人物。自私和贪婪的人有时会被村民杀死。

人口的增长和经济的复杂性对于管理的需求导致了大人物这类政治人物的出现。卡保库人在耕种时会针对不同的土地使用不同的技术。在山谷里从事劳动密集型的种植，在播种前，成员需要相互帮助来耕地。挖掘长长的排水渠道更加复杂。比起亚诺马米人从事较简单的园艺来说，卡保库人从事作物种植能养活更多更密集的人口。在目前的结构下，如果缺少共同的耕种和对较复杂的经济活动的政治管理，卡保库社会是无法生存的。

泛部落社群与年龄级

"大人物"可以通过调动不同村庄的人来构造地区的政治组织——尽管是暂时的。部落社会的其他社会和政治机制，例如对共同祖先、亲属、血缘的信仰，也可以用来联系区域内的地方群体。例如，同样的血缘群体可能散布在好几个村庄，它分散的成员可能只追随一个血缘群体的领袖。

除了亲属关系以外，其他的原则也能联系当地的群体。在现代国家，工会、全国性妇女联谊会、政党或者宗派也能提供这样的非亲属联系。在部落，被称作协会或社群的非亲属群体也能提供相同的联系功能。通常社群是建立在相同的年龄或性别的基础上，并且全男性的社群比全女性的社群普遍。

泛部落社群（pantribal sodalities，它们延伸至整个部落，跨越好几个村庄）通常在两种或三种不同文化经常接触的地区形成。这样的社群在部落间出现战争的时候最可能发展。泛部落社群从相同部落的不同村庄吸取成员，因此能够调动许多当地群体的人来攻击或者反击另一部落。

在对非亲属群体的跨文化研究中，我们必须把局限于单一村庄的群体和跨越多个村庄的群体区分开来。只有后者即泛部落群体在通常的军队调动和区域政治组织方面是重要的。在热带的南美、美拉尼西亚以及巴布亚新几内亚的许多园艺社会发现了只限于特定村庄的本地男人的房子和

在美国这样的现代国家中，政治的成功要归因于很多因素。这些因素包括个性、亲属关系和世袭地位。对美拉尼西亚人来说，具有政治价值的特征包括财富、慷慨度、口才、身体健康、勇敢和超自然的能力。这些特征是怎样影响当代政治进程的呢？美国人利用他们的财富定期地发起战争。"大人物"以猪为媒介来创造和分配财富，并以此获得其他成员对他的忠诚，正如现代的政治家会劝说他们的支持者来为战争作贡献。像"大人物"一样，成功的美国政治家努力对他们的支持者表示自己的慷慨。他们可能采取让其支持者在林肯私宅度过一晚的形式，邀请支持者参加重要晚宴、提供给他们大使的职位或者赏赐他们一处住所更是非常受其支持者欢迎的。"大人物"积累财富然后分发猪。成功的美国政治家分发"猪肉"。

和"大人物"一样，口才和沟通技能有助于政治上的成功（例如比尔·克林顿和罗纳德·里根），尽管缺少这些技能并不必然会导致失败（例如布什总统）。那身体健康状况呢？头发、身高和健康也是政治优势。例如，一个人在服兵役时表现出来的勇敢可能有助于他的政治生涯，但是它却不是必需的。超自然的能力呢？那些宣称自己是无神论者的候选人和将自我认定为巫师的人一样少。几乎所有的候选人都宣称自己属于一个主流宗教。一些人甚至鼓吹他们参与竞选在于实现神的意志。然而，当代政治并不像以前的"大人物"体系那样只关注一个人的个性。我们的社会是以国家组织的形式存在的分层的社会，财富的继承、权力和声望这三者都具有政治含义。在典型的国家中，继承和亲属纽带在一个人的政治生涯中扮演着重要的角色。只要想一下肯尼迪家族、布什家族、戈尔家族、克林顿家族和多尔家族，我们就会明白了。

俱乐部。这些群体可能组织村庄的活动甚至是村庄间的掠夺，但是它们的领导者和村庄头人类似，他们的政治范围主要是在当地。接下来关于泛部落群体的讨论将继续我们对地区社会政治组织在规模上增长的关注。

泛部落社群最好的例子来自北美的中央平原以及热带非洲。在18至19世纪，美国和加拿大的大平原的本地人口经历了一次泛部落社群的快速增长。这种发展反映了马匹传播后的经济变化，而马是由西班牙人传入美洲的，范围波及落基山以及密西西比河之间的所有州。许多平原印第安社会因为马而改变了他们的生存策略。首先，他们是步行捕猎野牛的觅食者。其次，他们接受了建立在捕猎、采集以及园艺基础上的混合经济。最后，他们向建立在骑马捕猎野牛（最后用枪）基础上的更专门化的经济转变。

在平原部落经历这些变化的同时，其他的印第安人也接受了骑马捕猎并向平原移动。不同群体试图占领同样的地区而陷入了斗争。一种新的战争形式正在发展即部落成员经常因为马而攻击另一个部落。这种新的经济要求人们要紧跟牛群的移动。在冬天野牛比较分散时部落就分成一个个小的队群和家庭。在夏天庞大的野牛群聚集在平原上时部落成员又聚集在一起。他们为了社会、政治和宗教活动而居住在一起，但主要是为了共同的野牛捕猎。

在新的生存策略下，只有两项活动需要强大的领导：组织和实行对敌对阵营的袭击（为了抢夺马）以及组织夏季的野牛捕猎。所有的平原文化都发展了泛部落社群以及管制夏季捕猎的领导角色。领导们协调捕猎活动以确保人们不会因为过早的射击或不明智的行动而引起畜群的惊逃。领导者实施严厉的惩罚，包括没收因为不服从而犯错者的财产。

一些平原社群由不同的**年龄组**（age sets）组成，而且同一年龄组内具有不同的等级。每一个年龄组里的男人都是这个部落的队群成员，而且他们都出生于一个确定的时间段内。每个年龄组都有其独特的舞蹈、歌曲、财产和特权。一个年龄组内的成员向上流动到另一个年龄组后，如果他想在这个年龄组得到更高的等级，他就需要跟他人分享他的财富，这样他才会得到他人的认可。大部分的平原社会存在泛部落的勇士联盟，它们的仪式鼓励勇武好斗。正如前面所提到的，这些联盟的首领组织其成员进行捕获野牛和掠夺的活动。当夏天大量的人聚集在一起时，它们也会起到仲裁争端的作用。

很多接受平原生存策略的部落在这之前属于觅食者。对觅食者来说，狩猎和采集是个人的活动或小群体的活动，所以他们从未组合成一个单独的社会单位。在将不相关的觅食者组成泛部落群体时，作为社会原则的年龄和性别能够起到快速有效的作用。

在非洲的东部和东南部地区，一个比较常见的现象是有的部落会为了牛而去掠夺其他部落。在那里包括年龄组之内的泛部落社群也发展起来。在肯尼亚和坦桑尼亚的游牧梅赛人（Masai），在同一个4年期内出生的男人会一起行割礼，他们属于同一个群体、同一个年龄组，这种身份会贯穿他们的一生。年龄组内划分为不同的等级，其中最重要的等级是勇士等级。一个年龄组内的成员要想进入勇士级别，他们首先会受到目前占据者的阻碍，不过占据者最终会放弃勇士级别并结婚。一个年龄组内的成员彼此间具有极强的忠诚度并对彼此的妻子拥有性权利。梅赛人的妇女中不存在这样的组织，但是她们同样会经历文化上所认可的年龄等级：未婚少女、已婚妇女以及老年妇女。

为了理解年龄组和年龄级的差别，我们想一想大学的班级，例如2011班，以及它在学校的进程。年龄组是指2011班的成员，而大一、大二、大三、大四则代表着年龄级。

并不是所有的文化都同时存在着年龄组和年龄级。当年龄组不存在时，一个男人通常可以通过一定的预定仪式单独地或集体地加入或离开某个特定的年龄级。在非洲，最受人们公认的级别包括以下几种：

1. 新近成年的年轻人。

2. 勇士。

3. 在泛部落政府中扮演重要角色的由成熟男性组成的一个或多个等级。

4. 负责某些特殊仪式的长者。

在非洲西部以及中部的某些地区，泛部落社群是专门由男性或女性构成的秘密社会。像我们大学中的互助会和联谊会一样，这些协会有秘密的入会仪式。在塞拉利昂的孟德人（Mende），男人和女人的秘密社会非常具有影响力。被称为帕罗（Poro）的男性群体负责培养男孩子，教导他们有关社会行为、伦理及宗教方面的知识，并监督政治与经济活动。帕罗的领导角色通常会掩盖村庄的领导者身份，他们在社会控制、纷争解决和部落政治管理方面扮演重要的角色。在部落社会中，年龄、性别、仪式这些因素与继嗣一样，它们能把当地不同群体的成员结合为一个独立的社会集体，进而使集体成员产生一种伦理认同感和对同一文化传统的归属感。

游牧政治

尽管很多牧民中都存在部落社会政治组织，如梅赛牧民，但是人口多样性和社会政治的多样性也同样发生于畜牧业中。对牧民的比较研究显示：政治等级会随着管理问题的增加而变得更加复杂。政治组织的个体性和亲属取向降低，而且变得更加正式。畜牧业这一生存策略并不对应任何一种政治组织。处理规范性问题的一系列权威结构是与具体环境有关的。民族国家中的一些牧民在传统上属于界定明确的族群。这反映了牧民需要与其他人口互动——在其他生存策略中，这种需要并不明显。

随着人口密集地区管理问题的增多，政治权威在牧民中的影响大大增加。例如，伊朗的两个游牧部落：巴瑟利人（Basseri）和喀什凯人（Qashqai）。他们每年从海岸附近的高原出发，将他们的牲畜带到高于海平面5 400米的牧场。这两个部落与其他几个族群共同使用这条路线。

各个族群会在不同的时间内使用同一牧场，这需要他们共同做出周密的安排。因而族群的移动是高度协调的。公布这项安排被称为il-rah。il-rah是伊朗的所有游牧人群所熟知的一种观念。一个群体的il-rah是指它们在时间和空间上的习惯性路线。在每年的长途跋涉中，对于某一地区的使用，不同的群体会有不同的安排。

每一个部落都有一个被称为可汗或伊儿汗的领导者。因为巴瑟利人的人口较少，所以在协调部落移动时，巴瑟利人的可汗比喀什凯人的可汗面临的问题要少。相应地，他的权利、特权、义务和权威也较弱。然而，他的权威却超过我们之前所讨论的任何一个政治人物。当然可汗的权威仍然来自他的个人特质而不是他的职务。也就是说，巴瑟利人会跟随某一特定的可汗并不是因为他正好处在那个政治地位上，而是因为他作为男人赢得了其他人的拥护和忠诚。巴瑟利人社会分为很多继嗣群体，可汗就依赖于这些群体的头领的支持。

然而在喀什凯社会中，人们由对个人的拥护转变为对职务的拥护。喀什凯人的权威分为多个等级，而且他们的首领或者可汗具有更多的权力。管理40万人需要一个复杂的等级体系。这个体系中地位最高的是可汗，其次是副手，副手之下是各个部落的头领，最后就是继嗣群体的头领。

一个案例反映了喀什凯人的权威体系是如何运作的。一场大雹子使得一些牧民无法在指定的时间内参加一年一度的迁徙。虽然每个人都知道他们不应该对这次延误承担责任，但是可汗在这一年没有将往年的牧场分给他们，而是分给了他们质量不好的牧场。这些迟到的牧民以及其他的喀什凯人都认为这个决定是公平的，不需要质疑它。因此，喀什凯人的权威人物管理着年度迁移。他们同样裁定人与人之间、部落之间以及继嗣群体之间发生的纠纷。

伊朗的上述例子反映了这样的一个事实：在复杂的民族国家和地区体系下形成的多种多样的专业化的经济活动中，畜牧业仅是其中的一种。作为更大整体中的一部分，游牧部落经常与其他族群发生争斗。在这些民族中，国家成为了最终的权威，成了试图限制族群间争斗的更高层级的管理者。国家除了要管理农业经济外，还要在不断膨胀的社会和经济体系中管理族群间的活动。

◆ 在肯尼亚和坦桑尼亚的马赛人中，同一个4年周期内出生的男人一起接受割礼。他们终生属于同一个年龄组，拥有同一个名称。这个组会经过各个等级，其中最重要的是战士级别。此处我们看到的是一个战士年龄级（名为ilmurran）的男孩们与一个低年龄级（名为intoyie）的女孩们共舞。我们自己的社会中有等同于年龄组或年龄级的吗？

酋邦

我们已经介绍了队群和部落，现在我们转向更为复杂的社会政治组织形式：酋邦和国家。距今5 500年前，亚欧大陆上出现了第一个国家。酋邦的出现比国家早1 000多年，但是现在已经找不到几个酋邦了。在世界的许多地方，酋邦属于部落向国家转变过程中的一种过渡性组织形式。国家首先出现在美索不达米亚平原地区（现在的伊朗和伊拉克）。之后埃及、巴基斯坦、印度河谷以及中国北部也出现了国家。1 000多年以后，国家在西半球的两个地方也出现了：中美洲（墨西哥、危地马拉、伯利兹）和安第斯山脉（秘鲁和玻利维亚）。与现代实行工业化的民族国家相比，早期的国家被称为"古代国家"或"非工业化国家"。卡内罗（Robert Carneiro）把国家定义为"在一定领土范围内由众多社区组成的自治性的政治单位，它存在一个中央政府，它具有征收税赋、招募人民去劳动或战争、颁布并执行法律的权力"（Carneiro，1970，p.733）。

像社会学家所使用的许多类型一样，酋邦和

国家也属于理想类型，也就是说它们充当了一种标签作用，使得其区别比实际情况更为明显一些。现实社会中存在一个从部落到酋邦再到国家的连续统一体。有的社会具有酋邦的属性但却保留了部落的特征。有些发达的酋邦具有许多古代国家的属性，因而我们很难把它们归入任何一种类型。考虑到这种"连续的转变"（Johnson and Earle,eds.，2000），被人类学家称作"复杂的酋邦"的那些社会差不多就是国家了。

酋邦的政治和经济制度

包括加勒比海周边（例如加勒比海岛、巴拿马、哥伦比亚）和亚马逊低地、美国东南部和波利尼西亚等在内的几块区域并不存在国家，出现在这些地区的是几个酋邦。在食物生产出现并传播之后、罗马帝国扩张之前，欧洲大部分地区是以酋邦形式组织起来的。自公元5世纪罗马衰落之后的几百年时间里，欧洲又恢复到之前的酋邦社会。酋邦创造了欧洲的巨石文化，例如史前巨石柱的建造。我们要牢记的一点是：酋邦和国家兴盛与衰落都是有可能的。

我们关于酋邦的许多民族志知识来自波利尼西亚（Kirch，2000）。在欧洲人探险时代，酋邦在波利尼西亚是十分常见的。与队群和部落一样，酋邦的社会关系主要建立在亲属、婚姻、继嗣、年龄、世代和性别基础上。这是酋邦和国家的一个基本差别。国家把不存在亲属关系的人们结合在一起，并迫使他们确保对政府的忠诚。

然而与队群和部落不同的是，酋邦对所掌管的区域实行持久的政治管理。酋邦可能包括居住在大小村庄的数千人口。管理者是占据政治职位的酋长以及他的助手。职位是一种永久的设置，当占据职位的人死亡或退休时，这一职位就会为其他人所填补。因为职位能够被系统地不断填补，所以酋邦的结构可以代代延续下去，这就确保了政治管理的持久性。

在波利尼西亚地区，酋长是全职的政治专家，他负责管理着集生产、分配、消费为一体的经济体系，并且他依赖宗教来巩固他们的权威。在对生产进行管理时，他们会通过宗教禁忌的方式来命令或禁止人们在特定的土地上种植特定的作物。酋长同样管理分配和消费。在特定季节——通常在庆祝首次收获的仪式性场合——人们会把他们的部分收成通过酋长的代理人交给酋长。产品在等级体系中向上移动，最后到达酋长那里。相反地，为了体现与亲属分享的义务，酋长会举办盛宴，在盛宴上他会返还他所收到的大部分物品。

资源先流向中心机构，然后又从中心机构流出，这种方式被称为酋长再分配。再分配具有经济优势。如果不同的地区专门提供不同的作物、商品或者服务，那么酋长再分配就能够使得上述产品扩散至整个社会。当生产的发展超过目前的消费水平而有剩余时，中央仓库就将剩余物品储存起来，在遇到饥荒的时候再将那些变得稀缺的物品分发下去（Earle，1987,1991），所以酋长再分配方式在风险管理方面扮演重要角色。酋邦和古代国家有着相似的经济，它们都是建立在集约种植和地区贸易的管理体系基础上。

酋邦中的社会地位

在酋邦中，社会地位是建立在继嗣资历的基础上。因为等级、权力、声望和资源都来自亲属和继嗣，所以波利尼西亚的酋长有着极其冗长的族谱。一些酋长在追溯祖先时可以向上推及50代。酋邦中的所有人都被看作是互相关联的。以此推测，酋邦中所有人都来自同一个始祖。

酋长（通常是男性）需要证明其继嗣资历。在有的岛上，继嗣资历的等级计算特别复杂，以至于出现人数与等级数相等的现象。例如，第三个儿子的等级低于第二个儿子，同样第二个儿子的等级低于第一个儿子。大哥的孩子的等级高于其弟弟的孩子，其弟弟孩子的等级又高于比他更小的兄弟的孩子。然而在酋邦中，即使是最低级别的人也是酋长的亲属。在一个以亲属关系为基

关于群体成员身份的观点

背景信息

学生：
Abigail Drebelbis

指导教授：
Miriam Chaiken

学校：
宾夕法尼亚州印第安纳大学

年级/专业：
大四/人类学

计划：
在资源管理和环境保护方面有所作为

项目名称：
Delta, Delta, Delta, Can I Help Ya, Help Ya, Help Ya

这项调查是用来考察女大学生参加或不参加学生联谊会的原因。联谊会成员的自治地位与本章所讨论的先赋性的群体成员关系有着很大不同吗？你认为男生参加联谊会和女生参加联谊会的原因相同吗？你认为大学校园的自治体系和政治体系之间有什么关系？

人类都有归属的需要。对一个有着普遍规范和角色的群体的认同可以满足人的安全需要，并且由这种认同所产生的社会联系使得伙伴关系和个人身份认同得以建立，并且得到保证。

我对宾夕法尼亚州印第安纳大学学生联谊会的成员和非成员进行了调查，结果得出了上述理解。从我上大学开始，我就注意到这两个群体是对立的。我试图发现他们之间存在的真正差异和他们所能感觉到的差异。我的假设是：联谊会的成员对群体认同和群体参与具有更多的需求，而非成员对个体的独立性具有更多的需求。我对这两个群体都进行了调查，询问他们有关人口统计和行为方面的问题，并采用开放性问题引出他们的观点，随后我通过深入访谈的方式来得到更为个体性的回答。

我发现联谊会成员在高中时加入学生会的比例是非联谊会成员的3倍。这说明参与到学生自治的那些学生非常关注社会身份，因为占到学生群体很小比例的学生会成员有一定的威望。学生会的成员身份具有竞争性，并且它是建立在同伴认可的基础上。相反，在参与艺术活动时，独立群体的人数是其他群体的两倍，因为艺术活动是更具美感、更具个性的行为，参与者的动机在于艺术行为本身（唱或者表演）而不是为了获得同伴的认可。

在陈述加入联谊会的理由时，成员对群体身份的认同就反映出来。成员能找到一种归属感和自信。那些自主性较强的人也引用这些作为他们加入的理由，然而他们把这种需要看成是负面的，并认为它会导致"群体认同成为他们自身认同"的后果。他们不喜欢联谊会的控制性。联谊会成员承认他们加入群体是为了寻求社会认同和个人认同，并且他们在加入的过程中获得满足感。

有一个假设是：家中最大的孩子是最具独立性的。我发现在那些没参加联谊会的女性中，属于家中最大的孩子的女性是其他女性的两倍。自主性很强的人不属于联谊会的类型。非联谊会成员通过其他群体（自愿性、体育性或荣誉社会）获得认同感或归属感。他们更多的是为了个人利益而不是为了社会价值。这项调查似乎支持了这样一种观点：那些加入联谊会的女性具有社会参与的较高价值观并且她们接受安全感和认同感。

群体中的每一个人都会得到支持和认同。群体提供安全感和个人价值感，并且它使得这个广阔的世界中总有一些人会相互认同。通过调查，我发现个体的需求因人而异。那些有着较高需求的人会在联谊会之类的社会群体中得到满足。非学生会成员并不看重也不依赖这样的社会认同。这些个体性差异可能导致两个群体产生分离感，并导致校园中出现群体对立现象。

通过自己设计问题的方式来验证自己的假设，并且还理解了人们如何发挥作用、为什么发挥作用，这在我看来是很有成就感的。理解了文化的个性方面，我开始以更广阔的视角来看待那些存在于日常互动中的难以捉摸的差异性。

更多关于美国东南部史前首邦的信息，见在线学习中心的在线练习。

mhhe.com/kottak

础的社会中，每一个人甚至是酋长都需要与其亲属分享。

因为每个人的地位与其他人相比只存在很小的差别，所以很难划分出精英和普通人。虽然其他酋邦采用不同的方式来计算继嗣资历，族谱也比波利尼西亚的短，但是对族谱和继嗣资历的关注以及精英和普通人的不明显区分是所有酋邦的特征。

酋邦与国家的地位体系

酋邦和国家的地位体系都是建立在对资源的**不平等占有**（differential access）基础上。这意味着一部分男人和女人在权利、声望和财富方面享有特权。他们控制着土地和水之类的战略资源。厄尔把酋长描述为"在财富和生活方式上占有优势的早期贵族"（Earle，1987，p.290）。然而，酋邦社会中的地位差异仍然与亲属关系密切相关。拥有特权的人通常是酋长和他们最亲近的亲属以及他们的助手。

与酋邦相比，早期国家中的精英与大众之间存在更为稳固的界限，至少贵族和平民的区分是很明显的。因为实行阶层内婚制——属于同一阶层的人相互通婚，所以亲属关系并没有从贵族阶层延伸到平民阶层。平民与平民通婚；精英与精英通婚。

这种建立在对资源的不平等占有基础上的社会经济阶层与队群和部落社会中建立在声望基础上的地位体系形成了鲜明对比。队群中存在的声望差异反映的是一个人的特殊品质和能力。出色的狩猎者只要慷慨就能获得村民的尊敬。同样，有技能的治疗者、舞者、演讲者或有其他令人羡慕的才能或技能的人也是如此。

在部落中能够获得声望的是这样的人：继嗣群的领导者、村庄头人尤其是"大人物"、能够掌握他人的忠诚和劳动力的地区首领。然而，上述所有人必须是慷慨的。如果他们比村庄里的其他人积累了更多的资源——财富或食物，那么他们必须与其他人分享。既然每个人都可以得到重要资源，那么建立在不平等的资源占有基础上的社会阶级也就不会存在了。

在许多部落中尤其是那些实行父系制的部落中，男人比女人享有更多的声望和权力。在酋邦中，声望和资源占有是建立在继嗣资历基础上的，因为一些女性要年长于男性，所以男女在权利方面的差异会减小。酋长与"大人物"的不同之处在于酋长不用进行日常劳作，并且他拥有平民所没有的权利和特权。他们的相同之处在于他们都要返还他们所收到的大部分财富。

分层的出现

虽然都是建立在对资源的不平等占有基础上，但是由于酋邦中享有特权的少数人经常是酋长的亲属和助手，所以酋邦的地位体系不同于国家的地位体系。然而，酋邦的这种地位体系类型并没有能够持续很长时间。酋长开始像国王一样处事并且他试图削弱酋邦的亲属关系基础。在马达加斯加岛，为实现上述目的，酋长会把他们的许多远房亲属降为平民并禁止贵族和贫民通婚（Kottak，1980）。如果人们认可了这样的流动，那么社会上就会产生分化的社会阶层——在财富、声望和权力方面存在极大差异的不相关的群体（一个阶层是指在社会地位和战略资源占有方面存在差异的两个或更多群体中的一个，它与年龄和性别无关）。所谓的分层是指分离的社会阶层的产生，它的出现标志着从酋邦到国家的转变。分层的出现和人们对分层的认可是国家的一个显著特征。

著名社会学家马克斯·韦伯定义了社会分层的三个相关维度：（1）经济地位或**财富**（wealth），包括收入、土地和其他类型的财产在内的一个人的所有物产。（2）**权力**（power），把自己的意志施加于他人的能力——做一个人想做的事情，这是政治地位的基础。（3）**声望**（prestige）——社会地位的基础，它是指人们对行为、事迹或杰出品质的好评、尊敬或赞同。声望或者"文化资本"（Bourdieu，1984）为人们提供了一种价值和荣誉感，通常它们会转化成经济和政治优势（表 17.1）。

古代国家的形成使得人类发展史上第一次出现了包括所有男性和女性在内的整个群体在财富、权力和声望上的差异。每一个阶层都包括这一阶层上各个性别的人和各个年龄段的人。**特权阶层**（superordinate）（高级或精英阶层）在财富、权力和其他具有价值的资源方面享有特权。**从属阶层**（subordinate）（较低或无权阶层）的成员在资源的占有方面要受到特权阶层的限制。

社会经济分层成为古代国家或所有工业化国家的典型特征。精英控制着生产手段的重要部分，例如土地、牧群、水、资本、农田和工厂等。那些处于社会底层的人的社会流动机会比较少。因为精英所有权的存在，所以平民不能自由占有资源。仅仅在国家中精英才开始保持他们与其他人的财富差异。与"大人物"和酋长不同，他们不需要把别人生产和增加的财富再返还给那些人。

与队群、部落和酋邦相比，国家面积更为广阔，人口数量也更多。所有的国家都出现了具有专门功能的特定地位、制度和子系统。它们包括以下几种：

1. 人口控制：设定界限、确定公民身份种类以及进行人口普查。
2. 司法：法律、司法程序和审判。
3. 强制力：持久的军队和警察力量。
4. 财政：税收。

在古代国家，这些子系统通过由民事、军事和宗教机构组成的统治性体系或者政府整合为一体（Fried，1960）。

人口控制

为了弄清楚统治的对象，国家会进行人口普查。国家设定界限以使自己与其他的社会分离开来。海关代理人、移民局官员、海军和海岸巡逻队负责巡视边界。甚至非工业化的国家也有边界维持力量。布干达是乌干达维多利亚湖海岸的一个古代国家，国王将边远省份的领土奖励给军队官员。这些军队官员就成为国王用来抵御外来侵略的守卫者。

为了控制人口，国家还做行政划分，分为：省、区、州、县、村和教区等。下层官员负责管理人口和分区的领域。

在非国家社会中，人们会跟与自己有着私人关系的直系亲属、姻亲、虚拟亲属和同龄群体共同工作和休闲。这样的个人性社会生活存在于人类的大部分历史中，但是食物生产导致了它的最终衰落。在人类进化数百万年后，食物生产出现

表17.1	马克斯·韦伯关于分层的三个维度	
财富	=>	经济地位
权力	=>	政治地位
声望	=>	社会地位

国家

表 17.2 总结了到目前为止对队群、部落、酋邦和国家的讨论。国家是存在社会阶层和正式政府、建立在法律基础上的自治性的政治实体。

表17.2		队群、部落、酋邦和国家中的经济基础和政治管理	
社会政治类型	经济类型	举例	管理类型
队群	觅食	因纽特人	当地部落
部落	园艺业和畜牧业	亚诺马米人，卡保库人，梅赛人	当地，短暂的区域
酋邦	生产性的园艺，游牧，农业	喀什凯人，波利尼西亚人，切诺基人	长久的区域
国家	农业，工业	古代的美索不达米亚地区，当代的美国和加拿大	长久的区域

了，人口增多，管理问题也增多了，结果从部落到酋邦再到国家这一过程仅用了 4 000 年的时间。国家机构的存在导致了亲属关系统治地位的下降。继嗣群可能作为一种亲属群体继续存在，但是它们在政治组织中的重要性也开始下降。

国家促进了地理性的流动和重新安置，人、土地和亲属间形成了一种持久的联系。在现代社会，人口的更替速度加快。战争、饥荒和到外国寻找工作引发了移民潮。在国家中，人们不仅仅是将自己看做是继嗣群或者扩大家庭的一员，而且既通过先赋地位又通过后致地位来定义自己，这些因素包括种族背景、出生地或居住地、职业、党派、宗教、团队或俱乐部的一员。

要知道国家是如何建立的，见网络探索。
mhhe.com/kottak

为管理人口，国家还赋予公民和非公民不同的权利和义务。公民间的地位差别属于普遍现象。许多古代国家对贵族、平民和奴隶赋予不同的权利。权利的不平等也存在于当今以国家形式组织起来的社会中。在美国近代史上的《解放黑奴宣言》颁布之前，美国对奴隶和自由人实施不同的法律。在欧洲殖民地地区，对那些涉及殖民地的土著人和欧洲人的不同案例，殖民者会设立不同的法院来审理。在当代美国，军事形式的审判和法院体系与民事司法形式并存。

司法

国家的法律建立在先前案例和立法的基础上。当成文法律不存在时，法律可能会通过口头传统由法官、长者和其他专门负责牢记法律的人延续下去。作为法律智慧储藏库的口头传统广泛存在于一些国家，而另一些国家，例如英国，比较常见的是成文法律。法律规定了个人和群体间的关系。

犯罪是对法典的侵犯，不同的犯罪行为具有不同的惩罚方式。然而，一种行为例如杀人行为可能会有多种形式的法律定义（例如过失杀人、正当杀人或者一级谋杀）。而且即使在被认为是忽视社会差异的当代美国司法中，穷人还是比富人受到更多、更严重的控告。

为了处理纠纷和犯罪问题，所有的国家都设立了法院和法官。前殖民地时期的美国各州都设立了县以下级、县级和区级的法院，加上由国王和皇后以及他们的顾问所组成的高级法院。虽然国家鼓励人们在本地范围内解决问题，但是大部分的国家允许人们向更高级的法院提出申诉。

国家和非国家之间的一个重要差别在于对家庭事件的干预。在国家中，家庭中的抚养和婚姻都处于公共法律的管辖范围内。政府会涉入去制止流血冲突事件并且在私人纷争出现之前就加以规范。国家总是试图消除内战，但是它们并不是每次都能成功。自 1945 年以来，为了推翻统治政权或者解决部落、宗教和少数民族的问题，世界上的武力战争有 85% 发生在国家内部，仅有 15% 的斗争是跨越国界的（Barnaby，1984）。反抗、抵抗、镇压、恐怖主义和战争依旧存在。事实上近代国家也做过一些历史上最血腥的事情。

强制力

所有的国家都有执行司法判决的机构。监禁需要有监狱，死刑需要有执行者。国家机构接收罚款和没收财产。这些机构行使真正的权力。

作为一种相对新的社会政治组织形式，国家在与世界上不太复杂的社会的竞争中更为成功。虽然军队帮助国家征服邻近的非国家社会，但是这不是国家扩散的唯一原因。虽然国家存在不足之处，但是国家同样具有优势。比较明显的就是国家能保护我们抵御外来侵略并维持国内秩序。国家通过推进国内和平来促进生产，生产的发展足以供养大量而又密集的人口，这又为扩张提供了军队和殖民者。

财政体系

国家需要财政体系来供养统治者、贵族、政府官员、法官、军队人员和成千上万的其他专门人才。与酋邦一样，国家干预生产、分配和消费。国家可能命令某个地区生产某种物品或者在特定的地方禁止某种行为。虽然与酋邦一样，国家也存在再分配（通过税收），但是慷慨和分享的重要性大大减小，国家仅仅是将所得的一小部分返还给人们。

在非国家社会中，人们习惯性地与亲属分享，但是在国家中，居民要负担对官僚和政府人员的额外义务。公民必须将他们的大部分产品上交给国家。国家将所征收的一部分资源用于公共福利，另一部分（通常是大部分）供社会上层使用。

国家并没有给普通民众带来更多的自由或闲暇，他们通常比非国家的民众更加辛苦地劳动。人们可能被召集去修建巨大的公共工程。一些修建大坝和灌溉系统之类的工程可能是出于经济上的需要。然而，人们也为社会上层建造寺庙、宫殿和坟墓。

政府监督分配和交换、统一度量衡并对流入和流出国家的商品征收税赋，所以说市场和贸易通常处于国家的控制之下。税收供养政府和那些在行为、特权、权利和义务方面与普通民众存在明显不同的统治阶级。税收同样供养着许多专门人才，如管理者、税收征收者、法官、法律制定者、将军、学者和牧师。随着国家发展的成熟，这部分人不必为生活水平的提高而担忧。

古代国家的社会上层沉迷于奢侈物品的消费，如珠宝、异域食物和饮品以及仅为富人所拥有或负担的时髦衣服。因为农民必须尽力地满足政府的需要，所以农民的饮食条件很差。普通人可能死于与他们的需要毫不相关的领土战争。这些观察是当代国家的真实写照吗？

社会控制

本章的前面部分对于正式的政治组织关注较多而对政治进程的关注较少。我们已经研究了队群、部落、酋邦和国家这些不同类型的社会的政治管理。我们了解到政治体系的规模和力量是如何随着时间和一些主要的经济变化（食物生产的扩散）而扩大的。我们探讨了在不同类型的社会

中纷争出现的原因以及它们的解决方式。我们还看到了包括领导者及他们的局限性在内的政治决策的制定。我们同样认识到当代所有人都要受到国家、殖民主义和现代世界体系传播的影响。

在这一部分中，除了认识到政治体系公共的、正式的一面外，我们还将了解到它更细微和非正式的方面。在研究统治体系时——不管是政治的、经济的、宗教的还是文化的——我们不仅需要关注正式的机构，而且也要关注社会控制的其他形式。**社会控制**（social control）是一个比政治更为广泛的概念，它是指"社会系统中（信仰、实践和机构）涉及规范维持和争端调节的那些广泛领域"（N.Kottak，2002,p.290）。（规范是文化标准或准则，它使个人能够区别适当的行为和不适当的行为。）

霸权

葛兰西（Antonio Gramsci，1971）针对分层化的社会秩序提出了**霸权**（hegemony）的概念，在霸权社会中，通过使下层人士内化统治者的价值观并使他们接受统治的自然性（即事情本该如此）这样的方式更容易获得他们对统治者的服从。根据皮埃尔·布迪厄的观点（Bourdieu，1977，p.164），每一种社会统治都努力使它们的统治（包括它的控制机制和压迫机制）看起来是自然的。所有的霸权意识形态都解释了现存的秩序符合每个人利益的原因。统治阶级通常都会做出承诺（如果有耐心的话，事情会变得更好）。葛兰西和其他人用霸权的观念来解释人们在没有被强迫的情况下也会服从的原因。

布迪厄（Bourdieu，1977）和米歇尔·福柯（Foucault，1979）都认为控制人们的思想比控制人们的身体更容易也更有效率，并且工业化社会设计了更为隐蔽的社会控制形式，如这些形式通常代替了粗野的身体暴力。这些方式包括劝说技术、管理技术和监视技术、有关人们信仰、活动和接触的记录技术。你能想到一些当代例子吗？

霸权和主导意识形态的内化是统治者遏制抵抗和维持权力的一种方式。统治者所使用的另

主题阅读

在社会性别的章节之后的"主题阅读"讨论了巴斯克人这一少数族群和想象的共同体分裂且臣服于两个国家——法国和西班牙——的政府。国家需要处理境内不同群体之间的利益冲突。

一种方式是使下层群众相信他们最终会得到权力——正如年轻人受到长辈支配时，他们会期待到他们年老的时候也可以支配别人。在密切监视民众的同时将他们分离起来或孤立起来，例如监狱，也是统治者遏制抵抗的一种方式。根据福柯所描述的监狱对被关押者的控制，单独的监禁是使被关押者服从于权威的有效方式。

弱者的武器

在对政治制度进行分析时应考虑到证据表面和公共行为之下所隐藏的行为。尽管被压迫者会在私底下质疑统治者对自己的控制，但是在公共场合他们似乎接受这种控制。詹姆斯·斯科特（James Scott，1990）用"公共话语"（public transcript）来描述社会上层和社会下层之间的那种公开的、开放的相互作用——这是权力关系的外在表现。他用"隐藏话语"（hidden transcript）来描述被统治的人们在权力持有者看不见的地方对权力持有者所进行的批评。在公共场合，统治者和被统治者会遵循权力关系的礼仪。当下层民众是谦卑和服从的时候，统治者就会像傲慢的主人一样行事。

通常存在霸权的地方会存在积极的反抗，但这种反抗是个人性的被隐藏的行为，而不是集体性的公然挑衅行为。斯科特（Scott，1985）对马来人进行了田野调查，他用马来农民的例子来说明被他称之为"弱者的武器"的小规模抵抗行为。马来农民采用一种间接策略来抵抗伊斯兰教的什一税（宗教税赋）。缴纳什一税时，农民需要上交一些米，这些米会被运送到省级政府。从理论上来说，什一税将作为救济金返还给民众，但是这从没有实现过。农民没有以暴动、宣讲或抗议的形式来抵制什一税，而是采用"啃"的策略，这种策略是一种不容易察觉的抵抗。例如，他们会不申报土地或者谎报耕地的数量。为了增加大米的重量，他们会在大米中掺杂水、石头或泥土。因为他们的抵抗，所以上缴的大米仅占应缴大米的15%（Scott，1990,p.89）。

下层民众同样会采用各种各样的方法进行公开抵制，但是他们通常会采用伪装过的形式。他们会通过公共仪式和包括隐喻、委婉的语言和民间传说在内的语言形式来表达他们的不满。例如，一个恶作剧故事（像美国南部奴隶所讲述的"兔子大哥"这一故事一样）赞美了弱者的骗术，这是因为弱者战胜了强者。

当社会允许民众集会的时候，民众的反抗获得公开表达的可能性大大增加。在这样的场合中，隐藏话语可能会被公开表达出来。人们跟与自己没有任何直接联系的人分享他们的梦想和愤怒。拥挤的人群、集会的视觉和情感影响以及它的匿名性激发了被压迫者的勇气。正是由于感受到这种危险，所以统治者不鼓励这样的集会。他们试图限制和控制假期、丧礼、舞会、节日和其他有可能导致被压迫者联合的场合。因此，在国内战争时期爆发前的美国南部地区，除非有一个白人参加，否则5个或5个以上奴隶的聚集是被禁止的。

影响社区形成的地理、语言和民族隔离等因素同样会起到遏制抵抗的作用。因此美国南部的种植园主会寻找具有不同文化和语言背景的奴隶。尽管采用了各种方式来分离他们，但是奴隶还是抵制并发展了他们自己的流行文化、语言准则和宗教愿望。奴隶主将《圣经》中强调服从的那部分教给奴隶，但是奴隶却接受了摩西的故事，应许之地和拯救。奴隶们的这种宗教观念实际上使得黑人和白人的现实地位在这里被逆转。奴隶通过蓄意破坏、逃跑、直接抵抗的方式来反对奴隶主。在新大陆的许多地区，奴隶成功地在山冈和其他与外界隔绝的地区建立了自由的社区（Price，1973）。

在特定的时间（节日和狂欢日）和特定的地点（例如市场），隐藏话语通常会被公开表达出来。在平常日子里，演讲和攻击行为是受到压制的，但是狂欢日的匿名性使得它成为人们进行反霸权演说的绝佳场合（演说包括谈话、演讲、手势和行为）。在狂欢日，人们通过无礼、跳舞、暴饮暴食和性行为的方式来庆祝自由（DaMatta，1991）。刚开始时狂欢日可能是人们戏谑性地发泄一年中所积累起来的失望的方式。随着时间的推移，它可能发展为人们对分层和统治的强有力的年度批判，因而狂欢日成为既定秩序的威胁（Gilmore，1987）。（正是由于意识到仪式可能转变为政治反抗，西班牙独裁者弗朗西斯科·弗朗哥才宣布狂欢日为不合法。）

政治、羞辱和巫术

现在我们转向关于社会政治进程的一个个案研究，将它视为个人在日常生活中所经历的那个更大的社会控制体系的一部分。现在没有人生活在一个与世隔绝的队群、部落、酋邦或国家中。民族志学者所研究的所有群体，如下面会讨论到的马库阿人，都居住在民族国家中，人们在民族国家中要应付各种水平和类型的政治权威，并经受其他形式的社会控制。

科塔克（Nicholas Kottak，2002）对莫桑比克北部的马库阿农村地区的政治制度和更为普遍的社会控制进行了民族志田野调查研究。他关注了社会控制的三个领域：政治、宗教和声誉制度（声誉制度与社区中各类人如何看待他们的声誉有关）。人们关于社会规范和犯罪行为的谈话能够体现上述领域的重要性。从马库阿人对"偷邻居家的鸡"这件事情的讨论中，我们可以十分清楚地认识到他们有关社会控制的思想。

大部分的马库阿村民在自家的角落里都设有一个临时性的鸡棚。每天太阳升起前鸡会离开笼子，在周围的区域徘徊以寻找残渣碎屑。傍晚的时候鸡通常会回到鸡笼，但是有时鸡尤其是那些刚买回来的鸡会待在其他村民的鸡笼里。村民担心他们的鸡会成为流动资产。鸡的主人不是总能确定他的鸡在哪儿觅食。当鸡的主人找不到鸡的行踪时，村民可能会受到诱惑而偷邻居的鸡。

马库阿人几乎没有什么物质财富，并且他们的饮食中缺乏肉类，这使得在觅食的鸡成为村民的一种诱惑。因为马库阿人认为鸡的徘徊和偶尔的偷窃已成为社区问题，所以科塔克开始总结他们对社会控制的看法，即为什么人们不偷邻居的鸡。马库阿人的回答体现了三种主要的阻碍因素

或惩罚方式，它们是羞辱、巫术和监禁（这里提到的惩罚是指一个人违背规范后所受到的一种处罚）。

根据科塔克的说法，每一种方式（监狱、巫术和羞辱）都涉及一个想象的"社会剧本"，最终都是一种当事人不情愿的结果。以监禁为例，它代表着一个扩大的政治和法律进程的最后阶段（大部分的违规行为在这之前已经被解决了）。当马库阿人提到巫术时，他们指的是由偷鸡行为而可能引发的另外一系列事情。他们相信一旦邻居发现他们的鸡被偷，他就会去找一个巫师为他施行一场巫术攻击。马库阿人相信这样的惩罚性巫术攻击要么会杀死那个偷鸡贼，要么使他病得很严重。

羞辱是解决偷鸡问题的最普遍的办法。在羞辱这一社会剧本中，偷鸡贼一旦被发现，他就必须参加一个正式的、公开组织的村庄会议，政治权威人物会在会议上决定适当的惩罚和赔偿。马库阿人关心的不是罚金而是一个被认定的偷鸡贼在村民的关注下所产生的巨大羞愧感或窘迫感。当偷鸡贼认识到他的社会认同或社区声誉已经遭到破坏时，他会感受到一种扩大的耻辱感，这也叫作羞辱。

生活在民族国家中，马库阿人解决潜在冲突的方式分为几种不同的类型和水平。两个人之间的纷争能迅速扩大为各自母系继嗣群间的争斗（在母系继嗣群中，亲属关系仅通过女性来计算——见下一章）。存在冲突的继嗣群的头领会出面解决问题。如果他们不能解决这个问题（例如通过经济补偿），那么这一冲突将会交由国家的政治权威来解决。政府的干预能避免个人间的斗争扩大为继嗣群间的持续的冲突（例如本章前面所描写的流血冲突）。

莫桑比克在历史上经历了殖民主义（受葡萄牙统治）、独立（获得时间较晚，在1975年）和国内流血战争（1984—1992年）的阶段。因为这段历史，它的正式权威分裂为两个对立的政治领域：国家指定的权威和更为传统的权威。莫桑比克获得独立后不久，占统治地位的马克思主义

政党莫桑比克解放阵线为每一个村庄设定了一个书记。他们还制定了一个村庄化的计划，在这个计划中农村人口要从分散在乡村的那些小村庄中搬迁到大的核心村庄中。大部分农村地区的马库阿人对这种被迫的村庄化计划和新的权威设置感到失望。这种不满加剧了莫桑比克的国内战争。在战争结束后，莫桑比克解放阵线付出了很多努力来与传统权威（Regulo，Cabo and Capitão）共同工作，这些传统权威在开始时被莫桑比克解放阵线指控为"殖民合作者"和社会的格格不入者。regulo 是指一个领地的首领，通过母系继嗣（由母亲的兄弟传给姐妹的儿子）而获得其政治地位。位于他下面是 cabos，再下面是 capitãos。

村庄斗争几乎不会在地方管理者（ensatoro）管辖区域之外的范围内发生，从马库阿人那里可以得知，地方管理者是建立于殖民地时代早期的更高的政治机构。只有地方管理者有权调遣警察并定期拘留村民。因此可以很明确地看出地方管理者控制着国家武力的使用。虽然 regulos（传统的酋长）与地方管理者直接会面的次数越来越多，但是书记（secretários，新委任的国家政府人员）与地方管理者的关系更好。因为书记能够与拥有武力的政治权威相接触，所以它与地方管理者的密切接触被赋予了一定的合法性。然而，大部分的村民仍然把 regulo 放在政治等级体系中更高的位置上，并且更喜欢让 regulo 来处理他们的争斗和问题。regulo 的合法性和他的职位都来自母系继嗣原则的神圣性。

新的官员与传统官员的结合构成了马库阿的正式政治体系。尽管这个体系存在两重性，但是这个体系包含了具有合法性的职位和官员，而且它代表着正式的社会控制。马库阿社会体系的政治部分明确而正式的职责就是处理斗争和犯罪行为。正如本章前一部分所讨论的那样，人类学家试图去关注社会控制的正式方面（例如政治领域）。但是，像在马库阿社会中所观察的一样，人类学家也意识到了社会控制其他领域的重要性。当尼古拉·科塔克在一个乡村社区中向马库阿人询问制止偷窃的方法时，仅仅 10% 的人提到了

监禁（正式的制度），而 73% 的人将羞辱作为不去偷邻居鸡的原因。

羞辱是一种强有力的社会制裁方式。马林诺夫斯基（Malinowski，1927）描述了特罗布里恩岛人可能因为不能容忍大众在得知他们的一些丑行尤其是乱伦行为之后对他们的羞辱，所以他们会选择爬到棕榈树上跳下来这种自杀方式。马库阿人讲述的一个故事是人们谣传一个男人与他的继女生了一个孩子。政治权威并没有对这个男人实施正式的制裁（例如罚金或监禁），但是关于这件事的流言蜚语却迅速传播开来，而且这些流言蜚语在很多年轻女性都会唱的一首歌的歌词中明确显示出来了。当那个男人听到了他的名字并理解了歌曲中提到的乱伦行为后，他告诉别人他要去地区的首府旅行。几个小时以后，人们发现他吊死在村外的一棵芒果树上。男人自杀的原因在于他要像马库阿人进行自我澄清——"他感到太羞辱了"（先前我们也看到了歌曲在因纽特人社会控制体系中的角色）。

许多人类学家列举了包括流言、污言和羞辱在内的非正式的社会控制过程的重要性，尤其是在像马库阿这样的小规模社会中（参见 Freilich，Raybeck and Savishinsky，1991）。流言能演变为羞辱，当实施直接的或正式的制裁具有风险或者社会中不存在这种制裁的时候，这种情况就可能发生（Herskovits，1937）。玛格丽特·米德（Margaret Mead，1937）和本尼迪克特（Benedict，1946）区分了作为外部制裁的羞辱（例如由他人实施武力）和作为内部制裁的愧疚之间的差异，愧疚是由于个人的心理作用导致的。他们认为羞辱是非西方社会的一种有效的社会控制方式，而愧疚是西方社会的一种重要的情感制裁方式。

一个人受到羞辱和感到羞辱的可能性在于这种制裁方式为个人所内化，只有这样制裁才会发生作用。对马库阿人来说，潜在的羞辱是一种强有力的制止方式。农村地区的马库阿人通常终生都居住在一个社区里。因为一个社区的人口通常少于 1 000 人，所以村民能够了解大部分社区成

员的身份和声誉。根据科塔克的研究，农村地区的马库阿人会高度精确地监视、传播以及记忆每一个人的身份细节。家、市场和学校的紧密结合有利于这种监视的进行。在这样的社会环境里，人们会努力避免做出那些可能会损坏他们荣誉的行为或者使他们与社区相疏远的行为。

对巫术的信仰同样有利于社会控制（在有关宗教的章节中会深入讨论宗教的社会控制作用）。虽然马库阿人一直讨论巫术和巫师的存在，但是他们并不清楚谁是巫师。这种身份的模糊性还与当地的巫术理论有关，这一理论涉及的是每一个人在某些时候所感觉到的怨恨。这是一种自我怨恨感，所以马库阿人可能会怀疑自己的潜在身份就是巫师。他们也意识到其他人也有类似的感觉。

因为马库阿人认为偷鸡贼不可避免地会成为报复性巫术的目标，所以巫术信仰引发了人们对死亡的担忧。当地的理论假设疾病、社会的不幸和死亡都是由怨恨性巫术直接引发的。在马库阿村庄中，人们的预期寿命相当短，婴儿的死亡率非常高。亲属会突然死于传染性疾病。与大部分西方人相比，马库阿人的健康、生命和生存是成问题的。这种不确定性加剧了与巫术相关的高度风险。不仅仅是偷窃，任何斗争本身都是危险的，这是因为它可能引发巫术的攻击。

科塔克报道的下面一段对话表明了马库阿人将巫术作为一种社会控制进程的意识。

民族志学者：为什么你不偷邻居的鸡？

被访问者：嗯？我邻居的鸡没有少啊。

民族志学者：是的。我知道。你的邻居有一只鸡。那只鸡经常在你的土地上活动。有时候晚上它还会睡在你家的鸡笼里。你为什么不顺便偷走这只鸡呢？是什么阻止你这么做？

被访问者：巫术、死亡。

社会控制的效力依赖于人们怎样清楚地想象出一种反社会行为所受到的制裁。马库阿人十分清楚违反规范、争斗时会受到的制裁。正如我们所看到的，监禁、羞辱和巫术是农村地区的马库阿人所能想象到的主要的制裁方式。

本章开始时我们引用了弗里德的政治组织的定义，"社会组织中与管理公共政策事物的个人或群体密切相关的那部分"（Fried，1967，pp.20-21）。正如我在那里所提到的，弗里德的定义很适合于民族国家，但不适用于那些缺少"公共政策"的非国家社会。因此，我认为在讨论对个人、群体及其代表间的相互关系进行管理时，我们需要关注社会政治组织（要记住，管理是一个纠正违规行为的过程并因而维持了体系的整体性）。我们已经知道这样的管理是一个延伸到政治之外的其他社会控制领域的过程，例如宗教和声誉制度，在这样的过程中，大众舆论与被个人所内化的社会规范和制裁会相互作用。

本章小结

1. 社会政治类型学把社会划分为队群、部落、酋邦和国家。觅食者通常生活在由实行平等主义的队群所组成的社会中。私人网络联系着个人、家庭和队群。队群领导者只是众多平等者中的第一人，他们没有执行决定的确定方式。战略性的资源同时向所有人开放，因此几乎不存在对战略资源的纷争。随着人口的增加和管理问题规模的扩大，政治权威和权力通常也会增大。人口的增加意味着更多的个人与群体间的关系需要管理。经济复杂性的增长也会导致更多的管理问题。

2. 园艺村庄的头领是拥有有限权威的地方首领。他们通过榜样和劝说来领导。"大人物"受到多个村庄的成员的支持，他们的权威也波及多个村庄。他们是地区的管理者，但是这只是暂时的。通过组织盛宴的过程，他们使多个村庄的劳动力获得了流动。举办这样的节日使得他们的财产所剩无几，但是他们却获得了声望和慷慨的名誉。

3. 年龄和性别同样能用于地区的政治一体化。在北美平原地区的印第安人中，男性社团（泛部落社群）负责组织掠夺和捕猎野牛。这样的男性社团通常重视勇士级别。当部落间争夺牲畜时，他们负责进攻和防守。在牧民中，权威和政治组织的程度反映了人口的多少、人口的密度、族群关系和资源压力。

4. 国家是一个包括很多社区在内的自治性的政治实体。国家政府的职能是征收财税、征召人民劳动或参军、颁布及执行法律。国家被定义为建立在中央政府和社会分层——把社会分成各个阶级——基础上的一种社会政治组织形式。与现代工业化的民族国家相比，早期的国家被称为古代国家或非工业化国家。

5. 酋邦不同于部落，但是酋邦与国家是相似的，酋邦中存在持久的区域管理和对资源的不平等占有，但是酋邦中不存在分层。酋邦与队群和部落的相似之处在于酋邦是由亲属关系、继嗣和婚姻来组织的。包括加勒比海周边、亚马逊低地、美国东南部和波利尼西亚等在内的几块区域并不存在国家，出现在这些地区的是几个酋邦。

6. 韦伯社会分层的三个维度是财富、权力和声望。在早期国家中，人类发展史上第一次出现了包括所有男性和女性在内的整个群体在财富、权力和声望上的差异。一个社会经济阶层包括这一阶层上各个性别的人和各个年龄段的人。统治阶层对资源享有特权。

7. 所有的国家都建立了一定的制度：人口控制、司法、强制力和财政。这些子系统由民事、军事和宗教机构所组成的统治性政府或管理体系整合在一起。国家进行人口普查并划定边界。法律是建立在先例和合法公告的基础上。法院和法官处理纠纷和犯罪问题。警察维持国内秩序，军队抵御外来的威胁。财政制度供养着统治者、政府官员、法官和其他的专门人才。

8. 霸权描述了一个阶层化的社会秩序，在这样的社会中，统治阶级获得下层群众服从的手段是让下层群众内化统治者的价值观并使他们接受统治阶级统治的自然性。通常存在霸权的地方就会存在反抗，但它是个人性的、隐藏的而不是集体性的、公然挑衅的。"公共话语"是指统治者和被压迫者之间的公开的大众的相互影响。"隐藏话语"描述的是被压迫者私底下对统治者的权力进行的批评。不满也能通过公共仪式和语言表达出来。

9. 比政治更为广泛的概念是社会控制——社会系统中涉及规范维持和争端调节的那些领域。在莫桑比克北部的马库阿社会中存在三个这样的领域：政治制度（正式权威）、宗教（主要包括对巫术的恐惧）以及声誉制度（主要涉及避免羞辱）。当人们能清楚地想象一种反社会行为所引发的制裁时，社会控制就能充分发挥作用。马库阿人十分清楚违反规范和争斗会导致的制裁。监禁、羞辱和巫术是农村地区的马库阿人所能想象出来的主要制裁方式。

关键术语

见动画卡片。
mhhe.com/kottak

年龄组 age set 在一个确定的时间段内出生的所有男性和女性的集合，这个群体会控制财产并且通常具有政治和军事功能。

大人物 big man 存在于部落园艺社会和畜牧业社会的地区性的重要人物，大人物不占有职位，但是他通过努力的劳作并将劳作成果慷慨地与他人分享而获得声望。他的财富和地位都不会传给他的继承者。

酋邦 chiefdom 处于部落和国家之间的社会政治组织形式，酋邦中存在持久的政治结构，人们使用资源的权利是建立在亲属关系基础上。

不平等占有 differential access 作为酋邦和国家的基本属性，它是指对资源的不平等使用。上层可以很容易获得资源，下层使用资源的权利要受到上层的限制。

财政 fiscal 与财务或税收有关。

霸权 hegemony 正如葛兰西所提到的，在一个分层的社会秩序中，统治阶级获得下层群众的服从的手段是让下层群众内化统治者的价值观并使他们接受统治阶级统治的自然性。

法律 law 包括审判和实施的法典，法律是以国家组织为形式的社会的特征。

泛部落社群 pantribal sodality 建立在非亲属基础上的延伸至整个部落并跨越好几个村庄的群体。

权力 power 一个人实施自我意志的能力——干他想干的事情，权力是一个人政治地位的基础。

声望 prestige 它是指好评、尊敬以及对好的行为或好的品质的赞同。

公共话语 public transcript 正如斯科特所提到的，它指的是统治者和被压迫者之间的公开的、开放的相互作用——这是权力关系的外在表现。

社会控制 social control 社会体系中（信仰、行为和制度）与维持规范和调节冲突最相关的领域。

分层 stratification 它是社会经济地位体系的特征，群体成员在社会地位和战略资源的使用方面存在差异，每一个社会阶层包括各个性别的人和所有年龄段的人。

下层 subordinate 在分层体系中处于底层的、不享受特权的群体。

上层 superordinate 在分层体系中处于高层的特权阶层。

部落 tribe 它是一种通常建立在园艺或者畜牧基础上的社会政治组织形式，部落中不存在社会经济分层和中心控制，而且也不存在强制实施政治决策的手段。

村庄头人 village head 部落社会中的地区领导，他拥有有限的权威，他通过榜样和劝导来领导人们，并且他必须是慷慨的。

财富 wealth 一个人的所有物质财产，包括收入、土地和其他的财产类型，财富是一个人经济地位的基础。

---

1. 用术语"社会政治组织"取代"政治组织"的理由是什么？

2. 村庄头人和大人物的政治角色有何差异？你所在的社会中有相当于大人物的人吗？

3. 社群是什么？你的社会中有社群吗？你属于其中的任何一个吗？

4. 就人口密度和政治层级之间的关系而言，你能从本章得出什么样的结论？

5. 从普通公民的视角，国家的利与弊分别是什么？

思考题

更多的自我检测，见自测题。

mhhe.com/kottak

补充阅读

Arnold, B., and B. Gibson, eds.

1995 *Celtic Chiefdom, Celtic State*. New York: Cambridge University Press. 这本选集考察了欧洲史前凯尔特社会的结构和发展，还有关于他们是酋邦还是国家的争论。

Borneman, J.

1998 *Subversions of International Order: Studies in the Political Anthropology of Culture*. Albany: State University of New York Press. 政治文化，国际关系，世界政治和国民性格。

Chagnon, N. A.

1997 *Yanomamö*, 5th ed. Fort Worth: Harcourt Brace. 对广为人知的亚诺马米人的描述的一些最新修订，包括他们的社会组织、政治、战争和文化变迁，以及他们目前面临的危机。

Cheater, A. P., ed.

1999 *The Anthropology of Power: Empowerment and Disempowerment in Changing Structures*. New York: Routledge. 在当今世界中通过参与和政治动员来克服社会边缘化。

Cohen, R., and E. R. Service, eds.

1978 *Origins of the State: The Anthropology of Political Evolution*. Philadelphia: Institute for the Study of Human Issues. 不同地区国家的形成的几篇文章。

Earle, T. K.

1997 *How Chiefs Come to Power: The Political Economy in Prehistory*. Stanford, CA: Stanford

University Press. 酋邦中的政治继承和权力的经济基础。

Ferguson, R. B.

1995 *Yanomami Warfare: A Political History*. Santa Fe, NM: School of American Research. 民族国家中从村庄扫荡到入侵。

2002 *State, Identity, and Violence: Political Disintegration in the Post-Cold War Era*. New York: Routledge. 政治关系，国家，族群关系和暴力。

Fry, D. P.

2006 *The Human Potential for Peace: An Anthropological Challenge to Assumptions about War and Violence*. New York: Oxford University Press. 战争是不可避免的吗？

Gledhill, J.

2000 *Power and Its Disguises: Anthropological Perspectives on Politics*. Sterling, VA: Pluto Press. 权力的人类学。

Heider, K. G.

1997 *Grand Valley Dani: Peaceful Warriors*, 3rd ed. Fort Worth: Harcourt Brace. 对新几内亚岛上一个部落群体的综合的、易读懂的描述，这个岛现在属于印度尼西亚。

Kelly, R. C.

2000 *Warless Societies and the Origin of War*. Ann Arbor, MI: University of Michigan Press. 一位人类学家，通过考察巴布亚新几内亚的无国家社会来重构战争的起源。

Kirch, P. V.

1984 *The Evolution of the Polynesian Chiefdoms*. Cambridge: Cambridge University Press. 大洋洲土著的多样性和社会政治的复杂性。

Kurtz, D. V.

2001 *Political Anthropology: Power and Paradigms*. Boulder, CO: Westview. 政治人类学领域的最新讨论。

Otterbein, K.

2005 *How War Began*. College Station: Texas A&M University Press. 从人类演化、史前史和跨文化比较方面探讨战争的起源。

Vincent, J., ed.

2002 *The Anthropology of Politics: A Reader in Ethnography, Theory, and Critique*. Malden, MA: Blackwell. 政治人类学的基础和经典读本。

Wolf, E. R., with S. Silverman

2001 *Pathways of Power: Building an Anthropology of the Modern World*. Berkeley: University of California Press. 现代世界中的政治和社会身份和权力。

在线练习

1. 生计与地位：打开民族志的阿特拉斯（Atlas）交叉列表网页（http://lucy.ukc.ac.uk/cgi-bin/uncgi/Ethnoatlas/atlas.vopts），这一网站对众多群体的民族志信息进行了汇编，你可以用所提供的工具交叉分析某些特征的流行状况。在"选择排类别"下选择"生计经济"在"选择专项类别"下选择"阶级分层，盛行类型"。点击提交查询按钮。会出现一个表格，显示的是采用不同生计策略的群体阶级分层的频度。

　　a. 拥有"复杂"阶级分层的群体中，何种生计策略最常见？这些群体中有将狩猎、采集或者渔猎作为首要觅食方式的吗？

　　b. 阶级分层（平等主义）缺失的群体中，是否有一种主导的生计策略？

　　c. 根据表格，以下哪些论述是正确的：所有具有复杂阶级分层的社会都是农业社会。所有的农业社会都有复杂的阶级分层。没有践行狩猎、渔猎和采集的社会有复杂的阶级分层。所有狩猎、渔猎和采集的社会都是阶级分层缺失的（平等主义）。

2. 阅读麦萨社区学院（Mesa Community College）关于"大人物一览：Bougainville"的网页（http://www.mc.maricopa.edu/dept/d10/

asb/anthro2003/glues/bigman/mumi.html），
和《Bougainville大人物的35条重要规则》
（http://www.mc.maricopa.edu/dept/d10/asb/
anthro2003/glues/bigman/rules.html）。

a. Bougainville在哪儿？那里的环境如何？最
主要的食物来源是什么？

b. mumi是什么？要怎样才能成为mumi？宴会
在决定谁是mumi问题上扮演了什么样的角
色？对于一位热心的mumi而言，朋友和家
人有多重要？

c. Bougainville社会中还有哪些位置是为男人
而设的？

d. 阅读了大人物的规则之后，你认为大人物
的生活看起来是闲适呢，还是有许多工作
要做？

3. 2000年，人类学界因为《理想国的黑暗》
（Darkness in El Dorado）一书的出版而受到了
巨大震荡，该书作者是一名记者，名为Patrick
Tierney（纽约：诺顿出版公司）。该书指控自
20世纪60年代末起研究巴西和委内瑞拉亚诺马
米印第安人的科学家的不当的、违背伦理的甚
至是犯罪的行为。

a. 关于这场争论的简述，查看dir.salon.com/
books/feature/2000/09/28/yanomamo/index.
html。

b. 访问 "Douglas W. Hume的人类学空间"，
（http://members.aol.com/archaeodog/
darness_in_el_dorado/index.htm），这个网
址可以找到关于Patrick Tierney《理想国的黑
暗》一书的所有信息。追寻其关于此争议的多
种论述的链接。

c. 你如何看待这场争议？从已知的信息中，你是
否能选择支持哪一方？

d. 围绕Tierney这本书的热议是否提出了更大的伦
理问题？

请登录McGraw-Hill在线学习中心查看有关第17
章更多的评论及互动练习。

科塔克，《对天堂的侵犯》，第4版

阅读第5章、第9章和第14章，看自20世
纪60年代至今，阿伦贝培政治组织和方向的改
变。主要的变化是什么？是否有一些保持了原
样？描述20世纪60年代阿伦贝培的惠顾制度。
根据第5章的论述，惠顾关系与惠顾依赖的差别
是什么？阿伦贝培有首领吗？若有，描述他们的
角色和影响范围，并将之与本书本章讨论的队群
和部落的首领进行对比。

彼得斯-戈登，《文化论纲》，第4版

本章讨论了各社会正式和非正式的领导角
色，包括"大人物"。阅读《文化论纲》的第8
章"Kapauku：新几内亚'资本家'"。Kapauku
社会中的一个重要角色是tonowi（"大人物"）。
这种领袖角色与Kapauku社会的其他重要特征如
个人主义和经济之间有什么关系？

克劳福特，《格布斯人》

根据《格布斯人》第3章的信息，谁对组织
和安排社区对Daguwa之死的回应负有最多的责
任？这个人是如何施加影响或权威的？他通过哪
些方式扮演或没有扮演政治领袖的角色的？格布
斯政治结构和那些有正式领袖、酋长和／或阶级
分层的社会有什么不同？虽然格布斯政治是非中
央集权化的，重要的地位不平等依然存在。格布
斯社会最大的社会不平等是什么？谁拥有更多的
权力？谁的权力更少？

链接

第**18**章
家庭、亲属关系与继嗣

章节大纲：

家庭

人类学家对他们传统上所研究过的不同社会的家庭、较大的亲属体系、继嗣和婚姻一直有着强烈的兴趣，如在新闻简讯中所谈论到的贝利人（Barí）。在跨文化的研究中，亲属关系的社会建构显示了丰富的多样性。由于亲属体系在我们所研究的人群中起着重要作用，所以对亲属关系的理解已经成为人类学的必要组成部分。我们会进一步研究在人类的历史长河中组织人类生活的亲属和继嗣体系。

　　民族志学者很快就认识到在他们所研究的任何社会中都存在着社会分化——社会群体。在田野调查的过程中，他们通过观察群体的活动和构成来了解那些重要群体。人们通常会居住在同一个村子里或者相邻的村子，或在一起劳动、祈祷和庆祝，因为他们通过某种方式被关联在一起。为了理解社会结构，民族志学者必须调查这种亲属纽带。例如，当地最重要的群体可能是同一祖先的后代。这些人可能在相邻的房子里居住，在毗邻的土地上种植，并且在日常任务中相互帮助。那些建立在不同或者较远亲属关系基础上的其他类型的群体就较少聚在一起。

核心家庭是一种在人类社会中广泛存在的亲属群体，它包括父母和子女，这些人通常共同居住在一个家庭里。其他的亲属群体包括扩大家庭（包含三代或者三代以上的家庭）和继嗣群，继嗣群分为世系和氏族。这样的群体通常不具有核心家庭那样的居住方式。扩大家庭的成员会时不时地聚在一起，但是他们不需要住在一起，特定继嗣群的分支可能会居住在好几个村庄里并且很少聚集起来共同活动。由那些声称具有共同祖先的人组成的继嗣群是非工业社会中食物生产者所在社会组织的基本单位。

核心家庭与扩大家庭

只有在父母和子女居住在一起时才可以称为核心家庭。大部分人在他们生命中的不同时期至少会属于两个核心家庭。他们出生的家庭包括他们的父母和兄弟姐妹，当他们成年后，他们会结婚并且建立一个核心家庭，这个家庭包括他的配偶和后来的孩子。因为大部分社会允许离婚，所以很多人会通过婚姻建立一个以上的家庭。

人类学家区分了**原生家庭**（family of orientation，一个人出生和成长的家庭）和**再生家庭**（family of procreation，一个人结婚和有了孩子之后形成的家庭）。从个体的角度来看，在原生家庭中个人与父母和兄弟姐妹的关系是最重要的，在再生家庭中个人与配偶和孩子的关系是最重要的。

在大多数社会中，一个人与核心家庭成员（父母、兄弟姐妹、孩子）的关系要优先于与其他亲属的关系。核心家庭组织虽然分布很广泛，但是它并不是普遍的形式。而且核心家庭在每个社会中的重要性有着显著的差异。在有的社会中，例如下面将会描述到的纳亚尔人就是一个典型的例子，核心家庭在纳亚尔人那里很稀少或者是不存在的。还有在一些其他地区，核心家庭在社会生活中并不扮演特别的角色。核心家庭并不总是居住或者权威组织的基础。其他的社会单位尤其是继嗣群和扩大家庭会具有很多核心家庭之外的功能。

看看一个来自解体前的南斯拉夫的例子。传

概览

尤其是在非工业社会，亲属关系、继嗣和婚姻是基本的社会基石，将个体和群体联结于一个共同的社会体系中。诸如家庭和继嗣群之类的亲属群体是社会单元，其成员可以认定，其居处模式和行为可以被观察到。以核心家庭为例，它由一对已婚夫妇及其孩子组成，他们生活在一起。虽然核心家庭在世界各社会中广泛分布，但其他社会形式如扩大家庭和继嗣群，可以补充、遮蔽甚至取代核心家庭。当代工业化的北美的特征是多样和变迁的家庭、家庭和居住安排，包括核心家庭、单亲家庭和扩大化的家庭。常见于非工业的食物生产者中的继嗣群，有持久性——持续数代。继嗣群包括世系和氏族，遵循父系或母系成员规则。亲属称谓是以认识到的差异与相似为基础而将亲属进行分类的方式。世界范围内，亲代亲属的分类有四种基本体系。

◆ 在很多社会中，兄弟姐妹关系至关重要。图中云南省的两个姐姐正在用折叠的树叶喂弟弟喝水。你所在的原生家庭或再生家庭中有类似的关系吗？

什么时候两个父亲好于一个父亲？当女人掌权的时候

东伦敦大学的新闻简讯

作者：帕特里克·威尔森（Patrick Wilson）

2002年6月12日

人类学家对他们传统上所研究过的不同社会的家庭、较大的亲属体系、继嗣和婚姻一直有着强烈的兴趣，如在这则新闻故事中所谈论到的委内瑞拉的贝利人。这章内容研究的是在人类历史长河中组织人类生活的亲属体系。与种族一样，亲属是由社会建构起来的。每种文化都对生物过程作出了独特的解释，例如在不同的文化中，授精在胚胎的形成和成长过程中所起的作用是不同的。科学知识告诉人们一个精子和一个卵子的结合会导致怀孕，但是贝利人和他们的邻居却有不同的观点。在有些社会中，人们相信神灵而不是男人导致了女性的怀孕。在有些社会中，人们认为怀孕的时候要不断授精，只有这样胎儿才可以成长。在这儿所要讨论的社会中，人们相信多个男人可以产生一个孩子。当孩子出生后，这个孩子的母亲会指定一个她认为最有可能是孩子父亲的男人作为孩子的父亲，并且这个男人会帮助她抚养孩子。文化多样性的维度远远大于当今北美人对于婚姻和家庭的观念。在美国，一个人拥有两个父亲可能是由于一个人的父母离婚后母亲再婚，那么这个人就有了一个继父；或者是由于同性婚的结合。在下面所要讨论的社会中，一个人拥有多个父亲是一个普遍而有利的社会事实。

在委内瑞拉贝利人的居住地，一个人拥有多个父亲是很正常的。在这样的社会中，拥有一个或更多个父亲的孩子比那些仅有一个父亲的孩子更容易生存，直至长大成人。这些发现被出版为《多父的习俗》（Cultures of Multiple Fathers）一书（Beckerman and Valentine,2002），对一些广为接受的理论提出了质疑，例如社会组织、性别权力平衡以及人类进化。

这本书是作者在南美部落人群中进行了二十多年的田野工作的结晶，中心主题就是可分的父权。可分的父权是一种为人们所广泛接受的信仰，它是指受孕过程并不是一次完成的，而且多个父亲有利于胚胎的成长。

作者发现女性的社会地位和多个父亲的益处之间存在强相关。在贝利地区，拥有两个或者多个公认的父亲的孩子能够活到成年的比例是80%，相比之下，只有一个父亲的孩子活到成年的比例是64%。它也可以同它的邻居库里帕克这个男权统治的社会相比较。在库里帕克，身世不确定的孩子会被抛弃掉，或者年纪轻轻就死去了。

为了阐述这个发现的重要性，保罗·瓦伦丁说："男人和女人之间存在约定俗成的协定，即如果一个男人被确定为某个孩子的生物学意义上的父亲，那么他就要为孩子的母亲和孩子提供食物和住所，我们的研究证明了这一点。在那些由女人来控制婚姻和社会生活的其他方面的社会中，无论男人还是女人都有多个配偶，并且他们共同分担抚养孩子的义务。"当然，在生物学意义上拥有多个父亲是不可能的，但是南美、非洲及澳大拉

西亚地区的土著住民认为，一个孩子的产生需要经过多次性交。在这类社会中，几乎所有的孩子都有多个父亲，相对应的是在其他那些能接受可分的父权的社会中，孩子们只有一个社会性意义上的父亲。然而，在处于这两种类型之间的群体中，有的孩子会有多个父亲，有的仅有一个。在这种情况下可以将两类孩子进行比较，看看拥有多个父亲的孩子是如何受益的。并且代际研究也已经证明，拥有多个父亲的孩子确实会得到额外的照顾。

在贝利地区，当一个孩子出生以后，孩子的母亲会公开宣布一个或者几个男人的姓名，因为她相信这个男人或者这些男人是孩子的父亲，一旦这个男人或者这几个男人承认了自己是孩子的父亲，那么他或他们就要承担照顾孩子和孩子母亲的责任。在小型平等主义的社会里，在以下情况下女性的利益会得到最大的满足：她在择偶时可以不受限制地自我决定；在她履行母亲的责任时，存在一个由多个妇女组成的网络来帮助她或者代替她；有多个男性照顾她和她的孩子；她不会受到男性性嫉妒的影响。

在那些由女性自己择偶的文化中，女性具有广泛的性自由，并且可分的父权这一观念也是被接受的，女性占有明显的优势地位。在女性性活动被男人控制的维多利亚式社会中，婚姻是排他的，并且男性的性嫉妒是一个始终存在的威胁，男性在这个社会中具有优势地位。而处于两者之间的是

各种各样的组合和选择，它以多样性的南美文化为代表。

美国自然历史博物馆馆长罗伯特·卡内罗说："很少有一本书能像它这样，它提供给我们的是具有震撼力的、全新的观点，为我们迅速地打开了一扇门。长期以来，处于世界各地的人们都相信一次性交行为并不足以产生一个孩子。但是，现在这本书使我们第一次认识到了这种信仰所导致的显性影响和隐性影响，而且它是如此的翔实，并有非常细致的描写。"

来源：AlphaGalileo：the Internet Press Center for European Science and the Arts. http://www.alphagalileo.org/index.cfm?fuseaction=readRelease&Releaseid=9918.

统上，在波斯尼亚西部的穆斯林中（Lockwood，1975），核心家庭缺乏自主性，几个这样的核心家庭会组成一个被称为"扎德鲁加"的扩大家庭户。扎德鲁加由一个男性家长和他的妻子——一位年长的妇女来管理。它也包括已婚的儿子以及儿子的妻子和孩子，还有就是未婚的儿子和女儿。每个核心家庭都有一个用来睡觉的房间，房间的装饰和部分家具来自新娘的嫁妆，但是，财产甚至衣服这样的物品是由"扎德鲁加"的成员自由共享的，甚至连嫁妆也被安置到其他的地方使用。因为每一对配偶婚后都居住在丈夫父亲的家里，所以这样的居住单位被称为从夫居扩大家庭。"扎德鲁加"要优先于它的组成单位。女人、男人、孩子之间的相互联系要比配偶之间或者父母子女之间的相互联系更为经常。较大的家庭用餐时会有三张餐桌，男人、女人、孩子各一张。传统上所有超过12岁的孩子会一起睡在男孩子们或者女孩子们的房间里。当一个妇女想去拜访另一个村庄时，她需要征得"扎德鲁加"的男性家长的同意。与兄弟的孩子相比，虽然人们通常感觉自己的孩子要更亲密一些，但是他们需要平等地对待所有孩子。家中的每个成年人都可以教导孩子，当一个核心家庭破碎后，7岁以下的孩子跟着妈妈离开，稍大一点的孩子可以在父母之间做出选择。即使孩子的母亲离开了，孩子还是被认为是他所出生的家庭中的一员。有一个寡妇再婚了，而她必须将她5个超过7岁的孩子都留在孩子父亲的"扎德鲁加"中。这个"扎德鲁加"的家长现在是孩子父亲的兄长。

还有一个关于核心家庭的替代方式的例子来自纳亚尔（或者叫做纳尔）人，纳亚尔人是印度南部马拉巴尔海岸地区一个很大很有势力的

种姓。他们传统的亲属体系是母系的（只能通过女性来继嗣）。纳亚尔人居住在被称为"塔纳瓦德"（tarawad）的母系扩大家庭中，塔纳瓦德是一个比较复杂的居住场所，它包括好几栋建筑物、它自己的庙宇、粮仓、水井、果园、花园和土地。塔纳瓦德由年长的女性来管理，里面住着她的兄弟姐妹、姐妹们的孩子和其他的母系亲属，她的兄弟姐妹也会帮她的忙（Gough，1959;Shivaram，1996）。

传统的纳亚尔婚姻看起来只是一种形式——一种成年仪式。一个年轻的女性会跟一个男子举行一场婚姻仪式，在仪式之后的一些日子里，他们会一起住在她的塔纳瓦德中。随后这个男性就会返回到他自己的塔纳瓦德中跟他的姐妹、姨母和其他母系亲属居住在一起。纳亚尔男性属于战士阶层，他们会定期服兵役，在他们退休后，他们就在他们的塔纳瓦德中永久居住下来，纳亚尔女性可以有多个性伙伴，孩子属于母亲的塔纳瓦德的成员，他们不被看做是他们亲生父亲的亲属。实际上，很多纳亚尔孩子甚至不知道他们的生父是谁，照顾儿童是塔纳

🔘 随书学习视频
传统遭遇法律：中国的家庭
第18段

该段视频揭示了中国传统的家庭结构和信仰与独生子女政策之间的矛盾。这造成了严重的性别比失衡。湖南省的不平衡到了什么程度？为什么男孩如此珍贵？那些选择超生的人会怎样？你认为当新的一代达到适婚年龄时，中国女性会变得更受重视吗？

瓦德的责任，因而纳亚尔社会可以在不存在核心家庭的情况下不断地繁衍下去。

工业体制与家庭组织

对于很多美国人和加拿大人来说，核心家庭是唯一的容易辨认的亲属群体，地理性迁移导致了家庭的孤立，这种迁移是与工业体制相关的，因而对核心家庭的强调是很多现代家庭的特征。出生在一个原生家庭中，北美人会离家去寻找工作或者上学并且开始与父母分开，最后大多数北美人会结婚并建立一个再生家庭。因为当今美国人口中从事农业的比例不到3%，所以很多人不会被束缚在土地上，为了在市场上销售劳动力，我们经常会迁移到有工作机会的地方。

很多已婚夫妇居住在远离父母数百英里的地方。他们的工作决定着他们的居住地点。这样的婚后居住方式被称为**新居制**（neolocality）。已婚夫妇期待建立一处新的居住地点，一个属于他们自己的家。在北美的中产阶级那里，新居制不仅是一种文化倾向，还是一种统计标准。大多数美国中产阶级最终会建立属于他们自己的住所和核心家庭。

在分层社会中，一个阶层与另一个阶层的价值观体系会存在某种程度的差异，亲属关系也是一样。北美的中产阶级与穷人之间有显著的差别。例如，下层阶级中存在扩大家庭（那些包括非核心亲属的家庭）的概率要高于中产阶级。当一个扩大家庭中包括三代或者三代以上的成员时，它就是一个**扩大家庭**（extended family household），例如"扎德鲁加"。另一类型的扩大家庭被称为旁系家庭（collateral household），旁系家庭包括兄弟姐妹以及他们的配偶和孩子。

在美国的下层阶级中存在着很高比例的扩大家庭，这种现象被解释为是对贫困的适应（Stack，1975）。因为经济条件不允许他们作为核心家庭存在，所以亲属会结合为一个扩大家庭并且共用他们的资源，这种对贫困的适应方式导致他们与常规的中产阶级在价值观和态度方面存在分歧。因而，当在贫穷中长大的北美人变得富有时，他们通常感到为那一大帮生活较为不幸的亲戚提供金钱方面的帮助是他们的责任。

北美亲属关系的变迁

尽管对于很多美国人来说，核心家庭仍是一种文化理想，但是表18.1和图18.1显示出2003—2004年美国核心家庭的数量仅占美国所

表18.1	美国家庭和家户组织的变迁：1970年与2004年的对比	
民族志	1970	1970
数字：		
家户总数	6 300万	1.12亿
每户人数	3.1	2.6
百分比：		
有孩子的已婚夫妇	40%	23%
家庭户	81%	68%
有5人或以上的家户	21%	10%
独居者	17%	26%
单身母亲家庭的百分比	5%	12%
单身父亲家庭的百分比	0%	4%
有18岁以下自己的孩子的家户	45%	32%

来源：From U.S. Census data in J.M.Fields, "America's Families and Living Arrangements:2003," *Current Population Reports*,pp.20-553,November 2004.http://www.census.gov/prod/2004pubs/p20-553.pdf,p.4;J.M. Fields and L.M.Casper, "America's Families and Living Arrangements:Population Characheristics,2000," *Current Population Rports*,pp.20-537,June 2001.http://www.census.gov/prod/2001 pubs/p20-537.pdf; U.S. Census Bureau, *Statistical Abstract of the United States 2006*, Tables 55,56,and 65. http://www.census.gov/prod/www/statistical_absract.html.

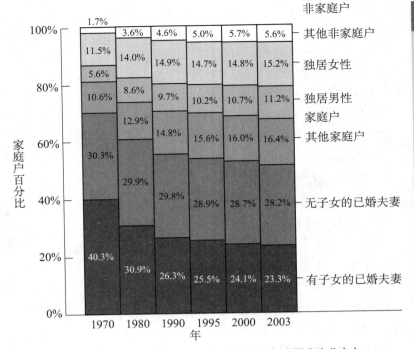

图 18.1 按类型的家户：选定年份，1970—2003 年（百分比分布）
来源：U.S. Census Bureau,*Current Population Survey*,March and Annual Social and Economic Supplements:1970 to 2003;J.M. Fields, "America's Families and Living Arrangements:2003," *Current Population Reports*,pp.20-553,November 2004.http://www.census.gov/prod/2004pubs/p20-553.pdf,p.4.

有家庭数量的 23%。现在其他的家庭安排要超过这种传统美国家庭的 4 倍。有几种原因可以解释这种变化的家庭构成。女性不断地加入男性的劳动力大潮中，这使得她们离开她们的原生家庭，并且即使在延迟步入婚姻的情况下，她们在经济方面也是可以承担的。另外，工作与浪漫的婚姻是对立的，美国女性步入婚姻的平均年龄从 1979 年的 21 岁增加到 2003 年的 25 岁，男性的相对年龄从 23 岁增加到了 27 岁（Fields，2004）。

美国的离婚率也上升了，这导致如今离婚的美国人比 1970 年要普遍得多。在 1970—2003 年间，离婚的美国人在数量方面是以前的 5 倍，从 1970 年的 430 万增长到 2003 年的 2 200 万人（注意，一次离婚会产生两个离异的人）。表 18.2 显示了美国从 1950—2003 年这段时期中选出的几个年份的离婚与结婚的比例。美国离婚率的大幅增长发生在 1960—1980 年，在这段时间内美国的离婚率翻了一番，从 1980 年开始，这个比例

理解我们自己

美国人认为应该爱父母、兄弟姐妹、配偶，特别是孩子。我们中的许多，或许是多数人会同意"家庭"是非常重要的，但是亲属在我们的生活中到底有多重要呢？人们将如何回答这样一个问题呢？在非工业社会，人们无时无刻不与亲属在一起——在家时、工作时、游戏时，在村落中、在田间，与牲畜在一起时。相反，当今的美国人一般与我们不爱甚至不喜欢的人一起度过每天——至少是工作日。我们需要采取平衡的措施以在满足工作需求的同时能够与家人在一起。电视节目中闲适的 Harriet Nelson 和 Carol Brady 与 NBC 公司出品的医学电视剧《急诊室》中匆忙的医生以及屏幕上那些即使工作需要占据大量时间却依然努力尽到家庭责任的父母们之间有何区别呢？

你的父母是如何应对工作／家庭的责任的？在你成长的至少部分时间里，你的父母在外工作在统计学数据上是可能的。还有可能你的母亲，即使有报酬更高的工作，却比你父亲花费更多时间在照顾孩子和家庭上面。你的家庭的取向是否例证了这一规则，抑或是一个例外？你认为当你组建了再生家庭后你的家户会不同吗？为什么？

保持在 50% 左右。这就是说，每年新增加的离婚人数几乎是新增结婚人数的一半。

单亲家庭数量的增长速度也超过了人口的增长速度。它从 1970 年的少于 400 万人增长到 2003 年的 1 600 多万人，是以前数量的 4 倍（2003 年美国总人口的数量是 1970 年的 1.4 倍）。生长在没有父亲的家庭里的（单亲母亲，不与父亲居住在一起）孩子的比例，2003 年是 1970 年的两倍多。相比之下，生活在没有母亲的家庭里（单亲父亲，不与母亲居住在一起）的孩子比例增加了 5 倍。在 2004 年大约 57% 的美国女性和大约 60% 的美国男性是已婚者，相对应的

比例在 1970 年各是 60% 和 65%（Fields，2004；Fields and Casper，2001）。更确切地说，当今的美国人是通过工作、朋友关系、运动、俱乐部、信仰和有组织的社会活动来维持他们的社会生活。但是，这些图表所显示出来的美国人与亲属的日益分离现象很可能是人类历史上前所未有的。

表 18.3 记录了美国和加拿大在家庭成员数量方面的类似变化。这些图表表明了北美家庭和生活单位的小型化趋势，这种趋势在西欧和其他工业国家也很明显。

与非工业社会的人相比，北美人特别是北美的中产阶级，他们的亲属归属感的范围要狭窄得多。尽管我们也会认识到自己与祖父母、叔叔、阿姨和堂表兄弟姐妹的关系，但是与处于其他文化中的人相比，我们与亲属的联系较少，对亲属的依赖性也较弱。当我们回答下列这些问题时，我们就会发现这个事实：我们是否确切地知道我们与所有的堂表兄弟姐妹到底是哪种亲属关系？关于我们的祖先，例如他们的全名和他们住在何地，我们知道多少？我们日常联系的人中有多少是我们的亲属？

工业社会和非工业社会的人们在回答这些问题时所表现出来的差别，证明了在当代国家中亲属重要性的下降。新移民在看到存在于当今北美社会中的他们所认为的那些亲属关系淡漠、对家庭缺乏适当的尊重的现象时，他们会感到震惊。事实上，在北美中产阶级每天所接触的人中，大多不是他们的亲属或者核心家庭的成员。另一方面，斯达克（Stack）在 1975 年对中西部一个城市贫民区中领取社会福利的家庭的研究显示：与非核心亲属分享是城市贫民的一项重要策略。

美国和巴西是西半球人口最稠密的两个国家，它们最鲜明的一个对比就是家庭的意义和角色。当代北美的成年人通常将家庭定义为他们的丈夫或妻子，还有孩子。但是，当巴西的中产阶级提到他们的家庭时，他们指的是他们的父母、兄弟姐妹、姑姑、叔叔、祖父母以及堂表兄弟姐妹。过后他们会加上自己的孩子，但是他们很少会加上组成自己的小家庭的丈夫或妻子。孩子为

表18.2	每1 000美国人口的离婚结婚比，选定年份，1950—2003年					
1950	1960	1970	1980	1990	2000	2003
23%	26%	33%	50%	48%	49%	51%

来源：U.S. Census Bureau,*Statistical Abstract of the United States 2006*,Tables 71,p.64.http://www.census.gov/prod/www/statistical_abstract.html.

表18.3	美国和加拿大的家户和家庭规模，1980年与2004年的对比	
	1980	2004
平均家庭规模：		
美国	3.3	3.1
加拿大	3.4	3.0
平均家户规模：		
美国	2.9	2.6
加拿大	2.9	2.6

来源：J.M. Fields, "America's Families and Living Arrangements:2003," *Current Population Reports*,p20-553,November 2004.http:// www.census. gov/prod/2004pubs/p20-553.pdf,pp.3-4. U.S. Census Bureau, Statistical Abstract of the Unitedstates,2004-5;Statistics Canada,2001 Census. http://www.statcan. ca/english/Pgdb/famil53a.htm,http://www.statcan.ca/english/Pgdb/famil40a.htm.

两个家庭所共有，因为美国中产阶级缺乏扩大家庭的那种支持体系，所以婚姻对他们来说显得更为重要。丈夫与妻子之间的关系要优先于配偶中任一方与他或她的父母的关系，这给北美人的婚姻增加了一种明显的张力。

巴西人居住在一个迁移性较弱的社会中，与北美人相比，巴西人与他们的亲戚保持着较为密切的关系，这些亲属包括扩大家庭的成员。南美的两个大城市，里约热内卢和圣保罗的居民不愿意离开市中心而去那些离家人和朋友很远的地方。巴西人发现没有亲属的社会世界是很难想象的，那样的生活不会幸福。与此对比的是美国人的典型话题：学会跟陌生人一起生活。

觅食者的家庭

在社会复杂性方面，从事觅食经济的人们是无法与工业社会相比的，但是伴随游牧或者半游

牧性质的狩猎与采集生活而出现的地理性迁移是觅食者的特征。尽管在觅食社会里，核心家庭并不是建立在亲属关系上的唯一群体，但是对于觅食者来说，核心家庭通常是最重要的亲属群体。传统觅食社会的两个基本社会单位是核心家庭和队群。

与工业国家中产阶级的配偶不同，觅食者通常不会建立新居。相反，他们会加入一个丈夫或者妻子的队群，但是，配偶和家庭成员可能会迁移好几次，从一个队群迁到另一个队群。同其他任何社会一样，在觅食者那里，核心家庭的成员最终也不是持久的，尽管这样，它们通常还是比队群要稳定。

很多觅食社会缺乏全年保持不变的队群组织。位于犹他州和内华达州大盆地的土著肖肖尼人提供了一个这方面的例子。对于肖肖尼人来说，可供利用的资源如此缺乏以至于在一年中的大部分时间里，家庭成员会游荡在整个地区从事狩猎和采集活动，很多家庭在某些季节会聚集为一个队群共同狩猎，几个月后这些家庭就又分散开。

工业社会和觅食社会中的人都不会被永久地束缚在土地上，迁移和对小规模的经济自足的家庭单位的强调使得核心家庭成为这两类社会基本的亲属群体。

继嗣

我们已经看到在工业国家和觅食者那里，核心家庭是很重要的。对于非工业的食物生产者来说，与核心家庭作用类似的群体是继嗣群。**继嗣群**（descent group）是由表明他们有共同祖先的成员构成的永久的社会单位。继嗣群的成员相信他们拥有并且来自共同的祖先。尽管随着成员出生和死亡、迁入和迁出，群体成员的关系会改变，但是这个群体会继续存在。通常情况下，继嗣群的成员关系在出生时就被决定了。这种关系是终生的。在这种情况下，它是一种先赋地位。

继嗣群

继嗣群通常实行外婚制（成员必须从其他的继嗣群寻找配偶），承认某些人属于继嗣群的成员而排除其他人，它通常会涉及两条规则。一条规则是**母系继嗣**（matrilineal descent），人一出生时就自动地加入母亲的群体，并且终生都是母亲所在群体的成员，因而母系继嗣群仅仅包括群体中的女性和她们的孩子（见附录 1 早期人类学理论中关于母系继嗣的重要性的讨论）。在**父系继嗣**（patrilineal descent）下，人们自然地拥有终生成为他父亲所在群体的成员的资格。群体中所有男性的孩子都加入到这个群体，但是群体中的女性成员的孩子被排除在外（图 18.2 和图 18.3 展示的是母系继嗣和父系继嗣，三角代表男性，圆圈代表女性）。父系继嗣和母系继嗣是单系继嗣的两种类型。**单系继嗣**（unilineal descent）的意思是继嗣法则仅仅会用到一个家系，这个家系或者是女性的或者是男性的。父系继嗣比母系继嗣要更普遍。在 564 个社会的样本中（Murdock，1957），实行父系继嗣的社会数量是实行母系继嗣的社会数量的三倍左右。

继嗣群可能是**世系**（lineages）或**氏族**（clans），两者的共同之处在于成员都相信他们来自共同的"始祖"。始祖位于共同系谱的顶端。例如，依据《圣经》上面的说法，亚当和夏娃是所有人类的始祖，因为夏娃被认为是来自亚当的肋骨，所以在《圣经》里所展示的父系系谱里，亚当是最初的始祖。

世系和氏族有何不同？世系使用"陈列的祖先"，成员可以列举出他们每一代祖先的名字，从始祖一直到现在（这并不意味着他们的记忆是精确的，只不过世系成员认为是这样）。《圣经》中"生了其他人的那个人"这句话就是一个大父系的系谱继嗣的证明，因为这个大父系将犹太人和阿拉伯人（他们将亚伯拉罕作为他们最后的始祖）都包括了进去。

与世系不同，氏族使用"拟定的祖先"。氏族成员仅仅说他们来自同一个始祖。他们不会试着去追溯他们自己和祖先的实际系谱关系。

对于最近的 8 至 10 代，继嗣是可能得到证实的，但是对于那些更久远的时期，继嗣就是拟定的，那些创始者有的时候被拟定为传说中的美人鱼，有的时候是一些定义很模糊的外国王室成员（Kottak，1980）。就像贝齐雷欧人所在的社会一样，很多社会既存在世系也存在氏族。在这样的情况下，氏族比世系拥有更多的成员，并且氏族比世系覆盖更大的地理范围。有时候一个氏族的始祖根本不是人类而是一种动物或者植物（被称为图腾）。不管是不是人类，祖先象征着社会的团结和成员的认同，这种认同感使他们与其他群体区别开来。

通常存在着继嗣群组织的社会的经济类型是园艺、畜牧和农业，就如在第 16 章"生计"中提到的，这些社会一般存在几个继嗣群。这几个继嗣群中的任何一个都可能会被限制在一个村庄里，但是通常情况下他们会分布在不止一个村庄里。如果一个继嗣群的任一分支共同居住在一个地方，那么它就是"本地继嗣群"。不同继嗣群的两个甚至更多的当地分支可能会居住在同一个村庄里，同一村庄或者不同村庄的继嗣群通过频繁的通婚会建立起一种联盟。

世系、氏族与居处法则

我们可以看到，与核心家庭不一样，继嗣群是永久的持续的单元，每一代都会有新成员的加入。成员可以使用世系的土地，为了世代从土地上获益和管理土地的需要，一些成员必须居住在这里。为了能够持续存在下去，继嗣群必须保证至少有一部分成员留在家里，待在祖先所留下的土地上。实现这一目的的一个简易方法就是制定一条法则，规定谁属于这个继嗣群并且规定成员结婚后应当住在哪里。父系继嗣和母系继嗣，还有通常会伴随它们的婚后居处法则就保证了每一代出生的人中，有一半左右的人会在祖先留下的土地上生活。新居制是大多数美国中产阶级的居处法则，但是它在现代北美、西欧、拉丁美洲的欧裔文化之外是不常见的。

从父居是比较普遍的现象，当一对夫妻结婚

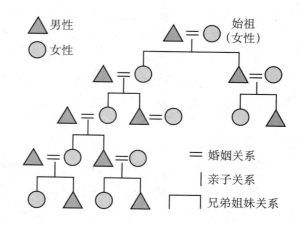

图 18.2　一个母系世系的五代
母系世系基于来自一个女性始祖的已证明的后代。只有群体中女性的孩子才属于母系世系。群体中男性的孩子被排除在外；他们属于其母亲的母系世系。

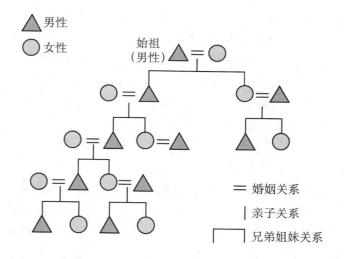

图 18.3　一个父系世系的五代
世系以来自一个共同祖先的已证明的后代为基础。在父系继嗣中，群体中男性的孩子被归为继嗣群成员。群体中女性成员的孩子被排除在外；他们属于其父亲的父系世系。还要注意世系外婚。

后，他们就会迁移到丈夫父亲所在的团体中，这样他们的孩子就会在他们父亲的村庄中成长。从父居是与父系继嗣相联系的。这样做是合情合理的。如果预先规定群体中的男性成员将享有使用祖先土地的权利，那么在这些土地上抚养他们，在他们婚后将他们留在土地上，将会是很好的方法。它可以通过让妻子迁移到丈夫的村子来实现，而不是相反的措施。

从母居是比较少见的婚后居处法则，它与母

主题阅读

关于欧洲农业社会亲属关系的信息，见社会性别章节之后的关于巴斯克人的"主题阅读"。

系继嗣相关。已婚的夫妇会居住在妻子的母亲的团体中，并且他们的孩子会在母亲的村庄中成长。这条规则使得有亲属关系的女性聚在一起。从父居和从母居都被认为是婚后居住的单居制规则（图18.4、图18.5）。

双系继嗣

到现在为止，我们所考察的继嗣规则是允许某些人成为群体成员而排除另外一部分人。单系继嗣规则只使用一个家系，它或者是女性的或者是男性的。单系规则之外的另一条继嗣法则被称为**双系继嗣**（ambilineal descent）或者两可系继嗣。像其他任何社会一样，在这种继嗣规则下，成员身份来自他们拥有共同的祖先。但是，与单系群体不同，两可系群体不会自动地将儿子或者女儿的孩子排除在群体之外。人们可以选择他们想加入的继嗣群（例如，他们可以选择他们父亲的父亲、父亲的母亲、母亲的父亲、母亲的母亲所在的继嗣群）。人们也能改变他们的成员身份，或者同时属于两个或者更多的群体。

单系继嗣是关于先赋地位的问题。两可系继嗣体现的是后致地位。在单系继嗣下，成员身份是自动的，不允许有其他选择。人们生来就是父系社会中父亲群体的成员或者母系社会中母亲群体的成员，而且这种成员身份会持续终生。两可系继嗣允许成员在继嗣群体的归属方面享有更多的弹性。

在1950年之前，继嗣群通常仅仅被描述为父系或者母系的。如果一个社会有父系倾向，则人类学家就会将这个社会归类为父系社会而不是两可系群体。将两可系继嗣作为一个单独的分类，这是对那些继嗣体系比较具有弹性的社会的一种形式上的识别，因为有些社会比起其他的社会要有弹性得多。

家庭与继嗣

与亲属和继嗣相关的是权利、责任和义务。因为很多社会既有家庭又有继嗣群，所以成员对其中一方的义务可能与成员对另一方的义务相对

立，母系社会发生这种情况的可能性比父系社会更大一些。在父系社会里，一个女人通常在结婚时就离开她的家并且在她丈夫的团体中抚养他们的孩子。在离家后，她就不再对她自己的继嗣群承担主要的或者大量的义务。她可以全部投资于她的孩子，而且她的孩子会成为她丈夫群体中的成员。在母系社会中的情况是不同的。一个男人既要对他的再生家庭（他的妻子和孩子）履行重要义务，又要对他最亲密的母系亲属（她的姐妹和姐妹的孩子）履行义务。继嗣群的持续存在依赖的是他的姐妹和姐妹的孩子，因为继嗣者是由女性生育的，所以他在继嗣群中的义务就是照管好她们的福利。他还需要对他的妻子和孩子履行义务。如果一个男人确信妻子的孩子是他亲生的，与他会有所怀疑相比，他会投放更多的精力在孩子身上。

与父系体系相比，母系社会通常存在更高的离婚率和更多的女性滥交行为（Schneider and Gough，1961）。根据科塔克（Nicholas Kottak，2002）的说法，位于莫桑比克北部的马库阿人属于母系社会，一个丈夫会关注他妻子的潜在乱交行为，他的姐妹也会对他的妻子的忠诚感兴趣，因为她不想让她的兄弟将时间浪费在那些可能不是他亲生孩子的人身上，反而减少了他作为一个舅舅（母亲的兄弟）对她的孩子的投入。作为马库阿人生育过程一部分的忏悔仪式表现了姐妹对他兄弟的忠诚。当一个妻子即将分娩时，负责照看她的丈夫的姐妹就会问："谁是孩子真正的父亲？"如果这个妻子说谎，马库阿人相信生孩子会出现难产，通常的结果就是这个女人和/或她的孩子会死去。这是一种重要的亲子鉴定仪式。确保妻子的孩子的确是他的亲生孩子，这是一个丈夫和他的姐妹都感兴趣的问题。

亲属关系的计算

除了研究亲属群体，人类学家对**亲属关系的计算**（kinship calculation）也很感兴趣。亲属关

社会安全与亲属关系类型

我的《对天堂的侵犯》（第 4 版）一书描绘的是阿伦贝培人的社会关系。阿伦贝培是一个我自 20 世纪 60 年代就开始研究的巴西渔业社区，在初次对阿伦贝培进行研究时，我就震惊了，因为在社会关系方面它与人类学家传统上所研究的那些以亲缘为基础的平等主义社会非常相似。在阿伦贝培人对当地生活的性质和存在基础进行总结时，他们会不断提到，"我们这里的人都是平等的"和"我们这里的人都是亲戚"这两句话。就像氏族成员那样（他们宣称有同一个祖先，但是说不清他们的具体关系），大部分村民不能准确地追溯他们与远亲的族谱关系。"有什么区别呢？只要我们知道我们是亲戚就好了。"

就像在大部分的非工业社会里一样，紧密的个人联系建立在亲缘关系的基础上。举个例子，如果一个社会通过神话的形式说明成员彼此都是亲戚，那么社会的团结程度将会得到提高。然而，在阿伦贝培，社会团结要远逊于那些存在氏族和世系的社会，在这些社会中，系谱的使用导致一部分人被纳入一个群体，并且另一部分人被排除这个群体，而且成员身份是通过继嗣群而获得的。强大的社会团结需要有一部分人被排除在外。阿伦贝培人声称他们彼此都是有亲缘关系的，不排除任何一个人在外，这在事实上削弱了他们的亲戚关系在制造和维持群体团结方面的潜力。

权利和义务往往是与亲缘关系和婚姻联系在一起的。在阿伦贝培，亲缘关系越近，婚姻联系就越正式，权利和义务就越多。社会中存在正式和非正式两种婚姻形式。最普遍的婚姻是一种比较稳定的习惯法婚姻。比较少见却更有声望的是法律婚姻，它由地方法官执行并且赋予了继承权。结合了教堂仪式和法律效力的婚姻是最具声望的。

与亲属关系和婚姻相联结的权利和义务构成了当地的社会安全系统，但是人们需要衡量这个系统的收益和成本。最显而易见的成本是：村民必须分享他们的一部分成果。当有野心的人通向当地成功的阶梯后，他们将获得更大的决定权。为了维持他们在公共舆论中的地位，并保证他们老有所依，他们必须分享。然而，分配是一个强力的平均机制。它会消耗人们过剩的财富并限制一个人向上的流动。

这种平均机制到底如何进行呢？就像通常的阶层国家一样，巴西全国性的文化规范都是由上层阶级制定的。通常巴西中上层人士的婚姻既具有法律效力，又在教堂进行。甚至连阿伦贝培人都知道这是结婚的唯一"合适"的方式。所以最成功和最有野心的当地人会模仿巴西上层人士的做法。他们希望通过这种方式来提高自己的声望。

然而，法律婚姻消耗个人的财富，比如，法律规定了一个人对姻亲提供财务帮助的义务。这些义务是经常性的而且花费巨大。对孩子的义务往往伴随着不断增长的支出，因为通常成功人士的子女的存活机会更大，所以伴随收入增长的是对孩子应尽义务的增加。孩子被看成父母的伙伴和经济利益。因为男孩的经济前景确实要比女孩的更光明，所以男孩尤其受到重视。

出生在一个比较富裕而且饮食条件良好的家庭里，孩子的生存机会将得到大幅度的提升。一般家庭会把鱼和土豆、洋葱、棕榈油、醋和柠檬炖在一起做成菜。他们每周会吃一次干牛肉换换口味。烤树薯粉是能量的主要来源，人们每餐都会吃。其他的基本食物包括：咖啡、糖和盐。水果和蔬菜应时节而吃。饮食是不同家庭形成对比的一个主要方面。最穷的人不能经常吃上鱼，他们主要靠树薯粉、咖啡和糖来维持生活。境况较好的家庭的基本食物有牛奶、黄油、蛋类、大米、豆类和丰富的鲜鱼、水果和蔬菜。

足够的收入能够改善饮食条件，并且它为家庭提供了获取超出当地医疗水平的方法和信心。富裕家庭的大多数孩子能够存活下来。但是这意味着更多的人口需要养活，并且（因为这种家庭的家长通常想为他们的孩子提供更好的教育）这意味着在教育上更大的花费。经济成功和大家庭之间的相关性在于大家庭对财富的消耗限制了个人财富的增加。渔业企业家图姆想象得出，如果他要负责这个不断壮大的家庭的衣食、教育，那么他将会面临长期而艰苦的工作。图姆和他的妻子没有失去过孩子。但是他认识到，短期之内，他不断扩大的家庭是他的一个障碍。"但是，最终我将有几个成才的儿子。在我们变老需要他们的时候，他们会来帮助我们的。"

阿伦贝培人都知道谁有能力跟别人分享；在这样一个小社区里成功者是隐藏不住的。居民们在此认识上构筑他们对他人的期望。比起那些比自己穷的人，成功人士需要与更多的亲戚、姻亲和远亲进行分享。人们期望成功的船长和船主为普通的渔民买啤酒喝；商店主人做生意必须诚信。就像在队群和部落中一样，人们希望所有的富人都表现出符合自己身份的慷慨。随着财富的增加，人们更频繁地被邀请参加仪式性的亲属关系。通过洗礼——当有牧师拜访的时候，这个仪式会举行两次，或者可以在外面举行——一个孩子将会拥有两名教父。这些人将成为孩子父母的同伴。伴随财富而来的对仪式性亲属义务的增加是限制个人财富增长的另一个因素。

我们发现在阿伦贝培，亲属关系、婚姻和亲属仪式具有成本和收益的性质。成本会限制个人财富的增长。主要的收益是社会安全，当一个人需要的时候他可以确保他能够获得来自亲戚、姻亲和仪式亲属的帮助。然而，这些收益只有在付出成本之后才能得到。所以获益的人仅仅是那些生活富裕并且又不会明显地违背当地规范尤其是分享规范的人。

系的计算是指一个社会中的人所使用的亲属关系的估算体系。为了研究亲属关系的计算，一个民族志学者必须首先确定在一种特定语言下人们对不同类型的亲属所使用的不同的称谓，接着他们会提出这样的问题："谁是你的亲属？"亲属与种族、社会性别一样（在其他章节中讨论），是被文化建构起来的。也就是说，系谱上的某些亲属被看做是亲属而有些不被看做是亲属。就像我们在本章开头的"新闻简讯"中所看到的关于委内瑞拉贝利人的讨论，甚至不属于系谱亲属的人都会被社会地建构为亲属。尽管从生物性来讲，贝利人只有一个真正的父亲，但是他们认可多个父亲。通过提问，民族志学者挖掘出了"亲属"和作为亲属命名依据的"自我"之间明确的系谱关系。"自我"在拉丁文中是"我"的意思。在图18.4的亲属关系图表中，"我"指的是读者自己，是从你的角度来面对你的亲属。通过向当地人询问一些相同的问题，民族志学者就了解到这个社会中亲属关系计算的范围和方向。民族志学者也开始理解亲属关系计算与亲属群体之间的关系，即人们如何通过亲属关系产生和维持人际关系并且加入社会群体。在图18.4中，黑色的方块表示"自我"表明了正在考察的是关于谁的亲属关系计算。

系谱亲属类型和亲属称谓

在这里，我们可能要对"亲属称谓"（称呼不同的亲属时所用的特定语言）和"系谱亲属类型"进行区分。如图18.4所显示的那样，我们使用字母和符号来指明系谱亲属关系。系谱亲属关系指的是一种真实的系谱关系（例如父亲的兄弟）而不是亲属称谓（例如叔叔）。

亲属称谓反映了特定文化对亲属关系的社会建构，一种亲属称谓可能（并且通常）会将好几种系谱关系合并在一起。例如，在英国，我们使用"父亲"这一称谓主要是指系谱父亲这一种亲属类型。但是"父亲"也可以延伸到"养父"或者"继父"这一层面，甚至是"教

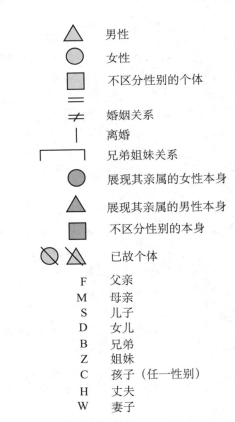

△	男性
○	女性
□	不区分性别的个体
＝	婚姻关系
≠	离婚
|	兄弟姐妹关系
⌐	
●	展现其亲属的女性本身
▲	展现其亲属的男性本身
■	不区分性别的本身
⊘ ⍍	已故个体
F	父亲
M	母亲
S	儿子
D	女儿
B	兄弟
Z	姐妹
C	孩子（任一性别）
H	丈夫
W	妻子

图18.4 亲属关系符号和系谱亲属类型表示法

父"。祖父包括母亲的父亲和父亲的父亲。"堂表兄弟姐妹"这一称谓将好几种亲属类型合并在一起。甚至连较明确的"第一代堂表兄弟姐妹"也包括：母亲兄弟的儿子（MBS）、母亲兄弟的女儿（MBD）、母亲姐妹的儿子（MZS）、母亲姐妹的女儿（MZD）、父亲兄弟的儿子（FBS）、父亲兄弟的女儿（FBD）、父亲姐妹的儿子（FZS）、父亲姐妹的女儿（FZD）。"第一代堂表兄弟姐妹"结合了至少8种系谱亲属类型。

叔叔包括母亲的兄弟和父亲的兄弟，而阿姨包括母亲的姐妹和父亲的姐妹。我们也会用叔叔和阿姨指代我们家族中姨妈和叔叔的配偶。我们以相同的称谓称呼母亲的兄弟和父亲的兄弟，那是因为我们将他们看做相同类型的亲属。称他们为叔叔，我们就可以将他们与另一种亲属类型F——父亲区别开来。但是在很多社会中，一个很普遍的现象就是父亲和父亲的兄弟有相同的称谓，下面让我们来看一下为什么会这样。

在美国和加拿大，尽管单亲家庭、离婚和再婚的比例在上升，但是事实是：核心家庭一直是建立在亲属基础上的最重要的群体。现代国家中核心家庭相对孤立于其他的亲属群体这一现象反映了工业经济下人们在出卖劳动力以获取薪酬的过程中进行的地理性迁移。对于北美人来说，将属于他们核心家庭的亲属与那些不属于核心家庭的亲属区别开来是合理的。我们较有可能在父母身边成长而不是在我们的叔叔和阿姨身边成长。我们一般见到父母的机会比较多。对那些居住在不同的城镇和城市里的叔叔阿姨，我们见到的机会要少。我们一般会继承父母的财产，但是我们的堂表兄弟姐妹拥有我们叔叔阿姨财产的第一继承权。如果我们的婚姻是稳定的，只要孩子还留在家里，我们就每天都能看到他们，他们是我们的继承者。与我们的外甥女、侄女和外甥、侄子相比，我们感觉与自己的孩子更亲密一些。

美国的系谱亲属计算和亲属称谓反映了这些社会特征。这样，叔叔这个称谓就将母亲的兄弟和父亲的兄弟这一亲属类型与父亲这一亲属类型区别开来，但是这一称谓也合并了亲属类型，我们以相同的称谓称呼母亲的兄弟和父亲的兄弟，

但是这是两种亲属类型。我们这样做的原因是美国的系谱亲属计算是双边的，在追溯与前辈的关系时，女性和男性例如母亲和父亲，他们的地位是平等的。两种类型的叔叔都是我们父母一方的兄弟，我们将他们看做是类型大致相似的亲属。

"不，"你可能会反对，"与父亲的兄弟相比，我感到与母亲兄弟的关系更亲密"，这是可能的。在具有代表性的美国学生的样本中，我们会发现一种分歧，有的学生会喜欢这一方，有的学生会喜欢另一方。实际上我们预计会存在一点母方倾向，母方倾向是指比较偏爱母亲一方的亲属。这种现象的发生是有很多原因的。当今孩子仅由父母中的一方来抚养，这一方通常是孩子的母亲而不是孩子的父亲，而且即使在完整的婚姻下，在处理包括家庭拜访、聚会、假日和扩大家庭关系在内的家庭事务方面，妻子一般比丈夫扮演更为积极的角色。这通常会使得她的亲属网络要强于丈夫的亲属网络并且导致母方倾向。

双边亲属关系是指人们通常将女性和男性双方的亲属关系看作是相似的或者平等的。这种双边性表现在相互作用、共同居住或者邻近居住、获得亲属的继承权方面。我们通常不会继承叔叔的财产，但是如果要继承的话，在继承父亲兄弟的财产和继承母亲兄弟的财产方面，我们享有同等的机会。我们通常不会跟阿姨住在一起，但是如果会，我们与父亲的姐妹居住在一起的机会与跟与母亲的姐妹居住在一起的机会是相同的。

亲属称谓术语

在不同的文化中，人们如何思考和定义亲属关系是不同的。在任何文化中，亲属称谓都是一个分类体系、分类单位或者类型分类法。它是一种地方性的分类单位，在特定的社会中历经数代发展。一种本地的分类体系建立在人们如何思考被分类事物的相似性和差异性的基础上。

但是，人类学家已经发现：对于人们会如何划分他们的亲属，世界上仅存有限的几种形式。语言极为不同的人可能会使用极其相同的称

主题阅读

关于加拿大统一性和多样性的描述，见紧随"语言与交流"一章的"主题阅读"。

谓。这一部分考察了对父母一代的亲属进行分类时的四种主要方式：直系型、二分合并型、行辈型、二分旁系型。我们也会思考这些分类系统的社会联系（注意这儿所描述的每种体系都适应于父母一代，在自我这一代，也会有不同的亲属称谓）。这些体系包括对兄弟姐妹和堂表兄弟姐妹的分类。爱斯基摩式、易洛魁式、夏威夷式、克劳式、奥马哈式、苏丹式这六种称谓体系是以那些传统上使用它们的社会来命名的。你可以在下面的网址中看到关于这些分类的图表和讨论：http://anthro.palomar./edu/kinship/kinship._5.htm;http:// anthro.palomar.edu/kinship/kinship_6.htm;http://www.umanitoba.ca/anthropology/tutor/kinterms/index.html。

每一种亲属称谓体系都有一种**功能性解释**（functional explanation），例如直系型、二分合并型、行辈型称谓。功能性解释试着将特殊的习俗（例如亲属称谓的使用）与社会的其他因素如继嗣和婚后居处法则联系起来。文化的特定方面是其他文化的功能。也就是说，它们是相关变量，所以当它们中的一个变量发生变化时，其他变量也不可避免地会发生变化。在特定的称谓下，社会关系是很明确的。

亲属称谓提供了有关社会形式的有用信息。如果两个亲属具有相同的称谓，我们就可以假设他们拥有同等重要的社会属性。人们与亲属如何联系、人们如何理解亲属以及人们如何对亲属进行分类，这会受到几个因素的影响。例如，传统上某些类型的亲属是否住在一起？他们距离多远？他们彼此如何互惠并且各自的义务是什么？他们属于同一继嗣群的成员还是不同继嗣群的成员？记住了这些问题，让我们来考察一下亲属称谓体系。

直系称谓

我们自己的亲属分类体系被称为"直系体系"（图 18.5）。

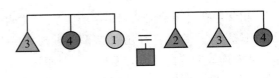

① 母亲　③ 叔、伯、舅、姨父、姑父
② 父亲　④ 伯母、舅母、婶、姑、姨

图 18.5　直系亲属称谓

数字 3 和浅色代表的是"叔叔"这一称谓，这一称谓同时适用于父亲的兄弟和母亲的兄弟。存在**直系亲属称谓**（Lineal kinship terminology）的社会的特征是：核心家庭是建立在亲属关系上的最重要的群体，如美国和加拿大。

直系亲属称谓与世系完全没有关系，世系存在于极其不同的社会背景中（那些背景是什么？）。直系亲属称谓的名称来自它能将直系亲属和旁系亲属区分开来。这是什么意思呢？一个直系亲属就是自我的祖先或者后代，可沿着一条直线向上或者向下连接到自我的任何一位亲属（图 18.6）。因而，一个人的直系亲属指的是一个人的父母、祖父母、曾祖父母以及其他的直系前辈，直系亲属也包括子女、孙子女、曾孙子女。旁系亲属是其他的亲属，他们包括：兄弟姐妹、侄子外甥和侄女外甥女、阿姨和叔叔、堂表兄弟姐妹（图 18.6）。姻亲是通过婚姻结成的亲属，它或者是通过直系亲属的婚姻（例如儿子

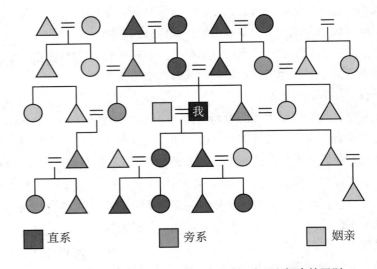

■ 直系　　■ 旁系　　■ 姻亲

图 18.6　以自己为中心认识到的直系、旁系和姻亲的区别

的配偶），或者是通过旁系亲属的婚姻（姐妹的配偶）。

二分合并称谓

二分合并亲属称谓（bifurcate merging kinship）（图18.7）将母亲一方的亲属和父亲一方的亲属分开。但是它也将父母中任一方的同性兄弟姐妹合并在了一起。因而，母亲和母亲的姐妹被合并到同一称谓下（1），同时"我"对父亲和父亲的兄弟采用相同的称谓（2），"我"对母亲的兄弟采用不同的称谓（3），"我"对父亲的姐妹采用不同的称谓（4）。

人们在使用单系继嗣法则（母系或者父系）

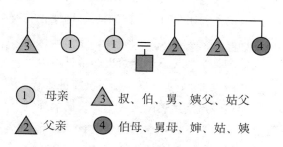

① 母亲　　③ 叔、伯、舅、姨父、姑父
② 父亲　　④ 伯母、舅母、婶、姑、姨

图18.7　二分合并亲属称谓

和单一地点婚后居住法则的社会中会用到这种称谓体系。当社会是单系继嗣并单一地点婚后居住法则时，二分合并称谓体系的逻辑就相当清晰了。例如，在父系社会中，父亲和父亲的兄弟属于同一继嗣群，他们具有同样的社会性别，属于同一世代。因为父系社会通常采用从父居法则，所以父亲和他的兄弟会生活在同一个当地群体中。因为他们具有很多相同的社会属性，所以"自我"就将他们看做是同等的，并且以同一称谓（2）来称呼他们。但是，母亲的兄弟属于不同的继嗣群，他们居住在其他的地方，所以就有不同的亲属称谓（3）。

在父系社会中母亲和母亲的姐妹是怎样的呢？她们属于相同的继嗣群，同一社会性别和同一代人。通常她们会跟来自同一村庄的男性结婚并且居住在那里。这些社会相似性可以解释为什么"自我"对她们使用相同的称谓（1）。

相似的考察也适应于母系社会。设想一个社会中有两个母系氏族，乌鸦族和狼族。自我是他母亲氏族——乌鸦族的成员。"自我"的父亲是狼族的成员。他母亲和母亲的姐妹是乌鸦族的同一代人。如果是从母居，就像通常的母系社会一样，她们会居住在同一个村庄里。因为她们的社会性如此相似，所以"自我"以同样的称谓（1）来称呼他们。

但是父亲的姐妹属于一个不同的继嗣群，她们是狼族成员，居住在别的地方并且具有不同的称谓（4）。自我的父亲和父亲的兄弟属于同一世代的狼族男性，如果他们与来自同一氏族的女性结婚并且居住在同一个村庄，那么这会导致他们社会相似性的增加并且强化这种使用方式。

行辈称谓

就像二分合并称谓一样，在**行辈亲属称谓**（generational kinship terminology）形式下，父亲和他的兄弟、母亲和她的姐妹具有相同的称谓，但是这种类型的合并更彻底（图18.8）。在行辈称谓下，对于父母一代的人仅有两个称谓，我们可以将它们翻译为"父亲"或"母亲"，但是更为精确的翻译应该是"父母一代的男性成员"和"父母一代的女性成员"。

关于亲属称谓的回顾和测验，见网络探索。
mhhe.com/kottak

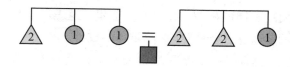

① 母亲
② 父亲

图18.8　行辈亲属称谓

行辈亲属称谓并不会区分父亲一方和母亲一方。它虽然不是二分型的，但是它却存在合并。"自我"对父亲、父亲的兄弟、母亲的兄弟会使用一种称谓。在单系社会里，这三种亲属类型永远不可能属于相同的继嗣群。行辈亲属称谓形式下，"自我"对母亲、母亲的姐妹、父亲的姐妹

在我们的社会中，核心家庭如果不在统计数据上也至少在意识形态上依然占据主导。设想一个人们不确定或不关心自己实质上的母亲是谁的社会。想一想我在马达加斯加田野中的助手拉比，他是贝齐雷欧人。我曾经工作过的一个村庄是他的出生地，他在那里由他父亲的姐妹抚养长大。我问过他，"为什么会这样呢？"拉比告诉我有两姐妹，其中之一是他母亲，另一个是母亲的姐妹。他知道她们的名字，却分辨不出谁是谁。作为贝齐雷欧人中常见的孩童寄养和收养的例证，拉比在蹒跚学步时被交由他父亲的没有子嗣的姐妹抚养。他的母亲及其姐妹住得很远而且在他很小的时候就死了，所以他不太认识她们。但他与父亲的姐妹很亲近，他称呼她为母亲。事实上，他不得不这么做，因为贝齐雷欧人采用行辈称谓。他们用同一个术语 reny 称呼母亲、母亲的姐妹和父亲的姐妹。贝齐雷欧人生活在一个双系（尽管有父系倾向）社会，使用与双系相关的行辈称谓。由于贝齐雷欧人社会性地建构了亲属关系并鼓励寄养（通常由无子嗣的亲戚），以

这些方式，"真实"的和社会建构的亲属关系的差别对拉比及其他像他一样的人而言就无所谓了。

对比贝齐雷欧个案和美国人关于亲属关系与收养的态度。在家庭导向的电台谈话节目中，我听到过主持人"协助专家"区分"生母"和养母，"生物父亲"和"情感上的父亲"。后者可能是养父，或者对某人而言"像父亲"的继父。美国文化似乎鼓励亲属关系是而且应该是生物性的这种观点。美国人对亲属关系的社会建构存有疑问。我们越来越少地被警告不要寻找自己的亲生父母（这之前被视为破坏性的而不被鼓励），即使我们已经拥有养父母的完满的养育。一个被收养的人追溯其亲生父母所能给出的常见理由是以生物性为基础的——去发现家族健康史，包括遗传性疾病。美国人对生物亲属的强调还可见于近期的 DNA 检测。通过跨文化比较理解我们自己，帮助我们认识到亲属和生物性不总是也无须相重合。

使用相同的称谓。在单系社会里，这三种类型的亲属也不会属于同一个群体的成员。

然而，行辈亲属称谓表明了自我与"自我的"叔叔和阿姨的亲密性，这种亲密性要强于在美国人和其他亲属类型中存在的亲密性。如果你把你的叔叔叫做父亲，把你的阿姨叫做母亲，你会怎么样呢？行辈亲属称谓形式更多存在于亲属关系比我们社会更为重要的文化中，而且在这种文化中，父亲一方与母亲一方没有严格的区分。

相应的，行辈亲属称谓是实行两可系继嗣群的社会的典型特征。在这样的背景下，继嗣群的成员身份不是自动的。人们可能会选择他们要加入的群体，改变他们的成员身份或者同时属于两个或者更多个继嗣群。行辈亲属称谓符合这样的

关于亲属制度的测验，见互动练习。
mhhe.com/kottak

条件。人们使用亲密的亲属称谓表明他与父母一代的所有亲属都保持着密切的人际关系。人们在他们的阿姨、叔叔和父母面前表现出相似的行为，有一天他们需要选择加入一个继嗣群。另外，在两可系社会中，婚后居处法则通常也是两可居的。这就意味着已婚夫妇可以跟丈夫的群体一起生活，也可以与妻子的群体一起生活。

值得注意的是，行辈亲属称谓也是包括喀拉哈里沙漠的桑人和北美几个土著社会在内的一些觅食队群的特征。这种称谓的使用反映了觅食队群与两可系继嗣群体的某些相似性。在这两种社会中，人们都可以选择他们的群体归属。觅食者总是跟亲属住在一起，但是他们经常转变队群归属，所以在他们的一生中，他们可能会是几个不

同队群的成员。如同实行两可系继嗣的食物生产社会一样，觅食者使用行辈称谓有助于维持他们同父母那一代亲属的密切关系，自我可能会利用这些关系作为他进入不同社会的条件。表18.4概括了亲属群体的类型、婚后居处法则以及与四种亲属称谓相联系的经济。

二分旁系称谓

在四种亲属分类体系中，**二分旁系亲属称谓**是最特别的。它对父母一代的六种亲属类型分别使用不同的称谓（图18.9）。二分旁系称谓不像其他的类型那样普遍。使用这种称谓的很多国家位于北非和中东，并且它们之中有很多属于同一祖先群体的分支。

当孩子的父母有着不同的种族背景，而且孩子用不同的语言来称呼他的叔叔和阿姨时，二分旁系称谓也可以使用。因而，如果你的母亲是拉丁人，你的父亲是英裔美国人，在你母亲那边，你会称呼你的阿姨和叔叔为"tia"和"tio"，但是在你父亲那边，你会称呼你的阿姨和叔叔为"aunt"和"uncle"。并且你的母亲和父亲可能是"Mom"和"Pop"。这是二分旁系亲属称谓的现代形式。

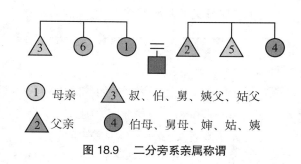

① 母亲　③ 叔、伯、舅、姨父、姑父
② 父亲　④ 伯母、舅母、婶、姑、姨

图18.9　二分旁系亲属称谓

表18.4	四个亲属称谓体系及其社会经济相关因素		
亲属称谓	亲属团体	居处法则	经济
直系	核心家庭	新居	工业，觅食
二分合并	单系继嗣群——父系或母系	单边居——从父居或从母居	园艺，牧业，农业
行辈	双系继嗣群，队群	双边居	农业，园艺，觅食
二分旁系	多样	多样	多样

本章小结

1. 在非工业社会，亲属关系、继嗣和婚姻组织着社会和政治生活。在研究亲属关系的时候，我们必须区分不同的亲属群体，考察他们的构成、活动和亲属体系的计算方式，亲属体系的计算指的是人们如何识别和定义他们的亲属。

2. 核心家庭是一种广泛存在的亲属群体，它包括一对已婚夫妇和他们的孩子。核心家庭的功能是可以被替代的，即其他的群体也可以承担那些与核心家庭相关的功能。核心家庭通常在觅食社会和工业社会更为重要。在农业者和牧民那里，其他的亲属群体经常会使核心家庭黯然失色。

3. 核心家庭是当代北美中产阶层家庭群体的特征。扩大家庭户和与扩大家庭成员的共享在穷人那里更为常见，他们为了应对贫困而共享资源。但是，如今核心家庭的数量随着单亲家庭和其他的家庭安排的增加而减少了，这甚至发生在中产阶层中间。

4. 继嗣群是非工业食物生产者（农民和牧民）最基本的亲属群体。与家庭不同，继嗣群体具有持久性，它们可以持续数代。继嗣群体的成员共享和管理的共同财产包括：土地、牲畜和其他的资源。存在几种不同类型的继嗣群体。世系建立在明确的继嗣基础上，而氏族建立在模糊的继嗣基础上。单系（父系和母系）继嗣是与单一地点的（对应的是从父居和从母居）婚后居住法则相联系。一个人对继嗣群的义务可能与一个人对再生家庭的义务相冲突，特别是在母系社会里，这种情况更容易出现。

5. 亲属称谓是一种亲属分类，它是建立在所谓的相似性和差异性基础上的。比较研究已经显示了关于亲属分类的几种有限方式。因为亲属称谓和其他的社会行为是有联系的，所以我们经常从文化的其他方面来预测亲属称谓。四种对于父母辈的基本亲属称谓是：直系型、二分合并型、行辈型、二分旁系型。很多觅食社会和工业社会使用直系称谓，这是与核心家庭组织相联系的。实行单一地点居住和单系继嗣的文化通常会使用二分合并亲属称谓。行辈型称谓是与两可系继嗣和两可系居住相联系的。

关键术语

姻亲 affinals　通过婚姻结成的亲属，无论是直系（儿子的妻子）还是旁系（姐妹的丈夫）。

双系继嗣 ambilineal　一种继嗣原则，它不会自动地将儿子或者女儿的孩子排除在群体之外。

二分旁系亲属称谓 bifurcate collateral kinship terminology　在这种亲属称谓下，对母亲、父亲、母亲的兄弟、母亲的姐妹、父亲的兄弟、父亲的姐妹分别使用不同的称谓。

二分合并亲属称谓 bifurcate merging kinship terminology　在这种亲属称谓下，母亲和母亲的姐妹拥有同样的称谓，父亲和父亲的兄弟拥有同样的称谓，母亲的兄弟和父亲的姐妹拥有不同的称谓。

双边亲属计算 bilateral kinship calculation　在这一体系下，亲属关系的计算在两种性别那里是平等的，例如母亲和父亲、姐妹和兄弟、女儿和儿子等。

氏族 clan　建立在模糊祖先基础上的单系继嗣群体。

旁系亲属 collateral relative　亲属系谱上不属于"自我"直系亲属的那些亲属，例如兄弟、姐妹、父亲的兄弟和母亲的姐妹。

继嗣群 descent group　一个持续的社会单位，它的成员承认他们有共同的祖先，继嗣群是部落社会的基础。

自我 ego　拉丁文中指的是"我"，在亲属关系图表中，它指的是一个人在思考以自我为中心的系谱时开始的那一点。

扩大家庭 extended family household　包括三代或者三代以上的扩展家庭。

原生家庭 family of orientation　一个人出生和成长的核心家庭。

再生家庭 family of procreation　当一个人结婚并有了孩子之后建立的核心家庭。

功能性解释 functional explanation　对于社会习俗的相互关系的解释，当习俗是功能相关时，如果一个改变了，其他的也会改变。

行辈亲属称谓 generational kinship terminology　对于父母一辈的亲属只有两种称谓的亲属称谓，一种用来称呼母亲、母亲的姐妹和父亲的姐妹，另一种用来称呼父亲、父亲的兄弟和母亲的兄弟。

亲属计算 kinship calculation　特定社会中计算亲属关系的体系。

世系 lineage　建立在明确继嗣基础上的单系继嗣群。

直系亲属称谓 lineal kinship terminology　对于父母一代的亲属称谓有四种，一种是用来称呼母亲，一种是用来称呼父亲，一种是用来称呼父亲的兄弟和母亲的兄弟，一种是用来称呼母亲的姐妹和父亲的姐妹。

直系亲属 lineal relative　自我的祖先或者后代，可沿着一条直线向上或者向下连接到自我的任何一位亲属（例如父母、祖父母、孩子和孙子女）。

母系继嗣 matrilineal descent　单一继嗣法则，在这儿人们会在出生时就自动成为母亲群体的成员并且这个身份是终生的。

1. 为什么亲属关系对人类学家而言如此重要？亲属关系的研究在文化人类学之外的其他人类学领域有何助益？

2. 你属于哪种家庭？你曾经属于过其他种类的家庭吗？在你成长过程中，与你同学的家庭相比，你对自己的家庭有什么感觉？

3. 选择两个取向不同于你自己家庭的朋友家庭。

它们如何不同？

4. "家庭"和"家庭价值观"对你来说意味着什么？

5. 你所使用的亲属称谓与本章所讨论的四个分类体系相比是怎样的？你所听过的（在你的朋友或熟人之中）最奇怪的亲属称谓术语是什么？

补充阅读

Carsten, J.

2004 *After Kinship*. New York: Cambridge University Press. 用人类学路径重新思考现代世界中的亲属关系。

Collier, J. F, and S. J. Yanagisako, eds.

1987 *Gender and Kinship: Essays toward a Unified Analysis*. Stanford, CA: Stanford University Press. 在社会性别语境中考察亲属关系。

Finkler, K.

2000 *Experiencing the New Genetics: Family and Kinship on tile Medical Frontier*. Philadelphia: University of Pennsylvania Press. 考察亲属关系的医学和遗传学方面，包括当下医学/遗传学争论的社会维度。

Hansen, K. V.

2004 *Not-So-Nuclear Families: Class, Gender, and Networks of Care*. New Brunswick, NJ: Rutgers University Press. 基于阶级、性别和亲属关系的支持网络。

Hansen, K. V., and A. I. Garey, eds.

1998 *Families in the U.S.: Kinship and Domestic Politics*. Philadelphia: Temple University Press. 当下美国社会中的家庭、家庭的政治和多样性。

Netting, R. M. C., R. R. Wilk, and E. J. Arnould, eds.

1984 *Households: Comparative and Historical Studies of the Domestic Groups*. Berkeley: University of California Press. 关于家户研究的论文的杰出选集。

O' Dougherty, M.

2002 *Consumption Intensified: The Politics of Middle-Class Daily Life in Brazil*. Durham, NC: Duke University Press. 当代巴西的家庭和消费。

Parkin, R.

1997 *Kinship: An Introduction to Basic Concepts*. Cambridge, MA: Blackwell. 亲属关系研究的基础。

Parkin, R., and L. Stone, eds.

2004 *Kinship and Family: An Anthropological Reader*. Malden, MA: Blackwell. 最新的读本。

Pasternak, B., C. R. Ember, and M. Ember

1997 *Sex, Gender, and Kinship: A Cross-Cultural Perspective*. Upper Saddle River, NJ: Prentice Hall. 比较视野下的性别角色、亲属关系和婚姻。

Radcliffe-Brown, A. R., and D. Forde, eds.

1994 *African Systems of Kinship and Marriage*. New York: Columbia University Press. 经典著作的重新出版，对理解亲属关系、继承和婚姻不可或缺。

Stacey, J.

1998 *Brave New Families: Stories of Domestic*

Upheaval in Late Twentieth Century America. Berkeley: University of California Press. 当代美国的家庭生活，基于在加利福尼亚硅谷的田野工作。

Stone, L.

2001 *New; Directions in Anthropological Kinship.* Lanham, MD: Rowman and Littlefield. 当代人类学家如何思考亲属关系。

Willie, C. V.

2003 *A New Look at Black Families*, 5th ed. Walnut Creek, CA: AltaMira.通过案例研究表达家庭经历与社会经济状况的关系。

Yanagisako, S. J.

2002 *Producing Culture and Capital: Family Firms in Italy*. Princeton, NJ: Princeton University Press.家庭能赚钱。

在线练习

1. 亲属关系与冲突：登录亚诺马米（yanamamo）互动：了解斧战网页（http://www.anth.ucsb.edu/projects/axfight/index.html），然后找到光盘的网络版（http://www.anth.ucsb.edu/projects/axfight/prep.html），观看电影《斧战》并阅读《Chagnon之声——对1975年斧战的叙述》一文。以下的问题要求你阐释这场争斗，不止一次地观看影片和阅读文本对于理解是必要的。

   a. 争斗的起因是什么？

   b. 谁是侵略者？他们在袭击谁？

   c. 随着战斗的升级，更多的人加入进来。他们与挑起争斗的人之间是什么关系？为什么这很重要？

   d. 亲属关系对于理解这场冲突有多重要？你能从你自己的社会中发现这种亲属关系加剧或扩大冲突的例子吗？

2. 继嗣与生计：打开民族志的阿特拉斯（Atlas）交叉列表网页（http://lucy.ukc.ac.uk/cgi-bin/uncgi/Ethnoatlas/atlas.vopts）。这一网站对众多群体的民族志信息进行了汇编，你可以用所提供的工具交叉分析某些特征的流行状况。在"选择排类别"下选择"地区"在"选择专项类别"下选择"继嗣"。点击提交查询按钮。会出现一个表格，显示的是世界各地区继嗣类型的频度。

   a. 看继嗣的那一整排。在世界范围内，哪些继嗣形式是最常见的？其中最常见的是哪一种？是你自己社会中你最熟悉的那种吗？

   b. 大多数父系社会分布在哪里？多数双系继嗣社会分布在哪里？在这个太平洋岛上，有哪一种继嗣制度是占主导地位的吗？

   c. 现在回到民族志的阿特拉斯（Atlas）交叉列表网页，将"选择排类别"从"地区"切换为"生计经济"并点击提交查询按钮。多数父系社会都实行哪种生计经济？母系社会更可能采用狩猎、采集或渔猎还是采用农业？这种模式和父系继嗣群一样牢固吗？双边继嗣群操持的生计经济有相应的牢固的模式吗？

3. 亲属称谓：登录由曼尼托巴大学人类学系教授Brian Schwimmer创制的网站（http://www.umanitoba.ca/faculties/arts/anthropology/kintitle.html），点击"开始教程"。然后点击话题3——亲属称谓。点击接下来两个页面左下角的"继续"直至到达"系统的亲属称谓"网页。向下滚动鼠标，找到标示"爱斯基摩式亲属称谓"的图表。

   a. 爱斯基摩式表亲称谓符合本书论及的哪种亲代亲属称谓（直系、二分合并、行辈还是二分旁系）？

   b. 找到上述问题在针对易洛魁式、夏威夷式和苏丹式称谓时的答案。

   c. 你是否发现在亲代（父母、姨和叔）使用的称谓与同辈（兄弟姐妹和表亲）称谓之间的逻辑关系？

d. 这种相关的亲属称谓是如何嵌合进特定的亲属团体如核心家庭、单系继嗣群和双边继嗣群的?

e. 在网页底部,你能看出奥马哈式亲属称谓是如何与父系继嗣相适应,而克劳式亲属又是如何可能与母系继嗣相适应的吗?

请登录McGraw-Hill在线学习中心查看有关第18章更多的评论及互动练习。

科塔克,《对天堂的侵犯》,第4版

阅读第3章和第11章并评论亲属关系和仪式性亲属关系对 Dora 和 Fernando 的作用。不同于 Alberto 和 Tomé,为什么 Fernando 不得不如此依赖仪式性亲属关系呢? Dora 可以向哪位亲属寻求现在和以后的支持? 看第3章其他像 Dora 的例子,他们的地位如何以及他们是如何运用当地的亲属关系制度的?

彼得斯-戈登,《文化论纲》,第4版

阅读第10章《努尔人:牛与亲属关系在苏丹》。努尔人传统的继嗣制度称为分支世系组织(SLO),为解决分歧和调动亲属团体间的支持提供了有效途径。但是近年来,苏丹内战和民族冲突导致广泛的再定居和当今的难民危机。也有数千努尔人移民到了美国。本章关于努尔人的论述说明亲属联姻潜在的政治意义。对于努尔侨民而言,在缺乏作为传统努尔社群基础的政治联结和村落联结的情况下,要创造新的社会联结可能会面临哪些挑战?

克劳福特,《格布斯人》

根据《格布斯人》第4章的信息,为什么亲属关系对于理解格布斯人的社会生活而言很重要? 格布斯人如何追溯继嗣? 格布斯人在世系和氏族中追溯继嗣的方式有何差异? 什么是奥马哈式亲属称谓? 它对于格布斯人有多重要?

第**19**章
婚姻

章节大纲：

什么是婚姻？

"**爱**情和婚姻"以及"婚姻和家庭"，这些熟悉的词语显示出我们如何把两个人的浪漫爱情跟婚姻结合在一起，也显示了我们如何把婚姻与繁殖和家庭生育联系起来。但是除了繁殖以外，婚姻本身还是一项有着重要角色和功能的制度。到底什么是婚姻呢？

对于婚姻的界定，现在还没有一个可以广泛到能够适应所有的社会和情形的定义。一个经常被引用的定义来自《人类学的询问与记录》(*Notes and Queries on Anthropology*)：

婚姻是一个男人和一个女人的结合，这样女人所生的孩子就被认为是这对父母的法定子女（Royal Anthropological Institute，1951，p.111）。

从某些方面来说，这个定义也不是完全令人信服的。在很多社会中，一个婚姻单位并不只是一对配偶，就像在本章"新闻简讯"中提到的肯尼亚人。当一个男人与两个或两个以上的女人结婚，或者一个女人和一群兄弟结婚时（这是存在于某些喜马拉雅山地区的典型文化，这种婚姻安排被称为兄弟共妻），我们称这样的婚姻为多偶婚姻。在巴西阿伦贝培社会中，人们可以从多种婚姻形式中进行选择。很多人选择以家庭伙伴关系长期生活在一起，因为这种伙伴关系是一种习惯法，所以不会受到法律的制裁。也有一些人选择世俗婚姻的形式，这种婚姻经过民事法官的特许，受到法律承认。还有一些人通过宗教仪式的形式，这样他们就通过"神圣的婚姻"结合在一起，尽管这种婚姻形式并不是法律性的。还有一些人同时采用世俗婚姻和宗教婚姻两种形式。不同的婚姻形式允许一个人拥有多个配偶（例如一个配偶是习惯法婚姻上的、一个是世俗婚姻的、一个是宗教婚姻的）却不会导致离婚。

一些社会还承认多种形式的同性婚姻。例如，在苏丹努尔人那里，如果一个女性的父亲只有女儿而没有男性继承人，为了能够让他的父系家族延续下去，这个女性就可以娶妻。父亲可能会把他的这个女儿作为一个儿子来看待，从而可以让她娶回一个妻子。这个女儿就被努尔社会公认为是另一个女性（她所娶的妻子）的丈夫。这是一种象征性和社会性的关系，而不是一种性关系。这个"妻子"会跟另外的一个或者几个男性有性生活，直到她怀孕为止，而且这些男性必须得到她的女性"丈夫"的同意。这个妻子所生育的孩子就被认作是这对女性夫妻的子女。尽管这个女性丈夫并不是孩子真正的父亲，即生物意义上的父亲，但是她是孩子的被社会认可的父亲。在努尔人的例子里，社会父亲比生父更为重要。在这里，我们又一次看到了血缘关系是如何被社会建构起来的。新娘的孩子被看作是她的女性丈夫的法定子女，尽管这个女性丈夫从生物意义上来说属于女性，但是在社会意义上她却是被看作男性，就这样，血统就延续下来。

乱伦与外婚

在很多非工业社会里，一个人的社会世界主要有两类：亲属和陌生人。陌生人是潜在的或者真实的敌人，婚姻是把陌生人转变为亲属，建立和保持具有私人和政治性质的联盟，以及姻亲关系的主要手段。外婚，就是在自己所属群体之外寻找丈夫或者妻子的方式。因为它可以使人们与更大的社会网络建立联系，在需要的时候，这样的社会网络可以提供培养、帮助和保护，所以它具有很强的适应性。

乱伦（incest）指的是近亲间发生性行为。所有的文化中都存在乱伦禁忌。尽管乱伦禁忌在文化上是普遍的，但是不同的文化对乱伦的定义是不同的。举一个例子，我们可以思考一下交表和平表这两种堂表兄弟姐妹区分的含义（Ottenheimer, 1996）。

平表（parallel cousins）是指两个兄弟或者两个姐妹的子女。交表（cross cousins）是指一个兄弟的孩子和一个姐妹的孩子。一个人母亲的姐妹的孩子和一个人父亲的兄弟的孩子都是这个

概览

婚姻通常会涉及家庭成员关系，它是很难定义的。婚姻会确定孩子的合法父母身份，并且婚姻使得配偶一方享有另一方的性服务、劳动力和财产。乱伦禁忌具有文化普遍性，它推动了外婚制的发展，这会起到扩大社会网络和建立同盟的作用。婚姻通常既是两个群体之间的关系，又是个体夫妇之间的关系。新郎的亲属可能会赠送给新娘和新娘的亲属"聘礼"。随着聘礼价值的增加，离婚率会下降。聘礼习俗展示了婚姻是如何建立的，群体联盟是如何维持的。替代婚姻也是如此，例如一个男性在他的妻子死后会与妻子的姐妹结婚，或者一个女性在丈夫死后，会跟丈夫的兄弟结婚。在不同的社会中，离婚的难易度和频率是有所差别的。很多社会认可多偶婚，多偶婚的两种形式是一夫多妻制和一妻多夫制。前一种会有多个妻子，后一种会有多个丈夫，一夫多妻制比一妻多夫制要普遍得多。

内罗毕日志：多偶制是令人困惑的，或它仅是一个家庭价值观问题？

《纽约时报》新闻简讯
作 者：马克·莱西（Marc Lacey）
2003 年 12 月 16 日

在非工业国家里，婚姻是一种在自己亲属之外建立或者保持联盟的重要途径。很多社会允许多偶制婚姻，例如下面描述的肯尼亚。这则新闻故事报道的内容关于一夫多妻制，一夫多妻制是多偶制的一种形式，其特点是一个男人可以拥有一个以上的妻子。人类学家也研究了较为罕见的一妻多夫制，即一个女人可以拥有多于一个的丈夫。婚姻通常是指家庭成员关系，但是一个男子的第二个妻子，有时候这个妻子是由这个男人的第一个妻子挑选的，可能会也可能不会住在第一位妻子住处的附近。在这个肯尼亚事例中，总统的第二位妻子有她自己的住处（他的大牧场），并且在第一位妻子总是出现的那些公共场合，她会表现得很谨慎。在几千年的时间里，富人和有权势的人，尤其是统治者，通过婚姻来建立和维持联盟关系，来获取领土和保卫他们的权利基础。一夫一妻制建立的是与一个群体的联盟，但是多偶制建立的是与多个群体的联盟。

内罗毕，肯尼亚，12 月 15 日，当肯尼亚总统姆瓦伊·齐贝吉在最近到达白宫进行国事访问时，他的妻子露西·齐贝吉跟随在他身边，身穿一件长礼服，显得光彩夺目。

白宫的礼宾处没有处理这种多偶制关系的经验，可能对他们来说，比较幸运的就是齐贝吉先生让他的第二位妻子万布伊留在了家里。

对于齐贝吉先生的多偶婚姻，他的那些亲密朋友和他所出生的那个位于肯尼亚山附近的名为 Othaya 的村庄里的人都已经知道好几十年了。但是直到齐贝吉先生成为总统将近一年的某个星期天早晨，一份当地的报刊，《东非标准报》，在头版登载了齐贝吉先生第二位妻子的肖像，大部分肯尼亚的选民才第一次得知这件事情。

这样的一种复杂的家庭生活在这里是很普遍的，多偶制婚姻绝不仅限于穆斯林，而是在非洲广泛存在，尤其是齐贝吉一代的那些富人，他们能够承担多份嫁妆（聘礼）并且可以承担养活家中多个妻子的成本。

但是由于社会科学家对妇女权利的宣扬，多偶制婚姻越来越不受人们特别是较为年轻的肯尼亚人的欢迎了，并且齐贝吉先生从来没有寻找机会来公开他的生活安排。例如，他的官方竞选网站上仅仅提到了一个齐贝吉夫人。"我不支持共享丈夫的做法，"一位名叫 Rose Nganga 的 20 岁的内罗毕大学生说道，"如果我的丈夫想娶另一个妻子，他要不就跟她分手，要不就跟我离婚，为什么我要成为一个男人的第二个方向盘呢？"多偶制婚姻要和平运转就必须遵循传统。有时候一个较老的妻子可能会帮她的丈夫挑选一个较为年轻的新娘，这通常是为了可以让这个年轻的妻子帮她做一些家务活。但是肯尼亚的报纸里登载的很多故事都是关于一个丈夫的妻子间的争吵，她们会经常地彼此算计，甚至有的时候会打起来……

据报道，齐贝吉先生的家庭生活是比较平静的。露西·齐贝吉，以前是一位学校教师，与齐贝吉先生在 60 年代结婚而且与总统一起生活。万布伊·齐贝吉在 70 年代遇见齐贝吉先生之前，也是一所学校的教师，她住在总统的大牧场。

露西·齐贝吉通常会在庆典场合作为第一夫人出现在齐贝吉先生身边，但是万布伊·齐贝吉经常会坐在第一夫人后方几排的座位上，在上周五肯尼亚纪念独立于英国 40 周年庆典上，她就是这样坐的。

万布伊·齐贝吉有她自己的保安人员，而且她比其他的很多部长更有权力进入总统府大院。国会现在正在争论如果一个退休的总统不止有一个妻子，那么政府是否应该提供福利。

自从一年前丈夫接任总统以来，万布伊·齐贝吉只接受过一次采访，她在采访中说她对自己的安排感觉很满意，"我没有感到自己受到了限制，"她对《东非标准报》说，"我有时间跟他在一起相处，就像在他成为总统之前一样。在我想去议会的时候，我就可以去，并且我没有什么抱怨，我是他的妻子，不成为公众人物并不会让我烦恼。"

齐贝吉先生并不是第一个实行多偶制婚姻的总统，肯尼亚的第一位总统乔莫·肯雅塔（Jomo Kenyatta）也有好几个妻子，尽管这些妻子中只有一个可以担任第一夫人的官方角色。

一个最近退休的议会成员名字叫做 Kihaika Kimani，他有十几个妻子，去年秋天，他设法让其中的两个妻子跟他一样加入到议会中去，但是选民反对她们的候选人资格，也反对他的候选人资格。支持这种做法的人说，在艾滋病盛行的时代，与很多男性喜欢的拥有一个妻子和一个或一个以上的情妇甚至是妓女那种安排相比，多偶制婚姻是一种非常健康的安排。

但是多偶婚的关系也被指责为会助长艾滋病的传播。批评者说，即使在婚姻的伪装下，性伙伴越多，传播疾病的风险就越大，尤其是在一些男性娶了好几个妻子而且他们暗地里还有私通的情况下。在一场旨在消除艾滋病传播的广告运动中，齐贝吉呼吁肯尼亚人"要忠贞"。不过，他避免回答一个比较棘手的问题，即肯尼亚男人应该对多少女人忠贞。

来源：Marc Lacey, "Nairobi Journal; Is Polygamy Confusing, or Just a Matter of Family Values?" *New York Times*, December 16, 2003, late edition, final, section A, p.4, col. 3.

人的平表兄弟姐妹，一个人父亲的姐妹的孩子和一个人母亲的兄弟的孩子都是这个人的交表兄弟姐妹。

在美国人的亲属称谓中，堂兄弟姐妹是不分平表和交表的，但是在很多社会中，尤其是在那些实行单系继嗣的社会中，这种区分是很重要的。举一个例子来说，这个举例可以说明何

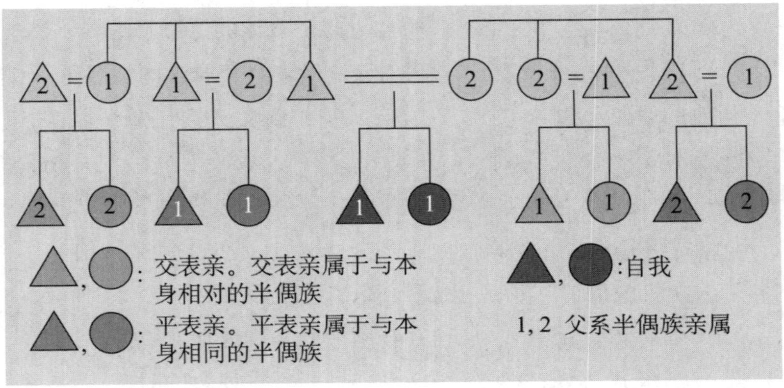

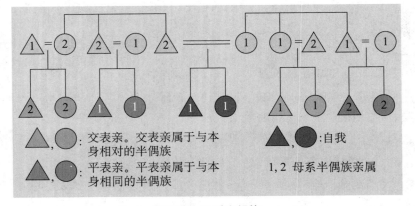

图19.1 平表亲和交表亲以及父系半偶族

图19.2 母系半偶族

为半偶族，偶族这个词来自法语中的 moitié，是"半"的意思。想象一个社会中只有两个世系，这两个世系把这个社会分为两支，这样每个人就只能属于其中的一个世系。一些社会存在的是父系半偶族，一些社会存在的是母系半偶族。

从图19.1 和图19.2 中可以看出，交表兄弟姐妹都是对立的半偶族的成员，而平表兄弟姐妹都是自己半偶族的成员。在父系继嗣社会里（图19.1），人们归属于自己父亲的继嗣群；在母系社会里（图19.2），人们归属于母亲的继嗣群。从这些图解中，可以看出一个人的母亲的姐妹的孩子（MZC）和一个人的父亲的兄弟的孩子（PBC）总是属于这个人自己的群体，一个人的交表堂兄弟姐妹（即 FZC 和 MBC）总是属于另外一个半偶族。

平表兄弟姐妹属于同一代人而且他们跟自己属于同一个继嗣群，他们就好比是自己的兄弟姐妹，所以他们与自己的兄弟姐妹拥有相同的亲属称谓。平表兄弟姐妹被定义为近亲，所以他们之间的性伙伴或者配偶关系是禁忌，但是交表兄弟姐妹就不会这样。

在单系继嗣的半偶族社会里，交表兄弟姐妹总是属于另外一个群体，因为交表兄弟姐妹不被认为是亲属，所以他们之间的性行为不属于乱伦。事实上，在很多单系继嗣社会里，人们必须跟一个交表兄弟姐妹结婚，或者跟来自同一继嗣群的交表兄弟姐妹结婚。单系继嗣规则可以保证一个人与他的交表兄弟姐妹不属于同一个继嗣群

体。在半偶族的外婚制规则下，配偶必须属于不同的半偶族。

在委内瑞拉和巴西的亚诺马米人那里（Chagnon, 1997），男人期望最后可以娶自己的交表姐妹作为自己的妻子。他们称他们的男性交表兄弟为"妻子的兄弟"。亚诺马米妇女称她们的男性交表兄弟为"丈夫"，并且称她们的女性交表姐妹为"丈夫的姐妹"，就像很多实行单系继嗣的社会一样，亚诺马米人认为交表兄弟姐妹之间的性行为是合乎规则的，但是平表兄弟姐妹之间的性行为属于乱伦。

与交表婚相比，一个比较少见的习俗表明了在不同的社会中，人们对亲属和乱伦的定义是不同的。在一个单系继嗣高度发展的社会中，不属于孩子所在的继嗣群的父亲或母亲不被看作是亲属，因此，在严格的父系制度中，母亲不是亲属，而只是一种姻亲，她嫁给了"我"的群体中的一员，也就是嫁给了"我"的父亲。在严格的母系制度下，父亲不是亲属，因为他属于不同的继嗣群体。

东南亚的拉赫人（Lakher）实行严格的父系继嗣（Leach, 1961）。如图19.3，以男性自我为中心，我们假设"我的父亲和母亲离婚了，他们

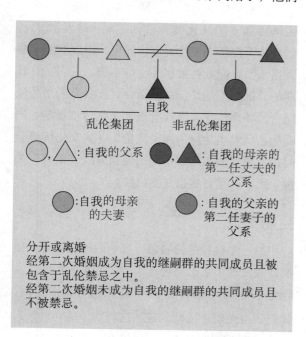

图19.3　拉赫人的父系继嗣群身份和乱伦

自我

乱伦集团　　非乱伦集团

○,△：自我的父系　　●,▲：自我的母亲的第二任丈夫的父系

●：自我的母亲的夫妻　　●：自我的父亲的第二任妻子的父系

分开或离婚
经第二次婚姻成为自我的继嗣群的共同成员且被包含于乱伦禁忌之中。
经第二次婚姻未成为自我的继嗣群的共同成员且不被禁忌。

每个人又再婚并且在第二次婚姻中他们各自有了一个女儿"。拉赫人总是属于他或她的父亲群体，因为所有的父系亲属属于同一个父系继嗣群体，他们的关系被认为太亲近了，所以他们不能结婚。因此，自己不能娶父亲在第二次婚姻中所生育的女儿，就像在当今北美社会中那样，兄妹结婚是非法的。

在我们的社会中，所有的兄妹结婚都属于禁忌，但是，与我们相比，拉赫人允许男性娶同母异父的妹妹，她不属于禁忌范围内的亲属，这是因为她属于她自己父亲的继嗣群，而不属于"我"的继嗣群。拉赫人的例子清楚地表明在界定属于禁忌范围内的亲属和乱伦时，不同的文化是各不相同的。

我们可以把这些观察延伸到严格的母系继嗣社会。如果一个男性的父母离婚了并且他的父亲再婚，则我可以娶我的同父异母的姐妹，相比之下，如果是这个男性的母亲再婚而且有了一个女儿，这个女儿则被看作是这个男性的妹妹，并且他们之间的性关系属于禁忌。因此，虽然有些亲属关系在生物上或者遗传上是同等的，但是不同的文化对亲属关系有着不同的界定和期望。

解释禁忌

虽然是禁忌，但乱伦的确会发生

虽然所有的文化都禁止乱伦，但是文化对这个现象却没有简单的或者公认的解释。对灵长目动物的研究可以提供一点线索吗？对灵长目动物的研究显示：处于青春期的雄性（在猴子中）或者雌性（在猿中）会经常离开它们出生的群体（Rodseth, et al., 1991）。这种迁出减少了乱伦结合的频率，但是它并不完全排除乱伦结合。对野生黑猩猩的DNA测试已经证明，那些生活在一个群体中的成年黑猩猩和他们的母亲存在着乱伦结合。近亲交配行为是人类有冲动但又力图避免的行为，它可能反映出了一个广义上的灵长类趋势。

2002年梅格斯和巴洛对87个社会进行的跨文化研究中表明，在一些社会中乱伦时有发生（Meigs and Barlow, 2002）。例如，查格农认为，

关于婚姻模式的测验，见互动练习。
mhhe.com/kottak

在亚诺马米人那里，"乱伦不会让人恐惧，相反，它广泛地存在着"（Chagnon，1967，p.66）。梅耶·福特斯考察了阿萨蒂人后说道："在古代，乱伦会遭受死亡的惩罚，在当今，犯乱伦罪的人会被重重罚款"（Fortes, 1950, p.257）。哈罗威尔考察了冲绳岛 24 个人的乱伦行为，他得出了这样的结论：其中有 8 例属于父母与子女的乱伦，有 10 例属于兄弟姐妹之间的乱伦（Hallowell, 1955 pp. 294-295）。

在古埃及，兄妹结婚显然不仅在皇室中是被允许的，而且至少在一些地区，平民中也有兄妹结婚。从罗马统治时期的埃及（公元 1 世纪到 3 世纪）的那些保存在莎草纸上面的人口统计资料可以看出，在阿斯诺兹（Arsinoites）地区所有被记录下来的婚姻中，有 24% 属于兄弟姐妹婚，在公元 2 世纪的时候，阿斯诺兹城的兄弟姐妹婚的比例是 37%，而它周围乡村的比例是 19%。比起其他的关于人类近亲繁殖的记录，这些地区的比例要高很多（Scheidel, 1997）。

按照梅格斯和巴洛（Meigs and Barlow, 2002）的说法，数据显示在西方社会的核心家庭中，某些条件会导致父女乱伦的严重风险（Russell, 1886）。在存在继父和没有血缘关系的男性家庭成员时，父女乱伦最经常发生，但是亲生父亲与女儿间的乱伦有时也会发生，特别是在女儿小的时候，那些对女儿不关心或者给予很少关心的父亲身上尤其容易发生乱伦行为（Williams and Finkelhor, 1995）。1995 年，威廉姆斯和芬克霍尔在一项严格设计的研究中发现，如果女儿在 4 到 5 岁的时候能够得到父亲的大量养育，那么父女乱伦的可能性最小。这种经历会加强父亲的养育技巧、他的抚育责任感、保护意识和对女儿的认同感，因而能够减少乱伦。

跨文化的研究显示乱伦和乱伦禁忌是由亲属结构来塑造的。梅格斯和巴洛（Meigs and Barlow, 2002）提出，如果一种文化关注的是父女乱伦的危险和禁忌，那么这种文化与父系的核心家庭结构相关，但是如果一种文化关注的是兄弟姐妹乱伦的危险和禁忌，则这种文化存在于具有非核心家庭结构的社会中，例如世系和氏族。

本能厌恶

霍布豪斯（Hobhouse）和罗维（Lowie）分别在 1915 年和 1920 年提到，乱伦禁忌之所以普遍，是因为乱伦厌恶是本能的：人类对乱伦有着一种基因遗传性的厌恶，因为这种感觉的存在，所以早期的人类禁止乱伦。但是，文化的普遍性并不必然就意味着一种本能的基础。例如，取火也具有文化普遍性，但是它显然不是一种通过遗传而获得的能力。而且，如果人们真的对与自己的血缘亲属交配怀有一种本能厌恶的话，社会中将不存在乱伦行为，那么正式的乱伦禁忌也就没有存在的必要。但是，就像我们刚刚看到的，就像社会工作者、法官、精神病医生和心理学家所知道的，乱伦远比我们想象的要普遍。

对本能厌恶理论的最后反驳就是它不能解释为什么在有的社会里，人们可以跟他们的交表兄弟姐妹结婚，却不能跟他们的平表兄弟姐妹结婚。它也不能告诉我们为什么拉赫人可以跟他们同母异父的兄弟结婚，却不能跟他们的同父异母的姐妹结婚。人类并不先天性地具有区分平表和交表兄弟姐妹的本能。

乱伦禁忌中的特定亲属类型和禁忌本身的产生都存在一个文化的基础而不是一个生物的基础。甚至在非人灵长类动物那里，也没有明确的证据表明它们具有抵制乱伦的本能，它们在青春期的分散并不是禁止乱伦结合，而只是限制乱伦结合的频率。在人类社会里，文化传统规定了与哪些亲属发生性行为属于乱伦。并且文化传统会对违反禁忌的人施加不同的惩罚方式，驱逐、关押、死亡、超自然报复的威胁。

生物退化

另一个解释乱伦禁忌出现原因的理论是：早期智人发现了乱伦结合现象会生育不正常的子女（Morgan, 1877/1963）。为了防止这种情况出现，我们的祖先禁止乱伦。自从这种禁忌确立后，人类种族繁衍变得如此成功，以至于它迅速地传遍所有的地方。

这种理论的依据是什么呢？人类通过在实验室里用那些繁殖速度比人类更快的动物（例如老鼠和果蝇等）做实验来研究近亲繁殖的后果：那些实施兄妹交配的动物连续几代的寿命和生育率都有所下降。尽管系统性的近亲繁殖会带来潜在的有害的生物结果，但是人们的结婚模式是建立在特定的文化信仰基础上的，而不是基于那种对未来几代生物退化的普遍关注。无论是本能厌恶理论，还是对生物退化的恐惧的理论都不能对广泛存在的交表婚做出解释。对退化的恐惧也不能解释为什么社会的禁忌通常是反对同平表兄弟姐妹而不是同交表兄弟姐妹的生育。

尝试与轻蔑

儿童会对他们的父母产生性感受，这种感觉或者被压抑，或者被解决。西格蒙德·弗洛伊德是这个理论的最著名的倡导者，其余的学者试图弄清成长的原动力来解释乱伦禁忌的原因。马林诺夫斯基认为，由于早已存在的那种亲密和喜爱，孩子会很自然地试图对自己的核心家庭成员表达其性感受，特别是当他们步入青春期后。但是他认为，在家庭中性发泄的力量是非常强烈的，它会威胁到家庭中固有的角色关系；它会导致家庭的破裂。马林诺夫斯基提出，乱伦禁忌源于将家庭内的性感受转移到家庭外，以保证家庭原有的结构和关系不被破坏。

另一个相反的理论是，从童年期就一起长大的男女之间比较难以产生性吸引力（Westermarck, 1894）。这与本能厌恶的思想是有关系的，但它并不是建立在生物或者本能的基础上。这种观点认为，长期无性的关系会使一个人认为与家庭成员发生性关系的想法是不可取的，对那些终生都生活在一起的人来说更是这样。这两种相反的理论有时被描述为"熟悉产生尝试"与"熟悉产生轻蔑"。支持轻蔑理论的证据之一就是谢弗（Joseph Shepher）1983年对以色列集居群的研究。他发现那些在同一个集居群（家庭社区）被养大的没有亲属关系的人避免相互通婚。他们倾向于在外面寻找自己的配偶，这并不是因为他们属于亲属关系，而是因为他们先前的生活史和角色使得性和婚姻对他们不具有吸引力。再一次地，对于那些一起长大的人来说，不论他们是不是亲属关系，他们彼此之间会不会产生性吸引力，这个问题还是没有最终的答案。大多数时候他们不会产生性吸引力，但是也不排除意外情况。乱伦是普遍的禁忌，但却会不时发生。

不外婚就灭绝

对于乱伦禁忌最令人信服的解释就是它的出现是为了确保外婚制，促使人们与亲属群体之外的人结婚（Lévi-Strauss, 1949/1969；Tylor, 1889；White, 1959）。在这种观点中，乱伦禁忌起源于人类进化的早期阶段是因为它具有适应性优势。通过把和平关系扩大到一个更为广泛的群体网络中，群体将会获得更多的利益，而跟一个本来就处于和平关系的近亲结婚则发挥不了这样的作用（见附录1中关于泰勒、马林诺夫斯基、怀特、列维-斯特劳斯在人类学理论发展中的贡献的讨论）。

这种观点强调了婚姻在建立和保持联盟中所起的作用。通过强制性的族外婚，一个群体的同盟者会增加。与此相比，族内婚会使得一个群体与他们的邻居隔绝开来，不能与邻居共享资源和社会网络，并且到最后可能会导致灭绝的后果。外婚制和促进外婚制的乱伦禁忌有力地解释了人类适应策略的成功性，除了它的社会政治功能，外婚制还确保了群体之间的基因混合，从而保持人类物种的优势。

内婚

实行外婚制促使社会组织具有外向性，并促使群体之间建立和保持联盟关系。相比之下，内婚制的规则规定人们必须在他所属群体的内部寻找配偶或结婚。尽管正式的内婚制规则比较少见，但是对人类学家来说，内婚制并不陌生。虽然很多社会不需要建立正式的规则来要求人们必须实行内婚制，但是事实上大多数社会都属于同族通婚单位。在我们自己的社会里，阶层群体和种族群体属于两个准内婚群体。尽管也有很多例外，但是属于同一种族或者宗教群体的成员一般都期望他们的子女跟群体之内的人结婚。外婚比率在不同群体中是不相同的，有的群体会比别的群体更加坚持内婚制。

同类婚意味着一个人要跟一个与自己比较相近的人结婚，如具有相同社会阶层的成员之间的相互通婚。社会经济地位（SES）和受教育程度之间存在一种关联，即具有相似社会经济地位的人一般也会具有相似的教育意向、进入相似的学校、力图获得相似的职业。例如，同一所精英私立大学的人一般都具有相似的背景和职业前途。同类婚可能导致财富的集中并强化社会分层系统。例如，在美国，随着女性就业特别是女性职业生涯的增加，当一对职业人士结成同类婚时，家庭的收入就会大大增加，这个家庭就会上升为社会上层。这个模式是导致美国最富裕的20%家庭与最贫困的20%家庭的收入形成鲜明对比的因素之一。

种姓

内婚制的极端例子就是印度的种姓制，尽管种姓制在1949年已经被正式取缔了，但是它的结构和影响还没有消失。种姓就是按照成员的出身将其归类于一个分层群体，而且这个身份是世袭的。印度的种姓被分为五个主要类别，或者叫瓦尔纳。每一个类别都与其余四个类别形成排序，而且这些种姓延伸至整个印度。每一个瓦尔纳中都包括大量的亚种姓，又叫贾提。一个地区中属于同一贾提的人可以相互通婚。就像瓦尔纳的排序那样，某一地区的属于同一个瓦尔纳的所有贾提都会被排序。

职业的专业化使得一个种姓跟另外的种姓区别开来。一个社区里可能包括农业工人、商人、工匠、诗人、清洁工这些不同的种姓。贱民种姓在整个印度是随处可见的，它包括那些在血统、仪式地位、职业等方面被认为是不纯净的亚种姓，在高种姓的人看来，贱民种姓非常不洁，就是与贱民进行日常接触，也是污秽的。

不同种姓之间的性结合会玷污高种姓一方的仪式纯洁性，这种信仰在保持内婚制上起了非常重要的作用。如果一个高种姓的男子跟一个低种姓的女子发生了性关系，那么他的纯洁可以通过洗澡和祈祷来恢复，但是，如果一个高种姓的女子跟一个低种姓的男子发生性关系，那么她将无法弥补。她的污秽是不能消除的。因为女人要生育孩子，所以这种男女的不同对待方式可以保护种姓的纯洁，确保高种姓孩子的纯正血统。尽管印度种姓属于内婚制群体，但是很多群体在内部又进一步细分为外婚制的世系。传统上这就意味着印度人需要跟与自己属于同一种姓但却属于不同继嗣群的人结婚。

皇族内婚

皇族内婚制与种姓内婚制相似，在一些社会中它建立在兄妹婚姻基础上。秘鲁的印加、古埃及、传统的夏威夷群岛都允许皇室兄妹婚姻。在古代秘鲁和夏威夷社会里，虽然这样的皇室内婚是被允许的，但是在平民中却存在兄妹乱伦禁忌。

显功能和潜功能

区分一些风俗习惯和行为的显功能和潜功能对于理解皇室的兄妹婚姻很有帮助。一种风俗习惯的显功能是指一个社会中的人所赋予它的原因，它的潜功能是指这个风俗习惯对社会产生了影响，但是这种影响没有被社会成员所提及或者认识到（见附录1中对人类学中功能理论学派的讨论）。

皇室内婚制可以说明这种区别。夏威夷岛人和其他的波利尼西亚人信仰一种叫做"玛纳"的超自然力。玛纳既可以存在于物中，也可以存在在人身上，如果是后一种情形，则这个人与其他人是不同的，他是神圣的。夏威夷人相信没有人会拥有与统治者一样多的玛纳，玛纳是依靠遗传获得的。那些能超过国王拥有的玛纳的人只能是国王的兄弟姐妹，所以一个国王最合适的妻子就是他自己的亲妹妹。我们注意到兄妹婚也意味着皇室继承人将有可能变得更加有力量、更加神圣，所以古代夏威夷皇室内婚制的显功能就是它属于对玛纳和神圣性的文化信仰的一部分。

皇室内婚制也有潜功能——政治争端。统治者和他的妻子拥有共同的父母，因为玛纳被认为是通过遗传得到的，所以他们的神圣性几乎是同等的。当国王和他的妹妹结婚后，他们的孩子就无可置疑是拥有玛纳最多的人。没有人会质疑他们的统治权力。但是如果一个国王娶一个比他的妹妹拥有的玛纳少的女人做妻子，则他妹妹的孩子最后将会引发问题。每一方的孩子都可以宣称自己的神圣性和拥有统治权力。因而皇族兄妹婚通过减少具有统治资格的人的数量来限制继承中的争端。在古埃及和秘鲁，结果也是同样的。

其他的包括欧洲王室在内的王国成员间也实行内婚制，但是他们实行的是表兄弟姐妹婚而不是兄妹婚，在很多情形下，如在英国，会指定在位君主最年长的孩子（通常是儿子）为继承人。这个传统叫做长子继承制。通常，统治者会囚禁或者杀掉那些既定继承人的反对者。

皇族内婚制还有其潜在的经济功能，如果国王和他的妹妹都有继承祖先财产的权利，则通过他们的结合来减少继承人的数量，就可以保持财产的完整性。权力经常是依赖于财富的，皇族内婚制往往可以保证皇室财富的一脉相承性。

配偶权利与同性婚姻

英国人类学家利奇（Edmund Leach）在1955年指出，从人类社会来看，伴随婚姻而来的是几种不同类型的权利。利奇认为，婚姻可以但不总是完成下面的功能：

1.确定女人所生孩子的合法父亲和确定男子的孩子的合法母亲。

2.使夫妻一方或者夫妻双方可以独享另一方的性服务。

3.使夫妻一方或者夫妻双方能够享有另一方的劳动力。

4.使夫妻一方或者夫妻双方能够享有另一方的财产。

5.为了子女，夫妻双方要像伙伴一样，建立共有的财产。

6.在夫妻和他们的亲属之间建立一种具有社会意义的"姻亲关系"。

下面要讨论的同性婚姻将会用来论证当上面列举的六种权利不能发挥作用时，会出现什么样的情景。一般说来，同性婚姻在美国是不合法的，但是如果它合法了，情形会变得怎样呢？当双方的伙伴关系确定后，同性婚姻中如果其中一方或者双方生育了小孩，那他们能不能获得合法的父母身份？在异性婚姻的情况下，无论丈夫是不是孩子的亲生父亲，妻子所生育的孩子都被法定为属于这个丈夫。

当然，现在DNA测试技术的应用使得确认父母身份成为可能，就像现在的生殖技术使得女同性恋夫妇中的一方或者双方可以获得人工授精一样。如果同性恋婚姻是合法的，则社会建构的亲属制度很容易就能赋予双方父母身份。如果一个娶了女人的秘鲁妇女可能会成为孩子的父亲，但是她不想成为父亲，那么为什么两个女同性恋者不能都成为孩子获得社会认可的母亲，而不必其中一个成为父亲呢？如果通过社会和法律建构的亲属关系这种手段，一对已婚的异性恋夫妇可以领养一个孩子并且使得领养的孩子成为他们自己的孩子，同样的逻辑也应该适用于男同性恋夫妻或者女同性恋夫妻。

让我们继续来看一下上面利奇所列举的一个人凭借婚姻获得的那些权利，同性恋婚姻必然也允许夫妻中的任何一方都享有另一方的性服务。因为不能合法地结婚，所以男同性恋和女同性恋采用了很多模拟婚礼之类的方式，来宣告他们保持一夫一妻制性关系的承诺和愿望。2000年4月，佛蒙特州通过了一项法案，允许同性恋合法结合，从而享有婚姻中几乎所有的权利。2003年6月，加拿大安大略省的一个法院条令确定了同性婚姻的合法地位。2005年6月28日，加拿大众议院表决通过，确认所有的婚姻权利都同样适用于同性夫妇，这个决议适用于加拿大全部地区。2004年5月17日，马萨诸塞州成为美国第一个认可同性恋夫妇结婚的州。为了反对同性婚姻，美国18个州的选民则选择在各自州的法律中规定婚姻只能是异性间的结合。

合法的同性婚姻可以很容易地保证夫妇一方享有另一方的劳动力和劳动产品。一些社会允许其同性成员结婚，虽然这类成员在生物性上是相同的，但是社会可能将他们归类于不同的、由社会建构的社会性别。美洲土著群体中就有很多人被称为异装癖者，他们代表着第三种社会性别（Murray and Roscoe, 1998）。这些生物性上属于男性的人表现出的却是女性的言谈举止、行为方式，并且他们承担的是女性的工作。有的时候异装癖者会跟男人结婚，男人会跟他分享那些从狩猎和传统男性角色活动中获得的劳动成果，这个异装癖者就会承担传统女性的角色。同时，在很多美洲土著文化里，一个具有男人心态的女人（第三种或者第四种社会性别）跟另一个女人结婚，她们在家中会采用传统的男女劳动分工形式。这个具有男人气质的女人会出去狩猎并且承担其他的男性工作，她的妻子就会承担传统的女性角色。

对于同性婚姻不能使夫妻双方共享另一方的财产，这并没有符合逻辑的理由。但是在美国，适用于异性夫妻的继承权并不同样适用于同性婚夫妇。例如，在没有遗嘱的情况下，财产可以传给寡妇或者鳏夫而不需要经过遗嘱认证，妻子或者丈夫也不用缴纳遗产税，但是这种权利不适用于男同性恋者和女同性恋者。

对于利奇的第五条权利：为了子女，夫妻双方要像伙伴一样，建立共有的财产这在同性婚姻中会怎么样呢？同性夫妇再一次处于劣势地位。如果他们有小孩子，那么财产要分别而不是共同遗传给他们。很多的组织设有员工福利，对于那些健康保险和牙科保险之类的福利同样适用于同性家庭伙伴。

最后，就是在夫妻和他们的亲属之间建立一种具有社会意义的"姻亲关系"这个问题，在很多社会里，婚姻的主要角色除了建立个人关系之外，就是要在双方群体之间建立一种联盟。通过婚姻，姻亲也成为自己的亲属，比如大舅小叔、岳母婆婆。在当今北美同性婚夫妻中，姻亲关系也是存在问题的。在一种非法定的结合中，儿媳、岳母、婆婆之类的称谓让人听起来感觉很奇怪。很多的父母会怀疑子女的性取向和生活方式的选择，并且他们可能不会承认与子女同性伙伴的姻亲关系。

对同性婚姻的探讨已经延伸到论证当这种婚姻变得合法而不受法律制裁的时候，伴随这种婚姻的各种权利会发生什么样的变化。在美国，除了夏威夷，以及上面提到的佛蒙特州、马萨诸塞州之外，同性结合都是非法的。正如我们看到的，在不同的历史和文化背景下同性婚姻是被认可的。在一些非洲文化里，包括尼日利亚的伊博人和南非的洛维杜人，女人可以跟另外一个女人结婚。在西非，如果一个杰出的女商人能够积聚大量的财产和其他财富，那么她们就可以娶个妻子，这种婚姻可以增强她们的社会地位和她们的家庭经济的重要性。

作为群体联姻的婚姻

在工业社会之外，婚姻往往不只是个人之间的关系，它更多的是群体之间的关系。我们把婚姻作为个人的事情。尽管新郎和新娘会征求父母的同意，但是最后的选择（要不要生活在一起，要不要结婚、离婚）取决于夫妻两人的决定。浪漫的爱情观念是这种个人关系的象征。

尽管非工业化国家也存在着浪漫婚姻，但是就像我们在趣味阅读中所看见的那些有趣的问题，个体的婚姻受到群体的共同关注。人们不仅有了一个配偶，而且要对姻亲承担自己的责任。例如，在从父居的社会，一个女人往往需要离开

关于涉及同性婚姻的法律，见在线学习中心的在线练习。
mhhe.com/kottak

她成长的社会，她所要面对的就是在丈夫的村庄、跟丈夫的亲属一起度过她的余生。她甚至可能需要将她对自己群体的忠诚大部分地转移到她丈夫的群体。

聘礼与嫁妆

在存在继嗣群的社会里，人们并不会单独步入婚姻，而是要在继嗣群体的帮助之下。聘礼一般是由继嗣群体的成员一起贡献的，它是指男方及男方亲属按照习俗，在婚礼前、婚礼时或者婚礼后送给女方以及女方亲属的礼物。聘礼的另一种说法是聘金，但是这种说法并不是很准确的，因为实行这种习俗的社会并不把这种交换看作买卖。他们不认为婚姻是男人和可以买卖的物品之间的一种商业关系。

聘礼（bridewealth）补偿了新娘的群体因为她的出嫁而造成的精神和劳力损失。更为重要的是，它使这个女人所生的子女完全成为她丈夫群体的成员，因此这个习俗又被称为"子嗣金"。不仅是这个妇女，而且她的子女或者后代永久地成为她丈夫群体的成员。不管我们如何称呼它，在父系继嗣群体里，婚姻中的这种财富转移是很平常的，在母系继嗣社会里，子女是母亲群体中的成员，所以就没有理由去支付**子嗣金**（progeny price）了。

嫁妆（dowry）是婚姻中的另外一种交换方式，就是新娘家送给新郎家的大量礼物。关于嫁妆，最著名的是在印度，它是跟女性的低下地位相关的。妇女在印度被认为是负担，所以当丈夫和他们家娶一个妻子的时候，他们会期望因为这附加的责任而获得一定的补偿。

尽管印度在1961年通过了一条法律来反对这种义务性的嫁妆，但是这种习俗仍在延续。当新郎认为嫁妆不足时，他可能会厌恶和虐待、辱骂新娘。家庭暴力会升级到这种程度，就是丈夫和他的家庭成员会用火烧新娘，向她泼煤油并点燃，结果会导致新娘死亡。需要指出的是，嫁妆并不必然导致家庭暴力，事实上，印度的嫁妆谋杀看起来是一种相当近期才出现的现象。据估计，当今美国的婚姻谋杀率可以与印度的嫁妆谋杀率相匹敌（Narayan，1997）。

萨蒂（Sati）是一种特别罕见的习俗。它是指在丈夫火葬后，他的寡妇就要自愿或者强迫性地被活活烧死（Hawley，1994）。尽管萨蒂习俗是很出名的，但是它只是在印度北部的少数小种姓中实行，在1829年的时候，它就被禁止了。嫁妆谋杀和萨蒂都是父权制下臭名昭著的例子。父权制下的政治体系由男性来统治，女性在社会地位和政治地位，包括基本的人权方面，都处于劣势。

关于苗族婚姻的更多信息，见在线学习中心的在线练习。
mhhe.com/kottak

在文化中聘礼现象的存在要多于嫁妆现象，但是被转移的物品的种类和数量是不同的。非洲很多社会用牛作为聘礼，但是各个社会送出去的牛的数量各不相同。随着聘礼价值的增加，婚姻会变得更加稳定。聘礼是预防离婚的安全保障。

想象一下在父系制社会里，一次婚姻中，新郎的继嗣群需要送给新娘的继嗣群25头牛。迈克尔是继嗣群A中的一员，娶了继嗣群B中的莎拉。他的亲属为他凑齐了聘礼，他最亲近的父系亲属：他最年长的哥哥，他的父亲、他的叔伯以及他最亲近的父系堂兄弟姐妹，给了他最多的帮助。

当这些牛属于莎拉所在群体后，牛的分配就映射出了这个群体分配方式。莎拉的父亲，如果她的父亲去世了，则她最年长的兄弟会接受她的聘礼。他将大部分的牛养大作为以后他儿子婚姻的聘礼，但是，牛也会分给莎拉的兄弟们结婚时那些被期望能给予帮助的人。

有关西伯利亚涅涅茨人（Nenetsi）的聘礼传统，见网络探索。
mhhe.com/kottak

当莎拉的兄弟大卫结婚时，这些牛中有很多会被送给第三个群体C，即大卫妻子的群体。在那以后，这些牛又被作为聘礼送到其他的群体。男人们就是这样一直利用姐妹的聘礼来为他们的儿子寻找妻子。在10年的时间里，迈克尔结婚时送给莎拉的牛被广泛地交换。

在这样的社会里，婚姻使继嗣群之间相互得到认可。如果莎拉和迈克尔试图让他们的婚姻延续下去却失败了，则双方群体就会决定他们的婚姻不能再持续了。这里很明显地体现了婚姻既是个人之间的关系，也是两个群体之间的关系。如

印度古吉拉特邦征婚广告中的择偶偏好

背景信息

学生：
Kim Shah

学校：
Rutgers University

指导教授：
Lee Kronk

学校年级/专业：
毕业班/人类学

计划：
进入营养人类学和公共健康研究生院

这项研究指出印度的婚姻习俗正在改变，尤其是女性，与以前人们想象的那种女性在婚姻中的传统角色相比，女性现在扮演的角色要强一些（见"聘礼与嫁妆"这一部分）。在印度这个幅员辽阔、人口众多、能够容纳丰富的文化多样性的国家里，婚姻习俗和男女角色在不同的地区一定存在差异。这里的报道也表明种姓仍然很重要，而且父母在婚姻安排中扮演着重要的角色。

对于人类择偶行为已经有了很多研究，其中值得关注的就是在新闻广告中的"单身者征婚广告"。在这些广告中，人们会描述他们的特性和他们想要找寻的配偶的特性。这些广告可能看起来有点像下面这样："高个子、英俊、聪明的投资银行业者寻找聪明、苗条、充满乐趣的女性。"

利用这样的广告可以得出关于择偶行为的理论，但很多这样的研究是在西方背景下进行的。我的研究则是对非西方国家的广告进行的探讨，特别是来自印度古吉拉特邦的征婚广告。这些广告来自古吉拉特报刊的婚姻一栏。这就是一则典型的征婚广告："征婚：vaisshnav，vanik（种姓标志）男性，34 周岁，有自己的房子和车，每年挣 7.5 万卢比，寻找漂亮、聪明的女士。"

我的研究目标是验证建立在进化理论上的择偶假说。我的研究主要集中于对那些由征婚者寻找和提供的性格进行分析。为了完成这一目标，我得益于我所在大学（Rutgers）的多样性文化，并且在这一过程中，我从古吉拉特雇了很多不同国别的学生来帮助我。

我一共研究了 142 则广告，其中有 20 则是寻找妻子的，剩余的 122 则是寻找丈夫的。对于"体型吸引力"这个变量，我的编码是外貌、身高/体重、皮肤白皙。我假设那些寻找妻子的征婚者会比那些寻找丈夫的征婚者更注重体型吸引力。反过来，女性征婚者比男性征婚者会更多地提及她们的体型吸引力。这种假设从那些有关漂亮和身高/体重的数据得到了证实。

然而文化的差异也是很明显的。与对其他地方所做的相似研究相比，在我的研究中，漂亮这一择偶标准是不重要的。仅有 14% 的征婚男性要求所寻找的女性要漂亮，比起其他的研究来说，这个比例很小。一个解释可能是父母干涉了广告的写作和/或者对这些广告的回答，以至于影响了男性对于美貌的要求。实际上，在再分析中，我发现在登广告的所有人中，有 46% 的人不是从自己的角度而是从父母的角度来寻找配偶的。因而在择偶中对于美貌的不强调可能反映的是征婚者考虑到了父母的参与。

男性征婚者的平均年龄比女性大 4 岁。分析的内容也反映了男性征婚者会比女性征婚者提供更多的财务信息。换句话说，那些有希望成为丈夫的人比那些有希望成为妻子的人更多地提供他们的工资或者财产信息。从逻辑上来说，征婚女性会更多地向那些有希望成为丈夫的人询问他们的财务状况。

通过这个项目我可以得知文化在社会中扮演着重要的角色。古吉拉特社会在维持种姓制度的完整性方面起着强烈的黏合作用。我还了解到这些征婚者的教育程度要高于平均教育程度，所以我必须将研究项目的结果仅看做是这类特殊人群的代表。因为我本身就生活在古吉拉特邦社会中，所以我能够理解古吉拉特文化、语言和宗教的很多方面。在 2002 年的第十四届"人类进化与社会行为"年会上，我报告了这个研究结果。这个研究项目的下一步工作包括对反应率的研究。

从原生家庭转换到再生家庭，这是一个很难的过程。与非工业社会的人们不同，我们中的多数人从开始离家到结婚之前，会经历一段很长的时期。我们离开家去上大学或者找一份可以养活自己的工作，这样我们能够独自居住，或者与舍友一起居住。在非工业社会里，尤其对于女性来说，当她们结婚时，她们会突然离开家。在从父居社会里，女性必须离开她的家乡和她自己的亲属，并且迁到丈夫那里跟丈夫和丈夫的亲属一起居住。这可能是一个不愉快和难受的过程。很多的妇女在第一次到达丈夫的村庄时，会抱怨说她们感到很孤立。过后她们可能会受到丈夫或者姻亲包括婆婆的虐待。但是，如果来自A村庄或者继嗣群的女性通常与来自B村庄或者继嗣群的男性结婚，在这种情况下事情会变得比较愉悦，这样一个女性一定能在丈夫的村庄中寻找到她自己的一些亲属，例如她的姐妹或者姑母（父亲的姐妹），这样她就会感觉比较自在一些。

在当今北美，男性和女性通常都不需要调整他们与居住在附近的姻亲的关系。但是我们需要学习与我们的配偶一起生活。婚姻总会导致相处和调整方面的问题。刚开始时已婚夫妇的问题就是这样的，如果前一次婚姻中的一个孩子介入这个新婚家庭，那么调整问题就会涉及继父母关系、与前一个配偶的关系、这对新婚夫妇的关系。当一对夫妻有了他们自己的小孩后，再生家庭的心态就会占据主要地位。在美国，人们对原生家庭的忠诚度已经转移到包括夫妇和孩子的家庭，但这种转移也不是完全的。考虑到我们是双边亲属体系，在女儿和儿子结婚后，我们都会与他们维持关系，并且从理论上来说，孙子女与一方祖父母的关系跟孙子女与另一方祖父母的关系是同样亲密的。在父系社会里，孙子女与父亲一方的祖父母关系会比较亲近，在母系社会中是怎样的呢？

果莎拉有一个妹妹或者一个侄女（例如他哥哥的女儿），则相关的双方会同意让莎拉的这位女性亲属来代替莎拉。

但是，在存在聘礼习俗的社会里，家庭矛盾并不是威胁婚姻的最主要问题，不能生育是一个更重要的因素。如果莎拉没有子女，她和她的群体就没有完成她们在婚姻协议中的角色。如果这种关系想继续维持下去，则莎拉需要提供另外一个能够生育子女的妇女，可能是莎拉的妹妹。如果这种情况发生了，莎拉可以选择跟他的丈夫继续生活在一起，或许有一天她也会有一个孩子。如果她真的留下来，那么她的丈夫就变为多偶婚姻。

大多数从事生产食物的非工业社会允许多偶婚姻或者**多偶婚制**（plural marriages），这是它们与多数觅食社会和工业社会不同的地方。多偶婚存在两种情况：一种是比较常见的**一夫多妻制**（polygyny），即一个男人可以有多于一个的妻子；一种是比较少见的一妻多夫制，即一个女人可以拥有一个以上的丈夫。如果一个不能生育的妇女，在她的继嗣群为她的丈夫提供了另一次婚姻来代替她后，这个妇女仍然留在她丈夫那里，那么这就是一夫多妻制。不久之后我们还会讨论那些不是由于生育原因而存在的一夫多妻制。

持久的联姻

通过考察另外一种比较常见的婚姻习俗，即在夫妻一方死亡后，婚姻联盟仍会继续，我们可能看到婚姻的群体联姻的性质。

妻姐妹婚

如果莎拉很年轻就去世了，那么会发生什么呢？迈克尔的群体会向莎拉的群体要一个代替者，这个代替者通常是莎拉的姐妹，这种习俗被称为**妻姐妹婚**（sororate）。如果莎拉没有姐妹或者她的所有姐妹都已经结婚，莎拉群体中的另一位妇女也是可以的。如果迈克尔与她结婚，那就没有必要归还新娘嫁妆，并且联盟也会持续下去。妻姐妹婚在母系社会和父系社会中都存在。在实行婚后从母居的母系社会里，鳏夫通过续娶

爱情与婚姻

歌里是这样唱的：爱情和婚姻在一起就好比是马和马车，但是如同马—马车的组合那样的爱情婚姻联系并不具有文化普遍性。这里呈现的是一项发表于人类学杂志《民族学》上的跨文化研究，这项研究发现浪漫的激情广泛存在，或许是普遍性的。先前人类学家通常会忽略其他文化中的浪漫爱情现象，这可能是因为包办婚姻太普遍的缘故。今天，爱情对于婚姻的重要性通过大众传媒传播出去，这种观念好像也在影响着其他文化中的婚姻决定。

有些很有影响力的西方社会历史学家提出，浪漫是中世纪欧洲的文化产物，只是在近来才传播到其他文化那里。

"为什么在我们的文化中如此重要的东西会被人类学家忽略了呢？"内华达州立大学的人类学家严科维亚（William Jankowiak）问道。

在严科维亚教授及其他人看来，其原因在于社会科学中普遍存在的一种学术偏见，认为浪漫的爱情是人类生活的奢侈品，是接受西化的人们或者其他文化中受过高等教育的精英才可以享受的东西。例如，因为较高的教育标准和较多的休闲时间会制造更多的调情机会，所以他们假设在那些生活艰难的社会中，浪漫的爱情很少有机会发展。这也是由于这种信仰导致的，即浪漫是属于统治阶级的，而不是属于农民的。

但是，严科维亚教授说："在世界上所有文化中都存在浪漫的爱情。"1991年，严科维亚教授和杜兰大学的费舍尔（Edward Fischer）教授，在《民族学》杂志上第一次发表了跨文化的研究，对很多文化中的浪漫爱情进行了系统的比较。

在对166种文化的民族志材料进行调查时，他们发现这些文化中有147种文化存在着他们所认为的浪漫婚姻的明显证据，比例高达89%。在其他文化中，严科维亚教授说，缺乏令人信服的证据看起来更像是人类学家的疏忽，而不是浪漫真的不存在。

很多证据是来自于那些有关情侣的故事，或者是民间故事提供的那些有关使某人陷入爱河的迷药或者其他建议的信息。

另外一些资源来自向人类学家提供信息的人的讲述。例如，Nisa是喀拉哈里沙漠地区布须曼人中的昆人，她能够明确地区分她对自己丈夫的喜爱和她对情人的喜爱，与情人的爱情尽管是短暂的，但却是"充满激情的、令人兴奋的"，对于那些婚外恋，她说："当两个人在一起的时候，他们的心情是非常激动的，并且他们的热情度很高，过后这种激动就会平静下来，然后一切都变回原样。"

尽管发现了浪漫的爱情看起来是人类所共有的，但是严科维亚教授承认，在很多文化中，这样的爱恋不一定与一个人的择偶和婚姻相关。

"现在很多文化中都有这样的一种思想，就是浪漫的婚姻应该是某些人结婚的理由，"严科维亚教授说，"而很多文化将'坠入爱河'看做是一种被人鄙视的状态，在伊朗山区的一个部落里，他们会嘲笑为爱结婚的人们。"

当然，即使在包办婚姻中，双方也可能会感受到对方的浪漫爱情。例如，在印度北部康古拉山谷的村民中，"人们浪漫的思念和渴望会变得集中在那个由他们的家庭为他们挑选的配偶身上。"威斯康星州立大学人类学家纳拉扬（Kirin Narayan）教授说。

但是这些开始变化了，纳拉扬教授发现在流行歌曲和电影的影响下，"在这些村庄中，老人们担心年轻男性和年轻女性对浪漫爱情正在产生不同的看法，其中一个就是你在哪里可以自己寻找到自己的另一半，"纳拉扬教授说，"开始出现私奔行为，这是让人极为反感的事情。"

人类学家注意到在很多其他文化中也出现了同样的现象，即恋爱结婚而不是包办婚姻正成为趋势。例如，在澳大利亚内陆的土著居民中，当孩子们还很小的时候，婚姻已经被安排下来了，这种现象已经持续了几百年的时间。

20世纪初，这种形式被传教士打乱了，他们力劝在孩子们没有成年之前，父母不能给他们安排婚姻。加利福尼亚大学戴维斯分校人类学教授博班克（Victoria Burbank）说：在传教士来到之前，一个女孩子的平均结婚年龄总是在初潮之前，有的时候只有9岁，在父母为他们安排婚姻的时候，这些女孩子已经较为独立了。

"越来越多的青春期女孩子开始脱离包办婚姻,"博班克说,"她们喜欢到丛林中与她们喜欢的人约会,怀孕后她们就会利用怀孕来征得父母对他们婚姻的同意。"

即使这样,有时候父母还是会坚持不允许这对年轻人结婚,相反,他们会选择让这个女孩遵循传统的方式,即她们的母亲会为她们挑选一个丈夫。

"传统上一个人不能从养子中挑选任何人作为自己的配偶。"博班克教授说,"理想的情况是母亲希望她外祖母的兄弟的儿子会成为她女儿的丈夫,这样的形式可以保证双方的亲属群体是适合的。"

博班克教授又说:"这些群体具有重要的仪式功能,建立在浪漫爱情基础上的婚姻,忽略了对方是否合适,这会损害亲属、仪式和义务体系。"

不管怎样,婚姻的法则还是在弱化,"在祖父母一代,所有的婚姻都是包办的。尽管也存在很多处于爱情中的男女私奔的故事,浪漫的爱情还是没有立足之地。但是在我所研究的群体里,最近仅有一个事例是一个女孩跟一个别人为她安排的男子结婚了,其余的都是恋爱结婚。"

来源: Daniel Goleman, "Anthropology Goes Looking in All the Old Places," *New York Times*,1992-11-24, p.B1.

他妻子的姐妹或者他妻子母系中另外一位女性成员就可以继续留在他妻子的群体中(图19.4)。

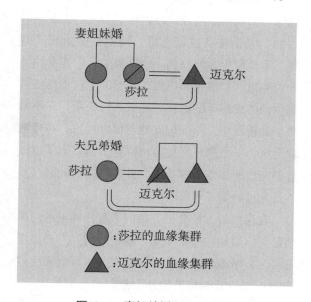

图19.4 妻姐妹婚和夫兄弟婚

夫兄弟婚

如果丈夫去世会怎么样呢?在很多社会中,这个寡妇可能会嫁给丈夫的兄弟,这种习俗被称为夫兄弟婚(图19.4)。就像妻姐妹婚一样,在这种情况下,通过丈夫群体中的另一位成员来代替去世丈夫的方式,婚姻能够继续下去,继嗣群之间的联盟关系也得以维持。夫兄弟婚的实施随着年龄的不同而变化。一项研究发现,在非洲社会里,尽管夫兄弟婚是被允许的,但是寡妇和她

随书学习视频

丁卡人(Dinka)的求婚

第19段

该片段展现了苏丹南部的牧业民族丁卡人的求婚实践。描述了习惯上由新郎家给新娘家的聘礼的重要性。我们还可以看到为什么聘礼有时候被称为子嗣金。根据丁卡人的说法,为什么牛和孩子(子嗣)是相似的?叙述者声称丁卡人的求婚中没有爱情可言。根据题为"爱情与婚姻"的"趣味阅读"文章和在本视频中的所见,你相信这种声称是真的吗?该视频还例证了本书的观点,即此类社会中的婚姻更多的是两个群体而非两个个体之间的关系。丁卡人有继嗣群。你认为他们是父系的还是母系的?为什么?在丁卡人中,婚姻和一夫多妻的障碍是什么?

的新丈夫同居同房的情况并不多。另外,因为社会允许寡妇不嫁给丈夫的兄弟,所以很多寡妇不会主动地嫁给丈夫的兄弟,通常情况下,她们会选择另外的安排(Potash, 1986)。

离婚

婚姻的解除随着文化不同而有差异。支持离婚和阻碍离婚的因素是什么呢?就像我们所看见

的，与那些婚姻只是个体事件的情况相比，如果婚姻是群体之间的政治联盟，那么离婚就比较难以解除，而在前者的情况下，离婚主要会关系到夫妻双方和他们的孩子。我们可以看见，对于个体来说，大量的嫁妆可能会降低离婚率，而且替代婚姻（夫兄弟婚和妻姐妹婚）也有利于保持群体间的同盟。离婚现象在母系社会中通常更为普遍一些。在实行从母居（居住在妻子的地方）的条件下，妻子可能只需要将与她合不来的男性打发回家就好。

在美国西南部的霍皮人那里，房屋归女系氏族所有，而且他们实行从母居婚后居住方式，年长的女性是一家之主，家庭中还有她的女儿、女儿的丈夫和孩子。在那里女婿不是重要的角色，他会回到他自己母亲的家，参加他所在氏族的社会和宗教活动。在母系社会里，女性是有社会和经济保障的，并且离婚率很高。思考一下东北部亚利桑那州沃雷比（Oraibi or Orayvi）印第安人村庄中的霍皮人（Levy with Pepper, 1992;Titiev, 1992）。在一项对 423 个沃雷比人妇女的婚姻历史进行的研究中，提帖夫（Mischa Titiev）发现 35% 的女性至少离过一次婚。莱维（Jerome Levy）发现在 147 位成年妇女中，有 31% 的妇女至少离过一次婚并再婚。作为比较，在美国所有的已婚妇女中，1960 年的离婚率仅为 4%，1980 年为 10.7%，2004 年为 11.5%。提帖夫认为霍皮人的婚姻是不稳定的。这种脆弱性一部分在于一个人对自己的母系亲属和他对自己的配偶的忠诚之间存在冲突。大部分霍皮人的离婚事件看起来是属于个人的选择问题。莱维从跨文化的角度归纳出，高离婚率与女性有保障的经济地位相关。在霍皮人的社会里，女性在家庭、土地所有权和孩子监护权方面都是有保障的。而且，离婚没有形式上的障碍。

在父系社会中，离婚是比较困难的，尤其是在婚姻失败时需要重新聚集和偿还大量嫁妆的情况下。在从父居（妇女居住在丈夫的房屋和社会里）的情况下，妇女可能不愿离开丈夫。与霍皮人的孩子与母亲居住在一起不同，在父系社

会、从父居社会里，孩子属于他的父系社会的成员，所以在离婚后孩子最有可能与父亲居住在一起。从女性角度来看，这是一个阻碍离婚的很大因素。

政治和经济因素会使得离婚变得复杂。在觅食者那里，不同的因素通常会对离婚起到促进或者阻碍的不同作用。什么因素会对持久的婚姻产生阻碍作用呢？因为觅食者通常缺乏继嗣群，所以与食物生产者相比，它们婚姻的政治联盟功能是不太重要的。觅食者还通常拥有极少的物质财富，当夫妻之间没有共享的物质资源时，分配共有财产的过程就会变得简单得多。什么因素有利于觅食者中母系社会的稳定性呢？当家庭是一个重要的常年单位而且有着男女两性分工时，夫妻之间的联系通常就更为持久。而且，分散的人口意味着如果婚姻出现问题，可供替代的人是很稀少的。但是在队群社会里，即使婚姻出现了问题，觅食者也总能找到一个队群加入。在食物生产者那里，如果婚姻出现了问题，他们也总能依靠他们的继嗣群的财产。在父系社会里，在不带孩子的情况下，一个妇女通常可以回家。在母系社会里，一个男子同样也可以这么做。除了可以移动的资源如作为嫁妆的牛外，继嗣群的财产并不是通过婚姻来转移的。

在当代西方社会里，我们非常强调浪漫的爱情是美满婚姻的基础（见"趣味阅读"）。当浪漫不再时，婚姻也就失败了。或者如本章前面所讨论的，在与婚姻相关的其他权利的强制作用下，婚姻也可能继续下去。经济关系和对孩子的义务、其他的因素如担心公众观点或者仅仅是惯性的作用，都使得在性和／或者伙伴关系逐渐消失后，婚姻仍然能够保持完整性。甚至在现代社会里，在皇室成员、领导者和其他的精英群体中也存在着类似于非工业社会的政治性包办婚姻。

美国的离婚数据自 1860 年以来就一直保持着同样水平。在战后离婚率通常会上升，而在经济衰退时，离婚率会下降。但是随着女性离开家去外面工作，她们对作为养家糊口者的丈夫的经济依赖性降低了，当婚姻出现重大问题时，无

疑,这会促使夫妻做出离婚的决定。

表 19.1 中的离婚率是利用两种方法得出来的。左栏显示了在全部人口中每 1 000 人每年的离婚率,右栏显示的是在超过 15 岁的女性中,每 1 000 个已婚女性每年的离婚率,这是离婚的最佳测量方法。在这两组数字中,将 2000 年的数据与 1960 年的相比较,可以得出离婚率增加了两倍多。值得注意的是,离婚率在第二次世界大战后有了稍微的上升(1950 年),在接下来的 10 年有所下降(1960 年),在 1960—1980 年间,离婚率发生了最为明显的上升。从 1980 年开始,这个比例开始下降,并且在 2000—2005 年间,这个比例仍然是下降的。

在所有的国家中,美国是世界上离婚率最高的国家之一。下面是几个可能的原因:社会中的经济、文化和宗教因素。在经济上,与大多数国家相比,美国职业女性的比例是较大的,在家庭外工作为女性提供了独立的经济基础,同时这也对双方的婚姻和家庭生活增加了压力。在文化上,美国人通常尊重独立性和它的现代形式——自我实现。并且,新教(多种形式)是美国最普遍的宗教形式。在美国和加拿大(天主教占优势)

表19.1	美国离婚率(年度数字)的变迁,1940-2000年	
年份	离婚率千分比	15岁及以上妇女的离婚率千分比
1940	2.0	8.8
1950	2.6	10.3
1960	2.2	9.2
1970	3.5	14.9
1980	5.2	22.6
1990	4.7	20.9
2000	4.2	19.5
2005	3.6	无

来源:S. C. Clarke, "Advance Report of Final Divorce Statistics, 1989 and 1990," *Monthly Vital Statistics Repor*t 43(8, 9). Hyattsville, MD: National Center for Health Statistics; R. Hughes, Jr., "Demographics of Divorce," 1996. http://www. hec. ohiostate. edu/famlife/divorce/demo. htm; *National Vital Statistics Reports* 54(12), 2006. http://www.cdc. gov/nchs/data/nvsr/nvsr 54/nvsr54_12. pdf.

最主要的宗教中,与天主教相比,新教不会对离婚进行过多严厉的谴责。

主题阅读

关于加拿大统一性和多样性的描述,见"语言和交流"章节后的"主题阅读"。

多偶婚姻

在当代北美,离婚是十分容易和普遍的,多偶婚(一个人同时拥有一个以上的配偶)则是违法的。工业国家的婚姻将个体结合在一起,并且个体之间的关系要比群体之间的关系更容易解决。因为离婚变得更加普遍,所以北美人实行了"连贯式的一夫一妻制"形式,个体可以拥有多个配偶,但是他们必须遵守法律的规定,不可以在同一时间拥有一个以上的配偶。就像前面所陈述的那样,多偶制的两种形式是一夫多妻制和一妻多夫制,一妻多夫制仅仅在少部分文化中实行,比较著名的就是在尼泊尔和印度的某些群体。一夫多妻制要普遍得多。

一夫多妻制

在特定社会中,我们必须区分人们对多偶婚的社会支持度和它实际的发生频率。很多文化支持一个男性娶几个妻子,但是尽管在一夫多妻制受到鼓励的条件下,大部分男性还是一夫一妻制的,并且一夫多妻只是婚姻的一个方面的特征,为什么会是这样呢?

一个原因就是相等的性别比,在美国,新生婴儿的男女比例是 105∶100。成年人的男女性别比是相等的,并且到了最后,这个比例就会翻转过来。北美女性的平均寿命要高于男性。在很多非工业国家中也是这样,在儿童中男性所占比例会比较大,但是到了成年这个比例就会倒过来。

男性结婚要晚于女性的习俗也会推动一夫多妻制,在尼日利亚博努地区的卡努里人中,男性结婚的年龄在 18 ～ 30 岁,女性结婚的年龄在 12 ～ 14 岁。配偶之间的年龄差异意味着寡妇的数量要大于鳏夫。大多数寡妇会再婚,有些就组合为一夫多妻家庭。在博努地区的卡努里人那里和其他的一夫多妻制社会里，多偶婚姻中的女性的很大一部分是由寡妇组成的（Hart, Pilling and Goodale, 1988）。在很多社会里，包括卡努里人，妻子的数量是一个男人家庭生产力、声望和社会地位的标志。拥有更多的妻子就意味着拥有更多的劳动力。增加的劳动力意味着更多的财富。这些财富反过来又会吸引更多的妻子加入这个家庭。财富和妻子会给家庭和家长带来更多的声望。

如果多偶婚要运转起来，当另一个人要加入这个家庭，特别是他们需要共同居住在一个家庭中时，现有的夫妇之间就需要达成某种协议。在某些社会里，第一个妻子会要求第二个妻子帮她做一些家务活，第二个妻子的地位比第一个妻子的地位要低，她们分别是第一位的妻子和第二位的妻子。第一位妻子有时候会从她亲密的女性亲属中挑选出一个人作为丈夫的第二位妻子。在马达加斯加的贝齐雷欧人那里，不同的妻子会居住在不同的村子里。一个男人的第一位妻子和第二位妻子被称为大妻子，她们居住的村子是丈夫最好的稻田耕作地所在的村子，也是丈夫待的时间最多的村子。那些地位很高的男人，会有好几块稻田和好几个妻子，他在每块稻田附近都有房屋。在大部分时间里，他会跟第一位妻子住在一起，但是在全年的时间里，他会去探望其他的妻子。

在非工业社会里，多个妻子可以扮演重要的政治角色。马达加斯加高原地区的默里纳王国是一个拥有100多万人口的社会，国王将他的12个妻子分别安置在不同的行政区，当他在王国内巡游的时候，他就会跟她们居住在一起。这些妻子是他的地区代理人，负责监督和报告行政区的问题。布干达是乌干达殖民主义之前的最主要城邦，它的国王娶了好几百个妻子，代表着他国土的所有氏族。王国中的所有人都是国王的姻亲，并且所有的氏族都有推选下一任国王的机会，这样的方式可以赋予平民进入政府的机会。

这些例子揭示了对于一夫多妻制来说并没有单一的解释。它的背景和功能随着社会的不同而不同，甚至在同一社会中也是这样。有的男性是一夫多妻制因为他们从兄弟那里继承了一个寡妇（夫兄弟婚），有的男性有多个妻子是因为他们追求威望或者想增加家庭生产力，还有一些人将婚姻作为政治工具或者增加经济的手段。有政治和经济野心的男性和女性会培植他们的婚姻联盟来达到他们的目标。在包括马达加斯加的贝齐雷欧社会和尼日利亚的博努地区在内的很多社会中，是女性在安排这种多妻婚姻。

一妻多夫制

一妻多夫制很罕见，并且在很特殊的条件下才被实行。世界上实行一妻多夫制的民族大多居住在南亚——尼泊尔、印度和斯里兰卡。这些地区中，一妻多夫制看起来是对迁移的一种文化适应，这种迁移与男性离开家去进行交换、商业活动或者军事行为等习俗相关。社会中的劳动分工是建立在性别基础上的，一妻多夫制可以确保至少有一个男人会留在家里完成那些男性的活动。当资源非常缺乏的时候，兄弟共妻是一种有效的适应策略。在扩大的（一妻多夫的）家庭中，拥有有限资源的（土地）兄弟可以共同利用他们的资源。他们共同娶一个妻子。一妻多夫制可以限制妻子和继承者的数量。继承者的较少竞争可以确保土地在最小分化的前提下得以传承下去。

本章小结　1.婚姻通常是指一种家庭关系形式，它很难定义。所有的社会都会存在某些乱伦禁忌。近亲交配行为是人类既有冲动但又力图避免的行为，它可能反映出了一个广义上的灵长类趋势。乱伦的类型、风险和对乱伦的限制反映了特定的亲属结构。把焦点放在限制父女乱伦上面的文化与父系的核心家庭结构是相关的，但是把焦点放在限制兄弟姐妹乱伦方面的文化存在于那些世系和氏族社会中。

2.下面提供的是一些关于乱伦禁忌的解释：（1）把对于乱伦的本能厌恶编成法典；（2）它表达的是对于乱伦结合的生物性后果的关注；（3）它

反映的是当一个人在家庭中成长时，他所产生的性吸引力或者性排斥力；（4）乱伦禁忌具有适应性优势，因为它推动了外婚制度的发展，从而可以增加朋友和联盟网络。

3. 外婚制增加了群体与外界的社会和政治联系。对内婚制——与群体内的成员结婚——的思考使得外婚制得到肯定。内婚制原则在等级社会中是很普遍的。其中一个极端的例子就是印度的种姓制度，它是内婚制单位。种姓被细分为不同的继嗣群，属于同一种姓内的继嗣群可以相互通婚。因而同一文化中实行的是内婚制和外婚制两种法则。某些古代的王国鼓励王室成员的乱伦却谴责平民间的乱伦。

4. 总体来说，同性婚在当代北美是不合法的，对同性婚的讨论论证了与异性婚相伴的各种权利。婚姻建立了孩子的合法父母。它给予夫妻中的一方享有另一方的性、劳动力和财产的权利，并且婚姻建立了夫妻之间和双方的亲属之间重要的"姻亲关系"。其中的一些权利也可以通过同性家庭成员关系建立起来。

5. 在存在继嗣群的社会中，婚姻既是夫妻之间的关系，也是两个群体之间的关系。在聘礼这一习俗下，新郎和他的亲属会将财富转移到新娘和新娘的亲属那里。随着嫁妆价值的增加，离婚率会降低。在非工业社会里，聘礼习俗反映了婚礼会产生和保持群体的联盟关系。妻姐妹婚指的是一个男人的妻子亡故后，他会娶妻子的姐妹；夫兄弟婚指的是一个女人的丈夫亡故后，她会嫁给她丈夫的兄弟。这两种婚姻都会起到保持群体联盟关系的功能。

6. 离婚的简单与否、离婚的频率是随着文化变化的。政治、经济、社会、文化和宗教因素都会影响离婚率。在存在继嗣群的社会中，婚姻是属于群体间联盟的问题，离婚就不是普遍的。共有的大宗财产也会使离婚变得复杂化。

7. 很多社会允许多偶婚。多偶婚的两种形式是一夫多妻制和一妻多夫制，前一种是指丈夫会有好几个妻子，后一种指的是妻子会有好几个丈夫。一夫多妻制比一妻多夫制要普遍得多。

聘礼 bridewealth 见子嗣金

交表兄弟姐妹 cross cousins 一个兄弟的孩子和一个姐妹的孩子。

嫁妆 dowry 一种婚姻交换，在这一交换中妻子的群体会赠送大量的礼物给丈夫的家庭。

内婚制 endogamy 同一社会群体内的成员间的婚姻法则或者婚姻行为。

外婚 exogamy 要求群体成员与群体外的成员结婚的法则。

生父 genitor 一个孩子生物上的父亲。

乱伦 incest 对亲密亲属之间性关系的禁止。

夫兄弟婚 levirate 一个女性在其丈夫亡故后嫁给丈夫的兄弟的一种习俗。

母亲 mater 一个孩子被社会认可的母亲。

平表兄弟姐妹 parallel cousins 两个兄弟的孩子或者两个姐妹的孩子。

父亲 pater 一个孩子被社会认可的父亲，不一定是生父。

多偶婚 plural marriage 多于两个配偶的所有婚姻，又叫多配偶制。

一妻多夫制 polyandry 多偶婚的一种类型，即一个女人有一个以上的丈夫。

一夫多妻制 polygyny 多偶婚的一种类型，即一个男人有一个以上的妻子。

子嗣金 progeny price 在婚姻前、婚姻中或者婚姻后，新郎和他的亲属送给妻子及妻子亲属的礼物，这个女人所生育的孩子会成为她丈夫继嗣群体的合法成员。

妻姐妹婚 sororate 一个男子在其妻子亡故后续娶妻子的姐妹的一种习俗。

1.试着想出一个能符合本章所考察的所有案例的
婚姻定义。在这个过程中你遇到了什么问题？

2.什么是聘礼？它的别称是什么，为什么？我们
所在的社会中有类似的东西吗？为什么有或为
什么没有？

3.妻姐妹婚和夫兄弟婚有何不同？又有何相同之

处？你能理解这种习俗吗？

4.如果你生活在一个多偶婚的社会中，你更偏向
一夫多妻还是一妻多夫？

5.关于你所在的社会和非工业社会中婚姻的差
别，你得出了什么一般性的结论？

补充阅读

Collier, J. F., ed.

1988　*Marriage and Inequality in Classless. Societies.* Stanford, CA: Stanford University Press.队群与部落中的婚姻和性满足。

Goody, J., and S. T. Tambiah

1973　*Bridewealth and Dowry.* Cambridge, England: Cambridge University Press. 比较视野中的婚姻交换。

Hart, C. W. M,, A. R. Pilling, and J. C. Goodale

1988　*The Tiwi of North Australia*, 3rd ed. Fort Worth: Harcourt Brace. 对提维（Tiwi）婚姻制度的经典案例研究的最新版本，包括对一夫多妻制、社会交换长达60年的人类学研究。

Ingraham, C.

1999　*White Weddings: Romancing Heterosexuality in Popular Culture.* New York: Routledge. 当代美国的爱情与婚姻，包括仪式。

Levine, N. E.

1988　*The Dynamics of Polyandry: Kinship, Domesticity, and Population in the Tibetan Border.* Chicago: University of Chicago Press. 对尼泊尔西北地区兄弟共妻和家户组织的案例研究。

Malinowski, B.

2001　（orig. 1927）. *Sex and Repression in Savage Society.* New York: Routledge.对特罗布里安母系社会的性、婚姻和亲属制度的经典研究。

Murray, S. O., and W. Roscoe, eds.

1998　*Boy-Wives and Female Husbands: Studies in African Homosexualities.* New York: St. Martin's. 非洲的同性性行为和婚姻。

Ottenheimer, M.

1996　*Forbidden Relatives: The American Myth of Cousin Marriage.* Champaign-Urbana: University of Illinois Press.美国和欧洲的乱伦法规及表亲婚姻。

Shepher, J.

1983　*Incest, a Biosocial View.* New York: Academic Press. 来自以色列的观点，基于在基布兹（kibbutz）的一个案例研究。

Simpson, B.

1998　*Changing Families: An Ethnographic Approach to Divorce and Separation.* New York: Berg.当前英国的结婚和离婚趋势。

在线练习

1.婚礼：以下是一些向来自不同国度和传统的夫妇出售婚礼用品的网站。从中选择三个网站并回答以下问题：印度人（http://www.weddingsutra.com）；犹太人（http://www.mazornet.com/jewishcl/jewishwd.htm）；非

裔美国人（http://www.africanweddingguide.com/）；摩门教徒（http://www.askginka.com/religions/ mormon.htm）；东正教徒（http://www.askginka.com/religions/eastern-orthodox.htm）；穆斯林（http://www.

askginka.com/religions/muslim.htm）；罗马天主教（http://www.askginka.com/religions/catholic.htm）。

a. 新郎和新娘穿什么样的衣服？衣服受传统或现代风格影响的程度有多大？婚礼筹备者就所穿的衣服这个问题有多少种选择？

b. 常见的婚礼场所是哪些地方？

c. 这些婚礼中的哪一方面与你所在社会中的婚礼是差异最大的？哪些方面则是相似的？

d. 你认为为什么婚礼会因为文化和宗教的原因而如此不同呢？

2. 继嗣和婚后居处法则：打开民族志的阿特拉斯（Atlas）交叉列表网页（http://lucy.ukc.ac.uk/cgi–bin/uncgi/Ethnoatlas/atlas.vopts），这一网站对众多群体的民族志信息进行了汇编，你可以用所提供的工具交叉分析某些特征的流行状况。在"选择排类别"下选择"继嗣"在"选择专项类别"下选择"婚后居住的变化：

流行形式"。点击提交查询按钮。会出现一个表格，显示的是有着不同继嗣制度的群体中婚后居处法则的频度。

a. 父系继嗣群中最常见的婚后居处法则是什么？母系继嗣群呢？这是你意料之中的吗？

b. 基于a部分的观察，你认为最不可能出现在父系继嗣群中的婚后居处法则是什么？该表格中的哪些群体践行这种模式？点击该位置的数字，找出它们是什么群体，分布在哪里。你认为最不可能出现在母系继嗣群中的婚后居处法则是什么？哪些群体践行这种模式？

c. 伴随两可居这种婚后居处模式的最常见的继嗣群形式是什么？这说得通吗？

请登录McGraw-Hill在线学习中心查看有关第19章更多的评论及互动练习。

链接

科塔克，《对天堂的侵犯》，第4版

　　第3章和第9章探讨了阿伦贝培的婚姻类型和同居关系。第3章描述了20世纪60年代的安排，第9章则表现了20世纪80年代与婚姻相关的观念和行为的变迁。20世纪60年代正式结婚的主要动力是什么？变迁的主要原因是什么？你所在的社会中，在过去的几年间，关于婚姻的观念及行为是否有重大变化？

彼得斯-戈登，《文化论纲》，第4版

　　阅读《文化论纲》的第13章，《提维：传统在澳大利亚》。一项所有的提维女性都应该缔结婚姻的传统导致了女婴订婚和寡妇的强制再婚，这种传统现在已经不再践行了。它带来了几个社会后果？提维婚俗如何例证本书探讨的婚姻的社会功能？提维婚俗与你所在社会中婚姻的规则和功能相比如何？这些随时间而改变了吗？如果是，原因可能是什么呢？

克劳福特，《格布斯人》

　　根据《格布斯人》第4章和第10章的信息，格布斯社会中理想的婚姻形式是什么？妇女在决定此类婚姻中的影响力有多大？根据第4章，格布斯人的新娘群体和新郎群体间践行何种互惠形式？当互惠无法实现的时候会怎样？格布斯社会中的哪种暴力是与婚姻形式相关的，谁最有可能受攻击或杀害？根据第10章，格布斯婚姻形式在1980年至1998年是如何变化的？随着婚姻形式的改变，年轻的格布斯男孩和女孩获得了哪些受益和代价？

第**20**章
社会性别

章节大纲：

性别与社会性别

因为人类学家研究生物、社会和文化，所以他们所持的一种独特见解就是自然（生物倾向性）和环境因素（环境）是人们行为的决定因素。人类的态度、价值和行为不仅被他们的基因倾向性所限制——这经常是难以确认的，而且被文化濡化过程中的个人经历所限制。我们作为成人的特征，不仅为我们的基因所决定，同时为我们成长和发展过程中的环境所决定。

有关自然和环境因素的问题出现在对人的性别-社会性别角色和性行为进行的讨论中。男性和女性的基因是不同的。女性有两个 X 染色体，男性有一个 X 染色体和一个 Y 染色体。因为只有父亲可以输送 Y 染色体，所以父亲决定了孩子的性别。母亲总是会提供一个 X 染色体。

染色体的不同表现为荷尔蒙和生理上的差异。人类的**两性异型**（sexual dimorphism）特征比长臂猿（亚洲一种在树上生活的小猩猩）之类的灵长目动物要明显，却不如大猩猩和猩猩之类的动物明显。两性异形指的是男性和女性除了胸部和生殖器的差别外，还存在其他的生物差异。女性和男性的不同不仅表现为第一性征（生殖器和生殖器官）和第二性征（胸部、声音、毛发分布）的不同，还表现为平均体重、身高、力量和寿命的不同。女性通常比男性长寿，并且女性的耐力要优于男性。在一定的人口中，男性通常比较高，体重也较重。当然就身高、体重和体力来说，性别之间还存在相当一部分的重叠，而且在人类生物进化的过程中，人类的两性异形特征已经开始显著减少。

但是，究竟这种遗传和生理的差异会导致多大的不同呢？这些差异对不同社会男性和女性的行为方式、不同社会对待男性和女性的方式会产生什么样的影响？人类学家已经发现了不同文化中男性角色和女性角色的相似性和差异性。关于性别—社会性别角色和生物学这个问题，下面是一种主导性的人类学观点：

男性和女性的生物特征（应当被看做）不是对人类有机体的一种狭窄限制，而是多种结构得以建立的宽广基础（Friedl, 1975）。

尽管在大多数社会中，男性通常比女性更具有某种程度的攻击性，但是性别在行为和态度方面的很多差异是由文化而不是生物引起的。性别

差异是生物性的，但是社会性别却包含着一种文化对男性和女性指定和灌输的所有特征。换句话说，"社会性别"是指男性和女性特征的文化建构（Rosaldo, 1980b）。

在文化多样性的范围内假定"社会性别的丰富多样的建构"，布尔克和沃伦（Susan Bourque and Kay Warren, 1987）注意到，对男性和女性的固定印象并不总是适用的。人类学家已经系统地收集了很多文化背景下有关社会性别的相似性和差异性的民族志数据（Bonvillain, 2001；Brettelland Sargent, 2005；Gilmore, 2001；Mascia-Lee and Black, 2000；Nanda, 2000；Ward and Edelstein, 2006）。人类学家能够发现关于社会性别差异的周期性主题和方式。他们也能发现社会性别的角色随着环境、经济、适应策略和政治体系类型的不同而不同。在考察跨文化的数据之前，我们先定义几个概念。

社会性别角色（gender roles）是文化赋予男性和女性的任务和活动。与社会性别角色相关的是**社会性别角色定型**（gender stereotypes），它是一种关于女性和男性特征的过度简单化但却很牢固的思想。**性别分层**（gender stratification）指的是酬劳（社会的宝贵资源、权力、声望、人权和个人自由）的不平等分配，这种不平等分配反映了男女两性在社会等级中的不同地位。根据斯多乐的研究（Ann Stoler, 1997），性别地位的经济

概览

社会性别指的是性别差异的文化建构。男性和女性在生物性别上的不同表现为他们的 X 染色体和 Y 染色体的不同。社会性别角色是文化赋予每个性别的活动。性别分层指的是性别之间权利和资源的不平等分配。有时候户外和户内的劳动区别会增强男女两性的对比，男性在公众方面被认为是活跃的，而女性被看作是家庭的、价值较小的。父权制是一种政治体系，女性在这个体系中拥有低等的社会和政治地位。尽管人类学家知道不存在这样的社会，在这个社会中女性作为一个群体支配男性群体，但是在很多社会中女性拥有权力并且是领导者。在北美，有薪酬的女性劳力已经增加，这赋予了很多女性更大的自主权。但是全球范围内也在不断增加的是女性的贫困化现象：以女性为主的贫困家庭的数量增加了。尽管一个社会中个人的性取向是不同的，文化总是扮演着将个人的性冲动塑造为集体规范的角色。这样的规范随着文化不同而不同。

随书学习视频

人类气质：女人和男人

第20段

这个片段强调了文化如何塑造了男子气和女子气。它也显示了那些被女孩子和男孩子接受的不同的社会对待方式（包括男性和女性不同的竞争方式）如何影响着社会性别的差异。这个片段记录了性别（包括生物上的不同）作为基础，是如何通过社会化和同化的过程来转化为社会性别的。片段所记录的男孩和女孩的一些不同是什么？根据你所阅读的本章内容，一个跨文化的视角能够帮助你评价这个片段吗？

印度尼西亚米南加保母系社会的另一种社会体系

美国科学促进会官方网站 Eureka ler t新闻简讯

作者：帕姆·科斯蒂（Pam Kosty）

2002年5月9日

在跨文化研究中，人类学家描述了男女在性别角色、权力方面存在丰富多样的差异性。如果父权制指的是一个由男性统治的政治体系，那么母权制会怎么样呢？母权制指的是一个由女性统治的政治体系？还是指女性在社会和政治组织中扮演着特别重要的角色这样的一个政治体系？这则新闻里是桑迪（Peggy Sanday）的结论：女权制是存在的，但是它不是父权制的镜像。父权制社会中男性通常所拥有的权力优越感与母权制下同样分布不均的女性权力不一样。很多的社会，如这里所描述的米南加保族，就缺乏通常会伴随父系体系的那种相当大的权力差异。在阅读这篇文章时，我们要注意到米南加保族女性在社会、经济和仪式生活中的中心地位和关键性象征地位。虽然在民族-国家中，如米南加保族所在地印度尼西亚，米南加保族的组织原则不是普遍的。但是政治体系的运行水平是不同的，我们在这儿看到的是母系和母权在当地的表现，从村庄和地区的水平来说，在这里母系继嗣群的年龄差异是划分村庄等级的方式。

在20世纪，学者们从时空两个角度的研究发现了母权制，在这样的社会中权力掌握于女性而不是男性手中。大部分人断定真正的母权制是不存在的，它可能从来没有存在过。

宾夕法尼亚大学考古学和人类学博物馆馆长、人类学家桑迪并不同意这种想法。在印度尼西亚西苏门答腊的米南加保人中进行了数年的研究

后，她接受了这个群体的自我标注："女性家长制社会"或"母权制社会"。她指出问题在于西方文化对于母权制这一观念的想象，西方文化认为母权制应该是父权制的孪生姐妹。

"很多人类学家一直在寻找这样的社会，即女性会支配日常生活中包括管理事务在内的事件，"她说，"当考察非西方文化如印度尼西亚苏门答腊的米南加保族文化时，你会发现那种模式不能用西方的权力观来衡量。在米南加保族人那里，女性和男性是以共同福祉为目标的伙伴关系，而不是受自我利益支配的互相竞争者。社会声望会赋予那些遵从习俗和信仰的规定、促进良好关系的人。"

拥有400万人口的米南加保族是印度尼西亚最大的族群之一，他们居住在西苏门答腊省的高原地区。他们的社会建立在母系习俗与被称之为传统法的自然哲学共存的基础上。更晚近以来，伊斯兰教已经被整合进这个基础……

根据桑迪的说法，她在至今仍存在的传统法理念中发现了米南加保族母权制的关键是"一个人必须依赖人类、动物和食物来发育成长，这样社会才会变得强壮……"

社会对于发育成长的强调使得母亲在日常生活中具有独特的重要性。米南加保族人崇尚他们的神话女王以及合作。在村庄的社会关系中，年长的女性与传统房屋中位于中央的柱子联系在一起，因为这根

柱子最先被树立起来，所以它是最老的。在很多村庄中，最老的村庄被称为"母亲村"。当穿着节日的盛装举行庆典时，他们会用称呼神话女王的称谓来称呼妇女。这样的行为表明在这个社会中母权是指母系的中心性、起源性和基础性地位，它不仅表现在日常生活中，也表现在社会秩序中。

米南加保族女性的权力延伸到经济和社会领域。女性控制着土地的继承，而且丈夫会搬到妻子的房屋居住……在婚礼上，妻子和她的女性亲属会去丈夫的房子接他，将他带到她的房子里居住。在离婚时，丈夫会收拾他的衣服离开妻子的家。然而，尽管女性在社会中被赋予了特殊的地位，但是在米南加保族女权制下，女性统治并不是均等的。

"无论男性支配还是女性支配都是不可能的，因为米南加保人的信条是必须在一致的情况下才能做出决定。"桑迪教授说。"在回答我一直坚持要问的问题'谁支配'时，有人告诉我，我所问的问题是错误的，任何人都不具有支配地位，有人对我解释说，其理由就是男性和女性是相互补充的。"

根据桑迪的说法，尽管现在米南加保族的母权制很大部分是建立在传统法基础上的，但是伊斯兰教也扮演着一个角色。伊斯兰教是在16世纪的某个时间到达西苏门答腊的，它的传入比传统法的习俗和哲学的建立时间要晚很多。刚开始时，

传统法和伊斯兰教的关系很紧张。在19世纪，传统法习俗的捍卫者与从麦加引入的宗教激进主义的捍卫者之间爆发了一场战争，这场战争以双方的协商结束。今天，母系的传统法和伊斯兰教都被看做是神圣不可侵犯的。

米南加保族建立在自然基础上的文化和赋予他们生活意义的传统法可能会受到复兴的伊斯兰宗教激进主义、国家主义和不断扩张的资本主义的侵蚀。不过桑迪对此持乐观的态度，她认为他们的文化有内在弹性，可以适应变化的世界。"对于几百年来灌输进他们世界的那些东西，米南加保族人应该选择去反抗还是适应那些无数的变化呢？他们应该选择维护文化的纯洁性吗？如果是这样的话，他们的传统法在很久之前就被消灭了。米南加保人的故事表明，适应变化可以保护他们的世界。"

来源：http://www.eurekalert.org/pub release/2002-05/uop-imm050902.php.

决定因素包括支配他人劳动和劳动成果的自由或自主性，还包括社会权力（对其他人生命、劳动力和生产的控制）。

在非国家社会中，性别分层通常在声望方面而不是在财富方面表现得更为明显。在对菲律宾吕宋岛北部的伊郎革人的研究中，罗萨多（Michelle Rosaldo, 1980a）描述了他们的性别差异与探险、旅行和关于外部世界的知识等文化价值相关。作为猎人，伊郎革的男性会更经常地到远处游历。这使他们获得关于外部世界的知识，增加了他们的经历，并且他们返回后会在公共演讲地点表达他们的知识、探险和感受。作为回报，他们会得到称赞。因为缺少建立在外部经历基础上的知识和戏剧性的表演，所以伊郎革女性的声望比较低。在罗萨多的研究和其他关于非国家社会的研究的基础上，洪（Ong, 1989）提出，我们必须将特定社会里的声望体系与实际权力区别开来。男性声望高并不意味这个男性在经济或者政治权力方面超过其他的家庭成员。

关于美洲土著中多种社会性别的信息，见在线学习中心的在线练习。
mhhe.com/kottak

社会性别模式

在前面的章节中，民族志学者将几种文化（例如跨文化数据）中的民族志数据进行比较以发现和解释相异性和相似性。与社会性别的跨文化研究相关的数据可以来自经济、政治、家庭活动、亲属和婚姻等领域。表20.1展示的有关性别的劳动分工的跨文化数据来自185个随机抽出的社会。

记得在第13章中有关文化的普遍性、概括性和特殊性的讨论，表20.1中关于性别的劳动分工的研究是概括性的，而不是普遍性的。也就是说，在民族志学者所了解的社会中，大部分社会存在的一种强烈倾向，就是造船是男性的工作，但是也有例外。一个例外就是美洲土著群体中的希达察部落（Hidatsa），在那里女性负责造船来穿越密苏里州河（传统上，希达察人在北美大平原上以种植和猎捕野牛为生，他们现在居住在北达科他州）。另一个例外就是波尼族（Pawnee）印第安女性负责木工工程，这是北美土著群体中唯一将这项工作分配给女性的群体（波尼族印第安人传统上以平原种植和猎捕野牛为生，开始时他们居住在现在的内布拉斯加州中部和堪萨斯州中部地区，现在他们居住在俄克拉何马州中北部的保留地）。在非洲伊图里雨林地区的姆布蒂矮人那里，女性用手或者网来猎捕一些体型小的、跑得慢的动物（Murdock and Provost, 1973）。

跨文化概括的例外可能会包括社会或者个体。也就是说，如同希达察社会那样，一个社会如果将本来属于男性的造船活动分配给女性来做，那它与跨文化的概括就是相反的。或者在一个社会中，造船本来属于男性的文化特权，但某个特殊的女性或者多个女性也可能是例外并从事男性活动。表20.1显示了在185个社会的样本中，哪些活动是分配给男性的，哪些活动是分配给女性的，哪些活动男女都可以承担。

在这些男女都可以承担的活动中最重要的是

表20.1	概括性的性别劳动分工，建立在来自185个社会的数据基础上	
概括的男性活动	一些具有摇摆性（男性或者女性均可）的活动	概括的女性活动
捕获大的水生动物（例如鲸鱼、海象）	生火	收集燃料（例如柴火）
	杀婴	制作饮料
炼矿	准备毛皮	收集野生的蔬食
金属工艺	收集小的陆地动物	日常生产（例如搅乳）
伐木	种植粮食作物	纺纱
捕获大的陆地动物	制作皮革产品	洗衣
捕获禽类	收获	取水
制作乐器	管理作物	做饭
设置陷阱	挤奶	准备蔬食（例如进行谷类加工）
造船	编篮子	
石料作业	负担重物	
骨头、角、壳作业	制作席子	
采矿和采石	照料小动物	
接骨	储存肉和鱼	
屠宰	织布	
采集野蜂蜜	采集小的水生动物	
清理土地	生产衣服	
捕鱼	制作陶器	
管理大的畜牧动物		
建房子		
准备土地		
织网		
编绳		

以上的所有活动中，"屠宰"几乎总是由男性来完成，那些通过"编绳"来屠宰的活动通常由男性完成。

来源：Adapted from G. P. Murdock and C. Provost, "Factors in the Division of Labor by Sex: A Cross-Gultural Analysis," *Ethnology* 12（2）:202-225.

种植、田间管理和作物收获。在下面我们会看到有些社会传统上会给女性分配更多的农活，而有些社会将男性作为主要的农业劳动者。在那些几乎总是分配给男性的任务中（表20.1），很多任务（例如在陆地上或者海上捕获大的动物）很明显地是与男性的平均身高较高和力气较大相关。其他的像木工工程和制作乐器之类的活动看起来更具有文化垄断性。当然，女性也没有被排除在费力费时的体力劳动之外，例如收集木柴和挑水。在巴西的阿伦贝培社会，女性通常用容积为5加仑（约为23升）的桶运水，她们从离家很远的井中或者淡水湖中取出水，将水桶平放在她们的头上然后运回家。

从跨文化的研究来看，女性和男性对于生计的贡献是大致相等的（表20.2）。但是如同我们在表20.3和表20.4中所看到的，在家庭活动和

表20.2	男性和女性在生计活动中花费的时间和精力
男性多	16
大致相等	61
女性多	23

在随机挑选的社会中，可以获得这个变量的信息的比例为88%。

来源：M. F. Whyte, "Cross-Cultural Codes Dealing with the Relative Status of Women," *Ethnology* 17（2）:211-239.

在 表 20.1 中缺少的是什么呢？我们注意到它没有提到贸易和市场活动，这是男性或女性一方或双方都活跃于其中的活动。表 20.1 详述了男性的活动多于女性，这是不是有点男性中心主义？在照料小孩方面女性比男性做的要多，但是表 20.1 的研究是建立在（Murdock and Provost, 1973）不将家务活动细分到如同家外活动那样的程度的基础上的。

女性和男性都需要将他们的活动安排到一天中的 24 个小时里。表 20.2 是建立在跨文化的数据基础上的，它显示了男性与女性花费在生计活动上的时间和精力通常是大致相等的。更有可能的是，男性比女性做的生计活动稍少。考虑一下在表 20.1 中，女性的家内活动如何能够得到更为详细的说明。表 20.1 数据的最初模式可能表明了一种男性偏见，在这样的偏见下，家外活动比家内活动被赋予了更大的重要性。例如，与清洗一个婴儿的屁股（表 20.1 中没有列出）相比，收集野蜂蜜（表格 20.1 所列出的）是更为必需的或者 / 和更为消耗时间的吗？根据现在的家庭和工作角色，还有就是根据当今女性和男性所从事的活动来思考表格 20.1。男性仍旧从事大部分的狩猎活动，任何一种性别的人都可以从超级市场上获得蜂蜜，甚至清洗孩子的屁股仍旧是大部分女性的活动。

表20.3	谁做家务劳动
男性几乎不干	51
男性做一部分，但是大多数还是由女性来干	49

在随机挑选的社会中，可以获得这个变量的信息的比例为 92%。
来源：M. F. Whyte, "Cross-Cultural Codes Dealing with the Relative Status of Women," *Ethnology* 17（2）:211-239.

表20.4	在婴儿（小于4岁）的照料、管理和教导中，谁拥有最终的支配权？
男性拥有更多的话语权	18
大致相等	16
女性拥有更多的话语权	66

在随机挑选的社会中，可以获得这个变量的信息的比例为 67%。
来源：M. F. Whyte, "Cross-Cultural Codes Dealing with the Relative Status of Women," *Ethnology* 17（2）:211-239.

跨文化的数据来回答"在对不足 4 岁的儿童进行照料、管理和教导时，谁——男性还是女性——会有最终裁定权"这一问题，尽管在三分之二的社会中女性对幼儿拥有主要权力，但是也存在男性拥有主要的发言权这样的社会（占总数的 18%）。尽管在美国和加拿大，文化事实是女性角色在儿童照料中占优势，但是如今很多男性已成为主要的儿童照料者。考虑到母乳喂养在确保孩子尤其是婴儿生存中的重要角色，母亲作为主要的照料者是有道理的。

在繁衍策略中，女性和男性是有区别的。女性生小孩、母乳喂养小孩并且承担着照料婴儿的主要责任。女性会通过与每个婴儿建立密切的联系来确保她们的后代可以存活下来。如果一个女性有一个可以依赖的配偶，那么就有利于减轻抚养孩子过程中的困难和保证孩子的存活（这里又会出现例外，例如在"家庭、亲属关系与继嗣"这一章中所讨论的母系纳亚尔人）。女性只能在她们的育龄期间生小孩，在此期间，女性从初潮（月经的第一次到来）延续到绝经期（月经的停止）。相比之下，男性的育龄期要比女性长，这个时间可以延续到老年。如果他们选择这样做，通

儿童养育中，女性的劳动占支配地位。表 20.3 显示在研究的大约半数社会里，男性实际上不做家务活。甚至在那些男性做一部分家务活的社会中，家务活的大部分还是由女性来承担。如果将生计活动和家务劳动加在一起，女性工作的时间通常比男性要长。这种情况在当今世界是否已经改变了呢？

在儿童养育中是怎样的呢？在大多社会中，女性通常是主要的照料者，但是男性通常也会承担一定角色。在这里，无论是某个社会内，还是社会与社会之间都存在例外情况。表 20.4 使用

过使几个女性在较长的时间内怀孕，男性可以提高他们的生育成功率。尽管男性并不是总会有多个配偶，但是他们的这种倾向比女性要强烈（表20.5、表20.6和表20.7）。在民族志描述过的社会里，一夫多妻制要比一妻多夫制普遍（表20.5）。

男性在婚姻之内和婚姻之外的性行为要比女性多。表20.6显示了有关婚前性行为的跨文化数据，并且表20.7概括了婚外性行为的数据。在两种情况下，尽管所研究的大约半数社会对男女的限制是平等的，但是男性比女性受到的限制要少。

表20.5	社会允许有多个配偶吗？
仅仅允许男性	77
男性与女性都可以，但是男性更为普遍	4
任何一种性别都允许	16
男性与女性都可以，但是女性更为普遍	2

在随机挑选的社会中，可以获得这个变量的信息的比例为92%。
来源：M. F. Whyte, "Cross-Cultural Codes Dealing with the Relative Status of Women," *Ethnology* 17（2）:211-239.

表20.6	对于婚前性行为有没有一个双重标准？
是——对于女性的限制更大	44
不——对于男女两性的限制是相同的	56

在随机挑选的社会中，可以获得这个变量的信息的比例为73%。
来源：M. F. Whyte, "Cross-Cultural Codes Dealing with the Relative Status of Women," *Ethnology* 17（2）:211-239.

表20.7	对于婚外性行为有没有一个双重标准？
对于女性的限制更大	43
对于男女两性的限制是相同的	55
对违背的男性的处罚更严重	3

在随机挑选的社会中，可以获得这个变量的信息的比例为75%。
来源：M. F. Whyte, "Cross-Cultural Codes Dealing with the Relative Status of Women," *Ethnology* 17（2）:211-239.

女性受到的限制多于男性这种双重标准表明了性别分层的存在。几项研究显示了影响性别分层的经济因素。在一项跨文化的研究中，桑迪（Sanday, 1974）发现当男性和女性为生活作出大致相同的贡献时，性别分层就会减少。她发现当女性为生活所作的贡献大于男性或者小于男性时，性别分层是最大的。

觅食社会中的社会性别

在觅食社会里，当男性为日常饮食所作的贡献大于女性时，性别分层是最明显的。这在因纽特人那里和其他的北部狩猎采集者那里都是如此。相反，在热带和亚热带的觅食者中，采集通常能比狩猎和捕鱼提供更多的食物。采集一般是女性的工作。男性通常负责狩猎和捕鱼，但是女性也会从事一些捕鱼活动并且可能猎捕一些小的动物。与以狩猎和捕鱼为主的生计活动相比，当采集占优势时，性别地位通常是较为平等的。

当家庭和公共领域没有明显的分化时，性别地位也是较为平等的（家庭领域指的是在家内的或者属于家庭的）。外部世界包括政治、交易、战争或者工作。家与外部世界之间的强烈分化被称为家庭领域和公共领域的对立，或者私人领域和公共领域的对比。通常当家庭领域和公共领域有着明显的分化时，公共活动会比家庭活动拥有更多的声望。这可以导致性别分层，因为男性更为经常地在公共领域中活动。从跨文化的角度来看，女性在离家更近的范围内活动。因而，狩猎—采集者的性别分层少于食物生产者的另一原因就是，在觅食者那里，家庭领域与公共领域的对立得到较少的发展。

我们可以看到某些社会性别角色比其他的社会性别角色与性别的联系更为密切。男性通常是狩猎者和战士。因为在同一人群内，男性平均要比女性体型更大，更强壮（Divale and Harris, 1976），所以在有矛、刀、弓这样的工具和武器时，男性通常是更好的狩猎者和战士。男性的狩猎者-战士角色也反映了男性更具有移动性。

在觅食社会里，女性在大部分育龄期内或怀孕或哺乳。在怀孕后期或者孩子出生后，女性的活动会受到小孩的限制，甚至连采集活动也会受到限制。但是，菲律宾埃格塔族（Griffin and Estioko-Griffin, eds., 1985）的女性不仅带着孩子进行采集活动，而且她们还会携带孩子和狗去狩猎。尽管这样，由于怀孕和哺乳对迁移所造成的影响，女性成为主要的狩猎者的可能性还是很小的（Friedl, 1975）。战争也是需要迁移的，但是在大多数觅食社会中很少有战争，在那些地区间贸易发展充分的地方，战争也不多见。食物生产者中间导致男性和女性地位不平等的两个公共场所是战争和交换。

桑人的案例表明，在觅食者中男性与女性的活动和影响范围会存在何种程度的重叠（Draper, 1975）。传统的桑人的性别角色是相互依赖的。在采集的时候，女性会发现有关猎物的信息并将这些信息传递给男性。男性和女性离开营地的时间是大致相同的，但是他们的劳动时间在一周内都不会超过三天。当其他的人去劳动时，队群中有三分之一到三分之二的人会留在家里。

桑人不认为他们从事异性的劳动是不合适的。男性经常采集食物和挑水，普遍的分享习俗规定男性分享肉食，而女性分享她们采集的水果。所有年龄段的男孩和女孩都会在一起玩。父亲在抚养儿童的过程中扮演着一个积极的角色。资源是充分的，而竞争和攻击是不受鼓励的。角色的可替换性和相互依赖性适应于这种小群体。

德雷柏（Patricia Draper）在桑人中所做的田野工作非常有助于体现经济、性别角色和分层之间的关系，因为她既研究了觅食者，又研究了先前曾是觅食者但现在已经定居的一个群体。仅有几千个桑人仍继续保持着他们文化中的那种传统觅食方式。现在大多数桑人都已经在邻近食物生产者或者牧场主的地方（参见 Kent, 1992；Solway and Lee, 1990；Wilmsen, 1989）定居下来。

德雷柏研究了玛霍帕地区的桑人，他们在一个村庄中放牧、种植作物、工作赚钱并且从事少量的采集工作。他们的性别角色开始出现更为严格的划分。因为男性比女性游历的距离远，所以家庭—公共领域的对立开始发展起来。随着采集活动的减少，女性更多地被局限在家中。男孩子们可以通过放牧获得迁移，但是社会对女孩子有了较多的限制。灌木丛中平等而又群居的生活被定居生活的社会特征替代。根据牧群、房子和儿子的不同，男性出现了差别，这种差别所导致的等级开始代替分享。社会开始把男性作为更有价值的生产者。

如果在当今社会中确实存在着某种程度的男性主导现象，那么它可能是由那些促使桑人去工作赚钱、在市场上销售和由此产生了世界资本主义经济的变化所导致的。地区、国家和国际力量的历史性相互作用会影响性别分层体系（Ong, 1989）。但是在传统的觅食文化中，平等主义扩展至两性之间的关系。男性和女性的社会领域、活动、权利和义务是重叠的。觅食者的亲属系统通常是双边的（通过女性和男性来计算，两边的地位平等），而不偏爱母亲一边或者父亲一边。觅食者会跟丈夫的亲属或者妻子的亲属一起居住，并且他们经常从一个群体转变到另一个群体。

关于觅食者的最后观察：公共领域和私人领域的分化程度在他们之间是最小的，等级在这里最不明显，攻击和竞争在这里也是最不受鼓励的，并且女性和男性的权利、活动、影响领域具有最多的重合性。在1万年之前，我们的祖先完全依靠觅食来生存。虽然觅食社会并不是完美的，但是如果人类社会存在任何最"自然"的形式，那么觅食者便是最好的代表。尽管一个比较著名的刻板形象是"挥动着棍棒的穴居人揪着他配偶的头发"，但性别的相对平等是更有可能的原始形态。

园艺社会中的社会性别

在栽培者那里社会性别和性别分层有很大区别，这取决于其经济和社会结构的特征。为了论证这一观点，马丁和乌尔希（Martin and Voorhies, 1975）研究了515个园艺社会，这些样本代表了世界各地的园艺社会。他们考察了好几个变量，包括继嗣和婚后居住、栽培成果所占的饮食比例、男性和女性的生产率。

他们发现女性是园艺社会的主要生产者，在这些社会中女性从事大部分栽培劳动的比例是50%。女性和男性对栽培作出相同贡献的比例是33%，男性从事大部分劳动的比例仅占17%。与父系社会相比，女性通常在母系社会中从事的栽培劳动更多一些。她们的劳动在母系社会的园艺业中占首要地位的比例为64%，相比之下，她们的劳动在父系社会的园艺业中占首要地位的比例是50%。

简化的社会性别分层——母系-从母居社会

从跨文化的角度来看，社会性别的地位的多样性与继嗣和婚后居住规则相关。（Friedl, 1975；Martin and Voorhies, 1975）。在实行母系继嗣和从母居（婚后与妻子的亲属在一起居住，所以孩子会在母亲的村庄中成长）规则的社会中，女性的地位通常要高于男性（参见 Blackwood, 2000）。母系和从母居法则使得有亲属关系的男性分散开而不是合并为一体。相比之下，实行父系和从父居法则（结婚后跟丈夫的亲属在一起居住）的社会将男性亲属聚集在一起，在发生战争时这些社会会具有优势。母系—从母居体系通常存在于人口对战略资源的压力极小、战争不频繁的社会中。

就像我们在本章开篇的"新闻简讯"中看到的，女性通常在母系社会、从母居社会中拥有较高的社会地位，它有几种原因。继嗣群体的成员身份、对政治地位的继承、土地的分配、所有的社会认同都来自女性。在马来西亚的内吉利森美兰（Peletz, 1988），母系继嗣赋予女性独有的对祖先稻田的继承权。从母居实现了女性亲属的团结和集中。对于家庭来说，女性具有相当大的影响力（Swift, 1963）。在这种母系背景下，女性

是整个社会结构的基础。尽管公共权力可能（看起来可能是）被指定给男性，但是实际上大部分权力和决策可能属于比较年老的女性。包括纽约土著居民的部落联盟——易洛魁人（Brown, 1975）在内的很多母系社会显示：女性在经济、政治、仪式影响力方面能够与男性相竞争。

易洛魁的女性扮演着主要的生计角色，而男性会离家很长时间参与战争。如通常的母系社会一样，内部战争是不常见的。易洛魁男性只对距离较远的群体发起战争，这样可以使那些群体多年不接近他们。

易洛魁的男性从事狩猎和捕鱼活动，但是女性控制着当地经济，女性也会进行一些捕鱼活动并且偶尔也进行狩猎活动，但是她们的主要生产角色是园艺。女性拥有从女性亲属那里继承来的土地，她们控制食物的生产和分配。

易洛魁的妇女跟她们的丈夫和孩子一起生活在公共长房的家庭隔间中。女性出生并终生生活在一个长房中。年老的妇女被称为主母，她会决定哪些男性可以作为丈夫居住在长房中，她们也可以赶出那些不能与别人和谐相处的男性。因此，女性控制着继嗣群体之间的联盟，这在部落社会中是一项重要的政治工作。

如此，易洛魁的女性也管理着生产和分配。社会认同，以及对职务、头衔和财产的继承都是通过女性家系，并且女性在仪式和政治方面的地位也很突出。具有亲属关系的部落会组成一个联盟，这个联盟是易洛魁人的同盟，联盟设有酋长和部落会议。

男性酋长会议负责管理军事活动，但是酋长的继承是母系的。也就是说继嗣的次序是这样的，一个人会继承给他的弟弟，他姐妹的儿子或者另一位母系亲属。每一个长房的主母都会提名一个男性作为他们的代表。如果部落会议反对她们的第一个被提名者，这个妇女就会提供其他的人选直到被提名者通过。主母会一直监督酋长，并且可以赶他们下台。女性可以否决某个战争，可以拒绝供应战争物品，还可以启动和平努力。女性在宗教方面也是权力共享的。部落中从事宗教活动的半数是女性，剩下的一半由主母挑选出来。

更多关于社会性别如何能够变化的信息，见网络探索。
mhhe.com/kottak

简化的社会性别分层——母权社会

坦纳（Nancy Tanner）也发现男性的移动与女性突出的经济角色相结合会简化社会性别分层，并且提高女性的社会地位。她的这项发现来自对印度尼西亚、西非和加勒比海地区的母权社会（母亲中心的，通常不跟丈夫—父亲在一起居住）的研究。母权社会并不一定是母系的，有几个甚至是父系的。

例如，坦纳（Tanner, 1974）发现尼亚加拉东部的伊博人社会具有母权性质，但是它却是父系社会，实行从父居和一夫多妻制法则（一个男人有多个妻子）。每一个妻子都有她自己的房子，她会跟她的孩子居住在一起并且在房子附近种植作物并交换剩余物品。

在关于伊博人的个案研究中，阿玛迪（Ifi Amadiume, 1987）注意到每种性别都可以承担男性的社会性别角色。在未受基督教影响前，成功的伊博女性会利用财富来获取头衔和妻子。妻子们会通过家庭劳动来养活丈夫（男的或者女的），并且帮助他们积累财富。女性丈夫并不被人们看做是男性的，她们会保留她们的女性气质。伊博女性将她们自己归于女性群体，这个群体还包括世系的女儿、世系的妻子、由有头衔的妇女所领导的遍及群体范围的女性委员会。伊博女性的高地位和影响力建立在这样的基础上：男性与当地的生计相分离，而且当地的市场体系鼓励女性离开家并且女性在分配方面占据优势，这进而实现了女性在政治上的优势地位。

复杂的社会性别分层——父系-从父居社会

伊博人在父系—从父居社会中是独特的，很多父系-从父居社会具有明显的性别分层。马丁和乌尔希（Martin and Voorhies, 1975）将母系的衰落和父系-从父居体系的扩散（包括父系、从父居、战争和男性至上）归因于资源的压力。在面临稀缺资源的情况下，实行父系-从父居法则的栽培者，例如亚诺马米人，会经常对其他的村庄发动战争。这有利于从父居和父系继嗣，也有利于发展那些将男性亲属聚在同一村庄的习俗，

这样有助于他们在战争中结成有力的联盟。这样的社会通常存在明显的家庭-公共领域的对立，并且男性通常会支配声望等级。男性在战争和交换中的公共角色以及较高的声望导致了女性价值的降低，而且男性可能会利用它们来强化对女性的压迫。

父系-从父居体系是位于巴布亚新几内亚高原地区的很多社会的特征。女性辛苦地种植和管理口粮作物、饲养和照料猪（主要的家畜和受人喜爱的食物）并负责家庭烹饪，但是她们与男性所控制的公共领域是脱离的。男性负责种植和分配优势作物、准备节日食品和安排婚姻。男性甚至开始从事猪的交易，并且控制它们在仪式中的用途。

在巴布亚新几内亚高原的人口稠密地区，男-女回避现象与人口对资源的巨大压力相关联（Lindenbaum, 1972）。男性恐惧与女性的所有接触（包括性）。他们认为与女性的性接触会让他们变得虚弱。事实上，男性将他们所看到的所有属于女性的东西都看做是危险和被污染的。他们将自己隔离在男性的房子里，并且将他们珍贵的仪式用品都藏起来不让女性发现。他们会延迟婚姻，有的人甚至不结婚。

相反，巴布亚新几内亚高原的人口稀少地区，例如最近的定居地，就没有这种有关男-女接触的禁忌。女性作为污染物的印象逐渐消失，异性间的性交是受到尊重的，男人和女人住在一起，因此生育率很高。

农业社会中的社会性别

当经济是建立在农业基础上时，女性通常就失去了她们作为主要栽培者的角色。因为男性的平均体型和力气要比女性大，所以一定的农业技术尤其是耕田技术就被指定为男性的劳动（Martin and Voorhies, 1975）。除了使用上灌溉技术时，耕田不再需要不断除草，而除草主要是女性的劳动。

跨文化的数据表明了男女生产角色的对比。

在 50% 的园艺社会中，女性是主要的劳动者，但是在农业社会中，女性作为主要劳动者的比例只有 15%。在农业社会中男性作为主要的生计劳动力的比例是 81%，但是在园艺社会这个比例仅占 17%（Martin and Voorhies，1975）（表 20.8）。

随着农业的出现，人类历史上第一次出现了女性与产品的分离。与劳动力非密集型经济相比，可能它正好体现了农业社会的特征，因为农业社会需要女性在离家近的地方以便照顾家庭中数量众多的孩子。在信仰体系中，男性作为户外劳动力的优越与女性现在被认为是低等的户内角色出现反差（户外指的是在家庭之外，存在于或者进入公共领域）。亲属和婚后居住方式方面的变化也不利于女性。伴随农业而来的是继嗣群和一夫多妻制的衰落，核心家庭更为普遍。女性与丈夫和孩子居住在一起而与她的女性亲属和其他为人妻的女性分离。在农业经济中女性的性行为受到严格的监督，男性更容易拥有离婚和婚外性的权利，这反映了农业社会中对待男女两性的双重标准。

在农业社会，女性地位的低下也并不总是必然的。性别分层是与犁耕农业相联系而不是与密集型栽培本身相联系。对法国和西班牙从事犁耕农业的农民的性别角色和分层的研究（Harding，1975；Reiter，1975）显示，人们认为房子属于女性的领域，而田地属于男性的领域。但是，这种对立并不是必然的，我自己对马达加斯加岛的贝齐雷欧人农业的研究就可以证明这点。

贝齐雷欧人的女性在农业中扮演重要的角色，她们会花费三分之一时间在水稻生产上。在劳动分工中，她们会有自己的传统任务，但是她们的劳动比男性更具有季节性。从 6 月中旬到 9 月中旬的仪式季节里，人们都没有什么可以干的事情。在剩余的时间里，男性几乎每天都在稻田地里劳动，在水稻移植（9 月中旬到 11 月）和收获（3 月中旬到 5 月上旬）的时期，女性也会与男性共同参加劳动。在 12 月和 1 月，妇女也会跟家里的其他成员一起，每天都去给水稻除草。在收获后，所有的家庭成员会一起扬谷并把谷子搬到仓库里。

如果考虑到女性每天都会费力地敲打杵臼舂米（食物准备的一部分而不是生产本身），我们就会知道在食物烹饪前的生产和准备阶段，女性付出的劳动力要占到 50% 还多一点。

在贝齐雷欧人中，不仅女性重要的经济角色会增加女性的地位，而且传统社会组织也起着同样作用。尽管婚后居住主要是从父居的，但是继嗣法则允许已婚妇女与她们自己的继嗣群保持成员关系并且结成牢固的联盟。亲属关系是宽泛的，而且是两边计算的（通过父母双方来计算——正如当今的北美）。洪指出，双边（和母系）亲属关系体系与食物生产和分配过程中相互补充的性别角色，是简化的性别分层的特征，贝齐雷欧人的例子就是一个证明。这种类型的社会在南亚农民那里也是很普遍的（Ong，1989）。

传统上，贝齐雷欧人男性参与政治比较多，但是女性也会担任政治职位。妇女在市场上销售他们的农产品和其他产品、在牛上投入精力、她们主办仪式并且参与供奉祖先的仪式。安排婚礼是一项重要的户外活动，女性会更多地关注这项活动。有时贝齐雷欧妇女会寻找她们的女性亲属作为她儿子的妻子，这样不仅可以增强她们在村

主题阅读

参见本章末的"主题阅读"。

表20.8	在栽培社会中男性和女性对生产所作的贡献	
	园艺社会 在104个社会中所占的比例	农业社会 在93个社会中所占的比例
女性是主要的栽培者	50	15
男性是主要的栽培者	17	81
在栽培中贡献相等	33	3

来源：K. Martin and B. Voorhies, *Female of the Species*, New York: Columbia University Press, 1975，p. 283.

庄生活中的重要性，而且使得村庄里建立在亲属基础上的女性团结可以持续下去。

贝齐雷欧人的例子表明了密集型栽培农业并不必然导致明显的性别分层。我们可以看到性别角色和分层反映的不仅是适应策略的类型，而且反映特有的文化属性。贝齐雷欧女性在她们社会的主要经济活动和水稻种植中一直承担着重要角色。

父权制与暴力

父权制（patriarchy）是一种政治体系，这个体系由男人支配，女性在这个体系中只有较低的社会和政治地位，包括基本的人权。米勒（Barbara Miller, 1997）对女性被忽略的现象进行了系统的研究，她描述印度北部的农村妇女被认为是"危险的性别"。如果社会属于完全的父系—从父居体系，同时还充满战争和村际掠夺，那么这个社会就具有父权制特征。嫁妆谋杀、杀害女婴、阴蒂切除之类的行为都是父权制的例证，它充斥于亚诺马米人之类的一些部落社会以及印度和巴基斯坦之类的国家社会。

尽管家庭暴力和虐待妇女现象在某些社会背景下更为普遍，但是这种现象属于世界范围内的问题。它也发生在新居制的核心家庭背景下，例如加拿大和美国。城市的非人格性与扩大亲属网络的隔离性为家庭暴力提供了滋生的土壤。

我们可以看到，在那些女性在政治和社会生活中扮演突出角色的社会中，如母系—从母居体系和双边继嗣社会，性别分层通常是简化的。当一个妇女居住在她自己的村庄时，她身边的亲属会照顾和保护她的利益。甚至在从父居的一夫多妻制背景下，当与有潜在虐待性的丈夫发生争吵时，女性也经常会依赖其他妻子和儿子。但是这种通常会为女性提供一个安全港湾的背景，在当今世界中不仅没有扩展，反而缩小了。孤立家庭增加，父系社会模式扩展，而母系社会则日渐减少。很多的国家宣布一夫多妻是非法的。越来越多的女性和男性发现他们与扩大家庭和原生家庭

分离开来。

随着女权运动和人权运动的发展，家庭暴力和虐待妇女问题受到越来越多的关注。法律得以通过，中间机构也得以建立起来。巴西专由女性管理的警察局就是其中一个例子，美国和加拿大为家庭暴力受害者提供的避难所也是同样的例子。但是父权制度确实存在于我们这个本应更加文明的世界中。

社会性别与工业制度

在实行父系-从父居法则的食物生产者那里和采用犁耕技术的农业生产者那里，家庭-公共领域的对立发展得最为充分，这种对立也影响着美国和加拿大等工业国家的性别分层。但是，北美的性别角色已经发生了迅速的转化。1900年之后，随着工业制度的蔓延，传统的"思想"——"女人就当居家"——在美国中产阶级和上层阶级之间发展起来。在这之前，中西部和西部地区的拓荒女性无论在种植方面还是家庭工业方面都被看做是完全的劳动能手。在工业制度下，对于那些与性别相关的工作，不同阶层和地区具有不同的态度。在欧洲工业化早期，男人、女人、孩子大批涌进工厂去赚取工资。受奴役的美国男人和女人在棉花地里从事着让他们筋疲力尽的劳动。在废除黑奴制度之后，南方的黑人妇女继续作为农场工人和佣人生存。贫困的白人女性就进入美国南部早期的纺织厂里劳动。在19世纪90年代，超过100万的美国女性在工厂里从事卑贱的、重复的、没有技术含量的工作（Margolis, 1984, 2000; Martin and Voorhies, 1975）。整个20世纪里，穷人、移民和黑人妇女一直在工作。

1900年之后，欧洲移民引发了男性劳动力大潮，这些移民在即使工资低于美国本土男性的条件下也愿意去工作。他们占据了工厂中那些原本属于女性的工作。随着机器工具的使用和大批量生产的出现，社会对女性劳动力的需求进一步减少，所以"女性从生物方面来说不适合工

厂工作"的观念开始普及（Martin and Voorhies, 1975）。

马格里斯（Maxine Margolis, 1984, 2000）展示出为了满足美国经济的需要，不同社会性别的工作、态度和信仰是如何变化的。例如，在战争期间，男性的缺乏会导致这样的观点，即离开家到外面工作是女性的爱国义务。在第一次世界大战期间，"女性从生物方面来说不适合繁重的体力劳动"的观念逐渐消失。通货膨胀和消费文化也刺激了女性就业。在物价和／或需求上升时，多挣一份薪水可以维持家庭的生活质量。

从第二次世界大战起，女性带薪就业的稳步增长反映了婴儿潮和工业的扩张。美国文化传统上将文职工作、教师和护士作为女性的职业。随着第二次世界大战后人口的迅速增长和商业扩张，由女性承担这些工作的需求稳步增长。与支付工资给返乡的退伍军人相比，雇主发现支付给女性较低的工资能够增加自己的收益。

尽管在工资降低或者通货膨胀与失业同时发生时，女性就业也会被接受，但是在高失业率时期，女性的家庭角色就会得到强化。马格里斯（Margolis, 1984, 2000）坚持认为经济的变化会导致对待女性和关于女性的态度变化。经济的变化为当今的女性运动开辟了道路，1963 年弗里丹（Betty Friedan）《女性的神秘魅力》（*The Feminine Mystique*）一书的出版和 1966 年"全国妇女组织"的成立也促进了女性运动的发展。这项运动反过来又推动了包括同工同酬目标在内的女性工作机会的增加。在 1970 年至 2003 年间，美国女性劳动力的比例从 38% 上升到 47%。换句话说，在家庭外工作的美国人员中几乎一半是女性。现在超过 7 100 万的女性有自己的职业，相比之下男性的人数是 8 000 万。女性现在在全国半数以上（57%）的职业中任职（*Statistical Abstract of the United States*, 2006, p.429）。而且与以前不同的是，现在这些职业不仅仅是纯粹的女性工作。表 20.9 的数据显示出美国妻子和母亲就业数量的不断增长。

从表 20.9 中，我们可以注意到美国已婚男性的就业数量在下降，相比之下已婚女性的数量

理解我们自己

随着男性和女性职业方式的改变，人们关于社会性别的观念无疑正在发生改变。从媒体中我们也可以看到，例如在《欲望都市》中，主演人物表现出来的是非传统社会的社会性别行为和性行为，她们吸引了大量的观众。但是旧信条、文化期待和性别定型仍然存在。例如，美国文化期望女性比男性温顺。因为我们的文化也崇尚自我决定和坚持自己的信仰，所以这就向女性提出了挑战。当美国男性和美国女性展示某种行为时，例如说出他们的观点，人们对他们会有不同的评价。一个男性的独断行为可能获得欣赏或者奖赏，但是一个女性的相似行为就可能被他人视为"盛气凌人"，甚至是更坏的评价。女性必须不断地克服这些难题。

男性和女性都会被他们的文化训练、文化定型和文化期待所限制。例如，美国文化会指责男性的哭泣行为。但是作为喜悦和悲伤的自然表达形式，小男孩哭泣是可以的，但是成人哭泣就变得不受鼓励了。当男人感觉情绪激动时，他们为什么不能哭呢？文化的训练使得美国男性要有决断力，并且坚持自己的决定。政治家通常会批评他们的对手不够坚决、在一些问题上说话含糊或者容易变化。如果人们发现了一个更好的方法却不能改变他们的立场，这是多么奇怪的观念呢？男性、女性和人性可能都深受多方面文化训练的影响。

在上升。从 1960 年开始，美国人的就业行为和就业态度方面已经出现了戏剧性变化，在 1960 年 32% 的已婚女性参加工作，已婚男性工作的比例为 89%。在 2004 年相对应的数据是 77% 的男性和 61% 的女性参加工作。那些关于男女社会性别角色的观点已经改变了。比较一下你的祖父母和你的父母，结果就是你有一位工作的母

主题阅读

参见本章末的"主题阅读"。

亲，但是你的祖母却很可能是家庭主妇。你的祖父比你的父亲更有可能从事制造业并且属于一个工会。你的父亲比你的祖父更有可能去分担照顾孩子和家庭的责任。男女的结婚年龄都延迟了。大学教育和专业学位增加了。还有没有其他的变化使你能将它们与女性户外就业的增加联系起来呢？

表 20.10 按照性别、收入和全年全职者的工作类型将美国 2002 年的就业情况细分。总体来说，女性与男性的收入比从 1989 年的 68% 上升到 2003 年的 76%。

从体力方面来说，现在的工作对体力并没有特殊的要求。因为机器可以用来干重活，所以女性较小的平均体型和较少的力气不再成为女性从事蓝领职业的障碍。在现代我们不会看见更多的如罗希一样的女性工作在男性铆工旁边，主要原因在于美国劳动力本身就在放弃重型产品制造业。20 世纪 50 年代，美国有三分之二的工作属于蓝领，相比之下今天还不到 15%。在世界资本主义经济范围内，这类工作的安置地点已经转换了。第三世界的国家拥有廉价的劳动力，他们生产钢铁、汽车和其他的重型产品，比起美国自己制造这些产品，在第三世界进行生产更为廉价。但是美国擅长服务业，虽然美国的大众教育体系有很多缺陷，但是它却为服务业和信息化产业培养了从售货员到计算机操作员的数以万计的人才。

贫困的女性化

与美国女性的经济收入增加的同时存在的是另一个相反的极端：贫困的女性化。这指的是在美国最贫困的人口中，女性（和她们的孩子）的数量不断增长。在那些收入低于贫困线的美国家庭中，女性占了一半以上。从第二次世界大战开始，贫困的女性化趋势就开始出现，但是在近些年已经呈现出加速的趋势。在 1959 年，女性仅占美国贫困家庭的四分之一，到现在为止，女性的贫困数字是以前的两倍多。其中大约半数的女性贫困者处于"转变"中。这些女性面临着由于丈夫的离去、残疾或者去世而发生的暂时性经济危机。另外一半是那些长期依赖福利救助体系或者依赖身边的亲属和朋友生存的女性。甚至在雇佣劳动者中间也存在女性的贫困化问题和由贫困化带来的生活质量问题和健康问题。很多美国女性会不断地干些零活儿来赚取少量的工资和微薄的收入。

已婚夫妇在经济方面比那些单身母亲要有保障。表 20.11 中的数据显示了已婚夫妇的家庭平均收入是那些只依靠一个女性的工资来维持的家庭平均收入的两倍多。在 2003 年，那些只依靠一个女性的工资来维持的家庭的年均收入是 29 307 美元，这比那些已婚夫妇家庭平均收入（62 405 美元）的一半还要少。

女性的贫困化不仅是北美的趋势。在整个世界范围内，女性主导的家户比例都在不断增长。

表20.9	1960—2002年间美国母亲、妻子和丈夫的带薪就业*		
年份	有6岁以下的孩子的已婚夫妇的比例	所有已婚女性[a]的比例	所有已婚男性[b]的比例
1960	19	32	89
1970	30	40	86
1980	45	50	81
1990	59	58	79
2004	59	61	77

*16 岁以及 16 岁以上的市民。

a: 现任丈夫

b: 现任妻子

来源：*Statistical Abstract of the United States* 2006, Table 584, p. 392; Table 587, p. 393. http://www.census. gov/prod/www/statistical-abstract. html.

例如，在西欧，这个数字从 1980 年的 24% 上升到 2000 年的 30%。在一些南亚和东南亚国家，这个数字低于 20%，而在某些非洲国家和加勒比海地区，这一比例则近乎高达 50%。

为什么如此多的女性成为家庭的唯一支撑者？男人去哪里了，为什么他们会离开？这其中的原因包括：男性移民、内乱（男人离开去参加战争）、离婚、抛弃、寡居、未婚的青少年父母，还有更普遍的思想就是养育孩子是女性的责任。

概括来说，由女性支撑的家庭通常要比那些由男性支撑的家庭更为贫困一些。在一项研究中，被认定为贫困单亲家庭的比例在英国为18%，在意大利为20%，在瑞士为25%，在爱尔兰为40%，在加拿大为52%，在美国为63%。

对巴西、赞比亚和菲律宾的研究显示，由女性支撑的家庭的儿童成活率要小于其他类型家庭的儿童成活率（Buvinic, 1995）。

在美国，女性的贫困问题是全国妇女组织所关注的事情。在很多新的妇女组织之外，全国妇女组织仍在发挥作用。无论从范围还是从成员关系方面来看，妇女运动都已经成为国际性的，并且它的重点已经从主要解决工作问题转变为解决更广泛的社会问题。这些社会问题包括：贫穷、无家可归、女性的卫生保健、日常照顾、家庭暴力、性侵犯、生殖权利（Calhoun, Light and Keller, 1997）。在 1995 年北京举办的第四届世界妇女大会上，这些问题和其他的一些问题，尤其是那些对发展中国家妇女会产生影响的问题，被提了出

更多关于社会性别差异和贫困的信息，见在线学习中心的在线练习。

mhhe.com/kottak

表20.10	2003年按照性别和工作类型来划分的美国全职工作者在一年中的收入*			
	平均年薪（美元）		女性/男性的收入比	
	女性	男性	2003	1989
平均收入	30 724	40 668	76	68
工作类型				
管理 / 商业 / 金融	42 064	60 447	70	61
专家	40 298	58 867	68	71
销售和政府机关	27 803	39 491	70	54
服务业	19 970	26 447	76	62

* 从事时间最长的职业。
来源：Based on data in *Statistical Abstract of the United States* 2006, Table 633, p. 429. http://www. census. gov/prod/www/statistical-abstract. html.

表20.11	2003年按照家庭类型来划分的美国住户的平均年收入		
	家庭数量	平均年收入（美元）	与已婚夫妇家户相比的收入中值所占的比例
所有的住户	112 000	43 318	69
家庭住户	76 217	53 991	87
已婚夫妇住户	57 719	62 405	100
男性有收入，妻子没有	4 717	41 959	67
女性有收入，丈夫没有	13 781	29 307	47
非家庭住户	35 783	25 741	41
单身男性	16 136	31 928	51
单身女性	19 647	21 313	34

来源：*Statistical Abstract of the United States 2006*, Tabie 675, p. 461. http://www. census. gov/prod/www/statistical_abstract. html.

隐蔽的女人，公开的男人——公开的女人，隐蔽的男人

有几年的时间里，巴西最性感的偶像是罗贝塔·克罗兹（Roberta Close），我第一次见到她是在一家家具店。那些潜在买家认为这里的广告产品是无法替代的，罗贝塔在结束她的话时用了一种劝告的语气，她提醒说："有些事情并不总是像他们看到的那样。"

罗贝塔也不是。这个娇小并极为女子气的人其实是个男人。然而，尽管事实上他——或者她（巴西人都这么称呼）——是一个装作女人的男人，罗贝塔在巴西的大众文化中却占有一席之地。她的照片装饰在杂志上。她是一个电视综艺节目的主持人，在里约热内卢她与一个因极具男子气概而著名的演员一起主演话剧。一位明显是异性恋的著名歌手为了表示对罗贝塔的尊敬而为她录

像。在录像中，她穿着比基尼，沿着里约热内卢伊帕内玛的海岸欢快地游玩，炫耀着她宽大的髋部和臀部。

这段录像呈现了罗贝塔的美丽，而且她的这种美被大量的男性所欣赏。能够证明这一点的是，一位异性恋男性告诉我，最近他一直与罗贝塔乘坐同一班飞机，并且被她的外貌震惊。另一位男人说他想与罗贝塔发生性关系。在我看来，这些评论表明了关于社会性别和性行为的鲜明文化差异。在巴西这个拉丁美洲国家中，那些具有男子气概的、异性恋倾向的男子并不认为他们对那些作异性打扮者的喜爱会玷污他们的男性特征。

如果将其置于从极端女性化到极端男性化，以及处于中间阶段的人的大背景中，罗贝塔就

是能够被理解的。男性化被定型为主动的、公共领域的，女性化被定型为被动的、家庭内的。男性—女性在权力和行为方面的对比，巴西要比北美强烈很多。比起北美人来说，巴西人面对的是更为严格的男性角色定义。

主动—被动的分化也为男—男性关系提供了模型。一个男人应该是主动的、具有男子气概的（插入的）一方，而另一方应该是被动的、具有女子气的一方。后一种男人被嘲笑为"bicha"（蛔虫），但是几乎不存在对插入者的侮辱。实际上，很多"主动的"（并且已婚的）巴西男人喜欢与那些生理上是男性、但却作异性打扮者的男妓发生性关系。

如果一个巴西男人既不喜欢追求主动的男子气概，也不喜欢追求被动的女子气概，则还有另

来。参加会议的有来自世界各地的妇女组织，其中有很多是国家和国际间的 NGOs（非政府组织），它们与处于基层的妇女一起努力扩大生产力和提高工资待遇。

人们普遍认为改善贫困妇女处境的一个方式就是鼓励她们组织起来。新的妇女群体有时能使那些陷于混乱的传统社会组织恢复生机或者代替它们。群体中的成员关系可以帮助妇女调动资源、进行合理化的生产并且减少与信贷相关的风险和成本。组织也会使女性变得自信并且减少对他人的依赖。通过这样的组织，世界范围内的贫困妇女正在为实现她们的需要和优先权而努力，也在为提高她们的社会和经济条件而改变着。

性取向

性取向（sexual orientation）指的是一个人通常受什么人的性吸引，以及他们之间的性行为。如果那些人是异性，则被称为异性恋（heterosexuality）；如果是同性，则被称为同性恋（homosexuality）；如果那些人属于两种性别，则这个人被称为双性恋（bisexuality）。无性恋（asexuality）指的是有的人无论对男性还是女性都很冷淡或者对这两种性别都缺少兴趣，这也是种性取向。这四种形式在当今北美和世界范围内都可以看到，但是每一种欲望和经历对于不同的个体和群体来说具有不同的意义。例如，无性恋在有些地方可能是被接受的，但是在其

外一种选择，即追求主动的女性气概。对于罗贝塔和其他像她一样的人来说，文化对于极端的男子气概的要求可以让位于极端的女性表现。在巴西极端化的男性-女性性别认同维度下，这些男人-女人形成了第三种社会性别。

像罗贝塔这样的作异性打扮者在里约热内卢的嘉年华年会上非常受人瞩目，这时候一种颠倒过来的气氛会统治着这个城市。美国著名小说家格雷戈里·麦克唐纳有一本书以巴西的嘉年华为背景，他有一句很精确的话：

每一件事都倒转过来，男人变成女人，女人变成男人，成年人变成了孩子，富人假装他们是穷人，穷人假装成富人，冷静的人开始成为酒鬼，小偷们变得慷慨起来，所有的完全倒转了（McDonald, 1984, p.154）。

这场服装反串中最引人注目的是男人打扮成女人（Damatta, 1991）。当社会生活翻转过来的时候，嘉年华就显示和表达出那些通常隐藏起来的紧张和冲突。现实通过戏剧性的反面表达被阐释出来。

这是罗贝塔所代表的文化含义的关键。男性—女性的反串是这个最著名的节日的一部分，她加入了这样的场景。作异性装扮者是里约热内卢舞会的主角，他们在舞会上像真正的女性那样穿着单薄的衣服。他们穿着邮票做成的比基尼，有时甚至完全裸露上身。真正的女人和作异性装扮的男子的照片会争夺杂志空间。将天生的女人和隐藏的男人分辨开来经常是一件不太可能的事情。罗贝塔是作异性装扮者的典范，他让人一直都会回想起以前的、现在的和将来的嘉年华精神。

罗贝塔出现在拉丁文化中，他的性别角色与美国的性别角色有着强烈的对比。从小村庄到大城市，巴西的男人都是公开的，而巴西的女人则都是隐蔽的。街

道、海滩和酒吧都属于男人的场所。尽管比基尼在周末和假期的时候会点缀着里约热内卢的海滩，但是周末在那儿的人，总是男性多于女性。这些男人在充满炫耀性的性展示中作乐。因为他们晒太阳并且经常玩足球和排球，他们通常会敲打他们的生殖器使它们保持坚硬。他们公开地、独断地、性欲地生活在一个男人的世界。

巴西男人必须在他们的公众形象上花费很大精力，他们要不断地展现出他们的文化对于男性行为做出的定义。公众生活是一个表现男人强势角色的舞台。当然罗贝塔也是一个公众人物。既然巴西的文化将公共世界定义为男人的世界，现在我们或许就可以更好地理解这个问题了，即为什么这个国家的第一性感偶像是男子，但是他却擅长在公共场合扮演成女人。

他的地方，无性恋被认为是一种性格缺陷。男-男性行为在墨西哥可能只是一种隐私而不会受公共的社会制裁，而男-男性行为在巴布亚新几内亚的埃托罗（Etoro，见下文）是受到鼓励的（Blackwood and Wieringa ,eds., 1999;Herdt, 1981;Kottak and Kozaitis, 2003;Lancaster and Di Leonardo, eds., 1997;Nanda, 2000）。

近来美国产生了一种倾向，就是将性取向看做是天生的，而且是建立在生物基础上的。不过到现在为止，还没有足够的信息可以证明性取向在何种程度上是建立在生物基础上的。我们可以说的是，所有的人类行为和偏向包括性爱表达，至少在某种程度上是在后天学习的、可塑的和文

化建构的。

在任何社会中，个体在性兴趣和性冲动方面的性质、变化幅度和强度方面是有差异的。没有人明确地知道个体存在性差异的原因。生物性可能是其中的一部分原因，它反映的是基因或者荷尔蒙，一个人在成长和发展过程中的经历也可能是另一部分原因。但是不管导致个体差异的原因是什么，在将个体的性冲动塑造为一种集体的行为模式时，文化总会扮演一定的角色，并且这样的性行为模式随着文化不同而有差异。

关于不同社会和不同时期的性行为模式的差异，我们知道什么呢？一项跨文化研究（Ford and Beach, 1951）发现，不同社会对手淫、兽奸（与

我们社会中对同性恋的禁忌能够让我们想到埃托罗人的禁忌吗？在西方工业国家同性恋行为是被污名化的。实际上，美国很多州的法律都将鸡奸规定为非法的。在埃托罗人那里，男-女性行为在社会中心是被禁止的，所以它转移到社会边缘（布满毒蛇的树林中）。在我们自己的社会中，同性恋行为通常是隐蔽的、偷偷摸摸的和秘密的，它在社会中心也是不受尊重的，而是转移到社会边缘。想象一下如果我们的成长过程接受的是埃托罗人的信仰和禁忌，我们的性生活会是什么样子的？

动物性交）、同性恋的态度有很大差异。就是在同一个社会中，例如美国，人们对于性的态度会随着时间、社会经济地位、地区的不同而有差异，乡村居民与城市居民就存在着差异。但是甚至在20世纪50年代，即"性放纵时代"（20世纪60年代中期到20世纪70年代的前艾滋时代）之前，研究显示几乎所有的美国男人（92%）和超过一半的女人（54%）承认有过手淫。在著名的金赛报告中（Kinsey, Pomeroy and Martin, 1948），37%的被调查男性承认至少有一次同性性经验达到高潮。在后来对1 200个未婚女性进行的研究中，26%的人报告她们有过同性性行为（因为金赛的研究不是建立在随机抽取样本的基础上，所以它仅仅被认为是例证，对于那时的性行为而言，这份报告在数据精确性方面不具有代表性）。

来自福德和毕奇（Ford and Beach, 1951）的一些数据显示，在他们研究的76个社会里，涉及同性之间的性交仅在37%的社会中缺失、稀少，或者是秘密的。在其他社会中，同性性行为的各种形式被看做是正常的且为人所接受的。有时同性之间的性关系会包括双方中的一方有异性装扮癖，例如上一章中北美印第安人的男性异装癖者（见"趣味阅读"）。

异性装扮癖不是苏丹阿赞德人中的男-男

同性恋者的特征，他们的社会尊重勇士角色（Evans-Pritchard, 1970）。将来的勇士——那些12～20岁的年轻人——会离开家并且跟成年的勇士们住在一起，那些成年勇士会付给他们嫁妆，并跟他们发生性行为。在学徒期间，年轻的男性会承担起那些属于女性的家务责任，在获得勇士地位后，这些年轻的男性会拥有属于他们自己的更为年轻的男性新娘。过后，他们从勇士角色退休并跟女性结婚。因为他们的性表现很具有弹性，所以阿赞德男性在与年长的男性发生性行为（作为男性新娘）、与更年轻的男性发生性行为（作为勇士）、与女性发生性行为（作为丈夫）这一角色转换过程中不会感到困难（参见Murray and Roscoe, eds., 1998）。

关于男-女性关系紧张的一个极端例子是巴布亚新几内亚地区的埃托罗人（Etoro）（Kelly, 1976），埃托罗人是泛弗兰地区的一个由400个人组成的群体，他们以狩猎和园艺为生。埃托罗人表明了文化在塑造人类性行为方面的力量。下面的描述源自民族志学者凯利（Raymond C. Kelly）在20世纪60年代后期所做的田野工作，仅仅适用于埃托罗人男性和他们的信仰。埃托罗人的文化规范禁止男性人类学研究者收集有关女性态度的信息。还要注意的就是，这里所描述的活动一直受到传教士的反对。因为没有人对埃托罗人尤其是他们的这些活动进行进一步研究，所以我不知道现在这些行为持续的程度如何。正因为这样，我会用过去式来描述他们。

埃托罗人关于性行为的观点与他们的生命循环信仰相联系，生命的循环是出生、身体成长、成熟、老年和死亡的一个过程。埃托罗男性相信精液是给予婴儿生命力所必需的，他们相信婴儿是祖先的灵魂移入了女性身体里。怀孕期间的性交会为处于成长期的婴儿提供养分。埃托罗男性相信他们提供精液的时间是有限的，任何一次到达高潮的性行为都会消耗掉精液的供应并且会削弱男性的生殖力和生命力。孩子由精液来提供养分，孩子的出生象征着一种必要的牺牲，这种牺牲会导致男性的最终死亡。异性之间的性交仅仅是生殖的需要，是不受鼓励的。性欲很强的女性被人看做是巫婆，她们会危害丈夫的健康。埃托罗文化仅允许在一年中的100天里有异性间性交，在其余的时间里异性间性交是禁忌。生育的季节性集中体现了这种禁忌被人们所遵守。

男-女之间的性行为受到如此多的反对以至于它被排除到群体生活之外。异性性行为不能发生在睡觉的地方，也不能发生在田地里，所以就只能发生在树林中，而这是很危险的，埃托罗人认为男女性交时的声音和气味会吸引毒蛇。

尽管异性性交是不受鼓励的，但是男性之间的性行为被认为是必不可少的。埃托罗人相信男孩子们不能自己产生精液。男孩子们要长大成男人并且最终赋予他们自己的孩子以生命力，就需要从年长的男性那里获得精液并吃下去。从10岁一直到成年，男孩子们就这样被年长的男人授予精液。社会中不存在与这种行为相关的禁忌。这种口授精液的方式可以在睡觉的地方进行，也可以在花园中进行。每隔三年时间，就有一群大约20岁的男孩子正式加入成年男子群体，他们会去山上一个与外面隔绝的小屋里，在那儿他们会受到几个年长的男人的探望并被授予精液。

埃托罗人中男-男之间的性行为受到一种文化规范的限定。尽管较为年长的男子和较为年轻的男子之间的性关系在文化上被认为是必不可少的，但是同龄男孩子之间的性行为是不受鼓励的。人们相信获取其他男孩子精液的男孩子会削弱那些男孩子的生命力并阻碍他们的成长。一个

男孩子快速的身体发育可能就指示着他正从其他男孩子那里获得精液。就像一个性饥渴的女性那样，人们会像回避巫婆一样回避这个男孩子。

在埃托罗人中存在的这些性行为不是建立在荷尔蒙或者基因的基础上，而是建立在文化信仰和文化传统的基础上。在巴布亚新几内亚地区和很多父系—从父居社会中，普遍存在这种男性—女性回避模式，埃托罗人不过是一个极端的例子。埃托罗人共享一种文化模式，这种模式被赫尔特（Gilbert Herdt, 1984）称为"仪式化的异性性交"，巴布亚新几内亚（尤其是泛弗兰地区）的部落中有一半存在这种模式。在巴布亚新几内亚和很多父系—从父居社会中，男性-女性回避模式广泛存在。

性表达方式的弹性看起来是我们灵长目遗产的一个方面。黑猩猩和其他的灵长目动物都存在手淫和同性之间的性行为。倭黑猩猩会定期地参与被称为"阴茎对冲"的互相手淫。雌性黑猩猩与其他雌性黑猩猩通过生殖器的互相摩擦而获得快感（de Waal, 1997）。我们最初的性潜能是由文化、环境和繁殖的需要共同塑造的。毕竟社会也需要繁衍自身，所以所有的人类社会都实行异性性交，但是可替代行为的分布也很广泛（Rathus, Nevid and Fichner-Rathus, 2005）。就像更具普遍性的社会性别角色和态度一样，正如我们如何表达我们"天然"的性驱动，作为人性和人类自我辨识的一部分的性是文化和环境指向的，并且受文化和环境的限制。

---

1. 社会性别角色是文化赋予男性和女性的任务和活动。社会性别角色定型是一种关于女性和男性特征的过度简单化的观念。性别分层指的是以性别为基础的酬劳的不平等分配，这种不平等分配反映了男女两性在社会等级中的不同地位。跨文化的比较显示了目前存在的几种模式，这些模式涉及社会性别劳动分工和以社会性别为基础的繁衍策略的差异。性别角色和性别分层也会随着环境、经济、适应策略、社会复杂性水平以及参与社会经济的程度的不同而

不同。

2. 在觅食经济条件下，当采集占优势时，与狩猎和捕鱼活动占优势相比，性别地位通常是较为平等的。当家庭和公共领域没有明显的分化时，性别地位也是较为平等的。觅食者那里缺乏导致男性地位提高的两个公共领域：战争和有组织的地区间的贸易。

3. 社会性别的分层是与继嗣和婚后居住法则相联系的。女性通常在母系社会拥有高社会地位，这是因为继嗣群体的成员身份、对政治地位的

本章小结

继承、土地的分配、所有的社会认同都来自女性联系。女性在很多社会中拥有权力并做出决定。资源的稀缺性会导致村与村间的战争、父系和父权制。男性亲属居住在同一地方与军事的巩固是相适应的。男性可能会利用他们的勇士角色来象征女性社会价值的降低或者加强社会对女性的压迫。

4. 随着犁耕农业的出现，女性被排除在生产之外。女性的家庭工作与男性的生产劳动的对比，提高了男性的公共角色和男性的价值，而女性却被看做是属于家庭角色的，是不重要的。父权制是一种政治体系，这个体系是由男人支配的，女性在这个体系中拥有低等的社会和政治地位包括基本的人权。嫁妆谋杀、杀害女婴、强制性的生殖手术等行为都是父权制的表现。

5. 美国人对于社会性别的态度随着阶层和地区的

差异而不同。当美国对女性劳动力的需求下降时，就会产生这样的观念，即女性不适合很多工作，反之亦然。战争、工资的下跌和通货膨胀这些因素都有利于解释女性带薪就业现象和美国人对这种现象的态度。与很多美国女性的经济收益相反的是女性的贫困化。女性贫困化开始成为一个世界现象，因为在世界范围内以女性为主的贫困家庭的数量增加了。

6. 最近出现的一种倾向是将性取向看作是一种不可改变的、建立在生物基础上的现象。但是至少从某种程度上来说，所有的人类行为和偏好，包括性欲的表达，都是受文化影响的。性取向指的是一个人通常受什么人的性吸引，以及他们之间的性行为。如果那些人属于异性，则被称为异性恋；如果是同性，则被称为同性恋；如果那些人属于两种性别，则这个人被称为双性恋。

关键术语

见动画卡片。

mhhe.com/kottak

家庭领域—公共领域的对立 domestic-public dichotomy 女性在家庭中的角色和男性在公共生活中的角色的对比，伴随而来的后果就是社会对女性的劳动和价值的贬低。

家户外 extradomestic 在家庭之外，处于或者属于公共领域。

社会性别角色 gender roles 文化赋予男性和女性的任务和活动。

社会性别角色定型 gender stereotypes 它是一种关于女性和男性特征的过度简单化但却很牢固的观念。

性别分层 gender stratification 指酬劳（社会的宝贵资源、权力、声望、人权和个人自由）的不平等分配，这种不平等分配反映了男女两性在社会等级中的不同地位。

母权的 matrifocal 以母亲为中心的，通常指的

是不跟丈夫—父亲在一起居住的家庭。

父权制 patriarchy 一种政治体系，这个体系是由男人支配的，女性在这个体系中拥有低等的社会和政治地位包括基本的人权。

父系—从父居体系 patrilineal-patrilocal complex 父系、从父居、战争和男性至上这些因素的相互组合。

两性异型 sexual dimorphism 男性和女性除了胸部和生殖器的差异之外的其他显著的生物性差异。

性取向 sexual orientation 指一个人通常受到什么人的性吸引，以及他们之间的性行为。如果那些人属于异性，则被称为异性恋；如果是同性，则被称为同性恋；如果那些人属于两种性别，则被称为双性恋。

思考题

更多的自我检测，见自测题。

mhhe.com/kottak

1. 在性别方面，你认为男性和女性的什么特征与他们在生物方面的差异的相关性最大？什么特征是最受文化影响的？

2. 列举你所在社会关于社会性别角色、社会性别角色定型和性别分层的例子。

3. 你认为第二次世界大战后，改变北美社会性别

角色的最主要因素是什么？你预计在下一代人中，社会性别角色会变成什么样子？

4. 如果在社会性别角色方面，你需要选择决定跨文化多样性的三个因素，你认为会是什么？

5. 从埃托罗人那里，你对人类性行为产生了什么样的深刻体会？你认为人类的性取向是怎么确定的？

Behar, R., and D. A. Gordon, eds.

1995   *Women Writing Culture*. Berkeley: University of California Press.女性学者在地位和差异上的反思。

Blackwood, E., and S. Wieringa, eds.

1999   *Female Desires*: *Same-Sex Relations and Transgender Practices across Cultures*. New York: Columbia University Press.跨文化视角中的女同性恋和男同性恋。

Bonvillain, N.

2001   *Women and Men: Cultural Constructions of Gender*, 3rd ed. Upper Saddle River, NJ: Prentice Hall.对社会性别角色和关系的跨文化研究，从队群到工业社会。

Brettell, C. B.，and C. F. Sargent, eds.

2005   *Gender in Cross-Cultural Perspective*. Upper Saddle River, NJ: Pearson/Prentice Hall.关于跨文化社会性别系统多样性的文章。

Dahlberg, F., ed.

1981   *Woman the Gatherer*. New Haven, CT: Yale University Press.史前和当代觅食社会中女性的角色和行为。

Kimmel, M., and R. Plante

2004   *Sexualities: Identities, Behaviors, and Society*. New York: Oxford University Press.

Kimmel, M., J. Hearn, and R. W. Connell

2005   *Handbook of Studies on Men and Masculinities*. Thousand Oaks, CA: Sage.

Kimmel, M. S., and M. A. Messner, eds.

2007   *Men's Lives*, 7th ed. Boston: Pearson/Allyn & Bacon.关于美国社会中的男性和男子气概观念的研究。

Lamphere, L., H. Ragone, and P. Zavella, eds.

1997   *Situated Lives: Gender and Culture in Everyday Life*. New York: Routledge.关于社会性别和文化如何在日常社会互动中被形塑。

Lancaster, R. N., and M. Di Leonardo, eds.

1997   *The Gender/Sexuality Reader: Culture, History, Political Economy*. New York: Routledge.历史和当代社会语境中的性别和社会性别。

Mascia-Lees, F., and N. J. Black

2000   *Gender and Anthropology*. Prospect Heights, II: Waveland.人类学社会性别研究的历史。

Nanda, S.

2000   *Gender Diversity: Crosscultural Variations*. Prospect Heights, II: Waveland.性别、社会性别和不同社会中的社会性别。

Nelson, S. N., and M. Rosen-Ayalon, eds.

2002   *In Pursuit of Gender: Worldwide Archaeological Approaches*.社会考古学，社会性别角色的历史及史前历史中的妇女。

Rathus, S. A., J. S. Nevid, and J. Fichner-Rathus

2005   *Human Sexuality in a World of Diversity*, 6th ed. Boston: Pearson/Allyn & Bacon.多重文化和种族的视角。

Reiter, R., ed.

1975   *Toward an Anthropology of Women*. New York: Monthly Review Press. 经典的人类学，特别关注农民社会。

Rosaldo, M. Z., and L. Lamphere, eds.

1974   *Woman, Culture, and Society*. Stanford, CA: Stanford University Press.另一本经典的人类学，涵盖了世界几个地区。

Sinnott, M. J.

2004   *Toms and Dees: Transgender Identity and Female Same-Sex Relationships in Thailand*. Honolulu: University of Hawaii Press.关于非西方女同性恋和变性人的民族志。

Ward, M. C., and M. Edelstein

2007   *A World Full of Women*, 4th ed. Boston: Allyn & Bacon.妇女研究的全球和比较路径。

补充阅读

在线练习

1. 教室里的社会性别：阅读Susan Basow的文章"学生评价教授不是社会性别盲目的"（"Student Ratings of Professors Are Not Gender Blind"）（http://eserver.org/feminism/workplace/fces–not–gender–blind.txt），并回答下列问题：

a. 男生和女生在评价男教授时有多大差异？评价女教授时呢？

b. 学生们对女教授有什么附加期待？你认为这种期待的来源是什么？你认为本文中讨论的这种期待是否适用于世界上所有的女教师？

c. 你认为本研究的发现与你及你的朋友评价教授的方式相符吗？

2. 网络上的社会性别：阅读Amy Bruckman的文章"网络上的社会性别互换"（"Gender Swapping on the Interner"）（http://www.inform.umd.edu/EdRes/Topic/WomensStudies/Computing/Articles+ResearchPapers/gender–swapping），并回答下列问题：

a. 社会性别角色是否如本文MUDs中所描述的那样存在于网络上，或者聊天室或电子邮件中？社会性别属于网络吗？人们有可能在网络上无限地保持社会性别中立吗？

b. 设想你在使用MUD时遇到一个名字（如Pat）和介绍比较中性的人。你将利用哪些线索识别Pat和Pat的用户的性别？若Pat的用户来自和你不同的文化，你认为这会使你的侦破工作或多或少地更困难吗？

c. 本文中描述的例子谈到更多关于互换社会性别的人或其他用户了吗？

请登录McGraw-Hill在线学习中心查看有关第20章更多的评论及互动练习。

链接

科塔克，《对天堂的侵犯》，第4版

比较第3章和第9章中关于社会性别和女性地位的讨论。阿伦贝培的社会性别问题是如何随时间变化的？第10章中Dora的例子是如何例证这种变化的？第12章考察了电视对阿伦贝培人的影响。它影响到社会性别角色了吗？在你思考这个问题的时候请注意第12章中Nadia的描述。

彼得斯–戈登，《文化论纲》，第4版

阅读第9章，"米南加保：出走与母系继嗣"。在本书中也讨论过的米南加保人中，母系继嗣影响及表现于其亲属关系之外的其他生活方面的方式有哪些？

克劳福特，《格布斯人》

阅读第1章、第5章、第10章。根据第1章，格布斯社会性别关系中最大的不平等是什么？格布斯妇女如何看待这些不平等？根据第5章，描述传统上发生于格布斯男性之间的性关系。格布斯男性之间的男—男性关系和男性与女性之间包括婚内的性关系是怎样的？格布斯女性对男—男性关系的态度是什么，这与西方社会的态度相比如何？根据第10章，描述格布斯人的社会性别和性实践是如何随时间而改变的？这些改变的首要原因是什么？根据第5章和第10章，民族志者在田野中研究社会性别和性问题面临的个人压力是什么？尽管有这些困难，为什么对社会性别和性的跨文化研究还是如此重要呢？

巴斯克人

西班牙和法国的巴斯克人，以及那些散居在外包括移居到美国的巴斯克人引起了人类学4个分支领域的关注。巴斯克人一直保持着强烈的族群认同，这种认同可能已经持续了数千年。在语言方面，巴斯克人十分独特，他们的语言与那些我们所知的其他语言没有多大关联。基因上的不同也使得他们与周围的欧洲人口隔离开来。

巴斯克人的家乡位于比利牛斯山脉西段，跨越法国-西班牙边界地区。巴斯克传统上的7个省份（3个位于法国，4个位于西班牙）通过方言的不同来划分。巴斯克人称他们的家乡为"Euskal-Herria"（巴斯克人的土地）或者是"Euskadi"（巴斯克人的国家）。尽管在近千年的时间里，他们的7个地区在政治上并不是一体的，但是巴斯克人始终是欧洲最独特的族群之一。

罗马人、歌特人和摩尔人都曾控制过巴斯克人的部分地区，但是他们却从来没有完全征服它。在最近几千年的时间里，巴斯克人的领域一直受到欧洲政体的影响。然而在大多数时间里，巴斯克人成功地保留着对他们事务的有效自治权。

1789年的法国大革命结束了巴斯克人在法国的3个省的政治自治权。19世纪，位于西班牙的巴斯克人在两次内战中都支持了失败的一方，战败使得他们丧失了大部分的政治自治权。1936年西班牙内战爆发后，巴斯克人为保持对共和国的忠诚而反对最终成为西班牙独裁者的法西斯主义者弗朗哥。在弗朗哥的统治下（1936—1975年），巴斯克人被处决、关押和放逐，并且巴斯克文化被有组织地压制。

20世纪50年代晚期，不满的巴斯克青年成立了埃塔（或巴斯克国家和自由）。它的目标是脱离西班牙而完全独立（Zulaika, 1988）。埃塔的成立最初是为了反对弗朗哥，到后来埃塔却逐渐发展为暴力组织。近年来，埃塔的势力一直在减弱，2006年3月24日，埃塔的领袖宣布永久性停火。在那以后，他们计划通过政治途径来寻求脱离西班牙的完全独立。

1975年弗朗哥之死宣告了西班牙民主时代的到来。主要的巴斯克民族主义者联合起来制定了新的制度，赋予了巴斯克地区充分的自治权（Trask, 1996）。从1979年开始，位于西班牙3个主要的巴斯克省份：比斯开、吉普斯夸、阿拉瓦成立了"巴斯克自治区"，负责管理巴斯克人的故乡。在这些地域，巴斯克语言与西班牙语同为官方语言，纳瓦拉省是西班牙的第四个巴斯克省份，它成立了自己的自治区，在这里，巴斯克语言具有官方语言的地位。而在法国，巴斯克语和其他地区性语言一样，在几个世纪的时间里，国家法律一直对这些法语之外的语言实行压制（Trask, 1996）。

巴斯克语言的古老形式可以追溯到西欧数千年之前——甚至可能是上万年前，而我们也不知道是从哪里而来。西欧其他现代语言形成的时间要晚很多。印欧语系如拉丁语、日耳曼语、凯尔特语等，从欧洲的东部传播开来并逐渐替代了几乎所有的本土语言，最后只剩下巴斯克这一种本土语言没有被替代。当罗马人入侵高卢（法国）时，巴斯克语的一种早期形式——阿启坦阶语（Aquitanian），成为仅存的非印欧语言。在西班牙，当时还有几种前印欧语系的语言仍旧被使用，包括阿启坦阶语和伊比利亚语。后来拉丁语代替了这些语言，只有阿启坦阶语（古老的巴斯克语）是例外（Trask, 1996）。

在经历了很多世代的衰落后，如今说巴斯克语言的人数在不断增加。现在在巴斯克的自治地区，很多教育业、出版业和广播事业开展起来。巴斯克语言也面临着所有其他少数民族所共有的语言压力：学习国语知识（西班牙语或者法语）是必须的，并且大多数教育业、出版业和广播业使用国语（Trask, 1996）。

巴斯克人在他们的故乡居住了多长时间了呢？很多学者相信巴斯克人可能是1.5万年前的旧石器时代晚期，活跃在欧洲西南部的那些岩画作者们的直系后代。考古学证据显示有一支单独的人群从旧石器时代起就一直生活在巴斯克地区，直到青铜器时代（大约3 000年前）。没有证据表明在那以后，有任何新的人群进入这个地区。但是也有人认为这可能只是一种直觉。（La Fraugh n.d.）

我们可以看到：在语言方面，巴斯克人是非常独特的。在某种程度上，他们在生物方面与其他欧洲人相比也有差别。例如，巴斯克人是欧洲拥有阴性血液比例最高的人群（25%），并且是拥有"O"型血比例最高的人群（55%）。遗传学家 Luigi Cavalli-Sforza（2000）制作了欧洲的基因地图，他发现巴斯克人与周围的人群有着显著的不同。

但是，近来一项涉及"Y"染色体的基因研究显示，"Y"染色体只能由父亲传给儿子，这项研究建立了巴斯克人与威尔士和爱尔兰的凯尔特人的联系。从"Y"染色体方面来说，研究者发现凯尔特人和巴斯克人在统计方面是无法区分的。

历史上的巴斯克人一直是牧民、捕鱼者和农民（现在他们大多数人从事商业和工业）。尽管在中世纪，他们主要是牧民，但是作为欧洲最早的、最有影响力的捕鲸者，巴斯克人可能在哥伦布之前就曾到达过北美。有记录记载在 1500 年，巴斯克人曾沿着加拿大的拉布拉多海岸捕猎鲸和鳕鱼。在很多大西洋海岸的加拿大的美洲原住民语言中的外来词中有巴斯克语。加拿大的档案学者和考古学家发现了巴斯克一个 16 世纪的捕鲸站（季节性使用），还在拉布拉多的红海湾发现了一条沉没的捕鲸船。巴斯克人在加拿大海域的活动持续到 19 世纪（Douglas, 1992）。

巴斯克人的家乡包括主要的城市，还有海岸的捕鱼社区和农业（农民）村庄。典型的农庄包括一个河谷，这是村庄的坐落地，村庄的周围都是山，山上有农田。这些房屋是大块的石头结构，通常高达三层。第一层是动物的棚子，第二层是居住的地方，第三层通常用来储存干草和其他的粮食作物（Douglas, 1992）。

巴斯克人的农场曾经是繁盛的自给自足的混合农业单元。农业家庭种植小麦、玉米、蔬菜、水果、坚果并且饲养家禽、兔子、猪、牛和羊。生计追求的商业化色彩开始增加，蔬菜、日常产品和鱼开始面向城市市场（Greenwood, 1976）。

在家庭农场上，主干家庭是基本的社会单位。这包括一对年长的夫妇，他们的继承者（通常是男性）和继承者的妻子、孩子。继承者的未婚兄弟姐妹可以在他们出生的家庭中一直待到死去，但是他们需要尊重男性家长和女性家长的权威。作为继承者的那个人在选择配偶时，需要得到家庭成员的同意。农场的所有权被转移给新婚夫妇，作为他们婚姻安排的一部分——在每代人中只交给一个继承者。按照习俗，男性长子是具有优先权的。那些嫁给别人并且迁移到别处的姐妹会得到嫁妆。因为仅有一个孩子会获得社会认可的继承者身份，所以社会期待这个继承者的姐妹长大后会离开她们所出生的家庭。这种体系使得巴斯克的乡村地区成为一个移民来源地（Douglass, 1975,1992）。

巴斯克裔美国人

巴斯克移民最初进入北美时，他们不是作为西班牙或者法国的国民进入的。巴斯克裔美国人大约有 5 万人，这些人认同自己是巴斯克人。他们集中在加利福尼亚州、爱达荷州和内华达州。第一代移民通常会使用流利的巴斯克语言，与他们的父母会讲流利的西班牙语或者法语相比，他们更有可能会将巴斯克语和英语作为他们的双语（Douglass, 1992）。

基于巴斯克的传统职业，美国的巴斯克人也因其对牧羊业的热爱而知名（参见 Ott, 1981）。他们中的大多数人在美国西部广阔的畜牧带定居和劳动。最初巴斯克人是以西班牙殖民者的身份进入美国西部的。在美国西南部和西班牙加利福尼亚地区的士兵、探险家、传教士、管理者中，巴斯克人的数量最多。在加利福尼亚淘金热时期，更多的巴斯克人来到这里，他们其中有很多来自南美南部，这些人在这里确立了他们的牧羊人身份。在 19 世纪 70 年代，巴斯克牧民扩散到整个加利福尼亚的中央大峡谷地区并且延伸到亚利桑那州、新墨西哥州和内华达州西部（Douglass, 1992）。

20 世纪 20 年代美国实施了严格的移民法

律，法律条款有抵制南欧人的偏见，所以这就限制了巴斯克人向美国的迁移。在第二次世界大战期间，随着国家对牧羊人的需求，美国政府免除了对迁移美国的巴斯克牧民的数额限制。1950—1975 年，在 3 年协议下，数以千计的巴斯克人进入美国。之后，美国养羊业的衰退显著地减缓了巴斯克人的移民进程（Douglass, 1992）。

在这种衰退背景下，很多巴斯克牧民返回了欧洲，有的巴斯克人将放羊的牧场转变为放牛的牧场，更多的人迁移到附近的小城镇，在那儿从事建筑工作或者小商业（酒吧、面包房、汽车旅馆、加油站）。在那些合法进行回力球（在巴斯克语言中的意思是快乐的节日）运动的地区，还会从欧洲招聘巴斯克队员。在一年中部分时间内，他们会留在巴斯克地区参与比赛，剩余的时间他们会留在美国（Douglass, 1992）。

为了满足巴斯克牧民的需求，大多数面积广阔的西部城镇都有一个或者多个巴斯克寄宿公寓，比较典型的公寓会有一个酒吧和一个餐厅，餐厅以家庭形式开饭，人们会坐在长桌旁边。二层的寝室是为那些长久寄宿者所预定的。还有一些城镇牧羊者因为短暂的探访、假期、工作被临时解雇或者给雇主运输等原因而临时寄宿在这里（Echeverria, 1999）。

无论是在传统上，还是在美国，巴斯克人都在实践一种男女之间平等的文化。在农事活动中，女性和男性共同承担很多任务，包括共同在田地里劳动。在城市的巴斯克人中，女性在工业和服务业领域中获得工作的数量一直在增长，不过，与美国的多数情况类似，也存在性别收入差距。尽管家务劳动在很大程度上仍旧是女性的领域，但是对于男性来说，从事家务劳动不会贬低身份。无论是经营一个牧场、一个寄宿公寓或者一种城镇商业，巴斯克裔的美国女性都会在男性身旁工作，并且从事着几乎所有工作（Douglass, 1992）。

旁系亲属和婚姻纽带发挥了将巴斯克裔美国人聚在一起的社会黏合剂作用。在美国西部，巴斯克男性会雇他们的兄弟和表兄弟来牧羊。因为当地同族通婚现象增加了相互联系的程度，所以巴斯克裔美国人的聚居地通常是几个家族的集群。甚至在今天，巴斯克裔美国人的扩大家庭仍

维持着紧密的关系，例如他们会聚在一起参加洗礼、毕业典礼、婚礼和葬礼（Douglass, 1992）。

刚到美国的巴斯克人在开始时很少会打算留下。很多早期移民是年轻的未婚男性。游牧性的牧羊方式会让一个人在夏天单独地待在山中，而这不利于家庭生活。后来，巴斯克男人打算留在美国。他们既不返回家乡，也不返回欧洲寻找新娘（很少有人会娶非巴斯克人）。很多"邮购"来的新娘是这些男性在美国的熟人的姐妹或者表姐妹。巴斯克的寄宿公寓也成为寻找配偶的来源之一。寄宿公寓的所有者会返回欧洲并带回那些想在美国安家的女性。很少有人会长期保持单身（Douglass, 1992）。通过这样的方式，在北美的巴斯克裔美国人依据他们家乡的社会和文化建立起了他们的家庭和社区生活基础。

那些由巴斯克人从旧大陆移植到新大陆的家乡模式包括游牧式的牧羊业、在农事和工业中模糊的性别劳动分工、族内通婚、强烈的家庭纽带。然而不同的是互不联系的邻居角色，在巴斯克传统乡村社会里，邻居扮演着重要的角色（Douglass, 1992）。对于巴斯克裔美国人来说，他们在美国不能依赖邻居的支持，所以家庭之外的最重要的社会机构就是寄宿公寓。寄宿公寓是一个多功能的机构，它们的功能是：城镇地址、银行、就业代理处、族群避难所、帮助和意见来源、保存个人财产的地方、新娘的可能来源、潜在的退休之家。对于巴斯克裔美国人来说，它会是一个人补充民族知识、练习他生疏的巴斯克语言、学习一些传统文化、伴随着巴斯克音乐跳舞、吃巴斯克菜肴、得到就业帮助并举行洗礼、婚礼和休息的地方。

巴斯克人在美国没有逃脱掉被歧视的命运。在美国西部，牧羊业是一种带有一定耻辱性的职业，流动性的牧羊人会跟那些定居下来的以畜牧为业的人争夺一定范围的使用权。这导致了有些人会起来反对巴斯克人，并出台了一些法律。最近，报纸刊登了在巴斯克地区的冲突，特别是埃塔的活动，这使得巴斯克裔美国人特别敏感，他们害怕自己有可能被控告为恐怖分子的同情者（Douglass, 1992; Zulaika, 1988）。

第**21**章
宗教

什么是宗教?

人类学家安东尼·华莱士(Anthony F.C. Wallace)将**宗教**(religion)定义为:
"与超自然存在、力量和能力有关的信仰和仪式"(Wallace, 1996, p.5)。超
自然是可见世界之外的特别领域(但被认为两者是紧密接触的)。它是非经验性
的,也无法用正常的方式进行解释,但是必须被"毫不怀疑"地接受。超自然存

在，包括神和女神、鬼和灵魂，都不存在于物质世界。超自然力量也是如此，其中有些力量可能为某种超自然存在所拥有。但另外一些神圣力量则是非人格性的，只是作为一种力量存在。然而在许多社会中，人们相信自己能够充满超自然力量或者通过操控这种力量获利（参见 Bowie，2006;Crapo，2003）。

宗教的另一个定义（Reese，1999）关注那些定期聚集起来做礼拜的人们。这些聚会者或者信徒都赞同一个共同的意义体系，并且把它内在化。他们接受（拥护或者信仰）一系列教义，这些教义有关个体与神的关系、超自然或者被当做真实的最终本质的任何事物。人类学家们曾强调集体的、共享的和已经被认可的宗教性质，宗教产生的情感，以及包含的意义。涂尔干（Durkheim，1912/2001）是一位早期宗教学者，强调宗教的兴奋（effervescence），在崇拜中产生的集体情感紧张的欢腾。维克多·特纳（Turner，1969/1995）提出了交融（communitas）的概念，修正了涂尔干的观点，这个概念指的是一种强烈的集体精神，一种强大的社会团结、平等和归属感。宗教（religion）一词来源于拉丁文 religare，意为"约束，联结"，但是对于某个宗教的所有成员来说，不一定必须全部人作为一个团体进行

聚会活动。某个小群体会定期在一个地方的聚会点活动。他们也可能同较大范围地区的信徒代表一起参加不定期的聚会。他们还可能同全世界拥有相同信仰的人们形成一个想象的共同体。

宗教像民族与语言一样，也同社会和国家内部及之间的社会分化相联系，如"新闻简讯"部分讲到的伊斯兰教分布的国家。宗教具有统一和分化的双重特点。参与共同的仪式可能确认并且因此维持信徒的社会团结。然而，正如我们从报纸的新闻标题里看到的，宗教差异也可能会与充满仇恨的敌意联系在一起。

人类学家在进行宗教的跨文化研究时，注重研究社会形态和宗教的作用，以及宗教教义的性质、内容及其对人们的意义，宗教行为、事件、设置、实践者和组织。我们也考虑到宗教信仰的口头表达，如祈祷、颂歌、神话、文本以及对伦理和道德的评论。无论采取哪种定义，宗教都存在于所有人类社会中，是一种文化上的普遍。然而，我们将会看到，想要区分超自然和自然并不总是那么容易，不同社会对神灵、超自然以及终极真实的概念化看法都是非常不同的。

宗教的起源、功能与表现

宗教是何时开始的？当然无人知晓。有人认为宗教存在于尼安德特人的埋葬方式以及欧洲人洞穴的墙上，墙上刻画的棍棒形象可能代表了萨满这种早期宗教专家。然而，任何有关何时、何地、原因以及宗教如何出现的评论或者任何关于宗教最早特点的描绘都仅仅是推测。只不过，尽管这样的推测都无法有结论，还是有许多推测揭示出宗教行为的重要功能和影响。现在我们将介绍一些相关的理论。

万物有灵论

人类学宗教研究的奠基人是英国学者爱德华·泰勒（Edward Tylor，1871/1958）。泰勒认为，宗教出现的原因是人们试图理解在日常生活

概览

宗教是一种文化普遍现象，表现为一群具有类似信仰的人聚居在一起定期举行崇拜活动。跨文化研究已经解释出宗教的许多表现方式、意义和功能。宗教会在人们感到不确定性和危机的时候提供安慰和安全感。仪式是正式的、不变的、真诚的行为，并需要人们积极参与到社会集体中。过渡仪式标志出社会地位、年龄、场所或社会状况的任何改变。集体仪式常被交融凝聚在一起，交融是一种强烈的团体和齐心协力的感觉。宗教可以通过道德和伦理的信念，以及对真实的和想象的奖励和惩罚，实现社会控制。宗教也会促进变迁。目的是群体复兴的宗教运动能够帮助人们处理不断变化的情况。当代宗教发展趋势既包括世俗主义的增长还有宗教激进主义的复兴。今天的某些新兴宗教由科学技术激发而产生，另外一些则是灵魂信仰（spiritualism）。仪式既可以是宗教的也可以是世俗的。

伊斯兰教的全球化扩张与地方性适应

《国家地理》新闻简讯
作者：布莱恩·汉德沃克（Brian Handwerk）
2003 年 10 月 24 日

著名的人类学宗教定义强调与超自然存在、能力（power）和外在力量（force）有关的信仰和行为。另一种宗教定义的关注点是集会，也就是一群人定期聚集在一起进行崇拜活动，接受有关个体与神的关系的一系列教义。一些宗教和信仰承诺与推动的崇拜形式的传播已经非常广泛。这篇新闻简讯描述了伊斯兰教这个世界上发展最迅速的宗教，是如何适应多种不同民族和文化的地方特点的。在这一过程中，尽管仍然要坚持特定的基本原则，但多样性也存在大量空间。当地人也总是为宗教的要旨和社会形态赋予他们自己的意义，包括他们接受的外来宗教。这种意义反映出他们的文化背景和经验。这些新闻故事描绘出伊斯兰教如何成功适应在该地区已经存在的许多文化差异，包括语言实践、建筑风格和其他宗教的存在，如印度教。

世界上每 5 个人里就有 1 个穆斯林，全世界大约有 13 亿伊斯兰教信徒。伊斯兰教是世界上发展速度最快的宗教，已经在全球范围内传播开来。

各地的穆斯林都拥有一致的证词（Shahadah），是他们信仰的表白："万物非主，唯有真主；穆罕默德是真主的使者。"但是伊斯兰教却远非同质性的——信仰反映出其实践地区变得越来越多样性。

"伊斯兰教是世界宗教，"阿里·阿萨尼（Ali Asani），一位研究印度穆斯林语言和文化的哈佛大学教授这样说，"如果你对伊斯兰教教义和神学加以思考便能够发现，当这些宗教思想和概念在世界不同地区之间进行传递，同时穆斯林生活在许多不同文化中，而且使用不同的语言的时候，教义和神学的表达必然受到地方文化的影响。"

有时候这种宗教差异甚至对漠不关心的看客来说也非常明显。例如，各地的清真寺具有一些共同特点，比如，他们都面向圣地麦加，有用于指示麦加方向的壁龛。但是他们也会自夸具有独特的建筑要素和内部设置，表明无论清真寺是位于伊朗、非洲还是中国。这种可以进行崇拜的房间为穆斯林提供了阿萨尼所说的"文化多样性的视觉表现"。其他很容易理解的地区差异都在语言层面上有些渊源。阿拉伯语是伊斯兰教礼拜仪式的语言，用于祷告，但大多数穆斯林对于自己信仰的理解都是发生在自己的本土语言环境下。

"语言确实是文化的窗户，"阿萨尼解释说，"你经常会发现伊斯兰教神学的概念常被翻译成地方语言。"

一些伊斯兰教的宗教激进主义者可能会反对因为地方特点而带来的多元化，但这是伊斯兰教的主导形式。"不再探讨伊斯兰教，或许更为准确地说，我们讨论的是不同文化背景下的'伊斯兰教们'，"阿萨尼说，"比如，我们有来自中国的穆斯林文献材料，在那里，伊斯兰教概念的理解处于儒家思想的框架下。"

在孟加拉地区，现在是孟加拉共和国的一部分和印度的孟加拉邦，一个流行的文献传统为伊斯兰教的到来创造了背景条件。化身的概念是印度教传统的重要概念，其中这些神变为化身，降临人间引导人们走向正义，战胜邪恶。

"你在 16 世纪的孟加拉可以发现，所谓'民间文献'的发展，伊斯兰教的先知思想在化身的框架中变得可以理解，"阿萨尼说，"所以随着概念相互产生共鸣，便可以发现宗教传统之间建立的桥梁。"

这个例子与处于前伊斯兰教时期的阿拉伯半岛也就是穆罕默德时期的状况极为不同，那时候诗人在社会中占据特殊的位置。"如果你想一下《古兰经》，这个词在阿拉伯语里指的是'背诵'，而且最初也是口头经典，供人大声朗读和倾听，用于展现，"阿萨尼说，"从文献角度来看，《古兰经》的形式和结构与前伊斯兰教的阿拉伯语的诗歌传统非常接近。这个例子表明，神圣启示的格式是由文化决定的。在前伊斯兰教的阿拉伯半岛，诗歌常被看做来自其他世界的神灵的诗作的启迪。所以当先知穆罕默德开始接受最终编入《古兰经》的神圣启示时，他被看做是一个诗人，对此他回应道，'我不是诗人，而是先知。'"

伊斯兰教是由一些商人传入印度尼西亚的，这些商人并非神学家，而是简单的实践信仰的穆斯林，成为人们参照的榜样。另外苏菲派导师也非常渴望创造符合那些已经在实践信仰的苏门答腊人或者爪哇人生活的祈祷方式。今天印度尼西亚的两大穆斯林群体，或许也是世界范围的最大群体，是什叶派（Muhammadyya）和逊尼派（Nahdlatul Ulama）。两个群体都拥有超过3 000万的成员，而且都是开始于地方改革运动，来源于在伊斯兰教内部促进现代教育的发展……

大量穆斯林当然并不生活在伊斯兰教国家，而是作为其他国家的少数群体。一些作为少数信仰群体的穆斯林群体的出现已经成为过去25～30年最令人感兴趣也最重要的发展现象。

一些相对较小的群体也会产生很大的影响。例如，欧洲穆斯林群体很大部分成员都是避难的知识分子。他们对接收国以及其余伊斯兰世界都造成了一些影响。

南非的穆斯林群体占总人口的不到3%，但是受教育程度和受关注程度却很高。在种族隔离时期，他们拥有成为中间团体的优势，这种团体既非白人也非黑人。自从20世纪80年代，基于伊斯兰教的立场和基本人权观点，年轻一代的穆斯林领导人变得极为反对种族隔离。穆斯林开始活跃于非洲国民大会（ANC）中。尽管在打破种族隔离之后，他们仅仅是一个小型少数群体，大量穆斯林开始经常活跃在新南非政权中，以及遍布更大的穆斯林世界。伊斯兰教包含着伊斯兰教国家以及其他国家的少数群体，是世界上发展最迅速的宗教，并成为全球对话中越来越普遍的话题。但是许多话语都是以一种口吻描绘信仰。随着更多人变得更为了解世界上的伊斯兰教信仰，他们或许会最先发问，就如阿萨尼教授说的："谁的伊斯兰？哪个伊斯兰教？"

———

来源：Brian Handwerk, "Islam Expanding Globally, Adapting Locally," *National Geographic News*, October 24, 2003. http://news.nationalgeographic.com/news/2003/10/1022_031022_islamdiversity.html.

中无法通过经验来解释的情况和事件。泰勒相信我们的祖先，以及当代非工业生产的人们，尤其对死亡、做梦和精神恍惚感兴趣。在梦境和恍惚中，人们看到了那些做梦或者回过神之后可能还记得的幻象。

泰勒因此认为，解释梦境和幻象的尝试引导着早期人类相信身体里居住着两个东西：一个在白天活动，而另一个极为相似的或者是灵魂的东西会在睡觉和出神状态中活动。尽管它们从未相遇过，但是两者于对方而言都是极为重要的。

当两者永久地离开人的身体时，这个人便会死亡。死亡指的是灵魂的离去。根据灵魂的拉丁文anima一词，泰勒将这一信仰命名为**万物有灵论**（animism）。灵魂是精神实体的一种；人们会记得来自他们梦境和幻想中的多种形象，也即是其他的灵魂。泰勒认为，万物有灵论这一宗教的最早形式是对灵魂的信仰。

泰勒提出，宗教由万物有灵论开始，按照特定阶段发展进化，发展到后来出现了多神教（信仰多个神灵）以及接下来的一神教（只信仰单个的拥有万能的神）。泰勒认为由于宗教的出现是为了解释人们无法理解的事物，所以它可能会随着科学提出了更好的解释而式微。某种程度上来说，他是正确的。我们现在拥有对许多事物的科学解释，这些都曾是宗教解释的对象。然而，宗教到现在一直都存在，所以它必然在解释神秘事物的作用外还有其他的功能，它必然而且的确提供了其他的功能和意义（详情请查阅涂尔干、特纳和泰勒，见附录1）。

玛纳与禁忌

除了万物有灵论，还有另外一个有关超自然的观点认为，世界上存在另一种自然状态下的非人类的力量或驱力，这种力量有时与万物有灵的看法共存于相同社会，人们能够在特定情境下控制它（你可以想想电影《星球大战》）。这种超自然的观念在美拉尼西亚尤其突出，这个地区位于南太平洋，包含了巴布亚新几内亚和毗邻的岛屿。

美拉尼西亚人信仰**玛纳**（mana）这种存在于宇宙中的神圣的非个人力量。玛纳可以存在于人类、动物、植物和物体之中。

美拉尼西亚的玛纳与我们对于灵验或运气的想法有些类似。美拉尼西亚人将成功归因于玛纳，人们可能会以不同方式获得或操纵它，比如巫术就是其中之一。带有玛纳的物体可以改变某个人的运气。例如，成功猎手的符咒或护身符可能会将猎手的玛纳传递给下一个持有或佩戴它的人。妇女可能会在她的田地中放一块石头，如果看到作物长势迅速，便将这种变化归因于石头中蕴涵的力量。

对于类似于玛纳的力量的信仰是极为普遍的，尽管宗教教义在细节上会多种多样。不妨思考一下玛纳在美拉尼西亚和波利尼西亚（夏威夷以北、复活节岛以东、新西兰的西南标出的三角区域中的岛屿）的对比。在美拉尼西亚，人可以通过机会或者努力劳作来获得玛纳。然而在波利尼西亚，玛纳并不是每个人都有可能得到，而是属于政治机构。酋长和贵族比平民拥有更多的玛纳。

所以最高的酋长能够掌控玛纳，而对平民来说与玛纳接触是有危险的。首领无论自己在哪里都会从身体中流动出玛纳。它会感染土地，从而跟着首领的脚步行走的人就会有危险。它也会弥漫在首领饮食所用的容器和器具中。首领和平民的接触是危险的，因为玛纳会产生像电击一样的后果。因为高级首领有太多的玛纳，他们的身体和财产都是**禁忌**（taboo）（因神圣性而与其他事物相区别，并且禁止普通人接触）。高级首领和平民的接触是禁止的。因为普通人无法承受贵族所能承受的如此强的神圣电流，如果平民意外地接触到，就必须举行洁净仪式。

宗教的作用之一是解释（参见 Horton，1993）。信仰灵魂解释了在睡觉、出神和死亡中发生的事情。美拉尼西亚的玛纳解释了异乎寻常的、人们不能在正常和自然的条件下理解的成功。人们在狩猎、战争或者耕作中的失败并不是因为他们懒惰、愚蠢或者无能，而是超自然世界的成功是否到来。

对灵魂存在的信仰（例如万物有灵论）和超自然力量（例如玛纳）都符合本章开头给出的宗教定义。大多数宗教都包含了灵魂和非人的力量。同样的，当代北美人的超自然信仰也包含了这些灵魂（神、圣人、灵魂、魔鬼）和力量（符咒、护身符、水晶和神圣物件）。

巫术与宗教

巫术（magic）指的是试图达成特定目标的超自然技术。这些技术包括带有神性或者非人类力量的符咒、程式和咒语。**模拟巫术**（imitative magic），指的是运用模仿的方式创造一个想要的结果。如果巫师想要伤害或杀死某人，他们可能会在这个受害者的形象上模拟出结果。"伏都玩偶"（"voodoo dolls"）上插的大头针就是一个例子。**交感巫术**（contagious magic），指的是无论对一个物体做什么都被认为会影响那个曾接触过它的人。有时施行交感巫术的人会用目标受害者身上的东西，例如指甲或头发。对这些来自身体的物体实行符咒被认为会最终到达这个人身上，并产生想要的结果。

我们发现巫术存在于多种宗教信仰文化中，它与万物有灵论、玛纳、多神教或一神教都有联系。巫术较之万物有灵论或玛纳信仰既不会更简单也不会更原始。

焦虑、控制和安慰

宗教和巫术并不仅仅解释事物和帮助人们达成目标，它们也进入到人类的感觉领域。换言之，它们也会提供情感以及认知的需要（例如解释性的）。例如，超自然信仰和实践能帮助缓解焦虑。巫术的技术能驱走那些超出人类控制的结果出现时产生的疑问。类似的是，宗教帮助人们面对死亡和忍受生命危机。

尽管所有社会都有处理日常事务的方法，还是有某些特定的关于人类生命的方面是人们无法控制的。当人们面对不确定性和危险时，根据马林诺夫斯基的观点，他们便会求助于巫术。

无论多少知识和科学帮助人们获得想要的，

关于厄瓜多尔治疗者的信息，见在线学习中心的在线练习。
mhhe.com/kottak

关于澳大利亚土著中的精神信仰，见在线学习中心的在线练习。
mhhe.com/kottak

主题阅读

本书最后一章之后的"主题阅读"描述了一个不太可能发生的场景中——一家快餐店——的仪式行为。

他们仍然无法完全控制机遇、消除意外，或者预见自然无法预期的转变或者保证人类的行为可靠并足以应付所有实践需要（Malinowski，1931/1978，p.39）。

马林诺夫斯基发现，特洛布里恩德岛民在航海的时候使用巫术来应对危险活动。他提出，因为人们不能控制诸如风、天气以及鱼量等因素，他们便求助于巫术。人们可能会在遇到知识缺乏或者实践中控制力量不足然而又必须继续进行的情况时使用巫术（Malinowski，1931/1978）。

马林诺夫斯基提到，只有遇到无法控制的情况时，特洛布里恩德岛民才会排除心理压力，从技术转向巫术。尽管我们会提升技术水平，然而我们仍旧无法控制所有结果，巫术进而持续存在于当代社会中。这种巫术尤其在棒球中非常明显，乔治·戈麦尔齐（George Gmelch, 1978，2001）曾针对棒球描写一系列仪式、禁忌以及神圣物体。就像特洛布里恩德岛民的航海巫术一样，这些行为可以缓解心理压力，在真实的控制力缺乏时创造一种巫术控制的幻想。即使是最优秀的投手也有状态不好的时候，也会出现坏运气。投手巫术的例子包括投手之间拖拽另一个人的帽子，遇到每个坏球的时候摸一下树脂包，以及和球聊几句。戈麦尔齐的结论证明了马林诺夫斯基的结论，即巫术在机会和不确定的情形下最为普遍。所有类别的巫术行为围绕着投球和击球，因为在这两种状态下不确定性是疯狂的，但是没有仪式是涉及场外队员的，因为棒球手们对此有更强的控制（击球平均得分350或者更高是一个完整赛季之后极为鲜见的结果，但是场外队员如果低于900分便是非常丢脸的事）。

根据马林诺夫斯基的论述，巫术是用来进行控制的，但是宗教"生来就处于人类生活的真实悲剧之外"（Malinowski，1931/1978，p.45）。宗教提供了情感的慰藉，尤其是人们面临危机的时候。马林诺夫斯基把部落宗教看做主要是组织、纪念以及帮助人们经历诸如出生、青春期、婚姻和死亡等生命事件（详情请查阅马林诺夫斯基，见附录1）。

仪式

仪式具有的独特性使它与其他类型的行为区分开来（Rappaport, 1974）。仪式是正式的，或者说是类型化的、重复的和刻板的。人们在特别的（神圣的）场所以固定的时期表演仪式。仪式包含礼拜式程序（liturgical orders），即在仪式的被展演之前已经确定好了的语言和行为的顺序。

这些特点都把仪式同戏剧勾连了起来，但是两者存在重要的差异。戏剧有观众而不是参加者。演员仅仅是描绘某事，但是集会者组成的仪式展演者却拥有无比的热忱。仪式传达了参与者及其状态的信息。年复一年，代代相续，仪式把持久的信息、价值观和情感转化为行动。

仪式是一种社会行为。难以避免的是，参与者中一些人比其他人更加委身于仪式之下的信仰。然而，正是通过参与联合的公开行动，表演者表明他们获得了共同的社会和道德秩序，而且具有超越个体的地位。

过渡仪式

正如马林诺夫斯基所言，巫术和宗教可以缓解焦虑并减少恐惧。颇具讽刺意味的是，信仰和仪式也能产生焦虑以及不安全感和危险（Radcliffe-Brown, 1962/1965）。焦虑之所以可能产生是因为仪式的存在。的确，参与集体仪式可能会给人造成压力，即便通常情况下会减轻，通过完成仪式，参与者的团结得以提升。

例如，过渡仪式（rites of passage）中十几岁的青少年集体举行的割礼也会产生压力。美国原住民尤其是平原印第安人的传统求神启示，表明这是一种过渡仪式（地点转移和人生阶段转换的习俗），这类仪式在世界范围内都可以找到。在平原印第安人中，为完成从男孩到男人的转变，青少年暂时地与他所处的社区分离。在荒野中隔离一段时期，常常会禁食和使用迷幻药，这个年轻人会看到成为他的守护神的形象。之后他便会以成年人的身份回到群体中。

当代文化中的过渡仪式包括了基督教的坚信

礼、洗礼、律师资格考试，以及同学会入会。过渡仪式的含义包括社会地位的转变，例如从男孩成长为男人，从非会员升级为姐妹会成员。在我们的商业和社团生活中也存在仪式和庆典，比如升迁和退休聚会。过渡仪式通常会表明所处地位、状况、社会职位或年龄上的任何变化。

所有过渡仪式由三个阶段组成：分离、阈限和结合。在第一阶段，人们离开群体，开始由一个地点或地位向另一个转变。在第三个阶段，他们重新进入社区中完成仪式。阈限阶段最为有趣，这是夹在两个不同状态中的时期，是人们已离开一个地方或状态却还没有进入或加入到下一个地方或状态时所处的中间状态（Turner, 1969/1995）。

阈限（liminality）阶段总是具备如下特点：阈限期的人们处于模糊不定的社会位置。他们脱离了普通的区分和期待，而生活在一个没有时间的状态。他们被切断了与正常社会的联系。种种差异对比划清了阈限阶段与常规社会生活的界限。例如，赞比亚的恩丹布人的首领在就任之前要经过一个过渡仪式。在阈限时期，他过去以及将来的社会地位都会被忽略，甚至颠倒。他常常要遭受各种各样的侮辱、命令和羞辱。

过渡仪式常常是集体性的。一些个体——如行割礼的男孩，兄弟会或姐妹会的新成员，在军队训练营里的男人，夏季训练营的足球运动员，成为修女的妇女——通过这些仪式而结合为一个群体。表21.1总结了阈限阶段和正常社会生活之间的比较或者反差。最为显著的是集体阈限这一社会方面，它被称为交融（Turner, 1967），指的是一种强烈的群体精神，一种伟大的社会团结、平等和集体感。人们通过一同经历阈限阶段从而形成了一个平等的群体。之前存在或者将来会产生的社会差异都被暂时地忽略掉了。人们在阈限期享受同样待遇和同等的条件，而且必须行为一致。阈限期可以被仪式性或象征性地表现为正常行为秩序的颠倒。例如，性禁忌可能会被强化，或者相反，无节制的性会被鼓励。

阈限期是每个过渡仪式的基本阶段。进而言之，在特定社会中，包括我们自身所处社会，阈

表21.1	阈限和正常社会生活的对比
阈限	**正常社会结构**
过渡	国家
同质	异质
交融	结构
平等	不平等
匿名	具名
资产缺失	资产
地位缺失	地位
赤裸或统一着装	着装差异
禁欲或无节制性生活	性生活
性别差异最小化	性别差异最大化
等级缺失	等级
谦卑	傲慢
忽略个人形象	注意个人形象
无私	自私
完全服从	只服从于更高等级
神圣	世俗
神启	技术知识
沉默	话语
简单	复杂
接受苦难	避免苦难

来源：Adapted from Victor W. Turner, *The Ritual Process: Structure and Anti-structure*（New York: Aldine de Gruyter, 1969/1995），p. 106.

限象征能够用于区分不同的（宗教）团体，以及社会中的群体与作为整体的社会。"永久性的阈限群体"（例如宗派、兄弟关系和祭仪）在复杂社会如民族国家中最具特点。阈限特点包括诸如羞辱、贫穷、平等、服从、性节制和沉默，这些可能对于所有教派或礼拜者而言是必须的。那些参与这些群体的人们同意遵守它的规则。这些人仿佛正在进行过渡仪式，只不过这种情况下的过渡是无限无休止的，他们可能摆脱自己之前拥有的一切，切断同原来社会的联系，甚至包括与家庭成员的联系。

图腾崇拜

仪式提供了创造暂时或永久的团结的社会功能，即形成一个社会群体。我们也在被称为图腾崇拜的现象中观察到这一点。图腾崇拜在澳大利

亚原住民宗教中一直都非常重要。图腾可以是动物、植物或者地理特点。每个部落里的不同群体都有自己特定的图腾。每个图腾部落的成员信仰自己只是这些图腾的后代。传统上，他们通常从不杀死或者吃自己的图腾动物，但是这种禁忌会每年解除一次，人们聚集起来举行供奉图腾的仪式。这些年度仪式被认为是图腾的生存和生产所必需的。

图腾崇拜把自然看成社会的模型。图腾通常是自然界中的动物和植物。人们通过图腾同自然物种之间的联系而与自然联系起来。因为每个群体都有不同的图腾，群体间的差异反映出自然界中不同图腾物种的对比。自然顺序的多样性成为社会秩序多样性的模型。然而，尽管图腾植物和动物在自然界中处于不同的生境，另一种层面来看它们又是相结合的，因为它们都是自然的一部分。人类社会秩序的统一通过模仿自然秩序以及象征性的联系而得到提高（Durkheim,

1912/2001;Lévi-Strauss, 1963;Radcliffe-Brown, 1962/1965）。

宗教仪式和信仰的作用在于巩固并因此保持宗教拥护者的团结。图腾是象征共同身份的符号。不仅澳大利亚原住民那里是这样，同样存在于北美北太平洋岸边的美洲原住民群体，他们的图腾柱很有名。他们的图腾雕刻品不仅纪念并讲述了有关祖先、动物和灵魂的能够看得见的故事，还与仪式有关。在图腾仪式中，当地的人们会聚集在一起崇拜他们的图腾，同时仪式被用来保持图腾象征的社会的统一。

在当代国家，不同群体也在不断地用图腾标记自身，例如不同的州和大学（如獾、七叶树以及狼等等），不同的专业团体（狮子、老虎和熊），以及不同的政党（驴和象）。尽管现代的图腾更为长期性，人们仍可以目睹在紧张的大学足球联赛中，涂尔干在澳大利亚图腾宗教中提到的沸腾景象。

宗教与文化生态学

宗教发挥主要作用的另一领域是文化生态学。行为是由信仰激发出来的，超自然存在、力量和能力可以帮助人们在物质环境中更好地生存。在这一章节，我们将看到，信仰和仪式是如何作为群体对所处环境的文化适应手段发挥作用的。

印度的圣牛

印度人崇拜瘤牛，这些牛受到印度婆罗门教教义的保护，包含非暴力的原则，禁止杀死动物。西方经济发展专家偶尔（而且错误地）引用印度牛的禁忌来阐释宗教信仰会阻碍理性经济决策的观点。印度人可能被看做是毫无理性地忽略了如此有价值的食物（牛肉），只是因为他们的文化或宗教传统。经济发展学者们也评论印度人并不知道如何养合适的牛。他们的意思是骨瘦如柴的瘤牛在印度的城镇和乡村中游荡。西方动物管理技术可以生产出更大的牛，生产更多的牛肉和牛奶。西方规划者惋惜印度人挡了他们的道，认为由于文化和传统的制约，印度人拒绝理性发展。

然而，这些假设都是民族中心主义的错误假设。圣牛事实上在印度生态系统中扮演着重要的适应角色，这一生态系统已经进化了超过千百年时间（Harris, 1974, 1978）。农夫们用牛来拉犁和推车，这是印度农业技术的一部分。印度农民不需要那些经济发展学家、牛肉经销商和北美牧场主喜欢的那种大型的，而且总是处于饥饿状态的牛。骨瘦如柴的动物拉犁驾车已经足够了，而且它们不管是家里屋外还不吃主人的食物。只有少量有限的土地和食物的农夫们该如何喂养超级牛，又不需要从自己的碗里挤出食物呢？

牛粪被印度人拿来给田地施肥。并不是所有粪便都收集，因为农夫并不花太多时间照看他们的牛，这些牛在特定的季节里会随意地游动放牧。在雨季来临时，牛在山坡上的粪便被冲刷到田地里。此外，在化石燃料匮乏的乡村，燃烧缓慢而均匀的干牛粪就成为了他们基本的做饭燃料。

发展论者认为这些牛是无用的，事实远非如此，圣牛已经成为印度文化适应性的基本元素。生物上对贫瘠牧区和边缘环境的适应，骨瘦如柴的瘤牛提供了肥料和燃料，对于农耕是不可或缺的，同时对农民来说又是负担得起的。正是由于考虑到即使是在物资极度匮乏的时期也绝不破坏有价值资源，印度婆罗门教教义成功地将宗教组织的全部力量集中起来。

社会控制

宗教对人们是有意义的。它帮助男人和女人处理不幸和悲剧。提供事情可能转好的希望，生命能够通过精神治疗或重生而得以转化。有罪者可以忏悔并获得救赎，否则的话，他们继续犯罪就会被责罚。如果信仰真的内化到宗教的赏罚系统中，宗教便成为控制他们的信仰、行为和子女教育的有力工具。

许多人会参与到宗教活动中，因为它看起来

真的管用。祈祷者获得回应，信仰治疗者治愈病痛。有时不需要花费太多就能确认宗教活动是灵验的。位于美国西南部俄克拉荷马州的许多美洲印第安人花高价请信仰治疗者，不仅因为治疗使他们对不确定性感觉良好，而且因为它管用（Lassiter, 1998）。每年大批巴西人都会去位于巴伊亚萨尔瓦多市的缤纷主教堂（Nosso Senhor do Bomfim）。他们宣誓如果治疗成功便会报答"我们的天主"（缤纷主）。教堂里处处装饰着显示出宣誓有用和得到回报的人们奉献的成千的谢恩物、每个能想得到的身体部分的塑料模型，还有被治愈者的照片。

宗教可以通过进入人的心里并激发他们的情感，如欢乐、愤怒和正义感而发挥作用。我们已经看到著名法国社会理论家和宗教学者（见附录1）涂尔干（Durkheim, 1912/2001）如何描述集体沸腾（collective effervescence）可以在宗教情境下逐渐喷发出来。激烈的感情沸腾起来，人们产生出分享的喜悦、意义、经验、交流、归属和委身于他们的宗教的深切感受。

宗教的力量影响行动。当宗教相遇，它们可以和平共存，或者两者差异成为敌意、不和谐甚至争斗的基础。宗教热情激发基督徒发动针对异教徒的十字军东征，也导致穆斯林发动针对非伊斯兰教民的圣战。纵观历史，政治领袖也用宗教来宣扬和证明自己的观点和政策。

1996年9月下旬，塔利班运动显著地展示了以宗教名义对阿富汗及其人民的极端社会控制。由伊斯兰教职人员领导，塔利班试图以《古兰经》为模型，建立他们自己的伊斯兰教社会政权（Burns, 1997）。塔利班在当地实施了多种镇压措施，包括禁止妇女工作、禁止女孩上学、禁止青春期以后的女性同没有关系的男性说话。妇女需要经过批准的理由如购买食物才能离开家。男人被要求蓄留浓密的胡须，也必须遵守一系列禁令，如禁止玩牌、听音乐、养猪和放风筝。

为了强制执行这些禁令，塔利班在全国遍布武装执行者。那些武装分子负责"检查胡须"以及其他形式的详细审查，这些人属于一个宗教

加纳沃尔特省埃维人的传统与生物医学治疗实践

背景信息

学生：
（Lauren）Charlie Graham

指导教授：
Kara Hoover

学校：
佐治亚州立大学

年级：
大四/人类学（医学方向）

计划：
实习/攻读研究生

项目名称：
加纳沃尔特省埃维人的传统与生物医学治疗实践

2004 年夏天，查丽·格雷厄姆（Charlie Graham）开始了一项加纳沃尔特省的埃维人的传统与生物医学治疗的初步研究。她计划作为一名医学人类学研究生继续研究。在我们自己的社会里，医学是一个独立的清晰领域，不同于此，在非工业社会里医学常常与宗教相互交织在一起。埃维人，像第 17 章探讨"政治制度"时谈到的马库阿人，以及许多其他的文化一样都相信，巫术可以引发精神和肉体的不安宁，传统治疗者能够治疗这种不安。

2004 年夏天，我开始在加纳进行我的田野工作，并计划在研究生阶段继续进行。加纳的沃尔特省是埃维人的家，埃维人历史上是一个移民部落，还有一些居住在多哥和贝宁。我的研究是比较和对比传统的草药治疗与埃维人的生物医学治疗方法。传统与英国/西方自己的习俗的文化综合法造就出特别令人感兴趣的视角。

加纳于 1957 年从英国统治之下获得独立，成为非洲第一个自治国家。自此以后，加纳一直维持民主国家统治，与邻国及在国内几个部落之间有和谐友好的关系。加纳被划分为 10 个省，加纳的部落领导人与被选举出来的官员共享政治权力。尽管在很大程度的传教影响下，伊斯兰教和基督教已经分别在北部和南部地区占据主要地位，但加纳人仍然拥有自己的传统宗教。

我在沃尔特省省会霍城（Ho）生活了 9 个星期，在霍城省医院做兼职志愿者。我观察了多个科室，包括精神病、产科、糖尿病、计划生育、儿科、男性和女性病房。我还跟随医生到各个地方走走，并且跟着一个正在实习期的三年级的护士学生一起学习。我还与当地的巫医一起工作并向他学习。在这一时期我到过沃尔特省的不同地方拜访高级祭司，观察并调查他们的医学多样性。我还对病人、治疗者以及第三方进行了大量正式和非正式访谈；观察诊断和治疗程序；甚至作为病人，接受来自医生和传统医治者的治疗。

尽管加纳的生物医学体系与英国相比具有基本的相似性，我还是常遇到医学实践上的不同。从医患关系到病因学再到医疗方案，这些差异是让我们了解文化交流和理论应用的很好的机会。我的研究的独特性在于把传统病因的信仰，如 juju 整合进入生物医学实践中。juju 指的是人与人之间给对方施加罪恶力量，造成身体与精神上的不安宁（巫术）。尽管大多数加纳南部人信仰基督教，他们也会吸收类似这样的传统信仰。

在医院里，语言障碍致使沟通不畅。因为许多加纳医生出国为私立或者待遇更好的医院工作，许多政府医院雇用来自古巴的说西班牙语的医生，他们说基础英语，和一点埃维语。而且，尽管英语是加纳的官方语言，大多数病人只会说埃维语。因此，我作为一个会说西班牙语的人，常常担当翻译。护士用埃维语询问病人的情况，用英语告诉我，然后我再用西班牙语汇报给医生。因为这种语言不通导致医疗体系的效率低下，病人的恢复常遭到阻碍。

我的医学人类学背景以及我到现场所做的研究让我能够认识我所遇到的传统治疗实践。巫医一般会训练 3 年，从草药采集者到高级祭司或巫师划分出不同的等级。我在加纳的研究时期的每一年都会遇到这些人。这些巫医的处理方法涉及从预防到治疗，还包含病人的身体或精神不安依赖的信仰。信仰来自通过医治者进行的心灵上的忏悔。

警察武装力量，被称为维护道德和消除罪恶部（Burns, 1997）。2001年晚秋，塔利班组织被推翻，阿富汗首都喀布尔在12月22日建立了新的临时政府。美国为了报复塔利班与2001年9月11日撞击纽约世贸大楼和华盛顿五角大楼的恐怖活动，对阿富汗展开轰炸，紧接着塔利班被彻底瓦解了。随着塔利班退出喀布尔，转由北方联盟军控制，当地男人蜂拥到理发店去修整他们的胡子或刮掉。他们在用重要的塔利班象征形式庆祝宗教镇压的结束。

我们应该注意在塔利班的案例中，社会控制类型习惯于支持严厉的宗教教条。这不是以宗教的名义镇压，而是压抑性的宗教。而在其他国家，世俗领袖也用宗教来证明社会控制的正当性。他们寻求权力，并从宗教教义中获得。例如，沙特阿拉伯政府可以被看做利用宗教引开大家对压迫性社会控制的注意力。

领袖们如何把群体动员起来并在过程中获得对自身政策的支持呢？方法之一是通过劝说；另一个方法是通过灌输仇恨或恐惧。就如我们在"政治制度"一章中看到的，对魔法和巫术的恐惧和控告可以通过营造一个会影响所有人的危险和不安全的氛围，而成为社会控制的强大手段。

魔法控诉常常指向社会边缘或反常的个体。例如，马达加斯加的贝齐寮人婚后一般实行从夫居，男人生活在妻子或者母亲的村庄便会违反文化准则。与他们不协调的社会地位相联系，仅仅一点反常行为（例如晚上熬夜）在他们那里都足以被称为巫婆，因此会尽量避免。在部落和乡民社区，在经济状况上比较突出的人，尤其是他们看起来是由于牺牲他人而获利的，也常要被指责实施巫术，从而导致放逐或惩罚。在这一个案中，巫术谴责成为一项**平衡机制**（leveling mechanism），

一种习俗或社会行动，能够以减少财富差异并因此选出符合社区准则的杰出人物，从而构成另一种社会控制形式。

为了保证人们的行为是恰当的，宗教也会提供奖励（如宗教群体的奖学金）和惩罚（如被驱逐或者被革出教会）。许多宗教都承诺会奖励美好的生活并惩罚罪恶的生活。你的身体、精神、道德和灵魂的健康，从现在到未来，都可能依赖你的信仰和行为。例如，如果你不够关怀你的祖先，他们就可能从你身边带走你的孩子。

宗教常会规定一套伦理和道德规范来指导行为，尤其是在国家社会背景下建立的拥有正式组织的宗教。犹太教十诫列出了一系列禁令，反对杀戮、偷盗、通奸和其他犯罪。犯罪是对世俗法律的破坏，正如罪是宗教约束的违反。一些规则（如十诫）禁止或反对某些行为；其他的规则会指导某些行为。例如，黄金法则就是宗教教导人们，己所欲，施于人。道德准则是维持秩序和稳定的方式。道德和伦理法规在宗教训诫、问答等类似的活动中不断重复。它们从而被人们内化到心理层面。它们指导人们的行为并且在没有被遵守的时候产生悔恨、愧疚、羞耻的感觉以及对原谅、赎罪和赦免的需求。

宗教也通过强化这种生活的短暂和飞逝来维持社会控制。他们许诺在死后（基督教）或重生（印度教和佛教）后给予奖励（和/或惩罚）。这种信仰可以强化现状，也就是说人们会接受他们现在拥有的状况，明白可以在死后和来生中获得更好的生活，当然是在他们遵循宗教的指导的条件下。在美国南部的奴隶制统治时期，主人会传授部分《圣经》，例如工作的故事，以加强奴隶的顺从。然而奴隶们却牢牢记住了摩西、应许之地和得自由的故事。

宗教的种类

宗教是具有文化多样性的。但是宗教是特定文化的一部分，而且在宗教信仰和实践中系统性地显示出文化差异。例如，具有社会分层的国家社会中的宗教不同于那些没有显著的社会对比和权力差异的文化中的宗教。

在研究一些文化之后，华莱士（Wallace, 1966）区分了四种类型的宗教：萨满教、社群宗教、奥林匹亚宗教、一神教（表21.2）。与神甫不同，萨满宗教的萨满不是全职的宗教从业者，而是兼职的宗教人员，他们是人与超自然存在及力量之间的协调人。所有文化中都有医疗巫术的宗教专家。萨满是通用术语，涵盖治病者（"巫医"）、女巫、灵魂专家、占星家、手相家和其他占卜者。华莱士发现萨满宗教是狩猎采集社会的最大特点，尤其是在北部纬度地区，如因纽特人和西伯利亚土著部落。

尽管他们只是兼职专家，萨满们常通过表现出一种不同的或模棱两可的性或性别角色而象征性地将自己同普通人区分开来（在民族国家，神甫、尼姑和修女也发愿独身和贞洁，这与前者很类似）。易装是性别不明确的一种途径。在西伯利亚的楚克其人、沿海的渔猎人口和内陆狩猎群体，男萨满模仿女人的服饰、讲话方式、发型以及生活方式（Bogoras, 1904）。这些萨满找其他男人做丈夫和性伴侣，并因为具有超自然的和治疗的专业能力而获得尊重。女性萨满可以加入第四性别，模仿男人并娶妻子。

更多关于萨满的信息，见网络探索。
mhhe.com/kottak

在北美平原的克劳人那里，这种仪式的职责是异装癖者（berdaches）的特权，男人不用承担狩猎野牛、袭击和战争等男性角色的使命，而是加入第三性别。这种关键仪式可由异装癖者来完成，这一事实标志他们在克劳人社会生活中拥有正规而且正常的地位（Lowie, 1935）。

除萨满之外，**社群宗教**（communal religion）也有诸如收获仪式和通过仪式等集体仪式。尽管社群宗教缺乏全职的宗教从业者，他们相信一些神（多神教）会控制自然的各个方面。尽管一些狩猎采集者也有社群宗教，包括澳大利亚图腾崇拜者，这些宗教在农牧社会更为典型。

奥林匹亚宗教（Olympian religions）的出现伴随着民族组织和显著的社会分层，它增加了全职的宗教专家即专业的神职人员（priesthoods）。像国家本身一样，神职人员的组织形式也是等级制和科层制的。奥林匹亚的名字来自古典希腊诸神的故乡奥林匹斯山。奥林匹亚宗教都是多神教，包含许多强大的具有特定魔力的拟人的神，例如爱神、战神、海神和死神。奥林匹斯万神殿（超自然存在的集体）在许多非工业的民族国家的宗教中非常突出，包括墨西哥的阿兹特克、一些非洲和亚洲的酋邦，以及古希腊和古罗马。华莱士所划分的第四种类型是一神教，这种宗教类型也有教士以及神授力量的看法，但是对超自然的理解却有不同。在**一神教**（monotheism）中，所有超自然现象都是一个单一的、永恒的、全知全能的、普世的、至高无上的神的表现，或者在其控制之下。

关于宗教类型的测验，见在线学习中心的互动练习。
mhhe.com/kottak

表21.2	安东尼·华莱士的宗教类型		
宗教类型（华莱士）	实施者类型	超自然观念	社会类型
一神教	牧师、神甫等	上帝	国家
奥林匹亚宗教	神职人员	有强大神力的等级制的万神殿	酋邦和古代国家
社群宗教	兼职专家；偶尔的社区赞助的活动，包括通过仪式	多神以及对自然的某些控制	食物生产部落
萨满教	萨满＝兼职	仿生实施者	

仪式附体

第21段

　　这一片段的主要人物是奥乌苏（Nana Kofi Owusu），加纳的波诺人（Bono）的高级治疗巫师。波诺人相信神和灵魂具有等级性。最高等的神通过较低等级的神、灵魂、巫师治疗者和其他能够接受灵魂的人等与普通人相联系。奥乌苏是多个神龛的保护人，包括最主要的一个，他会在房子里的一个单独房间里摆放并崇拜这些神龛，并且在仪式过程中将其戴在头上。在波诺人中，不只是男人会接收神灵，还是女人也可以？治疗巫师的地位如何成功地建立——奥乌苏如何获得这个地位？根据这一片段里出现的教授的说法，人们在被附体的时候通常知道吗？

国家中的宗教

　　罗伯特·贝拉（Robert Bellah, 1978）创造了"拒斥世界的宗教"（world-rejecting religion）这一概念来描绘大多数基督宗教形式，包括基督新教。拒斥世界的宗教产生于古老的文明社会，伴随文字和专业教职人员的出现。这些宗教之所以被如此命名是因为它们倾向于否定自然的（世俗的、正常的、物质的）世界，关注于真实的更高的领域（神圣的、超自然的）。神圣是高尚的道德领域，在其中人们只能膜拜。通过与超自然的融合得到救赎是这类宗教的主要目的。

新教伦理与资本主义的兴起

　　救赎和死后观念主导着基督教思想。然而，多数类别的新教缺少早期一神教的等级结构，包括罗马天主教。随着教士（minister）的作用逐渐变小，救赎成为个体可以直接进行的行为。无论他们的社会地位如何，新教教徒与超自然之间不再需要中间人。新教对个体的关注非常符合资本主义和美国文化的要求。

　　在其极具影响力的著作《新教伦理与资本主义精神》（1904/1958）中，社会理论家马克斯·韦伯将资本主义的传播同早期新教领袖所宣扬的价值观联系起来。韦伯认为欧洲的新教徒（甚至是他们的美国后代）比天主教徒在经济收入上更成功。他把这种差异归因于两种宗教所强调的不同的价值观。韦伯认为天主教更为强调直接的幸福和安全感，而新教徒更为禁欲主义，有上进心并会为未来发展进行规划。

　　韦伯说，资本主义需要有种注重资本积累而且能够适应工业经济的价值观，取代天主教信众的传统态度。新教以努力工作、简朴生活和利益的寻求为先。早期新教徒把世上的成功看成是神的恩宠和可能被救赎的标志。根据一些新教信条，个体可以通过努力工作而获得上帝的宠爱。其他教派强调预定论，这种观念认为只有少部分人是被拣选拥有永生，而人们无法改变自己的命运。然而，通过努力工作获得物质上的成功可以是一个重要的标志表明他是被预定得救的。

　　韦伯还提出，理性的商业组织需要把工业产品从家庭领域里，也就是从乡民社会所在的地点转移出来。新教通过强调个体性而使这种分离成为可能：个体，非家庭或家户的，可以被拯救。有趣的是，虽然在当代美国有关家庭价值的话语中存在道德与家庭之间的密切联系，但是家庭对于韦伯所说的早期新教徒而言是第二位的。上帝和个体才是第一位的。

　　当然，今天在北美乃至全世界，许多宗教的信众以及拥有多种世界观的人们都可能是成功的资本家。而且，传统新教价值观常与今天的经济策略毫无关系。但是，不可否认的是新教对个体的关注同地缘和亲缘的断绝是相一致的，而后者确实是工业化的要求。这些价值观在美国人民的许多宗教背景中仍然占据主导地位。

世界宗教

　　世界上主要宗教的信息都显示在表21.3（信徒的数字）和图21.1（世界人口比例）中。在被调查者自我报告宗教信仰的基础上的数字显

表21.3 世界宗教，估算的信徒数（2005年）

宗教	信徒数
基督教	21 亿
伊斯兰教	13 亿
世俗/非宗教/不可知论/无神论	11 亿
印度教	9 亿
中国传统宗教	3.94 亿
佛教	3.76 亿
最初的土著信仰	3 亿
非洲传统宗教	1 亿
锡克教	2 300 万
主体思想	1 900 万
唯心论	1 500 万
犹太教	1 400 万
巴哈伊教	700 万
耆那教	420 万
神道教	400 万
高台教	400 万
祆教	260 万
天理教	200 万
新异教	100 万
一位论教	80 万
拉斯特法里教	60 万
科学教	50 万

来源：Adherents.com.2005. http//www.adherents.com/Religions_By_Adherents.html.

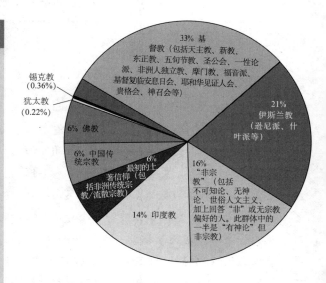

注：总数大于 100% 是由于凑整和每组均采用上限估计

图21.1 世界主要宗教信仰的人口比例
（2005年）

来源：Adherents.com.2005. http//www.adherents.com/Religions_By_Adherents.html.

在基督教内部，不同教派的增长率各有不同。在 2001 年，世界大约有 6.8 亿"重生"的基督教徒（例如五旬节教派和福音派），在世界范围内有 7% 的增长率，而基督教徒总体只有 2.3%（据推算，2006 年有 9.54 亿的五旬节和福音派信徒）。罗马天主教徒在全球增长率估计仅为 1.3%，低于新教增长率的每年 3.3%（Winter, 2001）。这种爆炸性的增长，尤其是在非洲，属于多数美国人不认可的新教类型，因为它结合了许多万物有灵论的元素。

表 21.4 根据宗教内在的统一性和多样性的程度将 11 个世界宗教进行分类。首先列出的是最具有凝聚力/统一性的群体，最后列出的是具有最多内在多样性的宗教。这一列表主要根据多种分支群体在教义上的相似性，在较小程度上反映出宗教在实践、仪式和组织上的多样性（列表包括了每种宗教的主要表现形式以及分支群体，更大的分支可能会贴上"异端"的标签）。你如何判断，这一列表中是否隐含价值判断呢？对于一个宗教来说哪种更好？是高度统一、凝聚力强、单一并缺乏内部多样性呢，还是片段化、分

示，基督教是世界上最大的宗教，有大约 21 亿人。拥有 13 亿信众的伊斯兰教位于第二位，接下来是中国传统宗教（中国民间宗教或儒教）和佛教。世界上有超过 10 亿的人声称自己不信仰任何正式宗教，但是其中仅有五分之一的人声称是无神论者。世界范围内，伊斯兰教以每年 2.9% 的增长率增长，相对于基督教的 2.3% 更高，后者的增长率大致与世界人口增长率相同（Adherents.com, 2001;Ontatio Consultants, 2001）。

裂的、多面性，而且在同一主题上各式各样、十分丰富呢？随着时间的流逝，这种多样性会产生新的宗教；例如，基督教便是从犹太教而来，佛教来自印度教，巴哈伊教来自伊斯兰教，而锡克教来自印度教。在基督教内部，新教是由罗马天主教发展出来的。

宗教与变迁

宗教激进主义者寻求严格遵守被传讲的传统标准、信仰、规则和习俗的基础上建立的秩序。基督教和伊斯兰教的宗教激进主义者认识到、谴责并试图纠正变异的出现，但是他们自身也在引起变化。在全球进程中，新宗教在挑战已建立的教会。在美国，基督教电视节目主持人已经成为具有影响力的播音员和观点塑造者。在拉丁美洲，福音派新教正在从罗马天主教那里赢得成百万的转教者。

就如同政治组织一样，宗教帮助维持社会秩序。而且，像政治流动一样，宗教能量也不仅仅用于变迁，还有革命。例如，为了回应外来者的征服或者察觉到的外来入侵，宗教领袖可能会改变或者复兴他们的社会。例如，在伊朗"伊斯兰革命"中，阿亚图拉集合民众的宗教热情，以此建立民族团结和理性的变迁。我们将这类运动称为本土运动（Linton, 1943）或者复兴运动（Wallace, 1956）。

复兴运动

复兴运动（revitalization movements）是一种社会运动，它发生在变迁期间，宗教领袖出现并承诺改变或复兴一个社会。基督教正是作为一次复兴运动而兴起的。耶稣是几位宣扬新的宗教教义的先知之一，那时的中东正处于罗马统治之下。当外国势力统治了这片土地，社会正处于不安定时期。耶稣被赋予某种灵感而创立出一个全新的、持久的重要信仰。他的同时代的人就没有这样成功。

表21.4 按照内部相似性排列的经典世界宗教
最统一
巴哈伊教
祆教
锡克教
伊斯兰教
耆那教
犹太教
道教
神道教
基督教
佛教
印度教
最多样

来源：Adherents.com.2001. http//www.adherents.com/Religions_By_Adherents.html.

1880年，美湖宗教（Handsome Lake religion）在纽约州易洛魁人中出现（Wallace, 1970）。美湖是这一复兴运动的创立人，同时也是一个易洛魁部落的领袖。易洛魁部落因支持英国而反对美国殖民者（和其他原因）而饱受苦难。在殖民者获胜以后，大批移民来到他们的家乡，易洛魁人则被分散到小的保留区内生活。无法在家园中从事传统园艺和狩猎活动，他们开始酗酒，内部也出现了争吵。

美湖在看到来自天堂的使者形象之前也是一个严重酗酒的人。精灵警告他说，除非易洛魁人改变自己的生活方式，否则他们将会被毁灭。他的幻象为建立新秩序而提供了几个计划。魔法、争吵和酗酒都会结束。易洛魁人可以复制欧洲的农业技术，这不同于传统易洛魁的园艺，更为强调男性劳动力。美湖传道说，为了更长久的婚姻和个体家户形式，易洛魁人也应当抛弃他们的公共长屋和母系继嗣。美湖的传教创立了一个新教会和宗教，在纽约和安大略省也有信众。这一复兴运动帮助易洛魁人适应并生存在已变化的环境。他们最终在非印第安人邻居那里获得了承认，被认为是冷静的家庭农夫。

混合主义

尤其在今天这个世界，宗教表达出现于地方、地区、民族和国际文化力量的相互作用。**混合主义**（syncretisms）是文化融合，包括宗教的混合，产生于濡化过程。濡化指的是当文化之间进行不断的直接接触之后发生的文化特征的交换。宗教混合主义的一个例子是加勒比海伏都教中非洲人、美洲原住民、罗马天主教圣人和神灵的混合。这种混合同样也出现在古巴人的桑塔利亚（Santeria）和康多姆布雷（Candomblé）信仰中，这是一种"非洲巴西式"的信仰。另一个混合主义的例子是美拉尼西亚和基督教信仰在船货崇拜中的结合。

就像前文讨论过的美湖宗教一样，船货崇拜也是一种复兴运动。这种运动可能出现在原住民不断同工业社会接触但是又缺少财富、技术和生活标准的时候。某些这种运动试图解释欧洲的政府和财富，并通过模仿欧洲行为并假造想要的生活方式的象征，获得了不可思议的类似的成功。美拉尼西亚和巴布亚新几内亚的这种混合的船货崇拜把基督教教义同土著信仰编织在一起。这种新宗教的名字取自他们对船货的关注：当地人看到欧洲的货物从轮船和飞机的货舱中不断被卸下。

在一种早期的崇拜中，成员相信死者的灵魂会生活在一条船中。这些鬼灵会带来人造的货物给土著居民，并会杀死所有的白人。晚期的崇拜把轮船替代成飞机（Worsley, 1959/1985）。许多崇拜都是用欧洲文化元素作为圣物。基本原理是欧洲人使用这些物品，拥有财富，并因此必然知道"船货的秘密"。通过模仿欧洲人使用和对待这些物品的方式，土著人希望也突然明白获得船货所需要的秘密知识。

例如，看到欧洲对旗帜和旗杆的尊敬，这一新宗教的信众开始崇拜旗杆。他们相信旗杆是神圣的塔，可以在生者和死者之间传递信息。其他

的原住民也建造飞机跑道来吸引装载着罐装食品、手提式的收音机、衣服、手表和自行车的飞机降落。在跑道附近，他们还建造塔、飞机和无线电接收装置的模拟雕像。他们冲着罐头说话，尝试用巫术方式与神灵建立无线电沟通。

一些船货崇拜的先知们声称，通过欧洲征服与土著镇压的颠倒会带来当地人的成功。他们宣称这一天已经很近了，原住民们在上帝、耶稣或者祖先的帮助下会转败为胜。原住民的皮肤会变成白色，欧洲人的皮肤会变成褐色；欧洲人会死亡或被杀害。

作为一种混合主义的例子，船货崇拜混合了原住民信仰和基督教信仰。美拉尼西亚神话中讲述了祖先们脱掉他们的皮肤并且变得强大，死者也会重生。基督教传教士们自从19世纪晚期便开始生活在美拉尼西亚，他们也谈到复活。这种崇拜之所以会特别关注船货，与传统美拉尼西亚的大人物体系有关。在"政治制度"一章中，我们看到美拉尼西亚的大人物必须慷慨。为大人物工作的人们帮助他积聚财富，但是最终大人物不得不举办一场宴会而将所有财富散尽。

正是由于他们有着大人物体系的经验，美拉尼西亚人相信所有富有的人们最终都不得不将财富散尽。几十年来，他们参与基督教传教，并且在种植园辛勤耕种。所有这些都是因为他们期待欧洲人像他们自己社会中的大人物一样奉还他们劳作创造的果实。当欧洲人拒绝分配财富或者甚至让原住民知道了其生产和分配的秘密时，船货崇拜便出现了。

就像傲慢自大的大人物一样，欧洲人将会被平均掉，如有必要的话会以置其于死地的方式。然而，原住民缺乏完成这种传统体系的使命的物质工具。他们被全副武装的殖民地军队所阻碍，只好诉诸巫术的方法。他们呼唤超自然力量来调节、害死或者缩小欧洲大人物，并重新分配他们的财富。

船货崇拜是对世界资本主义经济扩张的宗教回应。然而，这种宗教变迁产生了政治和经济后果。崇拜参与者为美拉尼西亚人提供了一个共同

兴趣和行为的基础，并因此为政党和经济利益组织铺平了道路。之前因为有地理、语言和习惯上的分离，现在美拉尼西亚人开始形成更大的群体，既是作为同一崇拜的成员，也是同样先知的拥护者。船货崇拜为政治运动铺平了道路，借此，原住民最终重新获得了他们的自治权。

反现代主义与宗教激进主义

反现代主义（antimodernism）是指拒绝现代性，而倾向于被看做是较早期的、纯洁的和更好的生活方式。这一观点来自欧洲工业革命的幻灭以及接下来科学、技术和消费模式的发展。反现代主义一般把当今技术的使用看成是误导人的，或者认为技术应该低于宗教和文化价值的优越性。

现代和反现代是本杰明·R. 巴伯（Benjamin R. Barber, 1992,1995）论点的关键内容，他认为部落制（tribalism）和全球主义是我们时代中的两个关键的，且相反的原则。部落制被巴伯总结为一个词"圣战"（采借自伊斯兰教词汇，意为寻求或奋斗），这是一种反现代的力量，强调文化反对文化，部落反对部落，宗教反对宗教。作为圣战的对立方，巴伯创造了"麦当劳世界"（McWorld）一词，指的是促进全球整合和一致的力量，包括音乐、电脑和快餐，例如 MTV、苹果电脑和麦当劳。巴伯认为，圣战和"麦当劳世界"在今天以同样的力量朝相反的方向运作。圣战由地方范围的仇恨驱动，"麦当劳世界"则通过普遍化的市场驱动。

圣战反抗"麦当劳世界"，后者的范围跨越国家、文化和意识形态。像基地组织（Al Qaeda）这样的团体站在永久反对"麦当劳世界"及其价值观和消费模式的立场上。对于其战士和拥护者来说，圣战为他们提供了认同和一种团体感。但是群体凝聚力是建立在排斥、分离、反对和愤怒的基础上的，并通过对外的战争而获得。在塔利班统治下的阿富汗地区，这种团结可能导致屈服于一种独裁的专制统治，对信仰的狂热，以及个人自身为了群体的目标而被吞没或毁灭。

宗教激进主义是一种当代反现代的形式，可以同之前讨论过的复兴运动相比较。宗教激进主义指的是在多种宗教中出现的反现代运动。具有讽刺意味的是，宗教激进主义本身就是一个现代现象，它的基础正是建立在其拥护者对周围（现代的）文化的疏远的强烈感觉上。宗教激进主义者声称自己的身份是从这种信仰兴起时所处的更大的宗教群体分离出来。这种分离反映了他们的信仰，也就是作为更大型宗教的基础的法则，已经腐化、被忽略、妥协、遗忘，或者为其他法则所取代。宗教激进主义者拥护严格忠诚于更大型宗教的"真正的"宗教原则。

宗教激进主义者也想要把宗教从被现代化、西方文化的引诱中解救出来，后者在他们看来已经腐化了他们自己的宗教和其余宗教的主流派别。宗教激进主义者建立了"忠诚之墙"以抵制其他宗教，以及自身宗教的现代和妥协的版本。在基督教中，宗教激进主义者强调"重生"，反对"主流教会""自由主义"或者"现代主义的"基督新教。在伊斯兰教中，他们是 jama'at（在阿拉伯语里指基于亲密关系的领土或团体），参与圣战（争斗），反对西方文化，因为西方文化与伊斯兰和神赐（shariah）的生活方式相对立。在犹太教中，他们是哈热地（Haredi），"《旧约》里虔诚的"犹太人。所有这种群体都严格区分自身宗教与其他宗教，以及"神圣"生活观与"世俗"世界和"名义上的宗教"（参见 Antoun, 2001）。

宗教激进主义者努力地去保护一种独具特点的信仰、生活方式和救赎方式，他们创造出强烈的群体感，强调一种被明确界定的宗教生活。加入这样一种群体带来的前景可能吸引那些没有在之前的宗教身份中发现任何特色和重要内容的人们。宗教激进主义者的转教主要是来自他们原来信仰的更大型的宗教，转教的人告诉自己原来的宗教是不真实的。

许多宗教激进主义者都是民族国家中有政治自觉的公民。他们常常相信，政府过程和政策必须承认宗教经典文卷中阐述的生活方式。在他们的眼里，国家应该服从于神。许多伊斯兰教国家，如阿富汗、伊朗和沙特阿拉伯，他们的政权也是伊斯兰教式的，并且政府人员里包括具有宗教激进主义信仰的人。基督教占优势的许多国家也同样如此。

新纪元

宗教激进主义者们或许在现代北美世俗主义的发展问题上的看法是正确的，也可能并不正确。在 1990 年至 2001 年，没有宗教倾向的美国人从总人口的 7% 增长到 13%。在加拿大，同期可比数字从 12% 上升至 17%（表 21.5）。当然，人们缺乏宗教喜好并不一定就是无神论者。他们许多人是信徒，却不属于任何教会。根据美国人口调查局 2001 年的数字，大约 200 万美国人（仅占总人口的 1%）认为自己是无神论者或不可知论者。自称"世俗的"或"人文主义者"的人更少（2001 年少于 10 万人）。然而，无神论和世俗人文主义者的确存在，而且他们也同样是有组织的。

与宗教群体成员一样，多种媒体形式包括印刷和网络等都被用于群体内部的交流。正如佛教徒可以细读《三轮车：佛教评论》（*Tricycle: The Buddhist Review*），世俗的人文论者也可以在《自由探索》（*Free Inquiry*）中证实自己的观点，

这是一个季刊，刊物的自我定位是"国际世俗人文主义杂志"。世俗人文论者声称反对有组织的宗教及其"教条的声明"，以及假定通过诉诸神圣文本来"告诉我们上帝的观点"的宗教领袖们的"超自然或精神议程"，以及"反启蒙主义的观点"（Steinfels, 1997）。

美国社会真的越来越世俗化吗？大量社会学研究认为，美国的宗教虔诚度在过去的一个世纪内并没有太多改变（参见 Finke and Stark, 2005）。可以肯定的是，的确有新的宗教趋势和新的灵性形式的出现。一些美国人转向灵恩派基督教。尤其是在美国和澳大利亚，非土著印第安人或澳大利亚人出于对新纪元宗教的信仰而借用土著印第安人和澳大利亚人的象征符号、场所和传说中的宗教实践。许多土著强烈抗议这些群体使用他们神圣的象征符号和场所。

新宗教运动起源多样。一些是受到基督教的影响，其他则是受东方（亚洲）宗教的影响，还有一些则来自神秘主义和精灵崇拜。宗教也同科学和技术共同进化。例如，拉里安运动（Raelian Movement）就是一个基于瑞士和蒙特利尔的宗教组织，提倡克隆技术是一种获得"永恒生命"的方式。拉里安运动参与者相信被称为"神"（Elohim）的外星人创造了地球上的所有生命。这一群体建立了所谓勇敢冒险有限公司，通过用某一方的基因克隆孩子，为不孕不育以及同性恋夫妻提供拥有孩子的机会（Ontario Consultants, 1996）。

在美国，官方的承认为宗教带来了一点点尊重和特定的权益，例如免除所得税和财产税（只要它不参与政治活动）。并非所有正在形成的宗教都获得了官方的认可。例如，基督教科学派（scientology）在美国被承认为一种基督教会，但在德国则不是。1997 年，美国政府正式表态反对德国对科学派基督教徒的迫害，认为是某种形式的"虐待人权"。德国人激烈抗议，认为基督教科学派在德国已经拥有 3 万～ 7 万名的成员，指责其为危险的非宗教政治运动。

表21.5	美国1990年和2001年、加拿大1991年和2001年宗教人口的对比（百分比）			
	美国		加拿大	
	1990 年	2001 年	1991 年	2001 年
新教徒	60	52	36	29
天主教徒	26	24	46	44
犹太教徒	2	1	1	1
其他	5	10	4	9
不定	7	13	12	17

来源：*Statistical Abstract of the United States* 2003, Table 79, p. 67. http://www.census.gov/statab/www/; *Census of Canada*, 2001. http://www40.statcan.ca/101/cst01/demo30a.htm？sdi=religion.

世俗仪式

在总结这些有关宗教的讨论时，我们可能会认识到宗教在本章开始时候给出的定义存在一些问题。第一个问题是，如果我们把宗教定义为超自然的存在、能力和外在力量，我们如何区分世俗情况下举行的类似仪式的行为？有些人类学家认为神圣的仪式和世俗的仪式都存在。世俗仪式发生在非宗教领域，包括正式的、不变的、刻板的、热忱的、重复的行为和过渡仪式。

第二个问题是，如果超自然和自然的区别在社会中的表现并不是始终如一的，我们又如何区分哪个是宗教，哪个不是呢？举例而言，马达加斯加的贝齐寮人把女巫和死去的祖先看做真的人，他们也同样在正常生活中发挥作用。然而，他们那不可思议的力量并非经验可以解释的。

第三个问题是，被认为是符合宗教场合的行为因文化差异而变化巨大。某个社会可能会把醉酒的狂乱看做信仰的标志，然而另一个则会十分敬畏地循循劝导。谁来决定哪一个"更宗教"呢？

许多美国人认为宗教和娱乐是完全区分的两个领域。然而我在巴西和马达加斯加岛的田野工作以及我读到的关于其他社会的著作告诉我，这种分离是民族中心主义的，也是虚假的。马达加斯加举行以坟墓为中心的仪式的时候正是生者与死者快乐地重新组合的时候，还有人们喝得烂醉、大快朵颐和性放纵的时候。或许美国宗教事件的灰暗、冷静、禁欲和精神层面，把"快活"抛出了宗教，逼迫我们不得不在自己的宗教中发现乐趣。许多美国人追求的显然属于世俗领域的活动，例如休闲公园、摇滚音乐会和运动赛事，这些在其他人看来都能在宗教仪式、信仰和庆典中找到（见附录 3）。

---

1. 宗教，具有文化普遍性的，由关于超自然存在、权力和力量的信仰和行为组成。宗教也包含与这种信仰和行为有关的情感、意义和集会。人类学研究已经揭示出宗教的许多方面和功能。

2. 泰勒认为万物有灵论，即信仰精神和灵魂，是宗教的最初也是最为基本的形式。他关注宗教的解释功能，认为宗教将会最终随着科学提出更好的解释而消亡。除了万物有灵论之外，另一种超自然的观点存在于非工业社会。这种看法把超自然看做一种自然的、非个人的力量（在波利尼西亚和美拉尼西亚被称为玛纳）。人们可以在特定情况下操纵并控制玛纳。

3. 当正常的技术和理性的工具无法成功时，人们可能便会求助于巫术，并常常在自身无法控制结果的时候使用巫术。宗教在人们遇到危机时给人们提供安慰和心理上的安全感。然而，仪式也同样能产生焦虑。仪式是正式的、不变的、程式化的重要行动，在仪式中，人们把自己特殊的信仰屈从于社会集体。过渡仪式有三个阶段：分离、阈限、结合。这种仪式能标志在社会地位、年龄、地方或社会状况方面的任何变化。集体的仪式常是通过交融——一种紧密团结感而凝聚的。

4. 除了宗教的心理和社会功能，宗教信仰和实践在人类适应环境中也发挥了重要作用。印度教中非暴力不杀生的教义禁止人们伤害生物，从而使牛变得神圣，而牛肉成为禁忌食物。禁忌的力量阻止了农民宰杀自己的役用牛，即使是在十分需要的时候。

5. 宗教通过使个人内化一系列道德和伦理信仰，以及真实的和想象的奖赏和惩罚机制来建立和维持社会控制。宗教也通过动员其成员参与集体活动而实现社会控制。

6. 华莱士定义了四种类型的宗教：萨满教、社群宗教、奥林匹亚宗教和一神教。每种都有自己

本章小结

特色的庆典和实践。宗教帮助维持社会秩序，但是它也促进变迁。复兴运动混合了古老和新型的信仰，并且帮助人们适应变化的情境。

7. 基督新教的价值观在美国一直都具有重要地位，就如他们在资本主义产生和传播的欧洲一样。世界上的主要宗教在他们的发展速度上有差异，其中伊斯兰教扩张速度远超基督教。在美国和加拿大也产生出宗教多样性。宗教激进主义者是反现代的，声称从更大的宗教类型中产生并分化出来；他们提倡对"真正的"宗教原则的绝对忠诚，更大型的宗教正是在这些宗教原则上建立的。当代北美的宗教有多种发展趋势，包括正逐步升起的世俗主义和新宗教，其中某些是由科学和技术激发产生的，某些是由灵魂信仰产生的。宗教仪式既包括宗教仪式也包括世俗仪式。

关键术语

见动画卡片。

mhhe.com/kottak

万物有灵论 animism 信仰灵魂或与此相似的事物。

反现代主义 antimodernism 否定现代，喜欢被看做是早期的、更纯净的和更好的生活方式。

船货崇拜 cargo cults 后殖民主义的涵化的宗教运动，在美拉尼西亚非常普遍。这种宗教运动尝试解释欧洲的占领和财富，并试图通过模仿欧洲人的行为从巫术方式获得类似的成功。

社群宗教 communal religions 在华莱士对宗教的分类中，除了萨满崇拜外，这一类宗教中人们会组织群体性的仪式，如收获仪式和过渡仪式。

交融 communitas 强烈的群体精神，强大的社会团结、平等和集体感；是共同经历阈限阶段的人们的特点。

宗教激进主义 fundamentalism 指的是多种宗教中的反现代运动。宗教激进主义者声称自己拥有脱离于他们原来归属的更大的宗教类型的新的身份；他们提倡严格忠实于"真理"的宗教原则，后者是其原来所属的更大类型宗教建立的基础。

平衡机制 leveling mechanism 能够减少财富差异的习俗或社会活动，并因此产生符合群体标准的杰出人物。

阈限 liminality 过渡仪式中最为重要的边缘的或者中间的词汇。

巫术 magic 使用超自然能力实现特定目的。

玛纳 mana 美拉尼西亚和波利尼西亚宗教中的神圣的非人的力量。

一神教 monotheism 对永恒的、全知全能的、普世的、至高无上的最大的神的崇拜。

奥林匹亚宗教 Olympian religions 华莱士宗教分类中的一种，与国家组织一起产生；有全职的宗教专家，即专业的教职人员。

多神教 polytheism 信仰能够控制自然的各个方面的多个神。

宗教 religion 与超自然存在、能力和外在力量有关的信仰和仪式。

复兴运动 revitalization movements 发生在变迁时期的运动，宗教领导人显现并保证改变或者复兴一个群体。

过渡仪式 rites of passage 与地位转换或生命阶段的发展相联系的文化意义上的行为活动。

仪式 ritual 正式的、程式化的、重复的和刻板的行为，作为社会活动被真诚地展演；仪式的举行有特定的时间和地点，并具有特定的顺序。

萨满 shaman 一类兼职的宗教实践人员，是普通人与超自然存在及力量的中介。

混合主义 syncretisms　指的是文化混合，包括宗教在涵化过程中出现的混合，涵化指文化之间发生直接的持续不断的接触而产生的文化特质的交换。

禁忌 taboo　与普通人分隔的神圣和禁止进入的领域；超自然惩罚是支持禁忌的力量。

思考题

更多的自我检测，
见自测题。

mhhe.com/kottak

1.你是否发现在使用功能的方法讨论宗教的时候有任何问题？

2.你可否举一个你参加过的一个宗教仪式的例子？非宗教的仪式呢？

3.描述你或者你的朋友曾经历的一个过渡仪式。它是如何符合在正文中讲到的三阶段模式的？

4.从新闻或者你自己的知识体系中，你能否提供一些关于复兴运动、新兴宗教或阈限崇拜的更多例子？

5.萨满同传教士的相似点和不同点是什么？你所在的社会中有萨满吗？他们都是谁？

补充阅读

Bowie, F.

2006　*The Anthropology of Religion: An Introduction.* Malden, MA: Blackwell.宗教人类学的经典和最新著作报告，包括宗教身份的政治学。

Brown, K. M.

2001　*Mama Lola: A Vodou Priestess in Brooklyn,* rev. ed. Berkeley: University of California Press.关于一个宗教社区及其领袖的民族志研究。

Child, A. B., and I. L. Child

1993　*Religion and Magic in the Life of Traditional Peoples.* Englewood Cliffs, NJ: Prentice Hall.一项跨文化研究。

Crapo, R. H.

2003　*Anthropology of Religion: The Unity and Diversity of Religions.* Boston: McGraw-Hill.研究宗教的普世性和多样性。

Cunningham, G.

1999　*Religion and Magic: Approaches and Theories.* New York: New York University Press.对古代和现在魔法与宗教的途径的调查。

Durkheim, E.

2001　（orig. 1912）. *The Elementary Forms of the Religious Life.* Translated by Carol Cosman. Abridged with an introduction and notes by Mark S. Cladis. New York: Oxford University Press.经典著作的缩略本。

Hicks, D., ed.

2001　*Ritual and Belief: Readings in the Anthropology of Religion,* 2nd ed. Boston: McGraw-Hill.最新的读物，有些很有用的注释。

Klass, M.

1995　*Ordered Universes: Approaches to the Anthropology of Religion.* Boulder, CO: Westview.宗教人类学关键问题的广泛概述。

2003　*Mind over Mind: The Anthropology and Psychology of Spirit Possession.* Lanham, MD: Rowman and Littlefield.理解一个神秘的过程。

Klass, M., and M. Weisgrau, eds.

1999　*Across the Boundaries of Belief: Contemporary Issues in the Anthropology of Religion.* Boulder, CO: Westview.最新的文集。

Lehmann, A. C., J. E. Meyers, and P. A. Moro, eds.

2005　*Magic, Witchcraft, and Religion: An Anthropological Study of the Supernatural,* 6th ed. Boston: McGraw-Hill.包括西方和非西方文化的一个综合性读本。

Lessa, W. A., and E. Z. Vogt, eds.

1979　*Reader in Comparative Religion: An Anthropological Approach*, 4th ed. New York: Harper & Row.一本杰出的文集，收集了关于比较视角下宗教的起源、功能和表达的重要文章。

Rappaport, R. A.

1999　*Holiness and Humanity: Ritual in the Making of Religious Life.* New York: Cambridge University

Press.宗教中仪式的自然、意义与功能。

Stein, R. L., and P. L. Stein

2005　*The Anthropology of Religion, Magic, and Witchcraft.* Boston: Pearson/Allyn & Bacon.宗教与文化。

Turner, V. W.

1995　（orig. 1969）. *The Ritual Process.* Hawthorne, NY: Aldine de Gruyter.用比较的视角考察了恩登布人的阈限。

在线练习

1.查阅位于加利福尼亚的圣马尔库斯的帕洛玛学院的人类学教程，可登录网站（http://anthro.palomar.edu/religion/rel_2.html），并阅读标题为《宗教的共同要素》（"Common Elements of Religion"）的章节。

　　a.万物有灵论与泛生论有哪些区别？其中哪个与本章讨论的玛纳观念有关？

　　b.欧洲和中国文化在对祖先态度上有哪些区别？

　　c.什么是无用的神？你的宗教里是否也有这么一个呢？

　　d.兔八哥在这里被比喻成哪种较小的精灵？

2.阅读Robert Hefner题为《"9·11"和同伊斯兰教的争斗》（"September 11 and the Struggle of Islam"）（http://www.ssrc.org/sept11/essays/hefner.htm）并回答下列问题：

　　a.针对伊斯兰教采取"强硬路线"如何被看做一场复兴运动？又有什么不同？

　　b.根据作者的看法，"真正的争斗"发生在哪里？你是否同意？为什么？

　　c.人类学的观点该如何有助于理解"9·11"事件及其不幸后果？人类学应该关注哪些问题以获得理解？

请登录McGraw-Hill在线学习中心查看有关第21章更多的评论及互动练习。

链接

科塔克，《对天堂的侵犯》，第4版

　　第4章曾探讨了康多姆布雷这种非裔巴西人宗教的产生和作用，放在20世纪60年代和1973年间的阿伦贝培。在第10章中，"宗教的出生"章节描述了，在20世纪60年代至80年代期间的阿伦贝培，康多姆布雷活动的增加以及其他宗教变迁状况。第13章中报告了更深入的改变，包括福音派基督新教的发展壮大。哪种人最开始被康多姆布雷宗教吸引？宗教活动如何自80年代开始在阿伦贝培产生社会影响？

为何第4章中提到的卡罗莱纳和第11章里的费尔南多会喜欢康多姆布雷信仰。

彼得斯–戈登，《文化论纲》，第4版

　　这一章内容中曾经讨论过宗教信仰以什么方式用于建立社会控制并在危急时期提供安慰和解释。阅读第1章里《阿赞德：非洲的巫术和神谕》部分。阿赞德人的巫术一直以来充当着社会控制的有效手段。在你自己的文化中是什么主要制度和信仰发挥类似的作用呢？思考你的群体成员以什么样的方式被强迫以群体可接受的形式规范自己的行为。宗教是其中一种方式吗？在阿赞德人对巫术和对不幸的因果关系中存在一种"逻辑"。你在解释不好的事情时会不会也有类似的或者不同的思维逻辑呢？是否会有一些不同的"逻辑体系"可能依照不同的环境而被唤起呢？

克劳福特，《格布斯人》

阅读第 3、5、6 章和第 8 章。第 3 章中描述了格布斯人如何与传统灵魂沟通，灵性的交流如何影响格布斯人的行为，而且还描写了灵魂信仰如何与格布斯人关于死亡和暴力的活动相关联。第5、6 章描写了精神影响如何与格布斯人群体的增长和繁衍有关。在格布斯人的入会仪式中，新加入的人会遭受什么样的阈限阶段和心灵创伤？新加入的人会被强调哪些格布斯人文化的价值观，他们的穿着打扮和礼仪活动又如何反映出这些灵性的和社会的价值观？第 8 章中描写了格布斯人宗教发生的最大的改变。为什么 Yuway 决定改变自己的宗教？他的改教又反映出什么更广阔的力量和变迁？当代格布斯人信仰的基督教与你所了解的北美的基督教相比有什么异同？你又如何评价格布斯人转而信仰基督教的代价和收益？

第22章
艺术

什么是艺术?

艺术（arts，复数）涵盖了音乐、戏剧、影视、口传故事以及文学（包含口头和文本两种）等多种形式。这些人类创造性的表现，有时被称为**表达文化**（expressive culture）。人类通过舞蹈、音乐、歌曲、绘画、雕塑、制陶、服饰、讲故事、诗歌、散文、戏剧和喜剧表达自己。许多文化中缺乏可以简单翻译为"艺术"或者"艺术品"的词汇。但是即使没有，各地的人们却都把各种审美体验——美感、欣赏、和谐、愉悦的感觉——与具有特定质感的声音、图案、器物和事件联系在一起。马里的巴马纳人有一个词（类似于"艺术"）代表吸引人的注意力并指引人的思想的事物（Ezra，1986）。尼日利亚的约鲁巴人语言中表示艺术的词 ona，包含了器物上的图案花纹、艺术品本身以及这种图案和作品的创作者的职业。从事皮革制造的两个约鲁巴族的名字分别是 Otunisona 和 Osiisona，其中后缀 -ona 意指艺术（Adepegba，1991）。

词典中**艺术**（art，单数）一词的定义是"美丽之物或超出普通意义的品质、制品、表达或领域；艺术等级可按照审美标准而定"（Adepegba，1981，p.76）。在同一词典中，

更多艺术的跨文化意义，见网络探索。
mhhe.com/kottak

审美（aesthetics）指的是"在艺术作品中感受到的品质……同美感关联的思想和感情"（p.22）。然而，一件艺术作品很可能会吸引我们的注意力，引导我们的思想并具有超凡的意义，但却没有被大多数欣赏过这件作品的人评价为美丽。毕加索的著名油画《格尔尼卡》是有关西班牙内战的（p.478），人们在欣赏时脑海中出现的是一幅虽不美丽，却有着无可争辩的震撼的画面，因此，它是一件艺术品。

乔治·米尔斯（George Mills，1971）提到，在许多文化中，艺术爱好者的角色缺乏清晰的界定，因为艺术不被视为一项孤立的活动。但是这并没有阻碍人们感动于声音、图案、器物和事件，且以一种我们称之为审美的方式。我们自己的社会确实为艺术鉴赏家和艺术圣殿——交响乐大厅、剧场、博物馆——提供了公平而又有清晰界定的角色，人们可以隐匿在其中获得来自艺术品和表演的审美愉悦和感动。

这一章并不试图对所有艺术品进行系统的研究，甚至他们主要的分支也无法实现。本章试图考察一般流派的那些通常用于表达文化的话题和议题。文中，"艺术"一词将被用来涵盖所有的艺术形式，包括本章"新闻简讯"中探讨的印刷和电影的叙事手法并不仅仅是影视的手段。换句话说，我们进行的有关"艺术"的观察对象包含音乐、戏剧、电影、电视、书籍、故事和学问，也包括绘画和雕塑。

能给人审美愉悦的事物是由人的感觉感知到的。通常，当我们思忖艺术时，脑海中的事物或者可以看见，或者能够听到。但是，其他人对艺术的看法可能更广阔，还包含可以闻到（气味），尝到（食谱）或触摸（衣服的质地）的事物。艺术必须能持续多长时间？影视作品和书写著作还有乐谱可能会流传几个世纪。那么，单独的、值得注目的事件，例如一场宴会，除了在回忆中出现外，连最短暂的永恒都算不上，这也可以被称为艺术吗？

艺术与宗教

我们对宗教的讨论中提出的一些议题也可应用于艺术的探讨中。艺术和宗教的定义都提到了"超出一般的"或者"超常的"。宗教学者可能会有神圣（宗教的）和世俗（非宗教的）之分。与此类似的是，艺术学者眼中也有艺术和平常之分。

如果我们在面对神圣之物时采取一种特别的态度或行为，那么在体会艺术作品时是否也有类似的表现呢？根据人类学家雅克·玛奎（Jacques Maquet，1986）的观点，艺术品是能激发和维持诱惑的事物。它迫使你注意它并思考。玛奎强调了作品的形式在产生这种艺术诱惑上发挥着重要作用。但是其他学者强调除形式之外的感觉和意义的作用。艺术的体会包含感觉，例如被感动，也包含对形式的欣赏，例如平衡与和谐。

这种艺术的看法可以用以结合或巩固宗教观点。大量的艺术是在与宗教的关联中完成的。许多西方艺术和音乐的最精彩部分都汇聚着宗教的灵感，或者为了服务于宗教才得以完成，如果参观教堂或者大型博物馆就肯定可以找到例子。巴赫和亨德尔在教会音乐的知名度可与米开朗琪罗在宗教绘画和雕塑中的名望相媲美。可以演奏宗教音乐、展示视觉艺术的建筑物（教堂和天主教堂）本身便是艺术作品。西方艺术的一

社会阶层和社会差距的叙述

《纽约时报》新闻简讯
作者：查尔斯·麦卡锡(Charles McGrath)
2005年6月8日

所有文化都表达某种想象——无论是在梦境、幻想、歌曲，还是神话传说中。艺术允许我们想象自己生活之外的大千世界。一类极为重要的想象来源是大众媒体，其中包含电视、电影和出版。在这个新闻简讯中，我们看到了美国流行文化是如何从极为重视阶层差异转变为倾向于否定或忽略他们的存在。尽管媒体仍然歌颂富有而声名显赫的生活方式，然而却少了对差异的强调。我们在屏幕和出版物中看到的故事常常表现相似的中上阶层的生活方式，其中社会差异被最小化，且阶层的经济基础被忽略。人类学对艺术的研究视角认为艺术存在于社会中，并能通过社会文化变迁而得以理解。

在当今的电视和电影中，甚至在小说的字里行间，人们都试图停留在没有阶层的、类似的理想的美国。这个地方是比弗(Beavor)、奥兹(Ozzie)和哈里特(Harriet)与唐娜·里德(Donna Reed)曾经生活过的街区的升级版，但变化并不剧烈；这里是雅皮士城市街区，那里《老友记》里的朋友们和《宋飞正传》的一伙人都有自己的地盘，又或者是现在更时尚的版本，是城市远郊富裕阶层居住区，例如篮球兄弟的家和紫藤巷。在那些空气清新的郊区，所有酷酷的年轻人闲逛，由性别和长相决定的社会地位替代了旧有的工作和金钱的等级制度。

在第二次世界大战之前，你一定会在看电影或者读小说时想起，我们的社会是个贫富分化的社会，阶层分化——尤其是区分中产阶级和上层社会的鸿沟——是现实生活中难以避免的。弥合这个鸿沟的渴望在美国著名作家司各特·菲茨杰拉德的著作中被最持久和最浪漫地唤起。当然，在像以前的杰伊·盖茨比(Jay Gatz)的角色中(《了不起的盖茨比》)，盖茨比将目光跨越长岛海峡，注视着遥远的绿灯，以及所有那些恍惚的年轻男人在乡村酒吧里站成一列，希望被有钱的女孩注意到。

但是，也有一个更黑暗的版本，例如在德莱塞的《美国悲剧》(1925)中，阶级嫉妒……引发克莱德·格里菲斯淹死了他没有出头日的无产阶级恋人，以及克莱德因无法超越自己的命运最终不可避免地走向电椅的结局。(在偏僻的莱克格斯的纽约镇，故事发生的地方，德莱塞让我们回想起"富人和穷人的划分和分层界限，像被小刀割开或者被一座高墙分隔一样尖锐"。)

一些小说利用阶级的焦虑唤起的不是美梦而是美国梦魇——某天醒来发现自己在底层的恐惧。弗兰克·诺里斯(Frank Norris)的《麦克提格》是关于旧金山的牙医的故事，牙医撕下面具，成了一个骗子，淹没在犯罪和堕落的生活中。这类书都认为，最坏的事很可能发生在每个从阶级之梯上的优越位置掉下来的人身上。

穷人很显然是不在其中的，然而，在19世纪转向时期的美国小说的大繁荣时期，例如亨利·詹姆斯、豪威尔斯和沃顿等作家的作品中，几乎无一例外地关注富人或有抱负的中产阶级，包括他们的婚姻、家庭、他们的钱和他们的所有事情。毫不意外的，这些小说都同美国的淘金热同步，处于民主战争爆发之后的一夜暴富和铺张浪费的时期。

小说所传达的信息在于，一是在美国，新币快速在一代或更少的时间内披上铜锈的旧色；另一点是阶级结构有必要通过欺骗和双重标准来维持……

吸引力是什么？窥视欲，至少部分是这样。过去的小说有某种程度的档案记录作用；它是美国人可以了解其他美国人怎么生活的途径。小说已经不再那么像报告文学……

当代的小说故事大多发生在中等阶层人群中，发生在任何地方都能找到的街区，那里人们的负担大多是来自精神上而不是经济上的，都忙着处理他们的扑朔迷离的人际关系，更关注与邻居的和谐相处。

这是一个每个人都或多或少适合的地方，但是如果你仔细观察，似乎又没有人真的有家的感觉。

阅读小说是中产阶级的休闲娱乐，这也是小说之所以那么关注中上阶层的原因。大众娱乐是另一回事，当好莱坞在20世纪30年代开始关注阶层这一主题时，它做出了至关重要的调整。在经济大萧条时期，摄影工作室大多是犹太移民在运作，制作出一系列俗套刻板的有关非犹太人的上层社会生活的幻象。

这些电影基本上在同一主题上进

行双重变化：或者是一个富有的年轻人爱上了一个劳动阶层女孩……或者是一个女继承人喜欢上了一个必须靠劳动谋生计的年轻男人……

上层阶层的人们被较为贫穷的人融合和人性化，但是在每个案例中，交换看起来是公正和平等的，较低阶层的角色为他/她获得的回报付出了同等的努力。不像描述阶层的小说中人们之间横跨着焦虑和无法逾越的鸿沟，这些都是和谐而融合的故事，而且他们还添加了被证明是一种长期的美国阶层的观点的扭曲的看法：财富和优势是某种极为有害的状况……

电视曾经迷恋于蓝领生活，例如《蜜月期》《都在这一家》《桑福德和儿子》和《罗斯安家庭生活》，但是近来它的兴趣也转到了别处。现在还在电视剧里忙活的人都是警察、医生还有律师，他们太忙了，基本很少回家。那种以前对其他人的生活的好奇心的唯一残留体现在所谓的真实电视上，帕丽斯·希尔顿（Paris Hilton）和妮可·里奇（Nicole Richie）掉进了《简单生活》里的乡巴佬堆，或者中上阶层的家庭在《换妻生活》和体验为期一周的文化中感到震惊。

但是大多数真实电视的卖点都是奇怪的人群，基于既有的游戏模式：也就是你可以从日常生活中脱颖而出，变身为新的超级偶像、新的歌剧女主角、新的生还者、唐纳德·特朗普的新助手。你被不断灌输财富观念，同时被赋予非常有价值的事物：名声，这成为美国上层社会，并借此把所有不相关的旧有分类呈现出来。

名声，事实上继承着大量的魅力和性感，用于把自身同贵族气质相联系。如果盖茨比今天回归，他将会作为唐纳德·特朗普回归，会想要同小甜甜约会而不是黛西。

如果边界变化，比如名望现在不仅仅指教养，不变的是美国主题，也就是向往和渴望比自己生来更多的东西，也就是渴望阶层的提升甚至于只是进入上流社会。如果你相信狄更斯或者萨克雷的小说，在英国具有家乡感觉的人是那些明白自己的地位的人，这很少在这个国家中存在，阶层的边界看起来是难以捉摸和具有渗透性的，这已足够去维持对地位衰落的恐惧和逃脱阶层的梦想。

来源: Charles McGrath, "In Fiction ,a Long History of Fixation on the Social Gap," *New York Times*, June 8,2005,final,Section E,P.1.

些主要建筑成就便是宗教建筑，例如法国的亚眠主教堂、沙特尔大教堂和巴黎圣母院。

艺术可以被创造、展演或展示，既可以在公众室外，又或者是在特定室内的建筑中如剧院、音乐会大厅或博物馆。正像教堂是划分宗教的界限，当观众迈入博物馆和剧院时，这些建筑把艺术和日常世界区分开来，使艺术变得特别起来。用于艺术的建筑帮助创造了艺术氛围。建筑师可能会更为强调该建筑作为一个展示艺术作品的场所应该具有何种设计和安排。

仪式和庆典的安排还有艺术的设置是暂时或永久的。国家社会具有永久的宗教建筑：教堂和寺庙。所以，国家社会也可能有专门用于艺术的建筑和场所。非国家社会一般缺少这种永久的专门场所。包括艺术和宗教都是在社会中更加"处处都在"。而且在队群和部落中，宗教安排在没有教堂的情况下也能进行。类似的是，艺术氛围即使没有博物馆也能营造出来。在一年内的特定时期，日常普通的空间会被划分出来专门用作视觉艺术的展示或音乐演奏。这种特殊的场合同宗教庆典所划分出来的时间很类似。事实上，在部落的表演中，艺术和宗教常常是混合在一起的。例如，头戴面具身披戏装的表演者也会模仿灵魂。过渡仪式表现为特定的音乐、舞蹈、歌曲、身体崇拜和其他表达性文化。

在"生计方式"一章中，我们看到北美洲北太平洋海岸的夸富宴部落，冈瑟（Erna Gunther, 1971）描述了在这些部落中，多种艺术形式相结合，进而创造出了庆典的视觉效果。在冬季时期，人们认为灵魂会遍及周围。戴着面具、身披戏装的舞者代表灵魂。他们用喜剧重新表演灵魂遇到人类的场景，这正是村庄、氏族和世系起源的神话。在一些地区，舞者发明了复杂的舞蹈动作。他们的受尊重程度根据他们舞蹈的时候跟在

主题阅读

毕加索的名画《格尔尼卡》及其政治背景，见"社会性别"一章之后的"主题阅读"。

后面的人数决定。

在任何社会中，艺术的创造既是为了它自身的审美价值，也是为了宗教目的。根据希尔德克劳特和凯姆（Schildkrout and Keim，1990）的观点，非西方艺术通常被错误地认为同仪式具有某种联系。非西方的艺术可能同宗教有关联，但并不总是同宗教联系在一起。西方人很难接受这样的看法，即非西方社会有着同西方人一样纯粹的艺术追求。西方人都倾向于忽略非西方艺术家的个体性和他们对创造性的表达。根据奥克佩沃（Isidore Okpewho，1977），一位口头文学专家的说法，学者们都倾向于观察所有传统非洲艺术中的宗教。即使艺术是为宗教服务，仍然有个人创造性表达的空间。例如，在口头艺术中，听众对艺术家的传递和展示，比他们谈到的神灵可能更有兴趣。

定位艺术

审美价值是区分艺术的一种方式，另一种方式是思考艺术的摆放地点。我们发现艺术品的特殊地点可以包括博物馆、音乐厅、歌剧院和戏院。如果事物在博物馆或者在另一个社会所接受的艺术建筑中展示，人们至少会肯定地认为，它就是艺术。尽管部落社会一般都是没有博物馆的，他们也会维持一片能够进行艺术表现的特殊区域。例如，我们下面要讨论的就是一个独立的区域，装饰性的葬礼用的杆子在北澳大利亚的提维人（Tiwi）中创造出来。

我们看到艺术时能了解它吗？艺术被定义为包含了美丽的和超出普通意义的事物。但是在艺术的观赏者眼中是不是美呢？难道观众对艺术的反应不是有差异的吗？而且，如果有神圣的艺术的话，那么也会有普通艺术吧？艺术与非艺术之间的界限是模糊的。美国艺术家安迪·沃霍尔（Andy Warhol）因为把坎贝尔的汤罐、布里洛的衬垫和玛丽琳·门罗的肖像变为艺术品而闻名。许多新近的艺术家，如克里斯托（Christo）试图把每一天都转换为一件艺术品，借此抹去艺术和日常生活的区别。

如果事物是由大众创造出来的，或者工业修饰过的，它也可以是艺术吗？一系列印刷图案当然可以被当做艺术。雕塑用黏土捏制而成，然后在铸造厂里用熔化的金属如青铜烧制，这也是艺术。但是人们怎么知道电影是不是艺术呢？《星球大战》是艺术吗？《公民凯恩》是艺术吗？当一本书获得了国家图书大奖，它是否马上便被提升到艺术的地位？什么样的奖项创造艺术？原本并不打算当艺术的器物，如一个 Olivetti 打字机，放在博物馆如纽约现代艺术博物馆里便转化为艺术。玛奎（Maquet，1986）区分了这种"转化艺术"和创造并有意成为艺术的艺术，他称后者为"目的艺术"。

在国家社会中，我们一直都依靠评论家、鉴赏家和专家来告诉我们什么是艺术、什么不是。有一出名为《艺术》的戏剧正是关于三个朋友中的一位买了一座全白的雕塑之后爆发的冲突。像人们常做的一样，他们不赞同艺术作品的定义和价值。当代社会具有专业艺术家和评论家以及丰富的文化多样性，在专业社会中艺术欣赏上的多样性尤其普遍。我们只能期待在多样性较低和分层较少的社会中有更多的统一标准和意见。

为了符合文化相对论，我们需要避免用自己对艺术判定的标准来评判其他文化的艺术创造。雕塑是艺术，对吧？没必要这么问。之前我们曾对非西方艺术总是同宗教相联系的看法提出过挑战。现在要介绍的卡拉巴里的例子提出了反方向的观点：宗教雕塑并不总是艺术。

卡拉巴里位于尼日利亚南部，木雕并不是为了审美原因而雕刻，而是作为灵魂的"居所"（Horton，1963）。这些雕塑是用于控制卡拉巴里宗教的灵魂。当地人把这种雕刻放在崇拜的屋子，并请灵魂住进去。在那里，雕刻并不为了艺术的目的，而是作为操控灵魂力量的工具。卡拉巴里也有雕刻的标准，但是美丽并不是其中之一。雕刻必须完全充分地代表它的灵魂。如果认为太粗糙，这个雕刻品会被崇拜的成员拒绝接受。而且，雕刻师必须在过去的模型基础上完成自己的作品。特定的灵魂与特定的形象相关联。

卡拉巴里面具，见在线学习中心的互动练习。
mhhe.com/kottak

如果制造的木雕偏离灵魂之前的形象太多或者反而像另外一个灵魂，会被认为是危险的。被冒犯的灵魂可能会报复。只要他们遵守这些完整性和已有形象的标准，雕刻师就可以自由表达自己了。但是这些形象被认为是令人厌恶的，完全没有美丽的感觉。因为它们是因宗教原因而不是为了艺术进行的创造。

艺术与个性

非西方艺术的创作者们一直被批评忽视了个体，以及过多关注于社会本性和艺术背景。当来自非洲或巴布亚新几内亚的艺术品在博物馆展览时，通常只标注出部落名和西方捐赠者，而不是艺术家个人的名字。就好像个体艺术家并不存在非西方社会中一样，它给人的印象是，艺术是集体的创造物。有时候的确如此，有时候又并非如此。

在某种程度上，非西方社会，比在美国和加拿大的确是有更多的集体性的艺术品。根据哈克特（Hackett，1996）的说法，非洲艺术品（雕像、纺织品、画作或陶罐）一般都是供社区或群体欣赏、评论和使用的，而不是个人的特权。比我们自己社会里一般的个体艺术家，他们可能在创作过程中获得更多回报。在我们自身所处的社会里，回馈常来得太晚，通常是在艺术品完成后，而不是在创作过程中被界定为艺术品，艺术处于不断变化的状态下。

在对尼日利亚的蒂夫人的田野调查中，保罗·博安南（Paul Bohannan，1971）提出，正确的艺术研究应该较少关注艺术家，更多关注艺术批评和作品。那里没有多少熟练的蒂夫人艺术家，而且他们避免公开进行艺术创作。然而，普普通通的艺术家会在公开场合工作，他们定期获得来自旁观者（评论者）的评论。在批评建议的基础上，艺术家常在过程中改变设计，例如雕刻过程中。蒂夫人还会采取另一种方式进行社会性创作而不是个人性的。有时候，当一个艺术家将自己的作品放在一边，其他人会捡起来并开始在上面继续创作。蒂夫人眼中个人和他们的艺术之间的联系显然不同于我们对此的看法。根据博安南的观点，每个蒂夫人都能自由地知道他喜欢的是什么，并且自由尝试创作他喜欢的东西，只要他可以。如果不能，他的一个或者更多个后来者可能会帮其完成。

在西方社会，许多不同门类的艺术家（例如作家、画家、雕刻家、演员、古典和摇滚音乐艺术家）都有打破旧俗和不善交际的名声。社会的接受可能在人类学家传统上研究的社会中显得更为重要。而且，非西方社会中存在众所周知的个体艺术家。他们也为其他群体成员所熟知，或许外来人也知道。他们的艺术创造力甚至可能是被招募进行特定的展示和表演，例如庆典或者有关宫殿的艺术和事件。

一件艺术作品应该在何种程度上同其艺术家相分离？艺术哲学家一般把艺术品看做是自我的实体，独立于他们的创造者（Haapala，1998）。哈帕拉认为相反，艺术家和他们的作品是不可分离的。"通过创作艺术品，人为自己创造了艺术的身份。他真正把自己带入其艺术作品中。他的精神存在于他的艺术创作中。"以这种观点，毕加索创作了许多毕加索式的作品，并且他自己通过这些艺术作品而永恒存在下去。

有时候我们很少知道或者认识到某个个人艺术家一项不朽的艺术作品的贡献意义。对于那些耳熟能详的歌曲，我们更可能记住灌制唱片的歌手，而不是歌曲作者。有时候我们无法把艺术从个体层面进行评鉴，因为艺术作品是合作创作。大金字塔或者大教堂，我们应该归功于谁呢？应该是建筑师吗？还是下令建造这一宏伟工程的统治者或领导者？还是把图纸变成现实的熟练的建筑者？美丽的事物将会永远成为乐事，即使当我们没有把它归在创造者的名下。

艺术品

有些人或许会把艺术看做是自由表达的工具，因为它提供了无限想象的空间，而且人们需要创造艺术并以此取乐。但是不妨思考下 opera 这个词，它是 opus 的复数形式，而 opus 意为

"工作"。至少，对艺术家来说，艺术是工作，虽然是创造性的工作。在非国家社会，艺术家或许不得不狩猎、采集、放牧、打鱼，或者耕种，以此获得食物，但是他们仍然能够挤出时间来进行艺术创作。在国家社会中，至少艺术家一直都被看做是专家——选择艺术家、音乐家、作家或者演员作为自己的职业的专业人员。如果他们能够通过他们的艺术养活自己，他们就可以是全职的专业人员。如果不能，他们会抽部分时间来从事艺术工作，同时靠另外某种工作谋生。有时候艺术家同职业团体合作，例如中世纪行会或者当代团体。纽约的演员公平协会是一个劳工团体，也是一个现代行业协会，是为了保护其艺术家成员的利益而成立的。

究竟创造一项艺术作品需要付出多少劳动呢？在早期法国印象派中，许多专家把克劳德·莫奈及其同事的绘画看成是太粗略和自发的，称不上是真正的艺术。已有所成就的艺术家和评论家都习惯于更为正式和经典的拍摄风格。法国印象派艺术家因其对法国的印象——自然和社会情况的素描勾勒而得名。他们利用技术创新，尤其是管状油性绘画材料的发明，把他们的调色板、画架和画布引入这一领域。他们捕获了今天在许多博物馆中悬挂的闪烁的灯光和颜色的图像，在博物馆中，这些现在已经完全被认为是艺术了。但是在印象派之前，因为官方认为的艺术"学派"的关系，他的作品留给评论家的印象是拙劣而且是未完成的。依照艺术共同体的标准，首批印象派绘画遭到的评价的苛刻程度同前文提到十分粗糙而不完善的卡拉巴里精灵木雕一样。

艺术家或者社会在何种程度上做出完善性的决定呢？对于熟悉的艺术类型来说，如绘画或音乐，协会试图设立某种标准，他们可以由此判断某项艺术作品是不是完全的或者被完整认识的。大多数人会怀疑一个全白的绘画会是艺术品。标准的维持可能会以非正式的形式在协会进行，或者由专家们如艺术评论家维持。非正统或者背离的艺术家很难去改革这种情况。但是像印象派艺术家一样，他们最终都会成功。一些社会试图奖励一致性，一个具有传统模式和技术的艺术家。其他人则鼓励同过去断裂，进行革命和创新。

艺术、社会与文化

7万多年前，世界上最早的艺术家住在布隆伯斯洞穴（Blombos Cave），位于面朝印度洋、现在的南非顶端高高的悬崖上。他们狩猎野味，吃下面海洋中的鱼。依照身体和大脑的大小，这些古非洲人在解剖学意义上是现代人类。他们也把动物骨头制成精美的劳动工具和武器。而且，他们把象征符号雕刻在手工艺品上——这是抽象而具有创造性的思想表现形式，还有语言的交流（Wilford，2002b）。

南非的克里斯托弗·汉斯伍德（Christopher Henshilwood）领导的研究小组分析了28个骨质工具和其他来自布隆伯斯洞穴的手工制品及黄土矿，人们可能一直都用它做身体绘画。印象最为深刻的骨头工具是三个锋利的器具。骨头看起来开始是由一个石头利刃修成形，然后加工成对称的形状，之后花费好几个小时打磨。根据汉斯伍德的说法（转引自Wilford，2002b），"事实上完全没有必要把抛射物做成这么细致。这告诉我们它表达了某种象征思想。人们说，'让我们完成一项真正美丽的事物……'象征思想意味着人们在使用某些事物来指代另外一些事物。工具并非一定只是具有实际作用。而且黄土也可能应用在装饰他们的设备上，或许还有他们自己。"

在欧洲，艺术可以追溯到3万年前，直到西欧的旧石器时代（参见Conkey, et al., 1997）。最早的乐器迪维·巴贝长笛（Divje babe flute）制造于4.3万年前。洞穴岩画，旧石器时代最广为人知的例子，从日常生活和每天的社会空间中分离出来。那些画面被绘制在真正的洞穴里，位于地球深处。或许绘画也会作为他们某种过渡仪式的一部分，包括离开社会。雕刻在骨头和象牙上的可随身携带的艺术品以及音乐口哨和笛子，也加强着贯穿古石器时代的艺术展现。

艺术通常比洞穴绘画更为大众。一般来说，它的目的是在社会中展示、评价、表演和欣赏。它拥有观众和听众，并非仅为了艺术家而存在。

民族音乐学

民族音乐学（ethnomusicology）是对世界音乐及音乐作为文化和社会方面的比较研究。民族音乐学的研究领域因此包含音乐和人类学两个方面。音乐这个部分涉及音乐本身以及用以演奏音乐的乐器的研究和分析。人类学部分把音乐看做是探索文化和判定音乐在所处社会中历史与当代作用的方式，以及影响音乐如何创造和展演的社会和文化特点的工具。

民族音乐学是以文化的视角研究非西方社会的音乐、传统和民族音乐，甚至当代流行音乐。这种研究必须通过田野工作才能完成，由此对特定形式的音乐进行第一手的研究，并且探索在特定社会中它们的社会功能和文化意义。民族音乐学家访谈乡土音乐家，在田野中录制音乐，并研究乐器的摆放、表演，以及表演者（Kirman，1997）。现在，在全球化的背景下，多元化的文化和音乐风格不断接触和融合。吸收了大量文化工具和风格的音乐被称为世界融合、世界节拍或世界音乐——这也是当代民族音乐学的另一个研究主题。

因为音乐具有文化多样性，并且音乐才能似乎在家庭中运作，有观点认为音乐的最早分布可能具有基因遗传基础（Crenson，2000）。产生于成百上千年前的"音乐基因"能够赋予那些早期人类拥有者们进化的优势吗？音乐存在于所有文化，这一事实证明了它在人类历史中出现已久。为证明音乐的古老历史不妨提供一个直接的证据，那就是来自斯洛文尼亚岩洞中的古代雕刻的骨制长笛。这种迪维·巴贝长笛是世界上现今所知最古老的乐器，可以追溯至4.3万多年前。

为了探索音乐可能的生物学基础。桑德拉·特雷赫（Sandra Trehub，2001）注意到了世界上母亲唱给子女的歌曲具有惊人的相似性——高调、慢拍和与众不同的调子。所有文化中都有摇篮曲，听起来是如此相似，很难被误认为是其他的乐曲（Crenson，2000）。特雷赫推测音乐可能一直都在适应人类进化，因为有音乐天赋的妈妈们能够更轻松地安抚自己的婴儿。平静的婴儿可以轻松入睡，很少吵闹，这一点或许更利于适应成年时期生活。他们的哭闹不会吸引掠食者；婴儿和妈妈可以得到更好的休息；他们遭虐待的可能性也较小。如果影响音乐才能的基因很早出现在人类进化过程中，进行了优先选择，具有音乐才能的成年人会把基因传递给他们的孩子。

音乐大概会被看做是最具有社会性的艺术类型之一。通常它把群体中的人们联合在一起。的确，音乐关乎一个群体——唱诗班、交响乐、合唱团和乐队。会不会是生物上对音乐具有倾向的早期人类能够在社会群体中生活得更有效率呢？这会不会是另一个可能的适应优势？甚至娴熟的钢琴家和小提琴家也会多次同管弦乐或歌手一起表演。梅里亚姆（Alan Merriam，1971）描述了刚果民主共和国开赛省的巴松业人（Basongye）使用三个特征来区分音乐和其他被归为"噪音"的声音。第一，音乐总是吸引人们沉醉其中；第二，音乐的声音一定是有组织的。单独敲一下鼓并不是音乐，但是鼓手们一起按照节奏演奏便是音乐；第三，音乐必须是持续的。即使一些鼓被同时敲击，也不是音乐。他们必须不断地演奏形成某种音乐节奏。对于巴松业人来说，音乐本来便是文化性的（人类独有的）和社会的（依靠合作）。

"民俗"（folk）艺术、音乐和传统知识最早是为欧洲农夫创造的，比之欧洲精英阶层的"高等"艺术和"古典"艺术，这些是关于平常人的富有表现力的文化。当表演欧洲民俗音乐的时候，服饰、音乐还有常常伴随其中的歌曲和舞蹈的结合目的在于诉说地方文化和传统。旅游者和其他局外人常常用这种表演来构拟乡村和民俗生活的形象。社区居民们常利用这些表演方式为外来人展现和扮演自己的地方文化和传统。

在战前波斯尼亚的穆斯林村庄普兰妮卡，伊冯娜·洛克伍德（Yvonne Lockwood，1983）研究了当地民俗歌曲，在那里日夜都能听到。最为活跃的歌手们通常是未婚的女性，年龄介于16岁到26岁之间（处女）。领唱歌手是通常在习惯上唱歌曲开头并领唱的人，他们具有雄厚、饱满而清晰的嗓音，并且音域宽广。他们同当代北美洲的同行一样，但是后者风格显然更为柔和，有些领唱采用的方式是非传统的。一个人会因为她的败坏风俗的抒情歌唱而被认为不庄重。另一个批评是吸烟（这通常是男人的习惯）并且喜欢穿男性的裤子。如果把当地的这种指责放在一边，她倒是被认为诙谐的而且临时准备的歌曲也比其他人要好。

积极参与到公开歌舞中标志着从女孩到未婚少女（可以结婚的女性）的过渡。成年女孩被妇女们督促着加入歌舞中，扮演未婚少女。这是过渡仪式的一部分，小女孩（dite）经过仪式之后成为未婚少女（cura）。相比之下，婚姻则将大多数妇女从公共领域转入到私人领域；公开歌唱一般都停止了。已婚妇女只在自己的家中唱歌或者同其他妇女一起时才唱。只是偶尔情况她们可以参加到公开唱歌的少女中，但是她们从不领唱，以免把大家的目光吸引到自己身上。年龄超过50岁的妇女一般都不再唱歌了，即使私下里也是。

对于妇女来说，歌唱因此指代的是一系列年龄阶层之间的转变：从小女孩到少女（可以公开歌唱），从少女到妻子（只能私下唱歌），从妻子到老人（不再唱歌）。洛克伍德描述了一位新婚的少妇在婚后第一次回到娘家时进行的仪式（婚后的居住方式是从夫居）。在她就要动身返回到丈夫的村庄时，出于对过去时光的纪念，她带领村中的未婚少女一起唱歌。她最后一次以其当地女儿的身份，像未婚少女一样歌唱。洛克伍德把这称之为对所有在场人们的怀旧和情绪的表现。

载歌载舞在普雷罗（prelos）活动中是很普遍的，男女均参加。在普兰妮卡，克罗地亚语中的prelo一词，通常被界定为"纺纱蜜蜂"，意为任何拜访的时候。普雷罗活动尤其在冬天的时候更普遍。在夏天，村民们都忙着花大把时间干活，因而普雷罗的活动较少。普雷罗活动给人们提供了玩耍、放松和唱歌跳舞的机会。所有少女们的集会，尤其是普雷罗活动，都是歌唱的大好机会。已婚妇女被鼓励去歌唱，常常会建议她们唱几首特别的歌曲。如果男孩子也在场，歌唱比赛便会上演，少女们和年轻男孩们互相奚落取笑对方。普雷罗活动有了大量歌舞才算是成功。

在战前波斯尼亚的穆斯林群体里，传统上会在许多其他场景下公开歌唱。在山坡上割干草忙碌了一天之后，村庄里成群的男人集合在回村庄的小路上的某个地点。他们根据歌唱能力排成队，最优秀的歌手在最前面，最缺乏天赋的排在末尾。他们一起边走边唱，漫步返回村庄，走到村中心时才会四处散开。根据洛克伍德的描述，无论何时，劳作或者闲暇的活动在把一群少女或年轻男人集合在一起时，无不是以集体歌唱来结束的。这一点从《白雪公主》和《怪物史瑞克》的电影片断中的灵感追溯到欧洲的乡间风土人情，都是没错的。

艺术与文化的表现

艺术可以象征传统，即使当传统艺术从它最原本（乡间的）的地点移走也不变。我们在第25章"文化交流与文化生存"中可以发现，具有创造性的产品和民间、乡村以及非西方文化的形象都在越来越多地被媒体和旅游者传播和商业化。最后结果是许多西方人最终开始以多姿多彩的习俗、音乐、舞蹈和装饰物（服饰、珠宝和发型）来界定"文化"一词。

对艺术和宗教的偏好，而非更为普通、缺少吸引力和经济社会功能的节目，得以在探索频道（Discovery Channel）播出，甚至出现在许多人类学电影中。许多民族志电影以音乐开头，常常是鼓声雷动："咚，咚，咚，在这里（地点名字），人们宗教信仰非常强烈。"我们在之前的批评假设中看到这种表现手法，非工业社会的艺术通常都与宗教联系紧密。这一信息虽然通常不是有意传达给人们的，但却表明非西方人常花费大量时间穿上五颜六色的服饰，载歌载舞，举行宗教仪式。这种想象把文化描绘成休闲娱乐并最终是不严肃的现象，而不是普通人每天生活所经历的内容——不仅仅在他们过节的时候。

艺术与交流

艺术在社会中的作用还表现为艺术家和社区或者听众之间的交流形式。然而有时候，艺术家和观众之间存在中间媒介。例如，演员本身作为艺术家把其他艺术家（如作家和导演）的作品和思想翻译成表演的形式，观众可以观看并欣赏。音乐家演奏并歌唱其他人谱曲或编曲的艺术作品。使用他人所编的音乐，舞蹈设计者们设计并指导舞蹈动作，舞者可以将其展示出来给观众欣赏。

艺术又是如何交流的呢？我们需要知道艺术家试图交流的内容，以及观众或者听众如何回应。观众常常直接同艺术家交流。例如，现场表演者会得到直接的反馈，许多作家和导演也可以通过观看自己作品的展示或播映实现交流。艺术家期待在接受中至少会有不同。在当代社会中，观众层次多元化加强，观众一致的回应非常少见。当代艺术家像商人一样，都深刻意识到他们有着目标观众。人群中的特定部分比其他人更倾向于欣赏某些特定艺术形式。

艺术可以传递多种信息。它能够传达道德教化或讲述警示故事，也可以讲授艺术家或社会想要讲的课程。如同仪式既能够引起焦虑也能够驱散焦虑一样，戏剧的张弛能引导观众的精神的宣泄，使紧张的情感得以释放。艺术可以改变情绪，使我们大笑、哭泣、情绪饱满或者情绪低落。艺术需要智力和情感。我们或许会在一座建筑精美、平衡精致、完美表现的艺术品中获得灵感。

艺术常常是为了纪念和延续，怀着某种长期持久的信息。例如，一种庆典，艺术可能发挥记忆的功能，帮助人们记住。艺术的设计是为了帮助人们记住人或事件，例如艾滋病在世界许多地区被证明是致命的传染病，或者 2001 年"9·11"恐怖袭击事件。

艺术与政治

艺术在社会中发挥何种作用？艺术应该多大程度上为社会服务？艺术可以自我有意识地亲近社会。它既可以用于表达群体的情感和水准，也能够挑战后者。艺术也进入到政治领域。艺术作品的判断，或者如何展示艺术的决定，都可以说具有政治意味并富有争议。博物馆不得不在大众群体的水平、艺术家及其作品展示创造性和创新性的渴望之间加以平衡。

今天认为价值连城的艺术在它自己的时代可能遭遇强烈的反感。纽约布鲁克林艺术博物馆记载了艺术在最初创造出来的时候如何遭到打击和反对，又如何随着时间的流逝而被接受并重视的历史。当马蒂斯、布拉克和毕加索的绘画作品最早在纽约1913年军械库艺术博览会（Armory Show）上展出时，孩子们不允许观看。《纽约时报》称其为"病态的"。已经将近一个世纪过去了，纽约城和鲁道夫·朱利安尼（Rudolph Giuliani）市长在1999—2000年度被称为"耸人听闻的"展览举行后把该博览会告上了法庭。宗教团体抗议克里斯·奥弗里（Chris Ofili）的《圣母玛利亚》，这是一幅抽象拼贴画作品，画上有象的粪便，朱利安尼认为这幅作品冒渎神灵。后来的法庭审判过程激发了反审查群体和艺术提倡者们针对市长行为的奋起反抗。博物馆赢得了胜利，但是奥弗里的作品再一次处于攻击之下，一个男人私自携带颜料进入布鲁克林展览，并试图泼洒在《圣母玛利亚》上（弗吉尼亚大学，未注明出版日期）。根据艺术专家迈克尔·戴维斯的说法，奥弗里的抽象拼贴画是"令人震惊的"，因为它有意激起并撼动观看者们，把他们带入一个更广阔的参考框架中。市长的反应可能就是基于某种狭隘认识，即艺术一定是美丽的，圣母玛利亚有着意大利文艺复兴时期的绘画作品中描绘的同等狭隘的形象（Mount Holyoke College，1999）。

今天，没有哪位博物馆主管能够安排一次展览而毫不担心会冒犯到某些社会的政治性组织。在美国，一直有着自由主义者和保守派之间的斗争，包括国家艺术基金会。艺术家们被批评远离社会，创造仅属于他们自己和社会精英的艺术，缺乏对传统和管理的艺术价值的了解，甚至还嘲弄普通人的评价。

艺术的文化传播

由于艺术是文化的一部分，对艺术的欣赏便依靠文化背景。在西方艺术博物馆中观看的日本旅游者试图解读他们眼中的艺术。相反，日本茶道的形式和意义或者日本的折纸艺术的阐释，在

外国看客眼中则又是不同的。人们只有学习才会欣赏艺术。这是濡化的一部分，和更多正式教育一样。罗伯特·莱顿（Robert Layton，1991）认为，无论艺术表达的普遍原则是否存在，它们在不同文化中，都以不同方式被实践着。

从审美角度是否给人愉悦感受来界定艺术，这是某种程度上依赖文化的情况。基于熟悉程度，具有特定音调和旋律节奏的音乐将会愉悦某些人，而偏离另外一些人的兴趣。在对纳瓦霍人的音乐研究中，麦卡利斯特（McAllester，1954）发现，它从三个主要方向上反映了当时的总体文化：第一，个体主义是纳瓦霍人重要的文化价值观。因此，决定如何处置他/她的财产将取决于个人——无论财产是物质、知识、思想还是歌曲。第二，麦卡利斯特发现，纳瓦霍一般性的保守主义也延伸到音乐中。纳瓦霍人把外面的音乐看做危险的并拒绝它们，因为并非是他们自己的文化（第二点已经不再符合实际情况：现在已经有了纳瓦霍人的摇滚乐队）。第三，强调应用在音乐中的适当形式。在纳瓦霍人的信仰里，存在一种正确演唱每种类型歌曲的方式。

人们学习听特定类型的音乐，并学习欣赏特别的艺术形式，就像他们在学习听懂并解释一门外语一样。不同于伦敦人和纽约人，巴黎人并不聚集在一起欣赏音乐剧。尽管具有多种法语来源，甚至音乐剧《悲惨世界》在伦敦、纽约和世界上多个城市产生轰动，在巴黎却遭遇失败。幽默当然也是种语言文化，也依赖文化背景和设置的不同而存在差异。某个文化中好笑的段子在另一个文化中翻译过来可能并不如此。如果笑话没起到效果，美国人可能会说："好吧，你必须当时在场才行。"笑话，像审美评价一样，离不开情境。

在文化更加微观的层次上，特定艺术传统可以在家族中传递。例如，巴厘岛有许多雕刻世家、音乐世家、舞者和面具制造的家庭。在尼日利亚的约鲁巴人，制作皮革的两个家族常常被委托制作用珠子装饰的贵重物品，例如国王的皇冠、包，还有传教士的手镯。艺术像行业一样，常常

我就要抓住你了，小家伙，还有你的小机器人

人类学家用于分析神话和民俗故事的技术可以扩展用于分析两个大多数人都看过的幻想电影。《绿野仙踪》几十年来每年都会在电视里播放。最早的《星球大战》一直以来都是最受欢迎的电影之一。二者都具有明显的神话特征，都是常常听到的重要的文化产品。法国结构主义人类学家列维－斯特劳斯（1967）以及新弗洛伊德精神分析学家布鲁诺·贝托罕（Bruno Bettelheim）（1975）在神话和童话故事研究方面的贡献，使得接下来对当代美国人耳熟能详的影视童话故事的分析成为可能。

考察了不同文化的神话和传说，列维－斯特劳斯认为，一个故事可以通过一系列简单的操作转化为另一个故事，例如，通过以下几种方式：

1. 把神话中积极的元素转变为消极方面。
2. 颠倒神话元素的顺序。
3. 把一个男性英雄换成女英雄。
4. 维持或者重复特定重要元素。

通过这些操作，两个看起来不相似的神话可以表现为共同的结构的变体，也就是互为对方的变化形式。

我们现在可以发现，《星球大战》是《绿野仙踪》的系统性结构转换。我们需要推测有多少相似性是有意识的，又有多少不过是反映了《星球大战》的作者和导演乔治·卢卡斯同其他美国人共有的濡化过程。

《绿野仙踪》和《星球大战》都是开始于贫瘠的乡村，前者是在堪萨斯，后者是在沙漠星球 Tatooine。《星球大战》把《绿野仙踪》里的女英雄变成了一个小男孩，卢克·天行者（Luke Skywalker），童话故事里的英雄通常有简单大众的名字，而姓大多指他们的来源或者能力。因此乘着宇宙飞船到处飞行的卢克是位天行者，多萝西被一阵旋风吹到了奥兹国。多萝西离开家时带着她的狗 Toto，这只狗被后来在奥兹国的坏女巫追赶并成功逃脱。卢克跟着他的机器人 R2-D2，它正在逃避黑骑士，而黑骑士与坏女巫的角色在结构上是对应的。

多萝西和卢克两个孩子都是和叔叔婶婶一起开始自己的生活的。然而，由于英雄的性别改变，基本的人际关系也颠倒过来。因此，多萝西同婶婶的关系是首要的、温暖而充满温情的，卢克同叔叔的关系尽管也是首要的，但却是紧张而有距离感的。叔叔婶婶出现在故事中是因为同一个原因。他们都代表着家（核心家庭观念），孩子们（根据美国的文化准则）必须最终离开家去开创自己的生活。如贝托罕（Bettelheim, 1975）指出，童话故事常常以叔叔婶婶来扮演父母，二者建立了社会距离。与同亲生父母的生离死别相比，孩子能够更轻松地处理英雄的离别（《绿野仙踪》）或叔叔婶婶的死亡（《星球大战》）。进而，这一点允许孩子对亲生父母的强烈感情可以在不同的更为核心的角色中表现出来，例如坏女巫和黑骑士。

这两部电影都关注孩子同性别双亲的关系，把父母亲划分为三部分。在《绿野仙踪》里，母亲被分成两部分坏的和一部分好的。他们是东坏女巫，在电影开始就死了；还有西坏女巫，在最后死去；还有好女巫生存下来。最早的《星球大战》颠倒了好与坏的比例，给了卢克一个好父亲（他自己的），绝地武士在片头宣告已死。还有另一个好父亲，欧比王·肯诺比，他在电影结尾模糊地死去。第三个是坏父亲的角色，黑骑士。第三个好女巫在《绿野仙踪》里活了下来，在《星球大战》之后坏父亲活了下来，在续集里卷土重来。

孩子与异性父母的关系也在这两部电影中有所体现。多萝西的父亲角色是巫师奥兹，最初是个恐怖的角色，后来被证明是假的。贝托罕提到，童话故事里典型的父亲形象被伪装成为怪物或巨人。或者即使作为人类出现时，父亲也是虚弱、冷淡或者很没用的。多萝西渴望巫师来解救她，但是发现巫师提出了看起来不可能的要求，而且结果证明也不过是个普通人。她最终依靠自己取得了胜利，不再依靠父亲这个提供不了她自身拥有的东西之外的帮助的人。

在《星球大战》中（尽管很明显没有在后来的续集里），卢克的妈妈形象是莱娅公主。贝托罕提到男孩们通常想象母亲都是被迫成为父亲的俘虏。童话故事常常把母亲形象幻化为公主，男孩小英雄必须去争取她的自由。在弗洛伊德式的想象图景中，黑骑士用女巫扫帚大小的针威胁着莱娅公主。在电影末尾，卢克解救了莱娅公主并击败了黑骑士。

在两部电影结构中还存在其他惊人的相似之处。童话故事中的英雄常常在冒险过程中身边还有次级角色，他们把成功需要的品质以人的形象表现出来。这种人物常三个三个出现。多萝西带有智慧（稻草人）、爱（铁皮人）和勇气（狮子）。《星球大战》包括一个结构上的对应的三个人物——汉·索罗、C-3PO 和丘巴卡，但是他们与特定品质的联系并不像《绿野仙踪》那样精准。小人物也是结构对应的：小矮人和 Jawas，苹果树和沙人，飞猴和星战士兵。道具也有可比性——女巫的城堡和死亡星球，翡翠城和反抗军霍斯基地。结局也很类似。卢克以自己的力量实现了目标，使用武力

（玛纳、魔法）。多萝西的目标是回到堪萨斯，她通过敲打鞋子并利用在红鞋子上的魔法力量获得成功。

所有成功的文化产品都是旧与新的结合，利用相似的主题。他们可能会用新颖的方式重新加以安排，因此在文化的现象世界里赢得了长期的地位，这个文化正是创造或者接受他们的文化。《星球大战》成功地利用新的方式使用旧有的文化主题。它利用美国童话故事完成了新的创造，而这些童话故事早在 20 世纪初就出现在书本里（表 22.1）。

表22.1	《星球大战》与《绿野仙踪》的结构变换
《星球大战》	**《绿野仙踪》**
男英雄（卢克·天行者）	女英雄（多萝西）
沙漠星球	堪萨斯城
卢克后面跟着R2-D2：	多萝西后面跟着Toto：
R2-D2从黑骑士身边溜走	Toto从巫婆手中逃脱
卢克同叔叔和婶婶一起住：	多萝西同叔叔和婶婶一起住：
与叔叔具有基本关系（同性别）	与婶婶具有基本关系（同性别）
与叔叔的关系紧张而有距离	与婶婶的关系温暖而亲密
同性别的父亲被分为三部分：	同性别的母亲被分为三部分：
两部分好父亲，一部分坏父亲	两部分好母亲，一部分坏母亲
好父亲在片头死去	坏母亲在片头死去
好父亲死于结尾（不确定）	坏母亲死于结尾
坏父亲存活	好母亲存活
与异性的母亲的关系（莱娅公主）：	与异性的父亲的关系（奥兹巫师）：
公主被不情愿地绑架	巫师提出不可能的要求
针	扫帚
公主被解救	巫师最后证明不过是个凡人
三位同伴：	三位同伴：
汉·索罗、C-3PO、丘巴卡	稻草人、铁皮人、狮子
小角色：	小角色：
Jawas	矮人
沙人	苹果树
星战士兵	飞猴
场景：	场景：
死亡星球	女巫的城堡
反抗军霍斯基地	翡翠城
结论：	结论：
卢克使用魔法实现目标（毁灭死亡星球）	多萝西使用魔法实现目标（返回堪萨斯）

土著的艺术

第22段

这一片段关注位于澳大利亚北部加里温库社区的一位原住民艺术家。这部分内容以绝佳的例子说明了，我们的社会中相互分离的不同文化方面（艺术、宗教、亲属关系、经济和法律）是如何在其他社会中紧密联系在一起以至于无法分离的。这位艺术家制作了一串包，基础是她的父亲最早设计的图样。她用上了母亲、祖母和祖父教给她的知识。根据讲述者所说，艺术家编织了一个黄金时代的故事——关于我们认识的世界被创造的神话历史——进入这个包中，因此具有灵性的遗迹艺术和功能上的意义。这种艺术范围有多广呢？这个包在采集劳动过程中如何使用？这种创造性行为又是如何体现濡化的呢？

在家族中"运作"。例如，巴赫世家不仅培养出了J.S.巴赫，还有其他一些著名的作曲家和音乐家。

在第1章中，人类学对艺术的研究同传统人性对"美术"的关注和精英表达形成对比。人类学已经扩大了对艺术"文化"的界定，远远超出了"高等"艺术文化的精英含义。对人类学家来说，每个人都通过濡化而获得文化。在学术环境下，不断对人类学的文化定义的接受有助于深化对人性的研究，加强对从美术精英艺术到大众和民俗艺术，以及大众和来自许多文化中的创造性的表现方式的认识。

在许多社会中，神话、传说、故事以及叙述这些故事的艺术在文化传递和传统保护中发挥着举足轻重的作用。在没有文字书写的条件下，口述传统保护着历史细节和家谱，这在西非的许多地区非常普遍。艺术形式常常会如江河汇于一处。例如，音乐和口传故事可以结合为戏剧和表演，尽管后者主要出现在电影和剧院中。

那么，孩子是从几岁开始学习艺术呢？某些文化中孩子从很小便开始学习。我们不妨对比一下韩国的小提琴学习班的照片和阿留申人聚集在一起的照片（见上面的照片）。韩国的小孩显然是在进行正式教育。教师带头为孩子们演示如何演奏小提琴。阿留申人的照片则显示为非正式的地方图景，孩子们正在把艺术当做他们的整个濡化过程的一部分来学习。韩国孩子们学习艺术，大概是因为他们的父母希望他们这样做，并不一定是因为他们拥有艺术的激情，想要或者渴望去表达。有时候孩子们学习艺术或者表演，包括运动，是强制濡化的很好例子。强制濡化可能是父母推动的而不是孩子们自己希望的。在美国，表演通常同学校联系在一起，具有强烈的社会性，并且通常竞争激烈。孩子们与同伴们一起表演。在表演过程中，他们学习竞争，无论是为了争取在运动比赛中获得第一名还是争取担当学校乐队的首席。

艺术职业

在非工业社会里，艺术家更像是兼职专家。在国家社会里，艺术家们拥有更多的方式去全身心地投入完成自己的作品。在"艺术与休闲"领域中，艺术家的职位在当代社会迅速增长，北美社会尤其如此。许多非西方社会也提供了在艺术上的职业发展道路，例如出生于特殊家庭或家族的孩子会发现自己注定要从事皮革制造或者纺织行业。某些社会因特定的艺术形式而闻名，例如舞蹈、木雕或纺织。

艺术生涯也会包含某种程度的召唤。人们会发现他们独具某种天赋，而且发现了这种天赋可以成长的环境。艺术家们各自单独的职业道路通常要求特殊的训练和学徒经验。这种职业道路更多是在复杂社会，因为这种社会比队群社会或者部落社会有许多单独的职业道路可走，在队群或者部落社会中表现性的文化更为缺少同日常生活的正式分离。

如果艺术家预备奉献所有时间在艺术创作上，便需要资助。他们会向家庭或者家族寻求资助，如果存在涉及亲属团体的艺术的专门化情况。国家社会一般专门资助艺术的人通常是精英阶层的成员，赞助者会为有抱负和天赋的艺术家，诸如宫廷画家、音乐家或雕塑家提供多种类型的帮助。在一些例子里，人们会为宗教艺术贡献一生。

古德尔和科斯（Goodale and Koss，1971）描述了生活在澳大利亚北部的提维人制造装饰性埋葬柱的过程。艺术家在制造埋葬柱的过程中与其他社会角色独立和分离，这使得他们能够将自己全神贯注于制造工作。艺术家会在有人死亡之后接受正式的委任。他们被赋予暂时免于寻找日常食物的自由。其他社区成员同意资助他们。他们还为这些艺术家提供一些制造过程中需要的同时又难以获得的材料。埋葬柱制造艺术家被隔绝在墓穴附近的工作区域。这一区域对其他所有人都是禁区。

艺术通常认为既不是实践的也不是普通的。艺术家依靠天赋，虽然天赋是个人的属性，但是必须朝社会认可的方向引导和塑造。艺术天赋和创造力不可避免地促使艺术家脱离谋生计的实践需要。如何去供养艺术家和艺术的问题反复出现。我们都听说过这个短语："挣扎中的艺术家。"但是社会应该如何供养艺术家？如果是国家或者宗教的资助，这些一般都要求回报。艺术家的"自由"便难以逃脱某些限制。赞助者和资助者们也能够从创作可以公开展览的艺术品当中获利。受雇于上流社会的艺术常常只是在他们的家中展出，或许他们死后作品才有机会进入博物馆。教会下达的艺术创作任务可能离人群更近一些。艺术对大众文化的表达，想要为大众而不是精英的消费服务，在第25章"文化交流与文化生存"中会进一步深入讨论。

延续与变迁

艺术总是一直在变化之中，尽管某些艺术形式已经存在了几千年。旧石器时代的洞穴艺术已经存在了超过3万年，本身便是人类创造性和象征主义的表现，无疑具有长期进化的历史。纪念性的建筑，连同雕塑、浮雕、装饰陶器，以及书面的音乐、文献和戏剧一起，从早期文明时期便已经存在到现在。

国家和文化都因特定的贡献而闻名，包括艺术贡献。巴厘岛人因其舞蹈而闻名；纳瓦霍人则体现在沙画、珠宝和编织上；而法国人则把烹饪做成了艺术。我们仍然在大学里阅读希腊的喜剧和悲剧，阅读莎士比亚和弥尔顿，欣赏米开朗琪罗的大作。希腊戏剧是历时最为久远的艺术之一。希腊悲剧诗人埃斯库罗斯、索福克勒斯、欧里庇得斯和阿里斯托芬的诗句被广泛引用，并流传至今。谁知道我们失去了多少无文字时期的伟大创造和艺术表现呢？

经典希腊剧在全世界范围内都能找得到踪迹。大学的课堂上、电影里，还有舞台上的现场表演，从雅典到纽约，这些地方都能阅读和欣赏到希腊戏剧。当今世界，戏剧艺术成为庞大的"艺术与休闲"工业的组成部分，这项产业将西方和非西方的艺术形式都连接在国际网络中，并拥有审美和商业的双重维度（参见Marcus and Myers，1995；Root，1996）。例如，非西方的音乐传统和乐器已经融入到当代世界体系。我们看到地方音乐家为外来人表演，包括来参观当地村庄的越来越多的旅游者。而"部落"艺术，例如澳大利亚土著人的迪吉里杜管，一种很长的木质的管乐器，已经出口到世界各地。至少在荷兰首都阿姆斯特丹，有商店专卖迪吉里杜管，也就是说它是店中仅有的一种商品。世界上的任何国家的首都，都有几十个店铺在沿街叫卖着来自上百个第三世界国家的"传统"艺术品，如乐器。非西方艺术的商品化，以及当代利用艺术创造重新界定的群体身份，这些将在本书的最后一章中深入讨论。

我们已经看到，艺术一般利用多种媒介传播。在当今媒体越来越丰富的条件下，多媒体甚至更加具有标志性。来自世界各地的食材和香料在现代烹饪技术下相互结合，这些当然也成为来自许多文化的元素并且融入当代艺术和表现中。

我们的文化提倡变迁、实验性创新和新奇的事物。但是创造性本身也是建立在传统基础上

巴西战舞：非裔巴西人统一与生存的艺术

背景信息

学生：
Anne Haggerson

指导教授：
Rudi Colloredo-Mansfeld

学校：
美国艾奥瓦大学

年级/专业：
大四/人类学与西班牙语

计划：
在华盛顿实习；攻读博士

项目名称：
巴西战舞：非裔巴西人统一与生存的艺术

在这部分分析的艺术有什么样的特点和功能？你能否在自己的社会里找到同巴西战舞类似形式和/或功能的艺术呢？

有两个月的时间，我都住在萨尔瓦多巴伊亚州的一个内陆城市里，名为芒格里亚，这是一个在垃圾和潮湿地面上建造的贫民窟。我正为我的高年级论文进行田野调查，同时兼任 GRUCON 的英语教师，这是一个当地的黑人觉醒运动，一直以积极参与社区动员和青年人为基础的觉醒活动，并且是开展了为期 30 年的项目。我的研究主要关注那些帮助儿童和家庭克服贫穷、失业、种族歧视和失学的公共机构。因此，我开始调查巴西战舞，这种被认为呈献出奴隶、自由和生存的音乐的非裔巴西人的战争艺术。临近的巴西战舞的研究机构是 GRUCON 的子组织，这个机构是建立在共同的历史身份认同基础上的，通过音乐、舞蹈和非洲人的自尊心来反抗经济压迫和政治排挤。

在这一研究的准备工作中，我研究了街头儿童的问题，学习了高级葡萄牙语课程，并设计出研究计划，包含访谈和参与观察的内容。我在去往巴西之前接受了 5 个月的当地巴西战舞群体的正式训练，让我自己能够熟悉关键动作和游戏礼节。加入巴西的战舞团体对我来说成为研究中最具有挑战性的方面，因为我是一个白人，也就意味着一个美国女性参与到由非裔巴西人男性主持的活动中。然而，我积极地参与到艺术中，这是我田野工作至关重要的部分，可以帮助我进入到报道人的身体和心理的空间，体验象征动作的力量，并体会演员之间的友谊、团结和承诺。

活动在一个狭小简陋的混凝土搭建的房间里举行，有很强的纪律性和严肃性。梅斯特是里面的老师、角色模型和协调者，他为 40 个团队成员服务，并在队员的生活中创造意义和稳定性，鼓励他们去穿越身体的极限、驾驭团队的领导角色，自豪地展示他们在 roda 或者表演圈中的能力，并在闲暇时间研究巴西战舞的历史。

除了进行参与观察，我还记录了重要的事件并访谈了参加者。我亲眼看见了一场壮观的周年群体事件，被称为 batizado 或洗礼，学生们升入高等水平的巴西战舞带。通过观察和拍摄这种每年都要举行的仪式，很显然巴西战舞绝不仅仅是种消遣；它是一种生存策略、教育工具和微观社会等级制。这个等级制由社区政治领导者和组织者的复杂网络所维持。

怀着包括尴尬和成就感的丰富记忆，我自豪地获得作为一名战舞战士的名字，这是梅斯特送给我的，"Serpente" 或蛇，这对我来说是一个具有象征意义的刺青，代表着在城市社会的基层进行人类学田野工作的生动美丽，以及由此释放出的一个重要的市民社会的弹性精神，还有建立活力充沛的社区机构的重要性——能够鼓励政治变迁和文化团结。

的。还记不记得纳瓦霍人，他们既可以是充满个性的，同时也可以是保守和专心的。在一些例子和文化中，艺术家们并不一定要像具备创造力一样拥有创新。创造力同样可以在传统形式基础上实现多种形式的表达。就这一点，不妨阅读一下"趣味阅读"中的例子，其中《星球大战》，不管它的故事和创新性的特殊效果如何，采取的叙述框架同以往的电影和童话故事一样。艺术家们并不总是需要在作品中发表某种评论，试图把自身同历史割裂开来。常常，艺术家们遵循过去，同过去联系起来，艺术建在历史的大厦之上，而不是否定前人的作品。

1. 许多文化中缺乏可以简单翻译为"艺术"的词语。但是即使没有词汇，各地的人们却都把各种审美体验与具有特定质感的声音、图案、器物和事件联系在一起。艺术，有时候被称为"表达文化"，包含影视、文学、音乐和戏剧。宗教的讨论中提出的一些议题也可应用于艺术的探讨中。如果当我们面对一个神圣的物体时采取一种特别的态度或行为举止，我们表现出某种类似于艺术的东西了吗？大量艺术创作都与宗教有关联。在部落表演中，艺术和宗教常常混合在一起。但是非西方艺术并不总是同宗教相联系。

2. 我们发现艺术的特殊场所包含博物馆、音乐厅、歌剧院和剧院。然而，艺术与非艺术的边界是模糊的。艺术欣赏的多样性在当代社会尤其普遍，带有专业艺术家和标准以及巨大的文化多样性。

3. 非西方艺术的创作者们一直被批评忽视了个体，以及过多关注于社会背景和集体艺术创造。艺术是工作，虽然是创造性的工作。在国家社会中，一些人成功地作为全职艺术家养活自己。在非国家社会中，艺术家通常都是兼职。群体标准判定艺术作品中表现出的熟练程度和完整性。一般来说，艺术品在社会中被展示、评价、表演和欣赏。音乐，通常在群体中表演，是最具社会性的艺术形式之一。"民间"艺术、音乐和民俗指的是普通的通常是乡村居民的表达性文化。

4. 艺术可以代表传统，即使当传统艺术已经被移出其原本的情境。艺术可以表达群体的情感，带有政治目的，用于呼唤对社会问题的关注。通常，艺术被用于纪念和延续某个人或事件。人类学家的文化定义不断被接受引导着人文学科超越美术、精英艺术和西方艺术的局限，扩展到对大众的和许多文化的创造性表达。神话、传说、故事和口传故事的艺术常常在文化传递中发挥重要作用。许多社会提供了艺术领域的职业发展道路；一个出生在特殊家庭或家族的孩子可能发现他/她注定要从事皮革工业或者纺织工业。

5. 艺术一直处于变化中，尽管特定艺术形式已经存在了几千年。世界上不同的国家和文化都因特定贡献而闻名。当今世界，巨大的"艺术与休闲"的工业把西方和非西方的艺术形式在包括艺术和商业范围的跨国网络中联系起来。

审美 aesthetics 对感觉到的艺术作品的品质的欣赏；与美感相关联的思想和感情。

艺术 art 唤起审美感觉的物体和事件——美感、欣赏、和谐和/或愉悦；美丽之物或超出普通意义的品质、制品、表达或领域；物体的层次依照审美标准而定。

艺术品 arts 艺术品包含影视、文学（包含口头和文本两种）、音乐和戏剧。

宣泄 catharsis 紧张情绪的释放。

民族音乐学 ethnomusicology 对世界音乐以及作为文化和社会方面的音乐的比较研究。

表达文化 expressive culture 艺术；人们在舞蹈、音乐、歌曲、绘画、雕塑、器物、服饰、口传故事、诗歌、散文、戏剧和喜剧中创造性地表达自己。

民俗 folk 人类拥有物；"民俗"最早是为欧洲农夫创造的；包含艺术、音乐和传统知识；与欧洲精英阶层的"高等"艺术和"古典"艺术形成对比。

1. 思考那些你认为是艺术，但是其艺术地位仍然存在争议的视觉对象。你如何说服其他人这就是艺术？你预期会听到哪些反对你的观点？

2. 想出一个你认为是艺术，但是这还存在争议的乐谱或表演。你如何说服其他人这就是艺术？你预期会听到哪些反对你的观点？

3. 你最近一次是在哪儿见到艺术？它正处于什么地点？人们去那里是欣赏艺术品还是出于其他原因？

4. 基于你自己的体验，艺术品如何用于巩固宗教？

5. 你能不能想出一个涉及艺术或艺术品的政治争论？相互争论的不同立场是什么？

补充阅读

Anderson, R.

1989   *Art in Small-Scale Societies*. Upper Saddle River, NJ: Prentice Hall. 介绍了非西方艺术，特别关注视觉艺术。

2004   *Calliope's Sisters: A Comparative Study of Philosophies of Art*, 2nd ed. Upper Saddle River, NJ: Prentice Hall. 对10个文化中的美学家进行了比较研究。

Anderson, R., and K. Field, eds.

1993   *Art in Small-Scale Societies: Contemporary Readings*. Upper Saddle River, NJ: Prentice Hall. 关于非西方艺术的人类学研究，特别关注视觉艺术。

Askew, K. M.

2001   *Performing the Nation: Swahili Music and Cultural Politics in Tanzania*. Chicago: University of Chicago Press. 坦桑尼亚音乐和政治的实地研究。

Conkey, M., O. Soffer, D. Stratmann, and N. Jablonski

1997   *Beyond Art: Pleistocene Image and Symbol.*   San Francisco: Memoirs of the California Academy of Sciences, no. 23. 考察了史前艺术的象征基础和本质。

Coote, J., and A. Shelton, eds.

1992   *Anthropology, Art, and Aesthetics*. New York: Oxford University Press. 一本有用的论文选集。

Dublin, M.

2001   *Native America Collected: The Culture of an Art World*. Albuquerque: University of New Mexico Press. 艺术、旅游和流行文化中的印第安人。

Hatcher, E. P.

1999   *Art as Culture: An Introduction to the Anthropology of Art*, 2nd ed. Westport, CT: Bergin & Garvey. 最新的介绍。

Layton, R.

1991   *The Anthropology of Art,* 2nd ed. New York: Cambridge University Press. 考察了一些关键议题，特别是关于视觉艺术的。

Marcus, G. E., and F. R. Myers, eds.

1995   *The Traffic in Culture: Refiguring Art and Anthropology*. Berkeley: University of California Press. 全球视野下的艺术、社会和文化市场。

Moisala, P., and B. Diamond, eds.

2000   *Music and Gender*. Champaign-Urbana: University of Illinois Press. 研究了不同社会中男人和女人在音乐方面的角色和表演。

Myers, F. R.

2002   *Painting Culture: The Making of an Aboriginal High Art*. Durham, NC: Duke University Press. 澳大利亚西部沙漠的艺术转型。

Napier, A. D.

1992   *Foreign Bodies: Performance, Art, and Symbolic Anthropology*. Berkeley: University of California Press. 关注社会的展演和象征。

Root, D.

1996   *Cannibal Culture: Art, Appropriation, and the Commodification of Difference*. Boulder, CO: Westview. 西方艺术和商业如何定义、拉

拢和修饰"土著"经验、创造物和产品。

Urban, Greg

2001 *Metaculture: How Culture Moves through the World.* Minneapolis: University of Minnesota Press. 模式、图像和文化演化，有当代的例子。

1. 身体艺术：访问国家自然历史博物馆的在线展览"卡内拉身体装饰"（"Canela body adornment"）（http://www.nmnh.si.edu/naa/canela/canela1.htm），观看所有3页图片，并回答以下问题：

　a. 在本例中，艺术与世界观是如何相互关联的？卡内拉人是如何运用艺术的？

　b. 卡内拉人中的哪些个体会穿耳洞，这意味着什么？谁参与穿孔？这种实践与西方社会的穿耳洞相比如何？

　c. 文化会随时间而变化。自20世纪50年代以来，卡内拉人穿耳洞的实践出现了哪些变化？同样，西方社会穿耳洞的实践又出现了哪些变化？这些变化意味着什么？

2. 比较艺术：登录大都会博物馆艺术收藏的网页（http://www.metmuseum.org/collections/index.asp），并浏览埃及艺术（http://www.metmuseum.org/collections/department.asp?dep=10）、欧洲绘画（http://www.metmuseum.org/collections/department.asp?dep=11），以及现代艺术（http://www.metmuseum.org/Works_Of_Art/department.asp?dep=21），就每一个收藏，回答下列问题：

　a. 该艺术是谁所作，又是为谁而作？

　b. 创作此艺术的目的是什么（如宗教、审美、政治、金钱）？

　c. 该艺术中描画了什么线索和主题？

　d. 只看艺术，你能了解创造它的文化的什么呢？

请登录McGraw-Hill在线学习中心查看有关第22章更多的评论及互动练习。

科塔克，《对天堂的侵犯》，第4版

　　阅读第12章，它探讨了在全球化的各个方面中，电视及其对阿伦贝培和阿伦贝培人的影响。阿伦贝培人惯常看什么电视节目？电视如何影响阿伦贝培人举办节日和表演？

彼得斯-戈登，《文化论纲》，第4版

　　本章讨论了艺术在社会生活中的运用和位置，将音乐描述为表达文化最社会的方式之一。阅读《文化论纲》的第7章："卡鲁利（Kaluli）：故事、歌曲和典礼"。卡鲁利音乐如何体现核心文化观念？卡鲁利生活和社会的哪些方面呈现于其音乐中？卡鲁利人和音乐的关系与你所在社会与音乐的关系相比如何相似或不同？几位美国和欧洲的音乐家已经加入到博萨维（Bosavi）音乐专辑《雨林之音》（见第25章的"趣味阅读"）的制作中。销售所得归博萨维人基金会所有，该基金会的设立是为了在热带雨林环境面临威胁的状况下，为保护卡鲁利文化提供资金援助。为什么要单选择音乐来为卡鲁利筹措资金呢？

克劳福特，《格布斯人》

　　阅读第5、6、11章。根据第5章和第6章，格布斯最发达的艺术展示和丰富的表演形式是什么？什么符号体现并镶嵌于格布斯舞蹈及入会化妆仪式？格布斯人会化妆艺术如何将社会关系通过入会者的身体表现出来？根据第11章，在1980至1998年间，格布斯艺术表演最大的变化是什么？在独立日庆祝活动中，与过去相比，格布斯人是否或多或少地接触到了更多样的艺术？独立日庆祝活动中的身体艺术和表演表现了格布斯人和其他民族社会关系变迁的哪些方面？

第**23**章
现代世界体系

章节大纲：

世界体系的出现
工业化
　　工业革命的起因
分层
　　工业分层
　　亚洲工厂的女工
　　开放和封闭的阶级体系
当今的世界体系
　　工业退化

世界体系的出现

旅行、贸易和谋杀可能与人类一样古老。但是，正如"新闻简讯"所证实的，毫无疑问，与欧洲的联系加大了美国——乃至全世界贸易、族际交往和暴力的规模。这些潮流延续至今。因此，虽然小型社区的田野工作是人类学家的标志，但是与世隔绝的群体今天再难寻觅，或者他们根本就没有存在过。数千年以来，人类群体之间总是相互联系。地方社会总是参与在一个更大的体系中，这一体系今天已经具有了全球维度。我们称之为现代世界体系，意为一个各国在经济和政治上相互依存的世界（一些早期体系控制混合了很大的区域，包括罗马帝国、中国帝王统治时期和香料贸易体系）。

城市、国家和世界日益侵入地方社区。今天，若人类学家要研究孤立社会，他们必须游历至巴布亚新几内亚高地或者南美的热带雨林。即使在这些地方，他们也可能遇到传教士、探险家和游客。在当代澳大利亚，曾经举行图腾仪式的地方讲英语的人拥有的羊群正在吃草。在更远的腹地，一些图腾部落的后裔可能正在为电视台工作拍摄新一期《幸存者》（*Survivor*）节目。希尔顿酒店矗立在遥远的马达加斯加首府，已铺就的高速路现在有一个出口通向阿伦贝培——那个我从 1962 年起就一直在研究的巴西小渔村。这个当代世界体系是何时以及如何开始的？

世界体系以及体系中各国之间的关系是由世界资本主义经济形塑的。世界体系理论

第四部分　变迁中的世界

可追溯至法国社会历史学家费尔南·布罗代尔（Fernand Braudel）。在其三卷本著作《15至18世纪的文明与资本主义》（Civilization and Capitalism,15th-18th century）（1981,1982，1992）中，布罗代尔主张社会由相互关联的部分组成并组合成一个体系。社会是更大体系的子系统，世界是最大的那个体系。

随着欧洲人开始航海，发展起跨洋的贸易导向的经济，全世界的人都卷入了欧洲的影响范围。15世纪，欧洲人与亚洲、非洲最终与新大陆（加勒比和美洲）建立了定期的联系。继1492年哥伦布（Christopher Columbus）从西班牙至巴拿马和加勒比的第一次远航之后，更多的远洋航行接踵而至。随着新旧大陆被永远地联系起来，这些航行为人员、资源、疾病和思想的交换开辟了道路（Crosby，1986,2003;Diamond，1997;Viola and Margolis，1991）。在西班牙和葡萄牙的带领下，欧洲人采掘金银、征服土著（将其中一些作为奴隶）并对他们的土地进行殖民。

以前的欧洲和全世界一样，乡村人口基本上是自给自足的，种植食物并从当地的产品中制作衣物、家具和工具。非急需的产品被用于缴税和购买诸如盐和铁器之类的商品。迟至1650年，英国人的饮食和今天世界上大多数地区一样，是

基于本地种植的淀粉的（Mintz，1985）。然而，在随后的200年间，英国成为最显著的进口货物的消费者。最早也最流行的物品就是糖（Mintz，1985）。

甘蔗的原产地是巴布亚新几内亚，最先传播至印度。经中东和地中海东部到达欧洲，并由哥伦布带至新大陆（Mintz，1985）。巴西和加勒比的气候被证明种植甘蔗很理想，所以欧洲人在那里建立种植园以满足日益增长的对糖的需求。这导致了17世纪基于单一经济作物的种植园经济——被称为单一作物种植体系。日益国际化的世界对于糖的需求刺激了横跨大西洋的奴隶贸易，以及以奴隶劳工为基础的新大陆种植园经济的发展。至18世纪，英国人不断增长的原棉需求导致现在的美国东北部地区的定居以及那里基于奴隶的另一单一作物种植体系的出现。和糖一样，棉花也是推动世界体系形成的关键贸易品。

贸易日益占据支配地位形成了**资本主义世界经济**（capitalist world economy）（Wallerstein，1982, 2004b），一种致力于为销售和交换而生产的单一世界体系，以利润最大化而不是供给家庭为目标。**资本**（capital）指的是投资于商业的财富或者资源，意在利用生产手段创造利润。

世界体系理论的核心主张是一个可辨认的社会系统，建立在财富和权力分工基础之上，并延伸至单个的国家和民族。这个体系由一整套经济和政治关系组成，这些关系代表了自16世纪即新旧大陆建立联系以来全球大多数地区的特征。

沃勒斯坦（Wallerstein，1982, 2004b）认为，世界体系中的国家占据了三种不同的经济和政治地位：核心、边缘与半边缘。存在一个地理上的中心或**核心**（core），世界体系中的支配地位，包括最强大最有权势的国家。在核心国家中，"经济活动的复杂性和资本积累的水平是最高的"（Thompson，1983，p.12）。利用其复杂的科技和机械化生产，核心国家生产资金密集型高科技产品。这些产品的大多数流向其他核心国家，但也有些进入边缘和半边缘国家。按照阿里西（Arrighi，1994）的观点，核心国家垄断了利

概览

现代世界体系指的是一个全球性的体系，其中的各个国家之间在经济和政治上相互依存。世界经济基于以销售为目的的生产，以利润动机为导向。资本主义世界经济下政治和经济专门化，它基于三种地位：核心、半边缘和边缘。这一分布自16世纪起存在至今，虽然某些特定国家的位置有所变化。

大约从1750年起，工业化促进了农业和制造业的生产。工人从家庭到工厂，从乡村到工业城市。现在的世界体系保持了占有生产资料者和不占有生产资料者的区分。但现在的划分是世界范围内的。中产阶级的技术和专业工人已经加入了这个阶级结构。核心国的资本家和工人与边缘国的工人之间有显著差别。工业化扩散的影响之一是本土民族、文化和资源的削弱。在过去500年间，影响文化互动的主要力量是商业扩张和核心国的权力差异。

骨骼所揭示的"高贵的野蛮人神话"

《华盛顿邮报》新闻简讯
作者：杰克·卢森提尼（Jack Lucentini）
2002 年 4 月 15 日

本则"新闻简讯"报道了一项关于与欧洲人的接触如何扩大了美洲的贸易、族际交往和暴力的规模的研究。该研究关注于一个人类学争论上，即关于战争的起源和性质以及与欧洲接触在推动土著民族之间矛盾中的角色。研究表明美洲印第安人之间的暴力在与欧洲人接触之后增加了。文章开头显示了美洲印第安人生活在史前时期且缺少"文明"的误解。事实上，美洲印第安人发展了国家和"文明"（例如阿兹特克文化、玛雅文化、印加文化），与旧大陆的文明（例如古代美索不达米亚和古埃及）相对。美洲印第安人，最突出的是玛雅人，还发展了文字，用于记载他们的历史——这说明"史前"的标签是不准确的。在阅读的时候，了解为什么接触之暴力增多了，特别注意贸易、疾病和奴隶劫掠。

可回溯至 200 年前的一个听起来很浪漫的观念，认为史前时期如美洲印第安人生活在安宁与和谐中。

然后"文明"出现了，撒下了暴力和纷争的种子。有人认为这种主张很天真。它甚至有一个嘲弄的说法，"高贵的野蛮人神话"。但是新的研究表明"神话"还是至少包含一些真实成分的。研究人员考察了成千上万的美洲印第安人骸骨，发现自克里斯托弗·哥伦布到达新大陆之后的骸骨上的创伤比率较欧洲人到达之前高了50%。"创伤的确是显著增加了，"加州大学圣芭芭拉分校人类学教授沃克（Philip L. Walker）说，他与俄亥俄州立大学的斯特克（Richard H. Steckel）一起进行了这项研究。

结果显示，"美洲印第安人在欧洲人到来之后比之前卷入了更多暴力"，沃克说。但是他强调在欧洲人到达之前也有大范围的暴力。然而，他说："我们可能只是看到了冰山一角。"据前后的暴力级别差异来看，因为有一半枪伤不是在头颅，因此，虽然很多部落用欧洲人提供的枪支横扫对手，但是研究不能检测出很多枪支暴力。

研究结果折射出一场论战，它不仅激起了生存空间的讨论，也引发了激烈的、有时甚至是人类学家之间的彼此攻讦。

它涉及关于人性的两个相对立的观点：我们是本性上暴力的，还是被推入暴力的。

相信后一种观点的人类学家将上述研究发现作为支持其观点的证据："它给我的全部感受是人类不是魔鬼。男性对战争没有根深蒂固的嗜好……他们可以学得非常平和或者极其暴力，"罗格斯大学纽华克分校人类学教授弗格森（R. Brian Ferguson）说。弗格森主张大约 1 万年前，战争事实上是不存在的。但是持相反立场的专家说研究结果也支持他们的观点。

"就暴力而言，增长 50% 相当于从郊区迁移到城市，"加州大学洛杉矶分校人类学教授斯坦尼士（Charles Stanish）说，"这说明美洲印第安人和我们一样。在压力之下，争斗更多。"这项研究周五在布法罗美国体质人类学联合会年会上公布，持不同观点的两方一致认为这项研究是一个重要的贡献……

沃克和同事们考察了 3 375 个前哥伦布时期和 1 165 个后哥伦布时期美洲印第安人的骸骨，考古遗址遍及北美洲和中美洲。

沃克说，北美人多数来自沿海和五大湖区，前哥伦布时期骸骨显示11% 的创伤发生率，后哥伦布时期则是 17%。

沃克说他的发现使他自己感到不可思议。"我完全没有想到，"他说，"但是它不容置疑地表明了暴力，"他补充了一句。大多数增加的骸骨属于年轻男性，"这与今天我们所看到的凶杀案的形式非常接近。"

研究者将"外伤性损伤"界定为任何在骸骨上留下的印记，比如颅骨骨折、已愈合的手臂骨折或者内嵌的箭头或子弹。

沃克说，虽然部分增加的损伤率毫无疑问源于白人的暴力，但是可能更多反映的还是土著对土著的暴力。"在很多个案中，如加利福尼亚周围欧洲人很少——只有几个传教士和成千上万的印第安人。"他说。

沃克说更高的受伤率有多种解释。增多的暴力通常与稠密的人口、定居生活有关，而这是在现代所经历的，同时疾病也可能触发战争，他说。

"加利福尼亚这里有很多与欧洲疾病传入有关的村际战争。人们会将疾病归咎于另一个村子的邪恶的萨满活动，"他说。弗格森列举了其他因素。他说欧洲人经常将土著拖入他们的帝国战争。

"有时，欧洲人通过支持一方使

业已存在的战争更具攻击性。"他补充说。另一些时候，欧洲人使土著相互劫掠奴隶。土著也争夺对贸易点的控制以成为中间商。"有时候这是生死较量，因为它意味着能否得到枪支的区别。"斯坦尼士表示同意。"显然，有一个膨胀的帝国力量的逼近会加剧紧张，"他说……"他们会将你推向某处——进入其他群体。"

"你也会为接近欧洲人而竞争，因为他们代表着某种形式的财富，"他补充说。美洲印第安人为毛皮丰富的地区而战，因为欧洲人会购买毛皮。

斯坦尼士认为，美洲印第安人的战事在那之前就已广泛传播。

纽约州立大学布法罗分校人类学教授奥特本（Keith F. Otterbein）说骸骨研究结果有助于平衡的、中间路线观点。

"那些说没有早期战争的人们——他们也错了。实际上，存在平和的野蛮人的神话。"奥特本说论战不会就此终结；两方都固守自己的意识形态。

"在'高贵的野蛮人'神话之下，"斯坦尼士说，"是极右派和极左派的政治议程。右派试图将'野蛮人'变成我们棕皮肤的小兄弟，需要扶持赶上……而就左派而言，他们有另一个议程，即西方世界是不好的。"

来源：http://www.washingtonpost.com/ac2/wp-dyn?pagename=article&node=&contentId=A48202-2002Apr14; in newspaper on p.A09.

润最高的活动，特别是对世界金融的控制。

半边缘（semiperiphery）和**边缘**（periphery）国家掌握了更少的权力、财富和影响。半边缘处在核心与边缘之间。现代的半边缘国家已经工业化了。像核心国家一样，它们既出口工业品也出口日用品，但它们缺乏对核心国家的权力和经济支配。因此，半边缘国家巴西向尼日利亚（边缘国家）出口汽车，也向美国（核心国家）出口发动机、鲜榨橙汁、咖啡和虾。

边缘国家的经济活动较之半边缘国家机械化程度更低。边缘国家生产原材料、农产品和越来越多地向核心与半边缘国家输出劳工。今天，虽然即使是边缘国家也达到了一定程度的工业化，核心与边缘的关系根本上依然是剥削关系。二者之间的贸易和其他经济关系一边倒地有益于资本主义核心地区（Shannon，1996）。

在当今美国和西欧，合法和非法的移民为核心国家的农业提供廉价劳动力。在美国加利福尼亚、密歇根和南卡罗来纳的广大地域中，来自墨西哥的农业劳动力被大量使用。从非核心国家如墨西哥（在美国）和土耳其（在德国）获得相对廉价的工人使核心国家的农场主和企业主获益，同时也为半边缘和边缘国家的家庭提供了经济收入。作为21世纪通讯科技发展的结果，廉价劳动力甚至无须迁到美国。成千上万印度家庭从事美国公司面向核心国家之外的"外包"工作——从电话远程支援到软件工程。

想想世界最大的信息技术公司IBM的近期动作。2005年7月24日，《纽约时报》报道IBM计划在印度再雇用1.4万名工人，与此同时，解雇了欧洲和美国的约1.3万名员工（Lohr，2005）。上述数字说明正在发生的工作全球化以及技术工作向低薪国家的转移。批评家指责IBM在全球采购最廉价的劳动力以提高公司利润，而这是以美国和其他发达国家的薪水、利益和工作安全为代价的。在解释大量雇佣印度人的问题上，IBM资深副总裁（转引自Lohr，2005）引证印度繁荣的经济对技术服务的波动的需求和将很多印度软件工程师引至世界各地的项目工作的机遇。西欧的技术工人现在要与低薪国家如印度的受过良好教育的工人们竞争，在这些国家，熟练的软件程序员的平均工资只有美国同行的五分之一（1.5万美元对7.5万美元）（Lohr，2005）。

工业化

至18世纪，**工业革命**的平台已经建好——通过经济工业化实现从"传统"社会进入"现代"社会的历史变革（在欧洲，1750年以后）。工业化需要用于投资的资本。已经建立的跨洋商业和贸易体系形成的巨大利润提供了这种资本。富有者寻找并最终在机器和驱动机器的引擎中发现了投资机遇。由于资本和科学创新推动发明，工业化提高了农业和制造业的生产力。

欧洲工业化从家庭制造体系（家庭手工业）发展而来（并最终取代它）。在这种体系下，企业组织者为家中的工人提供原材料并从他们那里收集最终产品。企业家的经营范围可能覆盖几个村庄，他拥有生产资料、支付薪酬并安排经销。

工业革命的起因

工业革命最早出现在棉制品、钢铁和陶器贸易中。这些是广泛使用的商品且其制造可以分解成机器可以实施的简单、常规动作。当制造业从家庭转移到机器取代了手工的工厂的时候，农业社会就演变为工业社会。随着工厂生产便宜的日用品，工业革命带来了生产的大发展。工业化推动了都市发展并创造了一种工厂都集中到煤和劳动力低廉之地的新型城市。

工业革命始于英格兰而非法兰西。为什么？不同于英国，法国人无须通过工业化来转化其家庭制造体制。18世纪晚期，面对增长的产品需求，因为有两倍于大不列颠的人口，法国只需将更多的家庭纳入其家庭制造体系。法国人可以不通过创新增加产量——他们可以扩大既存体系而非采用新的体系。但是，为了满足对日用品上升的需求——国内和殖民地——工人人数较少的英国必须要工业化。

随着工业化的推进，英国的人口开始显著增加。在18世纪翻了一番（特别是1750年之后）而且在1800—1850年又翻了一番。这种人口爆炸推动了消费，但是英国的企业用传统的生产方式无法满足日益增长的需求。这就刺激了实验、创新以及快速的技术变革。

英国的工业化依赖于国家在自然资源方面的优势。大不列颠有丰富的煤和铁矿石、可航行的水路以及可轻松协商进入的海岸。它是一个位于国际贸易中心的海岛国家。这些特征奠定了英国进口原材料和出口制成品的优势地位。英国工业增长的另一个因素是这一18世纪的殖民帝国的殖民者在新大陆照搬欧洲文明时依靠母国。这些殖民地又购买了大量英国产品。同时有人主张特殊的文化价值观和宗教也促成了工业化。因此，很多新出现的英国中产阶级成员是清教徒。他们的信仰和价值观鼓励工业、节俭、新知识的传播、发明以及接受变革的愿望（Weber，1904/1958）。在"宗教"一章中可以看到韦伯探讨了关于清教徒价值观和资本主义的观点。

分层

工业化的社会经济影响是多重的。英国的国民收入在1700至1815年间翻了3倍，而到1939年又增加了30倍。舒适标准提高了，但是繁荣是不平衡的。最初，工厂工人的薪水高于家庭作坊的人。后来，业主们开始从生活水平更低、劳动力（包括妇女和儿童）更廉价的地方招聘劳工。随着工厂区和工业城市发展以及查尔斯·狄更斯的（Charles Dickens）《艰难时世》（*Hond Times*）中描绘的状况的出现，社会弊病增加了。污物和烟尘污染了19世纪的城市。住房拥挤且不卫生，供水和排污设施缺乏、疾病与死亡率上升。这是埃比尼泽·斯克鲁奇（Ebenezer Scrooge）、鲍勃·克拉特基特（Bob Cratchit）、小蒂姆（Tiny Tim），以及卡尔·马克思（Karl Marx）所面对的世界。

工业分层

社会理论家卡尔·马克思和马克斯·韦伯关注与工业化相关的分层体系。从对英国的观察和对19世纪工业资本主义的分析中，马克思（Marx and Engels，1848/1976）看到社会经济分层作为两个对立阶级之间尖锐和简单的划分：资产阶级（资本家）和无产阶级（无财产的工人）。资产阶级的源头可追溯至海外探险和转变了西北欧的社会结构、创造出富裕商人阶级的资本主义经济。

工业化将生产从农场和家庭转移至作坊和工厂，可以运用机械动力，工人们可以组织起来操作重型机器。**资产阶级**（bourgeoisie）是工厂、矿山、大型农场和其他生产资料的所有者。**工人阶级**（working class）或者说无产阶级，由那些被迫的、靠出卖劳动力以求生存的人组成。随着生活资料生产的减少和城市移民以及失业可能性的上升，资产阶级开始身处工人和生产资料之间。工业化加速了无产阶级化——工人和生产资料分离——的进程。资产阶级也支配了通讯方式、学校和其他关键机构。马克思认为民族国家是压迫的工具，而宗教是转化和控制大众的手段。

阶级意识（对共同利益的认识和个人对自己的经济集团的认同）是马克思阶级观的重要部分。他视资产阶级与无产阶级为利益激烈对立的社会阶级划分。认为阶级是强大的集体力量，可以调动人类能量影响历史进程。在共同经历的基础上，工人们会形成阶级意识，而这会导致革命性的变化。虽然英国没有发生无产阶级革命，但是工人们确实成立了组织以保护自身利益和增加产业利润的份额。在 19 世纪期间，工会和社会党出现，表达出反资本主义的精神。

英国工人运动的关注点是消除工厂的童工和限定妇女儿童的工作时间。核心工业国的轮廓逐渐成形。资本家控制了生产，但是劳工们组织起来要求更好的薪酬和工作条件。至 1900 年，很多政府有了工厂立法和社会福利项目。核心国家大众的生活水平提高了，人口也在增长。

在今天的资本主义世界体系中，所有者与工人之间的阶级划分已经遍布世界。但是，公开贸易的公司使工业国中资本主义和工人之间的划分复杂化了。通过养老金计划和个人投资，很多美国工人现在在生产资料方面有某些业主权益。他们是共有者而非无产工人。关键的区别在于富人控制这些方式。现在最重要的资本家不是那些可能已被成千上万股东代替的工厂主，而是首席执行官（CEO）或者董事会主席，这两者可能都不真正占有公司。

现代分层体系不是简单和二分的。这部分人包括（尤其是在核心国和半边缘国家）技术和专业工人组成的中产阶级。伦斯基（Gerhard Lenski，1966）认为，在发达的工业国中社会平等倾向于加强。公众得到经济利益和政治权力的途径得以改善。在伦斯基的方案中，政治权力向公众的转移反映了中产阶级的增长，这减轻了所有者和工人阶级之间的两极分化。中产阶级队伍的壮大为社会流动创造了机会。分层体系也变得越来越复杂了（Giddens，1973）。

韦伯认为马克思的分层观过于简单和纯经济，他（Weber，1922/1968）定义了社会分层的三个维度：财富（经济地位）、权力（政治地位）和声望（社会地位）。虽然如韦伯所表明的，财富、权力和声望是社会等级的三个单独组成部分，但是它们也确实是相互关联的。韦伯也相信社会身份是基于民族、宗教、种族、国籍和其他优先于阶级的因素的（社会身份基于经济地位）。除了阶级差异，现代世界体系被地位集团如族群、宗教团体和国家所切割（Shannon，1996）。阶级矛盾倾向于出现在国家内部，国家主义已经阻碍了全球阶级特别是无产阶级的团结。

虽然资产阶级在大多数国家的政治上占据统治地位，但是增长的财富使核心国家付给本国公民更高的薪酬变得容易（Hopkins and Wallerstein，1982）。如果没有世界体系，核心国家工人生活水平的提高是不可能出现的。从半边缘和边缘来的充足且廉价的劳动力使核心国的资本家在保持利润的同时满足核心国工人的需求。在边缘国家，薪酬和生活水平要低得多。现在的世界分层体系表现了核心国资本家和工人与边缘国工人之间的本质区别。

亚洲工厂的女工

耐克（Nike），世界头号运动鞋生产商，在制鞋方面严重依赖亚洲劳动力。耐克将制鞋业转包给越南、印度尼西亚、中国、泰国和巴基斯坦的工厂。大多数职工是 15 岁至 28 岁的妇女。耐克的亚洲转包商以及耐克公司本身的做法，已经受到国际媒体、劳工和人权组织的质疑。公众的注意力集中在鞋子由非常廉价的亚洲劳动力生产然后在北美以高达 100 美元一双的价格出售这一事实。一些越南裔美国人组织成立了一个新的NGO（非政府组织）——越南劳工观察（Vietnam Labor Watch）。在耐克公司的配合下，该组织调查了耐克公司在越南经营的情况——最终给出了耐克及其转包商同意执行的建议。

越南劳工观察组织证实工资水平、工作条件存在问题。在亚洲范围内，耐克员工的平均工资是 1.84 美元一天。在越南胡志明市，简单的一日三餐要花费 2.10 美元，耐克员工每天却只能拿到 1.60 美元。健康作为工厂安全也是一个关注点。工人们不得不忍受高温和充斥着颜料、胶水化学气味的糟糕的空气。

耐克年轻的女员工，和在"生计"一章中讨论的马来西亚电子厂的工人一样，需要穿制服。在严格控制之外，还有军事训练营的氛围。工人们被欺负、侮辱，而且要服从严苛的律令。每 8 个小时，工人们只被允许有一次上厕所的时间和两次喝水的机会。工人们抱怨存在肢体虐待、男性管理者的性骚扰，以及外国管理者（韩国人）的侮辱。前文提到的马来西亚工厂的女工用神灵附体来发泄对工作状况的失望。耐克的越南员工采取了一些更有效果的行动。她们采取了工会策略，包括罢工、停工和拖拉。她们还获得了非政府组织国际劳工组织和对此很关注的越南裔美国人的支持。通过这些努力和行动她们得以改善工作状况和提高薪水。

开放和封闭的阶级体系

已成为国家社会结构一部分的不平等趋向于持续多代。其程度是对分层体系开放及其所允许的社会流动的容易度的衡量。在世界资本主义经济中，分层有多种形式，包括种姓制、奴隶制和阶级制。

种姓制（caste systems）是封闭的、分层的等级系统，通常是由宗教决定的。等级的社会地位是从出生就决定的，所以人们被锁定在父母的社会地位中。种姓界线被严格地界定，法律和宗教制裁被用于反对那些企图越界的人。世界上最有名的种姓制度在传统印度，与印度教相关。正如加尔干（Gargan，1992）所描绘的，虽然种姓制度在 1949 年已被正式废除了，但基于种姓的分层在现代印度社会依然很重要。估计约有 500 万成人和 1 000 万儿童是抵债劳工。这些人完全生活在奴役状态下，工作是为了偿还实际或者想象的债务。他们中的多数是不可接触者，是处在种姓等级底端的贫困且无权的人。有些家庭已经被束缚了数代；人们一出生就成为奴隶，因为他们的父母或者祖父母曾经被卖为奴隶。抵债工人在采石场、砖窑和稻田艰苦劳作却没有报酬。

类似种姓制度的种族隔离直到近期依然存在于南非（见"课堂之外"）。在那个依法存在的等级制中，黑人、白人和亚洲人各有独立（且独一无二）的街区、学校、法律和惩罚。

奴隶制（slavery）是最无人道、最可鄙的分层形式，人们在其中被待如财产。在大西洋奴隶贸易中，数以百万计的人被当做商品。加勒比、南美和巴西的种植园就是建立在强迫奴隶劳动的基础上的。奴隶们没有任何生产资料。在这一点上，他们与无产阶级相似。但无产阶级至少在法律上是自由的。和奴隶不同，他们对在哪里工作、做多少工作、为谁工作以及如何支配自己的工资方面有一些控制权。相反，奴隶则被迫在主人的随心所欲下生活和工作。奴隶被界定为次等人，缺乏法律上的权利。他们可以被买卖和转售；他们的家庭被拆散。奴隶没有可以出卖的东西，即使是他们自己的劳动力（Mintz，1985）。奴隶制是最极端、胁迫和虐待的合法的不平等形式。

垂直流动（vertical mobility）是一个人社会地位的向上或者向下变化。一个真正开放的**阶级系统**（open class system）会便于流动。个人成就和个人优点决定社会等级。等级的社会地位在人们努力的基础上实现。赋予地位（家庭背景、民族、性别、宗教）变得次要。开放的阶级体系模

有关奴隶制问题，见在线学习中心的在线练习。

mhhe.com/kottak

课堂之外

南非种族隔离的残余

背景信息

学生：
Chanelle Mac Nab

指导教授：
Les Field

学校：
新墨西哥大学

年级/专业：
大四/人类学（民族学）

计划：
攻读研究生或者进医学院

项目名称：
南非种族隔离的残余

注意作者在描述一次国外经历时运用的个人观点和个人插曲。若身处作者的状况，你将作何反应？对于南非依然残留有种族隔离你感到震惊吗？

我因一个国际交流项目在非洲博茨瓦纳（Botswana）待了6个月。我在6个不同的村子生活，了解到了牧民的乡村生活。期间，我到南非、纳米比亚和津巴布韦游历，看到了不同程度的种族主义。我的高加索人种的肤色使我得以观察白人和黑人对种族主义的态度与观点。

种族隔离，是一个阿非利坎语词汇，字面意思是"分离"。它是1948年民族主义党掌权后在南非实行的种族隔离政策。种族隔离成为世界上最臭名昭著的种族主义形式之一。

在去南非之前，与我的多数美国同伴一样，鉴于他们造就的所有仇恨和暴力，我不认为南非白人有什么好的。但是，一旦我在南非住下来，我意识到我也在下判断。在我与南非白人（接触）的个人经历中，我发现他们与描绘他们的刻板印象截然相反。对我而言他们是友善和仁爱的，经常让我搭车、提供饭食和免费住宿。不幸的是他们对于种族的观点将他们与世界隔开了。我必须暂停对白人的指责，并且认识到白人和黑人一样都是各自文化制约的产物。他们是自己文化建构的受害者。诚然，白人在种族主义上能够采取新的立场。南非若想为全非洲的白人和黑人建设一个公正合理的将来，必须超越种族问题而为团结奋斗。

为什么本来是非种族主义的政府，如南非的邻国博茨瓦纳和纳米比亚，允许白人进入并推行种族主义法律呢？其答案在于非洲的历史。殖民政权将非洲大陆划上界线将之分割成碎片。由于殖民规则对非洲的统治贯穿整个20世纪，我推测种族主义在所有白人占少数的国家中被采用和推行以作为维持政权的一种努力。

我在南非逗留期间遇到的最大挑战是要克服在种族问题上与白人众多的分歧。每天我自身的信仰和文化规范都受到这个陌生文化的挑战。我与白人和黑人就种族问题进行了大量对话。以下是其中一篇日记的摘录。

8月14日——今晚我和雷伊（一个开车将我从纳米比亚送到博茨瓦纳的南非白人）去参加一个年度农贸市场的开幕式……我知道种族隔离1994年才结束，还有，虽然种族隔离表面上已经取消了，但是仍然潜藏着。这些想法从未像今晚这样看起来如此真实……当我们驶入集市的场地时，我可以看到数百位黑人对着灯笼的微光跳舞的身影。响亮的非洲音乐在我听来很熟悉……我们没有继续向黑人所在的地方行驶，而是向左急转来到了集市的白人区。白人们正围着篝火喝酒，同时他们的黑人佣人在烧火和准备食物。我惊讶地发现我正站在一片隔离的土地上。我不敢相信我是在博茨瓦纳而不是南非。与白人在一起的每一刻都让我觉得不自在，我无法向这些人表示认同……我的皮肤之下感到愤怒，因为他们不知道我内心是谁。没错，我是白人，但我不是他们中的一员……我觉得内疚，仿佛背叛了我所有的黑人朋友和黑人房东一家人……虽然很艰难，我还是保持冷静并告诉雷伊，因为我的成长环境我永远不可能像他一样看待这种情况。雷伊承认他的孩子的孩子可能有一天看法会和我一样。当我和雷伊离开

糊了阶级界线和各式各样的身份地位。

与非工业国家和现代的边缘、半边缘国家相比，核心工业国家倾向于拥有更开放的阶级系统。在工业主义之下，财富在某种程度上是建立在**收入**（income）——工资和薪水所得——基础上的。经济学家将这种劳动回报与财产或者资本回报所得的利息、红利、租金和利润相对照。

当今的世界体系

在本章的"趣味阅读"中，我们将看到世界经济也可以在核心国家内部制造出边缘区域，比如美国南部的乡村地区。世界体系理论强调一种全球文化的存在。它强调地方民族和国际力量之间的历史交流、联系和权力差异。在过去500年间影响文化互动的主要力量是商业扩张、工业资本主义和殖民、核心国家的权力差异（Wallerstein，1982，2004b; Wolf，1982）。像国家形成一样，工业化加速了地方参与到更大的网络中。根据柏德利的观点（Bodley，2001），永无止境的扩张（无论是人口还是消费）是工业经济体系的突出特征。队群与部落是小型、自给自足和以维持生活为基础的系统。相反，工业经济是大型、高度专业化的系统，该系统中地方不消费自己生产的产品、市场交换以利润为远处动力而出现（Bodley，2001）。

1870年以后，欧洲企业纷纷开始在亚洲、非洲和其他不太发达地区寻找市场。这一进程产生了非洲、亚洲和大洋洲的欧洲帝国主义。**帝国主义**（imperialism）指的是将一个国家或者帝国如大英帝国的规则扩展至外国并占领和持有外国殖民地的策略。殖民主义指的是在一段持续的时间内，外国政权在政治、社会、经济和文化上对某一领土的控制。欧洲帝国主义的扩张得益于交通的改善，它使得大量新的区域变得容易到达。欧洲人也对北美洲、南美洲和澳大利亚腹地先前没有人或者很少人定居的广大区域进行殖民。新的殖民者从工业中心购买大量货物，同时运回小麦、棉花、羊毛、羊肉、牛肉和皮革。于是开始了殖民主义的第二阶段（第一阶段是哥伦布发现新大陆之后），欧洲国家在1875至1914年间争夺殖民地，这一进程是第一次世界大战的因素之一。

在持续至今的过程中（表23.1），工业化已传播至许多其他国家。至1900年，美国成为世界体系内的核心国家。它已在铁、煤和棉花生产

🖥 随书学习视频

全球化

第23段

该视频片段将1890年与现在进行了对比，提及了贝尔、爱迪生、卡耐基和摩根等人的发明和努力所带来的技术进步。一个世纪之前，自由放任的经济政策使工业巨头们得以增加利润和积聚财富。美国从半边缘到达核心。视频提到了作为资本主义阴暗面的血汗工厂、童工和低薪。今天，跨国公司日益在国际范围内运营，超出了统一的国家法律的界限。这在创造新的商机的同时也引发了新的法律、伦理和道德质疑。视频中描述的地球村的技术基础是什么？该视频还表明，由于世界是如此紧密地整合在一起，以至于亚洲的事件会立即波及西方。你能想出一些例子吗？

理解我们自己

多数美国人认为他们属于并且宣称认同中产阶级，他们倾向于认为那是一个庞大的没有差异的群体。然而，美国的阶级系统并不像多数美国人预设的那样开放和没有差异。最富裕的美国人和最贫困的美国人之间在收入和财产上有本质的区别，而且这种差距正在拉大。根据美国统计局的数据，1967年至2000年，最顶端的（最富裕）五位或者五分之一家庭在国民收入中占有的份额上升了13.5%，其他所有的均在下降。最底端的五分之一的跌幅最明显——17.6%。2003年，收入最高的五分之一美国家庭占据了整个国民收入的48%，而收入最低的五分之一仅占4%。最富裕的五分之一美国家庭的年均收入是141 621美元，比最贫穷的五分之一高14倍，他们的年均收入只有10188美元（美国统计局，2004），而这种趋势今天仍在延续。当我们考虑财产而不是收入的时候，对比更为惊人：1%的美国家庭持有国家财富的三分之一（Calhoun, Light, and Keller, 1997）。理解自身意味着认识到我们关于阶级的意识形态与社会经济现实不相符合。

成为了核心国。

20世纪的工业化增加了数百个新产业和数百万新的工作岗位。产量增加，经常超出直接需求。这刺激了广告之类的策略以销售工业批量生产的所有东西。大规模生产导致了过度消费文化，推崇获取和突出的消费（Veblen, 1934）。工业化伴随着从依赖可再生资源到依赖矿物燃料如石油的转变。从矿物燃料中获取的能量储藏了几百万年，现在正在衰竭，以支持之前未知和可能不可持续的消费水平（Bodley, 2001）。

表23.2对比了多种类型文化中的能源消耗。美国是世界上不可再生资源的首要消耗者。就能源消耗而言，美国人人均消耗比觅食者或者部落民高35倍。自1900年以来，美国人均能源使用已经翻了3倍。能源消耗总量增加了30倍。

表23.3对比了美国和选取的其他国家的人均和能源消耗总量。美国占了每年世界能源消耗的23.7%，中国占了10.5%，但是美国的人均消耗量是中国的10倍和印度的26倍。

工业退化

工业化和工厂劳动是现在很多拉丁美洲、非洲、太平洋地区和亚洲社会的特征。工业化扩散的影响之一是本土经济、生态和人口的破坏。

两个世纪之前，工业化正在发展，尚有5 000万人生活在边缘之外独立的队群、部落和酋邦中。这些非国家社会，占有广袤的土地，虽然不是完全孤立，但也只是在边缘受到民族国家和资本主义经济的影响。1 800个队群、部落和酋邦控制了半个地球和全世界20%的人口（Bodley, ed.,

生物文化案例研究

本书最后一章末的"主题阅读"探讨了当今美国的"超大化"和过度消费。

方面超过了英国。几十年后（1868—1900），日本从一个中世纪的手工业国家变成了工业国，至1900年加入了半边缘国家又在1945年至1970年

表23.1	世界体系中国家和地区的上升与衰落	
边缘到半边缘	**半边缘到核心**	**半边缘到核心**
美国（1800—1860）	美国（1860—1900）	西班牙（1620—1700）
日本（1868—1900）	日本（1945—1970）	
中国台湾（1949—1980）	德国（1870—1900）	
韩国（1953—1980）		

来源：Thomas Richard Shannon, *An Introduction to the World-System Perspective*, 2nd ed.（Boulder, CO: Westview Press,1996），p.147.

美国边缘

世界经济的影响也可以在核心国家内部制造边缘区域，如美国的南部乡村地区。对田纳西州两端的两个县的比较研究中，科林斯（Thomas Collins, 1989）回顾了工业化对贫困和失业的影响。希尔县（Hill County）位于田纳西州东部的坎伯兰高原（Cumberland Plateau），居民为阿巴拉契亚白色人种。德尔塔县（Delta County）位于田纳西州西部密西西比河低地地区，距孟菲斯（Memphis）60英里（约97公里），以非裔美国人为主。两个县的经济都是农业和木材为主导，但是这些部门的工作机会随着机械化的出现急剧减少。两县的失业率均比整个田纳西州的失业率高2倍。各县都有三分之一的人口生活在贫困线以下。这样的小块贫困区代表着现代美国边缘世界的一部分。由于工作机会有限，受教育程度最高的当地青年迁移到北部城市已经三代了。为了增加就业，当地官员和企业管理部门尝试从外界吸引企业。他们的努力是更广泛的南部乡村策略的典范，该策略始于20世纪50年代，通过"良好的商业气候"——这意味着低租金、廉价的设施和没有工会的劳务市场——的招牌招商引资。但是，很少有公司被贫困和教育程度低的劳动力吸引。所有来到这类区域的企业面临的是有限的市场支配力和微薄的利润。这些公司依靠支付低工资和让渡极小的利益存活，还伴随着频繁的解雇。这些企业倾向于注重传统的女性技艺如缝纫，吸引的也主要是妇女。

高度流动的制衣业是希尔县主要的用人单位。制衣厂可以迅速迁移到其他地方，这往往会减少对雇员的需求。管理者可以随心所欲地独断专行。失业率和低教育水平保证了妇女会接受只略微高于最低工资的缝纫工作。在两个县，新产业都没有为失业率比女性更高的男性带来更多的就业（像是黑人之于白人）。科林斯发现希尔县的很多男人从未被永久雇用过；他们只是做临时工，总是为了现金。

工业化在德尔塔县的影响是相似的。该县的招商引资也只吸引到一些边缘产业。最大的是一家自行车座和玩具制造商，它雇用的妇女占60%。其他两家大型工厂，制造服装和汽车椅套，雇用了95%的妇女。鸡蛋生产在德尔塔县一度非常突出，但是当鸡蛋市场随着人们对胆固醇后果的关注而萎缩，该产业也倒闭了。

被工业化忽略的两个县的男性保留着一种非正式经济。他们通过个人网络贩卖和交易旧货。他们做临时的工作，比如操作农场设备以日或者季节为单位。科林斯发现拥有一辆汽车是男性为他们的家庭所作的最重要和最突出的贡献。两个县都没有公共交通；希尔县甚至没有校车。每家需要汽车送妇女上班和送孩子上学。男人如果能驾驶里程最长的老旧汽车就能受到特殊的尊敬。

让男人们表现的工作机会的减少——这在美国文化中被赋予重要意义——产生了自我价值降低的情绪，并通过肢体暴力来表达。希尔县的家庭暴力比率超出了州平均水平。家庭暴力源于男人控制妻子薪水的要求。（男人将赚到的现金视为自己的，花费在男性活动上。）

两个县的重要区别在于工会。在德尔塔县，组织者开展了成功的工会组织运动。在田纳西州，对工人权利的态度与种族相关。南部乡村的白人若有机会通常不会投票赞成工会，而非洲裔美国人更倾向于挑战管理的薪酬和工作规则。当地黑人视自己的工作条件为黑人与白人的比较而不是从工人阶级团结的立场出发。他们被工会吸引是因为他们在管理位置上只看到白人，对白人工厂工人有差别的晋升感到怨恨。一个管理者向科林斯表示，"一旦一个工厂里的劳动力中黑人占到三分之一，那么不出一年就会产生工会代表"（Collins，1989，p.10）。为了应对这种工会联合的可能性，日本资本家不在密西西比河低地主要的非洲裔美国人的县设厂。田纳西州的日本工厂集中在东部和中部。南部乡村（和其他地区）的贫困地带代表了现代美国内部的世界边缘。通过机械化、工业化及其他由更大体系推动的变迁，当地人被剥夺了土地和工作。在多年的工业发展之后，希尔县和德尔塔县依然有三分之一的人口生活在贫困线以下。当机遇减少的时候，受过教育的、有天赋的当地人的移民依然在延续。科林斯总结说，乡村贫困不能通过吸引边缘产业来缓解，因为这些公司缺乏市场支配力来提高工资和收益。这些县和广大南部乡村需要不同的发展策略。

表23.2	多种背景下的能量消费
社会类型	每人每天千卡路里
队群和部落	4 000~1.2万
前工业社会	2.6万（最大值）
早期工业社会	7万
1970年的美国	23万
1990年的美国	27.5万

来源：John H.Bodley,*Anthropology and Contemporary Human Problems*（Mountain View, CA:Mayfield,1985）.

表23.3	选定国家的能量消费，2002年	
	总量	人均
世界	411.2*	66**
美国	97.6	342
中国	43.2	33
俄罗斯	27.5	191
德国	14.3	173
印度	14.0	13
加拿大	13.1	418
法国	11.0	184
英国	9.6	162

* 411.2（百万的四次方）（411 200 000 000 000 000）英热。
** 66（百万）英热。
来源：Based on data in *Statistical Abstract of the United States*,2004-2005（Table 1367）,and *Statistical Abstract of the United States*,2003（Table 1365）.

1988）。工业化颠覆了平衡使之有利于国家。

随着工业国征服、吞并和"发展"非国家社会，种族屠杀（Genocide）大规模出现了。种族屠杀指的是通过战争和谋杀消灭某个群体的有意的策略。如"民族与种族"一章中讨论的针对犹太人的大屠杀（Holocaust）、1994年卢旺达种族大屠杀和波斯尼亚大屠杀。柏德利（Bodley,1988）估计在1800至1950年间，每一年平均有25万个土著人被杀害。除了战争，原因还包括外界的疾病（土著居民对此缺乏抵抗力）、奴隶制、争夺土地以及其他形式的剥削和贫困。

很多本土人群已经并入民族国家，成为其中的少数民族。很多类似的群体人口得以恢复。很多土著民族尽管程度不等（部分灭绝）地丢失了祖先文化，但依然存活下来并保持他们的族群认同。很多部落民的后裔伴随着独特的文化和被殖民的自我意识继续生活，他们之中的很多人渴望自治。作为自己领地的原住民，他们被称为**土著人**（indigenous peoples）（参见 Maybury Lewis, 2002）。在世界范围内，很多现代国家正在重蹈——以更快的速率——工业革命期间始于欧洲和美国的资源消耗的覆辙。幸运的是，当今世界有一些在工业革命的头几个世纪不存在的环境监督部门。有了国家和国际合作与制裁，现代世界也许能够从以往的教训中获益。

本章小结

1. 地方社会日益参与到更大的系统中——区域的、国家的和全球的。哥伦布航行为新旧大陆之间主要和持续至今的交换开辟了道路。17世纪加勒比和巴西的种植园经济是建立在糖的基础上的。18世纪，建立在棉花基础上的种植园经济开始在美国东南部出现。

2. 资本主义世界经济为销售而生产，以利润最大化为目标。世界资本主义有基于三种地位的政治和经济专门化。核心、边缘与半边缘自16世纪起就已存在，虽然特定国家在其中的位置有了变化。

3. 工业革命始于1750年前后。跨洋贸易为商业提供了资本和工业投资。工业革命始于英格兰而非法兰西，因为法国工业可以通过扩展家庭体制得到增长。英国，人口更少，需要工业化。

4. 工业化加速了工人与生产资料的分离。马克思（Marx and Engels, 1848/1976）视社会经济分层为两个对立阶级之间的尖锐划分：资产阶级（资本家）和无产阶级（无财产的工人）。阶级意识是马克思阶级观的重要部分。韦伯相信社会身份是基于民族、宗教、种族或国籍可以优先于阶级的因素的。当今的资本主义世界体系保持了持有生产资料者和不持有生产资料者之间的区分，但是划分现在已经遍及全世界了。现代分层体系包含一个由技术工人和专业工人组成的中产阶级。

5. 国家主义已经阻碍了全球阶级的团结。核心国资本家和工人与边缘国工人之间存在着本质区别。不平等持续几代的程度是对分层体系开放和其所允许的社会流动的容易度的衡量。在世界资本主义经济中，分层有多种形式，包括种姓制、奴隶制和阶级制。

6. 在过去500年间影响文化互动的主要力量是商业扩张和工业资本主义。19世纪，工业化传播至比利时、法国、德国和美国。1870年以后，商界纷纷开始寻找更安全的市场。这一进程导致了非洲、亚洲和大洋洲的帝国主义。

7. 至1900年，美国已经成为核心国。大规模生产导致了推崇获取和突出的消费的文化。工业化扩散的影响之一是本土经济、生态和人口的破坏。两个世纪之前，5 000万人生活在独立的队群、部落和酋邦中。工业化打破了平衡使之偏向于国家。

关键术语

见动画卡片。
mhhe.com/kottak

资产阶级 bourgeoisie 马克思的两个对立阶级之一；生产资料的占有者（工厂、矿山、大型农场和其他物质资源）。

资本 capital 财产或者投资于商业的资源，意图在于生产利润。

资本主义世界经济 capitalist world economy 一种出现于16世纪的单一世界体系，致力于为销售而生产，以利润最大化而不是供给家庭需求为目标。

种姓制 caste system 种姓制是封闭的、分层的等级系统，通常由宗教决定；等级的社会地位是由出身决定的，所以人们被锁定在父母的社会地位中。

核心 core 世界体系中支配的结构性地位，包括最强、最有权势、生产体系最先进的国家。

帝国主义 imperialism 将一个国家或者帝国的规则扩展至外国并占领和持有外国殖民地的策略。

收入 income 工资和薪水所得。

土著人 indigenous peoples 特定领地的原住民；经常是部落民的后裔，他们伴随着独特的文化和被殖民的自我意识继续生活，他们之中的很多人渴望自治。

工业革命 Industrial Revolution 通过经济工业化实现的从"传统"到"现代"社会的历史变革（在欧洲，是1750年以后）。

开放的阶级系统 open class system 便于社会流动，个人成就和优点决定社会等级的分层体系。

边缘 periphery 世界体系中最弱的结构位置。

半边缘 semiperiphery 世界体系中介于核心和边缘之间的结构位置。

奴隶制 slavery 奴隶制是最极端、最可鄙、最残暴和最无人道的被合法化的分层形式；人在其中被待如财产。

垂直流动 vertical mobility 垂直流动是一个人社会地位的向上或者向下变化。

工人阶级 working class 或称无产阶级；那些必须靠出卖自己的劳动力生存的人；在马克思的阶级分析中与资产阶级相对。

思考题

更多的自我检测，见自测题。
mhhe.com/kottak

1. 根据世界体系理论，各社会是更大体系的子系统，而世界是最大的体系。各种不同层次的体系有哪些？你参与的是哪一种？

2. 就核心国家、半边缘国家和边缘国家分别给出两个例子。有哪个国家已经准备好从一边移到另一边（如从半边缘到核心或是相反）了吗？出现这种变化的最近的例子是哪一个国家？

3. 工业社会中的社会分层是如何随着时间变化的？比较19世纪50年代（狄更斯和马克思时代）的伦敦和今天的伦敦。

4. 马克思和韦伯关于社会分层的观点有何不同？哪种观点在你看来更合理？为什么？

5. 你所在社会阶级体系的开放程度如何？描述其开放和封闭的部分。

补充阅读

Abu-Lughod, J. L.

1989 *Before European Hegemony: The World System A. D. 1250-1350.* New York: Oxford University Press. 欧洲大发现和资本主义世界经济之前的地区经济和政治。

Arrighi, G.

1994 *The Long Twentieth Century: Money, Power, and the Origins of Our Times.* New York: Verso. 现代世界体系中核心国家如何掌控财政和权力。

Braudel, F.

1973 *Capitalism and Material Life: 1400-1800.* London: Fontana. 在资本主义历史中大众的角色。

1992 *Civilization and Capitalism, 15th-18th Century.* Volume III: The Perspective of the World. Berkeley: University of California Press. 世界资本主义经济的兴起；欧洲和世界其他地区不同国家的历史。

Crosby, A. W. Jr.

2003 *The Columbian Exchange: Biological and Cultural Consequences of 1492.* Westport, CT: Praeger. 描述了哥伦布的航海如何打通了人口、资源交换的路径，表述了旧世界和新世界从此永远交融在一起的观点。

Diamond, J. M.

1997 *Guns, Germs, and Steel: The Fates of Human Societies.* New York: W. W. Norton. 从生态角度看世界历史中的扩张和征服。

Fagan, B. M.

1998 *Clash of Cultures*, 2nd ed. Walnut Creek, CA: AltaMira. 欧洲领土扩张中的文化冲突。

Kardulias, P. N.

1999 *World-Systems Theory in Practice: Leadership, Production, and Exchange.* Lanham, MD: Rowman and Littlefield. 世界体系理论语境下的社会系统、社会变迁和经济历史。

Kearney, M.

2004 *Changing Fields of Anthropology: From Local to Global.* Lanham, MD: Rowman and Littlefield. 墨西哥人视角中的全球化。

Mintz, S. W.

1985 *Sweetness and Power: The Place of Sugar in Modern History.* New York: Viking Penguin. 现代世界体系形成过程中的一个糖产地。

Shannon, T. R.

1996 *An Introduction to the World-System Perspective*, 2nd ed. Boulder, CO: Westview Press. 世界体系理论和发展问题的有用的评论。

Wallerstein, I. M.

2004a *The Decline of American Power: The U.S. in a Chaotic World.* New York: New Press. 沃勒斯坦指出了美国将在21世纪的世界体系中衰落的背后的原因。

2004b *World-Systems Analysis: An Introduction.* Durham, NC: Duke University Press. 世界体系理论基础，由这一领域的大师写成。

Wolf, E. R.

1982 *Europe and the People without History.* Berkeley: University of California Press. 一位人类学家考察了欧洲扩张对部落民的影响，阐释了世界体系理论在人类学中的应用。

Wolf, E. R., with S. Silverman

2001 *Pathways of Power: Building an Anthropology of the Modern World.* Berkeley: University of California Press. 现代世界中的政治人类学比较研究。

1. 阅读Laura Del Col的文章《19世纪英国产业工人的生活》（"Life of the Industrial Workers in Nineteenth-Century Britain"）（http://www.victorianweb.org/history/workers2.html）。文中包含了一个议会小组指责英国工厂投资状况的报告的片段。

 a. 工人们的状况怎样？他们的生活怎样？他们的工作呢？他们的期望是什么？

 b. 孩子们的状况怎样？

 c. 这些生活故事与一两百年前处于工业社会的英国所讲述的故事相比，在哪些方面是不同的？

 d. 这些状况与今天的英国相比如何不同？世界上有哪些区域的工人为认同这些论述？

2. 登录联合国人类发展报告（HDR）的网站：（http://hdr.undp.org/statistics/data/）。在这里你可以获得关于世界各国的各种数据，你可以按国家、指标或者数据表检索这些以印刷版HDR顺序排列的数据。点击"按照指标的数据"。点击"人均GDP，美元"。

 a. 看各国2002年（右侧一栏）的人均GDP（国内生产总值）。哪个国家的人均GDP最高？阿拉伯国家和世界上最不发达国家在人均GDP（见表的底部）方面相比如何？与美国相比呢？

 b. 返回主页，点击"人类发展和收入增长"动画。点击底部的"下一个"，查看作为人类发展指数（HDI）基础的三维动画。它们是什么？

 c. 返回主页并点击"按国家的数据"。点击"马来西亚，数据"。马来西亚在人类贫困指数（HPI）中位列第几？自1975年以来，马来西亚的人类发展指数是上升了还是下降了？

 d. 返回主页并自由选择查看关于三个国家的数据和指标。将这三个国家的三个重要指标进行比较。

请登录McGraw-Hill在线学习中心查看有关第23章更多的评论及互动练习。

科塔克，《对天堂的侵犯》，第4版

 当科塔克于1980年重访阿伦贝培时，巨大的、令人瞩目的转变是显而易见的。三项经济变化使阿伦贝培牢牢陷入巴西国内以及世界资本主义经济中：（1）捕鱼业的变化，从风力到电力；（2）高速路的开通和旅游业的兴起，吸引来自世界各地的人们；（3）附近工厂的建设及相伴随的阿伦贝培水资源的化学污染。阅读第8章，描述这些变化是如何影响阿伦贝培的经济及其社会经济分层模式的。

彼得斯-戈登，《文化论纲》，第4版

 本章讨论了工业世界体系扩散的后果。许多觅食社会发现其生活方式受到了威胁。二三十年以前，多布桑人保持着更为传统的生活方式。现在，他们发现自己已经被完全拉进了市场经济，不仅受到学校和医院等机构的影响，也受到军事化、内战、定居、重新安置以及政府控制的影响。阅读《文化论纲》的第6章"多布桑人：互惠与分享"。现代世界体系的哪种影响在现今朱/霍安西人的生活中得到了表现？朱/霍安西人的传统是平均主义和互惠。据报道，Dobe的朱/霍安西人依然将这些价值观奉为至上。你认为他们可以将其没有人应该被剥夺生命的必要性这一信仰与现代状况的要求整合在一起吗？为什么能或为什么不能？

克劳福特，《格布斯人》

 阅读第7章和结论。根据第7章，至1998年，现代世界体系对格布斯产生了什么影响？这些变化是如何影响格布斯人的朴素的渴望（material aspirations）的？它们是如何影响格布斯人与外人之间的主导模式的？根据结论，你认为格布斯人与现代世界体系的互动历史是幸运的还是无法与其他非西方民族比拟？为什么是这样或为什么不是？

链接（right margin label）

第**24**章
殖民主义与发展

章节大纲：

殖民主义

在上一章，我们看到 1870 年以后，欧洲企业纷纷开始在亚洲和非洲寻找市场。这一进程导致了非洲、亚洲和大洋洲的欧洲帝国主义。帝国主义指的是将一个国家或者帝国如大英帝国的统治延伸至外国并占领和持有外国殖民地的方针。**殖民主义**（colonialism）指的是在一段持续的时间内，外国政权在政治、社会、经济和文化上对某一领土的控制。殖民主义的影响不会仅仅因为独立被承认而消除。

帝国主义

帝国主义可追溯到早期国家，包括旧大陆的埃及和新大陆的印加帝国。亚历山大大帝缔造了希腊帝国，恺撒及其继任者则打造了罗马帝国。这一术语也被用于更多晚近的例子，包括英国、法国和俄国（Scheinman，1980）。

如果说帝国主义几乎和国家本身一样古老，那么殖民主义可以追溯至古代腓尼基人（Phoenicians），约 3 000 年前他们在沿地中海东部建立了殖民地。古希腊人和古罗马人是帝国缔造者，也是狂热的殖民者。现代殖民主义始于欧洲"地理大发现时代"（Age of Discovery）——发现美洲和到远东的航线。1492 年以后，欧洲国家开始建立海外殖民地。在南美洲，葡萄牙攫取了对巴西的统治权。阿兹特克和印加最早的征服者西班牙则在新大陆扩张。他们对加勒比、墨西哥和后来成为美国一部分的南部地区虎视眈眈，同时也在中美洲和南美洲殖民。在现在的拉丁美洲，特别是有本土酋邦（比如哥伦比亚和委内瑞拉）和国家（比如墨西哥、危地马拉、秘鲁和玻利维亚）的地区，当地人口多且稠密。今天拉丁美洲的人口还能折射出殖民主义第一阶段时期的民族和文化交汇。墨西哥以北，土著人口比较少且分散。这种交汇的印记在美国和加拿大不如拉丁美洲明显。

旨在结束第一阶段的欧洲殖民、争取美洲国家独立的反抗和战争至 19 世纪初期告一段落。1822 年，巴西宣布从葡萄牙统治下独立。至 1825 年，多数西班牙的殖民地获得了政治上的独立。除了对古巴和菲律宾的控制坚持到 1898 年之外，西班牙从其他殖民地撤出。

英国殖民主义

在 1914 年前后的巅峰时期，大英帝国覆盖了全世界五分之一的土地，统治了全世界四分之一的人口。和其他几个欧洲国家一样，英国殖民主义分为两个阶段。第一阶段开始于 16 世纪伊丽莎白航海时期。17 世纪，英国获得了北美东海岸的大部、加拿大圣劳伦斯盆地、加勒比岛屿、非洲的奴隶制国家以及对印度的特权。

英国与西班牙、葡萄牙、法国和荷兰瓜分了新大陆。英国大体上将墨西哥与中美洲和南美洲一起留给了西班牙和葡萄牙。1763 年，七年战争结束，法国从之前与英国争夺的加拿大和印度的大部分地区撤退（Cody，1998；Farr，1980）。

美国独立战争终结了英国殖民主义的第一阶段。第二阶段的"日不落"帝国在第一阶段的灰烬中重生。从 1788 年开始，1815 年开始加速，英国在澳洲殖民。至 1815 年，英国已经得到了荷属南非。1819 年新加坡的建立为延伸至南亚大部和中国海岸的英国贸易网络提供了基地。此时，英国的老对手，尤其是西班牙已经在范围上急剧缩小了。英国作为殖民霸权和世界头号工业国的地位已经不可撼动了（Cody，1998；Farr，1980）。

在维多利亚时代（1837—1901），随着持续获得领地和贸易优惠，首相本杰明·迪斯雷利（Benjamin Disraeli）实施了一项外交政策，并以帝国主义是肩负起"白人的负担"（White man's burden）——诗人鲁德亚德·吉卜林（Rudyard Kipling）发明的一个短语——的观点为由将其合

关于历史上的殖民的测试，见互动练习。
mhhe.com/kottak

概览

帝国主义是一种将一个国家或者帝国的统治延伸至其他国家的方针。殖民主义是外国政权对某一领土及其人民的长期控制。欧洲殖民主义有两个主要的阶段。第一阶段从 1492 年至 1825 年。更具帝国主义特征的第二阶段，从 1850 年延伸至第二次世界大战结束。英国和法国殖民帝国在 1914 年前后达到巅峰。

和殖民主义一样，经济发展也有干预哲学——合理化外来者统治的一种意识形态——通常建立在特定的社会或经济模式是有益的和普遍适用的这样一种假设基础上发展人类学家关注经济发展中的社会问题和经济发展的文化维度。文化适宜和成功的发展计划努力变革得恰到好处，不会过度。变革的动力源自人们的传统文化和对一般生活的细微关注。最富有成效的变革战略是将革新的社会设计建立在受影响区域的传统社会形式基础之上。

预测工具将发展交到本地人手中

《国家地理》新闻简讯

作 者：约翰·罗奇（John Roach）

2004 年 3 月 24 日

环保人士为新几内亚岛上印度尼西亚最贫困的巴布亚省引进了一种创新软件工程，旨在协助当地人在当地实现可持续发展。工程使得当地人得以基于他们的决定对社区可能产生的影响而做出知情的判断。发展人类学家认为变革的动力源自人们的传统文化和对一般生活的细微关注。此处讨论的软件将文化、社会、环境和经济数据输入可能的发展模型。这一进路不同于传统的经济发展，传统的经济发展像殖民主义一样，一般基于一种特殊干预哲学而试图将外来者的愿景或蓝图强加给本地人。

印度尼西亚最贫困的巴布亚省是一座自然资源的宝库，它既有待开发又乞求保护。环保人士希望一项创新软件工程可以帮助居民在当地实现可持续发展。工程使当地人得以预测其全民决策对于所在社区的影响。

"巴布亚对印度尼西亚作为世界上生物最丰富的国家之一的地位具有突出贡献，"基地设在华盛顿的环保组织保护国际（CI）的印度尼西亚资源经济学家安格雷利（Dessy Anggraeni）说，"但是这里的人们也是印度尼西亚最穷的……"

对很多人来说，巴布亚的繁茂的树林、潜在的贵重金属以及未被开发的石油和天然气储备是解决该省贫困苦难的答案。但是环保主义者长久以来一直反对大规模的资源开发，称这会使大型的、跨国的公司获益而将贫困留给当地人。

要确定是否存在一种既可以减轻巴布亚的贫困又不会对环境造成不可挽回的损害的方式，CI 为巴布亚引进了一种规划工具，名为 Threshold 21。该工具是计算机化的发展模型，帮助利益相关者和决策者制定和分析未来的策略。

"它不能预测未来，但它是持续了解事情将走向何方的最好方式。"弗吉尼亚州阿灵顿千年研究所（Millennium Institute）的高级顾问席林（John Shilling）说。他和他的同事在过去 20 年致力于开发这个模型。

Threshold 21 已经为世界上 15 个不同的国家和地区所定制，CI 近期要求千年研究所为巴布亚开发一个 Threshold 21 版本。CI 希望最终巴布亚人能掌握这个模型并将之用于绘制自己的路线……

CI 选择 Threshold 21 的决定性因素是该模型在分析未来的既定策略时除经济因素外兼顾环境和社会因素。

这种整合的、三极的进路的结果是绘制出了千年研究所所说的当选择这条路线而不是选择那条路线的时候将会发生什么的"综合"图景。而且这幅图景展示了它是如何被拼在一起的所有细节，一种被称为是透明的概念。

例如，孟加拉国的一个地方群体想要将教育仅限于男性。于是，运用 Threshold 21，他们在理论上将女性从学校撤出然后运用计算机程序以发现将会发生什么。席林说，诸如国内生产总值减少和生育率上升之类的结果是可以预测到的。但是地方群体很意外地发现，在女性失学后，男性的寿命缩短了。由于模型是透明的，他们回过头去寻找原因。

"结果发现妇女是重要的保健提供者，"席林说，"如果她们不受教育，整个家庭的健康水平就会下降。"

在为巴布亚开发模型的案例中，CI 有一个为当地人减少贫困和发展经济的设想。同时，他们想保护环境，该组织说这个目标与该省非集权化政府面临的挑战相符合……

建模师尽可能多地向地方的普通大众和决策者征求信息——经济、社会结构和环境的详细数据。有了这些数据，建模师顺着计算机程序模拟未来发展战略的影响。

"它运用所能获取的最好信息，"席林说，"它展开一系列似乎合理的方案及其牵涉使决策者对他们将要做决定的东西有最好的估计。而且它的假设和积极、消极结果都是透明的。"

CI 选择了四种被广泛讨论的发展策略在巴布亚贯穿模型以说明模型的有效性：维持现状、主要的道路建设和伐木倡议、主要的大坝建设和采矿倡议以及地方关注的城市发展倡议。

根据 CI 对结果的分析，城市发展倡议被证明在缓解贫困和环境保护方面是最好的，而其他方案造成更大的环境破坏，资源开发得到的钱也大部分流向外籍投资者和外籍工人。

安格雷利说，运行这些方案的目标不是传授具体的发展路径。而是将这种途径和方法告知地方规划者和其他居民。这样他们就可以用这种途径分析几种被广泛讨论的方案，并得出

他们自己一致同意的策略。两个研讨会的反馈显示，到目前为止 CI 的计划是奏效的。

"实际上，多数参与者对讨论模型的结果和模型本身充满热情。"安格雷利说。

来源：John Roach, "Prediction Tool Puts Development in Hands of Locals," *National Geographic News*,March 24,2004.National Geographic Society. http://news.nationalgeographic.com/news/2004/03/0324_040324_indonesia.html.

主题阅读

关于加拿大盎格鲁—法国遗产的信息，见 15 章后的"主题阅读"。

理化。亡国的人们被视为没有能力自我管理，所以需要英国的引导以实现文明化和基督教化。家长式作风和种族主义教条为英国攫取和控制非洲中部和亚洲的合法化服务（Cody, 1998）。

第二次世界大战之后，伴随着民族独立运动，大英帝国开始瓦解。1947 年，印度独立，1949 年，爱尔兰独立。20 世纪 50 年代末，非洲和亚洲的非殖民地化开始加速。现在，英国和其原先的殖民地之间的关联主要是语言和文化上的，而非政治上的（Cody, 1998）。

法国殖民主义

法国殖民主义也有两个阶段。第一阶段始于 17 世纪早期。第二阶段则迟至 19 世纪才到来。这是更广泛的追随工业化的扩散和寻找新市场、原料以及廉价劳动力的欧洲帝国主义在法国的表现。但是，与受利益驱动而扩张的英国相比，法国殖民主义更多的是由国家、教会和武装力量而非商业利益推动的。在 1789 年法国大革命之前，传教士、探险家和商人推动了法国的扩张。他们为法国在加拿大、路易斯安那领土和几个加勒比海岛切分空白区域，这些地区和印度的一部分于 1763 年被英国夺走。至 1815 年，只有西印度产糖的海岛和散落在非洲和亚洲的几个点还处在法国的控制之下（Harvey, 1980）。

第二阶段的法兰西帝国建立于 1830 至 1870 年间。法国攫取了阿尔及利亚和后来成为印度尼西亚的一部分。和英国一样，法国顺应了 1870 年之后的新帝国主义浪潮。至 1914 年，法兰西帝国

覆盖了 400 万平方英里（约为 1036 万平方公里）的土地和大约 6 000 万人口。至 1893 年，法国在印度尼西亚的统治已经完全建立起来，突尼斯和摩洛哥沦为法国的保护国（Harvey, 1980）。

无可否认，和英国一样，法国在其殖民地获得了实质性的商业利益。但是和英国一样，他们也寻求国际荣耀和威望。与英国的"白人的负担"相对，法国的干预哲学是文明的布道（mission civilisatrice）。目标是将法国文化、语言和宗教——以罗马天主教的形式移植到所有殖民地（Harvey, 1980）。

法国人运用了两种形式的殖民统治。在国家组织历史悠久的地区如摩洛哥和突尼斯采用间接统治，通过本地首领和已经建立的政治结构来统治。由法国官员对非洲的很多地区实行直接统治。法国将新的政府结构强加给这些曾经是无国家的地区以控制多样的部落和文化。和大英帝国一样，法兰西帝国在第二次世界大战之后开始解体。法国挣扎更久——最终徒劳——以保证帝国在印度尼西亚和阿尔及利亚完好无损（Harvey, 1980）。

殖民主义与认同

今天新闻中的很多地缘政治标签已经没有与殖民主义之前的对等意义了。整个国家和社会团体及其内部分化是殖民主义的产物。比如在西非，根据地理逻辑，几个毗邻的国家可以合而为一（多哥、加纳、科特迪瓦、几内亚、几内亚比绍、塞拉利昂、利比里亚）。相反，它们在殖民主

义引起的语言、政治和经济差异分离开来。数以百计的族群和"部落"是殖民建构（参见 Ranger，1996）。以坦桑尼亚的苏库玛（Sukuma）为例，它最初被殖民政府登记为单一部落。随后传教士们在翻译《圣经》和其他宗教典籍时将一系列方言加以规范，整合为统一的苏库玛语中。此后，这些经典在教会学校被用于向欧洲的外国人和其他不说苏库玛语的人传授。久而久之，苏库玛语和族性被标准化了（Finnstrom，1997）。

在东非大部、卢旺达和布隆迪，农民和牧民生活在同一片区域、说同一种语言。历史上，他们共享一个社会世界，虽然他们的社会组织是"极端等级化的"，几乎"类似种姓制"（Malkki，1995，p.24）。有一种倾向认为游牧的图西族比农耕的胡图族优越。图西族人被视为贵族，而胡图族人则是平民。但是在卢旺达分发身份证的时候，比利时殖民者简单地将有 10 头以上牛的所有人认定为图西族人。拥有牛的数目更少的人被登记为胡图族人（Bjuremalm，1997）。多年后，在 1994 年的卢旺达种族大屠杀中，这些随意的殖民登记被系统地作为"族群"身份。

后殖民研究

在人类学、历史学和文学中，后殖民研究自 20 世纪 70 年代以来逐渐变得重要（参见 Ashcroft，Griffiths and Tiffin，1989；Cooper and Stoler, eds.，1997）。**后殖民**（postcolonial）指的是对欧洲国家及其殖民社会之间互动的研究（主要是 1800 年之后）。1914 年，第二次世界大战后开始分解的欧洲帝国统治了世界的 85% 之多（petraglia-Bahri，1996）。后殖民这一术语也被用于描述整个 20 世纪下半叶，继殖民主义之后的时期。更广义地，"后殖民"还可以用于象征反对帝国主义和欧洲中心主义的一种立场（Petraglia-Bahri，1996）。

以前的殖民地（后殖民地）可以划分为驻领（settler）殖民地、非驻领（nonsettler）殖民地和半驻领（mixed）殖民地（Petraglia-Bahri，1996）。驻领国有数量众多的欧洲殖民者和稀疏

的本土人口，包括澳大利亚和加拿大。非驻领国有印度、巴基斯坦、孟加拉国、斯里兰卡、马来西亚、印度尼西亚、尼日利亚、塞内加尔、马达加斯加和牙买加。这些国家都有相当数量的本土人口和相对较少的欧洲移民。半驻领国包括南非、津巴布韦、肯尼亚和阿尔及利亚。这些国家除了有数量颇多的本土人口还有可观的欧洲移民。

考虑到这些国家多样的经历，"后殖民"必然是一个松散的概念。以美国为例，曾经被欧洲人殖民后通过独立战争从英国脱离出来。美国是后殖民地吗？考虑到其现在的世界霸权地位、对印第安人的待遇（有时也称内部殖民化）以及对世界其他地区的吞并（Petraglia-Bahri，1996），它通常不被这样认为。后殖民方面的研究正在增加，这使得对各种语境下权力关系的大范围考察成为可能。粗略说来，该领域中的话题包括帝国的形成、殖民化的影响以及后殖民地的现状（Petraglia-Bahri，1996）。

以下是后殖民研究中经常被提出的问题：殖民化如何影响被殖民的人们——及其殖民者？殖民国如何能征服大部分的世界？殖民地的人们是如何抵抗殖民统治的？殖民化是如何影响文化和认同的？性别、种族和阶级在殖民和后殖民背景中是如何发挥作用的？就文学而言，后殖民的作者应该为了争取更多的读者而使用殖民语言如英语和法语吗？抑或他们应该面向后殖民地的其他人而用本土语言？最后，帝国主义的新形式如发展和全球化已经取代旧形式了吗（Petraglia-Bahri，1996）？

关于哥伦布在殖民主义方面的努力，见在线学习中心的在线练习。

mhhe.com/kottak

发展

在工业革命时期，有一股很强的思潮将工业化视为有机发展和进步的有益进程。很多经济学家依然设想工业化提高生产和收入。他们试图在第三世界（"发展中"）国家创建一个进程——经

济发展——就像 18 世纪首次自然出现于英国的那样。经济发展一般旨在帮助人们从生计经济转向现金经济，因而增加地方在世界资本主义经济中的参与度。

我们刚看到英国用"白人的负担"来合理化其帝国主义扩张。相似的，法国宣称参与到其殖民地的文明的布道，一个文明化的使命中。这两种观念都阐明了一种干预哲学，对外来者将本地人引向特定的方向进行意识形态合理化。经济发展规划同样是一种干预哲学。柏德利（John Bodley，1988）认为，干预背后的基本信条——无论是殖民主义者、传教士、政府还是发展规划者——在过去 100 年中一直都是一样的。这个信条就是工业化、现代化、西化和个人主义是理想的发展方向，而发展计划将为当地人带来长远的益处。以一种更极端的形式，干预哲学提出启蒙的殖民或者其他第一世界的规划者的智慧，相对的则是所谓"劣等的"当地人的保守主义、无知或者"过时"。

新自由主义

更多关于发展努力的信息，见网络探索。
mhhe.com/kottak

新近的和主导的干预哲学是**新自由主义**（neoliberalism）。这一术语包含了一整套预设和经济政策，它们在过去的 25 至 30 年间被广泛传播且正被资本主义国家和发展中国家包括后殖民社会贯彻执行。新自由主义是旧的经济自由主义（economic liberalism）的新形式。旧经济自由主义在亚当·斯密（Adam Smith）著名的资本主义宣言《国富论》（*The Wealth of Nations*）中被提出，该书出版于 1776 年，工业革命发生不久之后。斯密主张自由放任（laissez-faire）经济是资本主义的基础：政府不应插手国家的经济事务。斯密认为，自由贸易是一国经济发展的最好途径。制造业不应有限制，商业不应有障碍，也不应有关税。这些观点从主张没有控制的意义上而言是"自由的"。经济自由主义鼓励以生成利润为目的的"自由"企业和自由竞争。注意此处"自由的"含义与美国电台谈话中被普及的那

个"自由的"（liberal）之间的差异，彼处"自由的"（liberal）被用作——经常是作为贬义词——"保守的"（conservative）反义词。讽刺的是，亚当·斯密的自由主义成为了今天的资本主义"保守主义"。20 世纪 30 年代。富兰克林·罗斯福总统新政期间，经济自由主义在美国盛行。大萧条为凯恩斯主义经济学（Keynesian economics）制造了契机，它开始挑战自由主义。约翰·梅纳德·凯恩斯（John Maynard Keynes，1927，1936）坚持充分就业（full employment）是资本主义发展所必需的，政府和中央银行应该介入以增加就业，政府应该推动公益。

尤其是在苏联解体和东欧剧变之后（1989—1991），经济自由主义复兴，它现在被称为新自由主义，已经在全球传播。全世界范围内，新自由主义由强大的金融机构如国际货币基金组织（IMF）、世界银行和美洲发展银行推行（参见 Edelman and Haugerud，2004）。在很多发展中国家，国有企业的腐败已经成为压倒性的问题，自由市场被视为一种出路。

新自由主义与亚当·斯密认为政府不应调控私人企业和市场力量的原初观点略有出入。新自由主义伴有开放的（无关税无障碍）国际贸易和投资。利润通过提高生产力、解雇员工或者寻找愿意接受低薪的员工以降低成本来实现。为了获得贷款，后社会主义和发展中国家的政府被要求接受新自由主义的前提即放松调控促进经济增长，而经济增长最终将通过一个有时称为"滴漏效应"（trickle down）的过程使所有人获益。伴随对自由市场和降低成本的信仰的是减少政府开支的财政紧缩措施的倾向。这意味着减少在教育、医疗保健和其他社会服务上的公共花销（Martinez and Garcia，2000）。在全世界，新自由政策引发了去调控和私有化——将国有企业如银行、基础工业、铁路、收费公路、公共事业设备、学校、医院甚至淡水出售给私人投资者。从特征来看，资本主义关注个人主义，新自由主义更多地强调"个人责任"而不是"公益"。新

自由政策的影响在各个国家是不同的。在有些国家，社会计划的启动是可有可无的，医疗保健也主要限于精英。

第二世界

"民族与种族"一章中"第一世界""第二世界"和"第三世界"的标签代表着一种普遍的、民族中心主义的国家分类方式。第一世界指代"民主的西方"——传统上被理解为与被"共产主义"统治的第二世界相对立。"第二世界"指代华沙公约组织成员国，包括苏联以及东欧和亚洲的社会主义、前社会主义国家。继续进行这种分类，"欠发达国家"或者"发展中国家"组成了第三世界，我们会在对共产主义及其"衰落"的讨论之后转向它。

共产主义

communism一词的两种含义与它的拼写方式有关，首字母 c 是小写还是大写。首字母 c 小写的 communism 指的是一种社会制度，在这种制度下，全体社会成员共同占有生产资料，人们为了共同利益而奋斗。首字母大写的 Communism是一种政治运动和学说，如 1917 至 1991 年间在苏联（USSR）盛行的那种致力于推翻资本主义并建立某种形式的共产主义。

共产主义的全盛期从 1949 年至 1989 年持续了 40 年，这期间存在的共产主义政权比以往和以后任何时候都要多。至 2000 年，与 1985 年的 23 个相比，只剩下 5 个共产主义国家了，包括中国、古巴、老挝、朝鲜和越南。对于共产主义者而言，共产主义一词不仅意味着致力于推翻资本主义的国际运动，也意味着一个无阶级的未来社会。美国人所说的共产主义制度，共产主义者自己如在苏维埃社会主义共和国联盟称为社会主义制度。（社会主义是一种政治经济理论，主张土地、自然资源和主要工业应该为全社会所共

有。很多国家的社会民主党派试图通过民主选举来实现这一目标。）

发端于 1917 年俄国布尔什维克革命并且从卡尔·马克思和弗里德里希·恩格斯处获得灵感的共产主义，在不同时代、不同国家并不是千篇一律的。所有共产主义制度都是威权主义的（authoritarian）。很多是全能主义的（totalitarian）。几个特征将共产主义社会与其他专制政权（如弗朗哥统治下的西班牙）以及社会民主类型的社会主义区别开来。第一，共产主义国家大多实行一党制。第二，党内关系高度集中且纪律严明。第三，共产主义国家实行生产资料国有制而非私有制。第四，所有共产主义国家都以促进共产主义、培养国际运动的归属意识为目标（Brown，2001）。

社会科学家倾向于将这些社会称为社会主义社会而非共产主义社会。现在人类学家和其他学者做了很多关于后社会主义社会——那些曾经强调根据中央计划财富的官僚再分配——的研究（Verdery，2001）。在后社会主义时代，曾经实行计划经济的国家追随新自由进程，通过让渡国有资源支持私有化。这些过渡中的社会正在经历民主化和市场化。过渡中的常见问题包括：（1）民族主义的兴起，以民族—宗教少数派的形式；（2）腐败；（3）失业和贫困；（4）确立新的价值观、社会关系和团体的困难。这些社会中的一部分已经转向正式的自由民主，拥有政党、选举和权力制衡（Grekova，2001）。

后社会主义转型

新自由主义经济学家设想取消苏联的计划经济可以提高 GDP（国内生产总值）和生活水平。目标在于通过代之以去中心化的市场体系和通过私有化提供刺激来促进生产。1991 年 10 月，于当年 6 月当选的俄罗斯总统鲍里斯·叶利钦（Boris Yeltsin）宣布了一项激进的市场导向的改革计划，寻求向资本主义的转变。叶利钦的"休克疗法"（shock therapy）计划终止了对农

业和工业的补助，也结束了价格控制。此后，后社会主义的俄罗斯面临诸多问题。预计的生产发展没有实现。在苏联解体之后，俄罗斯的GDP（国内生产总值）减少了一半。贫困加剧，有四分之一的人口生活在贫困线以下。预期寿命和出生率也下降了。让我们审视前文提到的后社会主义转型期常见的两个问题：民族/宗教民族主义和腐败。

民族/宗教民族主义

在"民族与种族"一章，我们看到俄罗斯人是如何统治苏联的。在加盟共和国和由莫斯科控制的地区，少数民族只有有限的自治。为了巩固苏联的统治，俄罗斯人被派往众多地区，如塔吉克斯坦，去削弱当地人的凝聚力和势力。塔吉克斯坦是中亚一个又小、又穷的国家（也是苏联的加盟共和国），与阿富汗接壤。在苏联解体后，伊斯兰教作为能够理顺精神和社会生活的可替代方式，已经取代了社会主义意识形态。这发生在逾70年的官方无神论和宗教压制之后。虽然苏联毁坏清真寺，阻碍宗教实践，伊斯兰教还是在家庭中、在餐桌旁被保留下来，所以被称为"厨房伊斯兰"（kitchen Islam）。当俄罗斯人离开塔吉克斯坦时，俄罗斯文化和语言的势力也撤退了。伊斯兰教的影响开始上升，越来越多的人用塔吉克语说话和祈祷，这种语言与波斯语（在伊朗使用）相似（Erlanger，1992）。与塔吉克斯坦相比，后社会主义转型在原南斯拉夫要暴力得多，它的爆发情况在"民族与种族"一章中考察过。南斯拉夫社会主义联邦共和国是苏联之外的不结盟国家。南斯拉夫的分裂紧随1989年秋东欧的剧变而发生。变迁的情绪在原南斯拉夫迅速蔓延，展现了民主和自由的前景。在南斯拉夫的共和国之一波斯尼亚，共产主义的衰落似乎预示着宗教的自由表达，不用担心穆斯林民族主义或者激进主义的指控。在共产主义制度下，波斯尼亚穆斯林很难将他们作为工厂或者商店工人的职责与虔诚的穆斯林结合起来。拥有一份工作和为国工作阻碍了穆斯林履行

宗教义务。没有官方认可的时间或地点用于祈祷和仪式（Bringa，1995）。1989年，几乎没有南斯拉夫人预料到共产主义的终结也意味着他们国家的结束。至少在1990年之后，南斯拉夫联邦政府依然得到广泛的支持。在1990年1月南斯拉夫共产党解散之后，政治多元化进程迅速发展。1990年的前几个月，几十个政党成立。4月份和5月份在斯洛文尼亚共和国和克罗地亚共和国的选举日程不到4个月就选举出了第一届新的政府。至1990年末，民族主义政党已经在共和国赢得了选举。一系列脱离活动开始，联邦政府失去了选举基础。1989年末期待民主的变化，在相隔仅仅两年后的1991年末，欧洲共同体决定承认脱离出来的共和国为独立国家。肇始于克罗地亚的民族战争不久就吞没了波斯尼亚（Bower，2000）。

近50年中欧洲的第一场战争激发了对该地区深切的关注。媒体的报道采取两种进路。第一种猜测波斯尼亚的各族群一直相互仇视。之前存在的无论什么宽容和共存的都是共产主义强加的。第二种则是波斯尼亚曾是和谐的多元文化社会的理想化观点。其问题主要源于共产主义的衰落和联邦政府垮台，还部分归因于新自由主义财政紧缩措施的负担（Bringa，1995）。

腐败

腐败作为后社会主义的第二个常见问题被提到。自1996年开始，世界银行和其他国际组织已经在世界范围内启动了反腐败计划。腐败被定义为滥用职权谋取私利。世界银行对腐败的方式错误地假定国家（公）-私人的二分是普遍的，且在所有社会采取的形式相似（这表明了本章随后将要讨论的不完全分化的谬误）。

根据维德尔的观点（Janine Wedel，2002），现在在新自由主义指导下的后社会主义国家，正在让渡国有资源为探索多样的和变动的国家——私人关系提供了充分的语境。社会以竞争在公私领域的影响力为特征。例如，波兰有一些非正式的人际圈（外号"制度化游牧民"），他们首先

效忠的是他们的圈子而不是他们占有的正式职位（在政府、企业或者任何地方）。如克里斯坦诺斯卡亚（Olga Kryshtanovskaya，1997）所描述的，俄罗斯的"家族"是类似的非正式精英团体，其成员促进其共同利益。这些非正式团体将其成员安置于正式的职位以有助于他们的"家族"。他们通过连接和混合公私领域使其影响最大化。

人类学家尤查科（Alexei Yurchak，2002）描述了当代俄罗斯的两个领域。我们将称之为官方公共和私人公共。它们指代共存有时重叠的不同的体系。国家官员可能尊重法律（官方公共），也同时与非正式团体甚至犯罪团伙（私人公共）共事。官员们为了完成特定的任务一直从官方公共向私人公共行为转换。

思考来自波兰的一个例证性个案。一个人出售继承来的公寓要支付数额庞大的税。他拜访了国税局，那里的一名女官员告诉他将被征收多少税（官方公共）。她还告诉他如何避免交税（私人公共）。他采纳了她的建议因而节省了一大笔钱。那个男人和那个女官员并没有私交。她也没指望得到任何回报，而他也没有给予她任何东西。她说她是例行公事地提供此类帮助。

合法的（官方公共）和合乎道德的并不必然一致。上面描述的官员看起来仍在以前的共产主义理念下操作，即国家财产（该个案中的税款）既属于每一个人也不属于任何一个人。为了进一步说明这个关于国有财产的观点，想象一下在同一家工厂工作的两个人。将企业所有的物资带回家作私用在道德上是可以接受的。没有人会因此责备你，因为"每个人都这样做"。但是若有同事过来将某人准备带回家的东西拿走的话，将被视为偷窃，这在道德上是错误的（Janine Wedel，2002）。在评估对腐败的指控时，人类学家如维德尔（Janine Wedel，2002）很清楚地意识到后社会主义社会的财产观念和官方行动领域正处在转型之中。

在后社会主义和发展中国家，当今的北美也是一样，新自由主义日程包含了公民社会（civil society）的提升。这个概念指的是围绕共享的利益、目标和价值观的自愿的集体行动。公民社会包含了此类组织如NGO（非政府组织）、注册慈善机构、社区团体、妇女组织、信仰为基础的和专业的团体、工会、自助团体、社会运动、商业协会、联盟和呼请团。理论上，公民社会与国家、家庭和市场截然不同。实践中，这些界限经常是复杂的、模糊的和可协商的，就像我们刚刚讨论的后社会主义社会中的"制度化游牧民"和俄罗斯"家族"（伦敦经济学院，2004）。

发展人类学

已经在第2章探讨过的应用人类学指的是应用人类学视角、理论和方法以及资料识别、评估和解决社会问题。**发展人类学**（development anthropology）是应用人类学的分支学科，它关注经济发展中的社会问题和经济发展的文化维度。发展人类学家不仅仅是实施由他人规划的发展策略；他们也规划和指导策略。[更多发展人类学问题的更详尽讨论，参见 Escobar（1995），Ferguson（1994）and Robertson（1995）。]

然而，发展人类学家经常遭遇伦理困境（Escobar，1991，1995）。我们对文化多样性的推崇经常被触犯，因为推广工业和技术的努力可能需要深刻的文化变迁。国外援助并不经常投往最需要、苦难最深的地区。援助被用在国际捐助者、政要和有权势的利益团体认定的政治、经济和战略优先之处。规划者的利益不总是与地方人民的最佳利益相一致。虽然大多数发展项目的目标是提高生活质量，但目标地区的生活水平反而经常下降了（Bodley，1980）。民族志学者从地方层面研究当地人，他们在国家和国际发展规划中对预期"受益人"的影响方面有独特的观点。地方层面的研究经常揭示出经济学家用于评估发展和国家经济的健康的手段是不充分的。例如，人均收入和国民生产总值无法衡量财富的分配。因为前者是平均值后者是总值，它们可能伴随着富人越来越富和穷人越来越穷而出现。

今天，很多政府机构、国际组织、非政府组织和私人基金会鼓励关注地方层面的社会因素和经济发展的文化维度，正如我们在本章开头的"新闻简讯"中所看到的那样。人类学专业知识在经济发展规划中之所以重要是因为社会问题可能使潜在有益的项目注定失败。一项对50个经济发展项目的研究（Lance and McKenna，1975）发现其中只有21个是成功的。社会和文化不相容注定了多数项目的失败。

例如，1981年的一项人类学研究揭开了马达加斯加一个数百万美元的发展项目失败的几个原因。这一项目于20世纪60年代晚期由世界银行规划和投资。规划者（没有人类学家）未预料到任何出现的问题。该项目旨在为一片大平原排水和灌溉以提高水稻产量。其目标是通过机械和双作——在同一块土地上一年种植二熟庄稼。但是，规划者忽视了几件事情，包括机器的备件和燃料的难以获取。设计者也忽略了人类学家都知道的一个事实，即跨文化的集约耕作是与稠密的人口相关的。若没有机器，必须要有人来耕作。然而，项目地区的人口密度在没有现代机械的情况下太低，以至于无法支撑集约耕作。

规划者应该了解项目所需的劳动力和机械是难以获得的。而且，众多当地人对项目抱有可理解的敌意，因为它将他们祖先的土地给了外来者（遗憾的是，这种情况在发展项目中屡见不鲜）。很多拨赠土地的接收者是地区或国家精英成员。他们利用自己的权势得到了原本要给贫苦农民的土地。该项目还受到技术问题的困扰。受雇开挖灌溉渠道的外国公司将渠道挖得低于要灌溉的土地。水无法向上流进田里。

如果人类学家和当地农民协商、帮助制定、执行和督导项目，那么数百万美元的发展资金将会用得更明智。显而易见，专家比如熟悉一地的语言和习俗的人类学家比那些不了解这些知识的人能够更好地评估项目成功的前景。相应地，在美国和其他国家，人类学家越来越多地在那些提出、实施和评估影响人类生活的组织中工作。

爪哇的"绿色化"

人类学家弗兰克（Richard Franke，1977）曾对一个旨在促进印度尼西亚爪哇的社会和经济变迁的方案进行了目标与结果差异的经典研究。20世纪60至70年代的专家和规划者预设，随着小农得到现代科技和更高产的作物品种，他们的生活水平就会改善。媒体发布了小麦、玉米和水稻的新的高产品种。这些新作物，加上化肥、农药和新的耕作技术，被誉为**绿色革命**（green revolution）的基础。人们期待这场"革命"能够增加世界的粮食供应，并因此改善贫困者特别是地少人多地区人们的饮食和生活状况。

绿色革命取得了经济上的成功。它确实增加了世界粮食供给。小麦和水稻的新品种使很多第三世界国家的农业产出增加了两倍或者三倍。由于绿色革命，世界粮食价格在20世纪80年代下降了超过20%（Stevens，1992）。但是正如我们从爪哇经验中所看到的，其社会效应出乎倡导者的意料。

爪哇从中国台湾和印度尼西亚获得了杂交水稻品种———一种名为IR-8的高产"奇迹"水稻。在一片既定的田地中，这种杂交稻至少能够增产一半。整个南亚的政府，包括印度尼西亚政府积极鼓励IR-8水稻的种植，以及化肥和农药的使用。印度尼西亚爪哇岛是世界上人口最稠密的地区之一（每平方英里超过2 000人；1平方英里≈2.59平方公里——编者注），它是绿色革命的首要目标。爪哇的粮食总量不足以满足居民每天对卡路里（2 150）和蛋白质（55克）的最小需求。1960年，爪哇农业能够供给人均1 950卡路里和38克蛋白质。到了1967年，这些原本就不足的数值跌至1 750卡路里和33克。神奇水稻通过提高50%的产量，能够扭转这种趋势吗？

爪哇和众多其他欠发达国家都有过社会经济分层和殖民主义的历史。当地在财富和权力上的差异被荷兰殖民主义强化了。虽然 1949 年印度尼西亚从荷兰获得了政治独立，但是内部的分层依然延续。现在，贫（小农）富（政府雇员、商人、大地主）之间的差距即使在很小的农业社区中都存在。分层导致了爪哇绿色革命期间的问题。

1963 年，印度尼西亚农业大学启动了一项计划，根据此计划，学生们要去村庄里生活。在向农民学习的同时，学生们与农民在田里劳动并分享知识和新的农业技术。这个项目获得了成功。相关村庄的产量增长了 50%。这项由农业系指导的计划延续至 1964 年；共有 9 所大学 400 名学生参加。这项干预计划在这个别的项目都失败的地方能够取得成功是因为外来机构认识到经济发展不仅依赖于技术变革，也依赖于政治变革。学生们可以亲身观察到利益团体是如何抵制农民们要改变自身命运的尝试的。曾经，当地方官员窃取了本来指定给农民土地的肥料时，学生们通过威胁要写信将犯罪证据移交上级官员的办法夺了回来。

当新的工作模式和政治行动的结合正实现有前景的结果时，1965—1966 年，出现了反抗政府的暴动。在最终的军事占领中，印度尼西亚总统苏加诺（Sukarno）被驱逐，苏哈托（Suharto）取代他成为总统并统治印度尼西亚直到 1998 年。提高农业生产的努力在苏哈托掌权后不久就得以恢复。但是，新政府将此任务交给了总部设在日本、原西德和瑞士的多国集团而不是学生和农民。这些产业公司提供奇迹水稻和其他高产种子、化肥以及农药。采纳全套绿色革命的农民有资格获得贷款，用于在青黄不接的时期购买食品和必需品。

爪哇的绿色革命不久就遇到了问题。一种从未在爪哇测试过的农药杀死了灌溉渠道中的鱼，因而毁掉了一个重要的蛋白质来源。爪哇绿色革命也由于既得利益在村庄层面遇到了问

题。传统上，爪哇农民在收获季节前通过做临时工或者向富裕村民借款的方式供养他们的家庭。但是，一旦接受贷款，他们就有义务为比开放市场更低的工资工作。低息贷款可以使农民减少对富裕村民的依靠，因而剥夺地方主顾的廉价劳动力。

地方官员负责传达项目如何实施的信息。相反，他们却通过扣留信息限制了农民的参与。富裕村民则用更加微妙的方式阻碍农民的参与：当有熟悉的主顾在场的时候，他们对新技术的有效性以及接受政府贷款是否明智提出质疑。想着若革新失败，饥荒可能继之而来，农民们不愿意冒险——很好理解的行为。

生产增加了，但是从绿色革命中获益的是富裕村民而非小农。一个有 151 户的村庄中只有 20% 参与了这个项目。但是因为他们是最富裕的家户，拥有多数土地，所以 40% 的土地是运用这种新体系耕种的。有些大地主在绿色革命中获得的收益是以农民的牺牲为代价的。他们买下了农民全部的小片土地，购进了节省劳动力的机械，包括碾米机和拖拉机。因此，最贫困的农民不仅失去了生产资料——土地，还失去了本地的工作机会。他们唯一的出路是迁到城市，而那里日益扩大的非技术劳动力大军压低了本来就很低的工资。

用当下的观点看绿色革命的社会影响，斯多勒（Ann Stoler，1977）集中讨论了社会性别和分层。博斯鲁普（Esther Boserup，1970）主张殖民主义和发展商业农业而将妇女排除出农业生产，因而对第三世界妇女的伤害不可避免地比对男性的伤害更甚。斯多勒对此观点提出了质疑。她发现绿色革命使一些妇女获得了支配其他女人和男人的权力。爪哇妇女不是一个同质性群体，而是有阶级差别的。斯多勒发现绿色革命对爪哇妇女是有益还是有害取决于她们在阶级结构中的位置。占有土地的妇女的地位随着她们获得对更多土地和更多贫困妇女劳动力的支配而上升了。新经济为富裕妇女带来了更高的利润，她们

将之用于贸易。但是，贫困妇女则和贫困的男性一起受传统经济机遇减少之苦。但是贫困妇女的境遇要胜过完全不能获得农业外工作的贫困男性。

对绿色革命产生的区域性影响的上述研究显现出与政策制定者、规划者和媒体的预见有不同的结果。我们看到了忽视传统社会、政治和经济分化的发展项目产生的意外和不良影响。新技术，无论它多么有前景，都不必然能够帮助预定的受益人。如果被授权进行利益干预，它可能伤害他们。20世纪60年代的爪哇学生-农民项目之所以获得成功是因为农民需要的不只是技术，还有政治影响。而这个雄心勃勃的爪哇发展计划，虽然意在减轻贫困，事实上却加剧了贫困。农民们不再依靠物质生产而是依靠一种更不稳定的行当——出卖劳动力。农业生产变得以利润为导向、以机械为基础、以化学为依靠。随着与世界体系联系的增加，地方自主性减少了。生产提高，伴随的是富者愈富而贫者愈贫。

公平

近期的发展政策经常声称的一个目标是促进公平。**增进的公平**（increased equity）指的是减轻贫困和更均衡的财富分配。但是，项目若想促进公平，需要得到具有改革思想的政府的支持。有钱有势的人一般会抵制威胁他们既得利益的项目。

有些类型的发展项目，特别是灌溉计划，与其他项目相比，更有可能扩大贫富差距，也就是说，对公平产生消极的影响。起初不公平的资源（尤其是土地）分配经常成为项目实施之后更大倾斜的基础。就像爪哇绿色革命一样，当投入流向或者流经富人的时候，新技术的社会影响倾向于更负面，对生活质量和公平产生消极影响。

很多渔业项目也对公平产生了消极的后果。巴西巴伊亚（Bahia）（Kottak, 2006），帆船主（但不是船只的所有人）获得贷款为船只添置发动机。为了偿还贷款，船主提高了对租用他们船只的渔民捕获量的提成。多年以来，他们用增加的利润购买更大更贵的船只。结果是分层——在一个原本平等的社区中形成了一个富人群体。这些事件阻碍了个人主动性并干涉了渔业进一步的发展。新船如此之贵以至于曾经渴望从事渔业的有志青年不再有任何获得自己的船只的途径。他们转而到陆上寻找雇佣劳动。为了避免此类结果，信贷机构必须找出有事业心的年轻渔民而不仅仅是将贷款发放给船主和商人。

革新的策略

关注经济发展中的社会问题和经济发展的文化维度的发展人类学家，必须与当地人紧密合作以评估和帮助实现当地人自己对变革的愿望和需求。很多地方迫切需要针对那些不适合A地区但B地区需要，抑或哪里都不需要的浪费资金的发展项目的解决之道。发展人类学家可以帮助整理出A地和B地的需求并相应找出适宜的规划。把当地人放在首位，与他们协商，回应他们表达的真实需求的规划必须得到支持（Crenea, 1991）。据此，发展人类学家可以致力于确保项目通过社会适宜的方式实施。

在对世界各地68个乡村发展项目的比较研究中，我发现文化适宜的经济发展项目在经济上的成功双倍于不适宜的项目（Kottak, 1990b, 1991）。这个发现表明发挥应用人类学专家的作用以确保文化适宜性，是物有所值的。为了最大化社会和经济效益，项目必须（1）文化适宜；（2）回应地方感知的需求；（3）在规划和实施影响他们的变革中将男性和女性都纳入进来；（4）利用传统组织；（5）要灵活。

过度革新

在我的比较研究中，适宜的和成功的项目避免了过度革新（过多变革）的谬误。我们应该预见到人们会抵制要对他们的日常生活，特别是涉及生存诉求方面进行重大变革的发展项目。人们通常只想要足够维持他们所有的变革。变更行为的动力源自传统文化和对一般生活的细微关注。农民的价值观不是抽象的如"学习一种更好的方式""进步""增加专门技术""提高效率""采用现代技术"（这些词语是干预哲学的例证）。相反，他们的目标是实际的和具体的。人们想提高稻田的产量、为典礼集聚资源、让孩子完成学业或者有足够的现金按时缴纳税款。为生计而生产和为货币而生产的人的目标和价值观是不同的，就像他们和发展规划者的干预哲学不同一样。在规划过程中必须考虑不同的价值体系。

在比较研究中，失败的项目通常都是经济和文化上都不适宜的。例如，南亚一个促进洋葱和辣椒种植的项目希望能够使这一实践适合既存的劳动力密集型的水稻种植体系。种植经济作物并

🔘 随书学习视频

为奇楚亚人（Quichua）带去发展

第24段

这段长且有趣的视频描述了奇楚亚印第安人中作为一系列变迁的发展过程，他们生活在厄瓜多尔亚马逊雨林 Guagua Sumaco 的国家公园附近。它记录了一个德国发展机构（GTZ）在协助（而非灌输）发展项目中的负面的支持性角色。当地人就受发展目标以及变化的增减接受访谈。主要的变化之一是通电，社区居民因此要支出一部分收入。视频展现了发展如何改变了奇楚亚人的生活方式，从觅食到农耕和为了货币而工作。但是他们社会组织的部分——如氏族制度——得以保留且并入了发展过程。你认为哪些变化是积极的，哪些是消极的？视频还为可持续发展下了一个很好的定义。它是怎么样的？在看完整段视频之后，你同意叙述者的说法，即奇楚亚人的发展是可持续的吗？

理解我们自己

我们认为变革是好的。领导们被期待提供变革的"愿景"。没有哪位政治家是通过承诺"我将使事情保持原样"而当选的。通常的预设是变革更好——但是什么样的变革呢？从此处关于过度革新的谬误的讨论中，我们可以学到教训并将之应用于我们自己的生活中。

和多数人一样，当下的北美人一般寻求维持或者改善其生活方式的变革——而不是彻底地调整。试想一个对组织文化不熟悉的外来者被选中领导该组织。他或她应该仿效人类学家在尝试变革地方文化之前先研究它。领导应该努力确定什么是有效的，什么是没有效的，以及什么是当地人（例如组织中的男性和女性）想要的和真正需要的。在评估了地方认知和需求之后，若变革看起来是有序的，领导者必须决定如何以破坏最少的方式规划和实施变革。此外，他或她应该仿效应用人类学家在整个变革过程中与当地人协商并获得帮助和支持的策略。要成为有效的"变革代理人"要求倾听和努力调整革新以使之适合当地文化。

这种研究和合作的过程展示的是参与性变革——"自下而上"的变革。与此相反，自上而下的变革经常是有问题的。一个自上而下的领导者一般依赖于组织蓝图——可能是他或她从别的组织引进的。未调整的蓝图通常是不会奏效的。就如我们大脑中的语言蓝图要加以调整以适合某种特定的语言，一个组织的蓝图必须足够灵活以至于可以调整到具体的组织。如若不然，这个蓝图就应该被舍弃。蓝图规划和过度革新的谬误不只是来源于失败的发展项目的模糊教训。它们是任何希望经营或改变一个组织的领导者首先要考虑的。

不是该地区的传统。这与既有的粮食优先和农民的其他利益相冲突。而且，辣椒和洋葱种植的劳动力需求高峰与水稻种植同时发生，农民自然地给予后者优先权。

在世界范围内，项目的问题源自对地方文化关注不够以及继之而来的不适宜。另一个天真和不适宜的项目是埃塞俄比亚的过度革新方案。其最主要的过错在于试图将游牧民改造为定居的农民。它忽略了传统的土地权。外来者——商业性农民——得到了牧民的大部分领地。牧民被期望定居下来并开始从事农耕。这个项目帮助了富裕的外来者而不是本地人。规划者天真地指望无限制的牧民放弃世代相传的古老的生活方式而花费三倍于前的工作量种植水稻和采摘棉花。

低度异化

低度异化的谬误是倾向于将"欠发达国家"看得比实际情况更相似。发展机构经常忽视文化多样性（如巴西和布隆迪的差异），而采用统一的路径对待不同群体的人。忽视文化多样性，很多项目还试图灌输不适当的财产观念和社会单位。最经常地，错误的社会规划预设（1）以前由一个人或几个人所有而由一个核心家庭实施的个体生产单位或者（2）至少部分基于东方阵营和社会主义国家模式的合作生产单位。

通常，发展旨在通过输出生成个人财富。这一目标与队群和部落共享资源、依赖地方生态系统和可再生资源的趋势相悖（Bodley，1988）。发展规划者通常强调带给个体的益处。同时需要更多对社区影响的关注（Bodley，1988）。

错误的欧美模式（个体与核心家庭）的一个例子是为西非一个以扩大家庭为社会单位基础的地区设计的项目。尽管社会规划错误，但是由于参加者利用他们传统的扩大家庭网络来吸引更多的居民，项目还是成功了。最终，随着扩大家庭成员蜂拥至项目区域，两倍于计划的人受益。此处，居民通过遵循他们传统社会的规则修改了强加给他们的项目。

第二种在发展策略中常见的值得怀疑的外国社会模式是合作模式。在对乡村发展项目的比较研究中，新的合作模式情况更糟。合作模式只在利用既存的社区机构时才能成功。这是另一条更普遍的法则的推论：参与者团体在建立于传统的社会组织或者成员的社会经济相似性基础之上的时候是最有效的。

两种外国社会模式——无论是核心家庭农场还是合作模式——在发展的记录中都不是毫无瑕疵的。需要转换思路：将第三世界的社会模式更多地用于第三世界的发展。这些传统的社会单位如非洲、大洋洲和很多其他地区的氏族、宗族及其他扩展的亲属群体，有公有的财产和资源。

第三世界模式

很多政府不是真正地或者在现实中致力于改善其公民的生活。大国的干预也阻碍了政府实施必需的改革。在高度分层的社会中，阶级结构是非常严格的。个人要进入中产阶级的流动很困难。要提高下层阶级整体的生活水平同样不易。很多国家在很长一段历史时期中由反对民主的领导人和强势的利益集团控制，他们倾向于反对改革。

但是在有些国家，政府更多扮演的是人民的代理的角色。马达加斯加即为一例。同非洲很多地区一样，在 1895 年法国政府之前，马达加斯加的前殖民国家已经获得了发展。马达加斯加人、马尔加什人（Malagasy）在国家产生之前按照世系群组织。梅里纳人（Merina），马达加斯加主要的前殖民地国家的缔造者，将世系群整合进结构中，使重要世系群的成员向国王提建议以此获得在政府中的权威。梅里纳国为治下的人民做准备。它为公共工程收税和组织劳动。作为回报，它将资源再分配给需要的人。它也为人民提供一些保护使他们免于战争和奴隶劫掠，允许他们安心地耕种稻田。政府维持灌溉稻田的水利，并向有志的农民兄弟开放通过努力工作和学习成为国家官员的机会。

贯穿梅里纳国的历史——在现代马达加斯加仍在延续——个人、世系群和国家之间存在着紧密关系。当地建立在世系基础上的马尔加什人社区，比爪哇和拉丁美洲社区更团结更具同质性。1960年，马达加斯加从法国获得了政治独立。虽然在1966至1967年我第一次去那里做调查的时候，它在经济上还依赖于法国，新政府正致力于一种旨在提高马尔加什自给能力的经济发展方式。政府政策强调粮食作物水稻而不是经济作物的增产。而且，拥有基于亲属和世系的传统的合作模式和凝聚力，地方社区被视为发展过程之中的模式而不是对发展过程的阻碍。

在一定程度上，世系群预先适应了公平的国家发展计划。在马达加斯加，地方世系群成员将资源用于培养有志向的成员，这已经成为惯例。一旦受到教育，这些男人或女人就在国家中获得了经济上的安全位置。然后，他们与其亲属共享新地位的优势。例如，为乡下上学的表亲提供食宿和帮他们找到工作。马尔加什政府总体看来致力于民主经济发展。也许因为政府官员是农民出身或者对民主经济有强烈的个人情结。相反，在拉丁美洲国家，精英和下层阶级一般有不同的出身且没有通过亲属、世系和婚姻产生的紧密关系。

此外，有世系群组织的社会与很多社会科学家和经济学家所做的预设相悖。随着国家与世界资本主义经济联系的加强，社会组织的地方形式并不必然瓦解为核心家庭组织、缺乏人情味儿或疏离。拥有传统的社群主义和协作团结的世系群，在经济发展中扮演了重要角色。

实事求是的发展促进变革而不是低度异化。若目标在于保留地方体系同时使它更有效，那么很多变革是有可能的。成功的经济发展项目尊重或至少不破坏地方文化模式。有效的发展依照本土的文化实践和社会结构。

---

1. 帝国主义是将一个国家或者帝国的统治延伸至其他国家并占领和持有外国殖民地的政策方针。殖民主义是在一段持续的时间内，外国政权在政治、社会、经济和文化上对某一领土及其人民的控制。欧洲殖民主义分为两个阶段。第一阶段始于1492年，持续至1825年。对英国来说，这一阶段终结于美国独立战争。对法国而言，这一阶段终结于英国赢得七年战争，迫使法国放弃了加拿大和印度。对于西班牙，这一阶段结束于拉丁美洲的独立。第二阶段的欧洲殖民主义大约从1850年延伸至1950年。英国和法国殖民帝国在1914年前后达到巅峰，当时欧洲帝国控制了世界的85%。英、法在非洲、亚洲、大洋洲和新大陆均有殖民地。

2. 在殖民主义之下，政治、民族、部落标签以及认同被创造出来。后殖民研究是日益发展的学术领域。它研究欧洲国家及其殖民社会之间的互动（主要是1800年以后）。它的议题包括殖民化的影响和今天后殖民地的状况。

3. 同殖民主义一样，经济发展也奉行一种干预哲学。这为外来者将本土民族引导向某个特定的目标提供了辩护。发展经常为工业化和现代化是可取的进化性进步的观念所合理化。但是第三世界民族因为卷入世界现金经济中而面临诸多问题。道路、采矿和水力发电工程，放牧、伐木、农业综合企业威胁着土著民族及其生态系统。新自由主义修订和扩展了古典经济自由主义：政府不应调控私人企业以及自由市场力量应该支配经济的观点。干预哲学目前支配着与后社会主义国家和发展中国家的援助协议。

4. 首字母c小写的communism描绘的是一种社会制度，在这种制度下，全体社会成员共同占有生产资料，人们为了共同利益而奋斗。首字母c大写的Communism表示的是一种政治运动和学说，如1917至1991年间在苏联（USSR）盛行的那种致力于推翻资本主义并建立某种形式的共产主义。共产主义的全盛期是1949年至1989年。共产主义的衰落可回溯至1989年至1990年的东欧以及1991年的苏联。后社会主义国家通过私有化、放松调控和民主化追随新自由主义进程。后社会主义过渡中的常见问题包括：民族主义的兴起和腐败。公民社会包含了NGO（非政府组织）、慈善机构、社区团体、妇女组织、信仰为基础的和专业的团体、工会、自助团体、社会运动、商业协会、联盟和吁请团。

5. 发展人类学关注经济发展中的社会问题和经济发展的文化维度。发展项目一般以牺牲生计经济为代价促进现金雇佣和新技术。在爪哇的研究发现绿色革命失败了。原因在于：它只提升了新技术，而不是同时改善技术和现存的农民政治组织。

6. 不是所有的人都追求增进平等和终结贫困。精英对改革的抵制是典型的——而且很难与之抗衡。地方居民很少与要求对他们的日常生活，特别是涉及生存诉求方面进行重大变革的发展项目合作。很多项目试图向预定的受益人灌输不适当的财产观念和社会单位。变革的最好策略是将革新的社会设计建立在各目标区域的传统社会形式基础上。

关键术语

见动画卡片。
mhhe.com/kottak

公民社会 civil society 围绕共享的利益、目标和价值观的自愿的集体行动，包括NGO（非政府组织）、注册慈善机构、社区团体、妇女组织、信仰为基础的和专业的团体、工会、自助团体、社会运动、商业协会、联盟和吁请团之类的组织。

殖民主义 colonialism 在一段持续的时间内，外国政权在政治、社会、经济和文化上对某一领土及其人民的控制。

共产主义 communism 首字母c小写的communism描绘的是一种社会制度，在这种制度下，全体社会成员共同占有生产资料，人们为了共同利益而奋斗。

共产主义 Communism 首字母c大写的Communism表示的是一种政治运动和学说，如1917至1991年间在苏联（USSR）盛行的那种致力于推翻资本主义并建立某种形式的共产主义。

发展人类学 development anthropology 应用人类学的分支，关注经济发展中的社会问题和经济发展的文化维度。

公平，提高 equity，increased 绝对贫困的减少和更均衡的财富分配。

绿色革命 green revolution 基于化肥、农药、20世纪的耕作技术以及新作物品种如IR-8（神奇水稻）基础上的农业发展。

干预哲学 intervention philosophy 殖民主义、征服、传教或者发展的指导方针；对外来者将本地人引向特定的方向进行意识形态合理化。

新自由主义 neoliberalism 是亚当·斯密古典经济自由主义的复兴，主张政府不应调控私人企业以及自由市场力量应该支配经济的观点；目前主导的干预哲学。

过度革新 overinnovation 对当地人的日常生活，特别是涉及生存诉求方面进行重大变革的发展项目的特征。

后殖民 postcolonial 指的是对欧洲国家及其殖民社会之间互动的研究（主要是1800年之后）；更一般地，"后殖民"还可以用于指代反对帝国主义和欧洲中心主义的一种立场。

低度异化 underdifferentiation 将"欠发达国家"视为没有差异的群体的谬误；忽视文化多样性，对不同类型的项目受益者采用统一（通常是民族中心的）的方式。

思考题

更多的自我检测，见自测题。

mhhe.com/kottak

1. 你在教室中所见的多样性是如何与本章讨论的殖民和帝国相关的？

2. 想一个近期的关于核心国家，如美国介入其他国家事务的例子。用于合理化这种行为的干预哲学是什么？

3. 设计一个在公共学校系统中平均分配电脑的方案。你预料到会有什么样的反对。哪些人将成为你的支持者？

4. 想一想你自己的社会和近代历史，给出一个因为创新过度而失败的提议或政策的例子。

5. 想一种你希望发生的变化。你会招募哪些人以促成其出现？自始至终，他们的角色将是什么？

补充阅读

Arce, A., and N. Long, eds.

2000 *Anthropology, Development, and Modernities: Exploring Discoures, Counter-Tendencies, and Violence.* New York: Routledge. 应用人类学、乡村发展、社会变迁、暴力和发展中国家的社会经济政策。

Bodley, J. H.

2001 *Anthropology and Contemporary Human Problems,* 4th ed. Boston: McGraw-Hill. 当今工业世界中一些主要问题的概述：过度消费、环境、资源耗尽、饥饿、人口过多、暴力和战争。

2003 *The Power of Scale: A Global History Approach.* Armonk, NY: M. E. Sharpe. 世界历史中的资本主义和地缘政治。

Bodley, J. H., ed.

1988 *Tribal Peoples and Development Issues: A Global Overview.* Mountain View, CA: Mayfield. 一个概述，包括对部落社会人民和发展的案例研究、政策、评估和建议。

Bremen, J. V., and A. Shimizu, eds.

1999 *Anthropology and Colonialism in Asia and Oceania.* London: Curzon. 亚洲人类学系列中的一本书。

Cernea, M. M., ed.

1991 *Putting People First: Sociological Variables in Rural Development,* 2nd ed. New York: Oxford University Press（published for the World Bank）. 第一本由社会科学家们基于世界银行的文献和项目经历写成的文章的合集。考察了社会和文化发展的成功和失败及其原因。

Cooper, F., and A. L. Stoler, eds.

1997 *Tensions of Empire: Colonial Cultures in a Bourgeois World.* Berkeley: University of California Press. 有几篇文章中考察了殖民遭遇中社会的复杂性。

Edelman, M., and A. Haugerud

2004 *The Anthropology of Development and Globalization: From Classical Political Economy to Contemporary Neoliberalism.* Maiden, MA: Blackwell. 关于发展和全球化的理论和路径的调查。

Escobar, A.

1995 *Encountering Development: The Making and Unmaking of the Third World.* Princeton,

NJ: Princeton University Press. 对经济发展的批判和发展人类学。

Lansing, J. S.

1991　*Priests and Programmers: Technologies of Power in the Engineered Landscape of Bali.* Princeton, NJ: Princeton University Press. 印度尼西亚巴厘岛灌溉管理和发展文化适应的经济中传统圣职的作用。

Nolan, R.W.

2002　*Development Anthropology:Encounters in the Real World.* Boulder, CO: Westview Press.2002 发展人类学案例。

2003　*Anthropology in Practice.*Boulder,CO:Lynne Reiner. 应用人类学来对现实进行改变。

Nussbaum,M.C.

2000　*Women and Human Development: The Capabilities Approach.*New York: Cambrideg University Press. 发展中国家里有待开发的女性力量。

在线练习

1. 加利福尼亚的殖民主义：登录Original Voices网站（http://originalvoices.org/Homopage.htm），并阅读关于原初形态的文化和经济、人类淘金热的代价以及美国政府角色的章节。

　　a. 在淘金热之前，加利福尼亚北部存在着哪些文化？其生活方式是怎样的？

　　b. 金矿矿主对土著居民的态度是怎样的？他们采取了哪些反映这种态度的行动？你认为这些行动的特征是民族屠杀或种族屠杀的吗？

　　c. 美国政府在淘金热中扮演了什么样的角色？它对矿主们的行为是坐视不管还是加以鼓励？

　　d. 有些职业运动队的名字出现在近期的新闻中，因为有些美洲原住民视其为冒犯（例如，Washington Redskins, Atlanta Braves, Cleveland Indians）。在阅读本网页之后，你认为加利福尼亚北部的当地群体会对旧金山49人（San Francisco 49ers）这个名字（根据1849年的淘金者命名）作何感想？

2. 人权：阅读联合国世界人权宣言的导言并浏览其中的文章（http://www.un.org/Overview/rights.html）。

　　a. 宣言的要点是什么？

　　b. 你同意这些观点吗？你觉得它们都合理吗？是否少了什么？

　　c. 根据本宣言的解释，殖民策略和发展规划会如何威胁到人权？

　　d. 你将建议联合国如何实施这些权利？

请登录McGraw-Hill在线学习中心查看有关第24章更多的评论及互动练习。

链接

科塔克，《对天堂的侵犯》，第4版

　　阅读第4章和第8章，描述研究过程中影响阿伦贝培渔业的主要变迁。阿伦贝培人的经历如何证明本教科书关于发展地方渔业的适当策略的观点（在"公平"部分）。

彼得斯-戈登，《文化论纲》，第4版

　　本章讨论了殖民主义深远和持续的影响。阅读《文化论纲》的第4章，"海地：一个动荡中的国家"。你认为海地的被殖民历史对现今的状况有何影响？由于发展或缺少发展，海地人正面临哪些问题？海地与本教科书中提及的其他例子相比如何？

克劳福特，《格布斯人》

阅读第 7 章、第 9 章及结论。根据第 7 章和结论，你认为格布斯人关于殖民主义的经历是良性的还是恶性的？你会用什么证据来支持你的观点？根据第 9 章，你认为格布斯人的经济相对而言为何如此不发达——尽管他们有强烈的渴望？为了获得金钱，格布斯女人进行了什么经济活动？这些活动有多成功？

第**25**章
文化交流与文化生存

涵化

自20世纪20年代以来，人类学家已经在考察由于工业社会与非工业社会的接触所带来的变迁——双方都有。对"社会变迁"和"涵化"的研究颇丰。英美的民族志学者，分别用这些术语描述同一过程。涵化指的是当两个人群进入持续的直接接触而产生的变化——其中一个或两个人群出现的文化模式的变迁（Redfield, Linton and Herskovits，1936，p.149）。

　　涵化和传播或者文化借用不同，它们不通过直接接触也可以出现。例如，多数吃热狗（法兰克福香肠）的北美人从未到过德国法兰克福，拥有丰田车或者吃寿司的北美人也从未到过日本。虽然涵化可以应用于很多文化接触和变迁的案例，但是该术语最经常的还是用来描述**西化**（westernization）——西方扩张对土著民族及其文化的影响。因此，穿着从商店买的衣服、学习印欧语系的语言或者采纳西方习俗的当地人称为被涵化了。涵化可能是自愿的也可能是被迫的，可能存在对此进程的相当大的抵制。

接触与支配

不同程度的对本土文化的破坏、支配、抵制、遗存、适应和变更可能伴随族际交往而出现。在最具破坏性的接触中，本土及其次生文化面临消亡。在本土社会和更强势的外来者接触导致破坏的案例中——一种独具殖民主义和扩张时代特征的境况——通常在最初的接触后随之而来的是"休克阶段"（Bodley，1988）。外来者可能袭击或剥削本土居民。这种剥削可能增加死亡率、破坏生计、分裂亲属群体、损坏社会支持系统以及启发宗教运动，如"宗教"一章中考察的船货崇拜（Bodley，1988）。在休克阶段，可能存在军事力量支持的国内镇压。这些因素可能导致该群体的文化崩溃（民族文化灭绝）或者身体毁灭（种族灭绝）。

外来者经常试图按照自己的想象再造本土景观和文化。政治和经济殖民者尝试重新设计被征服的和依附的土地、民族和文化，将自己的文化标准强加给他人。例如，很多农业发展项目的目标，使世界尽可能像艾奥瓦州，包括机械化的农

场和核心家庭所有制——不顾这些模式可能不适合于北美核心地带之外的场景。

发展与环保主义

今天，通常是基于核心国家而不是这些国家政府的跨国合作改变第三世界的经济。但是，各国的确倾向于支持掠夺性企业，在核心之外的国家如巴西寻找廉价劳动力和原材料，这些地方的经济发展致使生态环境遭到破坏。

与此同时，来自核心国家的环保主义者则不断抗议这些生态环境破坏的情况，力图推动保护。亚马逊流域的生态环境破坏已经成为国际环保主义者关注的焦点。但是很多巴西人抱怨北方国家的人在为了第一世界经济增长而将自己的森林毁坏殆尽之后又大谈全球需要和保护亚马逊雨林。艾哈迈德（Akbar Ahmed，1992，2004）总结说，非西方人倾向于对西方的生态道德表示怀疑，将之视为帝国主义的又一信号。"中国人对西方要求他们放弃冰箱的便利以保护臭氧层的建议有理由窃笑"（Akbar Ahmed，1992，p.120）。

在上一章，我们看到若发展计划试图用文化陌生的财产观念和生产单位取代本土形式，通常都会失败。吸收本土形式的策略比过度革新和低度异化的谬误更有效。同样的告诫似乎也适用于寻求灌输全球生态道德而无视文化变化和自主权的干预哲学。国家和文化可能抵制以发展或者全球角度上合理的环保主义为目的的干预主义者的哲学。

一种与环境变化相关的文化间的冲突在发展威胁到土著民族及其环境的时候可能出现。世界范围内数以百计的群体，包括巴西的卡亚波（Kayapó）印第安人（Turner，1993）和巴布亚新几内亚的卡鲁利人（Kaluli）（见第600页的"趣味阅读"），为诸如大坝建设或者商业驱使的滥砍滥伐的计划和力量所威胁，这些将毁掉他们的家园。

第二种与环境变化相关的文化间的冲突出现于外部调控威胁到土著民族时。本土人群实际中可能被寻求保存（save）他们家园的环境规划所威胁。有时，外来者为了保护濒危物种希望当地人放弃很多惯例性的经济和文化活动，而没有清晰的替代、选择或者诱因。传统的保护方式包括限制接近保护区、雇守卫和惩罚违犯者。

概览

在我们这个持续变动的世界中，新的认同出现，同时另外的认同消失。在更糟糕的情况中，一种文化可能崩溃或者被兼并（民族文化灭绝）。其人民可能相继死去或者被杀害殆尽（种族灭绝）。文化帝国主义指的是一种文化以牺牲其他文化为代价的传播。一个文本，如媒体制造的形象，被每一个接触它的人所阐释。人们可能接受、抵制或者反对文本的既定意义。当外界力量进入新的场景时，它们通常会被本土化——被修正以符合地方文化。大众传媒可以在一国境内传播文化，因而加强国家认同。大众传媒在保存过着跨国生活的人们的民族认同方面也扮演重要角色。当今的全球文化由人才流、技术流、金融流和信息流所驱动。商业和媒体点燃了全球消费文化。政府和国际组织已经采取了包括宪法改革在内旨在使土著民族得到认可和受益的政策。认同是一个流动的、动力的过程，保持土著状态有多种方式。没有哪个社会运动是脱离包含它的国家和世界而存在的。

研究表明文化多样性在资源丰富区域程度最高

《国家地理》新闻简讯
作者：斯特凡·罗弗格林（Stefan Lovgren）
2004 年 3 月 17 日

本章关注文化多样性和文化生存的挑战，以及人与文化在面对这些挑战时的恢复力。这则新闻故事报道的是近期一项关于文化多样性的起源和生存的研究。论点是人们大多出于经济原因而迁移，而如果家乡资源丰富的话，人们倾向于留在原地继续做他们一直在做的事情。这就强化了上一章提出的观点，即变更行为的动力源自人们的传统文化和对一般生活的细微关注。这项研究一个令人感兴趣的论点是文化多样性和生物多样性的模式是相似的，多样性在赤道地区最丰富而在接近极地的地方最贫乏。热带充足的资源使多样的社会得以存在。当资源不太集中和不太充足的时候，人们不得不在很大范围内活动以满足日常需求。这种运动使文化同质化，因为人们进行持续的接触。这一研究使人们注意到文化具有自我保持的倾向，即使是在面临迁移到别的地区如北美城市的时候，这使得民族和其他文化特殊性在一个全球化的世界中仍然重要的。

我们可以正确地打鼓吹号：人类所有的文化财富让其他物种望尘莫及。我们有不同的宗教、婚姻体系、语言和舞蹈。

"人类是一个非常年轻的物种，几乎没有基因多样性，但是我们确实具有其他物种没有的巨大文化多样性。"英国雷丁大学（University of Reading）进化生物学教授佩格尔（Mark Pagel）说。但是用什么解释我们极度的文化多样性呢？

在本周这一期科学杂志《自然》上的一篇文章中，佩格尔和伦敦大学学院（University College London）的人类学教授梅斯（Ruth Mace）论证说，我们的文化进化在很大程度上是由对资源的控制欲望所驱使的。

"人类有一种禀性，即在自己周围画一个圈然后说，'这是我的领土，我不能让其他人占有它'，"佩格尔说，"这就导致不同文化在相互隔绝时经过一般的多样化和漂离过程而出现。"

在我们之中的很多人害怕文化同质化正在席卷世界的时代谈论伟大的文化多样性看起来也许很奇怪……

佩格尔不否认文化侵蚀正在发生。但是，他说，它的发生比表面看起来要慢得多。事实上，除非被金钱吸引而搬迁或同化进入新的文化，多数人宁愿选择待在原地继续做他们一直在做的事情。"引人注目的是我们既有能力迁移人口，人的移动却如此之少，"他说，"文化的天然趋势是如此具有凝聚力和排外以至于我们想要关注它。"

研究发现人类文化用与动物物种相似的方式将自己分布在世界各地。在动物界，一种被称为拉帕波特法则的看法认为，物种密度在赤道地区最高并向两极逐步递减。不同的语言——本研究用以区分文化的标准——在一些赤道地区每隔几平方英里就被使用，而气候更恶劣的地区语言种类很少。

巴布亚新几内亚有大约 700~1 000 种不同的语言，占到地球语言种类总量的 15% 左右。相比之下，中国只有 90 种语言。

"当资源充足时，一个很小规模的人类群体生存是可能的，而在资源不是十分充裕的地区，人们不得不在大范围内活动以满足日常需求，而这可能使文化同质化，因为他们要持续与他人接触。"佩格尔说。

但是在像巴布亚新几内亚一样的资源丰富的地区人类为何没有形成一个大型的同质的文化群体呢？

佩格尔说，那是因为人类展示的社会行为的形式支持以小型群体为单位生活，如奖励合作、惩罚越轨者以及对外人保持谨慎。"为了控制资源和排除外人对资源的使用，我们发展出（复杂的群体行为如）狩猎和战争，"他说，"这些事情要求个体之间大量的合作、联系和交流。"

这也可能是一个选择问题。虽然我们的基因是垂直传递且不能选择的，但文化特质却是可以被接受或者拒绝的。然而，多数人还是从祖先而不是其他文化中获得文化特质。

"人们倾向于使用父母一样的语言，并拥有同样的政治和宗教信仰。"佩格尔说。

虽然我们的文化多样性依然强劲，它或许只是以前的一小部分了，比方说 1 万年前农民从美索不达米亚向外迁移，取代了欧洲和其他地区的狩猎—采集文化，并在此过程中消灭了当地的语言。

"今天只有大约 50 种语言还在欧洲使用，"佩格尔说，"若非农业的进步，我们或许可以在欧洲拥有更大的文化多样性，甚或还有更大的文化多样性。"

我们现在可能正处在另一个过渡状态。虽然有些专家认为大量移民从贫困区迁移到富裕地区会给文化多样性刻上印记，但是佩格尔却不是如此肯定。"事物在接下来的 100 年间是否会变化，我们是否将会拥有一个大的同质世界，我们并不能断言。"他说……

佩格尔说，毕竟，你可以沿着曼哈顿大街散步碰到三代讲意大利语的人。再多走几个街区，又碰到讲中文的人。"曼哈顿的文化多样性依然存在。"他说。

来源：Stefan Lovgren, "Cultural Diversity Highest in Resource-Rich Areas, Study Says," *National Geographic News*, March 17, 2004. National Geographic Society. http://news.nationalgeographic.com/news/2004/03/0317_040317_cultures.html.

当外部调控取代本地系统时，往往会出现问题。和发展项目相似，保护计划可能要求人们改变他们代代相传的处事之道以满足规划者而非本地人的目标。讽刺的是，善意的保护努力可能与那些引起剧烈变化，但在规划和实施策略时未将受影响的当地人包含在内的发展计划同样不够敏感。当人们被要求放弃其生计的基础时，他们通常都会抵制。思考一个生活在马达加斯加东南部安多亚耶拉（Andohahela）森林保护区边缘的一位坦诺斯人（Tanosy）的案例。多年以来，他依赖于保护区内的稻田和牧场。现在外来机构正试图让他为了环境保护而放弃这片土地。这个男人是富有的 ombiasa（传统巫医），有 4 位妻子、12 个孩子和 20 头牛。他是一位有抱负、辛勤劳动和多产的农民。有金钱、社会支持和超自然权威，他对试图使他放弃土地的保护区管理者给予了有效的抵制。这位巫医声称他已经放弃了他的部分土地，正在等待补偿性土地。他最有效的抵制是超自然的。管理者儿子的死被归因于巫医的魔力。从此，管理者在强制执行时放松了警戒。

考虑到滥砍滥伐对全球生物多样性的威胁，策划有效的保护策略是至关重要的。法律和执法或许有助于遏制受商业驱使的以烧林和皆伐为形式的滥砍滥伐的潮流，但是，地方居民也使用和滥用林地。环保方向的应用人类学家面临的挑战之一是使像马达加斯加坦诺斯人一样的本地人对森林保护感兴趣。就像发展计划一样，有效的环境保护策略应该关注生活在受影响区域内人们的习俗、需求和动机。环境保护的成效取决于地方合作。在坦诺斯人的例子中，保护区管理者应该通过边界调整、谈判和赔偿以使那位巫医和其他受影响的人们满意。对有效的保护（就像对发展一样）而言，任务是策划文化适宜的策略。如果想要灌输自己的目标而不考虑受影响的人们的实践、习俗、规则、法律、信仰和价值观，那么无论是发展机构还是 NGO（非政府组织）都不会成功（参见 Johansen，2003；Reed，1997）。

宗教变迁

随着本土信仰和实践被西方的信仰和实践所代替，宗教的变迁可能会引发民族文化灭绝。有时一种宗教及其相关的习俗被与西方文化更一致的意识形态和行为所取代。有一个例子就是美湖宗教（正如在关于宗教的章节中所描述的），它引导易洛魁人仿效欧洲耕作技术，强调男性劳动而不是女性。易洛魁人还用核心家庭取代了他们的公共长房和母系世系群。美湖的教导产生了一个新的教会和宗教。复兴运动帮助易洛魁人在一个急剧变化的环境中生存下来，但是也带来了很多民族文化灭绝。

美湖自己是一个土著，他根据西方模式创立了一种新的宗教。更常见的是，代表主要的世界宗教（特别是基督教和伊斯兰教）的传教士和改宗者是宗教变迁的拥护者。新教和天主教传教即使在世界最偏远的角落也在继续。以福音派教会为例，他们正在秘鲁、巴西和其他拉美地区发展。它挑战了经常疲软的只有少数教士且主要被看做是女人的宗教的天主教。有时一个民族国家的政治意识形态与传统宗教相对抗。苏联的官员们压制天主教、犹太教和伊斯兰教。在中亚，苏联统治者毁坏了穆斯林的清真寺并阻碍宗教实践。另一方面，政府利用其力量发展宗教，如伊斯兰教在伊朗或者苏丹。

1989 年，军事政府夺取了苏丹的领导权。它立即启动了一项运动，将这个拥有超过 3 500

万人口且有四分之一不是穆斯林的国家变成伊斯兰国家。苏丹采取了宗教、语言和文化帝国主义的政策。政府试图将伊斯兰教和阿拉伯语推广至非穆斯林南方地区。那里的基督教和部落宗教已经抵制中央政府十年了（Hedges，1992a）。而且，抵制仍在持续。

文化帝国主义

文化帝国主义（cultural imperialism）指的是一种文化以牺牲其他文化为代价或强加给其他文化的传播或者扩展，它修改、取代或者破坏其他文化——通常是由于其不同的经济或政治影响。因此，法国的殖民国家的儿童从同样在法国使用的标准教科书上学习法国历史、语言和文化。塔希提人（Tahitians）、马尔加什人（Malagasy）、越南人和塞内加尔人通过背诵关于"我们的祖先高卢人"的教科书来学习法语。

现代技术，尤其是大众传媒在何种程度上是文化帝国主义的帮凶呢？随着同质的产品到达世界范围内更多的人手中，有些评论者视现代技术抹杀了文化差异。但是其他人则看到了现代技术在使社会团体（地方文化）自我表达和存活（Marcus and Fischer，1999）中的角色（见第531页的"趣味阅读"）。例如，现代的广播和电视不断地使地方事件（例如艾奥瓦州的鸡节）引起更多公众的注意。北美媒体在刺激多种地方活动时起到了作用。与此相似，在外来力量，包括大众传媒和旅游业的背景下，巴西的地方实践、庆祝会和表演正在发生改变。

在巴西阿伦贝培（Kottak，1999a），电视普及已经刺激了年度传统表演柴甘卡（Cheganca）的参与。这是一种渔民的舞蹈表演，重现葡萄牙人当年发现巴西。阿伦贝培人到该国首都为一个以来自很多乡村社区的传统表演为特征的电视节目，在摄像机前面表演柴甘卡。

一个全国性的巴西周末之夜类的节目（Fantastico）在乡村地区特别流行，因为它呈现这类事物。在亚马逊河沿岸的几个城镇，年度的民俗节现在更慷慨地为拍摄提供舞台。例如，在亚马逊的 Parantins 镇，一船一船在一年中的任何时刻到达的游客都能看到该镇一年一度的 Bumba

Meu Boi 节的录影带。这是一种模仿斗牛的化妆表演，其中有些部分在 Fantástico 上播放过。这种地方社区为了表演给电视台和游客观看的保留、复兴和扩大传统仪式规模的形式正在扩展。

巴西电视台通过促进节日如狂欢节和圣诞节的传播流行也扮演了"自上而下"的角色（Kottak，1999a）。电视帮助了狂欢节在传统的城市中心之外的全国性流行。不过，对全国范围播放狂欢节及其饰物（复杂的游行、服装和狂热的舞蹈）的地方反应并不是对外界刺激的简单或者千篇一律的回应。

当地的巴西人没有直接采纳狂欢节，而是有各种不同的回应方式。通常他们不是接受狂欢节本身而是修饰他们的地方节日以使其符合狂欢节的形象。其他人主动摈弃狂欢节。例如，在阿伦贝培，狂欢节在这里从来都不重要，可能是因为它在日期上接近主要的地方节日，即在2月份举行的纪念阿西西的圣方济各（Saint Francis of Assisi）的节日。过去，村民无法承受庆祝两个节日的负担。现在，阿伦贝培人不仅拒绝狂欢节，也日渐反感他们自己的主要节日。因为每年2月份吸引成千上万的游客来到阿伦贝培，圣方济各节已经成为"一个外来者的活动"，阿伦贝培人

关于沙捞越文化生存的信息，见在线学习中心的互动练习。
mhhe.com/kottak

更多关于文化生存策略的信息，见在线学习中心的互动练习。
mhhe.com/kottak

🔘 随书学习视频

纵贯历史的文化生存

第25段

在本段视频中，一位和善的主人参观由墨西哥瓦哈卡（Oaxaca）San José Magote 地方社区建造的村庄博物馆。叙述者强调工艺品和记载了该地3 500年历史的展览，包括产于古代重要中心的陶器，西班牙庄园的微缩模型以及一幅村民从西班牙人手中夺回被侵占的土地的画作。该视频展示了文化生存的一种方式。自认为是古墨西哥文化传统的合法继承人这一观念是当地萨巴特克人（Zapotec）认同的重要组成部分。族谱是如何被用于描绘地方历史的？该视频片段是如何将族谱与现在联系起来的？根据此视频，在萨巴特克人的历史中，女性扮演了什么样的角色？

雨林之音

巴布亚新几内亚政府已经批准了美国、英国、澳大利亚和日本公司对雨林中卡鲁利人（Kaluli）和其他土著民族居住地的石油开发。森林退化往往伴随着伐木，放牧，筑路，培育濒危植物、动物、民族和文化。随树木一起消失的是歌曲、神话、词汇、思想、手工艺品和技术——雨林民族如卡鲁利人的文化知识和实践，人类学家和民族音乐学家菲尔德（Steven Feld）已经研究卡鲁利人超过 20 年了。

菲尔德与感恩而死乐队（Grateful Dead）的哈特（Micky Hart）在一个旨在通过音乐促进卡鲁利人文化生存的项目中合作。多年以来，哈特致力于通过教育基金、音乐会策划和录制来保存音乐多样性，包括光闪之声唱片公司（Rykodisc）发行的成功的"The World"系列。《雨林之音》是完全出自巴布亚新几内亚土著音乐的首张专辑。它用 1 个小时记录了博萨维村庄中卡鲁利人全天 24 小时的生活。该专辑使得文化生存和传播在高质量商品中的形式成为可能。博萨维成为杂糅音乐和自然环境之声的"音景"的代表。卡鲁利人将自然中鸟、蛙、河流、溪水都编织进他们的文本、旋律和节奏中。他们与小鸟和瀑布一起唱歌和吹口哨。他们与鸟、蝉一起谱写二重奏。卡鲁利项目于 1991 年世界地球日在《星球大战》创作者卢卡斯（George Lucas）的"天行者农场"（Skywalker Ranch）启动。在那里，"雨林行动网路"（Rainforest Action Network）的执行理事海耶斯（Randy Hayes）和音乐家哈特谈及雨林破坏和音乐生存的关联问题。随后是为卡鲁利人民基金举行的旧金山募捐晚宴。这是建立以向卡鲁利专辑收取版税的信托基金——菲尔德的策略中的经济方面——用以促进卡鲁利文化生存。

雨林之音被以"世界音乐"的名义在市场上推出。这一术语本意是在强调文化多样性，即音乐来源

对这一事实感到愤怒。村民们认为商业利益和外来者占有了圣方济各节。

与这些趋势相反，很多阿伦贝培人现在更喜欢参加传统的 6 月份纪念圣约翰（Saint John）、圣彼得（Saint Peter）和圣安东尼（Saint Anthony）的节日。在以前，这些被视为比圣方济各节规模小得多的节日。阿伦贝培人现在用新的活力和热情庆祝这些节日，作为对外来者和他们庆祝活动的反应，真实并接受拍摄。

制造和再造文化

任何媒体创造的形象如狂欢节，都可以从性质和影响方面加以分析。它也可以被作为一个**文本**（text）来分析。我们通常认为文本就是书，就像本书一样。其实它有更广泛的意义。人类学家用文本指代可以被"阅读"、阐释和赋予意义的任何东西。从这个意义上说，文本不一定非得是写就的。这一术语可能指代一部电影、一个形象或者一个事件，如狂欢节。当巴西人参与狂欢节的时候，他们将它作为一个文本"阅读"。这些"读者"从狂欢节事件、形象和活动中得出自己的意义和情感。这种意义可能与文本创造者如官方赞助商设想的截然不同（创作者预期的"解读"或者意义——或者精英认为是预期的或正确的意义——可被称为霸权性解读）。

媒体信息的"阅读者"不断生产自己的意义。他们或许会抵制或反对文本的支配意义，又或许利用文本反支配的方面。在此之前，我们在美洲奴隶喜欢摩西和解救的圣经故事胜过他们的主人所教的接受和服从的霸权训诫。

流行文化

在《理解流行文化》（1989）一书中，菲斯克（John Fiske）将每个个体对流行文化的运用视作创造性的行动（对一文本的独创性"解读"）。（例如，麦当娜、滚石乐队和《指环王》对不同的追捧者而言有不同的意义。）正如菲斯克所说，"当我认为我从一个文本中制造的意义是属于我

于世界的所有地区、所有文化。"部落"音乐加入西方音乐作为一种值得表演、倾听和保存的艺术表现形式。哈特的系列既包含了非西方来源的音乐也提供了西方世界主流族群的音乐。

哈特的唱片系列旨在保存"濒危音乐"，使土著民族免受艺术损失。其意图在于为被主流世界体系消声的人们赋予一种"世界之音"。1993年，哈特发起了一个新的系列，"国会图书馆濒危音乐项目"，该项目包含了对由美国民俗生活中心（American Folklife Center）收集的田野唱片的重新灌录。该系列的第一部分，灵魂在哭泣（The Spirit Cries）集中了来自南美洲、中美洲和加勒比文化中的音乐。项目所得被用于支持表演和他们的文化传统。

在《雨林之音》中，菲尔德和哈特将所有"现代的"和"主导的"的声音排除在他们的唱片之外。唱片中没有卡鲁利村民现在每天听到的世界体系的声音。现在唱片使"机械音"沉寂下来：飞机跑道上割草的拖拉机、气体发生器、锯木厂、直升机和往返于石油钻探区域间的小飞机的嗡嗡声。不见的还有村庄教堂的钟声、阅读《圣经》的声音、福音派的祈祷和赞美诗，以及老师和学生在只能讲英文的学校里的声音。

最初，菲尔德预测试图创造与侵入的力量和声音隔绝的理想化的卡鲁利"音景"将招致批评。他期待在卡鲁利人中间，关于他项目的价值有多种观点：

这是一个有些卡鲁利人毫不关心的音景世界，一个还有些卡鲁利人瞬间就选择忘记的世界，一个有些卡鲁利人愈发怀旧和感到不安的世界，一个还有些卡鲁利人仍然生活、创造和倾听的世界。这是越来越少的卡鲁利人会主动想知道和珍视的声音世界，但也是越来越多的卡鲁利人只能从磁带上听到并且感伤地感到疑惑的世界（Feld，1991，p.137）。

尽管有这些担忧，但是在1992年携内置扬声器和唱片返回巴布亚新几内亚的时候，菲尔德获得了势不可挡的积极回应。博萨维人的反应非常善意。他们不仅感谢唱片，而且得以用捐给卡鲁利人民基金的《雨林之音》的版税建立一座急需的社区学校。

来源：Based on Steven Feld, "Voices of the Rainforest," *Public Culture* 4（1）:131-140（1991）.

的意义，并且以实际和直接的方式与我的日常生活相关的时候，这是令人愉快的"（Fiske，1989，p.57）。我们所有人都可以创造性地"阅读"杂志、书籍、音乐、电视、电影、名流以及其他流行文化产品（参见Fiske and Hartley，2003）。

个体也依靠流行文化表达反抗。通过运用流行文化，人们可以象征性地反抗他们每天面对的不平等的权力关系——在家庭中、工作中和教室中。流行文化（从说唱音乐到喜剧）都可以被无权或者感到无权和受压迫的群体用来表达不满和反抗。

流行文化的本地化

要理解文化变迁，认识到意义可能是地方制造的这一点很重要。人们赋予接收的文本、信息和产品以自己的意义和价值。这些意义反映出他们的文化背景和经历。当来自世界中心的力量进入新的社会时，它们被本地化了——被修正以适合本地文化。这对于快餐、音乐、住宅风格、科学、恐怖主义、庆典以及政治理念和机构等不同的文化力量同样适用（Appadurai，1990）。

以影片《第一滴血》在澳大利亚的接受效果作为流行文化可能被本地化的一个例子。迈克尔斯（Michaels，1986）发现《第一滴血》在澳大利亚中部沙漠的土著人中非常流行，他们为影片赋予了自己的意义。他们的"解读"不同于制片方的本意，也与多数北美人不同。澳大利亚土著将片中主人公兰博（Rambo）视为卷入与白人官员阶级斗争的第三世界的代表。这一解读表达了他们对于白人家长制和既存种族关系的消极情绪。澳大利亚土著也认为兰博和他所救的囚犯之间存在部落联结和亲属纽带。从他们的经验出发，这些都是合情合理的。澳大利亚土著在澳大利亚监狱中人数众多。他们最有可能的解救者就是与他们有私人关系的人。对《第一滴血》的这种解读是从文本中得出的相关意义，而不是文本本身具有的（Fiske，1989）。

图像的世界体系

所有的文化都表达想象——在梦、幻想、歌曲、神话和故事中。然而今天，更多地方的更多人能够比以往任何时候想象到"一系列更广泛的

'可能'的生活"。这种变化的一个重要来源是代表着丰富且千变万化的可能的生活方式的大众传媒（Appadurai，1991，p.197）。美国是世界传媒中心，并有加拿大、日本、西欧、巴西、墨西哥、尼日利亚、埃及、印度和中国香港的加盟。

就像几百年来印刷所做的一样，电子传媒也能传播甚至帮助创造国家和民族认同。与印刷出版相似，电视和广播可以将不同国家的文化在本国境内传播，由此提升国家文化认同。例如，从前与城市和国家事件、信息隔绝（由于地理隔绝或者文盲）的数百万巴西人现在通过电视网络参与到全国性的通讯体系中（Kottak，1999a）。

对电视的跨文化研究反驳了美国人关于其他国家的电视收看上所持的民族中心主义观点。这种错误观念认为美国的电视节目必然战胜地方节目。这种情况在存在有吸引力的地方竞争时不会发生。以巴西为例，最有名的电视网（TV Globo）严重依赖地方节目。TV Globo（巴西环球电视台）最流行的节目是 telenovelas，地方制作的与美国肥皂剧相似的电视连续剧。Globo 每晚 8 点向世界上最庞大、最投入的观众（全国 6 000 万～8 000 万观众）播放。吸引大量人群的这一节目是由巴西人制作的，也是为巴西人制作的。因此，巴西电视正在推广的不是北美文化而是新的泛巴西国家文化。巴西节目也参与国际竞争。它们被出口到100 多个国家，跨越拉丁美洲、欧洲、亚洲和非洲。我们可以这样概括，文化陌生的节目在任何有高质量的本地选择的地方都不会表现太好。这在很多国家都得到了证实。国产节目在日本、墨西哥、印度、埃及和尼日利亚都极为流行。在 20世纪 80 年代中期进行的一项调查中，75% 的尼日利亚观众选择本土节目。只有 10% 偏爱进口节目，还有剩下的 15% 两种同样喜欢。本土节目在尼日利亚之所以成功是因为"他们充满了观众可以共鸣的日常时刻。这些节目是尼日利亚人的本土制作"（Gary，1986）。每一周有 3 000 万人观看最流行的电视剧《村长》（*The Village Headmaster*）。这个节目将乡村价值观搬上了已经失去了与乡村之根的联系的都市人的屏幕（Gary，1986）。

大众传媒也在保持跨国居民的国家和民族认同方面起着作用。讲阿拉伯语的穆斯林，包括移民，在多个国家中追随半岛电视台，该电视台的基地在卡塔尔，它帮助加强民族和宗教认同。在群体搬迁以后，他们彼此之间以及与家乡之间可以通过媒体保持联系。离散群体（diaspora，从原籍或祖籍离散在外的人）扩大了面向特定的民族、国家或者宗教的人群的媒体、通信和旅行服务的市场。只要付一笔费用，位于弗吉尼亚费尔法克斯的 PBS（美国公共广播公司）向哥伦比亚特区的移民群体提供每周 30 余个小时的时间让他们用自己的语言制作节目。

跨国的消费文化

除了电子传媒，另一个重要的跨国力量是金融。跨国公司和其他企业到国境之外寻找投资地并获利。阿巴杜莱（Arjun Appadurai，1991，p.194）这样说，"资本、商品和人在世界范围内无休止地相互追逐"。很多拉丁美洲社区的居民现在依赖国际迁移劳动力寄回的外国货币。美国经济也日益受到外国特别是来自英国、加拿大、德国、荷兰和日本的投资的影响（Rouse，1991）。美国经济对外国劳动力的依赖也加强了——通过移民和工作外包。

当今的全球文化为人员、技术、金融、信息、图像和意识形态的流动所驱动（Appadural，1990，2001）。商业、技术和媒体增加了全世界对商品和图像的渴望（Gottdiener，2000）。这促使民族国家向全球的消费文化开放。今天几乎所有人都参与这种文化。几乎没有人从未见过印有西方产品广告的 T 恤衫。美国和英国摇滚明星的专辑在里约热内卢的街道回响，而从多伦多到马达加斯加的出租车上都在播放巴西音乐。农民和部落民参与现代世界体系不仅因为受制于现金，也因为他们的产品和形象被世界资本主义所使用（Root，1996）。他们被其他人商业化了（如电影《上帝也疯狂》中的桑人）。此外，土著民族也通过"文化幸存者"等途径推销自己的形象和产品（参见 Mathews，2000）。

迁移中的人

现代世界体系中的联系既扩大也磨灭了旧边界和区分。阿巴杜莱（Arjun Appadural，1990，

运用现代技术保护语言和文化多样性

虽然有些人将现代技术视为对文化多样性的威胁，但也有人看到了技术可以使社会群体表达自身。人类学家伯纳德（H. Russell Bernard）是教濒危语言的使用者如何用电脑书写他们的语言的先驱。伯纳德的工作使语言和文化记忆得以保存。墨西哥和喀麦隆的本土民族用他们的母语表达作为个体的自己，并为不同的文化提供内部人的解释。

墨西哥伊达尔戈州乡村学校的一名教师萨利纳斯（Jesús Salinas Pedraza），几年前开始着手文字处理并创作一本纪念性书籍，全书共 25 万字，用纳胡鲁（Näh ñu）语言记录了他自己的印第安文化。内容无所不包：民间故事和传统宗教信仰、植物和矿物的实际使用以及生活在田地和村庄中的日常流动……

萨利纳斯先生既不是人类学教授也不是文体家。但他却是第一个用纳胡鲁语（NYAW-hnyu）写书的人。纳胡鲁语是几十万印第安人的母语，以前是非书写语言。

这种使用微型计算机和台式电脑发表用无文字传统的语言写就的作品现在被人类学家鼓励用于以内部人的眼界记录民族志。他们将此视为保存文化多样性和人类知识财富的一种途径。更紧迫地，

语言学家用技术作为挽救世界上有些濒临灭绝的语言的手段。

语言学家认为世界上 6 000 种语言的半数濒临灭绝。这些语言为小型社会所使用，它们随着更大、更有活力文化的入侵而衰弱。年轻人在经济压力下只会学习主导文化的语言，和有书写历史的语言如拉丁语不同，随着年老的一代相继过世，非书写语言就会消失。

伯纳德博士是佛罗里达大学（Gainesville）的人类学家，就是他教会萨利纳斯先生用本族语阅读和书写。他说："语言总是出现又消失……但是语言似乎比以往消失得更快。"

阿拉斯加大学费尔班克斯分校阿拉斯加土著语言研究中心（the Alaska Native Language Center）的负责人克劳斯（Michael E. Krauss）博士估计美洲的 900 种土著语言中，有 300 种已濒临消失。就是说，它们不再为儿童所使用，可能在一代或两代之后完全消失。在阿拉斯加的 20 种土语中只有两种仍然有孩子在学习……

为了保护墨西哥的语言多样性，伯纳德博士和萨利纳斯先生于 1987 年决定开始教印第安人用计算机阅读和书写自己的语言。他们在墨西哥瓦哈卡州（Oaxaca）建立了一个本土识字中心，在那里，人们可以追随萨利纳斯先生的脚步用

其他印第安语写书。

瓦哈卡中心超越了多数集中于教人们用土语说和阅读的双语教育项目。相反，如伯纳德博士认定的，这一项目实施的前提是假设多数土语缺乏的是用自己语言写作的作者……

瓦哈卡项目的影响正在扩散。由于对萨利纳斯先生和其他人印象深刻，伊利诺伊大学人类学家威腾（Norman Whitten）安排厄瓜多尔的教师前往瓦哈卡学习技巧。

现在厄瓜多尔的印第安人已经开始用盖丘亚（Quechua）语和舒瓦拉（Shwara）语书写自己的文化。其他来自玻利维亚和秘鲁的人正在学习用电脑书写他们的语言，包括古印加人的语言盖丘亚语，现在在安第斯山地区仍然有 1 200 万印第安人讲这种语言……

伯纳德博士强调，这些土语识字项目并没有阻碍人们学习国家主导语言的意图。"我认为若保持单一语言会导致被国家经济排斥，那么它就没有益处也不迷人了。"他说。

来源：Excerpted from John Noble Wilford, "In a Publishing Coup, Books in 'Unwritten' Languages," *New York Times*, December 31, 1991, pp.B5,B6.

p.1）将当今世界描绘为"崭新"的、"跨地方"的"互动体系"。无论是难民、移民、游客、朝圣者、改宗者、劳工、商人、发展工作者、非政府组织的雇员、政治家、恐怖分子、士兵、运动员或者媒体塑造的形象，人们似乎比以往流动得更多。

在前面的章节中，我们看到觅食者和牧民是

传统上是半游牧的或游牧的。然而今天，人类活动的范围急剧扩展了。跨国迁移变得如此重要以至于很多墨西哥村民发现"他们最重要的亲属和朋友有可能住在千里之外，也可能近在咫尺"（Rouse，1991）。很多移民保持着与故土的联结（打电话、发电子邮件、拜访、寄钱、看"民族电视"）。在某种程度上，他们是多地方地生活着——同时在不同的地方。例如，纽约的多米尼加人，被描绘为居于"两岛之间"：曼哈顿岛和多米尼加共和国（Grasmuck and Pessar，1991）。许多多米尼加人和来自其他国家的移民一样——近期迁移到美国，寻找金钱以便在返回加勒比海的时候改变其生活方式。

因为有如此多的人"在迁移中"，人类学的研究单位由地方社区扩展至**离散群体**（diaspora）——已经散居到很多地方的某一地区的后代。人类学家日益追随我们研究过的村民的后裔从乡村迁移到城市和跨越国境。在 1991 年芝加哥美国人类学联合会年会上，人类学家坎普（Robert Kemper）组织了一个关于长期民族志田野工作的专题会议。坎普自己的长期研究的关注点是墨西哥的钦专坦（Tzintzuntzan）村庄，他和他的导师福斯特（George Foster）已经在此做了几十年的研究。但是他们的资料库现在不仅限于钦专坦，还包括其遍布世界各地的后人。因为有散居在外的钦专坦人，坎普甚至可以利用在芝加哥的某些时间拜访已经在这里建立起聚居地的钦专坦人。在当今世界，人们迁移的时候也带上了他们的传统和人类学家。

后现代性（postmodernity）描绘了我们的时代和状况：当今世界在流动，流动的人们学会了依照不同的地点和背景处理多重身份。在最一般化的意义上，**后现代**（postmodern）指的是模糊和打破已经确立的准则（规则或标准）、类别、区别和界限。该词出自**后现代主义**（postmodernism）——建筑学中继现代主义之后的一种风格和运动，开始于 20 世纪 70 年代。后现代建筑舍弃了现代主义的规则、几何顺序和朴素。现代主义的建筑应该有清晰的和实用的设计。后现代设计"更凌乱"、更活泼。它从不同的时代和地区吸收了多样的风格——包括流行

生物文化案例研究

快餐业扩散的一些因和果，以及国际性的抵制，见本章后的"主题阅读"。

的、民族的和非西方文化。后现代主义将"价值"扩展到经典、精英和西方文化形式之外。后现代现在被用来形容音乐、文学和视觉艺术中的类似发展。从这一来源出发，后现代性描绘的是一个其中的传统标准、区别、群体、界限和身份认同是开放的、延伸的和被打破的世界。

全球化促进了文化间的交流，旅行和移民将不同社会的人引入了直接联系。这个世界比以往任何时候都要融合。但是分裂也同样伴随着我们。和政治集团（华沙公约组织）、意识形态解体一样，国家也解体了（南斯拉夫、苏联）。"自由世界"的观念消解了，因为它主要是相对于"被奴役国家"——美国及其同盟国曾经应用于苏联的标签，现在已经失去其大部分意义——群体而存在的。

与此同时，新型的政治和民族单位正在出现。在有些情况下，文化和族群在更大的联盟中结合起来。出现了日益发展的泛印第安人认同（Nagel，1996）和国际性的泛部落运动。因此，1992 年 6 月，世界土著民族大会和 UNCED（联合国环境与发展大会）在里约热内卢同时召开。和外交官、记者以及环保主义者一同出席的还有在现代世界中保存下来的部落多样性的 300 名代表——从拉普兰德到马里（Brooke，1992；也参见 Maybury-Lewis，2002）。

土著民族

随着 1982 年联合国土著人工作组（WGIP）的设立，土著人这一术语和概念在国际法中获得了合法性。联合国土著人工作组，每年召开一次会议，代表来自所有六个大陆。1989 年联合国土著人工作组起草了《土著民族权利宣言草案》，该草案于 1993 年被联合国接受进入讨论议程。同样在 1989 年，169 号公约［一份支持文化多样性和土著赋权 ILO（国际劳工组织）的文件］获得通过。这些宣言和文件，和联合国土著人工作组的工作一起，已经影响了政府、NGO 和包括世界银行在内的国际机构，对土著民族表达了更多的关注，并采取有益于土著民族的政策。世

界范围内的社会运动已经采用"土著民族"这一术语作为以过去受压制但现在被合法化的社会、文化和政治权利调查为基础的自我认同和政治标签（de la Peña，2005）。

在说西班牙语的拉丁美洲，社会科学家和政治家赞成用术语 indigena（土著人）而不是 indio（印第安人）——西班牙和葡萄牙征服者过去用于指代美洲本土居民的殖民词汇。国家独立运动终结了拉丁美洲的殖民主义，土著民族的境遇没有得到必然的改善。对于新国家中的白人和梅斯蒂索人（mestizo）（欧洲人与美洲印第安人的混血儿——译者注）而言，印第安人和他们的生活方式被认为异于（欧洲）文明。但是在主张提高印第安人福利的社会政策的知识分子看来，印第安人也是可以救赎的（de la Peña，2005）。

直到 20 世纪 80 年代中期至晚期，拉丁美洲的公共话语和国家政策强调同化，反对土著认同和流动。印第安人被与传奇的过去相联系，但是现在却被边缘化，除了博物馆、旅游和民族活动。阿根廷的印第安人几乎是隐形的。玻利维亚土著和秘鲁土著被鼓励自我认同为 campesino（农民）。过去 30 年见证了巨大变迁。侧重点已经从生物和文化同化——混杂文化（mestizaje）——转变为重视差异，特别是印第安人特质。在厄瓜多尔，以前被视为讲盖丘亚语（Quechua-speaking）的农民现在被划为有指定领地的土著社区。其他安第斯地区的"农民"也经历了重新土著化。巴西已经在东北部认可了 30 个土著社区，其中有一个曾经被认为已经没有土著人口了（见"课堂之外"）。在危地马拉、尼加拉瓜、巴西、哥伦比亚、墨西哥、巴拉圭、厄瓜多尔、阿根廷、玻利维亚、秘鲁和委内瑞拉，宪法改革已经将这些国家确认为多文化国家（Jackson and Warren，2005）。有几个国家的宪法现在承认土著民族在文化特殊性、可持续发展、政治代表性和有限的自治方面的权利。例如，在哥伦比亚，土著社区被承认为大片领土的合法占有者。他们的领导者和地方议会享有与任何地方政府一样的权益。哥伦比亚参议院为印第安代表保留两个席位（de la Peña，2005）。

在拉丁美洲，土著民族寻求民族自决，并强调：（1）他们的文化特殊性；（2）包含国家重组的政治改革；（3）领土主权和获得自然资源，包括对经济发展的控制权；（4）针对土著的军事和治安权力的改革（Jackson and Warren，2005）。

土著权利运动以及政府对此的回应，发生在包括聚焦人权、妇女权利和环保事业的跨国社会运动的全球化背景之下。跨国组织帮助土著民族影响国家的法制议程。致力于发展和人权的非政府组织已经将土著民族视为其客户。很多拉丁美洲国家签署了国际人权条约和协议。

虽然从 20 世纪 80 年代开始，拉丁美洲经历了从极权统治向民主统治的总体转变，民族、种族歧视和不平等并未就此消失。我们也应该认识到土著组织也付出了高昂的代价，包括土著领导人及其支持者被暗杀。尤其是在危地马拉、秘鲁和哥伦比亚，存在严重的政治压迫，相伴随的还有数以千计的土著遇害者、土著难民和境内流离失所的人群（Jackson and Warren，2005）。

库彭斯和格史里（Ceuppens and Geschiere，2005）考察了最近在世界上的不同地区兴起的一个概念，土生土长（autochthony）（是发现地的土著或者形成于发现地）——隐含着排除外人的呼吁。土生土长和土著（indigenous）都可追溯到古典希腊史，有着相似的隐含意义。土生土长指自我和土地。土著的字面意思是生在内部，在古典希腊语中有"生在屋内"的引申义。两个概念都强调面对外人时保卫祖先之地（世袭遗产）的需要，此外，还有先来者相对于合法或非法的后来的移民享有特权和保护（Ceuppens and Geschiere，2005）。

20 世纪 90 年代，土生土长成为非洲很多地区的问题，激发了排斥"外人"的暴力行动——尤其是在说法语的（Francophone）地区，但是也波及说英语的（Anglophone）国家。与此同时，土生土长在欧洲成为移民和多元文化主义辩论中的关键概念。不同于"土著民族"，土生土长由欧洲的多数群体提出。这个术语突出了排外在世界范围内的日常政治中的显著性（Ceuppens and Geschiere，2005）。一个熟悉的例子是美国，以始于 2006 年春天的国会关于非法移民问题爆发的辩论为代表。

身为离散群体的一员和拥有离散认同如泛印第安或者泛非洲认同是有差异的。离散认同经过旨在传播或者加强此类认同的媒体和政治、文化组织的炒作，在当今世界日益重要。所有人类都是某个离散群体的成员。所有美国人，包括土著印第安人，都起源于其他地方。有些群体，包括英国人、法国人、西班牙人、葡萄牙人、荷兰人、意大利人、波兰人、犹太人、穆斯林、黎巴嫩人、非洲人和中国人，已经大范围地迁移并在很多国家定居。但是还有更早的移民，如引发波利尼西亚群岛的定居那一支——始于 3 000 年前。美洲印第安人的离散的祖先遍及北美洲和南美洲。澳大利亚的最早居民，可能来自印度尼西亚，在 5 万至 6 万年前，然后在很晚之后才作为英国殖民地的一部分，重新定居。

当狩猎成为人类适应策略的一部分，直立人将人类的活动范围延伸至非洲、欧亚大陆及其以外的地方。迁移的直立人群是突出的散居者的一部分，但是他们无疑缺少散居认同。散居是后来出现在非洲之外，包括将解剖学意义上的现代人带到欧洲、亚洲，最终到达美洲的大移民。在奴隶制下被迫迁出非洲的移民是后来的非洲散居者出现的原因，这些非洲散居者为美国、加勒比、巴西和西半球很多其他国家的定居作出了贡献。虽然我们很多人缺乏散居认同的意识，接触人类学无疑使我们相信我们都有权享有这种认同。很少人能声称他们属于永世居住在家乡的一个支系。

土著政治中的认同

本质论（essentialism）描述的是一种进程，它将认同视为确立的、真实的和僵化的，掩藏了认同形成的历史进程和政治。在"殖民主义与发展"一章中讨论的卢旺达"胡图"和"图西"的民族标签即为一例。这些标签在创制时与民族毫无关系。民族国家运用本质化策略（如图西—胡图区分）使等级永存且使针对被视为不是完全的人的群体的暴力合理化。

认同绝对不是固定的。我们在"民族和种族"一章中看到认同是流动的和多样的。人们利用特定的、有时是竞争的自我标签和认同。例如，有些秘鲁群体自我认同为混血梅斯蒂索人，但是依然视自身为土著。他们不需要讲土著语言，或者穿"土著"服装。认同在经过各种各样的协商之后，在特定的时间和地点由特定的个人和群体所维护。土著认同与其他认同成分包括宗教、种族和性别共存，且必须在这些成分组成背景中处理。认同必须被视为：（1）潜在多元的；（2）通过特定的过程出现；（3）在特定的时间和地点为人或事物之道（Jackson and Warren, 2005）。

土著民族与民族志

土著运动、政治动员和认同政治是如何影响民族志的？斯特朗（Pauline Turner Strong, 2005）通过近期在美洲印第安人中间和北美进行的民族志研究的详尽地梳理了这一问题。传统民族志研究的标志是在一个地方社区集中地、长期地参与观察。这种研究今天在北美印第安人中间仍在持续，但是通常发生在制度化的场景中，如部落学校、博物馆、文化中心、赌场和旅游度假区。这种部分的变化反映出土著偏好：这些机构是土著社区和外部世界的中介。在这些地点，人类学家可以进行基于社区的研究而无须侵扰私人生活。而且，这也是自我呈现、自决、遣返和经济发展的理想环境。例如，博物馆研究已经催生了新的关于部落文化中心的民族志（Strong, 2005）。关于马卡人（Makah）的文化和研究中心的协作民族志即属此列，有关马卡人捕鲸的描述见"文化"一章的"新闻简讯"（Erickson, Ward and Wachendorf, 2002）。

同样，关于美洲印第安人的民族志研究也越来越多地选取政府机关，包括部落事务局、法庭和社会服务机构作为地点。这些研究对正式访谈和档案研究的倚重程度与参与观察是一样的。此类研究的主题包括：（1）部落政治与区域、国

课堂之外

巴西巴伊亚州萨尔瓦多都市土著的认同

背景信息

学生：
Jessica F. Nelson

指导教授：
Conrad P. Kottak

学校：
密歇根大学

年级/专业：
大四/文化人类学

计划：
攻读文化人类学研究生

项目名称：
巴西巴伊亚州萨尔瓦多都市土著的认同

作为在巴西的一名交换生，我回忆起沿着被称为"鞋匠的洞穴"的 Baixa dos Sapateiros 街行走，街道在巴伊亚州首府萨尔瓦多的历史区的小山间蜿蜒。我听说这条街曾是一条河，是葡萄牙人和印第安人领地之间的边界，也是他们第一次战役的地点。我对这些地区包含的故事感到好奇。这激发了我设计一个独立的研究，我计划通过这个研究发现萨尔瓦多土著的故事。

我的意图在于弄清生活在萨尔瓦多的土著及其后裔以及普通公众所持的认同的概念。我还希望了解那些自称为土著的人是如何建构这种认同的。虽然意识到我进入的是一个认同可能被视作无关紧要的文化背景，但是我对遭遇萨尔瓦多没有土著这一论断毫无准备。这个巴西第三大城市的很多居民提醒我说，我会"失望的"。可是几乎每一个社区都有至少一个人的外号是印地人（indio）或者印第安人（Indian）。"为什么？"我问。回答会是："哦，因为他或她是印第安人。"

这一矛盾为我的研究提供了新目标。为什么尽管有如此多土著人生活在萨尔瓦多的迹象，人们却相信他们已经消失了呢？为什么认同和消失的概念会同时存在呢？

在6个月的时间里，我通过参与观察、文献研究和对三代土著人及其后裔的代表的访谈录音收集资料。从这些非正式访谈中，我收集到了可量化的信息如家庭成员的姓名、年龄和出生地。我也问了开放性问题以便导入具有个人经历和视角的故事。我设置了一系列问题，以方便随后的比较，但是我们的谈话总是偏离这些话题。意想不到的信息在我们交谈、开玩笑和一起消磨时间的时候浮出水面。访谈使我得以认识用别的方法永远也不会遇见的人，其中有些还成为了朋友。在非常私人的时间，他们的故事是奋斗和内心力量的坦率的明证。我无法收集到的

故事或许更感人：那些可能声称过但是选择否认土著身份的人的故事。我通过自己的观察有时也从他们承认自己土著身份的家人处获悉有这样的人。

通过访谈，我发现很多人运用流行文化的元素和象征如在媒体宣传中与印第安人相关的刻板化的服饰、饰物和身体装饰来建构自己的土著身份认同——虽然意图和信息截然不同。在数十年事实上的沉寂之后，在身为印地安人在身体和社会层面都有危险的时候，很多族群"出现"了，或者从法律角度正式重新宣称（reclaim）其存在。已经获得承认的其他族群，虽然经常被忽略在社会边缘，也越来越多地对权利发出声音。现在很多萨尔瓦多人在个人层面上主张其土著认同。这发生在猜想土著已被同化的文化背景中；或整个或通过占据卡波克罗（Caboclo）（欧洲和巴西印第安人的混血儿——译者注）、混合的种族和文化的地位。和拉丁美洲很多其他地方一样，萨尔瓦多的土著及其后裔正挑战"消失"，并重新定义身为印第安人意味着什么。

家以及全球政治经济的勾连；（2）土著社区内部的政治分化与合作；（3）土著社区内部、相互之间以及与周围的非印第安社区之间的种族政治；（4）部落社区中的主管部门和司法机关（Strong，2005）。主权和认同政治的出现是中心线索，人类学家作为部落研究者进行着以识别、承认和遣返为目标的研究。

与自20世纪90年代以来在北美和拉丁美洲的研究相比，土著人口占全国总人口2%的澳大利亚关于社会运动和认同政治的人类学研究较少。在澳大利亚，20世纪90年代是和解期，目标在于创造澳大利亚移民和土著民族之间的新型关系。土著调停和解委员会（CAR）将自己定位为一个民族的内部事务机构。2000年5月28日，继主要的公众事件corroboree 2000（corroboree指澳大利亚原住民的歌舞会）之后的人们徒步和解活动（People's Walk for Reconciliation）中，25万人徒步穿越悉尼大桥（Sydney Harbor Bridge）。2002年12月，土著调停和解委员会发布了最终报告。虽然土著和其他澳大利亚人共同致力于了解和帮助治愈过去的伤痕，联邦政府尚未正式承认2002年的土著调停和解委员会的报告（Merlan，2005）。

梅尔兰（Francesca Merlan，2005）写道，直到非常晚近的时候，关于澳大利亚土著及其文化的看法还倾向于忽视他们对殖民和欧洲移民的回应。土著社会要么被视为受到殖民条约的重击（在主要的欧洲移民定居地区），要么被视为没有改变，如在更偏远的地区。人类学家重视土著文化，认为它们可以被视为区别于主流社会的传统和独特的文化。

本特（Ronald Berndt，1969）是一个例外，他将所看到的描绘为澳大利亚土著渐进的和迟到的抗议。本特发现，在多数抗议活动的背后都是外部机构。他将土著活动的积极分子视作"为了所有实际意图的澳大利亚—欧洲人"，在土著的过去中寻找共同认同，这种潮流本身是"一种社会运动"（Berndt，1969，p.41）。他总结说，一旦人们"在与他人的关系中看待自己，一旦他们处于比较的位置，抗争之路就得以大开"（p.42）。换句话说，虽然抗争反映出边缘化和压迫，引导澳大利亚土著抗争的行动主义观念和作风已经在与澳大利亚国家文化的互动中出现了（Merlan，2005）。这是不常见的。没有哪个社会运动是游离于包含它的国家的。也没有任何一个当下的国家与世界体系、全球化和跨国组织相隔绝。

文化多样性的延续

人类学在促进一个尊重人类生物和文化多样性价值的更人性化的社会变革图景中可以扮演关键的角色。人类学的存在本身为理解全世界人类之间异同的持续性需求作出了贡献。人类学告诉我们人类的适应反应可以比其他物种更为灵活，因为我们主要的适应手段是社会文化的。但是，过去的文化形式、机构、价值观和习俗总是影响随后的适应，衍生出持续的多样性并赋予不同群体的行动和反应以某种独特性。利用所学知识和对我们专业责任的认识，让我们使人类学这一关于人的研究成为所有科学中最人性化的学科。

本章小结

1. 不同程度的对本土文化的破坏、支配、抵制、遗存、适应和变更可能伴随族际交往而出现。这可能导致一个部落的文化崩溃（民族文化灭绝）或者其成员身体上的毁灭（种族灭绝）。跨国公司促进了经济发展也使生态环境遭到了破坏。无论是发展还是外部调控都可能对土著民族及其文化、环境造成威胁。最有效的保护策略关注生活在受影响区域的人们的需求、动机和习俗。

2. 文化帝国主义指的是一种文化以牺牲其他文化为代价或强加给其他文化的传播或者扩展，它修改、取代或者破坏其他文化——通常是由于其不同的经济或政治影响。虽然有些人担心现代技术，包括大众传媒正在破坏传统文化。但也有人看到了新技术在使地方文化得以自我表达中的重要角色。

3. 术语文本在此处用于描述任何可以被接收它的人创造性地"阅读"、阐释和赋予意义的任何东西。人们或许会抵制文本的支配意义。又或者利用文本反支配的方面。当力量从世界中心进入新社会的时候，它们被本土化。与印刷出版相似，电子传媒也可以帮助国家文化在本国境内传播。传媒也在保持跨国居民的国家和民族认同方面起着作用。商业、技术和媒体增加了全世界对商品和图像的渴望，创造出全球性的消费文化。

4. 人们似乎比以往流动得更多。但是移民也保持与家的联结，所以他们多地方性地生活。由于有如此多的人"在运动中"，人类学研究的单位从地方社区扩展到离散者。后现代性描绘了这个流动中的世界，流动中的人们依照不同的地点和背景处理多重身份。新型的政治和民族单位正在出现，与此同时也有些在衰弱和消失。

5. 土著人这一术语和概念在国际法中获得了合法性。政府、NGO和国际机构采取了旨在认可和有益于土著民族的政策。世界范围内的社会运动已经采用"土著民族"这一术语作为以过去受压制但现在代表社会、文化和政治权利调查

为基础的自我认同和政治标签。在拉丁美洲，侧重点已经从生物和文化同化转变为重视差异的认同。现在有几个国家的宪法认可土著民族的权利。跨国组织帮助土著民族影响国家的法制议程。近来对土生土长（autochthony）（是发现地的土著或者形成于发现地）概念的使用包含着排除外人如新近移民和非法移民的呼吁。认同是一个流动的、动力的过程，保持土著状态有多种方式。

6. 土著运动和认同政治影响了人类学。今天在北美印第安人中间的民族志研究经常在机关和政府场景中进行。此类研究的主题包括部落政治与区域、国家以及全球政治经济的勾连，土著社区内部的政治分化与合作。在澳大利亚，人类学家曾低估了本土抗争，引导澳大利亚土著抗争的行动主义观念和作风已经在与澳大利亚国家文化的互动中出现了。没有哪个社会运动是脱离包含它的国家和世界而存在的。

关键术语

见动画卡片。
mhhe.com/kottak

文化帝国主义 cultural imperialism 一种文化以牺牲其他文化为代价或强加给其他文化的迅速传播或者扩展，它修改、取代或者破坏其他文化——通常是由于其不同的经济或政治影响。

离散群体 diaspora 一个地区已经扩散到很多地方的后代。

本质论 essentialism 将认同视为确立的、真实的和僵化的，掩藏了认同形成的历史进程和政治的一种进程。

本土化 indigenized 修正以符合地方文化。

后现代 postmodern 在其最广泛的意义上，指的是模糊和打破已经确立的准则（规则或标准）、类别、区别和界限。

后现代主义 postmodernism 继现代主义之后建筑学中的一种风格和运动。与现代主义相比，后现代主义少了一些几何顺序、实用和朴素，更活泼、更乐于从不同的时代和文化中吸收多样元素；后现代现在用来形容音乐、文学和视觉艺术中的类似发展。

文本 text 可以被每一个接收它的人创造性地"阅读"、阐释和赋予意义的东西，包括任何媒体催生的形象，如狂欢节。

西化 westernization 西方扩张对本土文化涵化的影响。

---

1. 你是保护论者吗？你认为当保护与文化模式或经济利益相冲突时强迫人们、企业或社区去保留的利弊各是什么？重新阅读"文化"一章关于马卡人捕鲸的"新闻简讯"。你如何看待保护论者积极倡导背景下的文化权利？

2. 思考包括宗教、政治和法律等当今事件背景下的多数人和少数人的权利。宗教是先赋地位还是获致地位？穆斯林国家中的人会被允许皈依其他宗教吗？在你所在的国家中，主要和非主要的宗教会被允许有多大的政治和法律影响力？

3. 你如何参与图像的世界体系？与你有关的图像主要是国家性的，还是也有外国/国际性的？

4. 你如何运用媒体？有哪个节目或群体对你而言是有特殊含义的吗？当有人质疑你的意义时，你是否会被激怒？

5. 你现在或曾经是否在多个地方生活过？怎么会这样？

思考题

更多的自我检测，见自测题。
mhhe.com/kottak

补充阅读

Ahmed, A. S.

2004　*Postmodernism and Islam: Predicament and Promise,* rev. ed. New York: Routledgei. 清晰地表述了后现代主义与媒体和伊斯兰想象的关系。

Appadurai, A., ed.

2001　*Globalization.* Durham, NC: Duke University Press. 创造了当下世界体系的那些潮流。

Bodley, J. H.

1999　*Victims of Progress,* 4th ed. Mountain View, CA: Mayfield. 社会变迁、文化传入和文化冲突中的土著。

Cultural Survival Inc.

1992　*At the Threshold.* Cambridge, MA: Author. Originally published as the Spring 1992 issue of *Cultural Survival Quarterly.* 1992年春季首次作为《文化生存季刊》（*Cultural Survival Quarterly*）发行，旨在促进土著民族权利的手册。特别强调通过社会活动家争取权益，指导制定有影响力的政策，在学校和社区工作，直接帮助本地社会，以及与媒体结成争取人权的同盟。

Feld, S.

1990　*Sound and Sentiment: Birds, Weeping, Poetics, and Song in Kaluli Expression,* 2nd ed. Philadelphia: University of Pennsylvania Press. 将巴布亚新几内亚的卡鲁利人的声音作为文化系统的民族志研究。

Fiske, J., and J. Hartley

2003　*Reading Television,* 2nd ed. New York: Routledge. 阐释了电视节目及其作为文本的内涵。

Gottdiener, M., ed.

2000　*New Forms of Consumption: Consumers, Culture, and Commodification.* Lanham, MD: Row man and Littlefield. 当今全球经济中的文化消费，多样性和市场细分。

Johansen, B. E.

2003　*Indigenous Peoples and Environmental Issues: An Encyclopedia.* Westport, CT: Greenwood. 一份知识概要，关于环境问题与地方社区的影响与被影响关系。

Laird, S. A.

2002　*Biodiversity and Traditional Knowledge: Equitable Partnerships in Practice.* Sterling, VA: Earth- scan. 关于生物多样性，当地人和科学家应该为彼此提供什么。

Lutz, C., and J. L. Collins

1993　*Reading National Geographic.* Chicago: University of Chicago Press.杂志中的文化表述是如何被接收和阐释的；北美中产阶级价值观与其他的人民、文化和生活方式的图像之间的关系。

Marcus, G. E., and M. M. J. Fischer

1999　*Anthropology as Cultural Critique: An Experimental Moment in the Human Sciences,* 2nd ed. Chicago: University of Chicago Press. 关于现代和后现代人类学的一本很有影响力的书。

Maybury-Lewis, D.

2002　*Indigenous Peoples, Ethnic Groups, and the State,* 2nd ed. Boston: Allyn & Bacon.当代世界中的土著人民和族群性。

Nagel, J.

1996　*American Indian Ethnic Renewal: Red Power and the Resurgence of Identity and Culture.* New York: Oxford University Press. 北美个体民族身份中行动主义的意义；联邦、部落和个人政治在美国印第安人身份发展中的作用。

Reed, R.

1997　*Forest Dwellers, Forest Protectors: Indigenous Models for International Development.* Boston: Allyn & Bacon. 在经济发展中运用土著的知识和实践。

Robbins, R.

2005　*Global Problems and the Culture of Capitalism,* 3rd ed. Boston: Pearson/Allyn & Bacon. 对当代世界的统治、反抗和社会及经济问题的考察。

Root, D.

1996　*Cannibal Culture: Art, Appropriation, and the Commodification of Difference.* Boulder, CO: Westview Press. 西方艺术和商业如何定义、拉

拢和修饰"土著"经验、创造物和产品？

Scott, J. C.

1990 *Domination and the Arts of Resistance.* New Haven, CT: Yale University Press.
对制度化的统治方式的研究，比如殖民主义、奴隶制、农奴制、种族主义、世袭阶级、集中营、监狱和老式家庭——同时研究了那些反对他们的抵抗的形式。

---

1. 努尔人和丁卡人的调解：阅读《华盛顿邮报》关于这两个族群近代史的文章（http://www.washingtonpost.com/wp–srv/inatl/daily/july99/sudan7.htm），并回答下列问题：

   a. 20世纪中期的人类学家记录了努尔人和丁卡人之间的矛盾。在本文中，他们在面对什么样的对手时变成了盟友？努尔人和丁卡人之间的矛盾是如何重新出现的？

   b. 努尔人和丁卡人关于战事和死亡的传统观点是什么？这些观点随着现代机枪的引进而发生了什么样的变化？

   c. 这些新的观点对近期努尔人和丁卡人之间的矛盾产生了什么影响？

   d. 尽管现代国家的压力和机枪引进引起了文化变迁，努尔人和丁卡人还是运用传统的文化象征以获取和平。有哪些例子？

   e. 你认为这种和平将是短暂的吗？未来保持和平需要做什么？

2. Ishi与文化生存：访问http://www.mohicanpress.com/mo08019.html并阅读关于Ishi的部分。

   a. Ishi是谁？他属于哪个部落，他发生了什么？

   b. Ishi在保存本土文化及本土文化教育方面以何种方式取得了成功？阿尔弗雷德·克虏伯是谁，他在Ishi的生活中扮演了什么样的角色？

   c. Ishi的家族是如何衰落的？他在获救之后住在哪里？

   d. 网页将Ishi与詹姆斯·费尼莫尔·库柏的小说《最后的莫西干人》进行了对比。你认为这种比拟是贴切的吗？

请登录McGraw-Hill在线学习中心查看有关第25章更多的评论及互动练习。

科塔克，《对天堂的侵犯》，第4版

阅读第6章"成功的巫术和宗教的发展"部分。康多拜（Candomblé）活动的增多如何与阿伦贝培新的经济机遇相关？本教科书和《对天堂的侵犯》（第12章）都讨论了阿伦贝培人对外人挪用其传统的二月节的抵制。阅读完《对天堂的侵犯》后，给出另外三个关于阿伦贝培人抵制外人观点或行动的例子，如声称有更高地位的人，嬉皮士或者买鱼的人。

彼得斯-戈登，《文化论纲》，第4版

教科书的本章讨论了经济发展和环境退化带来的潜在的严重后果。外界的开发对土著民族造成了威胁。阅读《文化论纲》的第15章"亚诺马米：雨林中的挑战"。亚诺马米人面临哪些挑战？在土著和其所在国政府的冲突中，人类学家扮演了什么角色？人类学家应该是客观的观察者还是倡导者，抑或两者都不是？在选择立场时包含哪些困难？

克劳福特，《格布斯人》

阅读第11章及结论。根据第11章，在独立日庆典时格布斯文化的哪些特征被保留、改变和嘲弄？庆祝时还有哪些地方形象、活动和社会关系是明显的？格布斯文化以哪种方式与区域或国家文化之间模糊了？根据结论，你认为格布斯文化更多的是变化了还是保留原样了？什么证据可用于支持你的观点？在独特的文化潮流中，格布斯在哪些方面变得现代了？

过度消费的生物学和文化

见在线学习中心主题阅读链接。

mhhe.com/kottak

在"现代世界体系"一章中，我们了解到美国人是世界上最主要的消费者。美国人每天消耗约 27.5 万卡路里的能量，人均消耗量比人均消耗仅为 8 000 卡路里的觅食者或部落民高 35 倍。自 1900 年，美国的能量消费总量已经增长了 30 倍。在刚刚过去的 20 年中，美国人每天的人均食物消费增加了 200 卡路里。美国的商品农业现在比 30 年前每天为每人多生产 500 卡路里食物，这比多数人每天需要的多出 1 000 卡路里（Pollan，2003）。这种情况与欠发达国家与贫困如影相随的食物匮乏形成鲜明的对比。例如，在"殖民主义与发展"一章中，我们看到在爪哇，每人每天可获得的食物卡路里已经从 1 950 下降到 1 750，比现在美国 3 800 的一半还少（Pollan，2003）。

克里斯特（Greg Critser）在他的《肥胖之地：超大分量的美国》（*Fat Land: Supersizing America*）一书中，考察了美国人是如何迅速成为世界上最肥胖的人群的。美国总人口的 60%，美国儿童的 25%，现在都超重。自 1970 年以来，美国儿童的超重比例翻了一番。食品公司试图维持获利而助长了肥胖的流行——通过使人们吃得更多——在一个美国食物供应的增长远快于人口增长的时代。催肥美国的重要因素是"超大分量"的出现和传播。

克里斯特追溯了华勒斯坦（David Wallerstein）——麦当劳的一位主管——如何发明了超大分量。20 世纪 60 年代，当时为一家连锁电影院工作的华勒斯坦正在寻找扩大汽水和爆米花销售的途径。他发现虽然一般常看电影的人不愿意购买一份以上的饮料和爆米花，但是若以量更大的一份的形式，他们却愿意消费更多。这种超大分量是一种有效的商业策略，因为汽水、爆米花、炸鸡和汉堡的原材料只占到其价格的很小一部分——相较于劳动力、包装盒广告费用。增加每一份的量使企业得以在不增加太多花费的同时提高价格和增加销量。克罗科（Ray Kroc），麦当劳的创始人，采纳了华勒斯坦超大分量的策略。在麦当劳的广告中，巨无霸和大份薯条取代了"常规的"（即小的）汉堡和薯条。托马斯（Dave Thomas）在温迪快餐出售"大大"（biggie）薯条和饮料。所有的快餐连锁店兜售套餐（早餐、午餐或者稍后的午后餐）。这大大影响了美国（和全世界）以"法国"薯条的形式对传统的秘鲁家畜和"爱尔兰"马铃薯的消费。（这里说的就是世界体系！）

研究表明，当向人们提供更大的分量时，他们会比平时多吃 30%（想想我们的节日盛宴）。这对于使人们的饥饿像这样有弹性具有进化意义。我们狩猎—采集的祖先通过一有机会就进食来储存脂肪以备在遇到食物匮乏或饥荒时使用。我们已经知道在巴布亚新几内亚和美拉尼西亚，"头人"及其追随者努力工作以组织宴会，宴会上杀猪，煮猪肉然后分发给人们食用。在这些社会中，"大吃特吃"（pig out）是稀有的表示欢迎的款待。在时下的美国，一年中的任何一天想"大吃特吃"都很容易。如果"节俭基因"便于贮存脂肪对我们的狩猎采集祖先来说是适应的，那么考虑到刚刚描述过的食物过剩，今天它已经不适应了（参见 Browm and Bentley-Condit，1996；Frab and Armelagos，1980）。

美国肥胖流行是食物充足和廉价的结果。据应用人类学家所知，变化是作为系统一部分而发生的：一个变化导致其他变化，它们之间是相关的和互补的。因此，正如克里斯特注意到的，为了招待肥胖的顾客，餐馆已经将座位加大了。美国政府机关已经放宽了体重、健康和饮食标准。节食和健身中心激增，服饰尺码被重新标定以使胖人感觉瘦一点。"这件大"和"这件小"是服装销售人员的常用语句。

过食造成明显的健康后果。新的美国人的

饮食招致了Ⅱ型糖尿病（Type 2 diabetes）的流行。以前被称为"成年型糖尿病"的Ⅱ型糖尿病，现在却折磨着数以百万计的儿童。对美国医疗保健体系的过度消费每一年高达数十亿美元。根据珀兰（Pollan，2003），美国的肥胖可能作为一个政治问题出现。一个草根家长运动寻求将快餐和自动贩卖机逐出校园。肥胖的顾客起诉快餐连锁店，试图让这些公司对健康问题负法律责任，就像通过诉讼使烟草公司负法律责任一样。关于向儿童销售不健康产品的伦理问题也被提出来。

我们已经看到了超大分量的商业策略是如何助长快餐和过食的扩展的。人类学视角可以揭示过度消费文化中更微妙的文化因素，这不仅是美国也是全世界各国消费（中产和上层）阶级的特征。

据说，太阳在大英帝国从不降落。我们可以在21世纪麦当劳遍布全球的业务中观察到这一点。今天麦当劳经销店的数量远远超过1945年美国所有餐馆的总和。麦当劳已经从加利福尼亚圣贝纳迪诺（San Bernardino）一个单一的汉堡摊发展成今天拥有成千上万经销店的国际网络。

麦当劳的成功是建立在现代技术基础上的，特别是汽车、电视、离家工作和很短的午餐时间（参见 Brown and Krick，2001）。几年前，我开始注意到快餐店特别是麦当劳里面美国人的行为中某些类似仪式的方面。告诉你的美国同伴去快餐店和去教堂在某些方面是相似的，他们作为本地人的偏见会通过笑声、否认或者针对你的问题中表露出来。麦当劳对于本地人而言，仅仅是一个吃饭的地方。但是，一项关于本地人在那里会做什么的分析显示员工和顾客都有相当高程度的正式、一致的行为。更为有趣的是这种言行恒定性的形成没有任何理论学说的指导。引人注目的是一个商业组织可以在制造行为恒定性方面如此成功。低价、快速服务和食物的味道——这些都为其他连锁店所效仿——之外的因素使我们接受麦当劳并遵守它的规则。

奇怪的是当美国人到了国外，即使是到了以美食著称的国家，很多人也会到当地的麦当劳经销店。在国内引领我们去麦当劳的因素也是造成这种情况的原因。因为美国人完全熟知在麦当劳要怎样吃以及差不多要付多少钱，麦当劳的海外经销店是他们家外之家。巴黎人不以能使游客特别是美国人感到宾至如归而著称，麦当劳却能提供庇护所（还有相对干净和免费的洗手间）。毕竟，它源于美国，在那里拥有多年既往经验的本地人完全有家的感觉。

这种对麦当劳的忠诚部分在于其经销店的统一性：食物、布景、建筑、气氛、行动和话语。麦当劳的标志，金色拱门，几乎是一个世界性的标志，对美国人来说和米老鼠、奥普拉脱口秀以及国旗一样熟悉。我们大学附近的一家麦当劳（现在已经关闭了）是砖结构的，它的彩色玻璃窗户上有金色拱门，作为中心主题。阳光从天窗漫进来，就像教堂的高窗一样。美国人进入麦当劳餐厅是为了一个普通、世俗的举动——吃饭。但是，周围的环境告诉我们在某种程度上可以脱离外部世界的易变性。我们知道我们将要看到什么、将会说什么以及人们会对我们说什么。我们知道我们将要吃什么、它的味道是什么样的以及它会花费多少钱。在柜台后面，代理商们穿着相似的服装。顾客和员工被允许的话语写在柜台上方。贯穿整个美国，除了微小的变化，菜单都在同一个地方，拥有同样的项目和同样的价格。食物，同样只有微小的变化，是根据方案准备的，口味几乎没有差别。显然，顾客的选择是受限制的。而不太明显的是他们在语言上也受限——就他们可以说什么而言。每一种东西都有合适的名称："大份薯条""大芝士汉堡"。单纯地问"您要什么样的汉堡"或者"巨无霸是什么"的新手显得格格不入。

语言人类学家会注意到其他仪式性语句被柜台后的人使用。当顾客点餐完毕，若没有点马铃薯，店员会仪式性地问："您要套餐吗？"

当食物准备好并被取走的时候，店员依惯例会说："祝您今天愉快。"（麦当劳在将陈词滥调传播至当今美国生活的每一个角落方面无疑扮演了重要角色。）

作为世界头号快餐连锁店，麦当劳引起敌意是可以理解的。密歇根大学安娜堡分校（University of Michigan-Ann Arbor）校园内的麦当劳曾经成为仪式性反抗的现场——激进素食联盟的亵渎，他们举行了一场"呕吐"。站在天窗正下方的二层阳台，一些素食主义者用芥末和水将自己灌满然后在顾客等候区吐出。被弄脏的麦当劳那天丢了很多顾客。在世界范围内，麦当劳已经成为全球化和感知到的美国文化及经济帝国主义的最强有力的象征之一。麦当劳已经感受到对其食物、肉类和宗旨的文化，包括宗教反对的冲击。在麦当劳吃饭和宗教宴会在美国人的生活中是互补分布的，就是说，当一个出现的时候，另一个不出现。多数美国人认为圣诞节、感恩节、复活节或者逾越节去快餐店是不合适的。我们的文化视这些节日为家庭日，是亲朋好友相聚的时刻。但是，虽然美国人在节假日忽略麦当劳，电视却会提醒我们麦当劳还在，它欢迎我们在节日之后回去。麦当劳的电视呈现在这些场合最明显——无论是通过梅西感恩节大游行（Macy's Thanksgiving Day Parade）中的一辆花车还是特别节目，尤其是"家庭娱乐"的赞助。

虽然汉堡王（Burger King）、温迪快餐（Wendy's）、艾比汉堡（Arby's）在快餐业中竞争，但是没有哪一家像麦当劳那样成功。解释或许在于麦当劳的广告用娴熟的技巧对上文讨论过的特征进行大肆渲染。在周六上午的电视上，麦当劳以其源源不断的卡通形象成为无处不在的赞助商。麦当劳的早餐由一位面带稚气、真诚、快乐、轮廓分明的年轻女性进行推销。演员在滑雪坡或者山地牧场嬉戏。多年以来贯穿其商业广告的主题是人格主义。麦当劳广告反复在说的是快餐店之外的东西。这是一个温暖、友好的地方，在这里你会受到亲切的欢迎并有家的感觉，在这里你的孩子不会陷入任何麻烦。麦当劳的广告告诉你，你不只是乱七八糟的人潮中一张无名的面孔而已。你在一个忙乱和冷淡的社会中找到了暂时放松的机会，这种休憩是你该得的。你的个体性和尊严在麦当劳受到尊重，而且"我就喜欢"。

麦当劳的广告努力减少对自己是一个商业组织这一事实的强调。有一句广告词说，"你，就是你；我们正在为你准备早餐"——而不是"我们正从你身上卷走数百万"。"家庭"电视娱乐节目经常是"由麦当劳为您奉上"。麦当劳广告经常告诉我们它支持并致力于维护美国家庭生活的价值观。

此处我并非主张麦当劳已经成为了一种宗教。我只是说明美国人参与麦当劳的特定方式和包含神话、象征和仪式的宗教体系有些类似。就像在仪式上一样，参与麦当劳要求在一个社会和文化集体的社会中个体差异的暂时从属。在一片民族、社会、经济和宗教多样性的土地上，我们说明我们和千万人共享一些东西。而且，就像在仪式中一样，参与麦当劳与超越我们连锁店本身的文化体系相关。通过在那里进餐，我们作为美国人来谈论关于我们自己、关于对某些集体价值观、习俗和生活方式的接受。被如此广泛传播的习得的行为模式，在此案例中由精明的企业典范推动，也存在生物的——体重与健康——后果，正如我们在本文开头所看到的。最后思考一下与快餐业相关的纸、塑料和泡沫聚苯乙烯的激增。这些物质持续存在，和与众不同的拱门、建筑一起，为时下的垃圾学家或者未来的考古学家提供可能用于重构21世纪早期消费文化的证据。

附录1
人类学理论史

人类学有许多奠基者。人类学之父包括路易斯·亨利·摩尔根（Lewis Henry Morgan）、爱德华·伯内特·泰勒爵士（Sir Edward Burnett Tylor）、弗朗兹·博厄斯（Franz Boas）以及布罗尼斯拉夫·马林诺夫斯基（Bronislaw Malinowski）。人类学之母则有鲁思·本尼迪克特（Ruth Benedict）和玛格丽特·米德（Margaret Mead），尤其是后者。有些人类学之父似应归于"祖父"之列，弗朗兹·博厄斯即为一例。因为他是米德和本尼迪克特的学术之父，而现在所知的博厄斯人类学则主要是在反对19世纪摩尔根和泰勒的进化论之中形成的。

我在此的目标是考察自19世纪下半叶人类学出现以来作为其特征的主要理论视角。进化论，尤其是与摩尔根和泰勒相联系的进化论，在人类学早期居于主导地位。20世纪早期见证了对19世纪进化论的各种回应。在英国，功能主义者如马林诺夫斯基和阿尔弗雷德·雷金纳德·拉德克利夫-布朗（Alfred Reginald Radcliffe-Brown）舍弃了进化论者的臆测历史主义而主张研究当今的现存社会。在美国，博厄斯及其追随者反对探查历史阶段而支持一种历史方法，追溯文化之间的借用以及文化特质的跨地理区域传播。功能主义和博厄斯学派都将文化视为整合的和模式化的。功能主义者尤其将社会视为一个系统，其中的各部分一起运转以维持整体。

随着第二次世界大战的结束和殖民主义的崩溃，至20世纪中叶，变迁中出现了复兴，包括新进化论的研究进路。其他人类学家则关注文化的象征基础和本质，运用象征和阐释方法揭示模式化的符号和意义。至20世纪80年代，人类学家对文化与个体之间的关系以及人类行动（能动性）在文化变化中的角色的兴趣与日俱增。历史进路也出现了复苏，包括将地方文化置于与殖民主义和世界体系的关系之中考察。当今人类学的特点是基于特定主题和认同的日益专门化。这种专门化的表现之一是本书所体现的有些大学已经背离历史的、生物文化的人类学观点。但是，博厄斯学派关于人类学作为一门包括四个分支领域的学科——包括生物人类学、考古人类学、文化人类学和语言人类学——的观点也继续兴盛于许多大学。

进化论

泰勒和摩尔根在19世纪都撰写了经典著作。泰勒（1871/1958）给出了文化的经典定义并提议将其作为科学研究的主题。摩尔根有影响的作品包括《古代社会》（1877/1963）、《易洛魁联盟》（1851/1966）以及《人类家族的血亲和姻亲制度》。第一本书是文化进化的关键作品。第二本是早期的民族志。第三本则是关于亲属称谓制度的跨文化资料的首个系统纲要。《古代社会》是19世纪进化论应用于社会的典范。摩尔根假定人类社会已经经过了一系列进化阶段，他称之为蒙昧时代、野蛮时代和文明时代。他又将蒙昧时代和野蛮时代分别进一步分为三个子阶段，即低级蒙昧阶段、中级蒙昧阶段和高级蒙昧阶段以及低级野蛮阶段、中级野蛮阶段和高级野蛮阶段。在摩尔根的图式中，生活在低级蒙昧阶段的人类以水果和坚果为生计基础。在中级蒙昧阶段，人们开始渔猎和控制火。弓箭的发明引领了高级蒙昧阶段。低级蒙昧阶段始于人类的制陶。中级野蛮阶段在旧大陆有赖于动植物的家内驯养，在美洲则取决于灌溉农业。冶铁和铁器的使用开启了高级野蛮时代。最终，文明时代伴随着文字的发明到来了。

摩尔根的进化论被称为单线进化论，因为他假设所有的社会都循着同一条路线进化。例如，任何一个处在高级野蛮阶段的社会，在其历史序列中必然依次包含低级、中级和高级蒙昧时期，然后是低级和中级野蛮阶段。这种阶段是不可僭越的。而且，摩尔根相信他所处的时代中的社会可以被置于各个阶段。有些还未过高级蒙昧阶段，有些已经到了中级野蛮阶段，而另一些则已进入文明时期。

摩尔根的批评者就其图式的多个元素存有争议，尤其是他用于衡量进步的标准。根据这种标准，在摩尔根的图式中，波利尼西亚人由于从未发展出制陶业而永远停留在高级蒙昧阶段。事实上，就社会政治而言，波利尼西亚是一个进步的地区，有众多的酋邦和至少一个国家——古夏威夷。现在，我们知道摩尔根的错误还在于认为所有社会循着同一条进化路线。不同社会（如玛雅与美索不达米亚）基于不同的经济，沿不同的路线进入文明时代。

正如在"宗教"一章中所讨论的，泰勒在《原始文化》（1871/1958）一书中提出了自己的关于宗教的人类学的进化路径。和摩尔根一样，泰勒也提出了单线进化论——从万物有灵到多神论再到一神论，最终到科学。泰勒认为，宗教在失去其首要功能——解释不能解释的——的时候，将会终结。在泰勒看来，随着科学的解释力的增强，宗教将日益萎缩。泰勒和摩尔根都对遗存（survivals）即自早先进化阶段中遗留下来的在现今社会中依然存在的实践感兴趣。例如，现今对鬼魂的信仰代表了万物有灵——对神灵的信仰——时代的遗存。遗存被作为一个特定社会已经经过的早期进化阶段的证据。

摩尔根还因《易洛魁联盟》而享有盛誉，这是人类学最早的民族志。它以较随意的而非长时段的田野调查为基础。作为人类学的奠基者之一，摩尔根本人却并非受过专业训练的人类学家。他是上纽约州的一位律师，痴迷于走访附近的塞纳卡（Seneca）印第安人保留地并了解他们的历史和习俗。塞纳卡是易洛魁六个部落之一。由于其田野工作以及与一位受过教育的易洛魁人Ely Parker（见第1章）之间的友谊，摩尔根得以描述易洛魁生活的社会、政治、宗教和经济规则，包括其结盟的历史。他展示了作为易洛魁社会基础的结构性原则。摩尔根还用其作为律师的技能帮助易洛魁人赢得了其与Ogden土地公司的斗争，后者试图夺走他们的土地。

虽然摩尔根是易洛魁的积极支持者，但他的工作中包含的某些预设在今天看来依然是种族主义的。在《易洛魁联盟》和其他地方有一些论述错误地暗示诸如狩猎和某个类型的亲属称谓之类的文化特质有其生物学基础。摩尔根认为狩猎的欲望是作为印第安人固有的，它是"在血液中"而非经文化濡化传承的。直到数十年之后，弗朗兹·博厄斯才写到文化特质是文化而非遗传传递的，并表明人类生物性的韧性（malleability）和对多变的文化濡化的包容性。

博厄斯学派

四分支人类学

毋庸置疑，博厄斯是四分支的美国人类学之父。《种族、语言与文化》（1940/1966）是他关于这些关键主题的文集。博厄斯为文化人类学、生物人类学和语言人类学作出了贡献。他关于美国的欧洲移民的生物学研究揭示并衡量了表现型的可塑性。移民的后代与其父代之间的体质差异不是由于遗传变化而是因为他们成长的环境不同。博厄斯说明人类生物性是可塑的。它可以被包括文化力量在内的环境所改变。博厄斯及其弟子们努力想要表明生物（包括种族）不决定文化。在一本重要的著作中，鲁思·本尼迪克特（1940）强调了如下观点：各种族的人民都为重大的历史进步作出过贡献，文明也不是某一个种族的成就。

正如第 1 章所提及的，四分支人类学最初是围绕对美洲土著——他们的文化、历史、语言以及体质特征——的兴趣而形成的。博厄斯本人在美洲土著中研究语言和文化，其中以在美国和加拿大北太平洋沿岸夸克特人中的研究最为引人注目。

历史特殊论

博厄斯和曾跟随他在哥伦比亚大学学习的诸多有影响的追随者们，对摩尔根的许多论点提出异议。他们质疑摩尔根用于分期的标准，质疑其单一进化路线的观点。他们主张同样的文化结果，如图腾制度，不可能只有一个解释，因为到达图腾制度的路线有多条。他们的立场是一种历史特殊论（historical particularism）。因为图腾制度的特殊历史在 A 社会、B 社会和 C 社会是不同的，这些形式的图腾制度有不同的缘起，这也使得它们之间不具可比性。或许它们看起来是一样的，但事实上它们是不同的，因为它们有不同的历史。历史特殊论的学者相信从图腾制度到氏族的任何文化形式形成的起因可能是各种各样的。博厄斯历史特殊论学派反对有些学者所谓的比较方法（comparative method），这种比较方法不只是与摩尔根和泰勒，而是与所有对跨文化比较感兴趣的人类学家相关。进化论者比较各社会，试图重构现代人类（Homo sapiens）的进化史。之后的人类学家如爱弥尔·涂尔干（Émile Durkheim）和克洛德·列维-斯特劳斯（Claude Lévi-Strauss）（见下文），也比较不同的社会以解释诸如图腾制度之类的文化现象。贯穿全书，我们可以看到跨文化比较在时下的人类学中依然活跃和大量存在。

独立发明与传播

回顾一下"文化"一章中提到的文化共性（cultural generalities）为一些而不是所有社会所共享。为了解释如图腾制度和氏族之类的文化共性，进化论者强调独立发明：许多地区的人们（按照预定的进化路线）最终就共同的问题提出了相似的文化解决之道。比如农业是被多次发明的。博厄斯学派不否认独立发明，但同时强调传播或从他文化采借的重要性。他们用于研究传播的分析单位是文化特质（the culture trait）、文化丛（the trait complex）和文化区（the culture area）。文化特质是诸如弓和箭之类的东西，文化丛是相伴随的狩猎模式。文化区以文化特质和文化丛跨越一个特定区域的传播为基础，如北美洲大平原区、西南区或者北太平洋沿岸地区。这些区域通常有环境边界，限制了文化特质在该区域外的传播。在博厄斯学派看来，历史特殊论和传播论是互补的。随着文化特质的传播，在进入和穿越特定社会的过程中，特殊的历史形成了。博厄斯学派的阿尔弗雷德·克虏伯（Alfred Kroeber）、克拉克·威斯勒（Clark Wissler）和梅尔维尔·赫斯科维茨（Melville Herskovits）研究了文化特质的传播并提出了北美洲土著地区（威斯勒和克虏伯）和非洲（赫斯科维茨）的文化区划分。

历史特殊论是基于如下观点，即每一种文化元素如文化特质或文化丛，都有其独特的历史，而看起来相似的社会形式（如不同社会中的图腾制度制度）也因为其不同的历史而大相径庭。历史特殊论反对比较和一般化而支持个体性的历史方法。就这一立场而言，历史特殊论与之后的多数派别都是相对立的。

功能论

对进化论（和历史特殊论）的另一挑战来自英国。功能论（functionalism）悬置了对起源（通过进化论或传播论）的探求，转而关注文化特质和实践在当今社会中的角色。功能论的两大分支分别是与阿尔弗雷德·拉德克利夫-布朗以及大部分时间在英国执教的波兰人类学家马林诺夫斯基联系在一起的。

马林诺夫斯基

马林诺夫斯基和拉德克利夫-布朗关注的都

是现在而非历史重构。马林诺夫斯基在现有民族中进行了先驱性的田野工作。凭借在特洛布里恩德群岛长达数年的田野工作而被视为民族志之父的马林诺夫斯基在两种意义上是功能主义者。首先，根据其民族志，马林诺夫斯基相信一社会中的所有习俗和制度是相互关联和一体的，所以其中一项发生了变化，其他也会随之变化。因此，每一项都是其他项的一种功能。这种信念的推论就是民族志可以从任何地方开始而最终到达文化的其余部分。因此，关于特洛布里恩德渔猎的研究将引领民族志学者研究整个经济体系、巫术和宗教的角色、神话、贸易以及亲属制度。马林诺夫斯基功能论的第二个部分是需要功能论（needs functionalism）。马林诺夫斯基（1944）认为人类有一系列普遍的生物需要，习俗的形成是用来满足这些需要的。实践的功能是其在满足这些普遍的生物需要，如对食物、性、居所等的需要中所扮演的角色。

推测的历史

根据拉德克利夫-布朗的观点（1962/1965），历史虽然重要，但社会人类学永远不应指望不通过文字而发现人类的历史（社会人类学是文化人类学在英国的称谓）。他既不相信进化论也不相信传播论的构拟。鉴于所有的历史都是推测的，拉德克利夫-布朗极力主张社会人类学家聚焦特定的实践在当今社会中所扮演的角色。在一篇著名的论文中，拉德克利夫-布朗（1962/1965）考察了母亲的兄弟在莫桑比克桑格人（Ba Thonga）中的重要角色。一个持进化论的传教士曾经将父系社会中存在的这一现象解释为母系继嗣的遗存（单线进化论者认定所有的社会都经历了一个母系阶段）。拉德克利夫-布朗认为桑格人的历史只可能是推测的，所以他将母亲的兄弟的特殊角色与桑格人现在的制度而非其过去的社会联系起来解释。拉德克利夫-布朗主张社会人类学应该是一门共时的（synchronic）而非历时的（diachronic）的科学。也就是说，它研究的是作为当今存在的（共时的、一时的）社会而非跨越时间的（历时的）社会。

结构功能主义

结构功能主义（structural functionalism）一词是与拉德克利夫-布朗以及另一位著名的英国社会人类学家埃文斯-普理查德（Edward Evan Evans-Pritchard）联系在一起的。后者以多部著作而闻名，包括《努尔人》（1940），一部经典的民族志，十分清晰地展示了组织苏丹努尔人社会生活的结构性原则。根据功能主义和结构功能主义，习俗（社会实践）的作用是维持社会结构。在拉德克利夫-布朗看来，任何实践的功能都是维持其作为其中一部分的系统。系统有一个结构，系统中的所有部分都起维持整体的功能。拉德克利夫-布朗将社会系统类比为解剖学或生理学系统。器官和生理过程的功能在于保持身体平稳运转。也因此，他认为，习俗、实践、社会角色和行为的功能是保持社会系统的顺利运转。

邦葛罗斯博士与冲突

由于对和谐的强调，有些功能主义模式被指为邦葛罗斯式。这是根据邦葛罗斯博士命名的，邦葛罗斯是伏尔泰（Voltaire）小说《老实人》中的一个人物，喜欢宣扬这个"尽善尽美的世界"。邦葛罗斯式的功能主义意指这样一种倾向，即认为事物的功能不仅在于维持系统而且是以一种最佳的方式发挥这种功能，所以任何偏离常规都被视为是对系统的破坏。曼彻斯特大学的一些社会人类学家构成了曼彻斯特学派，他们以对非洲社会的研究和对社会和谐的邦葛罗斯式观点的背离而著称。曼彻斯特学派的人类学家马克斯·格拉克曼（Max Gluckman）和维克多·特纳（Victor Turner）将冲突作为其分析的重要组成部分，例如格拉克曼关于仪式反叛的著述。但是，曼彻斯特学派并未完全抛弃功能论。其成员考察反叛和冲突是如何被调节和消散以使系统得以维持的。

功能论的坚持

功能论的一种形式在一个被广为接受的观点中继续存在，即社会和文化体系及其元素或组成部分是功能相关的（是彼此的功能），因而是共变的：当一个部分变化的时候，其他部分也会变化。继续存在的还有一种观念，那就是有些元素——经常是经济元素——比其他元素更重要。例如，没有人能够否认重要的经济变迁如妇女就业的增多导致了家庭和家户组织的变化，以及相关变量如结婚年龄和离婚率的变化。工作和家庭安排的变化又进而影响了其他变量如上教堂的频率，这在美国和加拿大已经出现了下降。

形貌论

博厄斯的两个弟子本尼迪克特和米德提出了一种研究文化的进路，称为形貌论（configurationlism）。在文化被视为是整合的这一意义上，形貌论与功能论有关系。我们已经知道博厄斯学派追溯文化特质的地理分布。但是博厄斯认识到传播不是自发的。文化特质在遇到环境阻力或者不被特定的文化所接受的时候可能不会扩散。文化和传入的特质之间需要有一种契合，而采借的特质将被重新加工以适合接纳它的文化。这一过程使我们回想起"文化交流与文化生存"一章关于采借的特质如何本土化——被修饰以适合既有的文化——的讨论。文化特质虽然可能从各个不同的方向传入，但是本尼迪克特强调文化特质——实际上是整个文化——的模式化和整合都是独一无二的。她的畅销书《文化模式》（1934/1959）就描述了这种文化模式。

米德也在她所研究的萨摩亚、巴厘和巴布亚新几内亚文化中发现了其模式。米德尤其对文化濡化模式的差异感兴趣。她强调人性的可塑性，视文化为创造无尽可能的强大力量。即使是在临近社会，不同的濡化模式都可能产生差异非常大的人格类型和文化形貌。

米德最著名的——尽管也是争议最大的——

书是《萨摩亚人的成年》（1928/1961）。米德到萨摩亚去研究那里的青春期少女以便与美国处于同一人生阶段的同伴作比较。米德对生物决定论的普适性表示怀疑，她预设萨摩亚青少年与同处于青春期的美国青少年是不同的，而且这会影响到成人后的人格。运用其在萨摩亚的民族志发现，米德将那里的明显的性自由和性尝试与美国的青春期的性压抑形成对比。她的发现支持了博厄斯的观点，即文化而非生物或种族决定了人类行为和个性的差异。米德随后根据对新几内亚阿拉佩什人（Arapesh）、蒙杜古马人（Mundugumor）和德昌布利人（Tchambuli）的研究写成了《三个原始部落的性别与气质》一书（1935/1950）。该书记录了不同文化中男性和女性人格特质和行为的差异。她将该研究作为文化决定论的又一明证。和本尼迪克特一样，米德对于描述文化是如何独特地模式化或构型的比对解释它们是如何成为这样的问题更感兴趣。

新进化论

1950 年前后，随着第二次世界大战的结束和反殖民浪潮的迭起，人类学家恢复了对文化变迁甚至是进化论的兴趣。美国人类学家莱斯利·怀特（Leslie White）和朱利安·斯图尔德（Julian Steward）抱怨说博厄斯是把洗澡水（19 世纪进化论图式的特定的缺陷）和婴儿（进化）一块倒掉了。新进化论者主张有必要将进化这一强大的概念重新引入文化的研究。毕竟，这一概念是生物学的基础。它为什么就不能应用于文化呢？

在《文化的进化》（1959）一书中，怀特声称要回到同泰勒和摩尔根所使用的一样的文化进化概念，只是现在它经由一个世纪的考古发现和大量民族志记录被人们所了解。怀特的研究进路被称为普遍进化（general evolution），认为随时间推移和通过考古、历史以及民族志记录，我们可以将文化的进化视为一个整体。例如，人类的经济从旧石器时代的觅食，经早期农业和畜牧业到集约农业再到工业。社会政治也存在进化，从队群和部落到酋邦和国家。怀特指出，毫无疑问，文化是进化的。但是与19世纪单线进化论者不同的是，怀特意识到特定的文化可能不是循一个方向进化的。

朱利安·斯图尔德在其影响深远的著作《文化变迁论》中提出了另一种进化模式，他称之为多线进化论（multilinear evolution）。他表明了文化是如何沿着几条不同的路线进化的。例如，他认识到几种到达国家的路径（如伴随灌溉社会的与那些伴随非灌溉社会的）。斯图尔德还是他称之为文化生态学（cultural ecology）的人类学分支领域的先驱。文化生态学现在一般称为生态人类学（ecological anthropology），它将文化和环境变量之间的关系纳入思考范围。

不同于米德和本尼迪克特，怀特和斯图尔德对起因非常感兴趣。在怀特看来，能力获取是文化进步的主要衡量标准和起因所在：文化的进步是与每年人均利用的能量大小成比例的。按照这种观点，美国由于其控制和利用的能量而成为世界上最先进的国家之一。怀特的表述颇具讽刺意义，因为他认为耗竭自然丰富性的社会比那些保留丰富性的社会更为先进。

斯图尔德也同样对因果关系兴趣盎然，且将技术和环境视为环境变迁的主因。可获得的用于开发的环境和技术被视为他所谓的文化内核（culture core）的组成部分。文化内核指的是从总体上决定社会秩序和文化形貌的生计方式和经济活动的结合。

文化唯物主义

马文·哈里斯（Marvin Harris）将与怀特和斯图尔德的相关的多层次决定论模式加以调适，提出将文化唯物主义（cultural materialism）作为一个理论范式。哈里斯（1979/2001）认为，与斯图尔德的文化内核相一致，所有的社会都有一个基础结构（infrastructure），包含技术、经济和人口——社会赖以存在的生产和人口再生产体系。从基础结构衍生出来的是结构（structure）——社会关系、亲属和继嗣的形式以及分配和消费的模式。第三个层次是上层建筑（superstructure）：宗教、意识形态、戏剧——距离文化基本存在最远的部分。哈里斯最主要的信念，也是和怀特、斯图尔德以及卡尔·马克思（Karl Marx）共有的信念是：在最终分析中，基础结构决定结构和上层建筑。

哈里斯因此质疑理论家（他谓之"空想家"）如马克斯·韦伯（Max Weber），后者支持宗教（在"宗教"一章中讨论的新教伦理）在改变社会中的重要角色。韦伯并未声称新教引发了资本主义。而只是主张与早期新教相关的个体主义和其他特质与资本主义特别契合并因而有助于其传播扩散。从韦伯的论点中，我们可以推论出，若没有新教，资本主义的出现和扩散会慢得多。哈里斯可能会认为若经济变化了，则某些与新经济相协调的宗教可能伴随着出现和传播，因为基础结构（卡尔·马克思称之为基础）在最终分析中总是起决定作用。

科学与决定论

哈里斯有影响的著作包括《人类学理论的兴起》（1968/2001）和《文化唯物主义：为文化的科学而奋斗》（1979/2001）。和到目前为止讨论到的许多其他人类学家一样，哈里斯坚持人类学是一门科学；这门科学是建立在解释基础之上的，它揭示了因果关系；而科学的作用是揭示起因和寻找决定因素。怀特的两部力作之一是《文化的科学》（1949）。马林诺夫斯基在题为《文化的科学理论及其它论文》（1944）的书中详尽阐述了其需要功能论。米德则将人类学视为一门在理解和改善人类状况方面有独一无二价值的人文科学。

同哈里斯、怀特和斯图尔德一样，米德也是一个决定论者。不同的是，前面几位都将基础结构因素视为决定因素，而米德则完全是另一种类型的决定论者。米德的文化决定论认为人性近乎一张白纸，文化可以在其上任意书写其经验。文化是如此强大以至于可以彻底地改变萨摩亚和美国青春期的表达。米德强调文化在上述差异中的角色，而非经济、环境或物质因素的作用。

文化与个体

文化学

有趣的是，自认为是进化论者和以能量作为文化进步标尺的捍卫者的莱斯利·怀特和米德一样，也是一个文化重要性的坚决拥护者。怀特视人类学为科学，并称之为文化学（culturology）。他认为，依托于人类独有的象征性思维能力的文化力量是如此强大以至于个体几乎不能发挥影响。怀特质疑当时的所谓"大人物历史理论"，该理论认为特定的个体是重大发现和时代变迁的原因。怀特注意的却是制造这些杰出人物的文化力量。在某些历史时期，如文艺复兴，条件适于创造力和伟大的表现，个人才华尽显。其他时间和地点或许也有许多伟大的思想，只是文化不鼓励他们的表现。怀特引同时发现作为证据。人类历史上有过多次，当文化条件具备的时候，人们在不同的地方独立工作而提出同样的革新的理念或成就。例子包括查尔斯·达尔文（Charles Darwin）和阿尔弗雷德·拉塞尔·华莱士（Alfred Russel Wallace）同时提出经自然选择的进化理论，1917 年三位科学家各自重新发现孟德尔遗传学，以及莱特兄弟（Wright brothers）和桑托斯·杜蒙特（Santos Dumont）在美国和巴西各自独立地发明了飞机。

超有机体论

人类学的大部分历史都是关于文化和个体的角色及其相对重要性的。和怀特一样，著述颇丰的博厄斯学派的人类学家阿尔弗雷德·克虏伯也强调文化的效力。克虏伯（1952/1987）称之为文化王国，其出现将猿转变成早期人族，即超有机体（superorganic）。超有机体开启了一个新的分析领域，它独立于有机体（生命——没有它就

没有超有机体）和无机体（化学和物理——有机体的基础），但是同样重要。和怀特（远在他之前，泰勒首先提出了文化的科学）一样，克虏伯将文化视为一门新科学即后来的文化人类学的基础。克虏伯（1923）在第一本文化人类学的教科书中阐述了这门科学的基础。他试图说明文化通过聚焦特定的风格和时尚（如关于女士裙摆的长短）而施加于个体的效力。克虏伯认为（1944），个体组成的人群无助地被各时期变换的潮流所裹挟，淹没在时尚的浪潮中。不同于怀特、斯图尔德以及哈里斯，克虏伯并不试图解释这种变换；他只是利用其表现文化之于个体的效力。和米德一样，他也是一个文化决定论者。

涂尔干

在法国，爱弥尔·涂尔干也采用了相似的方法，要求新的社会科学应基于他所说的在法语中称为 conscience collectif 的概念之上。该词的一般译法"集体意识"没有充分传达出这个概念与克虏伯的超有机体和怀特的文化学之间的相似性。涂尔干指出，这门新的科学将会建立在社会事实的研究基础之上，在分析上区别于产生这些事实的那些个体行为。许多人类学家同意人类学家的角色是研究大于个体的东西这一核心前提。心理学家研究个体；人类学家研究作为更多内容的呈现的个体。这些更大的体系，包含社会位置——地位和角色，通过文化濡化世代传递而得以永存，它们才是人类学应该研究的。

当然社会学家也研究此类社会体系，而且正如在"文化"一章中所讨论的，涂尔干被奉为人类学和社会学的共同奠基人。澳大利亚土著的宗教和现代社会自杀率的转述对于涂尔干来说一样得心应手。根据涂尔干的分析，自然率（1897/1951）和宗教（1912/2001）都是集体表象。个体自杀的原因不一而足，但是自杀率（只适用于总体）的变化可以而且应该与诸如特定时间和地点的失范、不适或者异化等社会表象相联系。

象征人类学与解释人类学

维克多·特纳曾经是马克斯·格拉克曼在曼彻斯特大学社会人类学系的同事，因而也是前文论及的曼彻斯特学派的成员。后来，他移民美国，并先后执教于芝加哥大学和弗吉尼亚大学。特纳写过一些关于仪式和象征的重要著作与论文。他的专著《一个非洲社会的分裂和延续》（1957/1966）表现了对冲突和冲突解决的兴趣，这也是前文提及的曼彻斯特学派的特征。《象征之林》（1967）是关于赞比亚恩丹布人的象征与仪式的论文集，特纳在恩丹布人中完成了其主要的田野工作。在《象征之林》中，特纳考察了象征和仪式是如何被用于纠正、调节、预测和避免冲突的。他也考察了象征意义的层次，从社会意义和功能直到其在个体中的内化。

特纳认识到了他开创的象征人类学（社会和文化场景中的象征研究）与其他领域如社会心理学、心理学以及精神分析学之间的联系。象征研究在精神分析学中举足轻重，其创始人西格蒙德·弗洛伊德（Sigmund Freud）也认识到了象征的层级性，从潜在的普遍的象征到只对特定个体才有意义并且出现在对其梦的解析中的象征。特纳的象征人类学在芝加哥大学非常兴盛，象征人类学在那里的另一位拥护者大卫·施耐德（David Schneider）（1968）在其著作《美国的亲属制度：一种文化的解说》中发展了另一种美国文化的象征进路。

与象征人类学也与芝加哥大学（后来与普林斯顿大学）联系在一起的是解释人类学，其主要提倡者是克利福德·格尔兹（Clifford Geertz）。在"文化"一章中提到，格尔兹将文化界定为基于文化学习和符号的观念。在文化濡化中，个体将先前已建立的意义和符号体系内化了。他们运用此文化体系去定义他们的世界，表达他们的情感以及做出他们的判断。

解释人类学（Geertz，1973，1983）将文化作为文本，其形式尤其是意义必须置于特定的文化和历史场景中译解。格尔兹的方法重拾了马林诺夫斯基的信条，即民族志者的首要任务是"抓住当地人的观点，他与生活的关系，认识他的关于他的世界的愿景"（Geertz，1922/1961，第25页，马林诺夫斯基的斜体字）。自20世纪70年代以来，解释人类学就开始思索描述和解释什么是对本地人有意义的这一任务。文化是当地人不断"阅读"而民族志者必须破译的文本。根据格尔兹（1973）的说法，人类学家可能选择一文化中任何吸引他们的事项（如他本人在一篇著名的文章中阐释的巴厘斗鸡），填充细节，并详尽阐述以告知读者其在该文化中的意义。意义是由包括文字、仪式和习俗在内的公共象征形式所承载的。

结构主义

在人类学中，结构主义主要是与一位多产且长寿的法国人类学家克洛德·列维-斯特劳斯联系在一起的。列维-斯特劳斯的结构主义随时间而演化，从他早期对亲属关系和婚姻制度结构的兴趣发展到后来对人的思维结构的兴趣。就后者而言，列维-斯特劳斯结构主义（1967）的目标不仅在于解释而在于发现文化各方面之间的关系、主线和联系。

结构主义依托于列维-斯特劳斯关于人的思维具有某些普遍性特点的信念，这种特征源于智人（Homo sapiens）大脑的共同特征。这种共同的思维结构使得各地的人们无论其社会或文化背景如何都相似地思考。在这些普遍的思维特征之中就有对分类的要求：将秩序加于自然的方面，加于人与自然的关系，也加于人与人之间的关系。

据列维-斯特劳斯所说，分类的一个普遍性方面是对立。虽然许多现象是连续的而非离散的，思维由于其对秩序的要求，而把它们视为是有更大差异的。最常见的分类方式之一是二元对立。按照列维-斯特劳斯的观点，好与坏、黑与白、老与少、高与低是二元对立的，体现出普遍性的人类需求将程度的差异转变为类别的差异。

列维-斯特劳斯将他关于分类和二元对立的预设应用到神话和民间故事上。他表明这些叙述有简单的构造块——基本结构或说"神话素"。通过对不同文化中神话的考察,列维-斯特劳斯展示了一个故事可以经由一系列简单的操作转化为另一个故事,比如,做如下事情:

1. 将一神话中的肯定元素转化为否定元素。
2. 颠倒元素的顺序。
3. 用女性主人公取代男性主人公。
4. 保留或重复某些关键元素。

经过这种操作,两个明显不同的神话可能表现为只是一个共同结构的不同变体,也即是彼此的转化。列维-斯特劳斯关于"灰姑娘"的分析即为一例,这是一个广泛流传但在临近文化中其元素发生变化的故事。随着故事被讲述、重新讲述、传播和嵌入相继社会的传统,经过反转、对立和否定,"灰姑娘"变成了"灰男孩",还伴随有一系列关于性别从女性转化为男性的其他对立(例如继父对继母)。

过程研究:实践理论

能动性

结构主义因过于形式化且忽视社会过程而受到诟病。在"文化"一章中我们看到文化习惯上被视为世代传递的社会黏合剂,用共同的过去将人们联结在一起。更晚近一些,人类学家将文化视为当下的被持续创造和再加工的东西。将文化视为实体而非过程的观点正在发生变化。现在,人类学家强调日常的行动、实践或者抵制可以塑造和重塑文化(Gupta and Ferguson,eds,1997b)。能动性(agency)指代个体在形成和转变文化认同中独自或以群体形式采取的行动。

实践理论

被称为实践理论(Ortner,1984)的文化研究进路认识到在某一社会或文化中,个体有多种多样的动机和意图以及不同程度的权力和影响。这种差别可能与社会性别、年龄、族籍、阶级以及其他社会变量相关。实践理论关注这些有差别的个体——经由他们的行动和实践——是如何影响和改变他们生活于其中的世界的。实践理论恰当地认识到了文化与个体之间的互惠关系。文化形塑了个体如何经历和回应外部事件,但是个体在社会运行和变迁中也扮演积极的角色。实践理论认识到了文化与社会体系对于个体的限制,也认识到了其灵活性和可变更性。著名的实践论者包括美国的人类学家谢里·奥特纳(Sherry Ortner),法国的社会理论家皮埃尔·布迪厄(Pierre Bourdieu)以及英国的社会理论家安东尼·吉登斯(Anthony Giddens)。

利奇

实践理论的源头,有时也被称为行动理论(Vincent,1990),可追溯至英国人类学家埃德蒙·利奇(Edmund Leach),其代表作品是《缅甸高地的政治制度》(1954/1970)。受意大利社会理论家维弗雷多·帕累托(Vilfredo Pareto)的影响,利奇关注个体是如何努力获得权力以及他们的行动如何改变社会的。在缅甸的克钦山地(Kachin Hills),利奇描述了三种社会政治组织形式,分别称为贡老(gumlao)、贡萨(gumsa)和掸邦(Shan)。极度简化的话,这三种形式分别代表前面章节中所论及的部落、酋邦和国家。但是利奇阐述了一个非常重要的观点,他持的是区域的而非当地的视角。克钦人参与包含了所有三种组织形式的区域体系。传统类型学显示部落、酋邦和国家是分立的单元。利奇却表明它们是如何在同一区域内作为众人皆知的形式与可能性共存和互动的。他还说明了克钦人如何运用权力斗争将贡老组织转变为贡萨组织的,又是如何协调自己在区域体系中的自我认同的。利奇将过程引入了结构功能主义的形式模式。通过对权力以及个体如何获得和运用权力的关注,利奇展现了个体在改变文化中的创造性角色。

世界体系理论和政治经济学

利奇的区域视角与同时期的另一发展并非截然不同。前文被归为新进化论者的朱利安·斯图尔德于1946年加入了哥伦比亚大学的教师队伍，他在那里和包括埃里克·沃尔夫（Eric Wolf）和悉德尼·明茨（Sidney Mintz）在内的几位研究生一起工作。斯图尔德、明茨、沃尔夫和其他一些成员一起制定计划并在波多黎各实施了一个团队研究项目，这在斯图尔德编撰的《波多黎各的人们》（1956）一书中有记载。这个项目例证了第二次世界大战以后人类学的主要研究对象从设想中在某种程度上隔绝和自在的"原始"社会和非工业社会转向由殖民主义催生并完全融入现代世界体系的当今社会。该团队研究了波多黎各不同地区的社区。田野点选择的是海岛历史上重大事件和适应的样本，如甘蔗种植。这种研究进路强调经济、政治和历史。

沃尔夫和明茨对历史的兴趣贯穿他们职业生涯的始终。沃尔夫撰写了现代经典《欧洲与没有历史的人们》（1982），书中将当地人如美洲土著置于北美皮毛贸易等世界体系事件的场景中。沃尔夫关注这些"没有历史的人们"——没有文字，没有自己的书面历史的民族——是如何参与世界体系和资本主义的传播并被其所改变的。明茨的《甜蜜与权力》（1985）是另一部关注政治经济学（political economy）（相互交织的经济和权力关系网络）的历史人类学作品。明茨追溯了蔗糖的种植和传播，其在英格兰的角色转变以及对新大陆的影响，在新大陆的加勒比海岸和巴西它成为了奴隶种植园经济的基础。政治经济学方面的这些著作说明了人类学利用其他学术领域如历史学和社会学，走向跨学科的变化趋势。人类学任何世界体系研究进路都应该关注社会学家伊曼纽尔·沃勒斯坦（Immanuel Wallerstein）的世界体系理论，包括在"现代世界体系"一章中论及的核心、边缘和半边缘模式。人类学的世界体系研究进路被指过度强调外部的影响，而对"没有历史的人们"本身的变革性行动的关注则不充分。

文化、历史、权力

更晚近的历史人类学进路在和世界体系理论者一样保留对权力的兴趣的同时，更多地关注地方的能动性和殖民化社会中个体与群体的变革性行动。档案的作用在近来的历史人类学中得到凸显，尤其是在印度尼西亚等地区。这些地区的殖民和后殖民档案包含了关于殖民背景下殖民者与被殖民者之间关系的有价值的信息。关于文化、历史和权力的研究大量运用了欧洲社会理论家如安东尼奥·葛兰西（Antonio Gramsci）和米歇尔·福柯（Michel Foucault）的研究。

正如我们在"政治制度"一章中所看到的，葛兰西（1971）提出了霸权（hegemony）概念，指出在分层的社会秩序中从属者通过内化其统治者的价值观并接受统治是"自然的"来服从统治。皮埃尔·布迪厄（1977）和福柯（1979）都主张统治人们的思想比试图控制其身体容易得多。当今社会在肢体暴力之外还发明了各种形式的社会控制，包括说服、强制和管理人的技术，监控和记录人们的信仰、行为、活动和交往的技术。对文化、历史和权力感兴趣的人类学家如安·斯托勒（Ann Stoler）（1995，2002），考察了殖民、后殖民以及其他各种分层场景中的权力体系、统治、顺应以及抵制。

今日人类学

早期的美国人类学家如摩尔根、博厄斯和克虏伯，都对不止一个分支领域感兴趣，并均作出了贡献。如果说20世纪60年代以来人类学中还有主导潮流的话，那就是日益专门化。20世纪60年代，当笔者在哥伦比亚大学读研究生的时候，还需要学习并参加所有四分支的资格考试。这种情况已经改变了。现在虽然还有鲜明的四分支人类学系，但是许多优秀院系缺少一个或一个以上的分支。四分支人类学系如密歇根大学人类学系虽然依然要求跨分支学科的课程和教学专家，但是研究生必须选择一个特定的分支，并且只参加该分支学科的资格考试。在博厄斯式的人类学中，四分支领域共享同一个关于人具有可塑性的理论预设。今天，伴随着专业化，指导四分支领域的理论分化了。各种各样的进化论范式依然主导着生物人类学，在考古人类学中也一样强势。而在文化人类学领域，进化论的兴盛已经是数十年以前的事情了。

民族志也变得更专门化了。现在的文化人类学家在头脑中带着一个特定的问题进入田野，而不是像摩尔根和马林诺夫斯基在各自研究易洛魁印第安人和特洛布里恩德岛民时所意图做的那样旨在撰写一个整体论的民族志——一个关于既定文化的完整解说。博厄斯、马林诺夫斯基和米德去到某地，待一段时间，研究当地的文化。今天，田野已经扩展至区域和国家体系以及人们的活动，如跨国移民和散居。现在，许多人类学家追随人群、信息、金融和媒体的潮流进入多点田野。这种活动由于交通和通讯的进步而成为可能。然而，由于在移动上耗费如此多的时间以及适应各种田野点和场景的需要，传统民族志的丰富性可能会减少。

人类学还见证了表述危机——关于民族志者的角色以及民族志的权威性问题。民族志者有何权利表述他们并不隶属其中的一个民族或一个文化？有人辩称内部人的阐述比外部人的研究更为适当和有价值，理由是本土人类学家不仅对文化更了解，而且应该负责向公众呈现他们的文化。作为对上述潮流的体现，AAA（美国人类学家协会）现在有各种分支群体。最初，只是 AAA 内部的人类学家。现在，有代表生物人类学、考古人类学、语言人类学、文化人类学和应用人类学的各个分支群体，还有数十个围绕特定的兴趣和身份而形成的群体。这些群体代表了心理人类学、都市人类学、文化和农业、小型大学中的人类学家、中西部人类学家、资深人类学家、女同性恋和男同性恋人类学家、拉美／亚洲（Latino/a）人类学家等等。许多基于身份的团体的成员接受团体成员比外人更能胜任与该群体相关的问题和主题的研究。

"文化交流与文化生存"一章中描述了后现代性（postmodernity）——我们的世界在流动中，移动的人们根据所处的位置和场景而拥有多重身份。后现代（postmodern）一词已确立的准则、类别、区分以及界限的模糊和破坏。后现代性以多种方式影响了人类学。他改变了我们的分析单位。后现代主义和人类学本身一样超越高层文化而将价值延伸至世界各地普通人的文化。然而，后现代研究进路也质疑既有的预设，如外部民族志者表述的权利。科学本身也受到挑战。质疑者辩称科学不足信，因为它是由科学家完成的。质疑者声称所有的科学家都来自特定的个人或文化背景，以至于阻碍了其客观性，导致人为的和有偏见的论述，这种论述并不比那些不是科学家的内部人的论述更有价值。

如果我们像我所做的那样，继续同意米德的观点，将人类学视为一门在理解和改善人类状况方面具有独特价值的人文科学的话，我们应该做什么呢？我们应该意识到我们的偏见和对完全摆脱偏见的无能为力。最科学的选择似乎是将永恒的客观性目标和实现客观性的怀疑主义结合起来。克拉克洪（Kluckhohn）关于人类学的科学客观的命题依然成立："人类学为应对当今世界的主要困境——外表相异、语言不通、生活方式不同的各民族如何能够和平共处——提供了科学基础。"在这个充斥着失败的政府、恐怖主义和先发制人战争的世界，若是质疑人类学在回答上述问题中的重要角色的话，多数人类学家永远不可能选择这个专业。

附录2
伦理与人类学

作为代表人类学广泛性（所有四分支领域、学术和应用维度）的主要组织，美国人类学家协会相信创造和运用世界上各民族的、过去和现在的知识是一个值得的目标。人类学知识的生产是一个包含了不同的和变化的研究进路的动态过程。AAA（美国人类学家协会）的使命是促进人类学研究以及通过出版、教学、公共教育和应用鼓励人类学知识的传播。该任务的一部分是协助对 AAA 成员进行关于伦理义务和挑战的训练（http://www.aaanet.org）。

在人类学家进行研究和参与其他专业活动的时候，伦理问题不可避免地出现了。人类学家通常在境外做研究，外在于自己的社会。在国际交往和文化多样性的背景下，不同的价值体系会相遇，且经常会相互对抗。为了指导其成员在涉及伦理和价值观时做出决定，AAA 制定了伦理法典。最新的法典于 1998 年通过并于 1999 年 3 月 31 日进行了更新。法典的前言中声明：人类学家对其学术田野、对更广泛的社会和文化、对人类和人以外的其他物种以及环境都有义务。该法典旨在提供指导方针并促进讨论和教育。虽然 AAA 已经审查了人类学家不当行为的指控，但是并没有就这些指控做出裁决。AAA 也认识到人类学家属于不同的群体——或许包括家庭、社区、教派及其他组织——每一个群体可能有其自己的伦理和道德法则。由于人类学家可能发现自己处于一个复杂的状况且受到不只一套伦理规范的制约，所以 AAA 法典提供的只是一个决策框架，而非严格的程序。

AAA 希望其成员关注伦理问题，敦促人类学院系在课程中涵盖伦理培训。AAA 法典着重论述了人类学家工作的几个场景。研究的伦理方面的要点可以概括为：

人类学家研究项目的所有方面都应该对资助机构、同事以及受研究影响的各方开诚布公。各方对研究目的、潜在的影响以及支持的来源应该知情。人类学家应适时、适当地发布研究成果。

研究者不应为了实施研究而违背人类学伦理。他们还应留意自己作为客人与所在的东道国或社区之间的适当关系。AAA 不建议人类学家避免就某事表态。实际上，法典声明寻求形塑行动和政策中的领导在伦理上与互动一样是合理的。

以下是法典的部分标题和副标题：

A. 对人与动物的责任

1.人类学家对于其所研究的人、物种和资料有着首要的伦理义务。这种义务优先于寻求新知识的目标。当出现伦理争议时，这种义务也会导致做出不实施或者中断研究的决定。这一首要的伦理义务——人类学的"首要指示"——包括：

避免伤害或过失。

认识到知识的产物对一同工作或所研究的人与动物的影响既可能是积极的也可能是消极的。

尊重人类与非人灵长类的福祉。

致力于考古、化石和历史记录的长久保存。

与受影响的个人或群体主动协商，以建立有益于各方的工作关系为目标。

2.研究者必须竭尽所能保护共事者的安全、尊严和隐私。研究动物的人类学家不应威胁其安全、心理安康或生存。

3.人类学家应确定其当地接待者是希望保持匿名抑或获得认可，并应努力遵从这些意愿。研究者应向研究参与者说明尽管自己会做出最大限度的努力，仍可能出现匿名被识破或认可难以兑现的情况。

4.研究者必须获得受影响各方的知情同意（informed consent）。那就是说，在同意参加之前，人们应该被告知研究的目的、性质和程序以及研究可能对他们产生的潜在影响。应获得任何提供信息、研究资料持有者或其利益可能受研究影响的人的知情同意（同意参与研究的协议）。知情同意不必然包含或要求书面的或有签字的形式。

5.与提供信息者或当地接待者形成持续关系的研究者必须继续尊重公开与知情同意的义务。

6.人类学家个人可能从研究中获益，但是他们不应剥削个人、群体、动物、文化或生物材料。他们应认识到对其工作的社区和社会以及对一同工作的人们的亏欠，应以适当的方式酬谢。

B. 对学术和科学的责任

1.在准备申请和项目进展过程中，人类学家应试着判别潜在的伦理冲突和困境。

2.人类学家对其学科、学术和科学的诚信与名誉负有责任。他们应服从科学和学术冲突的一般道德规范。他们不应欺诈或有意歪曲（如伪造证据、弄虚作假或抄袭剽窃）。他们不应试图瞒报不当行为或者阻碍他人的学术研究。

3.人类学者应尽其所能保留机会以为后继的

研究者所用。

4.人类学家应尽可能在科学和学术界传播其发现。

5.人类学家为了研究应考虑所有获取数据和资料的合理的请求。

C. 对公众的责任

1.人类学家应努力确保其成果真实地成文和被负责任地运用。人类学家应虑及其结论的社会和政治影响。他们应坦承其资质及哲学、政治倾向。他们必须留意他们的信息对与他们一同工作的人或者同事可能造成的危害。

2.人类学家可能超越传播研究成果而持拥护者的立场。这是个人决定而非伦理责任。

D. 应用人类学相关的伦理

1.同样的伦理指南适用于所有人类学研究——学术的和应用的。应用人类学家应适时、适当地运用其研究成果（如出版、教学、项目和政策开发）。应用人类学家应对自己的技能和意图保持坦诚。他们应密切注视其研究对受牵连的每一个人的影响。

2.在对待其雇主时，应用人类学家应对其资质、能力和目标保持坦诚。应用人类学家应审核可能的雇主的目的与利益，考虑到雇主以前的活动与未来的目标。应用人类学家不应接受与职业伦理相悖的条件。

此处是AAA伦理法典的缩略和转述，完整版本可见于AAA网站（http://www.aaanet.org）。

附录 3
美国流行文化

文化是共享的。但是所有的文化都既有分化的力量也有统合的力量。部落因居住在不同的村落和不同的世系成员身份而分化。国家虽然由政府统一起来，但是也根据阶级、区域、民族、宗教和政党划分。部落文化中的统合力量包括婚姻、贸易和对于共同世系的信仰。当然，在任一社会，共同的文化传统可能提供统合的基础。

无论当今美国文化有什么样的统一性，都并非有赖于特别强有力的中央政府。国家统一也不是基于对共同世系或婚姻交换网络的信仰。事实上，许多使我们能够谈及"当今美国文化"的经历、信仰、行为和活动的共同性都是相对新的。就像在"文化交流与文化生存"一章中论及的全球化力量，它们是建立新近的尤其是商业、交通运输和大众传媒的发展之上并得以持续的。

人类学家与美国文化

人类学家在研究都市族群或阶级与家户组织之间的关系时，关注变异这一十分重要的主题。当我们看到个人对流行文化的创造性运用的时候，正如我们在"文化交流与文化生存"一章中所做的那样，我们也会思考变异。但是，传统上人类学对一致和变异的关注是不相上下的。20 世纪 40 年代和 50 年代关于"国民性"的研究预示了人类学在现代国家中对统一主题的兴趣。不幸的是，这些关于日本、俄国等国家的研究太过关注个体心理特征了。

对国家文化感兴趣的当今美国人类学家意识到文化是一种集体属性。族群多样性日益增长，我们依然可以谈论"美国国家文化"。通过文化濡化中的共同经历，尤其是媒体，多数美国人的确共享某些知识、信仰、价值观和思考与行为方式（这在"文化"一章中有所讨论）。国家文化的共同方面覆盖了个体、社会性别、区域或族群之间的差异。

"文化交流与文化生存"一章考察了个人与文化对引进文化尤其是媒体形象的创造性运用。那一章讨论了个人与文化是如何通过对同一媒体"文本"的不同"解读"不断地创造和再创造流行文化的。此处，我们选择另一条进路。我们聚焦于一个既定国家（如美国）文化中传播最为成功的几个文本。前面章节中考察过的其他此类文本包括《星球大战》和《绿野仙踪》。这些文本被传播是因为文化适宜。由于种种原因，它们能够将某种意义带给成千上万人。之前的章节关注变异和多样性，但是本附录将强调统一因素：美国文化中的共同经历、行动和信仰。

人类学家应该研究美国社会与文化。毕竟，人类学涉及普遍性、一般性和独特性。国家文化是和其他任何东西一样有趣的特殊的文化变量。虽然传统上调查研究被用于现代国家，但是为阐释和分析社会文化同质性更明显的小规模社会而发展起来的技术，也有助于理解美国生活。

本土人类学家（Native anthropologists）指的是那些研究本土文化的人类学家。例如，美国人类学家在美国、加拿大人类学家在加拿大或者尼日利亚人类学家在尼日利亚做研究。人类学训练和异国田野为一个人类学家提供了多数本地人缺乏的某种程度的超脱与客观。但是，作为本地人的生活经历使那些有意研究自己文化的人类学家有了优势。然而，本土人类学家既是参与者又是观察者，经常比在异地研究时更多地在情感和理智上卷入所研究的事件和信仰。本土人类学家必须要特别注意抵制自己作为本地人的偏见。他们必须设法在描述自己文化时做到像在分析他文化一样客观。

本地人经常以与人类学家非常不同的方式看待和解释他们自己的行为。例如，多数美国人或许从来不会想到明显是世俗的、商业的和休闲的机构如运动、电影和快餐店有可能与神话、宗教信仰、符号和行为有什么共同点。但是，这些相似确实存在。本书的重要主题之一是人类学帮助我们理解自身。经过对异文化的研究，我们不仅学会了欣赏也学会了质疑本文化的某些方面。而且，人类学用于描述和分析异文化的技术同样可应用于美国文化。

美国的读者可能不会信服以下的分析。这部分是因为你是本土人，对自己文化的了解多于对他文化的理解。再者，正如我们在"文化交流与文化生存"一章中所看到的那样，同一文化内部的人对该文化的"解读"可能是不一样的。而且，美国文化对个体观点的差异以及每一个观点都与其他的一样好的信念予以很高的评价。此处，我尝试着从多样的个人观点、行动和经历中提炼出文化（被广泛共享的行为方面）。

以下分析的领域都不是像人口或经济那样能够轻易量化的。我们正进入一个更印象派的领域，其中的文化分析有时看起来更像文学分析而不是科学。你质疑以下的一些结论是对的。其中一些肯定是有待商榷的；有些则可能是完全错误的。但是，如果它们说明了人类学何以能被用于投射你生活和经历的一些方面并调整和拓宽你对于自己文化的理解，那么它们就是值得的。

此处需要回顾（从"文化"一章）关于文化、民族中心主义和本土人类学家。对人类学家而言，文化指代的东西远大于其一般用法——高雅、教养、教育以及对于"经典"和"美术"的欣赏。但是，奇怪的是，当有些人类学家遇到自己的文化时，他们似乎就忘了这一点。和其他学者或知识分子一样，他们可能将"流行"文化视为细枝末节和不值得认真研究的东西。如此一来，他们表露了民族中心主义并暴露了伴随学术—知识亚文化成员身份的偏见。

为了考察美国文化，本土人类学家必须小心克服与学术亚文化相关的偏见。虽然有些学者不鼓励他们的孩子看电视，但是美国家庭中电视的数量多于卫生间这一显著的文化数据却是不容忽视的。本人关于密歇根大学学生们的研究或许可推广至其他的美国年轻人。他们去快餐店多于去教堂。我发现几乎所有人都看过迪斯尼电影、参加过摇滚音乐会或足球赛。这些共同的经历是美国文化濡化形式的主要特征。而正如我们在最后一篇的"主题阅读"中所见的那样，它们不只影响我们的身，也影响我们的心。当然，任何在美国进行田野工作的域外人类学家都会强调大众文化的这些方面。在美国，大众传媒和消费文化已经创造了当今国家文化中的主线。这些主线值得研究。

我从体育、电视和电影等流行领域中选择了一些非常流行的文本在此讨论（流行文化的其他特征如快餐前文已有讨论）。我也可以用其他文本（如蓝色牛仔裤、棒球或比萨）来说明同样的观点：当今美国国家文化中有一些强大的共享方面，而且人类学技术可以用于阐释它们。

橄榄球

我们说橄榄球只是一种游戏，但是它已成为一种流行的观赏性体育项目。在赛季中的周六，成百万的人们往来穿梭于各高校的橄榄球比赛。规模稍小的会众在高中的体育馆相聚。数百万美国人观看橄榄球的电视转播。实际上，近半数美国成年人观看超级杯比赛。因为橄榄球是美国人普遍感兴趣的，所以它是统一性的值得关注的文化习俗。我们最流行的体育项目设法吸引各种各样的球迷，那些族群背景、区域、宗教、政治团体、职业、社会地位、富裕程度甚至性别不同的人们。

橄榄球尤其是职业橄榄球的盛行，直接依赖于大众传媒，特别是电视。橄榄球伴随着领土侵占、激烈对抗以及暴力——间或导致受伤——其流行是因为美国人暴力吗？橄榄球观众是否会嫁接性地意识到他们自己敌意的和攻击性的倾向？人类学家阿伦斯（W.Arens，1981）不支持这种阐释。他指出，橄榄球是一种独特的美国式休闲活动。同样的比赛虽然也在加拿大进行，但是在那里的流行程度远不及美国。棒球在加勒比地区、拉丁美洲部分地区以及日本流行。篮球和排球也在传播。但是，在全球大部分地区，足球依然是最流行的运动。阿伦斯论证说若橄榄球是表达攻击性的有效渠道，则它应已经传播（就像足球和棒球一样）到许多其他国家，那里的人们和美国人拥有同样多的攻击性倾向和敌对情绪。而且，他提出若一项运动的流行仅仅是基于其嗜血的品质，则更为血腥的拳击应成为美国的国家性休闲项目。阿伦斯总结说关于运动流行状况的解释还在于他处，我深表赞同。

他认为橄榄球之所以在美国流行是因为它象征着美国生活的某些关键特征，尤其是它基于专门化和劳动分工的团队合作的特征，这是现代生活无处不在的特征。苏珊·蒙塔古（Susan Montague）和罗伯特·莫莱斯（Robert Morais）（1981）将分析推进了一步。他们论证说美国人喜欢橄榄球是因为其代表了现代组织的小型和简化版本。人们对无论是商业、大学还是政府等组织的官僚制的理解存在困难。这两位人类学家辩称说橄榄球帮助我们理解组织中决策是如何做出以及奖励是如何分配的。蒙塔古和莫莱斯将橄榄球的价值观特别是团队合作与相关的商业联系起来。就像公司职员一样，最理想的球员是勤奋并效忠于团队的。但是，在企业内部，决策是非常复杂的，而员工的奉献和优异的工作表现也不总是能得到回报。这两位人类学家指出，橄榄球中决策更简单且回报不断，这有助于解释其流行。即使弄不清楚

通用汽车和微软是如何运营的，任何球迷却都可以成为橄榄球规则、球队、得分、数据以及赛制的专家。更重要的是，橄榄球说明商业所强调的价值观确实是会兑现的。队员最努力、精神最高昂以及天分得到最好的开发和协调的团队总是更经常地比其他团队赢得更多。

《星际迷航》

《星际迷航》（Star Trek）这一美国流行文化中熟悉的、强有力的和持久的力量，可以用于说明流行的媒体内容通常是源自文化的其他领域这一观点。1966年，美国人第一次在NBC（美国国家广播公司）的荧幕上接触到《进取号》（Enterprise）星舰。《星际迷航》只在黄金时段播出了三季。但是，这个剧集不仅存留下来而且兴盛于今天的企业联合组织、重播节目、书籍、网页、磁带以及院线电影中。1987年，以全新的演员阵容并作为每周播出的常规剧集回归的《星际迷航：新的一代》（Star Trek:The Next Generation）成为全美收视率第三的节目 [排在《命运之轮》（Wheel of Fortune）和《冒险》（Jeopardy）之后]。《深空九号》《航海家号》和《进取号》是星际迷航家族不太流行的后续系列。

《星际迷航》告诉我们的关于美国文化的持久的大众诉求是什么？我认为答案是这样的：《星际迷航》是一个基本的美国起源神话的变体。同样的神话出现在感恩节这一独特的美国节日的形象和庆祝中。感恩节的神话发生在过去，而《星际迷航》在发生在未来。

当今美国的神话取材于各种各样的来源，包括这种流行文化的幻想，如《星球大战》《绿野仙踪》（参见关于"艺术"的章节）和《星际迷航》。我们的神话还包括真实的人物，特别是国家的祖先，他们的生活经过数代已被重新阐释并被赋予了特殊的意义。媒体、学校、教堂、社区和父母将国家起源神话讲述给孩子们。比如，感恩节的故事依然重要。它重新阐述了一个为清教徒、天主教徒和犹太人所庆祝的国家节日的起源。所有

这些教派都信奉圣经旧约，并发现感谢上帝的赐福是适宜的。

美国人一遍又一遍地听人复述关于早年那个具有划时代意义的收获的故事。我们知道了印第安人如何教会清教徒在新大陆农耕。感激的清教徒于是邀请印第安人分享其第一个感恩节。美洲土著和欧洲劳工、技术和习俗于是交织在最初的两个民族的庆祝中。每年这个起源神话都被重演，美国的公众学校的孩子们扮作清教徒、印第安人和南瓜以纪念"第一个感恩节"。

随着大众传媒更为迅速和普遍地发展，每一代美国人写下他们自己的修正过的历史。我们的文化不断地重新阐释国家节日的起源、性质和意义。当今美国的集体意识包括充斥电视的关于"第一个感恩节"和"第一个圣诞节"的记忆。**我们的大众文化已经灌输了广泛共享的无足轻重的清教徒和印第安人"爱的聚会"。**

我们也杜撰虚构的诞生故事，其中有玛利亚、约瑟、耶稣、马槽动物、牧羊人、**三个东方博士**、小鼓手，某些版本中还有鲁道夫和红鼻子麋鹿。注意对美国文化永恒的诞生的重新阐释是同一个主流神话的另一变体。我们记得感恩节的诞生包含了族际接触（如三个国王）以及礼物赠予。只是它发生在伯利恒而非马萨诸塞。

在重新阐释准历史和真实事件的时候，我们将我们的现在加诸过去。对于未来，我们在科学—虚构和幻想中创造。《星际迷航》将发生在过去的感恩节故事放在了未来：同化、合作、异质社会的神话。这个神话说明美国是独特的，不仅因为它是同化主义的，也因为它是基于（founded）多样性的统一之上的。（我们的起源是多样性中的统一。毕竟，我们称自己为"合众国"。）感恩节和《星际迷航》说明经多样化的统一的信条对于生存是至关重要的（无论是严酷的寒冬还是外太空的危险）。美国人通过分享专门化的成果而得以生存。

《星际迷航》宣称，神圣原则是验证美国社会的标准，因为美国社会建基于此，并将延续数代甚至数个世纪。《进取号》星舰的全体成员就是一个熔炉。舰长詹姆斯·泰伯利斯·科克（James Tiberius Kirk）是真实历史的象征。他最明显的历史原型是詹姆斯·库克（James Cook）船长，他的《奋进号》也是为了寻找新生命和文明。科克很少被提及的中间名字源于最终成为君主的罗马将军，它将舰长与地球的封建历史连接起来。科克也是最早的盎格鲁美国人的象征。他驾驶的《进取号》（美国是建立在自由进取基础上的），正如源自英国的法律、价值观和制度继续引导美国一样。

麦考伊（McCoy）的爱尔兰（或至少是盖尔语）名字代表了下一个浪潮，已确认的移民。苏鲁（Sulu）是成功同化的亚裔美国人。那个非裔美国女性人物乌胡拉（Uhura）——"她的名字意为自由"——表示黑人将成为所有其他美国人完全的合作伙伴。但是，乌胡拉是最初的舰队成员中唯一的主要女性形象。1966年女性家户外工作还没有像现在一样成为美国社会的特征。

《星际迷航》恒久不变的讯息之一是陌生人，甚至是敌人，都可能成为朋友。这一讯息隐含着文化帝国主义，预设美国文化和机构的不可抵抗。俄国国民（契诃夫）（Chekhov）能够被膨胀的美国文化所引诱和俘获。史波克（Spock）虽然是来自瓦肯星（Vulcan）的**半人**（halfman），但是具有人的品质。因此，我们知道我们的同化主义价值观终将不只统治地球，而且还会延伸至其他星球。至《新的一代》，比瓦肯人更外星人的克林贡人（Klingons），**由战术指挥官沃尔夫**（Worf）**代表**，也加入了异质社会。

甚至神也被用于为美国文化服务，体现于斯科特（Scotty）。他的角色是古希腊的机械之神（deus ex machina）。他是平台操控者，将人们上下、前后以及地球和天空之间"传送"（beamed）。维持社会运转的斯科特，也是仆人—雇员，为管理者策划设计——表示忠诚和技能。

《新的一代》包含了许多原初人物的相似体。许多"部分人"是拥有特定人类品质的单个人物的化身，这些品质在最初的《星际迷航》的成员中表现为更复杂的形式。科克、史波克和麦考伊被分解为多个人物。让-卢克·皮卡德（Jean-Luc Picard）舰长拥有詹姆斯·T·科克舰长的才智和管理品质。有着英国口音和法国名字的皮卡德像科克一样，从与历史上的西欧帝国相关的象征中获得合法性。副舰长瑞克尔（Riker）取代科克成为行为浪漫的人。

代表着科学、理性和智慧的外星人（奇怪的耳朵）史波克，被一分为二。一半是沃尔夫，他的颅骨凸起与史波克的耳朵很像。另一个则是百科（Data），一个大脑包含人类知识总和的机器人。两个女性人物，一个神使和一个舰队医生，取代了麦考伊医生作为治愈、情感和感觉的宝库。

作为对当今美国文化的折射，《新的一代》以杰出的黑人、女性和体质受到挑战的人物为特征。一位非裔美国演员饰演了克林贡人沃尔夫先生。另一位非裔美国人勒瓦尔·布尔顿（Le Var Burton）扮演了乔迪·拉弗吉（Geordi La Forge）。乔迪虽然双目失明，但是通过提升视力的视觉辅助器设法看到了其他人看不到的东西。他的机械视觉表达了独特的和永恒的对科技的美国信念。机器人百科也是如此。

《新的一代》播出的第一年，有三位重要的女性人物。一位是舰队医生，是一个带着十几岁儿子的职业女性。另一个是神使，是最终"有帮助的专业人士"（helping professional）。第三位则是舰上的安全官。

与20世纪60年代相比，美国已经变得更为专化、分化和职业化。《新的一代》中角色的专一性和多样性反映了这一点。但是，原初系列和新的一代系列都传达了《星际迷航》的核心信息：美国人是多样性的。这一讯息主导着创造《星际迷航》系列的文化。个人素质、天赋和专长将我们区分开来。但是我们是作为有凝聚力和效率的群体成员而谋生和存在的。我们作为舰队、团队、企业或者更一般的，作为社会成员探索和进步。我们的国家基于并经由同化——平稳运行的多族群团队中个体差异的有效附属——得以持续。这个团队就是美国文化。它在过去起作用，在今天起作用，也将世代起作用。相互尊重基础上的有序和渐进的民主是最佳的。不可避免地，美国文化将战胜其他文化——通过说服和同化而非征服。多样性中的统一性保证了人类的存在。

人类学与"流行"文化

本附录和本书其他部分思考的大众或流行文化的例子是共享的文化形式，由于美国生活中物质条件尤其是工作组织、通讯和交通的重大变化而出现并迅速传播。多数当今的美国人相信至少一辆汽车是必须的。我们家中的电视数量多于卫生间。运动、电影、电视节目、游乐园和快餐店通过大众传媒已经成为国家文化中的强劲元素。它们提供了共同期待、经历和行为的框架，压倒了区域、阶级、正式的宗教归属、政治态度、社会性别、族群和居住地方面的差异。虽然我们其中的一些人可能不喜欢这种变化，但是却无法否认其影响。

这些文化事项的出现不仅与大众传媒相关，也与工业社会中美国人传统宗教参与的减少和基于亲属、婚姻、社区的纽带的弱化有关。大多数美国人并不隶属于一个教派、一个强有力的中央政府，或一个信仰共同体。

当今文化的这些方面被有些人作为转瞬即逝的、琐碎的或"流行"的而摒弃。但是，由于有数百万人共享它们，它们值得也正在受到学术关注。此类研究帮助履行了那个诺言，即通过人类学研究，我们能够更好地理解我们自身。

术语表

A. afarensis 南方古猿阿法种 南方古猿的早期种类，来自埃塞俄比亚的哈达尔（"露西"）和坦桑尼亚的莱托里；哈达尔的遗骸距今330万—300万年；莱托里的遗骸更古老，距今380万—360万年；尽管有很多类人猿的特征，南方古猿却是双足直立行走的。

absolute dating 绝对年代测定 即用数字或是数字范围表示年代的年代测定技术；比如放射性测定法，像碳—十四测定法（^{14}C）、钾—氩（K/A）测定法、铀系测年法（^{238}U）、热释光测定法（TL）和电子自旋共振测定法（ESR）。

acculturation 涵化 文化特征的交换。当群体发生持续不断的直接接触；一方或双方群体的文化模式可能会发生改变，但是群体会保持独特性。

Acheulian 阿舍利文化 来源于法国一个名为圣阿舍尔的村庄，在那里这些工具首次被鉴定。旧石器时代早期的工具制作传统，与直立人相联系。

achieved status 获致地位 天赋、机遇、行为或成就带来的、非归属性的社会地位。

adapids 兔猴类群 早期（始新世）灵长类科属中狐猴和懒猴的祖先。

adaptive 适应的 在特定环境中为自然选择所偏爱。

aesthetics 审美 对感觉到的艺术作品的品质的欣赏；与美感相关联的思想和感情。

affinals 姻亲 通过婚姻结成的亲属，无论是直系（儿子的妻子）还是旁系（姐妹的丈夫）。

age set 年龄组 在一个确定的时间段内出生的所有男性和女性的集合，这个群体会控制财产并且通常具有政治和军事功能。

agriculture 农业 植物栽培的非工业体系，其特征是持续、密集地利用土地和劳动力。

allele 等位基因 特定基因的生化变种。

Allen's rule 阿伦法则 法则指出身体突出部位——耳朵、尾巴、喙、手指、脚趾、四肢等等——的相对大小随温度而增加。

ambilineal 双系继嗣 一种继嗣原则，它不会自动地将儿子或者女儿的孩子排除在群体之外。

analogies 同功 相似的选择力量导致的相似性；趋同进化产生的性状。

anatomically modern humans（AMHs）解剖学意义上的现代人（AMHs） 包括欧洲的克罗马农人（距今3.1万年）以及更早的来自斯虎尔（10万年）、卡夫泽（9.2万年）、赫尔托及其他遗址的化石；延续至今。

animism 万物有灵论 信仰灵魂或与此相似的事物。

anthropoids 猿猴 是灵长类两个亚目之一猿猴亚目的成员；猴、猿和人都是猿猴。

anthropology 人类学 关于人种及其直系祖先的研究。

anthropology and education 人类学与教育 在教室、家庭和邻里展开的人类学研究，将学生视为全然的文化创造物，他们的文化濡化和对教育的态度属于一个包括家庭、同伴和社会的更大的背景。

anthropometry 人体测量学 人体测量学是测量人类的身体部位和体形，包括测量骨骼部分（即骨测量法）。

antimodernism 反现代主义 否定现代，喜欢被看做是早期的、更纯净的和更好的生活方式。

applied anthropology 应用人类学 运用人类学资料、视角、理论和方法来识别、评估和解决当代的社会问题。

arboreal 树栖 居住在树上；树栖灵长类包括长臂猿、新大陆猴和许多旧大陆猴。

arboreal hypothesis 树栖假设 该观点认为灵长类通过适应在高树上的生活而进化，在高树上它们的视觉能力能超过嗅觉（have been favored over），可抓取的手和脚可被用于在树枝之间自由行动。

archaeological anthropology 考古人类学 通过文化的物质遗存研究人类行为、文化模式和过程。

archaic *H. sapiens* 古智人/早期智人 包括欧洲和中东的尼安德特人、非洲和亚洲的类似于尼安德特人的人族，以及所有这些人族的直接祖先，生活于距今30万年至28万年。

art 艺术 唤起审美感觉的物体和事件——美感、欣赏、和谐和/或愉悦；美丽之物或超出普通意义的品质、制品、表达或领域；物体的层次依照审美标准而定。

arts 艺术品 艺术品包含视觉艺术品、文学（包含口头和文本两种）、音乐和戏剧。

ascribed status 先赋地位 人们必然拥有的一些社会地位（例如种族或性别）。

assimilation 同化 描述了少数民族群体当迁移到另一种文化主导的国家可能经历的变迁过程；少数群体文化会整合进入主导性文化中，不再作为分离的文化单位存在。

australopithecines 南方古猿 上新世和中新世时期具有多种类的人族群体。这个术语来自早期对它们的分类——将它们看作一个已灭绝的超科——南方猿的成员；现在它们只在种的层次上和人属相区别。

Aztec 阿兹特克 墨西哥盆地最后一个独立的国家，首都是特诺奇提特兰。公元1325年建国，直到1520年被西班牙人攻陷。

balanced polymorphism 平衡多态论 两种或两种以上的形式如同一基因的等位基因，在一个种群中历经数代而保持始终如一的频率。

balanced reciprocity 平衡互惠 见一般互惠。

band 队群 觅食者社会组织的基本单位。一个队群所包含的人数少于100人，经常季节性地分成若干部分。

behavioral ecology 行为生态学 关于社会行为的进化基础的研究。

Bergmann's rule 伯格曼氏法则 法则指出体型相似的两个个体中更小的那个单位体重拥有更多表面积。因此，散热更为有效；大的体型倾向于出现在寒冷地区，而小的体型倾向于出现在温暖地带。

bifurcate collateral kinship terminology 二分旁系亲属称谓 在这种亲属称谓下，对母亲、父亲、母亲的兄弟、母亲的姐妹、父亲的兄弟、父亲的姐妹分别使用不同的称谓。

bifurcate merging kinship terminology 二分合并亲属称谓 在这种亲属称谓下，母亲和母亲的姐妹拥有同样的称谓，父亲和父亲的兄弟拥有同样的称谓，母亲的兄弟和父亲的姐妹拥有不同的称谓。

big man 大人物 存在于部落园艺社会和畜牧业社会的地区性的重要人物，大人物不占有职位，但是他通过努力劳作并将劳作成果慷慨地与他人分享而获得声望。他的财富和地位都不会传给他的继承者。

bilateral kinship calculation 双边亲属计算 在这一体系下，亲属关系的计算在两种性别那里是平等的，例如母亲和父亲、姐妹和兄弟、女儿和儿子等。

biochemical genetics 生化遗传学 研究遗传物质的结构、功能和改变的领域——亦称分子遗传学。

biocultural 生物文化的 指包含和整合（为解决一个共同问题）生物的和文化的两种方法，这是人类学的标志之一。

biological anthropology 生物人类学 研究人类学时空中的生物变化，包括进化、遗传学、生长发育和灵长类学。

bipedalism 两足行走 双足直立行走，这是早期人族与类人猿区分开来的核心特征。

Black English Vernacular（BEV） 黑人英语方言 一种来源于南方英语的美国英语方言。使用BEV的人多是非裔美国青少年，许多成年人在他们的日常和亲密的交谈中也会使用。

blade tool 刃具 旧石器时代晚期基本的工具类

型，从一个准备好的岩石核心上被敲下来。

bone biology 骨生物学　即将骨骼作为生物组织进行研究，包括研究骨骼的遗传因子，细胞结构，生长、发育和衰退，以及运动模式（生物力学）。

bourgeoisie 资产阶级　马克思的两个对立阶级之一；生产资料的占有者（工厂、矿山、大型农场和其他物质资源）。

brachiation 臂行　在树枝下摆荡；长臂猿、合趾猿以及一些新大陆猴的特征。

bridewealth 聘礼　见子嗣金。

broad-spectrum revolution 广谱革命　距今1.5万年（中东地区）到1.2万年（欧洲）的时期，在那个时候，人类捕杀和采集的动植物种类越来越多，最终导致食物生产的出现，所以称之为一种革命。

bronze 青铜　砷和铜，或者锡和铜的合金。

call systems 呼叫系统　非人类的类人猿中的交流系统，由有限数量的声音组成，这些声音在强度和持久性上存在差异，并与环境刺激相联系。

capital 资本　财产或者投资于商业的资源，意图在于生产利润。

capitalist world economy 资本主义世界经济一种出现于16世纪的单一世界体系，致力于为销售而生产，以利润最大化而不是供给家庭需求为目标。

cargo cults 船货崇拜　后殖民主义的涵化的宗教运动，在美拉尼西亚非常普遍。这种宗教运动尝试解释欧洲的占领和财富，并试图通过模仿欧洲人的行为从巫术方式获得类似的成功。

caste system 种姓制　种姓制是封闭的、分层的等级系统，通常由宗教决定；等级的社会地位是由出身决定的，所以人们被锁定在父母的社会地位中。

catastrophism 灾变论　认为灭绝的物种是被火、洪水和其他灾难摧毁的。在每次毁灭性事件之后，上帝重新创造，这才有了现今的物种。

catharsis 宣泄　紧张情绪的释放。

chiefdom 酋邦　等级制社会的一种，在这种社会里，村落与村落之间，包括人与人之间都是不平等的，小村落必须服从大村落的领袖的统治；呈现出一种两层居住结构。

chiefdom 酋邦　处于部落和国家之间的社会政治组织形式，酋邦中存在持久的政治结构，人们使用资源的权利是建立在亲属关系基础上的。

chromosomes 染色体　基本的遗传单位，成对（对应的）出现；由多种基因组成的DNA节。

civil society 公民社会　围绕共享的利益、目标和价值观的自愿的集体行动，包括NGO（非政府组织）、注册慈善机构、社区团体、妇女组织、信仰为基础的和专业的团体、工会、自助团体、社会运动、商业协会、联盟和吁请团之类的组织。

clan 氏族　建立在模糊祖先基础上的单系继嗣群体。

cline 渐变群　相邻种群间基因频率的逐渐改变。

Clovis tradition 克洛维斯文明　指起源于北美洲的一种打磨石头工具（用来绑在长矛上，向远处投射）的技术，大约出现在距今1.2万年到1.1万年前。

collateral relative 旁系亲属　亲属系谱上不属于"自我"直系亲属的那些亲属，例如兄弟、姐妹、父亲的兄弟和母亲的姐妹。

colonialism 殖民主义　在一段持续的时间内，外国政权在政治、社会、经济和文化上对某一领土及其人民的控制。

communal religions 社群宗教　在华莱士对宗教的分类中，除了萨满崇拜外，这一类宗教中人们会组织群体性的仪式，如收获仪式和过渡仪式。

Communism 共产主义　首字母c大写的Communism表示的是一种政治运动和学说，如1917至1991年间在苏联（USSR）盛行的那种致力于推翻资本主义并建立某种形式的共产主义。

communism 共产主义　首字母c小写的communism描绘的是一种社会制度，在这种制度下，全体社会成员共同占有生产资料，人们为了共同利益而奋斗。

communitas 交融　强烈的群体精神，强大的社会团结、平等和集体感；是共同经历阈限阶段的人们的特点。

complex societies 复杂社会　国家；大型，人口众多，具有社会分层和中央政府。

convergent evolution 趋同演化　相似选择压力的独立运作；同功产生的过程。

core 核心　世界体系中支配的结构性地位，包括最强、最有权势、生产体系最先进的国家。

core values 核心价值观　整合一个文化以及帮助区别于其他文化的关键的、基本的或中心的价值观。

correlation 相关　两个或者更多个变量之间的联系，当一个变量变化的时候，另一个因素也会发生变化，例如温度和流汗。

creationism 神创论　《创世记》中物种起源的解释：上帝在造物的最初六天创造了物种。

cross cousins 交表兄弟姐妹　一个兄弟的孩子和一个姐妹的孩子。

crossing over 交换　减数分裂过程中同源染色体相互缠绕和交换各自的染色体片段。

cultivation continuum 栽培连续体　这个连续体是建立在对非工业栽培社会进行比较研究的基础上，在这个连续体里面，劳动集约性增加了并且休耕地减少了。

cultural anthropology 文化人类学　研究人类社会和文化；描述、分析、阐释和解释社会和文化异同。

cultural consultants 文化报道人　民族志调查的对象；民族志学者在田野点中结识的，能够告诉他/他有关他们的文化。

cultural imperialism 文化帝国主义　一种文化以牺牲其他文化为代价或强加给其他文化的迅速传播或者扩展，它修改、取代或者破坏——通常是由于其不同的经济或政治影响。

cultural relativism 文化相对论　文化的价值和标准存在不同并受到尊重的立场。人类学的特点是更为强调方法论上而并非道德上的相对性：为了全面理解另一种文化，人类学家试图理解其成员的信仰和动机。方法论层面的相对论并不排除做出道德评价或采取行动。

cultural resource management（CRM）文化资源管理　考古人类学的分支，旨在保护遗址免受大坝、高速路和其他工程的威胁。

cultural rights 文化权力　认为可以确定的群体如宗教群体、少数民族和原住民具有的特定权利。文化权力包含群体保存自己文化的能力、以其祖先的方式养育孩子的权利、延续其语言的能力，以及不被其所处国家剥夺经济基础的权利。

cultural transmission 文化传递　语言的一项基本属性；通过学习进行传递。

culture 文化　人类独有；通过学习传播；支配行为和信仰的传统和风俗。

cuneiform 楔形文字　美索不达米亚平原的早期文字，通常是用铁笔刻在石砖上，因刻痕呈现V字形而得名。

curer 治疗师　通过遴选、训练、认证和获得专业资格这样一个文化适宜的过程而获得的专业角色；信任他或她的专业能力的病人向治疗师咨询并接受一些形式的特殊照顾；一种普遍的文化现象。

daughter languages 子语言　发展自同一种母语言的语言；例如，法语和西班牙语都是拉丁语的子语言。

dendrochronology 树轮年代学　也叫树轮定年，是绝对年代测定的一种方法，对树轮的生长形式进行研究和比较。

descent 继嗣　根据祖先的特定方面判定社会身份的规则。

descent group 继嗣群　一个持续的社会单位，它的成员承认他们有共同的祖先，继嗣群是部落社会的基础。

development anthropology 发展人类学　应用人类学的分支，关注经济发展中的社会问题和经济发展的文化维度。

diaspora 离散群体　一个地区已经扩散到很多地方的后代。

differential access 不平等占有　作为酋邦和国家的基本属性，它是指对资源的不平等使用。上层可以很容易获得资源，下层使用资源的权利要受到上层的限制。

diffusion 传播　社会群体之间文化特质的借用，可以是直接借用或者通过中间媒介。

diglossia 双言 单一语言存在的"高等"（正式）和"低等"（非正式，熟悉的）的两种不同方言，例如德语。

discrimination 歧视 导致伤害某个群体及其成员的政策和实践行动。

disease 疾病 一种科学鉴定的健康威胁，由细菌、病毒、真菌、寄生虫或者其他病原体引起。

displacement 移位 语言的基本属性；谈论不在现场的事物和事件的能力。

domestic-public dichotomy 家庭领域—公共领域的对立 女性在家庭中的角色和男性在公共生活中的角色的对比，伴随而来的后果就是社会对女性的劳动和价值的贬低。

dominant 显性的 在杂合子中掩盖另一个等位基因的等位基因。

dowry 嫁妆 一种婚姻交换，在这一交换中妻子的群体会赠送大量的礼物给丈夫的家庭。

***Dryopithecus* 森林古猿** 生活在中新世中期和晚期的欧洲的类人猿。其中可能包括小猿（长臂猿和合趾猴）和大猿的祖先。

economizing 经济化 对稀缺手段（或资源）进行合理的最优配置，它经常被作为经济的主题。

economy 经济 集资源的生产、分配和消费为一体的体系。

egalitarian society 平均主义社会 除了一些天生的差异，比如年龄、性别和个体禀赋、才能以及成就的区别，人与人之间几乎没有任何差异，典型例子是狩猎和采集社会。

ego 自我 拉丁文中指的是"我"，在亲属关系图表中，它指的是一个人在思考以自我为中心的系谱时开始的那一点。

emic 主位 关注当地人的解释和意义标准的研究策略。

empire 帝国 疆域辽阔、制度完善的国家，一般都由很多个民族组成，各地说的语言也不一样，与早期的国家相比，更加重视军事建设、更富侵略性，科层制结构也更加发达。

enculturation 濡化 文化习得和通过代际传递的社会过程。

endogamy 内婚制 同一社会群体内的成员间的婚姻法则或者婚姻行为。

equity,increased 公平，提高 绝对贫困的减少和更均衡的财富分配。

essentialism 本质论 将认同视为确立的、真实的和僵化的，掩藏了认同形成的历史进程和政治的一种进程。

estrus 发情期 雌性狒狒、黑猩猩和其他灵长类性接受程度最高的时期，以生殖器肿胀、变红为信号。

ethnic group 族群 文化相似性（同一族群成员共有）和差异性（不同族群之间）区分的群体；族群成员共享信仰、习俗和准则，并常拥有共同的语言、宗教、历史、地理和亲属关系。

ethnicity 族性 拥有某种族群的认同并认为是其中一员，并因为这种隶属关系而同特定其他群体具有排他性。

ethnocentrism 民族中心主义 把自身文化看做最优秀文化，并以自身文化标准评判与其存在文化差异的群体的行为和信仰的倾向。

ethnography 民族志 在特定文化中的田野工作。

ethnology 民族学 跨文化比较；对民族志资料、社会和文化的比较研究。

ethnomusicology民族音乐学 对世界音乐以及作为文化和社会方面的音乐的比较研究。

ethnosemantics 民族语义学 针对词典（词汇）在多种语言中的对比和分类的研究。

etic 客位 强调民族志学者而并非本土人的解释、分类和意义标准的研究策略。

evolution 进化 相信物种经过长期渐进的转变或者改良的后裔而出现。

excavation 发掘 即挖掘地层——由沉积岩石的分层形成的考古或化石遗址。

exogamy 外婚 要求群体成员与群体外的成员结婚的法则。

expressive culture 表达文化 艺术；人们在舞蹈、音乐、歌曲、绘画、雕塑、器物、服饰、口传故事、诗歌、散文、戏剧和喜剧中创造性地表达自己。

extended family household 扩大家庭 包括三代或者三代以上的扩展家庭。

extradomestic 家户外 在家庭之外，处于或者属于公共领域。

family of orientation 原生家庭 一个人出生和成长的核心家庭。

family of procreation 再生家庭 当一个人结婚并有了孩子之后建立的核心家庭。

fiscal 财政 与财务或税收有关。

focal vocabulary 焦点词汇 一系列词语和区别，对特定群体尤其重要（那些对经验或活动具有特殊关注点的群体），例如爱斯基摩人或滑雪者对雪的种类的描述。

folk 民俗 人类拥有物；"民俗"最早是为欧洲农夫创造的；包含艺术、音乐和传统知识；与欧洲精英阶层的"高等"艺术和"古典"艺术形成对比。

food production 食物生产 耕种植物和驯养（圈养）动物；最早出现于距今12 000年前至10 000年前。

fossils 化石 即古动物或植物的遗骸（如骨骸）、遗迹或印痕（如脚印）。

functional explanation 功能性解释 对于社会习俗的相互关系的解释，当习俗是功能相关时，如果一个改变了，其他的也会改变。

fundamentalism 宗教激进主义 指的是多种宗教中的反现代运动。宗教激进主义者声称自己拥有脱离于他们原来归属的更大的宗教类型的新的身份；他们提倡严格忠实于"真理"的宗教原则，后者是其原来所属的更大类型宗教建立的基础。

gender roles 社会性别角色 文化赋予男性和女性的任务和活动。

gender stereotypes 社会性别角色定型 它是一种关于女性和男性特征的过度简单化但却很牢固的观念。

gender stratification 性别分层 指酬劳（社会的宝贵资源、权力、声望、人权和个人自由）的不平等分配，这种不平等分配反映了男女两性在社会等级中的不同地位。

gene 基因 染色体对上的区域，整个或部分决定特定性状，如一个人的血型是A型、B型还是O型。

gene flow 基因流 同一物种的不同种群通过直接或间接的杂种繁殖交换遗传物质。

gene pool 基因库 一个繁殖种群中的所有等位基因、基因、染色体和基因型——可获得遗传物质的"池"。

genealogical method 系谱学方法 民族志学者借以发现和记录亲属关系、继嗣和婚姻的过程，使用图表和符号。

general anthropology 普通人类学 作为整体的人类学领域，包括文化人类学、考古人类学、生物人类学和语言人类学。

generality 一般性 存在于一些但并非全部社会中的文化模式和特质。

generalized reciprocity 一般互惠 这一原则以关系亲密的个体之间的交换为特征，随着社会距离的增加，一般互惠变为平衡互惠，最后变为负向互惠。

generational kinship terminology 行辈亲属称谓 对于父母一辈的亲属只有两种称谓的亲属称谓，一种用来称呼母亲、母亲的姐妹和父亲的姐妹，另一种用来称呼父亲、父亲的兄弟和母亲的兄弟。

genetic evolution 遗传进化 在一个繁育群体中的基因频率变化。

genitor 生父 一个孩子生物上的父亲。

genotype 基因型 有机体的遗传组成。

gibbons 长臂猿 最小的猿，世居亚洲；树栖。

glacials 冰期 北欧和北美大陆冰盖的4～5次大规模推进。

globalization 全球化 通过大众媒体和现代运输体系，经济上相互关联的位于世界体系里的国家加剧了相互依赖性。

gracile 南方古猿纤细种 与粗壮种相反，"纤细种"意味着这种南方古猿非洲种的成员比之粗壮种成员体型更小更轻，也没有那么粗壮。

green revolution 绿色革命 基于化肥、农药、20世纪的耕作技术以及新作物品种如IR-8（神奇水稻）基础上的农业发展。

Halafian 哈拉夫文化 指一种早期（距今7 500～6 500年前）的陶器文化，风格独特，影响范围广泛，最早发现于叙利亚北部地区；这是一种制作精美的陶器风格，在此期间，早期的酋邦开始出现。

head,village 村庄头人 部落社会中的地区领导，他拥有有限的权威，他通过榜样和劝导来领导人们，并且他必须是慷慨的。

health-care systems 医疗保健体系 与保证健康和预防、治疗疾病相关的信仰、习俗和专家；一种普遍的文化现象。

hegemony 霸权 正如葛兰西所提到的，在一个分层的社会秩序中，统治阶级获得下层群众的服从的手段是让下层群众内化统治者的价值观并使他们接受统治阶级统治的自然性。

heterozygous 杂合子 特定基因有不同的等位基因。

hidden transcript 隐藏的话语 詹姆斯·斯科特认为，在野的反对者对权力的批判是持续的——它是私密的——当权者看不到它。

Hilly Flanks 丘陵地带 底格里斯河和幼发拉底河流域两侧向北延伸的山地森林，这里生长着大量野生的大麦和小麦，在人工种植粮食出现之前，人类就已经开始在这个区域里过上定居（而非四处漂泊）的生活。

historical linguistics 历史语言学 语言学的分支学科，研究跨越时间范畴的语言。

holistic 整体论 对整个人类状况感兴趣；过去、现在和将来；生物、社会、语言和文化。

hominid 人科/原始人 一个分类学上的成员，包括人类和非洲类人猿以及它们的直系祖先。

hominin 人族 人类系谱中与黑猩猩的先祖相分离之后的成员。人族这个术语被用来描述曾经存在过的所有人的物种，包括已经灭绝的那些，但是排除黑猩猩和大猩猩。

hominoids 人猿超科 包括人和所有猿类的超科的成员。

***Homo habilis* 能人** 这一术语是L.S.B.利基和玛丽·利基创制的；它是直立人的直系祖先；生活在距今200万～170万年前。

homologies 同源 有机体从同一祖先处一起继承的相似性。

homozygous 纯合子 特定基因拥有相同的等位基因。

honorific 敬语 人们使用的一类术语，如"Mr."或者"Lord"，常常添加上名字，以表示"尊敬"他们。

horticulture 园艺 作物栽培的非工业体系，在这种体系中土地会有时间长短不一的休耕期。

human rights 人权 超出高于特定国家、文化和宗教的司法和道德领域的原则。人权通常被看做个体被赋予的权利，其中包括言论自由、信仰宗教而不受迫害，不被杀害、伤害、奴役或者没有被起诉的情况下监禁的权利。

hypervitaminosis D 维生素D过多症 由维生素D过多引起的状况；钙沉淀会堵塞软组织，而肾脏可能会衰竭。症状还包括胆结石、关节问题和循环问题；可能影响热带没有保护措施的肤色浅的个体。

hypodescent 降格继嗣 自动把具有不同群体身份的男女的婚姻或交配所得的子女归于弱势群体中。

illness 病痛 病痛是个体觉察或感觉到的身体不适的状况。

imperialism 帝国主义 将一个国家或者帝国的规则扩展至外国并占领和持有外国殖民地的策略。

incest 乱伦 亲密亲属之间的性关系。

income 收入 工资和薪水所得。

independent assortment 独立组合 孟德尔定律之染色体是各自独立继承的。

independent invention 独立创制 因为存在类似的需求、环境和解决办法而在不同的文化中出现相同的文化特质或文化模式。

indigenized 本土化 修正以符合地方文化。

indigenous peoples 土著人 特定领地的原住民；经常是部落民的后裔，他们伴随着独特的文化和被殖民的自我意识继续生活，他们之中的很多人渴望自治。

Industrial Revolution 工业革命 通过经济工业化实现的从"传统"到"现代"社会的历史变革（在欧洲，是1750年以后）。

informed consent 知情同意 当研究对象被告知该研究的目的、本质、过程和对他们的潜在影响之后，同意参与该研究。

interglacials 间冰期 在主要冰期，如利斯和沃姆之间的较长时间的温暖时期。

international culture 国际文化 超越国家边界的文化传统。

intervention philosophy 干预哲学 殖民主义、征服、传教或者发展的指导方针；对外来者将本地人引向特定的方向进行意识形态合理化。

interview schedule 访谈提纲 民族志用于建立正式访谈的工具。一个事先准备好的表格（通常是打印或者油印本），引导对用于系统比较的家庭或个体的访谈。这与问卷调查形成对比，因为研究者与当地人有私人的接触并记录下他们的回答。

IPR 土著知识产权法 由每个群体的文化基础——核心信仰和原则组成。IPR是一种文化权利，是群体拥有的权利，允许原住群体决定谁可以知道并使用它们的集体知识及应用这些知识。

key cultural consultant 关键文化顾问 当地生活的特定方面的专家。

kinesics 身体语言学 研究通过身体动作、姿态、手势和面部表情进行交流的学问。

kinship calculation 亲属计算 特定社会中计算亲属关系的体系。

language 语言 人类最基本的交流手段；具有说与写两种形式；属性具有创造力、不在场和文化传递。

law 法律 包括审判和实施的法典，法律是以国家组织为形式的社会的特征。

leveling mechanism 平衡机制 能够减少财富差异的习俗或社会活动，并因此产生符合群体标准的杰出人物。

levirate 夫兄弟婚 一个女性在其丈夫亡故后嫁给丈夫的兄弟的一种习俗。

lexicon 词典 词汇；包含一门语言中的所有的词素和意义的词典。

life history 生活史 常是关键报道人或叙述者的生活史：提供个人对文化的存在和变迁的文化叙述。

liminality 阈限 过渡仪式中最为重要的边缘的或者中间的词。

lineage 世系 建立在明确继嗣基础上的单系继嗣群。

lineal kinship terminology 直系亲属称谓 对于父母一代的亲属称谓有四种，一种用来称呼母亲，一种用来称呼父亲，一种用来称呼父亲的兄弟和母亲的兄弟，一种用来称呼母亲的姐妹和父亲的姐妹。

lineal relative 直系亲属 自我的祖先或者后代，可沿着一条直线向上或者向下连接到自我的任何一位亲属（例如父母、祖父母、孩子和孙子女）。

linguistic anthropology 语言人类学 对时间、空间和社会中的语言和语言异同的描述、比较和历史研究。

longitudinal research 纵向研究 对社区、地区、社会、文化或其他单位的长期研究，通常是建立在多次进入田野的基础上。

macroevolution 宏观进化 一个种群等位基因频率的大规模改变，通常经过一段更长的时间（与微观进化相比）——在新物种形成时达到顶峰的改变。

magic 巫术 使用超自然能力实现特定目的。

maize 玉米 一种粮食作物，最早在墨西哥高原被人类驯化。

mana 神力 美拉尼西亚和波利尼西亚宗教中的神圣的非人的力量。

manioc 木薯 一种植物的块茎，首先在南美洲的低洼平原被驯化。

market principle 市场原则 国家中特别是工业社会中占支配地位的以利益为目标的交换原则。物品和服务被买卖，价值是由供需来决定的。

mater 母亲 一个孩子被社会认可的母亲。

matrifocal 母权的 以母亲为中心的，通常指的是不跟丈夫——父亲在一起居住的家庭。

matrilineal descent 母系继嗣 单一继嗣法则，在这儿人们会在出生时就自动成为母亲群体的成员并且这个身份是终身的。

matrilocality 从母居 以母亲为核心，经常指的是家庭中没有定居的丈夫/父亲。

means (or factors) of production 生产资料 土

地、劳动力、技术和资本这些主要的生产资源。

medical anthropology 医学人类学　结合生物和文化人类学家研究不同文化和族群背景下的疾病、健康问题、保健体系和病痛理论。

meiosis 减数分裂　产生生殖细胞的特殊过程；一个细胞分裂为四个，每一个拥有原细胞一半的遗传物质。

melanin 黑色素　是表皮或者外部皮肤层的特殊细胞产生的一种物质；深色皮肤的人的黑色素细胞比浅色皮肤的人产生更多的黑色素。

Mendelian genetics 孟德尔遗传学　对染色体在代际间传播基因的方式的研究。

Mesoamerica 中美洲　包括今天的墨西哥、危地马拉和伯利兹。

Mesolithic 中石器时代　中石器时代，其典型的工具类型是细石器；广谱革命。

Mesopotamia 美索不达米亚平原　底格里斯河和幼发拉底河之间的区域，即现在的伊拉克南部和伊朗的西南部地区；这里发展出了世界上第一个城市和国家。

metallurgy 冶金术　关于各种金属之特性的知识，比如延展性、加工方法，以及如何制作成金属工具。

microevolution 微观进化　等位基因频率经过数代的小规模改变且没有物种形成。

mitosis 有丝分裂　普通的细胞分裂；DNA分子自我复制，从一个细胞分裂为两个相同的细胞。

mixed diet hypothesis 杂食假设　该观点认为对被子植物（显花植物）利用的增加产生了现代灵长类的典型特征。当早期灵长类搜寻水果、种子、花朵和昆虫时，它们可能已经依赖于视觉。

mode of production 生产方式　生产的组织方式，即通过开发人力资源，利用工具、技术、组织和知识这些手段，从自然中获取能源，这个过程中形成一系列的社会关系。

molecular anthropology 分子人类学　即遗传分析，通过DNA排列顺序的对比推断出物种间和古代人与现代人之间的进化关系和距离。

monotheism 一神教　对永恒的、全知全能的、普世的、至高无上的最大的神的崇拜。

morphology 形态学　对形式的研究；用于语言学（对次素和词语结构的研究）和一般意义上的形态研究——例如，生物形态学指的是体质形态。

Mousterian 莫斯特文化　旧石器时代中期的一种工具制作传统，与尼安德特人相联系。

multiculturalism 多元文化主义　在国家中，文化多样性被认为是好的和值得采取的方式；多元文化的社会中的个体社会化过程并不仅是走向主导性（国家）文化，也会通向民族特色文化。

multiregional evolution 多区域进化　一种理论，认为直立人在有人类居住的所有区域（非洲、欧洲、北亚和澳大利亚）逐渐进化成现代智人。随着地区人口的进化，基因流总是把它们联系在一起，因此它们总是属于同一种族。这种理论反对替代的模型，比如说夏娃理论。

multivariate 多变量模型　包括多个因素、原因或变量的解释模型。

mutation 突变　基因和染色体所在的DNA分子的改变。

nation 民族　曾经与族群是同义词，意指共享信仰、习俗和准则，并常拥有共同的语言、宗教、历史、地理和亲属关系的单一文化；现在通常同义于国家或民族国家。

national culture 民族文化　同族人共享的文化体验、信仰、习得的行为模式和价值观。

nationalities 国族　曾经拥有、将要拥有或者重获自治的政治地位（自己的国家）的族群。

nation-state 民族国家　一种自治的政治统一国家，如美国或加拿大。

Natufians 纳图夫人　生活在距今1.25万～1.05万年前的古代部落，他们的足迹遍布中东地区，以采集野生谷物和捕杀瞪羚为生，通常居住在固定的村庄里。

natural selection 自然选择　既定环境中最适于生存和繁殖的形式比同一种群中的其他成员更多地实现了生存和繁殖的过程；不只是适者生存，自然选择还是分化的生殖成功。

Neandertals 尼安德特人　一种古智人族群，在距今13万—2.8万年前之间居住在欧洲和中东。

negative reciprocity 负向互惠 见一般互惠。

neoliberalism 新自由主义 是亚当·斯密古典经济自由主义的复兴，主张政府不应调控私人企业以及自由市场力量应该支配经济的观点；目前主导的干预哲学。

Neolithic 新石器时代 人类发展的一个文明阶段，以打磨石头工具的技术为标志，晚期还出现了人工生产粮食的迹象。

neolocality 新居 婚后居处模式的一种：一对夫妇单独居住在一个新的地方而不是和任何一方的父母同住。

nomadism,pastoral 游牧生活 牧人群体（包括男人、女人和小孩）带着他们的动物终年流动；一般来说，这样的流动是为了获得生活资源。

office 官职 稳定的政治地位。

Oldowan 奥杜韦 最早的（距今250万～200万年前）的石制工具；于1931年由L.S.B.利基和玛丽·利基在坦桑尼亚的奥杜韦峡谷第一次发现。

Olympian religions 奥林匹亚宗教 华莱士宗教分类中的一种，与国家组织一起产生；有全职的宗教专家，即专业的教职人员。

omomyids 始镜猴类群 在北美、欧洲和亚洲发现的早期（始新世）灵长类；早期的始镜猴类群可能是所有类人猿的祖先；晚一些的可能是跗猴属动物的祖先。

open class system 开放的阶级系统 便于社会流动，个人成就和优点决定社会等级的分层体系。

opposable thumb 可对握的拇指 拇指能触到其他手指。

out of Africa theory 走出非洲理论 一种理论，认为在非常晚近的时候，很可能是在非洲，有一小群解剖学意义上的现代人出现，他们从那里扩散到各地，并取代了其他栖息地上那些土著和更古老的人群。

overinnovation 过度革新 对当地人的日常生活，特别是涉及生存诉求方面进行重大变革的发展项目的特征。

paleoanthropology 古人类学 即通过化石证据来研究原始人类和人类生活。

Paleolithic 旧石器时代 旧石器时代（来自意为"旧的"和"石头"的希腊语词根）；被分为早期（下层）、中期和晚期（上层）。

paleontology 古生物学 即通过化石证据来研究古生命。

paleopathology 古病理学 研究考古现场出土的人类骨架中的疾病与外伤痕迹。

palynology 孢粉学 通过对考古或化石遗址上花粉的采样来推断此遗址在当时所处的环境。

parallel cousins 平表兄弟姐妹 两个兄弟的孩子或者两个姐妹的孩子。

particularity 特殊性 特殊的或独特的文化特质、模式和文化整体。

pastoralists 牧民 依靠饲养驯化的家畜作为适应性食物生产策略的人们。

pater 父亲 一个孩子被社会认可的父亲，不一定是生父。

patriarchy 父权制 一种政治体系，这个体系是由男人支配的，女性在这个体系中拥有低等的社会和政治地位包括基本的人权。

patrilineal descent 父系继嗣 一种单系继嗣法则：人们在出生时自动加入父方群体并且终身为其群体成员。

patrilineal-patrilocal complex 父系—从父居体系 父系、从父居、战争和男性至上这些因素的相互组合。

patrilocality 从父居 即婚后与丈夫的亲属居住在一起的居处原则，这样的话孩子就在其父方亲属团体中成长。

peasant 农民 担负交纳土地租金义务的小规模农业生产者。

periphery 边缘 世界体系中最弱的结构位置。

phenotype 表现型 有机体的明显特征，即其"外在生物特征"，解剖学和生理学特征。

phenotypical adaptation 表现型适应 出现于个体一生中的适应性生物改变，生物可塑性使它成为可能。

phoneme 音素 一门语言中相对比的重要声音，用于区分意义，如最小对。

phonemics 音位学 研究特定语言的声音对比（音素）的学问。

phonetics 语音学 研究一般的谈话声音；人们实际在多种语言中的说法。

phonology 音韵学 研究用于言谈的声音的学问。

physical anthropology 体质人类学 见生物人类学。

Pleistocene 更新世 人族出现和进化的纪元，始于180万年以前；分为早期、中期和晚期。

plural marriage 多偶婚 多于两个配偶的所有婚姻，又叫多配偶制。

plural society 多元化社会 融合了不同族群，其不同族群的经济相互依赖的社会。

polyandry 一妻多夫制 多偶婚的一种类型，即一个女人有一个以上的丈夫。

polygyny 一夫多妻制 多偶婚的一种类型，即一个男人有一个以上的妻子。

polytheism 多神教 信仰能够控制自然的各个方面的多个神。

population genetics 种群遗传学 研究遗传变异、保持和改变的原因的领域。

postcolonial 后殖民 指的是对欧洲国家及其殖民社会之间互动的研究（主要是1 800年之后）；更一般地，"后殖民"还可以用于指代反对帝国主义和欧洲中心主义的一种立场。

postcranium 颅后骨 骨骼头部后侧或下侧的地方。

postmodern 后现代 在其最广泛的意义上，指的是模糊和打破已经确立的准则（规则或标准）、类别、区别和界限。

postmodernism 后现代主义 继现代主义之后建筑学中的一种风格和运动。与现代主义相比，后现代主义少了一些几何顺序、实用和朴素，更活泼、更乐于从不同的时代和文化中吸收多样元素；后现代现在用来形容音乐、文学和视觉艺术中的类似发展。

postmodernity 后现代性 世界处于不稳定状态，人们总在流动中，已形成的群体、边界、身份、差异和准则都在延伸和毁坏。

potlatch 夸富宴 北美北太平洋海岸印第安人相互斗富的节日。

power 权力 一个人实施自我意志的能力——干他想干的事情，权力是一个人政治地位的基础。

practicing anthropologists 实践人类学家 作为应用人类学的同义词；在学术圈外实践专业知识的人类学家。

prejudice 偏见 因为认为某个群体具有某些行为、价值观、能力或者特点，而贬低（看不起）这一群体。

prestige 声望 它是指好评、尊敬以及对好的行为或好的品质的赞同。

primary states 原生国家 （通过部落与部落之间相互竞争）独立自主，而不是在与其他国家交往过程中发展出来的国家。

primatology 灵长类学 对猿、猴以及原猴的化石和活体的研究，包括其行为和社会生活。

Proconsul 原康修尔猿 上猿超科早期中新世属；是中新世早期数量最庞大也最成功的类人猿；旧大陆猴和类人猿的最后的共同先祖。

productivity 创造力 语言的基本属性；使用某种语言的规则创造新的他人可以理解的表达的能力。

progeny price 子嗣金 在婚姻前、婚姻中或者婚姻后，新郎和他的亲属送给妻子及妻子亲属的礼物，这个女人所生育的孩子会成为他丈夫继嗣群体的合法成员。

prosimians 原猴亚目 包括狐猴、懒猴和眼镜猴的灵长类亚目。

protolanguage 原始母语 一些子语言的语言祖先。

public transcript 公共话语 正如斯科特所提到的，它指的是统治者和被压迫者之间的公开的、开放的相互作用——这是权力关系的外在表现。

punctuated equilibrium 间断平衡论 长时间的物种改变停滞期（稳定）可能被进化跳跃打断（中断）的进化理论。

questionnaire 问卷 社会学家用于获得来自应答者的可以比较的信息的表格（通常是打印版）。常邮寄给研究对象并由他们填写，而不是由研究者填写。

race 种族　被认为以生物基础划分的族群。

racial classification 种族分类　在共同祖先的基础上（据称）将人类划归分立的类别的尝试。

racism 种族主义　对被认为以生物基础上的族群的歧视。

random genetic drift 随机遗传漂变　基因频率的变化，是偶然性而非自然选择的结果；在小型种群中最明显。

random sample 随机抽样　一种抽样方法，人群中的所有成员有同等的统计学概率被选中。

ranked society 等级制社会　通过世袭和遗传来制造不平等、但没有严格社会分层的社会；决定一个人社会地位的，是他/她与酋长的血缘关系，此外，地位等级有一个连续的谱系，很多人和家族都处在同等的地位等级上。

recessive 隐性的　被显性性状掩盖的遗传性状。

reciprocity 互惠　交换的三个原则之一；它支配着社会地位平等者之间的交换行为；它是队群和部落之中最主要的交换方式。

recombination 重组　通过两性繁殖，新的遗传因子排序随着染色体的独立组合产生了。

redistribution 再分配　是酋邦的主要分配形式，许多古代的和实行计划经济的国家都采用这种分配方式。

refugees 难民　被迫（不自愿难民）或者选择（自愿避难）流亡到另一个国家，以躲避迫害或战争。

relative dating 相对年代测定　年代测定技术，比如地层学，可根据其他相关的地层或物质确定年代的框架，而非绝对的年代数。

religion 宗教　与超自然存在、能力和外在力量有关的信仰和仪式。

remote sensing 遥感　通过运用航空图片和卫星映像确定地面上遗址的位置。

revitalization movements 复兴运动　发生在变迁时期的运动，宗教领导人显现并保证改变或者复兴一个群体。

rickets 佝偻病　由维生素D缺乏引起的营养性疾病；影响钙的吸收并会使骨骼变软和变形。

rites of passage 过渡仪式　与地位转换或生命阶段的发展相联系的文化意义上的行为活动。

ritual 仪式　正式的、程式化的、重复的和刻板的行为，作为社会活动被真诚地展演；仪式的举行有特定的时间和地点，并具有特定的顺序。

robust 粗壮的　巨大的、强壮的、强健的；用来形容头骨、骨骼、肌肉还有牙齿；与纤细的相反。

sample 样本　较小的研究群体，用于代表更大的群体。

Sapir-Whorf hypothests 萨丕尔—沃尔夫假说　不同语言创造不同的思维方式的理论。

science 科学　系统的研究领域或者知识共同体，旨在通过实验、观察和演绎得出关于物质世界和物理世界各种现象的可靠解释。

scientific medicine 科学医学　与西方医学相区别，是一个基于科学知识和进程的保健体系，包含诸如病理学、微生物学、生物化学、外科、诊断科技和应用。

sedentism 定居　在一个固定的地点长期生活；在旧大陆早于人工生产粮食出现，在新大陆则晚于食物生产。

semantics 语义学　语言的意义系统。

semiperiphery 半边缘　世界体系中介于核心和边缘之间的结构位置。

settlement hierarchy 分化的居住结构　居民区在规模、功能和建筑类型上都存在等级差异；如果出现三层次的居住分层，那就意味着国家开始出现。

sexual dimorphism 两性异型　男性和女性除了胸部和生殖器的差异之外的其他显著的生物性差异。

sexual orientation 性取向　指一个人通常受到哪种性别的性吸引，以及他们之间的性行为。若指向异性，则被称为异性恋；若指向同性，则被称为同性恋；如果那些人属于两种性别，则被称为双性恋。

sexual selection 性别选择　以不同的交配成功率为基础，一个性别（如雄鸟的颜色）的某些性状因为在赢得配偶中表现出优势而被选择的一个过程。

shaman 萨满 一类兼职的宗教实践人员，是普通人与超自然存在及力量的中介。

***Sivapithecus* 西瓦古猿** 首先在巴基斯坦发现的广泛存在的化石猿群体；包括之前称做"腊玛古猿"的标本和来自土耳其、中国和肯尼亚的化石类人猿。早期的西瓦古猿可能包含了猩猩和非洲类人猿的共同祖先；晚期的西瓦古猿现在看来是现代猩猩的祖先。

slavery 奴隶制 奴隶制是最极端、最可鄙、最残暴和最无人道的被合法化的分层形式；人在其中被待如财产。

smelting 熔炼 通过高温加热，从矿石中提炼金属。

social control 社会控制 社会体系中（信仰、行为和制度）与维持规范和调节冲突最相关的领域。

social race 社会种族 假定具有生物学基础但是实际上是在社会背景下，被特定文化认识和界定而非科学标准。

sociolinguistics 社会语言学 探索社会和语言变化之间的联系；语言在其社会背景下的表现的研究。

sodality,pantribal 泛部落社群 建立在非亲属基础上的延伸至整个部落并跨越好几个村庄的群体。

sororate 妻姐妹婚 一个男子在其妻子亡故后续娶妻子的姐妹的一种习俗。

speciation 物种形成 新物种的形成；同物种的子群体脱离出去足够长的时间时出现。

species 物种 成员间能够杂交产生有存活和生殖能力的后代的群落。

state(nation-state) 国家（民族国家） 指一种复杂政治体系，管理某个地域和人群，这些人群拥有多种差别巨大的职业、财富、地位和权力。拥有独立的核心的有组织的政治单位；政府。总之，指的是拥有中央政府和多种社会阶层的社会和政治组织形式。

state 国家 一种社会和政治组织类型，通常由一个正式的中央政府领导，社会分化成不同的阶级。

status 地位 判定社会中所处的地位；既可以是先赋的也可以是获致的。

stratification 分层制社会 根据财富和权力把成员严格分成各个阶层（贵族和平民）的社会。

stratification 分层 它是社会经济地位体系的特征，群体成员在社会地位和战略资源的使用方面存在差异，每一个社会阶层包括各个性别的人和所有年龄段的人。

stratified 分层 拥有阶层结构；分层社会中的不同社会阶层拥有在财富、威望和权力上的显著区别。

stratigraphy 地层学 一门研究地表沉积物在地层（复数形式strata，单数形式stratum）中怎样沉积的科学。

style shifts 风格变换 言谈在不同情境下的变化。

subcultures 亚文化 与同一复杂社会中的亚群体相关联的不同文化传统。

subgroups 子群体 相近语言组成的分类系统中的关系最为密切的语言。

subordinate 下层 在分层体系中处于底层的、不享受特权的群体。

superordinate 上层 在分层体系中处于高层的特权阶层。

survey research 问卷调查研究 社会科学家而非人类学家进行的研究过程。通过抽样、统计分析和非个人的数据收集研究社会。

symbol 象征 被武断地和传统上指代另一事物的语言或非语言的事物，象征及其被指代物之间不存在必然或天然的联系。

syncretisms 混合主义 指的是文化混合，包括宗教在涵化过程中出现的混合，涵化指文化之间发生直接的持续不断的接触而产生的文化特质的交换。

syntax 句法 短语和句子中单词的安排和顺序。

systematic survey 系统调查 通过在一个大区域内收集有关定居模式的信息，并提供有关考古记录的区域观点。

taboo 禁忌 与普通人分隔的神圣和禁止进入的

领域；超自然惩罚是支持禁忌的力量。

taphonomy 埋葬学 对影响动物死尸遗骸的过程的研究，包括被食肉动物和食腐动物的四处散布，不同外力造成的畸变以及遗骸可能发生的化石作用。

taxonomy 分类系统 分类图式；指定类别。

teocentli 或 teosinte 蜀黍 一种野生的植物，是玉米的祖先。

Teotihuacan 特奥蒂瓦坎国 存在时间在公元100年到公元700年之间，墨西哥盆地第一个国家，同时也是中美洲最早的帝国。

terrestrial 陆生 居住在陆地上；狒狒、猕猴和人是陆生灵长类；大猩猩的大部分时间也在地面上度过。

text 文本 可以被每一个接收它的人创造性地"阅读"、阐释和赋予意义的东西，包括任何媒体催生的形象，如狂欢节。

theory 理论 （通过从已知事实的推理）得出的用于解释某事的一整套观点。理论的主要价值在于促进新的理解。理论体现的模式、联系和关系可能为新的研究所证实。

Thomson's nose rule 汤姆森的鼻子法则 指出在年均气温更低的地方，平均鼻子长度倾向于更长；以人类种群鼻子长度的地理分布为基础。

tribe 部落 它是一种通常建立在园艺或者畜牧基础上的社会政治组织形式，部落中不存在社会经济分层和中心控制，而且也不存在强制实施政治决策的手段。

tropics 热带 从赤道向南北延伸约23度、北回归线和南回归线之间的地理区域。

underdifferentiation 低度异化 将"欠发达国家"视为没有差异的群体的谬误；忽视文化多样性，对不同类型的项目受益者采用统一（通常是民族中心的）的方式。

uniformitarianism 均变论 相信对过去事件的解释应该在今天仍在起作用的一般力量中寻找。

unilineal descent 单系继嗣 父系或母系继嗣。

universal 普遍性 存在于每个文化中的事物。

Upper Paleolithic 旧石器时代晚期 刃具制作传统与早期解剖学意义上的现代人相联系；由于它们处于沉积层的上层，或更晚近的时候而又被命名为"上层旧石器时代"。

variables 变量 不同个体和个案具有的不同属性（例如性别、年龄、身高和体重）。

vertical mobility 垂直流动 垂直流动是一个人社会地位的向上或者向下变化。

visual predation hypothesis 可视捕食假设 该观点认为灵长类在较低的树枝和林下植物丛中生活，通过发展视觉和触觉帮助猎取和抓捕昆虫而发展进化。

wealth 财富 一个人的所有物质财产，包括收入、土地和其他的财产类型，财富是一个人经济地位的基础。

westernization 西化 西方扩张对本土文化涵化的影响。

working class 工人阶级或称无产阶级 那些必须靠出卖自己的劳动力生存的人；在马克思的阶级分析中与资产阶级相对。

参考文献

Abelmann, N., and J. Lie
1995 *Blue Dreams: Korean Americans and the Los Angeles Riots.* Cambridge, MA: Harvard University Press.

Abiodun, R.
1996 Foreword. In *Art and Religion in Africa,* by R. I. J. Hackett, pp. viii–ix. London: Cassell.

Abu-Lughod, J. L.
1989 *Before European Hegemony: The World System a.d. 1250–1350.* New York: Oxford University Press.

Adams, R. M.
1981 *Heartland of Cities.* Chicago: Aldine.

Adepegba, C. O.
1991 The Yoruba Concept of Art and Its Significance in the Holistic View of Art as Applied to African Art. *African Notes* 15: 1–6.

Adherents.com
2002 Major Religions of the World Ranked by Number of Adherents. http://www.adherents.com/Religions_By_Adherents.html.

Agar, M. H.
1980 *The Professional Stranger: An Informal Introduction to Ethnography.* New York: Academic Press.

Ahmed, A. S.
1992 *Postmodernism and Islam: Predicament and Promise.* New York: Routledge.
2004 *Postmodernism and Islam: Predicament and Promise,* rev. ed. New York: Routledge.

Aiello, L., and M. Collard
2001 Our Newest Oldest Ancestor? *Nature* 410: 526–527.

Akazawa, T.
1980 *The Japanese Paleolithic: A Techno-Typological Study.* Tokyo: Rippo Shobo.

Akazawa, T., and C. M. Aikens, eds.
1986 *Prehistoric Hunter-Gatherers in Japan: New Research Methods.* Tokyo: University of Tokyo Press.

Albert, B.
1989 Yanomami "Violence": Inclusive Fitness or Ethnographer's Representation? *Current Anthropology* 30: 637–640.

Altman, D.
2001 *Global Sex.* Chicago: University of Chicago Press.

Amadiume, I.
1987 *Male Daughters, Female Husbands.* Atlantic Highlands, NJ: Zed.
1997 *Reinventing Africa: Matriarchy, Religion, and Culture.* New York: Zed.

American Almanac 1994–1995
1994 *Statistical Abstract of the United States,* 114th ed. Austin, TX: Reference Press.

American Almanac 1996–1997
1996 *Statistical Abstract of the United States,* 116th ed. Austin, TX: Reference Press.

American Anthropological Association
AAA Guide: A Guide to Departments, a Directory of Members. (Formerly *Guide to Departments of Anthropology.*) Published annually by the American Anthropological Association, Washington, DC.
Anthropology Newsletter. Published nine times annually by the American Anthropological Association, Washington, DC.
General Anthropology: Bulletin of the Council for General Anthropology.

Amick III, B., S. Levine, A. R. Tarlov, and D. C. Walsh, eds.
1995 *Society and Health.* New York: Oxford University Press.

Anderson, B.
1991 *Imagined Communities: Reflections on the Origin and Spread of Nationalism,* rev. ed. London: Verso.
1998 *The Spectre of Comparisons: Nationalism, Southeast Asia, and the World.* New York: Verso.

Anderson, R.
1989 *Art in Small Scale Societies.* Upper Saddle River, NJ: Prentice Hall.
1996 *Magic, Science, and Health: The Aims and Achievements of Medical Anthropology.* Fort Worth: Harcourt Brace.

Appadurai, A., ed.
2001 *Globalization.* Durham, NC: Duke University Press.

Appel, R., and P. Muysken
1987 *Language Contact and Bilingualism.* London: Edward Arnold.

更多参考文献请到中国人民大学出版社网站下载：www.crup.com.cn; 或登录麦格劳—希尔教育出版公司教师服务中心服务信箱 instructorchina@mcgraw-hill.com 查询。

资源使用说明

《人类学》这本书，全面囊括了人类学主流研究内容的多种主要理论和观点。下面的摘要目录指出了这些重要观点在书中出现的位置。括号里的数字和缩略语标明了这些理论出现在书中哪些章节、附录和主题阅读文章（BIAT）中。

理论观点（同样参见附录1：人类学理论史）

一般理论

整体论（1,2,11,BIAT Ⅰ,Ⅱ,Ⅲ,16,19,21,BIAT Ⅵ）
生物文化的方法（1,2,4,5,6,8,9,BIAT Ⅰ,Ⅱ,Ⅲ,16,19,20,21,22,23,24,25,附录1）
比较法（1,5,6,10,11,12,BIAT Ⅱ 14,15,16,17,18,19,20,21,22,23,24,25,附录1）
  分类和类型学（5,6,7,8,9,10,11,15,16,17,18,19,20,21,23,24,25）
  系统的跨文化比较（20,21,24）
科学理论（1,4,7,8,9,10,11,12,13,15,16,17,19,20,21,22,23,24,25,附录1）
解释（1,4,5,7,8,9,10,11,BIAT Ⅱ,Ⅲ,14,15,16,17,18,19,20,21,22,23,24,25）
适应（1,4,5,6,7,8,9,13,14,16,17,18,19,20,21,22,23,25）
进化的理论（4,5,6,7,8,9,10,11,16,17,22,23,附录1）
社会理论（1,12,13,21,23,24,25,附录1）
民族学理论（1,12,13,14,15,18,19,20,21,23,24,25,附录1）
民族志（12,13,16,17,18,19,20,21,22,23,24,25）
  定量研究方法和定性研究方法（12,15,20,21）
  位与素的方法（12,13,16,18,21,23,24,25,附录1）
  纵向和多元的方法（12,17,20,25,附录1）

具体理论

整合与模式（12,13,14,17,21,22,23,25,附录1）
功能的方法（12,16,17,18,19,20,21,23,24,25,附录1）
结构主义/文化模式（13,15,16,17,21,22,23,24,25,附录1）
心理学的方法（16,17,21,23,24,25）
系统的方法（2,10,11,13,16,17,18,20,21,23,24,）
生态的方法（16,17,20,21,23,25）

政治/法律人类学和权力（11,14,15,17,19,20,21,22,23,24,25,附录1）
   冲突（14,16,17,20,21,23,24,25）
   社会控制（17,21,23,24,25）
   国家兴衰理论（11,16,23,24）
人文主义的方法（1,13,BIAT Ⅱ,21,22,24,25,附录1）
象征的方法（9,11,12,13,BIAT Ⅱ,20,21,22,25,附录1）
解释的方法（12,13,17,21,22,25,附录1）
政治经济学和世界体系的方法（12,13,14,15,16,17,20,21,23,24,25,附录1）
实践理论（13,18,23,24,25,附录1）
   公众文化和私密文化（13,17,21,22,24,25）
   被争议的文化（13,14,20,21,23,24,25）
   反抗（13,14,17,21,23,24,25）
女性主义理论（20,23）
社会建构理论（14,15,18,19,20,22,24,25）
   本土理论（民间分类）（2,13,14,15,17,18,19,20,21）
   社会地位（14,15,16,17,18,19,20,21,22,23）
   身份（14,17,18,19,20,21,22,23,24,25）
   种族和民族（14,15,BIATⅣ,17,18,21,23,24,25）
殖民主义与后殖民主义研究（12,14,15,17,21,23,24,25）
文化研究与后现代主义（25）

有关种族与民族、社会性别和社会分层的内容

种族与民族

种族和种族主义（4,5,BIAT Ⅱ,14,15,BIAT Ⅴ,23,24,25）
   作为一个不光彩的概念的种族（5,14）
   美国人类学协会关于种族的声明（5）
   社会的种族（14）
   种族主义、民族和殖民主义（5,14,15,BIAT Ⅴ,23,24,25）
   种族歧视（5,14,15,23,25）
   基因歧视和优生学（4,5）
解释人类的生物多样性（1,5,8,9,14）
   肤色（5,14）
   面部特征（5,9）
   身材与体格（5,9）
   显性适应（1,5）

社会性别

社会阶级/分层

奴隶制，支配和歧视（5,10,11,14,15,17,23,24,25）

种姓制度（19,23）

少数民族（13,14,15,17,BIAT V）

社会层级和不平等（3,10,11,BIAT Ⅲ,14,15,16,17,19,21,23,24,25）

不平等的起源（10,11,17,20,23,24,25）

酋邦（11,BIAT Ⅲ,17）

国家（10,11,14,15,16,17,19,21,23,24,25）

贵族和平民（3,11,15,BIAT Ⅰ,17,19,22）

聚落形式/聚落层级（3,11,17,23）

贫困（1,2,6,BIAT Ⅰ,10,11,14,15,17,18,19,20,BIAT V,21,23,24,25）

无权贫民（1,10,11,14,15,17,18,19,20,BIAT V,21,23,24,25）

食物剥夺（1,10,23）

贫困和疾病（2,23）

农村贫困（2,11,18,20,23）

贫困的女性化（20,23）

贫困和森林砍伐（1,6,BIAT Ⅰ,10,11,16,24,25）

控制和反抗（6,9,11,14,15,16,17,BIAT V,21,23,24,25）

短缺和侵略（6,9）

战争，征服和镇压（11,14,17,21,23,24,25）

文化殖民主义（14,15,21,25）

弱者的武器（25）

分层和工作（12,13,16,21,23,24,25）

工业化（23,24,25）

工业化社会中的异化（16,21,23,24）

国内有薪工作（12,20,23）

全球分层（2,13,14,15,17,BIAT Ⅳ,20,BIAT V,21,22,23,24,25）

全球化（13,14,15,BIAT Ⅳ,21,22,23,24,25,BIAT Ⅵ）

资本主义世界经济（23,24,25）

中心和边缘（23,25）

共产主义，社会主义和后社会主义的转变（14,24,25）

发展（2,23,24,25）

现代阶级体系（1,2,12,13,14,15,BIAT Ⅳ,16,18,20,BIAT V,21,22,23,24,25）

农村的多样性（14,15,23,24）

教育和分层（12,14,15,20,24）

分层和语言（2,4,15，BIAT V）

译后记

密歇根大学人类学系一向被认为是美国人类学的重镇之一，科塔克教授在这里任教多年，长期讲授人类学课程。这本《人类学》教材连续更新 12 版，几十年间已经成为学科内公认的最优秀的教材之一。

有人认为编写教材是一件学术含量不够高的事情，对于那种拼凑之作这种说法大概是可以成立的。但是，对于一本真正高质量的教材来说，其难度甚至大大超过写作一本专著。在我自己有限的教学经验中，以及过去几度参与庄孔韶教授主编的相关教材的编写过程中，对此算是有一定的体会。从在《人类学通论》中只是简单参与编写，到后来《人类学概论》和《人类学经典导读》较多地参与到设计、编辑和讨论，逐渐体会到教材编写的艰难。因此，尽管也有心编写一两本自己感兴趣的人类学分支学科的教材，但几年下来，越发地不敢随意动笔。

我们也参与翻译过一些重要的人类学专著，有过类似经历的同好大概都会同意那是一个类同鸡肋的苦差事。而翻译这样一本内容浩繁的人类学教材连鸡肋可能都算不上了，按一位老朋友的说法，这已几近"无聊"了。说实话，当潘宇博士经由庄孔韶教授来邀请我们承担译事的时候，考虑到在已经很繁重的教学、写作的日程之外要花这么多精力来做这件事，我还是很有些犹豫的。不过，转念想到，这多少也算是一个"积功德"的公益事业吧（当然，前提是我们的译文没有出现误导读者的重大错误）。因此，也就咬牙接受了这个任务，并邀请了几位研究生参与进来，一来减少自己的工作量，二来也算是训练（至少是语言训练）的一部分。

初稿的译事是这样分工的，方静文：第1，2，4，5，6，8，23，24，25章，以及作者简介，前言，使用说明，附录；常予莹：第3章；罗文宏、杨思奇：第7，9章；王修晓：第10，11章；王媛：第12，13，14，15，21，22章；王晓兰：第16，17，18，19，20章。在收到初稿之后，我审读和统校了一遍全文。由于参与的人比较多，统稿相当费时。在勉强做完之后，再请方静文做第二遍校读，并补充可能漏译的地方。需要提到的是，考虑到我们不熟悉其中的体质人类学部分，特别邀请了北京大学古生物学博士成功帮助我们审校了第4~9章。

这部书稿前后做了两年，其间潘宇博士、王爱玲老师、姜颖昳老师耗费了大量时间和精力做审定和编辑的工作，令人感动。但译者团队承担所有可能还存在的疏漏和错误，也敬请各位读者不吝指正，以便我们学习和修订。

黄剑波
2011 年 11 月

图书在版编目（CIP）数据

人类学：人类多样性的探索（第12版）/（美）科塔克著；黄剑波等译. — 北京：中国人民大学出版社，2011

（社会学译丛·经典教材系列）

ISBN 978-7-300-13062-0

Ⅰ.①人…　Ⅱ.①科…②黄…　Ⅲ.①人类学 – 教材　Ⅳ.①Q98

中国版本图书馆CIP数据核字（2010）第231330号

社会学译丛·经典教材系列

人类学：人类多样性的探索（第12版）

[美]康拉德·菲利普·科塔克　著

黄剑波　方静文　等　译

Renleixue

出版发行	中国人民大学出版社			
社　　址	北京中关村大街31号		邮政编码	100080
电　　话	010-62511242（总编室）		010-62511770（质管部）	
	010-82501766（邮购部）		010-62514148（门市部）	
	010-62515195（发行公司）		010-62515275（盗版举报）	
网　　址	http://www.crup.com.cn			
经　　销	新华书店			
印　　刷	北京七色印务有限公司			
规　　格	215mm×275mm　16开本		版　　次	2012年1月第1版
印　　张	38.25插页2		印　　次	2020年5月第4次印刷
字　　数	958 000		定　　价	138.00元

出教材学术精品　育人文社科英才

中国人民大学出版社读者信息反馈表

尊敬的读者：

　　感谢您购买和使用中国人民大学出版社的_____一书，我们希望通过这张小小的反馈卡来获得您更多的建议和意见，以改进我们的工作，加强我们双方的沟通和联系。我们期待着能为更多的读者提供更多的好书。

　　请您填妥下表后，寄回或传真回复我们，对您的支持我们不胜感激！

1. 您是从何种途径得知本书的：
　　❏ 书店　❏ 网上　❏ 报刊　❏ 朋友推荐

2. 您为什么决定购买本书：
　　❏ 工作需要　❏ 学习参考　❏ 对本书主题感兴趣
　　❏ 随便翻翻

3. 您对本书内容的评价是：
　　❏ 很好　❏ 好　❏ 一般　❏ 差　❏ 很差

4. 您在阅读本书的过程中有没有发现明显的专业及编校错误，如果有，它们是：___
　　_____
　　_____

5. 您对哪些专业的图书信息比较感兴趣：_____
　　_____
　　_____

6. 如果方便，请提供您的个人信息，以便于我们和您联系（您的个人资料我们将严格保密）：
　　您供职的单位：_____
　　您教授的课程（教师填写）：_____
　　您的通信地址：_____
　　您的电子邮箱：_____

请联系我们：

电话：62515637

传真：62510454

E-mail：gonghx@crup.com.cn

通讯地址：北京市海淀区中关村大街31号　100080

中国人民大学人文出版社出版分社

麦格劳-希尔教育教师服务表

尊敬的老师：您好！

感谢您对麦格劳-希尔教育的关注和支持！我们将尽力为您提供高效、周到的服务。与此同时，为帮助您及时了解我们的优秀图书，便捷地选择适合您课程的教材并获得相应的免费教学课件，请您协助填写此表，并欢迎您对我们的工作提供宝贵的建议和意见！

麦格劳-希尔教育 教师服务中心

★ 基本信息

姓		名		性别	
学校			院系		
职称			职务		
办公电话			家庭电话		
手机			电子邮箱		
省份		城市		邮编	
通信地址					

★ 课程信息

主讲课程-1		课程性质	
学生年级		学生人数	
授课语言		学时数	
开课日期		学期数	
教材决策日期		教材决策者	
教材购买方式		共同授课教师	
现用教材 书名/作者/出版社			

主讲课程-2		课程性质	
学生年级		学生人数	
授课语言		学时数	
开课日期		学期数	
教材决策日期		教材决策者	
教材购买方式		共同授课教师	
现用教材 书名/作者/出版社			

★ 教师需求及建议

提供配套教学课件 （请注明作者 / 书名 / 版次）		
推荐教材 （请注明感兴趣的领域或其他相关信息）		
其他需求		
意见和建议（图书和服务）		
是否需要最新图书信息	是/否	感兴趣领域	
是否有翻译意愿	是/否	感兴趣领域或 意向图书	

填妥后请选择电邮或传真的方式将此表返回，谢谢！
地址：北京市东城区北三环东路36号环球贸易中心A座702室, 教师服务中心, 100013
电话：010-5799 7618/7600 传真：010-5957 5582
邮箱：instructorchina@mheducation.com
网址：www.mheducation.com, www.mhhe.com

欢迎关注我们的微信公众号：
MHHE0102